U0260345

中国农业通史

明清卷
第二版

闵宗殿　主编

中国农业出版社
北　京

图书在版编目（CIP）数据

中国农业通史. 明清卷 / 闵宗殿主编 . —2 版 . —
北京：中国农业出版社，2020.4
ISBN 978-7-109-25634-7

Ⅰ．①中⋯ Ⅱ．①闵⋯ Ⅲ．①农业史－中国－明清时
代 Ⅳ．①S092

中国版本图书馆 CIP 数据核字（2019）第 124530 号

中国农业通史. 明清卷
ZHONGGUO NONGYE TONGSHI MING QING JUAN

中国农业出版社出版

地址：北京市朝阳区麦子店街 18 号楼
邮编：100125
责任编辑：孙鸣凤
版式设计：杨　婧　责任校对：刘飓雨
印刷：北京通州皇家印刷厂
版次：2020 年 4 月第 2 版
印次：2020 年 4 月北京第 1 次印刷
发行：新华书店北京发行所
开本：787mm×1092mm　1/16
印张：41.25
字数：820 千字
定价：260.00 元

《中国农业通史》第一版

编审委员会

主　　任：姜春云

副 主 任：杜青林　韩长赋

委　　员（按姓氏笔画排列）：

刘　江　刘广运　刘中一　杜青林

杜润生　何　康　张文彬　陈耀邦

林乎加　韩长赋　游修龄

《中国农业通史》第二版

编 辑 委 员 会

《中国农业通史》第二版

出版说明

《中国农业通史》（以下简称《通史》）的编辑出版是由中国农业历史学会和中国农业博物馆共同主持的农业部重点科研项目，从1995年12月开始启动，经数十位农史专家编写，《通史》各卷先后出版。《通史》的出版，为传扬农耕文明，服务"三农"学术研究和实际工作发挥了重要作用，得到业界和广大读者的欢迎。二十余年来，中国农业历史研究取得许多新的成果，中国农业现代化建设特别是乡村振兴实践极大拓宽了"三农"理论视野和发展需求，对《通史》做进一步完善修订日显迫切，在此背景下，编委会组织编辑了《通史》（第二版）。

《通史》（第二版）编辑工作在农业农村部领导下进行，部领导同志出任编委会领导；根据人员变化情况，更新了编辑委员会组成。全书坚持以时代为经，以史事为纬，经直纬平，突出了每个阶段农业发展的重点、特征和演变规律，真实、客观地反映了农业发展历史的本来面貌。

这次修订，重点是补充完善卷目。《通史》（第二版）包括《原始社会卷》《夏商西周春秋卷》《战国秦汉卷》《魏晋南北朝卷》《隋唐五代卷》《宋辽夏金元卷》《明清卷》《近代卷》《附录卷》，全面涵盖了新中国成立以前的中国农业发展年代。修订中对全书重新校订、核勘，修改了第一版出现的个别文字、引用资料不准确、考证不完善之处。全书采用双色编排，既具历史的厚重感又具现代感。

我们相信，《中国农业通史》为各界学习、研究华夏农耕历史，展示农耕文明，传承农耕文化，提供了权威文献；对于从中国农业发展历史长河中汲取农耕文明精华，正确认识我国的基本国情、农情，弘扬中华农业文明，坚定文化自信，推进乡村振兴，等等，都具有重要意义。

2019 年 12 月

序

中国是世界农业主要发源地之一。在绵绵不息的历史长河中，炎黄子孙植五谷，饲六畜，农桑并举，耕织结合，形成了土地上精耕细作、生产上勤俭节约、经济上富国足民、文化上天地人和的优良传统，创造了灿烂辉煌的农耕文明，为中华民族繁衍生息、发展壮大奠定了坚实的基业。

新中国成立后，党和政府十分重视发掘、保护和传承我国丰富的农业文化遗产。在农业高等院校、农业科学院（所）成立有专门研究农业历史的学术机构，培养了一批专业人才，建立了专门研究队伍，整理校刊了一批珍贵的古农书，出版了《中国农学史稿》《中国农业科技史稿》《中国农业经济史》《中国农业思想史》等具有很高学术价值的研究专著。这些研究成果，在国内外享有盛誉，为编写一部系统、综合的《中国农业通史》提供了厚实的学术基础。

《中国农业通史》（以下简称《通史》）课题，是由中国农业历史学会和中国农业博物馆共同主持的农业部重点科研项目。全国农史学界数十位专家学者参加了这部大型学术著作的研究和编写工作。

在上万年的农业实践中，中国农业经历了若干不同的发展阶段。每一个阶段都有其独特的农业增长方式和极其丰富的内涵，由此形成了我国农业史的基本特点和发展脉络。《通史》的编写，以时代为经，以史事为纬，经直纬平，源通流畅，突出了每个阶段农业发展的重点、特征和演变规律，真实、客观地反映了农业发展历史的本来面貌。

一、中国农业史的发展阶段

（一）石器时代：原始农业萌芽

考古资料显示，我国农业产生于旧石器时代晚期与新石器时代早期的交替阶段，距今有1万多年的历史。古人是在狩猎和采集活动中逐渐学会种植作物和驯养动物的。原始人为什么在经历了数百万年的狩猎和采集生活之后，选择了种植作物和驯养动物来谋生呢？也就是说，古人为什么最终发明了"农业"这种生产方式？学术界对这个问题做了长期的研究，提出了很多学术观点。目前比较有影响的观点是"气候灾变说"。

距今约12 000年前，出现了一次全球性暖流。随着气候变暖，大片草地变成了森林。原始人习惯捕杀且赖以为生的许多大中型食草动物突然减少了，迫使原始人转向平原谋生。他们在漫长的采集实践中，逐渐认识和熟悉了可食用植物的种类及其生长习性，于是便开始尝试种植植物。这就是原始农业的萌芽。农业之被发明的另外一种可能是，在这次自然环境的巨变中，原先以渔猎为生的原始人，不得不改进和提高捕猎技术，长矛、掷器、标枪和弓箭的发明，就是例证。捕猎技术的提高加速了捕猎物种的减少甚至灭绝，迫使人类从渔猎为主转向以采食野生植物为主，并在实践中逐渐懂得了如何培植、储藏可食植物。大约距今1万年，人类终于发明了自己种植作物和饲养动物的生存方式，于是我们今天称为"农业"的生产方式就应运而生了。

在原始农业阶段，最早被驯化的作物有粟、黍、稻、菽、麦及果菜类作物，饲养的"六畜"有猪、鸡、马、牛、羊、犬等，还发明了养蚕缫丝技术。原始农业的萌芽，是远古文明的一次巨大飞跃。不过，那时的农业还只是一种附属性生产活动，人们的生活资料很大程度上还依靠原始采集狩猎来获得。由石头、骨头、木头等材质做成的农具，是这一时期生产力的标志。

(二)青铜时代：传统农业的形成

考古发现和研究表明，我国青铜器的起源可以追溯到大约5 000年前，此后经过上千年的发展，到距今4 000年前青铜冶铸技术基本形成，从而进入了青铜时代。在中原地区，青铜农具在距今3 500年前后就出现了，其实物例证是河南郑州商城遗址出土的商代二里岗期的铜以及铸造铜的陶范。可以肯定，青铜时代在年代上大约相当于夏商周时期（前21世纪—前8世纪）。主要标志是，从石器时代过渡到金属时代，发明了冶炼青铜技术，出现了青铜农具，原始的刀耕火种向比较成熟的饲养和种植技术转变。夏代大禹治水的传说反映出人类利用和改造自然的能力有了很大提高。这一时期的农业技术有划时代的进步。垄作、中耕、治虫、选种等技术相继发明。为适应农耕季节需要创立的天文历——夏历，使农耕活动由物候经验上升为历法规范。商代出现了最早的文字——甲骨文，标志着新的文明时代的到来。这一时期，农业已发展成为社会的主要产业，原始的采集狩猎经济退出了历史的舞台。这是我国古代农业发展的第一个高潮。

（三）铁农具与牛耕：传统农业的兴盛

春秋战国至秦汉时代（前8世纪—公元3世纪），是我国社会生产力大发展、社会制度大变革的时期，农业进入了一个新的发展阶段。这一时期农业发展的主要标志是，铁制农具的出现和牛、马等畜力的使用。可以认定，我国传统农业中使用的各种农具，多数是在这一时期发明并应用于生产的。当前农村还在使用的许多耕作农具、收获农具、运输工具和加工农具等，大都在汉代就出现了。这些农具的发明及其与耕作技术的配套，奠定了我国传统农业的技术体系。在汉代，黄河流域中下游地区基本上完成了金属农具的普及，牛耕也已广泛实行。中央集权、统一的封建国家的建立，兴起了大规模水利建设高潮，农业生产力有了显著提高。

生产力的发展促进了社会制度的变革。春秋战国时期，我国开始从奴隶社会向封建社会过渡，出现了以小农家庭为生产单位的经济形式。当时，列国并立，群雄争霸，诸侯国之间的兼并战争此起彼伏。富国强兵成为各诸侯国追求的目标。各诸侯国相继实行了适应个体农户发展的经济改革。首先是承认土地私有，并向农户征收土地税。这种赋税制度的变革，促进了个体小农经济的发展。到战国中期，向国家缴纳"什一之税"、拥有人身自由的自耕农已相当普遍。承认土地私有、奖励农耕、鼓励人口增长、重农抑商等，是这一时期的主要农业政策。

战国七雄之一的秦国在商鞅变法后迅速强盛起来，先后兼并了六国，结束了长期的战争和割据，建立了中央集权的封建国家。但秦朝兴作失度，导致了秦末农民大起义。汉初实行"轻徭薄赋，与民休息"的政策，一度对农民采取"三十税一"的低税政策，使农业生产得到有效恢复和发展，把中国农业发展推向了新的高潮，形成了历史上著名的盛世——"文景之治"。

（四）旱作农业体系：北方农业长足发展

2世纪末，黄巾起义使东汉政权濒于瓦解，各地军阀混乱不已，逐渐形成了曹魏、孙吴、蜀汉三国鼎立的局面。220年，曹丕代汉称帝，开始了魏晋南北朝时期。后来北方地区进入了由少数民族割据政权相互混战的"十六国时期"。5世纪中期，北魏统一了北方地区，孝文帝为了缓和阶级矛盾，巩固政权，实行顺应历史的经济变革，推行了对后世有重大影响的"均田制"，使农业生产获得了较快的恢复和发展。南方地区，继东晋政权之后，出现了宋、齐、梁、陈4个朝代的更替。此间，北方的大量人口南移，加快了南方地区的开发，加之南方地区战乱较少，社会稳定，农业有了很大发展，为后来隋朝统一全国奠定了基础。

这一时期，黄河流域形成了以防旱保墒为中心、以"耕—耙—耱"为技术保障的旱地耕作体系。同时，还创造实施了轮作倒茬、种植绿肥、选育良种等技术措施，农业生产各部门都有新的进步。6世纪出现了《齐民要术》这样的综合性农书，传统农学登上了历史舞台，成为总结生产经验、传播农业文明的一种新形式。

（五）稻作农业体系：经济重心向南方转移

隋唐时代，我国有一段较长时间的统一和繁荣，农业生产进入了一个新的大发展、大转折时期。唐初，统治者采取了比较开明的政策，如实行均田制，计口授田；税收推行"租庸调"制，减轻农民负担；兴办水利，奖励垦荒，农业和整个社会经济得以很快恢复和发展。唐初全国人口约3 000万人，到8世纪的天宝年间，人口增至5 200多万人，耕地1.4亿唐亩①，人均耕地达27唐亩，是我国封建社会空前繁荣的时期。

唐代中期的"安史之乱"（755—763年）后，唐王朝进入了衰落期，北方地区动荡多事，经济衰退。此间，全国农业和整个经济重心开始转移到社会相对稳定的南方地区。南方地区的水田耕作技术趋于成熟。全国农作物的构成发生了改变。水稻跃居粮食作物首位，小麦超过粟而位居第二，茶、甘蔗等经济作物也有了新的发展。水利建设的重点也从北方转向了南方，尤其是从晚唐至五代，太湖流域形成了塘浦水网系统，这一地区发展成为全国著名的"粮仓"。

（六）美洲作物的传入：一次新的农业增长机遇

从国外、特别是从美洲引进作物品种，对我国农业发展产生了历史性影响。据史料记载，自明代以来，我国先后从美洲等一些国家和地区引进了玉米、番薯、马铃薯等高产粮食作物和棉花、烟草、花生等经济作物。这些作物的适应性和丰产性，不但使我国的农业结构更新换代、得到优化，而且农产品产量大幅度提高，对于解决人口快速增长带来的巨大衣食压力问题起到了很大作用。

（七）现代科技武装：中国农业的出路

1840年爆发鸦片战争，西方列强武力入侵中国。我国的一些有识之士提出了"师夷之长技"的主张。西方近代农业科技开始传入我国，一系列与农业科技教育有关的新生事物出现了。创办农业报刊，翻译外国农书，选派农学留学生，招聘农业专家，建立农业试验场，开办农业学校等，在古老的华夏大地成为大开风气的时尚。西方的一些农机具、化肥、农药、作物和畜禽良种也被引进。虽然近现代农业科技并没有使我国传统农业得到根本改造，但是作为一种科学体系在我国的产生，其现实和历史意义是十分重大的。新中国成立、特别是改革开放以来，我国的农业科技获得了长足发展，农业增长中的科技贡献率

---

① 据陈梦家《亩制与里制》（《考古》1996年1期），1唐亩≈0.783市亩≈522.15米²。下同。——编者注

明显提高。"人多地少"的基本国情决定了我国只能走一条在提高土地生产率的前提下，提高劳动生产率的道路。

回眸我国农业发展历程，有一个特别需要探讨的问题，就是人口的增加与农业发展的关系。我国的人口，伴随着农业的发展，由远古时代的 100 多万人，上古时代的 2 000 多万人，到秦汉时期的 3 800 万～5 000 万人，隋唐时期 3 000 万～1.3 亿人，元明时期 1.5 亿～3.7 亿人，清代 3.7 亿～4.3 亿人，民国时期 5.4 亿人，再到新中国成立后的 2005 年达到 13 亿人的规模。人口急剧增加，一方面为农业的发展提供了充足的人力资源。我国农业的精耕细作、单位面积产量的提高，是以大量人力投入为保障的。另一方面，为了养活越来越多的人口，出现了规模越来越大的垦荒运动。长期的大规模垦荒，在增加粮食等农产品产量的同时，带来了大片森林的砍伐和草地的减少，一些不适宜开垦的山地草原也垦为农田，由此造成和加剧了水土流失、土地沙化荒漠化等生态与环境恶化的严重后果，教训是深刻的。

二、中国农业的优良传统

在世界古代文明中，中国的传统农业曾长期领先于世界各国。我国的传统农业之所以能够历经数千年而长盛不衰，主要是由于我们祖先创造了一整套独特的精耕细作、用地养地的技术体系，并在农艺、农具、土地利用率和土地生产率等方面长期居于世界领先地位。当然，中国农业的发展并不是一帆风顺的，一旦发生天灾人祸，导致社会剧烈动荡，农业生产总要遭受巨大破坏。但是，由于有精耕细作的技术体系和重农安民的优良传统，每次社会动乱之后，农业生产都能在较短期内得到复苏和发展。这主要得益于中国农业诸多世代传承的优良传统。

（一）协调和谐的"三才"观

中国传统农业之所以能够实现几千年的持续发展，是由于古人在生产实践中摆正了三大关系，即人与自然的关系、经济规律与生态规律的关系以及发挥主观能动性和尊重自然规律的关系。

中国传统农业的指导思想是"三才"理论。"三才"最初出现在战国时代的《易传》中，它专指天、地、人，或天道、地道、人道的关系。"三才"理论是从农业实践经验中孕育出来的，后来逐渐形成一种理论框架，推广应用到政治、经济、思想、文化各个领域。

在"三才"理论中，"人"既不是大自然（"天"与"地"）的奴隶，又不是大自然的主宰，而是"赞天地之化育"的参与者和调控者。这就是所谓的"天人相参"。中国古代农业理论主张人和自然不是对抗的关系，而是协调的关系。这是"三才"理论的核心和灵魂。

（二）趋时避害的农时观

中国传统农业有着很强的农时观念。在新石器时代就已经出现了观日测天图像的陶尊。《尚书·尧典》提出"食哉唯时"，把掌握农时当作解决民食的关键。先秦诸子虽然政见多有不同，但都主张"勿失农时""不违农时"。

"顺时"的要求也被贯彻到林木砍伐、水产捕捞和野生动物的捕猎等方面。早在先秦时代就有"以时禁发"的措施。"禁"是保护，"发"是利用，即只允许在一定时期内和一定程度上采集利用野生动植物，禁止在它们萌发、孕育和幼小的时候采集捕猎，更不允许焚林而搜、竭泽而渔。

孟子在总结林木破坏的教训时指出："苟得其养，无物不长；苟失其养，无物不消。"①"用养结合"的思想不但适用于野生动植物，也适用于整个农业生产。班固《汉书·货殖列传》说："顺时宣气，蕃阜庶物。"这8个字比较准确地概括了中国传统农业的经济再生产与自然再生产的关系。这也是我国传统农业之所以能够持续发展的重要基础之一。

（三）辨土肥田的地力观

土地是农作物和畜禽生长的载体，是最主要的农业生产资料。土地种庄稼是要消耗地力的，只有地力得到恢复或补充，才能继续种庄稼；若地力不能获得补充和恢复，就会出现衰竭。我国在战国时代已从休闲制过渡到连种制，比西方各国早约1000年。中国的土地在不断提高利用率和生产率的同时，几千年来地力基本没有衰竭，不少的土地还越种越肥，这不能不说是世界农业史上的一个奇迹。

我国先民们通过用地与养地相结合的办法，采取多种方式和手段改良土壤，培肥地力。古代土壤科学包含了两种很有特色且相互联系的理论——土宜论和土脉论。土宜论认为，不同地区、不同地形和不同土壤都各有其适宜生长的植物和动物。土脉论则把土壤视为有血脉、能变动、与气候变化相呼应的活的机体。两者本质上讲的都是土壤生态学。

中国传统农学中最光辉的思想之一，是宋代著名农学家陈旉提出的"地力常新壮"论。正是这种理论和实践，使一些原来瘦瘠的土地改造成为良田，并在提高土地利用率和生产率的条件下保持地力长盛不衰，为农业持续发展奠定了坚实的基础。

（四）种养三宜的物性观

农作物各有不同的特点，需要采取不同的栽培技术和管理措施。人们把这

---

① 《孟子·告子上》。

概括为"物宜""时宜"和"地宜",合称"三宜"。

早在先秦时代,人们就认识到在一定的土壤气候条件下,有相应的植被和生物群落,而每种农业生物都有它所适宜的环境,"橘逾淮北而为枳"。但是,作物的风土适应性又是可以改变的。元代,政府在中原推广棉花和苎麻,有人以风土不宜为由加以反对。《农桑辑要》的作者著文予以驳斥,指出农业生物的特性是可变的,农业生物与环境的关系也是可变的。

正是在这种物性可变论的指引下,我国古代先民们不断培育新品种、引进新物种,不断为农业持续发展增添新的因素、提供新的前景。

（五）变废为宝的循环观

在中国传统农业中,施肥是废弃物质资源化、实现农业生产系统内部物质良性循环的关键一环。在甲骨文中,"粪"字作双手执箕弃除废物之形,《说文解字》解释其本义是"弃除"或"弃除物"。后来,"粪"就逐渐变为施肥和肥料的专称。

自战国以来,人们不断开辟肥料来源。清代农学家杨屾的《知本提纲》提出"酿造粪壤"十法,即人粪、牲畜粪、草粪（天然绿肥）、火粪（包括草木灰、熏土、炕土、墙土等）、泥粪（河塘淤泥）、骨蛤灰粪、苗粪（人工绿肥）、渣粪（饼肥）、黑豆粪、皮毛粪等,差不多包括了城乡生产和生活中的所有废弃物以及大自然中部分能够用作肥料的物质。更加难能可贵的是,这些感性的经验已经上升为某种理性认识,不少农学家对利用废弃物作肥料的作用和意义进行了很有深度的阐述。

（六）御欲尚俭的节用观

春秋战国的一些思想家、政治家,把"强本节用"列为治国重要措施之一。《荀子·天论》说:"强本而节用,则天不能贫。"《管子》也谈到"强本节用"。《墨子》一方面强调农夫"耕稼树艺,多聚菽粟",另一方面提倡"节用",书中有专论"节用"的上中下三篇。"强本"就是努力生产,"节用"就是节制消费。

古代的节用思想对于今天仍然有警示和借鉴的作用。如:"生之有时,而用之亡度,则物力必屈","天之生财有限,而人之用物无穷","地力之生物有大数,人力之成物有大限。取之有度,用之有节,则常足;取之无度,用之无节,则常不足",等等。

古人提倡"节用",目的之一是积储备荒。同时也是告诫统治者,对物力的使用不能超越自然界和老百姓所能负荷的限度,否则就会出现难以为继的危机。与"节用"相联系的是"御欲"。自然界能够满足人类的需要,但是不能满足人类的贪欲。今天,我们坚持可持续发展,有必要记取"节用御欲"的古训。

三、封建社会国家与农民关系的历史经验教训

封建社会国家与农民的关系，主要建立在国家对农民的政策调控和农民对国家承担赋役义务的基础上。尽管在一定的历史时期也有"轻徭薄赋"、善待农民的政策、举措，调动了农民的生产积极性，使农业生产得到恢复和发展，但是总的说，封建社会制度的本质决定了它不可能正确处理国家与农民的利益关系，所以在历代封建统治中，常常由于严重侵害农民利益而使社会矛盾激化，引发了一次又一次的农民起义和农民战争。其中的历史经验教训，值得认真探究和思考。

（一）重皇权而轻民主

古代重农思想的核心在于重"民"。但"民"在任何时候总是被怜悯的对象，"君"才是主宰。这使得以农民为主体的中国封建社会缺乏民主意识，农民从来都不能平等地表达自己的利益诉求。农民的利益和权益常常被侵犯和剥夺，致使统治者与农民的关系总是处于紧张或极度紧张的状态。两千多年的封建社会一直是在"治乱交替"中发展演进。一个不能维护大多数社会成员利益的社会不可能做到"长治久安"。

（二）重民力而轻民利

农业社会的主要特征是以农养生、以农养政。人的生存要靠农业提供衣食之源，国家政权正常运转要靠农业提供财税人力资源。封建君王深知"国之大事在农"。但是，历朝历代差不多都实行重农与重税政策。把土地户籍与赋税制度捆在一起，形成了一整套压榨农民的封建制度。从《诗经·魏风》中可以看到，春秋时代农民就喊出了"不稼不穑，胡取禾三百廛兮"的不满，后来甚至有"苛政猛于虎"的惊叹。可见，封建社会无法解决农民的民生民利问题。历史上始终存在严重的"三农"问题，这就是历次农民起义的根本原因。

（三）重农本而轻商贾

封建社会的全部制度安排都是为了巩固小农经济的社会基础。它总是把工商业的发展困围于小农经济的范围之内。由此形成了中国封建社会闭关自守、安土重迁的民族性格。明代著名航海家郑和七下西洋，比哥伦布发现美洲大陆还早将近90年。可是，郑和七下西洋，却没有引领中国走向世界，没有促使中国走向开放，反而在郑和下西洋400多年后，西方列强的远洋船队把中国推进了半殖民地的深渊。同样，中国在明朝晚期就通过来华传教士接触到了西方近代科学，这个时间比东邻日本早得多。然而后起的日本在学习西方近代文明中很快强大起来，公然武力侵略中国，给中国人民造成了深重的灾难。这段沉痛的历史，永远值得中华民族炎黄子孙铭记和反思。

（四）重科举而轻科技

我国历朝历代的统治者基于重农思想而制定的封建农业政策，有效调控了农业社会的运行，创造了高度的农业文明。但是，中国传统文化缺少独立于政治功利之外的求真求知、追求科学的精神。中国近代以来的落后，归根到底是科学技术落后，是农业文明对工业文明的落后。由于中国社会科举、"官本位"的影响深重，"学而优则仕"的儒家思想根深蒂固，科技文明被贬为"雕虫小技"。这种情况造成了中国封建社会知识分子对行政权力的严重依附性。这就不难理解，为什么我国在强盛了几千年之后，竟在"历史的一瞬间"就落后到了挨打受辱的地步。

四、《中国农业通史》的主要特点

这部《通史》，从生产力和生产关系、经济基础和上层建筑的结合上，系统阐述了中国农业发生、发展和演变的全过程。既突出了时代发展的演变主线，又进行了农业各部门的宏观综合分析。既关注各个历史时代的农业生产力发展，也关注历史上的农业生产关系的变化。这是《通史》区别于农业科技史、农业经济史和其他农业专史的地方。

（一）全书突出了"以人为本"的主线

马克思主义认为，唯物史观的前提是"人"，唯物史观是"关于现实的人及其历史发展的科学"。生产力关注的是生产实践中人与自然的关系，生产关系关注的是生产实践中人与人的关系，其中心都是人。人不但是农业生产的主体，也是古代农业的基本生产要素之一。农业领域的制度、政策、思想、文化等，无一不是有关人的活动或人的活动的结果。《通史》的编写，坚持以人为主体和中心，既反映了历史的真实，又有利于把人的实践活动和客观的经济过程统一起来。

（二）反映了农业与社会诸因素的关系

《通史》立足于中国历史发展的全局，全面反映了历史上农业生产与自然环境以及社会诸因素的相互关系，尤其是农业与生态、农业与人口、农业与文化的关系。各分卷都设立了论述各个时代农业生产环境变迁及其与农业生产的关系的专题。

（三）对农业发展史做出了定性和定量分析

过去有人说，中国历史上的人口、耕地、粮食产量等是一笔糊涂账。《通史》在深入研究和考证的基础上，对各个历史阶段的农业生产发展水平做出了定性和定量分析。尤其对各个时代的垦田、亩产、每个农户负担耕地的能力、粮食生产数量、农副业产值比例等，均有比较准确可靠的估算。

（四）反映了历史上农业发展的曲折变化

农业发展从来都不是直线和齐头并进的。从纵向发展看，各个历史阶段的农业发展，既有高潮，也有低潮，甚至发生严重的破坏和暂时的倒退逆转。而在高潮中又往往潜伏着危机，在破坏和逆转中又往往孕育着积极的因素。一旦社会环境得到改善，农业生产就会得到恢复，并推向更高的水平。从地区上说，既有先进，又有落后，先进和落后又会相互转化。《通史》的编写，注意了农业发展在时间和地区上的不平衡性，反映了不同历史时期我国农业发展的曲折变化。

（五）反映了中国古代农业对世界的影响

延续几千年，中国的农业技术和经济制度远远走在了世界的前列。在文化传播上，不仅对亚洲周边国家产生过深刻影响，欧洲各国也从我国古代文明中吸取了物质和精神的文明成果。

就农作物品种而论，中国最早驯化育成的水稻品种，3 000年前就传入了朝鲜、越南，约2 000年前传入日本。大豆是当今世界普遍栽培的主要作物之一，它是我国最早驯化并传播到世界各地的。有文献记载，我国育成的良种猪在汉代就传到罗马帝国，18世纪传到英国。我国发明的养蚕缫丝技术，2 000多年前就传入越南，3世纪前后传入朝鲜、日本，6世纪时传入希腊，10世纪左右传入意大利，后来这些地区都发展成为重要的蚕丝产地。我国还是茶树原产地，日本、俄国、印度、斯里兰卡以及英国、法国，都先后从我国引种了茶树。如今，茶成为世界上的重要饮料之一。

中国古代创造发明的一整套传统农业机具，几乎都被周边国家引进吸收，对这些地区的农业发展起了很大作用。如谷物扬秕去杂的手摇风车、水碓水碾、水动鼓风机（水排鼓风铸铁装置）、风力水车以至人工温室栽培技术等的发明，都比欧洲各国早1 000多年。不少田间管理技术和措施也传到了世界其他国家。我国的有机肥积制施用技术、绿肥作物肥田技术、作物移栽特别是水稻移栽技术、园艺嫁接技术以及众多的食品加工技术等，组成了传统农业技术的完整体系，在文明积累的历史长河中起到了开创、启迪和推动农业发展的重要作用。正如达尔文在他的《物种起源》一书中所说："选择原理的有计划实行不过是近70年来的事情，但是，在一部古代的中国百科全书中，已有选择原理的明确记述。"总之，《通史》反映了中国的农业发明对人类文明进步做出的重大贡献。

2005年8月，我在给中国农业历史学会和南开大学联合召开的"中国历史上的环境与社会国际学术讨论会"写的贺信中说过："今天是昨天的延续，现实是历史的发展。当前我们所面临的生态、环境问题，是在长期历史发展中累积下来的。许多问题只有放到历史长河中去加以考察，才能看得更清楚、更准确，才能找到正确、理性的对策与方略。"这是我的基本历史观。实践证明，采用历史与现实相结合的方法开展研究工作，思路是对的。

《中国农业通史》向世人展示了中国农业发展历史的巨幅画卷，是一部开创性的大型学术著作。这部著作的编写，坚持以马克思主义的历史唯物主义、毛泽东思想、邓小平理论和"三个代表"重要思想为指导，贯彻党中央确立的科学发展观和人与自然和谐的战略方针，坚持理论与实践相结合，对中国农业的历史演变和整个"三农"问题，做了比较全面、系统和尽可能详尽的叙述、分析、论证。这部著作问世，对于人们学习、研究华夏农耕历史，传承其文化，展示其文明，对于正确认识我国的基本国情、农情，制定农业发展战略、破解"三农"问题，乃至以史为鉴、开拓未来，都具有重要的借鉴意义。

以上，是我对中国农业历史以及编写《中国农业通史》的几点认识和体会。借此机会与本书的各位作者和广大读者共勉。

姜春云
2011年7月11日

目 录

绪　论

明清农业，上承元末传统农业的破坏，下启近代农业的发生，处于传统农业向近代农业转变的重要时期。从朱元璋建立明王朝，到鸦片战争发生，472 年中，明清农业创造了以 9 亿亩耕地养活 4 亿人口的业绩，开创了中国有史以来以少量耕地养活大量人口的新纪元；在农业技术、农业生产、农业经济方面，其发达程度超过了以往的各个历史时期。因此，研究明清时期发展农业生产的历史，对于人多地少的今天来说，具有重要的启发和借鉴意义。

明清农业的发展，有起有伏，有兴盛，有衰落。就其发展过程来说，大致可分为六个阶段：

洪武（1368—1398）至宣德（1426—1435）时期，由于政治比较清明，又推行重农的政策，元末残败的农业经济很快得到了恢复和发展，形成了洪熙宣德盛世。

正统（1436—1449）至正德（1506—1521）时期，由于吏治日渐败坏、土地兼并、农民流亡和反抗等原因，农业生产开始由盛转衰。

嘉靖（1522—1566）至崇祯（1628—1644）时期，农民的封建人身依附关系有所削弱，农产品商品化程度有所增强，农业中出现了资本主义萌芽。但阶级矛盾和民族矛盾的激化，使农业生产中的新因素未能得到顺畅的发展，并导致了明政权的覆灭。

顺治（1644—1661）至康熙（1662—1722）中期，阶级矛盾和民族矛盾十分尖锐，农业生产继续遭破坏，清朝统治者除采取一些政治措施，在农业方面通过轻徭薄赋、招集流亡、开垦荒田、推行更名田等措施，使明末清初遭到破坏的农业生产得到了恢复。

康熙中期至嘉庆（1796—1820）时期，全国处于大统一的时期，清政府采取了一系列有利于发展农业生产的政策，如永禁圈地、屯田垦荒、兴修水利、推广高产作物、改革赋役制度、重视粮食储备和调拨等，使中国的农业发展到了一个全盛的时期。

道光（1821—1850）至宣统（1909—1911）时期，在外国列强的打击下，中国开始沦为半殖民地半封建社会，农业由盛转衰。由于近代农业科学技术的传入，中国的传统农业开始向近代农业转变。

由于第六个时期内自1840年至1911年划归《中国农业通史·近代卷》，不在本卷论述范围，故对这一阶段的农业历史，本卷未作专门介绍。但历史发展有连续性，本卷论述某些具体问题时，为了完整起见，有时亦对这一阶段的情况作必要的介绍。

明清时期农业生产所面对的环境是相当严峻的，这里且不说封建剥削制度和官僚政治对农业生产发展所造成的严重影响，仅这个时期的人口问题和自然灾害问题对农业生产所造成的压力就达到了前所未有的程度。

从明代后期开始，中国的人口迅速增长，开始突破1亿，到清代道光咸丰（1821—1861）时期，人口已超过4亿。由于耕地的增长远跟不上人口增长的速度，因而人均耕地面积不断下降。据记载，明万历六年（1578）人均耕地面积为10.52亩，清康熙四十七年（1708）为5.5亩，乾隆三十二年（1767）为3.27亩，嘉庆十三年（1808）为2.07亩，道光二十一年（1841）为1.64亩[①]。在当时的农业技术水平和经济水平条件下，维持一个人的生存所需的耕地，在明末清初为"百亩之土可养二三十人"[②]，即每人需3.3～5亩；清乾隆时，有人估计"一人之身，岁得四亩，便可得生计矣"[③]。这说明，明末清初耕地还能满足人们维持生活的需要，而自清乾隆时期（1736—1795）以后，耕地越来越缺，已到了不足以维持一人生活的程度。这样，一方面人口多，另一方面耕地少，一个人多地少的严重矛盾便形成了，成为制约并影响明清时期农业发展的一个主要社会经济因素。

明清时期，自然灾害之频繁也是历史上所少见的。据统计，宋代遭受各种自然灾害为2 348次，平均每年发生7.5次，元代为2 009次，平均每年发生20.5次，明清时期发生的灾害则远远超过宋元时期。据统计，明清时期发生的自然灾害为11 517次，平均每年发生21.1次，其中清代发生的自然灾害为6 254次，平均每年发生23次[④]。明清时期发生的自然灾害不仅次数多，而且灾害种类也多，包括水、旱、雹、风、霜、雪、地震、蝗、疫等灾，其中水旱灾害尤为严重。明清时期灾害之严重，还表现为一种灾害波及的地域广、持续的时间长，或是同一地区多种灾害

---

① 中国农业博物馆编：《中国近代农业科技史稿》，中国农业科技出版社，1996年，3页。
② ［清］张履祥：《杨园先生全集》卷五。
③ ［清］洪亮吉：《洪北江诗文集·卷施阁文甲集》。
④ 参见本卷第一章第三节。

交叉出现，常常给某一地区的农业生产造成毁灭性的后果。

严峻的社会和自然环境既给明清农业造成了巨大的困难，同时又促使明清农业走上了一条新的发展道路。

发展农业生产的方法，在历史上主要是两条措施：一是扩大耕地面积；二是提高单位面积产量。明代以前所采取的措施，就总体上说，都是走的以扩大耕地面积来发展农业生产的道路，这是历史上发展农业的基本道路，也是明清时期发展农业生产的重要措施。但明清时期中原地区的宜耕地已基本上开垦完毕，为了解决耕地的不足，开始向边疆地区发展，这样就形成了对东北三省、内蒙古、新疆、台湾等地的开发。中原地区一些荒废的边际土地也被开垦利用，形成了江湖滩地、丘陵山地、滨海滩涂的开发，从而为今日农区的范围和耕地面积奠定了基础。

明清时期开发农业的最大特点，就是将提高单位面积产量提到了十分重要的地位，也就是千方百计挖掘土地的生产潜力。当时采取的主要措施有以下几条：

（1）推广多熟制，提高土地的复种指数，将一亩地当成二亩地、三亩地来使用。这一技术措施并非明清时期的新创造，早在先秦时期就已经出现，不过使用的范围很小。明清时期，这一生产措施在全国范围内推广，它成为当时解决耕地不足、提高单位面积产量的一项重要措施。根据各地气候条件的不同，因地制宜地创造了各种不同形式的多熟制：黄河中下游地区形成了以二年三熟为主要种植方式的多熟制，长江中下游地区形成了以一年二熟为主要种植方式的多熟制，珠江流域则形成了一年二熟至一年三熟的多熟制。

（2）采用粪多力勤的集约经营，提高土地的增产潜力。精耕细作是中国传统农业的主要技术特点，明清时期特别重视集约经营，增加对土地的投入，集中体现为"粪多力勤"，即增加肥料的投入和人力的投入，以求获取丰厚的回报。与此同时，整个生产过程，从整地到收获形成了一套十分精细的生产技术；伴随着粪多力勤、集约经营的出现，肥料的积制、加工、施用等方面的技术，也相应得到了发展。中国的传统农业技术在这一历史阶段有了不少改进和创新，可以说达到了相当完备和成熟的程度。

（3）重视培育品种，以适应各种生产条件的需要。品种是增产的基础，在相同的生产条件下，优良品种往往能获得更高的产量。明清时期对于品种的作用，已有更深的认识，认识到优良品种具有明显的增产作用，可利用品种培育来降低成本、增加产量；认识到不同的品种具有适应不同生产条件的特性，可利用它在不同生产条件下发展生产；认识到不同的品种具有抗灾避灾的作用，利用它可达到抗灾避灾目的，减轻自然灾害的危害；等等。因此，培育品种成为明清时期一个普遍的趋向，甚至康熙帝都给予关注并亲自参与其事。明清时期出现了许多优质、高产、抗逆性强的新品种，对促进当时农业生产的发展起了重要的作用。

（4）引进海外新作物，开辟农产品的新来源。1492 年哥伦布发现新大陆后，原产南美洲的一些作物开始被传播到世界各地。虽然明清时期海禁很严，但民间的海上贸易却很活跃，不少海外的新作物传入了中国。明清时期传入中国的作物有玉米、番薯、马铃薯、棉花、烟草、花生、向日葵以及一些水果、蔬菜等。这些新作物的引进，对当时及以后的中国农业都产生了深远的影响，引起了中国农作物结构的巨大变化，其中尤以玉米、番薯、马铃薯等高产作物的引进，在扩大耕地利用、缓和粮食供应紧张等方面发挥了极为重要的作用。

以上是就农业技术方面说的。但明清时期农业的发展不仅是由于这些技术原因（尽管这方面的因素具有重要的作用），经济方面的变化也同样影响到农业的发展。

中国的传统农业，一直是以"男耕女织"的小农经济为核心的。男耕，实际上是指粮食生产；女织，是指家庭手工业及其他家庭副业。明清时期由于耕地的缺乏，仅靠男劳力从事粮食生产已难以养家糊口，因此家中富余的劳动力都被调动起来从事副业生产，以求"以副补农"。传统的纺织业因此发展起来，开始在一些地区从农家副业中分离出来，形成了独立的丝织业和棉织业。随着城市的兴起，对农副产品的需求不断增加，除了粮食，还需要大量的蔬菜、果品、鱼、肉、禽、蛋甚至花卉等，这些社会需要，既扩大了人们经营农业的视野，也打开了农业经营的新门路，使农业出现了一个多种经营的局面；有些生产项目进一步发展，又形成了一系列新的产业，这对充分利用农业资源、发展农业经济起了重要的激活作用。

农业经济的激活，又和当时市场的形成和农副产品商品化程度的提高有很大的关系。明清时期，以集市、庙会等形式出现的市场的形成与发展，对调节余缺、互通有无发挥了重要的作用，一些地区的资源优势因而得到充分的发挥。市场的形成，使经济作物产品和农副产品变成了能赚钱的商品而且获利远比种粮食作物要高，因此从事经济作物种植或从事副业生产、加工业等，使部分农户"发家致富"。农业生产从自给性生产向商品性生产的发展，进一步调动了农民的生产积极性，也使农村经济活跃起来。

明清时期封建人身依附关系的削弱和租佃制度的变化，也对农业的发展产生很深的影响。农民（主要指佃农和雇农）与地主在封建社会中的地位是不平等的，二者是一种主仆关系，农民不仅经济上受地主剥削，而且在政治上地位低下，缺少人身自由。到明清时期，佃农和雇农先后取得了"凡人"（平民）的地位，并得到了法律的承认；租佃制度也开始由分成地租向定额地租、由实物地租向货币地租演变，农民多少得到了一些人身自由和经济上的自主权和利益。农民和地主之间这种封建关系的松弛，对于解除加在农民身上的封建束缚，提高农民的生产积极性，促进生产的发展，都具有明显的、积极的影响。

在农业的发展过程中，国家政策对农业的发展有直接的影响。明清时期的重农政策和措施，对于明初和清初农业的恢复具有重要的作用；赋役制度的改革，明代的"一条鞭法"，清代的"摊丁入亩""滋生人丁，永不加赋"等政策措施，对于减轻农民负担、缓和社会矛盾都起过重要的作用。

本卷正是本着这一认识和思路，采用专题形式来编写的。全卷共分 10 章，分别阐述明清时期农业生产的社会环境和自然环境、农业生产关系和农业政策、农业自然资源的开发利用、生产结构的调整、生产各部门的发展、生产技术的精细化、农业经营和产品流通、中外农业交流、农业文化等问题，最后讲明清时期的粮食亩产量和农业劳动生产率。通过对于上面诸问题的阐述，我们试图说明明清时期的传统农业已达到了历史上最高的发展水平，也处于世界农业最发达的地位，只是到了 19 世纪以后，由于内外多种原因，中国的传统农业才日渐落后于时代的发展。

编写《中国农业通史·明清卷》是一个新的课题，有幸的是，国内许多专家和学者对这段历史做过不少研究，为我们的编写工作提供了许多材料和观点，本卷不少内容正是借助于这些研究成果编写而成的。在此，我们对有关的专家和学者表示深深的感谢，但编写《中国农业通史·明清卷》毕竟是草创，我们的研究也当属起步，初生之物，其形必丑，书中难免有疏漏和不当的地方，祈专家和读者诸君不吝指正。

第一章　明清时期的农业生产环境

第一节　明清时期的时代特征

1368 年，朱元璋在应天（今江苏南京市）称帝，建国号为明，是为明太祖。明朝的统治，历时 276 年，1644 年被李自成领导的农民起义军推翻。同年，原建于盛京（今辽宁沈阳市）的清政权进入北京，建立清王朝，经 268 年的统治，到 1911 年为辛亥革命所推翻。

明清时期，中国虽然仍是封建社会，但和以往各个历史时期相比，它又有自己的特点。

一、多民族国家空前统一，社会秩序长期安定

明清时期，中国的疆土不断扩大，多民族国家不断形成和发展。明政府在永乐时期已在乌苏里江、黑龙江设卫；清太祖努尔哈赤又统一了东北女真族，使东北和中原连成了一片。明初也在西北地区的青海、甘肃、新疆设置卫所，加强对这些地区的管辖。后金时期，清太宗皇太极打败了漠南蒙古，并在那里实行札萨克制度，加强统治。康熙年间平定准噶尔叛乱，乾隆年间土尔扈特部回归祖国，平定大小和卓、张格尔的叛乱，奠定了中国西北边疆。1661 年郑成功收复台湾，1683 年康熙帝统一台湾，奠定了中国东南海疆。西南地区，明初已在西藏设置朵甘、乌斯藏行都指挥使司，制定僧官制度，并任命各级僧官；清代又平定了西藏与大小金川农奴主的叛乱，设置了驻藏大臣，实行金奔巴制度（即金瓶掣签制），西藏完全在中央政府的管辖之下，奠定了西南疆域。同时，又对云南、贵州、广西、广东、四川等少数民族地区实行改土归流，消除土司割据状态，促进了西南地区各民族之间经

济、政治、文化的交流。

国家的统一，多民族国家的形成，为加强各民族的交往和政治、经济、文化的交流创造了前所未有的条件，中原地区先进的农业技术因而也不断传入边疆，这对开发边疆和促进农业的发展，都起了重要的作用。

明清时期又是中国封建经济发展的高峰。经过长期战争建立起来的明清两个王朝，经过初期的恢复，到中期，社会生产得到了比较大的发展。明代，到洪熙宣德时期（1425—1435），出现了"百姓充实，府藏衍溢""上下交足，军民胥裕"① 的局面，史称"洪宣盛世"。清代，到康熙、雍正、乾隆三朝，经济也有了大发展，史称"逮康乾之世，国富民殷，凡滋生人丁，永不加赋，又普免天下租税，至再至三，呜呼，古未有也"②，是为历史上的"康乾盛世"。明清时期经济的发展，也促成了社会秩序的安定。在明清封建王朝统治的 500 多年间，除封建帝王的更替和边疆的统一战争，大部分时间都无战事骚扰破坏，特别是中心农业区的中原地区，受到的影响更少，估计无刀兵相见的时间至少有 400 年，这对于需要在一个安定环境中从事生产的农业来说，无疑是相当有利的。

二、商品经济发展，资本主义萌芽

商品经济的发展和资本主义萌芽的出现，是明清时期经济领域的重大变化。明代以前的中国社会是一个以小农经济为基础的农业社会。它的特点是，生产以一家一户为单位，生产的目的是为了自身的消费，虽然有时也有一些产品进入市场进行交换，但在个体农民的经济中只居辅助的地位，性质属于个体农民间的余缺调剂。进入明代以后，手工业和农村副业的发展，农民封建人身依附关系的不断削弱，土地集中，大量农民不断破产，以及城市和工商业城镇的发展，为商品生产的发展创造了原料、资本、劳动力和市场的条件。到明代中后期，资本主义萌芽首先在丝织业、冶铁业、榨油业、暑袜业中出现，到清代，进一步发展到丝织、踹布、制糖、造纸、木材采伐、铜矿等行业中，在这些行业中都存在着"出资"的老板和"出力"的自由劳动者这样具有不同身份的两种人，彼此之间存在着剥削和被剥削的关系，从此，资本主义的生产关系开始在中国大地上出现，尽管这种资本主义萌芽在当时是很稀疏、很微弱的，但它毕竟是中国封建社会内部出现的新生事物，反映了社会发展进步的总趋势，具有重大的历史意义。

明清时期资本主义生产关系萌芽的出现和商品经济的发展，也深刻地影响到农

---

① 《明史》卷七七《食货志·序》。
② 《清史稿》卷一二〇《食货志·序》。

业。这个时期在农业中出现了以出卖劳动力为生的"长工"和"短工"，雇佣关系开始在农业中形成；同时，一种以市场需要为导向、以获利为目的的农业经营也开始发展起来，千百年来以自给自足为宗旨的小农生产，开始出现裂痕，农产品商品化的趋势也加强了。

除了上面所说的两个特征，明清时期农业生产的发展和演变还与另外两个特征，即人多地少矛盾的形成、自然环境的恶化密切相关。关于这两个问题，将在下文作专门介绍。

第二节　人多地少成为全国性矛盾

中国的人口，据历代官方统计的数字，在明代以前，大致是5 000万～6 000万人，最高数是西汉平帝元始二年（公元2），为5 900多万人①。进入明代以后，中国的人口一直不断增加。明洪武十四年（1381），中国的人口已超过西汉平帝元始二年时的数字，达到59 873 305人，永乐元年（1403）时更达到66 598 337人，自此以后人口一直保持在6 000万人左右；到清代又突破这个数字，迅猛地增长起来。

实际上，明代人口远不止此数，国内外的学者几乎一致认为明代的人口已超过6 000万人，只是各人的说法不同，有的认为达到8 000多万人②，有的认为突破1亿人③，有的认为达1亿数千万人④，甚至有的认为高达2亿人⑤，估计要比官方公布的数字高出1倍到2倍多。由此可见，明代人口隐漏之严重、增长之快。

从官方记载的统计数字上看，中国人口突破1亿人大关是在清乾隆六年

---

① 这里所说的人口数，是指登记在籍的数字，即受官方直接控制的人口数；还有不少人如流民、僧尼、荫庇户等都是未入籍的，因此官方的统计数字并不是当时实际的人口数；而且由于历朝的版图大小不同，所以说当时的人口，只是指当时版图内的人口，而不能以今日中国版图的概念来衡量。但在找不到确切的数字以前，只能暂时用这些数字来研究，本卷所讲到的人口数字，都是这类情况。

② 陈彩章：《中国历代人口变迁之研究》，重庆商务印书馆，1946年；杨子慧：《中国历代人口统计资料研究》，改革出版社，1996年，913页。

③ 范文澜：《论中国封建社会长期延续的原因》，载《范文澜历史论文集》，中国社会科学出版社，1979年，97页；王其榘：《明初全国人口考》，《历史研究》1988年1期；王守稼、缪根鹏：《明代户口流失原因初探》，《首都师范大学学报（社会科学版）》1982年2期；〔美〕费正清、赖肖尔：《中国：传统与变革》，江苏人民出版社，1995年，180页。

④ 王育民：《明代户口新探》，《历史地理》第9辑，上海人民出版社，1990年；〔美〕何炳棣：《1368—1953中国人口研究》，葛剑雄译，上海古籍出版社，1989年；胡焕庸、张善余：《中国人口地理》（上），华东师范大学出版社，1986年；吕景琳：《明代耕地与人口问题》，《山东社会科学》1993年5期。

⑤ 赵冈、陈钟毅：《中国土地制度史》，台北联经出版事业公司，1982年；葛剑雄、曹树基：《对明代人口总数的新估计》，《中国史研究》1995年1期。

（1741）。是年，据《清实录》记载，中国人口达14 000万人，24 年后，即到乾隆三十年，人口增加到 2 亿人，到乾隆五十五年，人口又增加到 3 亿人，至道光十五年（1835）人口又猛增到 4 亿人。

在中国历史上，从汉平帝元始二年的 5 900 万人，到乾隆六年突破 1 亿，用了 1 740 年；而从 1 亿增到 2 亿，只用了 24 年；从 2 亿到 3 亿仅用了 25 年，从 3 亿到 4 亿只用了 45 年——清代人口数量增长之多、发展速度之快，都是历史上绝无仅有的。

其实，中国人口突破 1 亿大关，并不是在乾隆六年，而应是康熙四十七年（1708），据《清实录》记载，是年全国有人丁21 621 324人。按清制，16～60 岁的男子称丁，妇女、16 岁以下儿童和 60 岁以上的老人都不算丁。所以《清实录》记载的只是一部分的男人数，不是全国的人口数。那么，康熙时中国的人口是多少呢？《清朝通典·食货》卷九有这样一段记载：乾隆十四年（1749）"总计直省人丁三千六百二十六万一千六百二十有三，户丁万有七千七百四十九万五千三十有九口"。其中的户丁数同《清高宗实录》中所记乾隆十四年的大小男妇口数177 495 039完全相同，由此可知户丁就是人口，若以人丁数除以人口数，所得的商，就是一个人丁所代表的人数，1 丁＝177 495 039÷36 261 623＝4.8 人。再以4.8 人×21 621 324 丁，即为康熙时的人口数，所得的积为103 782 355人。我们说康熙四十七年时，中国的人口已超过 1 亿，便是由此作出的结论。但因为这是推算出来的，不见于文献的记载，所以在实际使用时仍以《清实录》记载的乾隆六年的数字为准。

明清时期，耕地也有增加。明洪武十四年（1381）为 3.6 亿亩，洪武二十六年为 8.5 亿亩，清雍正四年（1726）为 8.9 亿亩，乾隆三十一年（1766）为 7.4 亿亩，嘉庆十七年（1812）为 7.9 亿亩，具体增长情况如表 1-1 所示。

表 1-1 明清时期的耕地

年代	耕地		资料出处
	古亩	市亩*	
明洪武十四年（1381）	366 771 549	334 128 881	《明太祖实录》卷一四〇
洪武二十六年	850 762 368	775 044 517	《万历会典·户部六》卷一七、卷一九
明万历六年（1578）	701 397 600	638 973 213	《明史》卷七七《食货志》
清顺治十八年（1661）	526 502 829	484 909 105	《清圣祖实录》卷五
清康熙四十七年（1708）	621 132 132	572 062 693	《清圣祖实录》卷二三六
康熙五十四年	725 065 490	667 785 316	《清圣祖实录》卷二六九
康熙六十一年	851 099 240	783 862 400	《清世宗实录》卷三

（续）

年代	耕地		资料出处
	古亩	市亩*	
清雍正四年（1726）	896 865 417	826 013 049	《清世宗实录》卷五二
清乾隆三十一年（1766）	741 449 550	682 875 035	《清高宗实录》卷七七五
清嘉庆十七年（1812）	791 525 196	728 994 700	《清仁宗实录》卷二五五

注：1 明亩＝$(5×0.318)^2×240÷666.7＝0.911$ 市亩；1 清亩＝$(5×0.32)^2×240÷666.7＝0.921$ 市亩。

从表 1-1 中可以看出，从洪武十四年到清代，中国的耕地面积是缓慢增加的，如果以清代最高的耕地面积计算，到雍正四年，前后共 345 年，耕地共增加 491 884 168 亩，即增加了 147%；如以近代前夕的嘉庆十七年的耕地面积计算，前后共 431 年，耕地增加 394 865 819 亩，即增加 118%。

但表 1-1 中有两个问题是需要说明的：一是洪武二十六年的垦田数是不实的，主要是里面有虚报。据近代学者研究，主要是由于南直隶、湖广、河南、北直隶、山东五省虚报了耕地面积 450 万顷造成的[①]。二是乾隆嘉庆时期的垦田数也是不实的，主要是里面有大量隐漏。乾嘉时期是清代的盛世，内地的开垦和边疆的开垦都要多于雍正时期，耕地怎能反少于雍正？嘉庆到民国初，历时只百来年，耕地一下子就增加了 5.4 亿多亩[②]，约增加了 75%。乾嘉时期的耕地面积如无隐漏，民国初年的耕地面积大量增加是很难解释的。由于这些原因，所以我们采用了洪武十四年和雍正四年的耕地数字来讨论。

还有一个问题，也需要在这里附带说一下。有一种说法认为，清代耕地的增加，"主要是从'关外'和其他边疆地区开发得来的"[③]。但从官方公布的统计数字来看，边疆地区的开发尽管取得不小成绩，但却不是清代耕地增加的主要因素。

据《嘉庆会典》卷一一《户部》记载，嘉庆十七年（1812）全国有耕地 791 525 196 亩，其中奉天、吉林、黑龙江、新疆、台湾等地区的耕地为 23 509 382 亩，占全国耕地总面积的 2.9%。这里要说明的是，在边疆的耕地数中，没有包括内蒙古。这是因为对于内蒙古开垦的耕地数，官方一直没有统计数字。而对内蒙古的大规模开垦，则是在道光朝以后，乾嘉时期虽然亦有开垦内蒙古，但开垦的面积估计不会很大。

---

① 彭雨新：《明清两代田地、人口、赋税的增长趋势》，《文史知识》1993 年 7 期。
② 据《统计月报》2 卷 9 期记载，1916 年中国的耕地面积为 1 276 894 000 亩。
③ 高王凌：《十八世纪中国的经济发展和政府政策》，中国社会科学出版社，1995 年，81 页。

若将嘉庆十七年的田地数和乾隆十八年（1753）的田地数相比较，情况就更为明显：从乾隆十八年到嘉庆十七年，59 年中耕地面积增加 56 310 660 亩，其中边疆耕地面积为 20 985 061 亩，约占全国增加耕地面积的 37％，内地耕地面积增加 35 325 599 亩，约占 63％。可见，清代耕地面积的增加主要还是靠内地的深度开发（表 1-2）。

表 1-2　乾隆朝、嘉庆朝各直省田地数

单位：亩

省别	乾隆十八年（1753）	嘉庆十七年（1812）	省别	乾隆十八年（1753）	嘉庆十七年（1812）
直隶	66 162 185	74 143 471	浙江	46 182 951	46 500 369
奉天	2 524 321	21 300 690	江西	48 571 128	47 274 107
吉林		1 492 251	湖北	58 745 029	60 518 556
黑龙江		81 600	湖南	32 009 996	31 581 596
江苏	70 109 995	72 089 486	四川	45 957 449	46 547 134
安徽	35 019 797	41 436 875	福建	13 620 688	13 653 662
山西	33 979 419	55 279 052	台湾		863 810
山东	99 347 263	98 634 511	广东	32 898 409	32 034 835
河南	73 028 405	72 114 592	广西	8 953 129	9 002 579
陕西	29 212 761	30 677 522	云南	7 543 005	9 315 126
甘肃	28 534 736	23 684 135	贵州	2 573 594	2 766 007
新疆		1 114 057	总计	735 214 536	791 525 196

资料来源：梁方仲《中国历代户口、田地、田赋统计》乙表 61，上海人民出版社，1980 年，380 页。

尽管明清时期耕地面积有所增加，但其增长速度远没有人口增长得快。洪武十四年到嘉庆十七年的 431 年中，人口增加了 5.04 倍，耕地只增加了 1.18 倍，人口的增长速度是耕地的增长速度的 4.27 倍。其中，从康熙四十七年至嘉庆十七年的 104 年中，人口增长 2.48 倍，耕地增长 48％，人口增长速度是耕地增长速度的 5.16 倍。

人口增长快、耕地增长慢的结果，是人均耕地的迅速下降。明万历六年（1578），中国的人均耕地为 11.56 亩，到清乾隆三十二年（1767），中国的人均耕地为 3.72 亩，比万历六年时减少了 7.84 亩，即减少了近 68％；到清嘉庆十七年（1812），中国的人均耕地为 2.19 亩，比乾隆三十二年时减少了 1.53 亩，又下降了 41％。如果从明万历六年算起，到清嘉庆十七年，中国的人均耕地足足减少了 9.37 亩，亦即减少了 81％。可以看出，明万历六年至清嘉庆十七年，230 余年中，中国的人均耕地面积是急剧下降的。

就全国各直省的情况来看，乾隆三十二年，江苏、安徽、浙江、福建、山东、广东、广西、贵州八省人均耕地面积都在全国平均水平以下。嘉庆十七年，上述八省除山东外，再加上江西、湖南、四川、云南四省，即全国有 11 个省都在全国的平均水平之下。从明万历至清嘉庆时期，人均耕地面积下降最严重的是湖广（湖南、湖北）、福建、广东三省，分别下降 96%、87%、86%。这又可以看出另一个问题，即人均耕地不足的矛盾在南方诸省尤为突出（表 1-3）。

据当时人估计，维持一个人生活所需要的耕地，大约为 4 亩。明末清初时人张履祥说："百亩之土可养二三十人。"① 即每人需 3.3～5.0 亩，平均为 4.15 亩。清代洪亮吉说："一人之身岁得四亩，便可得生计矣。"② 如用这个标准衡量，乾隆时期以前人均耕地面积都在这个标准以上，人地关系并不紧张，只是到乾隆嘉庆时期，人均耕地才处于这个维持一人生活所需的土地标准之下，人多地少的矛盾在全国大部分地区出现。

表 1-3　明清时期各直省人均耕地

单位：亩，人

省别	明万历六年（1578）			清乾隆三十二年（1767）			清嘉庆十七年（1812）		
	耕地	人口	人均耕地	耕地	人口	人均耕地	耕地	人口	人均耕地
直隶	49 256 844	4 264 898	11.55	68 234 300	16 690 573	4.08	74 143 471	27 990 871	2.65
江苏	77 394 672	10 502 651	7.37	67 423 800	23 779 812	2.83	72 089 486	37 843 501	1.90
安徽				40 689 100	23 255 141	1.74	41 436 875	34 168 059	1.21
浙江	46 696 982	5 153 005	9.06	46 377 900	16 523 736	2.80	46 500 369	26 256 784	1.77
江西	40 115 127	5 859 026	6.85	48 805 500	11 540 369	4.05	47 274 107	23 046 999	2.05
湖广 湖南	221 619 940	4 398 785	50.38	34 396 400	8 907 022	3.86	31 581 596	18 652 507	1.69
湖广 湖北				58 891 600	8 399 652	7.01	60 518 556	27 370 098	2.21
福建	13 422 501	1 738 793	7.72	14 628 300	8 094 294	1.80	14 517 472	14 779 158	0.98
山东	61 749 900	5 664 099	10.90	99 009 500	25 634 566	2.53	98 634 511	28 958 764	3.41
山西	36 803 927	5 319 359	6.92	54 548 000	10 468 349	5.21	55 279 052	14 004 210	3.95
河南	74 157 952	5 193 602	14.28	79 723 700	16 562 889	4.81	72 114 592	23 037 171	3.13
陕西	29 292 385	4 502 067	6.51	29 160 700	7 348 565	3.96	30 677 522	10 207 256	3.01
四川	13 482 767	3 102 073	4.35	46 007 100	2 958 271	15.55	46 547 134	21 435 678	2.17
广东	25 686 514	2 040 655	12.58	34 224 100	6 938 855	2.37	32 034 835	19 174 030	1.67

① ［清］张履祥：《杨园先生全集》卷五。
② ［清］洪亮吉：《洪北江诗文集·卷施阁文甲集》。

（续）

省别	明万历六年（1578）			清乾隆三十二年（1767）			清嘉庆十七年（1812）		
	耕地	人口	人均耕地	耕地	人口	人均耕地	耕地	人口	人均耕地
广西	9 402 075	1 186 179	7.93	10 174 800	4 706 176	2.16	9 002 579	7 313 895	1.23
云南	1 799 359	1 476 692	1.22	9 253 600	2 148 597	4.30	9 315 126	5 561 320	1.67
贵州	516 686	290 972	1.78	2 673 000	3 441 656	0.77	2 766 007	5 288 219	0.52
奉天				2 752 500	713 485	3.85	21 300 690	942 003	22.61
吉林							1 492 251	307 781	4.85
总计	701 397 628	60 692 856	11.56	780 729 000	209 839 546	3.72	792 024 423	361 693 179	2.19

　　资料来源：据梁方仲《中国历代户口、田地、田赋统计》甲表68、甲表78、乙表32、乙表76编制。其中，乾隆三十二年的耕地数为乾隆三十一年的数字，据《清朝文献通考》卷四、卷一〇《田赋》所统计的田亩数；又，《清朝文献通考》卷四、卷一〇所记的田亩数同《清高宗实录》所记的田亩数有出入，前者比后者多3 927万亩。

　　人多地少的现象在历史上也累有提到，如东汉崔寔在《政论》中说："今青、徐、兖、冀人稠土狭，不足相供，而三辅左右及凉、幽州内附近郡，皆土旷人稀，厥田宜稼，悉不肯垦发。"《通典·食货》载："开皇十二年（592）……京辅及三河地少而人众，衣食不给。"《宋史·食货志》载，南宋绍兴时"蜀地狭人夥，而京西、淮南膏腴官田尚多，乞许人承田"。明代，"苏、松、嘉、湖、杭五郡，地狭民众，无田以耕，往往逐末利而食不给"[1]。引文中所说的"人稠土狭""地狭人夥""地狭民众"等，都是人多地少的意思，只是当时的人多地少仅是局部的现象，而到清代乾嘉时期才成为一个全局性的问题。

　　这个问题在康熙朝后期已经存在，只是在统计数字上没有反映出来罢了。

　　例如康熙四十八年（1709）康熙帝已指出："承平日久，生齿既繁，纵当大获之岁，犹虞民食不足。"[2] 同年，康熙帝又说："本朝自统一区宇以来六十七八年矣。百姓俱享太平，生育日以繁庶。户口虽增而土田并无所增，分一人之产供数家之用，其谋生焉能给足？……不可不为筹之也。"[3] 康熙五十二年，康熙帝进一步指出："今岁不特田禾大收，即芝麻、棉花皆得收获，如此丰年而米、粟尚贵，皆由人多田少故耳。"[4] 说明康熙朝后期，由于人口增长过快，人多地少的矛盾已开始形成。到乾隆时，人多地少的矛盾达到了十分尖锐的程度，乾隆帝不得不惊叹：

---

① 《续文献通考·田赋》。
② 《清圣祖实录》卷二三六。
③ 《清圣祖实录》卷二四〇。
④ 《清朝文献通考》卷三《田赋三》。

"各省生齿日繁，地不加广，穷民资生无策。"① 这种情况几乎在全国大部分省都存在。

广东 人多无田可种，野无可耕之土。②

四川 吾蜀人稠地密，年胜一年。③

山东 东省人多田少，不敷耕种。④

湖南郴州 今生齿日繁，谋生者众，使野无旷土，人无游民，地利尽而民力亦困矣。⑤

浙江 浙江地窄民稠，凡平原沃野，已鲜旷土。⑥

苏南 苏松土隘人稠，一夫所耕，不过十亩。⑦

甘肃镇番 户口较昔已增十倍，土田仅增二倍。⑧

上述的统计和资料表明，清乾隆朝以后，除了东北、内蒙古、新疆、西藏、台湾等边疆地区，内陆各省不同程度上都存在人多地少的问题。人多地少成了一个全国性、全局性的问题。乾隆时人赵翼在一首诗中说："海角山头已遍耕，别无余地可资生。只应钩盾田犹旷，可惜高空种不成。"⑨ 充分反映了清中期以后人多地少矛盾的严重性。这样，如何解决人多地少的问题，便成了明清时期，特别是清中期发展农业生产的一个亟待解决的社会矛盾。

明清时期，随着人口的增多、人均耕地面积的减少，粮价随之而不断上涨，成为当时一个严重的社会问题。但在康熙时期以前，粮价还是比较平稳的，其中虽也有些波动，但上下的差距并不很大。兹将明末清初松江的粮价列表1-4。

表 1-4 明末清初松江府的粮价

年代	粮价
明崇祯三年（1630）	年荒谷贵
崇祯五年	夏 白米每斗 120 文（值银一钱）
	秋 早米每石 650～660 文

① 《清高宗实录》卷一二三。

② [清] 谭仲麟：《谭文勤公奏稿》卷二〇《查明荒地开垦情形折》。

③ [清] 都永龢：《联民以弭乱议》，见 [清] 于宝轩：《皇朝蓄艾文编》卷六。

④ [清] 朱寿朋：《光绪朝东华续录》卷一九〇。

⑤ 嘉庆《郴州总志》卷二一《风俗》。

⑥ 《清高宗实录》卷一四二，乾隆六年（1741）五月。

⑦ 光绪五年《川沙厅志》卷四《汤赋疏略》。

⑧ 道光《镇番县志》卷三，转引自郭松义：《清代北方旱作区的粮食生产》，《中国经济史研究》1995 年 1 期。

⑨ [清] 赵翼：《北欧诗钞》。

（续）

年代	粮价
崇祯十一年	斗米300文（计银一钱八九分）
崇祯十二年	斗米300文（计银一钱八九分）
崇祯十五年	春 白米每石银5两（计钱12千）
	自此以往，米价以二三两为常
清顺治三年（1646）	斗米千文
顺治四年	白米每石纹银4两
顺治六年	大熟，糯米每石价1.2两
	川珠米每石9钱
顺治七年	二月 白米每石1两
	九月 新米价2两，糯米1.8两，白米2.5两
顺治八年	二月 白米每石3两
	三月 每石3.5两
	四月 每石4两
	六月 每石4.8～4.9两
	七月 新谷石价2.5～2.6两
顺治九年	粮价情况同顺治八年
顺治十四年	十一月 米价石银8钱，亦有6钱7钱者
顺治十六年	闰三月 米石2两
顺治十八年	十月 白米每石1.5两，新米1.3两
	十一月 新米1.8两，白米2两
康熙元年（1662）	正月 白米2.1两，糙米1.9两
	七月 早米1.2两，糯米1.3～1.4两
	自此以后，米价又渐减，然未有如康熙八年己酉之贱者
康熙九年	新米每石纹银6钱，后至5钱
	庚戌大水，六月白米涨至1.3两
	八月 新米9钱
	九月中 8钱，糯米7钱
	十月 石米9钱，糯米8钱
	十月终 石米1.3两
康熙十年	早米石1 300文（计银1.1两）

（续）

年代	粮价
康熙十二年	秋　新米 700 文（计银 6.3 钱） 嗣后以此为常
康熙十七年	早新米石价不过 7.3 钱
康熙十八年	春　石价 1.4～1.5 两 秋八月　石价 2 两，早新米 1.7 两
康熙十九年	夏　白米每石银 2 两
康熙二十一年	五月　白米每石价 8.5 钱 冬　新糙米每石银 5.6～5.7 钱，苏州为 5.1～5.2 钱
康熙二十二年	秋　糙米每石 8～9 钱
康熙二十三年	冬　白米每石价 9 钱上下

资料来源：［清］叶梦珠《阅世编·食货一》，见陈祖槼主编《中国农学遗产选集　甲类　第一种
稻　上编》，中华书局，1958 年，204～206 页。

　　康熙年间情况也没多大变化，苏州织造李煦除了为皇室及官署承办所需的缎纱
绸绫及纺丝布匹，还负责搜集当地有关官场和民生的情况。从康熙三十二年至六十
一年（1693—1722），李煦给康熙帝写了大量的奏折，其中一部分内容是关于苏州
粮价的。由于李煦对此年年有奏折，甚至月月有奏折，因而使我们看到这一时期粮
价变动的真实情况。这部分奏折，已由故宫博物院明清档案部编成《李煦奏折》一
书出版，书中共收集了康熙三十二年至六十一年粮价资料 93 条（表 1-5）。

表 1-5　康熙时期苏州府的粮价

单位：两/石米

年代	粮价
康熙三十二年七月	0.7～1.0
十月	1.0
康熙三十七年	1.0
康熙四十五年	1.35～1.43
康熙四十六年	1.47
康熙四十七年	1.3～1.4
康熙四十八年四月、五月	1.3～1.4
八月	1.1～1.2
十月	0.9～1.1

年代	粮价
十一月	0.9～1.0
康熙四十九年正月	0.9～1.1
四月	1.0～1.1
六月	0.9～1.0
康熙五十年四月	0.8～1.0
五月	0.8～0.9
九月、十月、十一月	0.7～0.8
康熙五十一年八月、十月、十二月	0.7～0.8
康熙五十二年正月	0.7～0.8
十月、十一月、十二月	0.9～1.0
康熙五十三年正月、三月、四月	0.9～1.0
七月	1.05～1.15
九月	1.0～1.1
十月	0.92～1.05
康熙五十四年三月	1.0～1.1
五月	1.05～1.18
六月	1.06～1.17
七月、八月、九月	1.1～1.2
康熙五十五年二月	0.9～1.0
闰三月、四月、五月、六月	1.0～1.1
七月	0.9～1.1
九月	0.95～1.10
十月	1.00～1.15
十二月	1.04～1.15
康熙五十六年正月	1.0～1.1
三月	1.07～1.17
四月	1.04～1.16
五月、六月	1.0～1.1
八月	0.95～1.10
十一月、十二月	0.80～0.95

（续）

年代	粮价
康熙五十七年四月	0.9～1.0
五月	0.95～1.05
六月、七月、八月	0.9～1.0
康熙五十七年闰八月初九	0.84～0.95
闰八月二十二	0.7～0.9
十月、十一月	0.65～0.85
康熙五十八年五月、六月十日	0.75～0.90
六月二十四日、七月、八月	0.73～0.87
十月、十一月、十二月	0.7～0.8
康熙五十九年正月、二月	0.70～0.82
三月	0.74～0.86
四月	0.72～0.84
五月	0.76～0.90
六月	0.78～0.95
七月	0.80～0.95
八月	0.82～0.96
九月	0.80～0.92
十月初三日	0.78～0.94
十月二十三日、十一月	0.8～0.9
康熙六十年五月	0.83～0.90
六月、闰六月	0.84～0.97
七月	0.85～0.98
八月	0.96～1.10
康熙六十一年二月	0.90～1.05
八月	0.98～1.20
九月	0.95～1.14
十月	0.92～1.10

从表1-5可以看到，30年中苏州每石粮价一直维持在银1两左右，最高的年份是1.4两，最低的年份是0.7两，绝大多数年份都是1两左右，说明康熙年间苏州的粮价并不高，波动也不大。

但自雍正朝以后，情况有了变化。钱泳在《履园丛话》卷一《米价》中记道：苏、松、常、镇四府，"雍正、乾隆初，米价每升十余文，（乾隆）二十年虫荒，四府相同，长至三十五六文，饿死者无算。后连岁丰稔，价渐复旧，然每升亦只十四五文为常价也。至五十年大旱，则每升至五十六七文。自此以后，不论荒熟，总在廿七八至三十四五文之间为常价矣。"① 这里虽然有自然灾害引起的粮价上涨，但排除这个因素，从乾隆二十年至五十年的 30 年中，粮价每升上涨了 20 文，即上涨了 57%～58%。

按清代的货币制度，铜钱 1 000 文＝1 贯＝白银 1 两，以此折算，乾隆二十年（1755）时米 1 石（以每升为 15 文计）粮价为 1.5 两；乾隆五十年后米 1 石（以每升 35 文计）粮价为 3.5 两，和康熙时期的米价相比，分别上涨了 50% 和 25%。

再看浙江情况。康熙五十二年（1713）浙江金、衢、台、温各府米价至"一两几分"，宁、绍、杭、嘉、湖等府米价至"一两三四钱"②，合每石 1.3～1.4 两。嘉庆十四年（1809），"每米一石，自制钱三千三四百文起，至三千八九百文不等，甚为昂贵，……以致民食不能充裕"③，合每石 3.3～3.9 两，粮价每石上涨了 2～2.5 两，即上涨了 1.5～2 倍。

四川，被称为"天府之国"，粮价亦不低。据记载："天下沃野，首称巴蜀，在昔田多人少，米价极贱。雍正八、九年间，每石尚只四五钱，今则动至一两外，最贱亦八九钱。"④ 从雍正八年至乾隆十三年（1730—1748），18 年中粮价上涨了 60%～150%。

据近人研究，清顺治至康熙前期，每石米为制钱 614 枚；到乾隆中、嘉庆初为 1 626 枚，上涨 164.82%；嘉庆至道光时，每石米价为 3 267 枚，上涨了 432.08%。⑤

江苏、浙江、四川都是产粮的省，这些省粮价尚且如此之高，涨得如此之快，其他各省情况就可想而知了。

造成粮价飞涨的主要原因是人口增长太快，土地所产不足以维持人口生活需要。这一点，连清代的皇帝也不得不承认。

康熙帝说："今岁不特田禾大收，即芝麻、棉花皆得收获，如此丰年而米、粟尚贵，皆由人多田少故耳。"⑥

雍正时情况仍如此："近年以来，各处皆有收成，其被灾水歉收者，不过州县数处耳。而米价遂觉渐贵，……良由地土之所产如旧，而民间之食指愈多，所入不足以供所出，是以米少而价昂，此亦理势之必然者也。"⑦

---

① ［清］钱泳：《履园丛话》卷一《旧闻·米价》。
② 故宫博物院清档案部编：《李煦奏折》，中华书局，1976 年，144 页。
③ 《清仁宗实录》卷二一六。
④ 《清高宗实录》卷三一一，乾隆十三年三月壬子。
⑤ 周源和：《清代人口研究》，《中国社会科学》1982 年 2 期。
⑥ 《清朝文献通考》卷三《田赋三》。
⑦ ［清］王先谦：《雍正朝东华录》卷一〇，雍正五年三月。

乾隆帝说："国家重熙累洽，生齿日繁，百物价值，势不能不较前增贵，即如从前一人之食，今且将二十人食之；其土地所产，仍不能有加，是以市集价值，不能不随时增长。"①

上引几位清代皇帝所说的话，其中心意思是完全相同的，即物价上涨，是由于人口增多的缘故。

清代正是处于一个人口激增、人均耕地不足、粮价飞涨的历史阶段，如何解决好人多、地少、粮缺的问题，便成了清代发展农业生产所面临的一个特别严峻的任务。

第三节　自然环境恶化

气候史研究表明：5 000 年来，中国气候的演变经历了 5 个气候异常期和 3 个气候恶化期②。明清时期正处于气候异常期和气候恶化期之中，其气候变化的基本特点是：气温降低，寒冷加重，灾害多发。明清时期的农业生产，面对的便是这样一个气候恶化的自然环境。

一、气候异常

明清时期的气候异常最初出现在明末清初。17 世纪时，平均气温比现在低 2℃，有的学者称之为"三千年来中国和北半球气候最为恶劣的时期"③。在这期间，地处南方的大江、大河、湖泊出现了封冻。据竺可桢研究，1650—1700 年的 50 年中，"太湖、汉水、淮河均结冰四次，洞庭湖也结冰三次，鄱阳湖面积大，位置靠南，也曾结了冰，中国热带地区在这半世纪中，雪冰也极为频繁"④。江西的橘园和柑园在 1654 年和 1676 年的两次寒潮中完全毁灭⑤。

实际上，严寒的天气在明代中叶已经出现。据《明史》记载，从景泰四年至万历四十六年（1453—1618）165 年中，曾有 8 年出现过低温严寒的天气，人畜、鱼蚌、树木冻死者数以万计。据记载，"景泰四年冬十一月戊辰至明年孟春，山东、

---

①　［清］王先谦：《乾隆朝东华录》卷三三。

②　5 个气候异常期：5 世纪前后（当魏晋南北朝时），12 世纪上半叶（当北宋末南宋初），14 世纪初（当元代中期），15 世纪末（当明代中期），19 世纪中期（当清代晚期）。3 个气候恶化期：前 2000 年左右，前 1000 年左右，17 世纪。见张建民、宋俭：《灾害历史学》，湖南人民出版社，1998 年，144 页。

③　张建民、宋俭：《灾害历史学》，湖南人民出版社，1998 年，145 页。

④⑤　竺可桢：《中国近五千年来气候变迁的初步研究》，《中国科学》1973 年 3 期。

河南、浙江、直隶淮、徐，大雪数尺，淮东之海冰四十余里，人畜冻死万计。五年正月江南诸府大雪连四旬，苏常冻饿死者无算。是春，罗山大寒，竹树鱼蚌皆死。衡州雨雪连绵，伤人甚多，牛畜冻死三万六千蹄"①。

清代严寒更过于明代。据《清史稿》记载，从顺治九年至光绪二年（1652—1876），低温严寒天气共有 40 年次，其中 16 年次有冻死人的记载。在 40 年次低温严寒天气中，顺治至康熙时期就占了 17 年次，占总数的 42.5%，有冻死人记载的年份顺治康熙时期为 10 年次，占总数的 63%②，可见清初严寒奇冷之严重。遭受严寒为害的不只是局部地区，往往不少州县同遭冻害，给农业生产带来严重的影响。例如，"康熙三年（1664）三月，晋州骤寒，人有冻死者。莱阳雨，奇寒，花木多冻死，十二月朔，玉田、邢台大寒，人有冻死者。解州、芮城大寒，益都、寿光、昌乐、安丘、诸城大寒，人多冻死。大冶大雪四十余日，民多冻馁；莱州奇寒，树冻折殆尽。石埭大雪连绵，深积数尺，至次年正月方消。南陵大雪深数尺，民多冻馁。茌平大雪，株木冻折"。又如康熙二十九年，"十一月，高淳大雪，树多冻死；武进大寒，木枝冻死。十二月，卢州大寒，竹木多冻死；当涂大雪，橘橙冻死；阜阳大雪，江河冻，舟楫不通，三月始消；宜都大雪□树，飞鸟坠地死；竹谿大雪，平地四五尺，河水冻；三水大雪，树俱枯；海阳大寒，冻毙人畜；揭阳大雪杀树；澄海大雨雪，牛马冻毙"③。

清代的严寒，不仅发生在冬季，还发生在夏季，这是一种十分反常的现象。例如康熙五十七年（1718）七月，通州大雪盈丈；乾隆五十七年（1792）六月，房县大寒，如冬；乾隆五十九年七月湖州寒如冬；嘉庆三年（1798）五月初五日，青浦大寒，厨灶皆冰；咸丰八年（1858）大通大雪厚二尺，压折树枝，谷皆冻，秕不收；咸丰九年六月青浦夜雪大寒，黄岩奇寒如冬，有衣裘者；同治元年（1862）六月，崇阳大寒；光绪二年（1876）五月，遂昌奇寒，人皆重棉④。

表 1-6　清代有关低温严寒的记载

朝代	年份	低温严寒年数	冻死人的年数
顺治时期	1644—1661	4	4
康熙时期	1662—1722	13	6
雍正时期	1723—1735	1	
乾隆时期	1736—1795	9	2
嘉庆时期	1796—1820	5	1

① 《明史》卷二八《五行志》一，恒寒。

②③④ 《清史稿》卷四〇《灾异志》一。

（续）

朝代	年份	低温严寒年数	冻死人的年数
道光时期	1821—1850	2	1
咸丰时期	1851—1861	2	1
同治时期	1862—1874	3	1
光绪时期	1875—1908	1	

资料来源：《清史稿》卷四○《灾异志一》。

明清时期出现气候异常，并不是一个偶然的现象，它具有深刻的天文背景。据天文史学者研究，当九大行星地心会聚（地球单独在太阳一侧，其余行星在太阳另一侧），出现在冬半年，地心张角又小于70°时，由于北半球接受太阳的总辐射量减少，因而造成北半球气温下降，气候变冷。5 000年来，这种情况共出现了13次，其中3次都出现在明清时期，即明成化十九年（1483）、清康熙四年（1665）、清道光二十四年（1844）①。这样，明清时期出现低温严寒的天气，就成为一种必然的自然现象了。

表1-7　5 000年来发生在冬半年且地心张角小于70°的九星会聚

会聚时间	地心张角	会聚季节	气候趋势
前2133年12月26日	58°	冬	冷
前1953年1月30日	40°	冬	冷
前1774年4月28日	47°	冬	冷
前1099年3月3日	34°	冬	冷
前918年3月21日	40°	冬	冷
450年9月25日	59°	冬	冷
631年10月26日	60°	冬	不明
1126年9月21日	52°	冬	冷
1304年10月21日	54°	冬	冷
1483年11月16日	51°	冬	冷
1665年1月6日	48°	冬	冷
1844年1月24日	63°	冬	冷
1982年11月2日	63°	冬	冷

资料来源：任振球《中国近五千年来气候的异常期及其天文成因》，《农业考古》1986年1期。

---

① 任振球：《中国近五千年来气候的异常期及其天文成因》，《农业考古》1986年1期。

二、自然灾害加剧

明清时期农业生产环境恶化还表现为自然灾害的加剧。主要有如下几方面：

（一）自然灾害发生次数空前增多

根据对《明史》《明实录》《清史稿》《清实录》的统计，明清时期发生自然灾害次数之多、频率之高是空前的。明代发生的自然灾害为5 263次，平均每年发生19次，清代发生的自然灾害为6 254次，平均每年发生23次。其灾害发生次数和发生频率比以往任何一个历史时期都高（表1-8）。

表1-8 中国历代自然灾害发生的次数及频率

朝代	发生次数（次）	发生频率（次/年）
春秋战国时期	116	0.20
汉代	407	0.95
魏晋时期	583	2.90
南北朝时期	527	3.10
隋唐时期	940	2.80
五代十国时期	184	3.40
宋辽金时期	2 348	7.50
元代	2 009	20.50
明清时期	11 517	21.10

由于历代对自然灾害的记载有不少遗漏，因此这个统计数字是不精确的，但在一定程度上也反映了中国历代自然灾害发生的概况。表1-8表明，自古以来中国的自然灾害有愈演愈烈的趋势；明清时期自然灾害又多于以往的各个历史时期，其中清代的灾害又多于明代，成为中国历史上灾害发生最频繁的一个时期。

明清时期的自然灾害包括水、旱、风、雹、雪、霜、低温等气候灾害，蝗、虫、鼠、疫、兽疫等生物灾害，地震等地质灾害，沙尘暴等环境灾害以及性质不明的饥荒灾害。在众多的灾种中，发生次数最多的是水灾和旱灾，这是明清时期为害最大的两种自然灾害。

表 1-9　明清时期各种自然灾害统计

单位：次，%

灾种		水	旱	风	雹	雪	霜	低温	蝗	虫	鼠	兽疫	疫	地震	沙尘暴	饥荒	合计
明代	灾次	1 516	1 046	48	325	22	33	3	328	28	7	—	48	968	32	859	5 263
	比重	28.8	19.8	0.9	6.0	0.4	0.6	0.05	6.0	0.5	0.013	—	0.9	18.3	0.6	16.3	100
清代	灾次	2 573	1 140	174	618	63	70	34	137	132	4	1	10	733	168	386	6 254
	比重	41.1	18.2	2.7	9.8	1.0	1.1	0.5	2.1	2.1	0.06	0.01	0.1	11.7	2.6	6.1	100

由表 1-9 可知，明代的水旱灾害占总灾数的 48.6%，清代的水旱灾害占总灾数的 59.3%，可见水旱灾害在明清时期为害之重。

（二）多灾并发情况加剧

自然灾害的发生，有时是单项的；有时是在一个生产年度内几种自然灾害先后发生，这种现象，我们称之多灾并发。

就全国范围看，多灾并发可以说是常有的现象，而且危及的范围都相当大。局部地区的多灾并发，更比比皆是。下面引用一些资料，虽然仅是一些例子，但亦能看出其严重程度之一斑。

（明成化十三年，即 1477 年）南京去年九月、十月二次夜大雷电，十一月初旬天即阴晦，雨雪连绵。至新年正月以来，大雪风雨间作，前后凡五越月，军民生理艰难，饥冻者十八九。……福建、浙江以至苏、松、淮、泗、蒙、亳并河南，自去年至今，或疫疠流行，或水潮涨溢，或雨雪交加，民物被灾，尤为苦楚。①

（明弘治九年，即 1496 年）自去年八月至立冬后，江西建昌等府人多瘟疫，贵州、陕西地震，广州飓风大雨水，海潮决崩堤岸，陕西天鼓鸣，四川彭水县十二月雷电雹雪，湖广长沙县雨雪雷电，江西南昌府大雷雨雪，今年正月至五月，陕西、山东、辽东、江西、南北直隶俱地震，……山西武乡县四月陨霜，屯留五月雨冰雹，山东大风拔木。②

（明嘉靖三年，即 1524 年）按四方奏报，自二年六月迄今二月，其间天鸣者三，地震三十八，秋冬雷电雨雹十八，暴风、白气、火、地裂、山风为池、产妖各一，民饥相杀食者二，非常之变，倍于往时顷。③

---

① 《明宪宗实录》卷一六五，成化十三年四月。
② 《明孝宗实录》卷一一八，弘治九年十月。
③ 《明世宗实录》卷三八，嘉靖三年四月。

（明万历六年，即 1578 年）近者各省如山东、陕西，有风旱之灾，河南荆襄有水溢之变，苏常有虫螟之变，广东广西屡遭用兵之毒，淮扬一带黄河为害，一望沮洳，而辽东尤患水患。①

（清乾隆五十九年，即 1794 年）本年直隶、山东、河南等省，因雨水稍多，河流涨发，漫水所注，多有淹损地亩、坍塌民居之处，而直隶之河间、天津、正定、顺德、广平、大名，山东之临清、东昌、德州；河南之卫辉、彰德、怀庆等属，春间因被旱歉收，今又被水淹没，受灾较重。②

（清光绪三年，即 1877 年）本年陕西蒲城等处被旱，福建闽县等处被水，江苏上元等处被虫被旱，……山东阳信等处被旱被风被雹，……安徽六安被蝗，……云南东川等府被旱，直隶保定等处被旱，……江苏被蝗，……江西靖安被水，丰城等处低田被淹，鄱阳被旱，广东靖远等处被水，甘肃皋兰等处被雹，迪化等处被旱被虫，浙江余杭等处田禾被淹、富阳等处田禾被风被水，湖南浏阳等处低田被淹，福建台湾北路被风，江苏沿江沿河低田被淹，山东各属田禾被旱被伤，安徽各属间被水旱虫灾。③

多灾并发的形式是多种多样的，至少有 60 种之多（表 1－10）。明清时期灾害之严重，也由此可见。

表 1－10　多灾并发类型统计

多灾类型	明代	清代
二灾并发	水旱、旱雹、旱霜、旱蝗、旱疫、霜雹	水旱、旱雹、旱霜、旱蝗、旱疫、旱虫、旱风、水雹、水风、风蝗、鼠蝗、风雹、雹蝗、虫霜
三灾并发	水旱蝗、水旱雹、水旱霜	水旱蝗、水旱雹、水旱霜、水旱虫、水旱风、旱雹风、旱雹虫、旱鼠雹、旱风潮、旱雹霜、水雹霜、水霜虫、水雹虫、水雹碱、雹虫风、虫霜雹
四灾并发	水旱霜雹、水旱蝗疫、旱蝗霜雹、旱疫雨雹、风雪雨雹	水旱霜雹、水旱蝗雹、水旱虫雹、水旱风雹、水旱风蝗、水旱风虫、水旱风霜、水旱风碱、水旱虫霜、旱蝗雹霜、旱霜风雹、旱风雹虫、旱碱蝗冻、水雹霜碱、水虫风雹

① 《明神宗实录》卷八〇，万历六年十月。
② 《清高宗实录》卷一四五七，乾隆五十九年七月下。
③ 《清德宗实录》卷五九，光绪三年十月上。

（续）

多灾类型	明代	清代
五灾并发		水旱雹霜风、水旱风霜虫、水旱风雹虫、水旱风潮虫、旱风潮虫沙、旱风虫碱雹、水雹霜风虫
六灾并发		水旱虫风雹碱、水旱虫风雹潮、水旱霜雹虫螣

资料来源：《明实录》《清实录》。

在明清时期的 543 年间，局部地区多灾并发的次数也十分频繁，共发生了 818 次，平均每年发生 1.5 次。其中明代为 173 次，占 21%，清代为 645 次，占 79%。

在多灾并发中，以二灾并发的次数最多，共有 599 次，占多灾并发总次数的 73%，其中又以水旱并发占第一位，共 328 次，占二灾并发次数的 55%。在 328 次水旱并发灾害中，明代为 101 次，占 30%，清代为 227 次，占 70%，比明代高出 1 倍以上，表明清代的自然灾害要比明代严重得多。

清代的水旱并发灾害所涉及的地区很广，包括直隶、山东、河南、甘肃、陕西、山西、江苏、安徽、浙江、江西、湖南、湖北、四川、广西、云南 15 行省，其中以江苏、安徽二省最为严重，前者发生 47 次，后者发生 44 次，长江下游成为水旱并发的多发区。

据统计，在清前期，即从顺治到嘉庆朝的 176 年中，共发生水旱并发灾害 37 次，平均 4.8 年发生 1 次，清后期即从道光到宣统朝的 91 年中，共发生 190 次，平均每年发生 2 次。说明清后期的自然灾害比清前期严重（表 1-11）。

表 1-11 清代水旱并发情况统计

年代	水旱并发地区及为害范围
顺治十二年（1655）	浙江（6）
康熙六十年（1721）	直隶（22）
乾隆五年（1740）	甘肃（2）
乾隆九年	浙江（31）安徽（15）
乾隆二十三年	江苏（23）江西（11）
乾隆三十年	江苏（5）江西（6）
乾隆四十年	江苏（47）
乾隆四十三年	江苏（34）湖北（48）安徽（34）
乾隆四十五年	江苏（8）
乾隆四十六年	湖北（17）安徽（24）
乾隆四十七年	安徽（16）江苏（22）

（续）

年代	水旱并发地区及为害范围
嘉庆二年（1797）	安徽（7）
嘉庆七年	湖北（30）安徽（15）
嘉庆八年	江苏（15）
嘉庆十年	甘肃（14）
嘉庆十一年	直隶（7）甘肃（13）
嘉庆十四年	安徽（16）
嘉庆十六年	直隶（16）江苏（23）
嘉庆十七年	山东（53）河南（12）安徽（9）
嘉庆二十一年	安徽（6）
嘉庆二十四年	江苏（45）安徽（10）
嘉庆二十五年	安徽（29）江苏（1）浙江（33）
道光元年（1821）	江苏（34）安徽（32）
道光二年	安徽（7）
道光三年	安徽（19）江苏（42）
道光四年	安徽（24）湖北（15）
道光五年	直隶（9）江苏（18）湖北（13）安徽（13）陕西（3）
道光六年	江西（3）河南（7）
道光八年	江苏（32）河南（1）
道光九年	安徽（22）江苏（33）甘肃（15）
道光十年	甘肃（14）直隶（12）山东（23）湖北（11）直隶（31）安徽（28）江苏（39）
道光十一年	安徽（42）
道光十二年	山东（34）安徽（39）湖北（26）江西（12）浙江（21）
道光十三年	安徽（41）
道光十四年	湖北（26）安徽（34）
道光十五年	湖南（13）湖北（32）安徽（36）浙江（33）江苏（58）
道光十六年	安徽（32）直隶（12）山东（57）
道光十七年	安徽（37）江苏（48）
道光十八年	安徽（34）河南（11）湖北（22）
道光十九年	直隶（29）江苏（61）
道光二十年	安徽（42）江苏（64）浙江（4）

（续）

年代	水旱并发地区及为害范围
道光二十一年	江西（23）
道光二十二年	安徽（38）河南（33）江苏（55）
道光二十三年	湖北（24）安徽（37）江苏（59）
道光二十四年	湖北（29）安徽（38）江苏（58）
道光二十五年	安徽（35）湖北（25）河南（26）江西（25）
道光二十六年	河南（43）湖北（27）浙江（44）
道光二十七年	河南（13）江西（21）湖北（27）安徽（39）江苏（51）浙江（15）
道光二十九年	安徽（24）江西（21）
道光三十年	山东（48）湖北（30）安徽（46）
咸丰元年（1851）	安徽（34）
咸丰二年	湖北（28）安徽（38）江西（5）江苏（55）
咸丰五年	浙江（1）湖南（8）江苏（63）安徽（20）
咸丰六年	湖南（11）河南（15）
咸丰七年	江苏（70）河南（55）
咸丰九年	河南（53）直隶（52）江苏（58）湖北（9）浙江（51）
咸丰十一年	浙江（33）
同治二年（1863）	湖南（15）河南（75）湖北（20）
同治三年	江苏（67）江西（19）湖北（18）
同治四年	安徽（27）浙江（45）江苏（28）河南（66）山东（11）
同治五年	安徽（40）江西（29）湖北（24）
同治六年	安徽（29）江西（23）湖北（22）江苏（28）河南（79）
同治七年	陕西（9）湖北（22）
同治八年	江苏（36）河南（62）
同治九年	江西（35）直隶（19）河南（71）江苏（35）
同治十年	江西（27）江苏（29）
同治十一年	江西（26）河南（73）
同治十二年	江苏（36）河南（77）
同治十三年	湖南（9）
光绪元年（1875）	江苏（36）
光绪三年	江西（35）湖北（26）
光绪四年	江西（26）湖北（25）

年代	水旱并发地区及为害范围
光绪五年	江西（28）江苏（36）湖北（27）
光绪七年	安徽（1）湖北（25）河南（87）
光绪九年	河南（85）湖北（24）
光绪十一年	江苏（36）湖北（26）
光绪十二年	江西（31）江苏（36）湖北（25）
光绪十三年	江西（30）江苏（35）湖北（25）安徽（4）
光绪十四年	浙江（1）湖南（1）河南（81）
光绪十五年	江西（16）
光绪十七年	江苏（36）
光绪十九年	江苏（34）安徽（1）浙江（69）山西（18）河南（54）
光绪二十年	安徽（1）
光绪二十一年	湖南（3）广西（1）
光绪二十二年	湖北（28）
光绪二十四年	湖北（22）
光绪二十六年	四川（26）（33）
光绪二十七年	湖北（29）
光绪三十年	湖北（33）湖南（2）江苏（1）云南（3）
光绪三十一年	湖北（25）
光绪三十二年	江西（26）山东（93）
光绪三十三年	江西（26）云南（3）江苏（33）
光绪三十四年	云南（4）江苏（30）

注：括弧中的数字为水旱并发灾害的州县数。

资料来源：《清实录》。

（三）大范围灾害频繁出现

明清时期自然灾害不断加剧的又一表现是大范围的灾害频繁出现，在灾害到来时，往往危及十几个、几十个甚至上百个州县。

大面积的灾害在史籍记载中为数不少。据《明实录》记载：

（明宣德三年，即 1428 年）顺天府丰润、玉田、平峪、昌平、东安、密云、怀柔七县，涿州房山县，通州潞、三河二县，河间府河间、静海、献、任丘、肃宁五县，真定府深州及晋州饶阳、元氏、高邑三县，保定府祁州及雄、完、蠡、定兴、清苑、博野、容城、安肃、满城、新城十县，安州新安县，易州涞水县，永平府滦州及卢龙、昌黎、安迁三县，大名府开州及长垣、南乐、浚、清丰、滑、魏六县，广平府成安县，……各奏：今年五、六月苦雨，山水泛涨，冲决堤埂，淹没田稼。①

（明宣德三年，即1428年）河南开封之郑州、祥符、陈留、荥阳、荥泽、阳武、临颍、鄢陵、杞、中牟、洧川十县，……今年七月、八月久雨，江水泛溢，低田悉淹没无收。②

（明正统十一年，即1466年）顺天府、应天府，直隶河间、保定，苏州、松江、常州、镇口、太平、宁国、池州，九江府，浙江杭州、湖州、嘉兴三府，河南卫辉、开封二府，今年五月六月，天雨连绵，淹没田苗，漂流居民、庐舍、畜产。③

（明景泰七年，即1456年）山东济南等六府，武定、商河等六十四州县，今年水灾。④

（明天顺四年，即1460年）顺天府香河县，直隶深、赵、徐、通、六安等州，肥乡、隆平、武强、桃源、含山、当涂、芜湖、繁昌、宣城、泰兴、仪真、全椒、怀宁、桐城、潜山、太湖、宿松、贵池、上海、华亭、宜兴、嘉定、秀水、嘉善；湖广景陵、桃源、武陵、龙阳、沅江、公安、宜城、嘉鱼、京山、监利、南漳、江陵等县；河南钧、裕、邓、磁等州，太康、襄城、柘城、鹿邑、阳武、新郑、舞阳、鲁山、内乡、镇平、南阳、新野、泌阳、临漳、汤阴、河内、修武、温安、阳孟、登封等县，……凤阳，直隶建阳、镇江、寿州、徐州、安庆、扬州，河南颍州、南阳；湖广沔阳，安陆等卫俱奏：五六月大水伤稼，秋粮子粒无征。⑤

清代的情况也是如此：

（清雍正三年，即1725年）山东历城等四十三州县，德州等五卫，今岁被水，收成歉薄。⑥

（清乾隆二十六年，即1761年）赈贷河南祥符、陈留、杞县、通许、尉氏、洧川、鄢陵、中牟、阳武、封丘、兰阳、仪封、郑州、荥泽、河阴、汜水、宁陵、鹿邑、虞城、睢州、考城、柘城、安阳、汤阴、临漳、

① 《明宣宗实录》卷四五，宣德三年十月。
② 《明宣宗实录》卷四七，宣德三年九月。
③ 《明英宗实录》卷一四三，正统十一年七月。
④ 《明英宗实录》卷二七三，景泰七年十二月。
⑤ 《明英宗实录》卷三一九，天顺四年九月。
⑥ 《清世宗实录》卷三九，雍正三年十二月。

内黄、汲县、新乡、辉县、获嘉、延津、滑县、濬县、河内、济源、修武、武陟、孟县、温县、原武、洛阳、偃师、巩县、孟津、宜阳、渑池、新野、淅川、淮宁、西华、项城、沈丘、太康、扶沟等五十四州县本年水灾贫民，并豁免漂失仓谷。①

光绪二十一年（1895），直隶水灾，遭灾的县达 102 个②，这是明清时期面积最大的一次大范围水灾。

旱灾的情况也同样严重：

（明宣德元年，即 1426 年）湖广常德府武陵县，汉阳府汉川县，武昌府江夏、嘉鱼、蒲圻、大冶四县，荆州府江陵、监利、石首、松滋、公安、枝江六县，岳州府华容、平江二县，澧州安乡县，长沙府长沙、湘潭、湘阴、善化、益阳、浏阳六县，六七月以来亢旱不雨，禾稼尽伤。③

（明宣德三年，即 1428 年）山西平阳府蒲、解、隰、绛、吉、霍、泽、潞八州，河津、临汾、翼城、曲沃、太平、万泉、岳阳、乡宁、浮山、绛、襄陵、赵城、闻喜、芮城、石楼、荣河、汾西、猗氏、蒲、洪洞、垣曲、临晋、稷山、大宁、安邑、平陆、永和、灵石、夏、沁水、阳城、陵川、黎川三十三县自去年九月不雨，至今年三月麦豆焦枯，人民缺食。④

（明宣德三年，即 1428 年）直隶真定府赵、定、翼三州，真定、平定、获鹿、井陉、阜平、栾城、藁城、灵寿、无极、元氏、曲阳、行唐、新河、隆平、高邑、赞皇、临城、新乐十八县，顺德府平乡、内丘、唐山、沙河、钜鹿五县，广平府肥乡、邯郸、永平三县，自去年十月至今夏不雨，麦苗枯死无收。⑤

（明宣德八年，即 1433 年）应天府上元、江宁二县，太平府当涂县，松江府所属二县，苏州府所属七县，淮安府安东、清河、盐城、山阳、桃源五县，扬州府高邮州及宝应、兴化二县，凤阳府定远县，徐州萧、沛、砀山三县，顺天府霸州、真定、平山，广平府肥乡县，大名府清丰、南乐、濬、滑四县，今年春夏不雨，河水干涸，禾麦焦枯。⑥

---

① 《清高宗实录》卷六四五，乾隆二十六年九月下。
② 《清德宗实录》卷三五八，光绪二十一年正月上。
③ 《明宣宗实录》卷二二，宣德元年十一月。
④ 《明宣宗实录》卷四二，宣德三年闰四月。
⑤ 《明宣宗实录》卷四三，宣德三年五月。
⑥ 《明宣宗实录》卷一○三，宣德八年六月。

清代遭旱的地区比明代更严重，范围更大：

（清顺治九年，即 1652 年）江南、江北、江西、湖广、浙江大旱。①

（清康熙六十年，即 1721 年）直隶、山东、河南、山西、陕西旱。②

（清乾隆五十一年，即 1786 年）安徽怀宁，桐城等五十九州县，旱灾。③

（清乾隆五十九年，即 1794 年）直隶保定、顺天、河间、正定、大名等府一百七州县，去冬今春雨雪稀少，高阜处所，难望有收。④

像上面所述的大面积自然灾害，在明清时期出现得十分频繁。据对《明实录》《清实录》中自然灾害的统计，明代的大范围灾害⑤为 770 次，占灾害总数的 14.6％，清代为 1 701 次，占灾害总数的 27.1％。从大范围受灾的情况，也可以看出明清时期自然灾害的严重。

（四）东南沿海地区成为灾害的多发区

明清时期自然灾害的分布也带有明显的特点，即主要分布在两河（黄河、淮河）一江（长江）地带，在这一地带中又以沿海地区更为集中。在北方，灾害发生最多的省份是直隶和山东；在南方，灾害发生最多的省份是江苏和安徽。这一分布特点，在明清时期的 500 多年间，基本没有变化（表 1-12）。东南沿海地区是中国主要的产粮区，也是中国经济最发达的地方，自然灾害的频繁发生严重影响了这一地区农业生产的发展。

虽然历史文献关于自然灾害的记载存在详内地、略边远以及一些灾害被遗漏等问题，但从总体上看，明清时期这一灾害分布的特点是可以相信的。

表 1-12　明清时期自然灾害的地区分布

单位：次，％

省别	明代		清代	
	灾次	占总灾次的比重	灾次	占总灾次的比重
直隶	921	18.0	805	15.0
山东	497	9.7	633	11.8
河南	446	8.7	361	6.7

---

① 《清世祖实录》卷六七，顺治九年八月。

② 《清圣祖实录》卷二九三，康熙六十年五月。

③ 《清高宗实录》卷一二五一，乾隆五十一年三月下。

④ 《清高宗实录》卷一四五一，乾隆五十九年四月甲戌。

⑤ 统计标准：凡在一省内，危及 10 个（含 10 个）以上县或 3 个（含 3 个）以上府的灾害，定为大范围的灾害。

（续）

省别	明代		清代	
	灾次	占总灾次的比重	灾次	占总灾次的比重
山西	423	8.2	312	5.8
陕西	438	8.5	380	7.1
甘肃	94	1.8	361	6.7
江苏	666	13.0	543	10.1
浙江	264	5.1	358	6.6
安徽	424	8.3	448	8.3
江西	158	3.0	228	4.2
湖北	237	4.6	276	5.1
湖南	75	1.4	199	3.7
四川	150	2.9	40	0.7
福建	88	1.7	107	2.0
广东	94	1.8	89	1.6
广西	39	0.7	47	0.8
云南	62	1.2	137	2.5
贵州	29	0.5	18	0.3

注：清代各省自然灾害中的雪灾、低温、兽疫、沙尘暴未统计在内。

资料来源：《明实录》《清实录》。

第二章　明代及清前期的农业
生产关系与农业政策

第一节　农业生产关系的变化

一、地权关系的变化

（一）明代土地占有关系的演变

经过元末农民战争对地主势力的打击，明前期农村中的土地占有关系发生了较大变化，自耕农及其占有的土地数量增加，地主土地所有制在一定程度上被削弱了。但是这种状况并未维持很久。从明中期起，随着地主特别是皇室、勋戚及缙绅特权大地主势力的扩张，大量自耕农及其他农民小土地所有者再次失去土地，封建地主土地所有制重新主宰了农村社会。土地兼并和集中的趋势从明中期到明后期不断发展，愈演愈烈，终于导致明末农民大起义的爆发和明王朝的覆灭。

1. 明前期的土地占有关系　明前期土地占有关系的变化是元末农民战争的直接后果之一。这场前后历时17年的农民大起义极其沉重地打击了元代地主势力，使昔日占有最大量土地的元蒙贵族、官僚及富豪大地主或死或逃，剩余的也元气大伤，从而为土地占有关系的调整创造了必要的历史前提。明初，面对全国大部分地区土地荒芜、人丁死逃的残败局面，统治者从重建社会秩序、恢复生产和赋役剥削的统治需要出发，实行了鼓励垦荒和利用政权力量移民屯垦的政策。通过垦荒，大量农民获得土地，元末土地高度集中的状况有了很大程度的改变。

为了推进垦荒，明初政权从一开始就强调垦出的荒田归耕者所有，并给予一定年限内免除赋役征派的优惠。洪武元年（1368），朱元璋在大赦天下诏中规定：荒芜田土"许民垦辟为己业,免徭役三年"①。洪武三年,下令将北方郡县近城荒地分给无地之人耕种,每户15亩,另给菜地2亩,有余力者不限顷亩,皆免三年租税。② 洪武十三年诏:"陕西、河南、山东、北平等布政司及凤阳、淮安、扬州、庐州等府民间田土,许尽力开垦,有司毋得起科。"③ 洪武二十八年再诏:"山西、河南开荒田地永不起科。"④ 为防止富有者兼并多占田土,洪武四年下令:"若兼并之徒多占田以为己业,而转令贫民佃种者,罪之。"⑤ 洪武五年诏:回乡地主"止许尽力耕种到顷亩以为己业"⑥。洪武二十四年再次强调垦荒"惟犁到熟田方许为主","不许过分占为己业"。⑦ 这些政策,不但有利于尽快垦辟荒田,而且也在相当程度上防止了"兼并之徒"利用开荒大规模占田,从而有利于普通人民通过垦荒成为自耕农小土地所有者。

利用政权的力量移民屯垦也是明初为加速垦荒,以实现劳动者与土地重新结合而采取的重要措施之一。所谓移民屯垦,就是将"地狭民众,细民无田以耕"地方的贫民或降卒、降民、罪谪官吏以及政府欲削弱其势力的江南富民等有组织地迁徙到地旷人稀地方,计丁授田并官给牛种,令其开荒耕种。史载:洪武三年(1370)六月,徙江南苏州、松江、嘉兴、湖州、杭州五郡"民无田者"4 000余户往临濠(即朱元璋的家乡凤阳)开荒屯田。之后,又多次组织移民到该地屯种,前后移民总数不下20万(包括强行迁徙的江南富民及罪谪官吏人等),其中最多的一次从江南移充了14万口。其他如南直隶的泗州、涂州、和州、庐州、淮安、扬州等地,北直隶各府州,山东及河南的东昌、临清、漳德、卫辉、开封、归德等府州,也都是洪武、永乐等朝移民填实的重要地区。移民一般由官府补贴路费,贷给耕牛、农具、种子等必要的生产资料,并免除三年赋役。土地的分配,视各地土地闲旷情形而定。官定常例为每户给50亩⑧,但土旷的地方也有多于常例,达到每户给80亩、100亩的⑨。移民屯垦即民屯,不同于军屯。军屯土地是国有土地,在其上耕种的屯卒是被束缚于国有土地上,对国家负有劳役义务的国家佃农。而民屯屯民虽聚居为"屯",单编里甲,与当地土著的"乡""社"聚落相区别,但其所耕种的土

---

① 《明太祖实录》卷三〇,洪武元年八月己卯。

② 《明太祖实录》卷五三,洪武三年六月丁丑。

③④⑦ 万历《大明会典》卷一七《户部·田土》。

⑤ 《明太祖实录》卷六二,洪武四年三月壬寅。

⑥ 《明典章》,洪武五年五月诏。

⑧ 如北直隶景州、隆庆州、保安州等地及顺天府的明初移民屯垦都是每户授田50亩(分见乾隆《景州志》卷四、嘉靖《隆庆州志》卷一、康熙《保安州志》卷二、《明太宗实录》卷二一)。又《明宣宗实录》卷五一载:"(宣德四年)凡迁民一户,例拨荒田五十亩。"

⑨ 如凤阳府授移民田每户80亩(天启《凤阳新书》卷六),大名府授移民田人各100亩(康熙《魏县志》卷一)。

地实际是私有的，其负担赋役的情况也与土著民户相同。故民屯所造就的，实际上是自耕农小土地所有者。

在鼓励民间垦荒及利用政权力量移民屯垦之外，明初还推行过军屯和商屯两种垦荒方式，都是为了养军。但就所开垦土地的数量来说，军屯和商屯在明初的垦荒中不占主要地位。明初的垦荒，主要是通过民间垦荒和移民屯垦来进行的。

明初垦荒所垦辟土地的数量没有精确的统计，但可以估计一个大概的规模。据实录记载，在洪武朝，从洪武元年到十六年（1368—1383），全国总计垦田 180 万余顷①。这个数字里面可能会有地方虚报的成分，但同时这个数字也不是这一时期垦田面积的完整统计②。将虚报与漏报扯平并考虑到洪武朝前半期的垦田规模，"180 万余顷"这个数字即使比实际垦田数大，也应该不是太离谱。洪武后半期乃至永乐时期，各地的垦荒仍具相当规模。明初的垦荒，前后延续了五六十年，大约到宣德时期才基本结束。考虑到洪武十六年以后的后续垦荒，假定又垦出了 70 万顷，那么到宣德时期为止的明前期全国垦田数量应有 250 万顷左右。按照当时的垦荒规模，这是完全可能的。这些土地，如上所说，主要是通过民间垦荒和移民屯垦开垦出来的，因此其土地占有关系应基本是自耕农小土地所有制。

那么，自耕农小土地所有制在明前期的全部土地占有关系中处于一种什么地位呢？这需要联系当时的耕地总数才能估计。

明代官方文献关于全国在册田地面积的记载，洪武时期的数字在《明实录》里只有两处，即《明太祖实录》卷一四〇记洪武十四年（1381）"天下官民田" 3 667 715 顷余；卷二一四记洪武二十四年"天下官民田地" 3 874 746 顷余。洪武时期以后，建文至永乐时期（1399—1424）的数字文献失载。从仁宗洪熙元年（1425）起，《明实录》开始有历朝田地数的详细记录，嘉靖朝以前并系逐年记载③。按照明代历史的发展进程，仁宗、宣宗两朝仍可算作明前期。据《明宣宗实录》（记载仁宗洪熙元年至宣宗宣德九年数字）和《明英宗实录》（记载宣德十年数字），洪熙至宣德总计 11 年间历年田地数，最低为宣德二年（1427）的 3 943 343 顷余，最高为宣德四年的 4 501 565 顷余，平均约为 4 203 246 顷。此外，记载明初田地数的原始文献还有洪武二十六年（1393）

---

① 梁方仲：《中国历代户口、田地、田赋统计》，乙表 28《明实录中关于洪武朝增垦田亩数的记载》，上海人民出版社，1980 年，331 页。

② 在《明太祖实录》记载的洪武元年至十六年历年垦田数字中，缺洪武五年、十一年、十四年和十五年共计 4 个年份的数字。此外，有些年份的数字只是部分地区数字，而不是全国性的统计数字。

③ 从嘉靖朝起，《明实录》的田地数不再是逐年的完整记录（《明穆宗实录》记隆庆元年至五年的田地数是完整的），甚至万历朝只有万历三十年一年的田地数。

三月奉敕编纂完成的《诸司职掌》，其所记数字与实录所记数字不同："十二布政司并直隶府州田土总计八百四十九万六千五百二十三顷零。"

以上关于明前期全国田地数的原始记载，《诸司职掌》的洪武二十六年数与实录所载前后相近年份的数字相差一倍甚至更多，这是十分奇怪的。然而由于《诸司职掌》是敕修政书，具有权威地位，这个数字历来少受怀疑，相反还被广泛征引传播。弘治、正德时第一次纂修《大明会典》，即原封移录此数。后来万历《大明会典》《后湖志》《续文献通考》《图书编》《明书》《明会要》《罪惟录》《明史稿》《明史》等有关明代典章和历史的权威书籍又都照载不误。近代研究者或明史编撰者多引用此数作为明初垦田成绩的证明。然而，源自《诸司职掌》的这个 800 多万顷的田地数字毕竟与其他文献所记载的数字相去悬殊，如实录所载万历以前时期的田地数字，除了《明孝宗实录》所记成化二十三年至弘治十七年（1487—1504）各年数为 800 多万顷，一直都是只有 400 多万顷，而《明孝宗实录》所载的田地数字历来很少有人相信并引用①。所以，如果肯定《诸司职掌》洪武二十六年 800 余万顷这个数字，就必须对此数与其他书记载的那些田地数字之间的巨大差异做出解释。

实际上，早在明代就已有人试图对不同年份数字之间的差异做出合理化的解释。最著名的是嘉靖初霍韬奉命重修《大明会典》时所上奏章的说法：洪武时全国田土 849 万余顷，到弘治十五年（1502）册载数仅余 422 万余顷（按，此为正德《大明会典》数），其间的差距如非因"册文之讹误"，必是由于国初"额田"有一部分到后来"拨给于藩府""欺隐于猾民"或"荒据于寇盗"的原因②。霍韬的解释后来为《明史·食货志》所引用，近代许多研究者也都深信不疑，于是洪武和弘治时期田地数字一高一低的差别就被研究者看作明中期以后豪强兼并及大量隐匿田地的证明。这种解释当然有一定道理，豪强的兼并、隐匿导致册载田地失额的现象在明中期肯定是存在的。但是，如上文所说，根据实录记载，洪武以后的田地数字并不是到 100 年后的弘治朝才发生变化，而是早从洪熙宣德时期起，就已经是 400 多万顷了。就是说，如果洪武时期以后的田地数字锐减是由于豪强兼并、隐匿田地所造成的，那也只是洪武二十六年以后短短二三十年时间内发生的事，这怎么可能？此外，兼并隐匿说也不能解释《诸司职掌》所载洪武二十六年数与实录所载洪武十四年、二十四年两年数之间的差别：在如此短暂的时间内田地数字发生如此巨

---

① 孝宗朝的田地数，正德《大明会典》记载弘治十五年（1502）为 422 万余顷，《万历会计录》及万历《大明会典》等书记载的同年数为 622 万余顷。此两种记载较多为后人引用。《明孝宗实录》的数字应属记载错误，因为孝宗甫即位田地数就由成化末年的 400 多万顷增加到 800 多万顷是不可能的。明代田地在洪武时期以后长期没有丈量，上报的土地数字不过是在原有基础上略加增损，一旦出错往往要延续一段时期才能加以纠正，弘治时期的情况大约就是如此。

② ［明］霍韬：《霍文敏公全集》卷三上《修书疏》。

大的变化，在正常情况下无论如何是不可能的。

近代以来，一些学者又试图提出新的解释，但大多是在两种数字的统计口径或计量单位不同上做文章。如日本学者清水泰次提出的田、地、山、荡四类土地与田、地两类土地说①，藤井宏提出的已垦田和待垦荒田都在内与只统计黄册所登录的赋役额田说②，以及中国学者顾诚提出的民政与军政两种土地管理制度说③，都是认为统计口径不同；梁方仲提出的大亩、小亩说④，则是从计量单位上找原因。这些解释，除了清水泰次的说法早经藤井宏指出完全站不住脚，其他虽不能说没有一点道理，但是也都存在许多漏洞，有许多难以解决的矛盾，同时也缺乏充分的史料证明。

其实，早在明代霍韬的奏疏里，就已经提到了另一种可能性，即"册文之讹误"。《诸司职掌》所记载的洪武二十六年数字问题是相当大的。最明显的是其所记湖广布政司田地面积 220 万余顷、河南布政司田地面积 144 万余顷、南直隶凤阳府田地面积 41 万余顷，都高得令人难以置信。如湖广田地，《诸司职掌》所载数字比当时的浙江、江西、福建、广东、四川、山东 6 个布政司的田地面积之和（约计 216 万余顷）还要多出几万顷，这显然是不可能的。清代湖广地区的开发程度远高过明初，然而直到清盛世的乾隆时期，该地区的册载田地面积也还不到 90 万顷⑤。20 世纪 80 年代，湖北、湖南两省耕地面积加起来才 106 万顷，尚不及《诸司职掌》所载明初田地面积的一半。河南田地面积，清乾隆中期为 73 万余顷，《诸司职掌》所载数字比之高出一倍；凤阳府田地面积，清嘉庆二十五年（1820）时为 9 万余顷，《诸司职掌》所载数字比之高出 3.5 倍⑥。与正德《大明会典》所记弘治十五年数相比，《诸司职掌》所载的湖广、河南及凤阳府田地面积分别要多出 196 万余顷、103 万余顷和 35 万余顷。此外，《诸司职掌》所载的广东布政司田地面积（23 万余顷）也比正德《大明会典》所载数字（7 万余顷）多出 16 万余顷。如果按照正德《大明会典》的上述 4 处数字修正《诸司职掌》数字，那么洪武二十六年的田地面积就不是约 850 万顷，而是只有 498 万顷左右了。可见，《诸司职掌》数字是难以令人相信的。这个数字，很可能就是"册文之讹误"

---

① 〔日〕清水泰次：《明代の田地面积について》，（日本）《史学杂志》大正十年（1921）7 月号。

② 〔日〕藤井宏：《明代田土统计に关する一考察》，（日本）《东洋学报》，1944 年 30 卷 3、4 号，1947 年 31 卷 1 号。

③ 顾诚：《明前期耕地数新探》，《中国社会科学》1986 年 4 期。

④ 梁方仲：《中国历代户口、田地、田赋统计》，上海人民出版社，1980 年，338 页。

⑤ 乾隆三十一年（1766）湖北田地面积为 56 万余顷，湖南为 31 万余顷，见《清朝文献通考》卷四。

⑥ 河南田地面积 73 万余顷为乾隆三十一年（1766）数，见《清朝文献通考》卷四；凤阳嘉庆二十五年（1820）田地面积 9 万余顷，见嘉庆《重修大清一统志》。

的结果。当然，究系何种讹误，我们无法推断。

基于上述判断，在未能发现充分材料证明《诸司职掌》所载的洪武二十六年田地数确有根据前，我们宁可相信《明实录》的记载，即洪武末全国在册官民田地约为 380 多万顷，此后再经过进一步开垦，到洪熙宣德时期达到 400 多万顷。考虑到还有不在册的隐匿及漏报情况，明前期的实际田地面积，按照高限可以估计为 500 万顷左右。如果这个估计不是特别离谱，那么前文估计的明前期 250 万顷垦荒面积约占此数的 50%。当然，这 250 万顷土地不会全是自耕农所有制，但另外 250 万顷非垦荒地上也还有自耕农的土地，所以扯平计算，可以大致估计明前期自耕农所有土地约占全部耕地面积的一半左右。以上是就官、民田地一起计算的情况，若单算民田（自耕农所有制都在民田上），那么自耕农所有土地占的比例还要更大一些①。需说明的是，上述估计是就全国情况而言的，具体到某一地区，情况不会完全一样。如在经过大规模垦荒的北方地区，自耕农土地所有制的比例会比全国平均数更高一些；而在南方，特别是在富民较多、官田较多的江南地区，自耕农土地就不一定会占到上面估计的比重。

明前期六七十年间是自耕农经济发展的黄金时期。如上所述，这一时期自耕农经济的发展是与明初垦荒屯田，农村中土地产权关系重构相联系的。明初统治者大力推行垦荒和屯田，承认垦荒农民的土地所有权，限制豪强兼并多占，归根到底是为了把农民束缚在小块土地之上，以建立新王朝赋役剥削的基础。为了征发赋役，保证新王朝的正常运转，朱元璋在推行垦荒政策的同时，还下大力气实行黄册制度。黄册是在洪武初年户帖基础上发展起来的一种以登录人户丁口、资产（土地）为主要内容的赋役册籍，初次编制于洪武十四年（1381），以后每 10 年重编一次。在黄册制度下，民户按里、甲组织起来，每里 110 户，以丁粮多的 10 户为里长，其余 100 户分为 10 甲，每甲 10 户。每里之内，国家岁役里长一人、甲首十人（每甲一人），"董一里一甲之事"。里长、甲首轮值先后均按各户丁粮多寡排定顺序，"凡十年为一周，曰排年"。黄册编法，"里编为册，册首总为一图；鳏寡孤独不任役者附十甲后为畸零，僧道给度牒，有田者编册如民科，无田者亦为畸零"。册成之后，一式四份，户部及布政司、府、县各一份。其中上户部者册面为黄纸，故曰"黄册"②。很明显，这种制度是以大量的自耕农小土地所有者的存在为基础的，没有了这些有家有业的小农户，封建国家是无法建立和推行这样一套制度来征发赋役的。反过来，明初建立起来的黄册制度也保护着自耕农经济，因为在黄册制度下，

---

① 在正德《大明会典》所载的弘治十五年 422 万余顷田地数中，官田约为 59 万多顷，民田约为 363 万顷，分别占总数的 14% 和 86%。按此比例计算，在明前期 500 万顷耕地中，民田约为 430 万顷，自耕农所有制土地在其中占 58.1%。

② 以上叙述参见《明史》卷七七《食货志》一。

"有版籍之丁，则系以口分、世业之田，田有定而丁有登降，田虽易主而丁不能改其籍"，"民知无田而丁自若，则益保守其世业之田，……而籍外之人虽豪有力，不能横入其里而鱼肉之"①。

但是，自耕农小土地所有制的发展只维持了几十年。在中国封建土地制度下，由于土地可以依靠经济或者政治的手段进行流通，土地的兼并集中是社会发展的常态。明中期以后，地主势力的扩张又逐渐形成规模，明初得到土地的许多农民随之重新失去土地，从而开始了新一轮的农村地权关系重组。

2. 明中期以后土地兼并集中的发展与土地占有关系的变化　明中期以后，土地兼并集中的发展是以皇室、勋戚及官僚缙绅特权大地主势力的膨胀为标志的。明代，皇室占有皇庄（官庄），分封诸王、勋戚和依附于皇权的一部分权势宦官也都各有庄田，即所谓王府庄田（王庄）、勋戚庄田和宦官庄田。贵族地主之外，各级现任及致仕回乡官员，一部分取得了进士、举人、监生、贡生、生员资格的士人，也占有大量土地，成为缙绅地主。贵族地主和缙绅地主都是身份性的权势地主，拥有政治、经济上的种种特权。他们凭借其权势和特权，巧取豪夺，是明代兼并土地最烈、拥有土地最多的特权大地主集团。

皇庄正式出现于天顺八年（1464）。是年英宗去世，宪宗即位，"以没入曹吉祥地为宫中庄田，皇庄之名由此始"②。最初仅在顺义县设庄一处，成化、弘治时渐增。据户部尚书李敏弘治二年（1489）奏报，"畿内之地，皇庄有五，共地一万二千八百余顷"③。尤其在正德年间，皇庄迅速扩充，到正德九年（1514）达到30余处，"占地三万七千五百九十五顷四十六亩"④。世宗继位后，迫于舆论，曾派夏言等到顺天府查勘皇庄，并采纳其建议"尽削皇庄及各宫庄田之名"，"一切改为官地"。⑤虽然在形式上进行了调整，但实际上皇庄一直存在，由太监征收皇庄子粒的办法直到明亡也未改变。皇庄土地，最初是抄没田及草荡，以后扩充，大部分是强占民间田地。

王庄的出现较皇庄为早。洪武永乐时期，已有分封藩王赐田事例。洪熙时期

---

①　［清］洪懋德：《丁粮或问》，见［清］陈梦雷、蒋廷锡等编：《古今图书集成·经济汇编·食货典》卷一五二《赋役部·艺文五》。

②　《明史·食货志》。按，这仅是就皇庄之名而言。若论其实，早在永乐时已有皇家私属土地，因为朱棣为燕王时，就在宛平县建有王庄（见［明］沈榜《宛署杂记》卷七），待他做了皇帝，其私属王庄也就成为最早的皇庄。后来又陆续建有仁寿、清宁、未央等宫庄，均系皇庄性质，其中仁寿宫庄亦建于永乐年间。清宁、未央二宫庄建立年代不详，一说当在宣德时。

③　《明孝宗实录》卷二八。

④　［明］夏言：《勘报皇庄疏》，见［明］陈子龙等辑：《明经世文编》卷二〇二《夏文愍公文集一》。

⑤　［明］夏言：《夏桂洲先生文集》卷一三。

以降，更是赐田成风。根据实录统计，从洪熙元年到万历四十二年（1425—1614），各朝赐给诸王田地有明确数量记载的共计 36 起，涉及 20 余人，赐田总数 1 296 万余亩。这当然不是明代王庄土地的全部，因为明代各地藩王有 50 余人，实录所记不足其半数；就是实录所记，有些也因无明确亩数而无法统计。据王毓铨先生研究，仅在清初作为"更名田"处理的各省明朝藩产就达 20 万顷以上①。"更名田"只是明代王府庄田的一部分，明代王庄的数量，当然更远过于此。王府获赐土地，一般均有数千顷，多者数万。如嘉靖时景王（世宗第四子）就藩湖广德安，赐湖广、河南州县田地湖陂山荡约 4 万顷②。后因景王无嗣，封除，这 4 万顷土地又被神宗改赐给潞王（神宗弟）。万历四十二年，神宗爱子福王常洵就藩于洛阳，行前奏讨庄田 4 万顷，神宗悉数应允，后经群臣力争，才减半赐予，河南田不足，"取山东、湖广田益之"③。熹宗天启时，福王的三个弟弟端王常浩、惠王常润、桂王常瀛也各赐田 3 万顷，只是因旨拨田各州县已无田可拨，才未达到这个数字。除了就藩时的封赐，一些藩王还通过不断"奏讨""请乞"，即向皇帝要求某处田地，来扩大庄田。如成化初德王就藩济南时，宪宗先分别赐给山东寿光等县地 4 100 余顷、直隶广平府清河县地 700 余顷，后又准其奏讨，将章丘县白云湖、景阳湖、广平湖三湖地赐予，其中仅白云湖地就有 540 顷。成化二十三年（1487），又乞请得到新城、博兴、高苑三县水淀地 400 余顷④。这些土地，既有官地，也有大量民田。特别是那些先经投献，然后王府请乞获赐的土地更是如此。如成化初德王就藩时所奏请获赐的广平府清河县 700 余顷土地中，便"多系民人开垦成熟并办纳粮差地亩，被奸民妄作退滩空地，投献本府，奏准管业"。

勋臣、戚畹以及宦官也都获赐大量庄田。早在明初，朱元璋就赏赐勋贵田地以酬报他们为建立明朝所做出的贡献。其时，"勋臣、公侯、丞相以下庄田，多者百顷"⑤。正统以后，勋戚宦官赐田及请乞田地几成通例。如正统时钦赐太后父亲会昌伯孙忠永清、宝坻二县地 2 400 余顷，天顺时英国公张懋请乞文安县田 4 500 余顷⑥。到弘治时，赏赐更滥。据《明孝宗实录》，弘治年间赏赐勋贵田地有明确数量记录的事例就有十数起，赐田多的上千顷，少的也有几百顷。宦官赐田事例正统

---

① 王毓铨：《莱芜集·明代王府庄田》，中华书局，1983 年。

② 《明世宗实录》卷四九一；《明神宗实录》卷五〇八。

③ 《明神宗实录》卷五一五；《明史》卷一二〇《福王常洵传》。

④ 《明宪宗实录》卷五〇、卷八六、卷二八七；《明世宗实录》卷二二六；［明］李开先：《李中麓闲居集》卷一一《白云湖籽粒考》。

⑤ 《明史》卷七七《食货志》。

⑥ 《明孝宗实录》卷二一〇；《明英宗实录》卷三〇五。

初年已有。如正统六年（1441），御马监已故太监刘顺的家人奏称："先臣存日，钦赐并自置庄田、塌房、果园、草场共二十六所。"[1] 景泰时，南京锦衣卫官华敏上疏论宦官之害，说其"广置田庄，不纳粮刍，寄户府县，不当差徭，彼则田连阡陌，民则无立锥之地"[2]。天顺时，南京科道官李钧谓宦官"訾货万余，田连千顷，马系万匹"[3]。又上引弘治初户部尚书李敏奏疏，其中除言及当时京畿有 5 处皇庄，还说到畿内另有勋戚、太监等庄田 332 处，占地 33 100 余顷。到嘉靖初年，京畿庄田面积进一步扩大，以致"畿内土地，半成庄田"[4]。京畿八府之外，在土木之变以后，宣、大等处许多荒弃的屯地也被京城功臣势要之家据为庄田。

勋戚庄田内，有一种是下嫁公主赐田，称为"公主庄田"。洪武九年（1376），朱元璋规定：已受封的公主"赐庄田一所，岁收粮一千五百石、钞二千贯"[5]。洪武十一年宁国公主下嫁时，朱元璋赐予庄田，岁入禄米 2 300 石[6]。洪武十九年，朱元璋特别钟爱的寿春公主下嫁，"赐吴江县田一百二十余顷，皆上腴，岁入八千石，逾他主数倍"[7]。成化时期以后，公主赐田的数量更远超明初。如成化十七年（1481），从徽王之请，将徽王之前所缴回"武清县塌河水甸地一千八十顷"全部赐予宜兴长公主。嘉靖、万历、天启各朝赐公主田也多在千顷以上，多者达七八千顷。

明代藩王勋贵获得土地，除通过钦赐、请乞得到，还大量接受投献和强力占夺，这是明代土地兼并中十分突出的现象。所谓投献，就是投献人将己产或他人之产、无主荒地捏称己产"献"给权贵，以图规避赋役或图谋好处。明中后期，吏治腐败，赋役沉重，许多不堪忍受官府税粮差役的贫苦农民不得不连地带人投入权贵之门充当佃户，以求庇护。也有许多情况是民间奸诈之徒借投献而充当王府权贵的校尉、家人、庄头之类，为虎作伥、谋取好处；这种投献，往往是投献他人田产。嘉靖初奉旨清查庄田的夏言奏报说："山东、河南等处奉例开垦之地，多被奸徒投献王府及诸势家"，"勋戚凭借宠昵，奏讨无厌，如庆阳伯夏臣等得地至一万三千八百余顷，多受奸民投献，侵夺民业。"[8] 此种情形在庄田集中的京畿八府尤多，如世宗所承认的："近者八府军民征粮地土，多为奸人投献。"[9] 强力占夺是比接受投

① 《明英宗实录》卷七七。
② ［明］余继登：《典故纪闻》卷一二。
③ ［明］余继登：《典故纪闻》卷一四。
④ 《明史》卷一九三《费宏传》。
⑤ 《明太祖实录》卷一〇四。
⑥ 《明英宗实录》卷三九。
⑦ 《明史》卷一二一《公主传》。
⑧ 《明世宗实录》卷二三。
⑨ 《明世宗实录》卷八二。

献更为赤裸裸的土地掠夺方式。王府勋戚之家依权仗势强占官民田地的事例在明史上不胜枚举。其所占夺的民间土地，起初还多是不起科地，后来就发展到世业粮差田土、村庄庐墓，无不网罗。弘治时就藩山东沂州的泾王，正德时被查出侵夺民田2 700余顷①；南昌宁王朱宸濠平时横行不法，也在正德时被查出"强夺官民田动以万计"②；大太监刘瑾更强占庄田"几千区"③；万历时，御史王国"出视畿辅屯田，清成国公朱允祯等所侵地九千六百余顷"④。当然，王府勋戚的土地也有通过买卖获得的，但他们与民间交易，许多情况下不过是倚势"夺买"。明朝本来不准王府买田，以防其"霸占民业"。嘉靖四十三年（1564），明令允许宗室买田。⑤ 此后王府买卖田土现象渐多，成为一种合法的兼并方式，就连许多投献来的土地也通过"捏契典卖"而合法化了。

缙绅地主是较之贵族地主人数更多的一个地主集团，就占地总数来说，他们更超过贵族地主，是明代占有土地最多的地主集团。与贵族地主一样，缙绅地主也是拥有特权的身份性地主。缙绅地主最重要的一项特权是优免权。洪武时规定：官员之家有田土者除输租税，悉免其徭役⑥，生员则本人免役并优免户内二丁差役⑦。正德十六年（1521），制定免田标准：京官三品以上免4顷，五品以上免3顷，七品以上免2顷，九品以上免1顷，外官递减。⑧ 嘉靖二十四年（1545）制定的"优免则例"又将优免分为丁、粮两个部分，规定京官一品免粮30石、人丁30丁，二品免粮24石、人丁24丁，递减至九品免粮6石、人丁6丁，"内官、内使亦如之，外官各减一半"。其他教官、监生、举人、生员各免粮2石、人丁2丁；杂职、省祭官、承差、知印、吏典各免粮1石、人丁1丁；以礼致仕者免十分之七，闲住者免一半。⑨ 万历时又将"论品免粮"改为"论品免田"，并进一步放宽了优免数额。除中央政府规定了官员的优免额度，地方政府也制定了相应的优免额，且远远超过中央的规定。如江苏常熟县京官，由科甲出身，比会典所定加免十倍（如一品官，会典规定免一千亩，实免一万亩）；由乡科及贡生出身的，加免六倍（二品官，会典规定免八百亩，实免四千八百亩）。外官减京官一半。有功名而未做官者，进士免二千七百亩至三千三百五十亩，举人及恩贡免一千二百亩，贡生免四百亩，秀才

① 《明史》卷一八八《冯颙传》。
② 《明武宗实录》卷一七六。
③ 《明武宗实录》卷六七。
④ 《明史》卷二三二《王国传》。
⑤ 万历《大明会典》卷一七《户部·田土》。
⑥ 《明太祖实录》卷一一一。
⑦ 《续文献通考》卷一七《职役考·复除》。
⑧ ［明］张卤辑：《皇明制书》卷二〇《节行事例·内外官员优免户下差役例》。
⑨ 万历《大明会典》卷二〇。

和监生免八十亩。① 上述只是法定的优免，实际上，缙绅地主并不以此为满足，他们不仅自家超出规定的部分概不纳粮当差，还利用接受投献、诡寄等方式包揽他人丁产滥免以图利。有人曾在奏疏中指出："臣切见今日士夫，一登进士，或以举人选授一官，便以官户自鸣。原无产米在户者，则以无可优免为恨，乃听所亲厚推收诡寄，少者不下十石，多者三四十石，乃或至于百石。原有产米在户者，后且收添，又于同姓兄弟先已别籍异居者，亦各并收入户，以图全户优免，或受请托以市恩，或取其津贴以沽利。"② 优免权的享有及其滥用，极大地刺激了缙绅地主对土地的贪欲，也为他们扩张地产提供了方便之门。

不过，总的说来，在明初，由于朱元璋推行"锄强扶弱"政策，对缙绅豪强特别是他们最集中地区的江南富户进行了集中打击，使三吴巨姓"数年之中，既盈而覆，或死或徙，无一存者"③，同时新朝权势者的兴起也需要一定时间和社会条件的酝酿培育，缙绅豪强的土地兼并活动在明开国后的几十年里是受到抑制的。然而明中期特别是正德时期以后，情况不同了。其时朝政黑暗，权势当道，各类贵族庄田恶性膨胀，缙绅地主也利用各种手段，极力扩充自己的田产。何良俊记述江南情形说："宪、孝两朝以前，士大夫尚未积聚，至正德，诸公竞营产谋利。"④ 嘉靖时大学士严嵩不但在北京附近有庄田150余所，而且"广置良田美宅于南京、扬州，无虑数十所"，在"江西数郡"也广布着他的良田。⑤ 严嵩的田产，总计在20万亩以上。在其故乡袁州府，据说"一府四县之田，七在严而三在民，在严者皆膏腴，在民者悉瘠薄，在严则概户优免，在民则独累不胜"⑥。接替严嵩任首辅的松江华亭人徐阶更"富于分宜（指严嵩），有田二十四万"⑦。万历年间，松江董其昌的田产也超过万顷。⑧ 大学士朱赓几乎占尽家乡山阴县的全部良田。⑨ 明末无锡东亭华氏每年地租收入达48万石，苏州齐门外的钱盘更高达97万石。崇祯时，有人请括江南富户报名输官，谓当地"缙绅豪右之家，大者（占田）千百万（亩），中者百十万，以万计者不能枚举"⑩。江南以外地区也

---

① 李文治、江太新：《中国地主制经济论——封建土地关系发展与变化》，中国社会科学出版社，2005年，370页。

② ［明］陈子龙等辑：《明经世文编》卷二二。

③ ［明］贝琼：《清江贝先生文集》卷一九。

④ ［明］何良俊：《四友斋丛说》卷一〇。

⑤ 《明史》卷二一〇《邹应龙传》《王宗茂传》。

⑥ ［明］林润：《申逆罪正其刑以彰天讨疏》，见［明］陈子龙等辑：《明经世文编》卷三二九。

⑦ ［明］伍袁萃：《漫录评正》。

⑧ 佚名：《民抄董宦事实》。

⑨ 《万历起居注》七函一册。

⑩ 《明史》卷二五一《钱士升传》。

有缙绅地主的扩张活动。如在福建，"仕宦富室，相竞畜田，贪官势族，有畛隰遍于邻境者。至于连疆之产，罗而取之，无主之业，嘱而丐之，寺观香火之奉，强而寇之。黄云遍野，玉粒盈艘，十九皆大姓之物"①。在河南，"是时中州鼎盛，缙绅之家，率以田庐仆从相雄长，田之多者千余顷，即小亦不下五七百顷"②。这种情况，与洪武时朱元璋在《御制大诰》中说到的当时州县之民"有田连数万亩者"，有"万亩或百数十顷者"，早已不可同日而语了。正是由于缙绅豪强占田日多，万历三十八年（1610）明王朝颁布"优免新例"，进一步放宽了官绅们的优免数额，规定：一品京官免田10 000亩，二品8 000亩，递减至八品免2 700亩；未入仕的举人免1 200亩，贡生免400亩，生员免80亩。③ 从这个新定的优免数额也可以看出，明后期缙绅地主的土地扩张已经到了何种程度。

缙绅地主聚敛田产，也在相当大程度上是利用自己的优越地位，即所谓"因官致富，金穴铜山，田连阡陌"④。特别是他们拥有优免特权，在当时朝政黑暗、赋敛及徭役苛重的条件下，使大批民户忍痛投献己产于其名下，"宁以身为佣而输之租"。据隆庆元年（1567）江南巡抚董尧封所奏清理江南田地的报告，当时共查出苏、松、常、镇四府诡寄及投献田199万余亩，相当于两个县的田土总和，又查出花分田33万余亩，相当于镇江府的田土总和⑤。达官显宦、望门贵族倚仗权势横行乡里、强霸田产的情况，也不鲜见。当然，缙绅土地也有通过购买得来的，特别是缙绅中的那些中小官僚、中小乡绅和出身寒族而刚刚脱离庶民阶层步入仕途的人，即缙绅地主的中下层，用做官贪污纳贿所得购买土地还是他们积聚田产的重要手段。但是就缙绅总体来说，在明代，纯经济手段不是他们兼并土地的主要方式。

在明代中后期的土地兼并中，庶民地主的一部分即财大气粗的"素封"地主也是不可忽视的力量。宋代以后，随着土地私有化、商品化程度的提高，庶民地主日益崛起为一个重要的地主阶层。元明易代之初，原有土地占有关系发生较大变化，缙绅豪强地主势力在一个时期里受到一定抑制，庶民地主又有新的发展。洪武末，令吏、户二部统计全国富民之生长于田间者列名上报，以备选用，结果除了云南、两广、四川，共"稽籍得浙江等九布政司、直隶应天十八府州田赢七顷者万四千二百四十一户"⑥。这一万多户占田700亩以上的富户，应是当时庶民地主中的较大

---

① ［明］谢肇淛：《五杂俎》卷四。
② ［清］郑廉：《豫变纪略》卷二。
③ 康熙《松江府志》卷一三《徭役》。
④ ［清］吴履震：《五茸志逸》卷八。
⑤ 《明穆宗实录》卷一三。
⑥ 《明太祖实录》卷二五二。

者。在明中期以后贵族和缙绅豪强凭借政治和经济特权用非经济手段大规模兼并土地以及国家赋役愈来愈苛重的情况下，庶民地主的生存环境较之明初大大恶化了。庶民地主大多是有田不多的中小地主，又无权势，他们中的许多人也同普通农民一样遭到被兼并的厄运，或者被迫投献地产于权势之门以寻求庇护。但与此同时，明中后期商品经济的发展和土地买卖的逐渐流行，也为一部分庶民富有者获得土地甚至较多的土地提供了更大的可能性。明末杨嗣昌概括全国土地占有情况说："近来田地，多归有力之家，非乡绅则富民。"① 这里说的"乡绅"指缙绅地主，"富民"则是指庶民地主。当时规模特别大的庶民地主，甚至有田产万顷的②。湖广湘潭县有一周氏地主，"田兼四县，至南京沿道并有馆舍，至府不履他阡，皆其田土"③。这些规模较大的庶民地主，有许多是商人出身，即所谓"以末起家，以本守之"。如在湖广，"地多异省之民，而江右为最。商游工作者，赁田以耕，僦屋以居，岁久渐为土著，而土著小民恒以赋役烦重，为之称贷，倍息而偿之，质以田宅，久即为其所有"④。河南光山地主也多为江西等地的商人："江右、湖湘、金陵一带客商反皆牟大利，以致置产起家。"⑤ 不过，从整体上说，明中后期庶民地主的发展势头是受挫的，能够加入到土地兼并狂潮中去的，只是其中的少数大地主。庶民地主兼并土地，主要凭借经济手段。

明中后期各类地主疯狂的土地兼并是自耕农小土地所有者失地破产的主要原因，而封建国家繁苛的赋役征敛、吏治腐败以及贪官污吏的过分盘剥，则是促使小土地所有者加速破产的催化剂。明代，自耕农和其他农民小土地所有者是封建国家赋役征发的主要对象。明人论及繁苛赋役给农民造成的危害时曾说："东南之民恒困于岁办，西北之民恒疲于力役"，"民出什一之赋而有此额外之征，虽欲不困，不可得矣"，"民当里甲之差，而有此分外之役，虽欲不疲，不可得矣"。⑥ 大户的赋役转嫁更使农民的负担重上加重："小民税存而产去，大户有田而无粮，害及生民，大亏国计。"⑦ 还有人痛斥贪官之害说："贪官污吏，遍布内外，剥削之患，及民骨髓。"⑧ 随着朝政败坏，行政效率日益降低，封建国家控制和减轻自然灾害及在灾后有效实行"荒政"的能力也大为减弱。有人曾描述北方的一次饥荒情形说："陕

---

① ［明］杨嗣昌：《杨文弱先生全集》卷三二。
② ［明］谢肇淛：《西吴枝乘》。
③ 光绪《湘潭县志》卷四下。
④ 万历《承天府志》卷六。
⑤ 嘉靖《光山县志》卷一。
⑥ 《明孝宗实录》卷一〇七。
⑦ 《明世宗实录》卷二〇四。
⑧ ［明］万表辑：《皇明经济文录》卷三。

西、山西、河南连年饥荒，陕西尤甚。人民流徙别郡及荆襄等处，日数万计，甚者阖县无人，或者十去七八。仓廪悬罄，拯救无法。"① 频繁发生的自然灾害和政府的拯救无术，使自耕农更难于维持自己的经济地位。

在土地兼并、赋役苛重和天灾人祸的共同影响下，明代中后期自耕农大量破产。何良俊描述松江的情形说："正德以前，百姓十一在官，十九在田，盖因四民各有定业，百姓安于农亩，无有他志。官府亦驱之就农，不加烦扰。故家家丰足，人乐于为农。自四五十年来，赋税日增，徭役日重，民命不堪，遂皆迁业。昔日乡官家人亦不甚多，今去农而为乡官家人者，已十倍于前矣；昔日官府之人有限，今去农而蚕食于官府者，五倍于前矣；昔日逐末之人尚少，今去农而改业为工商者，三倍于前矣；昔日原无游手之人，今去农而游手趁者，又十之二三矣。大抵以十分百姓言之，已六七分去农。"② 这里除了谈到自耕农破产，还谈及了明代中后期破产农民的社会流动情况。在明代中后期的社会条件下，许多破产农民无疑还要附着在土地上，但他们已经不是耕作自己的土地，而是为吞噬他们土地的贵族和缙绅豪强地主劳作，其身份自然也不再是自由的，而是成了豪强大家荫庇下的依附农民或家奴。也有一些人流入城镇、矿山，或投充军营、充作驿卒，而脱离了农业。还有的流移到尚未开发、国家权力和地主势力相对比较薄弱的山区、边地开荒，重新安业为农。自然，也有为数不少的人成为无职无业的社会游民。自耕农大量破产对明朝统治造成的影响是多方面的，最主要的影响在于以下两方面：一是使封建国家失去了大量劳动人手，明中后期赋役制度发生变化，徭役折银并部分并役于赋，就是出于这个原因；二是使社会上出现了大量流民，严重威胁到明王朝的统治，在明中期发生的几次大规模农民起义中，流民都是最主要的参加者。

明中后期地主势力的扩张和自耕农小土地所有者的大量破产，改变了明前期农村的土地占有格局。当时文献有不少这方面的描述，如南直隶江阴县"农之家什九，农无田者十有七"③，安庆府怀宁县"绝无一田者十之七八"④，福建南靖县"境内田亩归他邑豪右者十之七八，土著之民大都耕佃自活"⑤，等等。顾炎武谈及江南时甚至说"吴中之民有田者什一，为人佃作者什九"⑥。尽管类似记述很多，但我们认为，这些记述就某些地区来说或许是事实，就全国一般情形而言则恐怕未

---

① ［明］万表辑：《皇明经济文录》卷三。

② ［明］何良俊：《四友斋丛说》卷一三。

③ 嘉靖《江阴县志》卷四。

④ ［明］方都韩：《枞川榷稻议》，见［清］陈梦雷、蒋廷锡等编：《古今图书集成·博物汇编·草木典》卷二八《稻部》。

⑤ ［清］顾炎武：《天下郡国利病书》原编第 26 册引《南靖县》。

⑥ ［清］顾炎武：《日知录》卷一〇《苏松二府田赋之重》。

必如此。明代兼并土地最严重的是贵族及缙绅地主，但他们并不是处处都有。皇室贵族的庄田主要分布在京畿及其附近的北方地区和藩王的封地所在地方。缙绅地主大多集中在东南省份特别是江南地区，其他地区相对较少。庶民地主中的"素封"之家只是极少数，并且往往只在某些商品经济发达、经济作物（如棉花）种植较多的地方才较易见到。在上述地主活动范围以外的广大地区，尽管在明中后期也存在着土地兼并活动和明显的地权集中趋势，但是由于那里的土地兼并主要是由中小地主特别是中小庶民地主来进行，兼并的手段也更多是通过土地买卖的办法，其激烈程度要大大低于大地主集中地方的兼并。在仍以农业自身为主要积累手段的情况下，地主土地规模的扩大是有限度的，且由于分家析产、天灾人祸等因素的影响，其地位也常常并不稳定，而是有升有降。这些情况，都意味着在缺少大地主特别是特权大地主活动的地方，土地兼并和集中的发展只能是一个缓慢渐进的过程，其所能达到的规模也必定有限。有的学者估计，在明后期，就全国来说，地主土地在全部耕地中可能占到70%左右，即仍有30%的土地掌握在自耕农及其他农民小土地所有者手里①。这个论断，可能比较接近事实。当然，这只是粗略的估计，由于材料缺乏，要准确地判定当时的土地占有情况，几乎是不可能的。

3. 明中后期官田向民田的转化　在私人地产地权关系发生变化的同时，明代中后期官田的地权关系也逐渐发生了变化。这是明代地权关系演变的一部分。明代官田大体分为两类：一类是上文论及的皇庄及各种贵族庄田，这些土地名为官田，实际是皇室和贵族的私产，但是不能买卖，也不承担国家赋役。另一类是比较严格意义上的国有土地，如各种入官田地、屯田、学田以及牧马草场、园陵坟地、公占隙地等。在这些土地上，国家以土地所有者的身份向耕种者征收类似于私田租的官租（而不是赋税），因此耕种者实际是国家的佃户。在后一类官田中，数额较大且对明代经济有较大影响的有江南官田和各类屯田（主要是军屯）。

明代各种入官田地主要集中在江南地区，故一般称之为江南官田。江南官田以苏、松、湖、嘉几府最多，甚至超过当地民田，其他府州的官田数额相对较少。江南官田有一部分是宋、元时期陆续入官，由明政权继承下来的，称为"古额官田"；还有一部分是明代籍没入官的没官田，如籍没张士诚及其官吏的土地、籍没"土豪之得罪者"的土地等，通常称之为"近额官田"；此外还有还官田、断入官田、户绝田、废寺田、学田、百官职田等多种。国家在这些官田上所征租税远较当地一般民田的赋税为重，尤其籍没田，皆依籍没前的私田租起科，"有至一石以上者"②。大约从明中期起，江南官田逐渐向民间私田转化。首先是官民田税率渐趋划一。由

---

① 许涤新、吴承明主编：《中国资本主义的萌芽》，人民出版社，1985年，57页。
② ［清］顾炎武：《天下郡国利病书》原编第6册《苏松》。

于征敛太重，百姓负担不起，几乎从明初起，江南的逋赋问题就一直困扰着统治者，"徒有重税之名，殊无征税之实"①。因而早在朱元璋时，就一方面多次下令减免苏松等地逋赋，另一方面于洪武十三年（1380）颁布官田改科令，在一定限度上降低苏、松、嘉、湖四府重租田的税率。宣德时期以后，朝廷及一些江南地方官员都不断探讨一方面降低官田税率，另一方面又尽量不失原有赋额的办法，如宣德年间江南巡抚周忱创立平米法②，正统元年（1436）诏令江南官田准民田起科③等。嘉靖十六年（1537），苏州推行均粮法，将每年正耗平米，不分官民田，按一定数额分摊于实存肥瘠田土。嘉靖二十六年，嘉兴府推行"田不分官民，税不分等则"，一律以三斗起征之法。④ 这之后，官民一则的办法在江南各地相继推广开来。官田逐渐向私人手中转移有几种情况：一种是承种的贫苦农民迫于生计，违禁将所种官田卖给富户；另一种是承种者不堪重负，人逃地荒，官府被迫重新招佃垦种，照民田例起科，从而在事实上转化为民田，也有官荒田为地方豪强乘机侵占的；还有一种情况是有势力的官僚乡绅将耕种的官田据为己业，然后将其出租，自己收取官田税与私田租之间的差额之利，此种官田，也在事实上转化为私田。总之，随着官田税率向民田看齐和官田以各种方式事实上落入私人手里，江南官田与民田的界限逐渐消失，最终转化成了归民间私人所有的土地。这些土地，绝大部分为当地的官绅大户所占。

屯田是明代最大宗的国有土地。按照明代官方的分类，屯田有三种：民屯、商屯和军屯。民屯主要实行于明初，是当时大规模开垦荒地的一种手段。如前文所说，民屯的耕作者后来实际成了土地的所有者，像普通民户一样向国家纳粮供役。明政府最初专门设官管理民屯，后来统一由州县地方官府管理，实际与民田无异。商屯是由商人组织的屯田，多在边地。此制源于"开中"盐法的实行。明初政府在北部边境大量驻军，为解决军饷问题，利用国家掌握的食盐专卖权，令商人到边境纳粮上仓，以此换取政府发给的贩盐凭证"盐引"。从永乐时起，一些赀财雄厚的盐商为了减少运费并避免粮价损失，开始在边地招人耕种，就地纳粮换引，商屯由是兴起。但从成化时起，因势豪之家大量插手盐业，造成盐法壅滞，商人报中的越来越少。到弘治五年（1492），明政府不得不改革盐法，令盐商径向盐运使司纳银领引，而不再纳粮于边。随着不必再在边地纳粮，商人自然也就失去了在边境招人屯田的积极性，于是商屯渐趋消亡。

军屯是明代屯田的主体。早在明朝立国以前，为了解决军饷供应，朱元璋就在

---

① ［清］顾炎武：《日知录》卷一〇《苏松二府田赋之重》。
② ［清］顾炎武：《天下郡国利病书》原编第 6 册《苏松》。
③ 《明英宗实录》卷一九。
④ 《明史》卷七七《食货志》二。

其统治区内推行屯田。建国后，朱元璋认为以兵屯田"无事则耕，有事则战，兵得所养而民力不劳，此长治久安之道"①，乃大规模开展军屯，并逐步将其纳入制度化的轨道。当时规定：边地驻军三分守城、七分屯田，内地驻军二分守城、八分屯田，此外又有"二八、四六、一九、中半等例，皆以田地肥瘠、地方缓冲为差"②。每名军士屯田的数量，按照洪武年间的规定，以"种田五十亩为一分，又或百亩，或七十亩，或三十亩、二十亩不等"，一般情况下以五十亩为通例。军屯士卒须向国家缴纳屯粮。洪武二十年（1387）规定："屯卒种田五百亩者，岁纳粮五十石。"③宣德末改为"止征余粮六石，于附近军卫、有司官仓交纳"。后来正统二年（1437）又重申此项规定，军屯租赋科则"至是始定"④。军屯在明代前期基本上可以做到"一军之田，足赡一军之用"，卫所官吏俸粮皆从中取给。⑤但从宣德时期开始，军屯渐趋颓坏，"各卫不遵旧例，下屯者或十人，或四五人，虽有屯田之名而无屯田之实"。明中叶以后，屯田土地大量抛荒，有的地方甚至"荒秽者强半"⑥；还有许多"为势家侵占，或被军士盗卖"⑦。对于被侵占、盗卖或军士私自出租的屯田，政府虽屡屡下令清理，但鲜有实效。为了鼓励耕种，嘉靖时期批准内地军卫"荒芜屯田，不拘军民僧道之家，听其量力开垦，待成熟之后，照旧纳粮，仍令永远管业"⑧。隆庆时期，这一办法在边境地区也推广开来，许多人获得了永久产权。这样，军屯地便逐渐向民田转化。到明末，政府宣布"无论军种民种，一照民田起科"⑨，承认了军屯土地民田化、私有化的合法性。

（二）清代前期的土地占有关系及地权变化特点

经过明末农民大起义的冲击，与明初情况类似，清初的地权分配状况也发生了很大变化，由明中后期的高度集中变为相对分散，庶民中小地主和自耕农在新的土地占有关系格局中占据了相当大的优势。虽然从康熙中晚期起，特别到雍正乾隆时期以后，随着土地兼并的重新发展，清初的地权状况逐渐有所变化，但是由于土地兼并集中的社会条件不同于明代，清前期地权集中发展的过程比较缓慢，直到鸦片战争前，就全国多数地区而言，土地占有相对分散仍然是一个十分突出的特点。

---

① 《明太祖实录》卷八七。

②④ 《明会典》卷一八。

③ 《明太祖实录》卷一八五。

⑤ 《明史》卷七七《食货志》六。

⑥ ［明］陈子龙等辑：《明经世文编》卷三五九。

⑦ 《明孝宗实录》卷七五。

⑧ 《明会典》卷四二。

⑨ 《明史》卷二五六《毕自严传》。

1. 清初土地占有关系的调整 经过明末农民大起义，明中期以后恶性膨胀起来的宗室勋戚和缙绅官僚大地主势力受到空前沉重的打击和扫荡。农民军"不杀平民惟杀官"①，势力所及，"宗室无得免者"②，"缙绅大姓皆遁徙"③，"高门大阀化为榛莽之区"④。宗室勋戚和缙绅官僚大地主是明朝占有最大量土地的地主集团，农民起义沉重打击了这个地主集团，特别是推翻了维护其利益的封建王朝，这就为土地占有关系的重新调整创造了最有利的条件。

清军入关以后面临着如何尽快重建社会秩序，恢复生产和赋役剥削，以应付军事统一战争需要的巨大军费开支的严重问题，这迫使它不能不正视农民起义和长期战乱所造成的社会现实。在这种情况下，清初统治者提出并实行了"更名田"和垦荒政策，进一步推动了地权分配的变化。

"更名田"是清初处置原明朝宗藩勋戚庄田产权的一项政策。这些曾广布于直隶、山东、山西、河南、陕西、甘肃、湖广、江西、四川等省的明朝藩产，在清初除直隶的一部分被圈占，其余的不是抛荒，就是被原来的佃户占耕。顺治时清查明藩产业，清政府曾将其中的一部分变价出卖，转为民产。康熙初，开始全面清理处置废藩庄产。康熙七年（1668）十月，"命查故明废藩田房，悉行变价，照民地征粮，其废藩名色永行革除"⑤。次年，又"免其变价"，"将现在未变价田地交与该督抚，给与原种之人，令其耕种，照常征粮"，无偿承认了"原种之人"的土地所有权；荒废的"无人承种余田"，则命"招民开垦"。⑥ 各省废藩田产从此改为民产，被称为"更名田"。康熙九年，更进一步明确了废藩产内非赏赐自置土地的民田地位："更名地内自置土田，百姓既纳正赋，又征租银，实为重累，著与民田一例输粮，免其纳租；至易价银两，有征收在库者，许抵次年正赋"⑦，连已经收取的变价银也退回了。更名田数量尚无精确统计。有的研究者（如王毓铨先生）认为清初更名田总数不下 2 000 万亩⑧。一大批原来少数藩王勋戚所有的土地转入民间，归许许多多耕种农民所有（当然也会有被地主及原庄头占有的情况，但这肯定不是主要的），无疑会对清初的土地占有关系产生重大影响。

不过清初多数农民获得土地的主要途径还是垦荒。明末以来数十年战乱造成了

---

① ［清］戴笠、吴殳：《怀陵流寇始终录》卷一三。
② ［清］顾炎武：《明季实录》卷下。
③ ［清］郑廉：《豫变纪略》卷六。
④ ［清］曹家驹：《说梦》卷一。
⑤ 《清圣祖实录》卷二七，康熙七年十月丁卯。
⑥ 《清圣祖实录》卷二八，康熙八年三月辛丑。
⑦ 《清圣祖实录》卷三二，康熙九年正月己酉。
⑧ 王毓铨：《莱芜集·明代王府庄田》，中华书局，1983 年。又许涤新、吴承明主编《中国资本主义的萌芽》（人民出版社，1985 年）亦持此说，见该书 52 页。

各地普遍的人丁死逃、土地荒芜惨景。入关以后，面对全国一片荒残局面，清政权要恢复生产和赋役剥削，首先就要召集流亡人民，开垦抛荒田亩，即重新实现农民和土地的结合。顺治六年（1649），清政府下达垦荒令，要求各省州县有司广加招徕逃亡民人，不论原籍别籍，一律编入保甲，"察本地方无主荒田，州县官给以印信执照，开垦耕种，永准为业。俟耕至六年之后，有司官亲察成熟亩数，抚按勘实，奏请奉旨，方议征收钱粮。其六年以前，不许开征"，"各州县以招民设法劝耕之多寡为优劣，道府以善处责成催督之勤惰为殿最。每岁终，抚按分别具奏，载入考成"。① 这是清初垦荒的一个基本的政策性文件，其中关于承认垦民对无主荒田产权的规定，为大批流民重新获得土地铺平了道路。

在具体实施的过程中，根据各地的实际情况和出现的问题，清政府又做了进一步的规定；对垦荒令的某些内容，也做了必要的调整。例如垦田产权问题，顺治六年的垦荒令规定了无主荒田谁垦谁有的原则，但对"有主荒田"未进行明确规定，这就给荒田垦熟后"豪强倚势告争"留下了空子，在当时引起了大量的新、旧业主地权纠纷，影响了农民垦荒的积极性。针对这一问题，清政府于顺治九年规定："有主荒地，劝谕原主开垦；无主荒地，多方招人开垦。……如有主荒田，原主不能开垦，地方官另行招人耕种，给与印照，永远承业，原主不得妄争。"② 康熙二十二年（1683）更明确规定："凡地土有数年无人耕种完粮者，即系抛荒，以后如已经垦熟，不许原主复问。"③

开荒的起科年限也随着清政权财政状况的逐步改善而趋于宽松。清初，迫于当时财政困难，清政府急于增加赋税，所以尽管顺治六年的垦荒令已经规定六年起科，但至顺治九年，经户部会议，又改为开垦有主无主荒地"俱于三年之后起科"④。终顺治一朝，三年起科是各地遵行的通例。康熙时期，随着统一战争结束，经济逐渐恢复，起科年限不断展宽。康熙十年（1671）定："新垦地三年后再宽一年起科。"次年又定："垦荒地，令六年后征粮。"康熙十二年再改为："通计十年，方行起科。"⑤ 虽然到康熙十八年又恢复为六年起科⑥，但实际上各地仍有十年才起科的。

垦荒需事先垫支牛、种、农器、料草、口粮种种费用，这往往是历经战乱和灾荒劫难的贫苦农民难于预备的，加上报垦时官役的需索，小民更视开垦为畏途。针对这一实际问题，清政府除了大力提倡、鼓励乡绅富户出资招垦，还实行了由政府

① 《清圣祖实录》卷四三，顺治六年四月壬子。

②④ 顺治朝题本，屯垦类，顺治十年十月十七日河南巡抚吴景道题，引九年五月十六日户部咨文。

③ 《清圣祖实录》卷一〇八，康熙二十二年三月己未。

⑤⑥ 雍正《大清会典》卷二七《户部五·田土二·开垦》。

借贷资本给无力垦民的办法，以推进荒田的开垦。顺治十三年（1656）规定："州县招人开垦，势必给发牛种，以资耕作，令于原获息米豆草内动支；去积储地方稍远者，量动屯本银内给拨。"① 顺治十八年，巡按河南御史刘源浚疏请开南阳、汝宁荒地，提出"借常平仓谷，以资农本"，得到批准。② 康熙四年（1665），湖广总督张长庚疏请在川、鄂、豫交界山区的归州、巴东、长阳、兴山、房县、保康、竹溪、竹山等州县开荒，因刚刚复业的难民"苦无农器，请酌给牛种，听其开垦"，亦得到批准。③ 康熙七年，云南道御史徐旭龄指出："民有贫富不等，必流移者给以官庄，匮乏者贷以牛种，陂塘沟洫修以官帑，则民财裕而力垦者多矣。"疏入，"下部确议具奏"。④ 康熙二十二年，河南巡抚王日藻条奏垦荒，认为"宜借给牛种，请将义、社仓积谷借与垦荒之民，免其生息，令秋成完仓"，经户部议准实行。⑤ 康熙三十八年，直隶赞皇县逃难居民回乡，"失业已久，资生无术"，户部复准"动仓谷借给牛种籽粒"。⑥ 康熙五十三年，户部又复准：将甘肃固原以北"所属无粮荒地，通行查出"，分给流民，"计其人口多寡，量给房屋、口粮、籽种、牛具，令其开垦荒地，永远为业"。⑦ 类似的例子在康熙一朝的垦荒高潮中是很多的。

差徭繁苛也是影响农民垦荒积极性的一个重要因素。顺治十二年（1655），湖南按臣胡来相奏报说，农民不愿赴领牛种，除开垦后"豪强倚势告争"这个原因，还因为一经开垦，"有司催征骤至"，因此题请"三年之内，一应正供杂差，概行豁免"⑧。顺治十八年六月巡按河南御史刘源浚在奏疏中也说"开种之初，杂项差役便不能免"是"官虽劝耕，民终裹足不前"的一个重要原因，为此他建议"宽徭役以恤穷黎"，"除三年起科之外，如河工、供兵等项差役，给复十年，以示宽大之政"⑨。这个问题在顺治时期，因军兴旁午，财政困难，不可能有效解决。直到康熙时期，随着全国军事统一的完成，清政府的主要精力转到安定社会秩序、发展生产以后，经过对吏治和赋役的整顿，才逐渐有所缓和。康熙时期全国垦荒速度加快，耕地面积大大增加，同这个问题的完全解决，并非没有关系。

除了上述措施，清政府还根据各地的情况，采取了一些具体的措施，以刺激开

---

① 光绪《大清会典事例》卷一六六《户部·田赋·开垦一》。
②⑨ 《清圣祖实录》卷三，顺治十八年六月庚子。
③ 《清圣祖实录》卷一五，康熙四年五月辛卯。
④ 《清圣祖实录》卷二五，康熙七年四月辛卯。
⑤ 《清圣祖实录》卷一〇八，康熙二十二年三月己未。
⑥ 光绪《大清会典事例》卷二七六《户部·蠲恤·贷粟一》。
⑦ 雍正《大清会典》卷三〇《户部八·户口·编审直省人丁·凡流民附籍》。
⑧ 顺治朝题本，屯垦类，顺治十三年六月十五日户部尚书车克题引。

垦，如减免粮赋就是其中一项。康熙十年（1671）二月，广东巡抚刘秉权疏奏："粤东屯田有荒地三千五百余顷"，由于屯地征粮较重于民田，"民畏粮重，不敢承认开垦"，请照民田例起科。这个建议，经户部议准实行。① 康熙十一年九月，因"江西庐陵、吉水、上高、宁州四州县及南昌、九江卫频年荒旱，灾疫流行，荒芜田地五千四百余顷"，皇帝谕令"蠲其逋赋，仍敕巡抚速行招垦"。② 又康熙十二年九月，皇帝根据山东巡抚所奏宁海州荒地逃丁情况，也将"自康熙九年以后钱粮，如数悉为豁免，仍敕该抚设法招徕劝垦"③。

实施以上种种政策措施，在清政权主观上是为了迅速恢复经济，增加赋税征收，但在客观上有利于农民获得土地。清初经长期战乱后存在着大量无主荒地，明末农民大起义又沉重打击了地主阶级，在这种历史条件下推行垦荒，只能有利于发展自耕农民和其他农民的小块土地所有制。当时农民获得土地产权的情况十分普遍，在那些荒残特甚的省份地区尤其如此。如在湖南省湘潭县，据县志记载，"康熙初，土旷人稀，多占田，号标产。标产者，折竹木枝标识其处，认纳粮，遂为永业"④。显然，在这样的地区要获得一块土地，十分容易。四川省清初"田地荒芜，烟火绝灭"，大量土地根本无产权可言，因此也到处盛行"插标"，"凡一插标，即为己业"⑤。当时大量入川开垦的外省客籍农民通过"插占"，取得了土地。⑥ 陕西省在清初的荒残程度不亚于四川，"康熙年间，川陕总督鄂海招募客民，于各边邑开荒种山，邑多设有招徕馆"⑦。据《西乡县志》记载，当时"即有湖广、粤东、江右之民，盈千累百，携妻挈子，逾山涉水，不惮数千里之遥而来，愿为西邑编氓"，而"民之来也，必计口授田，计田给种，朋户给牛"，取得了一小块土地。⑧ 在其他地区，也有农民取得土地产权的事例。如据广东巡抚刘秉权疏报，康熙八年（1669）广东"垦复民田一万七百一十五顷七十四亩，安插男妇共九万六千七百九十八名口"⑨，平均每口得田 11 亩余，显然是农民小块垦荒。

在看到清初垦荒有利于农民获得土地一面的时候，还必须看到政策规定在具体

---

① 《清圣祖实录》卷三五，康熙十年二月丙午。

② 《清圣祖实录》卷四〇，康熙十一年九月辛巳。

③ 《清圣祖实录》卷四三，康熙十二年九月丙戌。

④ 光绪《湘潭县志》卷一一。

⑤ ［清］于成龙：《于清端公政书》卷一《规划铜梁条议》。

⑥ 江太新：《清初垦荒政策及地权分配情况的考察》，《历史研究》1982 年 5 期。

⑦ ［清］严如熤：《三省边防备览》卷一一《策略》。

⑧ ［清］王穆：《招徕馆记》，见道光《西乡县志》卷五《艺文上》；［清］王穆：《招徕叠前韵》，见道光《西乡县志》卷六《艺文下》。

⑨ 《清圣祖实录》卷三三，康熙九年六月己亥。

执行中有种种复杂情况。上面提到，缺乏资本曾是影响农民垦荒的一个大问题，对此，清政府采取了向农民借贷牛种的方针。但实际上，由于财政困难，官贷资本有限，不可能满足垦荒的全部需要，是以在清初垦荒中，在官贷资本招徕的同时，还实行"激劝有力人户，召集耕种"的方针，并把它作为垦荒的基本政策之一。顺治康熙时期不断颁布的"招民垦荒议叙"条例，就是面向"殷实人户""文武乡绅""贡监生员"，鼓励这些有财力的官僚富户出资招民开垦的。[①] 这项措施，无疑有利于官僚富户们侵占土地。又如垦荒中有关限制原业主产权的规定，虽然对农民获得土地起了一定的促进作用，但在封建政权下，这项规定能否彻底贯彻执行，是有疑问的。所谓荒田垦熟即有人来"冒承""认业"，在当时应当不仅仅是个别情况。此外，垦荒中官吏的借机苛索，也影响着农民垦荒的积极性。"报垦之时，册籍有费，驳查有费，牛种工本之外，复括据以应诛求"[②]，使农民视开垦为畏途。这类史料很多，不再赘引。不过，尽管存在着以上种种复杂情况，但清初的垦荒在总体上有利于农民获得土地，是没有疑问的。

明末农民大起义前夕的天启六年（1626），全国土田面积为7 439 319顷[③]。到顺治十八年（1661）清王朝基本完成统一时，官方的统计数字为5 265 028顷[④]，比天启时减少了2 174 291顷，失额29％。这已经是经过了十数年开垦后的数字，顺治初年清开国时的荒地自然要更多。我们估计，顺治初年的全国荒田面积，至少不低于250万顷，即清初土田面积比明季失额不少于三分之一。清朝的数字，据实录记载，康熙六十年（1721）时全国土田面积达到了7 356 450余顷，比明天启六年数字仅少8万余顷；考虑到隐漏因素，实际数字不会比明末少。官书册载土田面积的恢复说明到康熙末，清初抛荒的土地已经基本上恢复了耕种。大量流民被重新吸引到土地上来，胼手胝足，披沥荆莽，开荒垦种，终于又成为占有一小块土地的自耕农，为清政府恢复赋役剥削提供了条件。

从顺治初年到康熙末垦复的250万顷耕地，当然不完全为自耕农占有，其中也有些是由地主占有，还有一部分是官田。但归自耕农占有的部分，估计不会少于80％，即自耕农所有土地至少为200万顷。另外，约计500万顷的非垦荒地，经历过战乱，原有产权关系也会发生一定变化。前文估计，明后期自耕农土地占全部耕地的30％，考虑到战争后地权变化的因素，姑将500万顷非垦荒地上自耕农土地的比例估计为40％，亦为200万顷。二项合计，康熙末总计约750万顷土地中，自耕农的土地数为400万顷，占53.3％。这是官田、民田一起算的。

① 雍正《大清会典》卷二七《户部五·田土二·开垦》。
② ［清］陆陇其：《三鱼堂外集》卷二《时务条陈六款》。
③ 《明熹宗实录》卷七四。
④ 《清圣祖实录》卷五。又《清朝文献通考》、雍正《大清会典》等书作5 493 576顷。

若只算民田，当时官田面积约为 54 万余顷①，将其减除，民田约有 696 万顷，自耕农土地在其中占 57.5%。

农民中的佃农也多占有一些土地，虽然他们平均占地不多，但由于佃农人数很多，故其占地总量亦不能忽视。考虑到佃农也有一些土地的因素，清初民田中的农民土地比例可能要达到 70% 左右，即当时的大部分耕地归农民所有。

上面的估计在保存下来的一些地方档案材料中得到了印证。表 2-1 是根据直隶获鹿县康熙后期部分编审册所做的土地占有状况统计。

按照当时北方地区生产力的一般水平及当地户丁平均占地的具体情况，表 2-1 中占地 10~100 亩的户丁可以视作自耕农，占地 100 亩以上者为地主，占地不足 10 亩者为佃农、雇农。在自耕农当中，占地 60~100 亩的为耕而有余的富裕户，部分人可能兼有出租土地或雇工；占地 30~60 亩的为中等户，大体可以自给；占地 10~30 亩的为下等户，按照当时的生产水平，他们当中的一部分可能还够不上自耕农的标准，需佃种一些土地或兼作其他经营，才能维持生活。由表 2-1 可以看出，这三部分自耕农以第三部分即占地相对不足者数量最多，前两部分较少，反映了康熙后期土地兼并已有一定程度的发展。

表 2-1 康熙时期获鹿县 19 个甲土地占有状况统计

单位：户，亩，%

户丁别	户丁		土地	
	户数	比重	面积	比重
占地 100 亩以上户丁	67	1.9	18 731	30.0
占地 60~100 亩户丁	67	1.9	4 929	7.9
占地 30~60 亩户丁	316	9.1	12 804	20.5
占地 10~30 亩户丁	1 131	32.5	20 064	32.1
占地 10 亩以下户丁	1 251	35.9	5 934	9.5
无地户丁	648	18.6	0	0
合计	3 480	100	62 462	100

资料来源：直隶获鹿县同冶社下五甲、龙贵社五甲康熙四十五年（1706）审册；在城社二、七、八、十甲，永壁社二、三、四、六、八、九、十甲，甘子社八甲、任村社十甲康熙五十五年（1716）审册。

但表 2-1 也清楚地显示出，当时获鹿县的土地占有是相当分散的：在全部户丁中，仅 18.6% 的户丁没有土地，其余绝大部分户丁都或多或少拥有一块土地。在有地户丁中，地主数量也不多，仅占 1.9%，拥有 30% 的土地，另有

---

① 此为雍正二年（1724）屯田、学田及官庄旗地的合计数，见孙毓棠、张寄谦：《清代垦田与丁口的记录》，载《清史论丛》第 1 辑，中华书局，1979 年。

70％的土地分散在农民户丁手里。在有地的农民户丁中，则以自耕农户丁人数最多，占一半以上（占户丁总数的比例为 43.5％），其土地占 19 甲土地总数的 60.5％。这些都说明，经过清初土地占有关系的重新调整，地权确实再度分散，农民土地所有制又有了很大发展。

现今残存的安徽休宁县康熙五十五年（1716）编审册反映的情况也是个例证。这本现存于国家图书馆的编审册所记录的该县 4 个甲共 243 户中，除一户占地 71.8 亩，其余都在 40 亩以下，可以认为全部是农民。其中，占地 20～40 亩的 22 户，占总户数的 9.1％；占地 10～20 亩的 62 户，占总户数的 25.5％；占地 5～10 亩的 41 户，占总户数的 16.9％；占地 5 亩以下的 117 户，占总户数的 48.1％。按当时南方的生产力水平，占地5～40 亩的都可看作自耕农，他们共 125 户，占总户数的比例为 51.4％，超过了一半。

获鹿县地处华北，曾受到明末农民大起义的冲击，但不十分严重；休宁县在皖南，全未受到波及。二县都不属于清初荒残特甚的地区，因此它们的土地占有状况应该是颇能说明问题的。比之明末的地权高度集中，这自然是一个很大的变化。

2. 雍正乾隆时期以后土地占有状况的变化与清前期地权发展的特点 上述顺治康熙时期的地权状况到雍正乾隆时期以后，随着土地兼并集中的发展，逐渐发生了变化。东南各省是最先出现土地兼并的地区。这一地区基本未受到明末农民大起义的冲击，明清之际地权关系变化不大，清初经济恢复较快，加之地狭人稠，缙绅集中，因而较早出现了土地问题。如在长江三角洲膏腴地带的江南几府州，有的地方清初土地集中的程度甚至超过明代。据记载，松江府的华亭、上海等县，还当顺治之初就"人争置产"，到康熙十几年间出现了"一户而田连数万亩"的大地主，超过了明末"缙绅富室最多不过数千亩"的规模，被时人称为"田产之一变"①。一些缙绅官僚在这一地区拥有的田产数量十分惊人，如吴三桂曾为其婿王永康在苏州买田3 000 亩②，刑部尚书徐乾学曾"买慕天颜无锡田一万顷"③，大官僚高士奇"于本乡平湖置产千顷"④，"原属贫寒之家"的秀水人李陈常自官至两淮盐运使后，在原籍置产买地，"有好田四五千亩"⑤，等等。缙绅官僚大地主的土地扩张使江南地权在康熙时就已相当集中，"小民有田者少，佃户居多"⑥。

① ［清］叶梦珠：《阅世编》卷一《田产一》。

② ［清］钱泳：《履园丛话》卷一《旧闻》。

③ ［清］王先谦：《康熙朝东华录》卷四四，康熙二十八年十月癸未。

④ ［清］王先谦：《康熙朝东华录》卷四四，康熙二十八年九月壬子。

⑤ 故宫博物院清档案部编：《李煦奏折》，密访李陈常巧饰清官大改操守折（康熙五十五年六月十二日），中华书局，1976 年。

⑥ 《清圣祖实录》卷二三〇，康熙四十六年七月戊寅。

乾隆时期以后，这种情况更趋严重。如无锡在乾隆时期以前，因赋役沉重，"迫于追呼"，兼并现象还不严重，"弃产之家多而置产之家少"；"及乾隆以后，大赦旧欠，闾阎无扰，又米价腾贵，益见田之为利"，遂一变而为"置产之家多而弃产之家少"了。① 钱泳记载：无锡良田田价，顺治初每亩"不过二三两"，乾隆中期"亦不过七八两"，及至嘉庆、道光之际，"长至五十余两"；土地转手频率也由俗语所说"百年田地转三家"变为"十年之间，已易数主"。② 田价上涨、土地转手频繁，正是当时人争相置产、土地兼并激烈进行的反映。又如江阴县乾隆时"农无田而佃于人者，十居五六"，嘉庆、道光时期更"贫民之食于富人者，十室而九"。③ 太仓州崇明县的浮涨江田，道光时期前也多被豪强占夺，"强者侵渔僭窃，田连阡陌，而弱者拱手他人，身无立锥"④。

东南省份其他地区，自康熙中期以后，也普遍出现了较严重的土地问题。如两淮盐场所在的苏北淮、扬二府，康熙时"苏徽大贾招贩鱼盐，获厚利，多置田宅，以长子孙"⑤。淮安府的"膏沃之田"，乾隆时期以前就"多入富豪之室"，"恒产之民，百无一二"。⑥ 据康熙时人盛枫说，江以北，淮以南，仅占人口十分之一的"富民"，"坐拥一县之田，役农夫，尽地力，而安然食租衣税"，"天下之利权，皆归于富民"。⑦ 可见即使在苏北地区，土地集中现象在一些地方也是比较严重的。

浙江省土地兼并的发展也不限于北部长江三角洲地区的几府。康熙末戴兆佳任台州府天台县知县时，已见到那里"富者强者田连阡陌"，"贫者弱者立锥无地"，"畸零细氓，其田产俱诡寄绅衿"。⑧ 浙西山区的金华府汤溪县有记载说："农多佃富室之田，……其有田而耕者什一而已。"⑨ 其他府县也有类似记载，反映出土地集中在浙江各地是一种普遍现象。利用新发现的文献档案，也可以对清前期浙江的地权分配趋势有所认识。通过比较浙江遂安县雍正六年（1728）三都二图实征额册中457户土地分配情况和乾隆二都二图实征银米册中789户土地分配情况，可以对清代遂安县业户土地的分配情况有一认识和了解。

---

① ［清］黄卬：《锡金识小录》卷一《备参上·风俗变迁》。

② ［清］钱泳：《履园丛话》卷一《旧闻·田价》、卷四《水学·协济》。

③ ［清］李兆洛：《养一斋文集》卷一四《祝君赓飓家传》。

④ ［清］沈寓：《治崇》，见［清］贺长龄、魏源编：《清经世文编》卷二三《吏政二十三》。

⑤ 康熙《清河县志》卷一《镇集》。

⑥ 乾隆《淮安府志》卷一五《风俗》引旧志。

⑦ ［清］盛枫：《江北均丁说》，见［清］贺长龄、魏源编：《清经世文编》卷三〇《户政五》。

⑧ ［清］戴兆佳：《一件再详编造弊并酌定清丈条约示》《一件申报力行保甲以绝盗源以安地方示》，见《天台治略》卷一《详文上》。

⑨ 乾隆《汤溪县志》卷一《地舆志·风俗》引康熙志。

表 2-2　雍正乾隆年间遂安县部分业户土地分配情况

单位：户，％，亩

户别	雍正时期					乾隆时期				
	户数	比重	土地面积	比重	户均土地面积	户数	比重	土地面积	比重	户均土地面积
占地不足 5 亩业户	206	45.08	487.41	8.62	2.37	458	58.05	969.86	4.81	2.12
占地 5～20 亩业户	175	38.29	1 688.50	29.86	9.65	158	20.02	1 534.53	7.62	9.17
占地 20～30 亩业户	32	7.00	787.52	13.92	24.61	37	4.69	939.48	4.66	25.39
占地 30 亩以上业户	44	9.63	2 691.57	47.60	61.17	136	17.24	16 707.12	82.91	122.85
合计	457	100	5 655.00	100	12.37	789	100	20 150.99	100	25.54

资料来源：沈炳尧《明清遂安县房地产买卖》，《中国社会经济史研究》1995 年 4 期；李文治、江太新《中国地主制经济论——封建土地关系发展与变化》，中国社会科学出版社，2005 年，319 页。

　　从表 2-2 可以看出，雍正时期，占地不足 5 亩的业户占有 45.08％，每户平均占有土地 2.37 亩。到了乾隆时期，占地不足 5 亩的业户达到 58.05％，每户平均占有土地 2.12 亩，平均每户减少土地 0.25 亩。占有 30 亩以上土地的业户从雍正时期的 9.63％增加到 17.24％，平均每户占有的耕地从 61.17 亩，增加至 122.85亩，增加了 61.68 亩。可以看出，乾隆时期土地集中的趋势十分明显。[①]

　　闽、广二省同样存在较严重的土地问题。福建漳州府清初就有"豪强大户阡陌连绵"的记载[②]；泉州府安溪县在康熙时富者"田连阡陌"，贫者"粮无升合"[③]。广东则如广州府顺德县康熙初已有占田"数十百顷"的大地主[④]，乾隆时该县有田者"多不自耕，力耕者多非其田"[⑤]；肇庆府广宁县在道光时"邑中农民，多向富室佃耕"，富室中"有祖宗相继不易者"，也有"新起家而仍力作者"[⑥]，说明一批新地主已在土地兼并中兴起。广东在清前期虽开垦土地不少，但多被豪强大族占夺："垦荒之时，姑置弗问，及至成熟，或私立卖契，或勒令退耕，不遂所欲，控

---

　　① 李文治、江太新：《中国地主制经济论——封建土地关系发展与变化》，中国社会科学出版社，2005 年，317～318 页。
　　② 康熙《漳州府志》卷一一《赋役》。
　　③ ［清］李光坡：《答曾邑侯问丁米均派书》，见［清］贺长龄、魏源编：《清经世文编》卷三〇《户政五》。
　　④ ［清］屈大均：《广东新语》卷一四《食语》。
　　⑤ 乾隆《顺德县志》卷四《田赋》。
　　⑥ 道光《广宁县志》卷一二《风俗》。

告申理，官司惟凭契核断，其业遂为富者所夺。"① 乾隆嘉庆年间，广东沿海沿江各州县涨出的沙地经农民垦熟后，也往往被豪强侵占，"谓之沙占"②。

此外如江西省，自康熙中后期起，土地兼并也有相当程度的发展。乾隆初，当地政府发布文件说："江右民人往往因一时急需，无处借贷，将田质与人。每月四分起息，名曰乡例。而有余之人，乘其急需，贪近肘腋，勒写卖契，包利一年，虚填契价，方肯质当，名曰白口卖契。及至年满，赎则照契。不赎则必先将利银归楚，次年仍照原契回赎。如无利银，即执契起业，每至滋讼，实为痼弊。"③ 到嘉庆时，江西的贫富分化已相当严重了："贫者多而富者少，以一州一县计之，力田服贾并佣趁觅食者十常七八，而家有盖藏，力能自赡者，不过十之二三。"④

在东南省份中，大概只有安徽省土地集中程度较低。安徽长江以北的一些地区，曾经受到明末农民大起义的冲击或波及，封建土地关系变化较大，一些地方直到很晚仍然地权十分分散。如皖中的六安州霍山县，乾隆时，"中人以下咸自食其力，薄田数十亩，往往子孙守之，佃田而耕者仅二三"⑤，显见是自耕农所有制占统治地位。安徽地权较集中的地方多在皖南，特别是在长江沿岸自然条件较好的安庆等少数府州。乾隆初，桐城人方苞说："约计州县田亩，百姓所自有者不过十之二三，余皆绅衿商贾之产。所居在城，或在他州异县，地亩山场皆委之佃户"⑥，指的就是附近长江南北的各州县。不过这个说法可能有点夸大，因为稍早些他还说过："计一州一县，富绅大贾绰有余资者，不过十数家或数十家；其次中家，有田二三百亩以上者，尚可挪移措办；其余下户，有田数亩、数十亩者，皆家无数日之粮，兼樵采负贩，仅能糊口"⑦，似乎还不是"百姓所自有者不过十之二三"的情形。方家是桐城大族，而方苞本人不过有祖遗田200亩⑧。康熙时大学士张英也是桐城人，初析产时得田350余亩，以后通过价买，"置田千余亩"⑨。休宁县的土地也在向集中方向发展。通过比较康熙初年十四都九图与乾隆二十六年（1761）十三都三图的地权分配情况，就可以了解休宁县土地关系的发展情况。

---

① 同治《南海县志》卷一四《抚军朱桂贞晓谕开垦告示（道光十一年）》。
② 同治《番禺县志》卷五四《杂记二》。
③ ［清］江西按察司辑：《西江政要》卷二《严禁典契虚填淤涨霸占并一田两主等弊》。
④ ［清］江西按察司辑：《西江政要》卷四《劝谕质押谷石贫富相安》。
⑤ 光绪《霍山县志》卷二《风土》。
⑥ ［清］方苞：《方望溪全集·集外文》卷一《请定经制札子》。
⑦ ［清］方苞：《方望溪全集·集外文》卷一《请定征收地丁银两之期札子》。
⑧ ［清］方苞：《方望溪全集·集外文》卷五《与刘言洁书》。按，同卷《与韩慕庐学士书》又说："苞先世遗田百余亩。"
⑨ ［清］张英：《恒产琐言》，见［清］贺长龄、魏源编：《清经世文编》卷三六《户政十一》。

表 2-3　休宁县个别都图康熙乾隆年间地权分配比较

单位:%

户别 (有地户)	康熙初年休宁县十四都九图（或七图）		乾隆二十六年休宁县十三都三图	
	户数所占 比重	田地面积所占 比重	户数所占 比重	田地面积所占 比重
占地不足 1 亩业户	52.43	11.25	20.87	1.70
占地 1～5 亩业户	37.61	36.40	40.87	15.08
占地 5～10 亩业户	5.97	18.74	18.26	19.08
占地 10～15 亩业户	1.99	10.86	6.95	10.95
占地 15～20 亩业户	0.67	5.59	3.48	9.06
占地 20～25 亩业户	0.89	9.89	5.22	16.24
占地 25～30 亩业户	0.22	3.19	0.87	3.08
占地 30 亩以上业户	0.22	4.08	3.48	24.81
合计	100	100	100	100

注：在乾隆二十六年（1761）的编审册中，可以看到乾隆二十一年（1756）的数字，但间隔时间太短，看不出多少变化来。

资料来源：李文治、江太新《中国地主制经济论——封建土地关系发展与变化》，中国社会科学出版社，2005 年，319 页。

从表 2-3 可以看出，乾隆初年，十四都不足 5 亩的少地户占有 47.65％的土地，而到了乾隆二十六年（1761），十三都的少地户仅占有 16.78％的土地。占地在 25 亩以上或者 30 亩以上的富裕户和地主户，在康熙初年，他们占有 7.27％或者 4.08％的土地，到了乾隆二十六年，所占有的土地达 27.89％或者 24.81％。可见，土地集中的趋势十分明显[①]。但比之江、浙，安徽官僚地主的占田规模是不算大的。

东南各省而外，土地兼并集中发展得较严重者，当属湖广地区的湖南、湖北二省。湖北的一些地方，从康熙中期起土地问题即开始有所表现。据康熙三十四年（1695）修成的湖北《孝感县志》记载，当时"有有田之农，有无田之农。有田之农悉不自为农，……或付之奴仆，或佣工，或互相倩助，曰换工。无田之农受田于人为佃，租完田主外，事赋皆不相及"；土地转手也趋于频繁，"年来有田者或自有而之无，无田者或自无而之有"，透露出土地兼并的信息。[②] 湖南自雍正乾隆时期以后，土地垦辟，人口增多，田价上涨，兼并现象也逐渐严重。如长沙府善化县，

①　李文治、江太新：《中国地主制经济论——封建土地关系发展与变化》，中国社会科学出版社，2005 年，319 页。

②　康熙《孝感县志》卷一二《风俗》。

"国初兵燹后苦土满，田不值价，招佃以耕，犹恐其或去。历承平久，雍正十一二年间，上田一顷，售至千四百金、二千金"①。田价上涨，土地收益提高，刺激了地主阶级兼并的胃口："偶遇岁歉，谷价腾涌，富者积粟居奇，坐拥重资，有田之利而无田之害，是以不吝重值，以收膏腴邻近之业，而中人不能与之争。"② 岳州府在乾隆初"硗确尽垦，山种杂粮，田产售值十倍于昔"，"田多佃种，贫民以佃为产"。③ 乾隆十三年（1748），杨锡绂奏陈湖南情形说："近日田之归于富户者，大约十之五六。旧时有田之人，今俱为佃耕之户。"④ 嘉庆道光时期，湖南已有了占田规模很大的地主。如衡阳县刘重伟兄弟，康熙时以经营木材生意起家，"至嘉庆时，子孙田至万亩"⑤。又如长沙县李象鹍兄弟，嘉庆壬申（十七年，1812 年）"奉父命析产为二，各收租六百余石"，后象鹍"服官中州"，以俸禄所入增置田产，"于道光壬辰（十二年，1832 年）仍合旧产为二析之，较壬申数且六七倍"。⑥ 道光时武陵县丁炳鲲的田产亦在4 000亩以上。⑦

北方及西南地区在清初都有自耕农小土地所有制的广泛发展，但早者从康熙中期起，晚者到雍正乾隆时期以后，也先后出现了一定规模的土地兼并和地权集中。在北方地区，山东出现土地问题最早，也最严重。康熙二十三年（1684），山东已经有"势豪侵占良民田产"⑧，引起大量农民逃亡的现象。到康熙四十二年，该省给人的印象就是"田野小民俱系与有身家之人耕种"⑨ 的情景了。"俱系与有身家之人耕种"自是夸大之辞，但当时有许多农民失去土地却是事实。山东地权集中程度高，与当地缙绅势力强大有关。明末农民大起义中，山东缙绅势力受到沉重打击，许多大姓巨族家破人亡，但也有不少逃亡在外，清军入关后又回籍复业⑩。日照县大地主丁耀亢回籍后，就认回了被农民分去的部分土地，重振起家业。道光时，丁氏已积有四五千亩土地⑪，远超过了明末时的规模。又如曹州府朝城县孙、

---

① 乾隆《长沙府志》卷一四《风俗志》引《善化县志》。

② ［清］黄炎：《限田说》，见嘉庆《善化县志》卷二八《续艺文》。

③ 乾隆《岳州府志》卷一六《风俗志》。

④ ［清］杨锡绂：《四知堂文集》卷一〇《遵旨陈明米贵之由疏》。

⑤ 同治《衡阳县志》卷一一《货殖》。

⑥ ［清］李象鹍：《棣怀堂随笔》卷首《阖郡呈请入祀乡贤祠履历事实》。

⑦ 李文治：《中国近代农业史资料 第1辑 1840—1911》，生活·读书·新知三联书店，1957年，69页。

⑧ 《清圣祖实录》卷一一六，康熙二十三年七月己丑。

⑨ 《清圣祖实录》卷二一三，康熙四十二年八月甲申。

⑩ 如顺治二年（1645）登莱巡抚陈锦奏："东省文武乡绅，初以惧乱南逃，近皆络绎回籍。请分别南蹿日月：系未归顺以前者，准给故业，仍听荐用；其归顺后者，似应酌议处分。"行旨："回籍乡绅，俱准敕罪。"（《清世祖实录》卷一八，顺治二年闰六月）

⑪ 《日照丁氏族谱》。

谢、吴、江、岳、孟、魏、贾八大姓，"在前明皆簪缨世继，入国朝，子孙繁衍，散居城乡，甲于他族"①。这些世代缙绅大族，凭借雄厚的财力和权势大量兼并土地，使山东地权迅速集中。乾隆时，莱州府潍县"绕郭良田万余顷，大多归并富豪家"②。嘉庆时，两江总督孙玉庭在家乡济宁买地 3 万余亩③。道光时，胶州"田多归于仕宦与士商之家"④。曲阜衍圣公孔府更是山东最大的贵族官僚地主，清朝全盛时在山东、直隶、河南、江苏、安徽占有土地 100 多万亩，大多数在山东。山东土地兼并激烈，使大批农民失去土地，被迫流往口外及东北各地谋生，多达数十万人，这成为清前期一个引人瞩目的历史现象。

直隶、河南、山西等北方省份，自雍正乾隆时期以后，土地兼并集中也有所表现。如在直隶河间府献县，据乾隆时的记载，"富者田连阡陌，而贫者无立锥之地"，富者土地皆"分假于贫者而佃种之"。⑤ 河南的情况，据乾隆五年（1740）巡抚雅尔图奏："民生贫富不齐，富者类多鄙吝刻薄，贫者则别无营生，大约佃种他人田地者居多。"⑥ 同一时期山西也有记载说："贫民多而富户少，地多丁少者十之一二，丁多地少者十之六七，丁地相当者十之二三。"⑦ 可见到乾隆时期，随着土地兼并集中的发展，这几省已有不少农民失去土地。尤其当遇到灾荒年份时，农民失地现象就更严重。如在嘉庆后期，直隶大名、广平二府连年灾荒，"民间地亩多用贱价出售，较丰年所值，减到十倍"，"本地富户及外来商贾，多利其价贱，广为收买"。⑧ 河南也有类似情况。据乾隆五十一年巡抚毕沅奏："豫省连岁不登，凡有恒产之家，往往变卖糊口。近更有于青黄不接之时，将转瞬成熟麦地，贱价准卖，山西等处富户，闻风赴豫，举放利债，借此准折地亩。……是富者日益其富，贫者日见其贫。"⑨ 在山西本省，自乾隆时期以后，晋商也渐渐改变了不事田产的传统，而多置产买地。据乾隆三十八年署巡抚觉罗巴延奏："浑源、榆次二州县，向系富商大贾不事田产，……今户籍日稀，且多置买田地。"⑩ 潞城商人贾庆余，早年家贫，随父在山东经商，后成巨富，在家乡大量买地，"沃壤连阡"⑪，就是一个典型

① 光绪《朝城县乡土志》卷一。
② ［清］郑燮：《郑板桥集·潍县竹枝词》。
③ 罗仑、景甦：《清代山东经营地主经济研究》，齐鲁书社，1985 年，110 页。
④ 道光《胶州府志》卷一五《风俗》。
⑤ 乾隆《献县志》卷三《食货》。
⑥ ［清］雅尔图：《心政录·奏疏》卷二《请定交租之例以恤贫民事》。
⑦ 户科题本，田赋地丁类，乾隆元年五月十七日山西巡抚觉罗石麟题引猗氏县详。
⑧ 《清仁宗实录》卷三一〇，嘉庆二十年九月。
⑨ 《清高宗实录》卷一二五五，乾隆五十一年五月。
⑩ 《清高宗实录》卷九四八，乾隆三十八年十二月己丑。
⑪ 光绪《潞城县志》卷四《耆旧录》。

事例。在晋南汾河流域较富庶地区，商人置产及大地主兼并土地的现象出现得还要早些。康熙时期临汾著名大盐商亢时鼎、汾阳县大地主张瑛都拥有大量地产，其中亢时鼎号称"亢百万"，据说"上有老苍天，下有亢百万，三年不下雨，陈粮有万石"①。

西南省份，如云南，当康熙、雍正之际，随着"粮有定额，荒已垦熟"，开始出现了"殆无虚日"的田产纷争②，个别地方还有了"田地半入绅衿衙役之家"③的记载。贵州自乾隆时期以后也有记载说："田皆民私业，富者坐食而有余，贫者力耕而无地，虽朝廷不能取此以均之。"④ 四川虽荒地多，长期土旷人稀，但迟至乾隆晚期，也出现了土地问题。乾隆末修成的《盐亭县志》记载："潼属各县俱有楚民新集，向惟盐邑独少，缘土瘠也。今则楚、陕、闽、粤之人依亲觅戚，佃地耕种，视为乐土，渐集渐多，四乡场镇客户，与土著几参半矣。"⑤ 连土地瘠薄的地方也有人前来佃耕，显见肥田沃土已经大都开垦，入川开荒成为自耕农的机会不多了。

总之，从康熙中晚期起，特别到雍正乾隆时期以后，土地兼并集中已在全国到处有所表现，在一些地区还发展得相当严重。但是，对这一变化不能估计得过分。清前期的土地兼并集中在各地区的发展情况很不平衡。根据目前所见到的材料判断，到鸦片战争前，真正达到了地权高度集中的只是东南数省及湖广的部分地区；而在北方和西南地区，除个别地方，总体而言，地权还比较分散，并没有发展到高度集中的程度。就以北方地区而论，除山东地权集中程度较高，其他各省都还相当广泛地存在着自耕农及其他农民的小土地所有制，清初地权分配的格局并没有发生基本的改变。例如直隶，在该省南部清初圈占较少或未曾圈占的几府州，就仍存在着较大比重的自耕农所有制。上文曾根据获鹿县编审册的资料，对该县康熙后期的土地占有状况做了介绍，指出：当时该县大部分土地都掌握在自耕农及其他农民阶层手里，地权相当分散。这种地权格局，从该县较晚时期的编审册（最晚为乾隆三十六年的）所反映的情况来看，尽管后来逐渐有所变化，但变化的幅度并不很大，地权分散、农民占有该县大部分土地的情况并没有根本改变。⑥ 获鹿县的地权情

---

① 〔清〕马国翰：《竹如意》卷下《亢百万》。又，张瑛情况见〔清〕俞樾：《荟蕞编》卷一一《张瑛》。
② 〔清〕杨名时：《杨氏全书》卷一七《条陈滇省事宜疏》。
③ 〔清〕王毓奇：《诡寄滥免碑记》，见康熙《禄丰县志》卷三《艺文》。
④ 〔清〕傅玉书：《桑梓述闻》卷三《典法志·官政》。
⑤ 乾隆《盐亭县志》卷一《土地部·风俗》。
⑥ 关于获鹿县自康熙至乾隆时期地权变化情况的统计分析，可参看潘喆、唐世儒《获鹿县编审册初步研究》（《清史研究集》第 3 辑，四川人民出版社，1984 年，15～20 页）一文的有关内容。

况，在北方地区应当是有一定代表性的。清前期北方地区总的说较少缙绅大地主或富商大贾的兼并活动，土地集中主要是通过小土地所有者的分化进行，在这种情况下，地权集中的速度和规模必然是有限的。

尤其西北陕、甘二省，清前期更少有土地兼并集中的记载和地主大规模占田的事例，地权分散的程度尤甚于其他北方省份。如在陕西省最发达地区的渭水两岸关中平原，那里人口较密，土地熟多荒少，就很少有关于土地兼并之害的记载。相反，在当地的地方志中，倒是有很多"民尚勤俭，鲜争讼""有丰镐之遗风""风尚淳朴""人尽力于田亩，无游荡之习"之类的说法。乾隆四十七年（1782）陕西巡抚毕沅也奏称，这一地区"沃野千里，实为陆海奥区。……民间耕读相半，素鲜盖藏，殷实之户十不得一"①。再据卢坤《秦疆治略》（道光时成书）的记载，西安府富平县"地处平原，田多膏腴，……人勤稼穑，野无惰农，故多殷实之家，殊少贫穷之户"；同州府潼关厅"所管皆军屯卫地，……有恒产者多，难以户计"，显然都是小土地所有者很多。关中平原而外，陕南地区基本上是乾隆中期以后，随着成百万川、楚、豫、皖、赣等省流民的涌入，才大规模开发的，而在此前，除有人居住耕垦的河流两岸平川地带和浅山区，荒无人烟的广大老林山区根本无地权可言，前来谋生的客民"挽草为业""抽草为标""听便占领"，大多数成了小土地所有者，这在当时名为"占山"。② 即使到嘉庆时期以后，"扶老携幼，千百为群"络绎不绝入山的流民，不少人仍能获得地权。当然，随着各地山区荒土的陆续垦辟，较晚到来的客民有一些也不得不佃地而种了，即所谓"有资本者买地、典地，广辟山场；无资本者佃地、租地，耕作谋生"③。但是，由于山内地土广袤，取得一块土地十分容易，陕南租佃制的发展始终没有带来排斥小土地所有者的严重土地兼并。至于高寒地带的陕北，那里人烟稀少，土地贫瘠，一户种地数十亩、上百亩尚仅能糊口，土地所能提供的收益极其有限，更没有严重的土地兼并问题。

甘肃情形，虽然有记载说清初招垦时"小民畏惧差徭，必借绅衿出名报垦承种，自居佃户，比岁交租"④，反映出当初垦荒不是所有农民都得到了土地，但是，据雍正时陕西兰州按察使李元英奏报，甘肃有产之丁"居十之六七"，无产之丁"居十之二三"⑤，显见还是小土地所有者占多数。这种情况，因甘肃在清前期一直地多人少，后来也无大变化。

---

① ［清］毕沅：《陕省农田水利牧畜疏》，见［清］贺长龄、魏源编：《清经世文编》卷三六《户政十一》。

② 光绪《镇安县乡土志》卷上《户口》。

③ 道光《宁陕厅志》卷一《舆地志·风俗》。

④ 《清高宗实录》卷一七五，乾隆七年九月乙酉。

⑤ 雍正《朱批谕旨》，第 20 册，雍正六年李元英奏折。

西南各省，如四川，是经历了清初大规模垦荒的地区，长期以来一直是以外省客民为主体的小土地所有者占据优势。乾隆晚期以后虽出现了一定程度的土地兼并和地权集中，但像其他新垦区一样，那里的土著豪强大姓不多，地权集中主要是通过小土地所有者的分化进行，而这只能是一个逐渐发展的缓慢过程。因此可以肯定，即使到了鸦片战争前，四川大部分地区的地权，仍然是相对分散的。

就是在土地兼并集中较严重的一些地区，情况也并非到处一样，有的地方的地权也还是比较分散的。如在山东武定府的蒲台县，直到乾隆时还是"生计惟恃耕织，富者无田连阡陌者，多不及十余顷，次则顷余或数十亩及数亩而已"①，显然是小土地所有者占据着优势。东南省份，除安徽情况已如前述，其余各省的某些地区，特别是一些新垦山区，农民小土地所有制也是有所发展的。如浙江宁波、台州二府交界的南田山区，自明代以来一直封禁，后来不断有流民"潜往私垦"。据道光二年（1822）统计，"垦户二千四百有零，已垦田一万六千七百余亩"②，户均垦田 7 亩，应是自耕农。其他如广东沿海的一些"孤屿荒岛"、福建省的台湾府等地，或则原来根本无人，或则地广人稀，清前期二省流民前往开垦的很多，这些地方，在没有充分开发以前，地权是不会很集中的。湖南、湖北的一些山区，也属同类情况。

上文对清前期不同地区地权变化的概况分别进行了考察，从中可以看出：从康熙中晚期起，尤其到雍正乾隆时期以后，土地的兼并集中确在各地有较普遍的开展；但是，由于具体条件的不同，这一过程在各地开始的先后、进行的方式、展开的规模及达到的程度有很大差异。就鸦片战争前各地区的一般状况论断，东南地区地权最为集中；湖广的部分地区也比较集中，但整体不如东南；北方及西南地区则相对分散，自耕农及其他农民的小土地所有制比较发达。然而这只是在大范围内，就总的情况而言，具体到各个地区、各个省份，情形往往又很不相同。如同样在东南地区，安徽的地权集中就不如其他各省；同样在安徽省内，既有地权比较集中的地方，也有地权相当分散的地方。又如同在北方，山东就比其他省地权集中，而山东省内也还有地权比较分散的地区。总之，各地的具体情况差异很大，发展极不平衡，不能一概而论。

从上面的考察也看出，清前期地权的发展，在地权集中的速度和程度上不如明代，总的说清代土地兼并集中的发展比较缓慢，地权相对分散。这一差别主要是因为清代的土地兼并有着不同于明代的特点。明代，土地兼并是以宗室藩王、勋臣贵戚和缙绅官僚大地主为中心进行的。这些人不仅拥有雄厚的财力，而且拥有广泛的

---

① 乾隆《蒲台县志》卷二《风俗》。
② 《清宣宗实录》卷四七，道光二年十二月辛酉。

政治经济特权；凭借自己的封建特权，通过"赐田""请乞"、暴力强占、接受农民及其他土地所有者的"投献"等方式掠夺土地，是他们兼并土地的重要手段。因而，明代土地兼并集中的规模大、程度高，开国后不长时间内，不仅大量自耕农，而且包括许多中小地主，都迅速失地破产，地权高度集中到少数特权大地主手里。而清代的情况不同。经过明末农民大起义的沉重打击，缙绅地主的势力大大削弱了。鉴于明朝覆亡的教训，清朝统治者对其势力的扩张和特权也有所限制，如严禁他们接受投献、诡寄地亩和使用暴力兼并土地，不许他们包揽、拖欠钱粮，取消他们的赋役优免①，等等。这样，清前期缙绅地主的土地兼并活动受到了一定抑制。与此同时，庶民地主有了很大发展。清前期通过垦荒和小土地所有者分化，通过商人和社会其他阶层人民投资土地，产生了大量的没有功名身份的庶民地主，其中绝大多数是只有土地几百亩、一二百亩的中小地主。在缙绅势力受到一定抑制的历史条件下，这些庶民中小地主在清前期空前活跃；尤其在经历过农民起义冲击、缙绅势力相对薄弱的一些省份地区，他们更是土地兼并活动的主要力量。缙绅势力衰落、庶民地主发展，这种地主身份地位的变化，使政治暴力因素在清前期的土地兼并中大大减少，地权转移主要通过经济手段即买卖的方式进行。在清代，即使宗室王公在法定赐地之外自置田产，一般也只能通过购买，普通官僚士绅自然更难以用非经济的手段取得土地。土地兼并中庶民中小地主的活跃和兼并方式上政治暴力因素的减少，必然使地权集中的发展受到一定限制。在当时农业生产力条件下，一般的庶民中小地主如果没有农业以外的财源，而单靠地租的积累扩大土地，其发展是有限的。在获鹿县编审册中可以看到，庶民地主和无官职的普通士子，多半要经过很长时间才能积累起一二百亩土地，并且很难再进一步发展。

当然，清前期也有许多大官僚、大商人通过做官经商积累起巨额财富，并用这些财富购买土地，成为很大地主的事例，他们的兼并活动使一些地区的地权高度集中；但是，这些官僚大地主和商人大地主在当时的各种地主中毕竟是少数，其活动也不是无处不在。大地主较少，中小地主较多，这是清前期地权分配的一个重要特点，也是导致地权相对分散，农民小土地所有制广泛存在的一个重要原因。

在清前期的地权发展中，还存在着使已经集中的地权又不断分散的因素，其中最主要的是中国封建时代的众子平均继承制度。在这种制度下，无论官绅还是庶民，其土地财产无不一代一代地递次分割，于是由大地主而中小地主，由中小地主

---

① 清代缙绅的优免规定最初曾照依明代，但从顺治十四年（1657）起即改为"一品官至生员、吏承，止免本身丁徭，其余丁粮仍征充饷"（雍正《大清会典》卷三一《赋役一》），不再享有优免土地和包免本户人丁的特权。雍正时期各省实行摊丁入地，绅衿土地也都一例摊银，于是丁银优免权也无形中被取消。此后，除某些地方性的杂色差徭绅衿按照惯例仍不负担，其赋役优免特权从总体上说已不再存在。

而自耕农、半自耕农，甚而成为佃农。清前期庶民中小地主较多，土地积累增殖的速度较慢，这个因素的作用尤其明显。清人李调元的《卖田说》借四川一个佃农之口描述了这种现象。这个佃农说："予家曾祖父以来，置田不下千亩，而蜀俗好分，生子五人，而田各二百亩矣；子又生孙五人，而田各五十亩矣；孙又生孙五人，而田各十亩矣；……而十亩五分，各耕不过二亩，田之所入，不敌所出，故不如卖田以佃田。"[1] 其实何止蜀俗如此，在中国各地，这都是极普通的现象。一方面，地权在不断发展的兼并活动中逐渐趋向于集中；另一方面，又通过不断的分家析产趋向于分散。两种矛盾的趋势相反相成，并行不悖，构成了封建时代周而复始的地权运动。当然，总的方向是走向集中，但其进程必然是缓慢的。

二、租佃关系的发展演变

（一）明代的租佃关系

明代，佃农的法律地位有所提高，人身自由有所发展，一般租佃制已是农村中基本的剥削制度，但同时还存在着相当严重的依附农制度；特别是在明中后期，由于贵族和缙绅官僚特权大地主势力的扩张，依附农制度出现回潮，大量佃农又陷入了人身不自由之中。在地租形式方面，明后期出现了定额租扩大、永佃权和押租制萌芽这些新的变化。

1. 佃农身份地位的变化和明中后期依附农制度的回潮　中国封建时代佃农的人身地位在宋代已经有所提高。宋代将佃客编入国家户籍，使其摆脱了作为豪强地主荫庇户的私属地位。北宋仁宗天圣五年（1027）诏许佃客起移不必取主人凭由，而只需于"收田毕日，商量去住"，主人不许"非理拦占"[2]；南宋高宗绍兴二十三年（1153）又下诏："民户典买田地，毋得以佃户姓名私为关约，随契分付，得业者亦毋得勒令耕佃"[3]，均反映出佃农身份地位有所提高，对地主的依附关系有所松解。但是，宋代佃客并未实际获得迁徙自由。地主将佃客视为奴仆而恣意役使凌辱，甚至随田买卖的现象仍大量存在，在有些地方还形成了佃仆制度。在法律上，佃客仍处在与地主不平等的贱民地位。哲宗元祐五年（1090）规定："佃客犯主，加凡人一等；主犯之，杖以下勿论，徒以上减凡人一等。……因殴致死者，不刺面，配邻州本城。"[4] 南宋高宗时又定：地主殴死佃客减刑二等，发配本州。

元代对地主奴役佃客制定过某些禁约，但佃客对地主的依属关系没有什么实质

---

① ［清］李调元：《童山文集补遗（一）·卖田说》。
② ［清］徐松辑：《宋会要辑稿》食货六三之一七七《农田杂录》。
③ ［南宋］李心传：《建炎以来系年要录》卷一六四，绍兴二十三年六月庚午。
④ ［明］李焘：《续资治通鉴长编》卷四四五，元祐五年七月乙亥。

性的改变。刑法规定反而更加不平等：地主打死佃客，只施杖刑并判罚烧埋银若干。①

明代，主佃关系发生了较大变化。洪武定刑律，已不载主佃条例，仅在乡饮酒礼中规定佃户向地主行"以幼事长之礼"。洪武五年（1372）朱元璋曾有诏旨说："佃户见田主，不论齿序，并行以少事长之礼；若在亲属，不拘主佃，止行亲属礼。"② 长幼之序固然还是一种封建等级关系，但佃农已经不是贱民身份，而是"凡人"了，这在历史上是一个很大的进步。当然，佃农实际地位的变化要有一个过程，不是一则规定或皇帝的一道诏旨就能改变的，但是封建国家的规定反映了人们观念的变化和进步，并且至少说明在实际生活中已经有了相应的现象。明代有人论刑律说："既有田主之名，则佃户、佃客之名亦因而俱起，是又在主仆名目之外者"③，就反映出在当时已经存在着非主仆关系的主佃关系。

尤其在明中后期，在一些地方，佃农已经大体取得了承佃、退佃及迁徙的自由。明朝实行黄册制度，人户"以籍为定"，迁徙、转业均不得自由。但到明中叶以后，黄册制度崩坏，国家机器行政效能降低，对户籍的管制就不那么严格了。嘉庆万历时期实行一条鞭法改革，力役折银并由征于户丁改向地亩转移，对户籍的控制更趋放松。明中期以后流民大量出现，一方面说明土地兼并的发展，另一方面也是当时国家户籍管理发生变化的一种反映。在这愈来愈多的流动人口中，既有破产自耕农，也有大量的无地佃农。成化时有人记载：当时河南开封、怀庆等府因连年灾伤，"人民离散，外来军民，畏惧粮差，不肯尽数承佃，以致田地抛荒"④。这个记载至少反映出如下事实：首先，二府流散出去的人民中有大量原来的佃户，所以才有地主的土地需要找人承佃的问题；其次，外来人口有在本地承佃的，即当时所谓的"客佃"；最后，外来人口也有"畏惧粮差"而不肯承佃的。这些说明明中叶佃农已经有了一定的承佃、退佃及迁徙的自由。

佃农承佃、退佃及离主迁徙的自由并非出现在所有租佃关系中，而主要是出现在由庶民地主特别是庶民中小地主与佃农所建立的租佃关系中。在这种租佃关系中，主佃双方虽然存在着封建宗法意义上的"长幼之序"，但在法律上彼此都是"凡人"，地主并不享有更优越的身份地位，因此他也就较少可能去从人身上控制佃农，双方的关系逐渐简化为承佃土地和交租的比较单纯的经济契约关系。这样的租佃制度，就是封建后期愈来愈得到发展的一般租佃制。

事实上，在明后期，许多地主已经更多地从经济上的互相依赖来看待主佃关

---

① 《元史》卷一〇五《刑法志》。
② 《皇明诏旨》（抄本），洪武五年五月。
③ ［清］薛允升：《唐明律合编》卷一三《典卖田宅》。
④ ［明］徐恪：《地方五事疏》，见［明］陈子龙等辑：《明经世文编》卷八一。

系。如明清之际嘉兴桐乡的地主张履祥就不认为他将田地分佃出去是多么了不起的功德，反而说"佃户终岁勤劳，祁寒暑雨，吾安坐而收其半，赋役之外，丰年所余，犹及三之二，不为薄矣"①。由于佃农与地主的人身关系愈来愈趋于松弛，所以明末一些地主提出要"宽恤佃户"，使之"不敢退佃"②，就是说要从经济上和感情上拴住佃户。这类史料，反映出主佃关系的变化。

不过，明代的租佃关系并不都是上文所说的单纯经济契约关系。在一般租佃制得到发展的同时，依附农制度在明代仍然大量存在，尤以流行于皖南徽州及南北其他一些地方的佃仆制最为典型。佃仆，在当时又称庄佃、火佃、庄仆、房仆、地仆等。这是一种对地主有严格人身隶属关系、双方存在不容逾越的"主仆"名分的依附佃农。作为"仆"，佃仆没有人身自由，不能随意离开主人，而且必须连同其子孙一起世代为主人家耕佃服役。除了像一般佃农一样交租，佃仆还必须随时供主家使役，包括"应付婚姻丧葬使唤""照看坟山祠宇"、巡村守夜、看守粮仓山林、营建房庄以及应主家入学、纳监、科贡公用使唤、神社、秋报、庙会等杂役。佃仆可以由主人随田房产业卖于他姓，但不能"私自工雇、过房"，其子孙不许私自卖于他姓。佃仆的婚配、嫁娶、过继等家内事务，有时也要受到主家干预。在法律上，佃仆不属于"凡人"，而与奴仆同属于贱民等级，其子孙不能读书，更不能应试做官。当然，佃仆终究还是"佃"，而不是完全隶属于主人、没有任何人身自由的奴仆。作为租佃农，佃仆有自己独立的家庭经济，在缴纳地租及为主人家服一定数量和范围的劳役（多在与主家所订立的文约内载明）之外，产品的剩余部分，是可以作为私有物自己处置的。佃仆的实际法律地位也比奴仆略高，有时主佃争讼，佃主多报官究治，而不是自己任加处罚。

从流传下来的徽州佃仆契约文书可以看出，佃仆大多是极端贫困，几近一无所有的农民。他们或是"外乡单丁"，或是完全破产的本地土著，"上无片瓦，下无立锥"，不仅无寸土可耕，而且生无栖身之所，死无葬身之地，因而不得不与"立庄招佃"的地主订立承佃及应役文约，成为种主田、住主屋、葬主山的人身不自由的佃仆。当然，实际情况十分复杂，也存在着仅仅因住屋、葬山而被抑勒为佃仆的事实；还有由奴仆演变来的佃仆，即所谓"由仆而佃"。

佃仆及身份地位类似于佃仆的依附农民在南北许多地方都存在。在南方，皖南之外，其他地方如有记载说两浙富民"往往以田产诡托亲邻、佃仆"③。江西也"多豪右之家，藏匿流移之人以充家奴、佃仆"④。丘濬更泛论南方说："大江之南，

---

① ［清］张履祥辑补，陈恒力校释：《补农书校释》下卷《总论》，农业出版社，1983年。
② 《沈氏农书》。
③ 《明太祖实录》卷一八〇，洪武二十年二月戊子。
④ 《明宪宗实录》卷二八一，成化二十二年八月癸酉。

民多而田少，居者佃富家之田，为之奴隶。"① 在北方，河南汝州佃户"俗多称为佃仆，（田主）肆行役使，过索租课，甚有呼其妇女至家服役，佃户不敢不从者"②。北直隶永年县有的佃户"服役与奴仆等"，当地称之为"庄家"。③ 西北延绥、固原等边地也有乡夫、佃仆应募作军的记载④。此外，明代王府勋贵庄田上的钦赐佃户，其身份地位与佃仆类似。官田上的国家佃农被国家法令束缚于土地，不能随意离开，也是一种人身不自由的依附农。

明中期以后，王府、勋贵及缙绅豪强之家用一切手段疯狂兼并土地，在势力范围所及地方到处建立田庄，官府繁苛的赋役也迫使大量农民投献、投靠权势之门为奴为佃。这些身份性特权地主田庄上的租佃关系基本都是以强烈的人身依附和依权仗势超经济强制剥削为特征的，在其中耕作的佃户虽然来源不同，但都没有人身自由，不能擅自离开土地。他们除了承担交租义务，还必须向地主贡献额外需索及一定劳役，是十分典型的依附农民。明中后期贵族及缙绅豪强扩张势力的过程，也就是依附农制度重新得到强化和依附农队伍扩大的过程。这种情况与宋代及明初以来佃农人身自由发展、身份地位提高的历史大势相悖，但却是当时权势地主势力嚣张情形下的必然。

明代还残存着更古老的奴仆剥削制度，尤其有大量名为"僮仆""僮奴""僮客"的奴仆被使用于农业生产。本来在明初时，为使国家得到更多劳动人手，朱元璋曾屡次下诏释奴为良。明代刑律严禁庶民之家畜养奴婢，对公侯品官之家使用奴婢的数量也有严格限制。但是从明中叶以后，大家畜奴之风却愈演愈烈，尤以江南缙绅之家为盛，如弘治时吴江官僚地主王天佑家"僮仆千指"，长洲吴宽家"佣奴千指"。⑤ 明后期江南甚至有"大家僮仆多至万指"者⑥。海瑞曾说：华亭乡官田宅之多、奴仆之众，"两京十三省无有"⑦。顾炎武也说："人奴之多，吴中为甚。"⑧ 其他地区官宦之家也有大规模畜奴的。如在湖广，有记载说："楚土多奴仆，麻城尤甚"，当地刘、梅、田、李等强宗右姓，"家僮不下三四千人"，号称"仆隶之盛甲天下"⑨。河南的一些地方也"缙绅之家率以田庐仆从相雄长"，"仕宦之家，僮仆成林"。⑩ 畜奴风气甚至波及一般农商人家。明代，许多中小地主以及

---

① ［明］丘濬：《屯田》，见［明］陈子龙等辑：《明经世文编》卷七二。

② ［清］李渔：《资政新书》。

③ 康熙《永年县志》卷一一《风土》。

④ ［明］王崇古：《陕西四镇军务事宜疏》，见［明］陈子龙等辑：《明经世文编》卷三一九。

⑤ ［明］吴宽：《匏翁家藏集》卷六五、卷五二。

⑥ ［清］顾炎武：《天下郡国利病书》原编第 7 册引《嘉定县志》。

⑦ ［明］海瑞：《海瑞集（下）》附录。

⑧ ［清］顾炎武：《日知录》卷一三《奴仆》。

⑨ ［清］王葆心：《蕲黄四十八砦纪事》。

⑩ ［清］郑廉：《豫变纪略》卷二。

商人之家，也都或多或少拥有奴仆，除用于家内使役，也用他们从事生产劳动或者经商。

明代奴仆被大量使用于农业生产。如在江南，成化弘治时期吴江地主王宗吉"使僮奴耕以养生，久之，困有余粟"，常熟徐讷"率其僮奴服劳农事"，"佣奴千指"的长洲吴宽家也靠奴仆来"开拓产业"。[①] 正德嘉靖时，苏州陈舆以"课僮仆力耕稼"发家，"收入滋多，开辟浸广"。[②] 松江大地主何良俊家在父辈时就"多买僮仆，岁时督课耕种"，因而积累起巨量财富。[③] 有"粮田四万亩"的常熟钱海山家使用着"僮奴数千人"[④]。其他畜奴风盛的地方（如湖广麻城）直到清初仍然是"耕种鲜佃民，大户多用价买仆，从事耕种"[⑤] 的风气。尤其在经营性农业中，明代大的经营地主差不多都是使用奴仆劳动，可算是当时经营性农业的一大特色。

奴仆属于贱民，身份地位极其低下，处在社会的最底层。奴仆没有自己独立的户籍，不属于国家的编户齐民，而是主人的私属。一个人一旦为奴，便终身为奴、代代为奴。奴仆衣、食于主人，没有自己独立的经济。作为主人的财产，奴仆可任由主人出卖和转让。奴仆的婚姻也由主人决定，主人或禁止女婢结婚，或为男仆指婚；平民婚配女奴，自己亦需立契委身为奴。奴仆为主人服役是无条件的，如不服管束，主人可对其任意打骂责罚甚至"格杀"[⑥]。奴仆的来源多种多样，有典、买来的，有抵债来的，有投靠来的，有家生的（奴婢所生子女亦为奴），此外如士庶之家"财买义男"，势豪之家包荫、冒合农民及包庇逃犯、抑勒强夺良家子男，等等，也都是奴仆的来源。尤其在明中后期，农民在权势之家兼并下大量破产、流亡以及下层小民为规避赋役投靠成风，成为奴仆数量迅速扩大的重要背景。明中后期奴仆数量增加并被大量使用于农业生产，与当时大量佃农重新农奴化，成为人身不自由的依附农一样，都是权势地主势力嚣张情形下落后生产关系的回潮。

2. 地租形式及其变化 在中国封建地主经济制下，实物地租始终是最主要的地租形式。西欧封建早期以向封建主提供劳役为特征的地租，在中国虽然也一直存在，但却从来不是一种独立的地租形式，通常只是正租的一种补充（佃户在交租外为地主提供某些劳役）。在实物地租的发展过程中，早期采取分成制，封建后期出现定额租并逐渐成为主要地租形式，货币地租也得到一定发展，最后还出现了永佃

---

① ［明］吴宽：《匏翁家藏集》卷六五、卷五二。

② ［明］王鏊：《王文恪公文集》卷二六《陈封君墓表》。

③ ［明］何良俊：《何翰林集》卷二四《先府君讷轩先生行状》。

④ 崇祯《常熟县志》卷一四《摭遗》。

⑤ 康熙《麻城县志》卷三《民物志·风俗》。

⑥ 按照明律，主人一般打骂奴婢无罪，折伤者罪减三等，殴死者杖一百、徒三年，但可以银粮赎罪。若奴仆伤家长，罪至绞；谋杀家长已遂、未遂均处死。

权和押租制的发展。明代是中国封建后期地租形态发展演变的一个重要时期，特点有二：第一，虽然实物分成租仍是最普遍采用的地租形式，但定额租已经占有一定地位并出现了货币地租的萌芽；第二，后来在清代得到广泛发展的永佃制和押租制，也在明后期开始萌芽。

先看地租形式的演变。在明代，最普遍的地租形式仍然是实物分成租。所谓实物分成租，就是租种土地的佃农将收获物按一定比例交给田主作为地租。一般而言，分成比例是收获量的一半，即地租率为 50%。如嘉靖时林希元说：富者田连阡陌，"耕其田乃输半租"①。隆庆时姚汝循在《寄庄议》中说江苏上元县贫民"与富室共其利，收一石则人分五斗，收十石则人分五石"②。明末顾炎武引《漳州府志》谓福建海澄县人买僧田转租，"与佃户均收一半"③。湖广武昌府江夏县地主与佃农计亩分成，"各得其半"④。又如北直隶景州，明后期，"客户具牛四头，谓之陪牛；春种若谷黍之类，出之庄家；秋粮豆麦之类，主、客各出一半。收则均分"⑤。也有地主得到较高分成比例的情况，如万历时南通州佃田，"主人得其十六，农人得其十四"⑥。福建宁化县为主七佃三分成⑦。甚至还有田主得更高比例的，如在河南鄢陵县，俗曰"把牛"的"佣耕者"与田主"夏麦二八分，秋禾三七分"⑧。不过，这些只是少数特例，并不普遍，一般而言，还是以对分租居多。有时地主得到较高份额地租，多与他在出租土地之外还向佃农提供其他生产资料有关。如在河南鹿邑，"主居之以舍而令自备牛具籽粒者，所获皆均之；主出籽粒者，佃得十之四；主并备牛车刍秣者，佃得十之三；若仅为种植芸锄，则所得不过十二而已"⑨。又如河南鄢陵县之所以佃、主"夏麦二八分，秋禾三七分"，是因为"凡既种既戒，耒耜钱镈之费皆田主自为经营，而把牛止曰劳力"。

再看定额租。定额租早在唐代就已出现，但在明代以前还多只存在于各类官田上，而没有扩及民田。民田租佃较多出现定额租的记载是在明中后期。在当时经济比较发达的东南省份一些地区，定额租已经较为常见。江南是最早出现定额租的地区。如洪熙时（1425），已有记载说昆山县"亩出私租一石"⑩。弘治时，吴江县的

① ［明］林希元：《林次崖文集》卷二《王政附言疏》。
② 万历《上元县志》卷一二《艺文志》。
③ ［清］顾炎武：《天下郡国利病书》原编第 26 册。
④ 康熙《武昌府志》卷一一引郭正域《江夏田赋志序》。
⑤ 万历《景州志》卷一《风俗》。
⑥ 万历《通州志》卷二《风俗》。
⑦ 顺治《宁化县志》卷一○。
⑧ 顺治《鄢陵县志》卷四。
⑨ 《鹿邑县志》，转引自余也非：《明及清前期的私田地租制度》，《重庆师范学院学报》1981 年 3 期。
⑩ 《明宣宗实录》卷六。

风俗是"每田一亩起租一石至一石八斗"①。嘉靖时，江阴县也有记载说当地地租"重者一石，轻者三四斗"②。较晚的记载如顾炎武谈到苏松地区亩产和地租时说："吴中之田，中岁仅秋禾一熟，一亩之收不能至三石，少者不过一石有余，而私租之重者至一石二三斗，少亦七八斗。"③ 在东南省份其他地方，如浙江新昌县、广东增城县、皖南太平县等地，也有关于定额租的记载。有的研究者统计了保留下来的安徽休西胡玄应家的地契抄件，在总计110笔买田案中，记有原田租额的共56笔，全部是定额租，所买地大部分为粮田，时间从万历十七年一直到崇祯十年（1589—1637）④。北方也有定额租，如嘉靖时山西盂县的记载当地亩租3～5斗⑤。以上事实说明，明中后期，定额租制已经在一些地方流行。

个别地方还出现了货币地租的萌芽。货币地租也是一种定额租，是将交纳实物改交货币。明代的货币地租还不是严格意义上的货币地租，而只是一种"折租"，即将契约规定的实物租折算成银两交纳。如在江苏太仓州，有的棉田地租按原定米租折银交纳，原米租一石折银不逾一两⑥。常熟县也有棉田按原定"三麦七豆"（三斗麦七斗豆）的额租折交银两⑦。货币地租是对实物定额租的进一步发展，并与商品经济的发展相联系。明后期江南地区商品性农业中出现货币地租的萌芽，说明当地已经流行定额租，同时也反映出那里商品经济的活跃。

定额租可以使地主获得较为稳定的收入，而不必像分成制下那样随年景的不同而收入不同。但这种租制要以比较稳定的土地产量为必要先决条件，否则佃农就无法保证每年固定数量地租的交纳。正是由于这个原因，明代流行定额租的地方，大多是在自然条件较好、生产力水平较高的东南省份，特别是江南地区。实行定额租，还要求佃农具有较大的经济独立性，即除了土地，一般的生产生活资料佃农能够自己预备，而不必依赖地主，否则租额是不容易确定的。这一条件，在明代也只有江南等少数地方的农民才具备。

实行定额租对主佃关系有重要影响。在分成制下，由于土地产量关系到地主的收入，地主往往要介入佃农生产的整个过程，对佃农生产经营干预比较多，收获时甚至要"临田监分"。在这种情况下，主佃关系是比较密切的。而在定额租制下，收成好坏在一般情形下已不影响地主的收入，故他对佃农生产的干预也就相应减少

① 弘治《吴江县志》卷五《风俗》。
② 嘉靖《江阴县志》卷七《风俗》。
③ ［清］顾炎武：《日知录》卷一〇《苏松二府田赋之重》。
④ 许涤新、吴承明主编：《中国资本主义的萌芽》表2－5，人民出版社，1985年，63～64页。
⑤ 嘉靖《盂县志》卷二《风俗》。
⑥ 崇祯《太仓州志》卷四〇。
⑦ ［清］郑光祖：《一斑录·杂述二》。

甚至不闻不问，主佃关系趋于松弛。定额租还有利于提高佃农的生产积极性和主动性，促进生产力发展。在分成制下，佃农提高产量的成果要按分成比例被地主拿走，影响到其生产积极性的发挥。而在定额租制下，只要租额不提高，增产的成果便全归佃农自己，因此他会努力提高产量，以增加收入。

当然，实行定额租并不意味着地租剥削绝对量的减少。地主在改行定额租时，租额的确定往往以当地分成制下大熟之年的地租数量为依据，并且随着土地产量的提高，地主也会力求租额的相应提高。还不能忽视的是地主在定额之外的种种勒索，如收租时的"大斗浮量""夹底斗"和"斛面""踢斛""脚米""淋尖"等种种名堂的盘剥以及各种名目的附加租等。这些，在实际生活中都是司空见惯的，有的还成为习俗、惯例。如在江南湖州，地主大斗收租、小斗粜米便是当地遵守，人们"不以为异"的"习俗"。① 池州地主的租称也远大于其出粜或出贷时的发称。② 徽州的土地买卖契约中明确有"信鸡""鸡谷"等正租附加租的记载。不过，这些并不能否定定额租的历史进步性。地主的地租盘剥、加租要求和租外勒索等不是毫无限制的，而是经常要受到当地习俗、土地供求关系以及佃农的反抗斗争等许多因素的制约。特别是在定额租制下，佃农的经济独立性增强，对地主的依附关系趋于松弛，更有利于其在租佃土地时讨价还价。事实上，据研究，明清时期江南地区的地租率即使没有减少，也没有根据认为其有明显的增加。③ 而在同一时期，江南地区的土地产量肯定是提高了。

最后谈谈永佃权和押租问题。永佃权即佃农享有永久佃种权，地主不能随意剥夺；即使地主将土地卖给别人，佃农的佃权也不受影响。而在佃农方面，则其佃权可以转移，地主只要有租可收，便不能干涉佃权的转移。押租是佃农在租地时预先交纳一笔押金，作为交租的保证，若日后欠租，地主便可从押租内扣抵。永佃权和押租的出现是封建后期租佃制度的重要发展，对主佃关系有重大影响。但在明代，这些还只是萌芽，并没有形成为固定的制度，也不普遍。

对于明代永佃权的讨论，起于顾炎武《天下郡国利病书》所引《漳州府志》关于"一田三主"的一段记载：

> 漳民受田者，往往惮输赋税，而潜割本户米，配租若干石，以贱售之，其买者亦利以贱得之。当大造年，辄收米入户，一切粮差，皆其出办。于是得田者坐食租税，于粮差概无所与，曰小税主；其得租者，但有租无田，曰大租主（民间买田契券，大率计田若干亩，岁带某户大租谷若

① ［明］徐献忠：《吴兴掌故集》卷一二。
② ［明］吴应箕：《楼山堂集》卷一三《与田令公论乡中粜粜事书》。
③ 郑志章：《明清时期江南的地租率和地息率》，《中国社会经济史研究》1986 年 3 期。

干石而已）。民间仿效成习，久之，租与税遂分为二。而佃户又以粪土银私授受其间，而一田三主之名起焉（按：佃户出力□耕，如佣雇取值，岂得称其田主？缘得田之家，见目前小利，得受粪土银若干，名曰佃头银。田入佃手，其狡黠者逋租负税，莫可谁何。业经转移，佃仍虎踞，故有"久佃成业"之谣。皆"一田三主"之名阶之为厉）。甚者大租之家，于粮差不自办纳，岁所得租，留强半以自赡，以其余租带米兑与积惯揽纳户代为办纳。虽有契券，而无贸本交易，号曰"白兑"。往往逋负官赋，构词讼无已时。

这里，小税主、大租主和佃户构成了所谓"一田三主"。其中小税主是土地的产权所有人，因为"惮输租税"而将本户赋役米与租米搭配出卖给大租主，自己"坐食租税，于粮差概无所与"。大租主因花钱买租而获得了一部分田权，虽然办纳粮差，但可以凭借田权分取一部分租、赋之间的差额（另一部分由小税主获取）。显然，这两"主"实际还是一主，都是依靠佃户地租过活的地主。文中提到的代大租主办纳粮差的"积惯揽纳户"（当时俗称"米主"）也是分租者，是地主为逃避赋役苛扰而又一次转卖部分租、赋差额的产物。值得注意的是"出力代耕"的佃户在这里也成为一"主"。据文中解释，佃户之所以也称"主"，是因为他向"得田者"交纳了称为"佃头银"的粪土银，故不但"逋租负税，莫可谁何"，甚至当业主田权转移之后，他仍"虎踞"于该块土地之上继续耕作，以致出现了"久佃成业"之谣。这里，我们看到了某种"佃权"的萌芽，即佃户在付出一定资本后获得了长久佃耕之权。由于记载的简略，我们无法确知这种佃权是否已经形成为一种有约束力的制度或习俗并且明订于契约，也不知道这种佃权是否可以不经业主而由佃户自由转移（这是永佃权制度化以后的一个很重要特征），但至少包括有佃户这一"主"的"一田三主"现象在明后期的福建漳州府已经不是个别事例（龙溪、南靖、平和、漳浦等县均有），是可以肯定的。在漳州以外，目前还没有见到类似的明确记载，说明永佃权在明代，至多也只是在少数地方刚刚萌芽，并没有发展成熟，更没有在大范围内流行。

押租的事例也出现在福建。万历年间，兴化府属、漳州府属的长寿县和云霄厅都有关于押租的记载，如兴化府就明确记载说"有田根银，抵逋租"[①]。上文所引漳州府的记载中佃户所交"佃头银"也是押租，在清代又称"押佃钱"。押租的出现，与农民的抗租斗争及主佃关系趋于松弛有关。由于抗租活动高涨，地主又日益难于用非经济手段控制佃农，便只能采取事先收取押租这种经济办法来保障自己的利益。福建是明代佃农抗租斗争频繁发生的一个地区，那里首先出现押租，当与此

---

① 江太新：《清代前期押租制的发展》，《历史研究》1980年3期。

有关。不过，像永佃权一样，当时押租还没有扩大，而是正处于在少数地方刚刚萌芽的起步阶段。

（二）清代前期的租佃关系

清代前期，由于地主身份地位发生变化和佃农经济独立性增强，一般租佃制成为占统治地位的剥削方式，主佃关系进一步松解。与此相关联，定额租制、永佃权和押租制这些明代新生的租佃形式获得了更大的发展。

1. 地主身份地位的变化和佃农经济独立性的增强 前文叙述清前期土地兼并特点时已经简要提到清代地主构成上的变化，即作为封建特权地主的缙绅势力大大削弱了，而普通庶民地主则得到了很大发展。下面，对这种变化的上述两个方面分别做些考察。

清前期缙绅势力的衰落除了同明末农民大起义的打击有关，还同清朝统治者的政策有很大关系。鉴于明朝覆亡的教训，清代对缙绅势力的扩张和特权采取了多方面的限制措施，如禁止他们用暴力强占土地和接受他人投献，不许他们诡寄地亩和包揽、拖欠钱粮，限制他们的赋役优免特权等。特别是清初对缙绅势力的裁抑往往同民族矛盾交织在一起，曾经进行得非常严厉。例如对盘踞在全国最重要财富之区而又不肯与清政权合作，并且凭借承袭的旧日特权"仍明季花分诡寄之弊"①，从而在经济上影响着清政权财政收入的江南缙绅，仅顺治一朝就通过顺治十四年（1657）的丁酉"科场案"、顺治十六年的江南"通海案"、顺治十八年的吴县绅衿"哭庙案"以及辛丑江南"奏销案"等一系列案件②，从政治、经济上给以严厉制裁和打击。经过这些打击，江南缙绅在很长时间内不能恢复元气，威势大减。据叶梦珠《阅世编》记载，松江府华亭、上海二县67家名门世族中，明末衰落1家，鼎革后衰落34家，"奏销案"后衰落16家，三者共51家，占总数的76.1%；衰而复盛和明清时期均盛的合计16家，仅占总数的23.9%。③ 江南缙绅是明代最主要的缙绅地主集团，他们在清初的命运典型地反映出缙绅势力的衰落。

康熙时期，清政权从缓和民族矛盾、争取汉族知识分子的政治需要出发，放松了对缙绅的压制。康熙十四年（1675），准许"奏销案"中被黜革的绅衿开复原职。接着，又举办"博学鸿词"，诏修《明史》，增加各地生员入学名额；为筹措平三藩军饷，还大开捐例，等等。这些措施使得缙绅势力在一定程度上得以复兴。但是，此时的缙绅无论政治地位还是经济地位都已同往昔大不相同，其封建特权已经受到

---

① 康熙《吴江县志》卷一〇《宦绩·雷铤》。雷铤，顺治十三年（1656）任吴江县知县。

② 丁酉"科场案"涉及的不只江南，还有顺天、河南、山东、山西几处，以顺天、江南最为严重，涉案的文人士子都受到了严厉制裁。其他几个案件都是直接针对江南缙绅的。

③ ［清］叶梦珠：《阅世编》卷五《门祚一》《门祚二》。

极大限制，昔日合法或得到优容的暴力占夺土地、接受投献、诡寄、优免赋役、逋欠税粮等种种特殊利益已经消失。康熙二十九年，清政府针对山东仍有绅衿贡监"均免杂差，以致偏累小民"及凭借免差特权接受诡寄的"积习"，重申绅衿只能优免本身丁银，规定"凡绅衿等田地，与民人一例当差"①。雍正时期实行摊丁入地，绅衿仅存的丁银优免特权也在无形中消失。对乡绅士衿倚势欺压乡里、包揽词讼等不法行为，清初历朝都严厉申禁。雍正五年（1727）制定对"不法绅衿私置板棍擅责佃户"的惩处法条："乡绅照违制律议处，衿监吏员革去衣顶职衔、杖八十"；绅衿将佃户妻女"占为婢妾者，绞监候"②，从法律上否定了他们对佃户的超经济强制特权。缙绅地主特权地位的削弱，往昔那些最重要、最基本的封建特权的丧失，是对其原有性质的重大否定。尽管缙绅在清代仍然保有政治和经济上的某些特权，并且仍然是具有最雄厚经济实力的地主集团，但他们在明代作为身份地主与庶民地主间的那些重大差别，已经基本泯灭了。

与缙绅势力衰落同时，庶民地主获得了前所未有的发展。庶民地主历代都有，但在清前期，这类地主人数空前增加，成为一个广泛存在并在许多地方占优势地位的地主阶层。这种情况，尤以北方地区表现得突出。表2-4是根据获鹿县编审册所做的统计：

表2-4 雍正时期获鹿县14个甲占地百亩以上户丁中庶民户丁的情况

单位：户，亩，%

占地规模	庶民户丁数及其占总数的比例			庶民土地数及其占总数的比例		
	户丁总数	庶民户丁数	比例	土地总数	庶民土地数	比例
1 000 亩以上	1	0	0	1 020	0	0
800～900 亩	2	0	0	1 698	0	0
700～800 亩	1	0	0	789	0	0
600～700 亩	3	0	0	1 941	0	0
400～500 亩	4	0	0	1 729	0	0
300～400 亩	6	0	0	2 015	0	0
200～300 亩	12	4	33.3	2 900	849	29.3
100～200 亩	57	38	66.7	7 944	4 795	60.4
合计	86	42	48.5	20 036	6 665	33.3

资料来源：龙贵社五甲、同冶社七甲、甘子社八甲雍正四年（1726）编审册；在城社二、七、八甲，永壁社一、三、四、五、七、八、九甲，任村社十甲雍正九年（1731）编审册。

---

① 《清圣祖实录》卷一四六，康熙二十九年六月乙亥。

② 《大清律例通考》卷二七。又见《清朝文献通考》卷一九七《刑考三》，文字略异。

表 2-4 有两点值得注意。其一，这 14 个甲占地百亩以上的地主户丁多数规模不大，平均占地仅为 233 亩，按当时华北地区的生产水平，地数并不多。分别来看，在 86 户中，占地在 1 000 亩以上的仅 1 户，占地 400 亩以上的也仅 11 户，如果把他们算作当地的"大"地主，那么这些"大"地主只占地主户丁总数的 12.8%；占地 200～400 亩的 18 户，占总数的 20.9%；占地 100～200 亩的 57 户，占总数的 66.3%。后两类户丁可以算是中小地主，共 75 户，占地主总数的 87.2%，居绝对多数；其土地数在地主土地总数中占 64.2%，也有很大优势。上述情况，如果不是在绝对的比例数字而是在其所反映的一般趋势的意义上看，在当时北方特别是华北地区应该是有典型意义的，它反映了这一地区地主内部地权分配格局中大地主不多、中小地主占统治地位的事实。

其二，庶民地主在地主户丁中占了相当大的比例。在 14 个甲中，庶民地主占地主户丁总数的 48.8%，接近一半；在占地 400 亩以下的中小地主中居多数，在占地 100～200 亩的小地主中更占据三分之二多。这种情况在北方地区也同样有典型代表意义，说明在当时北方地区的地主中，特别是在中小地主中，庶民地主已是一个不可忽视的存在。

当然，对获鹿县编审册的统计也反映出：在该县的土地占有中，绅衿在总体上仍占有优势，特别是较大的地主几乎全部是绅衿。绅衿土地占优势是因为他们可以通过做官纳贿获得大量钱财并将之挹注于土地。编审册中几家最大的地主几乎全部是在家里有人做官以后才兼并较多土地成为大地主的。另外，不可忽视的是，清代自康熙时期以后广开捐例，普通地主在积累较多财富以后通过捐纳成为绅衿的情况十分普遍，这也在无形中增大了绅衿在地主中的比例。

从获鹿县编审册还可看出，即使绅衿地主，除少数为官做宦者，一般绅衿占地也并不多，大都在三四百亩到一二百亩之间。这是因为，在清前期历史条件下，如果不出仕做官，普通绅衿要想获得土地也只能通过靠土地自身积累财富后进行购买的途径，较之庶民地主并无多大便宜。绅衿地主也以中小地主居多，反映出绅衿特权地位的削弱。

在南方，中小地主、庶民地主也广泛存在。清初张履祥说：他的朋友徐敬可有田 400 亩，而"三吴之地，四百亩之家，百人而不可得其一也，其躬亲置者千人而不得一也"[1]。武进胡永禄"市田宅，拓产数百亩，增屋数十楹"，被里中称为"素封之家"[2]；胡殿辅"拓地数顷，富甲一乡"[3]。江南耕作集约，土地收益较高，有

---

① ［清］张履祥：《杨园先生全集·文集》卷八。
② ［清］胡焜主修：《毗陵胡氏宗谱》卷三。
③ ［清］胡焜主修：《毗陵胡氏宗谱》卷四。

田数百亩者就是较大的地主了。这类人"百人而不可得其一",足见数量不多。一般中小地主也就有田一二百亩以至数十亩。当时人记载说这一地区"土著安业者田不满百亩"①,"绅衿大户或几千亩、几百亩,至中户、小户或几十亩、几亩不等"②,以及汪辉祖所谓"中人之家,有田百亩,便可度日"③,方苞所谓"计一州一县,富绅大贾绰有余资者不过十数家或数十家",一般中家则"有田二三百亩以上者"④,都反映出"大户"不多而有田一二百亩、几十亩的"中户"阶层的广泛存在。按当时江南地区的生产水平,这些"中户"大都可算作中小地主。可见在这一地区,地主阶级内部的地权分配也同样是比较分散的。绅衿较多、土地集中程度较高的江南尚且如此,其他地区就可想而知了。

庶民地主、中小地主的发展除与缙绅特权地主势力衰落有关,还是一定社会经济条件具备的结果。清代前期,农业生产力有了进一步提高,土地经营更加集约化,亩产量和亩收益量都有所增加,从而使得每亩地租量也相应提高了。在当时赋税征收比较稳定的条件下,每亩地租量的提高必然相应降低取得地主经济身份的最低土地必要限量,从而有利于更多的人通过购置土地成为地主。当时南方稻米亩产高的可达三四石以上,低的也在一石以上,平均为二石左右。在这样的生产水平上,有田十数亩、甚至数亩就可自耕过活,若有几十亩地,则完全可以成为依靠出租生活的地主。如张履祥记:"吾里(浙江桐乡)田地,上农夫一人止能治十亩,故田多者辄佃人耕植而收其租。"⑤ 又说:"荡田虽瘠,二亩当一亩,百亩之土可养二三十人。"⑥ 这还是易涝易旱的湖荡滩地,"二亩当一亩",如果是上等水田,五十亩就足养二三十人了。其他地区也大致差不多。如广东,"业户耕地百亩,须佃五人"⑦,虽不及江南"买田百亩,其佃种者必有七八户"⑧ 的水平,但也显然不是只有最低限量土地的地主。又如江西宁都州,"五十亩之田,岁可获谷二百石"⑨,足以使人成为地主。北方地区由于相对地多人少,耕作比较粗放,地主的最低土地必要限量要稍高一些,但一般说来,有地百余亩,大体也能靠出租生活。

---

① 乾隆《甫里志》卷五《风俗》。

② [清]李复兴:《松郡娄县均役要略·忠集》。

③ [清]汪辉祖:《梦痕余录》。

④ [清]方苞:《方望溪全集·集外文》卷一《请定征收地丁银两之期札子》。

⑤ [清]张履祥:《杨园先生全集》卷五〇《补农书下》。

⑥ [清]张履祥:《杨园先生全集》卷五。

⑦ [清]鄂弥达:《案察粤东穷民开垦疏》,见[清]琴川居士辑:《皇清名臣奏议》卷三〇。

⑧ [清]章谦存:《备荒通论上》,见[清]贺长龄、魏源编:《清经世文编》卷三九《户政十四》。按:章谦存,安徽铜陵人,嘉庆道光时期任宝山县教谕。《清经世文编》原题名作章谦,误,现依《宝山县志》卷七《职官》改。

⑨ 道光《宁都直隶州志》卷一一《风俗志》。

取得地主经济身份的最低土地必要限量降低是当时庶民地主、中小地主广泛存在和获得很大发展的最重要的经济条件。

清前期，商品货币经济进一步发展，土地买卖更趋于自由化，土地流转速度加快，一些地方限制土地自由买卖的传统习俗（如所谓"产不出户""先尽房族"，即亲族地邻优先购买权）逐渐被冲破，也是有利于庶民地主发展的一个经济条件。当时的庶民地主主要是由"力农致富"的农民、经商赚钱的商人以及持有货币的其他庶民阶层人民通过购买土地而产生的。因此，土地买卖愈自由，就愈有利于庶民地主的发展。

庶民地主在宋、明时期，随着农业生产力提高、土地私有权发展和土地买卖关系扩大，已经逐渐增多。到清前期，由于具备了一系列社会经济条件，在缙绅势力衰落、地权转移暴力因素减少的历史背景下，庶民地主终于获得了空前发展。这是当时地主制经济高度发达的重要标志。

再看佃农的经济独立性问题。在理论上，一个完全意义的佃农应当拥有土地以外的其他一切生产生活资料，如农具、牲畜、种子、肥料、口粮、住房等。然而实际上，直到清代以前，这种完全意义的佃农并不很多。明代后期，江南地区独立佃农有所增加，但仍有"田主任谷种、肥壅、车具，佃户任耕作收割。……秋成春熟，稻麦平分"① 的记载，显见在大农具及种、肥方面，佃农仍然要依赖地主。清前期的情况有所不同。乾隆四年（1739）两江总督那苏图上奏说："南方佃户自居己屋，自备牛种，不过借业主之块土而耕之。"② 嘉庆初章谦存也说：江南佃农"一亩之田，耒耜有费，籽种有费，罱斛有费，雇募有费，祈赛有费，牛力有费"③，可见一般的生产生活资料，或者说生产和消费基金，都是自备的。北方佃农的经济独立性不及南方佃农，但也比明代情况有所改善。那苏图在奏折还说："北方佃户居住业主之庄屋，其牛、犁、谷种间亦仰资于业主"④，说明当时北方佃户，除了住屋，牛、犁、谷种等生产资料在多数情况下已能自备。当然也还有不能自备的，除那苏图的奏折可资证明，康熙时山东单县也有记载说：佃农"与业主分收籽粒者，仅糊其口，是以鲜盖藏，而牛、种皆仰给于业主"⑤。不过，就总体而言，清前期北方佃农的经济独立性也有改善，应是没有疑问的。

佃农自有经济的完备程度与其对地主的依附程度是成反比例的。那苏图奏折有关这一问题的论述如下：

---

① ［清］张履祥：《杨园先生全集》卷一九。

②④ 朱批奏折，乾隆四年八月初六日两江总督那苏图奏。

③ ［清］章谦存：《备荒通论上》，见［清］贺长龄、魏源编：《清经世文编》卷三九《户政十四》。

⑤ 康熙《单县志》卷一《方舆志·风俗》。

> 北方佃户，居住业主之庄屋，其牛、犁、谷种间亦仰资于业主，故一经退佃，不特无田可耕，亦并无屋可住。故佃户畏惧业主，而业主得奴视而役使之。南方佃户自居己屋，自备牛种，不过借业主之块土而耕之，交租之外，两不相问；即或退佃，尽可别图，故其视业主也轻，而业主亦不能甚加凌虐。①

可见，佃农自有经济的日益完备，对主佃封建依附关系的松解，有重要意义。

2. 一般租佃制的普遍化与主佃封建依附关系的松解　前文论及，明中期以后，缙绅势力嚣张，许多农民为逃避赋役而投靠缙绅，依附农制度重新抬头，使用僮奴、佃仆劳动又一度盛行。经过明末农民大起义和明末清初长江以南广大地区的奴变运动，这一消极趋势得到扭转。首先是在民田上，明代大量存在身份性依附农的情况，在清前期有了基本的改变。如果说，在清初的史料中，还较多可以见到"佃户例称佃仆""庄奴"之类的记载②，有的地方还有"耕种鲜佃民，大户多用价买仆，以事耕种"③的现象，反映出明代遗风遗俗在一些地区的延续的话，那么在较晚的史料中，这类记载就极少再见，以致在全国大部分地区的史籍中都匿迹了。清代康熙以降的史料通称佃农为"佃户""佃民"，恶称亦为"奸民""顽佃""刁佃"等，而不再称"仆"称"奴"。称谓的改变反映出现实经济关系的变化，说明昔日的依附农制度、使用奴仆生产的制度，已经基本不复存在，而为一般租佃制所取代了。

清前期，民田上严格意义的依附农只以"佃仆"形式还残存于南方的个别地区，尤以皖南的佃仆为典型。但对清前期佃仆制的存在不能估计得过于严重。实际上，这一时期随着一般租佃制的发展，少数地区仍然存在的佃仆制已经日益趋于没落、解体。据章有义先生的研究，即使在佃仆制最为流行的皖南地区，也仍然以一般租佃制占主导地位。清代佃仆反抗主人压迫、争取人身自由的斗争从来没有停止过。在清初南方各地如火如荼的"奴变"高潮中，皖南也曾发生过广泛的佃仆抗主武装斗争，以后，佃仆与主人间一直"案牍纷争，日相修怨"④，这些斗争推动了佃仆地位的改善。从雍正时起，清政府推行"豁贱为良"政策，一再宣布开豁徽州佃仆的贱民身份。雍正五年（1727）户部遵旨议准：嗣后绅衿之家契买奴仆经赎身

---

① 朱批奏折，乾隆四年八月初六日两江总督那苏图奏。

② 康熙《崇明县志》卷六《习俗》载："佃户例称佃仆，江南各属皆然。"又乾隆《光山县志》卷一九《艺文》所载金镇《条陈光山叛仆详议》亦说：汝南称佃户为"佃仆"，"肆行役使，过索租课"。可见将佃户视作"佃仆"，是当时南北皆有的现象。称佃户为"庄奴"，见于康熙《江南通志》卷六五所载徐国相《特参势豪勒诈疏》。

③ 康熙《麻城县志》卷三《民物志·风俗》。

④ ［清］高廷瑶：《宦游纪略》卷上。

后，子孙"不在主家所生者，仍照旗人开户之例，豁免为良；至年代久远，文契无存，不受主家豢养者，概不得以世仆名之，永行禁止"①。次年重申此令，并特别指出："小户附居大户之村，佃种大户之田者，本系良民，名为世仆，自属相沿恶习，应行禁止，毋许大户欺凌，违者照冒认良民为奴仆例治罪。"②嘉庆十四年（1809），鉴于徽州、宁国、池州三府佃仆捐监应考，主人阻挠，"叠行讦控"，"互相仇恨"，再次谕令："所有该处世仆名分，统以现在是否服役为断。若远年文契无可考据，并非现在服役豢养者，虽曾葬主之山、佃主之田，著一体开豁为良，以清流品。"③道光五年（1825），又有一次内容相同的规定。清政府在开豁皖南佃仆方面的三令五申，固然在一方面反映出那里封建宗族势力维护佃仆制的顽固性，但在另一方面，从嘉庆十四年的谕旨也可看出，自从雍正时期开豁佃仆为良以后，已有佃仆及其子孙要求捐监应考，说明其地位有所改善。

清初从关外带来的旗地农奴制也只存在了一个不太长的历史时期，然后就为内地普遍实行的租佃制所取代了。旗地是清朝皇室、王公宗室及八旗官兵占有的土地。清政权早在入关以前，就已在辽沈地区占夺了大量土地，分配给八旗贝勒、勋臣和官员兵丁，形成了所谓"盛京旗地"。入关以后，为满足满族贵族的剥削需要和解决八旗兵丁的生计，又在直隶北部近畿地区几次大规模圈占土地，形成了所谓"畿辅旗地"，总数达 16 万余顷之多。各地驻防八旗也进行了圈占，但数量较少。此外，清初还鼓励汉人"投充"，带地投充的，其土地也构成为旗地的一部分。掠占的土地，由皇室直接占有的土地成为皇庄，主要由内务府管理，通称官庄或内务府官庄；王公宗室和八旗官员按爵位品级和所属壮丁数目占有的土地成为王公宗室庄田和官员庄田；普通八旗兵丁则分得壮丁份地。官员庄田和兵丁份地通常称为"旗地"或"一般旗地"，以别于官庄和王公宗室庄田。

清初皇室、王公宗室和八旗官员土地上基本的生产组织形式是建立庄屯，设置庄头，役使壮丁、奴仆劳动，强制他们缴纳地租钱粮并提供差徭。部分土地较多的上层旗丁也使用壮丁生产。在这种农奴制庄田上从事生产劳动的壮丁、奴仆虽有自己的经济，但十分薄弱，土地以及其他重要的生产和生活资料如住房、耕牛、种子、口粮等也都由主人提供。他们的人身极不自由，不能随意离开庄屯，不能自立户籍，更不许混入民籍，而且可以由主人任意责罚和买卖。为防止旗下人逃跑，清初制定了严酷的"逃人法"，并设置督捕衙门，专门缉拿、惩治逃跑的家奴、壮丁及其"窝主"。

但是这种落后的农奴制生产关系从建立伊始就面临着壮丁、奴仆不断逃亡的严

---

① ③ 光绪《大清会典事例》卷一五八《户部·户口·改正户籍》。

② 《定例续编》卷五《户部·户役》。

重问题。对旗下人的逃跑，清初虽实行了严刑峻法并罪及窝主、邻右和察解不力的地方官，但是收效甚微。顺治三年（1646）五月皇帝谕中说："止此数月之间，逃人已几数万。"① 顺治六年又说：旗下奴仆"今俱逃尽，满洲官兵，纷纷控奏"②。顺治十一年，即设置兵部督捕衙门的当年，"一年间，逃人几及三万，缉获者不及十分之一"③。大量壮丁、奴仆逃亡，严重冲击了旗地上农奴制的生产方式。由于缺乏劳动人手，许多旗人被迫将土地招佃收租，使用壮丁、奴仆生产的比重逐渐缩小。

商品货币关系对旗地制度的冲击作用也是巨大的。旗地最初禁止买卖，但旗丁迫于生计而典卖土地的现象从一开始就存在。顺治三年（1646），规定旗人新增人丁不再增给土地，人丁亡故也不必退还，就更使旗丁份地难于长久保持。康熙九年（1670）规定："官兵地亩，不准越旗交易；兵丁本身种地，不许全卖"④，有条件地承认了旗内的土地交易。但各种限制条件仍然不断被冲破，旗间交易、旗民交易都日益频繁。到乾隆时，旗间交易的禁令被迫取消。旗民不交产的禁令虽未撤除，但在实际上已日渐废弛。旗地买卖关系的发展促进了旗人的分化，少数八旗官员和上层富裕旗丁乘机大量兼并，众多的普通旗人则卖出土地，或者专靠粮饷过活，或者沦为佃农、雇工。从康熙中期起，汉人地主开始典买旗地，进一步加速了旗地制度的破坏和租佃化过程。乾隆时期，清政府先后几次在畿辅和奉天用公帑回赎民典旗地，这部分赎回的旗地，统治者认为"虽系旗人世产，现在平民耕种日久，藉以资生，若改归庄头，于佣佃农民未免失业"，因而交地方官招佃收租。⑤ 可见，清政府到这时也被迫承认旗地上生产方式的变化了。

旗地农奴制的崩坏和租佃化过程从康熙中期即已开始，到康熙末，或者到雍正、乾隆之际，一般旗地上已基本实行了租佃制度。乾隆时期以后，官庄也开始陆续释放壮丁，由庄头将土地招佃承种，从而租佃制代替农奴劳动占了主导地位。王庄的改制稍晚一些，但大体到乾隆、嘉庆之际，也因"充差之壮丁潜逃者颇多，以致差银无着"⑥，而逐渐将土地招佃收租，壮丁种地的比重大大缩小了。

随着一般租佃制的普遍化，清前期主佃封建依附关系进一步松解。在清代刑律中，佃农属"凡人"，与普通庶民地主地位平等，不存在等级贵贱之分。虽然这是

---

① 《清世祖实录》卷二六，顺治三年五月庚戌。

② 《清世祖实录》卷四三，顺治六年三月。

③ 《清世祖实录》卷八五，顺治十一年八月甲戌。

④ ［清］鄂尔泰等撰：《八旗通志初集》卷一八。

⑤ 《清高宗实录》卷六九二，乾隆二十八年八月癸巳。

⑥ 辽宁省档案馆藏：《英公府地册》，转引自《满族简史》编写组：《满族简史》，中华书局，1979年，86页。

沿袭明律，但明代缙绅势力强大，大量的主佃关系是在缙绅地主与农民间形成，主佃关系实际上并不平等。而在清前期，主佃关系主要形成于庶民地主与农民之间，佃户属"凡人"的实际意义远较明代为大。在司法实践中，清代对一般主佃纠纷命案，只要不是有服亲属，多"依凡科断"，即平等对待主佃双方。甚至有的出户奴仆也能得到同等待遇，如乾隆时江西安福县有一起主佃纠纷命案：佃户孔正偶与地主姚彬古原系主仆，雍正时放赎开户，但仍在姚家为佃。乾隆三十八年（1773），孔因争斗被姚杀死，审断为孔"与姚彬古已无主仆名分，应同凡论"，姚被判"绞监候，秋后处决"。[①] 这种案例，在明代是很难想象的。

清前期除了少量佃仆，一般佃农都有承佃、退佃和迁徙的自由，基本上不存在经济以外因素的限制。清初张履祥认为，佃户"今日掉臂而来，异时不难洋洋而他适"，因而主张"羁縻"佃户："有愿赁此田者，本家给以资本，成熟取偿而不起息"，使其"不忍耕他人之土"。[②] 地主需要用经济手段"羁縻"佃户，显然是因为佃户能够自由离开地主。乾隆朝刑科题本中有不少因佃农拒佃、退佃引发的纠纷命案，从中看出，经济方面的原因，如所租地"没甚出息"，或地主"要的多""加增押租钱"等，都是佃农拒佃、退佃的原因，而地主对之无可奈何。清前期各地人口频繁、大量流动，反映了农民的离土自由。尤其雍正时摊丁入地，乾隆时又废除编审，政府放松了对户籍的控制，农民迁徙就更加自由。

随着人身依附关系的解除，地主对佃农的超经济强制也有所削弱。清代，即使是绅衿地主，任意欺压、奴役佃农也是非法的，雍正时制定了严厉的惩处法条，这在前面已经说过。与此同时，雍正五年（1727）还规定："至有奸顽佃户拖欠租课欺慢田主者，杖八十，所欠之租照数追给田主。"[③] 地主的经济利益需要由国家法令来保护，从另一个方面反映出地主对佃农直接超经济强制力的削弱。

总之，清前期，主佃封建人身依附关系已趋于全面松解，单纯的纳租关系取而代之成为租佃制度的基础。当然，由于主佃间在人身依附之外，还存在着经济依附，即佃农处于依赖地主提供土地乃至部分其他生产资料的地位，主佃关系是不可能真正平等的。在实际生活中，地主特别是绅衿地主违法欺压、奴役佃农，"以强凌弱"的情况仍然是大量存在的。

3. 定额租、永佃制和押租制的进一步发展

（1）定额租的发展。关于清前期不同地区各种租制的情况，从对保存下来的乾隆朝刑科题本中有关地租案件的统计可以得到一个大致的印象，如表2-5所示。

---

① 刑科题本，乾隆三十八年十月二十六日江西巡抚海成题。
② ［清］张履祥：《杨园先生全集》卷八《与徐敬可》。
③ 《大清律例通考》卷二七。

表 2-5　乾隆朝刑科题本中各类地租分省区件数统计

单位：件,%

地区	总件数	实　物				货币租（含折租）	
		分成租		定额租			
		件数	比重	件数	比重	件数	比重
北方地区	168	39	23.2	49	29.2	80	47.6
盛京、吉林	13	1	7.7	4	30.8	8	61.6
直隶	47	7	14.9	13	27.7	27	57.4
山东	19	7	36.8	6	31.6	6	31.6
山西	47	7	14.9	16	34.0	24	51.1
河南	19	10	52.6	2	10.5	7	36.9
陕西	17	5	29.4	6	35.3	6	35.3
甘肃	6	2	33.3	2	33.3	2	33.3
东南地区	506	40	7.9	364	71.9	102	20.2
江苏	43	5	11.6	24	55.8	14	32.6
安徽	36	12	33.3	14	38.9	10	27.8
浙江	75	4	5.3	55	73.3	16	21.3
福建	131	11	8.4	96	73.3	24	18.3
江西	77	2	2.6	59	76.6	16	20.8
广东	144	6	4.2	116	80.5	22	15.3
湖广地区	97	7	7.2	56	57.7	34	35.1
湖北	49	3	6.1	24	9.0	22	44.9
湖南	48	4	8.3	32	66.7	12	25.0
西南地区	110	11	10.0	62	56.4	37	33.6
四川	62	3	4.8	32	51.6	27	43.5
云南	9	3	33.3	6	66.7	—	—
贵州	13	2	15.4	6	46.1	5	38.5
广西	26	3	11.5	18	69.2	5	19.2
全国总计	881	97	11.0	531	60.3	253	28.7

资料来源：根据刘永成《清代前期佃农抗租斗争的新发展》（《清史论丛》第1辑，中华书局，1979年）、《论中国资本主义萌芽的历史前提》（《中国史研究》1979年2期）二文数据制成。原文据中国第一历史档案馆藏刑科题本。

从表 2-5 可以看出，在北方地区，实物分成租还占有一定比例，但实物定额租已经占优势；如果将货币地租也考虑在内，则除了河南，其他省定额租的比重都远超过分成租。在南方省份，无例外都以定额租占优势，东南和湖广地区更占绝对优势。尽管具体的比例数字不一定准确，但所反映的乾隆时期各种租制发展的总情况是无可怀疑的。

从表2-5还可看出，北方地区货币地租所占比例较大，各省货币租的件数都超过或等于实物定额租件数，盛京、吉林、直隶、山西几省的货币租还超过两种实物租件数的总和。这种情况，就盛京、吉林、直隶、山西来说，同那里多官庄、旗地及官田有关。在清代的旗地及各类官田上，货币租比较流行。此外，盛京、吉林是新垦区，而新垦区一般也是盛行货币租的。其他几个北方省份的货币租大体占各种地租总件数的三分之一左右，大体反映了北方地区的一般情况。

南方地区，湖北和四川都有大量的新垦区和山区，大地产多、客民多，因而货币租的比例也比较大。东南各省商品经济最发达，货币租的比例却相对较小，平均只占统计总件数的五分之一。这就说明，尽管与明代货币租还只以少量折租形式刚刚萌芽的情况相比，清前期的货币租已经有了较大发展，从而反映出商品货币经济对农村影响的加深和地租形态的进步，但占统治地位的地租形式仍然是实物租，而不是货币租。从实物租向货币租的过渡，在清前期还只是刚刚起步。

清前期地租形式最重要的变化是定额租取代分成租成为占支配地位的地租形式。这一变化的意义，我们在谈及明后期定额租向民田扩展时已作论述。定额租对租佃关系最主要的影响是：在此种租制下，由于收成好坏一般不对地主产生影响，地主对佃农的生产经营活动的干预也就较少。地主所关心的只是规定的地租能否如数交清，至于佃农种什么、如何经营等，一般不加过问。从而，实行定额租制，佃农生产经营的独立性必然会增强，对地主的依附关系和受到的超经济强制会大大减弱，即主佃关系会趋于松弛。

由于定额租制的发展与农业生产力的水平和佃农自有经济的完备程度密切相关，而这两方面的情况在清前期各地区间是不平衡的，分成制在一些地方仍然占有一定的比重，尤其在生产力相对落后、灾荒多、地瘠民贫的北方更为流行。不过，如表2-5所示，即使在北方，至晚到乾隆时期，从总体上说也已经以定额租制占主导地位。在仍然实行分成制的地方，由于佃农经济条件的改善，有的已经取得了获取较高份额劳动产品的权利。当时北方的分成制度，一般都是主佃对半均分，在地主只提供土地而不提供其他生产生活资料的少数情况下，佃农还可能得到更高的分成比例。过去那种较常见到的因籽种、肥料、牲畜以致全部生产资料都由地主提供而主佃六四、七三甚至八二分成的情况，已经不是很多了。

（2）永佃制和押租制的发展情况。如前文所述，永佃制是佃农对其佃耕的土地拥有永久使用权的一种租佃制度。在这种制度下，土地的所有权和使用权分离，地主拥有土地的所有权，而佃农拥有使用权。佃农的这种权利并不因地主买卖土地而丧失，地主只能转移土地的所有权，而不能同时转移不归他所有的使用权。土地的使用权可以由佃农自己买卖转让，地主同样不能干涉，即在永佃制下，地主只因掌握着土地的所有权而有权收租，至于由谁来耕种交租，他无权过问。这种制度在明代只存在于福建等个别省的个别地方，清前期则进一步在长江下游及整个东南地区流行起来；在广西、湖南的部分地区和北方直隶、河南、甘肃的某些地方，也有程度不等的表现。

在永佃制最为流行、表现形式也最为典型的东南省份，通常把佃农的永佃权称为"田面""田皮"，而把地主的土地所有权称为"田底""田骨"。在福建，也有称"大租""小租"和"大苗""小苗"的，其中大租、大苗指田骨，小租、小苗指田皮；还有称田骨为"田面"，而称田皮为"田根"的。在广东，则有所谓"粮业""佃业"及"粮田""质田"（指佃权）之别。由于土地权已较普遍地分裂为二，这一地区的许多佃农获得了永久佃耕和自由转移佃权的权力，只要佃农不拖欠地租，地主一般不能任意起佃或干预佃权的转移。

例如在江南苏州地区："（吴农）佃人之田者，十八九皆所谓租田"，"俗有田底、田面之称：田面者，佃农之所有；田主只有田底而已，盖与佃农各有其半。故田主虽易，而佃农不易；佃农或易，而田主亦不与。"[1] 又如江西："赣南各县田亩有粮田、租田之别，凡皮骨合一者谓之粮田，皮骨分营者谓之租田。佃户取谷于田而纳租于业主，谓之营皮；业主征租于佃户而纳粮于国家，谓之营骨。……乃积习相沿，营皮者竟误认永佃权为所有权，自由顶退，卒使田主无由过问。"[2] 福建各地"一产而主佃皆为世业"的现象同样十分普遍，因而地权转移中"有一田而卖与两户，一田骨、一田皮者，有骨、皮俱卖者，田皮买卖并不与问骨主。骨系管业，皮亦系管业，骨有祖遗，皮亦有祖遗"[3]。古田县有"田根"的佃农"自持一契据，管业耕种，苟不逋租，田面（田主）不得过而问焉"[4]。广东惠州府的乡规为："凡买田收租纳粮者名为粮业，出资买耕者名为佃业"[5]；"粮主收租纳赋，质主耕田交租"[6]。浙江也有"田主买田为田骨，佃户出银佃种为田皮，如佃户并不欠租，不许田主自种"[7]、"田主把田卖与别人，仍旧是旧佃户耕种还租，叫做卖田不卖佃"[8] 的"俗例""乡例"。

---

① ［清］陶煦：《租覈·重租论》。

② 《宁都州风俗摘要》，见司法行政部编：《民商事习惯调查报告录》第1册，1930年，427页。

③ ［清］陈盛韶：《问俗录》卷一《建阳县·骨田皮田》。

④ ［清］陈盛韶：《问俗录》卷二《古田县·根面田》。

⑤ 刑科题本，乾隆九年六月十二日署广东巡抚策楞题。

⑥ 刑科题本，乾隆十三年十月二十四日刑部尚书阿克敦题。

⑦ 刑科题本，乾隆三十一年二月二十一日浙江巡抚熊学鹏题。

⑧ 刑科题本，乾隆二年五月二十六日浙江巡抚嵇曾筠题。

其他地区，如广西武宣县壮族人租种地主土地"历来只换田主，不换佃户，就算世业一般"①。湖南佃种漕运屯田的"军家之佃"，"任尔业更数主，而佃户始终一家，谓之换主不换佃，乃军田之通例"。② 直隶旗地上则有"私行长租"之事，乾隆时曾定例严禁，但实际上不能禁止。甘肃的永佃制源于清初垦荒："开垦之始，小民畏惧差徭，必借绅衿出名，报垦承种，自居佃户，比岁交租；又恐地亩开熟，日后无凭，一朝见夺，复立永远承耕，不许夺佃团约为据。"③

永佃制的形成原因是多种多样的，例如上面甘肃这样因佃农在当初垦荒时花费了工本而形成的永佃就是其中一种。此外还同押租制有关，这在东南地区尤为普遍。例如在福建的一些地方，地主于租佃之初向佃户收取过"根租"，"迨年深日久，今昔之人情迥异，主佃之消长不同，或因业主衰微，将田鬻卖，而新主另召佃者，或因佃户强悍，短少额租，而原业更佃接种者，乃旧佃以根租起衅，勒取新佃之顶首，巧其名曰田皮，此项一日未楚，不得擅自接种。彼有田之家徒存业主之名，而更换佃户，不能自专"④。又如广东，"粤东之顽佃，以田坐落伊村，把持耕种，租谷终年不清。或田主欲改批别佃，则借称顶首、粪质名目，踞为世业，不容田主改批，亦不容别人承耕"⑤。有的批契内还明确写上"不欠租谷，预给顶银，即任长耕"⑥。浙江更有这样的"乡风俗例"："凡佃户租种田地，出银顶买，名曰田皮，可以顶卖的。"⑦ 此即所谓"出银买耕"，佃户把交押租看作买得了佃权，不仅要求永佃，而且私相授受，"过手而递顶更换不一"。就连当时官府也认为："佃户之出银买耕，犹夫田主之出银买田，上流下接，不便禁革。"⑧

永佃制的发展使土地的使用权与所有权分离，削弱了地主的土地权利，不仅有利于佃农投资土地，从而发展农业生产，而且对主佃关系也有重大影响。在史料中可以看到，凡永佃权盛行的地方，便多发生佃户"欠租""抗租""强种""霸耕"的事，以致有的地主慨叹"业主虽有田产名，而租户反有操纵之实"⑨。此种现象，

---

① 刑科题本，乾隆四年四月二十一日刑部尚书尹继善题。

② 《湖南省例成案·工律·河防》卷一《失时不修堤防》，乾隆二年十一月岳州府同知陈九昌详。

③ 《清高宗实录》卷一七五，乾隆七年九月乙酉。

④ ［清］王简庵：《临汀考言》卷六《咨访利弊八条议》。

⑤ 光绪《清远县志》卷首，雍正十二年七月初三日广东总督鄂尔泰《严禁卖产索赎暨顽佃踞耕逋租告示》。

⑥ 刑科题本，乾隆十年十二月二十一日刑部尚书盛安题。

⑦ 刑科题本，乾隆三十一年十一月初九日浙江巡抚熊学鹏题。

⑧ 乾隆《宁都仁义乡横塘塍茶亭内碑记》，见司法行政部编：《民商事习惯调查报告录》第1册，1930年，424页。

⑨ 康熙《平和县志》卷六。

究其由，就是因为农民有了部分的土地权利，他是"出银买耕"的，以故，"一经契买，即踞为世业，公然抗欠田主租谷，田主即欲起佃而不可得"①。

押租制也在清前期得到广泛的发展。根据档案和其他史料，至晚到乾隆嘉庆时期，大部分内地省份以及盛京、内蒙古等地区，都已出现了押租制度。押租的名称很多，如押租银、押佃银、佃礼银、顶首银、顶耕银、顶佃钱、顶租钱、顶钱、佃手钱、揽佃银、批佃银、批礼银、保租银、保佃银、佃规银、佃本银、压地银、挂脚钱、系脚钱、坠耕银、脱肩银、批头钱、粪质银、进庄银、写田礼、批耕银、押课钱、随租银、佃价钱等，各地不同。押租多为货币，或银或钱。其数量，不同地区、不同质量的土地之间差别很大，并且往往在不同的业、佃之间，其多少也不相同。一般而言，愈是人多地少、租佃竞争激烈的地区和较肥沃的土地押租愈重，反之则愈轻。与正租相较，押租在多数情况下都超过一年的正租额，多的超过一倍乃至几倍。虽然押租在佃农退佃时应当退还，但实际上往往被地主以种种借口干涉，特别当押租额较小时更是如此。不过，在佃农缴纳了较重押租的情况下，其佃权是比较有保证的，在一些地区，这还是永佃权得以发展的一个促成因素，并且若押租较重，则正租一般较轻。

押租是在封建后期一般租佃制发展、主佃关系日益松弛情况下，地主需要以经济手段保卫自己的收租利益，用以"杜抗租不完之弊"②的产物。正因如此，清前期押租制在南方比在北方更为流行。当时南方地区的租佃关系远比北方松弛，"交租之外两不相问"，因而地主更需要用押租这种经济手段来保障自己的利益。押租的推行还要以佃农有较高的经济承受能力以及定额租制和商品货币经济的发展为前提（现有史料表明，有押租的地方都是定额租，并且押租以货币为主），这些，自然也使南方比北方更有推行的条件。

押租的发展还同某些地方性因素有关。如四川之所以成为清前期最流行押租制的省份，可能同四川客佃多有关。与土著佃户相比，客佃与地主间缺乏封建宗法关系的维系，流动性又大，因而地主更需要用押租来控制佃农。同时，自乾隆中期以后，四川可开垦的土地逐渐减少，而外省客民仍不断涌入，造成租佃竞争加剧，也使地主乘机通过押租来捞取经济上的好处。四川而外，湖南也是十分流行押租的省份，这恐怕与当地地主向佃户收取"礼银"的习俗有很大关系。此种"礼银"最初是一种封建贡献，以后就发展成某种性质的押租。此外，湖南流行押租与当时湖南作为主要粮食输出省之一，粮食商品化的发展以及由此引起的粮价上涨、土地收益提高，可能也有一定关系。

---

① 《福建省例》卷一五，乾隆三十年闰二月初十日布政使司详文。
② 同治《平江县志》卷九。

（三）明清时期雇佣关系的变化

雇佣关系是明清时期与租佃关系并存的一种基本生产关系。[①] 雇工劳动大约在战国时期就有了，但得到较大发展还是明清时期的事。变化有二：一是雇工人数增多；二是雇工的身份地位提高，人身自由获得发展。

1. 雇工人数增加　明代农业中使用雇工劳动的情况已逐渐增多，有些地方还比较普遍。使用雇工的人有经营地主、自耕农，也有佃农。雇工有长工和短工两类，还有所谓"忙工"，系农忙临时短雇，仍属短工性质。关于雇工的记载，在明中后期的文献中很多。如弘治《吴江志》载："无产小民投顾富家力田者谓之长工，先借米谷食用，至力田时最忙一两月者谓之短工，租佃富家产以耕者谓之租户。此三农者，所谓劳中之劳也。"[②] 正德《姑苏志》载："若无产者，赴逐雇倩，受值而赋事，抑心弹力，谓之忙工，又少隙，则去捕鱼虾、采薪、埏埴、庸作、担荷，不肯少自偷惰。"[③] 正德《华亭志》载："农无田者为人佣耕曰长工，农月暂佣者曰忙工。"[④] 稍晚些嘉兴府的记载谓："四月望至七月望日谓之忙月，富家倩佣耕作，或长工，或短工。"[⑤] 又如在广东，明末清初时，"广州边海诸县，皆有沙田，顺德、新会、香山尤多。……其佣自二月至五月，谓之一春，每一人一春，主者以谷偿值"[⑥]。江西宁都州："田旷人少，耕家多佣南丰人为长工，南丰人亦仰食于宁，……每年佣工不下数百。"[⑦] 在北方地区，沈榜有记载云：北京宛平"呼雇工人为年作，至十月初一日则各辞去，谚云：十月初一，家家去了年作的，关了门儿自家吃"[⑧]。陕西也是"十月一日，……雇工人皆于是日放还，谚云：十月一，送雇的"[⑨]。明代文学作品中也常提及农业雇工，如《醒世恒言·卢太学诗酒傲公侯》写道："那卢柟田产广多，除了家人，雇工也有整百。每岁十二月中预发来岁工银，到了是日，众长工一齐进去领银。"当时流行的通俗日用百科全书如《徽郡补释士民便读通考》《鼎镌十二方家参订万事不求人博考全编》等，都载有雇工帖、雇工文契、雇工议约、雇长工契之类的契约格式，由此亦可看出雇工现象的普遍。

---

① 雇佣关系不仅存在于农业生产中，手工业和商业中也有雇佣劳动，但这里我们只谈农业中的雇佣劳动。

② 弘治《吴江志》卷五。

③ 正德《姑苏志》卷一三《风俗》。

④ 正德《华亭志》卷三。

⑤ ［清］陈梦雷、蒋廷锡等编辑：《古今图书集成·方舆汇编·职方典》卷六九〇。

⑥ ［清］屈大均：《广东新语》卷二。

⑦ ［清］魏禧：《魏叔子文集》卷七。

⑧ ［明］沈榜：《宛署杂记》卷一七。

⑨ ［清］陈梦雷、蒋廷锡等编辑：《古今图书集成·方舆汇编·职方典》卷五三一。

　　清前期关于农业雇工的记载就更多了。这一时期的地方志中常可见到"贫者为人佣佃"①、"贫民耕凿佣工"②、"农无田者为人佣作曰长工，农月暂佣者曰忙工，田多人少倩人助己曰伴工"③、"无田之农受田于人名为佃户，无力受田者名为雇工，多自食其力"④、"富农倩佣耕，曰长工，曰短工"⑤、"有田之家鲜能自耕，或募佣工，或召租佃"⑥、"无常职闲民出力为人代耕，收其佣值，有岁雇，有月雇，历年久者谓之长年"⑦ 之类的记载。根据档案资料记载，至晚到乾隆嘉庆时期，全国 18 个内地省份以及东北奉天、吉林、黑龙江地区，都已有农业雇工。

　　雇工在清前期的农业人口中已占有一定比例。据统计，现存乾隆朝 58 000 余件刑科题本档案中，涉及农业雇工的共 6 100 件，占 1/10 强。另一项关于乾隆二十年至六十年（1755—1795）"命案·土地债务类"刑科题本的统计，在总计 20 000 多件题本中，涉及雇工的 4 600 余件，几达案件总数的 1/4。雇工案件比例当然并不等于实际人口中的雇工比例，但如果雇工数量很少，在人口中占不到多大比重，就不会有上述刑事案件中雇工案件比例的反映，这也是毫无疑问的。有关刑事案件档案的统计还显示，在乾隆、嘉庆两朝，年代愈向后移，雇工案件愈多，反映出雇工队伍不断扩大的事实。⑧

　　不少地方还出现了雇工市场，称作"人市""佣市""工夫市"等。如在山东，据康熙初记载："东省贫民，穷无事事，皆雇于人，代为工作，名曰雇工子，又曰做活路。每当日出，皆荷锄立于集场，有田者见之，即雇觅而去。"⑨ 又如乾隆时河南林县，"游手持荷农具，晨赴集头，受雇短工，名曰人市"⑩。其他如安徽凤台县有芸田时节佣者"荷锄入市，地多者出钱往僦，计日算工，谓之打短"⑪ 的记载；浙江嘉兴有"主人握钱而呼于畔，奔走就役，什百为群"⑫ 的记载；广东新会、钦州有雇主

① 乾隆《获鹿县志》卷二。
② ［清］卢坤：《秦疆治略》，所记为同州府永寿县。
③ 康熙《登州府志》卷八。
④ 乾隆《直隶通州志》卷一七。按，此为照抄康熙志。
⑤ 嘉庆《嘉兴府志》卷三二。
⑥ 光绪《应城县志·风俗》引康熙志。
⑦ 道光《思南府志》卷二。
⑧ 以上刑事案件档案统计，参见刘永成：《清代前期农业资本主义萌芽初探》，福建人民出版社，1982 年，65 页；吴量恺：《清代乾隆时期农业经济关系的演变和发展》，载《清史论丛》第 1 辑，中华书局，1979 年；李文治、魏金玉、经君健：《明清时代的农业资本主义萌芽问题》，中国社会科学出版社，1983 年。
⑨ ［清］周栎园：《劝施农器牌》，见［清］李渔：《资治新书·二集》卷八。
⑩ 乾隆《林县志》卷五。
⑪ ［清］李兆洛：《养一斋文集》卷二《凤台县志·食货志》。
⑫ ［清］张履祥：《杨园先生全集》卷七。

"出墟雇工人"、在墟"觅工"记载[1]；奉天开原县有农民"到工夫市上卖工夫"记载[2]，等等。到人市上待雇的大多是短工。农业生产的季节性决定了对短工的需求远远超过长工。雇工市场的广泛兴起，反映出农业雇佣劳动的发展，特别是短工的大量增加。

从有关记载反映的情况看，明清时期的农业雇工，特别是短工，多数都自备有简单的生产工具，有的甚至有少量的土地，即还没有完全与生产资料分离。在雇佣劳动发展初期，这是不可避免的现象。列宁曾说过："当资本主义还处在较低发展阶段时，在任何地方它都不能完全把工人和土地分开。"[3] 但是这种"历史的痕迹"，"并不妨碍经济学家把他们概括为农业无产阶级这一类型"[4]。对明清时期的农业雇工，也应这样看。也有自耕农或佃农做短工的，他们或因有余力，或因生活困难，为人打一部分工，以补充家庭收入。出卖劳动力不是他们主要的生活来源，因而不能算是真正的农业雇工。而且，这部分人不是当时雇工队伍的主体。很多记载提到雇工，都说他们是农民中的"无田""无资充佃""无力受田"的最贫者，反映出当时的农业雇工，就其主体说，是一无所有或基本上一无所有的劳动力出卖者。

明清时期农业雇工数量的增加是当时商品性农业发展的产物。在传统农业经济条件下，地主土地多采取租佃生产方式，而不用来自己经营。明清时期，商品性农业发展，一些地主开始雇工自己经营土地，所出产品也主要用于出卖，而不是自己直接消费。一部分富裕农民也扩大经营规模，雇工生产。这种情况在清前期比在明代更为明显。明代农业尚多奴仆劳动，不少经营地主和富裕农民虽从事商业性农业，但所使用的生产者是奴仆，而不是雇工。清前期奴仆用于生产的情况已经很少，农业雇佣关系随之扩大。富裕佃农经济大约在明清之际出现。如明末时，浙东南山区聚集着大批从福建汀州府等地来的垦山耕种之人，分为两种：一种"久居各邑山中，颇有资本"，向当地"山主"租山交租，被称为"寮主"；另一种为寮主工作，"每年数百为群，赤手至各邑，依寮主为活，而受其佣值，或春去冬来，或留过冬为长雇"，被称为"箐民"或"畲民"。[5] 这里，山主、寮主间形成租佃关系，

① 李文治、魏金玉、经君健：《明清时代的农业资本主义萌芽问题》，中国社会科学出版社，1983年，333页。
② 刑科题本，乾隆三十八年八月二十五日大学士刘统勋题。
③ 中共中央马克思、恩格斯、列宁、斯大林著作编译局编译：《列宁全集》第3卷，人民出版社，1984年，147页。
④ 中共中央马克思、恩格斯、列宁、斯大林著作编译局编译：《列宁全集》第3卷，人民出版社，1984年，148页。
⑤ ［明］熊人霖：《南荣集》卷一一《防箐议下》。

寮主、箐民间形成雇佣关系，租山雇工耕作的寮主应属富裕佃农了。清前期，这种情况就更多了，不仅在山区，传统农业区也常见富裕佃农经营的记载。

明清时期雇工的报酬，即工值，就长工来说，一般包括工食和工钱两个部分。据研究，前者在明代占整个工值的 80% 左右，清代下降为 50%～70%；后者在明代约占 20%，清代上升到 30%～50%。[①] 雇工工值大部分以实物形态出现，说明雇佣关系的自然经济色彩还比较浓厚。但是从明代到清代工值中实物部分比重降低、货币部分比重上升，也反映出雇佣关系正在逐步进入商品货币关系的轨道。清代长工的报酬，除了货币比重加大，还由明代一般在年底给付渐改为按月支付，秋后分粮也只是极个别的情况了。在短工方面，工钱部分的比重要大于长工，清代还出现了只给工钱而不提供工食的所谓"干工"。

2. 雇工身份地位的变化　在中国历史上，雇工原属贱民阶层，在人们的意识中与奴仆同等看待，不加区别。当然，实际上雇工并不完全等同于奴仆：雇工有服役年限并且领取工钱，与主人的人身隶属关系只存在于雇佣期间；而奴仆则是一次性出卖人身，衣食于主人，终身为主人服役。封建后期，随着整个封建宗法关系日趋松解，特别是由于商业性农业和雇工争取人身自由斗争的冲击，雇工的身份地位开始逐渐发生变化。

最初的变化反映在明洪武定刑律，将雇工从一般奴仆中区别出来，称之为"雇工人"。虽然按照法律规定雇工人与雇主（称"家长"）仍系主仆关系，双方斗殴互犯的惩处法条也与主仆互犯相同，但既然将其从一般的奴婢中独立出来，就包含有区别对待的意义。雇工人与雇主的"主仆"名分只存在于双方有雇佣关系期间，一旦解除雇佣，主雇即同凡论，这与奴仆的身份世袭不同。弘治时，有人为处士陆俊写墓志铭，称颂他家"有佣无奴"，说明在当时人的意识中已将佣、奴区别看待了。

尤有意义的变化发生在明后期的万历十六年（1588）。当时明政府制定了一项"新题例"，规定："官民之家，凡倩工作之人，立有文券，议有年限者，以雇工人论；止是短雇月日，受值不多者，以凡（人）论。其财买义男，如恩养年久、配有家室者，照例同子孙论；如恩养未久、不曾配合者，士庶之家依雇工人论，缙绅之家比照奴婢律论。"[②] 这个新题例有三点应当特作说明。第一，规定只有"立有文券，议有年限者"才被确定为雇工人身份，显然是将未立文券并且没有明定服役年限的人排除在外了，这就缩小了雇工人法条的适用范围。在实际生活中，这是有意义的。如冯梦龙《醒世恒言》描写卢柟打死雇工钮成一案，前后两任县官因对钮成

① 魏金玉：《明清时代农业中等级性雇佣劳动向非等级性雇佣劳动的过渡》，见李文治、魏金玉、经君健：《明清时代的农业资本主义萌芽问题》，中国社会科学出版社，1983 年。

② 《明神宗实录》卷一九四，万历十六年正月庚戌。又参见［明］刘维谦：《明律集解附例》卷二〇《斗殴·奴婢殴家长》附。

身份认定不同，判决结果也截然不同：前任县官认为卢柟呈递的雇约文券是伪造的，故以凡人相犯判卢柟入狱，而后任县官则肯定钮成的雇工人身份将卢柟释放出狱。这个案例，虽是小说家言，但无疑是对现实生活的反映。

第二，新题例的后半段规定“恩养未久、不曾配合”的财买义男在士庶家按雇工人论，在缙绅家按奴婢论，这种特加区别的对待说明雇工人的身份地位比之奴婢还是要高一些的，尽管差别不是很大。

第三，新题例规定“止是短雇月日，受值不多者，以凡人论”。在律条中专门区别出短工并明确其自由身份，在历史上这是第一次。当然，如有的研究者所指出的，在新题例酝酿之时，万历十五年（1587）都御史吴时来曾奏疏说“有受值微少、工作止月日计者，仍以凡人论”，既说“仍以”，显见短工在此前早已是自由身份了。① 短工由于只是临时受雇，按日按月出卖劳动力，不少人还是有独立经济的自耕农或佃农，在这种情况下是很难与雇主形成人身隶属关系的。同时短工的雇主多为一般士庶之家，有的还是普通富裕农民，也难与短雇之人形成身份性隶属关系。从短工本来就有自由身份这点看，新题例确实没有多少新的意义。不过，在律条上对其身份明确加以肯定，仍与不加规定不同。而且，从雇工中专门区别出短工，说明在明后期，短工的数量已经大大增加，成为了一个不可忽视的劳动者群体。这部分人，至少是从明代起，就已是自由身份的雇佣劳动者了。

社会现实是立法的基础，法权关系反映着现实的经济关系。从一些记载反映的情况来看，至晚到明代后期，农业雇工与雇主的人身隶属或依附关系确实已经有一定程度的松动。明末湖州沈氏著《农书》说：百年以前“人（即雇工）司攻苦，戴星出入，俗柔顺而主尊”，而到他所处的时代，则“骄惰成风，非酒食不能劝”，不肯像以前那样听任雇主随意支使了。正因如此，明后期有不少劝人善待雇工，以求改善主雇关系的议论。如《庞氏家训》提出：“雇工人及僮仆，除狡猾玩惰斥退外，其余堪用者，必须时其饮食，察其饥寒，均其劳逸。……其有忠勤可托者，尤宜特加优恤。”明末涟川《沈氏农书》说得更细致：“供给之法，亦宜优厚。……夏必加下点心，冬必与以早粥。若冬月雨天篙泥，必早与热酒，饱其饮食，然后责其工程。”又说：“旧规夏秋一日荤两日素，今宜间之，重难生活连日荤；春冬一日荤三日素，今间两日，重难生活多加荤。旧规不论忙闲，三人共酒一杓，今宜论生活起，重难生活每人一杓，中等生活每人半杓，轻省及阴雨留家全无。旧规荤日鲞肉每斤食八人，猪肠每斤食五人，鱼亦五人，今宜称明均给，于中不短少侵克足矣。”地主对待雇工态度的改善，一方面固然是因为随着商品性农业的发展，地主们越来越关心经济效益，企图通过这种办法刺激雇工的劳动积极性；另一方面，也是由于

① 李文治：《明清时代封建土地关系的松解》，中国社会科学出版社，1993年，562页。

社会发展，雇工对地主的人身依附日趋削弱，地主已难于完全依靠雇工对他的人身从属进行剥削，而必须辅之以经济的办法。

清前期，主雇封建依附关系进一步松解，其标志是农业长工也逐渐摆脱了身份性的雇工人地位，获得了人身自由。清初仍沿袭明代的雇工人条例。但明代对不立文券、不议年限的长工的法律地位未加明确，清前期对这类雇工（当时已很普遍）的司法判案，已愈来愈多地按"凡人"对待。乾隆时期以后，几次修改雇工人条例，最后于乾隆五十一年（1786）规定："若农民佃户雇倩耕种工作之人，并店铺小郎之类，平日共坐共食，彼此平等相称，不为使唤服役，素无'主仆名分'者，亦无论其有无文契、年限，俱依'凡人'科断。"① 自此，一般庶民之家雇佣的生产性长工基本都获得了自由身份，法律不再把他们当作雇工人看待。仍然保留雇工人身份的，主要是官绅地主家的服役性雇工，如车夫、厨役、水火夫、轿夫等，这些人只居当时雇工的少数。

从实际方面考察，清前期，至晚从雍正乾隆时期起，农业长工实际上已经是人身较为自由的雇佣劳动者。从保存下来的大量刑科题本可以看出，当时雇主已经不能任意役使雇工，尤其不能叫雇工去做本职农活以外的事；遇有此种情况，往往遭到雇工拒绝。对雇主的打骂、奴役和克扣工食行径，雇工时常起来反抗，与雇主理论，以致对打对骂。因工作、待遇条件不遂意而辞工不干的事也很平常，说明雇工有了选择雇主的自由。正是这种现实中比较自由的雇佣关系的发展，促使封建法典一再修改，并日益影响着封建法庭的司法实践。据乾隆朝刑科题本统计，从乾隆二十年到六十年（1755—1795），主雇刑案共 1 239 件，绝大多数都按凡人处理；少数按雇工人判处的也基本是在乾隆五十一年条例颁布之前。

上文提到清代前期雇工工值中的实物部分比重比明代降低，货币部分比重上升，这既是主雇关系松解的一种反映，也反过来进一步推动主雇关系松解。工值中实物部分的多少及质量好坏是由雇主掌握的，雇主可以借此控制雇工，这部分比重大时，主雇关系自然就比较紧密。相反，在工钱比重增大的情况下，由于工钱多少是事先讲明的，雇主就较难于将之作为一种手段来控制雇工了；而在雇工方面，反倒可以用工钱做筹码来要求自己的权利。在清代档案中，雇工与雇主就工钱多少讨价还价、要求增加工钱、嫌工钱少或工食不好而辞工不干之类的情况屡见不鲜，反映出主雇关系的变化。

雇工身份地位的变化，说明封建宗法性的雇佣关系已日益向着近代自由雇佣关系过渡，这对农业资本主义萌芽的发展有重大意义。列宁说过："农业中资本主义

---

① 乾隆五十五年（1790）刊《大清律例》卷二八《刑律·斗殴下·奴婢殴家长》附。又见光绪《大清会典事例》卷八一〇《刑律·斗殴·奴婢殴家长》。

的主要特征和指标是雇佣劳动。"[1] 又说，"自由雇佣劳动的使用"是"农业资本主义的主要表现"。[2] 清前期，一方面，农民分化发展，出现一定数量的使用雇工从事商品生产的农业经营者和农业雇工队伍；另一方面，封建雇佣关系进一步向自由雇佣关系转变，这就为农业中资本主义生产方式的萌芽准备了必要的历史前提。

第二节　农业政策

一、明代的农业政策

（一）赋役政策

1. 黄册、鱼鳞册和里甲制度　明代的赋役征派包括田赋和徭役两个方面，田赋出于土地，按田地"亩"派征；徭役出于户口人丁，按"户""丁"派征。为了征发赋役，明太祖朱元璋即位后对全国户口、土地进行了普查，并在普查基础上编制了黄册和鱼鳞册。同时，又在全国推行里甲制度，将各地民户按里、甲组织起来。黄册和鱼鳞册是明代赋役征发的基本依据，里甲则是其组织基础。

黄册又称赋役黄册，编成于洪武十四年（1381），因其存于户部者封面为黄色，故名。黄册以人户为登录主体，按里甲组织的层次编定，每里一册，州县有总册。编定之册一式四份，州县留存一份，其余三份分别报送府、布政司和户部。黄册的内容包括每户户主的姓名及其家庭丁口和土地财产情况，按照原额、新增、开除、实在四柱格式分别开列。由于人户的情况经常变动，规定黄册每十年一造，凡十年间的变化于新册内注明。黄册仅编一般民户，而不包括军籍和匠籍人户。明代的户籍制度，人户分军、匠、民三种，各"以籍为断"，相互间不得混淆。军籍人户归兵部管辖，世代承袭，不服普通徭役；匠籍人户为手工工匠，归工部管辖，承担国家规定的匠役，也不服一般徭役。军、匠籍人户均另有册籍，不入于普通民户册。

鱼鳞册是土地册，编定于洪武二十年（1387）丈量全国土地之后。与以人户为经、土田为纬的黄册不同，鱼鳞册以土田为主登录，地域为经、人户为纬，业户各归其本区。册内按区详细绘出每块田地的形状，标明其步亩、四至方位、质量高下及业主姓名，因所成图状似鱼鳞，故名"鱼鳞册"或"鱼鳞图册"。鱼鳞册是明政府管理地籍的依据，与据之以定赋役的户口黄册一起，共同构成了明政府对户口、

---

①　中共中央马克思、恩格斯、列宁、斯大林著作编译局编译：《列宁全集》第22卷，人民出版社，1990年，91页。

②　中共中央马克思、恩格斯、列宁、斯大林著作编译局编译：《列宁全集》第3卷，人民出版社，1984年，203页。

土地和赋役进行监督和管理的制度体系。

里甲是以征发赋役为目的的基层居民组织。按照规定，民户每110户编为一里，推丁粮多的10户轮流充任里长一年；其余100户每10户编为一甲，共编10甲，每甲内人户按丁粮多寡依次轮充甲首一年，就是说，每里之内每年有里长一人带甲首10人服国家劳役，全里110户10年轮一周。一里内有鳏寡孤独之户不能服役的，带管于110户之外，名曰"畸零"。每10年，由州县官按照丁粮增减情况重新排定里甲人户服役次序，同时编定新的黄册。

2. 田赋和役法 明初田赋征收仍实行唐宋时期以来的两税法，有夏税，有秋粮。夏税征麦，不超过八月；秋粮征米，不超过次年二月。此外，田赋中还另有马草，初征于永乐九年（1411），于隆庆元年（1567）定为正税。夏税秋粮所征米麦称"本色"，按一定折率折征银、钱、钞或其他实物（如绢、丝、麻、棉等）者称"折色"。其折率，官方规定为每银1两、钱1 000文、钞1贯折米1石，小麦减折十分之二；棉布1匹折米6斗，折麦7斗；麻布1匹折米4斗，折麦5斗。[①] 田赋的征收标准，明初规定，官田亩税5升3合5勺，民田3升3合5勺，重租田8升5合5勺，没官田1斗2升，芦地5升3合，草塌地3合1勺。[②] 这只是一般情况，实际各地所征并不一样，差异很大。尤其江南的苏、松、常、嘉、湖地区，原属张士诚的地盘，朱元璋攻下后，"籍诸豪族及富民田以为官田，按租簿为税额"，每亩税7斗至1石以上，民田也税至2～3斗。杨宪任司农卿时，又"以浙西膏腴"增其赋，"亩加二倍"。[③] 从此，江南便成为全国田赋最重的地区，虽历朝多有减赋之令，问题始终没有解决。与江南的重赋相反，凤阳因是朱元璋家乡，田赋特轻。浙江青田因是大学士刘基家乡，也减半征收田赋。

明代田赋的征收最初由州县官负责，后为防止人民逃税及官吏额外勒索，于洪武四年（1371）起实行粮长制，每税粮一万石设正、副粮长各一人，以粮多者充当，负责所属粮户税粮的征收及解送入官。

明代田赋总数，依据《明会典》所记，洪武二十六年（1393）实征夏税麦471万余石、秋粮米2 472万余石；弘治十五年（1502）实征夏税麦462万余石、秋粮米2 216万余石；万历六年（1578）实征夏税麦460万余石、秋粮米2 203万余石。米麦之外的征收，以洪武二十六年为例，计有夏税折征钱钞39 800锭、秋粮折征钱钞5 730锭，共计45 530锭；夏税折绢288 487匹、秋粮折绢59匹，共计288 546匹。[④]

---

① 《明史》卷七八《食货志》二。
②③ 《明会要》卷五四《食货二·田赋》。
④ 以上数字见万历《明会典》卷二四《户部十一·税粮一》、卷二五《户部十二·税粮二》。

明初所定田赋数额总的说是不算重的，而且当时刚刚丈量过土地，负担比较平均。但是明中期以后普通人民的田赋负担逐渐加重。究其原因，一是土地集中发展，豪强富户大量隐瞒土地，而政府又要维持原定赋额，从而现税土地负担大大加重；二是政府增加赋税和田赋折银。从宣德时起，各地大核赋额，一些原来免征的垦荒田和"永不起科"田也都征收田赋。田赋折银始自英宗正统元年（1436），规定米麦 1 石折银 2 钱 5 分，每两当米 4 石，全国共折征米麦 400 余万石，合银 100 余万两，俱命解送内承运库，称"金花银"。① 成化时期以后，政府改变银、米折率，规定银 1 两只当米 1 石，从而田赋较原来增重 3 倍。从金花银开始的田赋折银是明代田赋制度的一大变化，到万历一条鞭法改革之后，除部分地区的漕粮之征，全国田赋就基本上都折银征收了。

役法方面，洪武初年曾实行按田亩派役的办法，称之为"均工夫"。其法：每田一顷出丁夫一人应官家之役，田多丁少的田主可由佃户充夫，每夫一人田主出米一石作为补偿。洪武十四年（1381）编定黄册后，开始在全国推行新的徭役制度。新制将徭役分为里甲、均徭和杂泛三种，"以户计曰甲役，以丁计曰徭役，上命非时曰杂役"②。其中里甲是"正役"，按户轮充，每 10 年根据丁粮情况排定一次。里长"专掌催征钱粮、勾摄公事及出办上供物料"，此外还要"支应官府诸费"，如有的地方里役要求承担县衙所需帷帐、被褥、几案、坐卧之具、饮食器皿及官府祭祀、造作、馈送等的费用③。均徭是按"丁"签派的徭役。所谓"丁"，指年 16～60 岁的成年男子。所供之役有粮长、解户、马船头、馆夫、弓兵、皂隶、门禁、厨斗等，均为"常役"，即有一定名额的较为固定的徭役。均徭虽为丁役，但不同役目有轻重之别，故征派时按人丁所在户之等第高下而分别派以不同之役，因其以丁力资产厚薄定役之轻重，故称均徭。均徭有力差、银差：力差系人民以身充役；银差为以货币代输，多为车船、草料、柴薪之类的官衙公用物科派。杂泛又称杂役，为不固定的临时使役科派，如斫薪、担柴、修河、修仓之类。杂役与常役的区分不是绝对的，有时杂役也可能逐渐变为常役。

3. 一条鞭法改革　明初的赋役制度是建立在当时社会存在着众多自耕农和其他小土地所有者基础之上的。然而到明中期以后，随着土地兼并集中发展，大量自耕农和小土地所有者失地破产，赋役征发的基础就动摇了。兼并土地的都是权势豪门大地主，他们不仅可以凭借特权地位合法地免除某些赋役，而且还经常串通里书弄虚作假，以飞洒、诡寄、挪移、虚悬等种种非法手段千方百计逃避和转

---

① 《续文献通考》卷二《田赋二·历代田赋之制》。
② 《明史》卷七八《食货志》二。
③ 万历《漳州府志》卷五《赋役志》。

嫁负担。有能力的不承担或少承担国家赋役，没有能力的却承受着越来越沉重的负担，其结果只能是进一步加剧自耕农和小土地所有者的破产，使没有能力者更加没有能力，被迫或者逃亡，或者投入大户荫庇之下，这导致封建国家进一步失去剥削的对象，形成恶性循环。日益失去其存在的客观基础的明初制定的赋役制度，不仅在执行中表现得赋役不均，而且也越来越混乱。如作为赋役征派依据的黄册和鱼鳞册，到明中期以后逐渐变得与实际情形差距愈来愈大，所谓黄册十年一造只是虚应故事，与社会实情完全不符，赋役征收完全失去其准绳。这种混乱的形成除与社会情况变化有关，也与明中期以后国家行政能力减弱、吏治败坏有关。

由于明初的赋役制度在实行中暴露出愈来愈多的问题，直接给国家税收造成损失，同时破坏社会安定，进入明中期以后对赋役制度的改革一直不断。其主要方向有两个：一是赋役折银，即赋役货币化；二是适应自耕农和小土地所有者大量破产，日益没有能力承担国家赋役的现实，改变赋役征收的办法，在有田者与无田者之间、田多者与田少者之间均平赋役，核心内容是改革役法，将原来主要按户、丁承担的徭役加以简化并合并一部分到田赋中去。赋役折银，如田赋自正统时期以后征收"金花银"。役法方面，明初基本上是以力差为主，中期以后银差渐多，许多原来的力差逐渐允许交银代役。赋役货币化是与明中期以后社会经济尤其是社会分工和商品货币经济的发展相适应的，但在折银的同时往往也加重了人民的负担。以役法改革为核心内容，以均平赋役为目的的改革有：英宗正统初佥事夏时在江西创行"鼠尾法"，武宗正德时江苏武进县实行"十段锦法"，嘉靖时期以后江苏、浙江、福建、江西等地在或大或小范围内试行"征一法""纲银法""一串铃法""提编法"，等等。到万历九年（1581），首辅张居正在总结各地改革经验的基础上，在全国推行一条鞭法。

一条鞭法是嘉靖四十四年（1565）由浙江巡按庞尚鹏首创的，实行于江南地区。后由海瑞推行于闽广，隆庆时江西又正式奏准实行。张居正向全国推行的一条鞭法，根据《明史》卷七八《食货志》二的记载，内容为：

> 总括一州县之赋役，量地计丁，丁粮毕输于官。一岁之役，官为佥募。力差，则计其工食之费，量为增减；银差，则计其交纳之费，加以增耗。凡额办、派办、京库岁需与存留、供亿诸费，以及土贡方物，悉并为一条，皆计亩征银，折办于官，故谓之一条鞭。

根据上述概括，再参考各地实施过程中的具体做法，一条鞭法的改革要点如下：以州县为计算赋役的基本单位，各州县算各州县的账，赋役总数不变化；对过去田赋和徭役的多种不同项目分别加以清理、合并，折成一个总的银数征收；徭役折银后不再有力差，政府需差实行雇人充役；赋役合并；田赋的征收和解运由过去签派民户改为官收官解。其中赋役合并一条《明史·食货志》说得不甚清楚，给人的印象是赋役完全合一并一概按田亩派征，"悉并为一条，皆计亩征银"。实际上，各地改革固然有赋役完全合并的，多数情况下却是"量地计丁"，视当地情况按一定比例把计算好的赋役银在地、丁之间进行分配，或丁六粮四，或丁四粮六，或丁粮各半，等等，即只实行部分的赋役合并，人丁仍然要承担一部分。

一条鞭法改革是在张居正当政后大规模清丈全国土地的基础上进行的。这一改革在国家方面增加了财政收入，在社会方面一定程度均平了不同阶层的赋役负担，缓和了社会矛盾。赋役征银既反映了商品货币经济的发展，又反过来进一步促进了商品货币经济的发展。雇役取代直接征发力役，说明农民对封建国家的人身依附关系有一定放松。这些，都是历史的进步。在中国赋役史上，这也是继唐代两税法以后又一次重大的制度改革。但是，明后期党争激烈，朝政黑暗，社会矛盾尖锐，已经进入了一个朝代的末期。一条鞭法实行10余年后，"规制顿紊"，人民的负担再次加重。从万历末到崇祯时期，为了对付东北新兴的女真政权和镇压农民起义，明政府先后在田赋中加征辽饷、剿饷和练饷等，增赋总额到崇祯末约达2 000万两。这种倒行逆施的做法进一步加剧了阶级矛盾，成为促使明王朝更快走向灭亡的重要因素之一。

（二）农业生产政策

明代，尤其是在明初几朝皇帝较有作为、政权行政效率也比较高的时期，封建国家推行了一些有利于农业发展的政策措施，不仅对当时经济的恢复起了很大作用，而且为日后经济的全面繁荣打下了基础，有的政策还产生了深远的历史影响。

1. 提倡、奖励桑棉等经济作物的种植　明初对发展经济作物生产十分重视，朱元璋甚至利用政权力量强制推广桑、麻、棉等作物的种植。还在明朝建立前，自称吴王的朱元璋就命辖区内农民有田5～10亩者栽种桑、麻、棉各半亩，10亩以上者加倍，并命有司亲临督劝，惰不如令者罚。当时规定：不种桑者，罚其出绢一匹，不种麻及木棉者罚其出麻布或棉布一匹。明朝建立后，洪武元年（1368），强制种植桑、麻、棉的法令被推行于全国，规定种麻每亩征8两，种棉每亩征4两，栽桑4年后始征税。洪武二十七年，朱元璋命工部移文天下有司，督促农民种植桑、枣并向其传授种植技术。又下令各地开地种棉，"率蠲其税"[1]。洪武二十八年，令山东、河南自洪武二十六年以后新栽桑、枣，不论多寡，俱不起科。[2] 又以

---

① 《明太祖实录》卷二三二。
② 《明太祖实录》卷二四三。

湖广各地适宜种桑而种之者少，命从淮安府及徐州取桑种 20 万，派人送至湖广的辰、沅、靖、全、道、永、宝庆、衡州等处，分发给农民种植。① 洪武时期以后，永乐、宣德时期政府仍十分重视农事，多次告诫地方官员要遵守洪武旧制。如宣德七年（1432），顺天府尹李庸上奏说："所属州县旧有桑、枣，近年砍伐殆尽，请令州县每里择耆老一人劝督，每丁种桑、枣各百株，官常点视，三年给由，开具所种多寡以验勤怠。"明宣宗遂谕令户部官员说："桑枣，生民衣食之给，洪武间遣官专督种植。今有司略不如意，前屡有言者。已命尔申明旧令，至今未有实效。其即移文天下郡邑，督民栽种，违者究治。"② 直到景泰四年（1453），明政府还下令："其土地宜桑、枣、漆、柿等木，随宜酌量丁田多寡，定与数目，督令栽种，务在各乡各村，家家有之，不许团作一二园圃以备点视，虚应故事"，同时规定要将种过桑、枣数目造册上报。③

在政府的提倡、奖励及强制推广下，经济作物的种植在明代有了很大发展，尤以种棉成绩最大。明朝以前，种棉较多的地区尚只限于闽广及陕西关中一带。明中叶以后，植棉渐在南北各地扩展，而且在一些地方形成了集中产区。如在江南，有的地方种棉更超过了种稻。其中松江府"官民军灶垦田凡二百万亩，大半种棉，当不止百万亩"④。苏州府嘉定县"宜种稻禾田地止一千三百十一顷六十亩，堪种花（棉花）、豆田地一万零三百七十二顷五十亩"，"种稻之田约止十分之一"。⑤ 太仓州"地宜稻者亦十之六七，皆弃稻袭花"，"郊原四望，遍地皆棉"。⑥ 在北方，河南"中州沃壤，半植木棉"⑦；山东六府皆种棉花，"五谷之利，不及其半"⑧。北直隶的一些州县也种植很广。成化弘治年间大学士丘濬谈到当时棉花种植之广和人们对其仰赖之深时曾形容说"其种乃遍布于天下，地无南北皆宜之，人无贫富皆赖之"⑨，虽不免夸张，但中国广泛种棉及穿衣从以丝、麻原料到以棉布为主的服饰革命，确是从明代开始的。

其他经济作物如桑、蓝、红花、甘蔗、烟草、茶、花生、果木、蔬菜、花卉

① 《明太祖实录》卷二四六。
② 《明宣宗实录》卷九五。
③ 《明英宗实录》卷二三四。
④ ［明］徐光启：《农政全书》卷三五。
⑤ 万历《嘉定县志》卷七。
⑥ 崇祯《太仓州志》卷一五、卷一四。
⑦ ［明］钟化民：《钟忠惠公赈豫纪略·救荒图说·劝课纺绩》，见［清］俞森辑：《荒政丛书》卷五。
⑧ ［清］陈梦雷、蒋廷锡等编辑：《古今图书集成·方舆汇编·职方典》卷二三〇《兖州府部·风俗考》。
⑨ ［明］丘濬：《大学衍义补》卷二二《治国平天下之要》。

等，在适宜其生长的地方也推广或扩大了种植。经济作物的种植促进了商品性农业的发展，不仅造成了农业生产结构的变化，而且为手工业提供了较多的原料，推动了手工业生产的发展。

2. 兴修水利 水利是农业的命脉，明朝政府对此十分重视。元至正十八年（1358），朱元璋刚在南京建立根据地不久，就任命康茂才为营田使，"修筑堤防，专掌水利"①。建立全国政权后，诏令各地有司上奏水利条陈，并开展了一系列水利工程建设。据《明太祖实录》，其荦荦大者有：洪武元年（1368），修南直隶和州铜城堰闸，使周围 200 余里得灌溉之利；洪武四年和二十九年，两次整修广西兴安县灵渠，使通舟楫，并可溉田万顷；洪武八年和洪武三十一年，修浚陕西泾阳县洪渠堰；洪武九年，修复四川都江堰；洪武十七年，决荆州狱山坝，以通水利；洪武二十四年，疏浚浙江定海、鄞县东钱湖，灌田数万顷；洪武二十五年，疏凿溧阳县银墅东坝河道；等等。洪武二十七年，遣国子监生和举荐的人才分赴全国各郡县，督饬吏民兴修农田水利。洪武二十八年底，各地上报全国共缮治"塘堰凡四万九百八十七处，河四千一百六十二处，陂渠堤岸五千四十八处"②。

明初有组织的水利建设高潮一直持续到永乐、宣德时期。此后，朝廷对水利的重视程度及对水利工程的统筹组织能力渐趋下降，但在整治三吴水利、修筑东南海塘、治理黄河等大型水利工程方面仍取得了一定成绩。

江南是明朝最重要的财富之区，因此明政府对三吴水利极为重视，屡派大员主持治理。还在永乐初年，明廷就委派户部尚书夏原吉主持三吴水利，"浚吴淞江南北两岸安亭等浦港，以引太湖诸水入刘家、白茆二港，使直注江海"，并"相度地势，各置石闸，以时启闭"③。其后，正统时工部侍郎周忱、天顺时都御史崔恭、成化时巡按御史毕亨、弘治时右副都御史何鉴及侍郎徐贯、隆庆时都御史海瑞、万历时巡按御史林应训，都主持过三吴水利的工程。有明一代，三吴地区江河疏浚或新开塘、浦、渎、泾工程，大的多由政府规划主持，小的由民众自己组织人力物力整治。三吴地区以低田为多，当地人民为了旱涝保收，广泛修筑圩岸以备蓄泄，"岁苦旱，则河之水续桔槔而上，以入于田，河不龟析，田不乏溉；岁苦涝，则戽水出于河，而岸障之"④。

东南沿海的海塘工程是明代又一项重要的水利活动。这一带自汉代以来便构筑海塘以防御海潮。到了明代，由于东南地区对国家财政起着举足轻重的作用，朝野上下进一步认识到海塘的重要性，修筑海塘的次数之多、规模之大，远超过前代。

---

① 《明太祖实录》卷六。
② 《明太祖实录》卷二四三。
③ ［明］陈子龙等辑：《明经世文编》卷一四。
④ ［明］陈子龙等辑：《明经世文编》卷二七九。

洪武、永乐、宣德各朝，政府主持的大的海塘工程一直不断，有的工程使用民夫多达数十万人。修筑海塘的方法也在不断的探索与实践中逐步改进，日趋完善。从明初开始，部分海塘由土塘改建为石塘。成化时期，有人认为海塘溃决是塘石叠砌势陡所致，将之改为陂陀形，"竖石斜砌，磊碎石于内支之"。后来发现此法有"岁久反压内向"的缺陷，仍不能持久，于是弘治末海盐知县王玺"备讲纵横之法"，"有一纵一横者，有二纵二横者，下阔上缩，内齐而外陂"，内齐不致倾压，外陂可杀潮势。此后筑塘多依其式。到万历初年，嘉兴府同知黄清集前人筑塘经验之大成，形成一套完整的筑塘方案：外设拦浪木桩，以砥"湍急之害"；中用一式整块大石层叠成"石齿绚连，若亘贯然"的鱼鳞大石塘，既可重镇水势，又可用斜阶避免海潮"直逼堤岸"，使石塘"安如磐石"；塘内，筑造备塘河和土备塘，潮汐往来，稍稍漫过塘面，则恃其蓄积咸流，以抵御海潮侵袭。

明代对黄河多次治理，其中以万历初潘季驯治河最有成绩。嘉靖万历年间，黄淮水溢不止，每当洪水泛滥，冲屋淹田，农业生产受到极大破坏。万历五年（1577），黄河又在崔镇决口，四溢的河水淤塞清河口，致使淮水向南倾泻，山阳、高邮、宝应一带成为汪洋。万历六年夏，当朝首辅张居正任命治河专家潘季驯为都御史兼工部左侍郎，负责治河。潘季驯根据历年治河的经验，提出堵塞决口，加固堤防，"束水归漕"，使黄淮水流汇合成急流冲刷河水夹带的泥沙入海，从而根除因泥沙淤塞造成水患的治理办法。在张居正的支持下，历经两年，治理工程取得良好效果，"两河归正，沙刷水深，海口大辟，田庐尽复，流移归业"，黄淮流域的人民重新得以安居乐业。

上述大型水利工程之外，明中后期有更多地方官府组织或民间自行修建的中小型水利工程。据冀朝鼎对历代治水活动数目的统计，汉朝治水活动56次，唐朝254次，宋朝1 110次，元朝309次，明朝2 270次，与前代相比，明代的治水活动是相当突出的。这些治水活动的地区分布，陕西为48次，河南为24次，山西为97次，直隶（河北）为228次，甘肃为19次，四川为5次，江苏为234次，安徽为30次，浙江为480次，江西为287次，福建为212次，广东为302次，湖北为143次，湖南为51次，云南为110次。①

尤其值得称道的是一些边远地区的水利建设。如在干旱的宁夏平原，汉延渠和唐徕渠是该地农业的命脉，当地屯军和人民不惜人力物力，对之进行常年的维护和整治，并有一套严格的用水管理办法："每岁春三月，发军丁修治之，所费不赀。四月初，开水北流。其分灌之法，自下流而上，官为封禁。"灵州的重要水渠汉伯

---

① 冀朝鼎：《中国治水活动的历史发展与地理分布的统计表》，见冀朝鼎：《中国历史上的基本经济区与水利事业的发展》，中国社会科学出版社，1981年，36页。

渠和秦家渠，明代都曾加以疏浚，灌田面积分别达到 730 余顷和 900 余顷。中卫的水渠有 12 条，共灌田 2 000 余顷。在西南的广西，明代也兴修了许多陂、塘、堰、坝，其中灌溉面积在 100 顷以上的有玉林州的都毫陂、三山陂、河埠陂、银水陂、锦陂、林陂 6 个，10～100 顷的有 20 余个。①这些水利工程的兴修或维护，对于边疆开发和农业发展，起了重要作用。

（三）赈灾救荒政策

明代是中国历史上自然灾害发生较多的一个时期。据不完全统计，明朝 276 年的历史中，总共发生过 1 011 次各种灾害，为以前历代所未有。其中，计水灾 196 次，旱灾 174 次，地震 165 次，雹灾 112 次，风灾 97 次，蝗灾 94 次，歉饥 93 次，疫灾 64 次，霜雪之灾 16 次。② 为了减轻灾害损失及恢复生产，同时也为了避免发生社会动乱，明朝政府在历代荒政经验的基础上，制定了一系列有关报灾和救荒的办法及规定。

1. 报灾 明初洪、永、熙、宣各朝对灾荒救济十分重视，严禁地方官匿灾不报，违者往往受到严惩。太祖朱元璋曾谕户部："凡岁饥，先发仓庾以贷，然后闻，著为令。"③ 有司匿灾不奏，太祖许著民申诉，查实即逮治其官吏，甚至处以极刑。永乐时，因河南岁饥，有司匿不以闻，下令逮治之，并命左都御史陈瑛榜谕天下：有司水旱灾伤不以闻者，罪不宥。弘治时规定报灾时限：夏灾不得过五月终，秋灾不得过九月终。万历九年（1581），更定报灾之法："地方凡遇灾伤重大，州县官亲诣勘明；巡抚不待勘报，速行奏闻；巡按不待部覆，即将勘定分数作速具奏，以凭覆请振恤。至报灾之期，在腹里仍照旧例，夏灾限五月，秋灾限七月；沿边如延、宁、甘、固、宣、大、蓟、辽各处，夏灾改限七月内，秋灾改限十月内，俱须依期从实奏报。或报时有灾，报后无灾，及报时灾重，报后灾轻，报时灾轻，报后灾重，巡按疏内明白实奏，不得拘泥巡抚原疏，致灾民不沾实惠。"④ 为避免报、勘等项程序延误对灾民的救助，从太祖时即规定奏报勘实之前，允许地方先行开仓赈济。

2. 蠲免 发生水旱灾害，国家对应征赋役例有蠲免。蠲免有"恩蠲""灾蠲"之分：前者指地方因战争蹂躏而荒之蠲免，后者指因自然灾害之蠲免⑤。明太祖时，凡勘灾确实，辄予蠲免。弘治年间，定按灾伤分数蠲免税粮条例：全灾免七分，九分灾免六分，八分灾免五分，七分灾免四分，六分灾免三分，五分灾免二

① ［明］黄佐：《广西通志》卷一六。
② 邓云特：《中国救荒史》，上海书店，1984 年，30 页。
③ 《明史》卷七八《食货志》二。
④ 《续文献通考》卷三二《国用三》。下文所征引明代救荒事例，均出自该书，不再注。
⑤ ［清］王原：《明食货志》卷四《赋役》。

分，四分灾免一分。蠲免税粮一般止免存留，不及起运。所免税粮，有时单免夏税，有时单免秋粮，有时全免。蠲赋之外，又有免役之例。如惠帝建文四年（1402）三月（时成祖已即位），诏山东、北平、河南被兵州县复徭役三年。又如宪宗成化六年（1470），北直隶顺天、河间、永平、正定、保定等府灾伤地方一应差徭，俱暂优免。蠲免不及，一般也暂停征收，逋欠税粮往往同时停征。

3. 赈济 明政府在发生灾荒时向乏食贫民散发粮、款进行救助，一般以散粮为主。洪武二十七年（1394）制定的灾伤散粮则例规定："（灾伤赈济）大口六斗，小口三斗，五岁以下不与。"永乐二年（1404），因江南苏、松等府水淹续定则例，将大口施给标准减为 1 斗，小口减为 6 升，有大口 10 口以上的户也只给 1 石。[①]然而实际赈济之数，在明初常常超过标准。如据《康济录》记载，永乐九年，户部奏称赈北京临城县饥民 300 余户，给粮 3 700 石有奇，户均给 12.3 石，远远超过标准。赈给银钱的事例如《续文献通考》记载，洪武二十五年，令山东灾伤各处，每户给钞 5 锭。各朝还有特发内帑银赈济饥民的。从嘉靖元年（1522）开始，根据南兵部侍郎席书的建议，又有赈粥之法："令大县设粥十二所，中减三之一，小减十之五。诸所设粥处，约日并举，无分本境邻封皆赈。"[②]

4. 借贷 对受灾较轻地方的贫民，或虽灾地之人但不够领赈标准者（领赈者一般为赤贫），官府用借贷口粮、籽种（也有贷借银钱供购买耕牛等项之用）的办法助其恢复生产，通常春借秋还，免其偿息。太祖时，命各地设预备仓，选耆民运钞籴米以备赈、贷。预备仓初设专人管理，正德时令州县官及管粮仓官领其事。根据府州县大小，各地预备仓储粮例有定数，不如数者有罚，侵盗仓粮者罪之。仓米来源，有存留余米，有富民捐纳（达到一定数量可以敕奖为"义民"并免本户杂役），有因犯纳赎，也有用官款（如赎罪赃罚）购买的。正统时定：凡预备仓粮给借饥民，每米一石，候有收之年，折纳稻谷二石五斗还官。预备仓之外，各地还设有常平仓、社仓（义仓）等储粮仓库，所储粮亦用于借贷和赈济。据嘉靖八年（1529）题准的条例，社仓规制如下："各处抚按官设立义仓（《明史·食货志》作社仓），令本土人民每二三十家约为一会，每会共推家道殷实、素有德行一人为社首，处事公平一人为社正，会书算一人为社副，每朔望一会，分别等第，上等之家出米四斗，中等二斗，下等一斗，每斗加耗五合入仓，上等之家主之。但遇荒年，上户不足者量贷，丰年照数还仓；中、下户酌量赈给，不复还仓。各府州县造册送抚按查考，一年查算仓米一次，若虚，即罚会首出一年之米。"[③]

---

① 《续文献通考》卷三二《国用三》。按明制，大口指年 15 岁以上者，小口指年 6～14 岁者。

② ［清］王原：《明食货志》；另参见［明］席书：《南畿赈济疏》，见［明］陈子龙等辑：《明经世文编》卷一八二。

③ 万历《大明会典》卷二二《户部九·预备仓》。

5. 平粜　灾荒之岁，出官仓积粟，平价粜卖给民间乏食者，谓之平粜。如正统六年（1441），杭州、湖州二府因连年水旱灾害米价高昂，巡抚浙江监察御史康荣奏准出二府官仓积粟 35 万石，依时值粜卖于民间，"朝廷不费，而民受其惠"。又如成化十八年（1482）正月，因岁饥，南京一带米价腾贵，户部奏准出常平仓储粮减价粜卖以济民，每户"多不过五斗"，候秋成平籴还仓。此种事例，各朝多有。为减杀粮价，嘉靖八年（1529）制定条例，禁荒年米贵之时，灾地邻近州县闭籴。

6. 其他措施　上述赈灾救荒政策之外，下面一些措施也是灾荒之岁常常采用的：

（1）收赎民间遗弃、鬻卖子女。灾荒之岁，民间多有遗弃或鬻卖子女者，遗弃者往往令有司收养，鬻卖者则由官出资赎还。如洪武十九年（1386）四月，诏赎河南饥民所鬻子女。永乐八年（1410）正月，令赎还去年扬州、淮安、凤阳、陈州等处被水军民所鬻子女。永乐十一年，徐州水灾，民间有鬻子女者，由官出资赎还。正统七年（1442）七月，陕西饥，令赎民间所鬻子女。嘉靖十年（1531），陕西灾伤重大，令州县官设法收养民间遗弃子女。嘉靖八年户部题准条例：灾伤地方，凡军民人等有能收养小儿者，每名日给米一升；埋尸一躯者，给银四分。

（2）安辑流亡。对流亡灾民，官给路费、口粮，遣送还乡，并资助其复业。如成化元年（1465），令流民愿归原籍者，有司给与印信文凭，沿途军卫有司按口给粮三升，回籍后无房屋者，有司设法起盖草屋，并给口粮、牛、种，审验原业田地，给与耕种，优免粮差五年，给帖执照。又万历时河南开封等处有大量流民，巡视河南御史钟化民奏准令该处地方官"查流民愿归者，量地远近，资给路费，给票到本州县，补给赈银，务令复业"。据事后祥符县申报，共给过流移男女23 025石。

（3）兴工代赈。此亦为在灾荒之年常采用的赈济形式之一。如弘治时，黄河决口，开封一带流民载道，巡抚孙需役民筑堤而予以佣钱，"趋者万计，堤成而饥民饱，公私便之"。万历时御史钟化民在河南救荒，亦"令各府州县查勘该动工役，如修学、修城、浚河、筑堤之类，计工招募，以兴工作，每人日给米三升，借急需之工，养枵腹之众，公私两利"。[①] 此类记载，各地多有。

（4）治蝗。蝗蝻是农作物的大害，尤与旱灾相因，一旦发生，更加重灾情，故治蝗亦为救荒之一重要措施。永乐时规定：各地方有司须于春初差人巡视境内，遇有蝗虫初生，立即设法扑灭，坐视滋蔓为患者罪之，布、按二司不行严督所属巡视打捕者亦罪之。为鼓励灭蝗，一些地方对民间捕蝗制定有奖励政策，如弘治六年（1493），命两畿捕蝗，"民捕蝗一斗，给粟倍之"。

---

① 转引自邓云特：《中国救荒史》，上海书店，1984 年，294 页。

（5）明政府还采取多项鼓励有力人户助官救荒措施。如景泰四年（1453），因山东、河南及江北直隶徐州等处灾伤，制定囚犯纳米赈济赎罪条例，规定所在问刑衙门责有力囚犯，于缺粮州县粮仓纳米赈济，杂犯死罪者 60 石，流徒三年者 40 石，徒二年半者 35 石，徒二年者 30 石，徒一年半者 25 石，徒一年者 20 石；杖罪者 11 石，笞罪者 15 斗。① 成化时，又开捐纳事例：生员纳米 100 石以上入国子监，军民纳米 250 石为正九品散官，加 50 石增二级，至正七品止。正德时定：富民纳粟赈济，1 000 石以上者表其门，200～900 石者授散官，最高至从六品。嘉靖时定：义民出谷 20 石者给冠带，多者授官正七品，至 500 石者有司为立坊。② 又成化初，南北两畿、河南、山东、山西、陕西、湖广、四川等地因连年水旱灾害形成大饥荒，京储不足，曾招商于淮、徐、德州等水次仓交纳粮食以换盐贩卖，进而以充官储。

明代救荒，一般说，明初几朝较为认真，如《明史》卷五四《食货志》二所说："盖二祖、仁、宣时，仁政亟行。预备仓之外，又时时截起运，赐内帑。被灾处无储粟者，发旁县米振之。蝗蝻始生，必遣人捕瘗。鬻子女者，官为收赎。且令富人蠲佃户租。大户贷贫民粟，免其杂役为息，丰年偿之。皇庄、湖泊皆弛禁，听民采取。饥民还籍，给以口粮。京、通仓米，平价出粜，兼预给俸粮，以杀米价。建官舍以处流民，给粮以收弃婴。养济院穷民各注籍，无籍者收养蜡烛、幡竿二寺。"这些措施，在一定程度上减轻了灾害的后果，对灾民恢复和发展生产，起到了积极的作用。明中期以后，皇帝少有有作为的，朝政荒废，吏治腐败，行政效率大大降低，虽然遇有灾荒时，蠲、赈等各项措施仍然实行，但其实际效果，比起明初，是大打折扣的。如丘濬《大学衍义补》论及荒政之弊时说："备荒之政，不过二端：曰敛曰散而已。……有司苟且具文道责，往往未荒而先散，及有荒歉，所储已空。饥民有虑后患者，宁流移死亡而不敢领受。甚至，官吏凭为奸利，给散之际，饥者不必予，予者不必饥；收敛之时，偿者非所受，受者不必偿，其弊非止一端。"他如地方有司匿灾不报以索赋，勘灾迟缓甚至以荒作熟或以熟作荒以营私，奉旨蠲免而百计拖延甚至不蠲，蠲旨之前已征者不与扣抵等弊端，都史不绝书。

二、清前期的农业政策

（一）赋役政策

清初赋役制度仍沿明制实行地、丁分征，"有田则有赋，有丁则有役"③。康熙

---

① 万历《大明会典》卷一七《户部四·灾伤》。
② 《明史》卷七八《食货志》二。
③ 《清朝文献通考》卷二一《职役考一》。

五十一年（1712），鉴于丁银征收日益困难且在民间造成极大苛扰，改行"滋生人丁永不加赋"，将征丁数额固定下来。以后，主要在雍正时期，进一步实行摊丁入地，取消了对人丁的征课。与丁银征收联系在一起的人丁编审，在"地丁合一"成为全国基本的赋税制度之后，于乾隆时明令废除。

1. 田赋征收 清初赋役征派基本照袭明制。顺治入关，豁除明季三饷加派，按照明万历旧额，于顺治年间编成《赋役全书》，总载地亩、人丁、赋税定额及荒、亡、开垦、招徕之数，颁示全国，以为赋役征派之依据。[①] 其中田赋征收，根据征赋民田的类别（民赋田、更名田、归并卫所田及田、地、山、荡等）和肥瘠等次高下分别规定不同的科则，按亩计征。各地科则高低很不相同，并无统一标准。在全国范围内，最低科则每亩征银仅以丝、忽计，征粮以抄、撮计；赋重的地方每亩征银达数钱，征粮达数斗。各州县田地连同田主姓名，在丈量册（鱼鳞册）内有详细登录，政府规定册载土地情况不清、不实以及随时变动诸情形，各地方有司须在农隙时予以清丈勘实，禁止滋扰及徇私。民间开垦荒田，随时报官领照，按规定年限升科。升科年限，清初通例为六年。[②] 雍正元年（1723）规定水田六年、旱田十年起科。乾隆五年（1740）为鼓励开荒，规定垦种山头地角零星土地永免升科。后来，一些较大面积的开垦，因土地贫瘠，也有特免升科的。

田赋有正税，有加征。所谓加征，主要是随正赋加收的耗羡。清代田赋以征银为主，因民间以散碎银两纳税，需经官将其熔铸成统一规格的元宝才能解运交库，不无损耗（"火耗"），而且解运亦需费用，故而加征。加征耗羡在清初原不合法，但朝廷予以默认，各地官府更往往在实际耗费之外多取盈余，以之充地方办公经费及饱官吏私囊。雍正时实行"耗羡归公"，各省规定加征分数，所征银两提解司库，用给各官养廉及充地方公费，且纳入奏销，于是耗羡便成了田赋正税之外的法定加征。耗羡的征率，一般为正赋税额的十分之一左右。

征收田赋按一条鞭法，将一州县全年夏税秋粮的起运、存留之额及均徭、里甲、土贡、雇募加银之数通为一条，总征而均支之；运输给募，官为支拨，人民不与。征收分上、下两期，即所谓"上、下忙"[③]，每期各完全年征额一半。每年开

---

① 康熙二十四年（1685）、雍正十二年（1734），顺治《赋役全书》又两次修订，并自雍正年间重修后定制十年一修。乾隆三十年（1765），令嗣后《赋役全书》悉依奏销册条款精简，每届重修，只将十年中新坍、旧垦者添注，其不经名目一概删除，于是全书与奏销册合而为一。

② 顺治初定开垦荒地三年升科，顺治六年（1649）颁布垦荒令改定为六年，顺治九年复改为三年。康熙十一年（1672）定六年升科，康熙十二年再放宽为十年，康熙十八年恢复为六年。实际执行，以六年为多，但也有十年、三年升科的。

③ 通例上忙自二月至五月，下忙自八月至十一月。嘉庆时，将上忙延至七月底，下忙延至年底。个别省依气候条件及农时，另有征收期限。

征之前出榜晓谕，使纳户周知其数。收税按滚单法催交：一里之中每五户或十户发给一单（"滚单"），其上登载各户姓名及应纳税数额，分为十限，按限挨户滚动完纳。完税之后，有串票（亦称"截票""联票"等）给纳户作为凭据，初为二联，康熙中增为三联，雍正时一度改为四联，不久又复三联。三联之中，除一联付纳户为收据，另两联一留县，一附簿为存根。交税则用亲输之法：于官衙前置放木柜，纳税粮户将税银自封投柜，规定以部定权衡称其轻重，畸零细数许以钱纳。以上分期（上下忙）收税、滚单轮催、完税给票和自封投柜的征收办法，是清初几朝为革除田赋征收中的种种弊端而先后推广使用并不断改进的，到雍正时趋于完善，成为征收田赋的基本方法，即所谓"田赋催科四法"。①

田赋的征额，清初顺治十八年（1661）为银2 157万余两，康熙二十四年（1685）为银2 445万两，雍正二年（1724）为银2 636万余两。摊丁入地以后，由于丁银并入田赋，乾隆、嘉庆、道光三朝，征额增至3 000万两左右。作为田赋附加随地丁征收的耗羡，乾隆时为300余万两，嘉庆时达到400余万两。

清代田赋虽以征银为主，但也征收一定的米、麦、豆、草等实物。实物部分的田赋，除了在一般田赋内征收的实物，主要是征于山东、河南、江苏、安徽、江西、浙江、湖北、湖南八省的漕粮，岁额400万石，每年经由运河解送京通各仓，供京师王公百官俸米及八旗兵丁口粮等项之需。其中，330万石输京仓，为"正兑"；70万石输通仓，为"改兑"。漕粮原额以粮米计，实际征收有部分折收银两，称"折征"；还有将原定本色改收他种实物的，称"改征"。折征又有临时折征和常例折征的区别：临时折征系因一时特殊情况（如遇灾或运道梗阻）而改折，其后仍复旧制，不为定例；常例折征为固定改折，主要有永折米和灰石米折②两种名目。另外，还有"减征"和"民折官办"等名目，也是折征，但均仍解本色。③ 由于折、改等原因，清前期每年实征漕粮米仅300万石左右。不过，这只是就正额而言。像田赋一样，漕粮也有随征耗费，称"漕项"，以补漕运、仓储折耗并充各项经费之用。漕项的名目很多，如"随正耗米""轻赍银""易米折银""席木竹板"

---

① 这四种办法，串票法和沿自明代的自封投柜法在顺治时先后实行，但三联串票到康熙二十八年（1689）才出现，雍正时确定下来；滚单法始自康熙三十六年；上下忙征收期限在雍正十三年（1735）议定。又四法之外，清初曾沿明制实行过易知由单（征收钱粮通知单），但后来因繁费累民，同时自串票实行后由单失去作用，于康熙二十六年停止使用。

② 除了江西、浙江，其余六省永折米各有定额，总共36万余石，按每石折银5～8钱不等征收，价银归地丁报解户部。灰石米折原为江苏、浙江两省漕粮中给军办运灰石之米，顺治时改为征银解部，由工部按年支取，备办灰石。

③ 减征虽在甲地减收漕粮若干，但指定由乙地代办，乙地因代甲地办粮，在原征地丁银内要做相应扣除，而甲地减征所折价银即用以解司抵补。民折官办为民间交纳折色银，由官府购办本色解运。

"运军行月钱粮""赠贴"等。此外，还有随漕加征的给运军作漕运帮船开销的各种"帮费"及地方刁徒勒索的各种"漕规"，名堂繁多，征数往往更过于漕项。例征的漕项以及不断加增的种种额外漕费和陋规使国家每征正漕一石，税户往往要出数石才能完纳，成为农民的一种苛重负担。嘉庆道光时期之后，这个问题尤其严重。

普通漕粮之外，在江苏苏州、松江、常州、太仓四府州及浙江嘉兴、湖州二府另征有"白粮"（糯米），随漕解运京、通，供内府奉祭、藩属廪饩及王公百官食用。白粮原额 21.7 万余石，乾隆时期后实征 10 万石左右，其余征收折色、民折官办或改征漕米。白粮也有加征，其正耗，江苏每正米一石征 3 斗，浙江征 4.5 斗，均以 5 升或 3 升随正米起交，余随船作耗。正耗外，江苏每船给束包和人夫工食银 14 两，每运米百石给漕截银 34 两、食米 7 石、盘耗米 20 石；浙江每运米百石给漕截银 34 两、食米 34 石。运军的行、月粮和运弁行粮，白粮与漕粮同。乾隆时，实征白粮 10 万石之外，每年另征耗米 3 万余石、经费银 23 万余两、米 5.7 万余石。

漕粮的征收，最初仍沿明制，由粮户直接向运军交兑，运军依恃官府，每额外勒索。顺治九年（1652），改行"官收官兑"，即由州县置仓收粮，然后官向运军交兑（不在水次州县运至水次交兑）。兑运则初行轮兑制，各帮船在若干派运水次间轮流兑运。顺治十二年后改为各帮船固定水次兑运。但此法易生运丁与州县漕书互相勾串为奸之弊，故至雍正时又改为轮兑，定制各帮船在兑运水次间三年轮换一次，惟仍以就近兑运本府州县之粮为原则，远不过百里，近三十里。其他兑运日期、州县与运军之间的兑收手续、漕船运行、各省粮道等官员押运（尾帮船由漕运总督亲自督押）以及沿途州县"趱运"等，都有一套制度和规定，以保证漕粮能够按期、如数运到京师。

漕运是一项耗费巨大的工程，不但要长年维持一支庞大的专业运输队伍（即卫所运军）、供养一大批经理漕运的漕务官员和整治疏浚河道的河务官员，而且要经常修护、保养相应的工具、设备，特别是多达数千余只的漕船①。这些花费作为清政府的沉重财政负担，最终都转嫁到人民身上，其数额远远超过每年征数仅几百万石的漕粮的价值。嘉庆道光时期以后，漕务日坏，每年漕粮的征收和运输对民间的滋扰更甚。同时，这一时期黄河淤积日渐严重，导致运道梗阻，漕运不畅，遂使漕运改革趋于迫切。不过，直到太平天国起义以前，除曾在道光六年（1826）和道光二十八年海运过部分江南漕粮，整个漕运制度变化不大。

2. 清初的丁银和摊丁入地改革 清初的丁银（或称丁赋）是明后期一条鞭法

---

① 清代漕船原额14 505只，后因漕粮改折、分载带运以及坍缺蠲免等故，实运漕船在雍正时期以后减至6 000余只。

改革赋役合并不彻底的遗留，在内容上兼有人头税和代役银的性质；因其包含了徭役折银在内，故又称"丁徭银""徭里银"。丁银以"丁"，即年16～60岁的成年男子为征收对象①，有民丁银、屯丁银、灶丁银、匠班银等不同种类，向各类人丁分别派征。不同类别人丁的丁银征收科则不同，同一类人丁的丁银科则轻重也因省份、地区不同而各异，差别很大，"其科则最轻者每丁科一分五厘，重者至一两三四钱不等，而山西有至四两余者，巩昌有至八九两者"②。征收方法亦各地异制：北方地区因丁银较重，通常按人丁贫富分等则（一般分为三等九则）征收；南方丁银较轻，以不分等则一条鞭征者居多。此外，虽然多数地方的丁银系按丁派征，但也有一些地方或沿明代旧制，或在清初改制，实行"丁随地派"。

清初的丁银征收极其混乱。主要问题是吏胥和地主豪绅操纵编审，转嫁负担，致使丁银征派贫富倒置，"素封之家多绝户，穷檐之内有赔丁"③。穷苦之丁不堪编审派费和富者的负担转嫁，大量逃亡漏籍，而政府为保证征收额数，便以现丁包赔逃亡，从而引起了更大混乱。这种情况既激化了社会阶级矛盾，也十分不利于国家的财政收入，因而在康熙五十一年（1712）规定以康熙五十年丁册的人丁数为额，"滋生人丁永不加赋"④，次年以"万寿恩诏"的形式向全国发布。丁额的固定使丁银征数也稳定下来，为摊丁入地创造了条件。随着征丁矛盾的进一步发展，康熙五十五年，广东经清政府批准首先实行了全省摊丁。雍正前期，改革在全国展开，从雍正元年到七年（1723—1729），大多数省份相继改行新制。剩下来的个别省份和地区，除了山西，于乾隆时期实施。山西摊丁于乾隆时起步，到光绪五年（1879）完成。

摊丁入地总计向地亩田赋摊派了300余万两丁银，占当时田赋征数（2 600万两左右）的12%左右。摊派的办法，有以省为单位统一摊派的（即总计一省丁银，平均摊入一省地亩田赋之内），也有省内州县各自分别摊派的。计摊标准有按田赋银一两、粮米一石、田地一亩计摊若干丁银的，也有按田赋银若干两、粮米若干石、田地若干亩计摊一丁的。不同种类的丁银（民、屯、灶等）有合并摊征的，也有分别摊入各该类地亩的。种种不同办法，均由各地的丁、粮情况及历史传统等因素决定。要之，摊丁入地的实施只要求内容上的统一，至于具体办法，则因地制宜，不强求一律。

---

① 丁银一般按人丁派征，但在江西、福建等省有一种"盐钞银"，沿自明代人民领取政府配给的户口盐所纳钞米折银，系按"口"派征（其他大多数省已将其归入地亩征收），属于一种特殊的人口税。因有盐钞银，这些省编审时除了编男丁，还编女口。

② 《清朝文献通考》卷二一《职役考一》。

③ ［清］曾王孙：《清风堂文集》卷一三《汉中录·勘明沔县丁银宜随粮行状》。

④ 《清朝文献通考》卷一九《户口考一》。

摊丁入地是中国封建后期历史上继唐代"两税法"、明代"一条鞭法"改革之后又一次重大的赋役制度变革,其意义在于"数千年来力役之征一旦改除"①,丁、地并征的二元化税制转变为单一的土地税制。以人口为对象的征税课役是国家对劳动者直接实施的超经济强制,是封建人身依附关系在中国封建制度下的一种表现形式。在历史上,它一直是劳动者、特别是广大农民最苛扰、最痛苦的负担之一。摊丁入地取消了人口之征,实行一元化的土地税制,意味着封建国家从此解除了对生产劳动者直接的人身束缚,不再同地主争夺劳动人手,而使赋税制度建立在"富民为贫民出身赋,贫民为富民供耕作以输赋税"②,即农民输租于地主、地主输税于国家的比较单纯的地租再分配机制的基础上。这个转变是同封建后期土地占有关系的变化和社会经济发展的要求相适应的,无疑具有历史进步的意义。此外,摊丁入地以后,无地农民不用再交丁银,少地农民因土地少也多少减轻了一些负担,这对农业生产的发展,也是有好处的。

摊丁入地还导致了人口统计制度的变化。清初在人口登记上仍沿袭明制,以黄册为户口册,登载户口人丁之数,而以田亩系于户下,丁税据之以定。康熙七年(1668),命停造黄册,以五年编审册代之。这种编审册,虽然每五年一次按里分甲编造,州县官汇总编册并层层上报,最后达于户部并进呈御览,但因编审的主要目的在于向人丁征税,而清代丁税征收又是以明代旧额为准,并不按人丁实数多少征收,故在人口统计上没有多大意义。也是由于同样原因,当时的编审册只有人丁统计(少数有盐钞银征收的地方也编女口),而无全部人口数字。摊丁入地以后,五年一次的人丁编审失去意义,逐渐废弛,乾隆三十七年(1772)谕令在全国停止。此后,只对有运漕任务的卫所军丁四年编审一次。与此同时,从乾隆五年起,命"以保甲丁额造册",开始实行每年基于保甲册报的人口统计制度(第一次册报在乾隆六年)。清代有相对准确的人口数字,正是从乾隆时通过保甲册报"全国大小男妇"数字开始的。根据实录每年末附载的数字,乾隆六年全国人口约计为1.43亿人,乾隆二十七年超过2亿人,乾隆五十五年超过3亿人,道光十四年(1834)超过4亿人,到道光二十年,即鸦片战争爆发的当年,达到约4.13亿人,奠定了近代中国人口规模的基础。

清初除征收丁银,还存在差徭,有的且为力役,如治河、修城、修仓等。对于各种名目的差徭征调,清初各朝也进行了整理、改革,总的精神是裁革冗差、改力役为雇役、改差役折银向户丁或丁、粮派征为一律向地亩田赋派征,即实行赋役合并。摊丁入地并废除编审以后,徭役制度从法令上废止了,但各地仍存在着一些地

---

① 光绪《湖南通志》卷四九《赋役二·户口二》。
② 光绪《定远厅志》卷七《赋役志》。

方性、临时性的差役征发，属于徭役制度的残余形态。

（二）兴修水利和提倡、奖励农桑

1. 兴修水利　清前期最大的水利项目莫过于治理黄河。黄河自明万历初潘季驯修治以后，到清初，因长期战乱失修，又形成巨大灾患。当时黄淮合流，互相激荡，难以顺畅入海，下游频频决口，不仅淹没大片农田，而且阻塞运河，影响漕粮北运。这种情况引起清政府严重关切。康熙帝曾说："朕听政以来，以三藩及河务、漕运为三大事，夙夜廑念，曾书而悬之宫中柱上，至今尚存。"① 为治河济漕，康熙初曾派人往探河源及沿岸考察，并令绘图进呈。康熙十六年（1677），当平三藩战争还在进行时，康熙帝就任命靳辅为河道总督，开始了大规模治河工程。靳辅和他的得力幕僚陈潢在河工不辞劳苦，用开引河和筑减水坝（即分洪坝）的方法减杀水势，仅五六年功夫就堵塞了下游大小决口，修治了河、运堤防，加培了高家堰堤防，使黄、淮归于故道，大片淹没的土地重新涸出。接着，又在稍上游两岸筑堤束水，以求攻沙；还在河北岸张庄运口到清河仲家庄之间开挖中河一道，使漕船出黄、淮、运交界处的清口仅二十里就驶入中河，而不再借黄行运，"以避黄河一百八十里波涛之险"，不仅"漕挽安流"，而且"商民利济"。② 靳辅之后，于成龙、张鹏翮等相继为河督，他们遵循靳辅的治河方针，进一步巩固了河防和漕粮运道。自康熙二十三年起，康熙帝先后六次南巡，每次都亲临河工视察，指授机宜，推动了治河事业。之后雍正乾隆时期，继续对黄河进行治理，使两岸堤防更趋完整。虽然小的决口还不时发生，但都随决随堵，直到咸丰五年（1855）以前，黄河未再发生大的决口。清前期的治河既保证了漕运畅通，也使黄淮一带减少了水患威胁，从而有利于农业生产发展。

康熙时期还对京畿浑河进行了修治。浑河从山西北部黄土高原携带大量泥沙而下，流经畿南，"冲激震荡，迁徙弗常"，不时与畿南诸水合流，泛滥为灾，素有"小黄河"之称。康熙帝把治理浑河视作治黄以外的第二大工程，曾多次亲往督修。康熙三十七年（1698），从良乡张家庄到东安郎神河之间的长达 200 余里的新河道竣工，两岸束以长堤，终于使浑河水泛滥得到控制。竣工后的新河，更名为"永定河"。从此，旧河两岸"斥卤变为膏腴"③，昔日"泥村水乡捕鱼虾而度生者，今起为高屋新宇，种谷黍而有食矣"④。

江浙海塘工程也是清前期较大的水利项目之一。海塘北起江苏常熟，南至浙江

---

① 《清圣祖实录》卷一五四，康熙三十一年二月辛巳。
② 《清圣祖实录》卷二二九，康熙四十六年五月戊寅。
③ 《清圣祖实录》卷二五六，康熙五十二年十月丙子。
④ 《永定河志·宸章·阅河长歌序》。

杭州，全长约 400 公里，捍御着富庶的江南沿海地带不受海潮侵袭，作用至关重大。清前期，特别是雍正时期，清政府对海塘工程投入大量人力物力，"易土塘为石塘，更民修为官修，钜工累作，力求巩固"①。其中，海宁老盐仓鱼鳞石塘工程从康熙末动工，到乾隆四十八年（1783）竣工，工期长达近 70 年，将"旧有柴塘，一律添建石塘四千二百余丈"②。

其他如疏浚苏松河道，开直隶水利营田，开凿宁夏大清、惠农各渠等，都是清前期政府组织的大型水利工程。这些工程减轻了水患，同时使大量农田得到灌溉，促进了农业生产的发展。

2. 提倡、奖励农桑 清政府还大力提倡、奖励农桑。康熙帝说："农事实为国之本，俭用乃居家之道，是以朕听政时，必以此二者为先务"③；"阜民之道，端在重农"④。类似议论，充斥于清前期各朝皇帝的诏谕、圣训中，反映出他们的重农思想。因此，这些皇帝都把倡导"务本"、发展农桑作为他们政务活动中的一件大事来办。

特别自雍正时期以后，由于人口迅速增加，而荒田已大部分被垦辟，人多地少的矛盾日益突出，关心农业、提倡本务就更成为清政府的当务之急。为此，清政府采取了一系列奖农劝农的政策措施，如在各地农村中"举老农"就是其中一项。

举老农始于雍正时期二年（1724）。当时皇帝谕令："于每乡中择一二老农之勤劳作苦者，优其奖赏，以示鼓励。如此则农民知劝，而惰者可化为勤矣"⑤，希图通过奖励榜样的办法，推动其他农民勤于农事。此后，举老农即成为各地一项经常性的制度；举出的老农，定例给以八品顶戴荣身。针对执行中的一些弊端，雍正七年规定：嗣后推举老农，如有营私请托等弊，一经发觉，"失察之上司、滥举之州县及本人，分别照例惩治"；原来岁举的做法因"品秩似属易邀"，改为"三年一举行"。⑥ 乾隆时又制定了"奖赏老农之例"，规定"于每岁秋成后，州县查所管乡村，如果地辟民勤，谷丰物阜，觞以酒醴，给以花红，导以鼓乐，以示奖劝"⑦；还制定了"上农"的十条标准，命各地"于上农内选老成谨厚之人"专门对农事进行督导⑧。

举老农之外，清政府还要求地方官员亲自过问农桑，并把劝农是否得力列为考

---

① ② 《清史稿》卷一二八《河渠三》。

③ 《清圣祖实录》卷一一六，康熙二十三年七月乙亥。

④ 《清圣祖实录》卷一四四，康熙二十九年正月甲辰。

⑤ 《清世宗实录》卷一六，雍正二年二月癸丑。

⑥ 《清世宗实录》卷八一，雍正七年五月辛亥。

⑦ 《清高宗实录》卷五六，乾隆二年十一月丁卯。

⑧ 《清高宗实录》卷一五五，乾隆六年十一月。

察官员治绩的项目之一。雍正二年（1724），皇帝谕直隶各省督抚说："今课农虽无专官，然自督抚以下，孰不兼此任？其各督率有司，悉心相劝，并不时谘访疾苦，有丝毫妨于农业者，必为除去。"① 雍正七年，一度特设巡农御史，令其每年"于二月田功初起之时，巡历州县，察农民之勤惰，地亩之修废，以定州县考成"②。雍正八年，颁钦定田文镜、李卫条列训饬州县规条。其中"劝农桑"条说："凡有守土之责，自应加意农桑"，农忙时"一切胥役不许下乡，恐追呼妨业"，"一切雀角鼠牙不与听理，恐牵连失时"。还规定州县官要勤于督民垦荒、兴修水利；要禁赌博、查宵匪、禁社赛、逐窝娼；值春耕秋收、公务之暇，要轻骑简从，亲历乡村，询问农事，奖励勤朴，使人民"知长官重念农桑，莫不感激鼓舞，以尽力于出作"。③ 乾隆时，也多次要求"督抚董率州县，尽心民事"④。

康熙至乾隆时期，从皇帝到地方官府，都对发展农桑生产做过一些具体切实的工作。康熙帝曾亲在宫内和西郊种植水稻，改进品种，后来发展成著名的京西稻。他还批准天津总兵官蓝理在天津等地试种水稻。雍正时期，进一步设置官局，在直隶各地兴办营田水利，推广种稻。这些，对水稻栽培向北方扩展起了很大的推动作用。此外，当时南方一些地方推广双季稻和引种北方旱地杂粮作物、南北各地推广番薯等高产粮食作物，以及山东、陕西、福建、贵州等省发展种桑养蚕等，也都与皇帝和当地各级官府的重视、提倡分不开。如康熙时，苏州织造李煦曾在皇帝支持下试验和推广双季稻。雍正时，为在广东发展旱地作物，特"选山东、河南善种者往教"；为使四川苗族人民学会耕种，"择湖广、江西在蜀之老农，给以衣食，使教之耕"。⑤ 乾隆时，陕西巡抚陈宏谋为在本省推广蚕桑，除将山东养蚕成法"发司刊刻，分发通省，仿效学习"，又从山东、河南等地募人前来教习。推广中采取了多种方法："或雇人试养；或官出资本，而招民同养；或给民人口食，令其学习；或官借资本，听民人结伙学养"。此外，还官为觅购蚕种、制给养蚕器具。⑥ 陈宏谋在云南任布政使时，也曾大力提倡种树和种杂粮。可见，清前期封建国家对农业生产发展不是无所作为，而是起了相当积极的作用。

（三）赈灾救荒政策

清代救荒集以前历代荒政之大成，在措施上更加严密，也更加制度化。清政府

---

① 《清世宗实录》卷一六，雍正二年二月癸丑。

② 《清世宗实录》卷七八，雍正七年二月甲午。

③ 《牧令书五种·钦颁州县事宜》。

④ 《清高宗实录》卷八三，乾隆三年十二月庚子。

⑤ ［清］嵇璜等纂：《清朝通志》卷八一《食货略一》。

⑥ ［清］陈宏谋：《培远堂偶存稿·文檄》卷三九《续行山蚕檄》。

规定：凡地方遇灾，地方官必须迅文申报，督抚一面奏闻，一面委员会同地方官踏勘灾情，确查被灾分数，在规定期限内题报，以之作为国家推行荒政的依据。具体的救荒措施，依据《大清会典》，分为救灾、蠲免、缓征、赈饥、借贷、平粜、通商、兴土工、返流亡以及劝输等项。

1. 救灾 遇川泽水溢、山洪暴发以及地震、飓风等突然性灾害，以至淹没田禾、损坏庐舍、死伤人畜的时候，政府采取紧急措施救助，谓之"救灾"。救灾自乾隆时期以后有一定成规。如直隶的水灾救济定例规定：水冲民房，全冲者，瓦房每间给银一两六钱，土、草房每间给银八钱；尚有木料者，瓦房每间给银一两，土、草房每间给银五钱；稍有坍塌者，瓦房每间给银六钱，土、草房每间给银三钱；瓦、草房全应移建者，每间加给地基银五钱，每户不得过三间。淹毙人口，每大口给银二两，小口给银一两。[①] 地震、飓风等灾一般比照水灾例办。实际执行中，也常有奉特旨不拘成例的情形。

2. 蠲免 清代的蠲免，有"灾蠲""恩蠲"之分。灾蠲是因灾实行的蠲免，有相应的制度规定，为荒政措施的一种。恩蠲则是因国家庆典、皇帝巡幸、用兵等而特旨实行的蠲免。在谈灾蠲之前，先简单介绍一下清前期的恩蠲。

清代前期，尤其在康熙、乾隆两朝，恩蠲被当作恢复和发展农业生产的一个重要手段而一再实行，所免次数之多、数额之大，为历代所少见。如在康熙时期，从康熙二十五年（1686）起，几乎每年都对一省或数省"普免"，即免征全部额赋。从康熙三十一年起，逐省蠲免起运漕粮一年。从康熙五十年起，三年之内，轮免全国各省钱粮一周。康熙时期的蠲免，每每"一年蠲及数省，一省连蠲数年"[②]。所免内容，有地丁正赋，也有田租、房地租税等杂项；有未征新赋，也有历年旧欠。据户部统计，从康熙元年到四十九年，免过钱粮银数超过万万。整个康熙朝各种项目的大小蠲免，不下 500 余次。

乾隆时期，清王朝国力达到极盛。在国家财用充裕的背景下，蠲免规模更超过康熙时期。乾隆一朝，计共普免全国钱粮 4 次（乾隆十年、乾隆三十五年、乾隆四十二年、乾隆五十五年）、漕粮 3 次（乾隆三十一年、乾隆四十五年、乾隆六十年），每次分数年轮完，还普免过官田租和各省积欠。其他个别省份、地区、个别项目的蠲免和豁除旧欠数不胜数。有些蠲免还成为定例，如"每谒两陵及他典礼，跸路所经，减额赋十之三，以为恩例"[③]。

嘉庆时期以后，清王朝国力下降，蠲免之举与康乾盛世不能相比。嘉庆时还普免过各省积欠，道光时则全无普免，个别的蠲减也大为减少。

---

① 光绪《大清会典事例》卷二七〇。
②③ 《清圣祖实录》卷二四四，康熙四十九年十月甲子。

清前期的蠲免对农业生产发展肯定是起了积极作用的。特别当康熙时，由于当时自耕农和其他农民的小土地所有制在全部土地关系中所占比例很大，应该说主要对农民有利，因为这可以使农民小土地所有者减轻纳税负担，从而加大对生产的投入。雍正乾隆时期以后，土地兼并集中发展，蠲免给予农民的直接利益减少，但如前所论，整个清前期农民的小土地所有制都比较发达，在一些地区还始终占有优势，所以即使在雍正乾隆时期以后，也不能说蠲免对生产毫无好处。

蠲免的利益只能及于土地所有者，而不能及于没有土地的佃农。对此，清政府于康熙二十九年（1690）规定："嗣后直隶各省遇有恩旨蠲免钱粮之处，七分蠲免业户，三分蠲免佃种之民，俾得均沾恩泽。"① 康熙四十九年，经户部议准，再次重申遇蠲免业七佃三的规定，并将此"永著为例"②。雍正八年（1730）又制定新例："特恩蠲免钱粮，如河南赋少粮轻省份，恩免十分者，佃户每石减租一斗，依此计算。"③ 乾隆初也曾"令业户计所免之粮，减半以惠佃农"④。这些规定，在土地归地主私人所有的条件下，当然难以不打折扣地贯彻执行，一般只限于由地方官"劝谕"地主酌减。但是，有这些规定毕竟与没有不同，佃户也往往借此与地主做减租斗争并实际地争取到一些减租利益，这类事例在清前期还是不少的。所以，蠲免的实行，对佃户也有一定好处。

再谈灾蠲。作为荒政措施的一部分，按照清代制度，当灾荒之年，蠲免之实行与否及蠲免多少，须根据被灾分数确定。顺治时规定：被灾八分至十分，免十分之三；五分至七分，免十分之二；四分，免十分之一。康熙十七年（1678）改定：五分以下为不成灾，六分免十分之一，七分以上免十分之二，九分以上免十分之三。雍正六年（1728）命增加蠲免分数，遂再改为：被灾十分免十分之七，九分免十分之六，八分免十分之四，七分免十分之二，六分免十分之一。乾隆元年（1736），命被灾五分亦免十分之一。此后遂成定制。常例之外，因灾情较重，也时有特旨全蠲或增加蠲免分数的情形。凡蠲正赋，随征耗羡相应蠲除。如题准蠲免时额赋已征，应免之数在下年征收时扣除，名曰"流抵"。漕粮非奉特旨，例不因灾蠲免。此外，因蠲免只及田主，不及佃户，康熙时特别规定：田主遇灾蠲免，"照蠲免分数，亦免佃户之租"；后改定为"业户蠲免七分，佃户蠲免三分"。⑤

3. 缓征 缓征，即将应征钱粮暂缓征收，于以后年份带征完纳。缓征的适用范围比蠲免要广。勘不成灾（被灾分数不足五分）例不予蠲，但一般缓征；乾隆四

---

① 《清圣祖实录》卷一四七，康熙二十九年七月丁巳。
② 《清圣祖实录》卷二四四，康熙四十九年十一月辛卯。
③ ［清］雅尔图：《心政录·奏疏》卷二《请定交租之例以恤贫民事》。
④ ［清］王庆云：《石渠余纪》卷一《纪蠲免》。
⑤ 《清圣祖实录》卷三四、卷二四四。

十六年（1781）更规定成灾五分以上州县之成熟乡庄一体缓征。漕粮、漕项等例不蠲免的项目、向民间借贷的口粮籽种及各项民欠等，也都有缓征之例。成灾者，蠲免所余及未完旧欠概予缓征。缓征钱粮，乾隆时期以前在下年麦后起征，下年又无麦则缓至秋后。乾隆初改定：被灾不及五分缓征者，仍缓至次年；被灾八、九、十分者，分三年带征；五、六、七分者，分两年带征。而实际上，因连年歉收，或因积欠过多，无法征收，往往不得不一缓再缓，至有积至十数年不能完者。积年旧欠实在征收无着的，也有时特旨豁除。

4. **赈饥** 发仓储向饥民施米施粥叫"赈饥"。与蠲、缓不同，赈饥的对象不是"有田之业户"，而是"务农力田之佃户、无业孤寡之穷民"①，"凡有地可种者，不在应赈之列。但有地亩之家，现在无收，实与无地者同受饥馁，应查验酌赈"②。按照清制，地方官于勘灾时，即应清查户口，将应赈人口造具册籍，分别极贫、次贫③，给发印票，以为领赈凭据。开赈时，地方官及监赈各员分赴灾所，发放米谷；米谷不足，折银钱给之，叫"折赈"。雍正时，令煮赈与散赈兼行，近城之地设粥厂，四乡二十里之内各设米厂，米厂照煮赈米数按口月给。乾隆初，定日赈米数，大口五合，小口半之。又定：地方遇水旱，即行抚恤，先赈一月（叫"正赈"，也叫"普赈""急赈"）。查明被灾分数、户口后，被灾六分，极贫加赈一月；七八分，极贫加赈两月，次贫一月；九分，极贫加赈三月，次贫两月；十分，极贫加赈四月，次贫三月。倘连年积歉，或灾出非常，督抚妥议题明，将极贫加赈时间增至五六月、七八月，次贫加赈时间增至三四月、五六月。还规定：贫寒生员一体给赈，由学官具籍，牒地方官，移粟舍就给。对勘灾用费报销、散赈手续、官员奖惩等，雍正乾隆时期以后，也都有严格的规定。

5. **借贷** 借贷是指灾荒后或逢青黄不接时向农户贷放口粮、籽种。清代各省府州县乡普遍设有常平、社、义等仓，所储米谷用于赈、贷、粜等。灾荒时三者并行，平年只行借、粜。借贷一般在春耕夏种、民间乏食缺种时进行，秋收后征还。所借除口粮、籽种，地方官府还往往出借供雇耕牛用的"雇价"、供养牛用的"牧费"等；口粮、籽种亦有折银钱给贷者。平年所借加息征还，歉岁所借免息。乾隆四年（1739）规定：出借米谷除被灾州县毋庸收息，收成八分以上者，仍照旧例每石收息谷一斗；七分者，免息；六分及不足五分者，除免息，六分者本年征还其半，来年再征另一半，不足五分者缓至来年秋后再征。乾隆十七年又定：灾民所借籽种、口粮，夏灾借给者秋后免息还仓，秋灾借给者次年麦熟后免

---

① ［清］万枫江：《灾赈总论》，见［清］杨西明辑：《灾赈全书》卷三。

② 《清世宗实录》卷一一八。

③ 有的省不分差等，也有的在极贫、次贫外再分"又次"一等。乾隆七年（1742）命省去又次，概分二等。

息还仓。此外，如上年被灾较重，本年虽得丰收，所借也可免息。有个别省份如广东、福建等，向不加息。

6. 平粜 常平仓谷主要用来平抑粮价，"米贱则增价以籴，米贵则减价以粜"①。一般在每年春夏间粜出，秋冬时籴还，存七粜三，既接济春荒，又出陈易新。遇岁歉米贵之年，允许多出仓储，减价平粜。歉岁粜卖遇仓储不足时，发库帑籴客米接济，再不足则截留漕粮以济之，同时鼓励富户零星出粜，严禁奸商势豪囤积射利。散粜之法与赈饥同，规定于城中及四乡分设粜厂，委员监粜，预示粜期、粜价，令贫户各持保甲门牌赴厂籴买，限以籴数。严禁牙棍包贩及厂役斛手人等扣克掺和、勒索票钱诸弊，违者严加治罪，该管各官徇纵者参处。其运粮脚价等费，准予报销。

7. 通商 荒年乏食，米价腾贵时，禁邻省遏粜，允许并鼓励商贾运贩米谷至灾区，以济官米之不足，谓之"通商"。通商是与平粜相辅而行的一项措施，目的也在于平抑粮价。为鼓励商贾往歉收地方运粜，乾隆元年（1736）规定，往被灾地方运粜的米船免征官税。② 外洋之米，乾隆时也鼓励商贾贩进，为减税以招徕之。此外，有时还官为招商，给以护照及正项钱粮，令其往灾区运粜，所得利息，商人自取，官府只于米价平后收回原本。

8. 兴土工 在灾荒年景，由地方官相时地之宜，发官帑兴作工程，召集饥民佣赁糊口，以此作为赈济的一种方式，亦称"以工代赈"。以工代赈工程的工价一般按半价给发，但也有时准给全价，如乾隆十六年（1751）有谕旨说：嗣后一般以工代赈工程，工价仍循往例（指半价）；但"若实系紧要工程，亟应修作，自又当照原价给与"③。工程完竣，督抚将所济饥民人数与所费工筑之数疏报，户部覆核准销。

9. 返流亡 对灾年饥民外出逃荒，清政府的基本政策是尽量防止，规定地方官于灾后即应出示晓谕，令其毋远行谋食，轻去乡土。已经外出者，则令所过州县量行抚恤，并劝谕还乡，以就赈贷，称之为"返流亡"。雍正时，制订有对外来流民的留养则例，规定各地方于冬寒时动用常平仓谷赈恤外来流民，至春暖再动支存公银两资其返籍。但这个制度实际行不通，且多弊端，故自乾隆时期以后，除对老弱无力者仍予留养、资遣，对一般投奔亲故或往丰收地方觅食者，并不强制执行。

10. 劝输 灾荒之年，政府鼓励官绅士民出粟出银助政府救荒，视其所输多寡，官予加级纪录，民予品衔或花红匾额旌奖，名之曰"劝输"。捐输条例各朝不

① 《清世祖实录》卷八八。
② ［清］杨西明辑：《灾赈全书》卷二《米船免税》。
③ ［清］杨西明辑：《灾赈全书》卷二《以工代赈》。

尽相同，大体上，捐米谷至数百石，官即可以纪录加级，民即可以顶戴荣身；捐数少者，给予花红匾额。雍正乾隆时期以后定制：灾后，地方官即应将捐输银米及出资运柩、助官赈饥、施舍医药等的官绅士民名单和所输银米数核实造册，申报督抚，少者旌奖，多者疏闻议叙；地方官不行核查及勒派报捐、侵吞渔利或以少报多、滥邀议叙的，各治以罪。乾隆四十一年（1776）规定：绅衿士民于歉岁出资捐赈者，准亲赴布政司衙门具呈，听其自行经理，事竣，督抚核实题报。常平、社、义等仓，也都分别定有劝捐条例。

上述措施互相补充，遭逢重大灾荒时往往同时实行。清前期，救荒是国家一项大的支出，几乎年年都有，往往动辄花费白银数十万两乃至数百万两。

第三章 明清时期自然资源的开发利用

第一节 土地资源的开发利用

一、边疆的开垦

边疆是指中原以外连接国界的疆域，它的边界是历史上逐步发展形成的。到清代，边疆地区包括东北三省（奉天、吉林、黑龙江）、内外蒙古、新疆、西藏、云南、广西、台湾。边疆地区地域辽阔，但在清代，大部分地区如东北三省、蒙古、新疆、西藏等地都还处于游牧经济的历史阶段；云南、广西、台湾等地虽然有部分农业，但相当原始和粗放，且大部分土地没有被开发利用。

明清时期，特别是从清代中叶开始，中国的人口不断增长，中原地区的土地已不敷应用，促使大量人口向边疆地区迁移，山东、河北、山西农民闯关东开发东北，河北、山西、陕西农民走西口开发内蒙古，甘肃、四川、陕西农民开发新疆，福建、广东农民赴台湾开垦，形成一股汹涌的开发浪潮，使中国的边疆地区得到了空前的大规模的开发。边疆的开发，不但扩大了中国的耕地面积，一定程度上缓和了人多地少的矛盾，而且也使农业扩展到边疆，使边疆地区的土地资源得到了开发，并促进了当地经济的繁荣，在军事上也起到了巩固边防的作用，加强了各民族之间沟通、交流、融合和团结，影响是十分深远的。

明清时期对边疆的开发是不平衡的，这和内地移民到边疆的距离远近有关，也和边疆地区的自然条件是否适合于开发有关。其中开发最快的是台湾和东北地区。由于有关明清时期对西藏开发的资料甚少，所以本节对西藏开发的介绍，只能暂付阙如。至于对云南和广西的开发，则在内地开垦中一并介绍。

（一）蒙古地区的开垦

蒙古包括漠南和漠北两部分。漠南（内蒙古）部分，即现在的内蒙古自治区，漠北（外蒙古）即今蒙古国。但不管是漠南和漠北，历史上都以游牧经济为主，适于农业生产的地区并没有得到开发。明清时期对蒙古地区的开垦，主要是在漠南，所以本节的介绍也以内蒙古的开垦为主。

1. 内蒙古开垦概况　内蒙古的土地开垦在明末清初已经开始，主要是陕西、山西、河北的汉族贫苦农民迫于生计，而赴口外垦荒，人称"走西口"。因这是春出秋回，故也称为"雁行"①。开垦的地区主要是在西部的河套及东部的大小凌河一带。但这一农垦区在明清之际的战火中遭到了破坏。

清初，对口外土地的开垦颇为重视，在热河地区推广过农业，最初是在康熙十年（1671）。据汪灏《随銮纪恩》记载，"康熙十年，口外始行开垦"，"皇上多方遣人教之树艺"，"命给之牛、种，致开辟未耕之壤"。② 但长于游牧的蒙古族人不谙农业，要发展农业，不得不靠汉族农民，因此，清政府也就不能不放宽汉族人进入蒙疆的限制。起初，对出关"耕种庸工"的流民垦荒还有一定的限制，"每年给予印票一次"，"春令出口种地，冬则遣回"。后来，只要是"只身前往，无论贸易、佣工、就食穷民，皆令地方官给票，查验放行"③；遇到灾年，还鼓励灾民出关就食。这就在事实上承认了汉族人出关谋生的合法性。在清政府放宽汉族人进入蒙疆的限制后，大量贫苦农民开始涌入内蒙古地区，"自张家口至山西杀虎口沿边千里，窑民与土默特人，咸业耕种"④。到康熙晚期，"山东民人往来口外垦地者多至十余万"⑤。

绥远归化（今内蒙古呼和浩特）地区的开垦始于康熙中期。康熙三十三年（1694），为了平定准噶尔叛乱，清政府开始在这里实行军屯，以保证军粮的供给。军屯地点是在归化城的大、小黑河流域。雍正末年和乾隆初年，归化城驻军都统丹津奏请将土默特境内闲旷膏腴之地作为官地，招民垦种，由地方征粮，以备军食。共垦地4万顷，征米12万仓石。随后又丈放了归化厅、萨拉齐厅、托克托厅、和林格尔厅、清水河厅五厅之地，共2万余顷。乾隆三年（1738），又将原作为公共游牧地的绥远城八旗牧场2.4万余顷放垦。

---

① 民国绥远通志馆编纂：《绥远通志稿》卷二四《水利》。
② ［清］汪灏：《随銮纪恩》，见［清］王锡祺辑：《小方壶斋舆地丛钞》第一帙。
③ 光绪《大清会典事例》卷一五八《户部》。
④ 《清圣祖实录》卷二五〇，康熙五十一年五月壬寅。
⑤ ［清］方观承：《从军杂记》，见［清］王锡祺辑：《小方壶斋舆地丛钞》第二帙。

察哈尔地区是清朝的主要牧厂。清初，从古北口到张家口一带已设有官庄，作为宗室和兵丁的庄田。同时，河北、山西的农民也进入察哈尔开垦。雍正二年（1724），清政府专门划出察哈尔右翼四旗（即后来的丰镇厅）29 700 余顷土地，招民垦种。[①] 乾隆三十六年（1771）正式定制招垦，察哈尔的马厂地从此被大量开垦。但这些都是军粮地和旗地，属于官地性质，一般都是清政府划界招民垦种，官给牛、种，承种者向政府缴纳军粮或银两。

昭乌达盟、卓索图盟、哲里木盟的开垦，始于康熙中后期。由于这一地区租息较低，所以吸引了大量的农民来到这里。到乾隆十二年（1747），昭乌达、卓索图地区聚居的流民已达二三十万之多，足迹遍布两盟所有旗地。嘉庆道光时期，农业进一步发展到哲里木盟的郭尔罗斯和科尔沁地区。这一发展是清政府推行"借地养民"政策的结果。

"借地养民"本是清政府的一项权宜之计，主要用以解决北方地区遭灾后饥民的就食问题。灾时鼓励出关谋生，一俟情况好转即令流民回乡。这种做法始于乾隆初年，但规模不大。嘉庆时期以后，由于清政府统治能力的削弱，"借地养民"客观上促使民人流寓关外开荒种地。嘉庆时期四年（1799）流寓于郭尔罗斯的农户已达2 300户，通过"借地养民"，到嘉庆十六年发展到11 781户，12 年间增长了 4 倍多，无形中解除了对郭尔罗斯及整个哲里木盟的封禁。在大量汉族流民涌进哲里木、卓索图、昭乌达三盟的情况下，嘉庆七年清政府又丈放了科尔沁左翼后旗鄂勒克地方的荒地，开垦的荒地东西宽达 130 里，南北长 52 里。到嘉庆末年，科尔沁草原被开垦的耕地已达到44 892顷。[②]

至道光时期，东起热河，西至绥远，沿长城北边一线已被不同程度的开垦了。光绪二十八年（1902），清政府国库空虚，财政拮据，为备庚子赔款之需，派贻谷赴晋边，"督办垦务"[③]，开垦蒙地，放地押银，从而使内蒙古地区被大范围开垦。这就是历史上有名的"贻谷放垦"。贻谷到任后，首先在各地设立了垦务局，将荒地收归国有，统一放垦。接着又成立了垦务公司，具体承办蒙地的放垦事宜。人们只要付银交清地价，便可获得土地所有权，垦荒成为一种合法的行为。这和以前以佃农身份租地开垦，在性质上是有所不同的。这次放垦促进了内蒙古的开发。从贻谷上任到光绪三十四年的 6 年中，内蒙古放垦土地达到 757 万多亩[④]。在这个过程中，贻谷利用垦务局和垦务公司，上下其手，贪污中饱，成

① 《清世宗实录》卷二二，雍正二年四月甲寅。
② ［清］徐世昌：《东三省政略·蒙务下》。
③ 《清德宗实录》卷五〇六。
④ 李文治：《中国近代农业史资料 第 1 辑 1840—1911》，生活·读书·新知三联书店，1957 年，840 页。

为内蒙古放垦事业的大蟊贼。

2. 河套成为塞外明珠　在内蒙古的开垦中，河套地区的开发最令人注目。河套地区是指今内蒙古自治区和宁夏回族自治区境内狼山和大青山以南、贺兰山以东黄河沿岸地区。其中，西部银川平原称为西套，乌拉山以东呼和浩特平原（土默特）称为东套，巴彦高勒与乌拉山之间的扇形平原称为后套，鄂尔多斯高原称为前套或内套。

在历史上河套地区有过三次大的开发：第一次是在秦汉时期，第二次是在唐代，第三次便是在明清时期。就开发的规模而论，第三次开发远超过前两次。

明清时期对河套的开发，首先经营的是西套，因为这里是九边之一的军事重镇。明洪武六年（1373），明太祖接受太仆丞梁野仙帖木尔的建议，在西套地区"招集流亡屯田"①。洪武九年，立宁夏卫，隶陕西都司，后又增设宁夏前卫，宁夏左屯、右屯、中屯，在西套地区屯田。其中，"宁夏卫及左、右、中屯四卫，职专屯田，前屯以十分为率，六分屯田，四分守城"②。至弘治时，屯田数已达"一万二千八百二十六顷四十五亩"③。西套得到了大规模的开发。

为了充分开发西套、发展农业，在西套地区修渠，引黄灌溉。除了疏通汉延渠、唐徕渠、汉伯渠、秦家渠、蜘蛛渠等古渠，又开凿了大小不等的新渠（表3-1）。

表3-1　明代西套地区兴修的水渠

渠名	渠长	灌溉面积
金积渠	120 里	30 万余亩
石空渠	73 里	170 余顷
白渠	42 里	170 顷
枣园渠	35 里	90 余顷
中渠	36 里	120 余顷
羚羊角渠	48 里	40 余顷
七星渠	43 里	210 余顷
贴渠	48 里	220 余顷
羚羊店渠	45 里	260 余顷
夹河渠	27 里	140 余顷
柳青渠	35 里	284 余顷
胜水渠	85 里	150 余顷

资料来源：[明]胡汝砺修纂弘治《宁夏新志》卷二。

---

① 《明史》卷七七《食货志》一。
②③　[明]胡汝砺修纂：弘治《宁夏新志》卷二《田赋》。

此外，还有新渠、铁渠、良田渠、满答刺渠、红花渠、五道渠、东南小渠、西南小渠、西北小渠、靖虏渠等灌渠①，只是渠道长度和灌溉面积未见记载。

屯田和修渠灌溉，使西套地区的农业得到了明显发展。永乐时因"积谷尤多"，宁夏总兵何福受到"赐敕褒美"的奖励。②英宗正统时，西套"仓储充溢，有军卫者足支十年，无者直可支百年"③。世宗嘉靖时，宁夏本镇、灵州、中卫、鸣沙洲四处，合计夏秋两季共征粮近19万石，宁夏本镇占14万石；蓄军马11 700匹，宁夏五卫占7 000多匹④，农牧两旺，"天堑每流引作渠，一方擅利溉膏腴。……千顷良田凭富足，万家编户获安居"⑤，"远近人家四野连，风光谁信是穷边"⑥。一派富庶景象，被誉为"塞北江南"⑦。

东套和后套的开发都在清代。东套是以归化为中心的土默特地区，其开发情况上文已经说过，这里不再重复。

康熙乾隆时期，已有汉人在后套私垦。据潘复《调查河套报告书》记载，康熙时期，"山、陕北部贫民由土默特而西，私向蒙人租地耕种，……于是伊盟七旗境内，凡近黄河长城处，所在都有汉人足迹"。由于当时清政府有"禁垦"之令，而且引黄灌溉的水利工程也没有兴起，所以只是零星的开垦，面积很小。

道光八年（1828），清政府修改了禁垦蒙地的禁令，开始放垦缠金地（临河以北、以西的地方），招商垦种，表明了赴蒙垦荒的合法化。于是，一些旅蒙商人、高利贷者借道光解除禁令的时机，先后涌入套区，和内蒙古上层人士合力，开始成片开垦土地，挖渠引灌，从事农业经营，以获取高额利润。道光八年，黄河的北河断流，南河成了主河道。由于后套的地势南高北低，这一自然条件的变化，为后套挖渠引黄河水进行自流灌溉创造了条件，从而又使后套地区的农田水利得到了发展。

据姚学镜《五原厅志》载，到光绪宣统时期，后套地区直接从黄河引水的大小干渠就有35条，大者溉田千顷以上，小者溉田上百顷或几十顷，共灌田一万多顷。著名的后套八大渠，即永济（缠金）、刚济（刚目）、丰济（中和）、沙河（永和）、义和、通济、长济（长胜）、塔布河渠，在光绪末年全部建成，从而奠

① ［明］胡汝砺修纂：弘治《宁夏新志》卷一。
② 《明史》卷七七《食货志》一。
③ 《明史》卷一五九《陈鑑传》。
④ ［明］管律纂：嘉靖《宁夏新志》卷七，转引自马波：《历史时期河套平原的农业开发与生态环境变迁》，《中国历史地理论丛》1992年4期。
⑤ ［明］朱秩炅：《渠上良田》，见［明］胡汝砺修纂：弘治《宁夏新志》卷八。
⑥ ［明］王崇文：《郊望》，见［明］胡汝砺修纂：弘治《宁夏新志》卷八。
⑦ ［明］王珣：《宁夏新志序》，弘治十四年辛酉夏四月。

定了后套灌区的基础。

从光绪二十八年（1902）贻谷赴绥远办理垦务，到宣统三年（1911），伊克昭盟（今内蒙古鄂尔多斯市）放垦的土地达到 13 000 多顷[①]，后套进一步被开发。全区"田畴被野，禾苗菁著，俨同内地"[②]，河套平原成为一个禾谷飘香的大粮仓。

（二）新疆地区的开垦

新疆地处中国西北边陲，境内土地肥沃，自然资源丰富，但清代以前没有很好地加以开发，大片土地仍是"千里空虚，渺无人烟"[③]。

清代，新疆才开始进入有规模的开发阶段。在康熙、雍正朝至乾隆二十五年（1760）以前，清政府为了巩固西北边防，打击盘踞于新疆的准噶尔分裂割据势力，开始在新疆进行屯田，其目的是为了"裕军需，省转输"，以保障军队的粮秣供应。所以这一时期对新疆的开垦完全是军事性质的。当时屯田主要是在北疆的巴里坤、哈密、吐鲁番、伊犁等地，从事开垦的主要是派往当地驻扎的八旗和绿营军队。据有的学者统计，当时在新疆的驻军有 35 423 人[④]，如以每名士兵垦田 30 亩计算[⑤]，这一时期开垦的土地应为 10.6 万亩。但是，由于只是驻军中的部分士兵从事屯田开垦，因此清初利用军屯垦田，其开垦面积达不到这一数字。

乾隆二十二年（1757）以后，随着清政府对准噶尔割据势力的剪除和大小和卓叛乱的平定，新疆形成了统一的局面，清政府为了巩固胜利和开发新疆，同时也从解决过快增长的人口对粮食的需求考虑，决定在原有军屯的基础上，再兴办民屯（含商屯）、回屯和旗屯，屯田活动因此在新疆迅速发展起来。

当时到新疆来屯垦的百姓，大多数是就近从甘肃省招募来的，主要分发于乌鲁木齐地区开垦（表 3-2）。据有人计算，到乾隆四十年（1775），在乌鲁木齐、宜禾、昌吉、伊犁、阜康、奇台、玛纳斯等地，参加民屯的约有 72 023 人[⑥]。

民屯的兴办，大大加快了新疆开垦的速度。到乾隆四十年（1775），新疆屯垦土地面积已达 1 151 800 亩，其中军屯为 288 000 亩，回屯 163 800 亩，民屯为 700 000 亩。

---

① 宝玉：《清末绥远垦务》，见内蒙古地方志编纂委员会总编室编：《内蒙古史志资料选编》第 1 辑下册，1980 年。

② 王文景：《后套水利沿革》，中国人民政治协商会议巴彦淖尔盟委员会文史资料研究委员会编：《巴彦淖尔文史资料》第 5 辑，1985 年。

③ ［清］龚自珍：《西域置行省议》。

④ 郭松义：《清代人口流动与边疆开发》，见马汝珩、马大正主编：《清代边疆开发研究》，中国社会科学出版社，1990 年，36 页。

⑤ 《新疆图志》卷五〇《赋税》载，嘉庆时伊犁屯兵"一兵分地三十四亩"；《清世宗实录》卷九六，"每兵赏给三十亩"，今以 30 亩计算。

⑥ 徐伯夫：《清代前期新疆地区的民屯》，《中国史研究》1985 年 2 期。

民屯垦地是军屯的 2.4 倍，占总垦地数的 60%。① 嘉庆二十一年（1816），新疆兵屯垦地约为 171 270 亩，民屯垦地上升为 750 009 亩，民屯土地约为兵屯土地的 4.38 倍。② 这个数字说明，乾隆二十二年以后新疆屯垦发展之快，也说明民屯在开发新疆中所起的重要作用。

表 3-2　清乾隆时迁往新疆的民户

年代	招募地区	户数	开垦地区
乾隆二十六年（1761）	肃州、安西、高台	300 户	乌鲁木齐
乾隆二十七年（1762）	张掖、山丹、东乐	200 户	乌鲁木齐
	敦煌	60 户	巴里坤
乾隆二十九年（1764）	肃州、张掖	518 户	乌鲁木齐
	敦煌	190 户	乌鲁木齐
乾隆三十年（1765）	肃州	800 户	乌鲁木齐
	高台	400 户	乌鲁木齐
乾隆三十五年（1770）	甘州、肃州	1 050 户	穆垒河、奇台、东葛根
乾隆四十二年（1777）		642 户	阜康、玛纳斯、呼图壁
乾隆四十四年（1779）	武威	1 887 户	乌鲁木齐
乾隆四十五年（1780）		313 户	昌吉、绥来

资料来源：《清高宗实录》卷六四七、卷六五三、卷六六九、卷七一一、卷七二一、卷七四二、卷七四八、卷八五一、卷八五二、卷九二八、卷一〇二五、卷一〇八三、卷一一〇九，转引自郭松义《清代人口流动与边疆开发》，见马汝珩、马大正主编《清代边疆开发研究》，中国社会科学出版社，1990 年，37 页。

但这一时期的屯垦，主要集中在北疆地区，南疆只是在阿克苏、乌什、喀喇沙尔等地有些开垦，主要是兵屯，总共也只有 11 190 亩，只及嘉庆时兵屯开垦总数的 6%。③ 道光时，民屯进一步发展到南疆地区。

南疆本为维吾尔族的聚居地，农业比较发达。由于张格尔、玉素普之乱造成了原来耕种土地的荒芜，大量的荒地也有待开发。为了巩固战胜叛乱的胜利成果，同时，也为了缓和越来越严重的中原地区的人口问题，清政府决定继续开发南疆。开发的地区，涉及伊拉里克、喀喇沙尔、库车、阿克苏、乌什、巴尔楚克、喀什噶尔、

---

① 《新疆图志》卷五〇《赋税一》。
② ［清］松筠：《新疆识略》卷二、卷六，转引自冯锡时：《清代新疆的屯田》，见马汝珩、马大正主编：《清代边疆开发研究》，中国社会科学出版社，1990 年，247～249 页。
③ 冯锡时：《清代新疆的屯田》附表，见马汝珩、马大正主编：《清代边疆开发研究》，中国社会科学出版社，1990 年，249 页。

叶尔羌、和田等地。

在南疆的开发过程中，林则徐做出了杰出的贡献。

道光二十四年（1844）十月，道光帝接受伊犁将军布彦泰的建议，决定委派在虎门销烟有功却被贬流伊犁的林则徐，担任赴南疆实地勘垦的任务，同时指定喀喇沙尔（今新疆焉耆回族自治县）办事大臣全庆与之会办。林则徐受任以后，于道光二十五年开始对南疆各地进行履勘。经过半年时间，林则徐走遍南疆各地，勘丈了荒地，考察了与开垦密切相关的水利条件。在调查的基础上，对如何组织人力开发南疆，林则徐根据实际情况提出了三种处理方法：一是"全部给回"，即如数拨给当地维吾尔族农民垦种，主要在库车、乌什、阿克苏、和阗（和田）四城实施。二是"民回兼顾"，即将垦地分给农户和维吾尔族人耕种，主要是在喀什噶尔（今新疆喀什市）和叶尔羌（今新疆莎车县）。三是全部招民，即招民户承种，主要在喀喇沙尔、吐鲁番和哈密。由于林则徐勘察具体、处理恰当，南疆的垦殖活动迅速地发展。据统计，道光咸丰年间，南疆新垦的土地面积近100万亩，这一时期是有清以来南疆耕地面积发展最快的时期，农业经营在南疆各地得到进一步发展。其新垦土地分布的情况如表3-3所示。

表3-3 清代南疆新垦土地及分布

单位：亩

地区	新垦地面积
库车	182 393
吐鲁番	152 744
叶尔羌	122 000
喀喇沙尔	117 500
喀什噶尔	105 360
乌什	103 000
阿克苏	102 300
和阗	100 100
哈密	10 552
合计	995 949

资料来源：华立《清代新疆农业开发史》，黑龙江教育出版社，1995年，180页。

新疆的开垦是清政府组织的一次有计划的大规模的垦殖活动。各族人民为新疆的开发做出了历史性的贡献。维吾尔族人民对开发新疆起了重要的作用，特别是在伊犁地区的开垦活动中做出了极为重要的贡献。在平定准噶尔部后，于乾隆二十五年（1760）组织对伊犁的屯田开发中，其中有300户来自阿克苏、乌什、赛里木、拜城、库车、沙雅尔等地的维吾尔族人，他们一面开渠，一面兴屯，当年就获得好收成，"本年所收粮食，即足官兵一千人之食"①。以后清政府继续组织维吾尔族人去伊犁开垦屯田，从乾隆二十七年春至乾隆三十二年又陆续从乌什、叶尔羌、和阗、哈密、吐鲁番等处增调维吾尔族人 6 000 户到伊犁开垦，每年向清政府交粮96 000 石。乾隆五十九年，因当地维吾尔族生齿日繁，垦地增多，纳粮又增 4 000 石，达到 10 万石之数。嘉庆年间，维吾尔族人民在伊犁的屯垦，又扩大到厄鲁特游牧地，自此，"自宁远城（今新疆伊宁市）以东三百里皆回民田"②。中国的农业因此扩大到西部边陲，伊犁发展成为西北重镇。

清代对新疆的开垦，在很大程度上改变了新疆的面貌。

1. 土地垦辟，人口增加 新疆地广人稀，北疆一直以游牧业为主，大量的宜农地没有开发，南疆只有为数很少的绿洲农业。经过清代的屯垦，大量的土地被开垦成农田。据有的学者统计，"迄至清末，新疆耕地面积当已远超 1 220 万亩"③。其中，北疆被开垦的土地在道光元年（1821）达到 128 万多亩。④

在人口方面，在统一之初，新疆总人口仅 30 多万人，到宣统时已达 200 多万人。⑤ 这是新疆屯垦的直接结果，同时也为新疆的农业及其他生产事业的发展提供了必要的条件。

2. 水利工程得到发展 干旱少雨是新疆气候的根本特点，要发展新疆的农业，必须开发人工灌溉，故史有"有水则成田园，无水则成戈壁"⑥ 之说。在屯垦中，水利建设处于极为重要的地位，人称"水利为屯政要务"⑦。新疆最初的垦殖，一般都是在近水源、灌溉方便的地方。随着垦区日益扩大，需水量日渐增大，而距离水源却越来越远，这就需要兴建水利工程来保证农田灌溉。当时兴建的灌溉工程大致可以分为两类：一是引取河流泉水和湖泊水的明渠工程；二是引取地下水的"坎儿井"工程。

河渠灌溉工程主要分布于伊犁、乌鲁木齐、巴里坤、哈密、吐鲁番以及塔里木河流域。据《新疆图志·沟渠志》记载，到光绪末年，新疆各地共有干渠 944 条，支渠2 332条，灌溉面积达 1 120 万亩，其中南疆的灌溉面积为 948 万多亩，北疆为

---

① 《清高宗实录》卷六二一。

② ［清］徐松：《西域水道记》卷四。

③ 彭雨新：《清代土地开垦史》，农业出版社，1990 年，259 页。

④ 华立：《清代新疆农业开发史》，黑龙江教育出版社，1995 年，127 页。

⑤ 华立：《清代新疆农业开发史》，黑龙江教育出版社，1995 年，264 页。

⑥ 光绪《皮山县乡土志》。

⑦ ［清］左宗棠：《左宗棠全集·札件》批札 741，光绪四年署镇迪周道崇傅禀乌垣等处善后事宜并金巡检劣迹及捕蝻诸事由，岳麓书社，1986 年，455 页。

171 万多亩，南疆的农田水利远比北疆发达。

"坎儿井"的灌溉工程主要分布于吐鲁番盆地。据清人和瑛《三州辑略》记载，嘉庆十二年（1807）吐鲁番西二十里的雅尔湖地方已有"卡尔地二百五十一亩"。"卡尔"即"坎儿井"，"卡尔地"即用卡尔井水灌溉的农田，这是目前所知关于坎儿井的最早的文献记载。道光中期，坎儿井由雅尔湖推广到牙木什（即雅木什）地区，数量已达 30 余处。① 道光二十五年（1845），林则徐查勘南疆，在吐鲁番见到坎儿井，遂大加提倡，又在伊拉里克凿成 60 余处，合旧井共百处。② 光绪六年（1880），左宗棠进兵新疆，平定阿古柏叛乱，又在吐鲁番大兴水利，"开凿坎儿井一百八十五座"③。之后坎儿井在辟展（今新疆鄯善县）至吐鲁番一带有大的发展。

清代新疆农田水利发展之快，受益面积之广，这是新疆历史上所从来未有过的，为此后新疆农业的发展奠定了良好的基础。

3. 农业的兴起 新疆的开垦，促进了新疆农业生产的发展。北疆原为牧区，开垦以后，成了一个粮食能自给有余的农区。乾隆嘉庆时期，伊犁的惠远城、固尔扎城（即宁远，今新疆伊宁市）、惠宁城和绥定城、塔尔奇城五大仓历年共存粮 28 万余石，因积贮过多而有红腐之虞；时人称伊犁地方"阡陌纵横，余粮栖亩"④。乾隆六十年（1795），乌鲁木齐已贮粮 125.5 万石。⑤ 粮食作物的种类也不少，"凡小麦、大麦、糜子、谷子、蚕豆、小豌豆、高粱等项，各城土性皆宜，一律种植。南路之阿克苏，北路之玛纳斯两处，兼有水田，利于种稻"⑥，北疆已发展成一个新的农业区。南疆本有绿洲农业，经过开垦，棉花种植又在这一地区的东部发展起来，形成一个新的棉花主要产区。当时伊犁将军松筠奏报说，"吐鲁番地气温和，宜种木棉，从前产花无多，近来种植甚广"；"喀喇沙尔有布古尔、库尔勒两回庄，……土脉肥饶，利于耕植，播种棉花，尤易繁衍。又吐鲁番一城天气最为温暖，亦宜农稼。无如回民不谙树艺之法，近年以来遂有牟利商人，巧于愚弄，岁以贱价租赁其地亩，广种棉花，收成以后运至内地贩卖，收获倍之利息"⑦。从这段奏报可以看到棉花生产在这一地区取得很大发展。

当时新疆地区的农业虽然刚刚开始形成，技术水平还不高，但农业已成为其主

---

① ② 《清史稿》卷三八二《萨迎阿传》。

③ ［清］左宗棠：《左文襄公全集·奏稿》卷五六，办理新疆善后事宜折。

④ 朱批屯垦，乾隆四十七年八月二十二日明亮奏。

⑤ 华立：《清代新疆农业开发史》，黑龙江教育出版社，1995 年，130 页。

⑥ ［清］萧雄：《西疆杂述诗·耕种》。

⑦ 录副民族，嘉庆十五年九月松筠奏；录副民族，嘉庆十九年（无日月）松筠奏。以上转引自华立：《清代新疆农业开发史》，黑龙江教育出版社，1995 年，185 页。

要的生产部门和经济来源，则是确定无疑的。

4. 城镇的繁荣　土地的开垦，农业的兴起，使新兴城市不断出现，给新疆带来了阡陌四辟、堡舍日增的繁盛景象。伊犁原是"一空旷之地，并无城垣"①，自开垦以来，这里先后建成了惠远、惠宁、绥定、广仁、瞻德、拱宸、熙春、塔尔奇、宁远九城，即伊犁九城。

乌鲁木齐的经济更是繁荣，"四达之区，字号店铺鳞次栉比，市衢宽敞，人民辐辏，茶寮酒肆，优伶歌童，工艺技巧之人，无一不备，繁华富庶，甲于关外"。②南疆的阿克苏亦成了一个商业重镇，这里"内地商民，外番贸易，鳞集星萃，街市纷纭"③，成为一个商业发达、经济繁荣城市。

清代对新疆的开垦，使新疆的社会经济得到了长足的发展，农业从中原发展到了新疆，从此一个新的农业区便在新疆建立起来。这是清代开发新疆的一个重要成就。

（三）东北地区的开垦

明清时期，中国东北地区仍是一块地旷人稀、未经开发的土地。此时，中原地区由于人多地少的矛盾空前加剧，大量无地少地的农民急需土地谋生，遭灾后的饥民要寻地逃荒活命。地旷人稀的东北，便成了这些农民和饥民（当时称为流民）的谋生乐土。这块长期沉睡的荒原，终于随着成群结队的流民的到来而被唤醒，被开垦成新的农区。

东北地区的开垦，大致可以分为两个时期，即以军垦为主的明代和以民垦为主的清代。在这两个时期中，清代不论是在开垦规模方面，还是在开垦成效方面，都要大于明代、好于明代。因此可以说，东北地区的开垦主要是清代的成果。

1. 明代对东北地区的开垦　明初，明军进驻辽东。为了解决军队的军饷问题，曾采取一些应急性的措施，让部分兵士进行临时性的屯垦耕种。洪武十五年（1382）正式实行屯田，抽调部分士兵进行专门屯种，从而揭开了大规模开发东北的序幕。随着屯田制度的建立，屯田面积不断扩大。洪武二十一年，叶旺率领的明军"蓠荆棘，立军府，抚辑军民，垦田万余顷"④。洪武二十四年，辽东屯田面积增至 17 000 余顷，每年征收屯粮 53 万多石。⑤ 洪武二十七年，"命辽东、定辽等二十一卫军士，自明年俱令屯田自食"⑥，辽东明军全部投入屯垦，辽东全

---

① 《清高宗实录》卷五〇九。
②③ 〔清〕椿园：《西域闻见录》卷一。
④ 《明史》卷一三四《叶旺传》。
⑤ 〔明〕熊廷弼：《按辽疏稿》卷三。
⑥ 《明太祖实录》卷二三三。

面推行屯田。到洪武三十年，辽东不仅获得了初步开发，而且还实现了"屯田自给"，"颇有赢余"。① 永乐年间，辽东屯田进一步发展，屯田达到 25 300 余顷，屯粮达 716 170 石。②

明代辽东的屯垦人员来自三个方面：一是派驻辽东的明军士兵；二是充军的罪犯；三是少数民族的降兵。屯军不仅要向政府缴纳苛重的屯田子粒，而且还要遭受种种非人的奴役和压迫，实际上是一种国家农奴。到明朝中叶，辽东屯军因不堪野蛮的剥削和奴役，纷纷逃亡，有的地方甚至"逃亡者十率八九"③。到万历十年（1582），辽东屯田只剩 8 390 顷④，仅为明初的三分之一，曾兴盛一时的辽东屯田，便至此衰落了。明代屯田虽然衰落了，但明代屯军为开发辽东所做出的贡献，功不可没。

2. 清代东北地区的屯垦与开发 明末清初，东北地区的开发主要集中在辽河流域，而且开发并不充分，吉林、黑龙江等地尚未大量开垦。

辽河流域，在明末是满洲军队与明朝军队连年争战的场所，被垦土地因而荒废。顺治元年（1644），清统治者定都北京，八旗官兵"从龙入关"，东北原有的都邑和村落遂尽行荒废，已垦的土地亦重又荒芜，从而造成了"荒域废堡，败瓦颓垣，沃野千里，有土无人"⑤ 的凄凉景象。

辽东地区是满族发祥的"龙兴之地"，开发辽东对增加清政府的财政收入、发展东北的经济，具有重要的意义。

清初，辽东地区还是相当残败和荒凉的。开发辽东首先要解决劳动力问题，当时采取的主要措施就是"招民以辟土地，籍流徒以实边陲"⑥。顺治四年（1647），清政府派刘承义任锦州、宁远、广宁等处招民佐领，招民开垦，这是实现"招民以辟土地"的第一步。同时又采取"改流徒入籍"的措施，将因获罪而遣往关外的流犯变为官庄的庄丁，充作官庄的劳动力。当时流犯大多被发遣到开原附近的尚阳堡，因而锦州和开原便成了清初两个最早的农业开发点。

顺治十年（1653），清政府为了招聚更多的汉族农民到辽东开垦，颁布了《辽东招民授官例》，内容包括：鼓励地主、官员出资招民垦荒，根据其招民的多寡，授予不同的官爵："能招至一百名者，文授知县，武授守备。百名以下、六十名以上者，文授州同、州判，武授千总。五十名以上者，文授县丞、主簿，武授百总。

① 《明太祖实录》卷二五五。
② ［清］孙承泽：《春明梦余录》卷三○。
③ 《明宣宗实录》卷五八。
④ 《明神宗实录》卷一二二。
⑤ 《清圣祖实录》卷二，顺治十八年五月丁巳。
⑥ 民国《奉天通志》卷二八引《开原县志·民宦》。

招民数多者，每百名加一级。"对应招农民给予适当安置："每名口给月粮一斗，秋成补还；每地一晌，给种六升，每百名给牛二十只。"①

《辽东招民授官例》颁布以后，进一步推动了汉族农民出关开垦。浙江义乌人陈达德在几天内便招募了一百户出关，因而被授予辽阳首任知县。此外，还有辽东宁远卫（今辽宁兴城市）贡生刘宏德招民百户，盛京李百总招民 400 户等。这样，关内的大批农民开始大量流向辽东。从顺治十年到康熙七年（1653—1668），奉天、锦州两府新增人丁达 16 643 人，从康熙八年到十五年又新增 10 270 人。② 开垦土地面积迅速增长，从顺治十八年到康熙二十四年，奉天的耕地从 60 933 亩增到 311 750 亩，净增 250 817 亩，即耕地增加了 4 倍多。③

随着人口的增多和耕地的垦辟，辽东地区的州县设置也增加了。顺治十年（1653）东北只有一府二县，到康熙三年（1664）奉天府增设了承德、盖平、开原、铁岭四县，辽阳县升为州，广宁升为府。康熙五年又改广宁府为锦州府，下辖锦县、宁远、广宁等县。从顺治十年至康熙五年，十余年间，盛京地区一下子便设置了二府二州七县。这一变化也反映了辽东开发之快，说明《辽东招民授官例》在促进辽东的开发中起到了积极作用。

正当汉族农民大量出关，辽东开垦的速度加快之时，清政府突然于康熙七年（1668）下令废止《辽东招民授官例》，禁止汉族农民出关开垦；已在奉天境内的汉民，强令取保入籍；不愿入籍者，限期十年，勒令回原籍。乾隆时又进一步对东北采取了全面封禁的政策，规定：禁止关内流民出关出口，"山海关、喜峰口及九处边门，皆令守边旗员和沿边州县严行禁阻"④；驱逐进入东北的流民，"凡非土著者，例逐之使归"⑤；变更流犯发遣地点，减少发往东北的流犯数量，"嗣后如满洲有犯法应发遣者，仍发黑龙江等处，其汉人犯发遣之罪者，应改发于各省烟瘴地方"⑥；增加东北民地田赋科则，"流民私垦地亩，于该处满洲生计大有妨碍，是以照内地赋则酌增，以杜流民占种之弊"⑦，在经济上阻止流民进入东北。

清政府一再禁止汉人出关开垦，完全是从狭隘的民族利益出发的，其主要目的无非是要独占东北地区的资源，防止满族人的汉化，以巩固其封建统治。但是

---

① 乾隆《盛京通志》卷二四。
② 康熙二十三年《盛京通志》。
③ 《清朝文献通考》卷一九《户口一》。
④ 《光绪会典事例》卷一五八。
⑤ 《清高宗实录》卷一一五。
⑥ 《清高宗实录》卷一六。
⑦ 《清高宗实录》卷一一四四，乾隆四十六年十一月己亥。

这种封禁政策违背了社会经济发展的历史潮流，是不得人心的，因此遭到包括旗人在内的广大人民的抵制和反对，中原流民不断冲破封禁，进入东北开垦，康熙五十一年（1712）仅山东一省破禁出关、口的农民就有 10 万多人。在事实面前，清政府也只能默认农民出口谋生的权利，说："伊等皆朕黎庶，既到口外种田生理，若不容留，令伊等何往？"① 特别是在遭水、旱灾害时，清政府更无法阻拦大批饥民向关外逃荒。例如乾隆八年（1743）天津、河间等府大旱，大批饥民涌向山海关、喜峰口、古北口等处逃生，乾隆帝便密谕各处官吏："如有贫民出口者，门上不必拦阻，即时放出。"② 乾隆九年，鲁、直、豫各省又大旱，饥民遍野，清政府又密令允许流民出关，"以救穷黎"③。

旗人亦需要汉人的帮助，这也是"封禁"难以施行的原因之一。东北旗人大多惰于耕种和昧于耕种，常将"份地"租给流民，以坐收地租，汉族流民因此在当地亦有安身之处。对此，连清朝的最高统治者也不能不承认。乾隆帝说："流民多借旗佃之名，额外开荒，希图存身，旗人亦借以广取租利，巧为护庇。"④ 嘉庆帝也说："旗人等怠于耕作，将地亩租给民人，坐获租息，该民人即借此牟利。"⑤ 即使是地方官，为了增加税收，也放松查禁工作，查出流民便呈请就地安插，以向流民征收丁税和租赋，以致出现了"每查办一次，辄增出新来流民数千户之多"，"再届查办复然"的现象，清政府不得不承认"查办流民一节，竟成具文"⑥，封禁宣告失败。

由于种种原因，清政府的封禁政策很难彻底实现，贫苦农民仍不断流向东北从事农业开发。奉天人口的迅速增长是这一历史现象的反映（表 3 - 4）。

表 3 - 4　清代奉天人丁数

年代	丁数	年代	丁数
顺治十八年（1661）	5 557	乾隆五十二年	810 821
康熙二十四年（1685）	26 227	乾隆五十三年	819 074
雍正二年（1724）	42 210	乾隆五十四年	825 283
乾隆十八年（1753）	221 742	乾隆五十九年	855 563

① 《清圣祖实录》卷二五〇。
② 《清高宗实录》卷一九五。
③ 《清高宗实录》卷二〇八。
④ 《清高宗实录》卷三五六，乾隆十五年正月乙卯。
⑤ 《清仁宗实录》卷一一一，嘉庆八年四月丙子。
⑥ 《清仁宗实录》卷二三六，嘉庆十五年十一月壬子。

（续）

年代	丁数	年代	丁数
乾隆三十一年	713 485	乾隆六十年	861 500
乾隆四十一年	764 440	嘉庆十七年（1812）	924 003
乾隆四十五年	781 093	嘉庆二十四年	1 674 046
乾隆四十八年	797 490	道光二十年（1840）	2 212 842
乾隆五十一年	807 046		

资料来源：杨子慧《中国历代人口统计资料研究》，改革出版社，1996 年，1141～1147 页。

从顺治十八年到道光二十年的 180 年中，奉天的总人丁增加了 220 多万，即增长了 397 倍，其中在全面封禁的乾隆时期，人口增长约 3 倍。可见辽东的开垦，完全是关内贫苦农民不断抵制和突破清政府封禁政策的结果。

在关内汉族贫苦农民不顾封禁、不断出关开垦的压力下，清政府不得不开放部分蒙地以"借地安民"，广大流民的开垦又成合法行为，并将开垦地从辽东、吉林扩大到蒙地。

"蒙地"是清政府划给蒙古族在东北的游牧区，地处"柳条边"① 以西。汉人进入蒙地的开垦时间是在乾隆中期以后，首入之区是哲里木盟各旗。乾隆十七年（1752），清政府同意放垦科尔沁地区："西自辽河起，东至苏巴尔汉河止，一百二十里；北自太平山起，南至柳条边止，五十二里；西至柳条边十六里，东至柳条边二十里，准其招民开垦。"② 乾隆五十六年郭尔罗斯前旗（今吉林扶余县、通榆县间广大地区）王爷恭格拉布坦招民垦荒，不到十年，应招的汉民已达 3 300 余户。嘉庆五年（1800），清政府在该地设置长春厅，移民速度加快。嘉庆十六年，经官府编定的民人，户达 11 781，口达 61 755。道光十六年（1836），户增至 15 270，口增至 64 168。③

在蒙地招垦不断扩大的情况下，清政府于道光十二年（1832）先后制订了《科尔沁开垦荒地章程》和《开种库都力地亩专条》，正式确定蒙荒招垦押荒制，规定押领蒙荒一垧，须纳押荒银一两，即可领得土地执照，合法占有和耕种蒙地。从此，哲里木盟各旗蒙地开垦不断加速。到清末，哲里木盟各旗已全面放垦，40％的

---

① 柳条边是顺治十八年（1661）在东北所修的边墙，南起凤凰城，东南至海，向东北经兴京折而西北到开原威远堡，由此折回西南till山海关，长 900 华里，俗称"老边"；康熙二十年（1681）又修筑了南起威远堡，北到吉林法特东亮子山，再向北以松花江为界，长达 690 华里的"新边"。边界以外为蒙古族的游牧区和满族的渔猎区，禁止汉人进入垦荒。

② 《清高宗实录》卷三二八。

③ 光绪《吉林通志》卷二八《食货一·户口》。

旗放垦面积都在 50％以上（表 3-5）。

表 3-5　清末哲里木盟放垦情况

放垦地区	全境面积（方里）	放垦面积（方里）	放垦面积比重（％）
科尔沁左翼前旗（宾图王旗）	18 100	7 800	44
科尔沁左翼后旗（博王旗）	57 000	31 500	55
科尔沁左翼中旗（达尔罕旗）	210 000	42 000	20
科尔沁右翼前旗（札萨克图旗）	82 900	58 400	70
科尔沁右翼后旗（镇国公旗）	39 600	18 600	46
科尔沁右翼中旗（图什业图旗）	61 000	16 800	27
郭尔罗斯前旗（前郭尔罗斯公旗）	80 000	42 000	51
郭尔罗斯后旗（后郭尔罗斯公旗）	51 000	31 000	60
杜尔伯特贝子旗	50 000	14 300	28
札赉特王旗	60 000	10 600	17

资料来源：王士仁《哲盟实剂》，转引自卢明辉《清代北部边疆民族经济发展史》，黑龙江教育出版社，1994 年，121~122 页。

东北地区的开垦主要在清代，这是汉族人民同清政府"封禁"政策不断顽强斗争的结果。当时出关从事农业开垦的包括关内山东、河北、山西、河南、福建等省人民，他们离乡背井，长年累月在关外惨淡经营，虽然是为了谋生而垦荒，但客观上是在履行开发东北地区的历史使命。

清代后期，在放垦蒙地的同时，满族的根本之地东三省亦开始放垦了。

（1）奉天官荒的开禁。同治二年（1863）开放大凌河东岸牧厂荒地，光绪二十七年（1901）开放大凌河西岸牧厂，光绪三十三年大凌河牧厂升科熟地达到 521 880 亩。除开放牧厂，又丈放了围场，光绪四年丈放海龙城鲜围场 102 万余亩，光绪二十二年设局丈放西流水围荒，光绪二十五年又丈放东流水围荒。

（2）吉林的放垦。道光四年（1824）放荒伯都讷（今吉林松原市北）围场，道光二十四年放垦双城堡（今吉林双城市）近屯荒地，咸丰十年（1860）批准开垦凉水泉南界土门子一带及阿勒楚喀（今黑龙江阿城市）以东蜚克图站荒地，光绪六年（1880）以后，于珲春、三岔口、穆棱河等处设局拓垦。从同治初年到光绪三十四年（1862—1908），吉林省共放垦荒地 20 587 000 余亩，放垦的地区有舒兰县、额穆县、敦化县、桦甸县、新城县、五常县、吉林县、伊通县、双城县、珲春县、榆树县、延吉县、同宾县、三大围场、方正县、依兰府、密山府等地。[①]

---

① 许淑明：《清末吉林省的移民和农业的开发》，《中国边疆史地研究》1992 年 4 期。

（3）黑龙江官荒的丈放。开始是局部放垦，咸丰十一年（1861）开始放垦呼兰地区荒地，到同治七年（1868），共放垦荒地 20 万余垧，光绪二十二年（1896）又放垦呼兰以北的通肯地区，到光绪二十三年放垦的地区已包括呼兰、青冈、兰西、巴彦、绥化、通肯河、克音河、汤旺河、观音山等地。① 仅通肯地区到光绪二十四年放垦荒地已达 23 万多垧。② 光绪三十年，清政府采取旗、民兼放的办法全面放垦黑龙江荒地，并在齐齐哈尔设立黑龙江垦务总局，各荒段设分局，管理荒务。放垦的地段主要是黑龙江沿江地区，至于自呼伦贝尔到瑷珲、兴东一带的边远地区仍未开垦。

东北地区被清朝统治者认为是"龙兴之地"，一直严禁开垦。为什么到清代后期清政府突然转变态度，采取大放垦的方针呢？这和当时形势的变化有密切的关系。

强邻压境，东北边境吃紧是其中一个重要原因。光绪二十年（1894），中日发生甲午战争，清政府战败，中国的半殖民地半封建程度进一步加深，沙皇俄国趁机强迫清政府订立一系列不平等条约，又于光绪二十六年趁义和团起义之机出兵占领东北。光绪三十年在中国辽宁地区发生的日俄战争使整个东北陷入了更深的灾难，北部成为沙皇俄国的势力范围，南部则成了日本的势力范围。对这种国土面临被强邻分割的危机，有识之士看得十分清楚，亦十分忧虑，当时的法部尚书戴鸿慈在奏疏中说："自奉天迤北，以迄长春，则为南满路线，其间民居商店，多半日人"，"自长春以迄满洲里，则为东清路线，隐若俄人势力范围，……夫以二国之经划如此，若不急为筹备，则此后之措置将穷"。③ 当时的放垦，一定程度上也带有移民实边的性质，例如宣统年间黑龙江省招垦，除一般放垦，还在札赉特设置兵屯，专招退伍兵士认垦，拨给牛、粮、种子各费，实行兵农结合。另外又从内地大量招人赴黑龙江屯垦，凡赴兴安岭以外兴东、瑷珲、呼伦贝尔等处开垦的，每户可领地 45 垧。又如宣统年间吉林延吉地方，日本谋在此殖民进占，地方官便在三道湾进行兵屯。可以说，清末的大放垦是一种迫于时势的紧急措施。

清末东北地区的大放垦，还和清政府财政危机有关。从《马关条约》到《辛丑条约》，清政府已处于债台高筑、财政破产的绝境。放垦东北、收取押租，便成了当时清政府筹款的一个重要途径。关于清末清政府从东北放垦一共收取了多少押租金，没有详细的资料，但从一些零星记载中可以看出，清政府所收的押租金是相当

---

① 马汝珩、马大正主编：《清代边疆开发研究》，中国社会科学出版社，1990 年，114 页。

② 《黑龙江志稿》卷八。

③ ［清］徐世昌：《东三省政略·边务·延吉篇·纪屯垦》。

可观的。例如，光绪二十七年（1901）奉天放垦大凌河牧厂收银58.3万两，放垦东流水围荒收银145万两[1]；光绪二十七年至三十二年奉天放荒收银达516.9万两[2]。在黑龙江，宣统二年（1910）仅通肯、克音、柞树冈等地的放垦，便收到押租银78.6万两。[3] 可见清末的大放垦，实是清政府扩大财政收入的一个重要措施。

清末政府的东北大放垦方针，虽然完全是由于形势所迫，但在客观上却起到了开发东北地区的作用。

3. 东北地区成为粮豆生产基地 东北地区经过清代垦荒屯种，多年的辛勤经营，清初那种"沃野千里，有土无人"[4] 的荒凉景况，得到了明显的改变。

沉睡的土地被唤醒，大量的耕地被开发出来。据统计，到宣统元年（1909），奉天的耕地面积达到4180万亩，吉林为3886万亩，黑龙江为2158万亩[5]，三省合计耕地面积约达到10224万亩。

随着人口大量增加，广袤无垠的东北大地再也不是"有土无人"。道光二十年（1840），东北地区人口已增长到253.7万人，到宣统二年（1910），人口进一步增长到2158.2万人[6]，70年间，人口增长了7.5倍。同一时期全国人口的增长率是4%，东北地区人口增长之快由此可见一斑。

随着大量荒地和牧厂的被开垦以及关内汉族农民进入东北地区，东北地区原有的经济格局发生了重大的变化，主要表现在原有的畜牧业降为农家副业。据1909年2月《远东时报》载克劳德《满洲的农业》一文，"（奉天省）腹地及东南部农民，以稼穑为本务，……举凡马牛骡驴猪鸡犬鹅鸭等类，有田宅之家，率皆畜之，或用其力，或用其肉，或资粪田，或利其产卵育子，要皆视为副业"[7]。

畜牧业成为农户家庭副业，农业（种植）则成为主要产业。据统计，1908年吉林生产各种粮豆1710万石；1909年，奉天生产粮豆1907万石；1911年，吉林和黑龙江两省粮食产量达101亿斤，人均粮食1700多斤。[8]

虽经过清代开发，但是东北地区仍然是一个地旷人稀的地区。据统计，道光三十年（1850），东北地区的人口密度仍相当低，每平方公里奉天为16.12人，吉林为1.73人，黑龙江为0.54人。[9] 由于人少地多，因而东北地区生产的粮食

---

① ［清］徐世昌：《东三省政略·财政·附奉天省垦务·纪垦务规制之异同》。

② 彭雨新：《清代土地开垦史》，农业出版社，1990年，266页。

③ 黑龙江全省垦务总局档案22-1-88，转引自衣保中：《中国东北农业史》，吉林文史出版社，1993年，306页。

④ 《清圣祖实录》卷二，顺治十八年五月丁巳。

⑤⑧ 衣保中：《中国东北农业史》，吉林文史出版社，1993年，343页。

⑥ 许道夫：《中国近代农业生产及贸易统计资料》，上海人民出版社，1983年，4页。

⑦ 衣保中：《中国东北农业史》，吉林文史出版社，1993年，369页。

⑨ 赵文林、谢淑君：《中国人口史》，人民出版社，1988年，474～475页。

自给有余，如黑龙江"以七成自用，以三成本省一带销售"[①]。从清中叶开始，东北地区粮食不断有所外运。据《奉天通志》记载，从雍正到同治年间，从奉天调拨和采购粮食，规模较大的至少有22起，数量少的几万石，多的几十万石（表3-6）。这还只是有记载的一部分，实际上商人采购而运往外地的粮食还有很多。据包世臣说，"自康熙二十四年（1685）开海禁，关东豆麦每年至上海者千余万石"[②]。可见从东北地区运出粮食之多。

表3-6 清代奉天粮食的输出情况

年代		运至地区	运出数量
雍正元年（1723）		京师	采买数十万石，运送京师
雍正三年	六月	天津	粮10万石，海运至天津
	九月	天津	采米10万石，又采买高粱10万石或七八万石，运往天津
雍正四年		天津	运奉天米10万石至天津
雍正八年		山东	将奉天近海州县存储米粮运送20万石至山东
雍正九年		山东	拨米20万石
乾隆三年（1738）	三月	关内	不禁关内商人在锦州买米
	八月	天津	准海运米至天津平粜
乾隆十三年		山东	办米10万石接济山东
乾隆二十四年		天津	许奉天运米回津船只采运米谷
乾隆二十七年		京师	运豆5万石
乾隆三十一年		直隶、山东	不禁二省商民贩运奉天米面
乾隆四十三年		京师	于盛京各属采买麦面二三十万石
乾隆四十九年	三月	京师	黑豆3万石
	四月	京师	采购麦20万石上下
	十月	山东、直隶	数十万石
	十一月	京师	采买麦2万石
嘉庆六年（1801）		直隶	不详
道光二年（1822）		山东	奉天运高粱、粟米接济山东民食
咸丰三年（1853）		天津	采买粮米运送天津
同治二年（1863）		京师	10万石
同治六年		京师	采买粟米运京

资料来源：《奉天通志·大事》卷三○至卷四三。

在输出的粮食中，大豆占相当大的比重。据不完全统计，清末从东北地区输出

---

① 黑龙江省交涉总局档案27-1-541；转引自衣保中：《中国东北农业史》，吉林文史出版社，1993年，343页。

② ［清］包世臣：《安吴四种》卷一《海运南漕议》。

的大豆，每年少则 100 多万担，多的达到 500 多万担，大豆成了东北地区重要的输出物资（表 3-7）。

表 3-7　清代东北地区大豆的输出情况

年代	输出数量（担）	输出地点
同治三年（1864）	1 665 300	营口
同治六年	2 162 300	营口
光绪元年（1875）	2 759 240	营口
光绪三十三年	5 937 454	大连、安东、营口三港
光绪三十四年	13 169 197	大连、安东、营口三港
宣统二年（1910）	18 519 617	大连、安东、营口三港
宣统三年	21 392 512	大连、安东、营口三港

资料来源：《满洲大豆及其加工品》和《满洲物产の内地需要趋势》，转引自衣保中：《中国东北农业史》，吉林文史出版社，1993 年，343～344 页。

粮食生产的发展，促进了面粉业、榨油业等粮食加工业的发展。光绪二十二年（1896），营口有手工榨油坊 30 余家，到宣统三年（1911），又发展机器榨油厂 36 家。光绪三十二年，大连有榨油坊 1 家，到宣统二年，大连、金州、普兰店等地建起榨油厂 55 家。在面粉业方面，光绪二十六年，奉天已有手工磨坊 35 家，铁岭有 160 家，长春有 250 家。①

这样，东北地区经开发以后，到清末便形成了中国一个新的粮豆重要产区，成为一个大粮仓。

（四）台湾地区的开垦

台湾是中国第一大岛，隔台湾海峡与福建相望。台湾省由台湾本岛及附属 10 多个岛屿组成，面积约 3.6 万千米²。台湾本岛(下简称台湾)山地占 2/3，平原约占1/3,包括台南、屏东、宜兰等平原，其中以台南平原最大，约占台湾总耕地面积的 2/5。

在古代，台湾被称作夷洲和流求，很早以来台湾同大陆就有着密切的联系。三国时，吴王孙权在黄龙二年（230）派遣将军卫温、诸葛直率一万官兵"浮海求夷洲及亶洲"，这是大陆汉族人最早一次大规模去台湾。隋炀帝于大业三年（607）亦派人到过台湾，史称："翎骑尉朱宽入海，求访异俗，何蛮言之，遂与蛮俱往，因到流求国。"② 但一直到明末，台湾并未得到很好的开发，岛上人口稀少，生产相

---

① 衣保中：《中国东北农业史》，吉林文史出版社，1993 年，346 页。
② 《隋书》卷八一《流求传》。

当原始。"目睹禾稻遍亩，土民逐穗采拔，不识钩镰割获之便，一甲之稻，云采数十日方完，访其开垦，不知犁耙锄斧之快，只用寸铁刌凿"①，其生产技术之落后由此可见。

台湾的开发始于明末清初。明代，台湾与大陆之间常有汉人的武装走私集团活动。明末，福建人郑芝龙据台湾，在海峡两岸进行大规模走私，为了进一步扩大队伍，他还趁福建连年大旱之机，用钱米救济饥民，沿海大量破产农民纷纷加入，队伍迅速扩大到 3 万余人，一部分人移民至台湾本土，成为最早开发台湾的生力军。

1646 年，清军入闽，郑芝龙降清，但郑芝龙之子郑成功却与其父分道扬镳，占金门、厦门继续坚持抗清。1659 年郑成功在东南沿海抗清失败，1661 年挥师进军台湾，将盘踞在台湾普罗文查城和热兰遮城的荷兰殖民主义者驱逐出境，于康熙元年（1662）二月一日收复了台湾。

郑成功收复台湾后，十分重视土地的开发和生产的发展。为鼓励将士、文武官员进行土地开垦，发展农业生产，发布了垦地令："各处地方或田或地，文武各官随意选择，创置庄屋，尽其力量，永为世业"；"各镇及大小将领官兵派拨汛地，准就彼处择地盖起房屋，开辟田地尽其力量，永为世业"。② 据蒋毓英《台湾府志》卷七记载，在郑成功经营台湾时期，所开垦的"文武官田园"面积曾达到 20 271.8 甲。"甲"是台湾的地积单位，1 甲约为 10 市亩③，即被开垦的土地达 20 多万亩，这还不包括当时军垦"营盘田"的面积。当时垦田主要集中在以承天府（今台湾台南市）为中心，北至北港溪、南至下淡水溪的台湾中南部一带，北港溪以北和下淡水溪以南地区也有少量开发。这是有史以来台湾的第一次大规模开发。

郑成功于康熙元年（1662 年）病逝于台湾。子郑经嗣位，康熙二十年郑经死，经子即年仅十二岁的郑克塽被拥立继位。此时清政府已基本平定东南沿海的抗清势力，在此情况下，康熙帝决定发兵攻取台湾，统一中国。康熙二十二年，郑克塽在清朝大兵压境的形势下，向清政府投降，从此实现了台湾与祖国大陆的统一。

此前清政府为了防御东南沿海的反清势力，实行全面禁海，不许人民下海经商和出国，并在沿海地区实行迁界。郑克塽向清政府投降的第二年，便开放了海禁，招徕大陆人民到台湾进行开发。当时福建、广东地区人稠地狭的矛盾已相当严重，在人口与土地的压力下，闽粤地区的贫苦农民大量涌向台湾，而台湾当时尚有不少土地未开发，可以吸收大量的人口前去开垦，就在这种压力和吸引力的相互作用

---

① ［清］杨英：《从征实录》。

② ［清］杨英撰，陈碧笙校注：《先王实录校注》，福建人民出版社，1981 年，254～255 页。

③ ［清］黄叔璥《台海使槎录》引《诸罗杂识》："以制种十亩之地名一甲"，彭雨新《清代土地开发史》、宓汝成《清代全史》第八卷、《中国经济通史·清代经济卷》认为 1 甲相当于 11.3 亩。

下，清初便出现了一个移民台湾的高潮。

台湾的人口原本不多，原住民和郑成功带去台湾的官兵合在一起也不过五六万人。康熙时靖海侯施琅在《陈海上情形疏》中说："自故明时，原住澎湖百姓有五六千人，原住台湾者二三万，俱耕渔为生。至顺治十八年（1661），郑成功挈去水陆伪官兵并眷口共计三万有奇，为伍操戈，不满二万。又康熙三年（1664），郑经复挈去伪官兵并眷口约有六七千，为伍操戈者不过四千。"[1] 据记载，康熙二十四年，台湾的汉人为 30 229 人，番口（指台湾地区原住民）为 8 108 人[2]，总共不到 4 万人（表3-8）。但自康熙二十四年至嘉庆十六年（1811）的 100 多年中，人口却增到了 190万人，这其中大部分是来自闽、粤二省的移民，从而为台湾的开发提供了大量的劳动力，也带来了大陆的先进农业技术。

表 3-8 清代台湾人口的增长情况

年代	人口（人）
乾隆二十八年（1763）	666 040
乾隆二十九年	666 210
乾隆三十年	666 380
乾隆三十二年	687 290
乾隆三十三年	671 338
乾隆四十二年	839 803
乾隆四十三年	845 770
乾隆四十六年	900 940
乾隆四十七年	912 920
嘉庆十六年（1811）	1 901 833

资料来源：陈孔立主编《台湾历史纲要》，九州图书出版社，1996 年，140 页。

郑成功经营台湾时期，土地虽有开发，但主要集中在以府城（今台湾台南市）为中心的一带地区及凤山县（今台湾高雄市）的部分地区，而中部、北部和最南部尚处于未开发状态。

清代对台湾的开发是从台南中心地带开始的，虽然郑成功曾组织过对这里的开发，但因郑氏官兵大量返回大陆而致土地又趋荒芜，因此清政府最初是组织复垦这些荒废了的田园，然后再渐次向南北二路开拓。经过康熙中期到乾隆后期近百年的开垦，台湾岛西部的平地已基本得到开发。乾隆后期开始，转为开垦丘陵山地和交

---

① ［清］范咸：《重修台湾府志》卷二○《艺文一》。
② ［清］蒋毓英：《台湾府志》卷七《户口》。

通不便的平地——宜兰平原和埔里社盆地等，到咸丰年间，埔里社盆地已基本被开拓，宣告了台湾西部的开发已基本完成。据不完全统计，"康熙二十四年起至雍正十三年止，增垦田园 34 408 甲，连前通府合计田园共 52 862 甲"①，共垦辟了 52 万多亩，"乾隆五年起至九年止，增垦 2 850 甲"②，约 3 万亩，这是由清政府所掌握的报垦升科数，实际开垦之数远比此数要多。康熙四十八年（1709）台湾知府周元文亲赴淡水东西里社一带了解田赋情况后说，"其所报升科者十未有一，又俱以下园科则具报"③。这个说法虽有夸大之嫌，但当时有大量私垦未报升科的农田存在，应是事实。实际开垦的农田要比府志记录的多得多。

随着土地的开发，台湾的农业迅速发展起来。

台湾的中部和北部地区地势平坦，气候温暖，降水充足，适合水稻的生长。大陆精耕细作技术的传入，大大提高了当地的耕作栽培技术水平，因而水稻生产得到发展。《重修凤山县志》卷三《风俗》说："昔称农不加粪，女不纺织，此自开辟之初言之。近今生齿日繁，坟壤近硗，小民雉草粪垆，悉依古法行之，勤耕耨，浚沟洫，力耕不让中土。"据记载，彰化、淡水一带，"一年两熟，约计每田一甲可产谷四五十石至七八十石不等，丰收之年上田有收至百余石者"④。平均大约全年亩产 4～7 石，一季产量为 2～3.5 石，水平已同大陆相当。所产大米不但能够自给，而且还能输出，每年输向大陆的米谷约有 50 万石以上。至此，台湾成了中国一个新的重要粮食产地。

嘉南平原由于多旱田，因而这里除种了水稻，又大量发展种蔗，熬制蔗糖。康熙末年，仅台湾、凤山、诸罗三县每年生产的蔗糖即达"六十万篓，每篓一百七八十斤"⑤，约为六七十万担。台湾成为中国蔗糖的主要产地。台湾的蔗糖加工技术是从大陆引进的，"台南糖业，自康熙三十五年起，漳、泉二州移台居住之民，经营事业，扩充农家利路"⑥。其甘蔗生产技术也精细化："每年正、二、三月间栽种，约七、八寸长，插入土中为一窟。每窟二尺五寸积方。下种后用草烧灰散布窟边，外又用各样肥物沃之。既得时雨之润，自然发生畅茂。迨十一、十二月间，蔗汁初甘，正、二月间当甘，方为成熟之期。至四月为退甘，或留至十一月再硖，俗曰'重台蔗'。"⑦从栽种到施肥，再到收获，已经形成了一套完整、成熟的技术体系，这奠定了台湾蔗糖业发展的基础。

台湾的开发，不仅开发了台湾的土地和农业，同时也促进了台湾和大陆之间的

---

① ② ［清］范咸：《重修台湾府志》卷四《赋役一》。

③ 转引自陈孔立：《台湾历史纲要》，九州图书出版社，1996 年，150 页。

④ 台北中央研究院历史语言研究所编：《明清史料》戊编，第四本，中华书局，1987 年，336 页。

⑤ 连横：《台湾通史》卷二七《农业志》，商务印书馆，1983 年，455 页。

⑥ ⑦ 光绪《安平县杂记·糖业由来》。

农副产品交流和商业贸易。

台湾同大陆之间的贸易物资主要是大米和蔗糖。贸易的地区，近到福建的漳州、泉州，北到浙江、上海、山东，最远到达关东。《赤嵌笔谈》对当时贸易的地点和物资有详细的记载，现摘录如下，以见当时大陆与台湾之间贸易发达的情形：

> 海船多漳、泉商贾，贸易于漳州，则载丝线、漳纱、翦绒、纸料、烟、布、草席、砖瓦、小杉料、鼎铛、雨伞、柑、柚、青果、橘饼、柿饼。泉州则载磁器、纸张。兴化则载杉板、砖瓦。福州则载大小杉料、干笋、香菇。建宁则载茶。回时载米、麦、菽、豆、黑白糖饧、番薯、鹿肉，售于厦门诸海口。或载糖、靛、鱼翅至上海小艇拨运姑苏行市。船回则载布匹、纱缎、枲棉、凉暖帽子、牛油、金腿、包酒、惠泉酒；至浙江则载绫罗、绵绸、绉纱、湖帕、绒线；宁波则载棉花、草席。至山东贩卖粗细碗碟、杉枋、糖、纸、胡椒、苏木；回日则载白蜡、紫草、药材、茧绸、麦、豆、盐、肉、红枣、核桃、柿饼。关东贩卖乌茶、黄茶、绸缎、布匹、碗、纸、糖、面、胡椒、苏木；回日则载药材、瓜子、松子、榛子、海参、银鱼、蛏干。海埦弹丸，商旅辐辏，器物流通，实有资于内地。①

二、内地的开垦

（一）两湖平原的围垦

长江中游宽广的两湖平原，北称江汉平原，南称洞庭湖平原。该区素为水乡泽国，农业生产以堤垸为生命线。垸田的兴筑始于宋代，而大规模"与水争地"、筑堤围垦则发生在明清时期。这种筑堤作围，外以挡水、内以围田形成的农田，两湖通称为垸田，形制与太湖地区的圩田相同，但其名称因地而异，"或名堤、名围、名障、名坨、名坪，各因其土名，……其实皆堤垸也"②。

1. 明清时期两湖平原围垦的自然和社会条件 明清时期两湖平原的围垦，与自然因素、社会因素及它们相互之间的作用和影响有关。

江汉平原是历史上著名的云梦泽所在地，史称云梦泽"方九百里"。经长江、汉水泥沙的长期沉积，湖泊三角洲不断扩展、合并，到唐宋时期，大面积的湖泊水体已为星罗棋布的小湖沼所代替，人称有千湖之多。湖泊之间分布着片片淤积平原和滩地。宋代开始在江汉平原修筑堤垸，但直到元代仍是地旷人稀。明清时期江汉

---

① ［清］黄叔璥：《台海使槎录》卷二《赤嵌笔谈·商贩》。
② 道光《洞庭湖志》卷四。

泥沙淤垫加重。明人童承叙说："盖汉最浊，《汉书》云：河水一石而六斗泥，泾水一石其泥数斗。汉水之泥亦不啻是，每与江湖水合，其渣必澄，故常填淤，而沮泽之区，因成沃野。"①顾炎武《天下郡国利病书》卷七四称："自正德以来，潜沔湖渚渐淤为平陆。"清代有关湖泽淤塞的记载比比皆是。这种自然的水土变迁，使湖渚渐平、河道渐埋，为人们辟土造田创造了条件。

洞庭湖区在先秦、汉晋时期是一派沼泽平原的地貌景观。由于荆江北岸人为筑堤和自然演变的影响，江水向南分流量加大，唐宋时期由沼泽平原发展成为"西吞赤沙，南连青草，横亘七八百里"的汪洋大湖。为了防御洪水，开始在滨湖筑堤挡水。明嘉靖年间，荆北统一河床形成，由于江北穴口的堵塞，长江大量水沙通过虎渡、调弦等穴口，向南排入洞庭湖，湖底不断淤高，在西北部发育成宽广的水下三角洲，其前缘到达汉寿东北、沅江西北的赤山，枯水季节湖水降落，洲渚露出，为围垦提供了有利条件。由于来水有增无减，湖底不断淤高，洪水期间湖面水域继续向南部扩展，明清之际洞庭湖已扩为"方八九百里"、汪洋浩渺 6 000 多千米² 的大湖。由是，南部滨湖一带普遍筑堤防水，保护农田。此时，四水入湖之处亦洲渚增生，大量修筑堤垸。清后期荆江增加到四口向洞庭湖分流，入湖泥沙急剧增加，洞庭湖淤缩加快，围垦活动再次兴盛。

两湖平原的围垦，还与上游山区的开垦有关。明清之时，特别是清前期，秦巴山区、湘鄂西山区、川东山地大量毁林开山，水土流失加重，泥沙被江、汉水流带到两湖平原沉积起来。魏源《湖广水利论》称，上游山区开垦后，"浮沙壅泥，……随大雨倾泻而下，由山入溪，由溪达汉达江，由江、汉达湖，水去沙不去，遂为洲渚。洲渚日高，湖底日浅，近水居民，又从而圩之田之，而向日受水之区，十去其七八矣"②。山区的开垦促使下游江湖淤积，造成堤垸增多。

宋元时期两湖平原地广人稀，劳动力缺乏，限制了垸田的发展。元末动乱，江西人为躲避兵灾大批迁入两湖平原地区。明洪武永乐年间，政府又组织"江右士庶"移民湖北。景泰五年（1454），由于灾荒，各处流民 20 万转徙南阳、唐、邓、湖广襄樊、汉沔之间逐食。③河湖淤地肥沃，地旷赋轻，是外地移民垦殖的主要目标。成化时期之后，外来"佃民估客，日益萃聚"④，垦湖淤地为垸田。明代万历时，江汉平原已是"昔为沮洳，今称沃衍者，不啻万万"⑤。

和全国一样，清代是两湖平原人口增长最快的时期。江汉平原在明隆庆六年

---

① 嘉靖《沔阳志》卷八《河防》。

② ［清］魏源：《魏源集·湖广水利论》，中华书局，1979 年。

③ 《明英宗实录》卷二四七。

④ 嘉靖《沔阳志》卷八《河防》。

⑤ ［明］章潢：《图书编》卷二九《楚均田议》。

（1572）有 68.5 万人，清嘉庆二十五年（1820）增加到 1 116.4 万人，增长 15 倍多；洞庭湖平原则由 85.6 万人增加到 832.2 万人，增长近 9 倍。而康熙中期至雍正乾隆时期更是两湖平原人口急遽增长的时期，据统计，滨湖垸田区湖北的汉阳、安陆、荆州三府人口年均增长率为 29.5‰，湖南的长沙、岳州、常德、澧州四府州人口年均增长率为 31.70‰。[①] 增长率为两省各区最高（仅次于鄂西山区，但山区人口密度低）。如此高的人口增长率，是因为有大量人口的徙入，而这一时期也正是堤垸迅速发展的时期。

此外，围垦的发展还与明清时期推行的农业政策有关。明清前期鼓励垦荒，颁布了一系列有利于垦荒的政策，主要是新辟的垸田赋税很轻或不课税。如明代，"湖田未尝税亩，或田连数十里而租不数斛，客民利之，多濒河为堤以自固，家富力强则又增修之"[②]。清代新辟的垸田一般不课税或六年后课以极轻微的税。这种优惠条件具有很大的吸引力，促使人们竞相围垦。

2. 明代两湖平原堤垸的发展 明代江汉平原的围垦与洞庭湖平原的发展，大致可分为两个阶段：洪武（1368—1398）至成化（1465—1487）初为第一阶段，垸田有一定的发展；成化时期之后为第二阶段，垸田迅速发展。

"明兴，江、汉既平，民稍垦田修堤，是时法禁明白，人力齐一，堤防坚厚，湖河深广，又垸少地旷，水至即漫衍，有所停泄，……故自洪武迄成化初，水患颇宁"[③]，圩田发展良好，平稳而且正常。

成化时期之后，由于客民的大量萃聚参与，到万历年间（1573—1619），江汉平原垸田的发展达到高潮，平原中地势最低洼的一些州县亦皆筑有许多垸田。如：

潜江县成化时已有 48 垸，大部分分布于东荆河两岸。[④] 万历年间该县发展到百余垸[⑤]，之后垸田更发展到县境各地。《天下郡国利病书》卷七四载，潜江县"周广七百二十八里，皆为重湖地，民多各自为垸，故南则淘湖牛埠，北则太平马倡，西则白洑咸林，东则荷湖黄汉等凡百余垸，俱环堤而居"。

沔阳州"居泽中，土惟涂泥"，到嘉靖时垸田已达百余区，"大者轮广数十里，小者十余里"[⑥]，其中以大围为主。

监利县"水国也，民系命于垸"。明初位于该县的荆江赤剥穴湮塞，乃筑大兴、赤射、新兴等 20 余垸。成化时又筑黄师庙、龙潭、龟渊等堤垸。嘉靖时期

---

① 龚胜生：《清代两湖农业地理》，华中师范大学出版社，1996 年，46、47 页。
②③ 嘉靖《沔阳志》卷八《河防》。
④ 康熙《潜江县志》卷三《乡区》。
⑤ 万历《湖广总志》卷三三《水利》。
⑥ 嘉靖《沔阳志》卷八《河防》。

（1522—1566）以后，"田之名垸者，星罗棋列"①。因此，土地增加很快，万历年间查得土地9 852顷70亩，比正德年间（1506—1521）增加5 851顷24亩。②

汉江以北的天门、孝感、汉川等县，成化时期后亦大量筑垸，围垦低洼湖地。

由于平原内湖沼、支流逐渐筑堤围垦为田，为了防止洪水侵入垸田，明代以后荆江、汉江两岸分流穴口大量堵塞。元代时称荆江有"九穴十三口"，洪水由穴口向南北分流，到明代嘉靖初北岸最后的一个穴口——郝穴被堵塞。③ 汉江下游原来称有"九口"（实有铁牛埂、狮子口、小河口等20余口），"汉水得有所分泄，以杀其势"④，嘉靖年间也大多堵塞。于是荆江北岸统一的堤防形成一线，汉水下游两岸堤防也相继联为一体。本来，"江水分流于穴口，穴口注流于湖渚，湖渚泄流于枝河，枝河泻入江海"⑤，穴口堵塞后，穴口故道、湖渚、枝河逐渐变为廛舍畎亩。

明代前期洞庭湖平原围垦活跃，在湖区的北、西南筑垸围垦。明中期以后，荆江洪水入湖量剧增，各地多修堤筑垸护田。

洞庭湖平原早在宋代已滨湖筑堤，如筑岳阳偃虹堤、白荆堤，华容黄封堤、湘阴南堤等；元代筑有临湘赵公堤等。这些都是在滨湖筑堤挡水，还不是真正意义上的围湖筑垸成田。明初，湖区北部在"昔称水国""邑西寂无民居"的华容县修筑了湖区早期的围垸，共有48垸⑥。永乐十年（1412）大水决46垸。为了恢复垸田，朝廷出帑千金，遣工部员外郎王士华等，"即其地，划为四十八垸，越数载绩成。小民因仍人自为守，得增至百余区。湖地腴，亩收岁一锺，闾阎殷实"⑦。其中官垸、涛湖、安津、蔡田4垸最巨，各周回40余里，县赋半出其中。⑧ 湖区西部龙阳（今湖南汉寿县）、武陵（今湖南常德市）两县共有的大围堤垸，也是始建于正统年间（1436—1449）。大围堤在龙阳县北，上接沅水，下滨洞庭湖，周长35 800余丈，计120里。其中龙阳县籍载田80 662亩，龙邑田赋约三分之一出自大围堤。⑨ 正德间大水后，政府又出帑修筑堤垸。龙阳县的小汛洲堤、大汛洲堤、内港障、灰步堤等垸都是修于正德十二年、十三年（1517—1518）。在湖区南部沅江县，洪武十一年（1378），因大量客民移入，在县东蒋保地区筑垸13处。⑩

---

① ［清］刘鸿浩：《重筑吴家剅堤记》，见康熙《监利县志》卷尾。
② 同治《监利县志》卷四。
③ 同治《监利县志》卷三。一说郝穴筑塞在嘉靖二十一年（1542）。
④ 同治《钟祥县志》卷三《堤防》。
⑤ ［清］贺长龄、魏源编：《清经世文编》卷一一七《湖北水利论》。
⑥ 光绪《湖南通志》卷四六称"旧有四十八垸，明初筑"。
⑦ ［清］孙羽侯：《分守梁云龙、知县王绪修堤碑记》，见光绪《华容县志》卷一四。
⑧ 隆庆《岳州府志》卷一二《水利》。
⑨ 光绪《龙阳县志》卷二五《田赋》。
⑩ 嘉庆《沅江县志》卷三《水利》。

　　嘉靖至万历年间，洞庭湖平原普遍修筑堤垸，然而围垦面积扩大不多，湖区南部还出现退田还湖现象。这是由于嘉靖初荆江北岸穴口堵塞后，江水大量南倾，在水泛先至、沙洲后淤的情况下，湖区苦于水患，需建堤垸护田。嘉庆《沅江县志》卷三称："相传沅始有十一都，迄明中叶，仅以五里称。盖以襄汉一带多筑堤垸，水势渐南，沅邑桑麻之地，多弃为鱼鳖场。"于是在万历十三年（1585）筑太平、安乐等 10 垸，围护农田。光绪《安乡县志》卷七谓："安邑虽滨洞庭，素称沃壤，自有明万历间开浚虎渡河后遂苦水患，居民相度形势建立垸堤一十三处。"湖区的龙阳、澧州、武陵、益阳、湘阴等县也皆修筑堤垸。据地方志记载，嘉靖十三年（1534）龙阳修障 29 处。万历年间筑垸最多：澧州建垸 10 处；武陵筑芦州障、姚家障、木瓜障 3 垸；益阳筑千家洲大垸、长洲小垸及沿河垸；湘阴筑荆塘围（堤长 5 344 丈，田 8 248 亩）、塞梓围（堤长 4 350.5 丈，田 6 490 亩）。其后，崇祯年间湘阴又建古塘围，堤长 3 737.5 丈，田 5 051 亩；军民围，堤长 1 740 丈，田 1 398 亩。

　　总体来说，明代洞庭湖平原筑垸围垦滩地是有限的，除北部地区发展有连片的垸田，四水入湖处筑有一些垸田外，广大的湖区水面浩渺，茫无际涯。

　　3. 清代两湖平原堤垸的发展　经明末清初的战争，湖广地区"弥望千里，绝无人烟"，两湖平原堤垸大多毁颓。清政府大力鼓励垦荒，荒芜的垸田得到了复垦。

　　江汉平原垸田的恢复和发展稍快于洞庭湖平原。由于湖北堤和湖南堤的布局不同，堤的作用也有所差别，"湖北之堤御江救田，湖南之堤阻水为田"①。湖北江、汉堤防是垸区最重要的防线，而湖南筑堤主要是围湖成田。顺治康熙之时江、汉堤防得到修筑加固，堤防较前坚固，垸堤也随之修建。特别是康熙五十五年（1716）、雍正六年（1728）两次各拨官帑 6 万两助修两湖堤垸，作用更大。如汉水沿岸的潜江、沔阳地势低洼，清初大片垸田被淹没，经过康熙年间的修筑加固，两县堤垸"川原历落，防制划然，或循旧迹，或新堵筑，皆屹若金汤"②，对水患有了较强的抗御能力。之后，随着人口的增加，到乾隆时又掀起围垦高潮，不仅围湖，还围垦荆江、江水大堤外的洲滩。据记载，乾隆时江陵、沔阳、汉川、天门、潜江、孝感六州县共有 2 136 垸。③ 以沔阳州垸最多，全县五乡二十图一百里，有垸 1 398 处，有纳税田亩 40 653.72 顷，分别列入上田、中田、下田、水乡、茭塍白水五个等级。真正的农田（上田、中田、下田）共 17 570.78 顷，占全垸纳税面积的 43.22%。若以每年平均亩产量 2 石计，应产粮 351 万余石。沔阳州在明代嘉靖时垸田只有百

---

　　① 雍正《朱批谕旨》，雍正五年七月十三日王国栋奏折。

　　② 同治《石首县志》卷七记载雍正初年所见情景。

　　③ 乾隆《江陵县志》卷八、光绪《沔阳州志》卷四、光绪《汉川图记征实》第 4 册、乾隆《天门县志》卷六、乾隆《湖北安襄郧道水利集案》卷下、乾隆《汉阳府志》卷一五。

余区，"其不修堤处悉弃为芜莱之地，常多于垸"①。清乾隆时县境内大部分土地已围入垸中，垸田面积可观。沔阳地势低洼，洪水威胁严重，围垦如此激烈，其余州县概可类知。

洞庭湖平原经过顺治康熙时期的复垦阶段，至康熙中期出现了第一次规模较大的筑垸扩垦行动。康熙三十六年（1697）襄汉大堤冲溃，北民南奔，政府为了安置这些灾民，允许他们在洞庭湖滨垦种荒滩。由于淤滩土地肥沃，具有巨大的吸引力，于是闽、广、赣之民风闻，来此安居，"沅江始有南湖洲、大狐岭之安插，长沙亦有湘阴湾斗垸、韩湾村八百亩之给筑。至（康熙）四十年以后，而龙阳大围堤成矣，武陵姚家等障亦兴矣"②。之后，垦民日众，先后兴筑围堤，升科报粮。这一时期，修筑堤垸以民间自筹资金和劳力为主，垸堤一般修得低窄，以致旋筑旋溃。

康熙末雍正初，洞庭湖平原又一次兴起筑垸垦殖活动。康熙五十四年、五十五年（1715—1716），两湖平原发生水灾，垸堤损坏很多。康熙五十五年拨官帑6万两助修两湖堤垸，其中湖南得25 000两，湖区各县修筑堤垸一二十处不等。雍正四年、五年（1726—1727）水灾更加严重，洞庭湖平原垸堤溃口共430余处。雍正六年又拨两湖官帑6万两，垸区"每堤障加高三尺，加宽五尺，坚厚倍前"③。许多堤垸都得到了修复、加固和培厚。

这两次官帑修筑堤垸作用很大：一是建成了湖区骨干围垸——官垸的规模。清代洞庭湖平原将围垸分为官围、民围和私围三类，"滨湖筑围垦田，曾动官项修筑者为官围，民间报垦入册岁修者为民围，虽经报垦未准筑堤及未经报垦私砌土埂挖种者为私围"④。嘉庆时统计湖区官围总数共155处⑤，皆系康熙雍正年间发帑修筑。据光绪《湖南通志》卷四六、卷四七统计，各州县官垸数如下：湘阴16处、益阳14处、巴陵4处、华容33处、武陵15处、龙阳41处、沅江7处、澧州10处、安乡15处。这些官围面积较大，修筑质量也高，故对湖区农业生产所起作用很大。二是促进了湖区垸堤的全面修筑。由于官垸堤身的加高和加固，民垸为了避免易淹待毙，亦不得不随之加高，这就提高了湖区垸堤的修筑标准，甚至无围的低地亦添筑围堤，私垸也加高培厚。垸内的排灌系统日臻完善，堤垸的管理组织和岁修制度也普遍形成，由是增强了围垸的抗洪能力，提高了垸区的农业生产水平。

乾隆初，两湖平原再次掀起筑垸围垦的热潮，这是在当时颁布的开垦优惠政策推动下形成的。当时洞庭湖"傍湖居民招徕四方认垦之人，复以湖滨各处筑堤垦

---

① 嘉靖《沔阳志》卷八《河防》。
② ［清］严有禧：《滨湖开荒筑堤禀》，见乾隆《长沙府志》卷二三。
③ 道光《洞庭湖志》卷四。
④ 光绪《华容县志》卷二。
⑤ ［清］马慧裕：《湖田占水疏》，见［清］贺长龄、魏源编：《清经世文编》卷一一七。

田，号曰'民围'。数年以来，民围之多，视官围不止加倍，约计公私报册堤塍不下九万余丈，积八十万步，当千里而赢，往时受水之区，多为今日筑围之所"①。到乾隆十一年（1746）之前，民围已是官围的两倍多，即有300垸左右了。这时期筑围的快速发展状况，可以湘阴县为代表。《湘阴县图志》称："乾隆五年特下广劝开垦之诏，零星地土听免升科，富民争起应之，报垦无虚岁。亦会其时无水旱之忧，民殷物阜，绰有余力，六七年间增修至数十围。"乾隆中叶，全县报垦共69围，其中4围创建于明代；康熙二十八年至雍正十三年（1689—1735）共修15垸，堤长32 584.5丈，田面积38 639亩；乾隆元年至十一年，共修50垸，堤长76 009.7丈，田面积107 249亩，故称围田"大率创自乾隆之初"②。

经过康、雍、乾三朝的持续围垦，长沙、岳州、常德、澧州四府州滨湖州县，"各属堤垸多者五六十，少者三四十，每垸大者六七十里，小者亦二三十里"③。环绕洞庭湖周围的垸田共达500余区，"凡稍高之地，无不筑围成田，湖滨堤垸如鳞，弥望无际，已有与水争地之势"④。

乾隆中期后，两湖平原围垸渐趋饱和，而民众因利益驱使，继续在湖边、江岸隙地私筑小圩，甚或"于岸脚湖心多方截流以成淤，继则借水粮渔课，四周筑堤以成垸"⑤，致使河道堵塞，水系混乱，湖泽容水之地缩窄，造成水患的加剧。由是引起当局的注意，这就有了乾隆十二年（1747）、乾隆二十八年、道光八年（1828）三次禁垸令的发布和刨毁私围的行动。数次禁垸虽然取得了一些成效，但不能遏制围垦的盲目发展。表面上似是"地方官奉行不力，听任民间随意私筑"，实际是由于雍正乾隆时期以来两湖平原淤浅加快，人口增加迅速，亟须辟土造田，江湖淤地最为肥沃，成为首选目标，所以与水争地日趋加剧。

道光时期以后，两湖平原围垦的特点是"随淤随筑"圩垸。江汉平原"凡湖渠泽薮有为泥沙填淤者，即争垦筑圩"，甚至"竭湖水造田，未成垸者始则业藕，久乃成田，在在有之"⑥。江陵、松滋、汉川等县有数十湖，皆因围垦而消亡，"昔之名湖者，大半已变桑田，丈量起科，输赋朝廷"⑦ 了。不仅围湖，还围垦江滩。咸

① ［清］严有禧：《滨湖开荒筑堤禀》，见乾隆《长沙府志》卷二三。"积八十万步"，一步五尺，湖区垸堤共长40万丈。

② 光绪《湘阴县图志》卷五、卷二二。

③ 《清高宗实录》卷二八九，乾隆十二年四月乙亥。

④ 道光《洞庭湖志》卷四，又嘉庆七年（1802）湖南巡抚马慧裕在《湖田占水疏》（见［清］贺长龄、魏源编：《清经世文编》卷一一七）中称：洞庭濒湖十州县有官围155处、民围298处，存留私围91处，共544处。

⑤ ［清］彭树葵：《查禁私垸滩地疏》，见［清］贺长龄、魏源编：《清经世文编》卷一一七。

⑥ 光绪《汉川图记征实》第三册，光绪《荆州万城堤志》卷八。

⑦ 同治《楚北水利堤防纪要》卷二。

丰同治时期，"（荆江）南北两岸几于无段无洲，无洲无垸"①。

洞庭湖平原本来只受荆江虎渡、调弦两口来水，咸丰同治年间荆江南岸藕池和松滋两口及其河道先后形成，四口分流，给湖区挟入大量的泥沙。据测算，泥沙量急剧增加三倍之多。② 分流水挟带泥沙首先进入湖区西北，华容、安乡之南出现新淤洲土，"广袤几二百里，土人名之曰南洲"。肥沃的洲土，吸引各方之人前来开发，围垦又一次掀起高潮。光绪十七年（1891），设置南洲直隶厅（今湖南南县），划归该厅管辖的邻近各县边境地和新淤洲土，共有民田 130 030 亩，官田 89 250 亩，芦洲 63 374 弓。③ 此时华容西部垸田增加了几百区，安乡以南垸田已接近赤山，西洞庭湖大部分成陆，东洞庭湖也淤出大片洲土。清末设立垦务局，招民领垦淤地，到宣统元年（1909），洞庭湖平原"兴修堤垸已占全湖之半"。据不完全统计，当时共有圩垸 1 000 余处，垸田面积近 600 万亩。④

4. 两湖平原垸田的发展与"湖广熟，天下足" 明清时期两湖平原垸田的兴筑，促进了农业生产和商品粮基地的形成。民谚"湖广熟，天下足"在明代中期至清代中期广为流传⑤，这与两湖平原垸田的发展过程是一致的，其主要条件是有稻米作商品粮及方便的水运交通。湖广产稻米最多的区域即江汉洞庭湖区。乾隆十三年（1748），湖广驿盐道员朱伦翰说："湖北一省，宜昌、施南、郧阳，多处万山之中，荆州尚需由武（昌）、汉（阳）搬济兵米；德安、襄阳、安陆其地多种豆麦，稻田亦少；武昌所属，半在山中；惟汉（阳）、黄（州）两郡，尚属产米。湖南亦惟长沙、宝庆、岳州、澧州、衡州、常德等府，系广产之乡，其中亦复多寡不等；余郡远隔山溪，难以转运。"⑥ 可见，有剩余稻米的产区主要在湖北的汉阳、黄州府，湖南的长沙、岳州、澧州、常德等府州，这些地区皆多垸田，水运交通方便。此外，荆州府虽然垸田亦多，但因荆州有大量官兵驻防，故还需从外地运入稻米。

两湖平原商品粮的输出，明代以江汉平原为主。这是因为成化时期以后，江汉平原的垸田得到大规模开发，万历时"辟地十倍蓰于国初"⑦，水稻生产有很大发

---

① 民国《万城堤防辑要》卷上。

② 中国科学院《中国自然地理》编辑委员会编：《中国自然地理·历史自然地理》，科学出版社，1982 年。

③ ［清］张煦：《清丈南洲淤地折》，见湖南省志编纂委员会编：《湖南省志》第一卷，第二次修订本，湖南人民出版社，1979 年，143 页。

④ ［清］曾继辉：《湖田保安志》。

⑤ 据张国维等人研究，明天顺间（1457—1464）已出现"湖广熟，天下足"之谚，载李延晟《南吴旧闻录》卷二二。弘治时何孟春《余冬录·职官》、万历时吴学俨《地图综要·湖广总论》也有此说。清代康、雍、乾之时籍载此谚甚多。

⑥ ［清］朱伦瀚：《截留漕粮以充积贮札子》，见［清］贺长龄、魏源编：《清经世文编》卷三九。

⑦ ［明］章潢：《图书编》卷三九《楚均田议》。

展，而人口密度低于东南地区，故有剩余稻米外运，人称"楚中谷米之利，散给海内几遍"①。

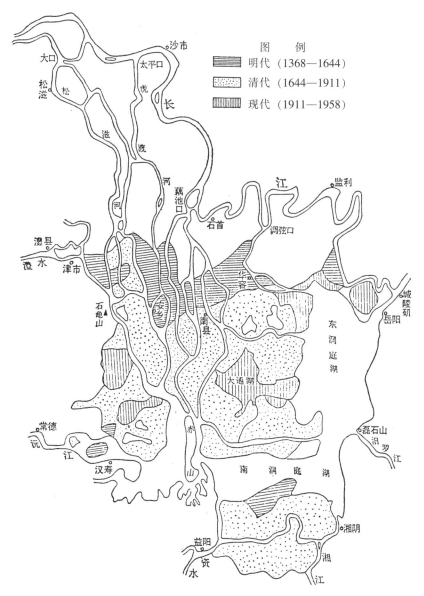

图 3-1　洞庭湖区堤垸发展示意图

（选自长江流域规划办公室《长江水利史略》编写组编

《长江水利史略》，水利电力出版社，1979 年）

　　清代康熙雍正时期之后，洞庭湖平原垸田也得到大发展，因而湖广产米更多。因江汉平原人口迅速增加，外运稻米逐渐转向依赖洞庭湖平原。外运稻米先

————————————

　　①　［明］包汝楫：《南中纪闻》。

集中于水路交通便利的米粮贸易中心，如汉口、岳阳、长沙、常德、澧州等地，然后再向四面八方输送。主要流向地是江苏、浙江两省，余为安徽、福建、广东等省，每年贩运出境之米有数百万石之多。两湖平原垸田的发展，使国家又增添了一个粮仓。

然而明清时期特别是清中后期，两湖平原垸田过度膨胀，滥行开垦，又导致水系紊乱，水面日蹙，水灾日益频繁。如江汉平原以乾隆五十三年（1788）荆州万城大堤溃决为转折标志，之后垸田区堤垸连年漫溃。嘉庆初年湖北巡抚汪志伊统计江汉平原多年积涝的垸子，计荆门州 55 处、潜江县 27 处、天门县 113 处、沔阳州 248 处、汉川县 120 处、江陵县 165 处、监利县 192 处，共 920 处。大的垸周围二三十里，小者也有三四里①，可见受淹面积之大。洞庭湖平原也因水灾频繁，而致农业生产不稳定。史称：嘉庆道光时期后"乃数十年中，告灾不辍，大湖南北，漂田舍、浸城市，请赈缓征无虚岁"②。

因此，两湖平原围垦中的一个重大问题就是如何处理好人与水土之间的关系，既要做到"不与水争地"，又"不弃肥腴之壤"。过度盲目地围垦，产生了"人与水争地为利，水必与人争地为殃"③ 的结果。然而，"升平日久，户口殷繁，民艰于居食"，又必然围垦肥腴的淤土，不会"弃地与湖不为经理"，即两湖平原围垦，是明清时期特别是清中后期人口过快增长的必然后果。明清时期两湖平原在人与生态环境关系紧张之时，采取限制围垦、刨毁私垸、加强垸堤管理、疏浚水道等措施以缓解矛盾。由于开发水土资源的复杂性，及当时技术水平和社会条件的局限性，垦殖与蓄洪的矛盾、发展与灾害的矛盾仍然尖锐，这又影响了两湖平原垸田经济的发展，到清代后期"湖广熟，天下足"就名实不符了。

（二）海涂的开发

海涂是滨海地区由于潮水泛滥造成泥沙沉积而形成的浅海滩。低潮时，这些浅海滩较高的部分会露出海面，人们就加以开发利用。起初，土层含盐量特重，多被开辟为盐场。之后，地势逐渐淤高，经雨水不断淋洗，土地含盐量逐渐降低，土地淡化，这时通过修筑围堤，挡住海水，即可进行垦殖。这种农田称为涂田、海涂田、潮田、沙田、埭田等。

中国的海岸线曲折绵长，大陆海岸线从辽宁鸭绿江口到广西北仑河口，总长18 000 余公里。中国海涂资源分布广泛，开发历史悠久，特别在明清时期，由于自

---

① ［清］汪志伊：《筹办湖北水利疏》，见［清］贺长龄、魏源编：《清经世文编》卷一一七。

② 同治《石首县志》卷一《堤防·江湖分合源流考》。

③ ［清］彭树葵：《查禁私垸滩地疏》，见［清］贺长龄、魏源编：《清经世文编》卷一一七。

然演变和人类经济活动的交织影响，许多地区的沿海滩涂迅速向外扩展，为大规模围垦滩涂创造了条件。这一现象在苏北沿海、上海崇明岛及南汇嘴、浙东沿海、福建沿海及珠江三角洲滨海地区尤为突出。现分区阐述如下：

1. 苏北沿海地区　明清时期苏北海岸线的变迁受黄河改道的影响很大，尤其明代中期以后，黄河下游通过全面筑堤，不再漫流，主流拦入淮河入海，浑浊的黄水挟带大量泥沙经河口输送到沿海一带，海岸迅速淤涨，黄河河口三角洲扩展迅速。明中叶以前，黄河河口基本在云梯关（今江苏响水县南）附近，万历十九年（1591），河口已达十套一带，清嘉庆时已延伸至距云梯关 190 里的新淤尖以下。北部海州的云台山原是大海中之岛屿，18 世纪（尤其是 1711 年）之后因海淤涨，渐与大陆相连。同时，在今灌云东部也涨出一大片陆地。废黄河三角洲以南的海岸，宋元时海岸线大致在范公堤一线，明清时海滩淤涨迅速，海岸线也随之东移，如盐城一带，"唐宋之世，范堤本为海岸，至明宣宗时（1426—1435）逾堤而东已三十余里，明末更五十里，迄清中叶遂在百里之外"[①]。对这些新涨的海涂，明清时有较多的开发，同时范公堤内的荡地也得到进一步开发利用。

苏北沿海一带历史上是有名的两淮盐场，明清时期设有海州（明设淮安）、泰州、通州三分司，下辖二三十个场。"天下盐课惟两淮最多"，为了保证盐课收入，政府严格禁止垦殖，然而灶民和移入的民众私垦一直不断。

明代灶民已在两淮盐场进行零星的垦殖活动。《明史·食货志》"盐法"条载："明初，仍宋、元旧制，所以优恤灶户者甚厚，给草场以供樵采，堪耕者许开垦，仍免其杂役。"允许配给灶民一些土地，以耕作自给。据嘉靖《惟扬志·盐政志》记载统计，泰州、通州、淮安三分司 30 场灶民原额田地共 4 385.08 顷，原额草荡地共 55 822.72 顷，所耕田地约占总面积的 7.2%。但原额田地以外的滩涂也被"各场民多侵占垦为田"。

清乾隆朝之后，由于滩涂增长迅速，民众私垦日多。淮北盐场所产盐为晒盐，无需使用荡草煎煮熬盐，对垦殖在政策上有所松弛。如乾隆十年（1745）盐运使朱续晫奏称，"淮北各场晒扫成盐，无需荡草，所有荡地俱系按则纳课，耕种应听灶便，毋庸相禁"，得到盐政吉庆的批准。[②] 云台山之南淤涨的滩涂，乾隆二十八年勘查可垦荒地有 1 351.22 顷之多，其中乾隆十八年至二十四年 7 次共报升入额完赋荒田 704.40 顷。[③] 道光二十四年（1844）包世臣估计云梯关以下黄河两岸、射阳湖荡及黄河以北广大地区，大约"得地四十五六万顷"，除湖河、苇荡、民居等

---

①　民国《盐城县志》卷一《舆地》。
②　嘉庆《两淮盐法志》卷二七《场灶》。
③　嘉庆《海州直隶州志》卷一五《田赋》。

地，"当得产稼地二十万顷"；这些淤地多有大户隐射及客户搭棚私种，"撒种满野，收成即去，每亩收豆、麦至二三石之多"①。原是无人烟的荒芜滩涂之地，人居渐渐密集起来。

淮南盐场本在范公堤之西。明中叶后，因洪泽湖及淮水泛滥，"淡流浸灌，盐产日绌"，盐场渐次东徙，原来盐场之地悉成耕地。②范堤之东也因淤沙外涨，腹内荡地土性渐淡，"是以率多改荡为田，垦种杂粮"③。乾隆十年（1745）以前范堤之东已有垦熟地 6 404 余顷④。

通州沿海明代已进行围垦造田，由盐运使围垦古海堤以东五总、骑岸、十总、庆丰、唐洪一带海涂，成"总头田"；又围今通甲公路沿线的姜灶、先锋地，称"明田"。清代仍有围垦，康熙五十年（1711）至乾隆初，盐运使李煦等围垦海堤外东社、忠义地区的"甲田"⑤。之后强调堤内之地只可维持现状，不准扩大开垦，堤外之地概禁开垦，令放荒蓄草供煎盐之用。

然而由于海岸东迁，盐产日减，清后期开垦荒滩的呼声日益强烈。清末时，西起范公堤，东滨黄海，南起吕四，北至陈家港，海涂面积达 1 900 万亩。这一地区的西部为民垦区（东部为近代盐垦公司垦区），成田早于东部，经明清时期的逐步开发垦殖，已开垦出农田约 900 万亩。⑥加上灌河以北开垦的海涂地，共达千万余亩，成为中国明清时期开垦海涂面积最大的地区。

2. 上海崇明岛和南汇嘴地区　江海交会之处的崇明岛是中国第三大岛，面积 1 083 千米²。其建置始于唐代，因沙岛此涨彼没，故治所多次迁徙。明万历十一年（1583）迁治所于长沙沙岛，直至如今。明清之时沙洲涨塌变化多端，故仍采用元代制度"十六字令"："三年一丈，坍则除粮，涨则拨民，流水为界。"但在涨塌之中沙洲不断增多，面积扩大，促进了岛屿海涂围垦事业的发展。据民国《崇明县志》卷六记载，明洪武二十四年（1391）崇明有官民田地 7 246 顷，万历三十二年（1604）有田荡涂13 322.17顷，清雍正十三年（1735）拨十二沙（田荡涂 2 069.06 顷）予通州，实存田荡涂 12 288.81 顷，乾隆三十三年（1768）又拨十一沙（田荡涂 4 770.38顷）予海门，实存田荡涂 14 465.85 顷。道光十年（1830）田荡涂达 21 530.37顷，宣统二年（1910）达 30 842.46 顷。可见沙洲淤涨之迅速。

---

① ［清］包世臣：《中衢一勺·筹河刍议》。

② 光绪《盐城县志》卷一《舆地》。

③ 嘉庆《两淮盐法志》卷二七，乾隆十年盐运使朱续晫议。

④ 嘉庆《两淮盐法志》卷二一，乾隆二十六年（1761）陈宏谋等会题，旋经运司查明富安等 11 场实计熟地 6 391.52 顷，乾隆二十七年起加升银两。

⑤ 南通市地方志编纂委员会编：《南通市志·水利分志》，上海社会科学院出版社，2000 年。

⑥ 孙家山：《苏北盐垦史稿》，农业出版社，1984 年。

崇明沙涂成田大致经过三个阶段，顺次称为：涂、荡、田。依傍老沙接涨新沙和水中突涨新沙，其始尚在水下，称为水涂，一经报拨，每亩纳粮五合。之后沙阜出水渐生草，"名曰草滩，再届丈期，升为一升荡，亩纳米一升。及草渐茂密，又届丈期，每亩递增一升，曰二升荡、三升荡。是时荡渐高阜，芦苇丛生，有荡租抵赋。及沙涨坚实，筑圩成田，又升为止田，亩纳米三升二合一勺。及成熟既久，渐成老地，乃升为民亩，亩纳米五升三合五勺，是为最重之则"①。涂、荡成田，必须筑圩浚渠和讲究栽种之法。

为了防御咸潮侵灌，明代万历时崇明岛筑有连接诸沙的北洋海岸，从孙镇、孙家、吴家、袁家四沙至亨沙、南沙，长 50 里，"自筑此堤，尽成沃壤，植桑其上，有桑堤千顷"②。清代又多次进行修筑。此外，为了农田蓄泄，沙岛上普遍开有河沟，农田中是为民沟，两沙之间的河道为官河。康熙《崇明县志》卷三《海岸》称："崇邑惟海岸、官河二者，一御咸湖潮，一资蓄泄，为农事第一要务。"

长江口以南上海南汇嘴地区的滩涂在明清时期逐渐增长，特别是清代增长较快，人们不断向外筑堤，与海争地，进行围涂垦殖。

明初海岸线基本上维持在北起南跑口，南经今川沙、南汇县城及四团、奉城以迄柘林一线。明成化八年（1472）在此基址上筑捍海土塘。万历十二年（1584），为了保护捍海塘内的农田和围垦新涨的滩地，向东修筑外捍海塘，北起南跑口，南经合庆、蔡路、江镇、施湾、黄路，在四团附近接原海塘，海塘的修筑又促进了塘外滩地的加速淤涨。

清代，南汇嘴一带的围垦事业更加发展，经济有明显的增长，于是增设了一些新县，雍正二年（1724）析华亭县东境置奉贤县，析上海县东南境置南汇县。为了保护垦辟而成的农田，雍正十一年由南汇知县钦连主持，对外捍海塘进行修筑和加固，易名为"钦公塘"。雍正时期以后，钦公塘外滩涂增长迅速，围垦事业兴旺。南汇、川沙、奉贤农户为了保护塘外垦田不被咸潮淹没，多次修筑圩塘。从乾隆初至光绪间，南汇县开垦农田达 30 万亩，奉贤县钦公塘外的头团至二团海滩涨约 5 里，三、四、五团海滩涨有八九里至 20 里不等。当地将这些滩涂地分为四类，塘附近地为旱墩，其外为中墩，又外为水墩，再外为草荡。中墩、水墩皆为晒盐之所。道光初年，民众在水墩外筑圩，名御塘，长 15 里。御塘筑后，塘内之地渐次开垦，种植棉花、水稻，人口也逐渐增加。③ 为了更好地捍御开垦的海涂田，光绪九年（1883）南汇知县王椿荫于钦公塘外新筑土塘，自川沙县九团撑塘起，经南汇

---

① 民国《崇明县志》卷六《经政志》。
② 康熙《崇明县志》卷三《海岸》。
③ 光绪《奉贤县志》卷四《水利》。

县老港、新港，直至果园，长 11 388 丈余，称之为"王公塘"。钦公塘与王公塘之间距离最远处达二三十里。之后，随着塘外滩涂的不断淤涨，围涂垦田继续推进。光绪二十二年，又于王公塘外另筑李公塘，北起川沙县撑塘，南止南汇县一团，长 9 740 丈。

为满足农田排灌的需要，在钦公塘与王公塘之间的垦区开挖了沟渠：沿王公塘开随塘河一道，潮溢时拦截咸流，平时蓄淡水以资灌溉；又开支河 21 条，并于钦公塘穿筑 6 座涵洞，以利新老垦区的排灌。① 王公塘与李公塘之间亦开挖排灌河道，用于围涂垦殖。

从上述可知，清代南汇嘴滩涂增长很快，经过修筑三重系统海塘及各围垦地段的圩塘，将数十万亩咸卤海涂开辟成了种植禾棉的良田。

3. 浙东沿海地区　明清时期，浙东杭州湾南岸和甬江口以南沿海地区的海涂也不断向外增长，围垦事业有较大发展。

杭州湾南岸，明初海岸线大致维持在萧绍海塘和大古塘一线。从永乐初年起，余姚、慈溪一带的海涂大为淤涨，为开垦涂地，于大古塘外另筑"新塘"。之后海涂又淤涨 10 里许，成化间水利佥事胡复于海口筑塘以御潮，称之为"新御潮塘"。本来该塘之内是盐户制盐之地，筑塘后，豪强纷纷开垦，盐、农争利，矛盾很大。弘治初绍兴府推官周进隆于新塘之下筑塘为界，塘以南可垦辟为田，塘北仍是盐户产盐场所，争议于是平息。此塘称为"周塘"。以后，滩涂继续向外扩展，为适应围垦的需要，又不断修筑海塘，至清代共筑有七重海塘②，先后围垦滩涂 10 万余亩。海涂之地淡水不足，其沙性土质适宜种植棉花，所以海涂垦辟后以种植棉花为主，余为豆麦等作物。

钱塘江南岸萧山、绍兴一带，在 17 世纪末以后由于潮流趋北，海岸滩涂迅速淤涨，原来钱塘江南大门赭山与龛山之间逐渐淤成平陆。

杭州湾南岸，从明永乐初开始，至清嘉庆间，400 年间造出面积 600 千米^2 的"三北"平原。③

甬江口以南多为岩质海岸，海岸线曲折，港湾众多。明清时期海湾平原向外扩展，为了阻挡海潮、蓄存淡水，增筑了一道道海堤，围涂垦殖。由于平原分布较分散，不相连续，因此所筑海堤或长或短，长或五六十里，短或一二里不等，所围海涂面积亦大小不一，大者一二万亩，小者数千亩、数百亩。如台州府六邑有宁海、临海、黄岩、太平（温岭）四县临海，沿海岸（包括入海处的江岸）皆修筑许多海

① 《江苏海塘新志》卷四《形势》。
② 光绪《余姚县志》卷八《水利》。
③ 钟世杰、李绪祖：《浙东水利撮要》，见中国水利学会水利史研究会、浙江省鄞县人民政府编：《它山堰暨浙东水利史学术讨论会论文集》，中国科技出版社，1997 年。

塘以蓄淡御咸。黄岩县明清时期海涂增长迅速，因围涂垦殖的需要，海塘一再向外修筑：明弘治间在县东南霓嶴筑丁进塘，长 60 里；正德间筑洪辅塘，南至新河，北通海门，不久又在洪辅塘下筑四府塘；清康熙十六年（1677）在县南 40 里筑张塘。以上四条塘称为老塘，其后至光绪初年，在老塘下依次向外增筑头塘、二塘、三塘、四塘、五塘、六塘，光绪二十一年（1895）又筑关塘。据民国《台州府志》卷四八统计，台州府在清末时共有海堤 80 条。温州府的乐清、永嘉、瑞安、平阳四县濒海，海岸线绵延数百里，清中期时已筑有海堤近百条，以乐清县最多。海堤的修筑保证了海涂田的垦殖。如永嘉县在雍正时新升荡田 12 000 亩，因遭潮水侵袭，难以开垦，乾隆十三年（1748）建成塘埭，御咸蓄淡，荡田才开垦成良田。①

4. 福建沿海地区　福建沿海地区亦为岩质海岸，多港湾，河流大都独流入海。河、海淤泥的沉积，使河口三角洲不断向海洋推展。明清时期以来，随着上游山区的拓垦，水土流失加剧，滩涂增长亦加快。这期间除清初强迫沿海居民内迁 30～50 里，围涂垦殖一直在发展中。其趋势由后海滨向前海滨不断推进：后海滨围垦的农田大致在平均最高潮线以上，"平旷沃衍，恒得水泉灌溉者"称为洋田，又有"傍溪湖积沙土填筑而成者"称为洲田；前海滨围垦的农田多位于平均最高潮线以下，"筑堤障海潮，内以引淡水以资溉者"称为埭田，低于埭田、"滨海咸卤无泉水及淡潮者"称为海田。②

福州府的福清县围涂规模较大。如清代乾隆十一年（1746）册报海田 77 500亩。③ 之后，法海埔、郎官港二处又垦出海滩地 2 710 亩④。该府其他沿海县，如闽、侯官、长乐、连江等地也围垦出不少洲田、埭田。

兴化府莆田有南北洋平原，唐宋时大筑海堤，又兴修塘池、陂堰工程，将滨海滩涂开辟为不怕旱涝的膏腴之地。明清时继续加强南北洋的水利建设，保证了洋田农业生产。同时不断围垦新的海涂，在洋田的堤外，将"海地开为埭田，渐开渐广，有一埭、二埭、三埭之名，外复为堤，以障海浪"⑤。埭田低于洋田二三尺或三四尺不等，呈阶梯状向外海伸展。为引水灌溉埭田，在内堤上设涵洞引取淡水，在外堤上立斗门或涵窦以泄余水入海。

在泉州府沿海一带，"筑堤障海以为田，又凿水道引溪流，以时启闭而灌溉之，于是，向之斥卤变为膏腴矣"⑥。

---

① 乾隆《温州府志》卷一二《海塘》。
② 乾隆《漳州府志》卷二一《赋役》。
③ 乾隆《福清县志》卷四《民赋》。
④ 《清高宗实录》卷三三九，乾隆十四年四月。
⑤ 乾隆《莆田县志》卷二《水利》。
⑥ 乾隆《泉州府志》卷九《水利》。

漳州府龙溪县（今福建漳州市）滨海地带，清代涨出一些海洲，如许茂乌礁、紫泥等，民人修筑长堤捍御潮水，竞趋开辟为埭田。① 海澄县的玉枕洲，明嘉靖时浮现，清乾隆时"日壅日高，田庐稠密，遂成沃壤"。玉枕洲南又有大成洲，乾隆时亦进行垦殖。② 沙洲的扩大，使九龙江三角洲逐渐向外扩展，围垦范围亦随之扩大。围垦还促进了养殖业的发展，"滨海筑坡为田，其名为埭，初筑未堪种艺，则蓄鱼虾，其利亦溥，越三五载，渐垦为田"③。

5. 珠江三角洲滨海地区 在广东，西江、北江、东江等河泥沙在径流和潮流动力作用下，不断沉积而成珠江三角洲平原。元代以后，由于上游普遍沿岸修筑堤围，河道固定，泥沙便集中输送到河口一带，因此明清时期三角洲平原发育迅速，不断向口门外海扩展。明代，西江、北江三角洲前缘渐推移到磨刀门附近，沿海的五桂山、黄杨山、竹篙岭和南沙等岛屿与三角洲平原相连接，三角洲面积大约扩大了一倍。此时，东江沙滩前缘推移到漳澎、道滘以下。清代，三角洲成沙扩展范围已接近现代状况，面积比明代增长一倍以上。由于明清时期三角洲人口大增，劳动力的增加和人口压力促进了围垦事业的兴盛，不但沿河两岸的堤围大为发展，海滩围垦亦进入盛期。

明代浮涨的沙滩主要分布在今番禺县南部、顺德县东南部、中山县北部和新会县东南部一带，因此围垦海滩主要集中在这一带进行，其中以香山县（今广东中山市）最突出。香山县石歧以北有许多沙洲浮露，如小榄水道西南的西海十八沙大部分在宋元时已淤积成陆，明代前期围垦这些老沙滩；明中后期发展到围垦新成之沙滩，如东海十六沙一带，使原来宽阔的石歧海变成连绵的沙田。磨刀门东侧的坦洲、金斗湾一带也有围垦。海滩的围垦，使明代香山县耕地扩大近一倍，洪武二十四年（1391）该县耕地面积为3 900顷，到崇祯十五年（1642）增至7 559顷④，增加的耕地大部分是圈筑海滩而成的沙田。明代顺德县东南一带沙滩"植芦积土数千百顷"⑤。嘉靖《广东通志·广州府》载："桂洲（在顺德县内）青步海、中叶沙等处与香山接壤之田五百顷，……大小黄圃沙坦弥多，顺民告承接踵，……大南等皆然。顺民力勤，工筑日盛。"新会县礼乐以南，明正统以后有较多的海滩浮生，亦大量围垦成农田。此外，东莞西南部河口也有围垦，麻涌至道滘一线的沙滩围垦最早，之后沙滩不断扩大，桥头、南栅、北栅等成为新辟的沙田区。

据统计，明代珠江三角洲海滩围垦成的沙田总面积达万顷以上。

---

① 乾隆《漳州府志》卷一三《水利》。
② 乾隆《海澄县志》卷一七、卷二。
③ 乾隆《漳州府志》卷四五。
④ 康熙《香山县志》卷三。
⑤ 万历《顺德县志》。

清代是珠江三角洲海滩围垦的大发展时期，特别是乾隆时期以后，围垦海滩达到极盛。据统计，从乾隆十八年至宣统三年（1753—1911）近160年间，总共围垦滩涂成沙田133万亩①。主要在磨刀门、鸡啼门、横门、蕉门和虎门等各出海水道及滨海地带。分布如下：

（1）中山县东海十六沙。在小榄水道与桂洲水道间，直至横门水道与洪奇沥水道之间，由东海淤积所成沙田区，包括十六沙四周增积的子沙等。清嘉庆后期围垦农田2 100余顷。② 清末时沙田总面积扩展到4 600余顷，已有村落数十，居民十余万人。③

（2）甘竹滩以南至磨刀门水道沿岸、泥湾门与虎跳门之间一带。这是当时抛石筑坝聚沙和堵塞河道支汊造田最集中的区域。磨刀门水道左岸，由古镇以下围筑成永安、古镇、百顷等围，以及芙蓉沙、附洋沙、广福沙等，均围垦成田。磨刀门右侧，包括泥湾门与虎跳门之间，清中后期围垦推进到沙堆、黄杨山东北侧和六多一带。清末海滩围垦成田的有白蕉、灯笼沙、桅夹沙、乾雾、小林、大林等地区。

（3）番禺县南部、蕉门和潭洲水道之间及口门附近一带。东涌、鱼窝头、潭洲及以南的南顺沙、塞口沙、义沙、大澳沙、万顷沙、南沙等沙滩，皆于清代先后围垦成田。其中万顷沙在乾隆时仍是汪洋一片，嘉庆间开始浮露，道光十八年（1838）"用桩石围筑堤坝，周围广三千余丈，约六十余顷，俱种水稻"。至道光二十九年围垦成田1.45万亩。宣统末年共筑50多围，围垦农田达6.7万余亩。④

（4）东江三角洲西南一带。宣统《东莞县志》称："咸湖堤之西海、南栅诸乡，又西南沙诸乡，濒海之处亦皆工筑成田，不可胜数。"

可见，明代至清初，珠江三角洲海涂围垦已从江河沿岸发展到口门滨海地区，由"既成之沙"发展到"新成之沙"。清代中后期，海滩围垦已发展到"未成之沙"了，对尚未浮露的沙滩采取人工抛石筑坝、植芦种草促淤等办法进行围海造田。正如道光《南海县志》所说："昔筑堤以护既成之沙，今筑堤以聚未成之沙；昔开河以灌田，今填海以为陆。"明清时期，珠江三角洲滩涂围垦的大发展，使耕地大量增加，促进了经济的繁荣。但由于竞相筑坝围垦、堵塞河流，造成水势泛滥、水患日见增多的态势。乾隆至道光年间，清政府多次限制在出海水道要地筑坝围垦，但为一方一己之利，多遭豪强阻挠，地方政府又执行不力，终难以禁止乱垦乱围。

---

① 张超良：《广东沙田问题》，1937年，见佛山地区革命委员会《珠江三角洲农业志》编写组编：《珠江三角洲农业志》第2册《珠江三角洲堤围和围垦发展史》，1976年，41～42页。

② 咸丰《顺德县志》。

③ 广州香山公会：《东海十六沙纪实》，1912年，见佛山地区革命委员会《珠江三角洲农业志》编写组编：《珠江三角洲农业志》第2册《珠江三角洲堤围和围垦发展史》，1976年，70～71页。

④ 宣统《东莞县志》卷九九、卷一〇二。

此外，在渤海湾和广西北部湾沿海，明清时期海涂围垦也有发展。如明代正德间山东副使蔡天佑分巡辽阳，"辟滨海圩田数万顷，民名之曰蔡公田"①，说明辽河下游沿海一带已大规模进行滩涂垦辟活动。明清两代重视京东、天津一带滨海荒滩的垦殖事业（内容详见下节"畿辅水利"部分）。清代乾隆中期以后开始在广西北部湾沿海围垦海涂。道光《廉州府志》卷四称："从前州南濒海，潮长汪洋，高岸旷土尚力斩未辟，遑计及海滨。今升平日久，生齿日繁，负耒来氓渐集者众，生谷之地无不尽垦。自乾隆中以至于今，海潮所到之处若黄坡笃、大榄村、毛岭、横山、排榜、沙井、大小头、烂木头、蛇岭、三叉坪、九叉江、凉粉坑、芙蓉港等处，相其土宜可以塞潮种植者，经营图度，覆土筑堤，以障潮汐，留水门以通消纳，名曰围田，收利甚广。"

由上可知，明清时期在开发利用海涂土地资源方面取得了较好的成绩，对发展经济起了相当大的作用。

（1）通过围垦海涂，扩大了耕地面积，缓解了人口压力。滩涂是江河入海泥沙不断沉积塑造的结果，是不断再生的土地资源。明清时期海岸带滩涂资源不断增长，为利用这些宝贵的土地资源，从北到南沿海皆有筑堤围垦海涂的活动。约略统计，明清两代共围垦海涂达 1 700 万亩以上。土地面积的增加有利于缓解紧张的人地矛盾。如珠江三角洲，广州府在清康熙五十二年（1713）人口数为 38.56 万人，嘉庆二十五年（1820）增加到 587.85 万人，100 多年间增长了 14 倍。明清时期通过围垦海涂增加 230 万余亩的沙田。沙田土地肥沃，史称"潮田无恶岁"。② 明代广州府潮田单造亩产达三石或四石，这就使珠江三角洲粮食产量有较多增加，一定程度上缓解了缺粮的问题。沙田的增加，使得三角洲一些地区可以腾出一部分土地种植经济作物，发展商品农业。之后该地农业商品经济一直比较发达，沙田的增加是其中的一个重要原因。

（2）合理开发利用滩涂资源，使多种经营有了发展。明清之际，滩涂土地资源的开发以发展粮食及经济作物生产为主。经过兴修水利工程，筑堤御潮，蓄淡洗盐，改良滨海盐碱地，从而引水种植水稻，因此，粮食作物又以水稻为主。棉花比较耐盐，适于沙土生长，经济作物以棉花种植最多。苏北的通州、海门厅，上海的崇明、川沙、南汇、奉贤，浙东的余姚等滨海沙地皆盛产棉花。这一种植结构一直延续到现代。明清时期还在新涨的海涂发展盐业、渔业、养殖业等，采用多种多样的方式利用海涂资源，并随海岸的变迁和海涂生态环境的改变，采用适宜的利用方式。如淮南滨海地区，原来以从事盐业为主，明清时期由于海涂迅

---

① 《明史》卷二〇〇《蔡天佑传》。

② 方大琮：《铁庵方公文集》卷三三。潮田是沙田的一种类型，可种稻。

速淤涨，草滩日益发育，草荡土性渐淡，盐产日减，在这种形势下，淮南盐场废灶兴垦增多。虽然朝廷屡禁垦殖，但不能阻止这一趋势。而淮北有良好的晒盐生态环境，故淮盐北移，淮北晒盐日益兴盛，这就使苏北海涂开发利用的方式更趋合理。

另外，海涂的开发也促进了沿海地区经济的发展，并为城市和对外贸易提供农产原料。虽然明清时期的海涂开发尚有局限和不足，但总的来说意义重大。

（三）丘陵山区的开发

中国山丘面积广大，占全国土地总面积的三分之二。明清时期以南方丘陵山区的开发规模最大，从河谷到山坡，从缓坡到陡坡，从浅山到深山，大力推进开垦，开发渐趋深入，丘陵山区的土地资源得到较多的利用，使山区农业生产和农业经济有了较大的发展。

1. 明清时期丘陵山区开发的原因

第一，人口的增长需要开发更多的土地。丘陵山区大规模垦殖发生在明代中期以后及清代康熙末期之后，这与人口的增殖趋势是完全一致的。南方人口占全国人口的比重达 60%～70%，在东南沿海一些山多地少的省份，如浙、闽、粤等省皆出现了"地狭人稠"的严重问题。以往历史上几次大的人口迁移，主要由北方向南方迁移，而明清时期人口迁移除少部分流向边疆、湖区、海外，主要由人口密集的平原区向待开发的山区转移，出现了众多的流民或棚民；流民由闽、粤流向长江流域的山区；长江中下游的贫民一方面向邻近省份移动，另一方面又移向长江上游山区。

第二，封建社会的固有矛盾迫使农民流入山区生活。明代中叶以后，土地兼并日益激烈，"公私庄田，逾乡跨邑，小民恒产，岁朘月削"。在江南地区，"有田者十一，为人佃作者十九"，土地大部分为地主豪强占有，加上地租赋役日益加重，广大佃农处于"今日完租而明日乞贷"① 的悲惨境地。农民不堪负担沉重的租税徭役，只能离开本土流入封建统治薄弱的山区去谋生，于是出现了大批的流民群。清代土地兼并仍然相当严重，缺地的农民大量加入流民的队伍，进入山区开发。

第三，实行有利于山区垦殖的政策。明清两代皆颁布了一系列鼓励垦荒的政策，特别是清代开垦政策更加放宽。雍正元年（1723）明确规定，开垦荒地"水田仍以六年起科，旱田以十年起科"。旱田升科时间由原来的 6 年推延至 10 年，这就有利于山区的开垦，因山区旱地往往多于水田。乾隆时对垦殖山地采取更加优惠的政策。乾隆五年（1740）发布谕令："各省生齿日繁，地不加广，穷民资生无

---

① ［清］黄汝成：《日知录集释》卷一〇《苏松二府田赋之重》。

策。……向闻山多田少之区，其山头地角闲土尚多，或宜禾稼，或宜杂植，……嗣后凡边省、内地零星地土可以开垦者，悉听本地民夷垦种，免其升科。"① 之后，各省根据本地情况拟定了零星土地免科的具体办法。由于开垦山地无需纳税或纳税极轻，广大贫苦农民于是大量涌入山区开垦。

清政府还实行招徕移民垦荒的政策，引导人口稠密地区的民众向地广人稀的地区迁徙。如因清初战乱，四川省"民无遗类，地尽抛荒"。为了复苏凋敝的经济，清政府采取一系列招徕政策，形成了湖广、陕西、江西、浙江、福建、广东等省人民大量入川的移民浪潮。由于移民以湖广人为主流，故史称"湖广填四川"。移民的不断涌入，不仅使四川盆地的丘陵浅山得到垦复和拓垦，而且也使盆地周边的大山区得到开垦。陕南秦巴山区也安置流民开垦。嘉庆五年（1800）曾下诏："将南山（即秦岭）老林等处可以耕种之区，拨给开垦，数年之内，免其纳粮，俟垦有成效，再行酌量升科。"② 于是流民络绎不绝地进入秦、巴老林地区，到嘉庆末年，侨寓了数百万流民，以致"老林开空"。清雍正年间在滇、桂、黔、川、鄂、湘的少数民族地区实行大规模的"改土归流"，将这些由土司实行农奴制统治的地区纳入清政府的直接管理下。这些少数民族居住区皆为偏僻的山区，清政府设州县置流官，促进了内地和偏远山区之间的经济文化交流，为内地人口大量流入西南等山区进行经济开发活动创造了条件。

第四，玉米和甘薯等新作物的种植扩大了山区垦殖的范围。玉米、甘薯、马铃薯等新作物于15世纪、16世纪相继传入中国。这些作物都是耐旱耐瘠的高产作物，适合山区栽培。山区一般在低处种甘薯，高处种玉米，更高的山上，则种耐"地气苦寒"的马铃薯。18世纪，随着流民大量涌入山区，玉米、甘薯和马铃薯在山区得到普遍种植，尤其是玉米成为山区农民的主粮，"川、陕、两湖凡山田皆种之，俗呼包谷，山农之粮，视其丰歉……"③ 由于引进了适合山区生长的新的粮食作物，因而提高了山地的利用率和粮食的产量，为解决山区众多人口的食粮问题创造了条件。

除了新粮食作物的种植，经济作物也是移民开发山区的重要选择。由于经济作物的商品价值高，种植它们可以获取高额利润，因此备受移民的重视。流寓到江西分宜县的移民以种麻、种蔗为生，康熙《分宜县志》卷二《风土考》中记载："流民男妇寓居分宜岭山，结棚为舍，耕种麻、蔗以资生。"湖南祁阳县山区以种植烟草为主，"明启、祯时始有此，种山埠间，摘其叶晒干，切为丝，以管燃之，吸入口中吐出烟起，故谓之烟"④。湖南慈利县经济作物种植较为广泛，"环慈（利）皆

---

① 光绪《大清会典事例》卷一六四。
② 《清仁宗实录》卷五三。
③ ［清］吴其濬：《植物名实图考》卷二。
④ 同治《祁阳县志》卷八《物产》。

丛山，……有茶、椒、漆、蜜之利，暇则摘茶、采蜜、割漆、捋椒以图贸易"①。当然了，收获这些作物后，必须通过交换，才能获取粮食。祁阳县一带的粮食产量很多，原本可以输出外地，"素称产米之乡，询诸父老，二三十年前客商贩米至湘潭、汉镇者虽率十余万石"，但是，随着移民的增多，这一地区所产粮食仅够当地人使用，有时必须从外地输入，"迨后户口滋繁，平岁米谷仅敷本境民食，即丰年所余，亦不过数万石。一遇歉岁，反仰给于邻境"②。

2. 明清时期丘陵山区开发状况 明清时期丘陵山区的开发以南方为最，各省皆有较多的开发③，其中以鄂西、陕南、江西、云南等山区的开发最为引人注目。

鄂西的荆襄地区，"地连数省，川陵延蔓，环数千里，山深地广"。明初，为防止民众结聚山区滋生事端，对山区施行封禁政策。荆襄地区地旷人稀，自然资源丰富，又可逃避赋税徭役，成为破产农民寻求谋生的好去处。永乐年间已有流民不顾禁令进入荆襄地区。据成化七年（1471）右都御使项忠奏疏，其时移入该山区的流民共达 150 余万。朝廷先后派白圭、项忠率兵对流民实行驱逐、镇压，但不久流民结集如故。成化十二年都御使原杰采取招抚流民附籍的政策，查出流民共 113 317 户，男女 438 644 丁口，其中附籍者 96 654 户，男女 392 752 丁口。④ 为便于管理，成化十三年设置了郧阳一府六县。弘治十八年（1505）流民增至 73.5 万人，这些流民 80％以上都陆续附籍，在荆襄地区定居，成为发展当地农业生产和社会经济的一支重要力量。

荆襄地区原是"草木蒙密，人迹罕至"之地，经过流民们的大力开发，情况有了很大的改变。仅成化十二年（1476）原杰招抚流民附籍后，即开垦荒地 143 万亩⑤。郧阳府洪武时只有耕地 1 528.98 顷，至万历时有耕地 49 269.08 顷⑥，增长了 30 多倍。由于荆襄地区的开发，经济有了发展，明末徐霞客称这一地区"山坞之中，民庐相望，沿流稻畦，高下鳞次，不似山、陕间矣"⑦。

清代，荆襄地区开发程度更高。史载："昔时土浮于人，又山多田少，水田十之一，旱田十之九。近则五方杂处，渐至人浮于土，木拔道通，虽高岩峻岭皆成禾稼。"⑧ 荆襄地区经过明清两代的开发，改变了原来"林木盛，禽兽多"的景象，

---

① 万历《慈利县志》卷六。
② 同治《祁阳县志》卷二二《风俗》。
③ 张芳：《明清时期南方山区的垦殖及其影响》，《古今农业》1995 年 4 期。
④ ［明］原杰：《处置流民疏》，见［明］陈子龙等辑：《明经世文编》卷九三。
⑤ 《明宪宗实录》卷一六七。
⑥ 天顺《襄阳郡志》卷一，康熙《湖广通志》卷一二。
⑦ ［明］徐霞客：《徐霞客游记·游太和山日记》。
⑧ 同治《郧阳志·舆地志》。

成为"山尽开垦"的农作区。

陕南山区，北有秦岭，南有大巴山，中部镶嵌汉中、安康、商丹盆地。明代以前，陕南除汉中平原等地势平坦地区，大部分地方保持原始的自然景观。明宣德正统年间，"河南、山西、山东、四川并陕西所属八府人民，或因避粮差，或因畏当军匠，及因本处地方荒旱，俱各逃往汉中府地方、金州（治今陕西安康市）等处居住"，流民达 10 万以上。[①] 成化时，荆襄地区被驱流民的一部分又聚到陕南，共有 18 718 户。成化十三年（1477）为安置流民，升商县为州。之后，商洛山区和汉中、安康盆地边缘山地皆有开发。如汉中府山区，原是"荒山茂林"，"成化年间以来，各省逃移人民，聚集栽植茶株数多，已经节次编入版籍，州县里分俱各增添，户口日繁，茶园加增不知几处"，"递年所出茶斤百数十万"。[②]

清乾隆中期至嘉庆年间，清政府允许开垦老林，陕南遂进入大开发时期。流民迁入最早的是商丹盆地及周围低山丘陵，乾隆十年至二十年（1745—1755），已有不少外来流民到商州"包工开荒"[③]。到乾隆三十七年、三十八年流民始进入大巴山地区。毕沅《兴安升府疏》称，兴安州（治今陕西安康市）"通计地方四千余里，从前俱系荒山僻壤，土著无多。自乾隆三十七八年以后，因川楚间有歉收处所，穷民就食前来，旋即栖谷倚岩，开垦度日。而河南、江西、安徽等处贫民，亦多携带家室，来此认地开荒，络绎不绝，是以近年户口骤增数十余万"[④]。因兴安州人口大量增加，故乾隆四十七年将州升为府。之后移民迁至陕南者更多，"流民之入山者，北则取道西安、凤翔，东则取道商州、郧阳，西则取道重庆、夔府（治今重庆奉节县）、宜昌，扶老携幼千百为群，到处络绎不绝"[⑤]。到嘉庆末年，陕南老林地区，"江、广、黔、楚、川、陕无业者侨寓其中以数百万计"[⑥]。嘉道之时，流民进入大巴山主脊北侧的镇平、砖坪（今陕西岚皋县）和定远（今陕西镇巴县）等海拔达 1 400～2 000 米的高寒山地。

道光间陕西巡抚卢坤所编《秦疆治略》中载有陕南各地流民开垦山地的情况，现略举数例：商州（治今陕西商县）"境内万山深邃三省环连，山地为川楚客民开垦殆尽"；西安府盩厔县（今陕西周至县）"向来皆是老林，树木丛杂，人迹罕到。……近年各省之人俱有。虽深山密箐，有土之处，皆开垦无余。道光三年查明山内客民十五万有奇"；兴安州砖砰厅"土著民少，客户民多，……境内皆

---

① ［明］马文升：《添风宪以抚流民疏》，见［明］陈子龙等辑：《明经世文编》卷六二。

② ［明］杨石淙：《为修复茶马旧制第二疏》，见［明］陈子龙等辑：《明经世文编》卷一一五。

③ 乾隆《续商州志》卷三。

④ 嘉庆《安康县志》卷一七《文征》。

⑤ ［清］严如熤：《三省边防备览》卷一一《策略》。

⑥ 《清宣宗实录》卷一〇，嘉庆二十五年十一月壬辰。

山，开垦无遗，即山坳石隙无不遍及"；汉中府凤县"新民甚多，土著稀少，多系川湖无业游民佃地开垦，杂聚五方……境内跬步皆山，数十年前尽是老林，近已开空"；可见当时开垦的烈度和深度。山区自然资源丰富，流民除开荒种植，还在木耳厂、香蕈厂、木厂、铁厂、纸厂、煤厂等佣工为生。然而由于自然资源的过度开发，道光时期之后陕南山区农业、副业和手工业渐趋衰落。

江西是多山的省份。东、南、西三面山地丘陵环绕，仅北部有平原分布。赣西北、东北山丘之地，宋元时已有一定规模的开发，但大部分山区，尤其是赣南山区，基本上还是山荒人稀之地。明中叶后，赣南山区有较多的开发。如成化二十二年（1486），赣南地方官称："南（昌）赣（州）二府地方地广山深，居民颇少，有等富豪大户不守本分，吞并小民田地，四散置为庄所，邻近小民，畏避差徭，携家逃来，投为佃户，或收充家人。"① "邻近小民"是来自相邻的赣中平原的破产小农。闽、粤流民也向赣南流徙，纷纷建立村庄。明政府为便于统治和管理，先后新置了一些县，如崇义县、长宁县（今江西寻乌县）等。山区由此而"禾稻竹木生殖颇蕃"②。赣西北的袁州（治今江西宜春市）、瑞州（治今江西高安市）一带，明中叶后亦有大批流民进入。嘉靖年间，"居民因土旷人稀，招入闽省不逞之徒，赁山种麻，蔓延至数十余万"③。垦山流民达到数十万，可见规模之大。

明末清初，连年战乱致使江西大量田地被抛荒。局势平定之后，清廷实施招垦政策，闽、粤贫民蜂拥而至。据雍正二年（1724）清查，通省十三府，除平原地区的九江、南康（治今江西星子县）、抚州、建昌（治今江西南城县）四府，其余有山的九府共计有棚民 15 000 余户④。康熙至乾隆年间形成流民迁徙高潮。赣南地区流寓人数超过了土著。⑤ 乾隆《赣州府志》卷一七载："闽粤之能种山者，挈眷而来，自食其力。"乾隆《龙泉县志》卷一三称："崇山密箐，棚寮杂布。"除了种植粮食作物，还努力发展经济作物。赣西北的分宜、万载一带，康熙时棚民已多，寓居山岭，"耕种麻蔗以资生"⑥。武宁县在乾隆时"自楚来垦山者万余户，蘘巇密嶂，尽为所据"⑦。赣东北的铅山县，在康熙年间已"多流民艺麻，棋布山谷"。玉山县有福建流民，"多以种苎为生"。怀玉山和铜塘山（在武夷山脉）原本都是封禁之地，由于流民不断向内移垦，迫于现实情况，两山先后于乾隆和同治年间开禁。

① ［明］戴金编次：《皇明条法事类纂》下卷。
② ［清］周用：《乞专官分守地方疏》，见康熙《西江志》卷一四六。
③ 道光《宜春县志·武事》。
④ 雍正《朱批谕旨》，雍正二年六月二十四日裴率度奏。
⑤ 万芳珍：《清前期江西棚民的入籍及土客籍的融合和矛盾》，《江西大学学报》1985 年 2 期。
⑥ 康熙《分宜县志》卷二《风土》。
⑦ 乾隆《武宁县志》卷一〇《风俗》。

云南是一个多民族的高原山区省份，其地形特征为"九分山，一分坝和水"，明代在云南设置卫所，广开屯田，并移民垦殖，主要开垦平坝和河谷地区，山地亦有一些开辟。清雍正年间在云南大规模实施"改土归流"。这些地区均为少数民族居住的山区，"改土之初，地广人稀，除安插夷民外，留兵屯田，并招募农民从事垦殖"①，从事山区开发的人员主要有兵士、移民和原住民三类。

清王朝为加强统治，在云南广设汛、塘、关、哨、卡（统称汛塘），全省总计有3 500多处。② 汛驻在州县城内，塘、关、哨、卡设于山区。原来土司统治的普洱府（治今云南普洱哈尼族彝族自治县）、丽江府（治今云南丽江纳西族自治县）、开化府（治今云南文山县）都设置不少汛塘。戍守山区的士卒多为内地或流入云南的汉族农民，他们有的携带家属长期戍守山区，有的退役后在当地落户，垦荒建村。道光《广南府志》卷二称："所有新居人户，主要为汛塘兵丁及内地人民远走谋生者。"

移入云南的汉民很多，"清康雍以后，川、楚、粤、赣之汉人，来者渐多，其时滨海（即近湖泊）之区已无插足余地，商则麇集于市场，农则散于山岭间垦新地以自殖，伐木开径，渐成村落，……汉人垦山为地，初只选择肥沃之区，日久人口繁滋，由沃以及于瘠，入山愈深，开辟愈广。"嘉庆道光时期以后，贫民移入更多，"分向干瘠之山，辟草莱以立村落，斩荆棘以垦新地"③。据当时调查，这些流民在云南南部的开化、广南、普洱、临安四府和元江州共计有8万多户。其时，瑶族、苗族人民也从广西、贵州等省大量移入云南，开垦山地。云南山区由于各族人民的迁入得到较多的开发。

云南当地的少数民族多居住在山区，不同的民族分布在不同的山区及山地的不同垂直高度带。他们耕种山田，多采用"刀耕火种"的方法，但有些少数民族（如哈尼族等）已在红河及支河两岸山坡上修建了壮观的梯田。④ 开垦山地技术的进步，使农业生产走上稳步发展的道路。

其余丘陵山区开发的规模和范围也颇大，因此明清时期各地对丘陵山区自然资源的开发利用皆超过前代。

3. 明清时期丘陵山区开发的作用和影响　明清时期丘陵山区开发的积极作用表现在以下几方面：

第一，山区土地资源得到空前的开垦，扩大了耕地，增加了粮食产量，缓解了人口压力。南方山区的河谷平原、山间盆地在明清时期得到充分开垦，还通过兴修众多的陂塘堰坝工程，发展水稻种植业。如湖北荆襄地区，明洪武时耕地总数仅

---

① 民国《昭通县志稿》卷四《财政法》。
② 道光《云南通志》卷四三。
③ 民国《广南县志·农政垦殖》。
④ 光绪《云南通志稿》卷三〇《风俗》。

15 万多亩，人口为 6.36 万人，清嘉庆时耕地增到 494 万余亩，人口上升为 79.89 万人。[1] 若以"水田十之一"计算，嘉庆时水田面积应有 50 万亩左右，据统计，其中用塘坝灌溉的面积约有 20 多万亩，比洪武时的耕地面积还多。耕地以及水田面积的增加，得以维持所增加的 10 多倍人口的食粮需要。明清时期为利用山丘坡地种植水稻，在丘陵和缓坡地上大量修筑梯田，梯田的修筑还从浅山区扩展到了深山区。四川、滇南、贵州北部和中南部等地区，许多坡地开辟成梯田种稻。清代前期四川有米粮大量输出，其产米区主要在成都平原和重庆府、夔州府一带，成都平原素称产米之地，而重庆府和夔州府位于川东岭谷区，产米增多则是开发发展的结果。湘中丘陵盆地、江西山丘区、桂东山丘区水稻发展后亦有商品粮输出。

然而山区的土地多为坡地，水资源短缺，以种植旱作物为主。不少山区水田只占十分之一二，旱地占十分之八九。旱作物有粟、麦、豆、薏苡、高粱、荞麦、玉米、番薯等。光绪《（贵州）普安直隶厅志》称："阖境多杂粮鲜粮谷，杂粮中首包谷，次薯蓣，次荞麦、洋芋，故民间多食杂粮，通计民食，包谷十之五。"不少山区情况与此类似。明清时期，山区容纳了数千百万流民，通过开发，因地制宜发展多种粮食作物，解决了流民们的生计问题。由于山区运输不便，从事工业和开采业工人的食粮也需要靠当地解决。如鄂、陕、川三省交界山区，清代建有铁、木、纸、炭、淘金等厂，"必山内丰登，包谷值贱，则厂开愈大，人聚益众"[2]。

第二，许多山区种植经济作物和经济林木，发展多种经营，促使商品经济得到发展，繁荣了山区经济。山区地形地貌错综复杂，气候、土壤差别明显，动植物资源丰富多样，生产条件千差万别，使山区的农业生产具有多样性和立体性的特点。明清时期山区的开发亦呈现出这一特点：一般在河谷平原、山间盆地和缓坡地种植粮食作物，在山坡地种植市场需要的经济作物和经济林木，不宜发展种植业的山地放养牲畜等。沿海省份（如闽、粤等）的山区多种经营尤为发达。明代王世懋《闽部疏》称："闽山所产，松杉而外，有竹、茶、乌桕之饶。竹可纸，茶可油，乌桕可烛也。"靛蓝是染布业的原料，"福建之蓝甲天下"。福建的泉州、漳州山区大量种植甘蔗，万历《闽大记》谓："种蔗皆漳南人，遍山谷。"闽北山区多产茶，清代"延（延平府，治今福建南平市）、建（建宁府，治今福建建瓯县）之茶山遍地，不知凡几"。广东的山区亦多种植经济作物和林木，如山险林邃的花县在康熙二十四年（1685）设县后，开发加快，"山林亦资为利，松竹果树之生生不已者所在多有"[3]。乾隆年间，烟草和花生传入粤北，南雄成为烟叶专门产区；花生耐瘠薄，

---

① 天顺《襄阳郡志》卷一，嘉庆《郧阳志》卷四。
② ［清］严如熤：《三省边防备览》卷九《山货》。
③ 民国《花县志》卷二《舆地志》。

适宜在山坡地上种植，英德、曲江、始兴等县成为花生的集中产区。江西山区的麻、靛、烟、茶、蔗、花生、毛竹、油茶、油桐和漆树等都有较快的发展。此外，浙南的香菇、川东河谷坡地的柑橘等也很有名。山区经济作物和林木的发展，促进了农业商品贸易的发展，水陆交通随之得到改善，便利了山区与各地的经济联系，进一步刺激了山区经济作物的发展。

第三，明清时期丘陵山区的开发，缩小了落后的丘陵山区与经济发达的平原地区的差距。这一点在开发中和待开发的地区，如湘、鄂、川及滇、黔、桂等山区表现尤为明显，不少深林密箐、野兽出没的山区成为禾稼广植、人户蕃孳之区，为以后的发展打下了基础。

但是，明清时期特别是清代，在巨大的人口压力下，对丘陵山区的自然资源过度开发，不少流民为谋生存而滥伐森林进行垦荒和陡坡种植，从而产生了严重的水土流失问题，反过来，又影响了农业生产的发展，这是历史留下的一个深刻教训。

（1）表层沃土大量流失，使地力下降，环境恶化。山区坡陡流急，河流侵蚀力强。在植被破坏的山区，表层土壤被冲走，土壤变薄，甚至成为石山碛瘠之地，严重影响了农业生产的发展，造成山区日益贫困。这一状况在陕南山区表现得最为典型。嘉庆《汉南续修府志·山内风土》称："山民伐林开荒，阴翳肥沃，一二年内杂粮必倍，至四五年后土既挖松，山又陡峻，夏秋骤雨冲洗，水痕条条，只存石骨，又须寻地垦种。"从乾隆嘉庆时期清政府允许开垦秦巴山地开始，到光绪初，在这百年左右的时间里，陕南山区生态环境严重恶化，老林地力渐薄，山民不得不向外迁移另找生路。严重的水土流失造成生态环境恶化，生态系统损害，又导致经济系统的贫穷，进而引起社会系统的破坏。

（2）水旱灾害明显增加。因大量毁林开边，一下暴雨，"山无茂木则过雨不留"，引起山洪暴发，冲毁田地或堆沙于田。晴无几日，水源干涸，即发生旱灾。如浙西山区，嘉庆年间有大量棚民进入，到道光三十年（1850）山场开垦达十之六七，于是"每遇大雨，泥沙直下，近于山之良田，尽成沙地，远于山之巨浸，俱积淤泥，以致雨泽稍多，溪湖漫溢，田禾淹没，岁屡不登"①。清代有大量移民迁入广西东部一些地区，砍伐丘陵山地的树木以营利，使原来葱郁的自然环境变得山枯而泉竭，旱灾显著增加。②

（3）淤积河道和湖泊。水土流失的大量泥沙，淤积到河道、湖泊和陂塘中，抬高了河床，并使下游河道沙洲增多，减少了湖泊和陂塘的蓄水容积，加快了这些蓄

① ［清］汪元方：《请禁棚民开山阻水以杜后患疏》，见［清］盛康辑：《清经世文续编》卷三九。
② ［清］谢庭瑜：《论全州水利上临川公》，见乾隆《全州志》卷一二。

水工程的埋废，并影响到平原地区的生产。清代中期，长江流域经数十年的开发，土地垦辟基本趋于饱和，江河上游"深山穷谷，石陵沙阜，莫不芟辟耕耨。然地脉既疏，则砂砾易圮，故每雨则山谷泥沙尽入江流。而江身之浅涩，诸湖之埋平，职此之故"①。上游山区开垦后，造成的水土流失还淤塞下游的江湖。如荆江河床的抬高，洞庭湖淤积的加快，丹阳练湖、余杭南湖等的缩小和消亡，皆与大量垦山后加重水土流失有关。而河道浅窄造成洪水泛滥，湖泊蓄水容积减少又使地区水旱灾害增多，从而影响了这些地区农业生产的发展。造成这种后果，和农民对开发山区的短视性、掠夺性有关，只顾眼前不顾长远，只顾局部不顾整体；此外，也与政府没有正确的山区开发政策有关，这又和整个社会的科学技术水平低下联系在一起，不可能有很高、很深的认识。

总而言之，明清时期对丘陵山区进行了大规模的开发，扩大了耕地，发展了生产，增加了粮食产量和各种农副产品，山区社会经济面貌有了很大的改变，因此明清时期丘陵山区开发的意义是重大而深远的。当然，对山区过度的毁林开荒、陡坡种植造成的严重水土流失的教训也应认真加以总结，引以为鉴。

第二节 水资源的开发利用

中国水资源在地区和时间上的分布都很不均衡，这就造成一些大江大河严重的洪涝灾害，北方普遍水资源不足及南方水稻需水与降水不协调的问题，加上一些不当的人为措施，更加重了这一矛盾。明清时期水资源的开发利用以"农业水利"为主。水多水少都不利于农业生产，洪涝、水泛滥需要治水，干旱缺水又需要灌溉。明清时期，黄河、淮河水患最为严重，政府投入大量的财力物力用于治理。为了保障东南财赋之地，频繁地修筑海塘，改土工为石工，从而有效地捍御了海潮对农田的侵袭。沿江滨湖地区土地沮洳卑湿，沿长江中下游一带前代已通过筑圩开河将河湖淤滩辟出不少沃土良田，明清时期继续开辟出大片圩田，同时对新老圩田的水患进行积极的治理。

要提高农作物产量，灌溉是最重要的措施之一。明清时期的灌溉工程多为地方和民间自办，以小型为主，以维修为主，对水资源进行了广度开发。这一时期水资源开发的重点地区有畿辅和新疆地区，政府组织屯田水利，进行区域水资源的开发利用。在地下水资源的开发利用方面也有新的进展，北方晋、秦、冀、豫、鲁五省初步形成了井灌区，坎儿井这一独特的水利工程在新疆有了较快的发展。

---

① 雍正《湖广通志》卷二一《附修筑防总考略》。

一、治水

(一) 治黄治淮

南宋以前黄河主流基本在今黄河河道以北摆动。南宋建炎二年（1128）冬，为阻止金兵南进，东京留守杜充决开黄河南堤，河水自泗入淮，黄河主流河道南徙，开始了长达 700 余年黄河泛滥夺淮入海的流势。[①] 之后，由于治理不力，黄河在黄淮平原横冲直撞，大致以荥泽为顶点向东在今黄河和颍水之间呈扇形泛滥，灾患累及豫东南、鲁西南、鲁北和苏北广大地区，大片的沃野被流沙掩埋，土地普遍盐碱化，湖泊河流淤塞堙废，积水无出路，又造成一系列新的湖泊，使这里原来发达的农业经济一落千丈。

淮河原来独流入海，是"四渎"之一，尾闾通畅，自然灾害比较少。由于黄河夺淮入海，引起淮河水系的巨大变化，导致入海尾闾的不畅。明清时期治黄、治淮、治运纠缠在一起，治理起来十分复杂困难。

1. 明代的治黄治淮 明代治理黄、淮以保漕为目的，以治黄为中心。其治黄大致可以分为明初的"南北分流"，弘治时期以后的"北堵南分"，及明后期的"筑堤束水、独流入海"三个阶段，各阶段皆对淮河产生影响，致使淮河也不得不进行治理。

朱元璋建立明政权后，采取了一系列重农措施以恢复黄淮地区的农业生产，也对黄河进行了局部治理。当时黄河下游一带荒芜残败，黄河主流不定，时有决溢发生，处于漫流状态。朱元璋从保护民力出发，采用"护旧堤"之法，在洪武八年（1375）、洪武十七年、洪武二十三年、洪武二十四年分别将开封、归德、阳武等决口堵塞，未兴建大工。

永乐至成化时，黄河下游仍处于南北漫流状态。治黄工作只在局部地区修防。如永乐四年（1406）修阳武黄河决岸；永乐八年，河决开封，命宋礼主持治河，发民丁 10 万修治，并开黄河分支，自祥符县鱼王口开河，至中滦以下接黄河故道。宣德六年（1431），疏浚从祥符至仪封黄陵冈"淤道四百五十里"。景泰六年（1455），在徐有贞主持下，塞沙湾决口，开广济河分水，景泰七年又修开封一带堤岸。这些修防工程，在一定范围内收到一些效果，但不能从根本上稳定河势，黄河仍处于迁徙不定的状态。

弘治时期之后，主要采取"北岸筑堤，南岸分流"的治河方略，以保漕运畅通。自永乐元年（1403）迁都北京，确保南北漕运的畅通就成为明政府的一件大事，所以，一不能让黄河北决冲淤山东境内的会通河，二不能让黄河改道北去而使

[①] 一说金代明昌五年（1194）黄河主流才南徙。

徐州至清口这段黄河运河合一的河道缺水，故而要黄河南行。从弘治二年（1489）白昂治黄直到嘉靖十四年（1535）刘天和总理河道，皆奉行这一方针。

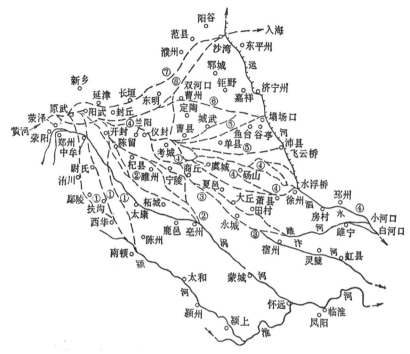

图 3-2 明永乐至嘉靖年间（1403—1566）黄河泛滥入淮、入运示意图

①由颖入淮——弘治以前主流；②由涡入淮；③由睢入泗——弘治中一度主流；
④至徐州入泗——嘉靖中期以后主流；⑤至沛县入运——正德及嘉靖初主流；⑥至
塌场口入运——洪武元年，永乐九年；⑦至沙湾穿运——正统十三年至景泰七年；
⑧至张秋穿运——弘治二年至六年

（选自姚汉源《中国水利史纲要》，水利电力出版社，1987年）

弘治二年（1489）五月，河决开封及金龙口，入张秋运河，九月命白昂修治河道。他在原武、阳武、祥符、封丘、兰阳、仪封、考城 7 县黄河北岸修筑大堤，断绝黄河北冲张秋运河的水流，疏浚潍河自归德经符离至宿迁入运河，又疏浚了入涡、入颖河道，维持数股分流状态。

弘治五年（1492），黄河复决金龙口、黄陵冈等处，北至张秋冲决运河堤防。弘治六年刘大夏奉命治河，弘治七年刘大夏发军民 12 万人，先疏浚上流：开浚黄陵冈贾鲁旧道 40 余里，由曹县东出徐州；开浚荥泽孙家渡口新河 70 余里，引水南下入颖；开浚祥符淤河由陈留至归德，再分二支，一入亳州涡河，一入潍河至宿迁小河口。上流分流后，堵塞张秋决口成功。同时修北岸"太行堤"，自河南胙城，历滑县、长垣、东明、曹州、曹县抵虞城共长 360 里；在此堤之南又筑新堤，自于家店，历铜瓦厢、东桥抵小宋集，长 160 里，修成双重堤防。明前期，黄河决溢集中于开封上下，刘大夏筑太行堤后，开封附近很少北决，北岸决口移到兰阳、考城、曹县一带，河道主流仍为南流。

此后继续加修黄河北岸堤防，嘉靖八年（1529），筑成自单县经丰县至沛县大堤，长 140 里。嘉靖十四年刘天和接筑长堤，自曹县八里湾起至单县侯家林，计长 80 里。于是上自河南之原武，下迄曹、单、沛，黄河北岸七八百里间，均有坚厚大堤二重。① 黄河不再北犯张秋运道，但仍在曹、单、徐、邳间决溢。南岸分流使淮河支流颍、涡、濉接纳大量黄河洪水，致使淮河中下游水患增多。

嘉靖末，潘季驯主持治河，治水方略由"分流论"向"独流论"转变，黄河逐渐由多股分流局面向独流入淮演变。潘季驯从嘉靖四十四年到万历二十年（1565—1592），曾四次主持治河，前后总计治河将近 10 年之久。特别是后两次，治河大权全归潘季驯，朝廷又特准其"便宜行事"，治河取得较好成绩。

万历六年（1578），潘季驯第三次总理河漕时，提出对黄河、淮河、运河整体考虑、综合治理的方略："通漕于河，则治河即以治漕；会河于淮，则治淮即以治河；合河、淮而同入于海，则治河、淮即以治海。"② 在这一指导原则下，他又提出"筑堤束水，以水攻沙"之法，不仅看到了黄河的水患，还注意到针对黄河含沙量大的特点而加以治理。办法是坚筑黄河两岸堤防，固定河道，集中水流挟沙入海。同时筑堤障淮，逼淮注黄，在清口使黄、淮合流刷沙归海，这就是"蓄清刷黄"之法。从万历六年夏至万历八年春，潘季驯主持修筑了一系列堤坝工程：筑北起武家墩、南至越城的高家堰 60 余里，抬高洪泽湖水位，拦蓄淮河水，逼水出清口，以清刷黄，冲刷下游黄淮合流的河道；塞崔镇等决口 130 处，挽水归正河，筑徐、睢、邳、宿、桃、清两岸遥堤 56 000 余丈，徐、沛、丰、砀缕堤 140 余里，通过"筑遥堤以防其溃，筑缕堤以束其流"，有力地固定了河道，收到"两河归正，沙刷水深，海口大辟，田庐尽复，流移归业，禾黍颇登，国计无阻，而民生亦有赖"的效果。③ 黄河安流了七八年，漕运也大为畅通。万历十六年潘季驯第四次治河时，又大筑河南、山东、南直隶三省黄河堤防，加固整治堤防共 29 万余丈④，尤其徐州至清河段，形成了遥堤、缕堤、格堤、月堤、减水坝等配合成套的堤防系统。

然而束水攻沙只在一定时期和地段有效，不能从根本上改变黄河淤积状况。潘季驯治河时，三省一些地区的河道已经高于地面。另外，黄强淮弱，蓄清刷黄的作用也不能持久。万历时加筑高家堰大堤后，洪泽湖蓄水增高，扩大了淮河流域的淹没面积，同时洪泽湖向西扩展，威胁到泗州朱元璋祖陵的安全。

---

① 以上明代治水见《明史》卷八三《河渠志》一。

② ［明］王锡爵：《潘公季驯墓志》。

③ ［明］潘季驯：《河防一览》卷八《河工告成疏》。

④ ［明］潘季驯：《河防一览》卷一二《恭报三省直堤防告成疏》。

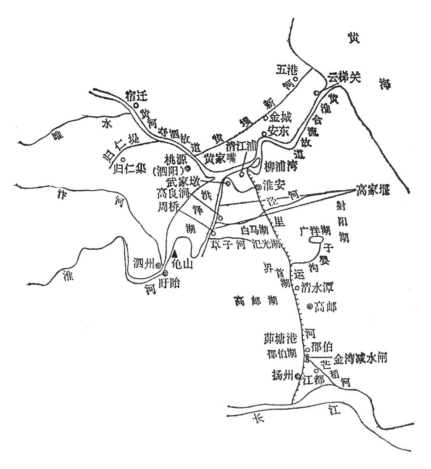

图3-3　明代"蓄清刷黄"与"分黄导淮"示意图

（选自水利部淮河水利委员会《淮河水利简史》编写组编

《淮河水利简史》，水利电力出版社，1990年）

　　万历二十年（1592），潘季驯年老病退。万历二十一年五月，黄河决单县黄固口，淮水又大涨，洪泽湖大堤决口22处，高邮南北运河堤决口28处。翌年，湖堤虽堵塞，而黄水大涨，清口淤塞，淮水不能东下，致使倒流旁溢，水患浸入泗州朱氏祖陵。在这种情况下，万历二十三年，杨一魁总理河道，提出了"分黄导淮"之策，得到朝廷同意。万历二十四年，征调民夫20万人，于桃源开黄坝新河，起黄家嘴，经周伏庄、渔沟浪石两镇，至安东五港、灌口，长300余里，分泄黄水入海，这是分黄工程。导淮工程有：疏清口淤沙7里，导淮会黄；在高家堰建武家墩闸、高良涧闸、周家桥闸，使淮水经里下河地区三条水道入海；又浚高邮茆塘港，引水入邵伯湖，开金家湾下芒稻河入江，这是首次人工引淮水南流，"于是泗陵水患平，而淮、扬安矣"。[①]

————————

　　① 《明史》卷八四《河渠志》二。

然而"分黄导淮"也不能彻底解决黄、淮问题，桃源黄坝新河不久就淤废。由于分黄，横穿沂、沭河，夺灌河口入海，打乱了苏北水系，给该地区增添了灾难。高家堰三闸分泄淮水东经锅底洼里下河地区入海，从此里下河地区灾患不断。洪泽湖继续向西面扩大，至清康熙十九年（1680）泗州城沉没于湖。之后，黄河仍常决曹、单、徐、沛间，由于明政日坏，除维持漕运工程，河道只稍加修补而已。

明代采用"治黄保漕"的方针治理河道，虽然减少了一些决溢灾害，但因以保漕为主，故对黄淮地区农业生产造成不少负面影响。

一是造成耕地数量、质量大为下降。明前期黄河在淮河平原上进行分流，大片土地成为黄泛区，黄水过后，土地沙化、碱化严重。如豫中的洧川县（今河南长葛县东北）"有瘠卤沙咸之区，旱则坚埆难耕，涝则汪洋无际，沃壤盖无几耳"①。柘城"地率碱瘠"②，土地荒芜，农人故以刮盐为生。明后期黄河全河夺泗水入淮入海，泗水、淮水河床抬高，徐淮平原原来水系被破坏，地区水排泄受阻，使许多洼地积水成湖，如微山湖、昭阳湖、独山湖、南阳湖、骆马湖、洪泽湖、高邮湖、宝应湖都是新形成或扩大的湖泊。宿迁县积水形成了20多个湖泊，万历年间宿迁官田、民田共有8 723顷，天启年间减到5 934顷。③ 清河县也因积水而使耕地减少很多，嘉靖年间官田、民田有5 928顷，到明末清初仅有4 651顷（包括水下地1 095顷）。④ 又因不断加高洪泽湖大堤，湖水面扩大，水位抬高，五河、泗州、虹县、清河、桃县等地大片可耕农田沉入水底。如明末清初，泗州永沉水底田达11万余亩，还有抛荒地12万多亩。⑤ 又造成淮河中游河道比降减缓，沿淮洼地成为行洪地、积水地，如淮河南岸形成城东湖、城西湖、瓦埠湖、女山湖；北岸形成花园湖、天井湖、沱湖、香涧湖等，这些都使土地大量减少，存留的土地日益瘠薄。

二是农业生产和农业经济大为凋敝。黄河夺淮以前，黄淮地区水旱灾害较少，故有"走千走万，不如淮河两岸"之谚，农作制度以种植稻麦为主。弘治七年（1494）黄河堵塞北流去路后，黄河由泗水东流入淮，加大了黄、淮、沂、泗四大水系行洪的矛盾，加重了外洪与内涝的矛盾，水灾频率数倍于前。水退后留下大片沼泽，土地盐碱严重。淮安、扬州、凤阳、徐州等州县，"一望沮洳，寸草不长"⑥。由于排灌系统被破坏，淮北地区农作制演变为以种植旱谷为主，亩产量大

---

① 嘉靖《洧川县志》卷一。
② 顺治《归德府志》卷二。
③ 嘉庆《宿迁县志》。
④ 康熙《清河县志》。
⑤ 康熙《泗州县志》卷四。
⑥ ［明］潘季驯：《河防一览》卷七《河工事宜疏》。

多在百斤左右。洪泽湖成为"悬湖",湖东部灌溉系统被打乱,延续千余年的屯垦区不复再现,反而常遭洪水之灾。由于黄淮地区水、旱、蝗灾频繁,加上劳民伤财的巨大河工,居民多溺死,或逃散,黄淮地区人口大量减少,农业生产和农业经济普遍凋敝,这种情况一直延续到清代。

2. 清代的治黄治淮 清代仍定都北京,所需漕粮"仰给江南",每年从运河调运的漕粮不少于400万石,因此治河、治淮以保漕为首要目的,主要采用"蓄清刷黄"和"分泄导淮"并重的治理方针。清代康、雍、乾时投入大量人力财力治理黄河、淮河、运河,所用治河官员较为得力,取得了较大的成效。清代后期朝政渐坏,治黄治淮也流于敷衍。

清初,经战乱后,黄河堤防失修,决口频繁。康熙十六年(1677)之前,黄河下游几乎年年决溢,黄河还倒灌入洪泽湖,造成高家堰决口,淮扬受灾。如"(康熙)十五年夏,久雨,河倒灌洪泽湖,高堰不能支,决口三十四。漕堤崩溃,高邮之清水潭、陆漫沟之大泽湾,共决三百余丈,扬属皆被水,漂溺无算"①,致使漕运不通。此时平三藩战争正在进行,国家财政比较困难,康熙帝还是下决心治理黄河,他把"三藩、河务、漕运"列为三件大事,书于宫中柱上以志不忘。② 康熙十六年任命靳辅为河道总督,治理黄河、淮河。

靳辅莅任之后,接受幕客陈潢的建议,进行实地考察,提出了"治河之道,必当审其全局,将河道运道为一体,彻首尾而合治之"③ 的治河方略,同时向朝廷呈奏了《经理河工八疏》。康熙十七年(1678)正月,康熙帝批准了靳辅修正后的治河方案,二月,又决定拨正项钱粮钱250余万两,限定三年告竣,于是大规模治河全面展开。

靳辅在治河中基本上继承了潘季驯"束水攻沙""蓄清刷黄"的治河思想,十分重视堤防的作用,并结合实际灵活运用。其所施工程主要有治理黄淮入海水道、浚清口、修高家堰、治运河并开挖中运河等。

(1)入海水道工程。康熙时入海口已由明初的云梯关东移100多里,此时,淮阴至海口河段淤积严重,"河身原阔一二里至四五里者,今则止宽一二十丈;原深二三丈至五六丈者,今则止深数尺"。靳辅采用"疏浚筑堤"并举的办法治理入海水道,疏浚清口至云梯关河道300里,所挖之土用以修筑两岸堤防。创筑云梯关外束水堤18 000余丈,并试用机械疏浚。于是"海口大辟,下流疏通,腹心之害已除"④。

(2)清口工程。清口是黄、淮、运交汇之处。清初,清口"只有宽十余丈,深五六尺至一二尺不等小河一道",淤积严重。靳辅开挖了张福口、帅家庄、裴家场、

---

① 《清史稿》卷一二六《河渠志》一。
②④ 《清史稿》卷二七九《靳辅传》。
③ [清]靳辅:《治河方略》卷六《河道敝坏已极疏》。

烂泥浅四道引河，数年后增挑三汉河引河，这是洪泽湖开引河之始。淮水经引河出清口，助黄刷沙。靳辅又改道运河口，原来新庄闸运口距黄淮交汇处不过 200 丈，通过开挖运道，改以七里闸为运河口，新河运口离黄淮交汇处约 10 里，解决了黄水倒灌淤塞运河口问题。

（3）高家堰工程。高家堰是洪泽湖的东环大堤，可蓄淮水出清口刷黄，同时也是运河和里下河地区的屏障，故有"倒了高家堰，淮扬两府不见面"之说。康熙十五年（1676）大水，高家堰溃决多处。靳辅将诸决口尽行堵塞，自清口至周桥 90 里旧堤悉增高筑厚，于周桥至翟坝 30 里旧无堤之处亦创建新堤，留减水坝 6 处，以备旱时蓄水济运，涝时泄水保堤。① 工程完工后，山阳、宝应、高邮、江都四州县涸出不少被淹沃地，可招农户垦种，"增赋足民"②。

此外，还堵塞运河清水潭等决口 6 处，开挖皂河和中河，整修加固三省黄河的遥、缕堤防，在黄河南岸修减水坝等工程甚多。靳辅治河历时 10 余年，至康熙二十七年去职时，"黄淮故道次第修复"，"漕运大通"，出现了清初以来未有的河、淮安澜局面。

雍正乾隆时期，也重视对黄、淮的治理。在黄河的修防方面，谨守靳辅成法，努力修筑黄河两岸堤防，及时堵筑决口，没有发生太大的灾害。黄、淮、运交汇的清口仍是修筑工程的重点，兴建了御黄坝、束清坝，以蓄清拦黄；运河口建济运坝和闸坝，以引清济运，黄、淮交汇处完全由闸坝工程控制。乾隆时期由于黄河较为安流，淮、扬、徐各府州县普遍开凿、疏浚境内的干、支河道，地区水利条件得到改善，大片被浸淹的农田和淤滩荡地出露水面。乾隆八年（1743）开始在淮、扬、徐、海等县修筑圩岸，其中里下河地区修筑圩田最多。以后逐步形成河圩、湖圩、荡圩几种类型。圩堤的修筑，对里下河等地区农田的防洪、排涝、灌溉、降渍等起了积极的作用。

治淮方面仍重视高家堰的修筑。为了排泄淮河及洪泽湖涨水，康熙三十九年（1700）总河张鹏翮大修高家堰时，已堵闭堰上减水六坝（土坝），建南、北、中滚水石坝 3 座（以后改称仁、义、礼坝）。乾隆十六年（1751）河督高斌又遵乾隆帝旨增建滚水石坝 2 座，名为智、信。这样，洪泽湖大堤上共有五石坝，湖水上涨时，通过五坝向高邮、宝应等湖排泄，再入运河。清初运河西有通湖二十二港，运河东堤上有归海坝 8 座，涨水时由归海坝排入里下河地区。康熙三十九年张鹏翮将运河上土质滚水坝废除，改建为 4 座石坝。乾隆二十二年，又建新坝 1 座，计有南关坝、五里中坝、新坝、车逻坝和昭关坝 5 座，这就是史称的"归海五坝"，与高家堰五坝上下相承，此时在沿海范公堤上形成了归海十八闸。由于里下河地势低，海口高仰，归海十八闸口门又小，积水难以排泄入海。所以一开归海坝，里下河地

---

① ［清］靳辅：《治河方略》卷二《治红中·高家堰》。

② 《清史稿》卷二七九《靳辅传》。

区便会成为一片汪洋。归海坝在嘉庆道光时期之后开启频繁，平均每两年就有一年开坝，给里下河地区带来深重的灾难，农田长年泡在水中，形成老沤田，农业生产每况愈下，经济萧条。

由于清不敌黄，洪泽湖水合黄入海受阻，从归海坝排泄又淹没里下河地区，为此要寻找排洪出路。早在明万历二十三年（1595）已开金湾河和芒稻河导淮入江，但明代入江水量不大。清代洪泽湖水位一年比一年高，故经常启放仁、义、礼、智、信等坝，引洪泽湖水入江，入江水量大增，于是在江都陆续扩建和开挖入江水道。到道光时，淮河入江水道在古运盐河北，有人字河、金湾河、太平河、凤凰河、新河和壁虎河6条；在古运盐河南有廖家沟、石羊沟、董家沟及芒稻河等，下又归并为芒稻河与廖家沟，再下又并入沙头河，从三江营入江。在里运河与各河相交处，共建有10座草土坝，平时用以蓄水，不使运道干涸，大水时开坝，排淮河洪水入江（图3-4）。咸丰元年（1851），淮河洪水冲破洪泽湖上的三河口，经宝

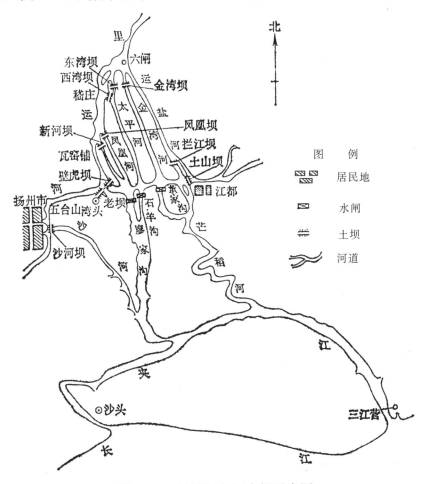

图3-4　里运河归江十坝示意图

（选自水利部淮河水利委员会《淮河水利简史》编写组编

《淮河水利简史》，水利电力出版社，1990年）

应湖、高邮湖和入江水道流入长江，淮河干流由与黄河汇流入海改为单独入江。咸丰五年，黄河在铜瓦厢改道北去，从此黄、淮完全分开，又揭开了治黄、治淮的另一篇章。

（二）海塘修筑

中国东南沿海平原，为了防御海潮的侵袭，在唐宋时期已建成系统的海塘，其中尤以江浙海塘最为著名。明清时期，海塘修筑重点仍是江浙海塘。

江浙海塘全长400公里，分为江南海塘和浙西海塘两部分。江南海塘北自常熟福山口，南至金山金丝娘桥，长约240公里；浙西海塘自金丝娘桥至杭州狮子口，长160公里。江浙海塘捍御着富庶的太湖平原民生的安全。由于太湖地区地势四周高亢，中间低洼，呈一碟形盆地，不仅沿海地带易遭潮灾，而且咸潮水会涌进内河，在腹地泛滥成灾，导致土壤盐化，严重危害农业生产，因此历代重视江浙海塘的建设。明清时期，太湖地区农业经济更加发达，国家的赋税、漕粮很大部分依赖于该地，为了保障财赋之地的安全，国家投入大量的人力、财力、物力修筑海塘，不断改进修筑方法，以求坚固。

1. 浙西海塘 明清两代对浙西海塘用力最多。由于潮势的变化，修筑地段也有侧重，明代侧重于海盐一带，清代则侧重于海宁一带。

钱塘江历史上有三个口门：龛、赭两山间为南大门，赭山和河庄山之间为中小门，河庄山与海宁城（治今浙江海宁盐官镇）之间为北大门。宋代以前，钱塘江基本上走南大门入海，南宋以后屡次出现潮趋北大门的现象。到明代时，主流走北大门的次数增多，潮流受长江口南汇嘴的延伸和杭州湾南岸外涨的影响，直冲杭州湾北岸海盐一带，因此海岸内坍严重，成为重点修筑地段。

明代，共修建浙西海塘24次，其中18次在海盐一带。这是因海盐一带沿海涌潮凶猛，修筑的海塘难以稳定。如洪武三年（1370）筑海盐澉浦至乍浦石塘2 370丈，到洪武二十年塘圮复修。永乐二年（1404）塘又圮，再增土复修。宣德年间修筑石塘，数年又毁。直至正统元年（1436）用木石另筑复塘，才稳定了一段时间。

成化十三年（1477），浙江按察司副使杨瑄改筑海盐旧塘2 380丈，此塘仿照宋代王安石在浙江鄞县所筑的陂陀石塘形式。但陂陀塘适于潮流较缓的浙东地区，而海盐潮势强烈，陂陀塘表面砌石易被卷走，内部碎石易被掏空，十余年后杨瑄塘就被冲圮。弘治元年（1488）海盐知县谭秀又改进石塘筑法，兼采陂陀塘外坡倾斜和直立塘整体稳定的长处，筑成重力式桩基石塘。但这种石塘是用条石叠砌而成，相互牵制不力。弘治十二年，海盐知县王玺又改进砌石方法，把"外纵内横"叠砌法改为纵横交错骑缝叠砌法，石块之间互相牵制，增加了塘身的稳定性。嘉靖二年（1523）一次秋潮大作，其他旧塘几乎皆有缺损，唯独王玺所修20丈石塘安然无恙，因此被作为"样塘"推行。

嘉靖二十一年（1542），浙江水利佥事黄光昇在总结以往塘工经验的基础上，加以改进，发明了五纵五横鱼鳞石塘，试作三四百丈（图3-5）。这种海塘形式注重深打基础，坚实塘身，克服了以往塘工塘根"浮浅"、塘身"外疏中空"两大缺陷。因这种石塘条石逐层微微内收，一层压着一层，呈鱼鳞状，其塘基部分采用五纵五横的砌石方法，故称作五纵五横鱼鳞大石塘。鱼鳞石塘具有很强的整体性、稳定性和防渗漏性，故为后世所效法。黄光昇还首创石塘编号法，将海盐海塘2 800丈，共编140号，每号20丈，号镌在塘石上。[①] 海塘分段专人负责养护管理，这对保持海塘的完固具有重要意义，以后一直在海塘上沿用。

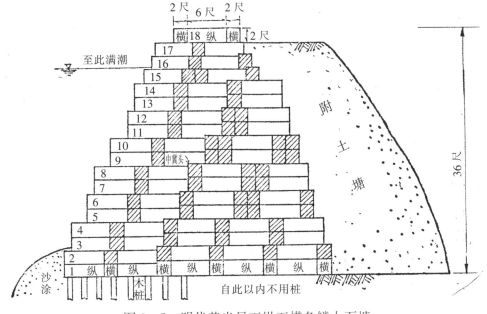

图3-5 明代黄光昇五纵五横鱼鳞大石塘

明代在修筑海盐海塘的过程中，逐步将一些土塘改筑为石塘，并讲究塘身的修筑技术，积累了丰富的经验，为清代大修浙西海塘打下了基础。但海宁段土质为粉砂土，打桩困难，抗冲力低，大多仍沿用石囤木柜法修塘，至清代技术改进后才筑成石塘。

清代对海塘修筑十分重视，"易土塘为石塘，更民修为官修，巨工累作，力求巩固"[②]。尤其在浙西海塘上投入大量的帑金，修筑频繁。从顺治五年至道光十七

① 天启《海盐县经》卷八《海堤》，光绪《嘉兴府志》卷三〇《海塘》。
② 《清史稿》卷一二八《河渠志》三。

年（1648—1837），共修筑浙西海塘 75 次，其中以海宁最多，达 47 次。特别是经康熙、雍正、乾隆三朝的努力，将潮灾严重的海宁沿海全线基本建成紧固的鱼鳞大石塘。乾隆帝还曾于 1762 年、1765 年、1780 年和 1784 年先后四次到海宁视察塘工，对海塘工程的修筑起了积极的推动作用。

清代鱼鳞大石塘继承了明代纵横叠砌鱼鳞塘的结构形式，并有重大发展。因海宁海岸为砂土，承载力差，塘脚基被海水掏空，为此加强了基础处理，在塘基打入密集的"梅花桩"和"马方桩"，这样就提高了塘基的承载力，并可防止塘基下的泥土被海水淘走。塘身砌筑方面也有改进：在条石四周凿有槽榫，使石块与石块紧密嵌合，并加铁锔扣榫，油灰嵌缝，石塘前修有石坦水，以保护塘基。于是鱼鳞大石塘的整体性、稳定性、防渗性和防冲性皆大为提高，能抗御强劲潮波的冲击，被喻为"水上长城"。

清前期，浙西海塘海盐—平湖段也多次修筑。该段海岸多属"铁板沙"，海潮从沙上直奔塘身，因此海盐"全在塘身抗御"海潮侵袭而得保安全，故讲究塘身的砌筑方法。

清代前期浙西海塘已在险工地段修筑鱼鳞石塘，次险工地段修筑条块石塘，石塘的全线建成有效地防御了海潮的侵袭。嘉庆时期以后，大规模的海塘修筑工程大为减少，这与前期海塘工程已发挥作用是分不开的。清后期浙西海塘的规模，据道光十九年（1839）统计，海宁有东西石塘共 17 020 丈，柴埽塘 12 810 丈（筑鱼鳞石塘前），海盐、平湖有土石塘共 17 680 丈。

2. 江南海塘 明清时期，江南海塘以金山、华亭（今上海松江县）、宝山一带最为险要，修筑次数最多，并筑有局部的石塘；次为太仓与常熟，海塘渐向长江口西北延伸；奉贤、南汇、川沙等地海岸则趋于向外淤涨，为了防御台风暴潮，不断向外修筑海塘。

明代修建江南海塘共 14 次。重要的有：洪武年间，筑长江口地区海塘，南起嘉定县，西北跨齐家河，长 1 870 丈。永乐二年（1404）夏原吉治水时，督修华亭、嘉定等处海塘，将原来高 1 丈的海堤，增高到 2 丈。成化七年（1471）秋，江南大风海涌，冲垮不少土塘，农田受淹，人畜溺死。成化八年，巡抚毕亨、松江知府白行中主持修筑海塘，东自嘉定县，经上海、华亭，西抵海盐，长 52 517 丈；又在宋代邱崈捍海十八堰故址筑堤，起华亭戚漴，经张泾堰至平湖界河桥共长 53 里许，称为里护塘。① 这是明代最大的一次修筑江南海塘的工程。嘉靖二十二年（1543），太仓等地筑海塘 11 000 多丈，海塘已从刘家河北延至常熟县界。因南汇嘴外涨，万历十二年（1584），修筑上海、川沙、南汇等县外捍海塘 9 250.5 丈。

---

① 光绪《华亭县志·海塘纪略》。

崇祯六年、七年（1633—1634）连遭大潮侵袭，华亭县漴阙海塘屡被冲决，海水流入内河，数千顷农田被淹，松江知府方岳贡、华亭知县张调鼎创建漴阙石塘，长289丈。崇祯十三年（1640），又续筑石塘228丈。

清代修筑江南海塘共80余次。华亭、金山海塘正当海潮冲击地段，修筑频繁。从顺治至康熙年间，修筑华亭海塘达10余次，到康熙四十七年（1708），明代所修漴阙石塘被海潮冲啮，多处败废，孤露水中，海岸随之坍削，乃向里另筑捍海土塘。雍正二年（1724）七月台风大作，海潮泛溢，吏部尚书朱轼查勘浙江及江南沿海塘工，提出将金山卫城东至华家嘴（属今奉贤县）6 200余丈土塘中的险工3 800丈改为石塘（轻型条块石塘），雍正四年开始修筑，至雍正七年竣工，同时大修外护土塘。之后又续建石塘，将这一带土塘全部改建为石塘，共长6 687丈。雍正八年，江苏巡抚尹继善在华亭土塘外创建桩石坝，又名玲珑坝，是从塘脚向滩地伸展的阶梯形多层桩石护坝，能削弱波浪的冲击力，保护滩地和塘身，之后此法在江南海塘推广。

奉贤、南汇、川沙一带海岸，由于海滩外涨，先后增筑了三重海塘，为围垦海涂创造了条件。

宝山、太仓、常熟三县海塘位于长江口区。自明万历时期以来，长江主流从走北支入海改为南支入海，宝山内坍严重。明代后期，原宝山县城（吴淞所）和宝山所城均沦没于海。清前期长江南支流量继续增大，宝山滩岸仍渐蚀坍。雍正十一年（1733）筑宝山江东（吴淞江口东）土塘4 100丈，第二年筑江西护城土塘，并筑衣周土塘（实为黄浦江堤）。乾隆时修宝山海塘近20次。道光十五年（1835），风潮冲塌宝山江东、江西海塘5 000余丈。随后江苏巡抚林则徐等大修宝山土石塘工，在谈家浜、小沙背等处旧塘内另筑新塘，在土石塘外修各种护塘、护滩桩石坝及拦水、挑水各坝，海塘面貌有很大改善。太仓旧土塘长5 408丈，乾隆年间多次修筑，如乾隆十七年（1752）筑自刘河口至支塘界海塘，长50里。常熟县海塘最早筑于乾隆十九年，东起铛脚港，西至耿泾港止，共长60里，此时塘外滩涂有二三里之遥。咸丰同治时期以后，岸滩崩坍严重，开始在顶冲地段筑护滩坝和拦水坝。

总之，江浙海塘在明清时期修筑频繁，在浙西沿海大筑坚固整齐的鱼鳞石塘，把江南海塘塘线延长，重视修筑该段间接护岸工程。这些海塘工程对保障江浙沿海经济的发展起了十分重要的作用。

（三）圩区治理

明清时期，由于山地的普遍开垦，水土流失不断加剧，遂使长江中下游沿江滨湖地区淤滩洲渚不断出露，为占江围湖、开拓耕地创造了条件。在这一时期，江汉洞庭湖区、鄱阳湖区及皖北沿江一带的圩田皆有急剧增加。为了防御大江大湖汛期的洪水，保持迅速发展的圩区以及解决圩内排涝和灌溉问题，不断对圩区水利进行整治。太湖地区和丹阳湖区是老水网圩区，明清时期治理活动频繁，更加讲究圩区治理技术，取得了显著的技术成就。

"筑堤、浚河、置闸"是圩区治理的主要工作。由于地势、水势以及围垦状况和利益关系的不同，各个圩区的治理工作既具有普遍性，又具有特殊性，颇为复杂艰巨。现将江汉洞庭平原圩区和太湖水网圩区的治理作为典型，阐述如下：

1. 江汉洞庭平原圩区的治理 江汉平原在明嘉靖时期之后，荆江和汉水下游穴口大量堵塞，开始围垦低洼湖区和河滩阶段，圩田迅速发展。圩田的扩大，对圩田的生命线——堤防提出了更高的要求。低洼湖荡本来是蓄水之地，被围垦成垸后，老垸的排涝产生了问题，河滩地被围垦后也使排水受阻，加上汛期荆江、汉水水位高于圩田，平原内涝日益严重。为防御洪水、治理内涝，地方政府采取了"修决堤，浚淤河，开穴口"之策。[①] 三策中尤其重视修护堤防。由于江汉堤防是第一道防线，其次才是圩田堤岸，而有的圩田堤岸本身就是江汉堤防，故而说"湖北之堤御江救田"，确保江汉堤防是最重要之事。嘉靖三十九年（1560）、嘉靖四十四年大水后，荆江决堤数十处，开始是各县分修江堤，成效不大。嘉靖四十五年，荆州知府赵贤主持江堤合修工程，"历三冬，至戊辰（隆庆二年，1568），六县堤始就"[②]。枝江、松滋、石首、江陵、公安、监利六县南北江堤全线建成，其中北岸江陵、监利堤长 49 000 余丈，南岸枝江、松滋、公安、石首堤长 54 000 余丈。并创立"堤甲法"："每千丈堤老一人，五百丈堤长一人，百丈堤甲一人、夫十人。"设江陵北岸堤长 66 人，南岸枝江等堤长 77 人，监利东西岸堤长 80 人，"夏秋守御，冬春修补，岁以为常"[③]，建立了较严密的堤工管理组织系统。此外，他还扩建了汉江沙洋大堤[④]，减轻了汉水对江陵一带的威胁。

由于多开穴口已不现实，所以河道大的疏浚工程甚少，主要频繁地进行江汉堤防的修建工作，垸堤的加固培修也成为圩区经常性的工作。

清代中期后，江汉平原圩田的发展趋于饱和。该地区的围垦以农户自行经营为主，没有统一规划，因此河系紊乱，排泄不畅。又因大肆围湖，湖泊蓄洪能力降低。老垸因围垦早、地势低，汛期洪水外排困难，常遭淹没。在这种情况下，政府采取了控制垸田发展的行政措施，又对河湖水系进行了较大规模的治理，以嘉庆十一年至二十二年（1806—1817）任湖广总督的汪志伊治绩最著，治理的重

---

① 万历《湖广总志》卷三三《水利志》。
② 同治《枝江县志》卷三《地理志》。
③ ［清］黎世序等纂修：《续行水金鉴》卷一五五《荆江府堤防考略》。
④ 嘉庆《荆门直隶州志》卷一二《水利志》。

点是四湖地区。长湖、白露湖、三湖及洪湖，合称四湖，地处江汉平原最低处，洪涝渍灾害严重，汪志伊对四湖地区进行了较大规模的治理。首先是建闸控制蓄泄。嘉庆十二年在监利县福田寺古水港口建石闸，翌年在沔阳州新堤（今属湖北洪湖市）古茅江口建石闸，通过与福田寺闸配套运行，实行分区调蓄，"内以宣渍潦，外以防盛涨"。其次是广泛疏浚河道，如疏浚了流入洪湖的 20 多处河道。① 嘉庆十四年，疏通了联结三湖与白露湖的河流，此河即称为"汪新河"。经过三年的大力整治，四湖地区圩外水系较为畅通，初步形成了由河、湖、闸组成的排灌系统，增强了抗御洪涝灾害的能力。此外，汪志伊还督令修筑荆江、汉水大堤及沔阳、潜江、天门、汉川、云梦、京山、荆门等州县的垸堤②，实行堤防保固管理制度，使江汉平原圩区水利有了较大改善。

洞庭湖区在明代围垦的圩田有限，围垦与水利的矛盾不大，清乾隆中期之后矛盾逐渐尖锐。于是，一方面多次发布禁垸令，另一方面加强各个围垸的水利建设。这是因湖南与湖北围垸的布局不同，湖南圩田一座座分布在洞庭湖周围，无统一的堤防，所以重视加强各个围垸的建设。如乾隆十二年（1747）规定，"除每年冬，令水利各员督民培修，以防夏秋之水，曰岁修"外，还要求险工之垸堤要连续三年进行大修，每岁加厚 3 尺、高 2 尺，并要求在垸堤上一律栽种护堤柳株。③ 为了有效地抗御大水，洞庭湖区的围垸一般修筑得很广大，"每垸大者六七十里，小者亦二三十里"，几万、几十万亩的大垸颇多。

然而，圩垸的安危还与整个洞庭湖区水利息息相关。清中期后水灾的频繁发生，引起人们对洞庭湖水利问题的关注，为此进行过长期的争论，焦点是如何处理荆江与洞庭湖、湖南与湖北的水利关系。争论中的主要意见如下：一是"废田还湖"，主张铲除大量的堤垸，扩大湖区库容，增加滞洪能力。二是"塞口还江"，主张将荆江穴口全部堵塞，杜绝江水入湖，束迫洪水由江道下泄。三是"向南分流"，主张荆江单纯或主要向洞庭湖分流，理由是"湖水增长一寸，即可减江水四五尺"，加上荆北地区政治经济的重要性，"舍南救北"呼声很高。四是"南北分流"，主张四口建坝，划定湖界和整理洪道，力求湖南、湖北利益兼顾。五是蓄洪垦殖，"无水之年以地为利，有水之年即以水为利，任水之自然，不与之争地"，主张一些低洼围垸平时进行垦殖，大水年份用来蓄洪。但由于当时社会条件和技术水平的局限性，不能对荆、湖水利问题做出全面治理规划，因此垸区只是应对洪水过后的堵口筑堤、浚河清淤等工程，水灾频仍依旧。但这些意见

---

①　[清] 汪志伊：《奏浚各河疏》，见 [清] 俞昌烈：《楚北水利堤防纪要》卷二。
②　[清] 汪志伊：《疏筑江汉水利奏稿》，见 [清] 邵世恩：光绪《襄堤成案》卷二。
③　《清高宗实录》卷二八九，乾隆十二年湖南巡抚杨锡绂奏。

对现代洞庭湖区的水利治理仍具一定的参考价值。

2. 太湖水网圩区的治理　　太湖平原在唐、五代期间已建成圩圩相承的塘浦圩田系统。两宋又大力围垦，发展民修小圩，圩区水道渐趋紊乱。这时期受自然变迁和人为活动的影响，平原排洪出路不畅，水灾增多，此现象一直延续到明清时期。为了维护圩区的农业生产，明清时期圩区治理活动频繁，据统计，明代太湖平原的筑圩浚河工程达1 000余次，清代则达2 000余次。通过这些频繁的治理活动，积累了丰富的技术经验。

第一，重视筑堤。明初夏原吉治理太湖水患时，除了开挖排洪干道，还"妙选官属，分任诸县"，督责各地修筑堤防。"其法常于春初，遍集民夫，每圩先筑样墩一为式，高广各若干尺，然后筑堤如之。其取土皆于附近之田，又必督民以杵坚筑，务令牢固。"[①] 正统年间，巡抚周忱主持治理太湖水利，亦督责修筑低圩岸塍，并详定堤水岸式。耿橘在《常熟县水利全书》中对堤岸的修筑方式也进行了探讨，在他看来，堤岸一定要坚实。首先要筑实堤脚，然后渐次垒高，一层一层加土，一层一层筑坚，用杵捣其面，用棍鞭其旁，一定要做到锥之不入，才算坚实。修筑堤岸，使用什么样的土，也必须注意，这事关堤岸的质量。耿橘认为常熟县有三种土不可用：一是乌山土，二是灰罗土，三是竖门土，如果遇到这三种土，必须先把岸脚掘成三尺深的沟，填上潮泥，或者从别处取白土填上，然后再用本地土向上筑岸，意在增加堤岸的稳定性。堤岸修筑完毕后，护理不当就等于前功尽弃，因此对堤岸的护理，十分重要。耿橘指出，在正岸上不许种植，但可以在正岸临水坡种植茅、菱，原因在于这两种植物可以抵御风浪，保护堤岸不受冲刷，同时也可以解决老百姓的燃料和食物的问题，可谓一举两得。另外，在子岸上可以种蓝，因为种蓝要增土培根，这样就可随时护理子岸。乾隆二十八年（1763），巡抚庄有恭修三江水利，也要求圩区加培堤岸。明清时期在疏浚塘浦支河时，普遍对圩堤进行培修。这时期规定的圩堤标准比元代要高[②]，规定不论田面高低如何，都要求圩堤高出历史最大洪水位一尺，这样可以避免洪水漫堤，"虽大潦之年，而围无恙"。

第二，进行圩区的规划建设。明清时期太湖圩区规划的总趋势是将大圩分成小圩。最早提倡分圩的是宣德年间苏州知府况钟，他曾建议将大至五六千亩，小也有三四千亩的圩分作小圩，各以500亩为标准。[③] 之后，弘治年间主管太湖治水的工部主事姚文灏提出低地300亩，其他地500亩为标准的分圩说。当时认为"小圩之

---

　　① ［明］史鉴：《吴江水利议》，见［清］顾沅辑：《吴郡文编》卷三〇。

　　② 详见崇祯《松江府志》卷一八；嘉靖《江阴县志》引［明］姚文灏《修筑圩坦事宜》；［清］黄象曦辑：《吴江水考增辑》引录《严作霖条例》。

　　③ ［明］况钟：《明况太守治苏政绩全集》。

田，民力易集，塍岸易定，或时遇水，则车戽易过，水潦易去"①。大圩化小圩是与明清时期发达的小农经济形态相适应的，此外亦与太湖圩区的地势水情有关。因为太湖洪水的特点是水位变幅小，圩子内外水位高差较小，圩堤高者才 7~8 尺，低者仅 5~6 尺，不像长江中下游沿江圩区高大的圩岸足以抗御江洪。而太湖圩区堤岸较为矮小，农户可以自行经营，又可避免大圩中高与低、排与灌、旱与涝以及维修管理等矛盾，所以明清时期大多提倡分圩和推行小圩。

然而个体农户所修的"鱼鳞小圩"，一般堤身矮薄，排灌工程不配套，防御洪涝能力低。明万历年间常熟知县耿橘就指出，小圩"能御小旱小涝，而不能御大旱大涝"②。他主张对常熟地区水网紊乱、圩子犬牙交错的状况进行整治。采取的主要措施是进行联圩并圩，做法是"围外依形连搭筑岸，围内随势一体开河"。根据地形沿河筑堤，连搭成围，围内开排灌河渠，可联并数十圩，面积数百亩，共筑一围，但不能把主要行洪河道包进圩中。耿橘在常熟县任内三年，按水利规划将一些小圩并联成了大圩，因此常熟大圩比其他县要多，圩的布置也较为整齐有序。

第三，圩内实行分区分级控制。圩内地面一般皆有高低起伏，降水时径流由高地流向低地，而雨后低田积涝，高田则缺水，有时一两处圩堤决口，就殃及全圩。为了解决这些问题，采用了分区分级的治理方法。

明初何宜《水利策略》中提出筑"径塍"分区治理的方法，"凡围内有径塍者，遇涝易于车戽，是以常年有收，其无径塍者，遇涝难以车戽，是以常年无收"。因此，"凡大围有田三四百亩者，须筑径塍一条，五六百亩者，须筑径塍二条，七八百亩，皆如数增筑"③。

耿橘在《常熟县水利全书》中更提出分区防御与分级控制相结合的方法。他说："围田无论大小，中间必有稍高稍低之别，若不分彼此各立戗岸，将一隙受水，遍围汪洋。……如此则围岸虽筑，亦属无用。"解决的方法是："于围内细加区分，某高某低，某稍高某稍低，某太高某太低，随其形势截断，另筑小岸以防之。盖大围如城垣，小戗如院落，二者不可缺一。"戗岸筑法是在高田外缘开沟，利用挖出的土在低田外沿筑堤，筑堤数根据圩内地形高差而定。所筑戗岸在雨时可阻止高地径流向低地汇集，减轻低地积涝；旱时，高地又能利用沟中蓄积的径流，引水灌溉农田。

清代孙峻在《筑圩图说》中总结了治理四周高、中间低、排水困难的仰盂圩的经验，即按照圩内地形分别修筑"围""戗"，将农田分为"上塍田""中塍田"和"下塍田"三级，使各级农田自成独立的区段，区段内又作小塍岸，分成若干格，通过分级、

---

① ［明］王同祖：《论治田法》，见崇祯《松江府志》卷一八。
② ［明］耿橘：《常熟县水利全书》卷一《大兴水利申》。
③ ［明］姚文灏：《浙西水利全书》引［明］何宜《水利策略》。

分区、分格控制，实行内外分开，高低分排。在圩堤外围开缺口设堰闸排上塍水，从上塍内开挖倒沟排中塍水，在圩内低洼处开凿溇沼（通水沟）通外河排下塍水。仰盂圩在圩区比较常见，所以这一技术经验具有一定的普遍意义。孙峻曾在其家乡青浦孙家圩下区荒塍试行，效果显著，不久推行全县，"青邑无水患者凡二十载"。[1]

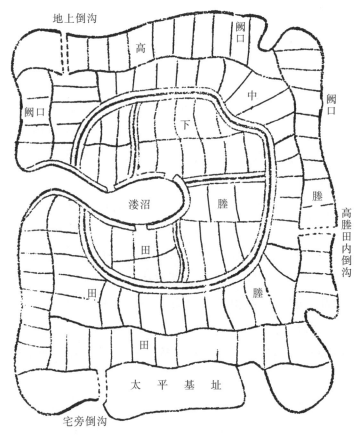

图 3-6　仰盂圩分级分区控制示意图

（据〔清〕孙峻《筑圩图说》制）

第四，布置开浚好内外河网。圩区河网分圩内、圩外两部分，既互相贯通，又互相制约。圩内河渠的作用，明代沈㙏《吴江水考》中指出，圩内如无适当的河沟，会"旱涝俱病"，应根据圩子大小开凿河沟，"以为通水均水之计"。明代耿橘提出要在圩内因地制宜，结合分区分级堤线开挖十字、丁字、一字、月样、弓样等河，再在圩河口建闸，旱则开闸引水灌溉，涝则闭闸以拒外水，使圩内自成一个引、蓄、灌、排自如的水利系统。清代孙峻提出利用仰盂圩的圩心溇沼作为容泄区，并开挖与外河相通的溇沟，溇口水年开通、旱年堵塞。

---

① 〔清〕孙峻：《筑圩图说·陈其龙序》。

圩外河网由干河、纵浦、横塘及一系列支河组成，交织成网，涝时排泄圩区之水入江入海，旱时供给圩区灌溉水源，所以必须保持圩外河网的畅通。明清时期对纵浦、横塘和吴淞江做了大量的浚治工程，对维护圩区农业生产发挥了很大作用。但当时"喜以开江为务"，存在"抱干遗枝"的流弊。明代耿橘在《常熟县水利全书》中指出："凡田附干河者少，而附枝河者多。……若浚干河而不浚枝河，则枝河反高，水势难以逆上，而干河两旁所及有限，枝河所经之多田，反成荒弃，即干河之水又焉用之？"强调圩外河网的治理，必须由干及支，一齐并举。耿橘在治理常熟县水利时就是按此方法进行的。他在万历三十三年（1605）主持开浚了干河福山塘，督浚支河 18 道；万历三十四年，督浚了三丈浦、奚浦和梅李塘三条干河以及支河 104 条。通过疏浚干支河，加上修筑坍塌圩堤、建闸坝等一系列水利工程，常熟县水利面貌大为改善，由是促进了农业生产的发展。

另外，随着明清时期圩田的发展，鄱阳湖区的皖中平原（皖北和皖南沿江平原）也努力对圩区进行治理。据统计，鄱阳湖区清末时共有圩 600 余所。为了提高抗御洪水的能力，清代逐渐将零散小圩并联成地区性的大圩。清道光时包世臣说，江右圩田，"阅志乘，每县圩名累百，其实圩堤不多，皆以一大圩包数十小圩"[1]。同时还努力改善圩子结构，不断加固、增筑圩堤和闸枧。明清时期，皖中沿江圩区治理的最大工程，是将沿江诸圩堤岸联结起来，形成一线江堤，并普遍实行联圩并圩，有力地抗御了长江洪水，捍卫了约 800 万亩圩田。

二、水资源的开发

（一）畿辅水利

明清两代均建都北京，为了解决京师的供应问题，每年需从南方漕运大批的粮食，每年额定的漕粮为 400 万石。但漕运艰巨，"京仓一石之储，常糜数石之费"[2]。为了减少对南方漕运的依赖，明清两代皆重视发展畿辅地区的农业生产，治理洪、涝、旱、碱，减少灾患，开渠修堤，引泉凿井，扩大水稻种植面积，提高作物产量。兴修水利常以营田的组织形式进行，朝野重视，为开发利用水土资源做出了艰巨的努力。

1. 明代畿辅水利营田　明代畿辅兴办水利营田，主要在京东和天津地区进行。两地临近京城，战略地位重要，又处于海河、滦河下游，濒临渤海，地势低平，有不少未开发的荒洼盐碱地。

---

① 《清朝续文献通考》卷一二《田赋十二》。
② ［清］林则徐：《畿辅水利议·总叙》。

明代前期漕运尚畅通，基本依靠漕粮和开中纳粟供给京师和北边驻军。嘉靖隆庆年间，运道受黄河干扰频频梗阻。为了扭转"军国大命，特依重于漕运"的被动局面，一些有识之士遂提出在京畿从事水利营田、就地发展农业生产的建议，最有影响的代表人物是徐贞明。徐贞明在万历三年（1575）任工科给事中时，上疏论畿辅水利，提出利用畿辅地区的山泉、河川和沿海一带丰裕的水土资源，兴修水利，发展农业生产，以减少东南漕运，根本解决国计大事。但朝廷以"役大费繁"，未采纳其建议。次年，徐贞明又著《潞水客谈》一书，再次阐明自己的见解，列举了华北兴修水利的14条好处，提出了兴修水利的规划性意见："于上流疏渠浚沟，引之灌田，以杀水势；下流多开支河，以泄横流。其淀之最下者，留以潴水；稍高者，皆如南人筑圩之制。则水利兴，水患亦除矣。"其兴修水利的步骤，拟首先在"负山控海"的京东地区施行，然后推广至畿辅及北方地区。

徐贞明之所以首先选择在京东地区兴修水利，缘由有二：一是该区有丰富的水土资源以待开发；二是该区有前代成功尝试经验可以借鉴。他在《潞水客谈》中说："京东者，辅郡，而蓟又重镇。矧其地负山控海，负山则泉深而土泽，控海则潮淤而壤沃。兴水利尤易易也。"京东地区背靠燕山，面临大海，泉水埋藏丰富，"泉从地涌，一决而通；水与田平，一引而至，比比皆然"；濒海滩涂"萑苇弥望"，经过改造可成为与吴、越濒海沃区相同之地。早在元泰定年间（1324—1327），翰林学士虞集已提出大规模利用京东水土资源的建议；元末，丞相脱脱曾兴办京畿水利，在京东一带取得初步成效。徐贞明吸取他们的论说和经验而加以发展。

徐贞明的建议颇有见地，得到一些官员的赞同和推荐。万历十三年（1585），徐贞明被任为尚宝司少卿，主持畿辅地区的治水垦田。他亲自踏勘调查京东州县的地势、土壤、水源情况，然后制定一系列兴办治水垦田的条例，对垦田从技术上、资金上、人力上给以解决和支持，对垦荒有成绩者采取奖励政策。这些条例得到神宗朱翊钧的同意。同年九月，徐贞明被任命兼监察御史，领垦田使。他先到永平路（治今河北卢龙县），招募南人指导兴垦水田，万历十四年三月垦得水田 39 000 余亩。[①] 同时，密云、平谷、三河、蓟州、遵化、丰润、玉田等地的治水垦田也都有所发展。[②]

然而，治水营田不仅是开发利用水土资源的技术问题，而且还与社会经济问题有关。当时权贵侵占京畿荒洼之地，坐收芦苇薪刍之利，"若开垦成田，归于业户，隶于有司，则已利尽失"[③]。当地豪强又担心京畿地区水利营田搞好后，种稻面积增加，原来取之于东南的漕粮将转嫁到自己头上。因此，正当徐贞明"遍历诸河，

---

① 《明史》卷二二三《徐贞明传》。
②③《明史》卷八八《河渠志》六。

穷源竟委，将大行疏浚"，兴水利垦田时，遭到勋戚宦官、豪强地主的强烈反对。他们的代表人物、京畿大地主王之栋上书朝廷，提出水田必不可行、开垦滹沱河不便的 12 条理由。① 明神宗听信此言，遂"谕令停役"，京东治水营田严重受挫。然而，徐贞明兴京东水田"实百世利"，其水利主张和实践活动对以后畿辅地区水利营田有着重要的积极影响。

其后，万历十六年（1588），袁黄任京东宝坻令，主持开浚沽水、潮河灌溉，在葫芦窝等村教民种稻，刊有"详言插莳、灌溉之方"② 的《宝坻劝农书》一卷。

万历二十年（1592）以后，为防倭寇入侵，在天津屯驻重兵以作防卫。为了资助兵饷给养，又重兴水利屯田。万历二十六年，汪应蛟任天津登莱海防巡抚。当时天津有水陆两营兵 4 000 人，岁费饷银 64 000 余两，俱加派民间。而天津东部滨海一带未得到开发，荒田超过六七千顷，汪应蛟主张组织兵民开垦，以省民间养兵之费，又可加强重地的屯卫。万历二十九年，他在天津的葛沽、白塘等处组织军民开渠筑堤，引海河潮水灌溉洗盐，垦辟农田 5 000 余亩，其中水稻 2 000 余亩，共收稻谷约 6 000 余石，其余 3 000 亩种葛、豆或旱稻，共收四五千石③，初步取得成效。由于屯垦区位于滨海一带，汪应蛟采用了闽浙筑围垦海涂的方法，其所修筑的围田以"葛沽以北，白塘东"的"十字围"最为著名。这 10 个围的名称是"求、人、诚、足、愚、食、力、古、所、贵"④，含有自食其力的意思。屯垦的其他地方还有何家圈、双港、辛庄、羊马头、大人庄、咸水沽、泥沽等。万历三十年，汪应蛟调任保定巡抚。万历三十一年，后任孙玮继续在天津海河南部开垦，开成熟地105 顷。这时以所获稻谷、杂粮并前开成熟田地所获，充津防额饷，遂免向民加派。⑤

天启初，辽东发生与后金的战事。天启二年（1622），董应举任太仆卿兼河南道御史，经理天津至山海关屯务，以解决辽东用兵军饷和安插辽民问题。他将辽东流民 13 000 余户安置于顺天、永平、河间、保定等府屯田，共购买民田 12 万余亩，合闲荒田共 18 万亩，"广募耕者，畀工廪、田器、牛种，浚渠筑防，教之艺稻，农舍、仓廒、场圃、舟车毕具，费二万六千，而所收黍麦谷五万五千余石"⑥，其中"收红白稻一万五千余石，变价可得五千余金"⑦。水田主要分布在天津，在汪应蛟

① 《明神宗实录》卷一七二。
② 乾隆《宝坻县志》卷一六。
③ ［明］汪应蛟：《海滨屯田疏》，见［清］吴邦庆辑：《畿辅河道水利丛书·畿辅水利辑览》。
④ 乾隆《天津县志》卷一一。
⑤ 《明神宗实录》卷三八六。
⑥ 《明史》卷二四二《董应举传》。
⑦ 《明熹宗实录》卷四二。

经营的旧址上继续经营，依靠兵士在双白、陶辛、葛沽等地作大围，开水田共8 000余亩。同时期，巡按直隶御史左光斗亦在天津屯田，于何家圈一带开水田4 000亩[①]，下属通判卢观象也"开寇家口以南田三千余亩"[②]。崇祯十二年（1639），天津巡抚李继贞又在天津经营屯田，"白塘、葛沽数十里间，田大熟"[③]。

此外，私人经营天津水利垦田种植水稻的也不乏其人。其中以著名科学家徐光启的贡献最为卓著。徐光启从万历四十一年至天启四年（1613—1624）先后四次到天津一带经营水利垦田，买荒田数千亩，其中一部分种植水稻，并从事水稻栽培试验，还对垦区的水利规划从理论上进行了总结。

明代在京东和天津地区水利营田的规模虽然不大，但开发滨海水土资源的经验和理论为清代进一步开展畿辅水利营田打下了基础。

2. 清代畿辅水利营田 清代京师继续"仰给江南"，但漕运工程仍然很艰巨。为解决政治中心在北方、经济中心在南方这一矛盾，康熙时已有多人提出兴修畿辅水利、垦辟荒地、发展水田的建议。如徐越、陆陇其、李光地、蓝理等都上疏陈奏，呼吁在直隶开河修闸，开垦水田，认为这是扭转南粮北运的"根本至计"。

康熙四十三年（1704），天津总兵蓝理采用军屯和民垦两种方式，于天津城南开垦沼泽洼地，修建圩岸，开挖河渠，挖贺家口引河和华家圈引河，引海河水和护城河水灌溉，形成"河渠圩岸周数十里"的规模，开成水田150顷[④]，后人称为"蓝田"。但两年后，蓝理调离天津，因无人管理，"圩坍河淤，数年废为荒壤"。

雍正三年（1725），直隶70多个州县遭受水灾，当时直隶共140州县，水灾州县超过一半以上。为了使灾民渡过灾荒，共发仓储粮70余万石进行赈济。这次严重的水灾，使雍正帝认识到"直隶地方，向来旱涝无备，皆因水患未除，水利未兴所致"[⑤]，故决定在直隶治水营田。十一月，雍正帝命怡亲王允祥及大学士朱轼查勘直隶河道，进行水利规划。雍正四年春，成立水利营田府，"命怡亲王董其事"，选陈仪负责技术指导，还制定了一系列水利营田的政策，以调动官、民两方面从事水利营田的积极性。

首先，开展了一系列治水活动，兴建了一批治水工程。开浚砖河、兴济河、宽河等减水河，以排泄卫河涨水入海，并增筑卫河河堤以防泛滥；疏浚东、西二淀，加修淀堤；对子牙河、永定河等亦开浚筑堤，进行治理。

在治水的同时，主要在京东地区着手营治稻田。雍正四年（1726）秋，水利营

① ［明］左光斗：《议开屯学疏》，见［明］陈子龙等辑：《明经世文编》卷四五九。
② 《明熹宗实录》卷二一。
③ 《明史》卷二四八《李继贞传》。
④ 《清圣祖实录》卷二四四。光绪《天津府志》卷四〇称开成水田200顷。
⑤ ［清］吴邦庆辑：《畿辅河道水利丛书·怡贤亲王疏钞》。

田初见成效，玉田、迁安、滦州、蓟州等地官营稻田共 15 083 亩，民间自行播种水稻的如安州、新安、任丘、保定、霸州、大成、文安等地共达56 410亩。

为了进一步在畿辅推行水利营田，雍正五年（1727）在水利营田府下分设京东、京南、京西和天津四营田局，下辖 39 州县和 2 场。自雍正五年分局至雍正七年，"营成水田六千顷有奇"①。据陈仪《水利营田册》统计（包括雍正八年至十二年所营水田亩数），雍正间京东局营成稻田 114 195 亩，京西局为 226 617 亩，京南局为191 751亩，天津局为 48 743 亩。民间营田占到总营田数的 43％以上。水田亩产稻谷 3～7 石不等。稻田屡年丰收，"稷秸积于场圃，杭稻溢于市廛"。

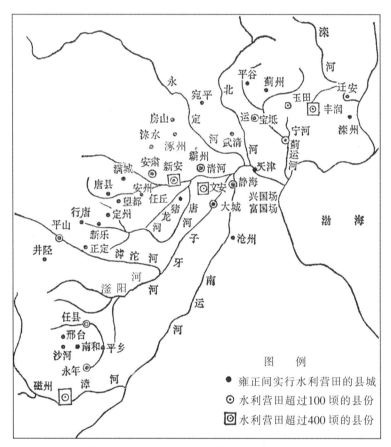

图 3-7 清雍正年间畿辅水利分布图

雍正八年（1730）五月，怡亲王因病去世，水利营田无人总领，"司局者无所称禀，令不行于令牧，又各以私意为举废"，于是出现了"人亡政息"的局面，此年基本无营成水田记录，雍正九年反而有 53 200 亩稻田改为旱田。之后设置京东、京西观察使二员，水利营田又稍有起色。雍正十年至十二年在丰润、玉田、霸州、

① ［清］吴邦庆辑：《畿辅河道水利丛书·水利营田图说》，原为［清］陈仪《水利营田册说》，图为道光时吴邦庆补。

天津、文安、大城营成 138 000 亩水田，这些水田都是垦辟低洼沮洳之地而成。

不久，乾隆即位，罢营田观察使，将新旧营田交各州县管理。之后，仍有人不断提倡水利营田，如道光时林则徐特撰《畿辅水利议》，对进一步利用畿辅地区水土资源做了规划和设想。提出如能在畿辅增开 2 万顷水田，每年 400 万担之漕米就可当地解决，估计在直隶的天津、河间、永平、遵化四府开辟水田就可超过此数。但这项计划未能实施。直至清末，为解决军需粮秣，在天津一带又兴办水利屯田，修渠建闸，挡潮蓄淡，发展稻田。到光绪七年（1881），营成水田 10 多万亩，著名的小站稻就创始于这一时期。

3. 明清时期畿辅地区利用水资源的特点 由于独特的自然地理条件以及政府所采取的经济政策，明清时期畿辅地区在兴水利营田、利用水资源方面具有以下一些特点：

（1）治水兴利，治水与治田相结合。畿辅地区位于海河（及滦河）平原，地势平坦，地面坡降一般为 1/15 000～1/5 000，流贯海河平原的五大河——白河（北运河）、卫河（南运河）、永定河、大清河、子牙河及 70 余条支河同归于海河一线入海。海河平原冬春降水少，全年 70％的降水集中在七八月，且多以暴雨的形式出现。暴雨时期，河水猛涨排泄不及，常常泛滥成灾。海河流域的水害应如何治理？明万历时徐贞明提出以兴水利达到除水害。他说："北人未习水利，惟苦水害，而水害之未除者，正以水利之未修也。盖水聚之则为害，散之则为利。"[1] 当时御史苏瓒进一步阐述说，"治水与垦田相济，未有水不治而田可垦者"[2]，提出"治水与治田"相结合的策略。徐贞明吸收了这一建议，在京东州邑（如密云、蓟州、遵化、丰润、玉田）东西百余里、南北 180 里的范围内疏浚河道，治水垦田，开发水泉资源，扩大了水田面积。

雍正时在畿辅地区进行水利营田，也采用了治水兴利、治水与治田并重、治水为营田服务的水利方针。雍正三年（1725），允祥、朱轼在实地查勘河道后，对京东、京西、京南地区治水兴利做了全面规划，按照大且急工，次第兴修，"三、四年之间，河流顺轨"，积涝减轻。因时因地制宜，发展水稻生产，几年之间营成稻田 6 000 余顷。

（2）全面规划水利，广辟灌溉水源。畿辅地区大部分为坦荡的平原，其西部、北部属太行山和燕山山麓平原，地形缓斜，土壤肥沃，河泉水源充足，灌溉排水便利；中部平原地势平坦，淀泊洼地甚多，排水不畅，地多盐碱；东部滨海平原

---

① ［明］徐贞明：《亟修水利以预储蓄酌议军班以停勾补疏》，见［明］陈子龙等辑：《明经世文编》卷三九八。

② 《明史》卷二二三《徐贞明传》。

沿渤海分布，海拔仅数米，地下水位高，土壤盐碱化严重；畿辅西北为山间盆地，有桑乾河、洋河穿过，引水灌溉较为方便。明代徐贞明提出分区兴修水利的规划性意见：一是在上流开渠浚沟，引水灌田。认为兴水利"当先于水之源，源分则流微而易御，田渐成则水渐杀，水无泛滥之虞，田无冲激之患矣"，并举桑乾河为例，如在桑乾河上流引水灌田，则保安直至怀来以下水患皆会减轻。二是在下流多开支河，以分泄洪涝，同时利用低处淀泊潴水，即采用疏、蓄并举的方法治理洪涝。又于洼地稍高处修筑圩堤，围垦成田，扩大水田面积。三是在滨海地区筑堤捍水为田，发展垦殖。采取的技术措施是："高则开渠，卑则筑围；急则激取，缓则疏引；其最下者，遂以为受水之区，各因其势不可强也。"① 即根据地势、水势采用多种水利工程设施利用水资源。徐贞明在京东开办水利营田时，就是因地制宜兴修水利，引取众多的河、泉、湖水开成水田，对京东的水资源做了开创性的开发。

雍正年间，总理畿辅水利营田的怡亲王允祥所做的畿辅水利规划更为全面详细，他实地查勘畿辅河道情况，"前后往返三月余，而于直隶地方，东西南三面数千里之广，俱身历其地，不惮烦劳，凡巨川、细流，莫不穷源竟委，相度周详，且因地制宜，准今酌古，曲尽筹划，以期有益于民生"②。其水利规划体现在三篇奏疏中，即《敬陈（畿南）水利疏》《敬陈畿辅西南水利疏》《敬陈京东水利疏》，奏疏中指出了巨川、支流、淀泊存在的水利问题及以往兴修水利的状况，提出了治理开发的建议。因为事先做了调查规划，所以治理工程效果良好。

清代，为解决营治稻田的灌溉用水，大力开辟水源：

一是引用泉水。燕山和太行山山麓地带泉水丰富，雍正时大量引用泉水营治稻田，引泉灌溉的州县多达 16 个。如丰润县引黑龙潭、杨家沟等泉；玉田县引小泉、暖泉、孟家泉、蓝泉等水；满城县引一亩、鸡距等泉；正定县引方泉、班泉、大小鸣泉；邢台县引百泉、达活、紫金等泉。

二是引用河溪水。雍正时除永定河汹涌浑浊、南北运河系漕运所重不能利用，其他大小河流 20 余条都被利用。如宝坻县、宁河县引蓟运河潮水；房山县引拒马河、挟河水；文安县引会同河、子牙河之水；平山县引滹沱河、冶河之水；磁州、永年和平乡县引滏阳河水等。

三是引用陂湖淀泊水。如安肃县（今河北徐水县）引督亢陂水；任丘县引白洋淀水；新安、霸州、文安、大城等县在濒淀地带营田，筑围建闸，开挖沟渠，既防淀水泛涨，又能灌溉排涝。

① ［明］徐贞明：《潞水客谈》。

② ［清］吴邦庆辑：《畿辅河道水利丛书·怡贤亲王疏钞》，清世宗谕。

四是引用海河潮水。"天津营田，全资潮汐，一面滨（海）河，三面开渠与河水通，潮来渠满，则闸而留之，以供车戽，中间沟塍地埂，宛转交通，四面筑围，以防雨涝。"天津州城南的蓝田和贺家口围田，静海县何家圈、吴家嘴、双港、白塘口、辛庄等围，沧州葛沽、盘沽二围，兴国、富国二场的东、西泥沽二围等，俱引海河潮水。

雍正时利用水资源还注意修复前人开拓的水利基础。如京南广平府（治今河北永年县东南）明代所建成的惠民八闸，引滏阳河水灌溉稻田，雍正时对此进一步兴复利用。京东地区徐贞明重点经营过，天津营田区汪应蛟和蓝理等人都开发过，雍正时则在这些旧址上重新筑圩开渠。

畿辅地区水资源并不丰沛，但雍正营田时因多方面开发利用水资源，故能在数年之间营成大面积稻田。

（3）扩展水稻种植面积，但发展起落波动较大。明清时期实行水利营田，重点是为了发展水田，以减少东南漕运量。其时通过兴修水利工程，开发利用水资源，扩大了水稻种植面积。京东和天津滨海地区是重点经营的地方，通过治水筑围，引用蓟运河、海河潮水等灌溉及洗盐改土，水稻事业颇有发展，为后代水稻种植业的发展打下了一定的基础，积累了较丰富的经验。太行山和燕山山麓平原灌溉条件较好，水稻发展较为稳定，中部低洼淀泊地区的水稻种植面积也有较大扩展，甚至西北山间盆地也开始引水植稻。然而由于自然、社会条件的制约，水稻发展时起时落。

影响畿辅地区水稻发展最主要的因素是水资源不足。该地区年平均降水量不到600毫米，春季降水稀少甚至没有降水，此时正值育秧和插秧季节，给水稻种植带来了困难。海河流域不仅年内降水分布极不均衡，而且年际降水量变化也大，丰、枯水年降水相差5～6倍，丰、枯水年还交替出现，以致多水年份水稻种植面积扩大，少水年份面积缩小，不能稳步发展。明代徐光启说，华北"可为水田者少，可为旱田者多"[①]。清雍正时营成的数千顷稻田，到乾隆二年（1737）就因"春夏间雨泽愆期，各州县水田多未种植"[②]。所以《清史稿》卷一二九《河渠志》四说，雍正营田"后因水力赢缩靡常，半就堙废"。光绪十六年（1890），李鸿章分析畿辅兴水田之事说："水田之利，不独地势难行，即天时亦南北迥异。春夏之交，布秧宜雨，而直隶彼时则苦雨少泉涸。……以近代事考之，明徐贞明仅营田三百九十余顷，汪应蛟仅营田五十顷，董应举营田最多，亦仅千八百余顷，然皆黍粟兼收，非皆水稻。……雍正间，怡贤亲王等兴修直隶水利，四年之间，营成稻田六千余顷，

---

① ［明］徐光启：《农政全书》卷一二。
② 《清高宗实录》卷五三。

然不旋踵而其利顿减。九年，大学士朱轼、河道总督刘于义，即将距水较远、地势稍高之田，听民随便种植。可见直隶水田之不能尽营，而踵行扩充之不易也。"[1]畿辅地区的环境条件决定了水稻分布少而分散，形成以旱作物为主的种植结构，"畿辅行粮地六十四万余顷，稻田不及百分之二"[2]，即稻田面积只有1万顷左右。加上当时封建社会的局限性，发展水稻事业受到种种干扰。因此，在自然、社会诸因素的影响下，海河流域水稻事业的发展曲折起伏。

（二）华北井灌

凿井灌田是开发利用地下水资源的一种主要灌溉方式，在地表水资源缺乏的北方地区尤为重要。中国井灌历史悠久，但明代以前井灌"多在园圃"，大田中应用极少。明清时期井灌大为发展，逐步形成大范围的井灌区，在北方灌溉事业中占了重要的地位。井灌区主要分布在华北的晋、秦、冀、豫、鲁五省（图3-8），大致经明后期、清乾隆时期两次凿井高潮后初步形成。

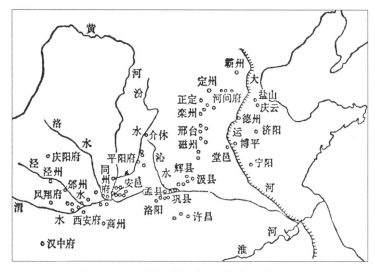

图3-8 明清时期主要井灌区分布图

1. 明清时期华北井灌发展的原因 明清时期华北地区井灌的发展有其自然和社会经济原因。

（1）华北地区旱灾频仍，但地下水蕴藏丰富，埋深较浅，凿井灌溉费省工简，适于小农经营。地下水资源丰富，这是发展井灌的优越的自然条件。以黄淮海平原来说，该平原沉积了很厚的第四系含水岩系，平原中的潜水或微承压水水位一般埋深2~4米，尤其是山前地带沉积有砂砾石、中粗砂等粗粒物质，成为极好的含水

---

[1] 《清史稿》卷一二九《河渠志》四。

[2] ［清］林则徐：《畿辅水利议·开治水田有益国计民生》。

层，地下水开采条件良好。就是在东部的河北省河间一带，"挖至二三丈即可得水"①。再看关中地区地下水埋藏状况："大约渭河以南九州县地势低下，或一二丈或二三丈即可得水；渭河以北二十余州县地势高仰，亦不过四五丈或五六丈即可得水。"② 晋西南泉水和潜水也很丰富。

明清时期华北地区旱灾发生频率甚高，以海河平原为例，据 1368—1948 年的资料统计，580 年间发生旱灾达 407 次，洪灾 387 次③，旱灾次数超过了水灾，旱灾平均 1.42 年发生一次。华北地区还不乏发生连年干旱、赤地千里的大灾。平常年份降水量也偏少，年降水量大部分地区均在 800 毫米以下，由南向北递减，且年内分配很不均匀，春旱严重。因此，华北地区要发展农业生产，必须兴办灌溉事业。兴修引水渠道工费浩大，涉及的地域广袤，不易兴办；此外，有些地区远离河湖，地面水缺乏，修建灌渠不易。比较而言，采用传统凿井技术开采地下水所费人工银两不多，农家易于兴办。乾隆时人帅念祖说："至于平原旷野泉源远隔，引渠车水俱不便易，惟凿井一法，其利甚大，水车井一眼，可灌田二十多亩，其辘轳井一眼，可灌田五亩，豁泉井一眼，可灌田二十亩，秤杆井一眼，可灌田六亩，《易》所谓'井养而不穷也'。"④ 乾隆初陕西代理巡抚崔纪说，开一小井，需银浅者二两，深者三四两；小砖井七八两；大井，浅者八九两，深者十余两；水车一部价二十余两。据《清实录》记载，乾隆时华北平常年景的谷价大约一石值银一两左右。⑤ 则开一小井，只需谷子二三石之价，普通农户即可兴办；而开砖井和水车井，富裕农户可以兴办，亦可数家共同开凿。此外，旱荒之年，政府往往借贷银钱鼓励农户凿井防旱抗旱。由于凿井灌田的可行性强、效益好，在明清时期小农经济普遍发展的情况下，农户凿井灌田的积极性较高，因此井灌得到普遍发展。

（2）人口与耕地的增加，农业生产和农业经济的发展，促使了井灌的发展。华北地区是中国重要的传统农业区，明清时期人口与耕地均有增加。明代前期，注意发展渠道灌溉，而耕地扩大不多，故对凿井灌溉的需要不很迫切。明代后期，人口与耕地增加较多，但政府兴修水利渐少，不少古灌区因缺乏维修而逐渐衰退。为维持和扩大灌溉面积，农户所采取的简易的方法就是打井，这样井灌就有所发展。

清代前期，华北地区耕地增加不多，而人口却急剧增长，由此人地矛盾日益突出。在耕地趋于饱和的状况下，只有讲究集约耕作技术，才能提高农业单位面积的产量，而灌溉是集约化的重要环节之一，故井灌作为北方灌溉方法之一而得到重视和提倡。

---

① ［清］夏同善：《请饬筹款开井疏》，见［清］盛康辑：《清经世文续编》卷三六。
② 崔纪语，载民国《陕西通志稿》卷六一。
③ 任美锷、包浩生主编：《中国自然区域及开发整治》，科学出版社，1992 年，155 页。
④ ［清］帅念祖：《区田编·积水法》，见［清］赵梦龄：《区田五种》卷三。
⑤ 南开大学历史系编：《清实录经济资料辑要》第 7 辑《物价》，中华书局，1959 年。

此外，经济作物的发展也是明清时期提倡井灌的动因。以棉花来说，明代以前华北地区棉花种植不多，而明代有较大的发展，其中河南是北方棉花种植最多的省份。万历二十二年（1594）河南巡抚钟化民在《赈豫纪略》中说："臣见中州沃壤，半植木棉。"中州即河南省，约有半数农田种植棉花。北直隶的中部和南部也成了产棉区，山东棉产量亦丰，晋西南、陕西关中和汉中皆出产棉花。清代，华北地区的棉花种植业进一步发展。华北春季干旱、降水少，为了种植棉花，政府提倡凿井浇灌棉田，乾隆时直隶总督方观承就是积极倡导者。方观承在《棉花图·灌溉》中说："种棉必先凿井，一井可溉四十亩，种越旬日萌乃毕。……北地植棉多在高原，鲜溪池自然之利，故人力之滋培尤亟耳。"明清时期华北棉花生产发展的地区，除渠道灌溉发达的地方（如汉中），井灌皆比较多。

2. 明清时期华北井灌的发展情况 明清时期华北地区井灌有很大的发展，并形成了一些井灌集中之区，现分省述说如下：

（1）山西井灌。山西地下水蕴藏丰富，井利开发很早，明后期井灌已比较发达。据嘉庆《介休县志》卷二记载，明万历二十七年（1599）介休知县史某重视发展灌溉事业，"于无渠处，教民穿井"，当时全县共凿灌溉水井 1 300 余眼。之后井灌继续发展。明末徐光启《农政全书》卷一九称："所见高原之处，用井灌畦，或加辘轳，或藉桔槔，……闻三晋最勤。"三晋指今山西省、河南省中部和北部、河北省中部和南部地区。到清代初期，山西井灌在华北地区更为突出。雍正末王心敬说，山西"井利甲于诸省"[1]，成为华北井灌最发达的地区。尤其是晋西南井灌最多，"平阳一带，洪洞、安邑等数十邑，土脉无处不砂，而无处不井多于豫、秦者"[2]。乾隆初籍居蒲州的崔纪说，常见蒲州永济、临晋、虞乡、猗氏等县，解州府安邑等县，农家多井，"小井用辘轳，大井用水车"[3]。崔纪在陕西省大力推行井灌，便是吸取了山西井灌经验而在陕西推广的。到道光时，曾任山西巡抚的吴其濬在《植物名实图考》卷一中说："蒲、解间往往穿井作轮车，驾牛马以汲。"山西的井灌区主要分布在晋西南一带，且多水车大井，灌溉效率较高。

（2）陕西井灌。陕西省在明代有少量灌井开凿，以补渠水之不足。大规模凿井兴起于清代，富平、蒲城发展最早。康熙五十九年、六十年（1720—1721），陕西连年大旱，饿殍遍野，但富平、蒲城"二邑流离死亡者独少"。鄠县王心敬看到当时"救荒无术，而汲井灌田少获升斗之粟"，于雍正十年（1732）著《井利说》，提倡在北方五省发展井灌。乾隆二年（1737）陕西巡抚崔纪采纳其建议，在陕西大力推广凿井，并向贫民

---

① ［清］王心敬：《丰川续集》卷八《井利说》。
② ［清］王心敬：《丰川续集》卷一八《答高安朱公》，此函写于康熙六十一年（1722）。
③ 民国《陕西通志稿》卷六一。

提供低息贷款，资助农户凿井。当年十一月，据西安、同州、凤翔、汉中四府及乾州、邠州、商州、兴安四州共 33 州县奏报统计，陕西共新开井 68 980 余眼，其中水车大井 1 400 余眼，豁泉大井 140 余眼，桔槔井 6 300 余眼，辘轳井 61 140 余眼，约可灌田 20 万亩。[①] 加上原有旧井 76 000 余眼，灌溉面积更多。但由于崔纪操之过急，下属官吏不免邀功虚报，有的不论地土高下勉强开凿，有的井开后半途而废。崔纪因"料理未善"，不久调离。据乾隆十三年陈宏谋核实，共开成井 32 900 余眼，开而未成填塞者数亦约略相同。陈宏谋也是积极推行井灌者，他对之前所开井的情况和效益进行了调查，肯定了崔纪开井的成绩，还普查了陕西适于开井的地区，"除延、榆、绥、鄜、邠、商等属向不藉资井泉灌溉，凤、汉、兴、乾等属虽有井泉，开凿不易，均可毋庸勉强开井外，其西、同二府据报平原之地皆可开井，井泉深浅不一"[②]。在总结以往凿井经验的基础上，陈宏谋再次在陕西鼓励和推广开凿灌井，全省又凿井 28 000 余眼，同时造水井水车，教民用以灌溉。[③] 综上统计，乾隆时陕西已有灌溉水井 136 900 余眼，可见这时关中地区井灌已有相当的规模，这也是陕西井灌区的主要分布地。

（3）河北井灌。河北省是明清京畿之地，政府重视该地区的农业生产，除了多次组织经营水利营田、除涝兴利，还努力开发地下水，倡导民间凿井抗旱，发展井灌事业。

明代，一些地方官员着力推广凿井，尤其以真定府所属州县凿井最盛。如天顺年间赵州（今河北赵县）知州何俊"教民多凿井泉，以资灌溉"。嘉靖间晋州知事王惟善，因大旱，"给资穿井，民得耕种"[④]。其时真定县（今河北正定县）亦贷款于民，凿井抗旱。[⑤] 其他如庆云、元氏、内丘、栾城、望都等县在嘉靖万历时期都推行凿井灌田。徐光启《农政全书》卷一六称："真定诸府大作井以灌田，旱年甚获其利。"真定府（清改为正定府）位于太行山前洪积冲积平原，地下潜水丰富，埋藏较浅，易于凿井开采。可以说，明代后期在今石家庄市周围已初步形成了井灌区。

清代凿井渐向畿东平原发展。康熙三十五年（1696），肃宁知县黄世发令民在碱荒地上穿井耕种。[⑥] 康熙四十一年，安肃县 48 村凿井 2 530 余眼。[⑦] 乾隆时凿井更多，"直隶各邑，修井溉田者不可胜纪"[⑧]。乾隆九年（1744），"蠡县亦有富户自

①　民国《陕西通志稿》卷六一。

②　［清］陈宏谋：《培远堂偶存稿》卷二九《再申开浚井泉檄》。

③　《清史稿》卷三〇七《陈宏谋传》。

④　嘉庆《重修一统志》卷一九。

⑤　光绪《正定县志》卷三五。

⑥　《清史稿》卷四七七《黄世发传》。

⑦　［清］于成龙：《于清端公政书》。

⑧　嘉庆《枣强县志》卷一九。

行凿井，旱岁能收其利。霸州知州朱一蜚劝民开井二千余口，民颇赖之"①。乾隆十一年，因庆云、盐山两县受灾歉收，朝廷拨银一万两给庆云县、八千两给盐山县，共可砌砖井 2 250 口。② 正定府灌井继续发展，据乾隆《正定府志》载：乾隆初栾城县开井3 620眼，无极县挖新井 800 眼，藁城县 6 300 眼，晋州 4 600 眼。乾隆九年，保定府属开成土井 22 000 余眼。③ 灌井增加相当多。以后，道光同治期间井灌向畿南地区发展，顺德、广平、大名等府也发展了井灌。

这一时期河北井灌的发展与植棉区的扩大关系密切。乾隆中期直隶总督方观承说，直隶"种棉之地约居十之二三，岁恒充羡，轮溉四方"④。"轮"指水井水车，由于春旱，"种棉必先凿井"，其时凿井灌田已遍及"四方"。道光年间，在植棉区的保定、定县、正定、行唐、永年、栾城、赵州、邢台、高邑、平乡等 20 多个州县内，井灌最为发达，这些州县在太行山东麓从北到南呈带状分布，形成植棉和井灌相结合的地区。

（4）河南井灌。河南井灌历史悠久，但主要供园圃种植菜蔬，大田井灌不多。明代后期，河南旱灾频仍，为维持农业生产，大量推广凿井灌田。徐光启《农政全书》卷五说："近年中州抚院，督民凿井灌田。"同书卷一六又说："近河南及真定诸府，大作井以灌田，旱年甚获其利，宜广推行之也。"《农政全书》编撰于明末天启崇祯年间，所说"近年"，即指这一时期，可见河南井灌在明末已有大规模开发，而且获利甚大。

清代乾隆、道光时期，河南凿井灌田再次出现高潮。乾隆五十年（1785），河南巡抚何裕成派遣专员在汲县、新乡等地推行凿井。⑤ 两县濒临卫河，但为防洪，在沿河修筑高堤，不能导河灌田，两地又缺乏泉水，故而倡导凿井灌溉。乾隆时偃师县境内已"多有井渠"⑥。道光初，豫北太行山以东的安阳、辉县、修武、武陟等县，"间有量地凿井，辘轳灌田之处"⑦。道光二十七年（1847），许州（今河南许昌市）大旱，知州汪根敬"劝民掘井三万余"⑧。此数可能有些夸大，但当时井灌有很大发展当无疑义，因为后来郭云陞确曾亲眼看到武陟、偃师、孟津、温、孟、巩、郏等县"田中多井，灌溉自由"⑨。

① 《清史稿》卷三○六《柴潮生传》。
② ［清］林则徐：《畿辅水利议》。
③ 《清高宗实录》卷二一一。
④ ［清］方观承：《棉花图·收贩》。
⑤ 《清史稿》卷一二九《河渠志》四。
⑥ 乾隆《偃师县志》卷三。
⑦ ［清］王凤生：《河北采风录·凡例》。
⑧ 民国《许昌县志》卷八。
⑨ ［清］郭云陞：《救荒简易书》卷三。

（5）山东井灌。鲁中山地一带地下水资源丰富。明代为了保证漕运的畅通，把鲁西诸泉全部引入会通河，"涓滴皆为漕利"，民间只得凿井灌田。到崇祯时，由于出现连续多年的大旱，山东按察使蔡懋德"教民凿井，引水灌田"①，以抗旱救灾。清代山东井灌发展迅速。乾隆间久官山东的盛百二著《增订教稼书》②，列有《开井》专节，倡导在大田中凿井抗旱，谓："水旱二者，旱之害尤甚。……而园蔬烟地不虞旱者，以有井也。则区田、代田必多开井，其势难广种。然家种三四亩，其力易办，虽有旱岁，不至流离。"因用砖衬砌井，工费稍大，贫家不能办，故他在书中还介绍了临清州刺史王君溥教民用荆箔代替砖衬砌井的方法。道光十七年（1837），山东道监察御史胡长庚上疏说，山东地土宜井，请敕下巡抚及州县地方官劝谕农民"多穿土井"，俟浇灌获益、"积有余资"后，再砌砖井。③ 咸丰、光绪间山东掘井更多。山东省井灌区主要分布于鲁西北冲积平原。

如上所述，明清时期北方晋、秦、冀、豫、鲁诸省凿井灌田有了明显发展，并形成一定规模的井灌区。井灌在北方灌溉水利方面的比重加大，这是明清时期利用水资源方面的一个突出变化。

3. 明清时期华北井灌发展对农业生产的作用

第一，井灌的发展增强了农业生产防旱的能力。

明清时期井灌的推广大多是在遇到干旱之年进行的。北方不少地方本来就缺少河溪，干旱之年地表水更加短缺，而地下水"可济江河渊泉之乏"④，水量较为稳定，故有"井养而不穷"之说。为了抗灾，政府倡导凿井灌田，大多取得较好的成效，减轻了干旱对农业生产的损害。乾隆初，崔纪在陕西推行井灌是鉴于山西和陕西在康熙五十九年、六十年（1720—1721）连续两年干旱，山西无井州县"流离载道，鬻儿鬻女"，有井之平阳、蒲州所属各县"糊口有资，免作饿殍"，陕西的富平、蒲城二县亦因有灌井"独藉此以免荒歉之灾"⑤，因此崔纪积极在陕西督促开井。后任陈宏谋继续倡导，抗旱效果显著，夏禾受旱时，"惟旧有井泉之地夏收皆厚，无井之地收成皆薄"⑥。即便是在遭受了旱灾后才临时挖井灌溉者也能减少损失。可见井灌确是防旱抗旱的一项重要措施。

凿井灌溉还是建设抗旱稳收农田的重要环节。明清时期北方倡导推行抗旱的区田法。区种是一种经济用水、集中施肥和配合深耕的抗旱丰产农作技术，明清时期

---

① 宣统《山东通志》卷七〇。

② ［清］盛百二：《增订教稼书》，见王毓瑚辑：《区种十种》，财政经济出版社，1955年。

③ ［清］胡长庚：《申明劝课农桑旧例疏》，见《皇朝道咸同光奏议》卷二八。

④ ［清］王心敬：《井利说》。

⑤ 民国《陕西通志稿》卷六一。

⑥ ［清］陈宏谋：《培远堂偶存稿》卷二六《通查井泉檄》。

因农业集约经营的需要，而不断地得到宣传和试行，有关区种的著作中有不少关于凿井灌溉的论述。《农政全书》卷五称："必须教民为区田，家各二三亩以上，一家粪肥多在其中，遇旱则汲井溉之。"盛百二《增订教稼书》说："区田、代田必多开井。"故有开井、区种"本是一事"的说法。① 王心敬《井利说》附有《区田法》，文中说："然如大旱之岁，邻田赤地千里，而区田一亩独有六七石之获，果若数口之家能殚力务成二三亩区田，便可得全八口之家父母妻子之命。"区田能在旱年获得收成，必然要有一定的灌溉设施作为保障，凿井就是其中重要的措施。对此，王心敬在《井利说》中明确叙述道："凡乏河泉之乡，而欲兴井利，必计丁成井。大约男女五口必须一圆井，灌地五亩；十口则须二圆井，灌地十亩；若人丁二十口外，得一水车方井，用水车取水，然后可充一岁之养，而无窘急之忧。"归纳以上所说，即通过凿井得水，通过区种省水，大体建成一人一亩的抗旱稳产农田。因一眼井的灌溉面积不大，根据当时小农的能力，无力在所有的大田都凿井，故集中财力、人力经营数亩区田，此外田亩听人自种，则平年可以两全，即遇大旱，因有井灌的区田所得，亦足以免于饥窘。可见，井灌对北方防旱抗旱和农业生产发展意义重大。

第二，井灌的发展促进了农作物产量的提高。

关于一眼井的灌溉面积，乾隆时崔纪说，水车和豁泉大井，每井可灌田 20 亩；桔槔井，每井可灌田六七亩；辘轳井，每井可灌田二三亩。同时期帅念祖在《区田编》中所说各种井的灌田数与崔氏所说基本相同，但称辘轳井可灌田五亩。又据王心敬等人之说，则崔氏辘轳井灌田数偏低。在清人的记载中，水车井每井灌田高者可达四五十亩，同治间朱潮、光绪间夏同善估计平均每井可灌田 10 亩。②

关于井灌地单位面积产量增长的幅度，崔纪说，山西、陕西井浇地亩，"肥者比常田不啻数倍，硗者亦有加倍之入"。康熙时北方一夫所耕"终年二三十亩，亩收上田一石三四斗，下则八九斗"③，大约平均亩产为一石。若井浇地产量比原来增加一倍，则每亩至少增加一石。乾隆时陕西共有井 13 万余眼，因陕北大片地区不易开井，汉中等地渠堰塘坝发达，井灌地集中于关中平原，而华北其他四省井灌范围大多比陕西为广，所以可将陕西的灌井数作为北方五省的平均数，则乾隆时五省至少有大小灌井六七十万眼以上，灌溉面积达六七百万亩，每年约可增产粮食六七百万石。此外，井灌对发展经济作物，如菜蔬、棉花、烟草等作用更为显著。如乾隆《无极县志》称："直隶地亩惟有井为园地，园地土性惟宜二麦、棉花，……

---

① ［清］左宗棠：《左文襄公全集》卷一九《答谭文卿书》。

② 宣统《山东通志》卷七六；［清］夏同善：《请饬筹款开井疏》，见《皇朝道咸同光奏议》卷二八。

③ ［清］陆燿辑：《切文斋文钞》卷一五。

计所获利息，井地之与旱地，实有三四倍之殊。"

由上述可知，明清时期由于社会经济发展的需要，华北地区凿井灌溉大为扩展，而井灌的发展、水资源利用的扩大，又进一步促进了农业生产和社会经济的发展。直至今天，井灌仍是北方农业灌溉的一个重要方面，华北平原的灌溉抗旱已形成以井灌为主、井渠结合的方式。此外，凿井灌溉降低了地下水位，还起到改良盐碱地的作用。

（三）新疆水利

新疆地处大陆腹部，呈典型的大陆性温带荒漠气候，年平均降水量为150毫米左右。除北部受北冰洋湿润气候影响，而降水稍多，大部分地区全年干燥少雨，吐鲁番盆地年降水量只有20毫米左右。因此，新疆的农业离不开灌溉，"有水则成田园，无水则成戈壁"①。在各项事业中，灌溉水利尤为重要。新疆的降水主要集中在山区，山区降水占全自治区总降水量的84%以上，因此高山带的冰雪积存十分丰富，成为天然的固体水库和河流水源的补给地。"雪峰冰巅，蜿蜒数千里"，春夏以后，高山积雪融化，雪水汇聚成条条河流，为农业生产提供了灌溉水源，故而人称"塞外之田赖雪水灌溉"。新疆除引河灌溉，还引取地下水灌溉。新疆由于气候干旱，日照强烈，蒸发作用强烈，因此，一些地区地表径流稀少。然而，有部分降水和雪水通过山麓砾石带渗入地下，给地下水补充了丰富的水源。为引取地下水，新疆人民修筑了"坎儿井"灌溉工程。这种独特的水利工程，可减少水的蒸发和渗漏，成为一些绿洲重要的灌溉工程。

新疆水利在汉唐时期已有所开发，主要在南疆经营。宋元时期北疆水利得到发展。元末明初，在嘉峪关以西地区形成许多各自割据的封建政权。明代恢复对西域的管辖以后，曾于哈密等地设八卫以统领其地，但终明一代，经营西域不力。到了清代，政府加强了对新疆的经营，驻兵守卫，移民实边，发展屯垦，大力开发水资源，兴修了许多灌溉工程，促进了农业生产的发展。以引取的水源不同，大致可以分为两类灌溉工程：一是引取河流、湖泊和泉水的明渠灌溉工程；二是引取地下水的坎儿井灌溉工程。

1. 清代新疆水利发展的特点　清代新疆水利的发展有三个明显的特点：

（1）灌溉水利的发展和屯垦的进展相一致。受自然条件的制约，新疆屯田必须兴修灌溉水利，"水利为屯政要务"②，农田水利也因屯田的需要而得到迅速

---

① 光绪《皮山县乡土志》。

② ［清］左宗棠：《左宗棠全集·札件》批札741，光绪四年署镇迪周道崇傅禀乌垣等处善后事宜并金巡检劣迹及捕蝻诸事由，岳麓书社，1986年，455页。

发展，屯垦进展到何处，灌溉水利也兴修到何处，而且灌溉工程往往是屯垦的先导。

屯田的布局总体上沿两条线路排列，即以哈密为起点，分向天山北路和天山南路迤西推进。北路经巴里坤、木垒、奇台、古城、吉木萨尔、阜康至乌鲁木齐，由乌鲁木齐向西经昌吉、罗吉伦、呼图壁、玛纳斯、库尔喀喇乌苏、精河，直至伊犁九城及塔城一带；南路由哈密出发向西，经辟展、吐鲁番、托克逊、喀喇沙尔、库车、阿克苏到乌什，或经喀什噶尔、叶尔羌至和阗。清代在这些地区皆兴修有灌溉工程。自古以来，北疆的经济以游牧业为主，"逐水草，无城郭"；南疆则以种植业为主，"土田良沃，人习耕种"。通过垦田兴修水利，北疆农业结构发生了很大变化，由以牧为主转为农牧结合的经济结构；南疆水土资源得到较多的开发，农业生产发展迅速。

（2）水利发展与军政形势变化相一致。清前期灌溉工程数量和规模较小，清后期灌溉工程数量大为增加，长距离引水工程多有兴作。灌溉工程的发展变化与新疆的军事、政治形势和社会经济状况有关。康熙雍正年间，为了维护统一，对准噶尔贵族的分裂割据势力用兵，同时开始在新疆兴办屯田水利。康熙五十五年（1716），朝廷在哈密、巴里坤驻兵屯田，开渠引水[1]，水源主要为沟水和泉水。其时战争正在进行之中，屯田水利规模较小。乾隆二十四年（1759），清朝统一了天山南北。为巩固边防和开发当地经济，遂广为招徕，大力推行屯田。但乾隆嘉庆时期屯田"北重南轻"。北疆因历经战乱，地广人稀，屯田主要在"田土肥沃"的伊犁、乌鲁木齐。但"彼时屯田所获粮石，专备兵食，不能懋迁"[2]；又因居民过稀、交通不便，不好出售，所以不需要大量发展屯田。当时耕作较为粗放，农田多不施肥，耕种一年，停歇二三年，灌溉要求不高。以后屯区生齿日繁，屯田扩大，遂需要修建灌溉大渠。据统计，乾隆四十二年新疆有屯田约 56 万余亩，到嘉庆十三年（1808）仅北疆民屯就达 74 余万亩。[3] 由于屯田的拓展，嘉庆中期之后灌渠兴修渐多。

嘉庆二十五年（1820）南疆发生叛乱，至道光初年才得平息，为此在南疆增驻军队，着力推行"移民戍边"政策，重视南疆的屯垦水利，屯垦重点移向南疆。仅道光二十五年（1845）前后就垦地 60 余万亩，并相应地兴修了一批灌溉工程，此时北疆伊犁等地屯田水利发展速度亦增快。

咸丰同治时期，新疆政局动荡，农田水利遭到破坏。至光绪初，天山南北农田水利才渐次复兴。光绪十年（1884）新疆建省以后，屯垦事业又大为发展，对农户兴修水利亦积极资助，因此灌溉水利遍于天山南北。据宣统三年《新疆

---

[1][2][3]民国《新疆志略·垦务》。

图志·沟渠志》所载统计，新疆共有干渠 944 条，支渠 2 332 条，灌溉田亩达 1 119.95万亩。

（3）确立了严格的平均分水制度。一方面，根据各用水单位所缴纳的本色京斗粮额，将可用水量分配给各纳粮地亩，没有在册的荒地就没有灌溉水量，也不会有相应的水期。平均用水，并不是各县村庄所获得的水期相同，而是指在同一干渠或支渠下，在册的纳粮地亩所得到的水量或者水期相同。有些支渠的灌溉面积，细致到分、厘、毫。如和阗州城北的巴玛斯渠，有 31 道支渠，其中 14 道支渠的灌溉面积记载到分、厘，小阿拉沙来渠、达拉斯坎渠和新卡哈渠的灌溉面积记载到毫。由此也可以看出，国家权力渗透到乡村乃至农户，新疆的基层社会完全在国家的控制中。另一方面，设置专门的官员管理分水问题、处理水利纠纷。乾隆时期，回屯分水，由各伯克执行；军屯分水，由守备负责；民屯分水，由渠总、农管和乡约等负责。如果遇到水利纠纷，或者更高层级的分水，则由各县县长、水利通判以及留任的伯克、水管、渠总、乡约等共同负责。如巴里坤的灌溉用水就是由乡约负责，"农处东西北三乡，各乡户口多寡不均，概立头目，俾相联络。东乡一百四十八户，乡约十三名。西乡八十二户，乡约三名。北乡三百九十二户，乡约十七名。藉资催科，互相劝戒。一切水利种植，必取责焉，遇有口角细故，钱债琐务，必关白乡约，量为调处。若有别项大故，禀官究办"[①]。正因为新疆制定了严格的水资源利用、分配以及管理制度，促使这一地区由不毛之地变为富庶之地。[②]

2. 河渠灌溉工程的发展　清代，新疆的灌渠工程主要分布于伊犁、乌鲁木齐、巴里坤、哈密、吐鲁番以及塔里木河流域一些地区。

（1）伊犁地区。伊犁地区有伊犁河通过，支流纵横交错，泉水众多。元代以前已经出现零星的灌溉。清代时伊犁是全疆的军事重地，经营屯垦最为用力，灌溉工程得到大规模发展。乾隆二十五年（1760）任命参赞大臣阿桂专理伊犁屯田事宜，率绿营兵 100 名、回民 300 名，在海努克筑城兴屯。屯田回民相隔半里立一村庄，共 15 处，"各修葺沟渠，引水灌田"[③]。之后，乾隆三十二年回民增至 6 000户，屯田兵在乾隆三十四年增加到 2 500 名。屯区的扩大，皆伴随有水利的兴修。但直至嘉庆初，伊犁屯田引水量不多，屯区时感缺水，此后逐渐兴修了一些

---

① 《镇西厅乡土志·农》，见马大正等主编：《新疆乡土志稿》上册，全国图书馆缩微文献复制中心，1990 年。

② 以上参考王培华：《清代新疆的用水措施、类型及其特点——以镇迪道、阿克苏道、喀什道为中心》，《中国农史》2012 年 3 期；《清代新疆的争水矛盾及其原因——以镇迪道、阿克苏道、喀什道为例》，《广东社会科学》2011 年 3 期；《清代新疆解决用水矛盾的多种措施——以镇迪道、阿克苏道、喀什道为例》，《西域研究》2011 年 2 期。

③ 《清朝文献通考》卷一一一《田赋》。

大的灌渠。

伊犁河南岸以锡伯渠（又称察布查尔渠）最著名。乾隆二十九年（1764）由盛京征调锡伯族官兵千人，并家眷共 3 000 余人，往伊犁河南岸察布查尔一带驻防和屯垦。起初先疏浚了一条东西长 200 余里的水渠，从伊犁河引水，只灌溉渠北面狭长的滩地，引水不多；渠南虽有旷土，但地势偏高，渠水浇灌不上。嘉庆七年（1802），锡伯营在总管图默特带领下，另于伊犁河上游察布查尔山口开凿引水口，兴建一条与旧渠相隔 10 余里，平行流向，长度相当的新渠。经 6 年的施工，于嘉庆十三年竣工。新渠高于旧渠六七尺，可溉南山下的高田，称为"锡伯新渠"，亦称南渠；旧渠称为北渠。"既浚新渠，辟田千顷，遂大丰殖"①。此渠至今仍灌溉察布查尔锡伯自治县 10 万余亩良田。

伊犁河北岸建有通惠渠、皇渠等众多渠道。嘉庆七年（1802）伊犁将军松筠为了推行旗屯，于惠远城东相度地势，凿"大渠"引伊犁河水，此大渠被当地人称为"将军渠"，溉田数万亩。因大渠以北地势高，难以灌溉，翌年又于爬梁处分水，开渠道一条，溉大渠以北之地，称为通惠渠，当地人称为镇台渠。②两渠实是南北两渠，故也合称通惠渠。松筠又于通惠渠东阿齐乌苏地区开浚大渠，"引丕里沁山泉之水，灌田数万亩"③。嘉庆二十年，因回、旗各屯农田日辟，山泉不敷灌溉，于是整治哈什河旧渠，展宽开挖 20 余里，新开支渠 170 余里（即旧皇渠），并将济尔哈朗山泉引入，灌溉丕里沁 150 户回民屯田，而丕里沁山泉专灌惠远城旗屯公田。④

嘉庆时期，伊犁地区在水资源利用方面有很大进展，开始大规模引取伊犁河干流及其支流之水，同时广泛地利用泉水、山水和湖水。据《新疆识略》卷六载，仅利用的泉水和山水就近 20 条，而且对兵屯、旗屯、回屯、民屯田地利用的水源皆有规定，对用水实施分配管理。此外，不仅灌溉旱作物，还灌溉水稻。北疆原来不种水稻，乾隆二十八年（1763）有商民开始引伊犁河水种稻，嘉庆时屯区水稻更有发展。嘉庆《新疆要略》卷三记载，惠远城东旗屯稻田引用通惠渠、伊犁河水灌溉，塔尔奇营稻田引用磨河渠水灌溉。

道光十八年（1838），伊犁将军奕山为解决伊犁官兵口粮不足问题，兴办额鲁特爱曼所属界内塔什毕图（今巩留县境）回屯，开渠引水。道光十九年十月水利工程告竣，干渠长 143 里，灌田 16.4 万亩。⑤ 道光二十一年又开垦塔什图毕三道湾地9.24 万亩。⑥

----

①② ［清］徐松：《西域水道记》卷四。
③ 嘉庆《伊犁总统事略》卷一《伊犁兴屯书始》。
④ 《清朝续文献通考》卷一六《田赋》。
⑤ 《清宣宗实录》卷三一〇、卷三二七。
⑥ 《清宣宗实录》卷三四六。

道光二十年至二十五年（1840—1845），布彦泰继任伊犁将军，继续推进屯垦水利。道光二十三年冬，伊犁新垦三棵树和红柳湾土地 3 万多亩，"安设正户民人五百七十一户"；阿勒卜斯新垦 16 万亩。[①] 前者临近伊犁河及通惠河，大概引通惠渠水灌溉；后者在今伊犁阿热博斯农场以西至墩麻扎的北部山前地带，可能引博尔博逊河水灌溉。之后，布彦泰进一步奏请开垦惠远城东阿齐乌苏荒废之地，拟引哈什河水灌溉。此时林则徐被谪戍伊犁，深得布彦泰敬重，以水利垦田之事谘之。道光二十四年五月，对哈什河引水工程进行大规模改建，由林则徐捐资并承修重要的龙口工程，工程很是艰巨，全渠九月竣工，灌田 10 万余亩。[②]此时，在伊犁河北形成连成一体的皇渠大灌区，新中国成立后，该渠经改建，灌田面积达 60 万亩。

（2）乌鲁木齐地区。"乌鲁木齐"即优美的牧场之意。该地区凭山带水，南有天山峰峦，雪融成河，向北多道泻出，从木垒向西到玛纳斯（皆属乌鲁木齐屯区）依次有吉木萨河、察罕乌苏河、冒他拉河、双岔河、赛音他喇河、特纳格尔河、察罕果尔河、库尔济勒河、乌鲁木齐河、昌吉河、洛克伦河、呼图壁河、土古里克河、喀齐河、玛纳斯河、博尔峒古河等[③]，水源较为充足。乌鲁木齐地处战略要地，早在乾隆二十三年（1758），在乌鲁木齐至木桑派兵 7 000 名、昌吉派兵 3 000 名进行屯田，引水灌溉。[④] 此后屯田水利地域更加扩展。乾隆三十七年，"约计乌鲁木齐各属连年在外招募户民及内地送往户民，共垦有营屯田地三十余万亩"[⑤]。至嘉庆十三年（1808），屯田亩数增到 68 万余亩。[⑥] 该地区多小型灌溉工程，清末时有灌溉干渠179 道、支渠 464 道，并在迪化的三个泉、玛纳斯、乌苏的西湖等地种植水稻。

（3）巴里坤地区。巴里坤地区位于北疆最东部，是清代最早开展屯垦水利的地方。康熙五十四年（1715），清军击退进攻哈密的准噶尔部之后，派兵驻守巴里坤，次年开始屯田。雍正年间，曾驻扎办事大臣，兴办屯垦，从奎素、石人子以至尖山一带百余里内，俱经开垦修渠。引南山之水有正渠 9 道，"其三道河以北，自镜儿泉、三墩起至奎素止，亦有正渠三道"[⑦]，后荒芜湮塞。乾隆二十二年（1751）在巴里坤地区复办屯垦，从甘、凉、肃三处调来兵士 1 000 名，"浚泉引渠"，种植青稞等作物，后又试种豌豆、小麦，均有收成。民屯也有发展，乾隆三十年户民承种

---

① 《清宣宗实录》卷四〇〇。

② 《清宣宗实录》卷四〇九。

③ ［清］松筠修，汪廷楷原辑，祁韵士重编：《西陲总统事略·乌鲁木齐图说》。

④ 《清高宗实录》卷五六三、卷五六八。

⑤ ［清］文绶：《陈嘉峪关外情形疏》，见［清］贺长龄、魏源编：《清经世文编》卷八一。

⑥ 民国《新疆志略·垦务》。

⑦ 《清高宗实录》卷五四八。

地为 25 000～26 000 亩①，次年达 44 720 亩②。但是，巴里坤地寒霜早，渠水不丰，可耕地不广，之后屯田扩大不多。

（4）哈密地区。哈密是新疆的门户，战略地位重要。康熙后期已在哈密一带兴屯，疏渠引水浇灌塔勒纳沁屯田，岁收青稞 2 100 石。雍正元年（1723）又有 400 名回民到该处开垦，引暗门子乌拉台、柏沟河、天生圈 3 处山沟水及大小 17 泉，灌溉农田。③ 雍正十三年，于哈密西之三堡及沙枣泉、东北之塔勒纳沁，各派兵 1 000 名进行屯田。④ 另有官兵 2 000 名在哈密蔡巴什湖（即赛巴什湖）开榆树沟等渠道，建闸蓄泄，"耕种公田一万亩，以及荒余地三千亩"⑤。乾隆七年（1742），塔勒纳沁营屯停种，赛巴什湖公田交当地回民屯种。乾隆二十二年，南疆又发生大小和卓叛乱，为了保证平叛军队的军粮供应，又重新在塔勒纳沁屯田，整修渠道，恢复屯田 3 000 余亩。⑥ 乾隆二十五年后，哈密的屯田计有塔尔纳沁、蔡巴什湖、牛毛湖 3 处，共 11 560 亩⑦。道光年间，陕甘总督杨遇春进讨和卓后裔张格尔叛乱，在哈密修建了引山水的石城子渠。

（5）吐鲁番地区和塔里木河流域。吐鲁番盆地和塔里木河冲积平原是新疆的重要农耕区。康熙末，清军驻守吐鲁番，曾在此进行屯田水利，雍正元年（1723）收获麦、糜 9 330 余石。⑧ 乾隆二十三年（1758），以吐鲁番为中心，东向辟展、鲁克察克，西向托克逊、喀喇沙尔等地推行屯田水利。⑨ 其中喀喇沙尔灌渠引开都河水，兴办了加固堤岸、修筑闸座等工程。⑩

（6）南疆地区。南疆水利的大发展是在道光中期之后。道光八年（1828），调拨回兵在喀什噶尔的大河拐一带百余里空地内试垦。之后又招募回民扩大垦种。因该处地势较高，故在河中筑坝抬高水位引水灌溉。⑪ 道光十二年，参赞大臣壁昌又在喀什噶尔的喀拉赫依地区，招民 500 余人，修渠筑坝，耕种屯田 2 万余亩。⑫ 同年，壁昌领兵至叶尔羌所属的巴尔楚克开渠引水，招民种地。⑬ 巴尔楚克在乾隆嘉

---

① 《清高宗实录》卷七三九。
② 《清朝文献通考》卷一一。
③ 《哈密直隶乡土志》。
④ ［清］松筠：《新疆识略》卷二。
⑤ 道光《哈密志》卷四。
⑥ 《清高宗实录》卷五三五。
⑦ ［清］刘统勋修纂：《皇舆西域图志》卷三三。
⑧ 《清世宗实录》卷一三。
⑨ ［清］文绶：《陈嘉峪关外情形疏》，见［清］贺长龄、魏源编：《清经世文编》卷八一。
⑩ 《清高宗实录》卷六五五。
⑪ 《清朝续文献通考》卷一六。
⑫ 《清宣宗实录》卷二〇六，《清史稿》卷三六八《壁昌传》。
⑬ ［清］壁昌：《叶尔羌守城纪略》。

庆年间已招集回民开渠垦地，嘉庆末年因发生张格尔叛乱，巴尔楚克渠湮废，此时恢复经理该处屯田。道光十四年，在巴尔楚克的毛拉什赛克三引玉河之水，垦种屯田 2 万余亩，又引浑河之水灌溉马尾巴、沙虎儿屯田，渠长 383 里。① 至道光十六年，巴尔楚克建成的各渠坝已能灌溉 10 万余亩土地。②

道光二十四年（1844），林则徐和哈喇沙尔办事大臣全庆奉命查勘南疆水利屯垦。他们历时一年，往返万里，周历南疆八城，"浚水源，辟沟渠，教民耕作，定约束数十事"③。所办的水利工程主要有以下几处：在库车，指导改建引渭干河的渠道，渠口宽 2 丈，渠长 120 余里，又于河内建迎水坝一道，该渠溉地 7.6 万余亩。④ 在和阗所属达瓦克地区，筑坝开渠，修立龙口，将玉河水顺势导入；又于洋河一带觅得泉源 50 余处，接引入渠，全年皆堪灌溉；开垦荒地 9.6 万亩。⑤ 在叶尔羌所属霍尔罕地区，新垦田 9.8 万亩，所开渠道足资灌溉；叶尔羌东北的巴尔楚克系军事重镇，建议进一步兴修水利，大开屯田。⑥ 在哈喇沙尔，民户可开垦之地，共有 10 万余亩。⑦ 为了灌溉新垦之田，于库尔勒大渠南岸接开中渠，引入新垦之地；建议应将北山根地区原引开都河灌渠的龙口展宽，别开大渠与旧渠并行，再开支渠 4 条及退水渠 1 条。⑧ 在伊拉里克，查知该地区地势平坦，西面 200 余里有大、小阿拉浑两山泉水汇为一河，但河水流经沙石戈壁，潜入沙中，为此在沙石戈壁内凿大渠，开挖多条支渠，将水引至新开垦的平地。渠建成后形成了 11.1 万亩的大灌区。⑨ 在吐鲁番，开大渠一道，渠首段碎石夹沙，易于淤积，"酌定经久修治章程"，加强平时的清淤和维修。⑩

这些水利建设促进了屯垦的发展。《清史列传·全庆传》记载："于是库车、阿克苏、乌什、叶尔羌、和田、喀什噶尔、伊拉里克、喀拉沙尔凡垦地六十八万九千七百十八亩。"南疆的水利垦田在道光后期得到迅速发展，出现了前所未有的新局面。

3. 坎儿井灌溉工程的发展　坎儿井是引取地下潜流进行自流灌溉的一种地下暗渠，又称为坎井、坎遂、坎儿、卡儿、卡井、井渠等。

坎儿井一般由竖井、暗渠、明渠和涝坝四部分组成。竖井为开挖暗渠时定位、

---

① 《清宣宗实录》卷二六○、卷三二二。

② 《清宣宗实录》卷二八六。

③ ［清］缪荃孙辑：《续碑传集》卷二四。

④ ［清］常清：《为开垦荒地挑挖渠道各工一律完竣》，朱批奏折农业类屯垦耕作 144 号。

⑤⑥《清宣宗实录》卷四一九。

⑦ 《清宣宗实录》卷三九八。

⑧⑩《清朝续文献通考》卷一六。

⑨ 《清史列传》卷五二《全庆传》。

出土和通风，以供日后检查维修之用。由有经验的老匠人在山坡上找到水脉，先打一口竖井，俟竖井中发现地下水后，就沿这一水脉的上游和下游，挖掘一连串的竖井，上游每隔 80～100 米一个，下游每隔 10～20 米一个，竖井的深度依山坡的斜度逐渐减低。暗渠是坎儿井的主体工程，其首段是引取地下水的部分，须在潜水位下面开挖，余为输水部分，在潜水位以上开挖。暗渠的纵坡，一般比地下潜流和地面坡降平缓。暗渠的出口称为龙口。龙口以下，接一段长几十米或几里的明渠。明渠末端，建有涝坝，用以蓄水，供灌溉和生活之用（图 3-9）。

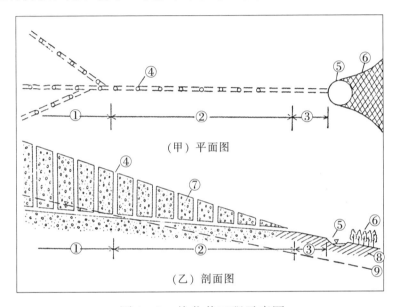

图 3-9 坎儿井工程示意图

①地下渠道的进水部分；②地下渠道的输水部分；③明渠；④竖井；
⑤涝坝（小储水池）；⑥坎儿井灌区；⑦砂砾石；⑧土层；⑨潜水面

新疆坎儿井历史悠久。关于它的起源，因缺乏确凿的史籍记载，目前有几种不同的说法：一说源于西汉关中龙首渠的"井渠"，由内地传入新疆。此说为陶葆廉在《辛卯侍行记》中首先提出。之后，王国维《观堂集林·西域井渠考》对此说做了详细的考证。近些年有人在吐鲁番所出土的唐代文书中发现有"胡麻井渠"的记载，更确认坎儿井起源于关中井渠。①

一说林则徐谪戍新疆时创造。此说出自新疆当地人民的传说。如《新疆图志》卷一一四《林则徐传》即说吐鲁番坎儿井为林则徐所创。但实际为林则徐续修，非创始。

一说起源于中亚波斯（即伊朗），然后传入新疆。伊朗是目前世界上拥有坎儿

---

① 钟兴麟等主编的《吐鲁番坎儿井》（新疆大学出版社，1993 年）对此有不同看法，见黄盛璋：《再论新疆坎儿井的来源和传播》，《西域研究》1994 年 1 期。

井最多的国家，据说已有 2 500 多年的历史了。故推测坎儿井是后来随着伊斯兰教的传播而传到其他各地的，认为新疆坎儿井即波斯语 Karēz 的译音。但此说并无确凿的佐证。

新疆坎儿井起源不论是东来说，还是西来说，最终是新疆各族人民共同开发利用水资源的成果。

吐鲁番地区是兴修坎儿井最早、最多的地方。文献中明确记载吐鲁番坎儿井的，是清人和瑛的《三州辑略》。书中记载，嘉庆十二年（1807），位于吐鲁番西20 里的雅尔湖（雅尔和屯）地区，"勘垦卡尔地二百五十一亩，……卡尔地每亩交纳租银六钱"。"卡尔"即坎儿井，说明此时吐鲁番已出现了坎儿井，但发展还不快。道光十九年（1839），乌鲁木齐都统廉敬"在牙木什迤南地方，勘有可垦地八百余亩"，"因附近无水"，提出"必须挖卡引水，以资浇灌"[①]，坎儿井就由雅尔湖推广到附近的牙木什地区。此时吐鲁番的坎儿井数，据《清史稿》卷三八二《萨迎阿传》称，"旧有三十余处"。道光二十五年，林则徐查勘南疆水利垦田来到吐鲁番，他对该地坎儿井特别有兴趣，"见沿途多土坑，询其名，曰'卡井'，能引水横流者，由南而北，渐引渐高，水从土中穿穴而行，诚不可思议之事"[②]。林则徐认为坎儿井有许多优点，建议在吐鲁番西部的伊拉里克和托克逊等地推行。嗣后，伊犁将军萨迎阿按此计划实行，在伊拉里克凿成坎儿井 60 余处，合旧井共百处。[③]为纪念林则徐推广之绩，当地群众遂称坎儿井为"林公井"。光绪六年（1880），左宗棠进兵新疆平定阿古柏叛乱后，在吐鲁番兴修水利，又"开凿坎儿一百八十五座"[④]。之后，坎儿井在辟展至吐鲁番一带有较大发展。20 世纪初期，库车、哈密皆曾开凿过坎儿井。后来天山北麓奇台、阜康、巴里坤及昆仑山北麓皮山县等也凿有少量坎儿井。现在坎儿井主要集中在天山南坡最干旱缺水的哈密县、吐鲁番盆地的鄯善、吐鲁番和托克逊，共有坎儿井 1 100 多条，总长度超过 3 000 多公里，年径流量 7.7 亿米^3，总灌溉面积约 30 万亩。

坎儿井的优点：一是自流灌溉，不用提水工具，节省了抽水费用；二是一般水质良好，流量稳定，而且冬季不封冻，可供全年灌溉和饮用；三是施工设备较简单，农户易于操作；四是水行地下，能减少蒸发、避免风沙的侵袭。坎儿井存在的缺点是：开挖工程量大，费时费人力，易于崩塌，维修和管理费用较高，暗渠输水部分如经戈壁层内，渗漏损失较大等。

---

① 《清宣宗实录》卷三二二。
② ［清］林则徐：《林则徐集·日记》。
③ 《清史稿》卷三八二《萨迎阿传》。
④ ［清］左宗棠：《左文襄公全集·奏稿》卷五六《办理新疆善后事宜折》。

第三节　生物资源的开发利用

一、捕捞渔业的进一步发展

明清时期，渔业仍然依靠旧式木帆船和手工操作，生产能力也很低。然而，商品经济的发展、城镇的兴起，引起水产品需求量的增加，在一定程度上促进了渔业的发展。中国传统渔业的渔船、渔具、渔法日臻完备，海洋捕捞遍及中国近海各渔场，边远地区如黑龙江流域、西沙和南沙群岛等海域渔业进一步开发利用，丰富的水产资源为渔业的发展提供了有利的条件。但在一些地区，由于生齿日众，捕捞强度加大，环境遭到破坏，水产资源已发生明显的变化，特别是大型水生动物如鲟、鳇、鼋、鼍（扬子鳄）等已呈现颓势，进入珍稀动物行列。黄淮流域由于黄患的影响，渔业生产衰退更为显著。

（一）近海渔场及内陆水域的开发利用和资源变化

元末明初，中国沿海遭到倭寇的扰乱，到了明嘉靖年间，倭寇的骚扰愈加猖狂。明王朝为此实行海禁。明初，朝廷下令"片帆寸板不许下海"。后来，终因沿海"小民衣食所赖，遂稍宽禁"。嘉靖三十年（1551）后，"倭患起，复禁革"。①此后，鉴于"海禁太严，生理日促"，渔民"转而从盗"②，海禁"势有难行"③，才又弛禁。直至嘉靖四十五年戚继光平息倭乱之后，海禁才告一段落。

清王朝建立之后，为了巩固统治，于顺治十二年（1655）又在沿海实行海禁，其目的主要是割断沿海居民与抗清势力郑成功的海上联系。清代在海禁的同时，还实行迁海，大规模地强制沿海居民尽徙内地。迁海涉及现今河北、山东、江苏、浙江、福建、广东六省，"下令迁沿海三十里于界内，不许商舟鱼舟一舠下海"④，并掘堑筑墩，派兵严防。直至康熙二十二年（1683），台湾郑克塽回归，全国统一，清廷才下令全面复界。其间，迁海政策持续了28年。

海禁及迁海使渔业遭受巨大的摧残，给渔民带来巨大的灾难。海禁无异于断绝渔民的生路。海禁期间，"村舍萧条，民多失业"⑤。就连江南总督马鸣佩在给清廷

---

① ② ［清］顾炎武：《天下郡国利病书》原编第 22 册《浙江下》。

③ 　［明］陈子龙等辑：《明经世文编》卷二八三《王司马奏疏》。

④ 　［清］魏源：《圣武记》卷八《东南靖海记》。

⑤ 　康熙《日照县续志》，嘉庆《赣榆县志》。

的上疏中也说:"海滨民困已极。"① 迁海和对外海岛屿的弃置,实际是将渔民生计连根铲尽。当时,对弃置的岛屿,"凡房屋、井灶及碾盘居食所需之物,俱荡平无存"②。舟山群岛经历了明清时期两次迁徙:明初洪武年间,"迁金塘、蓬莱、安期三乡之民于内地"③;清代则连舟山本岛也一度"撤守"了④。连云港的云台山原为烟火两万家的繁盛之地,划为界外之后,被摧毁得"荡然一空"⑤。山东、辽宁之间的 30 余岛屿上的居舍,明代也被"尽数荡平无存"⑥,而且每月搜捕一次,"如有一人一家在岛潜住,即擒拿到官,照谋叛未行拟以重罪。如敢拒捕,凭官兵登时格死勿论"。这种摧残,对渔业生产力的破坏,无疑是巨大的。

海禁和迁海,还使渔民或遭到残酷的杀戮,或衣食无着饥饿而死。《闽颂汇编》记载:"渔者靠采捕为生,前此禁网严密,有于界边拾一蛤一蟹者,杀无赦,咫尺之地,网阱恢恢。渔者卖妻鬻小,究竟无处求食,自身难免,饿死者不知其几。"

然而,滨海之民以海为田,依海为生,禁海是禁不绝的。明代王杼《条处海防事宜,仰祈速赐施行疏》说:"海滨之民生齿蕃息,全靠渔樵为活。每遇捕黄鱼之月,巨艘数千,俱属犯禁。议者每欲绝之,而势有难行,情亦不忍也。"⑦ 在长期禁与反禁的斗争中,中国近海渔业在明清时期还是继续曲折艰难地又复苏起来。复界弛禁后,沿海岛屿的居民很快恢复生产。以舟山为例,1683 年定海知县缪燧在呈禀中谈到衢山时说,虽然"自明初就永行废弃",但每到"夏秋渔汛之期,闽浙渔船集聚网捕,而无业穷民多有潜赴此山,搭厂开垦者"⑧。说明即使在海禁过程中,渔民也并没有完全屈服,渔业生产仍在挣扎。康熙二十三年(1684)海禁既开,准许人民归复,岱山、金塘、桃花、虾峙、长涂、秀山等岛屿陆续复垦。1838—1850 年,有一批福建小钓船到中衢山列岛钓鱼,瑞安、鄞县等外地渔民也来舟山生产,并引进了著名的大网作业,又使渔业生产得到发展。

中国沿海渔场和各海区沿岸,包括南海的西沙和南沙群岛,到了明清时期,大多已被加以开发利用。在这些地区的《疆域志》和《物产志》中都列有渔场名称或水产名录。《中国江海险要图志》中记载的渔场有广东省涠洲岛、琼州、香港、东沃等 36 处,福建省深沪澳、崇武澳、北桑列岛等 9 处;浙江省瓯江、黑山群岛、

---

① 康熙《江南通志》卷六五。
② 雍正《山东通志》卷三五《艺文》。
③⑧ 光绪《定海县志》卷一四。
④ 康熙《定海县志》卷三。
⑤ 嘉庆《海州直隶州志》卷二〇。
⑥ 雍正《山东通志》卷三五。
⑦ [明]陈子龙等辑:《明经世文编》卷二八三《王司马奏疏》。

象山港、长涂岛等 12 处；山东省威海卫港、芝罘等 6 处，以及辽宁、河北等省的渔场。

每逢渔汛，渔场船只云集，生产规模巨大。清代顾炎武《天下郡国利病书·苏松》记载："（黄鱼船）每年四月出洋时，各郡渔船大小以万计，……黄鱼出处，惟淡水门，在羊山之西，两山相峙如门，故曰门。羊山在金山东南，大七小七之外。今渔船出海，皆在松江漴缺口，孟夏取鱼时，繁盛如巨镇。"

适应海洋渔业取鱼量的增多，明清时期渔用制冰业也蓬勃发展。苏州出现了较大规模的专业冰厂。乾隆《元和县志》记载："水窨在葑门外，设窨二十四座。每遇严寒，戽水蓄于荡田，冰既坚，贮之于窨，堆积如冰山。"康熙《江南通志》记载，松江府的渔船，"每夏初，贾人驾舟，群百呼噪网取，先于苏州冰厂市冰以待"。江南民众当时已习惯夏日食冰鲜。康熙年间沈朝初《忆江南》词云："苏州好，夏月食冰鲜。石首带黄荷叶裹，鲥鱼似雪柳条穿。到处接鲜船。"明清时期规模巨大的金陵鲥贡，也是用冰鲜长途运输至北京的。

中国内陆水域的渔业资源，明清时期仍处于丰盛阶段，但在地域上和水产品种上有明显的变化。

黄河流域，在古代气候曾经是很温暖的，水域众多，鱼类和其他水生动植物生长繁盛。大型水生动物鼋、鼍、鳣（鲟鳇）、鲔（白鲟）等曾经是人们熟悉并加以利用的对象。宋元以后，自然环境日趋恶化，气候转冷，趋向干燥，森林植被又遭到严重破坏，造成水土流失加剧，黄河中下游河流普遍淤浅甚至断流，使大型水生动物失去了适宜的气候、栖息的场所和洄游的通道，以致逐渐稀少甚至绝迹。汉唐时期，河南孟津是黄河捕捞鳣鲔的重要渔场，孟州的贡品即黄鱼鲊（黄鱼又称鳇鱼，即鳣）。至北宋时期，孟津的鳣鲔已走向衰颓。北宋《太平寰宇记》记载："孟州，古贡黄鱼鲊，今贡粱米、石榴。"到了明代，毛晋《毛诗草木鸟兽虫鱼疏广要》进一步指出：鲔岫"今为河所侵，不知穴之所在"。鲔岫位于河南省巩县，处于孟津的下游，是传说中每年春天鲔所自出的地方，从那里每年能最早地看见洄游上溯的鲔。明代，鲔岫都被淤没了，鳣鲔自然更无法洄游到达位于巩县上游的孟津渔场。由于这种环境的变化，明清时期黄河鲤鱼已取代大型水生动物，成为黄河流域的主要鱼类。

被黄河侵夺的淮河流域，其渔业资源也受到影响。《尚书·禹贡》说："淮夷蠙珠暨鱼。"说明古代淮河流域是盛产珍珠和鱼的地方。可是到了宋代，《太平寰宇记》则说"今蠙珠已绝"。宋代以前，淮河流域所盛产的淮白鱼是出名的贡品，"濠泗楚州皆贡此"。淮白鱼深得人们喜爱，宋人苏轼、杨万里等吟咏的诗句颇多。可惜，宋代以后，由于黄河夺淮，川陆易形，淮白鱼资源也遭到破坏，明清时期已未见提起。

长江流域，古代水产资源极为丰富。墨子称："江汉之鱼鳖鼋鼍为天下富。"宋玉《高唐赋》称："鼋鼍鱣鲔交积纵横。"在很长的时期内，大型水生动物占据渔业的重要位置。晋代郭璞《江赋》称："鱼则江豚海狶，叔鲔王鳣。"唐代杜甫在夔州作的《黄鱼》诗云："日见巴东峡，黄鱼出浪新；脂膏兼饲犬，长大不容身。"黄鱼即鳣，多得甚至用它喂狗，可见资源之丰、捕捞之多。人们喜爱食用大型水生动物，唐宋时期用鲟鱼制成的"玉版鲊"是著名的贡品。宋代洪迈《夷坚志》记载，人们像杀猪宰牛一样屠宰售卖鼋肉。罗愿《尔雅翼》还记载有长江沿岸人民惯常在江岸掘取鼋卵腌食的内容。直到明清时期，长江中下游沿岸仍然以鲟鳇制鲊成风。康熙朝沈朝初《忆江南》词中连续夸赞"苏州好"，其中一好便是"蜜蜡拖油鲟骨鲊"。李时珍《本草纲目》中也提到：鼋，"南人珍其肉，以为嫁娶之敬"。可是，随着长江流域人口的增加，人们对大型水生动物滥肆捕杀，明清时期大型水生动物已急剧减少。明代长江的贡品已不再是鲟鲊，而是鲥贡和鲚贡。鲟鳇只是由南京专门制作鲥贡的鲥鱼厂附带加工数件进贡而已。乾隆年间成书的《太湖备考》在提到鼋时说："古为珍味，今太湖中有之，然不易得。"道光年间河道总督竟至要人们将捕获到的一头鼋放于焦山，作窟栖之，加以保护。所有这一切说明，明清时期，水产资源处于一个转折时期，大型水生动物作为经济产品的地位已日益下降，让位于一般鱼类。清人魏源《观往吟》中的"君不见河有鲤兮江有鲥"句，正说明鲤和鲥已分别成为明清时期黄河、长江的当家产品了。不仅如此，即使是一般鱼类，在不少地方也开始面临危机。例如，太湖的白鱼，自古以来以其味美著称于世，隋代曾将其鱼卵送至洛阳西苑内海养殖。每年梅雨后十五日入时，白鱼大出，谓之"时里白"，是人们津津乐道的时新佳品。白鱼大出时，结群衔尾，排列成阵，谓之"白鱼阵"。可是到了清代中叶，人们大量刈取菰蒲，大量捞取水草，破坏了白鱼赖以繁衍的生态环境，导致"白鱼阵"的毁灭。1917年《香山小志》反映：到了清末民初，"太湖产量日少一日。近年白鱼阵、鲤鱼阵竟如凤杳图沉，寂然不至，而寻常鱼虾亦十罾六空"。太湖的水产品最终不得不让位于梅鲚、银鱼等小型鱼类，水产资源发生了巨变。

（二）各海区渔船类型的形成

明代，中国渔船已有二三百种。明代的《养鱼经》《天下郡国利病书》，清代的《海错百一录》《南越笔记》《广东新语》以及不少地方志书中都有关于渔船的记载。每一海区，每种渔业，都有相应特殊类型的渔船。内陆水域江河湖泊渔船和海洋渔船的船型有别，而且由于江湖港汊水面的大小各不相同，又"各随网而异制"。明代，仅太湖地区就分有帆罟船、边江船、厂梢船、小鲜船、剪网船、丝网船、划船、辋网船、江网船、赶网船、逐网船、罩网船、塘网船、鸬鹚船等。而海船种类更多，船型尤为复杂。现将明清时期中国南海、东海、黄海和渤海各海区及太湖地区较有代表性的渔船叙述如下：

1. 南海的渔船 屈大均《广东新语》记载南海渔船时称："捕鱼者曰香舠，亦曰乡舠；曰大涝罾、小涝罾。其四橹六橹者曰小舠，八橹者曰大舠。曰索罟船。曰沉罾。其曰朋罟者，以船十数艘为一朋，同力以取大鱼，故曰朋罟，亦曰摆帘网船。其上滩濑者，曰匾水船，即艑艖也，亦曰扒竿船。又二木于船首以张帆席，故曰扒竿；竿，即樯也。蜑人所居曰艇，孔鲋云：小船谓之艇。释名云：艇，其形径挺，一人二人所乘行也。"清末以来，广东渔船船型的一般特点是船体长大，除粤东和北部湾，其他地区的渔船多有龙骨，吃水较深，以船侧外板加强纵向结构，以较密的肋骨与隔舱板加强横向结构；船首尖，脊弧低，甲板拱梁小；舵近方形，有插板；桅多前倾，用草包席硬帆，帆力强。

从作业方式来说，广东沿海的渔船以各种拖网船为主。其中，粤东有包帆拖船，帆面较大，位置较好，拖力强，在深水区操作灵活，但稳性差一些。粤中有七膀拖船，因船侧有七道外板而得名，其特点是船体狭长，船头斜上成劈形，易破浪，航行快，稳性好，舵杆垂直，舵叶上开孔，尾部特高，不易上浪，但起网操作不便。粤西有三角艇，船体宽，帆面大，航速快，拖力强，操纵灵活，但船体较小，不耐风浪。此外，广东沿海的渔船还有外罗、临高、北海的大拖等拖网船，索艚等围网船，以及各种流钓船。其中最大的一种钓船是海南岛红鱼母子钓船，其母船尖头圆尾，船尾高翘，帆面较大，稳性较好，甲板面可放小钓艇20只左右；船内前后相通，没有隔舱板，横向强度差，航速也较慢。广东的风帆拖网渔船，在雍正年间得到发展。这种船依信风而活动，适合远航，南洋群岛亦为其出没之区，使中国的海洋捕捞渔业能够逐步向外海发展。

2. 东海的渔船 东海的渔船一般为尖首、宽尾，大部分无龙骨，两舷外拱；甲板平坦，舱口低，有舷墙；舵狭长而向前方斜插；软帆或硬帆；船体多用对开原木制成。

浙江地区的渔船有壳哨船、网梭船等。《天下郡国利病书·江南》载："壳哨船为温州捕鱼船，网梭船乃渔船之最小者，制至小，材至简，工至约，而其用为至重。以之出海，每载三人：一人执布帆，一人执桨，一人执鸟咀铳，布帆轻捷，无垫没之虞。"这种渔船可兼做防倭之用。

东海南部和台湾海峡的渔船，有大围缯、厦门钓艚和牵风等，均较优秀。大围缯渔船早年称嬷琅，在福建长乐梅花近海捕鱼，后发展成为龙骨长一丈五尺、载重二三十吨的渔船，兼有围、张、拖网等渔船的优点。船为钝角型，船尾狭而上翘，船身中部宽，纵向中拱，船长，龙骨高，双甲板，甲板梁凸出，宽敞平坦，有活动舷墙，舵狭长向前斜插，硬帆；吃水浅，回转灵活，航速也较快。钓艚母子式延绳钓渔船，分布于厦门、惠安、龙海等地，龙骨短，体宽稳性大，抗风耐浪，遇六级风亦可正常作业，适于台湾海峡、浙江舟山渔场捕鱼作业。

3. 黄海、渤海的渔船 黄海、渤海的渔船船型比较相近。渤海渔船大多源于内河航运船舶，如闷腔、马槽等船型，平底、方头方尾，舷边平直，缺少舷墙，横向宽，吃水浅，不适远航。其中西岸海区有一种尖底牛船，驶风性能较好，也比较灵活，但是，由于船只较小，也只适合沿岸浅海作业。

黄海北部渔船种类较多，主要有排子、舠子、榷子等。排子型渔船适航性能最好，航向稳定，吃水较浅，摇摆轻而航速大，是流动渔业最适用的船型。辽宁沿海有一种箭头子渔船，性能也比较好。

黄海南部以沙船为主。沙船平底平头，吃水较浅，适于这一海区沙多水浅的条件。这种船吨位较大（一般 50 吨左右），装载量多，并有较大梁拱和储备浮力；甲板平阔，操作便利；抗风能力较强，逆风航行时利用披水板，偏航角度小；续航能力也较大。由于它具备上述诸多优点，自古以来就是山东南部和苏北沿海的主要渔船，正如明代郑若曾《江南经略》中指出的，捕捞黄鱼（石首鱼）之利"素为沙船所占"。清代沙船大量发展，并成为中国北方沿海的主要运输船舶。清嘉庆年间，聚集于上海的沙船即有三千五六百号，雇佣在船水手十余万人。

4. 太湖的渔船 太湖渔船有巨型、中型和小型多种。有的适合在水深浪阔的湖面作业，有的则适用于沿湖内港的不同作业。最大的帆罟船，有六桅，船长八丈四尺，梁阔一丈五六尺，落舱深丈许，可载二千石，不能傍岸，不能入港，篙橹不能撑摇，专候暴风行船，乘风牵网，纵浪自如。据乾隆时期《太湖备考》记载，捕鱼时连四船为一带，两船牵大绳前导以驱鱼，两船牵网随之，常在太湖西北水深处捕鱼，东南水浅处则不至。这种巨型渔船，适合于当时太湖富有大鱼的资源状况，正如明代孙子度《戈船》（戈船即帆罟）诗所云："长鱼几人搏，尺许无足齿。"巨型的网罟正适用于捕捞湖中的大鱼。

（三）渔具、渔法的更大进步

明代，海洋捕捞出现对船拖网。由于两船对拖，网口扩张，获鱼较多，拖网捕鱼逐渐成为一种重要的作业。

明末和清康熙时期以后，广东沿海开始用围网捕鱼。围网不仅可捕中、上层鱼类，也可捕中、下层鱼类，这在当时世界是先进的。据屈大均《广东新语》卷二〇二《渔具》记载，当时最大的渔具是罟，罟之类"有曰深罟，上海水浅多用之。其深六七丈，其长三十余丈，每一船一罟，一罟以七八人施之。以二罟为一朋，二船合则曰罟朋，别有船六七十艘佐之。皆击板以惊鱼。每日深罟二施，可得鱼数百石。有曰繰罟，下海水深多用之，其深八九丈，其长五六十丈，以一大繰为上纲，一为下纲。上纲间五寸一藤圈，下纲间五寸一铁圈，为圈甚众，贯以繂以为放收。而以一大船为罛公，一小船为罛姥，二船相合，以繂连缀之。乃登桅以望鱼。鱼大至，水底成片如黑云，是谓鱼云，乃皆以石击鱼使前，鱼惊回以入罛。鱼入，则二船收繂以阖罛口，徐牵而上"。另外，还有板罛、围罛、墙罛等，分别用以捕取不同的鱼类。例如围罛，以板惊鱼，"凡鱼首有石者，皆惊入罛，无者则否。首有石者，曰黄花，曰鲷，曰鰤子，曰鳒鱼，曰鹤，曰鲈，曰马鲛，曰鳢，此八者善惊"。

正是由于对船拖网和罛朋等大规模捕捞渔具的出现，明清时期渔船自然组成艐（粤语谓群船为艐）或朋罟的生产组织形式。《广东新语》卷一八《舟语》记载："十余艇为一艐，或一二罛至十余罛为一朋。每朋则有数乡舠随之醃鱼"；"以罛为一朋，二船合则为罛朋，别有船六七十艘佐之"；"以船十数艘为一朋，同力以取大鱼，故曰朋罛。"明朝就是利用渔民这种在生产上自然形成的啰和朋罟，编成甲保，建立渔民排甲互保制度，以利防倭斗争和防止渔民通倭作乱。

中国石首鱼渔业，到了明末和清康熙朝以后，已形成巨大规模。顾炎武《天下郡国利病书》记载："淡水门者，产黄鱼之渊薮。每岁孟夏，潮大势急，则推鱼至涂，渔船于此时出洋捞取，计宁、台、温大小船以万计，苏、松沙船以数百计。小满前后凡三度，浃旬之间，获利不知几万金。"当时，渔船的航海技术又有了进步。据王士性《广志绎》记载，明代捕捞石首鱼的渔船，舵师"夜看星斗，日直盘针，平视风涛，俯察礁岛，以避冲就泊"，说明当时已普遍运用指南针及天文、地理知识导航。渔船的性能也得到改进。以沙船为例，针对沙船稳定性较差的缺点，创造了一些增加稳定性的设备，如披水板（即腰舵）、梗水木（设在船底的两侧，类似今日的舭龙筋）、太平篮（竹制，平时挂在船尾，遇风浪装石块置水中）。后两种都是明清时期才出现的。由于这些设备的作用，沙船的稳定性大增，顺风逆风都能行驶，适航性能更好。与此同时，人们逐步摸清了鱼群旺发海域的位置，能够掌握渔汛时机，趁渔汛前往采捕。还根据潮水涨落对捕鱼的影响，"小满"前后分三水放船，做到"潮大则出捕，小水则归鬻"[1]。人们还学会利用生物声波探捕鱼群。《本草纲目》记载："石首鱼初出水能鸣"，"每岁四月，来自海洋，绵亘数里，其声如雷。渔人以竹筒探水底，闻其声乃下网，截流取之"。王士性《广志绎》记载："每岁三水，每水有期，每期鱼如山排列而至，皆有声。渔师则以篙筒下水听之，鱼声向上则下网，下则不，是鱼命司之也。"

石首鱼渔业作业技术之进步，也为捕捞业向较深水域推进创造了条件。宋代浙江沿海捕捞石首鱼的重要渔具是大莆网。大莆网为张网的一种，系用两只单锚把锥形网具固定在浅海中，网口对准沙圩深槽的急流，利用流水冲鱼入网。明清时期，

---

① ［明］郑若曾：《江南经略》卷八。

在继续利用张网捕捞石首鱼的同时，逐步发展了拖网等多种作业，有利于在较深水域生产。这一点到清代后期尤为明显。清末张謇创办的江浙渔业公司，利用福海号拖网渔轮探索，发现嵊泗列岛为优良的小黄鱼渔场。而同治、光绪年间旧式渔业又正好发展了大对船作业，具备了去嵊泗列岛采捕的能力，因而促成了嵊泗渔场的开发，舟山、宁波等地的渔船结队而来，从此嵊泗列岛石首鱼的产量跃居全国首位。与此同时，大黄鱼生产也发展到利用大莆网、流网、大对网和延绳钓等多种网具，提高了捕捞能力。

渔具、渔法的进步，促成了带鱼渔业的兴起。带鱼系暖温性集群洄游鱼类，栖息于海水的中下层。史籍关于带鱼的记载见于宋代宝庆《四明志》所引的《海物异名记》，明万历年间始上市。明清时期浙江沿海出现饵延绳钓捕捞带鱼，带鱼捕捞在海洋渔业中始占重要地位。明代屠本畯《闽中海错疏》说："带，冬月最盛，一钩则群带衔尾而升，故市者独多，或言带无尾者，非也，盖为群带相衔，而尾脱也。"清代郭柏苍《海错百一录》记载："放钓之法，截竹为筒绲索，索间横悬钓丝，或百或数十，相距各二尺许，先用篾布钓，埋饵其中，或蚯蚓或蝌蚪，或带鱼尾，投其所好也。"人们利用带鱼凶残自食的习性，以带鱼尾为饵，常常"一钓则群带衔尾而升"。

明清时期，广东渔民还创造了光诱捕鱼方法。《广东新语》记载："鹅毛鱼，取者不以网罟，乘夜张灯火艇中，鹅毛鱼见光辄上艇，须臾而满。多则灭火，否则艇重不能载。其味绝香。"又有一种飞鱼，"夜见渔火，争投船上"。

明清时期，采珠方法也得到改进。明永乐初年仍由人潜水取珠。以后，潜水采珠和扬帆兜取并行。潜水采珠也采取了一些保护措施。如明代宋应星《天工开物·珠玉》记载："凡没人（即潜水取珠之人）以锡造弯环空管，其本缺处对掩没人口鼻，令舒透呼吸于中，别以熟皮包络耳项之际。""凡没人出水，煮热毳急覆之，缓则寒栗死。"到了明末清初，已基本实行拖捞生产。屈大均《广东新语》卷一五《货语》记载："采之之法，以黄藤丝棕及人发纽合为缆，大径三四寸，以铁为椎，以二铁轮绞之。缆之收放，以数十人司之。每船椎二、缆二、轮二、帆五六。其缆系船两旁以垂筐。筐中置珠媒引珠。乘风帆张。筐重则船不动，乃落帆收椎而上。剖蚌出珠。"

淡水捕捞渔业，到了明清时期渔具、渔法也日臻完备，所谓"必穷极巧妙以与鱼遇"[①]。以太湖为例，清乾隆《震泽县志·生业篇》记载："后之渔家大都本于唐宋而巧密益甚。网有三等：最下为铁脚，鱼之善沉者遇之；中为大丝网；上为浮网，以截鱼无遗。网皆有疏有数。其施之之法亦不一：曰逐，驱而入之也；曰张，

---

① 乾隆《震泽县志·生业篇》。

丝结而浮于水中也；曰跳，截流而使之跃也；曰注，迎急流而囊以取之也。其施网于湖，去水面一二尺，经绳水中，俟其跃入而取之者曰调网；其取鲤者曰港调；又有扛，有挈，有荡，有兜，有踏，施之法既不同，网亦各异。罩之名有四：曰移罩，曰揪罩，曰罩签，曰砌青。钓之名有三：曰豁，曰经，其系穗于丝而饵之者曰谷钓。又钓鳅鳝与鳗均谓之钓，而钩各不同。当秋风大发，以舟载钓系饵沉之巨浪中，取白鱼，谓之钓白。又有畜鸬鹚令食而吐之者。其他诸法皆遵古而行之，要必穷极巧妙以与鱼遇。"

淡水捕捞也注意利用光诱。明代郎瑛《七修类稿·事物类》记载："每见渔人贮萤火于猪胞，缚其窍而置之网间，或以小灯笼置网上，夜以取鱼，必多得也，以鱼向明而来之故。"又明代顾起元《客座赘语》记载："（河豚）形丑而性易怒，顾独爱五色彩缕。渔者系彩缕以钩沉数十丈之下。豚见彩缕，群趋之。钩才着皮，辄勃然怒，腹膥脖反白，上浮水面矣。捕者手拾而掷舷中。"

对大型水生动物如鼋、鼍等，也有一些特殊的捕捉技术。明代李时珍《本草纲目》记载："鼍穴极深，渔人以篾缆系饵探之。候其吞钩，徐徐引出。"《古今图书集成·博物汇编·禽虫典·鼍部》引《国献家猷》记载："以犬为饵，以瓮通其底，贯钓缯而下之，所获皆鼍。"同书"鼋部"引《云涛小说》记载："先是渔人用香饵引大鼋凡数百斤，一受钓以前爪据沙深入尺许，百人引之不能出。一老渔谙鼋性，命于其受钓时用穿缸从纶贯下覆其面，鼋即用前爪搔缸，不复据沙，引之遂出。"

捕鲸也是明清时期兴起的一项海洋捕捞业。

鲸，古代称为海鳎、海鳅，因个体大，是"海上最伟者"，故又称为大鱼、海龙翁。直接在海中捕鲸是十分危险的，因而很少有鲸鱼渔获的记载，直到明代还有舟人遇鲸要设法躲避的记载。明人屠本畯《闽中海错疏》说："海鳎最巨，能吞舟，日中闪鬐鬣，若簇朱旗。按海鳎喷沫，飞洒成雨。其来也，移若山岳，乍出乍没，舟人相值，必鸣金以怖之，布米以厌之，鳎攸然而逝，否则鲜不罹害。"

但对于一些幼鲸，这时已开始用镖捕捉。明代顾岕《海槎余录》记载的捕鲸法，便是用镖捕法捕捉幼鲸："海鳅乃水族之极大而变异不测者，梧川山界有海湾，上下五百里，横截海面且极深。当二月之交，海鳅来此生育，隐隐青云覆其上，人咸知其有在也。俟风日晴暖，则有小海鳅浮水面，眼未启，身赤色，随波荡漾而来，土人用舴艋，装载藤丝索为臂大者，每三人守一茎，其杪分赘逆须枪头二三支于其上，溯流而往，遇则并举枪中其身，纵索任其去向，稍定时，复似前法施射一二次，毕则棹船并岸，创置沙滩，徐徐收索。此物初生，眼合无所见，且忍枪疼，轻漾随波而至，渐登浅处，潮落阁至沙滩，不能动，举家分胾其肉，煎油，用大矣哉。"清代李调元在《然犀志》中亦有同样的记载："海鳎，海鱼之最伟者，故谓之鳎，犹，酋长也。……背常负子以游。蜒人（即疍户）以长绳系铁枪，乘小船，丛标其子。伺其困毙，曳至岸。取油，可值数万钱。"

除了捕取幼鲸，清代也开始捕大鲸。康熙《雷州府志》卷二记载，当时使用的方法仍是投枪掠捕："疍户聚船十，用长绳系标枪掷击之，谓之下标，三下标乃得之，次标最险，盖首未知痛也，末标后犹负痛行，数日乃得之，俟其困毙，连船曳绳至水浅处，始屠。"这些记载说明，捕鲸业在明清时期已经出现，从而为海洋捕捞业增添了新的内容。

（四）边远地区渔业的继续开发

明清时期，中国边远地区如黑龙江流域、西沙和南沙群岛、北部湾等，渔业都已经相继开发。

1. 黑龙江流域渔业的开发　古时，东起鄂霍次克海库页岛，西至贝加尔湖畔，整个黑龙江流域住着以渔猎为生的少数民族。据《呼伦湖志》记载，远在一万多年前的旧石器时代中晚期，呼伦贝尔的古人类——札赉诺尔人就曾在这个地区以渔猎为生。古代，东胡、匈奴、鲜卑、室韦、回纥、突厥、契丹、蒙古等北方民族，都曾在这里从事渔猎和游牧，元代黄溍曾描述："地无禾黍，以鱼代食。"[①] 明代黑龙江下游的奴儿干永宁寺碑文记载："惟东北奴儿干国，其地不生五谷，不产布帛，畜养惟狗，或以渔为业，食肉而衣皮。"《寰宇通志》记载，明代黑龙江、乌苏里江一带兀剌卫居民"居草舍，捕鱼为食"，"暑用鱼皮，寒用狗皮"。《清太宗实录》载："自东北海滨，迄西北海滨（今贝加尔湖畔），其间使犬、使鹿之邦，不事耕种，渔猎为生。"

当地的少数民族对渔业的开发做出了贡献。《新唐书》卷二一九《渤海传》记载，早在唐代，湄沱湖（即兴凯湖）的鲫鱼就"以时入贡"。民国《宁安县志》描述这种鲫鱼"红嘴红翅红鳞红尾，与他湖所产者特异"。辽代，每当春天，松花江解冻后，人们便开始捕鱼活动，辽国皇帝每年都要在江畔举行头鱼宴。金代，建都上京（今黑龙江阿城市南白城），规定各部族每年进贡秦王鱼（即鳇），可见当时在黑龙江及其主要支流上已经有捕捞大型鱼类的生产活动。清初，中国东北地区渔业生产已具有一定的规模，主要集中在黑龙江、松花江、乌苏里江一带，主要捕捞有较高经济价值的大马哈鱼、鲟、鳇、大白鱼和鳌花等鱼品。当时渔业资源十分丰富，据李调元《东海小志》记载，大马哈鱼在黑龙江宁古塔诸处，"秋八月自海迎水入江，驱之不去，充积甚厚，土人竟有履鱼背而渡者。腹中子，大如玉蜀黍（即玉米），边地人取鱼炙干，积之如粮"。

在漫长的岁月里，满、蒙古、鄂伦春、鄂温克、赫哲、达斡尔等少数民族均从

---

① ［元］黄溍：《金华文集》卷二五《金通政院事札剌尔公别里哥帖木儿神道碑》。

事渔业生产。他们所使用的渔具较为简单，渔法较为原始。人们初使的渔法是鞭打、石击，蒙古族古典诗歌中有"青石投鱼，以供其餐"的描述；后来发展有叉鱼、罩鱼。清代曹廷杰《伯利探路记》对赫哲人的捕鱼活动有如下记述："每于风浪大作时，乘舟扬帆，持叉躐捕。俟鱼出水时，以叉叉之。叉尾系以长绳，俟鱼力困惫，牵至江沿，或售或食。"鄂温克人捕鱼的鱼叉分为四股或三股，还有倒刺、有木柄。船有 9 米长，两端尖，尾上翘，以木为架，下边包桦树皮，接头用红松根缝缀，涂以松香和桦树皮油合制的膏。松嫩平原杜尔伯特蒙古族人，除了叉鱼和罩鱼，冬季则用徕钩钩鱼。徕钩是在一根约 7~8 米长的竹片上，每隔一米左右绑缚一个鱼钩，然后把冰面凿一小口，将徕钩伸向冰下的水中，来回拉动，使鱼碰上钩。鄂温克、鄂伦春和达斡尔人还以父系家族公社"乌力楞"为单位，集体割柳条、编箔篱，拦挡在小河中，放置鱼篓捕鱼，谓之"挡梁子"。

从乾隆年间开始，大量汉族流民从关内到黑龙江落户，带去了中原地区先进的生产技术，在黑龙江流域兴起了较大规模的亮子渔业和野泡网渔业，尤以亮子渔业规模为大。亮子渔业的做法是：在河道里用石垒坝，中间留口，河水从石缝漏出去，鱼则顺流通过口子，掉进柳条编的鱼囤里。这种渔法，规模较大，方法简便，捕鱼量很多。今黑龙江省宁安县东京城附近马莲河注入牡丹江流处，还留有鱼亮子，俗称三道亮子。

除了捕鱼，黑龙江流域捕江虾和采集珍珠也有悠久的历史。这里的珍珠称"东珠"，是向朝廷进贡的珍品。《清朝文献通考·土贡考》记载："东珠，设珠轩，置长，上三旗珠轩五十有四，下五旗珠轩三十有四。每珠轩以得东珠十有六颗为率，重自一分至十分为度。……其东珠由黑龙江将军捕牲总管选取输纳。"

2. 南海诸岛海域的渔业开发　南海诸岛，包括东沙、中沙、西沙和南沙诸群岛。古称"千里长沙""万里石床"或"万里石塘"。在战国时期的著作《伊尹朝献》（《逸周书·王公篇》附录）中，就有中国南方各族向商王进献玳瑁、珠玑的记载。汉代以来，中国渔民不断前往南海诸岛捕鱼、采参，并作短期居留，考古工作者在西沙群岛的北礁发现新莽、东汉、唐、宋、辽、金、元、明等朝的铜币便是证明。朱彧《萍洲可谈》记述的北宋时期渔民使用巨钩拖钓大鱼，就是在南沙海域进行的。清光绪二十年（1894），琼海县渔民在太平岛等海岛上建筑伏波庙，挖水井，种椰树，至今遗迹犹存。《中国江海险要图志》记载南海渔场有 36 处，其中有曰："琼州岛畔渔艇亦夥，皆以坚重木料为之，以代中国常有之松木小艇也。每年渔季，诸艇皆出行两月，常离其岛七八百里，收集海参，剥玳瑁，晒鱼翅。其所渔者，常在中国海东南部众浅水浅滩之间，出渔恒在西历三月，能望见北向诸岸。每船仅一二舵工，并数瓮清水而已。诸艇皆进至爪哇邻近诸大浅上，陆续渔至六月初始归，各积其所有以为货。"最近在海南岛发现往昔渔民开发西沙和南沙作为航行和生产指南的"命符"（更路簿），其中记载西沙地区习用地名 33 处，南沙地区习用地名 72 处，更是中国渔民早期开发这些地区的有力证据。①

东沙、西沙、南沙群岛渔业是深水钓钩渔业，钓捕鲣、鲔和采捕海参、龟、贝等。在南海诸岛海域采捕的海产以特产为多，如高濑贝、海参、瑶柱肉、带子、大海龟、鲨鱼翅和贵重鱼类。由于距大陆遥远，渔船都是十余艘结伙成群，同出同归，各自采捕。南海北部冬季是风力较强的东北风，夏季往往是风力较弱的西南风。强风季节有利于深海拖网作业，渔汛称为"秋风头""大春海"；弱风季节有利于浅海围、刺等渔业，渔民称为"小春海"。

在开发南海渔业中，特别需要一提的是"疍民"的辛勤经营。"疍民"是广东最早的居民之一。《太平寰宇记》记载："疍户生于江河，居于舟楫。"《广东新语》卷一八《舟语》称疍民来源于古代的真越人。《中国民族志》称："疍人乃海上水居蛮"，"唐王朝开始就对他们计丁输课"。他们主要分布在珠江口的番禺、东莞、香山、顺德、新会等处和陆丰、海丰、惠阳等沿海地带。他们以艇为家，人数众多，人们称之为"水上居民"。乾隆年间，新会的疍船即有 1 700 艘，珠江口外万山群岛、澳门疍民丛集，不下数千艘。在福建闽江也有疍民分布，且多在闽侯，称"科题"或"曲蹄"。疍民在历史上受到严重的民族歧视，又遭受残酷的渔奴制度的压迫，受苦最深，但是对中国南海渔业的发展做出了不可磨灭的贡献。

疍民在长期的生产实践中，创造了众多的捕鱼方法。《广东新语》记载，疍户有大罾小罾、手罾、罾门、竹箔、篓箔、摊箔、大箔小箔、大河箔、小河箔、背风箔、方网、辏网、旋网、竹筊、布筊、鱼篮、蟹篮、大罟、竹篗 19 色。疍人还善潜水，每持刀槊在水中与巨鱼斗，或以长绳系钩，或以长绳系枪，或数十人张罟，深入水中猎取巨鱼。清代中期，疍民已经常到西沙、南沙群岛捕鱼作业。

除了捕猎鱼类，疍民还是采珠、养蚝、取蚬、捞虾的能手，故又有珠疍、蚝疍、蚬筊、虾篮之称。中国古代南海采珠，就是由疍人直接潜水采取的。疍民在珠江三角洲养鱼业的发展中也做出了贡献。例如，南海县九江乡的鱼花（鱼苗）捕捞业早在 16—17 世纪就已垄断了广东省内外市场，而这个乡的鱼花生产，主要是依靠雇佣的长年疍户。他们技艺高超，经验丰富，"当夜分西望电光，即知鱼苗来自何江，至以何日"②。鲤、鲫的鱼花也取诸疍人，屈大均有诗赞云："九江鱼种户，三水疍家村，艇多为高尾，罾开半硬门。"

3. 北部湾北海市渔业 北海市位于北部湾畔，是广西最大的渔港，历史悠久。

---

① 广东省博物馆：《广东省西沙群岛文物简报》，《文物》1974 年 10 期；吴凤斌：《宋元以来我国渔民对南沙群岛的开发经营》，《中国社会经济史研究》1985 年 1 期。

② ［清］屈大均：《广东新语》卷二二《鳞语·鱼饷》。

《合浦县志》记载，早在隋朝，该地区已有征收渔税的规定。清代，海洋捕捞已相当发达。嘉庆年间，涠洲岛出入渔船"多至千余艘"，捕捞作业有塞网、拖大网、绞缯等。绞缯渔业就是利用设置在海中的竹篱诱鱼，这是一种类似鱼礁的渔法。绞缯也称缯埠，每架相距1公里，绵延百里，一度发展到200架。此外，还有打红鱼梗、天然石礁和沉鱼礁等作业。打红鱼梗作业在北海地区已有百余年的历史，涠洲岛渔民家家户户用多叶多枝的"冷古"（露兜）树勒竹或其他树枝（带叶）为梗体材料，附上石块沉入海底，设在红鱼栖息、洄游的海域或者天然岩礁附近；每年农历四月至十月作业。现今在北部湾发展的大规模的钢筋混凝土鱼礁，便与古时绞缯和红鱼梗鱼礁渔业有一定的联系。

（五）鱼类知识的增长

明清时期，随着渔业经济的发展，人们所掌握的鱼类知识也在不断增长，而这些鱼类知识又不断地指导着渔业生产。例如，人们根据鱼类的生长习性进行捕捞作业，屈大均《广东新语》卷二二《鳞语》中记载，"黄花惟大澳乃有。大澳者，咸水之边也。自十月至十一月，以日昃尽浮出水，渔者必以暮取之。听其声稚，则知未出大澳。声老则知将出大澳也。声老者，黄花鱼啸子之候也。……取鳠及黄皮蚬、鲚、青鳞，亦皆听其声，声齐则开罛取之。鲥鱼以孟夏随鲚鱼出，其性喜浮游，网入水数寸即得。或候其自海入江，逆流至浔州之铜鼓滩。"对黄花鱼的捕捞是利用其声音，而对鲥鱼的获取，则是根据其巡游的规律。如果时人没有掌握这些规律，恐怕也就会劳而无获。又如对嘉鱼生活习性的认识，"嘉鱼以孟冬大雾始出，出必于端溪高峡间。其性洁，不入浊流。尝居石岩，食苔饮乳以自养。霜寒江清，潮汐不至，乃出穴嘘吸雪水。凡嘉鱼在蜀中丙穴者，以三月出穴，十月入穴。在粤中大小湘峡者，以十月出穴，三月入穴。西水未长，则四五月犹未入穴。蜀嘉鱼畏寒而喜热，粤嘉鱼则不然"①。正是这些不断积累的鱼类知识，奠定了渔业经济发展的基础。

明清时期，人们也对鱼类的繁殖习性有所认识，《广东新语》卷二二《鳞语》中记载，"南海有九江村，其人多以捞鱼花为业。……粤有三江，惟西江有鱼花。取者上自封川水口，下至罗旁水口，凡八十里。其水微缓，为鱼花所集。过此则鱼花稀少矣。"鱼花之所以聚集在这一地区，很有可能是在这一地区繁殖产卵。同时，对不同鱼类的生活习性，人们也有了一定的认识："凡鲈鱼以冬初从江入海，趋咸水以就暖。以夏初从海入江，趋淡水以就凉。渔者必惟其时取之。语曰：'鱼咸产者不入江，淡产者不入海。'未尽然也。"②不同鱼类有着不同的生活场所，即使在

---

① ② ［清］屈大均：《广东新语》卷二二《鳞语》。

产卵繁殖时期，也有特定的生存环境，而人们正是利用这些知识来捕捉不同品种的鱼类。①

这一时期，人们还建立了鱼类分类体系。明代以来，传教士们带来了西方的科学技术，促进了中国传统技术的发展，这也有可能对鱼类的分类体系产生重要的影响。屠本畯所著《闽中海错疏》以及《海味索引》，就创建了独特的鱼类分类体系。第一，构建一种以鱼为模型，以"似"为媒介分别描述各种鱼类，即以"主似关系"为指标的分类法，也就是以第一种鱼为模型生物，将其他鱼类的形体与之相比较。如对吹沙的描述，是以鲨为模型，将其与鲨的某些个别特征相比较，鲨为皮中沙，吹沙则是常张口吹沙。第二，提炼一种鱼群的大类名称，再加以描述各种鱼，即以"同一类群"为指标的分类法。即各鱼属于同一类群，部分鱼类提炼出鱼的大类名称，如以鲨为一大类，里面包括虎鲨、锯鲨、狗鲨、乌头、胡鲨、鲛鲨、剑鲨、乌髻出入鲨、时鲨、帽鲨、黄鲨等。第三，辅以身体颜色、器官特征、行为特征等鱼类共性特征为分类指标。身体颜色，即把颜色相似的鱼类归为一起，如火雨和绯鱼均为红色；器官特征，即某一器官具有某种相似的特征，如镜鱼和圆眼均为圆眼；行为特征，即各鱼具有较为相似的行为特性，如抱石和石伏，均贴于石上，伏于溪下。与现代鱼类分类体系比较，《闽中海错疏》的分类体系具有以下特点：注重物种本身，低级阶元界限较为模糊；分类指标较为宏观，不如现代分类体系分类性状之微观；物种介绍时更加突出它们的食用价值。②

二、作物畜禽品种的开发利用

明清时期，人们已深刻认识到：不同的农作物和畜禽品种有不同的特性，不同特性的品种有不同的生产能力，在利用历史上原有品种的同时，着力培育新的品种来发展生产。这样就使得明清时期中国作物、畜禽品种大发展，其中以棉花、水稻、鸡、猪品种的发展最为显著。

（一）作物、畜禽品种的发展

1. 棉花品种的发展　棉花是外来作物，到宋元时期才在中原传播开来，到明代至少已形成多个品种类型。王象晋在《群芳谱·棉谱》中记载说："（棉）中土须岁岁种之，其类甚多。江花出楚，绒二十而得五性强紧。北花出畿辅、山东，柔细

---

① 以上内容参考罗桂环、汪子春主编：《中国科学技术史（生物学卷）》，科学出版社，2005年，329～330页。

② 洪纬、曹树基：《〈闽中海错疏〉中的鱼类分类体系探析》，《中国农史》2012年4期。

中纺织，绒二十而得四。浙花出余姚，中纺织，绒二十而得七。更有数种，曰黄蒂，穰蒂有黄色如粟米大；曰青核，核青细于他种；曰黑核，核纯黑色；曰宽大衣，核白而穰浮，此四种绒二十而得九。黄蒂稍强紧，余皆柔细，中纺织。又一种紫花，浮细而核大，绒二十而得四，其布制衣甚朴雅，士绅多尚之。又有深青色者，亦奇种，其传不广。"这些记述表明，明末，中国棉花至少已有9个品种类型。在这些品种类型中，有适于北方种植的，也有适于南方种植的，有产量高的，也有产量一般的，表明在棉花育种中，明代已取得不小的成绩。直到清代，除增加了吴种、大叶青两个品种，明代的棉花品种一直被沿用。①

2. 水稻品种的发展 水稻是中国古有的作物，明清时期已成为中国最主要的粮食作物，其品种发展之快，是其他作物所不可比拟的。至明代，各类型的品种已一应俱全，据《群芳谱》记载，这时出现了"谷之红白、大小不同，芒之有无、长短不同，米之坚松、赤白、紫乌不同，味之香否、软硬不同，性之温、凉、寒、热不同"② 等不同类型的品种。《天工开物·乃粒》卷一也记载说："凡稻谷形有长芒、短芒、长粒、尖粒、圆顶、扁面不一，其中米色有雪白、牙黄、大赤、半紫、杂黑不一。"③ 可见品种类型之多。具体的品种名称，《稻品》记载有 35 个④，《群芳谱》记载有 56 个（粳 31 个，糯 9 个）⑤，据近人对《授时通考·谷类门》中直省志书记载的 16 个省 223 个府、州、县的水稻品种的统计，明末清初的水稻品种已达 3 429 个（包括重复）⑥，可见当时水稻品种之丰富。

太湖地区是明清时期农业生产最发达的地区之一，也是中国水稻生产最发达的地区。这一地区水稻品种的演变情况，在很大程度上可以反映明清时期水稻品种的变化。据近人研究，太湖地区在宋元时期共有水稻品种 82 个，其中粳（包括籼）稻 64 个，占 78%，糯稻 18 个，占 22%。据对太湖地区地方志的统计，明清时期实有水稻品种 386 个，为宋元时期水稻品种的 4.7 倍，其中粳稻品种为 260 个，占品种总数的 67.3%，糯稻品种为 126 个，占 32.7%，粳、糯之比在宋代为 3.5：1，明清时期为2：1。可见明清时期太湖地区水稻品种发展之快，这是明清时期中国水稻品种有飞速发展的明证。⑦

3. 鸡品种的发展 鸡是中国人民在原始社会时期驯化的家禽，中国已有近7 000

---

① ［清］饶敦秩：《植棉纂要·选种第三》。

②⑤ ［明］王象晋：《群芳谱·谷谱》。

③ ［明］宋应星：《天工开物·乃粒》。

④ ［明］黄省曾：《稻品》。

⑥ 游修龄：《我国水稻品种资源的历史考证》，《农业考古》1981 年 2 期。

⑦ 闵宗殿：《明清时期太湖地区的水稻品种》，《古今农业》1999 年 2 期。

多年的养鸡历史。① 至明清时期，中国已育成了大量的鸡种，《本草纲目》说：

> 鸡类甚多，五方所产，大小形色往往亦异。……辽阳一种食鸡，一种角鸡，味俱肥美，大胜诸鸡。南越一种长鸣鸡，昼夜啼叫。南海一种石鸡，潮至即鸣。蜀中一种鹍鸡，楚中一种伧鸡，并高三四尺。江南一种矮鸡，脚才二寸许也。②

到清代，见于记载的地方品种约有 20 多个。

表 3-9 清代中国鸡的地方品种

品种名	产地	所据文献
泰和鸡	江西泰和，福建泉州	道光《泰和县志》
文昌鸡	海南文昌县	〔清〕陈坤《岭南杂事诗抄》
摆夷鸡	云南思茅	〔清〕檀萃《滇海虞衡志》
九斤鸡	华东、华北	《南汇县志》《新城县志》
狼山鸡	江苏如东、南通	〔德〕瓦格纳《中国农书》
柴鸡	关中	〔清〕杨屾《豳风广义》
枕鸡	华南	〔清〕汪堃《寄蜗残赘》
边鸡	关中	〔清〕杨屾《豳风广义》
大胡鸡	山东胶东	《胶东县志》
八宝鸡	山东胶东	《胶东县志》
材鸡	河北昌黎	《昌黎县志》
关东鸡	河北新城	《新城县志》
反毛鸡	河北新城	《新城县志》
油鸡	河北遵化	《遵化县志》
黑十二	上海	《上海县志》
食鸡	辽阳	《盛京通志》
小国鸡	江南	《浙江通志·物产》
芦花鸡	嘉定	〔清〕邱炜蓤《菽园赘谈》、《嘉定物产表》
候鸡	四川	《顺天府志》
斗鸡	湖南	《辰州府志》

资料来源：闵宗殿《中国历史名鸡》，载华南农业大学农业历史遗产研究室主编《农史研究》第 7 辑，农业出版社，1988 年；王铭农、叶黛民《关于养鸡史中几个问题的探讨》，《中国农史》1988 年 1 期。

---

① 周本雄：《河北武安磁山遗址发现的动物骨骸》，《考古学报》1981 年 3 期。
② 〔明〕李时珍：《本草纲目》卷四八《禽部·鸡》。

从表 3-9 中所列可见，明清时期中国鸡的地方品种已十分丰富。

4. 猪品种的发展 猪是六畜之一，早在公元前 7 000 年时已开始驯化。① 明清时期中国已培育出相当多的猪品种，并形成了 7 个不同的生态类型。明末《本草纲目》记载说：

> 猪，天下畜之，而各有不同。生青、兖、徐、淮者耳大，生燕、冀者皮厚，生梁、雍者足短，生辽东者头白，生豫州者朱短，生江南者耳小，谓之江猪，生岭南者白而极肥。②

今日中国把猪的地方品种分为 6 大类型，除分布于青藏高原的高原型，其他 5 个类型，即分布于华北、东北、蒙新的华北型，分布于闽、粤、云南的华南型，分布于湖南、江西、浙江南部的华中型，分布于汉水和长江中下游及东南沿海地区的江海型，分布于四川盆地和云贵等地的西南型，据上引《本草纲目》的记载，可以说在明末都已具有雏形。据研究，明清时期中国猪的地方品种至少已发展到 44 个之多，其中明代 20 个，清代 5 个，古老品种 10 个，不详者 9 个（表 3-10）。

表 3-10 明清时期中国猪的地方品种

品种名	产地	文献记载的形成时间
民猪	辽宁、吉林、黑龙江	清代晚期
八眉猪	陕西、甘肃、宁夏	古老品种
淮猪	淮河流域	不详
深州猪	河北宁晋县	明代
马身猪	山西	不详
莱芜猪	山东泰安	明代
汉江黑猪	陕西南部	明代
沂蒙黑猪	山东临沂	明代
两广小花猪	广东、广西	明代
粤东黑猪	广东东北部	古老品种
海南猪	海南岛	不详
滇南小耳猪	云南省	不详
蓝塘猪	广东紫金县	不详
香猪	贵州、广西	明清时期
隆林猪	广西	不详

① 李有恒、韩德芬：《广西桂林甑皮岩遗址动物群》，《古脊椎动物与古人类》1978 年 16 卷 4 期。
② ［明］李时珍：《本草纲目》卷五〇《兽部·豕》。

（续）

品种名	产地	文献记载的形成时间
槐猪	福建西南	不详
宁乡猪	湖南宁乡	明清时期
华中两头乌猪	湖南、湖北、江西、广西	明代晚期
湘西黑猪	湖南沅江中下游	明代晚期
大围子猪	湖南长沙市郊	清代
大花白猪	广东珠江三角洲	不详
金华猪	浙江金华地区	明代
龙游乌猪	浙江衢州东部	古老品种
嵊县花猪	浙江嵊县、新昌	古老品种
杭猪	江西修水	不详
赣中南花猪	江西中南部	明代中期
玉江猪	江西玉山、浙江江山	古老品种
武夷黑猪	江西南城	明代晚期
清平猪	湖北清平河一带	明清时期
南阳黑猪	河南南阳地区	古老品种
皖浙花猪	安徽休宁、浙江昌北	明代中期
蒲田猪	福建莆田、仙游	明代中期
太湖猪	江苏、浙江、上海交界的太湖流域	清代
姜曲海猪	江苏海安、泰县	清代
虹桥猪	浙江乐清	宋代
台湾猪	台湾	明末清初
内江猪	四川内江市	古老品种
荣昌猪	四川荣昌、隆昌	明末清初
成华猪	四川成都平原	古老品种
雅南猪	四川盆地西部丘陵地区	古老品种
湖川山地猪	湖北、四川、湖南交界地区	明代时代
乌金猪	云南、贵州、四川交界地区	明清时代
关岭猪	贵州关岭县	清代晚期
藏猪	青藏高原	明代

资料来源：《中国猪品种志》编写组《中国猪品种志》，上海科技出版社，1986年，25～179页。

上述资料表明，明清时期，中国不论是农作物还是家畜家禽，品种已相当丰富，不仅是棉、稻、鸡、猪，其他作物或畜禽的情况也是一样。例如家鸽，明代有20余个品种①，至清代在山东已发展至43个②，北京发展至39个③，增加了一倍。又如果树，宋代蔡襄《荔枝谱》中记有的品种数为32个，到明代徐燉《荔枝谱》记载的品种增加到43个，即增加了34%。中国的一些著名水果，如北方的莱阳梨、秋白梨，上海的水蜜桃，都是明代选育出来的品种，山东肥城桃则是在清嘉庆年间选育成的。所有这些都说明，明清时期在品种选育方面取得了巨大的成就。

（二）作物、畜禽品种的开发利用

明清时期作物、畜禽品种的大量出现，对于利用自然资源促进农业生产的发展、满足城乡人民的生活需要，起了重大的作用，这也正是明清时期培育大量品种的目的所在。以水稻来说，它所起的作用是多方面的。

1. 起缓和青黄不接的作用 明清时期，一般贫苦农民到春夏之交常常青黄不接，这个时期早稻品种的发展，为解决这个问题创造了条件。关于用早稻来解决青黄不接问题，方志上有很多记载，例如：

> 小籼禾即籼禾，三月种，七月熟，农家蒸谷砻米，赖以续食。（洪武十二年《苏州府志》）

> 麦争场，以三月而种，六月而熟，谓之麦争场也。松江耕农，稍有本力者，必种少许以先疗饥。（万历《松江府志》卷六）

> 稻早熟者为芦籼，贫无力者种之，可先得食。（同治《盛湖志》卷三）

> 早百哥，早熟，贫民种以接济。粒粗，收成亦好。（光绪《嘉善县志》卷一二）

这些例子说明，明清时期用早稻来解决青黄不接问题是当时一个重要的措施。同时，也是在这种迫切的社会要求下，推动了早稻品种的选育。

2. 对扩大土地的利用发挥了重要的作用 明清时期人多地少的矛盾日益严重，棉、烟、桑等经济作物种植的发展，又挤掉了大片粮田。为了取得粮食，只能利用生产条件较差的边际土地，而当时一批早籼稻品种和抗逆性强的品种的培育，为开发利用这些边际土地起了很好的作用。例如：

抗旱方面：

> 金城稻，高田所种，米红而粒尖，性硬。（洪武十二年《苏州府志》）

---

① ［明］彭大翼：《山堂肆考》。
② ［清］张万钟：《鸽经》。
③ ［清］富察敦崇：《燕京岁时记·花儿市》。

大概山田宜早收，故多籼。（康熙《余杭县新志》卷二）

东乡高仰，只宜花豆，种稻殊鲜，且地气贵早，清明浸种，谷雨落秧，方卜有秋。故向有百日稻、六十日稻诸名，今更有五十日者，惟恐下种稍迟，遂尔无收也。（乾隆《奉贤县志》）

嘉靖三十七年（1558）《吴江县志》载有小黄稻。《吴江县志》虽没有指出这是一个抗旱的水稻品种，但民国《江阴县续志》卷一一一则明确记载说："小黄稻，小满种霜降收，性耐旱，收数亦佳，于高田最宜。"

抗涝方面：

丈水红，性耐水，低乡都种之。（康熙二十二年《昆山县志》卷六）

乌口稻，色黑，晚熟，耐水与寒，今呼冷水稻，下品也。（康熙二十二年《上海县志》卷五）

黄龙稻，其性如芦，不畏水淹，多于湖田种之。（光绪十九年《嘉善县志》卷一二）

抗盐碱方面：

金城稻，粒尖性硬，卤地可种。（光绪三十年《常昭合志稿》卷四六）

清末《蒸里志略》卷二载有飞来籼，民国《章练小志》卷二指出："飞来籼，稃有两翼，粒尖长，性坚，不畏卤，可当（挡）咸潮，成熟最早。"

耐沙土方面：

嘉庆二年（1797）《宜兴县旧志》载有细子籼，民国《（嘉定）钱门塘乡志》卷一说："细子籼，宜种沙地。"

嘉庆七年《太仓州志》卷一七："雀不知，诸稻未熟，此先登场，故名。种宜沙土，沉海种之。"又，"杜笋籼，种宜沙地"。

上述这些品种的培育和种植，使一些不同类型的边际土地得到了开发和利用，从而扩大了水稻的种植。

3. 为一些地区避开螟害做出了贡献　清代太湖地区水稻螟害猖獗，农民为了躲开三化螟的盛发期，纷纷改种早稻，早稻品种在抗螟害方面发挥了作用。乾隆四十九年（1784）《上海县志》记载：

自顺治五六年间，晚稻之种竟秀不实，西风一起，连阡累阪，一望如白荻花，颗粒无收，后并早稻之下种略迟者亦然。遂有百日稻、六十日稻，今更有名五十日者，不知种从何来。地气变迁，种植之事，今昔大异。

民国《乌青镇志》卷七说：

乡民所种晚稻往往荒歉，而早稻则常丰收，盖以时间少短，不独水灾少逢，虫灾等害亦易避免……早稻早收，故少受螟。

4. 在提高粮食生产的经济效益方面做出了新的贡献 明清时期商品经济发展，经济作物的经济效益一般都高于粮食。而这个时期所培育的早稻和优质稻，由于食用品质好于常稻，因而提高了稻米的市价，增加了农民的收入。明末《农遗杂疏》说："此种（麦争场）早熟，农人甚赖其利，新者争市之，价贵也。若荒，新稔则倍称矣。"① 又如早稻瓜熟稻，在商品经济比较发达的上海地区，也被称为"此种最贵"②，这是因为"其时陈米气浊，新米气芬，售于市上，可得善价，故谚云：本土新，早值钱"③。乾隆十一年（1746）《震泽县志》记载："今品最上而著于他省者，曰晚白，稻粒大而圆，味甘平，出檀丘者佳，远人争来籴之，其价高于常米十之一。"道光《震泽镇志》说："白稻，粒大而圆，味甘美，出震泽者尤佳，其价高于常米十二三。"光绪《嘉善县志》也记载有"宁波籼，米形细长，价贵"。

可见，明清时期所培育的新品种，在提高粮食的经济效益方面具有重要的作用。

5. 在促进酿酒业的发展方面做出了贡献 江南是中国黄酒的主要产地，黄酒的主要原料是糯米，明清时期糯米品种的增加，特别是适于酿酒、出酒率高的糯米品种的增加，对当时酿酒业的发展起了重要作用。

据统计，明清时期的糯稻品种在太湖地区有126个，适于酿酒的优良糯稻品种有13个，占整个糯稻品种的10.3%，这些品种是：

禾录糯 天启《平湖县志》："禾录糯，宜酿酒。"

红糯 光绪《扬舍堡城志》："红糯稻，壳红、米白、粒长，宜作甜糟。"

芦黄糯 洪武《苏州府志》："芦黄糯，粒大、色白、芒长，熟最晚，色易变，即晚糯，酿酒佳。"

枣子糯 万历《常熟私志》："枣子糯，壳黑，宜酒。"

茄糯 乾隆《元和县志》已有记载，民国《青浦县志》卷二指出："茄糯，无芒，茎短，性最软，酿酒为多。"

金钗糯 崇祯《松江府志》："金钗糯，米粒长，三月种，七月熟，最宜酿酒。"

细叶糯 康熙《常熟县志》："细叶糯，性软，宜酒。"

葡萄糯 同治《安吉县志》已有记载，民国《江阴县续志》指出："葡萄糯……制酒浆尤足。"

落霜青 光绪《常昭合志稿》："落霜青，一名霜著青，宜酿。"

---

① 转引自民国《南汇县续志》卷一九。

② 光绪《上海县志札记》卷二。

③ 民国《上海县志》卷四。

碧绿身 道光《江阴县志》："碧绿身，芒红，粒长，色白，酿酒清冽。"

鹅脂糯 正德《姑苏志》："鹅脂糯，张方平诗：鹅脂酒清醽。"

鳗鲡梢 光绪《周庄镇志》："鳗鲡梢，皮薄性软，酿酒最佳。"

这些适于酿酒的优良糯稻品种的出现，正是以江南发达的酿酒业需要有优良糯稻品种为前提的。

又如，家鸡品种的发展对于满足社会各方面的需要发挥了很好的作用。家鸡的饲养，目的是为了获取禽肉和蛋品，有的还为了满足社会上观赏娱乐的需要，上文提到的各个家鸡品种，在不同方面满足了这些需要。

在这些品种中，有主要为提供禽肉的品种，现在称为肉用型鸡种，例如：

九斤黄 崇祯《太仓州志》载："鸡出嘉定，曰黄脚鸡（即九斤黄），味极肥嫩。"

黑十二 雍正《南汇县志》载："鸡，产浦东者大，有九斤黄、黑十二之名。"

文昌鸡 清代《岭南杂事诗抄》："文昌属有一种鸡，牝而若牡，肉味最美。"

边鸡 《豳风广义·论鸡》："我秦中一种边鸡，一名斗鸡，脚高而形大，重有十余斤者，不杷屋，不暴园，生卵甚稀，欲供馔者多养之。"

鹍鸡、伧鸡 《豳风广义·论鸡》："蜀中一种鹍鸡，楚中一种伧鸡，并高三四尺。"

有主要为提供蛋品的，现在称之为蛋用型鸡种，例如：

柴鸡 《豳风广义·论鸡》载："形小而身轻，重一二斤，能飞，善暴园，生卵甚多，欲生卵者多养之。"

有主要供观赏娱乐用的，例如：

斗鸡 《湖南方物志》："辰州出斗鸡，俗名打鸡，高二三尺，脚长善斗。"

威远鸡 《滇南闻见录》："威远公鸡，尾长而足甚短，其鸣悠扬宛转，绝不类他处鸡鸣。"

潮鸡 《南越笔记》："潮鸡产南海，《述异记》谓之伺潮鸡，沈约《袖中记》云：潮鸡鸣长且清，其声如吹角，每潮至即鸣。"

长尾鸡 《上海法华乡志》："长尾鸡，大亦如鸡，而尾长可三尺。"

矮鸡 《豳风广义·论鸡》："江南一种矮鸡，脚高二寸许。"

有的具有药疗的作用，例如：

泰和鸡 《江西通志》："泰和出，脚短毛红，与他鸡殊，以年久者为佳，人家有畜至十年者，能治虚证、阴证、痘证，其功效在汤不在肉。"

乌骨鸡 《本草纲目·鸡》："乌骨鸡有白毛乌骨者，黑毛乌骨者。"

鸽的不同品种，也是为了适合人们不同的需要，张万钟《鸽经》中所记载的43个品种，情况就是如此。有羽毛各异，适合人们观赏的，《鸽经》称为"花色"，共有 30 个；有飞翔能力特强，被用作通信工具的，书中称为"放飞"，共有 6 个；有能翻滚跳跃、供作娱乐用的，书中称为"翻跳"，共有 7 个。

猪的不同品种，也都是为了适应生产和消费的不同需要选育而成的，例如：

民猪、八眉猪 躯体高大，四肢粗壮，嘴筒较长，皮厚毛密，适于东北、华北等地饲养，体大嘴长适合当地放牧饲养的习惯，便于猪拱地采食，皮厚毛长则适应寒冷气候。

粤东黑猪、滇南小耳猪、福建槐猪 骨细肉嫩，个体小，成熟早，适于华南地区饲养。骨细肉嫩，适于当地百姓喜食烤猪的生活习惯；个体小、成熟早，便于缩短饲养周期，加快出栏的速度。

太湖猪、虹桥猪 性情温驯，繁殖力高，肉质鲜美，适于太湖流域工农业生产都比较发达的地区饲养。性情温驯，适于当地舍饲养殖；肉质鲜美，又满足当地居民对肉质要求高的需求；繁殖力高，适合当地农区发展畜牧业的要求。

内江猪、荣昌猪 体形较大，耐粗饲，适应性强，适于四川丘陵地区饲养，以便利用粗饲料和当地制糖、碾米等加工业副产品来发展养猪业。

藏猪 个体小，形似野猪，头长嘴尖，四肢强健，善于奔跑，形成于青藏高原地区，适于气候高寒干旱、耕作粗放、饲料来源少、终年放牧采食的地区饲养。

从上述介绍中可以看出，明清时期所选育的品种，不论是作物还是畜禽，都是根据不同的自然条件和社会经济条件选育而成的；而所育成的品种，又为明清时期开发利用各地的自然资源，发展农业生产，满足生产和生活需要，提供了重要条件。

三、对救荒植物的研究与利用

救荒植物，明代称为"救荒本草"，或称为"野菜"，指灾荒年份可以用来代粮充饥的植物。这些植物既有不作粮食利用的栽培作物，也有历来不为人所种植、不为人所用的野生植物。因此，明代对救荒植物的研究，实际是对已利用的栽培植物做进一步的利用，对尚未被利用的野生植物则进行开发，这也是汉唐时期以来对中国的可食植物资源所做的一次全新的探讨。

对野生植物的研究利用，在中国有非常悠久的历史，这里暂且不说神农尝百草的传说，就从《神农本草经》算起，至明代亦有 1 500 多年的历史了。但历史上对野生植物的研究，主要是从医疗的角度，即作为药物来利用的，中国为数众多的本草书，便是中国人民世世代代利用野生植物防病、治病的成就的记录。从利用野生植物作药物，发展到作代食品，这一转折出现在明代，也是明代农学研究的一个重大特色。

明清时期，中国的自然灾害十分频繁。明代发生较大的自然灾害就有 5 263 次，平均每年发生 19 次；在清代发生较大的自然灾害达 6 254 次，平均每年发生

23.4 次。① 频繁的自然灾害常造成灾区的断粮绝食，威胁人们的生存，这样就促使人们去寻找野生植物来充饥。但是，不是所有的野生植物都可以充饥，有的有毒，误食往往中毒乃至丧生，有的虽然无毒，但若调制方法不当也不能食用。因此，识别和利用野生植物就成为一种社会要求，对救荒植物的研究，就在这样的历史背景下产生了。

最早从事这项研究工作的，是明太祖朱元璋的第五子——朱橚。朱橚"好学，能词赋"，同时对野生植物的利用也有浓厚的兴趣，中国第一部从代食品的角度来研究野生植物的著作——《救荒本草》，便是由他编撰而成的。

《救荒本草》写成于 1382—1388 年，原书两卷，永乐四年（1406）初刻于开封。嘉靖四年（1525），山西都御史毕昭和按察司蔡天祐重刊于太原，此为第二次刊本，但原书分成了四卷。嘉靖三十四年开封人陆柬又据第二次刻本重刻，以广流传。但陆柬在序文中，将作者朱橚误为周宪王。但周宪王名朱有燉，系朱橚之子。此误一出，对后来的学者产生了很深的影响，例如李时珍的《本草纲目》、徐光启的《农政全书》在引用此书时，都称"周宪王救荒本草"，可见谬误流传，为害不小。

《救荒本草》全书共收可代粮植物 414 种，据《四库全书》总目提要统计："见诸旧本草者一百三十八种，新增者二百七十六种。"《农政全书·荒政》卷四五按类统计："草部二百四十五种，木部八十种，米谷部二十种，果部二十三种，菜部四十六种。"可见《救荒本草》所收代粮植物之丰富，所收种类之广。

经对《四库全书·子部四·农家类》所收嘉靖乙卯（1555）陆柬重刊本《救荒本草》所录植物逐一清点，书中所录的救荒植物与上述诸书所统计之数不符，历代本草著作中原有的不是 138 种，而是 136 种；新增的不是 276 种，而是 278 种，虽然总数不差，但原有者和新增者之间有变动。至于分类统计数各版本所记也与实数不同（表 3-11）。这种差误，是出于统计上的疏忽，还是出于重刻原刊本时遗漏或变动，现在就不得而知了。

表 3-11 《救荒本草》中记载的植物数和清点的实数统计对比

单位：种

类别	草部	木部	米谷部	果部	菜部	合计
嘉靖本记载数	245	79	20	23	45	412
《农政全书》本记载数	245	80	20	23	46	414
据嘉靖本清点实数	246	80	20	23	45	414

朱橚编写《救荒本草》，目的十分明确，就是为了救荒。这一点，下同在永乐

---

① 参见本卷第一章第三节表 1-9 明清时期各种自然灾害统计。

四年（1406）《救荒本草·序》中说得很清楚：

> 自神农氏品尝草木，辨其寒温甘苦之性，作为医药，以济人之夭札，后世赖以延生。而本草书中所载，多伐病之物，而于可茹以充腹者，则未之及也。敬惟周王殿下体仁遵义，孳孳为善，凡可以济人利物之事，无不留意。尝读孟子书，至于"五谷不熟，不如荑稗"。因念林林总总之民，不幸罹于旱涝，五谷不熟，则可以疗饥者，恐不止荑稗而已也。苟能知悉而载诸方册，俾不得已而求食者，不惑甘苦于荼荠，取昌阳，弃乌啄，因得以裨五谷之缺，则岂不为救荒之一助哉。……神农品尝草木，以疗斯民之疾。殿下区别草木，欲济斯民之饥，同一仁心之用也。

为了使人们能正确地识别野生植物，朱橚对每种植物的产地都进行了详细的介绍，对它的形态、特征、性味都做了详细的描述。例如大蓟，书中介绍说："今郑州山野间亦有之。苗高三四尺，茎五棱，叶似大花苦苣菜叶，茎、叶俱多刺，其叶多皱，叶中心开淡紫花。味苦，性平，无毒。根有毒。"又如砖子苗，书中介绍说："（砖子苗）一名关子苗。生水边。苗似水葱而粗大，内实；又似蒲蘡。梢开碎白花。结穗似水莎草穗，紫赤色。其子如黍粒大。根似蒲根而坚实，味甜。子味亦甜。"除了用文字介绍，还配上图，使人们对每种野生植物都有具体的形象认识。在这方面，朱橚做得很严肃，很认真。他先将收集到的野生植物种在园圃中，亲自观察，然后再请画工临描绘图，故图非常逼真。卞同在序中说，朱橚"购田夫野老得甲坼勾萌者四百余种，植于一圃，躬自阅视。俟其滋长成熟，乃召画工绘之为图。仍疏其花实根干皮叶之可食者，汇次为书一帙，名曰《救荒本草》"。

同时，朱橚在书中还具体地介绍了各种救荒植物的食用部位和食用方法。据统计，书中救荒植物的食用部位大致可归纳为15类，这15类的情况和每类所包括的植物数大致如下：

叶可食：234 种	花及叶可食：5 种
实可食：62 种	花可食：5 种
叶及实可食：45 种	花、叶及实可食：2 种
根可食：28 种	叶、皮、实可食：2 种
根及叶可食：16 种	茎可食：2 种
根及实可食：4 种	笋可食：1 种
笋及叶可食：3 种	笋及实可食：1 种
根及花可食：2 种	

例如上文所提到的两种野生植物，书中对其可食部位和食用方法是这样介绍的：大蓟"救饥，采嫩苗叶煠熟，水淘去苦味，油盐调食"；砖子苗"救饥，采子，磨面食；及采根，择洗净，换水煮食；或晒干，磨为面食，亦可"。

由于不同的植物、不同的食用部位性味不同，其加工、食用的方法也不一样。书中对每种植物的加工、食用的方法做了详尽的介绍，归纳起来，大致有以下几类：

直接生食 即不经加工处理而直接食用。主要是果木类的果实。同时还指出，有些果类在食用时要注意的问题，例如"杏不可多食，令人发热及伤筋骨"；"李亦不可和蜜食，损五脏"。

水提法 即通过加水蒸煮、浸淘，用水漂洗，浸去异味后食用。对于那些营养丰富、无怪味无毒的植物，一般采用蒸、煮的方法食用，有的适当加油盐调食。对于那些有苦、涩、辣、酸、咸味的植物，则先煤熟，再水浸淘去异味加油盐调制，然后食用。这是《救荒本草》中介绍的最基本的加工方法。经过这样处理后，有些植物的有害成分不一定除尽，所以食用时还须注意，书中指出：莙荙菜"不可多食，动气，破腹"；和尚菜"不可多食，久食，令人面肿"；龙胆草"勿空腹服饵，令人溺不禁"，等等。

制粉食用 即制成粉后食用。这种方法主要用于一些救荒植物的根、果实、种子和树皮。上文提到的砖子苗，用的就是这种加工方法。历史上在荒年常食用的榆树皮，也是制粉后食用。

腌制食用 甘露儿、山葱、野韭、泽蒜、南芥菜、榆钱等，都用这种方法加工后食用。

干制食用 即晒干，或蒸熟晒干备用，这也是一种贮藏方法，如马齿苋、山茶叶、桃实（切片）等用的就是这种方法。

此外，还有加土同煮法，如白屈菜，"采叶和净土煮，捞出连土浸一宿，换水淘洗净，油盐调食"；有灰汁煮熟法，如"青芋细长毒多，初煮须要灰汁，换水煮熟乃堪食"。不过这都是特殊的加工法，在书中使用很少。

从上述对《救荒本草》的介绍中，可以看出该书对可食用野生植物的记载十分详细，内容极为丰富，它不仅是一部很有实用价值的救荒著作，也是一部具有重要学术价值的植物学著作。

表 3－12　明清时期关于救荒植物的研究著作

书名	作者	成书年代	收录救荒植物数（种）	备注
救荒本草	朱橚	1406 年	414	
野菜谱	王磐	1524 年	60	
茹草编	周履靖	1582 年	105	
野菜笺	屠本畯	约 1600—1605 年	22	

（续）

书名	作者	成书年代	收录救荒植物数（种）	备注
野菜博录	鲍山	1622 年	435	实数为 335 种
救荒野谱	姚可成	约 1643—1645 年	120	
野菜赞	顾景星	1652 年	44	
野菜谱	滑浩	约 16 世纪中后期	60	抄自王磐《野菜谱》，个别字句有改动，收于《说郛》三种

在《救荒本草》的影响下，明清时期，不少人开始从事救荒植物的研究，研究救荒植物的著作不断问世。据初步统计，明清时期问世的救荒著作至少有 8 部之多，中国历史上有关救荒植物的研究著述主要也仅此 8 部，而其中 7 部都是明代人写的，由此可见明代对救荒植物研究十分重视，这也是明代在发展中国传统农学方面的一个重要贡献。

明清时期对救荒植物的研究是十分认真的，上述多数著作都是作者在认真调查或亲自品尝，有了切身的体验后，才写成的。

王磐在《野菜谱·序》中说："正德间，江淮迭经水旱，饥民枕藉道路，有司虽有赈发，不能遍济，率皆采摘野菜以充食，赖之活者甚众。但其间形类相似，美恶不同，误食之或至伤生，此《野菜谱》所不可无也。"

顾景星在《野菜赞》中说："顾子归里，岁丁壬辰（顺治九年，1652 年），饥馑无食，藜藿之羹并日不给，偕采草根实苗叶，遂不死焉。鼓腹自得，各为赞之四十四种。"

鲍山在《野菜博录》中说："孟子曰：五谷者，种之美者也，苟为不熟，不如荑稗，兹采集野蔬以防岁歉，随处便于民取，岂非过于荑稗者乎！今所得若干余种，共四百数十种，皆予亲尝试之，分作草部二卷，木部一卷，次其品汇，别其性味，详其调制，并图其形而胪列之，即野叟山童，一搜阅而知采茹焉，其于民用未为无补矣。"

明末农学家徐光启也曾通过亲自尝试的办法，来考察救荒植物是否有毒和可食。他虽没有写出像《救荒本草》一类的著作，但他曾对《救荒本草》中的救荒植物亲自品尝过，并在其《农政全书》中进行了记录和说明，经他品尝的救荒植物为数达 47 种[①]，凡是品尝过的，都在该种救荒植物下注明"尝过"，有的口味很差的

---

① 经徐光启品尝过的救荒植物有竹节菜、独扫苗、蒌蒿、小桃红、菖蒲、老鸦蒜、稗子、丝瓜苗、锦荔枝、苍耳、黄精苗、茅芽根、葛根、何首乌、瓜楼根、菊花、金银花、望江南、黄栌、椿树芽、酸枣树、橡子树、孩儿拳头、无花果、枸杞、皂荚树、楮桃树、槐树芽、文冠花、御米花、眉儿豆苗、沙果子树、铁荸脐、苋菜、马齿苋菜、苦荬菜、莙荙菜、苜蓿、水蕲、后庭花、孛孛丁菜、甘露儿、楼子葱、荠菜、紫苏、丁香茄苗、山药 47 种。

还特地注明"难食",如菖蒲"难食",槐树芽"尝过花性大冷,难食"等。

徐光启等人亲自品尝野生植物的做法,说明明代农学家研究救荒植物时态度十分认真,为了弄清救荒植物的可食性,甚至置个人安危于不顾,这种精神是十分可贵的。

《救荒本草》以后的救荒植物著作,在表述形式方面,不少都趋向于诗歌化。用诗歌的形式描述野菜,易于上口,便于记忆,因而也更易普及,这是明代救荒著作的又一特点。现举王磐在《野菜谱》中介绍救荒植物的形式为例:

（燕子不来香）燕子不来香,燕子来时便不香,我愿今年燕不来,常与吾民充糇粮。 救饥 早春采可熟食,燕子来时则腥臭不堪食,故名。

（野萝卜）野萝卜,生平陆,匪蔓菁,若芦菔,求之不难烹易熟,饥来获之胜粱肉。 救饥 叶似芦菔,故名,熟食。

但有的救荒植物著作用的是古诗形式,又加上大量用典,诗句晦涩难懂,因而限制了它在民间的传播,屠本畯的《野菜笺》、顾景星的《野菜赞》中所作的诗歌,就是属于这个类型。

明清时期对救荒植物的研究是有成绩的,主要如下:

（1）开发了大量的代粮食品和可食野菜,数量达数百种之多。《救荒本草》记载的有414种,这之中,有的虽然早已被人们所利用,但主要是作为药物或果品,此时则进一步扩大了它们的利用范围。例如黄耆,在本草中主要利用它的根作药用,《救荒本草》等书利用它的嫩叶作代食品。又如马齿苋,在本草中主要利用它的茎及种子作药用,此时则将它的茎叶处理后代粮。另外,大量记载的则是新发掘的野生植物,数量多达278种。又,《野菜博录》所记救荒植物335种,其中包括草本植物216种,木本植物119种,这就大大拓宽了人们寻觅食物的视野,为度荒开辟了一条新路。有的救荒植物还演变成了现今人们常食的野生蔬菜,如马齿苋、甘露儿等。

（2）发掘了不少中草药。在新增的救荒植物中,除用作代食品,又发现其有药理作用,而被用作药物,进而又丰富了中国的中药宝库。据统计,《救荒本草》中新发现的药物有以下12种（表3－13）。

表3－13 《救荒本草》中新发现的药物

植物名	治病功用
独扫苗	今人多将其子亦作地肤子代用
水蔓菁	今人亦将其子作地肤子用
堇堇菜	今人传说,根叶捣傅诸肿毒

（续）

植物名	治病功用
螺黡儿	今人传说，治痢疾，采苗用水煮服，甚效
胡苍耳	今人传说，治诸般疮，采叶用好酒熬吃，消肿
杜当归	今人遇当归缺，以此药代之
透骨草	今人传说采苗捣傅肿毒
蛇葡萄	今人传说捣根傅贴疮肿
野西瓜苗	今人传说，采苗捣敷疮肿，拔毒
天茄儿苗	今人传说采叶傅贴肿毒、金疮，拔毒
望江南	今人多将其子作草决明子代用
无花果	今人传说，治心痛，用叶煎汤服，甚效

第四章　明清时期农业生产结构的调整

明清时期是中国农业发展史上一个极为重要的时期。一方面，由于民族关系的演变以及人口的迅速增长，粮食问题愈益突出，传统农业区不断扩展，形成了中国农牧业分布的基本格局；另一方面，由于田赋征收由实物税向货币税的逐渐转化及农村商品经济的发展，农业生产结构也在不断调整，经济作物的种植比重在一些地区迅速提高，专业化农业生产渐趋形成。

第一节　农牧区的分布与变化

中国地域广阔，各地自然条件差异很大，其农业生产结构也就存在着明显的差异。总体说来，中国东部地区平原广阔，气候湿润，适于农耕，而西部地区则气候干燥，多草原植被，宜于畜牧。早在 2 000 多年前，西汉著名历史学家司马迁就发现了这一差别，他在《史记》卷一二九《货殖列传·序》中说："夫山西饶材、竹、谷、垆、旄、玉石；山东多鱼、盐、漆、丝、声色；江南出楠、梓、姜、桂、金、锡、连、丹沙、犀、玳瑁、珠玑、齿、革；龙门、碣石北多马、牛、羊、旃裘、筋角。"在这里，司马迁根据物产的不同，将全国划分为 4 个经济区域，其中的龙门、碣石一线被看作中国最早的农牧地区分界线。① 龙门为今山西河津市和陕西韩城市之间黄河两岸的龙门山，碣石在今河北昌黎县西北。此线以南为农耕地区，以北则为畜牧地区。以后，随着农耕民族和畜牧民族势力的消长，这条分界线曾有过多次摆动，至元代，农牧分界线大致又复回归到司马迁所规划的位置，即由今河北昌黎县西北西南行，经过今北京市和山西太原市北，再横过吕梁山南段至龙门山下，过

---

① 史念海：《中国历史地理学区域经济地理的创始》，《中国历史地理论丛》1996 年 3 期。

黄河后继续向西，由关中之北，直达陇山之西。此线以南，以农耕经济为主，以北则以畜牧和渔猎经济为主。不过，这只是就全国总体而言的。当时，今四川西部松潘、茂汶、雅安、汉源一带，地近西番，与诸羌杂居，主要是畜牧经济；而包括今云南全境、四川南部、贵州西部在内的原云南行省和湖广行省八番顺元地区，则为西南少数民族聚居地，虽然农业经济有一定程度的发展，但畜牧经济仍占有相当重要的地位，属于半农半牧区。[①]

到了明清时期，这种农牧分布格局开始发生明显的变化。明朝建立后，元代的统治者虽然被逐出中原，但其后裔仍占据大漠南北，与明廷并峙，并不断侵扰明朝的北部边境地区。为了阻止蒙元残余势力的南下侵扰，明人师法前代，亦于边境地区修筑长城，并沿长城屯驻大量军队。当时这些沿边军队分属辽东、宣府、大同、延绥、宁夏、甘肃、蓟州、太原、固原九镇管辖，东起鸭绿江，西抵嘉峪关，绵亘万里，称为九边。明朝在九边地区大兴屯田。据万历《大明会典》的记载，永乐时期以后，九边共有屯田 96 990 顷，万历初年则增加到 307 860 顷。[②] 这些还仅仅是军屯的数字，若再加上民屯、商屯，数量就更多。据当时人所见，宁武关（今山西宁武县）一带，"锄山为田，麦苗满目"；永宁州附近（治今山西离石县）屯田"俱错列万山之中，冈阜相连"；由永宁至延绥（治今陕西榆林市）沿途竟"即山之悬崖峭壁，无尺寸不耕"。[③] 由此可见，长城沿线地区的农牧结构因为屯田的兴盛而大大改变，农业比重迅速增加。

虽然如此，明代的长城沿线南侧并没有完全变成农耕地区，畜牧业在一些地区仍占有相当大的比重。这一方面是因为战争的需要，明政府不得不于边境地区设置一些牧马草场，饲养马匹；另一方面，受传统习惯的影响，民间畜牧业仍继续存在并发展着。明代在九边地区设置牧马草场始于洪武三十年（1397），此年分别设北平、辽东、山西、陕西、甘肃行太仆寺，以管理当地马政。永乐四年（1406），又先后于陕西、甘肃、北京、辽东设苑马寺，每寺各统 6 监，监统 4 苑，共 96 苑。后来，除北京苑马寺在永乐十八年裁撤，"悉牧之民"而外，其他各苑一直维持到明末。[④] 这些苑、监的分布范围，据时人杨一清云，陕西、甘肃二苑马寺所统的 12 监 48 苑主要分布在今甘肃的临洮、榆中、陇西、会宁、通渭、环县、庆阳诸县，

① 史念海：《司马迁规划的农牧地区分界线在黄土高原上的推移及其影响》，《中国历史地理论丛》1999 年 2 期；吴宏岐：《元代农业地理》，西安地图出版社，1997 年。

② 万历《大明会典》卷一八《户部五·屯田》。

③ ［明］庞尚鹏：《清理山西三关屯田疏》《清理延绥屯田疏》《清理甘肃屯田疏》，见［明］陈子龙等辑：《明经世文编》卷三五九、卷三六〇。

④ 《明史》卷九二《兵志四·马政》。

宁夏的固原和陕西的定边、靖边、志丹诸县。[①] 辽东监苑的具体分布虽未见记载，按道理亦应分布在边墙沿线及其迤南地区。监苑而外，有条件的军事卫所亦往往设置牧场，牧放供卫军调用之马匹。如洪武年间，以宁夏韦州之地宜于畜牧，遂置群牧千户所于此，"专以牧养为事"[②]；正统初年，因庆王府及土达侵占灵州草场，于正统五年（1440）诏令宁夏总兵官史昭等"照所分地定立疆界，不许侵越"[③]；等等。据万历《延绥镇志》的记载，延绥镇下属各镇堡共有牧马草场40处，草场地157 493顷70亩。其规模之庞大，甚至超过西北苑马寺所辖之草场。

虽然相关记载比较少，但从仅见的资料来看，民间畜牧业在西北沿边地区还是很兴盛的。如宁夏镇地区"重耕牧，闲礼义"，所属中卫"人以耕猎为事，孳畜为生"[④]；甘州五卫及山丹卫"牧畜为业，弓马是尚"[⑤]；西宁卫以"畜养为业"[⑥]；延安府神木县"善畜牧"[⑦]，米脂县"业畜牧"[⑧]，甘泉县"重耕牧"[⑨]；平凉府隆德县"其地高寒……所给唯资耕牧"[⑩]；巩昌府秦安县"广牧畜"，礼县"以耕地畜牧为生"[⑪]；临洮府"番汉杂处，各从其习"[⑫]；等等。山西、河北沿边地区的民间畜牧业虽不一定如此兴盛，但据《明史·兵志》所云，明初曾规定"自雁门关西抵黄河外，东历紫荆、居庸、古北，抵山海卫，荒闲平野，非军民屯种者，听诸王驸马以至近边军民樵采牧放，在边藩府不得自占"，畜牧业经济的存在应是毋庸置疑的。

总而言之，在元代农牧分界线以北，直至明长城这一广大地域，其经济结构已发生比较明显的变化，不再是从前的以畜牧业经济占主导地位，而已变成半农半牧地区了。

西南部的云贵高原地区也发生着相似的变化。尽管这时的畜牧业经济在一些地方仍占有不小的比重，但农耕经济无疑获得了长足的发展，地位超过了畜牧业。这

① ［明］杨一清：《为修举马政事》，见［明］陈子龙等辑：《明经世文编》卷一一四。
② 嘉靖《宁夏新志》卷三《所属各地·韦州》。
③ 《明英宗实录》卷六四，正统五年二月乙未。
④ 嘉靖《宁夏新志》卷一《宁夏总镇·风俗》，卷三《所属各地·中卫·风俗》。
⑤ 顺治《肃镇志》卷一《风俗》。
⑥ 乾隆《西宁府新志》卷八《地理·风俗》。
⑦ 弘治《延安府志》卷七《神木县·风俗》。
⑧ 弘治《延安府志》卷七《米脂县·风俗》。
⑨ 弘治《延安府志》卷三《甘泉县·风俗》。
⑩ 康熙《隆德县志》卷一《户口》。
⑪ 乾隆《直隶秦州新志》卷六《风俗》。
⑫ 万历《陕西通志》卷七《风俗·物产》。

一方面表现为垦田面积的迅速增长，另一方面表现在一些少数民族也逐渐改变传统的生产方式，开始经营农业（种植业）。明政府除在九边大兴屯田，内地屯田也非常普遍。根据万历《大明会典》的记载，自洪武至永乐年间，云南都司先后屯田共10 877 顷 43 亩，贵州都司屯田 9 339 顷 29 亩；到万历时期，云南都司的屯田上升到 11 171 顷 54 亩，贵州都司则下降到 3 921 顷 12 亩。[①] 而在元代，云南行省所辖屯田仅为 4 628 顷 35 亩，贵州所在的八番顺元宣慰司无屯田。[②] 屯田而外，云南和贵州二布政使司掌管的田地数量也在不断上升。据万历《大明会典》的记载，洪武二十六年（1393），云南布政使司尚无田土数目，到弘治十五年（1502）即达到 3 631 顷 35 亩，万历六年（1578）进一步上升到 17 993 顷 59 亩；贵州布政使司因设省稍晚，永乐十一年（1413）始置，因而在弘治十五年尚未丈量顷亩，但到万历六年，除思南、石阡、铜仁、黎平等府，贵州宣慰司、清平凯里安抚司仍无顷亩外，仅贵阳府、平伐长官司、思州、镇远、都匀等府，安顺、普安等州，龙里、新添、平越三军民卫，即有田地共 5 166 顷 86 亩。[③] 农业比重增长之迅速可想而知。

云贵地区垦田面积的迅速增长，不仅是军屯和外地移民垦殖的结果，也与当地一些少数民族改变传统的畜牧业经营方式，从事农业生产有关。如在澄江一带的罗罗"渐习王化，同于编氓"，"新兴者力田为生"，"撒弥罗罗……居山者耕瘠土，自食其力"。[④] 散居于滇东北一带山区的依人、沙人和土僚"善治田"，"男女同事耕锄"。[⑤] 哀牢山区的和泥"依山麓平旷处开作田园，层层相间，远望如画"[⑥]。诸如此类的记载还有很多，兹不赘述。由于当地的这些少数民族改变了原有的经营方式，开始从事农业，因而在云贵高原的一些地区，农业经济逐渐占据了主导地位，成为新兴的农业区。据《大明一统志》记载，云南布政司的云南、广南、镇沅、曲靖、姚安，贵州布政司的思南等地，其习俗或为"勤耕务实"，或为"男女皆事犁锄"，或为"人皆力耕"，或为"务本力穑"[⑦]，已完全是农耕地区的景观了。

从明代开始的这种农区不断扩展、牧区不断改牧为农的趋势在清代进一步加快。

陕北的延安、榆林二府和绥德、鄜州二州相当于明代延安府和榆林卫的范围，

---

① 万历《大明会典》卷一八《户部五·屯田》。
② 《元史》卷一〇〇《兵志三·屯田》。
③ 万历《大明会典》卷一七《户部四·田土》。
④ 天启《滇志》。
⑤ 正德《云南志》卷七《广南府》。
⑥ 嘉靖《临安府志·土司志》。
⑦ 《大明一统志》卷八六至卷八八。

明嘉靖时期，延安府夏秋地合计 37 563 顷 57 亩，延绥镇所属榆林、延安、绥德三卫共有屯地 37 717 顷 23 亩①，两者相加共计 75 280 顷 80 亩。万历时期，三卫屯地增长至 39 783 顷 85 亩②，同期延安府的垦田数未见记载，估计也就是 4 万顷左右，两者相加共约有 8 万顷。清嘉庆二十五年（1820），延安、榆林、绥德、鄜州四府州载籍耕地数共计 13 702 顷 79 亩③，不到明万历时期的五分之一。但这并不是真正的垦田数。由于陕北各府州土地瘠薄，收成不稳，因而将所有耕地折为正一等地。如肤施县五亩折正一亩，甘泉县三亩折正一亩，洛川县八亩折正一亩，宜川、延川县四亩折正一亩。④ 四府州的载籍耕地数应该是折正后的田土数字，如果换算成实际田亩数，应该与明万历年间相差不远。而更主要的是，陕北各府还有许多耕地因为属于免科之列而未被统计。清代初年，为了吸引移民开垦陕西的荒地，曾规定"陕西畸零在五亩以下，俱免升科"⑤；又规定"陕西、甘肃所属，地处边陲，山多田少，凡山头地角，欹斜逼窄，砂碛居多，听民试种，永免升科"⑥。因为无需升科纳税，可想而知，这部分田地的数量应该是很大的。在清政府这一政策鼓励下，当地的农民只强调单一的农作物种植，对牧业和林业的选择越来越少，从而导致牧业和林业所占的比重也越来越小。清代末年，除了怀远、榆林一带的养马业，靖边、绥德等地的养羊业尚较兴盛⑦，陕北其他地区不再有发展牧业的记载。

甘肃省所属各地也经历着与陕北延安、榆林诸府相似的过程，一方面，耕地面积不断增长，另一方面，牧业所占的比重越来越小。宁夏府是在明宁夏诸卫的基础上建立的，据明万历《朔方新志》记载，当时宁夏诸卫屯田总数为 16 847 顷 42 亩。至清嘉庆二十五年（1820），《嘉庆重修大清一统志·宁夏府》记载，宁夏府田地数为 23 317 顷 7 亩，是万历时期的 1.38 倍。明代陕西行都司所统主要为河西和河湟地区，万历十一年（1583），甘肃镇共丈出田地 45 992 顷 35 亩⑧，嘉庆二十五年同一地区的垦田数额为 51 761 顷 65 亩，此外尚有番地 161 373 段⑨。明前期，嘉峪关以西地区曾设安定、沙州、赤斤蒙古等卫，并开展屯田，但明中期以后被强大起来的吐鲁番势力所兼并，农耕几近绝迹。清朝建立后，在此设安西州，属甘肃省

① 嘉靖《陕西通志》卷三四《民物二·田赋》。
② 《明神宗实录》卷一二九，万历十年十月。
③ 《嘉庆重修大清一统志》卷二二六至卷二五〇。
④ 《清朝文献通考》卷一《田赋考一》。
⑤ 《清史稿》卷一二〇《食货志》一。
⑥ 《清朝文献通考》卷四《田赋考四》。
⑦ 光绪《靖边县志》卷五《物产》；光绪《绥德州乡土志·商务》。
⑧ 《明神宗实录》卷一三三，万历十一年二月戊戌。
⑨ 《嘉庆重修大清一统志》。

管辖。据《嘉庆重修大清一统志》记载，嘉庆二十五年，安西州有田 2 757 顷 4 亩，数量虽然不大，但给当地经济结构所带来的影响显而易见；耕地面积的增加必然导致宜牧草地的减少，清顺治初年曾于甘肃开设的开成、安定、广宁、黑水、清平、万安、武安七监，到嘉庆时都已经废弃了。据《嘉庆重修大清一统志》记载，甘肃许多府州有大量的番地和番田，也表明这时的一些少数民族开始变牧为农。不过需要指出的是，虽然清代甘肃地区的农田在不断扩展，牧业的地位在不断下降，但本区毕竟有着悠久的畜牧历史，自然环境也适于畜牧，因而畜牧经济在许多地区依然存在，成为农业经济的一个重要辅助，不像陕北地区那样无足轻重。根据宣统《甘肃新通志》的有关记载，除庆阳、阶州、甘州等少数地方专力务农，耕牧结合在当时仍然是普遍的现象。①

西南地区的云贵高原以及四川西部农区的扩展也很迅猛。清政府在统一全国后不久，就在云贵地区大力推行"改土归流"，以加强中央对边疆地区的统一管理。所谓改土归流，就是在少数民族地区废除世袭土司，改行和汉族地区相同的政治措施，如设立府县、丈量土地、征收赋税、编查户口等。改土归流的实行，不仅加强了清政府对云贵少数民族地区的统治，也促进了边远地区和内地经济、文化的交流。道光《普洱府志》卷九云："国初改流，由临元分拨营兵驻守，并江左、黔、楚、川、陕各省贸易之客民，家于斯焉。于是人烟稠密，田土渐开，户习诗书，士教礼让，日蒸月化，凌凌乎具有华风。"所谓华风，在时人看来，首先就是勤耕织，务本业。清政府在云贵地区大力推行奖励垦殖的政策，不仅从内地招民垦种，而且对少数民族愿意垦种者实行优惠政策，不纳粮，不交税，从而在西南地区掀起了一股历史上从未有过的垦殖浪潮，云贵两省的垦田数额也呈急剧增长之势。顺治十八年（1661）云南省的田额是 52 115 顷 10 亩，贵州省是 10 743 顷 44 亩，分别是万历六年（1578）的 2.9 倍和 2.08 倍；雍正二年（1724），两省的田额分别上升到 72 176 顷 24 亩和 14 545 顷 69 亩；到嘉庆十七年（1812），更进一步上升到 93 151 顷 26 亩和 27 660 顷 7 亩。② 与此同时，云贵两省田赋在全国所占的份额也在迅速提高。③ 大致在康熙朝以后，除了云南西北部横断山区中的一些少数民族还在从事畜牧业④，整个云贵高原地区的面貌都已与内地几无差异。

明代川西地区的农区大致局限于今平武、茂县、汶川、天全、石棉、西昌、盐边一线以东地区。此线以西，明政府虽然也设置过一些军屯，但农业所占比重并不

---

① 《甘肃新通志》卷一一《风俗》。

② 《清朝文献通考》卷一至卷一二《田赋》；《嘉庆会典》卷一一《户部》。

③ 梁方仲：《中国历代户口、田地、田赋统计》乙表 68，上海人民出版社，1980 年。

④ ［清］余庆远：《维西见闻录》。

大，当地的少数民族仍然以经营畜牧业为生。如威州保县（治今四川理县北）一带"俗本氐羌，多习射猎"①；邛部川罗罗地区"不产五谷，惟畜养牛马，射猎以供饔飧"②；等等。清初，随着第二次移民高潮的到来，四川盆地掀起了一次规模庞大的垦殖高潮。经过"康雍复垦"和"乾嘉续垦"，盆地内部的垦殖渐趋饱和，几无可垦之地，而这时人口继续以 8.4‰ 的速度增长。在这样的一种人口压力之下，土地垦殖开始向盆地周边地区扩展。与此同时，为了加强对川西地区的统治，清政府在平定大小金川叛乱之后，不仅于该地区设置懋功厅，派兵驻守，屯田养兵，而且对于没有参与叛乱或已经投诚的藏族兵民，亦编屯配给田土，并招募大批汉族农民到金川屯垦，从而使该地的农牧结构迅速改变。到清代中期，农区西界大致已推至岷山、大雪山、锦屏山一线，而雀儿山、沙鲁里山及大雪山一线以南的广大地区则由纯牧区过渡到半农半牧区。③

北方长城以外地区农区的扩展规模更大。清朝实现了多民族国家的空前统一，长城作为农业民族与游牧民族的壁垒作用已不复存在，这就为长城内外的经济文化交流和长城以北地区的大规模开发提供了有利条件。大致自康熙时起，这些以前主要以游牧经济为主的地区先后掀起了农业垦殖的高潮。

邻近山西的土默特一带是口外开发较早的地区，早在明朝末年，山西的穷苦百姓为了逃避明政府的重赋盘剥，就开始进入这一地区从事农业生产，从而使之成为一个农牧兼有的地区。④ 康熙年间因连年对西北用兵，长途转运军备至为艰难，于是于康熙三十一年（1692）下令在山西长城的杀虎口（今山西右玉县）外和归化城附近屯田。⑤与此同时，山西内地由于人地矛盾渐趋紧张，许多百姓也纷纷来此定居，进行农业生产。在汉族居民的影响下，一些从事游牧的少数民族也加入农耕的行列。⑥ 到乾隆初年，归化城附近已是"开垦无复隙土"⑦。据乾隆八年（1743）的普查，土默特两旗原有牧地 75 048 顷，经过数年开垦，只剩下 14 268 顷，不足五分之一。⑧ 而其东丰镇一带的牧场土地在乾隆年间也被大量开垦。据光绪《丰镇厅志》记载，乾隆二年至乾隆六十年间（1737—1795），仅升科的垦田即达 27 999.78 顷。农垦的迅速发展，使得土默特平原一带从康熙末年开始就成为粮食输出区，不仅"北路军粮，岁给于此"⑨，山西

---

① 正德《四川志》卷九《成都府》。

② ［明］谭希思：《四川土夷考》卷三。

③ 郭声波：《四川历史农业地理》，四川人民出版社，1993 年。

④ ［明］瞿九思：《万历武功录》卷八《俺答列传》。

⑤ 《清圣祖实录》卷一五四，康熙三十一年。

⑥⑨ ［清］方观承：《从军杂记》。

⑦ ［清］夏之璜：《入塞橐中集》卷三。

⑧ 《清高宗实录》卷一九八，乾隆八年八月壬子。

太原、陕西同州也常常由此贩粮而归①。此后，内地民人仍源源不断移来垦种，垦殖规模继续扩大，整个归化城地区再也很难见到牧业的经营了。

归化城以东的察哈尔一带，草场辽阔，在清代以前一直是蒙古察哈尔部的牧场，清初又设立了御马厂、太仆寺及礼部牧场等。但不久这种情况也开始发生变化。先是清政府在这里设置了132所王庄，并将古北口、罗文峪、冷口及张家口外的大片土地拨给镶黄、正黄等七旗兵丁作为庄田②，使这里逐步开始了农业垦殖。接着，河北、山西长城以内的民人开始不断涌入，使垦殖的规模不断扩大。雍正二年（1724），察哈尔都统丈量察哈尔右翼四旗的土地，仅私垦一项就有29 700顷。③到乾隆时期，"口外之绵亘千余里的大坝（按：指内蒙古高原东南部的大马群山、苏克斜鲁山）以内"，"皆已招民垦种"。④不过坝上地区因"坡冈重叠，草生不茂，泉流不长"，"仍系聚牲畜之区"。⑤特别是多伦诺尔厅（治今内蒙古多伦县）所管四境，"地界坝外，未经招民垦种，并无村窑"，还是正蓝、镶白、正白、镶黄四旗的牧场。⑥大致在道光时期，这些地方开始出现前来垦种的流民。道光二十年（1840），已有人称多伦诺尔北部"俱有游民私行垦种数百顷"⑦。以后，前来垦殖的流民愈益增多，坝外多伦诺尔地区也就逐渐演变为一个农牧兼营的地区。

直隶北部古北口、喜峰口以外的热河地区在康熙初年"皆为蒙古牧马地"⑧，还是一个畜牧业占绝对优势的地区。康熙八年（1669），清政府停止在内地的土地圈占，将古北口外热河一带的荒地拨给部分八旗官兵垦种，正式拉开了热河地区农业垦殖的序幕。其时热河两岸共有旗地19 900余顷。⑨同口外其他地区一样，在清政府设立八旗屯垦的同时，内地民人也开始不断进入本地从事垦殖活动。康熙末年，热河南部地区，包括喀喇沁草原在内，已是草莱大开，百谷桑麻遍植⑩，而北部及东部的敖汉旗、奈曼旗地区，也开始有移民进入开垦⑪。随着人口的增加和农垦的深入，热河地区的行政设置也开始发生很大变化。雍正、乾隆之际，相继设立了热河、喀喇和屯、塔子沟、八沟、四旗、乌兰哈达、三座塔7个直隶厅。乾隆四

①　［清］岳震川：《赐葛堂文集》卷三《赠单雪樵先生序》；［清］乔光烈：《最乐堂文集》卷一《上陈大中丞论黄河运米赈灾书》。

②　《清圣祖实录》卷三二，康熙九年二月癸未。

③　乾隆《口北三厅志》卷一《地舆》。

④　［清］孙嘉淦：《口外驻兵疏》，见［清］贺长龄、魏源编：《清经世文编》卷二三。

⑤　乾隆《口北三厅志》卷七《蕃卫》。

⑥　乾隆《口北三厅志》卷五《村窑》。

⑦　《清宣宗实录》卷三四一，道光二十年十一月乙卯。

⑧⑨　［清］汪灏：《随銮纪恩》，见［清］王锡祺辑：《小方壶斋舆地丛钞》第二轶。

⑩　乾隆《塔子沟纪略》卷一一《艺文》。

⑪　《清圣祖实录》卷一九一，康熙三十七年十二月丁巳。

十三年（1778）升热河厅为承德府，将其他厅分别改为滦平县、建昌县、平泉州、丰宁县、赤峰县和朝阳县，归承德府管辖。行政设置的这种变化，不仅反映出热河南部地区已由游牧地区逐步变成了农耕地区，同时还进一步促进了当地的农业开发。《清仁宗实录》嘉庆十五年（1810）二月乙酉条载："自乾隆四十三年改设州县以后，民人集中渐多，山厂平原，尽行开垦。"热河北部地区这时的农业经济也有相当程度的发展，翁牛特旗在康熙时期还未见有关农业的记载，可是在乾隆十四年查丈时，竟有耕地 2 926 顷 25 亩①。这样，到清代中期，除了西北部围场一带是皇家秋狝之地，封禁甚严，而未被开垦②，承德府大部分地区都已演变成农耕区或半农半牧区了。道光时期以后，因国事日艰，财政捉襟见肘，围场土地也渐次放垦，一时间围场境内"荷锸云屯，耕氓萃集，而羽猎之场，一变而为畎亩耰锄之境"③。据光绪《围场厅志》记载，同治年间，围场垦田已近 6 000 余顷。

从康熙年间开始的这种垦殖活动并未以此为限，甚至进一步推广至热河以北的内蒙古昭乌达盟和哲里木盟广大地区。居住在这一带的科尔沁、郭尔罗斯、杜尔伯特、扎赉特等部落，在清初虽已开始懂得种植谷物，但播种方法粗放，懒于耕耨，听其自生④；平时饮食多肉类兽乳，日用物品也多由兽皮制作，家居毡幕，出外乘马，仍然是以畜牧经济为主。魏源在《圣武记》中称其为"游牧部落"⑤。康熙时期，哲里木盟等地的农业经济获得了一定发展，但总体来说还不足以改变原有的农牧业结构⑥，这一地带农业垦殖的迅速发展是在乾隆时期以后。乾隆五十六年（1791），郭尔罗斯王公恭格拉布坦为收地租之利，首开私自招民垦种先例，不到10 年的时间，郭尔罗斯前旗就聚居了 2 300 多户流民，开垦了 2 656 顷 48 亩耕地。清廷无可奈何，只得承认既成事实，于嘉庆四年（1799）设置长春厅进行管理，并严申禁令，嗣后"不准多垦一亩，增居一户"。但这些禁令不过是一纸具文，禁者自禁，垦者自垦，根本阻挡不住流民的入垦步伐。到嘉庆十六年，郭尔罗斯的民户就发展到 11 781 户、61 755 人。⑦ 在郭尔罗斯的影响下，科尔沁草原也被开垦。嘉庆七年，清廷首先丈放了科尔沁左翼后旗鄂勒克地方的荒段。经过 9 年的开垦，耕地东西宽 130 里，南北长 52 里，已有相当规模。为了便于管辖，清政府仿照

---

① 《翁牛特郡王布达札布致盟长敖汉王文》，东北档案馆所藏档案，第 45 捆，2473 号，引自黄时鉴：《清代内蒙古社会经济史概述》，载呼和浩特市蒙古语文历史学会编印：《蒙古史论文选集》第 3 辑，1983 年。

② 钮仲勋、浦汉昕：《历史时期承德围场一带的农业开发与植被变迁》，《地理研究》1984 年 1 期。

③ 光绪《围场厅志》卷六《田赋》。

④ 〔朝鲜〕申忠一：《书启》。

⑤ ［清］魏源：《圣武记》卷一《开国龙兴记》。

⑥ ［清］张穆：《蒙古游牧记》卷一《哲里木盟游牧所在》。

⑦ 光绪《吉林通志》卷二九《食货志》二。

"长春堡事例"，特别增设昌图厅①。与此同时，相邻的科尔沁左翼前旗也先后垦辟熟地 4 620 顷。到嘉庆末年，三旗总计已有耕地约 44 892 顷②。截至鸦片战争前，清廷还陆续丈放过长春厅，科尔沁左翼前旗、中旗、后旗的其他牧场。据研究，到鸦片战争前夕，内蒙古东部的昭乌达、卓索图、哲里木三盟，除哲里木盟北部还未见开垦的记载，其余各地都有了为数不少的垦熟地，形成了一个个农区和半农半牧区。③

明初，其北部边境曾推至河套以北、阴山之下，内蒙古西南部的鄂尔多斯高原成为当时重点屯垦的地区之一，农业经济一度获得较大的发展。后来，由于鞑靼势力逐渐强大，并最终占据了整个鄂尔多斯高原地区，当地的农业不复所闻。明末清初，由于战乱，邻近的陕西、山西等地开始有民人进入并从事耕种者。不过在清政府统一全国之后，这种垦殖活动就受到严格的限制，当时规定民人出关垦荒，以边墙 50 里为限。康熙中期以后，这种限制开始松动，先是康熙三十六年（1697）允许民人在边外合伙种地，但必须春出冬归；接着在雍正十年（1732）因鄂尔多斯荒歉，"复准蒙古情愿招民人越界种地，收租取利者，听其自便"④。在这一政策鼓励之下，鄂尔多斯地区的农业垦殖开始进入全盛时期。当时垦地"奉部文而承种者有之，由台吉私放者有之，由各庙喇嘛公放者有之，开垦颇盛，产粮亦多"⑤。尤其是鄂尔多斯东部的准格尔旗"私垦地特多，汉民在该旗耕种者，几达十万余人"⑥；其北部的河套地区至乾隆初年则已有垦田三四千顷，"岁得粮十万石"⑦。到清朝末年，鄂尔多斯地区的开垦土地已达 1 427 751 亩，村庄 1 942 座，居民 16 100 余户⑧，垦区遍及各旗。虽然"各旗牧地未放者固多"，但"已垦亦复不少"⑨，农业经济大有赶上和超过牧业经济之势。

清初，东北地区除南部辽河下游地区农业经济比较发达、属于半农半牧区，西北部草原地区是蒙古族从事畜牧、生息繁衍的牧场，东北部森林草原地区则是女真族采集渔猎的活动场所。由于东北地区是清朝的发祥地，清政府一直对其实行严格的封禁政策，因此在咸丰七年（1857）以前，除了南部辽河下游地区因处于柳条边以内而农业垦殖速度较快，北部黑龙江流域的农业生产发展很慢。自顺治时期开

① 光绪《吉林通志》卷二八《食货志》一。
② ［清］徐世昌：《东三省政略·蒙务下》。
③ 王毓铨等：《中国屯垦史》下册，农业出版社，1991 年，308～325 页。
④⑧ 《河套图志》卷四。
⑤ 《清史稿》卷三〇七《藩部》。
⑥ 廖兆骏：《绥远志略》。
⑦ 《清高宗实录》卷一五，乾隆元年三月丁巳。
⑨ 《督办蒙旗垦务大臣贻谷、山西抚部院巡抚岑春煊："为会筹勘办蒙旗垦务情形之折稿"》，《内蒙古档案工作》1988 年 6 期。

始，便在辽河东西各地设置旗地，供八旗兵丁耕种。康熙年间，为巩固根据地，抗击沙俄对黑龙江中下游地区的入侵，清政府开始注意经营东北，更进一步鼓励旗人迁居东北，垦荒种地。与此同时，对关内民人出关到奉天地区垦地者，也采取奖励政策。顺治八年（1651），"复准山海关外荒地甚多，有愿出关垦地者，令山海道造册报部，分地居住"①。顺治十年开始设置管理民政的府县机构，正式颁布《辽东招民开垦条例》，规定凡向辽东招民至百名者，文授知县，武授守备；六十名以上者，文授州同、州判，武授千总；招民多者，每百名加一级；所招之民，每人每月给口粮一斗，每百名给牛二十头，垦地一垧给种子六升。②康熙二年（1663），谕令"盖州、熊岳地方安插新民，查有附近荒地房基酌量圈给，并令海城县督率劝垦"③。康熙十八年，因奉天、锦州等处旗下荒地甚多，特令"除旗下额地之外，具退与州县官员劝民耕种"④。这种劝民垦殖的政策极大地推动了奉天地区荒地的开垦。顺治十年以前，奉天地方尚无民地，康熙七年起科民地就已有 81 567 亩，至康熙二十二年，增加到 306 342 亩，雍正末年更进一步增加到 2 595 553 亩。⑤乾隆年间，虽然对奉天地区又实行封禁，但由于内地人口压力越来越重，闯关东的流民源源不断，辽河下游农耕区反而进一步扩大。据《嘉庆重修大清一统志》的记载，嘉庆二十五年（1820），奉天府民地为 2 128 394 亩，锦州府民地 1 536 864 亩，总计已达 3 665 258 亩。加上数量众多的旗地和皇庄，奉天地区的农业垦殖已达到相当高的水平，除清政府划定的一些围场、牧厂，已基本上看不到牧业经营了。

黑龙江流域在乾隆时期以前仍然是以畜牧、渔猎经济为主，只是在大河谷地建立了一些分散的农垦据点。乾隆初年，随着内地民人不断进入东北地区，部分农民开始冲破封禁，越过柳条边，进入第二松花江中游地区从事垦殖活动，从而逐渐形成了第二松花江中游平原农垦区。乾隆八年（1743），设于吉林城的永吉州等地汉族农民开垦官荒共 85 400 亩⑥，至乾隆四十三年，永吉州在册民地已达 934 096 亩⑦，是乾隆八年的近 11 倍。与此同时，吉林地区旗丁和官庄壮丁耕地面积也不断扩大，乾隆四十三年达到 584 160 亩⑧。稍后不久，这种垦殖过程又逐步推进至松花江边拉林河畔，伯都讷、双城堡、拉林（今黑龙江五常市西北拉林镇）的垦田面积都有较大规模的增长。大致到道光时期，拉林等地的农垦区与南部吉林、长春垦区连接起来，第二松花江平原农耕区基本形成。

---

① 《八旗通志初集》卷一八《土田志》。
②③ 乾隆《盛京通志》卷二三《户口》。
④ 《奉天通志》卷二九《大事》。
⑤ 乾隆《盛京通志》卷二四《田赋》。
⑥ 《清高宗实录》卷一八四，乾隆八年二月乙亥。
⑦⑧ 乾隆《盛京通志》卷三八《田赋》。

松花江以北以及吉林以东地区这时的农业经济虽然也有所发展，但主要还是集中在各驻防城镇，呈点状分布，没有连成一片，因而对当地经济结构的影响不大。咸丰十年（1660）清政府对东北全面弛禁放垦之后，这些地方才完全成为农耕区。[①]

新疆地区的农业经营在乾隆嘉庆时期也获得了较快的发展。新疆位于中国西北地区，自然条件适于畜牧，是古代游牧民族的主要分布地。但在一些绿洲地带，发展农业的条件也比较优越，因而很早就出现了农业经营。西汉、隋、唐及元等朝代都曾在此设置屯田；当地的一些少数民族也有从事垦殖者。但总体来说，农业经营的规模都不大，当地的经济仍然是以畜牧业经营为主。明代版图最盛之时，也仅西至哈密以西，昆仑山以南，新疆地区处于一种割据分离状态，屯田自然是谈不上了。不过在当地的一些绿洲，农业经济还是有所发展的，并不亚于前代。据明初陈诚的《西域番国志》记载，位于南疆的于阗、东疆的鲁陈城（柳城）等地都有农业的经营。进入清代，屯田垦殖重新提上议事日程。康熙帝在平定准噶尔部噶尔丹叛乱后不久，就命于苏尔图等处分兵屯种[②]，以后次第开创了巴里坤、哈密、吐鲁番三处垦区。但因为当时新疆时战时和，所以垦区仅限于东疆，而且置废频繁，规模有限。乾隆二十四年（1759）平定大小和卓之乱以后，在天山南北的广大地区，各种类型的屯田也随之兴盛。除了平定准噶尔部以前在东疆开创的巴里坤、吐鲁番、穆垒等垦区相继复垦，伊犁、乌鲁木齐地区也陆续被开辟为两大屯垦基地；天山南路的许多绿洲兴办了以回屯为主的垦田活动。根据乾隆三十年的统计，在伊犁、塔尔巴哈台、乌鲁木齐、呼图壁、库尔喀喇乌苏、晶河、玛纳斯、穆垒、蔡巴什湖、塔勒纳沁、喀喇沙尔、乌什等地的兵屯已达 179 290 亩，巴里坤、乌鲁木齐的民屯已达 147 808 亩。[③] 至乾隆四十二年，南北疆兵屯更进一步达到 288 108 亩，民屯达到 297 758 亩。[④] 鸦片战争爆发前后，北疆东自哈密，西及伊犁，南疆东起喀喇沙尔，西至喀什噶尔，南到和阗的广大地区，基本形成了以绿洲农业为主的农业耕作区。[⑤]

第二节　种植业结构的变化

明清时期种植业结构的变化是全方位的：一方面，经济作物的种植面积不断扩展，在整个种植业结构中的地位有较大提高；另一方面，无论是粮食作物还是经济

①　李令福：《清代黑龙江流域农耕区的形成与扩展》，《中国历史地理论丛》1999 年 3 期。

②　［清］傅恒等撰：《平定准噶尔方略·前编》卷一。

③　《清朝通典》卷四《食货》；《清朝文献通考》卷一一《田赋》。

④　《西域图志》卷三二、卷三四。

⑤　张建军：《清代新疆农牧业地理》，陕西师范大学硕士毕业论文，1995 年。

作物，其品种和结构也较以前有了较大的改变。

经济作物种植面积的扩展与地位的提高大致始于明代中叶。明代前期，除棉、麻、蚕桑和茶叶的栽培在一些地区农家经济生活中占有一席之地，其他经济作物所占的比例微乎其微，无足轻重。明代中叶以后，首先由于田赋征收政策的改变，其次由于商品经济的发达与对外贸易的增多，种植经济作物的收益明显大于种植粮食作物，一些地方的农民开始扩大经济作物的种植规模，经济作物在农村经济中所占的比重迅速提高，扩种经济作物成为许多地方农村家庭致富的一条重要途径。以棉花种植为例，虽然有人说明代前期已是"其种乃遍布于天下，地无南北皆宜之，人无贫富皆赖之，其利视丝枲盖百倍焉"①，但实际上不种植棉花的地区仍然很多。长江流域及其以南地区且不论，即以后来成为中国最重要的棉花生产基地的黄河中下游地区来说，据初步统计，河南地区明代方志中记载植棉的府县仅有 30 个，河北地区有 42 个，山东地区有 35 个。到了清代，这些地区的植棉区域都得到了较大的拓展，清代方志中记载植棉的府县，河南虽然仍为 30 个，但河北则增加到 68个，山东增加到 53 个。② 不仅植棉区域有较大扩展，各棉区的棉花种植面积也在迅速增长，在当地农村经济中所占的比重也在迅速提高。在长江流域，据明末清初松江府上海县（今上海市）人叶梦珠说："吾邑地产木棉，行于浙西诸郡，纺绩成布，衣被天下，而民间赋税，公私之费，亦赖以济。故种植之广，与粳稻等。"③苏州府所属嘉定、太仓等地，到万历时期甚至所有的稻田都专种木棉。④ 在黄河流域，位于鲁西平原的东昌府，其所属高唐、夏津、恩县、范县在万历时期即因本境多种木棉，"江淮贾客列肆赍收，居人以此致富"⑤。至清代中期，棉花的种植面积已超过当地的粮食作物，占播种面积的首位，如嘉庆《清平县志》载："人多种木棉，连顷遍塍，大约所种之地多于豆麦"⑥；高唐州也是"种花地多，种谷地少"⑦。位于河北平原的滦城县，道光时期有地 4 000 余顷，其中植棉者占十分之六，植稼者仅占十分之四，以致"所收不足给本邑一岁食"⑧。据方观承《棉花图·跋语》所云，河北境内的冀、赵、深、定诸州属，农民艺棉者竟达十之八九。

棉花以外，其他一些经济作物如烟草、蓝靛、甘蔗乃至水果、蔬菜等，其种植

---

① ［明］丘濬：《大学衍义补》卷二二《制国用·贡赋之常》。

② 孙世芳：《历史上黄河中下游棉花商品性生产的发展及其影响》，《古今农业》1991 年 1 期。

③ ［清］叶梦珠：《阅世编》卷七《食货四》。

④ 万历《嘉定县志》卷七《田赋考下·漕折始末》。

⑤ 万历《东昌府志》卷二《物产》。

⑥ 嘉庆《清平县志》卷八《户书》。

⑦ ［清］徐宗干：《斯未信斋文编》卷一《艺文·劝捐义谷约》。

⑧ 道光《滦城县志》卷二《食货》。

规模在不少地区也呈现出迅速增长之势。如福建地区，因"其地为稻利薄，蔗利厚，往往有改稻田种蔗者，故稻米益乏"①；广东地区，因"糖之利甚溥，粤人开糖房者多以致富，盖番禺、东莞、增城糖居十之四，阳春糖居十之六，而蔗田几与禾田等矣"②；广西地区，雍正年间平乐府永安州的佃户因看到"栽烟利较谷倍一值"，而纷纷将平洋腴田改种烟草③；等等。诸如此类的记述在明中期以后的文献中可以说是屡见不鲜。

明代以前中国粮食作物的品种主要有稻、麦、粟、黍、稷、粱、菽、荞、薯、芋等，而以稻、麦、粟的地位最为重要，种植面积最广。大致在秦岭—淮河以北的大部分地区，大、小麦的种植占第一位，其次为粟；而在秦岭—淮河以南地区，水稻的生产占第一位，其次为大、小麦。④ 明代前期，这种粮食作物的构成状况基本没有变化。根据正德《姑苏志》的记载，当地（今江苏苏州市）的粮食作物品种有稻、麦、豆、芋等⑤，这大致可以代表当时南方的粮食作物种类。如嘉靖《惠州府志》记载该地（今广东惠州市）五谷"多占，多粳，多糯，有菽，有麦，有黍，有稷"⑥；嘉庆《贵州通志》载贵州布政司宣慰司谷之属有稻、黍、稷、麦、豆、荞、麻⑦。北方地区，嘉靖《陕西通志》记载，陕西境内的粮食作物有麦、黍、稷、粱、豆、稻等⑧，嘉靖《山东通志》记载山东境内的粮食作物有麦、豆、粟、黍、稷、高粱、稻等⑨。也就是说，南北方粮食作物的品种基本相同，主要有麦、稻、豆、粟、稷、高粱等，只是在排列顺序方面存在差异，北方麦居前列，粟、豆、高粱等次之，而南方稻居于前列，麦、豆等次之。各种粮食作物的这种构成状况，在当时的田赋征收中也有所反映（表4-1）。

表4-1 明代中国部分地区田赋征收的作物种类及比例

单位：石，%

地区	田赋总额	稻米	小麦	大麦	黑豆	粟米
陕西岐山县（西北地区）	29 283 (100)	359 (1.2)	13 431 (45.9)	134 (0.5)	1 342 (4.6)	14 017 (47.9)

① ［明］陈懋仁：《泉南杂志》卷上。
② ［清］屈大均：《广东新语》卷二七《草语·蔗》。
③ 雍正《永安县志》卷九《风俗》。
④ 吴宏岐：《元代农业地理》，西安地图出版社，1997年，110～141页。
⑤ 正德《姑苏志》卷一四《土产》。
⑥ 嘉靖《惠州府志》卷七下《赋役志下·物产》。
⑦ 嘉靖《贵州通志》卷三。
⑧ 嘉靖《陕西通志》卷三五《民物三·物产》。
⑨ 嘉靖《山东通志》卷八《物产》。

（续）

地区	田赋总额	稻米	小麦	大麦	黑豆	粟米
河南内黄县（中原地区）	15 170 (100)		4 610 (30.4)			10 560 (69.6)
江苏徐州（中原地区）	70 115 (100)		36 966 (52.7)			33 149 (47.3)
江苏吴县（太湖流域）	133 840 (100)	130 400 (97.4)	3 400 (2.6)			
湖北汉阳（长江中游）	19 793 (100)	15 330 (77.5)	2 733 (13.8)	1 730 (8.7)		
云南云南府（西南地区）	33 639 (100)	25 789 (76.7)	7 850 (23.3)			
广东南海县（华南地区）	52 741 (100)	52 575 (99.7)	166 (0.3)			

注：括号内数字为所占比例数。

资料来源：万历《重修岐山县志》卷二《赋役志·田粮》；嘉靖《内黄县志》卷二《田赋》；嘉靖《徐州志》卷五《地理志下·田赋》；正德《姑苏志》卷一五《田赋》；嘉靖《汉阳府志》卷五《食货志》；正德《云南志》卷二；嘉靖《广东通志初稿》卷二三。

由表4-1可以看出，不同区域粮食作物的构成状况有比较大的差别，西北地区麦、粟几乎占有同等的地位，分别占45.9％、47.9％，其次为豆类，约占5％；黄河中游平原粟的地位超过麦类，粟占69.6％，麦仅占30.4％；淮河流域麦的地位超过粟，麦占50％以上，粟不到50％；长江下游地区和华南地区，水稻占有绝对的优势，占97％以上，麦仅占不到3％；长江中游及西南地区，麦类作物的种植比例较高，约占20％，而稻则占75％以上。总体而言，北方的粮食作物结构中以粟占首要地位，其次为麦、豆；而南方则以稻占绝对优势，其次为麦、豆。

明中期以后，麦的地位有了较大提高，据宋应星《天工开物》卷一《乃粒》："四海之内，燕、秦、晋、豫、齐鲁诸道烝民粒食，小麦居半，而黍、稷、稻、粱仅居半。西极川、云，东至闽、浙、吴、楚腹焉，方长六千里中，种小麦者二十分而一，磨面以为捻头、环饵、馒首、汤料之需，而饔飧不及焉。种余麦者五十分而一……"也就是说，明代末年北方地区小麦的种植面积约占50％，黍、稷、稻、粱的种植面积共占50％，而在南方地区，小麦的种植面积约占5％，其余麦类作物的种植面积约占2％。无论是北方还是南方，麦类作物的种植面积都有较大的增长，尤其是在北方地区，麦的地位已超过粟，居粮食作物的首位。

但明清时期粮食作物结构最明显的变化还是域外作物玉米和番薯的传入与迅速推广。

玉米原产美洲墨西哥、秘鲁等地，大致在16世纪上半叶分别由西北、西南及东南沿海三条路线传入中国。明亡以前，先后有 11 个省有栽培玉米的记载，分别是河南、江苏、甘肃、云南、浙江、安徽、福建、山东、陕西、河北、贵州，但这时玉米在粮食生产中并无地位。清康熙朝以后，由于人口的迅速增长，大量荒地被开垦，玉米的推广速度加快，至鸦片战争前后，除青藏高原地区的青海、西藏及东北地区的黑龙江未见种植，中国大部分地区均栽培玉米，并且在云南、贵州、广西、湖南、湖北、河南、陕西等省的一些地区，玉米跃居为粮食作物之首。进入 20 世纪以后，玉米在全国粮食作物中取代了粟，正式跃升至第三位。[①]

番薯又名山芋、地瓜、甘薯、红薯，原产中美洲，大致在玉米传入中国的同时分别由菲律宾、文莱、越南、缅甸传入中国的福建、广东、台湾、云南等地。番薯传入中国后，因为较早地发挥了优势，得到封建官府的大力提倡，因而传播很快，在明代后期数十年间，闽广广为种植，江浙也开始发展。从清初到乾隆年间，除甘肃、青海、新疆、西藏、内蒙古及东北三省未见有关番薯记载，其他各省都已种植。由嘉庆至道光年间，番薯的种植在各省区向纵深发展，逐渐成为中国主要粮食作物之一，特别是在台湾、福建、湖南、四川等地山区，番薯的地位甚至超过了稻、麦等主要传统粮食作物。[②]

在明清时期传入中国的粮食作物尚有一种马铃薯。马铃薯又名洋芋、土豆，原产南美洲，大约在 17 世纪传入中国。据美籍华人学者何炳棣先生研究，1650 年荷兰人斯特儒斯到台湾地区访问，曾见到当地栽培马铃薯，称为"荷兰豆"[③]。不过，马铃薯在中国的传播比玉米和番薯要慢得多，据吴其濬《植物名实图考》记载，到鸦片战争以前，马铃薯种植比较著名的地区仅有云南、贵州、山西少数几个地区[④]。

经济作物方面，丝、麻一直是中国传统的衣着原料。宋元时期，棉花开始传入中国南方地区，并逐渐向北推广，至元明之际，黄河流域及其以南地区大都有了棉花的种植，从而形成了丝、麻与木棉三足鼎立的局面。明代初年，朱元璋号召农民广植桑、麻，木棉也位列其中，与丝、麻处于同等的地位。[⑤] 明清时期，棉花的种植规模迅速扩展，取代丝、麻而成为最主要的衣着原料。丘濬所说的"其种乃遍布于天下，地无南北皆宜之，人无贫富皆赖之，其利视丝枲盖百倍焉"，虽然有些夸

① 咸金山：《从方志记载看玉米在我国的引进和传播》，《古今农业》1988 年 1 期。
② 陈树平：《玉米和番薯在中国传播情况研究》，《中国社会科学》1980 年 3 期；郭松义：《玉米、番薯在中国传播中的一些问题》，《清史论丛》第 7 辑，中华书局，1986 年。
③ 〔美〕何炳棣：《美洲作物的引进传播及其对中国粮食生产的影响》，《世界农业》1979 年 4、5、6 期。
④ 〔清〕吴其濬：《植物名实图考》卷六。
⑤ 万历《大明会典》卷一七《户部四·农桑》。

大，但却反映出棉花在当时社会经济生活中所处的重要地位。特别是在黄河流域，棉花几乎成为大田中唯一的纤维作物，桑麻的栽培虽然在一些地区还存在，但已无法与棉花相比。明清时期桑麻种植比较兴盛的地区主要分布在长江流域及其以南地区，其中太湖流域和珠江三角洲是当时最大的蚕桑基地，而江西、湖北、湖南、浙江、广东、福建、四川等省区的山地丘陵地带则是苎麻的集中产区。

在明代以前，中国的油料作物主要有芝麻、油菜两种，其中芝麻在全国都有分布，而油菜则主要分布于长江流域及福建地区。此外尚有苏子、麻子等，但仅在少数地区有种植，不具有全国意义。明清时期，花生的种植范围开始扩展，至鸦片战争前夕，除东北、新疆和西藏地区未见花生的栽培，全国大多数省区都有花生的种植，并且在东南沿海一些地区种植非常普遍，呈现出取代芝麻、油菜的趋势。清乾隆时人檀萃《滇海虞衡志》记载："（花生）高、雷、廉、琼多种之，大牛车运之以上海船，而货于中国（指中原、内地），……若乃海滨滋生，以榨油为上。故自闽及粤，无不食落花生。"① 与广东、福建地区毗邻的台湾地区亦是如此。据乾隆时人朱景英《海东札记》记载，台湾"南北路连陇种土豆，即落花生也，沙壤易滋，黄葩遍野。每冬间收实，充衢盈担，熟啖可佐酒茗，榨油之利尤饶。巨桶分盛，连檣压舶贩运者，此境是资"②。

甘蔗是中国传统的糖料作物，但在明中期以前，除福建、广东两地之外，其他地区生产规模都很小。宋应星《天工开物》称甘蔗"产繁闽、广间，它方合并，得其十一而已"。明代后期，尤其是入清以后，甘蔗的种植规模迅速扩展，除福建、广东两地的种植规模继续扩大，台湾、广西、浙江、四川、江西等地也先后形成了一些新的生产区。在台湾，顺治十三年（1656），台南赤嵌附近共有田地8 403.2摩根，其中蔗园面积1 837.3摩根，占22％。③ 康熙、雍正之际，台湾"三县每岁出蔗糖约六十余万篓，每篓一百七八十斤，……全台仰望资生，四方奔趋图息，莫此为甚"④。及至乾隆年间，台湾成为当时最大的蔗糖生产基地，据连横《台湾通史》所载，当时台糖"贸易绝盛，北至京、津，东贩日本，几为独揽"⑤。在广西，桂东北、桂东南、左右江流域以及柳江流域和红水河下游地区都有大面积的甘蔗种植。⑥ 在浙江全省范围内都有甘蔗种植，而以中南部地区种植最盛，如位于金衢盆

① ［清］檀萃：《滇海虞衡志》卷一〇《志果》。
② ［清］朱景英：《海东札记》卷三《记土物》。
③ ［日］中村孝志：《近代台湾史要》，赖永祥译，载《台湾文献》6卷2期。摩根（Morgen），旧时荷兰、南非等地的地积单位，约合2.116英亩或0.8公顷。
④ ［清］黄叔璥：《台海使槎录》卷三《物产》。
⑤ 连横：《台湾通史》卷二七《农业志》，商务印书馆，1983年。
⑥ 周宏伟：《清代两广农业地理》，湖南教育出版社，1998年，195～200页。

地的义乌县，顺治时"从温州得其种，乃竟栽种之"①；汤溪县"甘蔗为出产一大宗，淤地尤盛，每岁运往绍兴、萧山等地售，赢利颇丰"②；西安县"滨河沙淤地多种之，制糖颇出品"③；等等。在四川，随着东南移民的涌入，出现了种蔗业第二次兴盛期，一方面，潼川府、资州、绵州、简州等传统产区出现了集约生产趋势；另一方面，种植区域在盆地继续扩大，向西向南发展到嘉定府、叙州府，向北发展到龙安府。④ 甘蔗在江西中南部地区也广为分布，其中南康、雩都、泰和等县种植尤多，据同治《南康县志》记载，嘉庆道光时期，该县一年的种蔗收入几可以和广东、福建争雄。⑤

明代以前，中国的嗜食作物仅有茶叶一种。大致在明万历年间，烟草开始传入中国。由于烟草具有"坐雨闲窗，饭余散步，可以遣寂除烦；挥尘闲吟，篝灯夜读，可以远辟睡魔；醉筵醒客，夜语篷窗，可以佐欢解渴"⑥ 的特殊功能，加之种烟"一亩之收可敌田十亩"⑦ 的丰厚利润，不久便迅速传遍大江南北、长城内外，彻底改变了茶叶种植独霸天下的局面，成为中国最主要的嗜食作物。据研究，至明亡以前，烟草已传至新疆、西藏和青海以外的中国绝大多数省份。而到了清前期，烟草种植进一步扩展，"人情射利，弃本逐末，向皆以良田种烟"，"城埂山陬，弥望皆是"。⑧

明清时期中国的蔬菜种植结构也发生了较大的变化。这种变化首先表现在由于商品经济的发展、城市人口的增多，蔬菜种植开始改变以往农家自给自足的性质，出现了专以出售营利为目的的蔬菜种植户，蔬菜种植在农家经济生活中的地位逐渐提高。⑨ 其次，表现在这时又有一些新的蔬菜品种从境外传入中国，并逐渐得到推广，成为主要蔬菜品种。这些新传入的蔬菜主要有辣椒、番茄、菜豆、结球甘蓝等。⑩

---

① 嘉庆《义乌县志》卷一九《土物》。
② 民国《汤溪县志》卷六《食货·土产》。
③ 嘉庆《西安县志》卷二一《物产》。
④ 郭声波：《四川历史农业地理》，四川人民出版社，1993 年，191～195 页。
⑤ 同治《南康县志》卷一《地理·土产》；光绪《雩都县志》卷五《物产》；光绪《泰和县志》卷二《物产》。
⑥ ［清］陈琮：《烟草谱》卷二。
⑦ ［明］杨士聪：《玉堂荟记》卷下《烟酒》。
⑧ 陶卫宁：《中国烟草业历史地理研究》（未刊），陕西师范大学硕士学位论文，1997 年。
⑨ 郑昌淦：《明清农村商品经济》，中国人民大学出版社，1989 年，385～414 页。
⑩ 闵宗殿：《海外农作物的传入和对我国农业生产的影响》，《古今农业》1991 年 1 期。

第三节 畜养业结构的变化

作为自给自足自然经济的一部分，畜养业在中国有着悠久的历史。明清时期，中国的畜养业有了较大发展，畜养业的经营方式和部门结构都有比较明显的变化。

明长城以北和祁连山—岷山—大雪山以西地区在中国大部分历史时期都是以畜牧业占主导地位。明代以前，因缺少比较详细的史料记载，上述畜牧业地区的畜牧业经营状况并不是十分清楚。从当时中原王朝与边疆少数民族政权的斗争形势及茶马贸易的兴盛来判断，养马业应当占有举足轻重的地位。此外，尚有羊、牛、驼等畜种。据《马可波罗游记》的记载，宁夏、河西及天山南北地区皆盛产羊、马、牛、驼等畜。① 明代的情况大致与此相似。因为战争的需要，明政府对马匹特别重视，除在内地及沿边地区设立监苑、孳养马匹，与周边各族的茶马贸易也很频繁。《明史·食货志》载："番人嗜乳酪，不得茶，则困以病。故唐宋以来，行以茶易马法，用制羌、戎，而明制尤密。有官茶，有商茶，皆贮边易马。""山后归德诸州，西方诸部落，无不以马售者。"为了换取明朝的茶叶，周边少数民族自然会大量饲养马匹。

养马业在周边各少数民族中占有突出地位，这从当时明王朝在对其战争中的俘获也可略见端倪。兹举数例：

> 明代初年，大将蓝玉在捕鱼儿海（今中蒙边境贝尔湖）大败元旧将脱古思帖木儿，"获其次子地保奴及妃主五十余人、渠率三千、男女七万余，马驼牛羊十万，聚铠仗焚之"②。

> 正德四年（1509），明总兵马昂与鞑靼别部亦孛来战于木瓜山，"胜之，斩三百六十五级，获马畜六百余，军器二千九百余"③。

> 万历二十四年（1596），总督三边李汶袭鞑靼卜失兔营，"共斩四百九级，获马畜器械数千"④。

> 成化九年（1473），辽东总兵欧信以偏将韩冰等败朵颜部于兴中，"追及麦州，斩六十二级，获马畜器械几数千"⑤。

> 洪武十二年（1379）秋，征西将军沐英进击西番，"大破之，尽擒其魁，俘斩数万人，获马牛羊数十万"⑥。

---

① 〔意〕马可波罗：《马可波罗游记》第 1 卷第 38、39、43、45、58 章，陈开俊等译，福建科技出版社，1981 年，46～48、53、55、71 页。

②③④ 《明史》卷三二七《外国八·鞑靼》。

⑤ 《明史》卷三二八《外国九·朵颜》。

⑥ 《明史》卷三三〇《西域二·西番诸卫》。

永乐二十二年（1424），安定卫指挥哈三孙散哥及曲先卫指挥散思等邀劫明朝出使乌思藏使者，都指挥李英等率西宁诸卫军讨之，于雅令阔（今昆仑山一带）击败之，"斩首四百八十余级，生擒七十余人，获驼马牛十四万有奇"①。

洪熙元年（1425），因曲先卫副指挥散即思屡劫杀明使，都督史昭等率众征之，"杀伤甚众，生擒脱脱不花及男妇三百四十余人，获驼马牛羊三十四万有奇"②。

从上述数次争战中可以看出，在明王朝俘获的畜种中，马占有重要地位。马以外，驼、牛、羊等数量也很多，上述第一、第五、第六、第七条，在俘获大量马匹的同时，还俘获有大量的驼、牛、羊等牲畜。实际上，明王朝在边境设立马市，以茶易马，但周边少数民族用来易茶的并不仅仅是马匹，也有其他牲畜，只是以马为主而已。

清朝建立后，这种情况开始发生变化。为了巩固边防，繁荣边疆经济，清政府在统一天山南北之后，不仅大规模设置屯田，还兴办牧厂，发展官营畜牧业。与以前各代在边疆地区兴办的官营牧厂不同，清代的牧厂不仅包括马厂，还有牛、羊、驼等厂，表明这时牛、羊、驼的生产也有了较大的发展。而从数量上来说，羊的数量远远超过马、牛等，占第一位。如位于伊犁河流域的伊犁牧厂，就包括马、驼、牛、羊四厂，各厂又分为孳生厂和备差厂，据《伊江汇览》一书中抄录的一份乾隆四十四年（1779）牧厂各类牲畜数量奏报单的统计，共有羊222 505只、驼3 017峰、马24 307匹、牛27 480只。又如塔尔巴哈台牧厂，到乾隆五十七年时，孳生厂已有"大马九千六百七十九匹，马驹三百七十一匹；大牛四千一百五十四只，牛犊一千一百二十只；大羊七万八百六十三只，羊羔八千三百三十只"；备差厂有"马四千三百六十七匹，牛一千六百九十八只，羊三万四千二百五十五只"③，合计羊113 448只、马14 417匹、牛6 972只。

在官营畜牧业的带动下，民间畜牧业也获得了较快发展，而其畜种结构也与官营牧厂相似，以羊占绝对多数，其次为牛、马，再次为驼、驴等其他牲畜。如轮台县"牛、马、驴、黄羊，以上四项均为民间畜养，系本境常产"，而"羊只孳生极繁，系大宗出产"④；沙雅"动物以牛、羊为大宗，每年孳生约十余万"⑤。宣统《新疆图志》所云"凡畜牧孳生之数，惟羊群最蕃，获利亦最厚"⑥，清楚明白地指

① 《明史》卷三三〇《安定卫》。
② 《明史》卷三三〇《曲先卫》。
③ ［清］永保撰，兴肇增撰：《塔尔巴哈台事宜》卷四《官厂牲畜》。
④ 光绪《轮台县乡土志·物产》。
⑤ 光绪《沙雅县乡土志·风俗地理》。
⑥ 宣统《新疆图志》卷二八《实业一·牧》。

出了牧羊业在整个新疆地区畜牧业生产中所占有的重要地位。

蒙古高原地区的畜牧业结构，除个别畜种与新疆地区有所不同，牛羊业的地位也有较大上升，与牧马业处于同等的地位。奕湘《定边纪略》云："蒙古赋性不谙耕作，无贫富皆赖驼、马、牛、羊四项牲畜，以资度日。"而在青藏高原地区，据清代文献《西藏志》记载，主要牲畜有马、骡、驴、牦牛、黄牛、长毛牛、猪、羊等，其中亦以牛、羊为大宗，如"拉里不产五谷，以牧畜牛羊为食"；"拉萨东北由哈拉尔苏至达木一带，皆蒙古与霍耳人错居，不产五谷，惟藉牛羊"。[①]

明长城以南和祁连山—岷山—大雪山以东地区是中国的传统农区。总体而言，为农业生产提供动力之用的马、牛、驴和为农家日常生活提供副食品的羊、鸡、狗、猪等的饲养是中国农区生产经营的一个重要特色，但在不同时期和不同地域，由于国家政策和各地自然环境的差异，饲养业结构也存在着相当大的差别。

明政府对马政极为重视，除在边境地区设立多处马市，以茶换取周边各少数民族的大量马匹，还于长城沿线和内地诸处设立监苑，专司牧马。据万历《大明会典》卷一五○《马政》记载，明代马政由太仆苑马寺专理，而统于兵部，其经营方式大致分为监苑养牧、军卫孳牧、民间孳牧三种。监苑养牧主要分布于北京、辽东、山西、陕西、甘肃沿边地区；民间孳牧分布于北直隶保定、河间、真定、顺德、广平、大名、永平诸府，南直隶应天、凤阳、镇江、扬州、淮安、庐州、太平、宁国、滁州、和州、徐州、广德诸府州，河南开封、彰德、归德、卫辉诸府，以及山东济南、兖州、东昌等府，弘治年间定额为种马共 125 000 匹；军卫孳牧则"凡在京在外卫所，俱有孳牧马匹，以给官军骑操"，更是遍布全国。在这样一种形势下，整个农区的养马业都比以前有了较大的发展，尤其是今河北、山西、陕西、甘肃、北京、天津、辽宁、河南、山东、安徽、江苏等地，养马业更是达到了前所未有的繁荣。

上述由国家划定的牧马区而外，云南、贵州二省的牧马业也非常发达。清人师范所辑《滇系·赋产篇》云："南中民俗，以牲畜为富，故马独多。春夏则牧之于悬崖绝谷，秋冬则放之于水田有草处。故水田多废不耕，为秋冬养牲畜之地。重牧而不重耕，以牧之利息大也。马牛羊不计其数，以群为名。或百为群，或数百及千为群。论所有，辄曰：某有马几何群，牛与羊几何群。其巨室几于以谷量马牛。凡夷俗无处不然，马产几遍滇。"由于马匹众多，明政府曾多次于云南、贵州两地市马。如洪武十七年（1384），户部以锦帛往贵州易马 1 300 匹；洪武十九年二月，朝廷为讨伐西南，于乌撒等处市马 755 匹；洪武十九年五月，于云南东川等军民

---

① 《西藏志·物产》。

府市马 2 280 余匹；洪武二十一年，于武定、会川、德昌等府市马 3 000 匹；洪武二十八年，贵州、乌撒、宁州、毕节等卫市马 6 729 匹。① 除了市马，云南、贵州两地还多次向朝廷贡马。根据对《明实录》的统计，洪武、永乐、洪熙、宣德四朝，云南各地及邻近地区共向朝廷贡马达 236 次，其中仅洪武十五年，献马就达 12 560 匹。

在养马业获得发展的同时，北方地区的养羊、养牛业和南方地区的养猪和家禽饲养等也有一定的发展。在北方，灵州千户所（今宁夏灵武市）的别黑的等家，"马多者千余匹，少者七八百匹，牛羊动以万计"②。

景泰元年（1450）三月，鞑靼蒙古内侵，一次就掠走宁夏、庆阳等地马、驼、牛、羊 27 万头③。嘉靖十年（1531），王琼作《甘露降固原奏议》，称固原"耕者黍麦盖藏，牧者牛羊被野，人得生气，和气上达"④。仅此数条，便足以说明北方地区牛羊等饲养的繁盛。在南方，太湖流域的羊、猪及鸡、鸭、鹅等家禽的饲养非常普遍，明末《沈氏农书》对养羊、养猪及鸡鸭等的利息计算极为精详，是对当地饲养业的具体反映。《沈氏农书》并云："近时粪价贵，人工贵，载取费力，偷窃弊多，不能全靠租窖，则养猪羊尤为简便。古人云'租田不养猪，秀才不读书'，必无成功。则养猪羊，乃作家第一著。"更进一步说明猪羊养殖对于农家经营的重要性及其悠久的传统。其实这种情况并非太湖流域所独有，整个南方农区都是如此。1585 年首次出版的西班牙人门多萨的《中华大帝国史》对此有多处记载。该书第一部第一卷第四章写道："还有大量的牛，价钱便宜到你可以用 8 里亚尔钱币买一头很好的；并且可半价买到牛肉；一整只鹿卖 2 里亚尔；大量的猪，……再有极多的羊及其他供食用的动物，这是它们不值钱的原因。养在湖畔河岸的飞禽是那样多，以致该国一个小村子每天都要消耗几千只，而最多的是鸭。"第二部第三卷第十七章写道："鸡、鹅、鸭和其他家禽，在这个国家各地都不计其数，所以它们不值什么；海里和河里的鱼都同样丰富，在这点上他们的说法一致。"⑤ 虽然门多萨本人没有到过中国，但该书是根据一些到过中国的传教士的记述编写的，这些传教士曾经到过中国的福建、广东、广西等地，可以说，这些记载都是他们当时的亲身见闻，真实地反映了当时南方地区的情况。

同明朝一样，清政府对马政也非常讲求。但一方面，由于害怕若汉族拥有马的数量过多，会构成对清王朝的威胁；另一方面，鉴于明朝在内地牧马的诸多弊病，

① 《明太祖洪武实录》。
② 《明英宗实录》卷一六，正统元年四月庚申。
③ 《明代宗实录》卷一九〇，景泰元年三月癸丑。
④ 嘉靖《固原州志》卷二《奏议》。
⑤ 〔西班牙〕门多萨：《中华大帝国史》，何高济译，中华书局，1998 年。

清政府将养马的重点放在宜于畜牧的察哈尔以北及甘肃以西的地区，不仅废除了明王朝在内地的官督民牧制度，而且对于农业区的牧马业还采取了种种限制措施。清初规定，除现任官吏可以养马，"余悉禁之"；康熙元年（1662），又"禁民人养马。有私贩马匹，为人首告者，马给首告之人。其主有官职，予重罚。平民荷校鞭责"①。在这样的政策影响之下，除云南地区的养马业因为是少数民族聚居区而继续繁盛，整个农区的养马业急剧衰退，从现存清代各地方志的记载来看，很难再看到养马业的记载。

与养马业急剧衰退的情况相反，由于商品经济的发展，经营农副业的收益大于种植业，清代牛、羊、猪及各种家禽的饲养逐渐走向繁荣，农区各地都出现了较大规模的家禽家畜的饲养。

就牛、羊的饲养而言，仍然以北方旱作区较多。如河北正定一带，"山村多畜牛羊，以为生息"②。邢台等地，"羊则山坡草地，湿耳成群，颇称蕃息"③。山东临朐县，"六畜，羊尤蕃息。冬月，北郭市场群集数万，贩者杂沓，远达京师"④。陕西保安（今陕西志丹县）一带，光绪《保安志略·畜牧志》载，"保安有六扰（指牲畜家禽），马、牛、羊其大宗也"，"而保安民多牧羊，坐食其利，其饶益马牛为广"。这时甚至还出现了借地养牧和替人养牧的情况。如河南延津县，据康熙《延津县志》卷九《条陈》所言："山陕牧羝者，多远牧于延。一群少者数千，多者盈万。民间多争款牧其地。"而山西偏关一带，"闲民大半以牧羊为职业，有自牧者，有为人牧者。其为人牧者，合数家或数十家之羔羊，以时孳乳，而蕃息之，取其佣值"⑤。

猪及家禽的饲养则以南方为盛。如陕西汉中一带，"山民馓粥之外，盐布零星杂用，不能不借资商贾。负粮贸易，道路辽远。故喂畜猪只多者至数十头，或生驱出山，或腌肉作脯，转卖以资日用"⑥；凤县，"邑惟畜产丰饶，牛、羊、马、骡，家有其物。尤善养鸡、猪，其值甚廉，贩买者咸接踵至，自汉南来者尤多"⑦。四川城口县（原太平县），"地多险峻，稻不过十分之一，全赖锄挖山坡，遍种杂粮，以资衣食。但津河不通，粮食无从运销，惟以包谷饲猪，变易盐茶布匹"⑧；昭化

---

① 《清史稿》卷一四一《兵十二·马政》。
② 光绪《元氏县志·物产志》。
③ 光绪《续修邢台县志·物产志》。
④ 光绪《临朐县志·物产志》。
⑤ 光绪《偏关志·风土志》。
⑥ ［清］严如熤：《三省边防备览》卷一一《策略》。
⑦ 光绪《凤县志·风俗》。
⑧ 乾隆《太平县志·风俗》。

县，"民间善养猪，家设猪圈一所，少者四五只，多者数十只"，"宰杀不尽者，贩户橐金采买，向他处卖之"[1]；中江县，"鸡鹜家家饲养，非有故，亦不杀"[2]；温江县，"豕，一名猪，农家皆畜之"[3]。湖北武昌县，"羽之属有鸡、有鸭，乡人有成群饲之者，曰放排鸭，夜宿竹棚中"[4]。湖南宁乡县，"猪多黑色者，家家畜之"[5]；湘潭县，鸭"重阳后肥腯味美，家自为畜。亦有不以雌伏，用糠秕沃出，多至数千，谓之湖鸭"[6]。江苏扬州一带，"家鸭，江湖间养者百千为群，高邮、泰州极多"[7]；吴江县，乾隆时期以前，"绍兴人多来养鸭，千百成群，收其卵以为利"，"后皆土人畜之。其羊豕鸡鹅之类，土人亦常畜之"[8]。浙江嘉兴一带，"猪羊皆四乡常畜之物，而羊之销路视昔尤广。鸡鸭，每岁所畜之数，视米粮贵贱为增减"[9]。福建霞浦县乡村，"凡畜牛之家百之三四，羊百之五六，豕十之八九"[10]。广东新宁（今广东台山市），"居民善牧豕，香山、澳门等处销售颇广"[11]；吴川县，"猪，邑人家豢之，海舶以取利"[12]；顺德县，居民"不事远贾，惟种树豢鸭，鼓棹而行"[13]。北方也有部分地区多养猪鸭等禽畜。如陕西延长县，"多畜猪羊，间有贩牵赴鬻晋省者"[14]；甘泉县，"所产之物运出外境者，以猪为大宗"[15]。河南淅川，动物以猪为大宗，"民间饲养最多，除供本境食用外，运赴湖北老河口销售"[16]。河北永平，"猪，州产颇多，乐亭民间有以此致富者"[17]；满城，"猪，毛鬃皆为出口货，粪可肥田，乡民多畜之"[18]；山东青州，"滨小清河者，尤以哺鸭为业"[19]。

除了牛、羊及家禽家畜的饲养，家鱼、蜜蜂、桑蚕的饲养在这时也有一定的发

① 乾隆《昭化县志·风俗》。
② 道光《中江县新志·风俗》。
③ 嘉庆《温江县志·物产》。
④ 光绪《武昌县志·物产》。
⑤ 嘉庆《宁乡县志·物产》。
⑥ 嘉庆《湘潭县志·物产》。
⑦ 嘉庆《扬州府志·物产》。
⑧ 乾隆《吴江县志·生业》。
⑨ 朱士楷：《新塍镇志·物产》引光绪志。
⑩ 民国《霞浦县志·牧畜》。
⑪ ［清］金武祥：《赤溪杂志》卷下。
⑫ 光绪《吴川县志·物产》。
⑬ 咸丰《顺德县志·舆地略》。
⑭ 乾隆《延长县志·生计》。
⑮ 光绪《甘泉县乡土志·风俗》。
⑯ 光绪《淅川直隶厅乡土志·物产录》。
⑰ 康熙《永平府志·物产》。
⑱ 民国《满城县志略·物产》。
⑲ 咸丰《青州府志·物产》。

展，甚至在一些地区已占有相当重要的地位，不过仍然局限于少数地区，不具有普遍意义，在此不赘。

第四节　专业化种植的发展

明代以前，广大农村的农业生产主要是为了满足生产者自身的需要，生产者很少计较其间的利益大小，除了受自然条件的限制，大部分地区的种植业结构基本相似，粮食作物的种植占主要地位，同时还兼营少量棉、麻、桑等经济作物，基本上看不到区域专业分工的现象。明代初年，朱元璋曾命令天下农民，"凡有田五亩至十亩者，栽桑、麻、木棉各半亩，十亩以上者倍之。田多者以是为差，有司亲临督视，惰者有罚，不种桑者使出绢一匹，不种麻者使出麻布一匹，不种木棉者使出棉布一匹"①，正是这种自给自足经济的反映。随着农业经济的恢复和发展，农业生产水平的提高，以及商品经济的发展和商品流通的扩大，各种农作物的生产也逐渐被纳入流通领域中，与市场联系起来，广大农民开始对他们的劳动成果进行利益权衡；而这时又恰逢赋税制度发生变化，田赋和徭役向货币税转化，为农作物的商品化生产扫除了最后一道障碍，广大农民对自己该种植什么作物有了更多的选择自由，某种作物在生产条件不太好、生产无利可图的地区，其种植面积逐渐缩小，而在另外一些条件比较优越的地区则迅速扩大，从而形成了一些集中生产区，出现了区域种植专业化的趋向。

由于商品经济的发展，种植经济作物的收益明显大于粮食作物，因而棉花、蚕桑、烟草、甘蔗、茶叶等作物的专业化种植趋向更为明显。

棉花大致在汉代即已传至中国，宋末元初，长江流域及陕西等地多有种植。明清时期，棉花的种植范围和种植规模进一步扩大。明清时期棉花种植最集中或者说专业化种植程度最高的地区有两个：一是长江下游三角洲；一是黄河下游平原的河南、山东、河北一带。长江下游三角洲的棉花种植主要集中在濒江沿海的冈身沙地地区。据徐光启估计，到明代末年，松江府（今上海市）沿海官民军灶共垦田大约200万亩，其中大半用于种棉②，而苏州府所属嘉定、太仓等地，"版籍虽存田额，其实专种木棉"③。至清乾隆时，松江府、太仓州、海门厅、通州及其所属各县，种棉者已达十分之七八，种稻者仅有十分之二三。④ 由于棉花种植排挤了粮食作物的种植，当地的粮食供给严重不足，完全依赖客商贩运，"以花织布，以布贸银，

---

① 万历《大明会典》卷一七《户部四·农桑》。
② ［明］徐光启：《农政全书》卷三五《蚕桑广类·木棉》。
③ 万历《嘉定县志》卷七《田赋考下·漕折始末》。
④ ［清］高晋：《请海疆禾棉兼种疏》，见［清］贺长龄、魏源编：《清经世文编》卷三七。

以银籴米，以米兑军，运他邑之粟充本县之粮"①，成为这一带棉产区的普遍现象。其实，除了土壤条件比较适宜，当地的其他自然条件并不是非常有利于棉花的生长，尤其是沿海地区经常发生的风潮对棉花生长的危害极为严重。根据有关材料的记载，当地的棉花平均亩产大约为100～200斤，少者不过四五十斤，与山东、余姚等地的"亩收二三百斤以为常"相差甚远。② 但当地农民依然热衷于改稻种棉，主要是因为当地棉纺织业在全国首屈一指，棉花需求量甚大，种棉比种稻收益更大。对此，乾隆年间高晋曾进行过调查，他在《请海疆禾棉兼种疏》中说："臣从前阅兵，两次往来于松江、太仓、通州地方，留心体察，并询之地方府厅州县，究其种棉而不种稻之故，并非沙土不宜于稻，盖缘种棉费力少而获利多，种稻工本重而获利轻。"

黄河下游地区引种棉花的时间虽然比长江流域晚，但由于其自然条件非常适宜，因而棉花种植业发展很快，在明代初年就出现了以出售营利为目的的专门生产。张履祥《杨园先生全集》引钱懋登《原语》记载，宣德进士、后任首辅的文达公李贤的曾大父南阳李义卿，"家有广地千亩，岁种棉花，收后载往湖湘间售之"。万历时期，这种趋势进一步加剧，据钟化民所言，"中州沃壤，半种木棉，乃棉花尽归商贩，民间衣服，率从贸易"③。与河南地区相仿，山东西部地区和河北中南部地区的棉花种植规模也在迅速增大，出现了许多集中产区。嘉靖《山东通志》记载，棉花"六府皆有之，东昌尤多，商人贸易四方，其利甚溥"④，与之相邻的兖州府实际上也不亚于东昌，据隆庆《兖州府志》称，本地木棉"转鬻四方，其利颇盛"，"其地亩供输与商贾贸易甲于诸省"。⑤ 至清代，由于花生、烟草等作物种植的排挤，兖州府一带棉花种植迅速衰落，大都成为缺棉地区⑥，但东昌府却依然保持着长盛不衰的局面，如夏津县，"自丁字街又北，直抵北门，皆棉花市，秋成后花绒纷集，望之如荼，否则百货不通，年之丰歉率以为验"⑦。河北中南部地区的棉花生产及贸易在明代中期也非常兴盛，如沧州"东南多沃壤，木棉称盛"，"负贩者皆络绎于市"。⑧ 据方观承的估计，乾隆年间，河北种棉之地约居十之二三，"每当新棉入市，远商翕集，肩摩踵错。居积者列肆以敛之，懋迁者牵车以赴之，村落

① 万历《嘉定县志》卷七《田赋考下·漕折始末》。
② 王社教：《苏皖浙赣地区明代农业地理研究》，陕西师范大学出版社，1999年，252～281页。
③ ［明］钟化民：《钟忠惠公赈豫纪略·救荒图说·劝课纺绩》，见［清］俞森辑：《荒政丛书》卷五。
④ 嘉靖《山东通志》卷八《物产·东昌府》。
⑤ 隆庆《兖州府志》卷二五《物产》。
⑥ 李令福：《明清山东农业地理》，台湾五南图书出版公司，2000年。
⑦ 乾隆《夏津县志》卷二《街市志》。
⑧ 万历《沧州志》卷三《物产》。

趁墟之人，莫不负挈纷如，售钱缗，易盐米"①。一些地区开始出现改麦种花，棉花种植超过粮食种植的局面。如保定以南地区，"以前凡有好地者多种麦，今则种棉花"②；正定府滦城县，粮食作物的种植面积仅占十分之四，棉花的种植面积则占十分之六③。同其他棉花集中产区的形成一样，除了当地自然条件比较适合棉花的生长，更主要的还是受利益的驱动，正如黄可润所分析："棉花之地，虽岁收止一次，而利甚大。麦收合秋收计之，虽足以相当，而愚民终以种棉用力少而利等，功从其省。"④

蚕桑业在中国有悠久的历史，分布范围非常广泛，特别是在黄河流域，蚕桑业一度非常兴盛，占有非常重要的地位。据《宋会要辑稿》的记载，北宋时期全国各路都有罗绫绢绸等丝织品的输纳，其中北方黄河中下游地区的开封府和京东、京西、河北、河东、陕西诸路罗绫绢绸的输纳数为 1 277 081 匹，丝绵的输纳数为 2 785 533 两，南方两浙、淮东、淮西、江东、江西、福建诸路罗绫绢绸的输纳数为 1 463 969 匹，丝绵的输纳数为 4 663 258 两。⑤ 可见这时全国各地的蚕桑业发展虽然存在一定的差异，但尚未形成明显的集中产区。明清时期，随着棉花种植规模的日益扩大和棉花贸易的发展，全国大部分地区的蚕桑业都开始迅速衰落，最终只剩下太湖流域和珠江三角洲两个范围很小但专业化水平却很高的集中产区。

太湖流域的蚕桑生产主要集中在太湖周边及其以南的浙西平原。这里地势低洼潮湿，土壤肥沃，非常适合桑树的生长，而当地发达的丝织业和城镇经济又为蚕桑业的发展提供了广阔的市场。在这两方面因素的共同作用下，当地桑叶产量大、价值高，种桑的收益远远超过种稻的收益，几乎所有的农民都把主要精力放在桑树种植和桑蚕的喂养上。如苏州府所属吴县近太湖诸山家皆以蚕桑为务，"地多植桑，生女未及笄，教儿育蚕。三四月谓之蚕月，家家户户不相往来"⑥。吴江县有"蚕桑盛于两浙之谚"⑦，其境内之盛泽镇，居民"俱以蚕桑为业，男女勤谨，络纬机杼之声，通宵彻夜"⑧。嘉兴府崇德县，"公私仰给，惟蚕息是赖"⑨；桐乡县，"蚕

①　[清]方观承：《棉花图·收贩》。
②　[清]黄可润：《畿辅闻见录》。
③　道光《滦城县志·食货》。
④　[清]黄可润：《开井》，见[清]徐栋编：《牧令书》卷九。
⑤　[清]徐松辑：《宋会要辑稿》食货六四。
⑥　崇祯《吴县志》卷一〇《风俗》。
⑦　康熙《吴江县志》卷一六《风俗》。
⑧　[明]冯梦龙：《醒世恒言》卷一八《施润泽滩阙遇友》。
⑨　[清]顾炎武：《天下郡国利病书》原编第 22 册《浙江下》。

桑之利厚于稼穑，公私赖焉"①；海盐县，天启年间"桑柘遍野，无人不习蚕矣"②。而蚕桑业最为繁荣的地区是湖州府，据朱国桢《涌幢小品》卷二《蚕报》记载，桑树"在在有之"。当地农家岁计，惟赖以蚕，"胜意则增饶，失手则坐困"，为他郡所无，每岁进入蚕月，不仅亲朋好友不相往来，夫妇犹不共榻，"贫富彻夜搬箔摊桑"，官府也停征罢讼。③

　　珠江三角洲的蚕桑生产是随着三角洲的进一步开发而迅速发展起来的。明代中期以后，珠江三角洲地区开始了新一轮的垦殖高潮，其主要表现就是围垦河流下游两岸的沼泽荒滩和沿海滩涂。在围垦过程中，挖深为塘，覆泥为基，逐渐摸索出了基上栽桑，塘中养鱼，栽桑、育蚕、养鱼三者有机结合的生态农业系统，大大提高了土地利用效率，解决了不同农业生产部门间的矛盾。据嘉靖《广东通志》的记载，明代中期，珠江三角洲地区已是"桑树遍野"④。不过这时专业化程度还不明显，还未出现桑田排斥稻田的现象，种桑养蚕还未走出传统的男耕女织的藩篱。即以当时蚕桑种植最为繁盛的南海县九江乡来说，虽然种桑"近来墙下而外，几无隙地"，但仍不过是"女红本务，于斯为盛"。⑤ 乾隆嘉庆时期，随着广州、佛山等地丝织业的发展和国际生丝需求量的增大，生丝价格不断上扬，作为当时全国唯一对外贸易港口广州所在的珠江三角洲地区独占先机，掀起了一股"废稻种桑"的热潮，很快形成了以南海、顺德二县为中心的蚕桑专业区。如南海县九江乡，据嘉庆《九江乡志·物产》记载，境内桑田遍布，而无稻田，"米谷仰籴于外"；顺德县龙江乡，据道光《龙江志略·风俗》称，"乡无耕稼，而四方米谷云集；旧原有田，今皆变为基塘，民务农桑，养蚕为业"；顺德县龙山乡虽还保留有一部分稻田，但面积已"不及百顷"⑥；南海县沙头乡道光年间"地土所宜，蚕桑为最，稻田仅十之一五"⑦。又如鹤山县，道光年间"皆以蚕为业，几于无地不桑，无人不蚕"⑧。

　　烟草种植最集中的地区在福建、广东及江西南部一带。作为最早引种烟草的地方之一，福建地区的烟草种植发展很快，据称在清代初年就已是"无地不种，无人不食"⑨ 了。乾隆时期，郭起元称福建"烟草之植，耗地十之六七"⑩，虽不免有

① ［清］张履祥：《补农书》。
② 天启《海盐县》卷四《方域篇四·县风土记》。
③ 万历《湖州府志》卷三《物产》。
④ 嘉靖《广东通志》卷一八《土产》。
⑤ 顺治《九江乡志》卷二《物产》。
⑥ 嘉庆《龙山乡志》卷四《田塘》。
⑦ 宣统《南海县志》卷一一《沙头通堡事略·序》。
⑧ 道光《鹤山县志》卷二《物产》。
⑨ ［清］郭柏苍：《闽产录异》卷一《货属·烟叶》。
⑩ ［清］郭起元：《闽省务本节用疏》，见［清］贺长龄、魏源编：《清经世文编》卷三六。

所夸张，但足可证明福建种烟之盛。特别是位于闽西汀江流域的汀州府，据王简庵《临汀考言》称，其所属八县"膏腴田土，种烟者十居三四"。广东也是烟草的最早传入地之一，大约在明代末年就已具有相当规模，崇祯《恩平县志·地理》即称烟叶"今所在多有"。清代中期，广东的烟草种植获得进一步发展，道光年间，位于珠江三角洲西南部的新会县河村、天等一带农民"种烟者十之七八，种稻者十之二三"①；鹤山县"种烟村落甚多，以古蚕、芸廖、沐河为上"②。嘉庆时，位于粤东北丘陵山地地区的大埔县，所属同仁、白堠一带即"有烟草以贩运外省者"③。而位于粤北山区的南雄州，到嘉庆、道光之际，烟叶"每年约货银百万两，其利几与禾稻等"，该县山岭高阜，大多被垦辟种烟。④ 江西南部的赣州、宁都、南安等地，东与福建汀州相接，南与广东为邻，也颇得种烟之风气。如安远县，据乾隆《安远县志·物产》称，烟草"今则无地不种"；兴国县，同治《兴国县志·土产》云，"兴邑种烟甚广，以县北五里亭所产为最，秋后，吉郡商贩踵至，利视稼圃反厚"；瑞金县，同治《瑞金县志·物产》云，"当春时，平畴广亩，弥望皆烟矣"；等等。除此而外，位于黄河流域的山东省和位于西南地区的四川省也有一些地方大规模地种植烟草。在山东，滋阳县早在康熙年间就已"遍地栽烟，每岁京客来贩，收卖者不绝，各处因添设烟行"⑤；乾隆时，泰安县烟草"处处有之，西南乡独盛"⑥；寿光县，"自康熙时有济宁人家于邑西，购种种之，获利甚赢，其后居人转相慕效，不数年而乡村遍植，负贩者往来如织"⑦。在四川，到乾隆中期，烟草在"河坦山谷、低峰高原，树艺遍矣，骎骎乎与五谷争生死也"⑧。而其中又以成都平原为最盛。据乾隆《郫县志·物产》记载，郫县烟草"生产最多，上通蛮部，下通楚豫，氓以其利胜于谷也，遂择上则田地种之"；道光《新津县志》卷二九亦云，新津县"良田熟地种之殆遍，六七月中，烟市堆积如山"。

甘蔗种植的区域专业化趋势也很明显，福建、台湾、广东三省是当时种植规模最大、生产最为集中的地区。甘蔗在福建各地都有较大规模的生产，而尤以闽南漳、泉一带为盛。万历年间王应山《闽大记》卷一一《食货考》说，"糖产诸郡，泉、漳为盛"，"种蔗皆漳南人，遍山谷"。陈懋仁《泉南杂志》亦云："甘蔗干小而

---

① 道光《新会县志》卷二《物产》。
② 道光《鹤山县志》卷二《物产》。
③ 嘉庆《大埔县志》卷八《风俗》。
④ 道光《直隶南雄州志》卷九《舆地·物产》。
⑤ 康熙《滋阳县志》卷二《物产》。
⑥ 乾隆《泰安县志》卷八《风土·物产》。
⑦ 嘉庆《寿光县志》卷九《物产》。
⑧ ［清］彭遵泗：《蜀中莸说》，见［清］常明修，杨芳灿纂：嘉庆《四川通志》卷七五。

长，居民磨以煮糖，泛海售焉。其地为稻利薄，蔗利厚，往往有改稻田种蔗者。"台湾的植蔗业大致在明末清初才大规模发展起来。① 康熙初年，由于蔗园面积增长过快，妨碍了稻谷的正常生产，地方官不得不发令禁饬。② 但利之所在，人之所趋，甘蔗种植规模并未因此而减小，仍在不断扩大。康熙、雍正之际，台湾"三县每岁所出蔗糖约六十余万篓，每篓一百七八十斤"，不仅行销江苏、浙江等地，还贩运至日本、吕宋（菲律宾）诸国。③ 广东的甘蔗种植主要集中在珠江三角洲、韩江三角洲和雷琼台地三个区域，而以珠江三角洲最盛。清初屈大均《广东新语》载："糖之利甚溥，粤人开糖房多以致富。盖番禺、东莞、增城糖居十之四，阳春糖居十之六，而蔗田几与禾田等矣"④；东莞县篁村、河田等地，"白、紫二蔗，动连千顷"⑤。当然，福建、台湾、广东以外的其他地区，如江西、四川、广西、浙江等地，也有一些地方有较大规模的甘蔗种植，而且在川西平原的潼川、资州、绵州、简州一带还出现了集约生产趋势，但总体而言，都不如福建、广东、台湾三地突出。

茶叶生产在大抵秦岭—淮河以南地区的低山丘陵地带都有较大规模的种植，但种植中心并不突出。不过就区域内部来说，分工仍然比较明显，各地都有一些以植茶为业的专业茶户或专业产茶区。以珠江三角洲为例，早在清初，就形成了南海县西樵山和广州"河南"两个较大规模的专业产茶区。⑥ 到道光年间，西樵山一带已无"荒而未垦之区"，即使"间有隙地，类皆辟治种茶，以为恒产"。⑦ 番禺县的蓼涌、南村、市头等地在同治时期也皆已被辟成茶园。⑧ 特别是位于珠江三角洲西缘的鹤山县，清初尚少见茶树种植，到乾隆年间，其境内古劳一带的丽水、冷水等地，"山埠间皆植茶"⑨，道光时期，则"自海口至附城，毋论土著客家，多以茶为业"，其中葵根山、大雁山等地，举目所见，"一望皆茶树"，"来往采茶者不绝"⑩。

以上各种经济作物之外，蓝靛、花草、蔬菜、果树等也都先后程度不同地出现了专业化种植区域。⑪ 这种专业化种植的发展，既是商品经济发展的结果，同时也

---

① 马波：《清代闽台农业地理》（未刊），陕西师范大学博士学位论文，1993 年。
② ［清］高拱乾：《禁饬插蔗并力种田示》，见康熙三十五年《台湾府志》卷一〇《艺文》。
③ 乾隆《台湾府志》卷一七《物产》。
④ ［清］屈大均：《广东新语》卷二七《草语·蔗》。
⑤ ［清］屈大均：《广东新语》卷二《地语》。
⑥ ［清］屈大均：《广东新语》卷一四《食语·茶》。
⑦ 道光《南海县志》卷八《风俗》。
⑧ 同治《番禺县志》卷八《舆地·物产》。
⑨ 乾隆《鹤山县志》卷七《物产》。
⑩ 道光《鹤山县志》卷二《物产》。
⑪ 参见本卷第五章第一节《园艺业的发展》及郑昌淦《明清农村商品经济》（中国人民大学出版社，1989 年）有关章节。

反映出人们对自然资源的开发和利用有了进一步的认识，已经开始结合经济发展的需要来最有效地利用当地的自然资源，它标志着中国的农业生产已达到相当高的水平，进入到一个新的阶段。

第五章　明清时期各生产部门的发展

第一节　种植业的发展

一、粮食生产的发展

明清时期粮食生产的发展，同高产作物的推广有密切的关系。高产作物的推广，主要表现在：其一，水稻种植的推广；其二，玉米、甘薯在全国的推广。

（一）水稻种植的推广[①]

水稻是中国古有粮食作物，长期以来主要在南方种植，种植方式以单季稻为主。明清时期，随着人多地少矛盾的突现、对粮食需求的增加，作为高产作物的水稻备受人们重视，水稻种植得到发展。其表现一是水稻种植开始向黄河流域推广，二是双季稻种植在长江流域空前发展。

1. 水稻种植向黄河流域的扩展　黄河流域种植水稻非自明清时期始，但在此之前分布的地域和种植的数量有限，到元代，水稻种植只是分布在大都路南的涿州范阳（治今河北涿州市），大都路东的蓟县（今天津蓟县），河北南部怀孟路境内的沁水地区，山东益都（今山东青州市）、沂州（今山东临沂市）东南的芙蓉湖，山西太原南境的晋水，陕西汉水上游的谷地等地。[②]　即是说今日黄河中下游的河北、河南、山东、山西、

---

①　本小节据闵宗殿《从方志记载看明清时期我国水稻的分布》一文改写而成，原文刊于《古今农业》1999 年 1 期，《学术研究》1999 年 8 月号。

②　游修龄：《中国稻作史》，中国农业出版社，1995 年，281～282 页。

陕西五省，在元代都已有水稻种植，但地域不广，只是分布在几个点上。

明清时期，水稻在黄河流域及其相邻地区的分布空前扩大。据对明清时期方志的统计，有400个州、县的方志有水稻种植的记载，在这400个州、县中，明代为128个，清代为272个（表5-1、表5-2）。

明代有水稻种植记载的128个州、县，分布在今山东、河南、河北、山西、陕西、甘肃6个省。在地域上大致和元代相当，略有扩展；但就每个省的分布点来看，则大大超过元代。据统计，山东种稻的州、县有18个，占全省州、县的17.3％；河北、山西种稻的州、县分别为33和25，比例略高于山东，分别占该省州、县的19％和25.5％。比例最高的是河南，有33个县种稻，约占全省州、县的30.5％。比例最低的是陕西，种稻的州、县有11个，约占全省州、县的9.4％，此外，甘肃还有8个州、县种稻，因其当时未设布政司，行政地域不明，故无从计算百分比。[①]

清代有水稻种植的州、县数大大超过明代。清代新见记载的种稻州、县共有272个，再加上明代已种稻的128个州、县，总数为400个，约为明代种稻州县数的3.1倍，为清代《授时通考》所记黄河流域35个种稻州、县数的11.4倍[②]，地域上除了原有6省，又向北扩大到辽宁，向西扩大到新疆（表5-1）。

表5-1 明清时期黄河流域及相邻地区种稻州县一览

省名	首见于明代方志记载的州县	首见于清代方志记载的州县
山东	福山、潍县、滨州、历城、章丘、新泰、昌乐、临朐、诸城、即墨、沂州、曲阜、邹县、泗水、汶上、单县、巨野（共17个）	蓬莱、黄县、栖霞、招远、莱阳、宁海、文登、威海卫、海阳、掖县、平度、昌邑、博平、莘县、馆陶、邹平、长山、新城、陵县、泰安、肥城、东平、临淄、博兴、寿光、胶州、高密、郯城、黄县、莒州、沂水、日照、滕县、峰县、济宁、金乡、嘉祥、曹县、定陶（共39个）
河南	河内、武陟、修武、辉县、汤阴、林县、清丰、新乡、淇县、夏邑、永城、柘城、尉氏、鄢陵、兰阳、仪封、均州、温县、陕州、巩县、鲁山、许州、襄城、郾城、项城、太康、汝南、新蔡、确山、邓州、内乡、裕州、嘉靖（共33个）	安阳、内黄、南乐、汲县、获嘉、封丘、商丘、鹿邑、虞城、睢州、洧川、中牟、禹州、密县、郑州、汜水、济源、孟县、灵宝、阌乡、卢氏、洛阳、偃师、宜阳、新安、永宁、渑池、嵩县、汝州、伊阳、长葛、商水、西华、扶沟、汝阳、正阳、信阳、罗山、光山、南阳、唐县、泌阳、桐柏、新野、舞阳（共45个）

---

① 《明史·地理志》。

② 清代《授时通考》卷二一所记黄河流域35个种植水稻的州、县为：宛平、香河、昌平、房山、遵化、满城、邢台、涞水、历城、邹平、新城、泰安、莱芜、滨州、滋阳、曹县、钜野、沂州、青州、日照、莱阳、昌邑、文水、临汾、闻喜、鄢陵、洧川、洛阳、遂平、罗山、光州、商城、渭南、韩城、西乡。

（续）

省名	首见于明代方志记载的州县	首见于清代方志记载的州县
河北	隆庆、永宁、宛平、昌平、固安、东安、香河、怀柔、涿州、霸州、文安、保定、蓟州、丰润、乐亭、沧州、易州、广昌、清苑、滦州、雄县、任丘、元氏、灵寿、藁城、赵州、隆平、永年、清河、磁州（共30个）	宣镇、宣化、怀来、蔚州、怀安、延庆、保安、万全、大兴、良乡、通州、三河、武清、宝坻、宁河、顺义、密云、平谷、遵化、玉田、迁安、抚宁、昌黎、临榆、静海、盐山、涞水、满城、安肃、定兴、新城、唐县、庆都、望都、完县、祁州、束鹿、新安、献县、定县、曲阳、真定、井陉、获鹿、平山、阜平、行唐、赞皇、新乐、柏乡、南宫、邢台、南和、平乡、唐山、任县、丘县、曲周、涉县、武安（共60个）
山西	忻州、汾州、蒲州、绛州、阳曲、太原、清源、交城、文水、太谷、定襄、临汾、襄陵、洪洞、赵城、曲沃、稷山、夏县、闻喜、介休、怀仁、浑源、崞县、霍州、解州（共25个）	云中、大同、应州、天镇、广灵、灵丘、马邑、朔州、保德、河曲、代州、五台、繁峙、静乐、榆次、交城、兴县、永宁、平定、乐平、盂县、辽州、石楼、临县、沁州、沁源、岳阳、翼城、汾西、长子、阳城、恒曲、绛县、河津、芮城、永济、猗氏（共37个）
陕西	韩城、华州、华阴、白水、岐山、蓝田、渭南、富平、醴泉、同官、汉阴（共11个）	榆林、怀远、神木、末脂、安塞、宜川、蒲城、潼关、三水、宝鸡、扶风、眉县、千阳、陇州、咸阳、兴平、临潼、鄠县、盩厔、孝义、镇安、雒南、兴安、安康、平利、洵阳、石泉、汉南、褒城、洋县、凤县、沔县、略阳、留坝、定远（共35个）
甘肃	肃镇、朔方、固原、平凉、宁远、秦安、徽郡、阶州（共8个）	甘镇、平罗、灵州、中卫、崇信、镇原、皋兰、靖远、金县、狄道、伏羌、岷州、洮州、秦州、清水、礼县、两当、成县（共18个）
辽宁		奉天、锦州、辽阳、承德、海城、开原、铁岭、抚顺、兴京、岫岩、锦县、宁远、广宁、义州、盘山（共15个）
新疆		库车、沙雅尔、焉耆、伊犁、温宿、疏勒、莎车、阿克苏、绥来、库尔喀喇乌苏、昌吉、迪化、绥定、宁远、精河、新平、婼羌、乌什、疏附、伽师、叶城、英吉沙尔、巴楚、哈密、和阗（共25个）

资料来源：中国农业遗产研究室编辑、王达等编《中国农学遗产选集　甲类　第一种　稻　下编》，农业出版社，1993年，971～1207页。

各省种植水稻的州、县数，清代明显超过明代，情形分别为：山东 58 个州、县，比明代 18 个州、县增加了 2.2 倍；河南 78 个州、县，比明代 33 个州、县增加了 1.36 倍；河北 90 个州、县，比明代 33 个州、县增加了 1.7 倍；山西 62 个州、县，比明代 25 个州、县增加了 1.48 倍；陕西 46 个州、县，比明代 11 个州、县增加了 3.18 倍；甘肃 26 个州、县，比明代 8 个州、县增加了 2.25 倍；此外，又增加了辽宁 15 个州、县，新疆 25 个州、县。

由此可见，明清时期，特别是在清代，中国北方水稻种植发展速度之快、分布范围之广。据《清史稿·地理志》记载，上述这几个省共有 624 个州、县，其中有水稻种植的州、县为 400 个，约占总州、县数的 64%，即此可见清代有水稻种植的州、县所占比重之高。

由于水稻是一种高产的粮食作物，又适于沼泽地生长，水稻在北方的推广，使北方不适于种旱粮的低洼地、滨海盐碱地、沿河滩地、涝后积水地得到了开发利用，很多州、县因此而促进了农业生产的发展。例如：道光时，河南密县百姓在洧河修渠种稻，收到了"收获较陆地增加数倍，沿河居民实利赖之"的效果[1]；康熙时，天津镇总兵蓝理利用海河水种稻，垦田 200 余顷，秋收亩产三四石不等，人称"小江南"[2]；光绪时，周盛传在津沽一带利用海河水在小站一带开垦稻田，以后培育成闻名全国的小站稻[3]，等等，这些是北方种稻收效显著的事例。

中国北方属干旱半干旱地区，黄河下游、渭河流域及海河流域全年降水量为 500～700 毫米，内蒙古及河西走廊全年降水量一般小于 250 毫米，可资灌溉的水资源严重不足，而蒸发量又大，这就极大地限制了水稻种植在北方地区的推广，不少地区虽种稻，但面积都相当小，亦非长久种植。如河南：南乐，"稻，非经水灾，种者亦少"[4]；荥阳，"皆畸零不能成数，总计不过万分之一二"[5]；宜阳，"惟洛流沿岸水田，间有种之者"[6]；新安，"间亦有之"[7]；陈州，"洼下之地，间或有之"[8]；扶沟，"稻，甚少，间有种者"[9]。再如河北：宣镇，"粳稻甚稀"[10]；

---

① 民国十二年《密县志》卷一三。
② 同治九年《续天津县志》卷七。
③ 民国二十三年《静海县志》。
④ 光绪二十九年《南乐县志》卷二。
⑤ 民国十一年《荥水县志》卷二。
⑥ 民国七年《宜阳县志》卷三。
⑦ 乾隆三十一年《新安县志》卷六。
⑧ 乾隆十一年《陈州府志》卷一一。
⑨ 道光十二年《扶沟县志》卷七。
⑩ 康熙十九年《宣镇西路志》卷一。

沧州，"稻田间亦有之"①；易州，"地寒燥不恒艺"②；涞水，"稻，种于水田者，惟石亭新庆村有之，所出不多"③；广昌，"稻，城子村、三家村有种之者"④；保定，"旱地居多。稻，水田也，种植者少"⑤；新城，"稻，东北濒湖产水稻，间有之"⑥；井陉，"仅数处可植"⑦。又如山东：黄县，"土性不宜，其淤田间或有之"⑧；东昌，"稻间有之，燥味不佳"⑨；博平，"间亦有稻"⑩；历城、章丘，"稻非北地常产，历、章诸处稍有之"⑪；肥城，"唯不宜稻，西南乡洼下之区，间有种者"⑫；临沂，"县无水田，惟洼地宜之，种者少"⑬；日照，"稻有糯有粳，……稍旱则失收，农家不敢多种"⑭。

河南、河北、山东是黄河流域种稻比较发达的地区，其种植情况尚且如此，其他地区所种水稻面积可想而知。所以我们在讲到明清时期北方水稻种植的扩大时，只是指分布州县数字的增多，不能用南方稻区种稻情形来理解北方。在北方，明清时期水稻种植范围虽有扩大，但面积是十分有限的，有的县种稻只具有象征意义。

在我们研究明清时期北方水稻分布的情况时，一个值得注意的现象是：北方水稻种植的发展有两个高潮期，一是明代嘉靖至崇祯时期，二是清代康熙至嘉庆时期。这个现象，通过对明清时期方志的统计，看得相当清楚。

有明一代，记录有水稻种植的州、县为128个，而出现在嘉靖到崇祯年间的为94个，占总数的73.4%；清代开始记载有水稻种植的州、县为272个，出现在康熙至咸丰期间的州县为208个，占总数76.4%（表5-2）。

---

① 万历三十一年《沧州志》卷三。
② 康熙十九年《易水志》卷二一。
③ 康熙十六年《涞水县志》卷四。
④ 康熙三十年《广昌县志》卷一。
⑤ 光绪五年《保定府志稿》。
⑥ 康熙三十二年《新城县志》卷三。
⑦ 雍正八年《井陉县志》卷三。
⑧ 同治十年《黄县志》卷三。
⑨ 万历二十八年《东昌府志》卷二。
⑩ 康熙三年《博平县志》卷五。
⑪ 道光二十年《济南府志》。
⑫ 光绪三十四年《肥城县乡土志》卷八。
⑬ 民国五年《临沂县志》卷三。
⑭ 康熙五十四年《日照县志》卷三。

表5-2 明清时期北方各省方志记载有稻的州县数

单位：个

省名	明 代			清 代						合计
	洪武—正德时期	嘉靖—隆庆时期	万历—崇祯时期	顺治时期	康熙—雍正时期	乾隆—嘉庆时期	道光—咸丰时期	同治—光绪时期	宣统时期	
山东	1	5	12	2	26	6	2	4	0	58
河南	7	19	7	8	18	12	5	2	0	78
河北	6	13	14	2	35	16	1	3	0	90
山西	20	3	2	3	22	8	1	3	0	62
陕西	0	2	9	1	14	5	9	6	0	46
甘肃	0	4	4	2	4	8	4	0	0	26
辽宁	0	0	0	0	7	0	1	4	3	15
新疆	0	0	0	0	0	3	1	15	6	25
合计	34	46	48	18	126	58	24	37	9	明清总
总计	128			272						计400

资料来源：中国农业遗产研究室编辑、王达等编《中国农学遗产选集 甲类 第一种 稻 下编》，农业出版社，1993年，971~1207页。

北方地区水稻发展出现上述现象，其根本原因是这段时期人口的飞速增长造成了人多地少、粮食供应不足的矛盾。此外，这一时期棉花、烟草等经济作物的发展，也挤掉了部分粮田，更加重了这个矛盾。为了解决耕地的不足，农民们开始设法利用滨海盐碱土、不宜种植旱作物的沼泽地及积水洼地，水稻便成为利用这些土地的最好作物。

还有一个原因对这时期水稻的发展也有影响，即从明代后期起，一部分士大夫有感于每年从东南地区向北方漕运粮食所费太大，力陈在京、津、渤地区发展水稻，借以减轻南粮北调之费，这就导致了河北滨海地区稻田的开发，如万历时徐贞明在永平府（今河北省长城以南的陡河以东地）的开垦和汪应蛟在天津葛沽一带的开垦。入清以后，政府在这一带一直设员垦殖，如康熙时，天津总兵蓝理在海河一带开水田200余顷；雍正时，怡亲王允祥在河北主持大规模开辟水田，共开辟官私水田5 600余顷；咸丰时，科尔沁亲王僧格林沁在咸水沽、葛沽营田4 000余顷；光绪时，周盛传在天津小站一带广开水田。在北方诸省中，河北稻田比较发达就是这个原因。

2. 双季稻在长江流域的发展 双季稻，古称再熟稻，最初只指再生稻，后来随着栽培技术的发展，相继出现了连作、间作、混作的栽培法，统被称作双季稻。早在东汉，杨孚《异物志》中就有"稻，交趾冬又熟，农者一岁再种"的记载。交趾，古代泛指五岭以南地区，汉武帝时所置十三刺史部之一，辖境相当于今之广东、广西大部和越南的中北部。可见，气候炎热、降水量充沛的两广地区早在东汉时期已有双季稻，是中国双季连作稻的发源地。

随着时间的推移，双季稻又从岭南发展到了江南。明代科学家宋应星在《天工开物》卷一《乃粒》中所说"南方平原，田多一岁两栽、两获者"，反映的便是双季稻栽培。但宋应星说得比较笼统。清代李彦章在《江南催耕课稻编》中也讲到双季稻的分布，比宋应星说得要具体一些。他说："以余所知，浙东、闽南、广东、广西及江西、安徽，岁种再熟田居其大半，近闻两湖、四川在在亦渐艺此。"李彦章所说种双季稻的省份，基本符合当时中国双季稻栽培的分布地区，但说"岁种再熟田居其大半"则似乎有些夸大，因为当时种植双季稻的州、县或栽培面积，在有双季稻种植的行省中，都未达到半数。这可能是李彦章为了宣传和推广种植双季稻，而做的鼓动人心之言。

明清时期，中国双季稻的种植情况究竟怎样？经查阅明清时期方志，其记载反映了下列情况：

第一，在种植地区方面，明清时期双季稻已从两广扩大到云南、福建、台湾、江西、湖南、湖北、浙江、江苏、安徽、四川等省，整个长江中下游都有了双季稻的分布；双季稻种植最多的省份是广东、江西和福建，三省种植双季稻的州、县数分别是 45 个、33 个和 30 个（表 5 - 3）。

表 5 - 3　明清时期方志所记双季稻地区分布一览

地区		方志记载的最早年代	双季稻类型
广东	保昌	康熙二十五年（1686）	连
	始宁	光绪三十三年（1907）	连
	仁化	同治十二年（1873）	连
	翁源	嘉庆二十五年（1820）	连
	兴宁	嘉靖三十年（1551）	混
		康熙二十年（1681）	连
	长乐	康熙二年（1663）	连
	普宁	乾隆十年（1745）	连
	归善	乾隆四十八年（1783）	连
	长宁	道光十九年（1839）	连
	河源	乾隆十一年（1746）	连
	南海	宣统三年（1911）	连
	番禺	宣统三年（1911）	连
	新会	光绪三十四（1908）	连
	新宁	道光九年（1829）	连

（续）

地区	方志记载的最早年代	双季稻类型
肇庆	乾隆二十五年（1760）	连
广宁	道光四年（1824）	连
封川	康熙二十五年（1686）	连
开建	康熙十一年（1672）	连
西宁	道光十年（1830）	连
北海	光绪三十一年（1905）	连
灵山	嘉庆二十五年（1820）	连、间
雷州	嘉庆十六年（1811）	连
海康	嘉庆时期（1796—1820）	连
琼山	宣统三年（1911）	连
文昌	康熙五十七年（1718）	连
韶州	同治十二年（1873）	连
佛冈	道光二十二年（1842）	连
嘉应	光绪二十七年（1901）	连
潮州	乾隆二十七年（1762）	连
海阳	光绪时期（1875—1908）	连
澄海	乾隆时期（1736—1795）	连
潮阳	嘉庆二十四年（1819）	连
揭阳	雍正九年（1731）	连
大埔	乾隆九年（1744）	连
长宁	乾隆二十一年（1756）	连
永安	康熙二十六年（1687）	连
广州	康熙十二年（1673）	连
东莞	嘉庆四年（1799）	连
四会	光绪二十二年（1896）	连
阳江	康熙二十年（1681）	连
茂名	光绪十四年（1888）	连
电白	道光六年（1826）	连
化州	光绪十四年（1888）	连
吴川	光绪十八年（1892）	连
安定	光绪四年（1878）	连

注：地区栏左侧合并单元格为"广东"。

（续）

地区		方志记载的最早年代	双季稻类型
广西	贵县	光绪十九年（1893）	连
	容县	光绪二十三年（1897）	连
	郁林	光绪二十年（1894）	连
	全州	乾隆三十年（1765）	连
	恭城	光绪十五年（1889）	连
	宾州	道光五年（1825）	连
	桂平	乾隆三十三年（1768）	连
	武宣	嘉庆十三年（1808）	连
	博白	道光十二年（1832）	连
	北流	光绪六年（1880）	连
	平乐	道光十四年（1834）	连
	思恩	道光十四年（1834）	连
云南	新平	光绪时期（1875—1908）	连
	元江	正德五年（1510）	连
福建	闽县	万历十年（1582）	连
	长乐	乾隆二十八年（1763）	连
	兴化	弘治十六年（1503）	连
	莆田	弘治十六年（1503）	连
	南靖	乾隆八年（1743）	连、间
	平和	康熙五十八年（1719）	连
	龙岩	乾隆三年（1738）	连
	长汀	乾隆四十七年（1782）	连、间
		咸丰四年（1854）	连、间
	福宁	嘉靖十七年（1538）	连
	福安	崇祯十一年（1638）	连
	龙溪	乾隆四十一年（1776）	连
	福州	万历四十一年（1613）	连
	福清	乾隆十二年（1747）	连
	连江	乾隆五年（1740）	连、再
	罗源	道光九年（1829）	间
	仙溪	弘治四年（1491）	连

（续）

地区		方志记载的最早年代	双季稻类型
福建	永春	嘉靖五年（1526）	连、间
	泉州	万历四十年（1612）	混
	晋江	乾隆二十八年（1763）	混、连
		乾隆三十年（1765）	混、连
	南安	乾隆二十八年（1763）	混、连
		康熙十一年（1672）	混、连
	惠安	乾隆二十八年（1763）	混、连
		嘉庆八年（1803）	混、连
	安溪	乾隆二十二年（1757）	连
	鹭江	道光咸丰年间（1821—1861）	连
	漳州	康熙三十九年（1700）	连
	长泰	乾隆十五年（1750）	连
	云霄	嘉庆二十一年（1816）	连
	汀州	崇祯十年（1637）	连、间
	宁化	康熙二十二年（1683）	连
	上杭	乾隆十八年（1753）	连
	永定	乾隆二十年（1755）	连、间
台湾	噶玛兰厅	咸丰三年（1853）	连
	诸罗	康熙五十六年（1717）	连
	恒春	光绪十八年（1892）	连
	漳化	道光十四年（1834）	连
江西	婺源	乾隆二十五年（1760）	连
	广信	乾隆四十八年（1783）	连
	上高	同治九年（1870）	连
	临川	乾隆五年（1740）	间
	永丰	同治十三年（1874）	连
	龙泉	乾隆三十六年（1771）	连、间
	莲花	乾隆二十五年（1760）	间
	南城	乾隆十七年（1752）	连
	南丰	同治十年（1871）	连
	泸溪	同治九年（1870）	连
	赣县	乾隆二十一年（1756）	连
	雩都	道光六年（1826）	连
	会昌	道光六年（1826）	连
	安远	道光二年（1822）	连

（续）

地区	方志记载的最早年代	双季稻类型
	贵溪	乾隆元年（1736）	连
	铅山	万历四十五年（1617）	连
	南昌	同治九年（1870）	连
	奉新	道光四年（1824）	连
	义宁	道光四年（1824）	连
	新昌	乾隆五十七年（1792）	连
	金溪	道光三年（1823）	连
	宜黄	道光四年（1824）	连
	宜春	道光三年（1823）	连
江西	萍乡	乾隆四十九年（1784）	连、间
	万载	道光五年（1825）	连、间
	建昌	乾隆二十年（1755）	连
	宁都	道光四年（1824）	连
	瑞金	乾隆十八年（1753）	连
	石城	乾隆十年（1745）	连
	龙南	道光六年（1826）	连
	宅南	道光五年（1825）	混
	袁州	道光十四年（1834）	间
	临江	道光十四年（1834）	间
	浏阳	嘉庆二十四年（1819）	连、间
湖南	醴陵	嘉庆二十四年（1819）	连、间
	永明	光绪三十三年（1907）	连
	江夏	同治八年（1869）	连
	兴国	光绪十五年（1889）	连
湖北	广济	同治十一年（1872）	连
	武昌	光绪十一年（1885）	连
	汉川	乾隆十二年（1747）	连
	孝感	光绪八年（1882）	连
江苏	苏州	乾隆十二年（1747）	连
	扬州召伯	道光十四年（1834）	连
	鄞县	乾隆五十三年（1788）	间
浙江	太平	光绪二十二年（1896）	再
	温州	弘治十六年（1503）	间、再
	瑞安	嘉靖三十四年（1555）	间

（续）

地区		方志记载的最早年代	双季稻类型
浙江	乐清	道光六年（1826）	间
	平阳	雍正七年（1729）	间
	上虞	嘉庆十年（1805）	连
	嵊县	同治九年（1870）	连
	台州	道光十四年（1834）	间
安徽	怀宁	道光五年（1825）	连
	桐城	道光七年（1827）	连
	潜山	乾隆四十六年（1781）	连
	含山	康熙二十三年（1684）	连
	庐江	嘉庆八年（1803）	连
	巢县	康熙十二年（1673）	连
	舒城	雍正九年（1731）	连
四川	南溪	嘉庆十七年（1812）	连

资料来源：广西的平乐、思恩，江西的袁州、临江，江苏的扬州召伯以及浙江的台州双季稻种植记录转引自［清］李彦章《江南催耕课稻编》；浙江的上虞、嵊县双季稻种植记录转引自游修龄《中国稻作史》，中国农业出版社，1995年，225页；其余均转引自中国农业遗产研究室编辑、王达等编《中国农学遗产选集 甲类 第一种 稻 下编》，农业出版社，1993年，1～907页。

据统计，明清时期方志记载上述各省种植双季稻的州县共有154个，当时这些省的州县数，据《清史稿·地理志》记载为912个，种双季稻的州县数仅占这些省州县总数的16.9%；就以种植双季稻最多的行省来说，广东占47.8%，江西占41.2%，福建占50.0%，其他的省所占的比例更小（表5-4）。

李彦章所谈到的两广、福建、浙江、江西、安徽六省，种植双季稻的州、县也只及该六省州县的30.8%，可证前引李彦章所说"岁种再熟田居其大半"之说的夸大。

表5-4 明清时期各省种植双季稻的州、县所占比例

单位：个，%

省名	州、县数	种植双季稻的州、县数	双季稻州、县数所占比例
广东	94	45	47.8
广西	76	12	15.7
云南	88	2	2.2
福建	60	30	50.0
台湾	15	4	26.6

（续）

省名	州、县数	种植双季稻的州、县数	双季稻州、县数所占比例
江西	80	33	41.2
湖北	62	6	9.6
湖南	76	3	3.9
浙江	78	9	11.5
江苏	71	2	2.8
四川	152	1	0.6
安徽	60	7	11.6
合计	912	154	16.9

注：各省的州县总数引自《清史稿·地理志》。

明清时期虽然是中国历史上双季稻种植的繁盛时期，从方志记载的时间看，明代只涉及广东、云南、福建、江西、浙江5省15个县，清代则有广东、广西、云南、福建、台湾、江西、湖北、湖南、浙江、江苏、安徽、四川12省154个县，90%的地区是清代发展起来的（表5-5）。

表5-5 明清时期方志初载各省双季稻的时间统计

单位：个

省名	种植双季稻的州、县数	时间分布				
		明代	康熙—雍正时期	乾隆—嘉庆时期	道光—咸丰时期	同治—宣统时期
广东（包括海南省）	45	1	9	14	6	15
广西	12			3	4	5
云南	2	1				1
福建	30	10	14	4	2	
台湾	4			1	2	1
江西	33	1		13	14	5
湖北	6		1			5
湖南	3				2	1
浙江	9	2	1	2	2	2
江苏	2			1	1	
安徽	7		3	2	2	
四川	1			1		
合计	154	15	28	41	35	35

虽然方志记载也有遗漏，但大致说来这个发展趋势还是可信的。例如，广西的双季稻，据《岭溪县志》载，"隆（庆）万（历）以前，水田多种一造……天启年间，始种早稻，岁耕二造"。道光时李彦章在思恩府指导发展双季稻，"自是郡中既得两熟，种者渐多"①。台湾的双季稻，嘉道年间人李彦章在《江南催耕课稻编》中说："台湾百余年前，种稻岁只一熟。自民食日众，地利日兴，今则三种而三熟矣。"江西的间作稻，据《万载县土著志》记载，这种栽培方法"嘉庆初来自闽广"②；连作稻是康熙年间"三藩之乱"以后，粤北、闽南的破产农民进入赣南、赣中后发展起来的③。湖南的双季稻，据黄皖《致富纪实》，其双季稻的种子引自江西的"稻荪"，道光咸丰年间广植于醴陵，19世纪又推行到浏阳、善化、湘潭等地。四川双季稻的种子亦引自江西，嘉庆《南溪县志》载："江西早，种自江西来，一岁可栽两次。"江苏的双季稻是康熙时李煦在苏州推广康熙帝育成的御稻而发展起来的，后来由于自然和社会经济等方面的原因而未能推广开来。④

通过史料的分析，关于明清时期的双季稻，可以有这样几点认识：

第一，中国长江流域许多地方的双季稻大多是在清代发展起来的，这和清代中国的人口激增、人均耕地减少、经济作物和粮食争地等方面因素的刺激有密切关联；广东、福建、江西等省在中国双季稻的推广中，起了传播技术和品种等方面的关键作用。

第二，从方志所记载各省种植双季稻的情况来看，明清时期种植的主要是连作稻，虽然亦有间作、混作和再生稻，但数量很少。间作稻种植最多的地区，首推浙江（表5-3）。浙江地区间作稻之所以比其他省发达，是因为浙江积累有种植间作稻的丰富经验，掌握了栽培间作稻的技术关键，而且历史悠久，富有传统。据《农田余话》记载，早在明初，浙江永嘉（今浙江温州市）就种植间作稻，方法是："清明前下种，芒种莳苗，一垄之间，稀行密莳，先种其早者，旬日后，复莳晚苗于行间。俟立秋成熟，刈去早米，乃锄理增壅其晚者，盛茂秀实，然后收其实熟也。"这种栽培方法一直到20世纪五六十年代，还在浙江采用。

第三，双季稻在明清时期虽然有了较大发展，但总体说来其种植的面积还不是很大。双季稻在南方之所以未能大面积推广，原因是多方面的，从当时的记载来看，有以下几点：

（1）季节和劳力的矛盾。《岭溪县志》载："方插秧时，又刈早稻，人力不足，

---

① ［清］李彦章：《江南催耕课稻编》。

② 转引自王达：《双季稻的历史发展》，《中国农史》1982年1期。

③ 曹树基：《明清时期的流民和赣南山区的开发》，《中国农史》1985年4期。

④ 闵宗殿：《康熙与御稻》，载华南农学院农业历史遗产研究室主编：《农史研究》第4辑，农业出版社，1984年。

延及秋后，秧针已老，成谷无多。"《抚郡农产考略》说："凡二遍，迟至立秋栽，则不成熟。谚云：立秋栽禾，够喂鸡母。言其得谷少也。"乾隆江西《龙泉县志》说："翻稻，早稻刈后始种，然气候早寒则秀而不实。"种植双季稻，前作和后作的耕、种、管、收需要大量的劳力，特别是在立秋前后，早稻要抢收，晚稻要抢种，劳力更显得紧张，全凭手工操作的个体农民在这一生产季节往往显得顾此失彼，照应不过来，耽误季节造成后季减产。这就限制了农民扩种。

（2）怕影响地力。林则徐在为《江南催耕课稻编》作序时，引用江苏农民的话，说"地力不可尽，两熟之利，未必胜一熟"，即是怕影响地力和来年的产量。道光五年（1825）江西《定南厅志》说，芟滋禾（混作稻）"惰农图省工粪，时亦为之，然梗粗根巨，一二年后，腴田变为瘠壤，反足为害"。道理讲得更清楚了。

（3）水利的影响。李彦章在《江南催耕课稻编》中说："有人言，江北下河州县，前数十年稻两熟。余去秋以防河驻召伯埭，亲见早、中、晚稻之种皆备，而竟无再种者。心尝疑之，以询老农，皆谓嘉庆九年（1804）以前，罕水灾，种稻一岁得两熟。九年后，湖水秋涨，五坝辄开，田惟恐淹，故但幸其一收，而不可以再种。"这说明有些地方难以扩种双季稻，或种了双季稻而又衰败，和水利设施健全与否有直接的关系。

（4）社会制度的影响。据林则徐说，江南农民之所以不乐种双季稻，是因为"吴俗以麦予佃农，而稻归于业田之家，故佃农乐种麦，不乐早稻"。农民种双季稻不仅多种不能多得，反而多种多受剥削，因而影响农民种双季稻的积极性。

（5）后季稻产量不高。万历十年（1582）《闽大记》卷一一说："平地之农为洋田，早晚二收，早稻春种夏收，晚稻季夏种仲冬获，利仅早稻之半。"嘉靖五年（1526）《永春县志》说："按二熟之谷，较之一熟，所获亦相等。"即双季稻的产量等于单季稻的产量。乾隆七年（1742）《石城县志》说："翻粳（连作后季稻），必田之腴者方可种，每亩所收不及秋熟之半。"光绪十五年（1889）湖北《兴国州志》说："早稻既刈，更种晚稻者，熟较薄。"康熙时，江南织造李煦在苏州推广双季稻，从康熙五十四年（1715）连续种到康熙六十一年，共8年，后季稻的产量每年都只及前季稻的一半，最好的一年是康熙五十七年，前季亩产收谷4.15石，后季亩产收谷2.6石，也只及前季的62%，二季合计共收谷6.75石，相当于亩产稻谷915斤，一般的产量都在6石谷左右，相当于今亩产810斤。而当时苏州地区的腴田或丰年亩产可达米3石，相当于今日亩产谷820斤。① 双季稻的产量，反不及单季稻的产量，这是影响当时双季稻推广的一个重要原因。

---

① 闵宗殿：《康熙与御稻》，载华南农学院农业历史遗产研究室主编：《农史研究》第4辑，农业出版社，1984年，89页；闵宗殿：《宋明清时期太湖地区水稻亩产量的探讨》，《中国农史》1984年3期。

总体来看，不论单季稻在黄河流域的推广，还是双季稻在长江流域推广，速度和规模都是空前的，这是明清时期粮食生产发展的重要标志之一。

（二）玉米、甘薯在全国的推广

玉米和甘薯是在明代中叶先后引入中国的。引入的初期，玉米只在河南、云南、甘肃、江苏、浙江、河北、陕西、山东、贵州、福建、安徽 11 省种植，甘薯只在江苏、浙江、福建、广东等省种植，而且都是在几个零星的点上，面积不大。到清代康熙、雍正、乾隆年间，中国人口急剧增加，从 16 世纪末到 19 世纪初，人口增加了 5 倍多，出现了人多地少、人多粮缺的严重局面。

明清时期，自然灾害频繁，水、旱、蝗灾不断。玉米和甘薯比较耐旱，甘薯又能抗风和防蝗，具有一定的抗灾防灾能力，这些都促成了玉米和甘薯的推广。徐光启在《农政全书》卷二七中说，甘薯"枝叶附地，随节生根，风雨不能侵损也"，"根在深土，食苗至尽，尚能复生，虫蝗无所奈何"。说明当时对甘薯抗灾能力已有相当的认识，明末徐光启大力提倡种植甘薯，这也是重要原因之一。

玉米和甘薯比较耐瘠薄，对土壤的条件要求不高，而且又具有高产特点。当时有人说玉米"种一收千，其利甚大"[①]，甘薯"亩可得数千斤，胜种五谷几倍"[②]。清代人多地少的社会经济条件、灾害频繁的自然条件和玉米、甘薯的生产特性，便促成了玉米、甘薯的种植在中国迅速推广。

玉米和甘薯的种植，在清代发展更快，从下面摘录的文献记载中，可见一斑。

1. 玉米

安徽 乾隆四十一年《霍山县志》卷七说，雍正时期以前"民家惟菜圃间偶种一二以娱孩稚"，至乾隆时"则延山漫谷，西南二百里皆恃此（玉米）为终岁之粮"。道光七年《徽州府志》载："昔间有，而今充斥者唯包芦（玉米）……皖民漫山种之。"

陕西 嘉庆《汉中府志》："数十年前，山内秋收以粟谷为大宗，粟利不及包谷（玉米），近日遍山漫谷皆包谷矣。"

浙江 道光二十年《宣平县志》："宣（平）初无此物（指玉米），乾隆四五十年间，安徽人来此，……租赁垦辟……土著效种之。"

湖南 乾隆五十五年《沅州府志》："此种（指玉米）近时楚中遍艺之。凡土司之新辟者，贫民率挈孥入居，垦山为陇，列植相望。"

河北 光绪十一年《遵化通志》："州境初无是种（玉米），有山左种薯

---

① ［清］严如熤：《三省边防备览》。
② ［清］陆燿：《甘薯录》。

者于嘉庆中携来数粒，植园圃中，……后则愈种愈多，居然大田之稼矣。"

四川 道光二十二年《留坝厅志》："五谷皆种，以玉黍（玉米）、荞麦为最，稻、菽次之。"

表5-6 不同时期各省县志记载玉米的次数

省名	正德—隆庆时期（1506—1572）	万历—崇祯时期（1573—1644）	顺治—康熙时期（1644—1722）	雍正—乾隆时期（1723—1795）	嘉庆—咸丰时期（1796—1861）	同治—民国时期（1862—1938）
河南	3	2	11	11	9	51
云南	2	3	17	24	21	59
甘肃	2	1	5	9	4	24
江苏	1	2	7	17	8	56
浙江	1	1	4	6	17	65
河北	0	3	6	15	9	107
陕西	0	2	6	16	19	65
山东	0	3	5	6	14	90
贵州	0	1	2	10	14	27
福建	0	1	2	7	12	27
安徽	0	1	1	8	11	23
四川	0	0	2	28	67	174
湖北	0	0	5	8	9	50
湖南	0	0	2	22	31	69
广东	0	0	2	10	21	42
台湾	0	0	3	2	3	3
江西	0	0	2	16	34	44
山西	0	0	1	5	6	35
辽宁	0	0	1	1	1	74
广西	0	0	0	5	14	59
新疆	0	0	0	0	1	40
吉林	0	0	0	0	0	42
黑龙江	0	0	0	0	0	24
青海	0	0	0	0	0	29
西藏	0	0	0	0	0	1
合计	9	20	84	226	325	1 280

注：除个别资料引自有关文献，余均出自各地县（或相当于县）志；同一地区不同时期修撰的方志，凡有玉米记载者均分别统计在内；各省通志、府志、乡土志等，凡与县志重复者均不采用。由于方志常有漏载、晚载及整理方法不同，表中数字仅供参考。

资料来源：咸金山《从方志记载看玉米在我国的引进和传播》，《古今农业》1988年1期。

近人对各省县志中有关玉米的记载进行了统计（表5-6）。在表5-6中，既有各省种植玉米的发展情况，也有各县种植玉米的发展情况，从而可见康熙乾隆时期开始，中国玉米种植发展迅速。

2. 甘薯　甘薯种植的发展也在康熙乾隆时期，特别是在乾隆嘉庆时期。

江西　乾隆四十八年《广信府志》："闽粤人来此耕山者，携其泛海所得苗种之，日渐繁多，……历今三十余年矣。"

湖南　嘉庆十三年《沅江县志》卷一八："昔者山乡种田之外，栽树植竹，今则开垦为土，芋、麻、红薯、茶叶极盛。"嘉庆《善化县志·物产》："（甘薯）昔年不过小儿煨食，今则一家或十余石，贫民则以为粮而充饥矣。"

浙江　乾隆时黄可润在《畿辅闻见录》中说："今则浙之宁波、温、台皆是，盖人多米贵，此宜于沙地而耐旱，不用浇灌，一亩地可获千斤，食之最厚脾胃。故高山海泊无不种之，闽、浙贫民以此为粮之半。"

甘薯除在南方广泛种植，这时又被引种到北方，开始在黄河流域发展起来。陈世元《金薯传习录》中《青豫等省栽种番薯始末实录》详细地记载了甘薯传入山东、河南的过程：乾隆十四年（1749）陈世元到山东胶州经商，见当地"旱涝蝗蝻三载为灾"，便有了将其家乡福建所种的甘薯引种到山东的想法，并"于次年捐资运种及应用犁、锄、铁钯等器，复募习惯种薯人同往胶之东镇，依法试种"，获得成功。乾隆十九年又"移种潍县"。乾隆二十年，陈世元的儿子陈云、陈燮又将甘薯移种到河南朱仙镇及河北，乾隆二十二年又从"胶州运种前至京师齐化门外通州一带，俱各教以按法布种"，"效皆不爽"[①]。甘薯在北方的传播，陈世元家族是做出了贡献的。但甘薯在北方的传播并非陈世元一家的功劳，一些地方官也为此付出过努力。乾隆初，河南汝州知州宋名立"觅（甘薯）种教艺，人获其利，种者寝多"[②]。乾隆十四年，正值陈世元将甘薯引入山东时，直隶总督方观承从浙江购甘薯种并"觅宁（宁波）台（台州）能种者二十人来直（直隶），将番薯分配津（天津）属各州县，生活者甚众，人皆称为方芋"[③]，以后又"饬各属劝民种植以佐食用"[④]。乾隆十七年，山东布政使李渭颁《种植红薯法则十二条》，各县奉文劝种。乾隆四十一年，山东按察使陆耀颁刻《甘薯录》，以广劝导。[⑤] 由于基层官吏和平民百姓的共同努力，才使甘薯在华北平原上传播开来。

---

①④　［清］陈世元：《金薯传习录》。

②　乾隆《汝州续志》，转引自郭松义：《玉米、番薯在中国传播中的一些问题》，《清史论丛》第7辑，中华书局，1986年。

③　［清］黄可润：《畿辅闻见录》，转引自郭松义：《玉米、番薯在中国传播中的一些问题》，《清史论丛》第7辑，中华书局，1986年。

⑤　［清］陆耀：《甘薯录》。

甘薯在中国迅速传播和推广还与清政府的大力提倡有关。乾隆年间，乾隆帝曾多次下令推广种植甘薯。乾隆五十年（1785）六月庚寅，"谕军机大臣等：闽省地方，向产番薯一种，可充粮食，民间种者甚多。因思豫省近年屡经被旱，……番薯既可充食，又能耐旱，若以之播种豫省，接济民食，亦属备荒之一法"，"著传谕（福建巡抚）富勒浑即将番薯藤种，多行采取，并开明如何栽种浇灌之法，一并由驿迅速寄交（河南巡抚）毕沅，转饬被旱各属，晓谕民人，依法栽种"。① 同年八月，乾隆帝接到山东巡抚明兴关于刊刻《甘薯录》颁行各府州县，使知种薯之利多为栽种的奏折后，又谕军机大臣等："河南频岁不登，小民难食，前已谕令毕沅，转饬各府州县，仿照（河南）怀庆府属广种薯蓣，即直省以南各省，今年亦因雨泽愆期，收成歉薄，番薯既可充食，兼能耐旱，且东省各府既间有种植，自不难于就近购采。朕阅陆燿所著《甘薯录》，颇为详晰，著即钞录寄交（直隶河道总督）刘峨、（河南巡抚）毕沅，令其照明兴所办多为刊布传钞，使民间共知其利，广为栽种，接济民食。"② 乾隆五十一年十一月癸未，侍郎张若淳奏"请于江浙地方学种甘薯，以济民食"，乾隆帝又谕军机大臣："至甘薯一项，广为栽种，以济民食，上年已令豫省栽种，颇著成效，此亦备荒之一法，著传谕各该督抚，……酌量办理于地方。"③ 乾隆帝的一再提倡，推动了地方对甘薯的种植。四川《忠州直隶州志》载："乾隆五十一年冬，高宗纯皇帝特允侍郎张若淳之请，敕下直省广劝栽甘薯，以为救荒之备，一时山东巡抚陆燿所著《甘薯录》颁行州县，自是种植日繁，大济民食。"光绪《武昌县志·物产》说："高宗纯皇帝特饬中州等地给种教艺，俾佐粒食，自此广布蕃滋。"

与此同时，北方又创造了一种连藤带薯的窖藏法，在技术上解决了甘薯薯种在华北地区的越冬问题，为甘薯在北方传播攻克了一个技术难关。黄可润的《畿辅闻见录》详细记载了这种连藤带薯窖藏法：

> 本年冬十月收起，于冬前掘窖如藏菜之式，将薯择其小之不中食者，带藤藏于内，口用土坯封固，仍用泥涂，至次年清明后，将土坯先拆二三块，令出气，阅数日，再拆，恐藤见风易坏。将薯拉去藤，仍用刀割，将地耕好，掀培成行，将薯斜放埋之，接藤处向上，土层三四寸，五月便可长新藤。

这种方法，不仅在于使用温度适宜又较稳定的地窖，而且还在于连藤带薯贮藏，减少薯块的损坏和防止病菌传染导致烂薯；开窖时，掌握逐步取封，不致因突然

---

① 《清高宗实录》卷一二三二。
② 《清高宗实录》卷一二三六。
③ 《清高宗实录》卷一二六九。

启封、温度骤变而造成大量坏薯,从而解决了薯种的安全越冬问题,大大加快了甘薯在北方的传播。

由于康熙乾隆时期玉米、甘薯的广泛传播,这种外来作物便很快发展成中国重要的粮食作物,特别是在贫困山区,更成了当地的主粮。在江西赣州,"朝夕果腹多包粟、薯、芋,或终岁玉米炊,习以为常"①;在湖南,"全赖包谷、薯、芋、杂粮为生"②;在湖北蒲圻,"田家所食惟薯、芋"③;在贵州遵义,"(玉米)价视米贱而耐食,食之又省便,富人所唾弃,农家之性命也"④;在福建,"地瓜一种,济通省民食之半"⑤;在广东,"粤中米价涌贵,赖此(甘薯)以活"⑥。这里虽仅举几个例子,但也可以看出其在解决民食方面的重要作用。

由于玉米、甘薯耐瘠、耐旱,对土壤的条件要求不高,因此引入中国以后,一般都利用丘陵山地、沙荒地来种植。这一点从文献记载中可以看出来:四川内江"蜀中南北诸山皆种之"⑦;贵州兴义"包谷杂粮,则山头地角,无处无之"⑧;安徽徽州"皖民漫山种之"⑨;湖南安仁"山多石,间有可种杂粮者,不宜麦黍,只种包菽薯芋之类"⑩;湖北蒲圻"田家所食,唯薯芋,薯谓之苕,种山上"⑪;江西玉山"大抵山之阳宜于苞粟,山之阴宜于番薯"⑫;浙江宁波、温州、台州"高山海泊无不种之(甘薯)"⑬。玉米、番薯的种植推广,促进了中国丘陵山区的开发,耕地面积也随之扩大。据近人研究,"从顺治十八年至乾隆三十一年(1661—1766)的一百多年间,云南省耕地面积从 52 115 顷增加到 92 537 顷,贵州省耕地面积从 10 743 顷增加到 26 731 顷,四川省耕地面积从 11 884 顷增加到 46 071 顷。垦荒扩种玉米是极其重要的原因之一"⑭。这是玉米、甘薯传入中国后,对中国的土地开发所做出的重要贡献之一。

---

① 同治《赣州府志》卷二〇。
② [清]陶澍:《陶文毅公全集》卷五。
③ 道光《蒲圻县志》卷四。
④ 道光十一年《遵义府志》卷一七。
⑤ [清]施鸿保:《闽杂记》卷七。
⑥ [清]吴震方:《岭南杂志》下卷。
⑦ 道光《内江县志》。
⑧ [清]爱必达:《黔南识略》卷二七《兴义府》。
⑨ 道光七年《徽州府志》。
⑩ 同治《安仁县志》卷四。
⑪ 道光《蒲圻县志》卷七。
⑫ 江西《玉山县志》。
⑬ [清]黄可润:《畿辅闻见录》。
⑭ 佟屏亚:《试论玉米传入我国的途径及其发展》,《古今农业》1989 年 1 期。

二、植棉业的大发展

宋元时期棉花已分南北二路从边疆传入中原。南路从华南传到了江淮流域，北路从新疆传到了陕西。黄河流域当时还很少产棉。元至元二十六年（1289），元世祖下令"置浙东、江东、江西、湖广、福建木棉提举司，责民岁输木棉十万匹，以都提举总之"①。五个木棉提举司都设在长江流域，黄河流域一个也没有，可见当时黄河流域棉花种植远远不及江淮、闽浙地区。到明代中叶，棉花种植有了大的发展，开始传遍南北和中原地区。明代丘濬《大学衍义补》中的一段话，讲述了明代棉花种植业的发达盛况。他说："宋元之间，始传其种入中国，关陕闽广首得其利，盖此物出外夷，闽广海通舶商、关陕壤接西域故也。然是时犹未以为征赋。故宋元史食货志皆不载。至我朝，其种乃遍布于天下，地无南北皆宜之，人无贫富皆赖之，其利视丝枲盖百倍焉，臣故表出之，使天下后世知卉服之利，始盛于今代。"明末，李时珍在《本草纲目》中说："此种（指木棉）出南番，宋末始入江南，今则遍及江北与中州矣。"② 文中说的江北与中州，实指黄河中下游地区。

棉花自汉代传入中国以后，在1 200多年的漫长岁月中，一直未从岭南传到江南及其以北地区，其根本原因，就在于品种。汉代传入中国岭南的棉花，是木本的印度棉，是多年生棉，其特点是喜热、好光，适于种植于气温较高的地区，而不适于冬季寒冷的江南和北方。宋代，中国有了一年生的草棉，才使棉花自岭南而北到达长江流域，这是中国植棉史上一个划时代的变化。

对此，近代学者赵冈、陈钟毅说：

> 西方棉种专家证明旧大陆的棉种都是由多年生木本变为草本。亚洲棉不过是因为一直在热带及亚热带高温地区种植，始终未开始蜕变。直到传入中国温带各省，由于温度降低，生长季缩短，木本才变为草本。

> 这种变化是中国植棉史上的一个大转折点。木棉变成一年生植物后，具有许多新的优点。于是蜕变后的亚洲棉，挟其优越条件，回过头来很快就排斥了闽广各地原有的木本亚洲棉。到了明代，中国南方已经少见这种木本棉花。③

这种变化，在文献记载上也有反映。例如12世纪中期，南宋方勺在《泊宅编》中说：

---

① 《元史》卷一五《世祖纪》。

② ［明］李时珍：《本草纲目·木部·木棉》。

③ 赵冈、陈钟毅：《中国棉纺织史》，中国农业出版社，1997年，28页。

> 闽广多种木棉，树高七八尺，树如柞，结实如大麦，而色青，秋深即
> 开，露白绵茸茸然。

这里记述的就是一种多年生的木本亚洲棉。元初，胡三省在注《资治通鉴·梁纪十五上》中说的则是一种一年生的草本亚洲棉：

> 木绵，江南多有之。以春二、三月之晦，下子种之。既生，须一月三
> 薅其四旁；失时不薅，则为草所荒秽，辄萎死。入夏渐茂，至秋生黄花结
> 实。及熟时，其皮四裂，其中绽出如绵。

看得出，棉种上的这一变化出现在宋末元初。宋末元初，江南之所以能种植棉花，就是因为这种一年生的草棉传入江南的缘故。后来这种一年生的草棉又逐渐传到黄河流域，黄河流域的植棉业随之发展起来。

棉花种植的发展，又和植棉技术的提高有着密切的关系。

对于中原地区来说，棉花是一种新作物，只有掌握了它的生长习性和栽培方法，才能保证它在中原地区顺利生长。元初，中原地区已经初步解决了这个关键性问题，对此，《农桑辑要·木棉》《王祯农书·谷谱十》对此都有扼要记述。到明代中后期，栽培技术又有发展，特别是在高寒的北方，这时已掌握了棉花栽培中的不少关键技术：在播种时间上已懂得要"在清明谷雨节，以霜气既止也"，"种不宜晚，晚则秋寒早，则桃多不成实，即成亦不甚大，而花软无绒"；在土壤耕作上已懂得"或生地用粪耕盖后种，或锄到三遍，花苗高耸，每根苗边用熟粪半升培植，锄非六七遍尽去草茸不可"；在管理上已懂得"宜疏不宜密，大约每花苗一颗相距八九寸远，断不可两颗连并。苗之去叶心，在伏中晴日，三伏各一次。有苗未长大者，随时去之。花性忌燥，燥则湿蒸而桃易脱落。花忌苗并，并则直起而无旁枝，中下少桃"，"去心不宜于雨暗日，雨暗去心则灌茸而多空干，此北方种花法也"。[①]由于明代北方地区已掌握并总结了这些栽培技术，从而为棉花在北方的推广与传播创造了技术条件。

明末，徐光启著《农政全书》，系统地总结了棉花栽培的技术经验，指出种好棉花要掌握"精拣核，早下种，深根短干，稀科肥壅"几个关键技术，并要防止"四病"，即"一秕、二密、三瘠、四芜"，说"秕者种不实，密者苗不孤，瘠者粪不多，芜者锄不数"。这是中国自有棉花以来，第一次对棉花的栽培技术所做的最系统、最全面的总结，明代棉花能成功地在全国范围内传播，是与这些技术的创造和经验的积累密不可分的。

工具的改革也是促成棉花迅速在全国范围内传播的一个原因。棉花结实成熟以后，从棉桃到棉绒，要经过一个去子和弹松的独特过程。而这个过程在丝、麻加工

---

① 张五典种法，转引自〔明〕徐光启：《农政全书》卷三五。

中是没有的，因此无从借鉴参考。所以开始时这一工序完全是用手工完成的，效率甚低。元初，当棉花传入江南之时，当时使用的加工工具功效是相当低的。胡三省注《资治通鉴·梁纪十五》中说："土人以铁铤碾去其核，取如绵者。以竹为小弓，长尺四寸许，牵弦为弹绵，令其匀细。"明代，松江府的棉业是全国最发达的，但在黄道婆来松江以前，这里的加工技术也是相当原始的。明代陶宗仪《辍耕录·黄道婆》中说，松江"初无踏车、椎弓之制，率用手剖去子，线弦竹弧置案间，振掉成剂，厥功甚难"。黄道婆"教以做造捍弹纺织之具"，才使松江地区的棉纺织业发展起来。松江地区如此，中原地区的加工技术也就可想而知。由于加工技术落后，棉绒的取得十分困难，因而在很大程度上影响了棉业的发展。后来发明了搅车，这是一种功效很高的轧棉机械，《王祯农书》中说："昔用辗轴，今用搅车，……比用辗轴，工利数倍"，"去子得棉，不致积滞"。弹棉絮，当初用的是"长尺四五寸许"的小弓，元代改成"长可四尺许"[1]，明代又加长至"五六尺"、以羊肠为弦的大弓，当时称为绵弓，功效也"胜于旧矣"[2]。

明代植棉业的发展，还和元明时期推行的政策有关。前文提到，元世祖至元二十六年（1289），元政府在浙东、江东、江西、湖广、福建设置木棉提举司，向民间征税棉布 10 万匹。这是中国历史上植棉征税之始，但这还是临时性的。过了 7 年，到元成宗元贞二年（1296），元政府又将临时税改为固定税，"定征江南夏税之制，于是秋税止命输租，夏税则输木棉、布绢、丝绵等物"[3]。明太祖立国后，继续推行植棉收税的政策，"凡民田五亩至十亩者，栽桑麻木棉各半亩，十亩以上倍之。麻亩征八两，木棉亩四两；栽桑以四年起科，不种桑出绢一匹；不种麻及木棉，出麻布、棉布各一匹"[4]。明代与元代不同的是，元代征棉税还只限于江南，明代则将征棉税的范围扩大到全国，成为一种固定的全国性税收；同时对农户植棉有明确的面积规定，如不按规定种植，仍要出棉布一匹，完全是强制性的。这一政策无异于强迫全国农民都去种植棉花，从而在客观上推动了棉花的种植。

此外，植棉获利要高于种粮，也是推动农民种棉的一个重要原因。

由于上述多种原因的相互作用，植棉业在明清时期获得了飞速的发展。到清代中叶，棉花的分布"北至幽燕，南抵楚粤，东游江淮，西极秦陇，足迹所经，无不衣棉之人，无不宜棉之土"[5]。棉花已发展成为种植最广的纤维作物了。

明清时期棉花种植的大发展，对中国的社会生活和土地利用带来了深刻的

---

① 《王祯农书·农器图谱十九》。
② ［明］杨慎：《升庵外集·绵花之始》。
③ 《元史》卷九三《食货·税粮》。
④ 《明史》卷七八《食货·税粮》。
⑤ ［清］李拔：《种棉说》，见［清］贺长龄、魏源编：《清经世文编》卷三七。

影响。

第一，改变了中国衣着原料的结构，棉花成了中国衣着的主要原料。中国的衣着原料，正如明代丘濬《大学衍义补》所说："自古中国所以为衣者，丝、麻、葛、褐四者而已。汉唐之世，远夷虽以木绵入贡，中国未有其种，民未以为服，官未以为调。"在丝、麻、葛三种衣着原料中，又以丝、麻为主。丝虽然轻柔艳丽，但生产不易，织成品价格昂贵，一般老百姓很难问津；麻种植固然不难，但麻布保暖性能差。宋元时期，棉花传入中原，这种衣着原料，有它独特的优点，《王祯农书》中称它"比之蚕桑，无采养之劳，有必收之效；埒之枲麻，免绩缉之功，得御寒之益"，是一种加工方便、价格低廉、保暖性能又好的衣料。但宋元时期棉花种植还没有推广，因而中国衣着原料的基本结构没有改变。直到明代，随着棉花种植的大发展，"其种乃遍布于天下，地无南北皆宜之，人无贫富皆赖之"①，局面才被改变，棉花也一跃而成为中国的主要衣着原料。明代王象晋在《群芳谱》中说："今棉之利遍宇内，且功力视苎葛甚省，绩苎葛日以钱计，纺棉四日而得一斤，信其利远出麻枲上也。"正因为作为衣着原料的棉花具有这许多优点，故自明代以来，便奠定了其主要衣着原料的历史地位。

第二，为沙土地、盐碱地的开发利用提供了一条新途径。中国东部沿海地区有不少沙土地，内陆地区也有不少盐碱地，由于渗漏、盐碱，不能种植粮食作物，造成土地荒废。棉花具有耐旱又较耐盐碱的特性，为利用这类土地提供了条件。中国的河北、山东、河南、江苏等省，就是通过种植棉花，将当地的沙土地、盐碱地开发利用起来的，并进一步发展成为中国著名的产棉区。关于这一点，历史上有不少记载。万历《嘉定县志》卷三说："本县海潮壅塞，积沙成阜，水利尽废，沟洫不通，不能种稻，尽种棉花。"乾隆《崇明县志》卷五载："崇邑地卑斥卤，不宜五谷，但利木棉。故种谷者十之三，种木棉者十之七。"清代高晋在《请海疆禾棉兼种疏》中说："惟松江府、太仓州、海门厅，通州并所属各县，逼近海滨，率以沙涨之地宜种棉花，是以种花者多，而种稻者少。"② 这充分说明发展棉花种植对利用沙土地、盐碱地起了十分重要的作用。在当时人多地少、耕地不足的条件下，更具有积极的意义。

三、园艺业的发展

明清时期，随着商品经济的发展和城市人口的增加，对鲜果、蔬菜、花卉的需

---

① ［明］丘濬：《大学衍义补》卷二二《治国平天下之要》。

② ［清］高晋：《请海疆禾棉兼种疏》，见［清］张鹏飞编：《清经世文编补》卷三七。

要量亦随之增加，加上种植果品、蔬菜、花卉获利比种粮要大，因而促进了园艺业的发展，特别在一些靠近大中城市、自然条件又比较适宜的地区，发展更为迅速，开始从零星的种植变成大规模的经营，从自给性生产发展为商品性生产，致使园艺业从家庭副业中脱离出来而发展成一个独立的生产行业。

1. **蔬菜** 蔬菜种植本是农家供日常生活所需的一种自给性生产，虽然偶尔也有进入市场出售的，但只是自身消费后的剩余部分。到明清时期，这种状况发生了很大变化，出现了专门生产蔬菜以供市场之需的菜农。这些菜农开始出现在北京、南京、杭州、苏州、广州等大城市的近郊。

早在明初，北京和南京就有靠出售果品和蔬菜的果园和菜园存在。宣德四年（1429）规定："两京（南京、北京）蔬果园，不论官私，种而鬻，……悉令纳钞。"[1] 北京西直门外"白云观傍皆民纳税蔬圃"[2]。菜农们在冬季还利用温室生产黄芽菜、韭菜和黄瓜。[3] 当然，这些用温室生产的非时之物，只是供王室富户享用，一般的老百姓是无力染指的。杭州东郊，在明代也有了菜园，生产的蔬菜不仅能满足城里居民的需要，而且还远销临平和长安等地。[4] 苏州的郊县吴江，"居民皆业圃，远近取给。每晨钟初静，黄童白叟累累然数百担入城变易，皆土产也"[5]。广州西郊，有专门生产蕹菜（俗名空心菜）的水上浮田。[6]

不仅大城市，就是一些中等城市也有专业性菜园存在：

陕西咸阳 有专务场圃者，全县所食之菜，皆贩之南乡，获利较厚。[7]

山东登州 近郭之家，间开园圃种蔬，利倍于田，而劳亦过之。[8]

安徽凤台 郑念祖，素丰家也，雇一兖州人治圃，问能治几何，曰二亩，然尚须傲一人助之……岁终而会之，息数倍（种菜已使用雇工了）。[9]

山东东阿 城南人或治圃，颇食其利。[10]

---

① 《明史》卷八一《食货》五。

② ［明］郑晓：《今言类编》卷二。

③ ［明］谢肇淛：《五杂俎》。

④ ［明］厉鹗：《东城杂志》卷下。

⑤ 弘治元年《吴江志》卷二。

⑥ ［清］屈大均：《广东新语》卷二七《草语·蕹》。

⑦ ［清］卢坤：《秦疆治略·西安府咸阳县》。

⑧ ［清］陈梦雷、蒋廷锡等编辑：《古今图书集成·方舆汇编·职方典》卷二七八《登州府部》。

⑨ ［清］李兆洛：《凤台县志·论食货》，见［清］贺长龄、魏源编：《清经世文编》卷三六《户部》。

⑩ ［清］陈梦雷、蒋廷锡等编辑：《古今图书集成·方舆汇编·职方典》卷二三〇《兖州府部》。

此外，如安徽霍丘、福建尤溪、广东澄海等地，也都为供应县城而发展了蔬菜生产，并出现专业经营者。[1]

2. 果树 明清时期果树的种植也有很大发展，而且出现了不少专业性的果园。这些果园规模大，从生产到销售，都从事商品经营。这是这个历史阶段在果树种植中不同于以往的一个特点。

果园主要分布于广东、福建、浙江、江苏、江西等省，生产本地的特产或名产。

广东地区的果园，以生产热带和亚热带的水果为特色，有龙眼、荔枝、柑橘、槟榔等，顺德、增城、南海、番禺最为发达，并以种植荔枝和龙眼为主。《广东新语》记载："顺德有水乡曰陈村，……居人多以种龙眼为业，弥望无际，约有数十万株，荔枝、柑橙诸果，居其三四，比屋皆焙取荔枝、龙眼为货"，"自南海之平浪，三山而东一带，多龙眼树，又东为番禺之李村大石一带，多荔枝树，……蔽亏百里，无一杂树掺其中，地土所宜争以为业，称曰龙荔之民"。顺德、增城龙眼、荔枝"岁收数千万斛"并由商人贩运外地，"每岁估人鬻者，……载以栲箱，束以黄白藤，与诸瑰货向台关而北腊岭而西北者，舟船弗绝也"[2]。

柑橘亦是广东果园的重要产出之一，主要产地是四会、新会和番禺。番禺的"小坑、火村至罗冈，三四十里，多以花果为业，……每田一亩，种柑桔四五十株，……桔一株收子数斛，柑半子"[3]。会同以盛产槟榔著名，《广东新语》记载说："槟榔，产琼州，以会同为上，……会同田腴瘠相半，多种槟榔以资输纳，诸州县亦皆以槟榔为业，岁售于东西两粤者十之三，于交趾、扶南十之七。"[4]

福建果园，也是以种植龙眼、荔枝为主，但福建荔枝的品质不如广东，而龙眼则比广东为优。《粤中见闻》卷二九《物部·龙眼》载："粤中荔枝远胜福建。……惟龙眼则粤又不及闽。盖龙眼必多接乃美。三接者曰针树，未接者曰野笔。福建龙眼皆三接，而粤中龙眼率多野笔也。"说明福建栽培龙眼的技术要高于广东。

龙眼成熟时，园主常雇人采收。周亮工在《闽小纪》卷一《唱龙眼》中说："（龙眼）熟时赁惯手登采，恐其恣啖，与约曰：歌勿辍，辍则弗给值。……土人谓之唱龙眼。"园主事先估价卖给商人，《闽小纪·樸荔》详细记载了福建果园估卖的情况："闽种荔枝、龙眼家，多不自采，吴越贾人春时即入赀，估计其园。吴越人曰断，闽人曰樸，有樸花者，樸孕者，樸青者。树主与樸者，情惯估老人为互人。互人环树指示曰，某树得干几许，某少差，某较胜，……估时两家贿互人，树家嘱

---

① 刘永成：《清代前期农业资本主义萌芽初探》，福建人民出版社，1982年，17～18页。
②③④ 〔清〕屈大均：《广东新语》卷二五《木语》。

多，槲家嘱少。"福建果园已具有雇人经营和商品性生产的特点。

浙江德清县塘栖镇，是江南著名的水果产地之一，尤以产枇杷著名。乾隆《塘栖志》卷下载："土性宜果，若枇杷、蜜桔、桃、梅、甘蔗为著也。培植极工，旁无杂树，一亩之地，值可百金。枇杷有红白二种，白为上，红次之，红者核大肉薄，甜而不鲜，白者核细肉腴，甜而鲜美。五月时，金弹累累，各村皆是，筠筐千百，远贩苏沪岭南，无以过之矣。"这里又是中国南方青梅的重要产区，"横里村，以梅畦为田，花时，一望如雪，……近时横里独山村人以种梅为业，花开弥复十余里"①。

江苏苏州的太湖洞庭山，是江南的柑橘产区。明代王鏊《震泽编》卷三《风俗》记载："湖中诸山，大概皆以桔柚为产，多或至千树，贫家亦无不种……甘土贵，凡栽桔可一树者直千钱，或二三千，甚者至万钱。"

上海以产水蜜桃著名。《清稗类钞·植物类·水蜜桃》记载："桃为吴乡佳果，其名不一，尤以上海水蜜桃为国中冠，相传为顾氏露香园遗种，……在城西一带者为真种，移植他处则味减。同治时，南门外数十里之人家，皆种桃为业，……西门真种至难得，且每遇熟时，官出票封园，胥吏从中渔利，高其价以售之民，一桃辄百钱。"其珍贵如此。

江西南丰以产南丰蜜橘著名，鲁琪光《南丰风俗物产志》云："（南丰桔）四方知名，杨梅村人多不事农功，专以为业。"

3. 花卉 明清时期，花卉生产的发展，以形成集中产区、专业化生产为特点。著名的花卉产地有京师北京、江南苏州、南国广州。

北京的丰台和草桥，是京师的著名花乡，以产芍药著名。《茶余客话》卷九载："丰台为养花之地，园圃相望，竹篱板层，辘辘之声不绝，芍药尤盛。"《日下旧闻考》卷一四九载："京师鬻花者，以丰台芍药为最。"《帝京景物略》卷三说："右安门外南十里草桥，……居人遂花为业，都人卖花担，每辰千百，散入都门。"这里生产的花卉，种类繁多，而且一年四季都有鲜花供应，春有梅、山茶、水仙、鸡冠、玉簪、十姐妹、乌斯菊、望江南；秋有红白蓼、木槿、金钱、秋海棠、菊花等。一到冬季，花农便利用温室或地窖来增温，生产反季节花卉。《五杂俎》说："今朝廷进御，常有不时之花，然皆藏土窖中，四周以火逼之，故隆冬时节即有牡丹。……大率北方花木，过九月霜降后，即掘坑堑深四尺，置花其中，周以草秸而密墐之，春分乃发，不然即槁死矣。"②

---

① 光绪《唐栖志》卷二〇《杂记》。

② ［明］谢肇淛：《五杂俎》卷一〇《物部二》，转引自［清］陈梦雷、蒋廷锡等编辑：《古今图书集成·方舆汇编·职方典》卷二一《顺天省》。

苏州的虎丘是江南著名花卉产地，以盛产玫瑰和茉莉著名。明代文震亨《长物志》说："玫瑰一名徘徊花……吴中有以亩计者，花时获利甚夥。"这里同时又是茉莉花的集散地，"花时，千艘俱集虎丘，故花市初夏最盛"。①

苏州的花圃，不只是虎丘，环城四郭皆有。据记载，清代苏州"附郭农家多莳花为业，千红万紫，弥望成畦。清晨，由女郎挈小筠篮入城唤卖"②。可见明清时期苏州花卉业之盛。

虎丘又是著名的花木盆景生产地。"虎丘人善以盘松、古梅、时花、嘉卉，植之磁盆，置为几案之玩。嘉定人以白石为盆，长三四尺，用宣州石或英石砌成小丘壑，树长不逾二三寸，苍皮黛色，密叶枝疏，俱仿宋元人画意，望之若横披图卷。"③ 这些花木盆景，诗情画意，小中见大，制作十分精巧，成为一种特殊的花木栽培。

广州是中国又一个著名的花乡，以产素馨花闻名，早在宋代这里已是素馨花的主要产地。南宋方信儒《南海百咏》中说："（花田）在城西十里三角市，平田弥望，皆种素馨花。"明清时这里的素馨花种植一直盛而不衰。《广东新语》卷二七说："（广州）珠江南岸有村曰庄头，周里许，悉种素馨，亦曰花田，……庄头人以种素馨为业。"《粤中见闻》卷四也说："花渡头在五洋门外南岸，广州贬（贩）花估，日日分载素馨花至城在此登岸，故曰花渡头。花，谓素馨也。旧时广州七门有花市，所卖只素馨，无别花，犹雒阳但称牡丹曰花也，东莞称素馨为河南花，以其生在河南庄头村。"由此可见广州产素馨花之盛。

除此之外，明清时期，亦形成了一些名花的主要产地。

山东的曹县和安徽的亳县是牡丹的集中产区。亳县种植牡丹又早于曹县，明代已有"亳州牡丹甲天下"④ 之说，明代的《亳州牡丹志》《亳州牡丹史》《牡丹评》等著作对此都有记载。曹县的牡丹是清代发展起来的。《古今图书集成》记载："（曹县）好种花树，……多者至数十亩，士族以资游玩，贫人以营殖云。"⑤ 不少农民以种牡丹为生，销售四方。光绪《菏泽县志》记载："牡丹、芍药各百余种，土人植之，动辄数十百亩，利厚于五谷，……土人捆载之，南浮闽粤，北走京师，至则厚值以归。"随着牡丹在曹县的发展，有关曹县牡丹的著作也不断问世。如清代苏毓眉《曹南牡丹谱》、郭如仪《种牡丹谱》、余鹏年《曹州牡丹谱》等。

---

① ［明］文震亨：《长物志》卷二。

② 徐珂：《清稗类钞》第5册《农商类·苏女卖花》，中华书局，2003年，2263页。

③ ［清］陈梦雷、蒋廷锡等编辑：《古今图书集成·方舆汇编·职方典》卷六七六《苏州府部》。

④ 舒迎澜：《古代花卉》，农业出版社，1993年，107页。

⑤ ［清］陈梦雷、蒋廷锡等编辑：《古今图书集成·方舆汇编·职方典》卷二三〇《兖州府部》。

江西赣州是兰花和茉莉花的产地，相当数量的农民以种花为业，贩售外地以牟利。乾隆《赣州府志》卷二《物产》载："（茉莉）赣产最盛，有专业者，圃中以千万计，舟载以达江淮，岁食其利"；兰花亦为"江淮所重，舟载下游者甚夥"。

福建漳州盛产水仙。商人常以漳州水仙假名台湾所产，销往广州。《台海使槎录》卷三《物产》说："广州市上，标写台湾水仙花头，其实非台产也，皆海舶自漳州转售者。"

四、植树、护林的提倡

明清时期，由于人口的空前增长、垦殖活动的加剧以及工矿业的发展，中国的森林资源遭到了严重的破坏，并带来了一系列环境问题；而人们的日常生活及各行业对林木的需求却不断增加。于是，提倡植树、保护树木成为明清社会朝野上下普遍关注的一个问题。

明清时期不少帝王都积极倡导植树。明初特别重视种植经济林木，并将它作为解决百姓衣食来源的一个重要措施，这是明初造林的一大特色。明太祖朱元璋在《教民榜文》中说：百姓"各宜用心生理，以足衣食，如法栽种桑、麻、枣、柿、棉花，……枣、柿丰年可卖钞，俭年可当粮食"①。洪武二十四年（1391），"命种桐、棕、漆树于朝阳门，各五十万余株"②。洪武二十五年，"令凤阳、滁州、庐州、和州，每户种桑二百株、枣二百株、柿二百株"③。同年，据《大政纪》载，"令天下卫所屯田军士人树桑百根，随地宜植柿、栗、胡桃等物，以备岁歉"。洪武二十七年，再"令天下种桑枣"，要求工部谕民间，"但有隙地，皆令种植桑枣"，规定"每一户，初年二百株，次年四百株，三年六百株。栽种过数目，造册回奏。违者，发云南金齿充军"④。为了种植好经济林，朱元璋不仅要求各级官府"岁终具数以闻"，要求各地年终汇报栽植树木情况，而且根据栽种好坏予以奖惩。朱元璋以后，明代其他帝王对植树也相当重视，宣德七年（1432）宣宗谕示臣下："桑枣，生民衣食之给。洪武间遣官专督种植，今有司略不加意。前屡有言者，已令尔申明旧令，至今未有实效。其即移文天下郡邑，督民栽种，违者究治。"⑤ 景泰四

---

① ［清］陈梦雷、蒋廷锡等编辑：《古今图书集成·经济汇编·食货典》卷三七《农桑部·艺文二》。
② ［清］查继佐：《罪惟录·明太祖本纪一》。
③ 《明太祖实录》卷二三二。
④ 《明会典》卷一七《农桑》。
⑤ 《明宣宗实录》卷九五。

年（1453），代宗敕各处镇守巡抚等官："其土地宜桑、枣、漆、柿等木，随宜酌量丁田多寡，定与数目，督令栽种。务在各乡各村，家家有之，不许团作一二园圃，以备点视，虚应故事。敢有怠惰不务生理者，许里老依教民榜例惩治，县官严加分督，府官依时点视，布、按、都司总督比较，仍将开垦种过田地并桑枣数目造册缴报。"①

清代，朝廷也倡导植树。雍正二年（1724）二月，雍正帝谕直隶各省督抚："舍旁田畔及荒山旷野，度量土宜，种植树木"，并指出："桑柘可以饲蚕，枣栗可以佐食，柏桐可以资用，即榛、枯、杂木亦足以供炊灶。"② 雍正五年，诏谕"直隶州县劝民于村坊植枣栗，河堤旁种柳，……其地宜桑麻者尤当勤于栽种，每岁地方官将某村某坊种树之数申报上司"③。稍后，又令于京师至江南千余里"道旁种树，以为行人憩息之所"④。乾隆帝一如雍正，重视植树。他说："夫农田为生民之本，而树、畜尤王政所先。周礼太宰以九职任万民，其二曰园圃毓草木，可以知所当务矣。朕御极以来，轸念民依，于劝农教稼之外，更令地方有司，化导民人，自勤树植，以收地力，以益民生。"⑤ 以种树多少作为奖励基层官员的标准，乾隆九年（1744）二月谕军机大臣："至种树以备柴薪，最足广地利而厚民生。但收效在数年之后，小民每不肯勤手足为之，请照河工栽柳之例，官员栽柳五千株者纪录一次，一万株者纪录二次，一万五千株者纪录三次，二万株者加一级，次年查验活数，造册议叙。"⑥ 乾隆三十七年，乾隆帝作五言诗总结、推广永定河堤防植树经验，进一步把植树同护堤、改善水利环境联系起来，诗云："堤柳以护堤，宜内不宜外；内则根盘结，御浪堤弗败；外惟徒饰观，水至堤仍坏。此理本易晓，倒置尚有在；而况其精微，莫解亦奚怪。经过命补植，缓急或少赖；治标兹小助，探源斯岂逮。"⑦ 乾隆五十二年，又写诗一首，讲述了植树的时间、树种、长久利益，诗云："清明时节宜种树，供把稚松培植看；欲速成非关插柳，挹清芬亦异滋兰。育材自合术贞干，洁矩因之思任官；待百十年讵云远，童童应各后人观。"⑧

明清时期一些有远见的官吏也着力提倡植树。明代礼部右侍郎兼文渊阁大学士

---

① 《明英宗实录》卷二三四。
② 《清世宗实录》卷一六。
③ 《清朝文献通考》卷三《田赋三》。
④ 《清世宗实录》卷一三二。
⑤ 《清高宗实录》卷八三。
⑥ 《清高宗实录》卷二一一。
⑦ 刻写有此诗的石碑至今仍在永定河金门闸东侧。
⑧ 镌刻有此诗的石碑至今仍在北京大学未名湖西南坡。

丘濬，于成化年间提出将造林和巩固边防联系起来，认为："请于边关一带，东起山海以次而西，于其近边内地，随其地之广狭险易，沿山种树。一以备柴炭之用，一以为边塞之蔽。"他还提出了具体的造林规划："种植榆柳，或三五十里，或七八十里。"主张植树人员，一是用犯人植树，规定："徒三年者种树若干；二年者若干；杖笞以下，以次递减"；二是组织专业种植者，由他们"当官领价，认种某树若干，长短大小皆为之度，以必成为效。有枯损者，仍责其赔其所种之木"。① 明代另一位政治家徐贞明，主张在"平原千里，寇骑长驱，无有阻隔"的西北，"田间各植榆、枣、桑、栗，既可资民用，亦可以设伏而避敌"。② 清乾隆时，河南巡抚尹会一提出："树艺之宜广也。……村尾沟头，篱边屋角，隙地颇多，虽不可播种五谷者，未始不可栽植树木。似应令地方官责成乡耆保长，广为劝谕，就所宜之木，随处种植，加意培养。如乡耆保长有能于一年之内劝民种桑五百株，梨、枣等树一千株者，据实册报，印官给以花红；三年内能每年添种如前数者，给匾奖励。"③ 历任多省总督、巡抚的陈宏谋，任职期间积极倡导植树，在陕西任上他提出："种树地土各有所宜，其广地利以资民用，则一也，……陕省山木丛杂之地，……其中如药材、竹笋、木耳、蘑菇、香蕈、核桃、栗子、棕树、构、穰、桐、漆、葛根之类，亦自不少，但可食用，即可卖钱"；延榆一带，"可以种树之地最多，正可种植树木，十年之后，即可造屋，亦可卖钱。小民生长山中，田地窄狭，衣食艰难，即此便是恒产。其无木之地，全在转相学习，以广生计"。④ 在云南，他说："滇中四望，山岭有不能种植粮食之地，断无不能种植树木之处，且原系崇林密箐，今始斩伐殆尽，正当复行栽种。"他告诫人们说："仅计目前不图久远，将来日复一日，柴薪艰贵，穷民之苦，又在于兹。"⑤ 号召人们从长远出发，大力植树。曾任河东道总督的吴邦庆也认为："实地之旷者，与其力不能为并为水库者，望幸于雨，则歉多而稔少。宜令其人多种木，种木者，用水不多，灌溉为易。水、旱、蝗不能全伤之。既成之后，或取果，或取叶，或取材，或取药。不得已而择取其落叶根皮，聊可延旦夕之命。……语曰：'木奴千，无凶年'。"⑥ 清代无极知县黄可润，见当地"四十里皆平沙，民生憔悴"，便劝民植树，并"为之立定章程"张贴公布。提出：凡有主之地，令本人自行栽种，限期栽满，过期不种者，任他民分种，并为种树人所有，原主不得干涉；各村无主之地，由官府按家资

---

① ［明］丘濬：《大学衍义补》卷一五〇《守边固圉之略》。
② ［明］徐贞明：《潞水客谈》。
③ ［清］尹会一：《敬陈末议疏》，见［清］陆燿：《切问斋文钞》卷一六。
④ ［清］陈宏谋：《巡视乡村兴除事宜檄》，见［清］贺长龄、魏源编：《清经世文编》卷二八。
⑤ ［清］陈宏谋：《种杂粮广树植状》，见［清］贺长龄、魏源编：《清经世文编》卷三七。
⑥ ［清］吴邦庆：《泽农要录·用水第九》。

大小、劳力多少进行分配，上户可占植三十亩，中户占植二十亩，下户十亩，将全部沙地尽行栽满为止；将来树大成林，"树与地皆自己之业"，一律归种树人所有，官府发给印示为凭，永不起科纳税。由于此章程使"民知有利"，故调动起他们的积极性，民"皆踊跃从事"。①

清代，有些士人对于植树造林意义的认识，已不只限于解决眼前的衣食问题，而且认识到其能改善环境和人们的生存条件。

鲁仕骥认为，植树护林具有防止水土流失的作用，他在《备荒管见》中说："山多田少之地，其田多硗，况夫山无林木，濯濯成童山，则山中之全脉不旺，而雨潦时降，泥沙石块与之俱下，则田益硗矣。必使民采樵以时，而广畜巨木，郁为茂林，则上承雨露，下滋泉脉，雨潦时降，甘泉奔注，而田以肥美矣。"②

俞森在《种树说》中提出种树八利，其中两利就直接同改善环境有关：一是植树可以护堤，他说："豫土不坚，濒河善溃，若栽柳列树，根株纠结，护堤牢固，何处可冲。"二是植树可以减少风沙，他说："五行之用，不克不生，今树木稀少，木不克土，土性轻扬，人物粗猛。若树木繁多，则土不飞腾，人还秀饬。"③

可见清代人们对植树造林的作用已有不少新认识。

在民间，不少由乡民自发订立的乡约也把提倡植树作为其重要内容。清代山西阳曲县的一份乡约——《乡约六条》，其中要求"各村乡保鳞次栽种各式树木，仍不时察其成活多寡，以别勤惰，以为惩劝"④。又，清代河南新安县一份乡规民约，也要求村民"每户或近宅或山堡，每丁一年种桑五株，接枣五株。十六岁以下者桑二株，枣二株。柿树下要常犁锄，仲冬树下掘周一围深半尺，培以粪土"，"官路两旁孟春照牌密种榆杨，护以荆棘，以防车马"⑤。这反映了植树在民间已有一定的普及性。

由于朝野上下大力倡导，明清时期植树取得一定成绩。尤其是明太祖朱元璋在位时，严加督促，形成了全国性的植树高潮。洪武二十八年（1395），湖广布政使司报告说，其所属郡县"计栽过桑、枣、柿、栗、胡桃等，凡八千四百三十九万株"⑥。全国范围内，据今人估算，"当在十亿株以上"⑦。另据地方志记载，当时

① ［清］黄可润：《畿辅见闻录》，转引自：谢志诚《黄公树》，《河北林业》1990 年 5 期；谢志诚：《黄公树——清代地方性生态农业工程》，《中国农史》1995 年 2 期。

② ［清］鲁仕骥：《备荒管见》，见［清］贺长龄、魏源编：《清经世文编》卷四一。

③ ［清］俞森：《种树说》，见［清］贺长龄、魏源编：《清经世文编》卷三七。

④ 康熙《阳曲县志》。

⑤ 乾隆《新安县志》。

⑥ 《明太祖实录》卷二四三。

⑦ 吴晗：《朱元璋传》，生活·读书·新知三联书店，1965 年，219 页。又见杨国桢、陈支平：《明史新编》，人民出版社，1993 年，95 页。

各地还普遍建有"桑枣园"①，种植桑枣。由于地方官的倡导，各地植树亦不少。如明代确山知县陈幼学，"政务惠民，……栽桑榆诸树三万八千余株"②。成化年间山东恩县参政唐虞，"令种植桑枣等树，赡给贫民，迄今夏寨等处树木茂盛，枣梨桃李之属获利颇多"，当地人称这些都是"唐公遗惠"。③ 倡导堤上植树的水利学者刘天和，于嘉靖十四年（1535）在黄河大堤上"植柳二百八十万株"④。明代巡抚都御史阎本等在平谷城外"沿堑植榆柳万株"⑤。进入清代，力主植树的尹会一于河南巡抚任上，仅乾隆三年（1738）就植活树木 190余万株。⑥ 肃宁知府黄世发，"缘城植桑柳树万株"⑦。安徽太平知府沈善富"前后课属县种柳数百万株，官路成阴"⑩。肃州知府基渊，教民"开郊外废滩，种杨十余万株"⑧。河南辉县知县际华，"课民种桑四万株，教之育蚕，他树亦十五万株"⑨。在河北无极县，由于黄可润亲自下乡督促，四年后，"树大者已成林，小者亦畅茂，通计四十余村，绵亘四十余里，从前沙荒不毛，今一望青葱"⑪。

在大力倡导植树的同时，明清政府还制订、颁布了一些保护山林树木的法令，采取一些保护措施。如明政府一再申明保护山林："大同、山西、宣府、延绥、宁夏、辽东、蓟州、紫荆、密云等处分守、守备、备御并府州县官员，禁约该管旗军民人等，不许擅将应禁林木砍伐贩卖。违者问发南方烟瘴卫所充军。"⑫ 嘉靖元年（1522）正月，保定巡抚季凤上奏说："缘边隘口山木，先朝皆有历禁，近被奸民盗采为生炭以觅利，宜申明旧约，犯者如法勿贷。……其缘边隙地，令所司筑墙种树，列卒戍守。"所奏都得到了嘉靖帝的批准。⑬ 清代，早在入关前，太祖努尔哈赤、太宗皇太极多次申明禁伐树木。如太祖二年（1617），"谕管庄拨什库等，凡圈占田地内所有民间坟墓毋许毁坏耕种，所植树木毋得砍伐，违者罪之"⑭。皇太极时规定："行猎时，山木亦不得砍伐，违者执究。"⑮ 制定的兵律也规定，对占领的

① 康熙《高安县志》卷五。
② 《明史》卷二八一《循吏传》。
③ 乾隆《平原县志》卷三《物产三·恩县志》。
④ ［明］刘天和：《问水集》。
⑤ ［清］于敏中等：《日下旧闻考》卷一四二。
⑥ 《明高宗实录》卷八三。
⑦⑧⑨《清史稿》卷四七七《循吏传》二。
⑩ 《清史稿》卷三三六《沈善富传》。
⑪ ［清］黄可润：《畿辅见闻录》，转引自谢志诚：《黄公树》，《河北林业》1990 年 5 期。
⑫ 《明会典》卷一六三《田宅》。
⑬ 《明世宗实录》卷一〇。
⑭ 《清朝文献通考》卷一九五《刑一》。
⑮ 《清太宗实录》卷一二。

地区"勿拆庐舍祠宇，勿毁器皿，勿伐果木"，如违令"伐果木……鞭一百"。① 至于墓地树木，尤其皇家陵园的树木更是严禁盗毁。明王朝规定："凡盗园陵内树木者，皆杖一百，徒三年。若盗他人坟茔内树木者，杖八十，若计赃重于本罪者，各加盗罪一等。"② 清律也有类似的法令，而且规定更细。对盗他人坟茔内树木者，"分主从两种，主照旧杖八十，从，减一等"③。对于广大深山老林，明末颁布了许多封禁之令，将豫、陕、鄂三省交界的山区和赣、闽、浙三省交界的广信山、武夷山、铜塘山、怀玉山等都列为封禁之地，"流民不得入"④。清入关后，对东北地区长期封禁，不准汉人进入垦殖，甚至筑起"柳条边"。对鄂尔多斯东南及陕西神木至定边以北长城沿线地区，清初也制定了严格的封禁条例，规定："边墙外五十里为禁留地。"⑤

清中叶后，毁林造成水土流失，濯濯童山，触目惊心，使更多的人认识到保护森林的重要性和紧迫性，因而，护林的呼声也更加高涨和普遍。当时，许多直接理民的地方官都呼吁保护林木。乾隆时福建松溪县知县立碑规定："历久留植树木，原系遮荫水源，滋润田地，无论长短松杉杂木树，俱不许砍运"，违者"捆送赴县，按法严禁"。⑥ 安徽祁门县官吴某示禁称："乡保居民人等……毋许在于尔等土名横坞等处蓄养山内砍伐薪木，掘挖树桩，焚烧山草。如敢故违，许该村约保人等指名赴县具禀以凭拿究，决不姑宽。"⑦ 道光年间，贵州铜仁知府敬文指出，"草木者，山川之精华；山川者，一郡之气脉"，呼吁将梵净山森林"永以为禁"，禁止"积薪烧炭"，并强调保护山林是地方官吏"守土者"的重要职责。⑧ 为了禁止棚民毁林垦荒，一些地方官甚至提出"驱棚"的政策，以保护山林。如陕西西乡县府于道光初立碑，规定封禁北山，永不开种。⑨

民间护林呼声则更为强烈，更为普遍。如清康熙元年（1662），四川通江陆姓家族立碑，力倡植绿护绿，其碑文曰：

---

① 《清太宗实录》卷五。

② 《明实录》卷一六八《贼盗》。

③ 《大清律例增修统纂集成》卷二三《刑律贼盗上》。

④ 乾隆《怀玉山志》卷五《土产》。

⑤ 转引自成崇德：《清代前期对蒙古的封禁政策与人口、开发及生态环境的关系》，《清史研究》1991 年 1 期。

⑥ 张琅：《搜集解放前地方林业史资料的体会》，1992 年全国林业史志会议论文。

⑦ 中国社会科学院历史研究所藏徽州文书契约，馆藏号 0005008，转引自陈柯云：《明清山林苗木经营初探》，《平准学刊》第 4 辑上册，光明日报出版社，1989 年，159 页。

⑧ 《梵净山禁树碑记》，转引自贵州梵净山科学考察集编辑委员会编：《贵州梵净山科学考察集》，中国环境科学出版社，1986 年，254 页。

⑨ 转引自赵冈：《清代的垦殖政策与棚民活动》，《中国历史地理论丛》1995 年 3 期。

吾祖陆绿，明中来陆，时时望绿，植绿养绿，护绿绿茂，绿祖绿后，万株常绿，多姿异绿，永保常绿，代代幸福。①

乾隆五十五年（1790），云南楚雄地区村民所立《封山合同碑记》云：该地"谢家咀、程家坝、黄家屯、山咀、张家湾、双坝、圭官庄、大庄、黑泥湾、沙沟、倮罗屯"等村庄认为，"王政无遗地，计利及山林，然种植虽多，专有赖于培养"，"各村公议立定章程，凡有砍伐大树，罚银一两，小树罚银五钱，修枝采叶，罚银三钱，见而不报罚银五钱"。②

道光三年（1823），山西盂县三村合立《严禁山林条约》，提出"如有偷掘山中一小松柏树者，罚钱二千文；有折毁山中一材木者，罚钱三千文；有驱牛羊践履其中者，罚钱一千六百文；若有见而执之来告于庙者，定赏钱八百文，不少吝；如有卖放者，与犯厉禁者一例而罚"③。类似倡导护林的乡约，东西南北均有。

受风水思想影响，许多族谱、家训都强调后人要保护山前宅后"风水林"，如《麓仲齐氏族谱》卷一《祠规》云："保龙脉，来龙为一村之命脉，不能伐山木。"又康熙江西宜春《园岭刘氏重修族谱》卷首《禁约》云："后龙三峰，自元及明季戊辰年，禁伐树木，……相沿至今，丛集大树无敢犯，……今禁后，如有强行砍伐及入山樵牧者，禁首挨班巡查察实，登门明正其罪，青山内额罚银一两，以供公用。栎山有犯砍伐者，额规罚银四两"，"坟墓上并来龙左右朝对四周庇萌树木，毋许盗砍。如违，赔还木价，仍备猪羊同众醮谢"。④ 所谓风水地，大多为生态环境好、植被茂密之地，民间选这样的环境埋葬死人，固是迷信思想使然，但保护风水地、禁伐风水地内的林木，客观上对保护林木有着积极的作用。

地处深山僻地的少数民族也积极倡导护林，如云南洱源县白族聚居的铁甲村，道光十五年（1835）全村合立乡规规定：

遇有松菌，只得抓取松毛，倘盗刊枝叶，罚银五两；查获放火烧山，罚银五两。⑤

广东乳源子贝村的瑶族人也竖立禁山碑，倡导护林，其碑文云：

尝闻朝廷有律法，山中有禁条，族人等世居山中，此山岭树木，来往四方亲朋人等，不得乱砍松杉。乱砍者公罚银钱三千五百文。若然有不遵者，送官究治，决不容情。⑥

① 张浩良：《绿色史料札记》，云南大学出版社，1990年，21页。
② 楚雄市林业局编：《楚雄市林业志》，德宏民族出版社，1996年，309页。
③ 山西省地方志编纂委员会编：《山西通志·林业志》，中华书局，1992年。
④ 《窦山公家议》卷五，周绍泉、赵光亚校注本，黄山书社，1993年，88页。
⑤ 龚龙德：《儒学与云南少数民族文化》，云南人民出版社，1993年，83页。
⑥ 盘才万、房先清收集，李默编注：《乳源瑶族古籍汇编》下，广东人民出版社，1997年，1123页。

在贵州黔西南布依族聚居的村寨也有不少倡导护林的禁约，如安龙县阿龙寨的《公议碑》规定："禁山林不准乱砍。"[①] 此外，广西防城的京族、贵州从江的侗族等也都有倡导护林之举。

明清两代，由于人多地少的矛盾日益严重，毁林垦荒在当时仍是一个普遍的现象，但在这个时期出现对植树护林的大力提倡，可以说是中国林业建设中出现的一个新动向。

第二节　养殖业的发展

一、畜养业的演变

明清时期的畜养业，和前代相比，有两点突出的变化：一是养马业由盛而衰；二是小家畜和家禽的饲养空前发展。这一变化有深刻的政治、经济方面的根源，并给后世带来了深刻的影响。

（一）养马业由盛而衰

元代推行括马政策，大肆收括农区马匹，对中国养马业造成了严重破坏，明太祖定都南京以后，便着手大力发展养马业。

首先是建立和发展官牧，即发展由明政府直接控制和管理的马匹生产。先在南京附近的滁州（今安徽滁州市）建立太仆寺，统管全国马政。永乐十九年（1421）明朝首都由南京迁往北京，太仆寺分为南北两寺，南太仆寺仍设在滁州，北太仆寺设在北京，另又设立 4 个行太仆寺和苑马寺，管理养马。并在北方开辟养马场，地在"东胜（今内蒙古托克托县一带）以西至宁夏、河西等地；东胜以东至大同、宣府（今河北宣化县）、开平（今内蒙古多伦县）；又东至大宁（今河北承德市），在辽东达于鸭绿江畔，又北越千里之地，南沿长城各卫分守地，自雁门关外，西抵黄河，东历紫荆关、居庸关、古北口至山海卫"[②]。地域辽阔，仅西北一地，马场地"跨二千余里"。永乐年间，又辟顺圣川（今河北阳原县境）至桑乾河地130余里为牧场，宣德初又在保安州（今河北涿鹿县）置九马场。采取这些措施以后，官牧取得了"马大蕃息"的良好

---

① 贵州省黔西南布依族苗族自治州史志征集编纂委员会编：《黔西南布依族苗族自治州志·文物志》，贵州民族出版社，1987 年，99 页。

② 《明史》卷九二《兵四》。

成效。①

大力发展民牧，是明代发展养马业的又一个重要措施。民牧的形式包括计户养马和计丁养马两种。计户养马始于明初，朱元璋定都南京后，就下令在应天、太平（今安徽当涂县）、镇江、庐州、凤阳、扬州六府及滁、和二州，令民养马。②洪武六年（1373），又规定江南以 11 户共养种马一匹，江北每户养种马一匹，凡养马民户皆缓其身役。③ 洪武二十八年又改为江北 5 户共养种马一匹，并规定母马每年征驹一匹。

计丁养马系由计户养马演变而来。永乐十二年（1414）先行于北直隶，规定15 丁以下养马一匹，16 丁以上养马二匹，后又行于南方，凡江北凤、庐、扬三府，滁、和二州，5 丁养一马，江南应天、太平、镇江 10 丁养一马④，凡马匹倒毙及孳生不及数者，则照例赔偿。宣德六年（1431）又定每 5 丁养骒马一匹，每 3 丁养公马一匹⑤，随之又推行于山东、河南等地。

民牧实际上是官督民养，目的是为了向百姓征缴幼驹，实质上是一种变相的苛征。洪武初，规定每年征收马驹一匹，因征收太急，民不堪其苦。至洪熙元年（1425）改为两年纳驹一匹，如有多余，由官方收买，由于征收较为适中，有利于民间马匹的繁殖。

除了官牧、民牧，明代又建立茶马司主管同西部少数民族以茶易马事务。洪武五年（1372）始设茶马司于秦州，继而又在河州、洮州、庄浪、甘州、西宁等地设立茶马司，规定"上马一匹，给茶百二十斤，中马七十斤，下马五十斤"⑥。洪武末年，易马达到 13 500 匹。⑦既扩大了明政府马匹的来源，又加强了同少数民族的交往。

另外，明代还在辽东、大同、陕西等边关城镇设立马市，收购牧区和半农半牧区的民间马匹。这样，到明代后期，常备的官马、军马增至 80 万～90 万匹，农区私马还未计在内。

清代养马业远不如明代。

清朝由于是满族入主中原，为防范汉族人民的反抗，便严格禁止汉人养马，也禁止从牧区贩运马匹到农区，并累下禁令：

（顺治五年，即1648年）定现任文武官及兵丁准其养马，其余人等不许养马。⑧

---

① ② ⑥ ⑦ 《明史》卷九二《兵四》。

③ 《明太祖实录》卷七九。

④ 《明史》卷九二《兵考》。

⑤ 《续文献通考》卷一三三《兵考》。

⑧ 《清朝文献通考》卷一九三《兵考十五》。

（康熙三年，即 1664 年）定民人违禁养马者，责四十板，失察之该管官，罚俸一年。……违禁贩买马匹被出首者，马给出首人，价入官，家仆出首者，准其开户，交该都统于本佐领内酌量调拨；不论马贩、马牙俱处绞。……在京民人违禁养马，被出首者，首人系旗人，即以马给赏；系民人，刑部动支库银五两给赏，马入官。直省民人违背养马，被挐出首者，该地方官动支贮库赃罚银五两给赏，马入官充驿递用。

（雍正八年，即 1730 年）议准骟马（去势公马）为营驿所必需，除八旗人等，及汉文武现任，候补候选官、文武进士、举人生员、武童，准其畜养外，其余民人畜养骟马，各令变卖。①

在这种严厉的禁养政策下，农区的养马业受到十分严重的打击而衰落下来。

明代所推行的茶马互市政策，清代也没有继续贯彻。清初曾有对茶马互市的马价规定"上马给茶篦十二（按，茶十斤为一篦），中马给九，下马给七"②，并建立五茶马司负责茶马贸易。但不久即相继停办。先是康熙三十二年（1693）停止西宁等处易马，到雍正十三年（1735）又停止甘肃易马。③茶马贸易完全停顿，边远牧区的养马业亦因此受到了严重的影响。

清代养马重点在蒙古、新疆、甘肃、青海等牧区，其中又以察哈尔为主。在察哈尔，清政府设有左翼四旗、右翼四旗两大牧厂，统由太仆寺掌管。左翼牧厂位于张家口外东北 140 里，右翼牧厂位于张家口外西北 310 里，共养马 48 群，其中骒马（母马）40 群，骟马 8 群。

此外，还有商都牧厂（在今独石口外东北 145 里）、达里冈崖牧厂（在察哈尔北部，邻接外蒙古）、大凌河牧厂（在今辽宁锦州北部）、杨柽木牧厂（在今辽宁义县北 210 里）以及甘肃的甘州、肃州、凉州、西宁牧厂和新疆的伊犁、乌鲁木齐牧厂等。

牧厂设置之初，养马业是有所发展的。乾隆五年（1740），察哈尔的两翼牧厂马群中的骒马便已发展到 152 群，骟马发展到 26 群，分别比原来的马群数增加了 2 倍；又如大凌河牧厂，初设时仅有牝马 10 群，到乾隆十二年扩大到 36 群，增加了 2.6 倍。④

乾隆时期以后，国家承平，用兵事少，统治者满足已有的成就，饲养军马也随之松弛下来。同时，马政也开始腐败，主政者常将在役之马，以少报多，大吃空额，中饱私囊；同时又将孳生之马以多报少，上下串通，恣意侵渔，国营养马业因此日

① 《清朝文献通考》卷一九二《兵考十五》。

②③ 《清史稿》卷一二四《食货五》。

④ 《清朝文献通考》卷一九三《兵考十五》。

渐衰败。咸丰六年（1856），翁同书在《条陈马政疏》中对此有不禁哀叹说："承平日久，百弊丛生，马政之废弛，未有甚于今日者。"① 清末，又放垦牧场，收取地租，更加速了牧厂的破坏，例如嘉庆时大凌河牧厂一次放垦就达123 800亩。②

由于上述多种原因，清代的官牧也同样衰败了。清代的主要牧厂——察哈尔两翼牧厂，乾隆初有马4万匹，宣统元年（1909），察哈尔都统兼两翼牧厂统辖总管崑源，在两翼牧厂调查后说："张家口外两翼牧群，地势沃衍，厥号名扬，乃经牧之人，积久丛弊，因派员赴各旗群调查，复亲赴履勘。并占验马匹兵丁，计两翼骒马群见存马七千九百八十四匹，亏二万七千四百三十五匹，骟马群见存二千二百六十六匹，亏额二千七百十五匹，口轻膘壮者不过十之三四。"③ 清代官牧衰败和整个马业衰落于此可见一斑。

（二）小家畜和家禽饲养空前发展

在养马业日渐衰落时，农区的小家畜和家禽饲养则有了明显的发展。明清时期人多地少的矛盾日渐严重，农区已无荒闲之地可以用于放牧，开始大力发展舍饲。小家畜、家禽所用饲料不多，而且可以舍饲，正适合农区发展畜牧业的需要。

明末，《农政全书》便讲到江南发展畜牧业的这一特点："江南寸土无闲，一羊一牧，一豕一圈，喂牛马之家鬻刍豆而饲焉。"④ 即使是关中地区，情况亦是如此。清乾隆时，"秦中人稠地狭，开垦无余，又无湖泊水滩闲旷之土，即有其法，而无其地，畜牧之道，亦难周详而悉备。莫若取其切于日用，家家可畜，人人易牧者，力举而行之，则亦可驯致富饶而无难。……余因悉采农书，究心法制，只将畜牧猪、羊、鸡、鸭四条，已亲经实效，有裨农家日用者，一一详述而备载之，愿我同志共相从事"⑤。

由此可见，发展舍饲，饲养小家畜、家禽，已成为明清时期农区发展畜牧业的一个重要手段。

农区发展舍饲，还和积肥有关，目的是以牲畜的粪便作肥料来促进农业生产的发展。关于这一点，明清时期的文献有不少论述。

种田地，肥壅最为要紧，……养猪羊尤为简便。古人云"种田不养猪，秀才不读书"，必无成功，则养猪羊乃作家第一著。（《沈氏农书》）

① ［清］翁同书：《条陈马政疏》，见［清］盛康辑：《清经世文续编》卷七九。
② ［清］书元：《请开垦闲荒马厂疏》，见［清］盛康辑：《清经世文续编》卷七九。
③ 《清朝续文献通考》卷二三六《兵考三十五》。
④ ［明］徐光启：《农政全书》卷八引《诸葛昇垦田十议》。
⑤ ［清］杨屾：《豳风广义》卷三《畜牧说》。

古老云："种田不养猪，秀才不读书。"又云："棚中猪多，囷中米多。"是养猪乃种田之要务也。岂不以猪践壅田肥美，获利无穷。(《浦泖农咨》)

尽管在明清时期养猪养羊是亏本的，但农户还坚持要养，其原因就在于积肥以壅田。

明清时期农区饲养猪、羊等小家畜及鸡、鸭等家禽的情形，可参见第四章第三节"畜牧业结构的变化"，因历史上缺少统计，所以难以详述。但从几个侧面来看，可推测小家畜及家禽饲养业的发展是相当快的。

1. 地方良种的大量形成 据统计，明清时期中国猪的地方品种至少有 44 个之多，其中半数以上都是明清时期育成的；家鸡品种仅清代的就有 21 个。[①] 这是家庭饲养业发展的一个重要表现。

2. 哺坊的大量发展 哺坊是家禽人工孵化的场所，明清时期哺坊在南、北方大量出现。在广东顺德上寮里，有"世业焙鸭者"[②]；在福建福州南关外有"惯畜鸭种生涯"者[③]；在浙江的客星山，当地"皆哺坊"[④]；在北京齐化门(朝阳门)、东直门一带有鸡鸭房，"二月下旬，则有贩乳鸡、乳鸭者，沿街吆卖，生意畅然"[⑤]；在陕西兴平有火菢育雏法，一次能孵卵五六百至一千枚[⑥]，这是家禽业发展的一个标志。

3. 放养群鸭的发展 放养群鸭，宋代已有，俗名蓬鸭；明清时期更盛，特别是在长江中下游和珠江流域的水乡，成了农村的一项重要副业。

在江苏的吴江县，"岁既获，水田多遗穗，又产鱼虾。绍兴人多来养鸭，千百成群，收其卵以为利，邑人呼为鸭客"[⑦]。在江苏里下河地区的高邮县，"水田放鸭生卵"[⑧]。《上元江宁乡土合志·鸡鸭》也讲到高邮养鸭的情况："鸭非金陵所产也，率于邵伯、高邮间取之，幺凫稚鹜，千百为群，渡江而南。"兴化县，"(养鸭)少以百计，多以千计，成群结队，日游泳于水田之中，夜归宿于芦栏之内，有鸭司务用小船长竹以管理之，……有由农而改业此业者，租民田为放场，备成本以饲喂，长年畜之"[⑨]。

---

① 具体品种情况见本卷第三章第三节。
② [清]罗天尺：《五山志林》，见[清]伍崇曜辑、谭莹校辑：《岭南遗书》。
③ [清]陈世元：《治蝗传习录》。
④ [清]黄百家：《哺记》，见[清]张潮辑：《昭代丛书》卷一三七。
⑤ [清]富察敦崇：《燕京岁时记·卖小油鸡、小鸭子》。
⑥ [清]杨屾：《豳风广义》卷三《火菢法》。
⑦ 嘉靖《吴江县志》卷三八《风俗》。
⑧ 嘉庆《高邮州志》卷四《物产》。
⑨ 民国《兴化县小通志·养鸭篇》。

在江西建昌，"乡间多畜鸭，母鸭百余，可当五亩之入，故多专人司之"[1]。

在广东珠江三角洲，"天下之鸭，唯广南为盛，以有蟛蜞能食稻也，亦以有鸭能啖蟛蜞不能为农稻害也"[2]。在新宁县，"鸭于冬禾收获后，乡村多育之，大群数千，小群数百"[3]。

可见，明清时期养群鸭既有就地放牧，也有长途异地放牧，规模都相当大，分布地区也相当广，这在历史上是罕见的。

二、养蚕业的新发展

（一）种桑养蚕的精致化和蚕桑业地域的扩大

明代到清前期，随着棉花种植的迅速推广，农家的种桑养蚕在地域上较之宋元时期大为收缩，而且呈现出特别集中的趋势，在全国各地蚕桑生产普遍衰落的过程中，长江三角洲的苏杭嘉湖地区、四川北部的保宁等地，蚕桑生产却不断获得发展。鸦片战争以后，随着海外生丝市场的开辟，种桑养蚕缫丝获利丰厚，沿海地区如广东的珠江三角洲，江南的无锡、丹阳，山东一些地区，蚕桑业也迅速兴起，形成新的蚕桑生产格局。

朱元璋建国前就要求民间有田5～10亩者，种桑树半亩，若不种桑，出绢一匹，桑树种植面积一度增加较多。但各地种桑养蚕后来并没有真正恢复发展起来。明人严书开说："自此（指洪武、永乐时期以后）而天下务蚕者日渐以少。独湖地卑湿，不宜于木棉，又田瘠税重，不得不资以营生，故仍其业不变耳。"[4]郭子章也说："今天下蚕事疏阔矣。东南之机，三吴、越、闽最夥，取给于湖茧；西北之机，潞最工，取给于阆茧。予道湖、阆，女桑、梗桑，参差墙下，未尝不羡二郡女红之盛，而病四远之惰也。"[5] 严、郭两人探讨湖州地区蚕桑兴盛和全国蚕桑衰落的原因，他们的看法虽不尽正确，但苏杭嘉湖的蚕桑业特别兴盛却是事实。

入清以后，全国蚕桑业衰落而江南愈益兴盛的情形更为突出。康熙三十八年（1699）康熙帝说："朕巡省浙西，桑林被野，天下丝缕之供，皆在东南，而蚕桑之盛，惟此一区。"[6] 康熙的话高度概括了清代江南蚕桑业在全国占有的重要地位。

---

① 乾隆《建昌府志》。
② 道光《广东通志·广州府·杂录一》。
③ ［清］赵天锡：《调查广州府新宁县实业情形报告》。
④ 乾隆《湖州府志》卷四一，引［明］严书开《逸山集》。
⑤ ［明］郭子章：《郭青螺先生遗书》卷二《蚕论》。
⑥ 乾隆《杭州府志》卷首《天章》引。

　　江南蚕桑种植主要集中于杭嘉湖平原与苏州的沿太湖地带，即唐甄所说的"北不逾淞，南不逾浙，西不逾湖，东不至海，不过方千里"[①] 的范围。明清时期苏、杭、嘉、湖四府的 30 多个县，种桑养蚕的县达 25 个。其中尤以杭嘉湖为最，几乎县县都业蚕桑。

　　湖州府是种桑养蚕最盛的地区。明人王士性说："浙十一郡惟湖最富，盖嘉、湖泽国，商贾舟航易通各省，而湖多一蚕，是每年两有秋也。……农为岁计，天下所共也，惟湖以蚕。"[②] 该地"尺寸之堤必树之桑"[③]，"树艺无有遗隙，蚕丝被天下"[④]。在湖州府中，归安和乌程二县蚕桑生产最盛。明人宋雷说："合郡俱有，而独盛于归安，湖丝遍天下。"[⑤] 在明代，湖州府的丝绵税额，大约三分之二是由这两个县提供的。归安县的蚕桑又以菱湖和双林两地为最。清初唐甄说："吴丝衣天下，聚于双林。吴、越、闽、番至于海岛，皆来市焉。五月，载银而至，委积如瓦砾。吴南诸乡，岁有百十万之益。"[⑥] 聚于双林的丝，主要是由当地生产的。嘉兴府的蚕桑仅次于湖州。明代登记在册的征税额桑为 88 044 株，实际栽桑量当远远高于此数。七县中以石门、桐乡为多，以下依次为海盐、嘉兴、秀水、嘉善、平湖。明代崇德县（即清代石门县），"语溪（即桐乡）无间，塘上下地必植桑，富者等侯封，培壅茂美，不必以亩计。贫者数弓之宅地，小隙必栽，沃若连属，蚕月无不育之家"[⑦]。桐乡县"田地相匹，蚕桑利厚"，"公私依赖"。[⑧] 杭州府是江南蚕桑的又一个重点产区，"九县皆养蚕缫丝，岁入不赀，仁和、钱塘、海宁、余杭贸丝尤多"[⑨]。明代从洪武到隆庆年间，税丝增了三分之二。仁和县的塘栖镇，"遍地宜桑，春夏间一片绿云，几无隙地，剪声梯影，无村不然。出丝之多，甲于一邑，为生植大宗"[⑩]。苏州府的蚕桑生产主要集中在吴江、震泽南部毗邻嘉湖的地区和吴县沿太湖一带，常熟县也有少量桑树种植。全府元代栽桑达 27 万株，"兵余无几"，洪武时减为 151 700 株，弘治十六年（1503）又增至 240 903 株[⑪]，基本恢复到元代水平。其中，吴江的蚕桑发展尤为迅速。清乾隆年间，"丝绵日贵，治蚕利厚，

---

① ［清］唐甄：《潜书》下篇下《教蚕》。
② ［明］王士性：《广志绎》卷四《江南诸省》。
③ 乾隆《浙江通志》卷九九《风俗》。
④ 万历《湖州府志》，董份序。
⑤ ［明］宋雷：《西吴里语》卷三。
⑥ ［清］唐甄：《潜书》下篇下《教蚕》。
⑦ 万历《崇德县志》卷二。
⑧ ［清］张履祥：《补〈农书〉后》。
⑨ 光绪《杭州府志》卷八〇《物产》。
⑩ 光绪《唐栖志》卷一八《物产》。
⑪ 正德《姑苏志》卷一五《田赋》。

植桑者益多，乡村间殆无旷土，春夏之交，绿阴弥望。通计一邑，无虑数十万株云"，种桑以成倍的速度增长。吴县植桑养蚕主要集中在洞庭东山、西山，明中期该地即"以蚕桑为务。地多植桑，凡女未及笄，即习育蚕。三四月谓之蚕月，家家闭户，不相往来"①。入清以后，吴县仍以"东西两山为盛"②，"贫家富室皆以养蚕为岁熟"③。

由明入清，杭嘉湖地区的种桑面积不断增加。在那里，田一般用来种植粮食作物，地则用以种植桑树等经济作物。田、地面积互为消长，从中可以看出种桑养蚕的盛衰。自明后期到清康熙二十年（1681），杭州府田减了 30 顷，而地增了 184顷；湖州府田减少 79 顷，地增加 28 顷；嘉兴府变化幅度最大，田减1 354顷，而地增了1 560顷，其中仅石门一县田就减少1 451顷，地增加1 459顷。④ 杭、嘉、湖三府普遍田减地增的现象，反映了明清之际该地蚕桑生产获得了大发展。如嘉兴县，"土高水狭而浅，颇不利于田，因多改之为地，种桑植烟"⑤。前述各府桑树数量的增加，实际上也意味着植桑面积的扩大。

明清时期，江南的种桑养蚕区域范围也有所扩大。明清之际的江南，有一个种桑养蚕的推广过程。如嘉兴府原来只有石门、桐乡盛行蚕桑，而海盐则"素不习于蚕"，后来从乌程等地学习养蚕技术，"蚕利始兴"，到万历年间已是"桑柘遍野，无人不习蚕"⑥。到清初，更是如朱彝尊称誉的"五月新丝满市廛，缲车响彻斗门边"⑦了；乾隆时海盐则成了"比户养蚕为急务"⑧ 的重点蚕桑区了。又如原来"罕及"蚕事的平湖县，清中期已是"沿河皆种桑麻，养蚕采丝，其利百倍"⑨，其后则更是"栽桑遍野，比户育蚕，城乡居民无不育此者，其利甚大"⑩。再如杭州府的海宁县，原来桑树不多，"间有十中一二，亦不过一二亩"，万历时则"遍地皆桑"⑪，发展非常迅速。诚然，这一推广扩展过程远没有鸦片战争后蚕桑扩展的规模大。

四川的蚕桑产区分布较广，但主要集中在川北地区和川西的成都府。川北保宁

---

① ［明］王鏊：《震泽编》卷三《风俗》。

② ［清］翁澍：《具区志》卷七《风俗》。

③ ［清］王维德：《林屋民风》卷七《民风》。

④ 康熙《杭州府志》卷一〇《田赋》；乾隆《湖州府志》卷三六《田赋》；康熙《嘉兴府志》卷九《田赋》；嘉庆《嘉兴府志》卷二二《田赋》。

⑤ 光绪《嘉兴府志》卷末《旧序》引。

⑥ 天启《海盐县图经》卷六《食货篇》下。

⑦ 光绪《嘉兴府志》卷三二《农桑》。

⑧ 乾隆《海盐县续图经》卷一《方域篇》。

⑨ ［清］王韬：《漫游随笔》。

⑩ 光绪《平湖县志》卷八《物产》。

⑪ ［明］许敦俅：《敬所笔记》，转引自陈学文：《中国封建晚期的商品经济》，湖南人民出版社，1989 年，320 页。

府属的阆中、苍溪，顺庆府属的南充、西充、仪陇，潼川府属的三台、盐亭、中江、遂宁、蓬溪、乐至，绵州的绵竹、梓潼、罗江等州县，都从事蚕桑生产，产量也以这些地区为高。阆中以蚕桑为大宗收入，地方文献称："人家隙地在皆种者，则无过于桑。川北大绸擅名蜀中，所产虽非一邑，而本邑之水丝匀净腻滑，则较胜焉……而人之种棉种麻，均不及种桑之盛，邑中地利物产，固当以蚕桑为甲。"① 三台县多务蚕桑，乡村养蚕缫丝"以四月为忙月"②。盐亭县农民"勤事蚕桑，一岁之需，公私支吾，总以蚕之丰啬，为用之盈缩"③。川北丝除了供当地取用，在明代还远供山西织造潞绸，在清前期供川东丝织所用，所谓川东"一丝一帛之需，上取给西川，下资之吴越"④。川西的成都府属成都、华阳、双流、温江、彭县、新津、郫县、新繁、什邡、汉州、灌县都种桑养蚕。如成都、华阳二县，民重蚕事，二月半有蚕市，三月十五日有蚕器出售。又如新津县，"邑人喜蚕桑，故三月丝市，以本邑为最"⑤。川南的叙州府、嘉定府、资州和泸州等府州，也有不少县种桑养蚕。

广东珠江三角洲种桑养蚕也有一定规模。据近人研究，顺德县于明代景泰年间已广植桑树，明末全县桑树面积达5 800余亩。⑥ 有人估计，万历年间珠江三角洲各县桑田已达68 400余亩。⑦ 当地农民于池中养鱼，在塘基植桑，以"桑鱼为业"。清前期，南海县池塘面积已占全县土地的十分之七，植桑面积当相当可观。嘉庆时，人称"粤东南海县属，毗连顺德县界之桑园围地方，周回百余里，居民数十万户，田地一千数百余顷，种植桑树以饲春蚕"⑧，种桑养蚕较为普遍。

由于生产地域相对集中，农家对种桑养蚕技术更加讲求，效益也更为显著，形成了如下一些特色：

1. 桑树品种增多 桑树品种的优劣，影响到桑叶产量的高低。江南农家对桑树的品种要求在宋代已较为讲究，元代桑种已有多个。明清时期，江南桑种已达数十个。如乾隆初年，震泽县、吴江县"桑，所在多有……别其品名，盖不下二三十种云"，或称"邑多栽桑以畜蚕，故西南境之农家颇善治桑，桑凡一二十种"，其中

---

① 道光《阆中县志》卷三《物产》。
② 嘉庆《三台县志》卷四《风俗》。
③ 乾隆《盐亭县志》卷一《风俗》。
④ ［清］费密：《荒书》附《重庆府佛图关新建蚕神记》。
⑤ 道光《新津县志》卷二九《物产》。
⑥ 李本立：《顺德蚕丝业的历史概况》，见中国人民政治协商会议广东省委员会文史资料研究委员会编：《广东文史资料》第15辑，1964年。
⑦ 黄启臣：《明清珠江三角洲的商业与商业资本初探》，见广东历史学会编：《明清广东社会经济形态研究》，广东人民出版社，1985年。
⑧ ［清］张鉴：《雷塘庵主弟子记》卷五。

以大种桑、密眼青为优，而以大种桑嫁接成的新品种，"其叶尤大而厚，且止一二年而盛"①，农家收效速，获益厚。吴江、震泽与嘉兴、湖州二府接壤，养蚕深受两府影响，后者桑种更多。单是乌、青二镇，康熙前"桑之种类不一，有密眼青、白皮桑、荷叶桑、鸡脚桑、扯皮桑、尖叶桑、晚青桑、火桑、山桑、红头桑、槐头青、鸡窠桑、木竹青、乌桑、紫藤桑、望海桑，凡十有六"②。农户对种类繁多的桑树种植，颇为讲究。针对不同的地理条件，选择不同的桑种，"高而白者，宜山冈之地，或墙隅而篱畔……短而青者，宜水乡之地"③。各桑种都已形成一套固定的培植方法。

2. 蚕桑生产的专业化与商品化　宋代，江南蚕桑区从种桑养蚕到缫丝织绢的生产全过程，是在绝大部分农户各自家里完成的，生产的产品主要用于交换口粮，是绢、米之间的物物交易，农户根据食用的多少安排种桑养蚕生产，只求维持简单再生产，而无发财致富的企图。到明清时期，江南农民的种桑养蚕并不一定完成生产的全过程，绝大部分产品作为商品出售，农民与市场发生经常性的密切联系，经济生活日益受市场所支配，生产随经济效益而转移，受市场机制所支配，其种桑养蚕是商业性农业，其缫丝织绸是商品性生产，不只是为了维持简单再生产，还含有追求利润、扩大再生产的动机。宋代农学家陈旉的计算是围绕食米而进行的，明清之际农学家张履祥的计算是围绕商品效益而进行的。这就是二者的本质区别所在。明清时期，农家蚕桑生产的各个环节都打上了商品经济的烙印，并形成了一定的专业分工。蚕桑商品化和专业化的特征，就是桑秧、桑叶、蚕种乃至蚕，都已逐步成为商品，在固定的地区、固定的市场出售。

（1）桑秧行。至迟到明中期，桑秧就已成为商品。明中期，在杭州北新关内的江将桥，有出售南浔地桑、临平条桑的场所。其后桑秧市场更多，桑秧行在大市镇多有。如在乌、青二镇，冬杪春初，桑秧"远近负而至，大者株以二厘，其长八尺，所谓大种桑也，密眼青亚之"④；在双林镇，"岁之正二月，东路贩客载桑入市，有桑秧行"⑤。农家买桑秧而不自己培植桑苗，是为了缩短栽桑到采叶的时间。一般自己播种桑籽培育桑树要七年才能采叶，而买桑秧却只要三年。这样，买桑秧就要比自留种、自育桑苗更有利可赚。明清时期之所以能培育出几十种桑秧，与桑秧作为商品颇有关系。

（2）叶市。嘉湖地区将桑叶直呼为"叶"。农家种桑原是为了养蚕，有余则卖，

---

① 乾隆《震泽县志》卷四、卷一一。
② 康熙《乌青文献》卷三《农桑》。
③ ［明］徐光启：《农政全书》卷三二《蚕桑》。
④ 康熙《乌青文献》卷三《农桑》。
⑤ 民国《双林镇志》卷一四《蚕事》。

不足则买，所谓"湖之畜蚕者多自栽桑，不则豫租别姓之桑，俗曰稍叶"①。稍叶有现稍和赊稍，"稍者先期用银四钱，谓之现稍。既收茧而偿者，约用银五钱，再加杂费五分，谓之赊稍"。稍叶原是农家调剂桑叶余缺的产物，是蚕农定购桑叶的手段。栽桑养蚕利益丰厚，诱使人们广为种桑养蚕，而稍叶这种形式又使桑叶有可能作为商品大量地进入交换领域，稍叶也就成了支配农家种桑还是养蚕或种桑养蚕比例的杠杆。

频繁而又大量的桑叶交易，使叶市应运而生且数量渐多。王道隆《菰城文献》说："立夏三日，无少长采桑贸叶，名叶市。"叶市所在多有，尤以乌青、双林、濮院、洞庭山著名。叶市一般是立夏后三日开市，有头市、中市、末市，每一市凡三日，也有的地方如双林镇是头市三日、中市五日、末市七日。即使一日之内，早市、午市、晚市的叶价也迥然不同，"至贵每十个钱至四五缗，至贱不值一饱"②。朱国祯说："其叶价倏忽悬绝，谚云，'仙人难断'叶价。"③ 每当叶市开张时节，各地蚕农纷纷摇船外出购叶，"谓之开叶船"。通过叶市，石门、桐乡的桑叶大规模北运到苏州的吴江、震泽，吴县洞庭山的桑叶则穿过太湖南贩乌程等县。按照明后期人的说法，蚕时奔忙于太湖中的船只，没有一只不是为运载桑叶服务的。入清后，洞庭桑叶继续南输。

在叶市上，囤积桑叶从事贩卖的牙人十分活跃。牙人以较为雄厚的资本，贱价收进桑户的桑叶，谓之"趸叶"，又以高价出售桑叶给蚕户，转手之间顷刻而获厚利。蚕从出火至大眠，生长最速，体重增加四分之三，需要桑叶最多。蚕农"轻舟飞棹，四出远买，虽百里外一昼夜必达，迟到叶蒸而烂，不堪喂蚕矣"④。鲜叶不易贮存，桑户必须当日脱手；蚕又耐不得饥，必须按时添叶。在这种情况下，无论蚕户和桑户都只得任凭牙人上下其手而备受抑勒，他们的命运就操在这些商人手里。

（3）蚕种买卖。清前期，江南蚕区已培育出近10个优良蚕种，并形成了南浔、新市、千金、洞庭山和余杭等出售蚕种的固定场所，而且有逐渐扩大的趋势。如余杭是江南最大的蚕种制造和销售点，鸦片战争前后，所产蚕种不但满足本府属县的需要，而且远销到嘉湖等地。由于蚕种制造较养蚕在技术上要求更高，专业生产有利于保证蚕种质量，出售蚕种又比养蚕缫丝更为有利，在养蚕农户中就分化出蚕种的专业生产者。乾隆时期《吴兴蚕书》说："有以卖种为业者，其利浮于卖丝。当

---

① ［明］朱国祯：《涌幢小品》卷二；《乌青文献》则谓：凡畜蚕者或自家桑叶不足，则"豫定别姓之桑，俗曰稍叶"。"稍"亦作"梢"。

② 同治《湖州府志》卷三〇引。

③ ［明］朱国祯：《涌幢小品》卷二。

④ 乾隆《海盐县续图经》卷一《方域篇》。

出蛾之后，乡人向各处预购之，谓之定种。每幅纸小者值钱千文，大者千四五百文。亦有购取诸种向各村镇鬻卖者，谓之拦路种，其价颇贱。"① 可见这是一种商品性生产，制造蚕种的农户是由养蚕户转化而来的。在四川成都、华阳的蚕市上，也专门有蚕种出售。在贵州遵义，养蚕少者，并不自留蚕种，而待售蚕种于烘户。随着蚕种制造与养蚕户形成专业上的分工，他们之间就出现了贩卖蚕种的人。所谓"拦路种"就是经由贩夫提供的。蚕种贩卖者的出现是蚕桑商品生产发展的结果。蚕户因蚕种专业生产而获得了便利，也因蚕种的商品性生产而必须承担更大的风险。

（4）蚕的买卖。桑叶和养蚕生产的相对分离，使蚕的买卖成为可能。清前期，余杭培育出一种食叶粗猛、抵抗力强、生长迅速而出丝率高的称为"山种"的三眠蚕。乾隆嘉庆年间，余杭县因桑叶不多，将这种蚕养到二眠，就由各地蚕户来购买饲养。《蚕事统纪》说："乡人牟利，趋之若鹜，每当蚕将二眠之际，各乡买蚕之船衔尾而至。"② 可以肯定，到清中期，随着桑、蚕分工的进一步发展，蚕的生产也开始商品化了。

（5）鲜茧买卖。长期以来，农家种桑养蚕是为了获得蚕丝，而从未有出售鲜茧者。然而有材料表明，至迟到嘉庆道光年间，江南嘉湖地区和成都的部分县已有出售鲜茧和购茧缫丝的农户。道光《南浔镇志》说："绵，四五月间，居民竞相营治，或从外方买茧为之，或有将茧鬻于镇者。"③ 咸丰《南浔镇志》援引说："近时多有往嘉兴一带买茧归缫丝售之者，亦有载茧来鬻者。"④ 可见到了近代，在利用烘茧技术的茧行设立后，仍然习惯于自缫丝而很少售茧的嘉湖地区在这时已有鲜茧买卖。这是因为鲜茧贮存为时大约一周，过则出蛾，传统的处理方法是盐渍，但这会影响丝的光泽，因而蚕户尽量不用此法，而是利用全家劳动力或雇请高手缫制。但旧式缫车一天大约只能缫茧 8 斤而出丝 1 斤。在这限定的缫丝时间内，蚕茧多的农户就必须处理掉自缫以外的部分蚕茧。从现有史料来看，买茧缫丝的农户多是南浔镇人。南浔是明清时期缫丝水平最高的地方，人称"看缫丝之人，南浔为善"⑤。南浔人利用其高超的缫丝技术，不但四出受雇代缫，而且买茧自缫。民国初年《双林镇志》说："乡农蚕少人多，有往嘉兴曹王附近买茧缫丝者，亦有载茧来鬻者，颇有微利。此则勤农所为，惰农不屑也。"⑥ 在四川成都府则是另一种情形：温江

---

① 光绪《归安县志》卷一一《蚕桑》；同治《湖南府志》卷三一也有引录，唯文字稍有不同。
② 嘉庆《余杭县志》卷三八《物产》引。
③ 道光《南浔镇志》卷三《食货志》。
④ 咸丰《南浔镇志》卷二二《农桑二》。
⑤ ［明］黄省曾：《蚕经》。
⑥ 民国《双林镇志》卷一四《蚕事》。

县"邑多桑。人家养蚕获茧，多不自缲织，售于贩者，缲丝于成都"①；郫县"多桑。人家养蚕获茧，多不自缲织，故有商来收茧缲丝，贩至成都销之"②。在这些地区，农户养蚕收茧，由商人来收茧缲丝。可见养蚕和缲丝在一定限度上的区域和专业分工促使了茧的商品化，而茧的商品化又为广大农户从事蚕丝的商品生产提供了可能。

3. 蚕种改良与养蚕技术的提高 蚕种的好坏，直接影响蚕的成活率和强壮程度，最后影响茧产量及丝质量。明清时期江南农家已十分注意蚕种的选择，各地甚至引进高产优质的蚕种。原来江南只有养蚕之家自留的蚕种，称为"家种"或"杜种"，大约至迟到雍正、乾隆之际已形成几个固定的蚕种产地。乾隆时期《吴兴蚕书》载："蚕之种不一，所出之地亦不一。丹杵种出南浔、太湖诸处，白皮种、三眠种、泥种出千金、新市诸处。余杭亦出白皮及小罐种。"③ 濮院一带还有"天台种"。这些新蚕种，一般来说产丝多于家种。如海盐一带"向只有家种，十余年来有自余杭、湖州带归者，食叶猛，每斤较家种多数十斤，缲丝亦重数两。愚民第利其多丝也，竟弃家种而养客种"④。这种蚕就是崔应榴《蚕事统纪》中所说的"山种"，也就是道光《嘉兴府志》所说的"三眠蚕"，食叶粗猛，兼耐燥湿，缲丝分量多。蚕种的不断推陈出新，是江南农家为求更高利益而不断探索养蚕技术、积累经验的结果，丝的单产和总量都必将大为增加。这标志着到清前期，江南养蚕业又进入了新的发展阶段。至于养蚕做茧，自护种到摊乌、看火、初眠、二眠、出火（三眠）、大起、上簇、炙山、落山等各个环节，都有一套相当成功的经验。诸如对于叶量之多少，寒暖干湿之调节，蚕儿分箔之稀密，怎样为蚕熟，何时可摘茧，一般蚕农皆已熟练掌握，运用自如，且已总结出蚕做茧时"出水干"的三字诀。尤以后高人的养蚕技术最为高超，他们受人雇请为蚕师，四出传授先进经验。应该说，明清时期江南蚕农的经验较之前代又有所提高，并大多形成了理论总结。

4. 缲丝经验的积累和辑里丝的形成 明清时期，江南蚕农对茧的出丝率和丝的质量极为重视，已总结出一套超过前代的经验。为提高出丝率，人们强调缲丝时"打绪宜速，脚踏宜紧，眼专觑窝，手频拨茧添搭，紧踏紧转，则茧皆归绪，即时绎尽而不煮熟，丝成自增铢两"⑤。对丝片的干燥，明代已有"出水干"的三字诀，即"治丝登车时，用炭火四五两，盆盛，去关车五寸许，运转如风转

---

① 嘉庆《温江县志》卷三〇《物产》。
② 同治《郫县志》卷四〇《物产》。
③ 光绪《归安县志》卷一一《蚕桑》引。
④ 乾隆《海盐县续图经》卷一《方域篇》。
⑤ ［清］高铨：《吴兴蚕书·辨生熟重轻》。

时，转转火意照干，是曰出水干也"①。也就是在缫丝时适当加温，使所缫之丝较快干燥。

随着缫丝经验的积累，这时在江南农村形成了闻名中外的辑里丝。②

辑里丝因产于浙江湖州南浔镇的辑里村而得名，该村原名淤美，因距南浔镇七里，故也称"七里"。康熙后期，湖州绅商嫌土名太俗，将其雅化为"辑里"。"辑"与"七"音近，又有缫织之意，故自后该地所产丝以"辑里"名传天下。③ 辑里丝和一般土丝相比具有细、圆、匀、紧、白、净、柔、韧的特点，很适于织造高档的丝织品，因而畅销国内外，名重一时。对此，历史上有不少记载。明代朱国祯《涌幢小品》说："湖地宜蚕，新丝妙天下，又湖丝唯七里尤佳，较常价每两必多一分。"康熙时人温棐忱《七里村志》说："七里丝名甲天下，辇毂输将，其名上达京师。"雍正时人范颖通在《研北居琐录》中说："辑里湖丝，擅名江浙。"光绪时汪曰桢《湖蚕述》说："（蚕丝）旧以七里丝为最佳。"由于辑里丝质高价昂，名噪一时，所以各地纷纷学习、仿造，到清代后期，辑里丝不只是地区的特产，且已成为蚕丝的一种品牌，当时浙西嘉湖地区的一些其他乡镇如菱湖、双林、练市、硖石、乌镇以及江苏的震泽等地所生产的高档蚕丝，也都称为"七里丝"，故汪曰桢在《湖蚕述》中又说："旧以七里丝为最佳，今则处处皆佳。"日本学者伊藤斌在《中国蚕丝研究》中说："今日所称辑里丝，不独菱湖、南浔地方，且四川、湖北、江苏及广东亦有此称，……其他地方所产的优良丝亦冠以七里丝之名。在欧美凡以旧法制成之丝均目之为七里丝。"由此亦可看出辑里丝在明清时期传播之广、影响之大。

辑里丝的出现，是多种因素促成的。

据考，明清时期南浔人养蚕十分重视良种，其所饲养的是"莲心种"④，用这个品种所产之茧缫出的丝纤维细匀、拉力强韧，从而为缫细丝奠定了物质基础。南浔人缫丝的技术也十分高明，早在明代中叶，黄省曾在《蚕经》中就有"看缫丝之人，南浔为善"之说。《吴兴蚕书》说："同此茧，同此斤两，一入良工之手，增多丝之数两，匀细光洁，价高而售速。""良工"又为缫成高质量蚕丝提供了技术条件。蚕丝的光洁度和缫丝用水有密切关系，当时已总结出缫丝择水的经验。"缫茧以清水为之，泉源清者为上，河流清者次之，井水清者亦可"⑤，"山水不如河水，

---

① ［明］宋应星：《天工开物》卷二《乃服第六·治丝》。

② 本章有关辑里丝内容，由闵宗殿研究员撰写。

③ 朱从亮、黄志昌：《辑里丝经的起源初考》，《丝绸史研究》1988 年 5 卷 1 期。

④ 李英：《辑里湖丝，名驰天下》，见中国人民政治协商会议浙江省湖州市委员会文史资料研究委员会编：《湖州文史》第 2 辑，湖州市特产史料专辑，1985 年。

⑤ ［清］卫杰：《蚕桑萃编》卷四。

止水不如流水"①。辑里村东有雪荡河，河水甚清，极宜于缫丝，范颖通《研北居琐录》说："雪荡穿珠湾，俱在镇（指南浔镇）南近辑里村，水甚清，取以缫丝，光泽可爱。"这是辑里丝以洁白著称的关键所在。辑里丝的形成，还和当时的社会条件有关。明代晚期，皇室贵戚对丝织物的要求已不满足于绢绸等一般丝织品，而追求缎类织物及飘逸轻柔的纱绉等丝织品，这种织物，一般需要用细丝织成，最上者称为合罗丝。《西吴枝乘》说："其丝以三枚茧抽（缫）者为合罗丝，岁以供御服，士庶家不得有也。"辑里丝的品质正符合织造高档织物，因而备受皇室、官府重视，在国内外贸易中也极受欢迎，"每当新丝告成，商贾辐辏，而苏、杭两织造皆至此收焉。"② 这种政治经济局面又大大推动了辑里丝生产的发展。到清代后期，辑里丝更成为中国重要的出口物资，在鸦片战争发生前，湖丝、茶叶和大黄三项，每年出洋贸易额达银七八百万两。③

（二）人工放养柞蚕的兴起④

明清时期，丝绸是一种重要的商品，种桑养蚕获利每每超过务农种粮。这一经济形势的出现，既促进了蚕桑业的发展，也推动了人工放养柞蚕业的兴起，从而形成了一门新兴的养蚕业。

采收柞蚕所结的茧加以利用，历史上早有记载："（汉）元帝永光四年（前40年）东莱郡东牟山有野蚕为茧，茧生蛾，蛾生卵，卵著石，收得万余石，民以为蚕絮。"⑤ 这里的野蚕，一般都认为是柞蚕，百姓也早已利用它作绵絮。东莱，指山东半岛；东牟山，有学者认为在今牟平县境内。⑥ 但当时的柞蚕还没有人工放养，都是野生的，所以当时人称为"野蚕"或"山蚕"。

从汉代到明代中叶，历史上有不少野蚕成茧的记载，但都没有说到人工放养，估计在很长的时期中柞蚕都处于野生或半野生的状态。到明代后期，由于商品经济的发展，养蚕织绸获利丰厚，同时由于柞、栎等树分布在丘陵山地，放养柞蚕不占耕地，可以生产粮食，又能获利，增加山民的收入，正是在这种形势下，柞蚕业开始在山东发展起来。明末山东人孙廷铨说："野蚕成茧，昔人谓之上瑞，而今东齐

① ［清］汪曰桢：《湖蚕述》卷四。

② ［清］汪曰桢：《南浔镇南》卷二四《物产》。

③ ［清］林则徐：《密陈重治吸食鸦片　提高茶叶、大黄等出口价格片》，见故宫博物院文献馆编：《史料旬刊》第35期，1931年。

④ 本节由闵宗殿研究员撰写。

⑤ 引自［清］陈梦雷、蒋廷锡等编辑：《古今图书集成·博物汇编·禽虫典》卷一一六，原书作"元帝永元四年"，按汉元帝年号无"永元"，有"永光"，现改作"永光四年"，今本《古今注》未见此条。

⑥ 梁家勉：《中国农业科学技术史稿》，农业出版社，1989年，549页。

山谷在在有之。"① 明末清初诗人吴伟业在《夜宿蒙阴》一诗中说："野蚕养就都成茧，村酒沽来不费钱。"② 这表明，明末放养柞蚕已成为山东地区丘陵山地农家的副业，在胶东一带更为发达。入清以后，承平日久，随着人口的增殖、人多地少矛盾的加剧，这项既不占耕地又能获得厚利的柞蚕放养业，便以山东为中心传播到全国许多地方而很快发展起来。

河南是继山东后放养柞蚕最早的省份之一。雍正《河南通志》载："豫省多有以槲叶饲蚕，蚕即栖于树，不如南方食桑之蚕吐丝细软。"③ 表明河南在雍正时期已放养柞蚕。乾隆九年（1744）九月，河南巡抚硕色向清廷奏称："近有东省人民，携带（柞蚕种茧）来豫，夥同放养，俱已得法。"④ 乾隆河南《鲁山县志》记载："鲁邑……以多山林，近有放山蚕者，遂成行货。"这两条材料说明，至迟到乾隆初，河南放养柞蚕已取得成效，同时也说明，河南的柞蚕放养技术是由山东传入的。

陕西，由于当地官绅的着力推广和劝养，成为放养柞蚕较早的省份，而且传播的地区较广。康熙三十七年（1698），山东诸城人刘棨任陕西宁羌州（今陕西宁强县）知州，他看到宁羌山多栎树，便从山东购买几万颗种茧，分给农民试养，又从山东招募蚕农和织绸工人到宁羌传授技术。当地人为了纪念刘棨的功绩，便将用柞蚕丝织成的绸称为"刘公绸"⑤。雍正三年（1725），陕西兴平人杨屾从山东买柞蚕种到兴平放养。⑥ 乾隆九年（1744），陕西巡抚陈宏谋在关中提倡放养柞蚕，并从"山东、河南雇觅善养山蚕之人"，到陕西"教习"，首先在眉县试养，后又推广到周至、汧阳（今陕西千阳县）、蓝田、商南、商县、陇州、同官、兴安、略阳等地。⑦ 乾隆三十六年，山东高密人郝敬修任陕西汉阴县知县，也在当地提倡放养柞蚕，经二三年的努力，这里的柞蚕业已"收茧织绸著有成效"，到嘉庆初年，清军在这一带镇压白莲教起义，山林破坏，柞蚕业因此衰落。⑧

奉天的柞蚕业也是在清初发展起来的，它的发展和山东人闯关东谋生有关。清代，山东是全国严重人多地少的省份之一，广大农民缺少耕地，加之租赋繁重和自然灾害频繁，农民的生活日益艰难，在这种情况下，地旷人稀的辽东成为山东农民

---

① ［清］孙廷铨：《沚亭文集·山蚕说》。

② 转引自［清］王元綖：《野蚕录》。

③ 雍正《河南通志》，王士俊《劝蚕歌》注。

④ 《清高宗实录》卷二二五。

⑤ 光绪《诸城县志》。

⑥ ［清］杨屾：《豳风广义》。

⑦ ［清］陈宏谋：《广行山蚕檄》；乾隆《周至县志》。

⑧ 乾隆《兴安府志》；嘉庆《汉阴厅志》。

迁居的理想去处。放养柞蚕的技术也随着山东农民的迁移，而被带到辽东半岛。到乾隆中期，奉天西部靠近内蒙古的塔子沟一带也放养柞蚕，这是从陆路去东北垦荒的山东农民传去的。《塔子沟纪略》说："塔属各旗境内，高山之中，多产菠萝（即栎树），其叶大如掌，可饲山蚕，余无他用。先是山东种地人，自伊本省携带蚕种出口放养，以后人争效之，今放养者众。"辽东半岛的情况亦是如此。有记载说："奉省所属锦（州）、复（州）、熊（岳）、盖（平）等处，沿山滨海，山多柞树，可以养蚕，织造茧绸。现在山东流寓民人，搭盖窝棚，俱以养蚕为业，春夏二季，放蚕食叶，分界把持。蚕事毕，则拈线度日。"① 这些记载说明，山东人民为奉天柞蚕业的发展做出了重要贡献。

大致道光咸丰时期以前，奉天放养柞蚕主要在辽东半岛西侧沿海一带的山地。据记载，道光咸丰年间，与盖平相邻的岫岩县，只有很少的山东人前去试养柞蚕，"殆同光初，东边（指辽东半岛东侧）开荒，山多树多，流民迁徙，试养日增"。岫岩以东、以北各县的柞蚕业是 19 世纪 70 年代以后发展起来的。例如安东、宽甸、凤城、辽阳、桓仁等县的柞蚕业都是同治光绪年间兴起的。今辽宁、吉林两省交界处的西丰、西安（治今吉林辽源市）柞蚕业的兴起更晚一步。据《西安县志略》记载，该县 1908 年尚只有 2 户人家放养柞蚕，次年有 25 户，到 1910 年增至 489 户，产茧 5 000 万粒。西安县属吉林省。1907 年吉林省成立山蚕局，在省城附近和伊通、磐石等开辟蚕场 16 处，放养柞蚕；并从盖平招募蚕师到各场指导放养技术。与此同时，黑龙江亦设蚕业公所，在望奎等县柞林繁茂的山地向阳山坡试放柞蚕。可见，到清末，柞蚕业在东北已推进到北纬 47°一带地区，不过望奎等县秋霜到来太早，蚕多冻死，成绩欠佳。②

全国各地最初放养柞蚕，直接或间接都是从山东传去的。山东的邻省如河南、河北及与山东隔海相望的辽东半岛等地，距山东较近，这些地方最初放养柞蚕都是普通百姓介绍过去的。其他各省离山东较远，放养柞蚕基本上都是由地方官员提倡推广而发展起来的。③

四川放养柞蚕便主要是由在四川做官的山东人发动下传入的。乾隆时期，"大邑县知县王隽（山东胶州人），曾取东省茧数万，散给民间，教以喂养，两年以来，已有成效"④。与此同时，绵竹县县令安洪德（山东聊城人）也指导当地人民利用栎树放养柞蚕。⑤ 稍后，乾隆二十二年（1757），四川丰都县知县王荣绪（山东青

---

① 《清高宗实录》卷六六五，乾隆二十七年六月丁未。

② 章楷：《我国近代柞蚕业发展史探析》，《蚕业科学》1991 年 17 卷 4 期。

③ 章楷：《我国放养柞蚕的起源和传播考略》，《蚕业科学》1982 年 8 卷 2 期。

④ 《清高宗实录》卷二〇四，乾隆八年十一月。

⑤ 《绵竹县志》。

州人）写成《蚕说》一书，在当地教民放养柞蚕。①

四川柞蚕放养技术，除从山东传入，也有从贵州传入一途。宜宾县的柞蚕放养技术，就是光绪十九年（1893）知县江国璋"遣人赴遵义雇觅蚕师四人，购蚕种二万来此，在郡城北岸吊黄楼一带，择山有青槲树者，酌量予值，就树放蚕"②，进行示范推广。四川合江县的柞蚕放养技术，是光绪三十年知县夏与赓从贵州引进的。据记载，该年秋，夏与赓"捐廉银百两，并筹集公款四百金，储作经费，一面遣人赴黔雇聘蚕师，购买蚕种，在县试办，以为民倡"，经过示范倡导，百姓"耳目一新，于时赴山学习者不下二十余人"③，于是柞蚕放养便在合江县逐渐推广。

贵州放养柞蚕，开始于乾隆初，最早放养柞蚕的地区是遵义。乾隆三年（1738），山东历城人陈玉璧任遵义府知府，因见当地多槲树，第二年便"遣人归历城售山蚕种，兼以蚕师来"。经过两次失败尝试，至乾隆六年终于获得成功。其间，陈玉璧"事事亲酌之，……公余亲往视之，有不解，口讲指画，虽风雨不倦"④，为在遵义推广放养柞蚕做出了重要的贡献。

安徽放养柞蚕，亦始于乾隆时期。乾隆三十一年（1766），山东潍县人韩理堂任来安知县，将山东的柞蚕放养技术引到来安。⑤ 乾隆三十五年，寿州知州郑基也从山东购买种茧到寿州放养。⑥ 在此期间，贵池亦开始放养柞蚕，乾隆四十一年，池州知府张士范路过贵池殷家汇，见那里有柞蚕放养，曾作诗描述道："青郊布谷连声唤，绿树山蚕抱叶眠，信马不知归路远，夕阳人影散平川。"⑦

除上述各省，湖南、湖北、云南、直隶等省也先后有了柞蚕的放养。清末，安徽劝业道童祥熊说："（柞蚕）实肇于齐省登莱诸郡，既而河南之鲁山，陕西之宁羌，贵州之遵义，奉天之岫岩，闻风兴起，转相仿效。"⑧ 山蚕放养遍布全国 11 个省，从而形成了一个新兴的养殖业。

柞蚕业的形成，为中国柞树资源的利用开辟了一条新的途径。柞树一般都用来当柴烧，或用来培育木耳，柞蚕业形成后，成为柞蚕的重要饲料来源，柞、栎等树得到了充分的利用，对山区的开发具有重要的意义。同时，柞蚕业的形成，开辟了新的财源，增加了农民的收入。童祥熊在《柞蚕简法》中说，自放养柞

① 咸丰《青州府志》。
② ［清］江国璋：《教种山蚕谱·序》。
③ ［清］夏与赓：《山蚕图说·序》。
④ ［清］郑子尹：《樗茧谱·志惠》。
⑤ 《来安县志》。
⑥ 光绪《香山县志》。
⑦ 《池州府志·殷家汇即事》。
⑧ ［清］童祥熊：《柞蚕简法·序》。

蚕，各地"终岁所入，自数十万金，以致数百万金，最著者为鲁山县属之拐河集，其产额且达二千万以外，实中国一绝大之富源也"①。贵州遵义自放养柞蚕以来，"遵绸之名竟与吴绫、蜀锦争价于中州，远徼界绝不邻之区，秦晋之商，闽粤之贾，又时以茧成来，堉鬻捆载以去，与桑丝相掺杂，以为绉越纨缚（绢）之属，使遵义视全黔为独饶"②；遵义的百姓"自有槲茧（即柞蚕之茧）来，寡者日以众，贫者日以富，数十万户罔不含哺鼓腹，怡然于槲阴丝灶之间"③。由此可见，柞蚕业的形成对发展农村经济发挥了明显的作用。

三、水产养殖业的新局面

明清时期，随着城镇对水产品需求数量的增多，水产养殖业的发展十分显著。

淡水养鱼业有显著的进展。珠江三角洲和太湖地区最称发达，出现大面积连片鱼池，养鱼业已由农村副业发展成为农村一项独立的专业经营，商品生产性质十分明显。江西、湖南、湖北、浙江等省的部分地区也都出现了养鱼的专业区和专门从事渔业的经营户。在这种情况下，养鱼技术有很大的进步，如水体的综合利用、精养水平的提高、外荡的开发利用以及鱼苗鱼种经营的发展。青、草、鲢、鳙的养殖方法尤为完善，出现了黄省曾等养鱼专家，在选种、择地、筑池、养法、饲料、祛病、防害等方面形成了一套科学养鱼理论。

明清时期海水养殖也远远超过宋元时期，尤以闽、粤等省发展迅速，贝类养殖已相当发达。明代还开始了海水鱼的养殖。

（一）淡水养鱼业的迅速发展

1. 集中成片的养殖渔区成批出现　试以珠江三角洲及太湖地区来说明。

珠江三角洲及太湖地区养鱼业的发展有着不少类似的地方。这两个地区都有工商业发达的城镇，需要大量鱼货供应。他们都是在明清时期中国人多地少的矛盾日益突出，农业走向综合利用、多种经营的历史条件下，致力于洼地改造，逐步形成连片鱼池的；其中许多又是以种桑结合养鱼的基塘形式经营的。

（1）珠江三角洲地区。珠江三角洲地区池塘养鱼在9世纪的中唐时期就有所发展。到了明代中叶，社会经济的进一步发展和城镇人口的不断增加，刺激了商品性农业的发展，养鱼户除了自给，还有很大数量的鱼货向附近城镇销售。人们结合低洼地改造，挖塘筑基，基上种果、种桑、种蔗、种菜，水体养鱼，种莸荠、慈姑、

---

① ［清］童祥熊：《柞蚕简法·序》。

②③　［清］郑子尹：《樗茧谱》。

莲藕，初步形成一个以南海九江乡为中心，包括高明县的坡山，顺德县的龙江、龙山等 4 个乡为主的一系列桑基鱼塘、蔗基鱼塘、果基鱼塘等多种形式的基塘生产地区。明末清初，由于缫丝工业的发展，基塘生产进入以桑基鱼塘为主的时期。明万历九年（1581），珠江三角洲已有纳税鱼塘 16 万亩。生活于明末清初的屈大均在他所著的《广东新语》一书中，记述当时以九江乡为中心的连片鱼池"形如棋枰"，周回 30 余里。人们由于养鱼，在濒海土地瘠薄低洼的地方得以温饱并致富。当地流行着这样的谚语："九江估客，鱼种为先。左手数鱼，右手数钱。"① 据马镇平《广东渔业发展简史》考证，乾隆年间，广州成为中国唯一的允许外国商人收购土丝的口岸。这就进一步促使珠江三角洲桑基鱼塘面积迅速扩大，许多原来的农田变为基塘。鸦片战争后，珠江三角洲蚕丝业和对外贸易进一步发展，桑基鱼塘面积也进一步扩大，一个集中连片、以桑基鱼塘为主要形式的专业性生产地区终于在珠江三角洲的广大范围内形成，使珠江三角洲水网地带成为举世闻名的养殖之乡。

（2）太湖地区。明清时期，太湖地区商品性农业迅速发展。这里既是粮食的高产地区，又盛产棉花、蚕丝，成为纺织业的中心。人们形容当时的杭嘉湖地区"桑麻遍野""丝衣天下"②，松江、太仓一带"遍地皆棉""衣被天下"③。农产品的商品化、手工业的高度发达以及商品交换的兴旺，导致成批市镇的出现以及苏州、杭州等中心城市的繁荣兴旺。当时的苏州"为天下南北之要冲，四方辐辏，百货毕集"④，远方的海蜇、鱼鲞源源不断地运来。水产品的经营已成为一项重要的商业活动，从而刺激了淡水养殖业的迅速发展。太湖地区闻名的淡水养殖集中产区，如湖州的菱湖、吴县的洞庭东山、无锡的梁溪以及吴县的黄桥、黄埭、蠡口等，都是在这一时期陆续形成的。它们的形成大致有两种类型：一种是在洼地改造中，与发展蚕桑相结合，逐步形成桑基鱼塘；另一种是在城市附近围拦河床、湖荡，逐步形成连片鱼池。前一种可称为"湖州型"，以菱湖、洞庭东山为代表；后一种可以称为"郊区型"，以黄桥、梁溪、南北庄基为代表。

①菱湖。浙江的湖州，自古即以蚕桑闻名于世，有丰富的栽桑养蚕经验。据《湖州府志》《菱湖镇志》及清代汪曰桢《湖蚕述》记载，明代，湖州由于地近丝织业发达的苏杭地区，又因湖地卑湿"不宜于木棉"，在全国普及植棉的大环境下，呈现蚕桑一枝独秀的局面。其中以菱湖最为典型。

菱湖，唐代以前原是"汪洋浩渺，古未成聚"⑤ 的地方。唐宝历年中，刺史

---

① ［清］屈大均：《广东新语》卷二二《鳞语·养鱼种》。
② ［清］唐甄：《潜书》下篇下。
③ ［清］周凤池：《金泽小志》卷一。
④ ［明］陆楫：《蒹葭堂杂著摘抄·论崇奢黜俭》。
⑤ 光绪《菱湖镇志》引［明］庞太元《菱湖志》。

崔元亮开凌波塘，"民始聚居于塘之东，兴菱桑业"①。由于其地产菱，故名菱湖。当时，"塘以西皆桑墟、芦苇、泥墩、蚬子滩，阒无人居"②。这时农业的产业结构是菱、桑结合，还谈不上养殖渔业。"宋南渡后，整市廛，治桥梁，由是渐稠密"③，但"元末罹兵火"，明成化弘治年间"民乃濒西湖居"，可见还很荒凉。到了正德、嘉靖、万历年间，情况才发生"第宅连云，阛阓列螺，舟航集鳞，桑麻环野，西湖之上无隙地、无剩水矣"④的巨变，形成"民生利赖（蚕桑）殆有过于耕田""穷乡僻壤无地不桑"⑤ 的局面。

在洼地开发种桑的过程中，植桑与养鱼的结合几乎是历史的必然。第一，随着隙地的充分利用，鱼池边种上了桑树。正如同治《湖州府志》所说："其树桑也，自墙下檐隙以暨田之畔、池之上，虽惰农无弃地者。"池边植桑，池中养鱼，逐渐形成了桑基鱼塘。第二，洼地改造，必然是挖掘池塘、沟洫，高者植桑，低者栽藕养鱼，构筑成桑基鱼塘。明代王道隆《野史》记载："滨湖诸民遍植杞柳，填委诸溇，日积月累，渐成芦荡，洼者为鱼池，广者为桑地。"明万历《归安县志》亦云："菱湖一带最洼，且濒溪漾，难治。民亦有议策：掘成地荡，植桑藕处免赋税。"记述的正是洼地改造的景况。

随着岁月的推移和经验的积累，建造桑基鱼塘成为自觉的行为。清初顺治年间，张履祥在《补农书》中就把建造鱼池和培养桑基一并考虑。他说："凿池之土，可以培基"，"池中淤泥，每岁起之以培桑竹，则桑竹茂，而池益深矣"，"种田之亩数，略如其池之亩数，则取池之水足，以灌禾矣"，"周池之地必厚；不厚，亦妨邻田而丛怨"。说明此时人们对桑基鱼池的建设已有了深刻的认识，积累了相当的经验。

从菱湖来看，土地的充分开发利用是在明代正德、嘉靖、万历年间，桑基鱼塘的大面积形成亦当在这一时期。到清初顺治年间，张履祥在《补农书》中云："湖州低乡稔不胜淹，数十年来于田不甚尽力，虽至害稼，情不迫切者，利在畜鱼也。故水发之日，男妇昼夜守池口，若池塘崩溃，则众口号呼吁天矣。"康熙《归安县志》已将桑、菱、鱼三者并提，曰"南乡业桑菱畜鱼"。可见，明末清初，养鱼已成为湖州菱湖一带的一项重要收入了。这种桑鱼并重的局面一直延续到近代。明清时期，养鱼在当地经济生活中所占的地位，我们没有具体资料，但从近代的资料中可推知大概。1946年《水产月刊》（复刊）第1卷第3期载谢潜渊《湖州、杭州、苏州之养鱼业》中说：湖州养蚕及养鱼两种副业，"实际占到农家经济收入上主要之地位。养鱼业虽不如蚕丝业之发达，但其地位之重要，仅

---

① ② ③ ④　光绪《菱湖镇志》引［明］庞太元《菱湖志》。
⑤　［清］汪曰桢：《湖蚕述》。

次于蚕丝业。"

在江浙两省养鱼最称繁盛之区的菱湖，鱼池十分集中。明清时期缺乏统计数字。民国时期，据上述《水产月刊》（复刊）第1卷第2期载《菱湖养鱼业调查》称，菱湖附近四五十里间有乡村200余，15 000余家，其中有12 000余家有鱼池，不养鱼而仅事农耕者极少。鱼池大小不等，大者面积有十五六亩，小者仅一二亩，一般以四五亩至十亩为最多。地势低洼的菱湖地区，鱼池密布情形可见。推想明清时期也应该是相近似的情形。

②洞庭东山。洞庭东山是很早就栽桑养蚕的。唐代陆龟蒙"处处倚蚕箔，家家下渔筌"的诗句，就反映了蚕桑和捕鱼在苏州农村是同样普遍的生产活动。

洞庭东山原来是太湖中的一个山岛。山岛之上不大可能有大面积鱼池。但是，当地人民素有集约经营和栽桑养蚕的习惯，一旦山岛周围出现大片滩地，在滩地的改造利用中，也必然会像菱湖那样，走上桑基鱼塘的道路。历史的进程正是这样。东山，在明清时期，由于泥沙淤积，周围滩地迅速增长，因而和陆地日趋接近。清乾隆十四年（1749）《东洞庭山士民大缺口水利条陈》云："往时口阔二三百丈，水行通畅。后被附近居民种植菱芦，泥淤滩涨，水口渐狭，仅存五十余丈。"随后，洞庭东山终于与陆地连成一片，成了一个半岛。东山的鱼池，也就是在"泥淤滩涨"的过程中发展起来的。明代王鏊《送秉云还吴》诗云："为置湖滨田十亩，下栽禾黍上木奴（即柑橘），菱芡荷花绕前后。"乾隆《震泽县志》记载，康熙年间，长桥遗爱亭周围湖滨"低者开浚鱼池，高者插莳禾稻，四岸增筑，植以烟靛桑麻"。说明滩地开发利用走的是类似桑基鱼塘的道路，乾隆时编写的《太湖备考》已指出："鳙、鲢，东山鱼池多畜此二种，夏秋网鬻，盛于湖产。"夏秋季养殖鱼竟多于湖中捕捞的产量，足见乾隆时期鱼池已有较大面积了，池鱼养殖已成为保证城市鱼品供应的一个重要来源。通过长期实践，桑基鱼塘逐步形成一种固定的生产模式。《太湖备考续编》卷二载："惠安堂：翁节妇捐鱼池五亩、后山荡田四十一亩、桑地鱼池二十六亩。"这段记载中很明确地把"桑地鱼池"和一般鱼池区别开来了。

③黄桥、黄埭、蠡口。黄埭东连蠡口，南与黄桥之长荡及南北庄基相接。这一片地区是太湖地区又一个淡水养殖集中区。民国《吴县志》载："吴人畜鱼以池，名曰鱼荡。"道光年间刊印的顾禄《清嘉录》云："今长洲境北庄基、南庄基鱼荡尤多。"可见这一地区养鱼之盛。

这片集中养鱼区距苏州市区不远，大致产生于明末清初。它的兴起是与苏州城对商品鱼需求的增长密切相关的。人们通过围拦河滩、湖荡，逐步建成连片鱼池。长荡（又名青苔河，亦称鱼池湖）就是其中一个明显的例子。乾隆十三年（1748）《苏州府志》载，长荡原来"周二十里，府西诸流多汇于此，潴为巨浸"，

"后多为豪民所据，遏水畜鱼，河流渐狭"。至道光年间，这里已是"居人皆以养鱼为业，以鱼池之多少论贫富，池大者常至数十亩"。[①] 凌寿祺《青苔河渔家》诗中有句云"青苔河上数百家，家家种鱼鱼池饶"，正是这种户户养鱼的写照。同时代顾禄《桐桥倚棹录》亦云："青黛湖，在长荡内，两岸居民多浚池育鱼，故土人呼为鱼池路。路旁皆栽杨柳，以固池防。"这说明，道光年间青黛湖已化为鱼池，形成了布局整齐、具有相当规模的养殖渔区了。

④梁溪。梁溪即梁清溪。据道光《无锡金匮续志》记载，"故溪水汪洋，最狭处广十丈余"，是一条很宽的河流；"嘉庆初，居民在溪僭筑鱼池，日增月盛，层叠填壅，阻遏水源，仅剩三分之一"。当时，池户占去河面即有六七百亩。到了光绪年间，据当时县志记载，由于"滨溪居人多为鱼池，日渐增拓，溪为所侵，其隘处殆如小水云"。1932 年《中国实业志》载："自仙女墩至大渲口，沿梁清溪两旁，居民类多养鱼，共有六七百家，鱼池栉比。"这些材料告诉我们，全国著名的河埒口养鱼区是在清代中后期靠圈围梁溪河滩而逐渐形成的。

2. 多鱼种混养技术的普及　明清时期已注意对水体进行综合利用，家鱼的多鱼种混养在长江中游及太湖地区、珠江三角洲等地迅速发展起来。在很长一段时期内，草鱼及鲢鱼混养是混养的基本形式。明代王士性《广志绎》记载，湖广地区鲢入池"当夹草鱼养之"。徐光启《农政全书·江西养鱼法》说："每池鲢六百，鲤二百。"清代金友理《太湖备考》云："鲤鲢，东山鱼池多畜此二种。"以后，随着养殖技术的提高，逐步发展成多鱼种的混养。各地自然条件、市场要求及经济技术水平不同，混养的方式也不同，但是都注意到上、中、下和底层鱼类的适当搭配。混养的鱼有青、草、鲢、鳙、鲤、鲮、鳊等。可以说，草、鲢混养奠定了中国家鱼混养的基础。

家鱼混养技术的迅速发展，根源于商品经济发展的客观要求。人们认识到混养有很多好处。《广志绎》说："草鱼食草，鲢则食草鱼之矢。鲢食矢而近其尾，则草鱼畏痒而游。草游，鲢又随觅之。凡鱼游则尾动，定则否，故鲢、草两相逐而易肥。"《广东新语》云："鲩食之（草），鲢鳙不食，或食草之胶液，或鲩之粪，亦可肥也。"《湖录》云："青鱼饲之以螺蛳，草鱼饲之以草，鲢独受肥，间饲以粪。盖一池之中畜青鱼、草鱼七分，则鲢鱼二分，鲫鱼、鳊鱼一分，未有不长养者。"多鱼种混养，既充分综合利用了水体，又节约了饲料，收到降低成本、提高产量、增添上市水产品花色品种的综合效果。

---

① 道光《浒墅关志》卷一一《物产》。

表 5-7　明清时期中国的家鱼混养方式

地区	年代	混养方法									文献出处
		上层鱼		中下层鱼		底层鱼					
		鲢	鳙	草鱼	鳊	鲮	青	鲮	鲫	鲤	
江浙	明代	✓		✓							[明] 王士性《广志绎》
江浙	明末	600 尾		200 尾							[明] 徐光启《农政全书》
浙江桐乡	清初	✓		✓		✓	✓				[清] 张履祥《补农书》
广州	清初	120 尾	50 尾	30 尾					1 000 尾		[清] 屈大均《广东新语》
湖州	清乾隆时期	✓		✓	✓			✓	✓		《湖录》
广东南海	清光绪时期	120 尾		500 尾	32 尾				4 000 尾		《南海县西樵塘鱼调查问答》
广东顺德	清光绪时期			300 尾	50 尾			500 尾		200 尾	《农学报》245 期

资料来源：闵宗殿《我国历史上的家鱼混养》，转引自顾端《渔史文集》，台北淑馨出版社，1992 年。

3. 养殖技术和精养水平的提高　明清时期，池塘养殖是淡水养殖的主要形式。池塘养殖，由于面积较小，便于精细管理，实行集约经营，产量也较高。随着上述连片鱼池的出现，基塘生产、多品种混养等生产方式的进步，以及水体综合利用程度的提高，养殖技术和精养水平相应地有很大的进步和提高，饲养方法日趋完善。明清时期出现了黄省曾《养鱼经》及徐光启《农政全书·江西养鱼法》等比较系统的养鱼专著。从这两部著作看，举凡鱼池的建造、放养的数量、品种的搭配、鱼苗及成鱼各阶段的饲养方法要点、饵料的投放以及鱼病防治等，都有较详细的叙述，特别是针对鱼池建造、池塘环境、泛塘原因、定时定点喂食等问题提出了不少科学方法，至今具有实际应用意义。

（1）**鱼池建造。** 徐光启介绍当时江西养鱼方法，鱼池为小、中、大三种，以便于放养鱼苗至放养成鱼的连续操作。具体做法是：

掘小池方一丈，深八尺，底又作小池，方五尺，深二尺，用杵筑实，畜水至清明前后出时，买鲢鱼、鳙鱼苗长一寸上下者，每池鲢六百、鳙二百，每日以水荇带草喂之。无草时，可用咸蛋壳食之，常时积下，至时用

之，冬月尤宜用之，令鱼并泥食之不散游。至五月五日后，五更时，用夏
布袱于塘近边，钉四桩，张布袱其上；次以夏布兜捞鱼苗，倾袱内。选去
杂鱼，另置一水盆中；其鲢、鳙入水桶，旋送入中池。中池方二三丈，每
池可放七八百。池中先栽荇草。栽法，于二三月边，旧鱼入大塘，去水晒
半干，栽荇草于内。栽完，放水长草以养新鱼。其中池移过大池之鳙鱼，
每百日，用草二担，则中池过塘时，鱼重一斤者，至十月可得三四斤。大
塘者，大小为鱼多寡，水宜深五尺以上。每食鱼只于大塘内取之。中塘荇
草尽，再入之，或用正本草。若大池面方二三十步以上者，可畜三四斤以
上鱼，即与老草连根食之。……凡小池定在大池之旁，以便冬月寄鱼。小
池过小鱼于中，中池即栽荇。

徐光启指出分鱼池为小、中、大三种，以分别饲养不同成长阶段的鱼，是很合理
的。在小池中再建一较深部分，鱼苗小时利用较深部分，鱼苗长大则池水逐渐加
深，池面积加大，也是合理的办法。在大池边建小池，以便冬日寄鱼，这是很合理
的安排，有利于操作和管理。

黄省曾《养鱼经》亦指出了建池的若干原则：

凡凿池养鱼，必以二，有三善焉。可以蓄水，罽时可去大而存小，可
以解泛。此池泛，可入彼也。

池不宜太深，深则水寒而难长。鱼之行游，昼夜不息，有洲岛环转，
则易长。

池之傍树以芭蕉，则露滴而可以解泛。树楝木，则落子池中，可以饱
鱼。树葡萄架子于上，可以免鸟粪。种芙蓉岸周，可以辟水獭。

池之正北浚宜特深，鱼必聚焉，则三面有日而易长。

（2）饲养技术。伴随着混养的发展和放养密度的提高，人们在投饵施肥、看水
管水等方面都积累了丰富的经验。例如，利用湖荡、河流天然饲料来源丰富的特点，
耥螺蛳，捞水草，取得了发展池塘养鱼、实行混养和提高养殖密度所需的大量饲料；
针对鱼类品种的不同组合，实行荤素分开，分别投饵（饲养青鱼、鲤鱼为主的鱼池
投喂蚬螺，称作"荤池"；饲养草鱼、鳊鱼的鱼池投喂水草，称作"素池"）；在喂料
方面，还针对鱼体成长的不同阶段，区别对待。混养密度提高以后，人们认识到
"养好一池鱼，先要管好一池水"，通过看水色，判断水质，及时采取相应措施。

民国《吴县志》总结记载了南北庄基养鱼的经验："其畜之也有池，养之也有
道，食之也有时。鱼有巨细，以池之大小位置之。时有寒暖，视水清浊调和之（大
要春夏宜清，秋冬不妨浊也）。食有精粗，审鱼之种类饲养之。"可以看到，明清时
期太湖地区的人们已经掌握了相当多的池塘养鱼规律，有较高的精养管理水平。对
此，黄省曾和徐光启在著作中也有记载。

黄省曾《养鱼经》指出，要针对各种鱼的不同习性和鱼的大小进行饲养。他说："有难长之秧，曰艋艘，其首黄色，曰螺蛳青，以其食螺蛳也，故名。……其口尖，期年而鼻窍始通，不得通则死。长至尺许，乃易大。"指出了青鱼在早期要加意饲养。他还指出要"以鸡鸭之卵黄，或大麦之麸屑，或炒大豆之末"作为鱼苗的开口饲料。又说"鲩鱼食草"，饲草应"一日而两番，须有定时。鱼小时，草必细饲，至冬则不食"。

徐光启《农政全书》的记载也说明，对于鱼类饵料，人们已能根据鱼体的成长阶段而采取适当的措施。如在小池中饲养小鱼苗，要在清明放鱼前提早把水蓄好。这样，对于浮游生物的生长繁殖是有利的。中池所用的饵料是在二三月左右在池中种好水草，到五月以后才放鱼，利用天然繁殖起来的水草供草鱼作食料。在水草用尽时，才投放不连根的水草茎叶，而且中池中鱼"刈草宜更细"。只有大池的鱼，可以用连根的老草。他还提出："作羊圈于塘岸上，安羊，每早扫其粪于塘中，以饲草鱼，而草鱼之粪又可饲鲢鱼。"

这些关于鱼苗开口饲料的选择以及种草养鱼、投禽畜粪养鱼的经验，一直延续到 20 世纪 50 年代以后，成为具有中国特色的实用技术，为人们所认识和推广。

（3）鱼害、鱼病和鱼虱的防治。明清时期，人们对危害养殖业的鱼害、鱼病及鱼虱已加强重视，并采取了一些技术措施。

①为了除去野鱼，鱼花户已利用鱼苗在水中分层的习性，将鱼苗分类捞出，分别饲养。《广东新语》卷二二《鳞语·鱼花》记载："取之盛以白磁，方如针许，已能辨其为某鱼，拣为一族。其浮在盆上者鳙也，在中者鲢，在下者鲩，最下则鲮也，分养池中。"

清代，人们还利用野鱼苗耗氧率较高、需要水中溶氧量较大的特点，清除野杂鱼。浙江菱湖群众谓之"做鱼"。具体办法是，将池中水量减少，且不加新水，使水中溶氧量降至相当低的程度，足以使野鱼苗浮头乃至死亡。

②注意并防治鱼泛。鱼池混养密度提高后，容易发生鱼泛。养鱼专著对此关注较多，并提出了防治办法。

黄省曾《养鱼经》指出："鬻时可去大而存小，可以解泛。此池泛，可入彼池。不可沤麻，（否则）一日即泛。鱼遭鸽粪则泛，以圊粪解之。鱼之自粪多而反复食之，则泛，亦以圊粪解之。""池之傍树以芭蕉，则露滴而可以解泛。""池中不可着碱水石灰，能令鱼泛。""凡池之漂（浮萍科植物），相传一夜生七子，太密则鱼皆郁死，必去其半乃佳。"

明代邝璠《便民图纂》卷一四指出："凡鱼遭毒翻白，急疏去毒水，别引新水入池。多取芭蕉叶捣碎，置新水来处，使吸之则解。或以溺（尿）浇池面，亦佳。"

③防治鱼虱。徐光启《农政全书》指出："池瘦伤鱼，令生虱。"水质的肥瘦是

针对水中含浮游生物多少而言的。水质瘦，鱼就易生虱。徐光启指出防治的办法是："取过泥，速栽荇草，放水入鱼。""凡取鱼见鱼瘦，宜细检视之。有，则以松毛遍池中，浮之则除。"

（4）苗种培育技术。明清时期，随着养殖面积的迅速扩大和多品种混养的发展，青、草、鲢、鳙已成为主要的养殖品种，种苗需要量大，鱼苗的来源已从古代以养鲤为主的就地采集，转向长江、珠江大规模地采集、长途贩运和培育。因而，人们逐渐掌握了淡水自然繁殖主要经济鱼类的规律，积累了丰富的知识，鱼苗、鱼种的培育技术也获得相应改进。黄省曾《养鱼经》、屈大均《广东新语》等著作，对此都有较多的记述。

黄省曾《养鱼经》云：

> 古法俱求怀子鲤鱼，纳之池中，俾自涵育。……今之俗，惟购鱼秋。其秋也，渔人泛大江，乘潮而布网取之者。初也，如针锋然。……《闽录》云："仲春取子于江，曰鱼苗，畜于小池；稍长，入蓁塘，曰蓁鲦，可尺许，徙之广池，饲以草，九月乃取。"

屈大均《广东新语》卷二二《鳞语·鱼花》云：

> 鱼花产于西江。粤有三江，惟西江多有鱼花。取者上自封川水口，下至罗旁水口，凡八十里，其水微缓，为鱼花所聚，过此则鱼花稀少矣。……当鱼汕种时，雄者擦雌者之腹，则卵出，卵出多在藻荇间。雄者出其腹中之腺覆之，卵乃出子。然见电则子不出矣。土人谓鱼散卵曰汕，腺者，鱼之精也。子曰花者，以其在藻荇之间若花，又方言凡物之微细者皆曰花也。亦曰鱼苗，以当春出于苗始生时，与苗俱生也。亦曰鱼秋，农人种禾兼种鱼，视鱼犹禾也。……凡取鱼花，自三月至于八月，当日落时，望某方电脚高，则知某方无雨，某江之水不涨；某方电脚低，则知某方有雨，某方之水涨，涨则某鱼花至矣。西南为南宁左江，其水多土鲮；正西为柳州右江，其水多鲢、鳙；西北为桂林府江，其水多草鱼，草鱼者鲩也。

范端昂在《粤中见闻·鱼花》中对岭南鱼苗的发生规律，又做了进一步的总结：

> 岁清明后，雷雨大作，鱼孕育乘潦流下，其花柳（柳州）庆（庆远府）为上，南宁次之，郁、桂（今广西玉林及桂平）又次之，富、贺（今广西富钟及贺县）又次之。夜分西望电光，即知鱼花来自何江，至以何日。柳、庆越三旬、两旬，南宁则两旬、旬半，或电光远，则知过吲门不来。

关于捞取鱼苗，《广东新语》卷二二《鳞语·鱼花》记载说：

凡取鱼花，以芒布为罾，罾尾为一木筐而无底，半浮水上，鱼花从罾入至筐，乃杓于船中。罾之状如复斗帐，凡两重：外重疏，以布四十丈；内重密，以布一丈为之。大步置筐八九十，小步十或二十，上步取已，复于下步取之，其出不穷。然多在江水湾环之所。取之盛以白瓷，方如针许，已能辨其为某鱼，拣为一族……分养池中，水浅而向阳，则易长。稍长者曰麋鱼帘，谓可食蘼萍也。岁正月，始鬻鱼花，水陆分行，……其鬻于近者鱼花大，远者小，日以米汤和鸭子（鸭卵）黄饲之，又数易以生水。其在舟中者，则舟旁为两水车，昼夜转水，使新水入舟，故水不留，而后鱼花不病也。

湖南的清泉在明清时期也是鱼苗的重要产地。清代黄本骥在《湖南方物志》中，对当地鱼苗的采集、培育有详细的记载：

鱼苗出常宁白面石下。其地有龙祖潭，上有沙丘，相传龙王葬后于此。丘之沙细如尘，历久水不能没。或秋冬丘稍低，至寒食仍高耸。俗又称龙王培坟，湘水之鱼必至此朝龙，经白面石鱼照方成种。顺流下，迄清泉县百里而遥，过此则无。渔者于清明节浮筏江中，候雨集水长，捞鱼所布之子。胶密布为箱贮之，养于泽畔，越宿即成鱼苗，星星细如毫发，乍睹无所见，若清水然，故名曰鱼水。贾人购置盆内，越异日而头目毕见。饲之之法，取峒茶煮咸鸭卵，经昼夜，取卵黄为粉饲之。越三日，每一盆，或数十数人均分其水，利市者，获鱼至亿万无算。数千里外购鱼苗者帆风沂月，飘然渔歌与湘流上下。故清泉科则春有鱼舫之税。[1]

4. 鱼苗鱼种经营的发展 以后，青、草、鲢、鳙的养殖兴起，谓之四大家鱼。明清时期，苗种经营大盛。在长江中游的江西九江、广东南海的九江乡等地，出现一批专营苗种业的渔民，他们大都从长江及珠江上游的西江捞捕鱼苗，远销各地。

江西九江。陆深《豫章漫抄》记载："今人家池塘所蓄鱼，其种皆出九江，谓之鱼苗。盖江湖交会之间，气候所钟。每岁于三月初旬，挹取于水，其细如发。养之舟中，渐次长成，亦有赢缩，其利颇广。九江设厂以课之。洪武十四年，钦差总旗王道儿等至府，编佥渔人，谓之捞户。"

广东南海九江乡。屈大均《广东新语》记载："南海有九江村，其人多以捞鱼花为业，曰鱼花户。""九江乡以养鱼苗，鱼苗之池，惟九江乡有之。""九江乡揽西北江下流，地洼，鱼塘十之八，田十之二。故其人为农无几，终岁多殚力鱼苗。"

至于贩卖鱼苗的人，则为数更多。《广东新语》记载："岁正月，始鬻鱼花。水陆分行，人以万计，筐以数千计。自两粤郡邑，至于豫章、楚、闽，无不之也。"

---

① ［清］黄本骥：《湖南方物志》卷三，见［清］王锡祺辑：《小方壶斋舆地丛钞》第六帙。

长江下游诸省的鱼苗，大都从江西九江运回。同治《湖州府志·物产》云："鱼苗出九江，曰鱼秧。春间以舟由苏、常出长江往贩，谓之鱼秧船，其行极速。"《宝前两溪志略》云："鲢鱼产长江内，土人二三月间往江边，待江水发涨时，鲢鱼随流生子，罾得其子，曰鱼花。贮于缸筐，饲以鸭蛋黄，以巨舟载归，畜于池。俟其大寸许，分畜之，曰鱼秧。"同治年间，"鱼花一项"已成为"苏浙乡民一大生计"，群众称之为"水花财"，引起官府的高度重视。据现存《江苏巡抚部院严禁需索留难鱼花船只碑》记载，曾国藩等曾针对鱼花船运输途中遭受讹诈、留阻的情况，"奏请特旨，凡江浙两省民众往长江各地采办鱼秧者，著沿途地方官员负责保护，迎送出境，并豁免鱼税水粮"，"沿江派防师船加意护送"鱼秧船，"派拨炮船弹压"违禁者；又规定，"凡鱼花船只经过关口厘卡营汛地方，无分昼夜，随到随放，不准片刻耽延。倘再有兵勇差役及地痞一切人等仍前需索，留难阻挠，许该商民就近指禀，地方官立即查拿，尽法惩治"。从此以后，装运鱼苗、鱼种的船只，均有奉宪小旗插在船的后艄，经过关卡，不分昼夜，只需鸣放爆竹，即启关放行。

清代后期，在长江捞取鱼苗的范围扩展至安庆、芜湖、南京、镇江一带。菱湖、苏州等主要养鱼区仍要到九江一带贩运鱼苗。

鱼苗运至各省后，又形成了一批培育鱼种的产地。清代培育鱼种的事业有很大发展。康熙《苏州府志·物产》记载："鱼秧，东乡蓄以贩鬻。"武进的芙蓉乡是江苏省出名的培育鱼种之乡。据该乡徐家村《徐氏宗谱》记载，该村徐德孚生于乾隆十七年（1752），从小就随其父培育鱼种。中国江浙一带培育鱼种向以吴兴之菱湖称盛，其历史当更早于苏州、武进。

菱湖介于江苏太湖、浙江杭嘉湖及宁绍三大片养鱼区之间，曾经是鱼苗、鱼种的一大集散中心。除鲤、鳊鱼苗，青、草、鲢、鳙鱼苗均购自长江上游，运至菱湖后，其秧之小者约蓄养数星期或十余日后出售，其大者则运到时即可出售，分销于苏州、无锡、昆山、湖州、嘉兴、绍兴、金华、衢州、萧山等处，亦有运销福建者。由于江苏下游江段所产鱼苗以青鱼、草鱼为多，当地群众每年均须向长江上游的九江等地或通过菱湖采购花白鲢鱼苗，同时供应浙江一部分青、草鱼苗。而苏州、无锡所需的大规格青、草鱼种，则大都自菱湖方面购来。菱湖的养殖习惯是："草鱼养殖至七八寸以后，即卖于洞庭东山，彼处再养若干时期，成为食用鱼，然后贩卖于上海。"[①] 无锡也是"青鱼种多购自浙江菱湖"[②]。其他苗种，如苏州的鳊鱼苗是从芙蓉圩或六合塔买来，无锡的鲤鱼则于附近芙蓉圩购之。这就形成了一定的苗种流转路线。

---

① 洪宾：《菱湖养鱼业调查》，《水产月刊》（复刊）1946 年 1 卷 2 期。
② 实业部国际贸易局编：《中国实业志·江苏省·水产及渔业》，1933 年。

鱼苗、鱼种经营的发展，也引起了工具的革新。清代，运输鱼种采用一种"鱼秧船"。这种船又称"活水船"，舱中凿有小孔，孔以竹帘障之，以防幼鱼逸出。船中之水与河水经竹帘缝隙互相流通，不啻蓄鱼于河流之中。武进县芙蓉乡的活水船，靠近头舱的上方有两个进水眼，靠近中舱处有两个出水眼。鱼种装在头舱，航行时新鲜水从进水眼流入头舱，再不断地从出水眼流出，使鱼种处于活水之中。进水眼前面还设置有两块可以调节水流的挡水板，使进水得以根据船速任意调节。船上还备有小水车，停航时可用小水车排出污水，引进新鲜水，防止鱼种缺氧死亡。该乡有这种活水船 130 多条，一直使用到 20 世纪 70 年代，才被挂桨机船所代替。

5. 河道养鱼及外荡的开发利用　明代，江浙一带开始将宽阔的河道用箔拦起来，投放鱼种，依靠水中天然食料养鱼，谓之外荡养鱼。这种养鱼方式，使宽阔的水域得到利用，成本低，效益好。

中国河道养鱼始于浙江绍兴。时间当在绍兴三江闸建成之后。《绍兴府志》记载："闸（指三江应宿闸）经始于丙申（明嘉靖十五年，1536 年）秋七月，六易朔而告成。洞凡二八，以应天之经宿。堤始于丁酉（明嘉靖十六年）春三月，五易朔而告成。"绍兴河道受钱塘江潮汐影响，水位差幅很大，不建闸是无法实行河道养鱼的，因此绍兴的河道养鱼，当在三江建闸以后，即明嘉靖十六年以后。三江闸建成后，水位变动小，差幅小，即可依靠竹箔相连将河道拦断，进行河道养鱼。河道养鱼始于绍兴，尔后向各地扩展，特别是钱塘江北岸的德清一带发展较快。

明代，太湖水网地区的群众已认识到可以结合水利，进行水产资源的增殖。水网地区湖荡密布，受风浪的影响特别大，所谓"吴民畏风甚于畏雨"。他们在长期的防浪护坡实践中，积累了不少经验，其中重要的一条就是生物护坡。一般在靠堤脚外浅滩上混植茭、芦，稍外水渐深处则种菱。明代耿橘《常熟水利全书·大兴水利申》云："菱实可啖，葑苗可薪，又其下皆可藏鱼。利之所出，民必惜之。岸不期守，自无虞也。"可见，早在明代，人们已经知道种植水生植物既可以护岸，又可增殖鱼类资源。

到了清代，太湖地区养鱼已由池塘向外荡发展。顾禄《吴越风土录》载："畜鱼以为贩鬻者，名池为荡，谓之家荡。有所谓野荡者，荡面必种菱茭，为鱼所喜聚也。有荡之家，募人看守，抽分其利，俗称包荡。每岁寒冬，毕集矢鱼之具，荡主视其具，衡值之低昂，而矢鱼之多寡。若有命而主之者，鱼价较常顿杀，俗谓之起荡鱼。"从上文看，"野荡"即今所谓外荡，经营的方式是募人承包，抽分其利，看守者与荡主均有利可图。金湜生《陶庐杂忆一百首》及《陶庐杂忆续咏一百首》两诗集，记载了另一种经营外荡的方式。金氏的家乡江阴，"环村渠潭，春初醵钱购鱼苗养之，冬杪取鱼分焉"，也就是采取大家合资联合放养的方式。除了环村渠潭，对较大的河流则划分为家河及官河；官河许可外来渔民捕捞，"家河禁外来渔人，不得入此网罟"。外来渔人如果"取鱼非官河则罚，每致涉讼，常唱六苏，并议立规条以示禁"。所谓"唱六苏"，就是罚违规者请清音班来唱曲子。清音班"凡六人，具八音以唱曲"。在当时，区分家河及官河，并对家河采取保护措施，有利于外荡养殖的稳定和发展。

（二）海水养殖业的商品化程度提高

明清时期，海水养殖种类增多，面积扩大，具有一定的规模，尤以浙、闽、粤养殖的牡蛎（蚝）、蛏、蚶、紫菜等贝、藻类发展迅速。海水鱼的养殖也自明代开始。海水养殖技术也不断提高，如牡蛎已由宋代插竹养蛎发展至投石养蠔，鲻鱼收苗已注意与鲈鱼苗区别开来。

1. 牡蛎养殖　牡蛎是中国古代最主要的海水养殖对象，开发早、技术好、规模大、利用广。

中国牡蛎养殖已有2 000年的历史。据齐钟彦《我国古代贝类的记载和初步分析》一文引述罗马人普林尼（Pliny，23—79）的记载，在西方首建牡蛎人工苗床之前很久，中国人便已掌握了牡蛎的养殖技术。宋代泉州太守蔡襄在万安渡主持建造洛阳桥时，为了保护桥基柱石，"取蛎房散置石基上，岁久延蔓相粘，基益胶固也"[①]。洛阳桥位于福建省惠安县，始建于宋仁宗皇祐五年（1053），完成于嘉祐四年（1059）。北宋梅尧臣《食蚝诗》云："亦复有泃民，并海施竹牢，采掇种其间，冲激恣风涛，咸卤与日滋，蕃息依江皋。"梅尧臣亦为仁宗时代人，他的这首诗生动地反映了当时已有"围竹养蚝"的事实。到了明清时期，闽粤沿海已有较大规模的养蚝业。据《福建通志》记载，"罗源、霞浦……海旁土埕面积约方四十里，均以插竹养蛎"，"宁德六都蛎埕面积约方二十里"。广东省已采用投石养蛎，屈大均《广东新语》记载："东莞、新安有蚝田，以石烧红，散投之，蚝生其上。取石得蚝，仍烧红石投海中，岁凡两投两取。蚝本寒物，得火气其味益甘，谓之种蚝。又以生于水者为天蚝，生于火者为人蚝。人蚝成田，各有疆界，尺寸不愈。"乾隆年间，东莞县养殖面积已有约200顷。

2. 泥蚶养殖　泥蚶也是明清时期闽、粤等省养殖较多的贝类。浙江的乐清县和象山港，是养蚶业发达的地区。广东《潮州府志》云："蚶苗来自福建，其质极细如碎米。经营是业者，潮阳城南之内海、汕头港内珠池肚、澄海之大井大场天港、饶平之海山洊洲及惠来等区皆有之。"海丰、澄海一带蚶田面积极大，形成了

---

① ［宋］方勺：《泊宅篇》。

大面积的养蛏区。海滨少田，以此为一大收入，商品化程度很高。山东的荣成、乳山、胶南一带，养蛏也甚普遍。

3. 缢蛏的养殖 南宋淳熙九年（1182）《三山志》记载，福州沿海有海田1 130顷用于养蛏。明代，闽、粤、浙盛行养殖缢蛏。何乔远《闽书》云："所种者之田名蛏田，或曰蛏埕，或曰蛏荡，福州、连江、福宁州最大。"浙江以乐清最多，成为一大产业。

除蚝、蛏、蚶三大贝类，明清时期沿海的贝类养殖业还有蟳田（养蟳）、白蚬塘（养蚬）等。

4. 港鳀养殖 港鳀亦称鱼鳀，即利用沿海港湾、港汊或滩涂低地，筑堤建闸蓄水，通过潮汐的涨退套纳鱼苗、虾苗，进行粗放养殖。

港鳀蓄水，最初是为了改盐垦田。乾隆《漳州府志》记载："滨海筑坡为田，其名为埭，初筑未堪种艺，则蓄鱼虾，其利亦溥，越三五载，渐垦为田。"后来逐渐发展为有意识地筑堤建闸蓄水养鱼。广东的海丰、汕头、湛江等地，二三百年前即有鱼鳀，到清代末年已较发达。如光绪三年（1877），潮州总兵方耀即围建鱼鳀6 200亩，进入鱼鳀的鱼、虾、蟹有几十种之多，主要的养殖鱼类是鲻科及鲷科鱼类。台湾省台南海滨筑堤养鱼，当地亦称之为"鳀"。《台湾通史》记载："台南沿海素以畜鱼为业，其鱼为麻萨末（虱目鱼），番语也。……郡治水仙宫之前，积水汪洋，帆樯上下，古所谓安平晚渡者，则台江也。自道光以来，流沙日积，淤蓄不行，人民给以为鳀，税轻利重，继起经营。其大者广百数十甲，区分沟画，以资蓄泄……养鱼之业，起于台南，南自凤山，北至嘉义，莫不以此为务。"其养殖方式是，先将鱼苗置小鳀，稍长再转入大鳀，并投之以饲料。

江苏松江地区，明清时期亦有利用潮水收苗、凿池养殖鲻鱼的。黄省曾《养鱼经》记载有鲻鱼养殖："松之人于潮泥地凿池，仲春潮水中捕盈寸者养之，秋而盈尺，腹背皆腴，为池鱼之最。"随后，胡世安《异鱼图赞闰集》进一步指出鲈鱼是鲻鱼的敌害，但两者"如水中花，喘喘而至，视之几不辨"。为了保证鲻鱼的纯度和免除敌害，要巧妙地利用鲻、鲈出苗月份的先后，即"正乌二鲈"，于正月收捕鲻鱼。

5. 紫菜养殖 福建平潭是紫菜坛式养殖的发源地。宋代太平兴国三年（978），平潭县已把紫菜作为贡品。民国《平潭县志》记载，清乾隆年间，平潭已有"紫菜坛"，由业主租给藻农种植，当时的资料详细记载了平潭县99个紫菜坛的位置。嘉庆道光年间，摸索出洒石灰灭害清坛的方法，紫菜生长更加繁茂，创造出福建省独特的养殖技术。清代中期以后，这种称为紫菜坛式养殖的方法传入莆田县的南日岛。这个岛后来发展成为福建省第二个紫菜产地。此后，闽南的东山岛创造出坛上养紫菜、坛下养海萝的技术，形成两类海藻复合生产的坛地。

（三）观赏金鱼传播国外

中国宋代培育出观赏金鱼，到了 15 世纪，中国金鱼被郑和带到南洋，后又被英国使者带到英国。金鱼也东渡日本，著名的日本"和金""琉金"就分别是 16、17 世纪中国金鱼的后代。17 世纪随传教士带到荷兰的金鱼，到 18 世纪已遍及欧洲。19 世纪，中国的金鱼及鱼缸在国际上享有盛誉。如 1872 年，广州商人方棠将大批"龙晴金鱼"运到美国，高价拍卖，受到欢迎。1876 年，中国金鱼和鱼缸还参加了美国为庆祝独立 100 周年而举办的费城世界博览会。三年后，美国商人大批从中国输入金鱼。到了清末，养金鱼的人越来越多，特别是北京，由于玻璃器皿问世，采用玻璃缸养金鱼，有的还用翡翠瓶养金鱼。每逢春节，人们便到庙会上购买金鱼作新春点缀。当时京城养金鱼盛极一时。

（四）人工育珠进入生产阶段

中国宋代开创人工养殖珍珠，到了清代，育珠技术发展起来。刘献廷《广阳杂记》记载："金陵人林六牛……言制珠之法甚精，碾车渠为珠形，置大蚌中，养之池内，久则成珠。……旧法用碎珠为末，以乌菱角壳煎膏为丸，纳蚌腹中，久自成珠。此用车渠，较为胜之。"这种养珠方法与宋代比，不仅在材料上有进步，而且养殖周期也缩短了，不需"两秋"即可成珠。同治年间，养殖周期进一步缩短。据《湖雅》卷七记载，浙江湖州地区，"二月中，取十大功劳，洗净，捣自然汁，和细药珠末丸，如黄豆大，外以细螺甸末为衣，漆盒滚圆，晒干。启蚌壳，内之。每日依时喂养药一次，勿误时刻。……养至百日，即成真珠。市中所售，大半种珠"。从中可以看出，这样培育出来的珍珠，数量已相当可观，进入了商品性生产。但这种珍珠养殖方法，成本较高，后来又进一步改用鱼鳞。民国《德清县新志》记载："将鱼鳞捣烂，裹以王村后汙田中土，搓圆，嵌于蚌壳内，蓄诸池，一二年后取出之，似真珠，惟光浮质轻有底。"这样就大大降低了成本，生产量大增，竟至"近销苏浙，远贩四川"。

四、养蜂业的兴起

明清时期，农业生产的发展在利用水陆资源以外，开始向空间发展，发展养蜂业便是利用空间的重要手段之一。

中国的人工养蜂起始于东汉，桓帝、灵帝时期的姜岐，便是留名于史的中国第一位养蜂专家。但在汉唐时期，中国的养蜂技术还是相当粗放的，直到元代，才摆脱了原始的养蜂方法，进入了家养的新时期，主要表现在将筒状树皮、空心圆木等原始蜂箱改为砖砌蜂箱、荆编蜂箱和独木蜂箱；蜂箱有了重大的进步，蜂群的管理水平也有明显提高，掌握了早摘新王、人工分群、培养强群、控制分蜂的技术①，从而为明清时期养蜂业的发展奠定了良好的技术基础，养蜂已不再是个别的现象，并发展成为一种农业新产业。

元末明初，在农村中开始出现了一批养蜂专业户，有的村民"无以为生，唯养蜂十三窠，每年割蜜自赡"②。《处州府志》载："张梦庚，松阳（今浙江松阳县）人，其人养蜂数十柜。"③有的因养蜂而致富，《郁离子》载：灵丘丈人"岁收蜜数百斛"，"富比封君"④，而且还有了专业养蜂场，"园有庐，庐有守"，即养蜂有专门的场地，场中盖有房屋，并有专人看守。明末《农政全书》也记载有大的养蜂场，"有分息数百窠者，不必他求，而可致富也"⑤。明末人工养蜂已日渐普遍，养蜂业所产的蜜已占当时食用蜜的20%。据宋应星估计，"蜂造之蜜，出山崖土穴者十居其八，而人家招蜂造酿而割取者，十居其二也"⑥。

清代，养蜂进一步普及，"人家多有畜至一二十房者"⑦，饲养的蜜蜂达到一二十群。就地区分布而言，北方不如南方，南方又以浙江比较发达，该省的湖州、嘉兴、绍兴、宁波等府都有关于养蜂的记载。⑧蜂蜜这时已成为一种重要的甜味剂而被广泛应用，除作药品用于医疗（见李时珍《本草纲目》），还大量用于饮食方面。据明代刘基《多能鄙事》记载，在饮食方面，蜂蜜当时用于酿蜜酒，制酥蜜饼、八耳搭、哈儿尾、古刺赤、海螺斯、柿糕等；在果品加工方面，用于造蜜煎诸果、冬瓜煎、生姜煎、笋煎、蜜梅、烧栗子、五味酱、蜜藕、蜜煎金橘、法制木瓜等；在汤茶方面，用于制风腿汤、醍醐汤、木瓜汤、温枣汤、一枝花、木瓜酱等。蜂蜜的广泛应用，从另一个方面反映了养蜂业的发展。

随着养蜂业的发展，明清时期也开始对当时的养蜂技术及经验做系统的总结，有关这方面的著述约有近20篇，其中以《郁离子·灵丘丈人》《花镜·蜜蜂》《蜂衙小记》最具代表性。

《郁离子·灵丘丈人》作者为元末明初的文学家、政治家刘基（1311—1375）。刘基为明代开国元勋，后弃官回家乡浙江青田，《郁离子》便是在归隐时所作。《灵

---

① 杨淑培：《中国养蜂史之管见》，《中国农史》1987年2期。

② ［明］陈敬则：《明兴记》。

③ 《处州府志》，见［清］陈梦雷、蒋廷锡等编辑：《古今图书集成·博物汇编·禽虫典》卷一七〇。

④ ［明］刘基：《郁离子·灵丘丈人》。

⑤ ［明］徐光启：《农政全书》卷四一《牧养·蜜蜂》。

⑥ ［明］宋应星：《天工开物》卷六《甘嗜·蜂蜜》。

⑦ ［清］陈淏子：《花镜》卷六《养昆虫法·蜜蜂》。

⑧ 湖州，见［清］汪曰桢：《湖雅》卷六《虫·蜜蜂》；嘉兴、绍兴、宁波，分别见［清］陈梦雷、蒋廷锡等编辑：《古今图书集成·方舆汇编·职方典》卷九六三、卷九八〇、卷九九二。

丘丈人》是刘基假托陶朱公路过灵丘（今山东高唐县境），访问养蜂老人，从灵丘丈人的叙述得知父子两代对养蜂采取不同的做法，而造成父富子贫的结局。这只是一篇仅 300 多字的短文，而且所述也是借题发挥，另有所指，但文中所讲灵丘丈人养蜂的方法，却系统地介绍了元末明初养蜂经验，书中讲的是一个"园有庐，庐有守"的养蜂场，蜂箱是"刳木"为之，场中讲究蜂箱的排列，"其置也，疏密有行，新旧有次，坐有方，牖有向，五五为伍，一人司之"。根据蜂群的繁育情况和气候变化加强管理，"视其生息，调其暄寒；巩其构架，时其墐发；蕃则从之析之，寡则与之哀，不使有二王也"，"夏不烈日，冬不凝澌，飘风吹而不摇，淋雨沃而不渍"；注意防治敌害，"去其蛛蟊、蚍蜉，弥其土蜂、蝇豹"；割蜜要适量，"其取蜜也，分其赢而已矣，不竭其力也"。这篇短文，可以看作是对元末明初中国养蜂技术全面的、成熟的经验总结。

《花镜·蜜蜂》作者是清康熙时的花卉专家陈淏子，该文是《花镜》附录《养昆虫法》中的一篇。这篇文章对蜜蜂的生活史记载得相当详细，其中对于蜜蜂家族的构成、工蜂的采蜜、蜂王的分蜂等记载得尤为细致。在饲养技术方面，重点记载了收蜂方法和割蜜方法，具有很高的实用价值。关于收蜂的方法，文中说："若养久蜂繁，必有王分出。每见群蜂飞拥而去，速随以行，非歇于高屋檐牙，便停于乔木茂林。收取之法：或用木桶与木匣，两头板盖泥封，下留二三小坎，使通出入，另置一小门，以便开视。如蜂初分无房，即以一开口木桶紧照蜂旁。如蜂不进桶，用碎砂土撒上自收，或用阡张纸焚烟薰之即入桶，收归再接桶在下，同放养蜂处。"关于割蜜的方法，文中说："小满前后割蜜则蜂盛。割法：先将照藏蜂样桶二个，轻抬起蜂桶，将空桶接上，安置端正，仍令蜂做蜜牌（脾）子于空桶内，少停数日，乘夜蜂不动时，用刀割取上桶，或用细绳勒断，仍封盖其上桶，然后将蜜牌子用新布一块，滤绞净。"这是明清时期有关收蜂和割蜜的最详细的记载，其中"将照藏蜂样桶二个，轻抬起蜂桶，将空桶接上"是最早见于记载的一种原始继箱。表明在清初，中国对蜜蜂生活史的观察、认识以及养蜂技术都有了不小的进步。

《蜂衙小记》，作者是清代中期的经学家、训诂学家郝懿行（1755—1823）。《蜂衙小记》是古代文献中唯一一部关于养蜂的专著。全书分识君臣、坐衙、分族、课蜜、试花、割蜜、相阴阳、知天时、择地利、恶螫人、祝子、逐妇、野蜂、草蜂、杂蜂 15 则，系统地阐述了蜂的生物学特征、习性、品种、繁育以及饲养经验等。虽然没有什么新的发现，但在全面、系统记述蜜蜂的生活史及养蜂技术方面，仍有它的历史地位。

明清时期出现的有关养蜂的著作以及相关养蜂技术，都超过了前代，从一个侧面也反映了明清时期养蜂业的发展。

第三节　加工业的发展

一、棉纺织业商品经济性质明显

明清时期，随着棉花种植的发展，棉纺织业也在全国范围内发展起来，据近人统计，明代"全国南北直隶和十二个布政司，包括七十六个府，均有棉布出产"[①]。明末，全国已形成了"棉布，寸土皆有""织机，十室必有"[②] 局面。

在此基础上，开始形成了中国棉布集中产区，主要有：

（1）苏松地区。这是当时最大的棉布产区，包括江苏南部的无锡、常熟、太仓、松江及浙江的嘉兴。其中松江府属的华亭、娄县、奉贤、金山、上海、南汇、青浦七县和川沙厅，既是中国棉花的集中产区，又是中国棉布的集中产区，松江的棉布早在元代已闻名全国，有"衣被天下"之誉。[③] 苏州府的常熟和无锡是继松江以后而形成的棉布集中产区，但和松江不同，这里产棉不多，主要以织布著名，而且所产的布数量不少。常熟的布，据郑光祖《一斑录·杂述》卷七，道光时"常、昭（文）两邑岁产布匹，计值五百万贯"；无锡的布，据黄印《锡金识小录》卷一，"一岁交易，不下数十百万"。全区所产棉布，据许涤新、吴承明估计，"年产布约4 500万匹"[④]，产布数量之多，在全国首屈一指。

（2）直隶的滦州、乐亭、元氏、南宫。直隶是清代发展起来的一个新的棉布产区。产区主要有两个：一是以乐亭和滦州为中心的东部地区。嘉庆《滦州县志》卷一记载："（滦州）尤多棉布，然用于居人者十之二三，运于他乡者十之七八。"乾隆《乐亭县志》卷五记载："布则乐为聚薮。本地所需一二，而运出他乡者八九。以农隙之时，女纺于家，男织于穴，遂为本业。"另一产区是以元氏、南宫为中心的西南部地区。元氏"郡近秦垆，地既宜棉，男女多事织作，晋贾集焉，故布甫脱机，即并市去"[⑤]。南宫"妇人皆务纺绩，男子无事亦佐之，虽无恒产，而贸布鬻丝，皆足自给"[⑥]，"其输出西自顺德（顺德府，治今河北邢台）以达泽潞，东自鲁

---

① 从翰香：《试论明代植棉和棉纺织业的发展》，《中国史研究》1981 年 1 期。

② ［明］宋应星：《天工开物》卷二《乃服第二·布衣》。

③ 正德《松江府志》卷四《风俗》。

④ 许涤新、吴承明主编：《中国资本主义的萌芽》，人民出版社，1985 年，279 页。

⑤ 光绪《元氏县志》卷一引乾隆《正定府志》。

⑥ 道光《南宫县志》卷六。

南以达徐州，销售既多，获利自厚"①。

（3）山东历城、齐东、蒲台。山东主要的棉布产区在历城、齐东、蒲台等沿黄河一带。历城"布有平机、阔布、小布三种"，"平机棉线所织，人所常服；小布较阔布稍短，边塞所市；阔布较平机稍粗而宽，解京戍衣所需"②。齐东"自农功而外，只此一事（指纺织），是以远方大贾，往往携重资购布于此，而土民赖以活"③，嘉庆时输入关东的棉布"终岁且以数十万计"④。蒲台的棉布"既已自给，商贩转售，南赴沂水，北往关东，闾阎生计多赖焉"⑤。

（4）河南孟县、正阳。孟县在黄河北岸的新乡地区，清初孟县布就闻名西北，"自陕甘以至边墙一带，远商云集，每日城镇市集收布特多，车马辐辏，廛市填咽，诸业毕兴"⑥，带动了这里的工商业。正阳在黄河南岸的驻马店地区，这里以产陡布闻名，"邑中种棉织布，大概有之，惟陡沟店独盛。家家设机，男女操作，其业较精，商贾至者每挟数千金，昧爽则市上张灯设烛，骈肩累迹，负载而来，所谓布市也。……居人号曰陡布"⑦。

此外，还有山西榆次，湖北汉阳、德安，湖南巴陵，四川新津等处，说明棉纺织业已在中原地区蓬勃兴起。这些地区，既是当地千家万户所产棉布的集中地，又是通过富商大贾将棉布运往全国各地的销售中心，在棉布的流通上起到集散地的重要作用。

随着棉花向中原地区的传播以及棉纺织业的兴起，历史上曾辉煌一时的蚕桑业及丝织业在这一时期却开始衰落下来，特别是自古以来一向著名的老蚕桑区，衰落更为明显。陕西在春秋战国时期是中国著名的蚕区，《诗经·豳风·七月》曰："春日载阳，有鸣仓庚。女执懿筐，遵彼微行，爰求柔桑。"描绘的正是当地妇女春日采桑养蚕的景象。而到明代，这里的蚕桑业已荒废得不成样子，顾炎武在《日知录》卷一○中写道："陕西为自古桑蚕之地，今日废弛，绸帛资于江浙，花布来自楚豫。小民食本不足，更卖粮食以制衣。"齐鲁大地在春秋战国时期是全国的丝织品生产中心，被人称为"冠带衣履天下"。到明清时期，往日盛况已杳无踪影。清中期包世臣在《齐民四术·农二》中说："且如兖州，古称桑土，今至莫识蚕丝；青齐女红甲天下，今至莫能操针线。"宋代蚕桑生产曾盛极一时的江西，此时"居

---

① 民国《南宫县志》卷三。
② 乾隆《历城县志》卷五。
③ 康熙《齐东县志》卷八。
④ 嘉庆《齐东县志续》。
⑤ 乾隆《曹州府志》卷七。
⑥ 乾隆《孟县志》卷四。
⑦ 嘉庆《正阳县志》卷九。

人种（棉）花，半贸半织"，"而妇女无工于蚕事者"。①

老蚕桑区的衰落，是自明初随着棉花的传播而逐渐造成的。明人严书开说："洪（武）永（乐）之际，（棉花）遂遍天下，其利殆百倍于丝枲，自此而天下务蚕者日渐以少。"② 郭子章也说："今天下蚕事疏阔矣。东南之机，三吴、越、闽最夥，取给于湖茧；西北之机，潞最工，取给于阆茧。"③ 全国的蚕桑生产只剩下浙江湖州和四川保宁二地了。明清时期，棉纺织业一跃而成为全国最主要的纺织行业。

自古以来，在耕织结合的小农经济社会中，纺织业一直处于以织助耕的从属地位，被视为副业。到明清时期，这种局面开始发生了变化，在一些棉纺织业比较发达的地区，"织"在农家经济中已具有举足轻重的地位，成为挑起农家经济大梁的产业。

明末徐光启在《农政全书》卷三五中说道："（松江府）壤地广袤，不过百里而遥，农亩之人，非能有加于他郡邑也，所縻供百万之赋，三百年而尚存。视息者，全赖一机一杼而已……上供赋税，下给俯仰，若求诸田亩之收，则必不可办。"到清代情况依然如此，《古今图书集成·方舆汇编·职方典》卷六九六《松江府部》记载："纺织不止乡落，虽城中亦然，里媪晨抱纱入市，易木棉以归，明旦复抱纱以出，无顷刻闲。织者率成一匹，有通宵不寐者，田家收获输官偿息外，未卒岁，室庐已空，其衣食全赖此。"

松江府属的上海县，叶梦珠在《阅世编·食货四》中说："吾邑地产木棉，行于浙西诸郡，纺绩成布，衣被天下，而民间赋税公私之费，亦赖以济。"

苏州府常熟，清代郑光祖《一斑录·杂述》卷七说："吾邑（常熟）地处海滨，壤皆沙土，广种棉花，轧而为絮，弹而为棉，纺之成纱，经之上机，织之成布，常、昭（现属常州）两邑岁产布匹，计值五百万贯，……民生若此利赖，虽棉、稻两丰，不济也。"

除了江南的苏州、松江，山东有些县亦出现了类似的情况。康熙《齐东县志》卷一《风俗》记载："（妇女）专务纺绩，一切公赋，终岁经费，多取办于布棉。"

这些情况说明，明清时期棉纺织业在有些地区已成为一般农家赖以生存的重要的生产行业。

和以往的纺织业不同，明清时期的棉纺织业，不仅在于它在农家经济中地位的提高，同时还在于其生产目的的改变，它已不是一种自给性的生产，而成为一种换取货币的小商品生产了。纺纱如此，织布也如此。万历时期，嘉定有块碑刻，生动地

---

① 崇祯《清江县志》卷三《户产》。
② 乾隆《湖州府志》卷四一引。
③ ［明］徐光启：《农政全书》卷三一《蚕桑》引。

记载了这方面的情况："（嘉定）地不产米，止宜木棉，民必以花成布，以布贸银，以银籴米，方可□展艰难。"① 浙江嘉兴府海盐县，也是这种情形："地产棉花甚少，布纺之为布者，家户习为恒业，不止乡落，虽城中亦然。……田家收获，输官偿债外，卒岁，室庐已尽，其衣食全赖也。"② 这些记载表明，明清时期的棉纺织业，已具有明显的商品经济性质。

明清时期的棉纺织业，虽然主要还是家庭手工业，但生产过程已出现初步的分工，据文献记载，约有下面几种：

有专门轧花的：太仓"城中男子多轧花为业"③。

有专门纺纱的："穷民无本，……日卖纱数两以给食。"④ "有止卖纱者，夜以继日，得斤许即少糊口。"⑤ "贫民以卖线换布为生。"⑥

有专门织布的："乡城皆善纺绩，且竟以针黹为能事，惟不善织布，村市皆有机坊，布皆机匠织之。"⑦ "道光庚子（1840 年），静斋叔父在常州奔牛镇及浙江石门、斜桥等处雇觅织工来省，捐资备办棉纱于孝陵卫一带，识机织布，令绒机失业男妇习之。"⑧

有专门染布、踹布的："前明数百家布号，皆在松江枫泾、洙泾乐业，而染坊、踹坊、商贾悉从之。"⑨ 雍正时期，苏州织造胡凤翚说："染坊、踹布工匠俱系江宁、太平、宁国人民，在苏俱无家室，总计约有二万余人。"⑩

上面列举的棉纺织分工情况，虽然不是在同一时间、同一地区内发生的，但却是在不同时期、不同地区内存在的现象，这是继棉纺织业从耕织结合中分离出来以后，纺、织、染等各生产环节又从纺织结合中分离出来，成为独立的、专业性的工种，虽然这些工种除染、踹等是在手工作坊生产，其他大多是在分散的个体农户中进行的，仍然是个体的手工劳动，但相对于传统的以一家一户为单位的纺织结合的生产方式来说，却是一种进步，为提高产品的数量和质量创造了条件。

上面所举的材料同时又说明，在纺、织、染、踹各部门都存在着出卖劳动力的雇佣劳动，棉纺织业中已出现资本主义萌芽。

---

① 上海博物馆图书资料室编：《上海碑刻资料选辑》，上海人民出版社，1980 年，137 页。
② 天启《海盐县图经》卷四《风土记》。
③ 崇祯《太仓州志》卷五。
④ 雍正《浙江通志》卷一〇二《嘉善县》。
⑤ 〔清〕褚华：《木棉谱》。
⑥ 道光《巨野县志》卷二二。
⑦ 同治《施南府志》卷一〇《风俗》。
⑧ 〔清〕甘熙：《白下琐言》卷八。
⑨ 〔清〕顾公燮：《消夏闲记摘抄》卷中。
⑩ 雍正《朱批谕旨》，雍正元年四月初五日胡凤翚奏。

二、丝织业的发展

明清时期丝织业最为兴盛的地区是江南。万历时期，张瀚说："大都东南之利，莫大于罗、绮、绢、纻，而三吴为最。"[①] 南京、苏州、杭州等城市是丝织业最为集中之地。明中期的南京，直接属于丝绸铺行的，有缎子、表绫、丝绵、布绢、改机、腰机、包头、纻丝、罗、纱、绉等。清中期，南京丝织业达到极盛，人称"乾嘉间机以三万余计，其后稍稍零落，然犹万七八千"[②]。苏州，民间"以织造为业者，俗曰机房"[③]，这种机房以"东城为盛，比屋皆工织作"[④]，出现"家杼轴而户纂组"的繁盛景象，在嘉靖万历时期，机房中的织工达数千人。入清以后，苏州丝织业更加发展，乾隆嘉庆时期形成高峰。地方文献称："在东城，比户习织，不啻万家。工匠各有专能，计日受值。"[⑤] 杭州号称"机杼甲天下"，雍正时期，杭州东城"机杼之声比户相闻"[⑥]，当地人说从事丝织生产者较他地尤其多；光绪年间，据日本人调查，当地织机多达一万余台。镇江一向设有官营织局，民间丝织业也有一定规模，清代兴盛时从事丝织业者数千人，清末"销路顿滞，号家歇业者已大半"[⑦]。江南苏杭嘉湖星罗棋布的市镇及其周围农村，自明中期开始丝织业也兴盛起来。苏州府吴江县，地方文献载："绫绸之业，宋元以前，惟郡人为之，至明洪熙宣德年间（1425—1435）邑民始渐事机丝，犹往往雇郡人织挽。成化弘治时期（1465—1505）以后，土人亦有精其业者，相沿成俗，于是盛泽、黄溪四十五里间，居民乃尽逐绫绸之利。"[⑧] 到清初，丝绸之利日扩，当地"居民竞治丝枲，以澼以絖，以染以织"[⑨]，成为江南最大的丝织市镇。嘉兴府的濮院镇，是与盛泽齐名的丝织巨镇，万历时"机杼声轧轧相闻，日出锦帛千计"[⑩]，乾隆时机业"十室而九""比户操作"，竟至"以机为田，以梭为耒"[⑪]。嘉庆道光年间，有"日出万绸"之说。湖州府双林镇，明成化时，"溪左右延袤数十里，俗皆织绢"，清代丝织规模更

① ［明］张瀚：《松窗梦语》卷四《商贾纪》。

② 同治《上江两县志》卷七《食货》。

③ 隆庆《长洲县志》卷一《风俗》。

④ 嘉靖《吴邑志》卷一四《物货》。

⑤ 乾隆《元和县志》卷一六《物产》。

⑥ ［清］厉鹗：《东城杂记》。

⑦ 徐珂：《清稗类钞》第5册《农商类·镇江江绸业》，中华书局，2003年，2321页。

⑧ 乾隆《吴江县志》卷三八《风俗一·生业》。

⑨ 同治《盛湖志·周庆云序》。

⑩ ［明］李培：《翔云观碑记》。

⑪ ［清］胡琢纂修：《濮镇纪闻》，卷首《总叙》、卷六《风俗》。

大。其他如杭州的塘栖镇、临平镇、长安镇、硖石镇，嘉兴的王店镇，湖州的菱湖镇等，丝织业都较为兴盛。总计江南民间织机在兴盛的清代中期约有 8 万张。江南各地民间丝织业生产了诸多特色丝绸产品，如南京云锦、宁绸，苏州花累缎、纱，杭州杭绸、线绉，镇江线缎、江绸，湖州线绉、濮院绸，盛泽盛纺，双林绢等，扬名海内外。

广东是丝绸重点产地。所产粤缎，据嘉靖《广州府志》载，"质密而匀，其色鲜华，光辉滑泽"；粤纱，不褪色、不沾尘、皱折易直，号称"广纱甲于天下"，"金陵、苏、杭皆不及"。但粤缎主要用湖丝织成，销行远境，若用当地土丝织造则黯然无光，销售不出广东省，价格也贱。① 广州府亦有用自产蚕丝织成的优质丝绸，如广州龙山所产线绸，南海、顺德的官窑茧、龙江茧织成的丝绸极为精细；潮州府的海阳县出绸绢，程乡县出茧绸，"为岭南所贵"，畅销国内外，所谓"广之线纱与牛郎绸、五丝、八丝、云缎、光缎，皆为岭外、京华、东西二洋所贵"。屈大均《广州竹枝词》赞道："洋船争出是官商，十字门开向二洋。五丝八丝广缎好，银钱堆满十三行。"② 广州纱缎成为江南绸缎以外能够出口的丝绸。其生产情形，在光绪年间的佛山，有"大机房二十余家，小者六七十家，工人二千余人，多织丝品。丝由顺德各乡购回，出口颇多，最著名为金银缎、八丝缎、充汉府缎、充贡缎。售于本地者十之二三，外埠四乡之量亦相等，赴外洋则十之三四"③。在顺德的伦教（镇），小型手工工场发展迅速，1908 年已达 300 家左右。清末光绪宣统年间，中国每年丝织品输出总额为 1 000 万～1 300 万两，其中广东出口额为六七百万两，可见其时广东丝织业迅猛发展的势头。

四川蜀锦闻名天下，人称成都"俗不愁苦多工巧，绫锦雕镂之物被天下"④。朱元璋封子于成都为蜀献王，招致巧匠，刻书织锦，蜀锦生产技艺再上新台阶。但"惟蜀藩制之，名色无多而价甚昂，不可易得"⑤，产量有限。明末战乱，大量织工四散，生产陷于停顿。康熙时期，成都知府殷道成从江苏、浙江招来了一批丝织工匠，分布于成都、重庆等地，设坊授徒。雍正年间，浙江丝织技艺仍不断传入四川，四川的丝绸生产得以恢复，以成都、嘉定、顺庆、保宁、潼川、重庆等府州丝绸生产较盛。清末，仅成都一地，就有机房 2 000 处，织机万余架，机工 4 万人，丝织品占全省总额的 70%。所出丝绸有蜀锦、天心锦、万字锦、云龙锦、贡缎、搴本缎、巴缎、倭缎、闪缎、宫绸、宁绸、春绸、茗机绸、线绉、平绉、湖绉、浣花绢、板

---

① 乾隆《广州府志》卷四八《物产》引嘉靖《广州府志》。
② ［清］屈大均：《广东新语》卷一五《货语·纱缎》。
③ 民国《佛山忠义乡志》卷六。
④ ［清］傅维麟：《明书》卷四二《方域四》。
⑤ ［明］何宇度：《益部谈资》卷中。

绫、花绫、纱、罗、龟兹阑干等数十个品种。① 自同治四年（1865）起，清廷常常到四川采买绸缎。自同治十三年十二月至光绪二年（1876），清廷用银85 716两，在四川采买锦、大卷花缎、大卷云缎、大卷素缎、大卷江绸、江绸、线绸、平绸、湖绸、川绸、川绢、色绫、纺丝等各色丝绸3 710匹，光绪三年又采买锦、缎、绸、绸等2 900余匹。② 可见清后期四川的丝织业在全国已有了举足轻重的地位。

山西主要以潞安的潞绸生产为盛。潞安府（治今山西长治市）在洪武初年有桑8万余株，弘治时9万余株。嘉靖时朝廷科征潞安府桑丝折绢280匹。潞安利用当地的桑丝织造潞绸，成为西北地区重要的丝织中心。明后期，当地蚕桑生产衰落，潞绸生产所需原料丝取自四川阆中。明代，潞绸花色丰富，据乾隆《潞安府志》卷九载，有天青、石青、月白、酱色、油绿、秋色、真紫、艾子色等10余种花色。规格分大小两种，大绸每匹长68尺，阔2尺4寸，重61两；小绸长6度（约合30尺），阔1尺7寸。潞绸生产在明代有"机杼斗巧，织作纯丽，衣天下"③ 之誉。潞绸每十年一限，额定交纳4 970匹，分为三运，每匹造价银4.95两。万历时期的丝织品加派也有潞绸，从万历三年至十四年（1575—1586）的四次加派，为15 000匹，价银83 000两。隆庆万历时期以后，潞绸也成为西北边地贸易的重要商品，据说明代潞绸生产兴盛时，有机户六班七十二号，织机13 000余张，明末仍有织机9 000张。清初，潞绸机户星散，生产极不景气，而官府强行征派，额定绸匹，民间"以三百之机而抵九千之役，以十三号之力而支七十二号之行"，因而"每岁织造之令一至，比户惊慌。本地无丝可买，远走江浙买办湖丝，打线染色，改机挑花，顾工募匠，其难其慎"④，官府低价收购，苛剥机户，严重影响了民间的潞绸生产。清代，乾隆中期至咸丰初年，在内地运往新疆的贸易绸缎中，就有泽绸，可见其时潞绸仍有生产。

山东出产丝织品以山茧绸著名。山茧是以山中椒、椿、樗、柘、柞、槲等树叶为饲料的山蚕吐丝结的茧，用这种茧丝织成的绸即山茧绸。山茧绸虽质地粗硬，但结实耐用。济南府、青州府、登州府等地盛产这种山茧绸。如济南府历城县、邹平县，盛产山蚕茧，"贸丝织绢殊饶"；产山茧不多的长山、淄川，从事山茧绸织作者也较为普遍。青州府临朐县，出产绵绸、山绸、生绢，聚于冶原镇，商人购运至京师，贩至全国⑤，清末甚至出口到西欧各国，成为该县出口的大宗产品。同府的

---

① 同治《成都县志》卷二《风俗》。
② 度支部《为钦奉事》，宣统二年六月一日。
③ ［明］郭子章：《郭青螺先生遗书》卷一六《圣门人物志·序》。
④ 乾隆《潞安府志》卷三四。关于明清时期潞绸生产，还可参见王守义：《明代山西的潞绸生产》，见山西省社会科学研究所编：《中国社会经济史论丛》第2辑，山西人民出版社，1982年，462页。
⑤ 道光《青州府志》卷三二《物产》。

不少地方，从益都、临朐等县购丝织绢，清末每年在益都、潍县、京师销行，共约 3 万匹，间有销运俄国的。登州府的宁海州，清末山蚕茧市兴盛，茧绸出产甚多。

福建泉州、漳州二府产纱、缎、绢，远销日本。弘治时期，简化缎机装置，织出缎类新品。这位改机的丝织工匠，就是福州人林洪。但泉纱、漳缎主要以江南的湖丝作为原料，产量也有限。

河南密县生产山茧绸，又称"取丝绸"，南阳出八丝绸，运往开封销向全国，称"汴绸"。

此外，河北出饶绸，陕西有秦纱，但产量均极为有限，在全国丝绸生产中不占重要地位。

明清时期丝织生产最显著的特点是生产方式发生了变化，出现了新的因素。明中期，工匠制度发生变化，以"代役银"的形式代替无偿的徭役劳动，工匠可以有更多的时间从事商品生产。到明后期，因长期从事丝织生产，经营得法，不少城镇出现了"渐致饶富"的丝织业主。先世以丝织起家的张瀚说，万历时"三吴之以机杼致富者尤众"。张瀚的话是符合实际情形的。在杭州，早在正德时期前，就有林益庵的先世"始以造币，杼轴不可胜用"，后又以从事商业贩运成巨富，"故乡人称富货者，必曰林氏云"①。既云"不可胜用"，大概生产规模不小。张瀚又描写其先祖发迹过程道："因罢酤酒业，购机一张，织诸色纻币，备极精工，每一下机，人争鬻之，计获利当五之一。积两旬复增一机，后增至二十余，商贾所货者常满户外，尚不能应，自是家业大饶。而四祖继业，各富至数万金。"② 在苏州，万历时人潘氏"起机房织手，至名守谦者，始大富至百万"③。又有王翁鼎者，"以织机为业，家颇饶"④。在南京，有李松村者，居武定桥，"蚕织……收其赢利，不三四年，果大饶裕"⑤。又有织罗俞四老，宦官钱宁"将银二三万与之织造"，俞之子"用银如粪土"⑥，其织造能力和富裕程度可以想见。在明后期开始兴起的丝绸名镇——盛泽，嘉靖年间施复原来是个小户，本钱不多，妻络夫织，织得三四匹，便上市售卖。后来由于他精择蚕种，多缫好丝，织的绸光彩润泽，因而商贾增价竞买，同样一匹要多售银一钱多。几年后，就添了三四张织机，后来竟开起三四十张

① ［明］邵经邦：《弘艺录》卷一八《林益庵先生传》。

② ［明］张瀚：《松窗梦语》卷六《异闻纪》。

③ ［明］沈德符：《万历野获编》卷二八。

④ ［明］李乐：《见闻杂记》卷一一。

⑤ ［明］何良俊：《何翰林集》卷二三《李松村生圹志铭》。

⑥ ［明］周晖：《金陵琐事》卷四《钱宁后身》。

织机，成了财大气粗的业主。① 这些都是由丝织小生产者上升为业主的典型，采用的是雇佣劳动。

以雇佣劳动力经营丝织业的情形，在明后期的苏州是较为普遍的。万历时人说："我吴市民罔籍田业，大户张机为生，小户趁织为活。每晨起，小户百数人，嗷嗷相聚玄庙口，听大户呼织，日取分金为饔飧计。大户一日之机不织则束手，小户一日不就人织则腹枵。两者相资为生久矣。"② 应天巡抚曹时聘也称，苏州"机户出资，织工出力"，织工"朝不谋夕，得业则生，失业则死"。③ 毋庸讳言，丝织业以雇佣为主要经营方式的同时，也存在以奴仆等为主要劳力进行织作的经营方式。

入清以后，资本主义简单协作式的生产在清前期仍较为常见，发财致富者较明后期更多。如在苏州，康熙时，无主的工匠，黎明立桥以待，"缎工立花桥，纱工立广化寺桥，以车纺丝者曰车匠，立濂溪坊……粥后散归"④。到了乾隆时期，这种待雇工匠似乎更多，变为"日高始散"⑤ 了。

明清时期，丝织工艺技术也获得长足的进步。

明清时期，特别是明代，丝织机具仍然不断发展，明中期新发明了改机，丝绸品种也有所增加。明末宋应星在《天工开物》中记录了花机和腰机两种丝织机具。崇祯《吴县志》记录了明末苏州的绫机、绢机、罗机、纱机和绸机五种丝织机，而且每种织机的构造多不尽相同，说明其时织造不同的丝织物已各有专门的织机。

明清时期织造机具的改进和织造工艺的提高，最为突出的要数斜身式大花楼机的出现，它代表了中国古代丝织机具的最高水平。

《天工开物》中记载了一种大型的斜身式小花楼机。这种织机的机架结构和功能已比较完善，是以前有关记载中所未见的一种新式花楼织机。斜身式织机最大的特点是提高了打纬力，而提高打纬力是将织机倾斜的直接目的。斜身式织机的功能也日趋完善。提花机上出现了机坑、隔幛竹、吊框子、羊角、搭角方、撞机石、鬼脸和顶机石等新的器件装置，从而产生出新的工艺技术和生产方法。这些新的器件装置完善了织机的结构和功能，有效地提高了织机的适应能力。

织机的斜身式改进，提高了织机性能，完善了织造工艺，使织物的内质逐渐坚固精致，外观更加光亮平挺，也促进了新的织物品种的发展和繁荣。明清时期

① ［明］冯梦龙：《醒世恒言》卷一八《施润泽滩阙遇友》。
② ［明］蒋以化：《西台漫记》卷四。
③ 《明神宗实录》卷三六一。
④ 康熙《长洲县志》卷三《风俗》。
⑤ 乾隆《长洲县志》卷一《风俗》。

盛行缎类织物，是与斜身式花楼机的出现分不开的，与此同时，用平身式织机织造的纱罗织物因缺乏竞争力而逐渐减少。织机的斜身式改进，也为妆花技术的快速发展提供了前提条件。妆花织物的特点是用彩色小纬管在门幅内分段织造，机身倾斜，使织造者的操作经面有个较好的斜面，这样，既便于看清起花纹样，又便于过管操作。在筘框打纬的撞击下，挖花的彩色纬管不会随震荡翻滚跳动，而沿经斜面垂落在机头挡辊上。即使是通常可在平身式织机上织造的纱罗类织物，若加织妆花，即妆花纱、妆花罗，也因妆花织造的这一特点而需要使用斜身式织机。

用小花楼机织造的妆花，都是在大面积的地纹暗花上妆点少量的鲜艳色彩，虽有一种锦上添花的效果，但远不如大花楼织机织造的妆花富丽堂皇、更能体现出妆花的特点，所以实际上妆花织物基本上是由大花楼织机织造的。大花楼织机相较于小花楼织机的主要区别在于花楼柱的位置是沿织机纬向排列，这种排列决定了提花纤线是单一起花的独幅式装造；其他方面全盘利用了斜身式小花楼织机的机架与技术。可见斜身式大花楼提花机是由斜身式小花楼提花机演进而来的。从明代出现的大量妆花品种的织物来看，这种小花楼机过渡到大花楼机的时间并不长。大花楼提花机的织机功能已臻完善，除织造漳缎、金彩绒和特宽的阔幅织物，机架及配件需有较大变动外，一般只需配备相应的装置（如范、幛）就能织出妆花缎、大花织金绸、金宝地、妆花纱罗、妆花改机等各类大型的复杂提花织物。清代出现的一些大型阔幅织物，都是用斜身式大花楼机织就的。

随着织机的变革演进，花本也相应地发生了很大变化，并反过来促进了织机的变革。"花本"是编有提花程序、用于提花操作的样本。大花楼提花工艺的实现，是花本与织机的提花装造相配合共同完成的。大型花本无法沿用小花楼的上机工艺，新的大花楼上机工艺从而创制出来。大花楼花本上机工艺的一个重要特点是可以自由更换花本，改变织花纹样，而不像小花楼织机那样只能循环一个固定的纹样。明代最高级的妆花织物大型织成品——龙袍料，就是利用大花楼花本上机工艺织造而成的。

明清时期，丝织产品的品种不断创新。纱类织物，苏州最擅长，明初又有绢边纱地克丝花的三法纱、花纹疏而不密的天净纱。① 蜀锦名扬天下，而到弘治时，苏州织造有海马、云鹤、宝相花、方胜等类图案的锦，当地人说其"五色炫耀，工巧殊过，犹胜于古"，既比同时期的蜀锦工巧，又胜过苏州此前织造的锦，大概织造水平已相当高超。同时期苏州生产的纻丝，"有金缕彩妆，其制不一，皆极精巧"，上品称"清水"，较次的称"帽料"，再次的称"倒挽"，"四方公私集办于此"。罗，

———————

① 洪武《苏州府志》卷四二《土产》。

有刀罗、河西罗之别。纱，有花、素两类，素的称"银条纱"，即前代的方空纱，花的称"夹织"，花、素都有金缕彩妆数种，还有"轻而縠文者"称"绉纱"。绢，无论生熟，"四方皆尚之"，又有有花纹的花绢，用白生丝织成缜密如蝉翼、门幅宽至四尺多的画绢，稍厚而密的箩底绢等。杭州，成化年间丝织品种有缎、罗、锦、剪绒、纻丝、绫、绸、绢、纱和縠等类。南京，正德《江宁县志》载，纻丝，俗称缎子，"有花纹，有光素，有金缕彩妆，制极精巧"；纱，原有花纱、绢纱、四紧纱，此时又有银条纱、绉纱、土纱、包头纱，银条纱和绉纱的"彩色妆花，亦极精巧"；罗，有府罗、刀罗、河西罗，"其彩色妆花，与纻丝同"，都有花、素之分；绢，有云绢、素绢、生绢、熟绢，"彩色妆花，亦与纱同"。①

嘉靖时期以后，江南丝织业在品种技术上又有一个大的发展，不但城市丝织业精益求精，而且市镇丝织业也源源推出新品，形成丝绸发展史上一大新的特色。《双林镇志》载："正（德）嘉（靖）以前，南溪仅有纱帕。隆庆万历时期以来，机杼之家相沿比业，巧变百出。有绫有罗，有花纱、绉纱、斗绸、云缎；有花有素；有重至十五六两，有轻至二三两；有连为数丈，有开为十方，每方有三尺、四尺、五尺，长至七八尺；其花样有四季花、西湖景致、百子图、八宝、龙凤，大小疏密不等。各直省客商云集贸贩，里人贾鬻四方，四时往来不绝。又有生绢、宫绢、灯绢、裱绢，俱付别工小机造之。今买者欲价廉而造者愈轻矣。"② 这段话虽然仅就双林一镇而言，但大体上反映了明后期开始的江南丝绸品种花样上的新变化，具有普遍性。如濮院镇，"万历中改土机为纱绸，制造尤工，擅绝海内"③。看来自明后期为始，随着统治者奢侈需要的急增，社会风尚趋向新奇，江南丝绸业在生产方式开始变化的同时，品种花样更是琳琅满目、五彩纷呈。

明后期，各地出产的丝绸，除了前中期已有者，还新增加了一系列新产品。苏州地区，绸有绞线织的线绸，撚绵而成的绵绸，数根丝攒成的丝绸，俗称杜织的粗绸、绫机绸、瑞麟绸、绉绵绸等；绢类增了裱绢、榨袋绢、秋绢，锦有遍地锦和制作帐、褥、被的紫白、缕金、五彩等种类；绒有线绒、捺绒、纹绒等。前后比较，新品迭出的现象十分明显。④ 杭嘉湖地区，虽然种类仍为绫、罗、纻丝、纱、绢、绸、縠七类，但质量有所提高，新品增加。如皓纱，明末由杭州人蒋昆丑所创，创制者迎合时尚，注意到质色厚重并不受人欢迎，"乃易以团花、疏朵，轻薄如纸，

---

① 正德《江宁县志》卷三《物产》。
② 乾隆《湖州府志》卷四〇《物产》引。
③ 嘉庆《濮川所闻记》卷一引《濮镇纪闻》。
④ 嘉靖《吴邑志》卷一四《物货》；崇祯《吴县志》卷二九《物产》。

携售五都，市廛一哄，甚至名重京师"①。看来蒋氏的创新在于质地轻盈，花样简洁而淡雅。又如紫薇绸，亦称天水碧，原为南唐以来宫禁织品，而明后期"海宁硖石人积梅雨水，以二蚕茧缫丝织成，有自然碧色，索上价"②。又如绵绸，同苏州一样，杭嘉湖地区也广为生产。再如兜罗婆，原为日本等国贡品，杭州仿制而成，为"外方罕靓"之精品。

入清以后，全国官营丝绸生产几乎全部集中到江南，丝绸生产技艺续有提高。

城市丝绸生产技术精益求精，不断提高。南京，到乾隆初年，人称"织造府近数十年来花样尤愈出愈奇。素者则以程姓为最，京师以及各省多行之，以其号仰之，故称仰素。又线缎，亦有花素多种，厚实可观，统名内造"③。可见其时丝绸品种有前此所无者。杭州也因设有织造局，因此在浙江一省中，"惟省城出者为佳"④，品种最多，质量最高。雍正时，厉鹗引朱稻孙《武林恭纪诗》云："十样西湖景，曾看上画衣。新图行殿好，试织九张机。"⑤ 织造这种西湖十景图的缎匹，需要九张织机同时运作，其工艺难度可以想见。乾隆时，陈璨写诗一首，对杭州丝绸生产技术的进步大为感叹，其中有句云："年来杼轴更翻新，罗绮搴香满屋春。"⑥ 说明当时丝绸花样翻新变化相当快。苏州，到清代因隶织造局，所产之棉"精妙绝伦，殆人巧极而天工错矣"⑦；丝，清代"织造府所制上供平花、云蟒诸缎，尤精巧，几夺天工"⑧；绢，清代织局"制上供绢，另置机杼三人运梭，有阔至二丈者"⑨。织造幅阔二丈的绢，估计须分两次开口，左边的人开口发梭先抛，再由中间的人开口发梭至右边的人，一次抛梭距离长达一丈，难度极高。由于分两次开口，纬线的松紧度较难掌握均匀，扣框打纬三人用力要统一，否则纬面就不平整，所以同时操作的三人都要技术熟练，还需配合默契。

市镇丝织业的发展主要在于创新。菱湖镇出产用丝织成的水绸和纺丝而成的纺丝绸。这两种绸后来杭州也大量生产，即所谓杭纺。乌青镇出产一种大环绵，"以头蚕茧造成，洁白如雪，如弓形，甚筋韧，他处所不及，故远方争宝之"⑩；绵绸

① ［清］黄士珣：《北隅掌录》卷下引《江皋杂识》。
② ［明］李日华：《紫桃轩杂缀》。
③ 乾隆《江宁县新志》卷八《物产》。
④ ［清］陈梦雷、蒋廷锡等编辑：《古今图书集成·方舆汇编·职方典》卷九四九。
⑤ ［清］厉鹗：《东城杂记》卷下《织成十景图》。
⑥ ［清］陈璨：《西湖竹枝词》。
⑦ 康熙《长洲县志》卷五《物产》。
⑧ 乾隆《苏州府志》卷一二《物产》。
⑨ 康熙《苏州府志》卷二二《物产》。
⑩ 康熙《乌青文献》卷三《土产》。

则有斜纹、木樨等品种，以孙氏造者为工。塘栖镇也以生产这种绵绸为特色。王店镇以出产王店绸闻名。褚绸，由褚叔铭创于万历年间，"名重当时"，到清代褚氏子孙发扬光大祖业，"褚绸为最"；薛机绸，以花样和绣工为特色，此外，该镇还产画绢，"亦甲于天下"。双林镇的包头纱（绢、绸）"通行天下"。濮院绸，"丝熟净，组织亦工"，尤以沈、陆两姓所制最负盛名。盛泽镇也出纺绸，号盛纺，或花或素，或长或短，或轻或重，各有定式。绫，花者有庄院、西机、脚踏诸名，素者有惠绫、荡北、扁织诸目；纱，花者居多，素者有米统、罗片、官纱之类；绢有元绢、长绢等名。

上述市镇各类丝织品，一般来说，门幅窄，分量轻，花样新，价格廉，颇富实用，比较适合中下层人士的消费水平，因而很受欢迎，销路畅达。可见这类丝织品生产的兴盛，是与人民生活紧密相连的，一定程度上反映了当时社会人们的消费水平和消费观念。

明清时期，由于染造工艺的提高，丝绸色彩迭有增加。嘉靖末年，明廷抄没严嵩家产，其中14 800余匹件丝绸及各色丝绸成衣，色谱多达 40 种左右。根据当时文献所载，明末丝绸色彩至少有 120 余种。值得注意的是，有不少色彩是明末新出现的。如按崇祯《松江府志》的记载，水红、金红、荔枝红、橘皮红、东方色红、水绿、豆绿、花色绿、天蓝、玉色、月色、浅蓝、墨色、米色、鹰色、沉香色、莲子色、铁色、玄色、鹅黄色、松花黄、葡萄紫等 20 余种色彩都是当时新出现的流行色。按《谈绮》的说法，石蓝是明末南京新出现的色彩。

清承明制，服色上也是如此。由《苏州织造局志》和历年江南织造进贡的缎匹和贸易绸缎等，可知清代前期江南丝绸色彩较之明后期基本没有什么变化。但大约自嘉庆道光年间起，色彩又迅速增多，如紫檀、中明、圆眼、茶叶绿、瓜绿、京绿、竹绿、蜜黄、蕃黄、碌墨、栗壳、鹰背、檀香、壳色、沙石、野花、蒲桃青、海棠红、双红、亮红、胶青、砖青、月酱、蟹青、虾青、青灰、墨灰、月灰、炉酱、猪肝、紫驼、菜驼、茶尾、茶灰、茶青、鼻烟、火驼、枣红、靛玉、品蓝、品绿、果绿、南松、葵绿、槐明、梨青、品月、洋灰、品红、洋红、莲灰、雪湖、妃色、荷花、韭菜、靛湖、银灰、雪青、湖色、竹灰、雪白、色绒、碌红、川香、洋绿、京驼、禾蓝等色，都是前所少见或新增加的色彩。清末，按《雪宦绣谱》所载，色彩类别多达 88 种，"其因染而别者，凡七百四十有五"，手艺高超者，"虽累千色可也"。这上千种色彩中，增加最多的是浅色色彩。清末，江南丝织品色调由浓重趋于浅淡，以浅灰色、淡青色、菜白色、菜青色、木桃色、淡菜色、淡黑色等最为时兴。市风崇尚浅色，浅色色彩就大量增加。这是清代丝绸色彩方面的一个特点。

三、茶叶加工进入大发展时期

茶叶，就形状而言，宋代已形成两大类。《宋史》卷一八三《食货志》说："茶有二类：曰片茶，曰散茶。"片茶即团饼茶，是将茶蒸后捣碎压成饼片状，烘干后以片计数；散茶是蒸青后直接烘干。和散茶相比，片茶的香气、口味远逊于散茶，饮用不如散茶方便，制造也不如散茶简便，而且造价高，这是宋元时期以后片茶渐被散茶代替的一个重要原因。对此，明代许次纾在《茶疏》（约 1601—1607 年成书）中有一个简要的说明：

> 古人制茶，尚龙团凤饼，杂以香药，……若漕司所进第一纲，名北苑试新者，乃雀舌、冰芽所造，一銙之直至四十万钱，仅供数盂之啜，何其贵也。然冰芽先以水浸，已失真味，又和以名香，益夺其气，不知何以能佳。不若近时制法，旋摘旋焙，香色俱全，尤蕴真味。

明代，民间又发展了一种制散茶的新技术——炒青[1]，其色香方面远较片茶要高。这样，片茶更显得相形见绌了。即便如此，当时仍继续加工制造片茶。因为它是贡品，是必须定量生产的。

明初，朱元璋为恢复和发展农业生产，爱惜民力，在洪武二十四年（1391）九月下了一道诏令，贡茶废除片茶改用散茶："庚子诏，建宁岁贡上供茶，听茶户采进，有司勿与。敕天下产茶去处，岁贡皆有定额，而建宁茶品为上，其所进者，必碾而揉之，压以银板大、小龙团。上以重劳民力，罢造龙团，惟采茶芽以进。其品有四，曰探春、先春、次春、紫笋。"[2]

片茶作为贡品被废除后，散茶蓬勃发展起来了。中国茶业史上一些重要的茶类，如炒青（绿茶）、红茶、乌龙茶、花茶等，都是在明清时期先后创造出来的。

（一）炒青

绿茶生产的基本工艺流程，分杀青、揉捻、干燥三个步骤，由于最终干燥方式的不同，又分为晒青、烘青和炒青三种，炒青因采用锅炒而得名。明代的炒青技术已相当完备和细致，对此，《茶疏》《茶解》《茶笺》中都有较详细的记载。

许次纾《茶疏》记载：

> 生茶初摘，香气未透，必借火力，以发其香。然性不耐劳，炒不宜

---

[1]　炒青，在唐代已见于刘禹锡的《西山兰若试茶歌》一诗，其中有句云："斯须炒成满室香"，但发展成为一种茶类，则是在明代。

[2]　《明太祖实录》卷二一二。

久。多取入铛，则手力不匀，久于铛中，过熟而香散矣。甚且枯焦，尚堪烹点？炒茶之器，最嫌新铁。铁腥一入，不复有香。尤忌脂腻，害甚于铁。须豫取一铛，专用炊饮，无得别作他用。炒茶之薪，仅可树枝，不用干叶。干则火力猛炽，叶则易焰易灭。铛必磨莹，旋摘旋炒。一铛之内，仅容四两。先用文火焙软，次加武火催之。手加木指，急急钞转，以半熟为度。微俟香发，是其候矣。急用小扇钞置被笼（"钞"疑为"炒"，"被"疑为"焙"），纯棉大纸衬底燥焙。积多候冷，入瓶收藏。

罗廪在《茶解》（约16世纪中后期成书）记载：

> 炒茶，铛宜热；焙，铛宜温。凡炒，止可一握，候铛微炙手，置茶铛中，札札有声，急手炒匀，出之箕上，薄摊，用扇扇冷，略加揉按，再略炒，入文火铛焙干，色如翡翠。若出铛不扇，不免变色。

闻龙在《茶笺》（约16世纪中后期成书）记载：

> 茶初摘时，须拣去枝梗老叶，惟取嫩叶；又须去尖与柄，恐其易焦，此松萝法也。炒时须一人从旁扇之，以祛热气，否则黄，色香味俱减。予所亲试，扇者色翠，不扇色黄。炒起出铛时，置大瓷盘中，仍须急扇，令热气稍退，以手重揉之，再散入铛，文火炒干入焙。盖揉则其津上浮，点（茶）时香味易出。

从上述资料记载可以看出，明代制茶在茶叶的选择、火候的掌握、炒锅的选用、投叶的数量、散热的讲究等方面都积累了相当丰富的经验，表明明代的炒青技术已日臻成熟。

（二）红茶

红茶属发酵茶，在加工方面与绿茶最大的不同是采用发酵工艺。其基本加工工艺流程分萎凋、揉捻、发酵、干燥四步。红茶至迟在明代中叶已有创制。《多能鄙事·茶汤法》在介绍"酥签茶"时，已有"倾入红茶末搅匀"的记载。[①]《芙蓉山茶记》中也提到湖北蒲圻县的羊楼洞等地在明末开始生产红茶，并记载有关于红茶的生产技术：

> 邑之羊楼洞、羊楼司、沅潭、聂市、桃林、清水沅，素以茶为业，始以青茶为大宗。明末间有务红茶者，时曰"晒茶"。其法取草茶曝之以日，而揉洁之使罨，俟其色变赤，而茶乃成品矣。殆非青茶之既炒且焙也。始好事者为之，继而国变后，为者渐夥。泊乎康熙出洋，红毛尚之，商舶辐

---

① 《多能鄙事》，旧题明代刘基撰，《四库全书》提要以为伪托。大约是明代中叶的作品，成书于15—16世纪。

辏,红茶业于焉大盛,乃夺青而专其利权矣。①

由此可知,红茶始于明而盛于清。福建、江西、浙江、安徽、湖南、湖北、四川等省,都有红茶生产。红茶还成为一些县的主要产品,是经济收入的重要来源。例如:

湖南平江县　道光末,红茶大盛,商民运以出洋,岁不下数十万金。②

湖南安化县　咸丰间……(客商)抵安化境,倡制红茶收买,畅行西洋等处,称曰广庄。盖东粤商也。方红茶之初兴也,打包封箱,客有冒称武彝以求售者。孰知清香厚味,安化固十倍武彝,以致西洋等处,无安化字号不买。③

湖北鹤峰　红茶,邑自丙子(1876年)广商林紫宸来州采办红茶,泰和合、谦慎安两号设庄本城五里坪,办运红茶,载至汉口,兑易洋人,称为商品,州中瘠土,赖此为生计焉。……近今美利日增,惟茶为最。④

从这些记载可见清代后期红茶生产之盛,红茶成为重要的外贸商品。

(三) 乌龙茶

乌龙茶是介于绿茶与红茶之间的半发酵茶,亦称青茶。关于乌龙茶的创始时期,学术界有的认为起源于北宋,有的认为始于清咸丰年间⑤,也有人认为不晚于明代中期⑥。从上文所引《芙蓉山茶记》中得知,湖北蒲圻县明末生产红茶之前,是"始以青茶为大宗"的,也就是说,至少在湖北蒲圻县早在明代已生产乌龙茶,而且比红茶生产为早。由此可见,中国明代已有乌龙茶,是有文为据的。

关于乌龙茶的生产技术,最早见于清雍正时陆廷灿所编《续茶经》所引王草堂《茶说》,云:"武夷炒焙兼施,烹出之时,半青半红,青者乃炒色,红者乃焙色也。茶采而摊,摊而擛,香气发越即炒,过时、不及皆不可,既炒既焙,复拣去其中老叶、枝蒂,使之一色。"

乌龙茶的发展主要在清代,福建、广东、台湾是乌龙茶的主要产区。

---

①　《芙蓉山茶记》,作者与成书年代不详,转引自于介:《中国经济史考疑二则·辟红茶制法外来说》,《重庆师范学院学报》1980年4期。

②　同治十三年《平江县志》卷二〇《物产》。

③　同治十一年《安化县志》卷三三《时事记》。

④　光绪十一年《续修鹤峰州志》卷七《物产》。

⑤　陈宗懋:《中国茶经》,上海文化出版社,1992年,114页。

⑥　陈祖椝、朱自振编:《中国茶叶历史资料选辑·导言》,农业出版社,1981年。

（四）花茶

花茶是用茶叶和香花进行拼和窨制，使茶叶吸收花香而制成的香茶，亦称熏花茶，在生产上属于再加工茶类。花茶出现的历史比较早，南宋施岳《步月·茉莉》词中已有茉莉花焙茶的记载，该词原注云："茉莉，岭表所产，古今咏者不甚多，……此花四月开，直至桂花时尚有玩芳味，古人用此花焙茶。"① 但大量用花窨茶，并形成一种新茶类，则是在明代，这在刘基的《多能鄙事》、朱权的《茶谱》以及钱椿年编、顾元庆删校的《茶谱》中都有记载。

刘基《多能鄙事》卷三《饮食·茶汤法》载：

> 熏花茶：用锡打连盖四层盒一个，下层装上等高江茶半盒，中一层钻箸头大孔数十个，薄纸封，装花。次上一层，亦钻小孔，薄纸封，松装茶，以盖盖定，纸封，经宿，开，去旧花，换新花，如此三度。四时但有香无毒之花皆可，只要晒干，不可带湿。

朱权《茶谱》载：

> 熏香茶法：百花有香者皆可。当花盛开时，以纸糊竹笼两隔，上层置茶，下层置花。宜密封固。经宿，开，换旧花。如此数日，其茶自有香味可爱。有不用花，用龙脑熏者亦可。

钱椿年编（1539 年）、顾元庆删校（1541 年）《茶谱》记载：

> 木樨、茉莉、玫瑰、蔷薇、兰蕙、桔花、栀子、木香、梅花皆可作茶。诸花开时，摘其半含半放、蕊之香气全者，量其茶叶多少，摘花为茶。花多则太香而脱茶韵，花少则不香而不尽美，三停茶叶一停花始称。假如木樨花，须去其枝蒂及尘垢虫蚁，用磁罐一层茶一层花投间至满，纸箬絷固，入锅重汤煮之，取出待冷，用纸封裹，置火上焙干收用。诸花仿此。

顾元庆删校《茶谱》中关于花茶制造的内容，和旧题宋赵希鹄编《调燮类编》中花茶制造的内容一模一样，连文字都没有变，是否《茶谱》抄袭了《调燮类编》呢？据考证，《调燮类编》是清代的著作，所谓"宋·赵希鹄撰"是后人加上去的。② 关于花茶的内容，实是《调燮类编》抄了《茶谱》。

上述文献记载表明，明代制造花茶的工艺已相当成熟，被用作制造花茶原料的香花至少有 10 种之多，其主要产地是福建、江苏、广东等地。

除上面所述几种茶类，还有黄茶、黑茶、白茶等。据近人研究，这些茶类也都

---

① ［南宋］施岳：《步月·茉莉》，转引自周密：《绝妙好词》卷四。
② 闵宗殿：《是宋书还是清书——关于〈调燮类编〉成书年代的讨论》，《古今农业》1997 年 3 期。

形成于明代。① 因此可以说，明代是中国茶叶生产进入大发展的一个重要历史时期。

四、食品加工业的发展

明清时期是中国古代食品加工的一个大发展时期。这个时期的食品加工，不论其加工水平，还是加工食品的种类，都有明显的提高和发展。

（一）加工水平

食品加工技术的明显发展和加工水平的显著提高，是明清时期食品加工业迅速发展的重要原因之一，也是明清时期食品加工业发展的标志。明代以前，中国的果蔬加工技术已相当发达，其加工的方法有干制、盐渍、酱渍、糟渍、酸渍、蜜渍、醋渍7种，到明代中期，据宋诩《宋氏养生部》记载，中国的果蔬加工除继承了前代的7种技术，又增加了糖制、糖醋、蒜醋和、蒜盐和、芥辣和、熏制、干炒7种，加工的方法比前代增加了一倍。

随着加工方法的增多，同一原料被加工成更多的不同成品，例如猪肉，被加工成火腿、腊肉、风肉、糟肉、酱肉、肉脯（肉干）、肉松、香肠、香肚等不同风味的食品。

再如枣子，因加工方法的不同，出现了南枣、北枣、牙枣、红枣、园枣等不同的品种。《宋氏养生部》记载说："（南枣），南地鲜甜肥枣，汤中微煮，入稻秆藕筐筥中，覆盖一宿，晒干，复蒸之，红而肉厚。"又说："北地鲜枣在锅煮熟，急入冷水中，漉起晒干，火炕焙者曰北枣。煮熟，手捻退皮晒干者曰牙枣。生而晒干者曰红枣。生而能轮去皮，锅中藉以厚布，慢火炙干者曰园枣。"

再如豆豉，因加工方法的不同，形成了淡豆豉、香豆豉、杏仁豆豉、缩砂仁豆豉、竹笋豆豉、茄豆豉等不同内味的豆豉品种，其加工方法在《宋氏养生部》中都有详细记载。

豆腐经二次加工所制造出的多种加工品，典型地反映了明清时期加工工艺的发达。清代汪曰桢《湖雅》卷八《造酿之属·豆腐》对此有详细的记载："豆腐，按：磨黄豆为粉，入锅水煮，或点以石膏，或点以盐卤成腐，未点者曰豆腐浆，点后布包成整块曰干豆腐，置方板上曰豆腐箱，因呼一整块曰一箱，稍嫩者曰水豆腐，亦曰箱上干。尤嫩者，以枸挹之成软块亦曰水豆腐，又曰盆头豆腐。其最嫩者不能成块，曰豆腐花，亦曰豆腐脑。或下铺细布泼以腐浆，上又铺细布夹之，旋泼旋夹，

压干成片，曰千张，亦曰百叶。其浆面结衣揭起成片曰豆腐衣，《本草纲目》作豆腐皮；今以整块干腐上下四边边皮批片，曰豆腐皮，非浆面之衣也。干腐切小方块油炖外起衣而中空曰油豆腐，切三角块者曰三角油腐，切细条者曰人参油腐，有批片略炖外不起衣、中不空者，曰半炖油腐。干腐，切方块布包压干清酱煮黑，曰豆腐干，有五香豆腐干、元宝豆腐干等，名其软而黄黑者曰蒸干，有淡煮白色者曰白豆腐干，木屑烟薰白腐干成黄色曰薰豆腐干，醃芥卤浸白腐干使咸而臭曰臭豆腐干。"该书又说："豆腐罨霉为腐乳……制成腐乳有酱腐乳、糟腐乳、白腐乳，又有臭腐乳。"种类之多，真可谓琳琅满目。

保脆、保形技术的出现，表明明清时期已有相当高的果品加工技术。有些果类如樱桃、杨梅、瓜等，由于肉质较软，加工时容易破损变形，影响美观，这是果品加工中长期没有解决的一个问题。明清时期创造了在加工溶液中添加矾、石灰的办法，以保持加工果品的松脆。明代宋诩《宋氏养生部》记有枇杷、冬瓜蜜煎加工的方法：

枇杷 摘黄者，每斤盐一两，矾六钱，同水渍之，同时易水洗，去皮核，蜜煮甜，曝透，以蜜渍。

冬瓜 劖去外皮及瓤，方切坚肉为片，石灰煎汤，取清冷者渍一宿，作沸汤微焯，曝干，蜜煮，暴，复渍之。

清代《调鼎集》记有青脆梅、杨梅加工时的保脆方法：

青脆梅 拣大青梅磕碎，用竹筐入滚水略焯即起，水内少加矾，沥干，一斤梅，一斤洋糖拌匀，加玫瑰片。

杨梅 红梅一斤，白矾二两，洋糖水入灌，放阴处，至冬不损。

明矾和石灰含有铝和钙，能同果胶物质化合成果胶酸盐的凝胶，可防止细胞解体，故在蜜渍加工时能使果品硬化和保脆。这是明清时期在果品加工技术方面一项重要的创造。

（二）加工食品的种类

明清时期食品加工业的发展表现在两个方面：一是新创制的加工食品大量出现；二是加工食品的种类空前增加。这是明清时期对农副产品扩大再利用的具体反映，也是加工技术进一步发展的结果。

1. 新创制的加工食品

（1）乳腐。也称腐乳，是豆腐再次加工的成品。最早见于明末清初的《物理小识·饮食类·红腐乳》，记曰："细豆腐少压，切块，煮过，摊置无风处覆之，生黄绿色毛，长寸许，以竹挺签入，透心为度，乃拭去毛，以飞盐及茴香、莳萝、川椒、陈皮层层淹之，瓮口余三分，以红曲上酒浓底，浸百日用。"此外，在清初的

《食宪鸿秘》《随园食草》等著作中，也都有记载。清代，在加工方法上又有发展，出现白乳腐、糟腐乳、臭腐乳等不同的品种。《宋氏养生部》中虽也记有"乳腐"的制法，但这是一种绿豆冻，而不是豆腐再次加工的成品。

（2）面筋。面筋是用麦粉加工而成的食品，初见于明代弘治年间《宋氏养生部》。该书记述了面筋的加工方法："用小麦白面十六斤，盐四两，温水和带软，候水脉停当，少时入冷水一桶，从慢至紧搭洗，浊则易水，已成面筋，苴箸中，置笼上蒸。有用麦麸，同制。惟先宜揉勒，水中停面，绢滤洁，即小粉也。"

（3）粉皮、粉丝。粉皮、粉丝是用绿豆粉加工而成的食品。《宋氏养生部》记载："绿豆湛洁之渍，捼去皮，同水磨细，以绢囊洗去粗，取细者加原粉酸浆点定成粉。又以囊沥水干用。豌豆亦可为。有三制：作如索粉，则加调原糯，揉匀，两手并搓，入沸汤，漉于冷水中；汤粉则加水调入汤锣，沸汤中旋没之，脱于冷水中；软粉则水调入锅煮，杓于小滑器，脱下；以冷水渍。索、汤者皆宜油煎。"明末《群芳谱·谷谱》中也有记载："（绿豆）北人用之甚广，可作豆粥、豆饭、豆酒、爍食、炒食；水泡磨为粉，澄滤作饵，蒸糕，盪皮、压索，为食中要物。"在明代，粉皮、粉丝已是北方地区相当普及的加工食品。

（4）酒娘。酒娘，四川称为醪糟或甜醪酒，江南亦称为甜糟，是糯米的加工食品。酒娘出现于清代，《食宪鸿秘》载："甜糟，上白江米二斗，浸半日，淘净蒸饭摊冷入缸，用蒸饭汤一小盆作浆，小曲六块捣细，罗末拌匀（用南方药末更妙），中挖一窝，周围按实，用草盖盖上，勿太冷太热，七日可熟。将窝内酒酿撇起，留糟，每米一斗，入盐一碗，桔皮细切，量加封固，勿使蝇虫飞入，听用。"《中馈录·制甜醪酒法》对制作酒娘进行了详细的记载："糯米须选整白而无搀和饭米者，夜间淘净，以清水泡至次午，漉起用饭甑蒸熟透，每六斤米用曲一小酒杯。先将酒曲研细，配好米数备用，俟米蒸透后，如天寒则趁热拌曲。将稻草预先晒热，或用开水一大盆，先温草窝内。俟将曲和饭拌匀，装盆内覆以盖，即速置热草窝内，四周再用草围紧。如酒多缸大，则用草多围，如酒少缸小，则用木柜等装草围之，柜外尚须加被褥。如天热则宜摊凉再置缸内，以草围之。春秋和暖时，则须调至冷热合度方妥，总以详察天时为宜。天寒二三日即有酒香溢出，天热一二日即得。须先去其被，再少去其草，俟热退尽始行取出。倘因冷度过盛，略无酒香者，即拨开中央，加好高粱酒四两，次日即沸，过七日即成。"酒娘除直接食用，也作为制作其他食品的原料，《调鼎集》中"做酒娘法"记载的就是以酒娘为原料加工其他食物："如欲酒娘醉物，预先将酒娘做好，泥封小坛，随意开用，入瓜果等物醉之。"

（5）糟油。糟油，是一种调味剂，鲜美可口，又能除腥，是烹饪中的重要调料。清初《食宪鸿秘》记载："做成甜糟（即酒娘）十斤，麻油五斤，上盐二斤八两，花椒一两，拌匀，先将空瓶用稀布扎口，贮瓮内，后入糟，封固数月后，空瓶沥满，是名糟油，甘美之甚。"又法："白酒甜糟五斤，酱油二斤，花椒五钱，入锅烧滚，放冷滤净，与糟内所淋无异。"

（6）肉松。肉松是一种肉类的加工食品。清代《调鼎集》记载："肉松，精肉、酱油、酒，煮熟，烘干，手撕极细，配松仁米。"《中馈录》云："制肉松法：法以豚肩上肉，瘦多肥少者，切成长方块，加好酱油、绍酒，红烧至烂，加白糖收卤，再将肥肉捡去，略加水，再用小火熬至极烂极化，卤汁全收入肉内，用箸搅融成丝，旋搅旋熬，迫收至极干至无卤时，再分成数锅，用文火以锅铲揉炒，泥散成丝，焙至干脆如细丝烟形式，则得之矣。"除了猪肉松，还有鱼肉松、鸡肉松、牛肉松等。

（7）香肠。香肠是出现于清代的一种猪肉制品，开始称为骑马肠。《食宪鸿秘》记载："骑马肠，猪小肠精制肉饼生剂，多加姜椒末，或纯用砂仁末，装入肠内，两头扎好，肉汤煮熟，或糟用或下汤俱妙。"后称为肉灌肠，制法也有改进，《调鼎集·肉灌肠》载："取大肠打磨洁净，小肠亦可，分作三截，先扎一头，以竹管吹气鼓，急扎，风干一日。先取精嫩肥肉，剁小块，风干四五日或七八日，以椒末、微盐揉过，色红为度，将干肉筑实肠内，扎紧，盘旋入锅，以老汁煮之，不加盐酱，待冷取起，晾冷，随时切片。冬月为佳，否则不耐久。"到清末，正式命名为香肠，制法也基本定型。《中馈录·制香肠法》记载："用半肥瘦肉十斤，小肠半斤，将肉切成围棋子大；加炒盐三两，酱油三两，酒二两，白糖一两，硝水一酒杯，花椒小茴各一钱五分，大茴一钱，共炒，研细末；葱三四根，切碎，和拌肉内。每肉一斤可装五节，十斤则装五十节。"

（8）皮蛋。皮蛋是明代出现的一种蛋制品，蛋白呈半透明的褐色凝固体，而且有一定韧性似皮革，故称。褐色凝固体的表面常常现有美丽的花纹，状同松花，故又称松花蛋。切开时，蛋黄、蛋白层次分明，且色泽丰富美丽，故而又称为彩蛋、变蛋。皮蛋加工时，外常包有黄泥，因而人们也将皮蛋称为泥蛋。文献记载最初见于明末《养余月令》，当时称为牛皮鸭子："腌牛皮鸭子，先以菜煎汤，内投松、竹叶数片，待温，将蛋浸洗毕，每百用盐十两，真栗柴灰五升，石灰一升，如常调腌之，入坛三日，取出盘调上下，复装入，过三日又如之，共三次，封藏一月余，即成皮蛋。"《物理小识》也讲到皮蛋："池州（今安徽贵池市）出变蛋，以五种树灰盐之，大约以荞麦壳灰则黄白杂揉，加炉炭、石灰，则而绿坚韧。"《大中华京兆地理志》载："松花蛋，涿县松林店人用松枝灰腌蛋，晶莹现松花，明末秘其法，专其利数世。"据此看来，明末，中国南北方都已掌握了皮蛋的加工方法。

（9）山楂膏。山楂膏是山楂的加工食品。明末《物理小识》记载："山东大山楂，刮去皮核，每斤入白糖四两，捣为膏，明亮如琥珀，再加檀屑一钱，香美可供，又可放久。"清初《食宪鸿秘》中亦记有山楂膏，制法上稍有改进："冬月，山楂蒸烂，去皮核净，每斤入白糖四两，捣极匀，加红花膏并梅卤少许，色鲜不变，冻就切块，油纸封好，外涂蜂蜜，磁器收贮，堪久。"

（10）梅酱。梅酱是梅制的果酱。明代《广群芳谱》记载："熟梅十斤，烂蒸去核，每肉一斤加盐三钱，搅匀，日中晒，待红黑收起。用时加白豆蔻仁、檀香些少，饴糖调匀，服凉水极解渴。"《调鼎集》中所记的梅酱制法略有不同："黄梅蒸熟，去核拌洋糖，拌蜜同。又，三伏日取出熟梅捣烂，不可见水，晒十日，去皮核，加紫苏再晒十日，收贮。用时加洋糖。"此外，还有醋酸梅酱、乌梅酱等。

（11）酸梅汤。酸梅汤是一种用梅制成的清凉饮料。清代《燕京岁时记》记载："酸梅汤以酸梅合冰糖煮之，调以玫瑰木樨冰水，其凉振齿，以前门九龙斋及西单牌楼邱家者为京都第一。"

（12）白糖。白糖是砂糖的一种。在白糖发明前，中国只有红糖，到明代，在一次偶然的事件中，人们找到了炼制白糖的方法。《广阳杂记》载："嘉靖以前，世无白糖，闽人所熬，皆黑糖也。嘉靖中，一糖局偶值屋瓦堕泥于漏斗中，视之，糖之在上者色白如霜雪，味甘美异于平日。中则黄糖，下则黑糖也。异之，遂取泥压糖上，百试不爽，白糖自此始见于世。"明末，利用黄泥水对蔗糖进行吸附脱色，已成为定型的制白糖技术。《天工开物》载："凡闽广南方经冬老蔗，用车……榨汁入缸，看水花为火色，其花煎至细嫩，如煮羹沸，以手捻试，黏手则信来矣，此时尚黄黑色。将桶盛贮，凝成黑沙（即糖膏），然后以瓦溜置缸上，其溜上宽下尖，底有小孔，将草塞住，倾桶中黑沙于内，待黑沙结定，然后去孔中塞草，用黄泥水淋下，其中黑滓（即糖蜜）入缸内，溜内尽成白霜，最上层厚五寸许，洁白异常，名曰西洋糖。"这是离心机发明以前，世界上最简易、有效的白糖生产方法。

除上文所述，还有麻腐、腐干、青脆梅、醉蟹、风板鸭、酸白菜、鱼子酱、霉干菜、萝卜干等加工食品。

2. 加工食品种类的增加　明清时期，不仅新创制了许多加工食品，而且加工食品的种类亦迅猛增加。根据对元代《居家必用事类全集》、明初《多能鄙事》、明中期《宋氏养生部》、清代《调鼎集》等书中的酿造类、鱼肉类、果蔬类、豆制品类、乳酪类、制粉类加工食品的初步统计，元代的加工食品有142种；明初为140种，明中期为189种，比元代增加了33%；清代有378种，比元代增加了1.6倍，比明中期增加了1.0倍。其中特别以果蔬类加工食品的种类增加最突出，元代为48种，明中期为108种，增加了1.25倍，清为173种，比元代增加2.6倍，比明中期增加了60%（表5-8）。

表 5-8　元明清时期的加工食品种类统计

加工食品		元代《居家必用事类全集》	明代《多能鄙事》	明代《宋氏养生部》	清代《调鼎集》
酿造类	酒	20	12	35	69
	酱	10	8	9	21
	醋	10	12	13	20
	酢	6	11	—	酱油：14
	豉	14	6	—	糟：6
鱼肉类	肉	13	11	7	38
	鱼	12	15	6	20
果蔬类	果	12	14	98	99
	蔬	36	45	10	74
豆制品类		—	—	5	5
乳酪类		6	6	—	7
制粉类		3		6	5
合计		142	140	189	378

明清时期加工食品的大发展，还可以从一个地区的食品加工情况中反映出来。据汪曰桢《湖雅》记载，清末，浙江湖州地区拥有的加工食品共有132种，包括粮食、酿造、豆类、豆制品、菜类、果类、乳酪、肉类、鱼类、糕米团等。这是汪曰桢参与编写《湖州府志》时调查得来的材料，是完全可以相信的，从中可以看到清代加工食品之丰富。

《湖雅》所记清末湖州加工食品如下：

冬舂米、蒸爝米、陈米、酒、酒娘、冬酿酒、白酒、茅柴酒、煮酒、煨熟酒、浇酒、蜜淋漓、醋、糟、糟油、酱、酱油、油（豆油、菜油、芝麻油、桐油、棉子油）、油饼

糖（即饴）、麨、冻米、小粉（麦、绿豆）、面筋、粉布（绿豆）、索粉（丝粉、线粉）、麻油、豆腐（豆腐浆、干豆腐、水豆腐、豆腐花、千张、豆腐衣、油豆腐、三角油腐、人参油腐、半肫油腐、豆腐干、五香豆腐干、元宝豆腐干、蒸干、白豆腐干、熏豆腐干、臭豆腐干）、腐乳（酱腐乳、白腐乳、臭腐乳）、豆豉、熏豆、茶膏、藕粉、蕨粉、辣虎、辣酱、芥辣

腌斋菜（腌芥菜、干菜、菜花头、冬菜）、腌芥卤

酱小菜（筒、菜瓜、黄瓜、姜、茄、刀豆、地楼等）

笋干（绣鞋底、毛笋干、泥里黄、笋尖、青笋干）、石竹青、绿笋、笋衣

金针菜、黄楝头、乌梅、霜梅（桂花梅、合梅、梅酱）

木瓜糁、木瓜煎（蜜渍）、菱米、风菱、风栗、柿饼、柿图、凉粉、天茄（蜜）、花露、黄瓜水

杌子、乳酥、乳酪、乳饼

腊猪头、腌鸡、酱鸭、酱蹄、鱼鲊、鱼脯、湖鲞、醉蟹、干虾

酒药、曲、糍、角黍、馒头、馄饨、烧麦、饺、汤饼、春饼、寒具、糕、饼、圆子、团子、油鎚、麻花、茶食、青精饭、米馒头、八宝粥、藕粥

第六章　明清时期的农业生产技术

第一节　种植业技术

一、复种技术和多熟种植

（一）复种技术

明清时期，特别是到了清代，人口增长快、耕地增长慢的发展趋势，使耕地短缺的现象越来越严重。为了解决这个问题，明清时期采取了间作、套作、混作、连作等多种复种技术措施，来提高土地的利用率，从而推动了中国多熟制的发展。

中国利用复种措施来提高土地利用率的历史是十分悠久的。前1世纪西汉《氾胜之书》中已有关于瓜、薤、小豆间作和桑、黍混作的记载，但大量地利用复种技术提高土地利用率，则是在明清时期。

1. 间作　间作是两种或两种以上播种期或生长期相近的作物，在同一块地内，隔株、隔行、隔畦种植的一种方式。清代黄可润在《菜谷同畦》中说："无极农民，种五谷、棉花之畦，多种菜及豆以附于畦，盖谷与菜同畦，不惟不相妨，反而有益，浇菜则禾根润，锄菜则谷地松，至谷熟而菜可继发矣。"这种粮菜种植方式，就是间作。

2. 套作　套作是在同一块地内，在前茬作物成熟之前，于其行间或带间种植后季作物的种植方式。它和间作的区别是：间作是两种作物基本上同时种，以共生为主；而套作则有种植先后，而且两种作物在一起生长的时间比较短。最典型的形式，是江南地区种植的间作稻，当地所说的寄晚、补晚、搀稻、撑禾、丫禾等都是指间作稻。

明代长谷真逸在《农田余话》中讲的浙江温州地区种的双季稻，用的便是这种种植方式。书中说："闽广之地，稻收再熟。以为获而栽种，非也。予尝识永嘉儒者池仲彬，任黄州黄陂县主簿。询之，言其乡以清明前下种，芒种莳苗，一垄之间，稀行密莳。先种其早者，旬日后，乃复莳晚苗于行间。俟立秋成熟，刈去早禾，乃锄理培壅其晚者，盛茂秀实，然后收其再熟也。"

明清时期套作的方式是多种多样的，除了上文所述稻—稻套作，重要的还有以下几种：

稻—豆套作 四川什邡，"（泥豆）早稻半黄时漫种田中，经一宿，放水干。苗二三寸，刈稻，留豆苗，去水耘锄，八九月熟"①。

麦—棉套作 "穴种麦，来春就于麦垄中穴种棉。"②"小麦地种棉花者，不及耕，就麦塍二丛为一窝，种棉子，计麦熟而棉长数寸矣。"③

麦—豆套作 湖北钟祥，"麦背垄间夹种大豆，二月种者五月熟。此钟祥县秘訣也"④。浙江常山，"二月初旬即于麦垄中种豆，四月刈麦，六月刈菽"⑤。

粮肥套草 四川什邡，"（苕子）蜀农植以粪田……稻初黄，稍莳，漫撒田中，至明年四五月收获"⑥。江苏松江，"于稻将成熟之时，寒露前，田水未放将草子（紫云英）撒于稻肋内，到斫稻时，草子已长，冬生春长，蔓延满田"⑦。

3. 混作 混作是将两种不同的作物，按一定比例混合，同时插种在同一土地上，先收早熟作物、再收晚熟作物的种植方法。南方所称的芮稻、搅番稻、混交谷、参杂稻、芟滋禾就是应用这种种植方式的混作稻。如清代广西思恩的双季稻，用的就是这种方法："与番谷搅匀下秧，其种止参番谷十之一，及分种后，其苗抽在番禾中，一本只一二芽，番禾熟则并刈之，刈后乃抽芽大发，至十月乃熟者，土人谓之搅番稻。"⑧ 除此之外，还有豌豆同麦、粮食同绿肥混种的。

4. 连作 连作是在同一块地内连续种植同一作物的种植方法。最典型的形式，就是流行于南方的双季连作稻，当地称之为翻稻、翻耕、翻藁、翻粳、蕃子、两蕃、两番谷、二禾等。如江西广信府，"早稻春种夏收，又再下种，十月获稻，谓之两番"⑨。

---

① ［清］张宗法：《三农纪》卷七《谷属·泥豆》。
② ［明］徐光启：《农政全书》卷三五《蚕桑广类·木棉》。
③ ［清］包世臣：《齐民四术》卷一《农政·辨谷》。
④ ［清］郭云陞：《救荒简易书》。
⑤ 光绪浙江《常山县志》。
⑥ ［清］张宗法：《三农纪》卷七《谷属·苕子》。
⑦ ［清］姜皋：《浦泖农咨》。
⑧ ［清］李彦章：《江南催耕课稻编》。
⑨ 乾隆四十八年江西《广信府志》卷二。

上述各种复种技术，都是以充分利用季节以补耕地的不足，即以时间来提高空间的利用率。但由于各地的气候条件、经济条件以及种植习惯的不同，不同地区复种的程度和复种的形式是不一样的。大致是气候温暖、降水充沛的地区，复种指数高于气温不高、降水稀少的地区。明清时期，不论南方和北方，中国耕地的复种指数都有所提高，但提高的程度有所不同，总的形势是南方高于北方。

（二）多熟种植

多熟种植的推广，是明清时期农业的重要特点之一。这一时期，不论南方还是北方，复种指数都有不同程度的提高。这主要是在中国中部、东部、东南部地区，即黄河中下游、长江中下游和珠江流域等，因为在这些地区人多地少的矛盾比较突出，所以多熟种植也比较发达。

但由于各地的条件不同，多熟种植的形式和程度也是不一样的，大致来说，黄河中下游推行的是以二年三熟为中心的多熟制，长江中下游推行的是一年二熟制，珠江流域和福建（包括台湾）推行的是一年二熟制和一年三熟制。现分别介绍如下：

1. 黄河流域以二年三熟制为中心的多熟种植 这里所说的黄河流域，主要指的是黄河中下游，包括今天的山东、河北、河南、山西、陕西、北京、天津等省（直辖市）。这一地区的北部，气候偏寒，主要是一年一熟制，也有二年三熟制的种植。

清嘉庆时人祁寯藻在其所撰《马首农言》中，具体记载了山西寿阳的种植制度，多数是一年一熟制，书中记载道：

> 谷多在去年豆田种，亦有种于黍田者。
> 黑豆多在去年谷田或黍田种之，万勿复种。
> 春麦于去年黑豆、小豆田，春分时种之。
> 高粱多在去年豆田种之。
> 黍于去年谷田、黑豆田，芒种时种之。
> 小豆种法与黑豆同。

粟、黑豆、小豆、春麦、高粱、黍都是寿阳的主要粮食作物，种植制度都是一年一熟。其种植的方法有一个明显的特点，即前茬是禾谷类作物，后茬则种豆类作物；如前茬是豆类作物，则后茬必定是禾谷类作物。这是因为豆类是具有固氮作用的肥田作物，进行豆、谷轮作，既能用地又能养地，这是一种相当合理的轮作制度。

除了一年一熟制，也有利用生长期短的粮食作物来提高复种指数的，如"荞麦多在本年麦田种之"，这是一年二熟制。又如"油麦多于去年黑豆田、瓜田种之，……获在初伏，获后其田种荞麦则迟，至秋分种宿麦为宜"①，这是豆—油麦—宿麦（冬小麦）二年三熟制。但采取这种方法的为数不多。

在黄河流域中部偏南地区，则采用二年三熟制。主要种植方式是麦、豆、秋杂粮轮作。

在山东沂水，"坡地（俗谓平壤为坡地），两年三收，初次种麦，麦后种豆，豆后种蜀黍（即高粱）、谷子、黍、稷等"，"涝地（俗谓污下之地为涝地），二年三收，亦如坡地，惟大秋概种糁子，……麦后亦种豆"。②

在山东临淄，"五月……留麦楂，骑麦垄耩豆，可以笼豆苗。……豆无太早，但得雨，不妨且割且种，勿失时也"③。

在山东登州，"麦后种豆，黍后俟秋耕种麦，又有冬麦，俱来年五月初收"④。这是"黍—麦—豆"二年三熟的多熟种植。

山东日照也有二年三熟制的种植，其种植方式是："大暑，此时早黍稷可获，随割随塌，稀种绿豆，俟初伏，犁翻豆秧入地，种麦胜于粪。""七月，稷八九分熟便刈，少迟遇风即落，将地种荞麦，或稀种绿豆，秋后塌起种麦。"⑤ 这是一种"黍、稷—绿豆—麦"的二年三熟制种植，不过绿豆不是作为粮食而是当绿肥用。

此外，在其他一些农书和地方志中亦有二年三熟制的记载：

直隶无极县 园地土性宜种二麦，……收后当可接种秋禾。⑥

河南密县 凡地两年三收……黄豆有大小二种，五月麦后耩种，七月中旬出荚，八月中旬成熟，约一百日收获。⑦

河南扶沟县 若好地则割麦种豆，次年种秋，最少两年三收。⑧

山西凤台 地率两岁而三收，二月种黍，七月而收已，九月种麦，至四月而收，五月种菽，九月而收毕，乃稍息之，及明年二月复种黍。⑨

据近人研究，清乾隆时期二年三熟制在华北地区的分布已相当普遍，"范围包括直隶口内各府，山东全省，光州和汝宁府以外的河南省区，太原府以南的山西省

---

① ［清］祁寯藻：《马首农言》。

② ［清］吴树声：《沂水桑麻话》，又见［清］刘贵阳：《说经残稿》。

③ ［清］蒲松龄：《农桑经》。

④ 顺治山东《登州府志》卷八《风俗》。

⑤ ［清］丁宜曾：《农圃便览》。

⑥ 乾隆《无极县志》卷末《文艺》。

⑦ 清代河南《密县志》。

⑧ 清代河南《扶沟县志》。

⑨ 清代山西《凤台县志》。

区，陕西关中地区，以及苏北、皖北等地"①。

在气候偏暖、生长期较长的地区，则采用一年二熟制，例如：

山东平度 割麦种豆，岁再获。②

山东日照 获稻毕，速耕，多送粪，种麦；割麦以后……又须趁雨种豆。③

河南桐柏 立秋后始收早谷，……寒露前后，晚谷亦已获殆矣，……立冬麦种毕。④

陕西汉南 城固县，农一岁两获。⑤

陕西咸阳 东南、正南地沃饶，农民于麦收后，复种秋谷，可望两收。⑥

这些记载表明，黄河流域部分地区也有一年二熟制的存在，只是各地的种植形式不同而已。

为了提高土地的利用率、增加产量，当时还有人采用间、套技术，设计了一年三收和二年十三收的多熟种植方法。设计人是《修齐直指》作者杨屾的学生、乾隆时人齐倬。这方法是齐倬在对《修齐直指》一书作注时提出来的，具体方法如下：

一岁三收 法宜冬月预将白地一亩上油渣二百斤，再上粪五车，治熟。春二月种大蓝，苗长四五寸，至四月间，套栽小蓝于其空中，挑去大蓝，再上油渣一百五六十斤。俟小蓝苗高尺余，空中（即空隙、行间）遂布粟谷一料。及割去小蓝，谷苗能长四五寸高；但只黄冗，经风一吹，用水一灌，苗即暴长、叶青。秋收之后，犁治极熟，不用上粪，又种小麦一料。次年麦收，复栽小蓝；小蓝收，复种粟谷，粟谷收，仍复犁治，留待春月种大蓝。是一岁三收，地力并不衰乏，而获利甚多也。

二年十三收 如人多地少，不足岁计者，又有二年收十三料之法。即如一亩地，纵横九耕，每一耕上粪一车，九耕当用粪九车，间上油渣三千斤。俟立秋后种笨蒜，每相去三寸一苗，俟苗出之后，不时频锄，旱即浇灌，灌后即锄。俟天社前后，沟中种生芽菠菜一料，年终即可挑卖。及起春时，种熟白萝卜一料，四月间即可卖。再用皮渣煮熟，连水

① 王业键、谢美娥、黄翔瑜：《十八世纪中国的轮作制度》，台湾《中国史学》第8卷，1998年。
② 光绪十九年山东《平度志要·田赋》。
③ 〔清〕丁宜曾：《农圃便览》。
④ 乾隆河南《桐柏县志》。
⑤ 清代陕西《汉南县志》。
⑥ 〔清〕卢坤：《秦疆治略》。

与人粪盦过。每蒜一苗，可用粪一铁杓。四月间可抽蒜苔二三千斤不等。及蒜苔抽后，五月即出蒜一料。起蒜毕，即栽小蓝一料。小蓝长至尺余，空中可布谷一料。俟谷收之后，九月可种小麦一料。次年收麦后，即种大蒜。如此周而复始，二年可收十三料，乃人多地少、救贫济急之要法也。①

光绪时期，河南淇县人冯绣也设计了一种利用间套复种技术实现一年三熟的办法，其法是：

> 隔一畦，种一畦（每畦宽一尺八寸），秋分后，一畦种麦三垄，小满前一畦种谷子四垄（须于此时种谷者，因麦将成熟，谷苗尚小，两不相害也）。刈麦后，速将麦畦种玉交子一垄（玉交子每株隔二尺余远），带以绿豆（须速种者，谷苗未深，不害玉交子，后玉交子虽深，株少叶稀，亦不害谷子），唯绿豆不得风日精华，必待割谷后始结角子，然亦不误种麦。今年之谷畦，下年种麦与玉交子；今年之麦与玉交子畦，下年种谷。如此循环种去，人工虽多，一年可获三熟。或秋分后，一畦种麦，谷雨前一畦种高粱两垄，刈麦后，麦畦种豇豆两垄；或秋分后，一畦种麦，小满时一畦种槐蓝靛三垄，刈麦后种芝麻一垄亦可。②

这是综合运用间套复种的一种多熟集约种植。但这种耕作方法由于精细程度高，施用肥料和花费人工多，不是一般大田能够实施的，也不是一般个体农民所能承受的，在现实生活中是很难实现的一种设想。但它却反映了明清时期黄河流域的人们千方百计提高土地利用率的愿望和追求。

2. 长江流域的一年二熟制 长江流域一年二熟制的种植方式主要有两种：一是稻同旱作物的复种制；二是双季稻种植制。

（1）稻同旱作物的复种制。包括"稻—麦""稻—豆""稻—菜""稻—草"等多种复种形式，其中又以"稻—麦""稻—豆"的复种制为主。这种复种形式，主要是利用秋后稻田的空闲时间进行复种，在冬闲时冬作，以提高稻田的土地利用率。

稻—麦二熟制，最初出现在唐代的云南，宋代又扩展到江南。北宋朱文长《吴郡图经续记》中已有苏州地区"刈麦种禾（稻），一岁再熟"的记载。南宋《陈旉农书》中也讲到江南地区有"早田获刈才毕，随即耕治暵暴，加粪壅培，而种豆、麦、蔬茹"的种植方式，并指出这种种植方式具有"因以熟土壤而肥沃之，以省来

---

① ［清］杨屾撰、齐倬注：《修齐直指》，见王毓瑚编：《区种十种》，财政经济出版社，1955年，81页。

② ［清］冯绣：《区田试种实验图说》。

岁功役，且其收足又以助岁计"的功效①，即可以熟化土壤，提高肥效，增加产量和经济收入。

但宋代稻—麦二熟制在长江流域分布并不广，主要分布在当时人口多、经济特别发达的苏南、浙北地区，而且又是在这些地区的早稻田和高田中，即秋收后还有较长的生长期和排水较方便、不受浸渍的农田中。到明清时期，由于提高土地利用率的需求日益迫切，稻麦二熟制很快从苏南、浙北地区推广到整个长江中下游地区，并从高田扩展到低田，从早稻田扩展到晚稻田，成为长江流域十分普及的耕作制度（表6-1）。其中又以浙江、江苏、湖南分布最多，从记载来看，大体都是在清代发展起来的。在种植的方法上，早稻田一般采用直播，晚稻田由于季节已迟，则采用育苗移栽的办法。

这种耕作制度在增产粮食方面具有相当明显的作用。在浙江桐乡，据《补农书》记载，丰收之年麦的产量约等于稻产量的50%："田极熟，米每亩三石，春花（即麦）一石有半，然间有之，大约共三石为常耳。"在江苏苏州地区，据包世臣《齐民四术》记载，麦的产量为稻产量的25%～40%："苏民精于农事，亩常收米三石，麦一石二斗。以常岁计之，亩米二石。麦七斗，抵米五斗。"换句话说，这一耕作制度的推广，等于增加了25%～50%的稻田面积，经济效益相当可观。

除了稻—麦（豆、菜）复种，在苏南、浙北地区还流行一种稻—蔺草复种制。蔺草是编草席的原料，同是一亩田，种蔺草要比种麦、菜、豆获利高。这种复种制的出现，是商品经济渗入农业的结果，但范围很小，主要在浙江湖州、桐乡交界地区的乌镇和青镇。康熙二十七年《乌青文献》卷三记载道："亦有不治春熟而种蔺草、蓑草者，其利倍于春熟，而稻减于春田，亦略相当也。"在江苏的震泽县，乾隆十一年《震泽县志》卷二五记载："亦有不治春熟而植蔺草者，其利倍于春熟，其谷减于春田，亦略相当也。"

表6-1 长江流域稻—麦（豆、菜、草）一年二熟制分布示例

省名	州县名	年代	文献记载	文献出处
浙江	桐乡	清	中秋前，下麦子于高地，获稻毕，移秧于田。	［清］张履祥《补农书》
	湖州桐乡	清	岁既获，即播菜麦……杂以蚕豆，并名曰春熟。	康熙二十七年《乌青文献》卷三
	长兴	清	刈早稻，即反土，作垄，种麦，间以蚕豆。	康熙十二年《长兴县志》卷三

---

① 《陈旉农书·耕耨之宜篇第三》。

（续）

省名	州县名	年代	文献记载	文献出处
浙江	嘉兴	清	九月刈稻，……复垦田为稜，下豆、麦、诸菜种。	嘉庆四年《嘉兴县志》卷一六
	平湖	清	九月刈稻，……既获，垦为稜，种豆、麦。	乾隆四十五年《平湖县志》卷六
	湖州	清	刈稻之后，垦田为高稜，……撒麦令自出，或栽麦苗，若菜，则必取秧培种。	咸丰《南浔镇志》
	余杭	清	原田又宜麦，宜豆，岁可二登焉。	康熙二十四年《余杭县新志》卷二
	宣平	清	收获既竣，随种小麦、大麦、黄豆数亩，以佐其乏。	乾隆十八年《宣平县志》卷一
江苏	苏州	明	大麦、早稻收割后，将田锄成行垄，令四时沟洫通水，下种，灰粪盖之。	［明］邝璠《便民图纂》
	苏南地区	清	吴民终岁树艺一麦一稻，麦毕刈，田始锄，秧于夏秀于秋，及冬乃获。	［清］李彦章《江南催耕课稻编》
	吴县	清	吾里土势甚高，刈稻之后，得以广种菜、麦、蚕豆，以为春熟。	乾隆二十八年《儒林六都志》
	南汇	清	秋成曰大熟，麦秋曰小熟，人皆藉小熟以种大熟。	乾隆《南汇县志》
	昆山	清	秔稻插莳之期，高乡有麦，以芒种后；水乡无麦，且防黄梅雨，以芒种前。	康熙《昆山县志》
	常州	清	秋分刈早禾，霜降刈晚禾，刈后随时播种二麦。	康熙三十三年《常州府志》卷九
	南京	清	金陵之田宜芒种，无粟、黍、稷，季秋种麦，仲夏种粳糯稻，其常也。	光绪三十四年《金陵物产风土志》
	上海	清	新谷收成后，尚可种菉豆也。	［清］叶梦珠《阅世编·种植》
安徽	庐江	清	早禾既收，……高田仍可种麦。	嘉庆八年《庐江县志》卷二
	来安	清	种则夏麦，秋稻，岁率两收。	道光十年《来安县志》卷三

（续）

省名	州县名	年代	文献记载	文献出处
江西	江南	明	江南又有高脚黄（大豆），六月刈早稻，方再种，十月收获。	［明］宋应星《天工开物》
	九江	清	当早谷已熟，于获之时，乘泥种豆，信宿即生，随获稻以扶其苗，名曰泥豆。……或于菽稻后种荞麦、苦荞麦，不欲虚地力也。	同治十二年《九江府志》卷九
	泸溪	清	早获后，蒔麦、豆、油菜、荞麦、莱菔之属。	同治九年《泸溪县志》卷四
	彭泽	清	当早谷已熟未刈之时，乘泥种豆，信宿即生，名曰泥豆。……及获稻后，则种荞麦、苦荞麦、萝卜菜，庶地力不虚焉。	同治十年《彭泽县志》卷四
	永丰	清	刈早稻后，则蒔以豆、麦、油菜、荞麦、瓜瓠、莱菔之属。	同治十三年《永丰县志》卷五
	上高	清	四月……浸晚稻，刈麦。	同治九年《上高县志》卷四
湖南	岳州	清	荞麦、杂粮则于早稻获后接种。	乾隆十一年《岳州府志》卷一六
	平江	清	蕎麦、杂粮则早稻获后接种。	嘉庆二十一年《平江府志》卷九
	浏阳	清	荞豆、杂粮则早稻获后接种。	嘉庆二十四年《浏阳县志》卷一六
	澧州	清	处暑后早稻、晚稻相次并获，犁稻田，种荞麦。迟则种翘摇（俗名草子）及豆、麦，为来春沃田之用。	同治七年《澧州志》卷四
	攸县	清	当稻（早稻）获，可种大豆、荞麦。	嘉庆二十二年《攸县志》卷一八
	永明	清	早中二获后，视所宜以杂粮继种之，晚获谷则皆种大小麦。	光绪三十三年《永明县志》
	郴州宜章	清	收获后，郴或种荞，宜（章）邑则多种豆与油菜。	乾隆三十五年《郴州总志》卷一五
湖北	江夏	清	早秧于割麦后即插，六月半获之。	同治八年《江夏县志》卷五
四川	绵州	清	稻后种豆麦，小麦收后，又复种稻，一年可两获。	嘉庆十九年《直隶绵州志》
	德阳	清	间有种蕎麦、杂粮者，不过十分之一，俟后仍须插稻秧。	嘉庆二十年《德阳县志》
	彭县	清	平畴以禾稻为主，收获后，随植豆麦。	嘉庆《彭县志》

（2）双季稻种植制。双季稻，古称"再熟稻"，包括连作、间作、混作、再生等几个种植类型。在东汉杨孚《异物志》中就有"稻，交趾冬又熟，农者一岁再种"的记载。交趾，古代泛指五岭以南地区，辖境相当于今日广东、广西大部和越南的中、北部。可见气候炎热、降水充沛的两广地区，是我国双季稻的发源地。随着栽培技术的进步和水稻品种的改进，双季稻开始逐步向长江流域推进，明清时期成为长江流域提高土地复种指数的重要措施之一。明代宋应星《天工开物·乃粒》中"南方平原，田多一岁两栽、两获者"的记载表明，明末时双季稻在我国南方已有较大发展。但在长江流域发展情况怎样，史无明文，一直不甚清楚。

为了弄清这个问题，在查考了长江流域的有关方志后，初步得出了一个双季稻分布、种植的概况。

明清时期，双季稻在长江中下游地区的浙江、江苏、安徽、江西、湖南、湖北、四川 7 省都有分布（表 6 - 2），但各省种植的情况并不一样。浙江主要是种植间作稻，在地区上都分布在钱塘江以东。江苏种的是连作稻，苏南和苏北都有，但分布的地区很小，而且种植的时间很短，后来便在历史上消失了。种植最多的是江西，遍及全省，几乎都是连作稻，是长江流域双季稻最发达的省份。安徽、湖南、湖北也有双季稻，但不如江西多。种植最少的是四川，目前我们只见到南溪县有连作稻分布的记载，是从江西传播过去的。

明清时期，长江中下游地区有双季稻种植的州县，已查到有 51 个。据《清史稿·地理志》记载，上述地处长江中下游的 7 省，共有州县 579 个，种双季稻的县只占 9%；以种植双季稻最多的江西省来说，种双季稻的州县为 22 个，占全省 80 个州县的 28%。这说明，明清时期双季稻在长江中下游地区虽然有所发展，但所占的比例仍然不大。

此外，在已查到的 51 个种植双季稻的州县中，只有浙江的温州和瑞安是明代开始种双季稻的，其他的 49 个州县都是到清代才见有种植双季稻的记载，说明长江中下游地区的双季稻，极大部分都是在清代发展起来的。这个现象也在一定程度上反映了清代人多地少矛盾比明代更加尖锐，因而对提高土地利用率也更为关注。

双季稻的种植，虽然使土地利用率提高了一倍，但当时双季晚稻的产量并不是很高。乾隆七年江西《石城县志》载，"翻粳，必田之膄者方可种，每亩所收不及秋熟之半"；乾隆十五年江西《会昌县志》卷一六载，"翻稻，收稻后再粪田莳插，至十月始获，所收少于早稻之半"；光绪十五年湖北《兴国州志》载，"早稻既刈，更种晚稻者，熟较薄"。不独是长江流域，闽粤地区亦是如此。嘉靖五年福建《永春县志》说，"按二熟之谷，较之一熟，所获亦相等"，即双季稻的产量等于单季稻的产量。万历十年《闽大记》卷一一说，"平地之农为洋田，早晚二收，早稻春种夏收，晚稻季夏种仲冬获，利仅早稻之半"。康熙时期，江南织造李煦在苏州推广双季稻，从康熙五十四年（1715）连续种，到康熙六十一年，前后共8年，后季稻的产量都只及前季稻的一半。最好的一年是康熙五十七年，前季亩产谷4.15石，后季收谷2.6石，也只及前季的62%。两季共收谷6.75石，而一般产量都在6石左右，相当于亩产谷810市斤，而当时苏州地区的腴田，或在丰年，亩产米可达3石，相当于亩产谷820市斤。[①] 双季稻的产量反不及单季稻的产量，这大概是影响当时双季稻推广的一个重要原因。

除此之外，在苏南、浙北地区，双季稻的种植还受到了农业政策的影响。林则徐为《江南催耕课稻编》所作的序中说："吴俗以麦予佃农，而稻归于业田之家，故佃农乐种麦，不乐早稻"，"早稻籼也，晚稻粳也，江南输粮以粳不以籼，虽种之不足供赋"。

同时，这一带热量条件不够，也不适于种植双季稻。对这个问题，道光时人姜皋在《浦泖农咨》中说："种早稻似乎有益，此间谓之赤米，亦曰籼米。五月而种，七月而熟，然极丰之年，每亩所收不过一石四五斗，所费工本与晚稻不相上下，而既刈之后，稻根之旁生者，虽亦青葱满地，然终不能秀实。颇闻他处有再熟之种，吾侪岂不愿之，而究未得种植之法。数年前有试之者，种数粒于盆盎之中，时雨旸而搬移如灌花然，五月底居然成熟；而种于田内者，春分节后一夜微霜稻芽即萎，其后谷皆糜烂矣。"指出双季的早稻成本约同于晚稻，而产量却不及晚稻（亩产2石），这在经济上划不来；同时又指出，由于热量条件不够，当地再生稻和连作稻都难以种植，这是气候条件影响当地双季稻的种植。

由此可知，双季稻在长江流域之所以不能大面积推广，是由各方面的原因造成的，不是人的主观意志所能决定的。

除了一年二熟制，长江流域个别地区也有一年三熟制。例如同治《江夏县志·风俗志·农事》载："早秧于割麦后即插，六月半获之，插晚秧于获早谷后，仲秋时获之。"这是一种"稻—稻—麦"一年三熟制。不过这只是个别的例子。

---

① 闵宗殿：《康熙与御稻》，载华南农学院农业历史遗产研究室主编：《农史研究》第4辑，农业出版社，1984年，89页；闵宗殿：《宋明清时期太湖地区水稻亩产量的探讨》，《中国农史》1984年3期。

表6-2　长江流域双季稻分布示例

省名	州县名	年代	类型	文献记载	文献出处
浙江	鄞县	清	间	清明前下种，芒种莳苗，稀行密莳，先莳早苗，旬日后，复莳晚苗于行间。俟立秋成熟，刈去早禾乃锄理培壅其晚者，盛茂秀实，然后收其再熟。	乾隆五十三年《鄞县志》卷二八
	太平	清	间、再	稻禾，迩年竟尚寄晚，或谓之传稻，或谓之孕稻。按：寄晚亦作继晚，言继早稻而晚收也。传稻俗名称传谷，乃早稻割后，其根株再抽成谷者，非继晚也。	光绪二十二年《太平续志》卷一八
	温州	明	间	春夏之交，分早秧曰插田，又分晚秧，插于空行之中，曰补晚。	弘治十六年《温州府志》卷一
	瑞安	明	间	春夏之交，乃插田，先插早秧……仍于空行中补插晚秧。	嘉靖三十四年《瑞安县志》卷一
	乐清	清	间	春夏之交，分早秧莳之，曰秧田。疏其行列，俟早禾转青，乃种晚秧于行间，曰补晚。	道光六年《乐清县志》卷一四
	上虞	清	间、连	晚熟曰晚青，早青刈后始种，或曰翻稻。未刈时，才插新秧，名为搀稻。	光绪二十五年《上虞县志校续》卷三一
	嵊县	清	连	早白，一名驮犁归，夏末熟，刈之可种先稬，谓之翻稻。	同治九年《嵊县志》*
江苏	高邮	清	连	嘉庆九年以前，罕水灾，种稻一岁得两熟。九年以后，湖水秋涨，五坝辄开，田惟恐淹，故但幸其一收，而不可以再种。	［清］李彦章《江南催耕课稻编·十》
	苏州	清	连	喇嘛稻，又名西番籼，三月种，五月熟，一岁两收。	乾隆十二年《苏州府志》卷一二
安徽	怀宁	清	连	凡早稻既刈，则种晚稻，岁再收。	道光五年《怀宁县志》卷七
	桐城	清	连	早稻三月下种，四月拔秧栽插，六月收割，米曰早米，其田复种晚稻。	道光七年《桐城续修县志》卷二二
	庐江	清	连	田一岁再收，早禾既刈，即植晚禾。	嘉庆八年《庐江县志》卷二
	潜山	清	连	二稻再登。	乾隆四十六年《潜山县志》卷二
	含山	清	连	虽无八蚕之丝，间有再收之稻。	康熙二十三年《含山县志》卷一○
	巢县	清	连	大暑后刈早禾，……处暑晚秧莳毕。	康熙十二年《巢县志》卷七
	舒城	清	连	晚稻，田家割去早禾，始插秧。	雍正九年《舒城县志》卷一○

（续）

省名	州县名	年代	类型	文献记载	文献出处
	广信	清	连	早稻春种夏收，又再下种，十月获，谓之两番。	乾隆四十八年《广信府志》
	上高	清	连	大暑节早稻登，……随植二稻，……	同治九年《上高县志》卷四
	临川	清	连	一岁再收者，先树籼，在立夏前后树粳，在立夏所谓再熟之稻也。	乾隆五年《临川县志》卷一六
	南城	清	连	大暑收早稻，收后再种者，俗名两番。	康熙十二年《南城县志》卷二
	南丰	清	连	岁二收，春种夏收，随时下秧，十月获，谓之两番谷。	同治十年《南丰县志》卷九
	泸溪	清	连	旱田之沃者可两获。	同治九年《泸溪县志》卷四
	赣州	清	连	赣州诸邑有两熟者，初熟曰六十工，再熟曰翻耕。	康熙五十一年《赣州府志》卷三
	雩都	清	连	晚稻俗名翻粳，有赤白二种，小暑下种，农人于立秋前后登其前禾，而以此下莳。	道光六年《雩都县志》卷一二
	会昌	清	连	早禾收后旋栽插晚禾。	道光六年《会昌县志》
江	建昌	清	连	有晚粘稻、晚糯稻之类，则刈早稻而复植于早田者。	康熙十四年《建昌县志》
西	新昌	清	连	早稻春种夏收，又再下种，十月获为晚稻。	乾隆五十七年《新昌县志》卷二
	宜黄	清	连	二遍糯，六月早禾收后，复犁田栽秧，亦于九月杪收获。	道光四年《宜黄县志》卷一二
	宜春	清	连	膏腴之地，岁再熟，俗名二禾。六月莳艺，九月收获。	道光三年《宜春县志》卷一二
	萍乡	清	连、间	夹莳于早稻之中者曰丫禾（一名禾孙），莳于早稻之后者曰番耕。	道光三年《萍乡县志》卷八
	万载	清	间	丫禾谷，有红、白二种，嘉庆初来自闽广，早禾耘毕，就行间莳之。刈去早禾，乃粪而锄理焉。性耐旱，近日艺者特多。	道光五年《万载县志》
	永丰	清	连	岁二收，春种夏收，又再下秧，十月获，谓两番谷。	同治十三年《永丰县志》卷五
	瑞金	清	连	获之早者，一岁可再熟，六月莳艺，十月收获。	乾隆十八年《瑞金县志》卷二
	石城	清	连	获之早者，一岁可再熟，六月莳艺，十月收获。	乾隆十年《石城县志》卷三
	宁都	清	连	翻粳，一岁可再熟，腴田方可种。	道光四年《宁都州志》卷一二

（续）

省名	州县名	年代	类型	文献记载	文献出处
江西	尤南	清	连	晚稻，一名翻稻，又曰翻薯，一岁可再熟，六月莳艺，十月收获。	道光六年《尤南县志》卷一二
	德兴	清	间	春夏之交，先插早秧，次及晚，……夏秋刈早稻，至冬初，晚亦收。	康熙二十二年《德兴县志》
	定南	清	混	一种名芰滋禾，合早晚二种播之，刈早稻后，不耙、不耘，不再播，而晚禾自生，惰农图省工粪，时亦为之，然梗粗根巨，一二年后，腴田变为瘠壤，反足为害。	道光五年《定南厅志》卷六
湖南	浏阳	清	连、间	有撑禾，栽间早稻中。有晚禾则于早稻获后接种。	嘉庆二十四年《浏阳县志》卷一六
	醴陵	清	连、间	近时农家多浸社种，为一岁两收计，一在耘田时插秧禾缝内，名椏禾。一在早稻收后即翻犁播种，谓之蓄子。	嘉庆二十四年《醴陵县志》卷二四
	益阳	清		下乡有可兼种晚稻者，中上乡则岁唯一获矣。	嘉庆二十五年《益阳县志》卷九
	平江	清	连	晚稻，早稻获后接种。	嘉庆二十一年《平江县志》卷九
	武陵	清	连	平衍而有水者可种两次。若山溪之地，则仅可种一次。	同治七年《武陵县志》卷二八
湖北	江夏	清	连	插晚稻于获早谷后，仲秋时获之。	同治八年《江夏县志》卷五
	兴国	清	连	早稻既刈，更种晚稻者。	光绪十五年《兴国州志》卷四
	广济	清	连	湖乡有一岁两熟者。	同治十一年《广济县志》卷一
	武昌	清	连	早稻刈后始插秧者为晚稻，所谓再熟之稻也。	光绪十一年《武昌县志》卷三
	汉阳	清	连	刈去早稻之田，得种晚禾，入秋始植。	乾隆十二年《汉阳府志》卷三八
	汉川	清	再	早谷刈后，其根复生叶结子者为稻孙，土人呼翻生子。	光绪二十一年《汉川图记征实》
	荆州	清	连	云南早、毛瓣子、冻粘子，此三种一岁两熟。	乾隆二十一年《荆州府志》卷一八
四川	南溪	清	连	江西早，种自江西来，一岁可栽两次。	嘉庆十七年《南溪县志》

　　* 同治九年《嵊山县志》记载浙江嵊县种双季稻，引自游修龄《中国稻作史》，中国农业出版社，1995 年，225 页，表中材料引自 1935 年《嵊县志》卷一三。

3. 珠江流域和福建（包括台湾）的一年二熟制、一年三熟制 珠江流域，包括广东、广西二省；由于福建的气候条件接近两广，与两广地区一起叙述。

这一区域地处南亚热带，气候炎热，降水充沛，四季宜农，自然条件很适合多熟种植。明清时期，这一地区人口增长很快，人多地少的矛盾也相当突出，提高复种指数、进行多熟种植，也成为这一地区解决人多地少矛盾的一项重要措施。

由于这一地区气温高，一年之中适宜农作物生长的时间长，明清时期这一地区充分利用了这一优势推行多熟种植，既普及一年二熟制，又在有条件的地方发展一年三熟制。这是这一地区发展多熟制的特点。

（1）一年二熟制的普及。珠江流域一年二熟种植有着悠久的历史，东汉时期这里便是中国双季稻的发祥地。但由于没有很好开发，这一地区的多熟种植发展很慢，有的地区，直到明末还是一年一熟。乾隆四年广西《岑溪县志》记载："岑自隆（庆）万（历）以前，水田多种一造，……天启年间始种早稻，岁耕二造。"嘉道年间人，李彦章在《江南催耕课稻编》中说："台湾百余年前，种稻岁只一熟。自民食日众，地利日兴，今则三种而三熟矣。"福建省的稻田，据方志记载，在明代只有 13 个州县实行一年二熟制种植，清代就扩大到 36 个州县。广东、广西在明代都只有 1 个州县实行一年二熟种植的记载，到清代分别扩展到 59 个和 19 个（表 6-3）。虽然这之中也有漏记和迟记的，不尽准确，但在一定程度上也反映了一年二熟制在珠江流域发展的趋势。

明清时期这一地区的一年二熟制和长江流域一样，有连作、间作、混作的不同类型。在这三种类型中，种植最多的是连作稻，当地称为莳翻、翻稻、二苗；其次是混作稻，当地称为稴、寄种、撑子、芮稻、捞藁稻、搅番稻等；第三是间作稻，当地称为参稴、挣藁。

在不同的地区，这三种类型各有侧重，多数地区种的是连作稻，有的地区是连作、混作并存或连作、间作并存。如福建泉州，万历《泉州府志》卷一三记载："早稻，春种夏收，晚稻秋种冬收，七邑俱有。寄种，与早稻同下种，早稻刈后，更发苗，至十月结实。"广东兴宁，嘉靖三十年《兴宁县志》卷三载："刈早粘稻，曰翻，其田别莳之，名其稻曰翻子米"，"以早枯（音占）稻（白米谷）一石，必先以衬子（赤米谷）二斗染以黑煤，交和于早枯稻之中，必使黑白调匀。衬子率五分之一。……刈之时留其根二三寸，衬子在其中，生意久郁，以时发矣。旋刈旋生，一夜骤长二三寸。"这就是连作和混作稻。又如广东番禺，同治十年《番禺县志》记载说"坑田围田皆岁再熟"，这是指连作稻；又说"挣藁者，先莳早禾，而疏其行，行间其莳晚禾，逮早禾既获，晚禾随长，亦再熟也"，这是间作稻。这是连作和间作并存的情况。可见，各地双季稻的种植是多种多样的，不能一概而论。

表6-3 珠江流域和福建（包括台湾）双季稻分布示例

省名	州县名	年代	类型	文献记载	文献出处
福建	福建	明	连	洋田，早晚二收，早稻春种夏获，黄芒最佳，晚稻季夏种，仲冬获，利及早稻之半。	万历十年《闽大记》卷一一
	长乐	清	混	与早稻混种，逮早稻获方发，至十月获，谓之稴。	乾隆二十八年《长乐县志》卷三《物产》
	兴化	明	连	两收者，春种夏熟为早稻，秋种冬熟为晚稻，其米亚于大冬（单季一熟为大冬）。	弘治十六年《重刊兴化府志》卷一三
		明	连	稻有一岁两收者，春种夏熟，曰早谷。既获，再插，至十月方熟，曰庶。	万历三年《兴化府志》卷一
	平和	清	双	田宜稻，岁则再熟，惟山田岁止一熟。	康熙五十八年《平和县志》卷六
	龙岩	清	连	岁两获，早谷大暑前既获，晚谷霜降后登场。	道光十六年《龙岩州志》
	临汀	清	连	惟闽南独多早稻，春种夏收，又再下秧，其十月获者为晚稻。	光绪《临江汇考》
	长汀	清	双	禾稼一岁再获。	乾隆四十七年《长汀县志》卷四
	诸罗（台湾）	清	连	内地岁皆两获，以三春多雨，地气暖，早种早播，故六月而获，及秋再播也。	康熙五十六年《诸罗县志》卷一二
	福安	明	双	一年两获。	崇祯十一年《福安县志》卷一
	福州	明	连	春种夏熟曰早稻，秋种冬熟曰晚稻。	万历四十一年《福州府志》
		明	混	稴，早稻既获后苗始蕃，亦与晚稻同熟。	万历四十一年《福州府志》
	侯官	清	双	稻分赤白二种，早晚二熟。	光绪二十九年《侯官县乡土志》卷八
	福清	清	连	早稻春种夏熟，晚稻盖早稻既获，再插，至十月而熟。	乾隆十二年《福清县志》卷二
	连江	清	连	细稻，五月下种，以早田收后，秋再插，十月熟。	乾隆五年《连江县志》卷四
		清	混	白米稴，三月下种，早稻播后即夹播入早田，九月熟。	乾隆五年《连江县志》卷四
	罗源	清	间	晚稻，后早稻十余日播，插早稻苗间，至冬熟。	道光九年《罗源县志》卷二八
	莆田	清	连	早稻春种夏熟，获后即插晚稻，岁可两收。	乾隆二十三年《莆田县志》卷二

（续）

省名	州县名	年代	类型	文献记载	文献出处
	仙游	明	连	春种夏熟为早稻，秋种冬熟为晚稻。	嘉靖十七年《仙游县志》卷一
	永春	明	连	岁二熟者，春曰早谷，六月收，晚曰晚藁，十月收。按二熟之谷较之一熟所得亦相等，但二熟之谷少怕亢旱，故种之广。	嘉靖五年《永春县志·物产》
	泉州	明	连	早稻，春种夏收，晚稻，秋种冬收，七邑俱有。	万历四十年《泉州府志》卷三
		明	混	寄种，与早稻同下种，早稻刈后更发苗，至十月结实。	万历四十年《泉州府志》卷三
	惠安	明	连	平原之地，暖常多，惊蛰后即渍种，至秋初而熟，谓之早稻，又翻治其田，种冬稻。	嘉靖九年《惠安县志》卷五
	安溪	清	连	有一年两收者，春种夏熟为早稻，秋种冬熟为晚稻。	康熙十二年《安溪县志》
	漳州	清	连	在闽以南独多早稻，春种夏收。晚稻则早稻既获再插至十月收者。	康熙五十四年《漳州府志》卷二七
	龙溪	明	连	平原之地，暖常多，惊蛰后种，至夏末熟，通谓之早稻，又翻治其田种冬稻。	嘉靖十四年《龙溪县志》卷一
福建		明	混	寄种，与早稻同种，与晚稻同收，水田多有之。	万历元年《龙溪县志》卷一
	漳浦	清	连	六月熟者谓之早稻，十月熟者谓之晚稻。	康熙三十九年《漳浦县志》卷四
	南清	明	连	早禾六月熟，晚禾十月熟。	万历二十七年《南清县志》卷一
	长泰	清	连	种有早晚，早六月收，晚十月收。	康熙二十六年《长泰县志》卷四
	龙岩	明	双	其获咸有早晚，岁咸再登。	嘉靖三十七年《龙岩县志》卷上
	漳平	清	连	漳属之田，岁皆再熟，早稻熟于六月，晚稻熟于九月。	康熙二十四年《漳平县志》卷一
	汀州	明	连	在闽以南，独多早稻，春种夏收。晚稻则早稻即获再插，至十月收。	崇祯十年《汀州府志》卷四
	宁化	清	连	闽南独多早稻，春种夏收，又再下秧，其十月获者为晚稻。	康熙二十二年《宁化县志》卷二
	上杭	清	连	春种夏收，又下秧秋种，至十一月获者，为晚稻。	乾隆十八年《上杭县志》卷一

（续）

省名	州县名	年代	类型	文献记载	文献出处
福建	武平	清	连	在闽以南独多早稻，春种夏收，晚稻则早稻既获再插至十月收者。	康熙二十八年《武平县志》卷二
	永定	清	混	永田两熟，或随早稻栽插，早稻收乃发苗。	乾隆二十一年《永定县志》卷一
		清	连	或早稻收后另栽。	乾隆二十一年《永定县志》卷一
	噶玛兰	清	连	台地以谷熟为冬，早稻为早冬，晚稻为晚冬，岁有两熟为双冬。	咸丰二年《噶玛兰厅志》卷六
	彰化	清	连	春种夏熟曰早稻，夏种冬熟曰晚稻。	道光十四年《彰化县志》卷一〇
	福建	清	间	早稻已耘已粪，晚稻即于此时参插早稻之隙谓之参稜。	［清］李彦章《江南催耕课稻编·六》
广东	保昌	清	连	此谷（早稻）既升，又将田莳禾，谓莳翻。	康熙二十五年《保昌县志》卷一
	始兴	清	连	早稻播种自春分至谷雨，收获在大暑前。莳插晚禾，大暑至立秋。	光绪三十三年《始兴县乡土志·物产》
	曲江	清	双	粳，俱一岁两熟。	光绪宣统间《曲江乡土志·物产》
	翁源	清	连	一岁二熟，早稻种于二月，收于五、六月。晚谷种于六月，收于九、十月。	嘉庆二十五年《翁源县志》卷四
	阳山	清	连	阳山向系一岁一熟，经知县万光谦提倡，于是四乡种早稻者约有十分之二。	乾隆十二年《阳山县志》卷五
	长乐	清	连	早谷种于二月，收于五、六月。翻谷种于六月，收于十月。	康熙二年《长乐县志·土产》
		清	混	撑子，与早稻同莳，及六月割早稻，而再抽苗，至九月收。	道光二十五年《长乐县志》卷四
	归善	清	双	粳米，一岁再稔。	乾隆四十八年《归善县志》卷一六
	泗源	清	连	河源农事，早晚两造。	乾隆十一年《河源县志》卷一一
	新宁	清	双	宁邑内多水田，岁二熟者为高田。高田早禾三月种，晚禾六月种。	宣统元年《新宁乡土地理》
	肇庆	清	连	占糯二者皆早晚两熟，俗称早晚两造。	乾隆二十五年《肇庆府志》
	广宁	清	连	岁两熟，俗呼两造。	道光四年《广宁县志》卷一二
	封川	清	连	春种夏熟者曰早禾，既获再插，至十月熟曰稻。	康熙二十四年《封川县志·物产》
	西宁	清	双	一岁再熟。	道光十年《西宁县志》卷三
	北海	清	连	田禾有每年两造者。	光绪三十一年《北海杂录》卷八下

（续）

省名	州县名	年代	类型	文献记载	文献出处
	雷州	清	连	六月早稻熟后，复耕接种翻稻。	嘉庆十六年《雷州府志》卷二
	韶州	清	双	一岁两种，兼赤白二种。	同治十二年《韶州府志》卷一一
	嘉应	清	连	早番二季熟。早稻于二三月莳，五六月收，番稻于七月莳，十月收。	光绪二十七年《嘉应州志》卷六
	兴宁	明	连	刈早粘稻曰翻，其田别莳之，名其稻曰翻子米。	嘉靖三十年《兴宁县志》卷三
		清	混	以早枯（音占）稻（白米谷）一石，必先以衬子（赤米谷）二斗染以黑煤，交和于早枯稻中，必使黑白调匀，衬子率五分之一，刈之时留其根二三寸，衬子在其中，生意久郁，以发矣，旋刈旋生，一夜骤长二三寸。	嘉靖三十年《兴宁县志》卷三
	镇平	清	连	大抵迟早两实。	乾隆四十八年《镇平县志》
广东	潮州	清	连	粤东春种夏收者谓之早稻，再下种而十月获者谓之晚稻。	乾隆二十七年《潮州府志》卷三九
	潮阳	清	连	潮先早稻，春种夏收，再下种而十月获者为晚稻。	嘉庆二十四年《潮阳县志》卷一一
	大浦	清	连	大抵以六月熟为早稻，十月熟为晚稻。	乾隆九年《大浦县志》卷一○
	长宁	清	连	六月收者曰早稻，十月收者曰晚稻。	乾隆二十一年《长宁县志》卷九
	永安	清	连	翻谷，田沃而有水者种之，岁凡两熟。	康熙二十六年《永安县次志》卷一五
	海丰	清	连	邑最盛莫如交趾粘，《异物志》称一岁再种者。	同治十二年《海丰县志·物产》
	广州	清	连	有早稻、晚稻，春种夏熟者早稻也，夏种秋熟者晚稻也。	康熙十二年《广州府志》
	南海	清	连	有早稻、晚稻。	道光十五年《南海县志》卷八
		清	间	每于插早造十余日，即参插之，名曰秭稿，早稻获后，苗乃勃发。	道光十五年《南海县志》卷八
	番禺	清	连	坑田、围田皆岁再熟。	同治十年《番禺县志》卷七《物产》

（续）

省名	州县名	年代	类型	文献记载	文献出处
	番禺	清	间	捵藁者，先莳早禾，而疏其行，行间其莳晚禾，逮早禾既获，晚禾随长，亦再熟也。	同治十年《番禺县志》卷七《物产》
	东莞	清	连	种于山田，一岁两熟。	嘉庆四年《东莞县志》卷四〇
	龙门	清	连	五六月获者为早稻，九十月获者为晚稻。	咸丰元年《龙门县志》卷三
	增城	清	连	有早熟，晚熟。	康熙十二年《增城县志》卷四
	香山	清	连	有岁单收者，岁两收者。	道光七年《香山县志》卷二
	清远	清	连	品种有早造熟者，晚造熟者。	光绪六年《清远县志》卷二
	四会	清	连	雪占，低田十月获后莳，次年三月获，是一熟之田变为两熟也。	光绪二十二年《四会县志·物产》
	新兴	清	连	三月稼六月熟曰早造，七月稼十月熟曰晚稻。	康熙十一年《新兴县志》卷一四
广东	阳江	清	连	早禾三月插，六月初旬收，秋禾六月插，九月收。	康熙二十年《阳江县志》卷三
	阳春	清	连	六月收者曰早稻，十月获者曰晚稻。	康熙二十六年《阳春县志》卷一四
	高州	清	连	岁有二造，六月收曰早稻，十月收曰晚稻。	光绪十六年《高州府志》卷七
	茂名	清	连	岁有二造，六月收曰早稻，十月收曰晚稻。	光绪十四年《茂名县志》卷一
	电白	清	连	六月收者曰早稻，十月收者曰晚稻，晚收者良。	道光六年《电白县志》卷五
	化州	清	连	六月收者曰早稻，十月收者曰晚稻。	光绪十四年《化州志》卷二
	吴川	清	双	有一熟者，有再熟者。	光绪十八年《吴川县志》卷二
	石城	清	混	芮稻，二月与早稻拌播，刈早禾后乃芮生。	康熙十一年《石城县志》卷五
		清	连	有早熟稻、晚熟稻。	光绪十八年《石城县志》卷二
	定安	清	双	定邑粳、糯，皆分大小二熟。	光绪四年《定安县志》卷一

省名	州县名	年代	类型	文献记载	文献出处
	文昌	清	连	冬种夏收为小熟，夏种冬收为大熟。	咸丰八年《文昌县志》卷二
		清	连	夏种大收，冬种小收。	康熙五十七年《文昌县志》卷九
	乐会	清	双	粳稻曰长芒、百箭，俱二熟。	康熙八年《乐会县志·土产》
	陵水	清	连	小熟，十二月正月种，四、五月获。……大熟五六月种，九十月获。	乾隆五十七年《陵水县志》卷一
	永安	清	连	大冬谷，岁一收，余皆种早翻二种，岁二收。	《广东新语》卷一四《食语》
	仁化	清	连	每岁早熟在大暑前，晚熟在霜降后。	同治十二年《仁化县志·物产》
	河源	清	连	河源农事早晚两造。	乾隆十一年《河源县志》卷一一
广	开建	清	连	立春后十日浸种，小暑前五日尽熟，晚禾霜降前收。	康熙十一年《开建县志》卷七
东	灵山	清	连	碰田一岁再收，曰早晚两造田。	嘉庆二十五年《灵山县志》卷八
		清	混	早种时即杂晚种下者，早收后，晚种始出，谓捞藁田。	嘉庆二十五年《灵山县志》卷八
	海康	清	连	俟六月早稻熟后，复耕、接种曰翻稻。	嘉庆《海康县志》
	琼山	清	连	冬种夏收为小熟，夏种秋收为大熟，一岁二收。	宣统三年《琼山县志》
	佛冈	清	连	早晚两熟。	道光二十二年《佛冈厅志》卷二
	海阳	清	连	春种夏收者谓之早稻，再下种十月获者谓之晚稻。	光绪《海阳县志》
	澄海	清	连	春种夏收谓之早稻，再下种十月获者谓之晚稻。	乾隆《澄海县志》
	揭阳	清	连	早稻春种夏收，再下种而十月获者为晚稻。	雍正九年《揭阳县志》卷四

（续）

省名	州县名	年代	类型	文献记载	文献出处
	镇安	清	连	稻分二种，十一月插秧，六月登场为早禾，五月插秧，九月刈获为晚禾。	乾隆二十一年《镇安府志》
	贵县	清	连	农力三时，谷收两造。	光绪十九年《贵县志》卷五
	容县	清	连	清明种田，大暑前早禾收毕，复种名翻秋，立冬前晚禾收毕。	光绪二十三年《容县志》卷四
	岑溪	明	连	岑自隆（庆）万（历）以前，水田多种一造，……天启年间，始种早稻，岁耕二造。	乾隆四年《岑溪县志·气候》
	郁林	清	连	六月刈早稻，随熟犁之，大暑后插田，九十月收晚稻毕。	光绪二十年《郁林直隶州志》卷四
	全州	清	连	四月种，六、七、八月获者，为早禾。五月种，九、十月获者，为穜禾。穜禾者，晚禾也。	乾隆三十年《全州志》卷一《物产》
	灌阳	清	连	简种获早者为早禾，种获迟者为晚禾，早禾曰占，迟禾曰秈。	道光二十四年《灌阳县志》
广西	平乐	清	连	早禾春分秧，小暑获。晚禾，夏秧秋获，亦有十月获者。	嘉庆十年《平乐府志》卷二十五
	恭城	清	连	早禾春分秧，小暑获。晚禾，夏秧秋获。	光绪十五年《恭城县志》卷四
	富川	清	双	粘，早、晚二种。	乾隆二十二年《富川县志》卷二
	荔浦	清	双	粳米，红白早晚二种。	康熙四十八年《荔浦县志》卷三
	罗城	清	连	处暑前后收者为早稻，寒露后收者为晚稻。	道光二十二年《罗城县志》卷二
	宾州	清	连	早禾收后可复种，故有一岁再熟，惟沃土为宜。	道光五年《宾州志》卷二〇
	桂平	清	连	早造清明下种，小暑收成。晚造，早造收后翻稿复种。	乾隆三十三年《桂平县资治图志》卷四
	武宣	清	连	早造收后，翻稻复种，霜降后收成，俗名二苗。	嘉庆十三年《武宣县志》卷七

（续）

省名	州县名	年代	类型	文献记载	文献出处
广西	梧州	清	连	收早禾，再犁田种晚禾。	乾隆三十五年《梧州府志》卷三
	博白	清	连	早稻收后，复种新谷，先众稻熟。	道光十二年《博白县志》卷一二
	北流	清	连	分早晚两熟，早稻春分秧，小暑获。晚稻夏至秧，立冬获。	光绪六年《北流县志》卷八
	思恩	清	连	有五六月熟者名夏至禾，……独夏至禾收后可复种。	［清］李彦章《江南催耕课稻编》
		清	混	有与番谷搅匀下秧，其种止参番谷十之一，及分种后，其苗抽在番禾中，一本只一二芽，番禾熟则并刈之，刈后乃抽芽大发，至十月乃熟者，土人谓之搅番稻。	［清］李彦章《江南催耕课稻编》

就是在双季稻种植的地区内，也不全是二熟制，也存在着一熟制。如在广东东莞，"种于山田，一岁两熟，……种于潮田，岁一熟"[1]；香山"有岁单收者，岁两收者"[2]；永安，"翻谷，田沃而有水者种之，岁凡两熟；大冬谷，山瘠而无水者种之，岁一熟"[3]；番禺，"坦田岁一熟，曰大禾，山田亦一熟，曰斜禾，坑田、围田皆岁再熟"[4]。可见各地的种植制度是因地而宜的，而不是单一的。但总体来说，珠江流域以双季稻为中心的一年二熟制，比以前是明显发展了。

（2）一年三熟制的出现。在普及二熟制的同时，珠江流域、福建（包括台湾）又发展了一年三熟制。这是该地区利用当地气温高的优势所做出的又一创造。一年三熟制的基本形式是二季稻加一季冬作，也有连续种三季稻的。这种种植制度在福建、两广都存在，但不普及，只存在于个别地区。雍正九年《广东通志》卷五三说："再熟其常，三熟其偶，盖春熟即不及春种也。"

按所种第三熟作物的不同，一年三熟制又可分为以下几个类型。

①三季稻。

广东番禺：乾隆三十九年《番禺县志》卷一七记载："南方地气暑热，一岁田

---

① 嘉庆四年《东莞县志》卷四〇。
② 道光七年《香山县志》卷二。
③ ［清］屈大均：《广东新语》卷一四《食语·谷》。
④ 同治十年《番禺县志》卷七《物产》。

三熟，冬种春熟，春种夏熟，秋种冬熟，故广州有三熟之禾。……盖五谷天下所同，惟再熟、三熟则粤东独擅耳。"

福建台湾：《江南催耕课稻编·九》说："台湾百余年前，种稻岁只一熟。自民食日众，地利日兴，今则三种而三熟矣。"

广西苍梧、岑溪：乾隆三十五年《梧州府志》卷三说："苍梧、岑溪，又有雪种，十月种，二月获，即一岁三田，冬种春熟也。"

②"稻—稻—麦"一年三熟制。

福建：《江南催耕课稻编·六·早稻三法》说："若麦地已种早、晚稻者，……新麦已无收，急粪田一次，犁耙各一次，四月上旬前后总可插秧，大暑后立秋前，亦获稻矣。其晚稻豫先寄插者，仍于霜降后照常黄熟，并不相妨也。此田共三熟。"

广东嘉应：光绪三十二年《嘉应乡土地理教科书·物产》记载："州人自古勤于农，一岁三收。早稻收于六月，晚稻收于立冬，冬后栽麦。"

广东海丰：同治十二年《海丰县志·物产》记载："丰高田所种，早季亦有快迟，快者小暑前收，迟者处暑后收，皆清明下秧者也。冬季亦有快迟，快者重阳前收，迟者立冬后收，皆芒种下种者也。冬季快种，收后即种麦，至腊半即收，腴田所以一年三熟。"

广东同福建"稻—稻—麦"一年三熟制的方式有所不同，广东用的是连作稻加冬麦的方式，而福建用的是间作稻加冬麦的方式。这是因为福建大田适宜种稻的时间比广东短，使用间作稻的种植方式，可以保证二季稻在稻田中有足够的生长时间，这是因气候条件不同而产生的差异。

③"稻—稻—菜"一年三熟制。

所谓菜，指的是油菜、三蓝、黄姜、蔓菁等。这种种植方式主要流行于广东番禺。《广东新语》卷一四《食语》云："惟下番禺诸乡，其俗微重朴勤，能尽地力，早禾田两获之，余则莳菜为油，种三蓝以染绀，或树黄姜、莳麦，或蔓菁、番薯。"

除此之外，还有以下诸种形式：

"稻—稻—烟""烟—稻—瓜"一年三熟制。光绪三十四年《新会乡土志》卷一四载，广东新会"烟草种于河村，杜陀、棠下、天河各处稻田中，年中或一烟二稻，或烟稻瓜各一造。盖烟种在十月以后，采烟在三月以前，烟与稻不同时，故可周岁而轮种之，且可利用种烟之余肥，而生成丰稔之禾稻也。"

"稻—豆—麦"一年三熟制。据光绪《临汀汇考》卷四载，福建临汀"农民获稻后，率多种豆，至十月可获，且有收豆而又种麦者，不止一再获矣。"

上述各种类型的三熟制形式，反映了珠江流域各地利用当地不同的气候资源、不同的作物资源进行巧妙搭配，来提高农田的复种指数。这是明清时期提高土地利用率的又一种创造。

这里还需要说明的是：第一，明清时期的多熟种植，主要集中在黄河、长江的中下游和珠江流域地区，即主要在人多地少的地区，而在东北、西北、西藏等人少地多的地方，多熟制并没有发展，这说明人口压力是多熟制扩大的重要的社会原因；第二，在同一地区内，多熟种植也不是划一的，由于自然、社会、经济条件的差异，在同一地区内多熟种植的情况也是千差万别的，上文提到的广东番禺，同一地区就有一年一熟、一年二熟、一年三熟的不同。所以在讲到某一地区有某种多熟制时，只能看作这一地区有这种多熟制，而不能认为是整个地区都有该种多熟制。

（三）多熟种植的特点和作用

清代的多熟种植是在人口激增、耕地不足、粮食缺乏的历史条件下发展起来的，多熟种植的目的是为了提高耕地的复种指数和增加粮食产量，因此其种植方式是主谷式的，即以种粮为主，再搭配豆、菜等作物，这是特点之一。例如北方，在二年三熟制地区常采用麦—豆—杂粮的组合；在一年二熟制地区则采用麦—谷或麦—豆的组合种植。在南方的二熟制地区，采用的是稻—麦、稻—豆、稻—菜，或稻—稻复种的方式；在三熟制地区则采用稻—稻—稻、稻—稻—麦、稻—稻—薯、稻—稻—菜等方式，作物的组合虽然和北方不同，但以生产粮食为主的这一特点则是完全一样的。即使在南方的棉区，复种时也都以麦、豆等为组合对象，也表现出在多熟种植中对安排禾谷类作物的重视。

在粮食作物中，不论南方和北方都重视麦类的种植，这是特点之二。麦是耐寒的作物，在寒冷的冬季能越冬不死。种植麦类，可以利用冬闲地。明清时期多熟种植之所以有很大的发展，和麦类的推广有很大的关系。即此也可以看出麦类在发展多熟种植中的重要作用。

重视用养结合，是明清时期多熟种植的第三个特点。在多熟种植的条件下，土壤肥力消耗很大。为了保证多熟种植而土壤肥力不致衰竭，明清时期都采用了用养结合的措施。这既表现在作物组合方面，同时又表现在耕作措施方面。在作物组合方面，重视安排豆类作物包括大豆、绿豆、泥豆、豌豆、蚕豆等参加轮作。豆类作物能固定空气中的氮，增加土壤中的氮素，用豆类参与多熟种植中的轮作，既能获得一季粮食，又能弥补土壤中养分的损耗，实是一举两得之举。在耕作措施方面，主要是采用水旱轮作的措施，来达到用养结合的目的。水旱轮作既能保证旱作物的种植，同时又可使土壤中的有机物质在土壤含水量不同的情况下得到充分的分解，增加土壤的养分，达到培肥土壤的目的，此外也可起到减轻病虫和杂草为害的作用。

采用间作、套作、混作、连作、轮作等多种办法，最大限度地延长生产时间，扩大生产空间，力争多熟种植的实现，这是明清时期多熟种植的第四个特点。北方的常年积温，种一季庄稼有余，种两季庄稼则又感不足，多数采用了轮作的办法实现二年三熟，个别地区则采用间作、套作的办法实现了一年三熟，甚至二年十三熟。在南方，多数地区采用连作的办法实现一年二熟，在温热条件不足的地区，不用连作而用间作的办法来达到一年二熟。在江南棉区，又采用套作的方法来达到棉—麦或棉—豆一年二熟。在华南比较炎热的地区，则利用热量充足的条件，用连作的办法实现一年三熟。利用不同的耕作措施，千方百计延长生产时间，扩大生产空间，借以提高复种指数，是明清时期扩大多熟种植的主要途径。

明清时期多熟种植的推广起了什么作用呢？概括地说，有两点：一是提高了土地利用率，相对扩大了土地的耕种面积；二是提高了粮食亩产量，一定程度上缓和了粮食不足的矛盾。

关于提高土地利用率，在北方二年三熟制地区提高了 50%，在南方一年二熟制地区提高了 100%，在华南一年三熟制地区提高了 200%。这是指不同的多熟制对提高土地利用率而言的。至于当时究竟扩大了多少复种面积，由于缺少资料可供研究和分析，目前尚难回答。据一些零星的记载，土地利用率的提高情况大致如下：

两湖地区，嘉庆十七年（1812），湖南的耕地面积为 4 191.2 万亩，湖北的耕地面积为 8 031.4 万亩①，合计为 12 222.6 万亩。清乾隆时，稻—麦二熟制已经普及，"种麦之田十居七八"②，据此，则复种面积达 8 555.8 万～9 778.0 万亩。

据有的学者研究，山东复种率为 25%，嘉庆十七年（1812），山东的耕地面积为 13 089.8 万亩③，其复种面积为 3 272.4 万亩。

江西是双季稻地区，但种植双季稻的比例并不很高。如赣州府会昌县康熙末年"田种翻稻者十之二"④，即复种率为 20%。清末抚州的双季稻种植大致也是如此，有记载说："临川，早秥七分，晚秥、再熟秥共三分；金谿，早秥三分，晚秥七分，无再熟秥；崇仁，早秥较迟，晚秥为多；宜黄，早秥三分，迟秥六分，再熟之秥一分；乐安……早秥十之三，晚秥、再熟秥十之七（按，晚秥占 40%，再熟秥占

---

① 郭松义：《清前期稻作区的粮食生产》，《中国经济史研究》1994 年 1 期。

② ［清］孙嘉淦：《孙文定公奏疏》卷八《请开曲麦疏》。

③ 郭松义：《清代北方旱作区的粮食生产》，《中国经济史研究》1995 年 1 期。

④ 乾隆十五年《会昌县志》。

30％）；东乡县早秔七分，迟秔三分，亦无再熟之秔。"① 即在抚州所属的 6 个县中，有 3 个县不种双季稻，在种双季稻的 3 个县中，其复种面积分别为 10％、15％和 30％。

上面所说，仅是几个例子。但是从这些例子中可以看出，各地因条件不同，多熟制也不一样，比例高的复种面积可达 70％～80％。若从全国来看，在有多熟种植的省份，复种面积估计不会少于 20％，亦即耕地面积增加了 20％。

在多熟制条件下，亩产量的提高是无疑的，问题是提高了多少。这里也根据一些零星材料，作一考察：

北方的多熟种植以二年三熟制为主，种植的方式是麦—豆—秋杂粮（粟、高粱）。

据清代孔府档案记载，在鲁西南地区，嘉庆十二年（1807）小麦亩产为 1.42 斗，粟为 3.07 斗，高粱为 2.02 斗，豆类为 2.27 斗②；二年三熟制的产量为麦 1.42 斗＋豆 2.27 斗＋粟 3.07 斗（或高粱 2.02 斗）＝6.76 斗（或 5.71 斗），一年一熟的产量为粟 3.07 斗或高粱 2.02 斗，两年的产量分别为 6.14 斗或 4.04 斗，平均为 5.09 斗。据此，二年三熟要比一年一熟两年的产量增产粮食 1.67 斗或 0.62 斗，即增产 12％～32％。

据《无极县志》记载，清乾隆时直隶无极县"园地土性宜种二麦、棉花，以中岁计之，每亩可收麦三斗，收后尚可接种秋禾。棉花每亩可收七八十斤，其余不过种高粱、黍、豆等项，中岁每亩不过五六斗"③。如以 5.5 斗计，则直隶无极县二年三熟制的产量为麦 3 斗＋豆 5.5 斗＋黍（或高粱）5.5 斗＝14 斗，一年一熟制两年的产量为 11 斗，二年三熟制增产粮食 3 斗，增产 27％。

据清末《南阳府南阳县户口、地土、物产、畜牧表》记载，在熟年的条件下，河南南阳县亩产量约为小麦 3 斗，大麦 4 斗，玉麦 4 斗，稻 6 斗，蜀秋 5 斗，玉蜀黍 4 斗，粟 5 斗，黄豆 4 斗，黑豆 5 斗，绿豆 3 斗，豌豆 3 斗，脂麻 2 斗，薯 400 斤。④南阳县的二年三熟制产量为麦 3 斗＋豆 4 斗＋粟 5 斗＝12 斗，一年一熟制的两年产量为 10 斗，二年三熟制比一年一熟制两年的产量增产 2 斗，即增产 20％。

一年二熟制主要包括稻麦水旱轮作和双季稻两种，另还有旱作一年二熟、稻—麦一年二熟。据记载，苏湖地区的产量常年大致为 3 石米。明末清初，浙江桐乡稻—麦二熟制的产量情况是："田极熟，米每亩三石，春花一石有半，然间有

---

① ［清］何刚德：《抚郡农产考略》卷上《谷类·早秔》。
② 郭松义：《清代北方旱作区的粮食生产》，《中国经济史研究》1995 年 1 期。
③④ 转引自郭松义：《清代北方旱作区的粮食生产》，《中国经济史研究》1995 年 1 期。

之，大约共三石为常耳。"① 按麦 7 斗抵米 5 斗计算，春花 1.5 石相当于稻米 1 石，由此可知嘉湖地区稻—麦二熟常年亩产量为 3 石，丰年为 4 石。

雍正时人陈斌在《量行沟洫之利》一文中说："苏湖之民，善为水田，春收豆麦，秋收禾稻，中年之入，概得三石。"②

嘉庆时，苏州地区稻—麦二熟制的产量比桐乡略低。有记载说："苏民精于农事，亩常收米三石，麦一石二斗，以中岁计之，亩米二石，麦七斗，抵米五斗。"③ 即常年稻—麦二熟的亩产量为 2.5 石，丰年为 3.85 石。

由此可知，在苏湖地区稻—麦二熟制常年的亩产量为稻米 3 石，丰年为 3.85～4石。常年亩产量比单季稻高 0.5 石，丰年高 0.85～1 石，即常年增产 25％，丰年增产28％～33％。

稻—麦二熟制在陕南地区亦有分布。乾隆时，"稻田亩产约 1.2～1.4 石，与冬麦合计则为 2.3 石左右"。稻—麦二熟比单季稻高 64％～91％，到嘉庆道光时期，稻—麦二熟的生产水平有所提高，"水稻亩产可获 3 石多，麦浇冬水者亩产 1.3 石，不浇冬水者则为 0.6～0.7 石。与稻合计，分别为 4.3 石和 3.7 石"④。稻—麦二熟比单季稻增产41％～43％。

双季稻的产量，据记载，在江西抚州郡（治今江西抚州市），早稻（西乡早）亩产 3 石谷，连作稻的晚稻（柳叶早、二淮、豪脚老）的产量，高的 3 石，一般为 2 石，低的 1 石，平均为 2 石谷；间作晚稻产量为 3 石谷，单季晚稻（八月白、晚白、金包银）上地约可收 4 石。⑤ 据此可推知，双季连作稻的产量为 5 石谷，双季间作稻的产量为 6 石谷，分别比单季晚稻增产 1～2 石谷，即增产 25％～50％。

广东番禺，民国《番禺续县志》说，清末时"约计腴田每亩所获合早晚两造，得谷可八九石，硗田五石有奇，然能加粪料腴之，所获亦可六七石"。清代广东稻田单产为亩产谷 3 石，据此可知，在番禺双季连作稻比单季稻田高者可多收 6 石谷，即增产 200％，低的亦可多收 2 石，增收 66％。潮汕地区的双季稻，据张渠《粤东见闻录》卷上记载，"粤田上者收十一箩，次八九箩，下者五六箩"，平均为 8 箩。当地以 2 箩为 1 石，则平均产量为 4 石谷，双季稻比单季稻多收 1 石谷，即增产 33％。⑥

南海县双季稻的产量，据记载，明嘉靖时期"岁收亩入十石为上功，七石为中

---

① ［清］张履祥：《补农书》。
② ［清］陈斌：《量行沟洫之利》，见［清］贺长龄、魏源编：《清经世文编》卷三八。
③ ［清］包世臣：《郡县农政·农二·杂著》庚辰杂著二。
④ 萧正洪：《清代陕西种植业的盛衰及其原因》，《中国农史》1988 年 4 期。
⑤ ［清］何刚德：《抚郡农产考略》卷上《谷类》。
⑥ 郭松义：《清前期南方稻作区的粮食生产》，《中国经济史研究》1994 年 1 期。

功，五石为下功"①。如单季稻的亩产以 3 石计，则双季稻的产量比单季稻增加了 66％～233％。

康熙末期，苏州地区也种过几年双季连作稻，产量为 6 石谷左右，而当时单季稻产量也在 3 石米（即 6 石谷）左右②，双季稻并不比单季稻增产。由于双季稻在苏州并未显出增产作用，加上当时的政治原因，双季稻很快在苏州地区衰落了。

福建的双季稻产量，林则徐在《江南催耕课稻编·序》中说"闽中早晚二禾，亩可逾十石"。又据研究，福建的单季稻平均亩产为 2.8 石③，据此，双季稻要比单季稻多收 7.2 石，即增产 250％。但这个数字同广东番禺增产 200％的数字一样，是有疑问的，双季稻比之单季稻最多增产 1 倍，不可能增产 2 倍或 2 倍以上。因此，这些数字明显有夸大成分。

旱地一年二熟制的产量：陕南汉中盆地，嘉庆道光时"旱地麦、杂粮一年二熟地区，麦单产可获 1.3 石，粟类作物则可有 0.7～0.8 石之收"④，合计产量为 2～2.1 石，比单季粟增产 1.3 石，即增产 150％～180％。

现将上面的材料归纳如表 6-4 所示。

表 6-4　明清时期多熟制的亩产量

熟制	地区	时期	亩产量	一年一熟制产量	比一年一熟制增产（％）
二年三熟制	山东鲁西南	嘉庆时期	5.71～6.76 斗	5.09 斗（两年产量）	12～32
	直隶无极	乾隆时期	14 斗	11 斗（两年产量）	27
	河南南阳	清末	12 斗	10 斗（两年产量）	20
稻—麦二熟制	浙江桐乡	清初	3～4 石米	2.5～3 石米	20～33
	苏湖地区	雍正时期	3 石米	2.5 石米	25
	江苏苏州	嘉庆时期	2.5～3.85 石米	2～3 石米	25～28
	陕南地区	乾隆时期	2.3 石	1.2～1.4 石	64～91
	陕南地区	嘉庆道光时期	3.7～4.3 石	3 石	41～43

---

① ［明］霍韬：《霍渭厓家训·田圃第一》。
② 闵宗殿：《康熙和御稻》，载华南农学院农业历史遗产研究室主编：《农史研究》第 4 辑，农业出版社，1984 年；闵宗殿：《宋明清时期太湖地区水稻亩产量的探讨》，《中国农史》1984 年 3 期。
③ 郭松义：《清前期南方稻作区的粮食生产》，《中国经济史研究》1994 年 1 期。
④ 萧正洪：《清代陕南种植业的盛衰及其原因》，《中国农史》1988 年 4 期。

（续）

熟制	地区	时期	亩产量	一年一熟制产量	比一年一熟制增产（%）
双季稻	江西抚郡	清末	5~6石谷	4石谷	25~50
	江苏苏州	康熙时期	6石谷	6石谷	0
	广东南海	嘉庆时期	5~10石谷	3石谷	66~233
	广东番禺	清末	5~9石谷	3石谷	66~200
	广东潮汕	清末	4石谷	3石谷	33
	福建闽中	道光时期	10石谷	2.8石谷	250
旱地一年二熟制	陕西汉中盆地	嘉庆道光时期	2~2.1石	0.7~0.8石	150~180

表6-4只列了二年三熟制和一年二熟制的产量，没有一年三熟制的产量，主要是因为历史上缺少对一年三熟制产量的记载，只好付之阙如。

在一年二熟制中，广东、福建一些地区双季稻的产量，比单季稻的产量高过2倍或2倍以上，按常情来看，这种现象是难以理解的。因为在闽粤地区单季稻一般亩产为3石谷左右，翻一番也只有6石谷，一般来说，双季稻的产量绝不会比单季稻高过1倍，而这些地区竟高出2倍，达到亩产10石，这是不可理解之一。其次，当时双季稻的栽培技术水平还不高，在江苏苏州、江西石城，连作晚稻的收成只有连作早稻的一半[1]，广东也"少于早稻三分之一"[2]。在这种技术条件下，早稻只有达到亩产6石谷，双季稻亩总产才可勉强达到10石谷，而这在当时是不可能的。因此，对于闽粤双季稻的产量数字，我们怀疑记载是否有所夸大，或是在计量上当地有特殊的计算法。在没有新的材料发现，弄清事实真相以前，我们很难对这一历史记载持肯定或否定的态度，只能存疑于此。

总体看来，多熟制的推广对粮食亩产量的提高是有明显作用的，在二年三熟制地区，粮食大约增产20%~30%；在稻—麦二熟制地区，太湖地区增产的幅度为25%~30%，陕南地区增产40%~70%；双季稻地区增产30%~60%；在旱地一年二熟制地区，增产更为明显，陕西汉中盆地增产达150%~180%。由此可见，多熟制的推行成为明清时期缓解粮食不足的一条重要途径。

---

① 闵宗殿：《康熙和御稻》，载华南农学院农业历史遗产研究室主编：《农史研究》第4辑，农业出版社，1984年。

② ［清］屈大均：《广东新语》卷一四《食语》。

二、人工生态农业的创立

（一）人工生态农业的出现及其分布

明清时期，我国南方水乡的一些低洼地区常遭水淹，难以种植，人们开始将洼地改成水塘，并堆高地面，形成一种池养鱼、地种粮的经营格局。与此同时，人们又将各类废弃物利用起来，例如将农作物的糠秕、糟粕、秸秆用以饲畜，又将牲畜的粪便肥田，借以降低农业生产成本，从而又将农业、畜养业、副业各生产部门有机地联系了起来，成了一个有机的生产整体。采用这种生产方法，使水、陆动植物资源都得到了充分的利用，生产因而也出现了一个新局面。从生态学的观点来考察，这是对自然资源的合理利用，也可以视为中国历史上最早出现的一种人工生态农业。关于这种人工生态农业的最早记载见于李诩的《戒庵老人漫笔》。李诩，明弘治至万历时人，在《戒庵老人漫笔》中详细记载了嘉靖年间常熟农业经营者谈参经营农业的方法并因而致富的过程：

> 谈参者，吴人也，家故起农。参生有心算，居湖乡，田多洼芜，乡之民逃农而渔，田之弃弗辟者以万计，参薄其直收之，佣饥者，给之粟，凿其最洼者池焉，周为高塍，可备坊泄，辟而耕之，岁之入视平壤三倍。池以百计，皆畜鱼，池之上为梁为舍，皆畜豕，谓豕凉处，而鱼食豕下，皆易肥也。塍之平阜植果属，其汙泽植菰属，可畦植蔬属，皆以千计。鸟凫昆虫之属悉罗取，法而售之，亦以千计。室中置数十匦，日以其分投之，若某匦鱼入、某匦果入，盈乃发之，月发者数焉。视田之入，复三倍。……以故，参之赀日益，窖而藏者数万计。[①]

同样的记载还见于光绪三十年《常昭合志稿》卷四八《轶闻》，只是主人翁名为谭晓。谈参即谭晓，《戒庵老人漫笔》说：“谈参实谭晓，行三，参者三也。”[②] 可见，谈参的农业是一种包括农（粮、果、蔬）—畜—鱼在内的综合经营，这也是中国历史上最早的一种人工生态农业。

明末，这种人工生态农业又出现于浙江的湖州。

湖州也是一个常遭水淹的水乡。当地人民利用地低水多的特点，充分利用水面来养鱼，以鱼补农。张履祥在《补农书》中说：“湖州低乡，稔不胜淹，数十年来，于田不甚尽力，虽至害稼，情不迫切者，利在畜鱼也。”又说：“尝于其乡，见一叟戒诸孙曰：猪买饼以喂，必须赀本；鱼取草于河，不须赀本。然鱼、肉价常等，肥

---

①② ［明］李诩：《戒庵老人漫笔》卷四《谈参传》。

壅上地亦等，奈何畜鱼不力乎！"① 这是变水害为水利，充分利用水资源发展农业的一种办法。

湖州又是一个水稻和蚕丝产区。为了发展水稻和蚕丝生产，当地又将种稻、养蚕和饲养猪羊联系起来，以糠秕、糟粕养猪，用枯桑叶饲羊，换得猪羊粪用来肥稻田和桑地，形成以农养畜、以畜促农的物质循环。时人认为"种田不养猪，秀才不读书，必无成功"；又说，"养了三年无利猪，富了人家不得知"②。这样，在湖州地区又形成了"农（稻、麦、油、菜）—畜（猪、羊）—桑—蚕—鱼"的综合经营方式。这种经营方式，在清代又发展到和湖州生产条件相仿的嘉兴、桐乡地区和苏州震泽地区。桐乡地区的农业经营是"麦、豆—羊—桑—蚕—鱼"③。震泽地区的经营是"低者开浚鱼池，高者插莳禾稻，四岸增筑，植以烟靛桑麻"④。

清初，地处珠江三角洲的广州地区，也出现了以种果养鱼为特点的基塘生产。基就是堤埂，用以种果树；塘就是鱼池，用以养鱼。屈大均在《广东新语》卷二二《鳞语·养鱼种》中说："广州诸大县村落中，往往弃肥田以为基，以树果木，荔支最多，茶桑次之，柑橙次之；龙眼多树宅旁，亦树于基。基下为池以畜鱼，岁暮涸之，至春播稻秧，大至数十亩。"这种生产方法，后来被人称为果基鱼塘。康熙乾隆时期，中国蚕丝畅销于外洋，成为一种获利颇丰的外贸产品，广州是当时主要的出口地，因此极大地推动了珠江三角洲地区的蚕桑生产，基塘生产亦开始从果基鱼塘转为桑基鱼塘，基、塘的比例也开始规范化。清代《高明县志》卷二记载说："将洼地挖深，泥覆四周为基，中凹下为塘，基六塘四，基种桑，塘畜鱼，桑叶饲蚕，蚕屎饲鱼。"种桑、养蚕、饲鱼之间形成了一种新的物质循环，后又在这一组物质循环中增加了养猪，形成猪、鱼、桑、蚕结合的农业新生态。《岭南蚕桑要则》说："顺德县人之所得足食方，……皆仰人家家种桑、养蚕、养猪和养鱼"；又说，"又于山坑开一水氹（水塘）养浮萍，以供喂猪，得猪屎以培桑，又可养鱼及利浮萍，所谓实业之利益无穷也"⑤。

这些记载表明，明清时期，一种人工生态农业已先后在南方一些地区产生。尽管各地由于自然条件、资源条件、经济条件不同，生态农业表现的形式不一样，但合理地利用自然资源这一点却是相同的，这是中国传统农业在利用自然资源方面一个具有十分重要意义的发展。

---

① ［清］张履祥：《补农书》下卷《补农书后》。
② 《沈氏农书·运田地法》。
③ ［清］张履祥：《补农书》附录《生计·策邬氏生业》。
④ 乾隆《震泽县志》。
⑤ 转引自郭文韬：《中国农业科技发展史略》，中国科学技术出版社，1988年，361页。

（二）人工生态农业对自然资源的合理开发利用

明清时期，人工生态农业的形成和人们对自然资源的合理开发利用密切相关，具体表现为以下几个方面：

1. 改造低洼地，变水害为水利，以保证水陆资源的充分应用 明清时期的人工生态农业区，原来都是些低洼易涝的地区，有水为害不为利，有地受涝难为种，水、陆资源都不能很好利用。后通过挖池筑塘，变低洼地为鱼池，才改变了这个局面。洼地挖深便于蓄水养鱼，同时也有利于灌溉；洼地中挖出的肥土，堆在低地上，又加高了地面，使农作物免遭水淹，一举而两得，这是人为地改变自然地形而取得的良好效果。上文提到的常熟谈参的农业经营，可以说是个典型的例子。原来那里的生产环境很差，"田多洼芜，乡之民逃农而渔，田之弃弗辟者以万计"，后来谈参采用"凿其最洼者池焉，周为高塍，可备坊泄，辟而耕之，岁之入视平壤三倍"。这一效果，就是通过改造低洼地，合理利用水、陆资源而达到的。

2. 充分利用空间，变平面生产为立体生产 充分利用空间来扩大生产，是明清时期人工生态农业的一个重要特点。这样做，既可不占或少占耕地，又可扩大生产。对空间的利用，既有陆地上的，也有水面上的。在陆地上的，有通过高秆、矮秆的搭配而利用空间的，如"桑下冬可种菜，四旁可种豆芋"①；有借植物的攀缘性而利用空间的，如"水滨遍插柳条，下种白扁豆，绕柳条而上，……每豆一科，可收一升"②。在水面上的，主要是通过池中养鱼、池上养畜的办法利用空间。池上养畜，不占耕地，牲畜粪便又可作为池鱼的饵料，可谓一举两得。《戒庵老人漫笔》卷四《谈参传》谈的"池之上为梁为舍，皆畜豕，谓豕凉处，而鱼食豕下，皆易肥也"，《农政全书》中说的"作羊棬于塘岸上，安羊，每早扫其粪于塘中，以饲草鱼，而草鱼粪又可以饲鲢鱼"③，都是在水面上对空间的利用。

此外，还有对水体进行立体利用的，主要表现在对水体的分层利用，进行家鱼混养。家鱼有不同的生活习性，鲢鱼、鳙鱼喜上层，草鱼、鳊鱼喜中层，青鱼、鲤鱼居底层，根据这一特性，人们采取了对家鱼进行分层混养的措施，既可以合理利用水体，又可经济利用饵料（表6-5）。对此，中国历史上有不少记载。《农政全书》记载江西养鱼法"每池鲢六百，鳙二百"，是上中层鱼混养；《广东新语》记广州的养鱼法"凡池一亩，畜鲩三十、鲢百二十，鳙五十，土鲮千"，是上中下层鱼混养；《湖雅》卷六记载浙江湖州的养鱼方法"一池中畜青鱼、草鱼七分，则鲢鱼

---

① ［清］张履祥：《补农书》附录《生计·策邬氏生业》。
② ［清］张履祥：《补农书》下卷《总论》。
③ ［明］徐光启：《农政全书》卷四一《六畜》。

二分，鲫鱼、鳊鱼一分，未有不长养者"，这也是上中下层鱼混养。这种混养方法是相当科学合理的，实际上是对水体的一种立体利用，至今这种方法仍广泛应用于淡水养鱼业中。

表6-5 明清时期家鱼混养、分水层利用情况

| 时代 | 地区 | 混养方式 | | | | | | | 文献出处 |
| | | 上层鱼 | | 中层鱼 | | 底层鱼 | | | |
		鲢	鳙	草鱼	鳊鱼	青鱼	鲫鱼	鲮鱼	
明代	江西	75%		25%					[明] 徐光启《农政全书》
清代	广州	10%	4.2%	2.5%				83.3%	[清] 屈大均《广东新语》
清代	湖州	20%		（草鱼、青鱼）70%	（鳊鱼、鲫鱼）10%				《湖雅》

3. 将废弃物资源化，使动物生产和植物生产实现了有机的结合 明清时期，人们已认识到植物生产中的废弃物可以作为动物生产的饲料，而动物生产中的废弃物又可以作为植物生产的肥料，二者具有互相依存、互相促进的关系。当时人说"种田不养猪，秀才不读书，必无成功"[①]，"棚中猪多，囷中米多，是养猪乃种田之要务也，岂不以猪践壅田肥美，获利无穷"[②]，正是反映了对二者关系的正确认识。

将废弃物资源化表现在种桑养蚕养鱼的有机结合上，即桑叶饲蚕、蚕矢饲鱼、鱼粪肥桑的循环利用。其中，鱼粪（包括池中淤泥）肥桑不仅能提高土壤肥力，而且还能补充土壤的淋失。鱼池清理后，既有利于清除池中有害物质及加深鱼池，又有利于养鱼。这也是一举两得的事。《高明县志》说"基种桑，塘养鱼，桑叶饲蚕，蚕矢饲鱼"，典型地说明了这种食物链的关系。

这种食物链的关系，也反映在池鱼的饲养中。上文提到，明清时期池塘养鱼是混养的。混养的目的，既是为了充分利用水体多产出鱼产品，同时也是为了充分利用饵料。关于这一点，明末王士性《广志绎·江南诸省》中说："（鲢鱼）入池夹草鱼养之。草鱼食草，鲢则食草鱼之矢，鲢食矢而近其尾，则草鱼畏痒而游，草游，鲢又随觅之，凡鱼游则尾动，定则否，故鲢草两相逐而易肥。"清代屈大均在《广东新语》卷二二《鳞语》中也说："凡池一亩，……日投草三十余斤，鲩食之，鲢、鳙不食，或食草之胶液，或鲩之粪，亦可肥也。"这就说明草鱼和鲢、鳙鱼之间存在着食物链的关系，这种食物链的关系，从现代科学来看就是草鱼食草后排出的粪

---

① [清] 张履祥：《补农书》。

② [清] 姜皋：《浦泖农咨》。

便为浮游生物提供养料，而浮游生物又成为鲢、鳙的主要饵料，鲢、鳙吃掉浮游生物后，降低了水的肥度，又有利于草鱼的生长。明清时期的家鱼混养正是巧妙地利用了这种食物链的关系。

上述这些对于自然资源的充分利用，正是形成明清时期人工生态农业的关键所在。

（三）对明清时期人工生态农业的评估

1. 创造了一种新的农业经营方式　在明清时期人工生态农业出现以前，传统农业的经营是主谷式的，虽然也有家畜饲养、蚕桑业和渔业，但基本上是彼此孤立的，土地的利用是平面式的。明清时期人工生态农业出现以后，才将农业从主谷式扩大到多种经营，并将农、林、牧、渔各业有机地联系起来，并将农业从平面的经营向立体经营方向发展，这就突破了传统农业经营的固有模式，增加了自然资源利用的广度和深度，为中国农业创造了一种崭新的经营方式。

2. 具有明显的经济效益　在浙江湖州生态农业中，粮食产量常年为亩产米2石和麦1石（约合577市斤/亩），丰年为亩产米3石和麦1石（约合866市斤/亩）[1]，比宋代太湖地区的产量几乎提高了1倍（宋代平均亩产量为450市斤）[2]，成为当地历史上最高的粮食亩产记录。桑叶的产量也很高，据《沈氏农书》记载，其产量为"每亩采叶八九十个，断然必有"，比一般的产量"亩采四五十（个）者"，具有"一亩兼二亩之息"之效。个，是湖州地区桑叶的计量单位，《湖州府志》记载，"叶之轻重率以二十斤为一个"，据此，桑叶的亩产量可达到1 600～1 800斤，这在当时是相当高的。

在产值方面，《戒庵老人漫笔》说，谈参的农业收入是普通农田的3倍（"岁之入视平壤三倍"），多种经营的收入"视田之入复三倍"。《高明县志》记载，广东高明地区的桑基鱼塘生产具有"两利俱全，十倍禾稼"的效果。说明，明代谈参的农业经营其经济收益要比一般传统的农业经营高9倍，高明地区的桑基鱼塘经济收益要比单纯的农业生产高10倍。事实说明，采用人工生态农业进行生产，不论是产量还是产值，其经济效益都高于此前传统的农业经营，这证明了合理地利用自然资源，不仅有良好的生态效益，而且有明显的经济效益。

3. 为观念更新的产物　按照传统的观念，糠秕、枯叶、牲畜粪便、蚕矢、池泥都是废弃物。明清时期，人们对废弃物的认识有了提高，将废弃物作为一种资源来认识，重新加以利用。《补农书》说："种田地利最薄，然能化无用为有用。不种

---

①　［清］张履祥：《补农书》。

②　闵宗殿：《宋明清时期太湖地区水稻亩产量的探讨》，《中国农史》1984年3期。

田地力最省，然必至化有用为无用。何以言之？人畜之粪与灶灰、脚泥，无用也，一入田地，便将化为布、帛、菽、粟。即细而桑钉、稻稳，无非家所必需之物。残羹、剩饭，以至米汁、酒脚，上以食人，下以食畜，莫不各有生息。"《知本提纲·修业章》说："人食谷肉菜果，采其五行生气，依类添补于身，所有不尽余气，化粪而出，沃之田间，渐渍禾苗，同类相求，仍培禾身，自能强大壮盛。又如鸟兽牲畜之粪，及诸骨蛤灰、毛羽肤皮蹄角等物，一切草木所酿，皆属余气相培，滋养禾苗。"这两种说法的意思是一致的，即废物可以利用，可化无用为有用。正是基于这种认识，才将农林牧渔等废弃物转化成新的资源，使其相互利用，形成了一个新的完整的食物链，同时又防止了对环境的污染。没有人们思想观念的更新，也就不可能出现新的农业经营形式。

4. 尚处于初级阶段 相较于传统的主谷式农业经营来说，明清时期的人工生态农业是很大的进步。但就其自身来讲，也并不是十分完美的，还是一种处于初级阶段的生态农业，其食物链的有些环节还有可以扩大和补充之处，杂草、粪便可以先通过发酵产沼气作能源，然后再作肥料，稻草、糠秕、畜粪还可用来培养食用菌，等等，不过这些在当时的科学水平下是难以办到的，因此我们也就不能苛求前人了。

三、农业的集约化经营

集约化经营是中国传统农业的重要特点之一，它是指"把一定量的生产资料和活劳动，集中投入较少的土地，以提高单位面积产量的经营方式"①，在中国历史上称为"少种多收"。这种经营方式，早在北魏贾思勰《齐民要术·杂说》中已经提出："凡人家营田，须量己力，宁可少好，不可多恶。"宋代《陈旉农书》进一步指出："多虚不如少实，广种不如狭收。……农之治田，不在连阡跨陌之多，唯其财力相称，则丰穰可期审矣。"② 这说明古代农学家是一致主张集约化经营的。

明清时期，特别是明中期以后，随着人多地少矛盾的逐步加深，人们所拥有的耕地越来越少，希望在有限的耕地上生产出更多的农产品，已成为人们迫切的要求。在这种社会经济条件下，集约经营已成为一个十分迫切又非常现实的问题。明清时期，农业的集约化经营，便在这样的历史条件下发展起来了。

明清时期的集约经营，表现为两种形式：一是改进种植方法，推广亲田、区田种植；二是增加人力、物力投入，提倡粪多力勤。

---

① 陈道编：《经济大辞典·农业经济卷》，上海辞书出版社、农业出版社，1983年，10页。
② 《陈旉农书·财力之宜篇》。

（一）提倡亲田、区田种植

亲田法出现于明末，是耿荫楼（？—1638）针对广种薄收的弊端而设计的一种种植方法。他在《国脉民天》一书中详细地介绍了这种方法："青齐地宽农惰，种广收微，欲仿古力田，普加工料，恐无力之家不能遍及，反成虚设，故立为亲田之法。亲田云者，言将地偏爱偏重，一切俱偏，如人之有所私于彼，而比别人加倍相亲厚之至也。每有田百亩者，除将八十亩照常耕种外，拣出二十亩，比那八十亩件件偏他些，其耕种、耙耢、上粪俱加数倍，务要把得土细如面，搏土块可以八日不干方妙。旱则用水浇灌，即无水亦胜似常地。遇丰岁，所收较那八十亩定多数倍；即有旱涝，亦与八十亩之丰收者一般。遇蝗虫生发，合家之人守此二十亩之地，易于捕救，亦可免蝗。……如止有田二十亩者，拣四亩作为亲田。量力为之，不拘多少，胜于无此法者。甚简，甚易，甚妙。依法行之，决不相负也。"①

可见这是一种典型的少种多收集约经营的方法，同时它还具有抗旱、蝗灾害，改良土壤的作用，不过这种方法，未见有推广的记载。

区田法，是一种十分古老的种植方法，初见于《氾胜之书》的记载，相传是商代伊尹创造的。据文献记载，这种种植方法不仅能少种多收，而且产量很高，因此一直为历代所重视，而大力试种，明清时期更大加提倡。如明代耿荫楼的《国脉民天》、清代陆世仪的《论区田》、孙宅揆的《教稼书》、王心敬的《区田法》、帅念祖的《区田编》、杨屾的《修齐直指》、盛百二的《增订教稼书》、拙政老人的《加庶编》、潘曾沂的《区种法》、田道人的《多稼集》等②，都做过区田的宣传。据陆世仪的记载，区田法的种植方法是："地一亩，阔一十五步，每步五尺，计七十五尺，每一行占地一尺五寸，该分五十行，长一十六步，计八十尺，每行一尺五寸，该分五十四行，长阔相乘，通二千七百区。空一行，种一行，于所种行内，隔一区，种一区，除隔、空外，可种六百七十五区，每区深一尺，用熟粪一升，与区土相和，布谷匀覆，以手按实，令土种相著，苗出，看稀稠存留。锄不厌频，旱则浇灌。结子时，锄土深壅其根，以防大风摇摆。古人以此布种，每区收谷一斗，每亩可六十六石。"③ 这是一种集中肥水、人力在小块土地上精耕细作以求高产的种植方法，由于其产量很高，当时着实吸引了一部分人的试验，例如：

咸丰七年（1857），河南许州绅士陈子勤，试种区田八区，共收小米谷市斗 2 斗。咸丰八年，河南温县东乡平皋地方绅士原氏昆仲峰冠、峰峻，试种区田小米谷

---

① ［明］耿荫楼：《国脉民天·亲田》。

② 王毓瑚辑：《区种十种》，财政经济出版社，1955 年。

③ ［清］陆世仪：《论区田》。

一分地，即一亩的十分之一，共收谷仓斗 6 斗。[①] 据记载，当时区田种植遍于黄河中下游地区，最高产量达到亩产粟 36 石，最低也达到 2 石多（表 6 - 6），证明区田确有少种多收的作用。但此法终未能推广，究其原因，是因为"工力甚费，人不耐烦"[②]，即耗工太多的缘故。

尽管亲田、区田种植在明清时期都未能推广，但它却深刻地反映了明清时期人们千方百计寻求少种多收的办法，这也是集约经营深入民心的一种反映。

表 6 - 6　明清时期区田法的试种情况

试种人	身份	试种时间	试种地点	试种结果（亩产）
耿荫楼叔父	地主	17 世纪前期	河北灵寿	粟 15 石
朱龙耀	官吏	1714 年	山西平定	粟 30 石
王心敬	地主	1720—1721 年	陕西鄠县	5～6 石
李维钧	官吏	1724 年	河北保定	粟 16 石
邓种音	不详	1735 年前后	山东聊城	比常田增 20 斛
张某	不详	1742 年前后	甘肃兰州	粟 36 石
齐倬	地主	1776 年前后	陕西临潼	粟 8 石
陈子勤	地主	1857 年	河南许州	粟 16.2 石
原峰冠、原峰峻	地主	1858 年	河南温县	粟 16 石
刘开甲	地主	1860 年	河北博野	粟 2 石多
冯绣	地主	1899 年	河南淇县	粟 13～14 石

资料来源：中国农业科学院、南京农学院中国农业遗产研究室编《中国农学史（初稿）》下册，科学出版社，1984 年，177 页。

（二）提倡粪多力勤

明清时期人们在生产上所崇尚的另一种集约经营方法，就是对土地增加投入，以求高产。这种方法，时称"粪多力勤"。这种方法当时在南北各地都提倡，例如明代《沈氏农书》记载："凡种田总不出'粪多力勤'四字。"又如清代孙宅揆《教稼书》说："孟子注曰，粪多而力勤者为上农，粪多便是力勤也。"再如杨屾《知本提纲》说："凡人垦田，意其多获其利，然务广而荒，所得究亦不厚，莫如常粪其田，所产自多。"再如杨秀沅《农言著实·杂记十条》说："农家首务，先要粪多，……古人云，粪多力勤为上农夫，岂非农家之首务乎！"由此可见，粪多力勤

---

① ［清］帅念祖：《区田编·附记》。
② ［清］陆世仪：《论区田》。

成为农业生产中一个普遍的共同的要求。

这种集约化经营，集中反映在太湖地区的水稻生产方面。据明末《沈氏农书·运田地法》、清代包世臣（1775—1855）《郡县农政》、清道光时期姜皋《浦泖农咨》、清光绪时期陶煦《租覈》四书的记载，明清时期当地投在水稻生产方面的人力、肥料是相当多的，而且每项都有明确的记载。其投入的人力和肥料量如下：

1. 关于人力的投入量

（1）《沈氏农书·运田地法》关于湖州稻田用工量的记载

垦田："每工止垦半亩"，即1亩用2工。

倒田："每工……倒六七分，春间倒二次。"平均1工倒田6.5分，1亩需1.52工，倒田2次需3工。

插秧："每工种田一亩"，即1亩需1工。

中耕（锄荡耘）："每工二亩"，即1亩需0.5工。中耕需要4次，"锄、荡、耘四番生活（锄二、荡一、耘一）"，共需2个工。

其中施肥、灌溉、收获、脱粒等项，未见有用工量的记载，从整地到中耕，共用8工。

（2）《郡县农政》关于嘉庆时期苏州稻田用工量的记载

> 稻利不必极重，而谷正益人，又省工力；计三耕、两劳、三耘、一时（莳）、一刈，每亩不过费人工七八日耳。

> 其水田种稻，合计播种、拔秧、莳禾、芸草、收割、晒打，每亩不过八九工。

《郡县农政》增加了脱粒的用工数，如果只计从种到收的用工数，大致需7～8工，其用工数大致和明末湖州地区相同。

（3）《浦泖农咨》关于松江稻田用工量的记载

> 田之须人工也，锄田及塌跋头，亩各一工。中等之牛，日可犁田十亩，然必须两人服事，一人捉草，一人扶犁，一田须犁两次，耙亦如之，合而计之，每亩须人一工；插秧，每日人种一亩五六分，然拔秧、挑秧、分秧，两人种秧须一人服事，统计一亩亦得一工，三耘三糊，每亩合须两工，拔草下壅须一工，车水无定，收稻须一工，掼稻选柴须两工，砻米不计工，极一人之力，日砻米一石而已。自开耕至上场，亩须十余工也。

按此记载，松江地区从种到收所需人工7工，同清代苏州地区的用工量差不多，但比明末湖州地区的用工量要少。其所以如此，明末湖州种稻完全用人力，而松江则用牛力，这样就可省了不少人工。

上面讲的都是大田生产中从种到收的用工量，如将脱粒、砻谷等加工所需的用工量计算在内，用工量则要远远高于这个数字。

据《浦泖农咨》记载，掼稻、选柴需 2 工，砻米日砻一石。该书说："昔时田有三百个稻者，获米三十斗，所谓三石稻是也，自癸未（道光三年，1823 年）大水后，田脚遂薄，有力膏壅者，所收亦仅二石。"由此可知砻米需 2～3 工。全年种稻一亩，从种至砻成米，需 12～13 工，如以道光时期以前的产量计算，则需 13 工。

苏州的稻田产量，据包世臣《郡县农政》记载，"亩常收米三石，麦一石二斗，以中岁计之，亩米二石，麦七斗"，砻米所需的人工为 2～3 工，全年种稻的用工量为 9～11 工，平均为 10 工。

明末湖州地区的水稻产量，据《沈氏农书》记载，为亩产米 3 石。从稻谷加工成米，如用《浦泖农咨》记载的标准来计算，还需加收割人工 1 工，掼稻、选柴的人工 2 工，砻米人工 3 工，全年种稻的用工量合计为 14 工（表 6-7）。

表 6-7 明清时期太湖地区稻田的用工量

单位：工

时期	地区	整地用工	插秧中耕用工	收获脱粒用工	总用工量	文献出处
明末	湖州	5	3	6	14	明代《沈氏农书》
清乾隆咸丰时期	苏州		7～8	2～3	9～11	[清] 包世臣《郡县农政》
清道光时期	松江	3	4	6	13	[清] 姜皋《浦泖农咨》

由表 6-7 可知，明清时期，太湖地区一亩稻田所投入的人工一般在 10 工以上，其中以明末湖州用工最多，其次是松江，苏州地区用工最少。如只计算耕种的用工量，其人工的投入量大致是一样的，都为 7～8 工。

2. 关于肥料的投入量

（1）《沈氏农书》关于湖州稻田肥料投入量的记载

秧田施肥："旧规，每秧一亩，壅饼一片。"又说："（豆饼）八百片，重一千二百斤"，则一片豆饼重 1.5 斤。又据《天工开物·稻》记载，"凡秧田一亩所生秧，供移栽二十五亩"，则一亩本田育秧需用肥 0.06 斤。

大田施基肥："于田未倒之前，稜层之际，每亩撒十余担（猪灰、坑灰）"。如以 13 担计，则每亩施粪肥 1 300 斤。有的施用绿肥红花草，"花草亩不过（子）三升，……一亩草可壅三亩田"。据研究，紫云英（即红花草）一般亩产量为 2 000～3 000 斤，高的可达万斤左右[①]，如以亩产 3 000 斤计算，平均一亩稻

---

① 中国农业科学院：《中国稻作学》，农业出版社，1986 年，506、510 页；北京农业大学《肥料手册》编写组：《肥料手册》，农业出版社，1979 年。

田可施用紫云英1 000斤。

大田追肥："（下接力）每亩下饼三斗"。如1斗以10斤计，则追肥应为30斤。

（2）《浦泖农咨》关于松江稻田肥料投入量的记载

"肥田者，俗谓膏壅，上农用三通。"

"头通（基肥）红花草也，……每亩撒子四五升"，亩产鲜草约3 000斤。

"二通（追肥）膏壅多用猪践，……每亩须用十担"，约1 000斤。

"三通（追肥）用豆饼，……亩须四五十斛"，平均为45斤。

由于不同肥料的含氮量是不同的，为了便于计算和比较，我们有必要将各类肥料折成其含氮素的量。据研究，人粪尿的含氮量为0.5%～0.8%，平均为0.65%，猪圈粪为0.45%，牛栏粪为0.34%，豆饼为7.00%，麻饼为5.8%，菜子饼为4.60%，棉子饼为3.41%，紫云英为0.56%（表6-8）。[1]

表6-8　明清时期太湖地区稻田的施肥量

时期	地区	基肥量	追肥量	总施肥量
明末	湖州	粪肥(人粪) 1 300 斤＝氮素 8.45 斤，或红花草 1 000 斤＝氮素 5.6 斤	豆饼 30 斤＝氮素 2.1 斤	10.55 斤或 7.7 斤氮素
清道光时期	松江	红花草 3 000 斤＝氮素 16.8 斤	猪粪 1 000 斤＝氮素 4.5 斤　豆饼 45 斤＝氮素 3.15 斤	24.45 斤氮素

从表6-8的统计中可知，明清时期太湖地区稻田的施肥量为7.7～24.45斤氮素。据现代科学研究，生产100斤单季晚稻的稻谷和稻草，约需氮素1.64斤[2]，由此可知明清时期太湖地区稻田的肥料投入量已达到相当于今日亩产470～1 500斤稻谷的水平。

3. 人工、肥料投资在总投资中所占的比重

（1）《沈氏农书》关于人工、肥料投资在总投资中所占比重的记载

沈氏是个雇工生产的经营地主，他雇一名长工，管地4亩、种田8亩，一年共支出银13两，除去其中的盘费1两、农具3钱，实际支出为11两7钱，平均一亩地人力投资为9.75钱。

肥料支出：粪肥13担，每担成本为银3.3分，13担的成本为4.3钱；豆饼30斤，当时市价为每100斤银1两，30斤为3.3钱。

杂支：一名长工一年花费"盘费一两，农具三钱"，平均一亩地为1.08钱。

合计：一亩地需投资1.843两。

---

[1]　北京农业大学《肥料手册》编写组：《肥料手册》，农业出版社，1979年。

[2]　中国农业科学院：《中国稻作学》，农业出版社，1986年，506页。

（2）《浦泖农咨》关于人工、肥料投资在总投资中所占比重的记载

"一亩约略以十工算，已须工食二千文，膏壅必得二千文"，共支出 4 000 文（杂支等不算在内），人工和肥料各占 50%。

（3）《租覈·减租琐议·量出入》关于人工、肥料投资在总投资中所占比重的记载

长工工食费用为 33 500 文，按一长工管地 10 亩，由一亩须工食费用为 3 350文。

肥料费用："亩约钱五百"。

农具费用："约钱八百"，平均一亩约需钱 80 文。

总支出为一亩需钱 3 930 文。

根据上述资料，我们便能计算出明清时期太湖地区一亩稻田人力、肥料投资的比重（表 6-9），可以看出：

第一，人工和肥料的投资，不论是明代还是清代，也不论是湖州、松江、苏州，其投资的比例都在 90% 以上，可见在人工和肥料方面的投资量之大，这正是明清时期农业生产提倡"粪多力勤"的具体反映。

第二，人工投资所占的比重是不断提高的，明末占 50%，到清末已提高到占 85%，这和明清时期雇工的工资不断提高有关。《浦泖农咨》说："旧时雇人耕种，其费尚轻，今则庸值已加。"《租覈》在讲到雇工生产时说："今食米之数与古同……而工银稍增。"人工投资比例的增大，就是这个原因。

第三，从明末到清道光时期，湖州和松江的肥料投资都在 50% 左右。到光绪时苏州地区的肥料投资下降到 13%，这大约和人工投资的增加、肥料投资量相对减少有关。这里还要说明一点，文中所举的资料都是经营地主和佃富农的生产情况，一般的个体农民就其经济实力来说，还达不到这个水平。它虽不能代表一般的情况，却记载了明清时期中国在农业生产中已出现的最高的经济投入水平。

表 6-9　明清时期太湖地区一亩稻田的人力、肥料投资及其比重

| 时期 | 地区 | 总支出 | 人工支出 | | 肥料支出 | | 杂支 | | 文献出处 |
			支出量	占总支出的比重（%）	支出量	占总出的比重（%）	支出量	占总支出的比重（%）	
明末	湖州	1.843 两	9.75 钱	53	7.6 钱	41	1.08 钱	6	明代《沈氏农书》
清道光时期	松江	4 000 文	2 000 文	50	2 000 文	50	不详		［清］姜皋《浦泖农咨》
清光绪时期	苏州	3 930 文	3 350 文	85	500 文	13	80 文	2	［清］陶煦《租覈》

4. 从投入和产出看集约经营的效果

最后，还要考察一个问题，即明清时期集约经营的经济效益究竟有多大？要回答这个问题，就得研究当时投入和产出的情况。

据《沈氏农书》记载，明末湖州地区的稻田亩产为 3 石米，当时米价为石米银 1 两[①]，由此可知一亩稻田的产值为银 3 两。而一亩稻田的投入量为 1.843 两，投入和产出相较，能获益 1.157 两，即产出比投入增加 62.7%。

据《浦泖农咨》记载，清道光时松江地区的稻田亩产米为 2～3 石，当时米价为石米 3 267 文[②]，一亩稻田的产值为 6 534～9 801 文，当时一亩稻田的投入量为 4 000 文，投入和产出相较，能获益 2 534～5 801 文，即产出比投入增加63%～145%。

据《租覈》记载，清光绪时苏州地区稻田的亩产量为 2.4 石，当时米价为 1 800文[③]，一亩稻田的产值为 4 320 文，一亩稻田的投入量为 3 930 文，投入和产出相较，能获益 390 文，产出比投入只增加近 10%。

从对这些资料的推算中，我们还可以得出如下结论：

第一，明清时期集约经营的土地生产率是高的。明代太湖地区的水稻亩产量平均为 2.3 石米，集约经营的产量为 3 石，比平均产量约高 30%；清代太湖地区水稻亩产量平均为 2 石米[④]，集约经营的产量为 2～3 石，平均为 2.5 石，比一般平均产量高 25%。

第二，明清时期集约经营的经济效益并不高。从投入和产出比来看，高的产出比投入增加 145%，低的只达到近 10%。这种产量降低、收入减少的情况在清道光时期以后更为严重。姜皋在《浦泖农咨》中说："自癸未（道光三年，1823 年）大水后，田脚遂薄，有力膏壅者，所收亦仅二石，下者苟且播种，其所收往往获不偿费矣。地气薄而农民困，农民困而收成益寡，故近今十年，无岁不称暗荒也。"这既与自然条件变化有关，又和雇工费用增加、物价腾贵有关。他在书中说："旧时雇人耕种，其费尚轻，今则庸值已加，食物腾贵，……种熟一亩，上丰之岁，富农之田，近来每亩不过二石有零，则一石还租，一石去工本，所余无几，实不足以支持一切日用。"由此可见，清代后期集约经营经济效益的降低，是与自然和社会条件的变化分不开的。

---

① ［清］张履祥辑补，陈恒力校释：《补农书校释》，农业出版社，1983 年，89、91 页。

② 郑志章：《明清江南农业雇工经营的利润问题》，见洪焕椿、罗仑主编：《长江三角洲地区社会经济研究》，南京大学出版社，1989 年。

③ 周源和：《清代人口研究》，《中国社会科学》1982 年 2 期。

④ 郑志章：《明清江南农业雇工经营的利润问题》，见洪焕椿、罗仑主编：《长江三角洲地区社会经济研究》，南京大学出版社，1989 年。

四、大田生产技术的精细化

明清时期，为了实现少种多收的目标，在采用粪多力勤等措施、增加对农田的投入的同时，十分注意生产技术的改良，以期增加生产过程中的技术含量，达到增产增收的目的。在这方面，明清时期除继续遵循精耕细作的历史经验，又在某些技术环节上有突破性的改革和创造。这不仅丰富了中国精耕细作的传统技术，同时也成为促使明清时期农业生产发展的一个重要因素。

明清时期大田生产技术的精细化，贯穿在农业生产的整个过程，主要集中在以下几个方面：

（一）耕作技术的创新

1. 浅耕灭茬方法的形成　中国北方是干旱少雨地区。从战国直至北魏的 1 000 多年中，北方人民在与干旱的斗争中，逐步形成了一套"耕—耙—耱"抗旱保墒技术。这是一套适合单季种植的耕作方法。到明清时期，中国的耕作制度有了发展，一年二熟制和二年三熟制得到较大推广，耕作上亦出现了复耕和秋耕。夏秋时期，北方的气温还较高，庄稼收割以后，残茬留在地里，很容易跑墒。根据这一特点，当时便创造了一种"初耕宜浅，破皮掩草，次耕渐深，见泥除根""转耕勿动生土，频耖毋留纤草"的"浅—深—浅"耕法，亦即浅耕灭茬。

后来郑世铎对这一种耕法，做了详细的解释：

> 初耕宜浅，惟犁破地之肤皮，掩埋青草而已。二耕渐深，见泥而除其草根。谚曰："头耕打破皮，二耕犁见泥。"盖言其渐深而有序也。……或地耕三次，初耕浅，次耕深，三耕返而同于初耕；或地耕五次，初耕浅，次耕渐深，三耕更深，四耕返而同于二耕，五耕返而同于初耕，故曰转耕。若不知此法，愈耕愈深，将生土翻于地面，凡诸种植皆不曷茂矣。[①]

之所以要采用这种耕法，是因为先浅耕，可以达到灭茬保墒的目的。继之深耕，既是为了熟化土壤，也是为了便于蓄纳雨水。第三次耕是为了破碎土块，预防翻起生土，造成软硬不调形成跑墒，影响作物的生长。可见这种耕法是相当细致的，是历史上"耕—耙—耱"抗旱保墒技术的又一发展。

这种耕法，明清时期在北方地区相当流行。

《农言著实》记述陕西三原县一带的耕法是："麦后之地，总宜先揭过，后用大

[①]　[清] 杨屾撰、郑世铎注：《知本提纲·修业章》。

犁揭两次。农家云：头遍打破皮，二遍揭出泥。此之谓也。"① 亦即先浅后深的耕法。

《农圃便览》记载山东日照的耕法是："塌地（初耕曰塌）务早，以烂夏草。看白背即耙平，防秋旱。若雨过，再犁转，候种麦。犁转之地，务必耙细，万不可透风。"② 这也是先浅后深的浅耕灭茬的耕法，目的是防旱保墒。

《农桑经》在记述山东淄博的耕法时说："葛秫割倒，当先镢去根株，勿使芽生满地，不惟费人工，且竭地力"，其法是"用扳镢或用利锄，附土削去"，"不然亦当于未芽时早耕"。③ 这也是浅耕灭茬，只是用的工具不一样，用镢或锄代替了犁。

上述各地虽然在具体耕法上有所差异，但性质和目的是完全相同的。

2. 套耕深耕法的创造 明清时期在土壤耕作方面的另一个创新，便是创造了套耕深耕法。深耕的要求早在战国时期已经提出，如"深耕疾耰"④、"深耕易耨"⑤ 等，但在深到什么程度、如何实现深耕等关键问题上，历史上都没有解决。明清时期，对于这些问题都有了明确的回答。

关于耕的深度，《吴兴掌故集》记载说："湖（指湖州）耕深而种稀……大率深至八寸，故倍收。"⑥ 马一龙在《农说》中更明确提出"农家栽禾启土，九寸为深，三寸为浅"。山西马首（寿阳）"凡犁田深不过六寸，浅不过寸半，山田四寸为中，河地秋三寸、春二寸半，秋犁较春犁深五分或一寸"⑦。但是，使用当时的老式木犁，很难耕到深度八九寸。为了实现深耕八九寸的要求，明清时期创造了套耕的方法。其套耕方式，大致有以下两种形式：

（1）人垦和牛耕结合。《吴兴掌故集》云："尝见归云庵老僧言，吾田先用人耕，继用牛耕，大率深至八寸。"⑧ 这是在人耕的基础上继而牛耕。

（2）双犁套耕。《知本提纲》郑世铎注曰："山、原之田，土燥阴少，而生气钟于其下，耕时必前用双牛大犁，后即加一独犁以重之，然后有以下接地阴，而生气始发矣。"⑨ 这是采用大犁套小犁的耕法。在四川彭县则采用一犁重耕的方法。光绪《彭县志》说："周老农之言曰：彭田亩得米，石二斗者上也，一石中也，八九斗下也。我为之乃能得米一石六斗，或石七八斗（皆谓市斗，每斗得部颁嘉量二

---

① ［清］杨秀沅：《农言著实》。

② ［清］丁宜曾：《农圃便览》。

③ ［清］蒲松龄：《农桑经》。

④ 《国语·齐语》。

⑤ 《孟子·梁惠王上》。

⑥⑧ ［明］徐献忠辑：《吴兴掌故集》卷一三《物产·禾稻》。

⑦ ［清］祁隽藻：《马首农言》。

⑨ ［清］杨屾撰、郑世铎注：《知本提纲·修业章》。

斗）。何以故？深耕而已矣！深耕之道，每犁辄复之，然后及于次犁，则苗之得地力也厚，故吾之禾不偃，其秆壮也；吾之稻本不能拔起，其根深也。根深故秆壮，秆壮故粟多也。"①

这些记载说明，明清时期套耕深耕法的创造，在提高产量、促进农业生产的发展方面具有明显的作用。

（二）施肥技术的讲究

1. 重视基肥　重视施肥是中国传统农业的优良传统，早在战国时期的文献中，已有"积力于田畴，必且粪灌"②、"多粪肥田"③ 之说。但对施肥技术的讲究，突出表现在明清时期。

中国古代把基肥称为"垫底"，追肥称为"接力"。在基肥和追肥的关系上，古代一直重视施用基肥。这种认识和施肥方法，主要出现在明清时期。

明代袁黄在《宝坻劝农书》中，首先提出了"垫底"和"接力"的施肥概念。他说："用粪时候亦有不同，用之于未种之先，谓之垫底；用之于既种之后，谓之接力。"袁黄还从两个方面阐述了基肥的重要性，第一，"垫底粪在土下，根得之而愈深，接力之粪在土上，根见之而反上，故善稼者皆于耕种时下粪，种后不复下也"。这是从作物根系吸收养分的特性上来阐述的，但"种后不复下"的看法带有一定的片面性。因为种后仍需施用追肥，以补作物对养分的需要。第二，"大都用粪者要使化土，不徒滋苗。化土则用粪于先，而使瘠者以肥，滋苗则用粪于后，徒使苗畅茂而实不繁"。④ 这里已经认识到肥料对于改良土壤的作用。

后来，清代的杨屾及其学生郑世铎在《知本提纲》中进一步阐发了这种观点：

> 用粪贵培其原，必于白地未种之先，早布粪壤；务令粪气滋化，和合土气，是谓胎肥。然后下种生苗，胎元祖气自然盛强，而根深干劲，子粒倍收。若薄田下种，胎元不肥，祖气未培，虽沃浮粪，终长空叶，而无益于子粒也。

> 盖禾种入地，上生勾萌，下即生一中根，是谓祖气。有此中根祖气，然后旁生浮根，身干子粒皆本祖气，而浮根特滋枝叶，故底粪足则胎元肥，胎元肥则祖气盛，祖气盛则身干强而子粒蕃，肉厚皮薄而倍收。若但以浮粪沃其浮根，则叶稠皮厚，必无倍收之利。⑤

---

① 光绪四年四川《彭县志》卷三《田功志》。
② 《韩非子·解老》。
③ 《荀子·富国》。
④ ［明］袁黄：《宝坻劝农书·粪壤第七》。
⑤ ［清］杨屾撰、郑世铎注：《知本提纲·修业章》。

《沈氏农书》也提出要重视基肥，认为："凡种田总不出'粪多力勤'四字，而垫底尤为紧要。垫底多则虽遇大水，而苗肯参长浮面，不致淹没；遇旱年虽种迟，易于发作。"① 这就是说，施基肥还有抗御水旱灾害的作用。

以上这些关于基肥的认识，在明清时期以前还没有什么人这样明确地做过阐述。

在施肥问题上，古人特别强调重视基肥，这同中国古代施用的肥料种类有密切关系。中国古代施用的肥料，主要是农家杂肥，这种肥料分解的时间长，而且肥效慢，用作基肥，可以随着它的逐步分解而长期稳定地发挥肥效。而追肥一般要求速效，农家肥则难以发挥这个作用，特别是气候比较寒冷的北方，有机肥分解更慢。《宝坻劝农书》和《知本提纲》的作者都强调要施用基肥，这种看法是正确的；但将基肥和追肥对立起来，忽视追肥的作用，则是片面的。

2. 看苗施肥技术的出现　明清时期除重视施用基肥，还出现了看苗施肥技术。这种技术首先应用于太湖地区的水稻栽培。明末《沈氏农书》记载：

> 盖田上生活，百凡容易，只有接力一壅，须相其时候，察其颜色，为农家最要紧机关。无力之家，既苦少壅薄收；粪多之家，每患过肥谷秕。究其根源，总为壅嫩苗之故。②

引文中的"相其时候""察其颜色"，是根据看作物生长发育阶段和营养状况决定施肥与否，也就是看苗施肥。具体的施用方法是：

> 下接力，须在处暑后，苗做胎时，在苗色正黄之时。如苗色不黄，断不可下接力；到底不黄，到底不可下也。若苗茂密，度其力短，俟抽穗之后，每亩下饼三斗，自足接其力，切不可未黄先下，致好苗而无好稻。③

"做胎"，是指孕穗，"苗做胎时"是指幼穗分化时期。幼穗分化时是作物需要肥、水最多的时期，抓住这个时期施肥，就能为作物的丰收奠定基础。这一时期也正是单季晚稻从营养生长向生殖生长转变的时期，反映这个转变的就是稻苗叶色由浓绿转淡，也就是《沈氏农书》中所说的"苗色正黄之时"，这便是水稻需要施用追肥的标志。如果这一时期叶色不转淡，表明稻苗这时贮存的养分还足，或是还未从营养生长向生殖生长转化，便不能贸然施追肥，否则会造成恋青、倒伏，造成"有好苗而无好稻"的后果。如果稻苗生长茂密，恐后期缺肥脱力，可以在抽穗后施三斗饼肥，以接其力。总之，"切不可未黄先下"，这是必须遵循的原则。"无力之家，既苦少壅薄收；粪多之家，每患过肥谷秕。究其根源，总为壅嫩苗之故"，郑重指出看苗施肥的重要性。这种以苗色黄与不黄来决定施不施肥的方法，是建立在对水稻生长发育的生理特性有深刻认识的基础之上的，

---

①②③　《沈氏农书·运田地法》。

因而是十分科学的。

据文献记载，看苗施肥的方法，明清时期只限于太湖地区使用，推广的地区不广，但它却集中反映了明清时期施肥技术已发展到较高水平。

（三）肥料的积制与加工

1. 广辟肥源 为了实现"粪多力勤"的生产要求，明清时期十分注意肥源的开辟，同时也注意肥料的积制加工，以保证有足够数量的肥料投入，并使其发挥应有的肥效。

中国古代一直重视积肥，粪、灰、草、泥、骨等很早就已被利用作肥料，到宋元时期肥料种类已相当繁多，达46种，包括粪肥6种、饼肥2种、泥肥8种、灰肥3种、绿肥5种、藁秸肥3种、渣肥2种、无机肥5种、杂肥12种。[①]

明清时期进一步发展，据统计，肥料已多达130种左右，比宋元时期增加了近2倍。仅《知本提纲》中记载陕西关中地区所用的肥料，就达10类32种[②]，《徐光启手迹·广粪壤》中记载的肥料名称达83种之多，可见其发展之快。其中发展最快、增加最多的是饼肥、绿肥、无机肥等类肥料。

（1）饼肥。据《天工开物·膏液》记载，明末时饼肥种类已达15种，其中草本油料的饼肥有胡麻（芝麻、脂麻）、蓖麻子、莱菔子、芸薹子、菘菜子、苋菜子、亚麻子、大麻仁、黄豆、棉子10种，木本油料的饼肥有冬青子、茶子、桐子、柏子、樟树子5种。

（2）绿肥。绿肥在明清时期发展也相当快，新增的栽培绿肥至少有11种：

苜蓿 汉代从西域引进，但主要作饲料用，亦有作庭园观赏和蔬菜用的，明清时发展为肥料。《农政全书》说："恐苜蓿亦可壅稻"。《增订教稼书·碰地沙地》说："（碰地）先种苜蓿，岁夷其苗食之，四年后犁去其根，改种五谷、蔬果，无不发矣，苜蓿能暖地也。"

梅豆 一种早熟的大豆，因在农历五月梅雨季节成熟而得名。《补农书》说："（梅豆）豆汁、豆萁、头（根）及泥入田，俱极肥。"

花草 又名红花草、草子，即紫云英。《沈氏农书》载："花草亩不过三升，自己收子，价不甚值，一亩草可壅三亩田。今时肥壅艰难，此项最属便利。"《浦泖农咨》说："肥田者，俗谓膏壅，上农用三通，头通红花草也，于稻将成熟之时，寒露前后，田水未放，将草子撒于稻肋之内，到斫稻时，草子

---

① 中国农业科学院、南京农业大学中国农业遗产研究室：《中国古代农业科学技术史简编》，江苏科学技术出版社，1985年，135页。原书将泥肥分为泥肥3种，泥土肥5种，现合在一起为8种；又原书统计宋元时期肥料为45种，实为46种。

② ［清］杨屾撰、郑世铎注：《知本题纲·修业章》。

已青，冬生春长，三月而花，蔓衍满田，垦田时翻压于土下，不日即烂，肥不可言。"《抚郡农产考略》说："红花草比萝卜菜子尤肥田，为早稻所必需，可以固本助苗，其力量可敌粪草一二十石。无草者虽以重本肥料壅之，其苗终不茂。故乡人种红花草者极多，不敢以籽种贵而稍吝也。"可见花草的种植在明清时期是相当普遍的。

櫑豆　也叫鹿豆、卢豆，为小豆的一种。《三农纪》载："（櫑豆）三四月种，……肥田者，花开荚成，犁翻涅烂，种菜麦倍收。"

麦（大麦、小麦）　《天工开物·麦工》说："南方稻田，有种肥田麦者，不冀麦实。当春小麦、大麦青青之时，耕杀田中，蒸罨土性，秋收稻谷必加倍收。"

蚕豆　《农政全书》说："苗粪者……蚕豆、大麦皆好。"

拔山豆　《三农纪》说："拔山豆，宜种山坡地，故名拔山。……若肥田者不必锄，至伏中开花结荚时犁翻，甚于蚕矢，可种菜麦。"

豌豆　又名佛豆。《浙江通志》说："佛豆、蚕豆，未成熟时，均可刈去作肥。"又康熙八年江西《峡江县志》卷六载："八、九月间种豌豆，亩三四升，二、三月覆耕，涅盦田内，可代粪。"

油菜　亦称菜子。《齐民四术·养种》云："又有先择田，种大麦或菜子、蚕豆，三月犁掩杀之为（秧田）底，再三劳极平，下种亦不减火粪。"

葫芦芭　《知本提纲·修业章》："凡杂粪不继，苗粪可代，黑豆、绿豆为上，小豆、脂麻、葫芦芭次之。法用将地耕开，稠布诸种，俟苗高七八寸，犁掩地中，即可肥田。"

红萍　也叫绿萍。其栽培作绿肥，见于记载的时间较晚。光绪二十四年（1898）《农学报·各省农书述·浙江温州》："温属各邑农人，多蓄萍以壅田，养时萍浮水上，禾间之草辄为所压不能上苗。夏至时萍烂，田水为之色变，养苗最为有益。久之与土质化合，便为肥料，苗吸其液，勃然长发。每亩初畜时，仅一二担，及至腐时，已多至二十余担。"这也是目前所知关于中国稻田养萍作绿肥的最早记载。

在上述 11 种绿肥中，除了麦、油菜和红萍，其余都是豆科植物。豆科植物具有固氮的作用，虽然当时人们并不懂得这一点，但大量选择豆科植物作绿肥，表明人们已经知道豆科植物具有很高的肥效这一特性。

（3）无机肥。这一时期新见于记载的无机肥至少有 6 种：

硝　《知本提纲·修业章》说："硝土扫积，亦可肥田。"

盐卤　《菽园杂记》载："山阴、会稽有田，灌盐卤或壅草灰，不然不茂。"

螺、蚌、蛎蛤灰　《菽园杂记》载："台州煅螺、蚌、蛎蛤灰，不用人粪。云人畜粪壅田，禾草皆茂，蛎灰则草死而禾茂。"《徐光启手迹·粪壅规则》说："南土用螺蚌、牡蛎、蚶蛤等作灰壅稻。"

此外，还有砒、硫、黑矾等，俱见载于《徐光启手迹·广粪壤》。

2. 肥料积制加工技术的发展 明清时期除在传统的积肥领域内有了新的开拓，在肥料积制加工技术方面又有不少创新和改革。

（1）从煮骨汁发展到炼骨灰。利用动物骨骼作肥料，明清时期以前已见记载，当时以煮骨汁为主。骨骼作肥料，主要利用其中的磷。骨中的磷是以过磷酸钙的形态存在的，它不溶于水，所以施用骨汁起不到施磷肥的作用。明清时期发展为炼骨灰作肥料，才真正起到了施磷肥的作用。《知本提纲·修业章》说："凡一切禽兽骨及蹄角，并蚌蛤诸物，法用火烧黄色，碾细筛过，粪冷水稻秧及水灌菜田，肥盛于诸粪。"

明清时期有不少关于以骨灰作肥料的记载。《天工开物·稻宜》："土性带冷浆者，宜骨灰蘸秧根。凡禽兽骨、石灰淹苗足，向阳暖土不宜也。"《徐光启手迹》："闽广人用牛猪骨灰"，"江西人壅田，或用石灰或用牛猪等骨灰，皆以篮盛灰，插秧用秧根蘸讫插之"。《抚郡农产考略》说："萝卜子种时用猪骨灰拌种下之，亩田需猪骨一斤。"《象山县志》："草子（紫云英）拌牛豕骨灰，于八、九月间，开垦种塍。"说明骨灰在明清时期使用相当广泛，主要用于土温和水温很低的酸性壤稻田，或用作绿肥的种肥，以磷增氮。

（2）配制粪丹。粪丹是一种高浓度的混合肥料，出现于明代。主要原料有人粪、畜粪、麻饼、豆饼、黑豆、动物尸体及内脏、毛血等，外加无机肥料如黑矾、砒信、硫黄，混合后在土坑中封起来，或放在缸里密封后埋于地下，待腐熟后，晾干敲碎待用。粪丹肥效很高，"每一斗，可当大粪十石"[①]，一般都作种肥用。这是中国炼制浓缩混合肥料的开端。

历史上有多种粪丹，现将各种粪丹的原料和制法分别介绍如表6-10所示。

表6-10 明代的粪丹及其制法

名称	原料	制法	文献出处
耿荫楼粪丹配方	大黑豆一斗，大麻子一斗，石砒细末五两，上好人、羊、犬粪一石，鸽粪五升。如无大麻子，多加黑豆，麻饼或小麻子，或棉子饼俱可。如无鸽粪，鸡、鸭粪亦可。	拌匀，遇和暖时，放磁缸内封严固，埋地下四十日取出，喷水令到，晒至极熟，加上好好土一石拌匀。 用法：每地一亩，止用五升，与种子拌匀齐下，耐旱杀虫，其收自倍。	《国脉民天·蓄粪》

---

① 《徐光启手迹·粪丹》。

名称	原料	制法	文献出处
王淦烁粪丹配方	干大粪三斗，麻糁或麻饼三斗，鸽粪三斗，黑矾六升，槐子二升，砒信五斤，如无，用麻子、黑豆三斗（炒一煮一生一）；如无鸽粪，用鸡、鹅、鸭粪亦可，用猪脏二副或一副，牛羊之类皆可，鱼亦可。	将退猪水或牲畜血，不拘多寡，和匀一处，入坑中或缸内，泥封口，夏月日晒沤发三七日；余月用顶口火养三七日。晾干打碎为末。 用法：随子种同下。一全料可上地一顷，极发苗稼。	《徐光启手迹·粪丹》
吴云将粪丹配方	麻饼二百斤，猪脏一两副，信十斤，干大粪一担或浓粪二石，退猪水一担。	大缸埋土中，入前料斟酌下粪，与水令浥之，得所盖定。又用土盖过四十九日，开看上生毛即成矣。挹取黑水用帚洒田中，亩不过半升，不得多用。	《徐光启手迹·粪丹》
徐光启粪丹配方	砒一斤，黑料豆三斗（炒一斗，煮一斗，生一斗），鸟粪、鸡鸭粪、鸟兽肠胃等，或麻粃、豆饼等约三五石。	拌和，置砖池中。晒二十一日，须封密不走气，下要不漏。用缸亦好。若冬春月，用火煨七日，各取出入种中耩上。每一斗可当大粪十石。但着此粪后，就须三日后浇灌，不然恐大热，烧坏种也。	《徐光启手迹·粪丹》

（3）泥肥积制方法增多。泥肥在宋元时期已经使用，并且是当时一种重要肥料。明清时期，为了扩大泥肥的来源和提高泥肥的肥效，泥肥积制方法有所发展，主要表现为火粪技术的发展。

火粪是用草土堆叠煨制而成的泥肥，浙江称为焦泥。《徐光启手迹·粪壅规则》载："浙东人多用焦泥作壅，盖于六七月中，塍岸上锄草，带泥晒干，堆积，煨成灰也。此能杀虫除草作肥。"在浙西，烧成焦泥以后，还要加入人粪进一步提高肥效："如前煨既烬，加大粪涑成剂，作堆，堆上开窝，候干又入粪窝中，数次候干。种菜每科用一撮即肥。明年无草田底，种稻尤佳。"

孙宅揆在《教稼书·造粪法》中详细记载了北方关中地区烧制火粪的方法："余少游于秦，见烧制之法甚善。于冬月草枯时，寻山间草根最多之地，先刈枯草，铺地尺许，草上又铺干粪，用长铁锹掘地一寸厚，片如小坏，鳞次草上，片片相挨，其下俱有缝指许宽，使透烟气，其上又铺草粪，又掘土砌累，可八九层，约七八尺高，中留十字火道，如炕洞一般。砌完，下大上小如窑状，周以湿土培住，令不透气。候顺风方向，洞口举火，于顶上四旁旋开如杯大烟突五六个，使透烟。候烟透出，度内枯草俱燃，则封洞口，止留寸许通气，则内火不息。此一堆可着数日，可得灰土三十余车，虽不及煤炕土，然亦有力。"这种方法和浙江使用的方法，原理大致相同，即用慢火煨制，而不用火烧，这样可减少养分的损失、提高肥效。和元代《王祯农书》记载的烧火粪技术相比，有明显进步。

（4）养猪积肥技术发展。明清时期对厩肥的积制也十分重视，特别是养猪积肥技术有了明显的发展。养猪积肥是中国农业生产领域的一个重要传统，但历史上只注意用猪粪肥田，对于如何扩大粪肥的数量和提高粪肥的质量，历来不大讲究。明清时期注意了这个问题并采取了一定的措施。

在中国北方地区，养猪以散养为多，粪便弃而不收，非常可惜。明清时期，开始改变这个不良的习惯，改散养为圈养，并在圈内垫土，以扩大积肥量。《马首农言·畜牧》说："豕不可放于街衢，亦不可常在牢中，宜于近牢之地，掘地为坎，令其自能上下，或由牢而入坎，或由坎而入牢。豕本水畜，喜湿而恶燥，坎内常泼水添土，久之自成粪也。"《教稼书·造粪法》说："猪，水畜也，居不厌狭，处不厌秽。择便为圈，半边掘四五尺深坑，用废砖砌底及四旁，向其窝上厓侧砌一路，便上下；其上半边量猪多少作窝，窝前置食具。若养母猪，于圈旁再作小圈，墙下留小窦，使小猪往来，以便另喂。砌坑内常入水及各色青草，此草可当猪食，践则成粪。若雨太多则垫土，久之，草土俱成粪矣。"《教稼书》还介绍了当时陕西长安地区将养猪积肥、杂肥沤制、保持环境清洁结合起来的一种做法："余向在长安，寓猪盘市杨家，见其于圈外又掘两间大一坑，坑周围打及肩土墙，四角用柱架起，离墙三尺许，上用不堪木料盖房，近猪窝下留一窦与圈通，猪自往来其中。凡家下刷洗之水及扫除烂柴草，厨下灰土或仓底烂草、场边烂糠之类，俱置其中。夏日，时注水，猪见水自来泥卧践踏。久之，凡一切弃物，俱成粪。且有藏污纳秽之所，则庭闱不求洁而自洁，不惟多得粪也。"

南方地区则采用猪圈垫灰、草的办法积肥。松江采用填灰的办法，"先以稻草灰铺匀于猪圈内，令猪践踏搅和"[1]。这种肥料称之为猪践。在湖州则采用垫草的办法：养猪六口，用豆饼1 800斤，稷麦24石，大麦2 520斤，糟700斤，垫窝稻草1 800斤，一年养四窝，每窝能得猪壅90担，一年能得360担。[2] 猪灰主要作稻田基肥，一亩稻田如以用肥13担计，一年养4窝猪，得360担肥，便解决了28亩稻田的基肥。

（四）虫害防治技术的进步

明清时期农业生产的发展，和虫害防治技术的进步有着密切的关系。明清时期

---

① ［清］姜皋：《浦泖农咨》。
② 《沈氏农书·蚕务六畜附》。

治虫技术的进步，具体表现为治蝗技术的提高和防治对象的增多。这是虫害防治技术在明清时期发展到一个新阶段的标志。

1. 治蝗技术 蝗虫是中国古代为害最烈的虫害，同水灾、旱灾并列为中国农业三大自然灾害。徐光启在《除蝗疏》中说："凶饥之因有三，曰水，曰旱，曰蝗。地有高卑，雨泽有偏被，水旱为灾，尚多幸免之处。惟旱极而蝗，数千里间草木皆尽，或牛马毛幡帜皆尽，其害尤惨，过于水、旱也。"① 尽管历代对治蝗都十分重视，并创造了不少治蝗的方法，如汉代的开沟捕蝻，唐代的开沟捕杀与点火诱杀相结合的灭蝗法，宋代的掘卵灭蝗等，也取得了相当大的成绩，但是对蝗虫的生活规律、孳生地等，历代都缺少认识和研究，因而采取的措施仅是治标而不治本。明清时期开始注意到这些根本性的问题，并提出了相应的措施，使这一时期的治蝗技术有了突破性的进步。

在这个问题上，明代著名的农学家徐光启做出了杰出的贡献，其《除蝗疏》是中国最早研究蝗虫生活规律、孳生地和综合防治蝗虫的著作。

徐光启统计了春秋时期至元代 2 000 年间发生的 111 次重大蝗灾的发生时间，指出蝗灾"最盛于夏秋之间，与百谷长养成熟之时正相值也，故为害最广"② 。第一次指明了蝗虫的盛发时期。徐光启在《除蝗疏》中进一步研究了"蝗生之地"，他说："蝗之所生，必于大泽之涯，……必也骤盈骤涸之处，如幽涿以南，长淮以北，青兖以西，梁宋以东，都郡之地，湖漊广衍，瞑溢无常，谓之涸泽，蝗则生之。历稽前代及耳目所睹记，大都若此。"最后他作结论说："涸泽者，蝗之原本也。欲除蝗，图之此其地矣。"③首次提出了蝗虫的孳生地及清除孳生地以消灭蝗害本源的见解。徐光启的这一见解是十分科学的，可惜的是，在他那个时代，不管是从社会制度还是从经济技术方面来说，都是难以实现的。

徐光启在《除蝗疏》中还研究了蝗虫的生活史。他指出："蝗初生如粟米，数日旋大如蝇，能跳跃群行，是名为蝻，又数日即群飞，是名为蝗。所止之处，喙不停啮，故《易林》名为饥虫也。又数日孕子于地矣，地下之子，十八日复为蝻，蝻复为蝗，如是传生，害之所以广也。……故详其所自生，与其所自灭，可得殄绝之法矣。"④

对蝗虫的孳生地、生活史的研究可以说是徐光启在除蝗问题上所做的战略性研究。

在除蝗的战术上，他提出了一系列的技术措施：

消灭蝗虫孳生地 "宜令山东、河南、南北直隶有司衙门，凡地方有湖荡淀洼积水之处，遇霜降水落之后，即亲临勘视，本年潦水所至，到今水涯，有水草存

---

①②③④ ［明］徐光启：《农政全书》卷四四《荒政》。

积，即多集夫众，侵水芟刈，敛置高处，……就地焚烧，务求净尽。"这是一种防患于未然的方法，徐光启称之为"先事消弭之法"。

人工捕杀 根据蝗虫生长发育的不同时期，采用不同手段人工捕杀：卵未化蝻时，"法当令居民里老时加察视，但见土脉坟起，即便报官，集众扑灭，此时措手，力省功倍"；化蝻以后，"已成蝻子，跳跃行动，便须开沟捕打"；羽化成蝗后，"视其落处纠集人众各用绳兜兜取，布囊盛贮"。

兼种蝗虫不喜食的作物 如绿豆、豌豆、豇豆、大麻、苘麻、芝麻、薯蓣等。

撒草灰、石灰 在谷物上撒草灰、石灰，蝗即不食。

人工驱逐 用长竿挂红白衣裙或用鸟铳轰击，使"前行惊奋，后都随之去矣"。

旱改水 改旱田为水田。

耕翻蝗卵 推行秋耕，使"蝗蝻遗种，翻覆坏尽，次年所种必盛于常禾"。①

徐光启提出的这些方法，是一套标本兼治的综合防治措施，对当时及后来的除蝗工作都有很大的影响。

清代对治蝗的研究和宣传比明代更盛。据王毓瑚《中国农学书录》记载，清代出现的捕蝗书就多达 10 种，其数量之多，是历史上任何一个时期都未曾有过的，反映了清代对治蝗工作的重视。在技术方面，亦有所发明和创造，主要有：

不喜食作物种类 对蝗虫不喜食的作物又有新发现，除了徐光启《除蝗疏》中所述 7 种，又增加了棉花、苦荞麦、荞麦、芋头、马铃薯、红薯、黄豆、黑豆等多种②。

相时捕蝗法 对于捕蝗的最佳时间有了新的发现，创造了"相时捕蝗法"："捕蝗每日惟有三时。五更至黎明，蝗聚禾稍，露浸翅重，不能起飞，此时扑捕为上策；又午间交对（即交配）不飞，日落时蝗聚不飞，捕之皆不可失时，否则无功。"③

飞蝗围捕方法 在围捕飞蝗的方法上也有创新，创造了布围之法、人穿之法、刨坑之法、火攻之法等捕杀方法。④

最值得称道的是，发明了养鸭治蝗。这是继晋代创造猄蚁防蠹后，在生物防治病虫害方面的又一创造。这一技术，出现于明代，是由陈经纶于万历二十五年（1597）受鹭鸟喜食鱼子的启发而创造的，经试验效果很好，"四十之鸭，可治四万之蝗"⑤。清代用这一方法在稻田治蝗，也获得成功。陆世仪在《除蝗记》中说：

① ［明］徐光启：《农政全书》卷四四《荒政》。
②④ ［清］钱炘和序刊：《捕蝗要诀》。
③ ［清］陈僅编述：《捕蝗汇编》卷三《捕蝗十法》。
⑤ ［清］陈世元辑：《治蝗传习录》。

"（蝗）尚未解飞，鸭能食之，鸭群数百，入稻畦中，蝻顷刻尽，亦江南捕蝻一法也。"[1] 顾彦说："咸丰七年四月，无锡军嶂山，山上之蝻，亦以鸭七八百捕，顷刻即尽。"[2]《马蹟山志》记载："咸丰七年丁巳春，遗蝻遍生如蚁，招鸭雏食之，麦大熟。"在蝗还处于蝻的阶段，养鸭治蝗确是一种行之有效的除蝗方法。

2. 其他虫害防治技术 据文献记载，明清时期，除了蝗虫，还对螟虫、黏虫、稻苞虫、浮尘子、稻飞虱、地蚕、虮虱微虫、铃虫、花蛾、师虫等多种大田农作物害虫，有了一定的防治方法。

（1）治螟。稻螟成灾在《宋史·五行志》中已有记载，但当时并无防治办法，直到明清时期创造了多种除螟方法。

耕作防治 通过深耕和冬灌，消灭在土壤中越冬的害虫。清代《耕心农话》说："凡种两熟稻者，冬天犁土深二尺余，戽水平田，听其冰冻，……土经冰过，则高不坚垎，卑不淤滞，锄易松细，且解郁蒸之气，使害稼诸虫及子，尽皆冻死矣。"[3] 这一方法，不独适用于防治稻螟，亦适用于防治其他害虫。

清除杂草 《沈氏农书·运田地法》说："一切损苗之虫，生子每在脚膝地滩之内，冬间划削草根，另添新土，亦杀虫护苗之一法。"

避开螟虫盛发期 根据螟虫为害秧苗的规律，错开插秧期，可以预防螟害。明代《沈氏农书·运田地法》说："种田之法，不在乎早，本处土薄，早种每患生虫。"乾隆四十九年《上海县志》卷一载："海邑浦东，向出川珠早米，故有清明浸种、谷雨落秧之语。然晚稻亦与邻境同，自顺治五、六年间，晚种之稻，竟秀不实，西风一起，连阡累陌，一望如白荻花，颗粒无收，后并早稻之下种略迟者亦然。遂有百日稻、六十日稻，今更有名五十日者矣。"又嘉庆十九年《直隶绵州志》记载说："至若避虫之法，惟在及时，……插秧及时，则虫不蚀，秧过嫩，则虫必蚀之。"

烟茎治螟 乾隆四十一年《漳州府志》卷四五记载："漳地田禾，秀实时多小白蝶为害，故农人多豫蓄烟草梗以防其患：截而团之，按科斜插稻根下，蝶不敢近。"同治十二年《浏阳县志》卷一四记载："道光间生螟，晚稻岁恒不收，截烟茎或叶入泥中，则不生。"

置火诱蛾 同治十二年《浏阳县志》卷一四记载："蛾盛时，夜置火使蛾自投绝，则螟患轻，理或然也（或曰置火必于日入月未上时，各村同时散置火炬。月上则虫不投光，夜深则虫避露不飞。非各村同时举火，则虫厚集火所，不能尽绝）。"

---

① ［清］陆世仪：《除蝗记》，见［清］贺长龄、魏源编：《清经世文编》卷四五《户政二十·荒政五》。
② ［清］顾彦：《治蝗全法》卷一《捕田中蝻法》。
③ ［清］奚诚：《耕心农话·树艺法言》。

（2）治浮尘子。浮尘子为害在明末已见于记载，当时称为苗虱，但还没有什么防治方法。光绪二年《海盐县志》引《崔鸣吾纪事》说："万历戊寅（1578）秋七月，有虫生苗上，细若蜉蝣蚁子，千百为群，即不食根节，不伤心叶，而一经其啄，遂不秀实，虽螟螣蟊贼之祸不过是，田氓呼为苗虱云。"清末始有"浮尘子"之名，并已使用油剂防治。《农学报》卷100《创设虫学研究所议》载："前岁（即光绪二十四年，1898年），苏州有微形甲虫为患，啮吸穗液，损稼甚多。此虫性机警，振胯稻株，辄飞集水面，土人不识。试注石油，毙者甚夥。考之日本人所著书中，此物乃浮尘子也。东邦杀此虫以石油、樟油。土人之法，盖偶得之。"使用油剂之法，明代马一龙《农说》中已有记载，谓"治虫之法，多以石灰、桐油布于叶上，亦可杀也"。清代记载更多。

（3）治稻苞虫。清代，人们创造了用器械除稻苞虫的方法。乾隆时《梭山农谱·耘谱》载："中伏间，酷暑熏蒸，热气逼地，……田禾感之，而䗐虫生，食叶竟咋咋有声，……田家奋臂举梳，行累累就毙矣。虫当梳者，血肉俱糜梳齿上，稚子持以饲鸡。"这种器械，称为"虫梳"，以竹为之，其制造方法是："锯竹尺长，细破之成条，锐其两头成齿，用麻系而横编之，齿密比有如梳然。将长竹柄一根，上开竹口尺余，夹梳于中，亦用麻维之，持向田间，两边俱利用，不似发梳，止得一半也。"

除了用器械，亦有使用油剂的。道光六年《南城县志》卷一二所说"缠结禾上者，触油之气与食染油之叶，亦无不死"，指的可能就是稻苞虫。

（4）治地蚕。主要采取耕作措施防治或人工捕杀。徐光启《农政全书》卷三五《蚕桑广类·木棉》载："南土虚浮湿蒸，翻耕首年，十全无患，三年以后，土乃虚浮，复生地蚕，……或遇地蚕，断根食叶，一虫之害，赤地步武。今请数翻种，即不办，亦宜冬灌春耕，以实其田，杀其虫。……虑虫伤者，耕地讫，将种，再耕之劳之杀其虫。既被虫食者，检杀其虫，移栽补之。"或是采用轮作倒茬以防虫害，"凡高仰田可棉可稻者，种棉二年，翻稻一年，即草根溃烂，土气肥厚，虫螟不生。多不得过三年，过则生虫"。

多下种子也可减少地蚕为害的影响。清代黄宗坚《种棉实验说·土宜第一》载："苕饶草壅地最肥厚，必有大获，然亦有害，一害于多地蚕，断根食叶，法宜多下种子，一时不能尽食，候棉长大，即免虫害。"

点火诱杀也是一法。清代饶敦秩《植棉纂要·治虫第十一》载："（地蚕）匿于土中，黄昏始出，天明复入，啮根吮叶，尤能为害。亟于晚间食叶时，就田畔用柴草烧之，虫喜火光，飞投焚死。"

用砒霜拌种，防治地下害虫。《天工开物》卷一《乃粒·麦工》载："陕洛之间，忧虫蚀者，或以砒霜拌种子。"蒲松龄《农桑经》中对此亦有记载："地多虫，宜将信石捣细碎入谷，煮至裂，加信再煮，水尽晒干，临用时，少调油，乃拌麦种。”砒、信是含砷的药，俗称砒霜，属胃毒，对地下害虫有毒杀作用，因而有良好的防治效果。

（5）治黏虫。黏虫，古称蟘蚄，汉代《氾胜之书》已有记载。明清时期采用捕黏虫车捕杀。清代陈崇砥《治蝗书·附捕粘虫说》载：“北地值田禾茂盛之时，或遇大雾，或阴晴不时，则生青虫，形如蚕，能吐丝，害苗食心，藏于苗心，遍野皆是，俗呼粘虫，……江东谓之横虫。……治之之法，宜用滑车，其式单轮在前，用圆木为之，或石亦可。轮高五寸，两旁把长五尺七寸，前用横柽四寸五分，即傍轮边，后用横柽一尺零五分。后柽之上，立木棍于中，谓之立人，高一尺；木棍之中，左右各插横木，谓之插尺，各长一尺一寸，形弯如拱。前后横柽相隔二尺五寸，下制布袋，长短宽窄如其尺寸，缝挂四旁。一人推入陇间，则两旁插尺，包抄禾苗，拨动虫物，滚入布袋。行尽一陇，则用口袋盛之。挨陇推之，数次可尽。”

（6）治虮虱微虫。清代饶敦秩《植棉纂要·治虫第十一》载：“虮虱微虫，于花未成时，为祸亦烈。法于附根周围之土，以灰搀之，可祛此患。种棉之地，年久未翻动，其浮面一层，易生此物，若勤加耕耨，重用粪肥，此患可免十九。”从其形态及为害情况看，这种虮虱微虫可能是棉蚜。

（7）治铃虫、花蛾、师虫。

铃虫防治法　《植棉纂要·治虫第十一》记载说：“铃虫者，为一种淡黄飞蛾，所育之卵，生花蕊间或枝梢上，此虫有头蛾、二蛾、三蛾之别。头蛾初为青虫，喜食禾，十日之内，尽食穗芽，入地变为甲虫，阅半月又变为蛾，是为二蛾，二蛾生时，棉初结铃，每育子于花铃之上，化生小虫，初仅食蕊，长则食铃，亦入地变为甲虫，转为三蛾，其时铃已实，霜信已至，可以无虞。除此害之法，或于花田杂植晚禾一二行，虫食禾，则邻近之花可以免祸；或于田之四边纵烧野火，则蛾亦投火死。”这种所谓铃虫，可能是红铃虫或棉铃虫。

花蛾防治法　《植棉纂要·治虫第十一》载：“花蛾者，长寸许，背金色，专为棉害。除之之法，于田中多设土堆，高于棉树，纵火其上，引蛾投火死。或于田间多立木桩，上系一碟，碟内杂置铜绿、锡醋等物以药之，此西法也。又铃虫、花蛾皆可辅以人工除之，早晚用小手网，在树行中动摇其枝，竭力扑捉，每日两次，虫蛾之害，可以轻减。”

师虫防治法　《植棉纂要·治虫十一》载：“师虫者，每结队而来，喜啮青。方虫起时，于东、南、西三面，各掘沟以备之，……沟深一尺，内面斜坡光滑，扫入即不能缘上；或有可以引水之处，于地之周围，预掘渠尤妥。”

（8）其他虫害。以下两条记载，没有言明治何种虫害，附记于此：

道光三年（1823年）《浮梁县志》卷二一《艺文》：“浙东苗生莠虫，细小不能捕捉，于中午烈日之时，用菜油点于水面，毋染苗叶。每间尺许，倾油半杯，一亩之内，约用油十两左右，顷刻布满田中。再用竹帚于苗尖挨次扫之，虫即尽毙，而田获肥。"

道光六年《南城县志》卷一二："无骨之虫，遇菜油即死。其法每亩约用真菜油二三斤，以小勺匀滴田水中，或于夜间或五更正，虫出窠食叶之时，用长大软帚蘸水与油，逐畦梳扫，其虫落水者无论已，即缠结禾上者，触油之气与食染油之叶，亦无不死。如遇高陡无水之田，则用大桶贮水入油其中，蘸帚一如前法，亦可救十分之五六。"

综观明清时期的虫害防治，不仅害虫防治面广，而且采取了标本兼治的措施，这是历史上前所未有的。由此可见，明清时期的害虫防治技术已达到了相当高的水平，其中有些方法如耕作防治、生物防治等，都具有成本低廉、方法简便、人畜安全、能保护生态环境的特点，这是明清时期在防治农作物虫害方面所做出的新贡献。

（五）田间管理技术的提高

对于田间管理，明清时期比历史上任何一个时期都重视，其操作的细致程度也超过以往任何历史时期，可以说，田间管理典型地反映出明清时期大田生产技术的精细化。

1. 中耕除草　明清时期对于中耕除草，首先要求锄早锄小。明代马一龙说："害生于稂莠，法谨于芟耘，与其滋蔓而难图，孰若先务于决去。故上农者治未萌，其次治已萌矣，已萌不治，农其农何？"[1] 他认为，除草于"根芽未萌之时"，能取得"用力少而成功多"的效果。清代杨屾《知本提纲》也说："耘锄之道，贵谨其始，当萌芽初发，即加剪除，生气不分，长养有资，用力少而成功多。若已萌不去，听其滋长，不惟将来蔓延难图，亦已杀地之生气。"所谓生气，指的是水分和养分。杨屾认为，杂草初萌时不加以清除，不仅将来蔓延后清除困难，而且土壤中的水分和养分也会被夺走，势必影响作物的生长发育，影响收成。

明清时期的农学家认为，对田间杂草锄早锄小，还有省工省力的经济效果。明代《沈氏农书》说："平底之时，有草须去尽，如削不能尽，必先拔去而后平底。盖插下须二十日方可下田拔草，倘插时先有宿草，得肥骤兴，秧未见活而草已满，拔草费力，此俗所谓亩三工（即一亩需三工）；若插时拔草先净，则草未生而苗已长，不消二十日便可拔草，草少工省，此俗所谓工三亩。只此两语，岂不较然。"

---

① ［明］马一龙：《农说》。

清代姜皋在《浦泖农咨》中说："（秧）插下约二十日便当拔草，所谓做头通也。能于秧田平底之时，将草根去净，则苗易长而草不生，人易为力，所谓工三亩。若夙根未去，则得肥骤兴，而草已满田，拔甚费力，此所谓亩三工矣。然于头通做得干净，后番次次省力，且今日拔草，明日又耘，总使草无着脚处而已。"《沈氏农书》和《浦泖农咨》说的都是南方稻田的中耕除草，见解是一致的，除了要求除早除小，还要求"使草无着脚处"，即要求除草净尽。

明清时期，对于中耕除草还特别强调多锄，一般都要求达到三至五次。

《天工开物》卷一《乃粒·麦工》说："耕种之后，勤议耨锄。凡耨草用阔面大镈。麦苗生后，耨不厌勤（有三过、四过者），余草生机尽诛锄下，则竟亩精华尽聚嘉实矣。"

《知本提纲·修业章》认为，中耕一般要四次，如有力量，则愈多愈好。在山西寿阳，锄地分两种，锄浅谓之"锄"，锄深谓之"搂"；锄，主立苗欲疏，搂，则壅土培本，"自锄至搂三次为勤，二次亦可，一次为惰，四次者田无草萌矣"[①]。

在河南安丘，粟以锄五六次为常，甚至有锄达九次的[②]。山东日照的棉花则要求"夏至前必锄七遍"[③]。

南方水田，也要求多耘多耥。《沈氏农书·运田地法》说："计小暑后到立秋不过三十余日，锄、荡、耘四番生活（锄二、荡一、耘一），均匀排定，总之不可免，落得上前为愈也。"这是浙江湖州的情况。江苏松江耘耥的次数还要多。《浦泖农咨》说："自小暑至立秋，凡三耘三搅。"陕西关中地区要求"三挖、三盪、三掘"[④]。四川的直播稻田，则要求锄四遍。《三农纪》说："（直播）苗生，宜密锄，至三四寸时锄之，六七寸又锄之，尺余再锄，锄不厌多。"

明清时期对于中耕一再要求多锄，除了起除草、培土的作用，更重要的是，它直接关系到产量和质量的提高。《知本提纲》说："如荒芜，粟谷一斗，仅可得米三升，若耘三次，可得米六七升，若耘至五六次，更可得米八升，其所收之多寡，总视人力之勤惰而不爽也。"

《农圃便览·夏》说："夏至节内，将黍谷秫稻穄，俱锄两遍，此时遍数多寡，系终岁盈歉，不可怠忽。"

《马首农言·王荍友〈马首农言〉校勘记》说："锄之力不但去草，实坚、实好，皆锄力也。安丘锄禾五六次以为常，斗粟可得六升五合米。闻锄九次者得米九

---

① ② ［清］祁隽藻：《马首农言》。
③ ［清］丁宜曾：《农圃便览》。
④ ［清］杨屾撰、郑世铎注：《知本提纲·修业章》。

升矣，以无秕而糠又薄也。豆锄四次者，来年种之，虽坚地大雨，陇背皆平，力能负土而出。"

明清时期，对于中耕除草，不但要求次数多，而且要求质量精。

旱地中耕要求除草、松土、间苗、培土结合起来，中耕的深度要求贯彻浅—深—浅的原则。《知本提纲·修业章》说："锄分四序，先知浅深之法。四序者，谓初次破荒，二次拔苗，三次籽壅，四次复锄其籽壅也。破荒者，苗生寸余，先用粗锄，不使荒芜，若苗高草长，则为荒芜，即锄亦萎而不振，所收必歉。二次拔苗，其功稍密，将初次所留多苗，均布成行，惟留单株。三次籽壅，将所锄起之土，壅培禾根之下，防其倾倒。四次复锄籽壅，使其坚劲。四次功毕，无力则止，如有余力，愈锄愈佳。而入地又各有浅深之法，一次破皮，二次渐深，三次更深，四次又浅同于二次。"

南方水田的耘耥，要求"断其泥面横根，使其顶根入土，深受积厚多生之气，其后抽心始高，而结实长硕也"[①]。《浦泖农咨》认为搅田要使"泥性松而稻根易于滋长"，耘田要"两手于稻科左右扒去泥之高下不匀者，兼去杂草而下壅壮……务令稻根须浮于壅上"。《知本提纲·修业章》则要求更细："耘稻者，先以手指套铁耘爪，不问草之有无，必遍排搹，务令根旁洁净，名曰挖稻。仍将所耘之草并葑稗之类，和泥掘漉，深埋根下，使其腐坏，更能肥田。后用耘盪，推盪禾垄间，使草泥平净。数日草芽复生，又用稻镢细掘一遍。如此三挖、三盪、三掘，田必精熟，稻自倍收。如有暇功，愈耘愈佳，否则必以上法为限，不可少减也。"

由此可见，明清时期的中耕除草，自始至终贯彻着早、勤、精的精神，措施是极为精细的，而这些措施又是和《齐民要术》《种莳直说》《王祯农书》所提出的中耕要求一脉相承，但比历史上对中耕的认识更深刻、措施更细致了。可以说，中国传统的中耕除草技术，到明清时期已发展到一个相当精细和完善的历史阶段。

2. 水浆管理 明清时期田间管理技术的提高，还表现在稻田的灌溉和烤田上。稻田的灌溉和烤田技术，在宋代《陈旉农书》中已经提出，但明清时期在措施上则更细致了。

这一时期，生产上开始重视对水稻需水规律的研究。宋应星《天工开物》卷一《乃粒·稻灾》中说："苗自函活以至颖栗，早者食水三斗，晚者食水五斗，失水即枯。"虽然这仅是凭经验所做出的一种估计，但反映了这时水稻需水量问题已经引起人们的重视，并有初步的估测。《沈氏农书》根据浙西单季晚稻的生长规律，具体地研究了单季晚稻的需水时期，书中说："处暑正做胎，此时不可缺水"；又说：

---

① ［明］马一龙：《农说》。

"自立秋以后，断断不可缺水，水少即车，直至斫稻方止。俗云，'稻如莺色红，全得水来供'。若值天气骤寒霜早，凡田中有水，霜不损稻，无水之田，稻即秕矣。先农有言'饱水足谷'，此之谓也。"浙西单季晚稻孕穗是在处暑时节（农历七月下旬，公历8月23日前后），这时是水稻需水最多的时候，故"此时不可缺水"；立秋以后是水稻的扬花到灌浆成熟期，也是需水最多的时期，因此，"断断不可缺水"；白露以后，浙西地区气温开始下降，当地有"白露身不露，赤膊是猪猡"之谚。低温对水稻的开花、受精、灌浆、结实都会带来不良影响，因此，立秋（公历8月7—8日）以后田中保持一定水层对于调节田间温度、增加株间温度、降低低温的危害、防止稻秕的严重后果具有重要的意义。《沈氏农书》对单季晚稻需水规律的论述是相当科学的，反映了明清时期在稻田灌溉上已积累了相当丰富的经验。

水稻灌溉要注意水温，这是西汉时期就已注意的一个老课题，明清时期在稻田灌溉的一些具体问题上又有了新的发展。

一是山泉水温太低，对稻苗生长不利。如何利用山泉水灌溉稻田？徐光启在《农政全书》中提出了一项解决措施："为山田者宜委曲导水，使先经日色，然后入田，则苗不坏。""委曲导水"就是加长泉水流程，借太阳曝晒来提高水温。据乾隆五年福建《屏南县志》记载，当地采用了另一种办法，即贮水增温："每田一丘，于丘边留出水路一条，略开小口，将水灌满，则用土壅住，放入下丘，以次递灌，每数日一看，如丘田水干，则照前递灌，如此则丘中之水，被日蒸晒，土膏发旺，再加撒以灰粪、豆屑，禾苗自茂矣。"

二是滨海地区经常发生海水倒灌。如何灌溉？明万历时浙江海盐人民在与盐潮作斗争中，懂得了海水性咸"每重浊而下沉"，河水性淡"每轻清而上浮"，"得雨咸者凝而下，荡舟则咸者溷而上"的道理，利用海水和河水比重不同的原理，创造了一套海水倒灌的灌溉方法："乘微雨之后辄车水以助天泽所不足，必使其盈且溢可为持久计"，"于夜分水静时时继之，不使其涸"。万历三年（1575）海盐潮溢，一位老农用这种方法灌溉，使稻田用水"淡而不咸，而苗亦尝润而独稔"[1]，获得了丰收。

三是针对三伏天气时稻田闷热、土温极高，创造了一种先灌一些新水以收热气，随即排掉后再灌水的办法。马一龙在《农说》中说："灌田者，先须以水遍过，收其热气，旋即去之，然后易于新水，栽禾无害。"《潘丰豫庄本书》也说："三伏天太阳逼热，田水朝踏夜干，若下半日踏水，先要放些进来收了田里热气，连忙放去，再踏新水进来，养在田里，这法则最好，不生虫病。"认为在暑伏天用这种方

---

① ［明］崔嘉祥：《崔鸣吾纪事》。

法灌溉，不仅对稻苗无害，而且能抑制病虫害的发生。

稻田水浆管理的另一个重要问题是"烤田"。烤田技术在北魏《齐民要术·水稻》中已有记载，明清时期对"烤田"做出的贡献有两个方面：一是指出了烤田具有防倒伏的作用。《沈氏农书·运田地法》说："古人云，六月不干田，无米莫怨天。唯此一干则根派深远，苗秆苍老，结秀成实，水旱不能为患矣。"又说："六月内干过一番（指烤田），则土实根牢，苗身坚老，堪胜壅力，而无倾倒之患。"即烤田能促使根系下扎，稻秆苍劲，因而能抗倒伏。二是指出冷浸田需要重烤。《菽园杂记》说："新昌、嵊县有冷田，不宜早禾，夏至前后始插秧，秧已成科更不用水，任烈日暴、土坼裂不恤也。至七月尽八月初得雨，土苏烂而禾茂长，此时无雨，然后汲水灌之。若日暴未久，而得水太早，则稻科冷瘦，多不丛生。"《梭山农谱》则进一步指出冷浸田需要重烤的原因："老农曰，田质分寒、燠二种，燠者水盈，禾自长。寒者水多，禾反萎栗不前，故用干田（即烤田）法治之，去水而耘，借太阳之气以暴水寒。"

（六）选种和种子繁育技术的进步

种子是农业生产的基础、增产的内因，有了好的种子才能长好苗，也只有好种子才能取得高产、优质的生产效果，明清时期对此已有了相当深的认识。《知本提纲·修业章》说："择种尤谨谋始，母强则子良，母弱则子病。"并解释说："母，犹种也，入地者为母，新收者为子；强，坚实也；布种固必识时，然子皆本母，择种不慎，贻误岁计，亦非浅鲜。"深刻指出了选种的重要性。

对于种子的选择，明清时期提出"宜老不宜稚，元气全也；宜新不宜陈，生气足也"[①] 的要求，即要求选发育完全、生长充实所谓"老"的种子和当年的所谓"新"的种子作种用。因为只有这样的种子，其生命力才强。为了取得合乎标准的优良种子，当时采用了"粒选"的方法。《国脉民天·养种》说："所种之物，或谷或豆，即颗颗粒粒皆要仔细精拣肥实光润者，方堪作种。"《知本提纲·修业章》说："盖种取佳穗，穗取佳粒，收藏又自得法，是母气既强，入地秀而且实，其子必无不良也。"

一种农作物，即使是同一株苗上的同一个穗，其子粒发育也是不一样的，成熟有先后，生长有强弱；不同部位的籽粒，其成熟度亦不完全一致。明清时期亦已发现这一现象，并且认识到不同作物的选种方法是不一样的，因而形成了根据不同作物、不同生长部位选种的方法，并在这方面积累了丰富的经验（表6-11）。

---

① ［清］姜皋：《浦泖农咨》。

表6-11　明清时期作物的选种经验

作物名称	选种经验	文献出处
棉花	取其高大繁实者，特留作种。	〔明〕徐光启《农政全书》
水稻	宜老不宜稚；宜新不宜陈。	〔清〕姜皋《浦泖农咨》
麦	择纯色良种，子粒坚实者。	〔清〕杨屾《知本提纲》
玉米	取完好之穗，十分成熟者，去其首尾，择中部之粒藏之。	《农话》
豆类	择干之中部以下者采之。	《农话》

关于种子的选择，2 000年前的汉代创造了穗选法，这是单株选择，混合脱粒，混合繁殖的方法。明清时期创造的粒选法，要比穗选法更周到、更细致、更科学，反映了中国的选种技术在明清时期又向前发展了一大步。

明清时期，良种繁育技术也有了新的发展。

明代，中国创造了一种类似20世纪的系统选择、定向培育的良种繁育技术。这种方法是在北魏"别收""别种"的种子田繁育基础上发展起来的，但比历史上的方法有了明显的进步。对此，《国脉民天·养种》说，种庄稼必须仔细选种，"凡五谷、豆果、蔬菜之有种，犹人之有父也，地则母耳。母要肥，父要壮，必先仔细拣种。……即于所种地中拣上好地若干亩，所种之物或谷或豆等，即颗颗粒粒皆要仔细精拣肥实光润者，方堪作种。用此地比别地粪力、耕锄俱加数倍，愈多愈妙。其下种行路，比别地又须宽数寸，遇干则汲水灌之，则所长之苗与所结之子，比所下之种必更加饱满。又照后晒法加晒，下次即用此种所结之实内仍拣上上极大者作为种子，如法加晒、加粪、加力，其妙难言。如此三年三番后，则谷大如黍矣。"这种方法，既有创造优良环境，为农作物优良性状提供表现的机会，又有定向培育，使一些优良的性状逐年积累，将选种、繁殖和定向培育巧妙地结合在一起了。

清代，又创造了一种单株选择、系统繁育的方法，即现在所说的一穗传。康熙帝《几暇格物编》记载了两个作物品种的选育经过。一是关于"御稻米"，书中说，在丰泽园（今北京中南海西岸）的稻田中，"时方六月下旬，谷类方颖，忽见一科高出于众稻之上，实已坚好，因收藏其种，待来年验其成熟之早否。明岁六月时，此种果先熟，从此生生不已"。该稻种不同于原来的稻谷，它生育期短，早熟，外形亦异，粒长而色红，而且品质好，气香而味腴，是一个全新的品种。二是关于"白粟"，书中说："乌喇地方树孔中，忽生白粟一科，土人以其子播获，生生不已，遂盈亩顷，味既甘美，性复柔和，……基干叶穗较他种倍大。作为糕饵，洁白如糯稻，而细腻香滑殆过之。"经过农民的细心培育，也成为一个不同于原种的新种。御稻米和白粟是两个采用单株选择、单独繁殖方法育成的品种，这是目前所知中国单株选种或系统选择的最早记录。达尔文在《动物和植物在家养条件下的变异》一书中，对于御稻米的育成十分重视，并做了如下记录："皇帝的上谕劝告人们，选择显著大型的种子，甚至皇帝还自己动手进行选择，因为据说御米即皇帝的米，是往昔康熙皇帝在一块田里注意到的，于是被保存下来了。"① 可见清代"一穗传"的选种方法，在国外也有一定的影响。

另外，江西的一个早稻品种"穗谷早"也是使用一穗传的方法选育而成的。当时江西有个早稻品种叫"二夏早"，"穗谷早"就是从"二夏早"中选出最早成熟的稻谷，经几年的培育而成的。记载说："穗谷早者，拣禾内最先出谷之穗，收以为种，其稻同时出穗，无前后参差之别，三年始变种"，并指出"无论何类谷皆可为之"②。说明这种品种选育方法在清代已经开始普及。

在利用种子进行有性繁殖的同时，明清时期还创造了无性繁殖法，影响最大者有两种：一是甘蔗的侧芽繁殖；一是番薯的插播繁殖。

甘蔗侧芽繁殖 宋应星《天工开物》说："凡种荻蔗，冬初霜将至，将蔗斫伐去杪与根，埋藏土内，雨水前五六日，天色晴明，即开出，去外壳，斫断约五六寸长，以两个节为率，密布地上，微以土掩之，头尾相枕，若鱼鳞然，而芽平放，不得一上一下，致芽向土难发。……俟长六七寸，锄起分栽。"③《番禺县志》《广东新语》中也有这方面的记载。

番薯插播繁殖 番薯是明末从海外传入中国的作物，它的藤蔓节部极易吸湿而生长薯块，中国人民利用番薯的这一特点，创造了多种剪蔓插播的繁殖法。

（1）露地自然育苗繁殖。明代《海外新传七则》说："养苗地宜松，耕过，须起町高四五寸，春分后取薯种斜置町内，发土薄盖，纵横相去尺许，半月即发芽，日渐延蔓，蔓长一丈或五六尺，割七八寸为一茎，勿割尽，留半寸许，当割处复发，生生不息。"④

（2）越冬老蔓育苗。《海外新传七则》载，甘薯"若养蔓作苗，须用稍长尺许（老蔓），密密竖栽，如养葱韭法。畏霜畏寒，冬月以土盖之。亦有取近根老蔓，阴干收温暖处，次处亦萌芽"。此法经济简便，能节省种薯，但应用过久会造成番薯品质和产量下降。

（3）切块直播育苗。《农政全书》载，甘薯"春分后切块下种，每块相去数尺，俟蔓生盛长，剪其茎另插他处"。又说，"薯苗延蔓，用土壅节后，约各节生根，即从其连缀处剪断之，令各成根，苗不致分力"。由于这种方法能节省薯种，所以徐

① 〔英〕达尔文：《动物和植物在家养条件下的变异》，第2卷，叶笃庄译，科学出版社，1958年，461页。
② 〔清〕何刚德：《抚郡农产考略》卷上。
③ 〔明〕宋应星：《天工开物》卷六《甘嗜·蔗种》。
④ 〔明〕金学曾：《海外新传七则》，见〔清〕陈世元辑：《金薯传习录》卷上。

光启说"此最要法"。

（4）催芽畦种育苗。清代包世臣《齐民四术》说："山芋……择肥好者，掘干土坑藏之，覆以草，谷雨后取出，四面皆生芽一二分许，摘芽种畦内，蔓生，以竹或柴缘之。及夏至，剪取蔓枝，每一叶下截过节为苗，栽之沟塍，略如芋法。"

这些方法都是明清时期的创造，明代以前文献不见记载。

第二节　养殖技术[①]

一、饲养繁殖技术

（一）饲养管理

北魏贾思勰已在《齐民要术》中总结出"服牛乘马，量其力能，寒温饮饲，适其天性"[②]的家畜饲养管理原则。明清时期进一步具体化，又总结出十六字牧养原则。清代杨屾《知本提纲》说："夫畜牧之道，虽云多端，其要实不越乎'身测寒热，腹量饥饱，时食节力，期孕护胎'一十六字而已。诚能尽心于此，有不生息日盛而赀财日丰者，盖未之前闻矣。"[③]这一时期对不同的畜禽又总结出不同的牧养经验。

1. 马　明清时期，继《齐民要术》"食有三刍，饮有三时"的经验，又总结出"三饮三喂"的饮饲经验，具体方法见于明代杨时乔的《马书》。一是"少饮、半刍"。"少饮"者，即饥渴、"尪羸"和妊娠时"宜少饮"；"半刍"者，即"饥肠"出门和远来者休要饱喂。二是"忌饮、净刍"。"忌饮"者，即忌饮"浊水""恶水"和"沫水"；"净刍"者，即"谷料"须筛、"灰料"须洁和"毛发"须择，指饲料一定要干净。三是"戒饮、禁刍"。所谓"戒饮"，即"骑乘"、料后和"有汗"时不得饮；"禁刍"就是"膘（膘）大""骑少"和"炎暑"时休加料。[④]

为防止马长虚膘以适应长时间乘骑奔驰，明代又总结出一套控马方法："每日步马二三十里，俟其微汗，则縶其前足，不令之跳蹋踯躅也。促其御辔，不令之饮水龁草也。每日午后控之至晚，或晚控之至黎明，始散之牧场中。至次日，又复如是。控之至三五日，或八九日，则马之脂膏皆凝聚于脊，其腹小而坚，其臀大而

---

① 有关养蚕、养蜂、养鱼的饲养技术，已在第五章第二节中述及，不再重复，本节主要叙述畜禽的饲养管理技术。

② ［北魏］贾思勰：《齐民要术》卷六《养牛、马、驴、骡篇》。

③ ［清］杨屾撰、郑世铎注：《知本提纲·修业章》。

④ ［明］杨时乔：《马书·喂养事宜》。

实，向之青草虚膘，至此皆坚实凝聚。即尽力奔走而气不喘，即经阵七八日不足水草而力不竭。"①

在幼驹调教方面，创造了利用幼驹的恋母心情训练幼驹登高履险的方法。该训练方法初见于明代《水东日记》："凡驹生百日，以骒马置山巅，群驹见母奔跃而上，一气及山巅者上也，息而后能至者次之，再息而后至者则又次矣。"② 清代《黔书》详细地记载了调教幼驹登山的方法："絷其母于层岩之巅，置驹于下，饵之移晷，驹故恋乳不可得，俟纵之，则旁皇踯躅，奋迅腾踔而直上，不知其为峻矣。已，乃絷母于千仞之下而上其驹，母呼子应，顾盼徘徊而不能自禁；故弛之，则狂奔冲逸而径下，亦不知其为险也。如是者数四而未已焉，则其胆练矣，其才猛矣，其气肆矣，其神全矣。既成骑，复绊其踵而曳之，以齐其足，所投无不如意。而后驰骤之，盘旋之，蚁封之上，垒涧之间，金鞭一下，欲嘶不成，则陟太行若培塿，履羊肠若庄逵，而轶伦超群也。"③ 这种调教方法，在西南少数民族地区颇为流行，在《三农纪》《滇海虞衡志》中亦有记载。

2. 牛 耕牛特别是水牛，有畏热、畏寒的特性，根据这一特点，明清时期总结出一套饲养原则。明代《物理小识》说："牛畏热，又畏寒，草杂豆饲，肥泽耳湿，冬以牛衣，则无病也。"④ 清代《三农纪·牧刍》载："牛之为物，一牛可代七人之力，助农益民者广矣。农者畜养，须知宝爱，当惕其性情，调其气血，慎寒暑，体劳逸，度饥渴，节作息，安暖凉，能如此，则牛之精神爽快，筋骨舒畅，皮毛泽润，至老不衰，可以延年。"⑤

3. 猪 猪在明清时期是南北普遍饲养的家畜，明清时期人民积累了丰富的饲养经验。

（1）圈干食饱，少喂勤添。清代《三农纪》载曰："俗云：'喂猪莫巧，圈干食饱。'若养数猪，饲须知法：一人持糟于圈外，每一槽着糟一杓，轮而复始，令极饱。若剩糟，复加麸糠，散于槽上，令食极净方止。善豢者六十日而肥。"⑥

（2）"七宜八忌"饲养法。这一经验见于清代《豳风广义》的记载，"七宜"的具体内容为："一，宜冬暖（卧处宜向阳，严冬宜遮蔽）夏凉（夏日，圈中常积水池，使得避暑。再，圈中傍墙多栽树木亦好）；一，宜窝棚小厂，以避风雨；一，宜饮食臭浊（和食不可用生水、清水，常宜盦令酸臭）；一，宜细筛拣柴（凡草末

---

① ［明］肖大亨：《夷俗记》。
② ［明］叶盛：《水东日记》卷三七《达达试马》。
③ ［清］田雯：《黔书》下卷《水西马乌蒙马》。
④ ［明］方以智：《物理小识》卷一〇。
⑤ ［清］张宗法：《三农纪》卷一九《畜属·水牛》。
⑥ ［清］张宗法：《三农纪》卷一九《畜属·豕》。

糠粃一切食料，务宜细筛拣柴干净，食粗者宜碾令极细）；一，宜除虱、去贼牙（猪身生虱者，用烟筋或烟干泡水刷之即除，槽牙后有贼牙者，即打去之）；一，宜药饵避瘟（猪惟有瘟症最恶，往往有净圈者，须预防之，宜苍术、贯众捣为细末，三五日和入食中一饲，足以避瘟）。""八忌"的具体内容为："一忌牝牡同圈；一忌圈内泥泞；一忌猛惊挠乱；一忌急骤驱奔；一忌饲喂失时；一忌重击鞭打；一忌狼犬入圈；一忌误饲酒毒。"①

4. 羊 在羊的饲养上，明代创造了一种催肥的栈羊法："向（自）九月初，买留羯羊（膘情差的羖羊），多则成百，少则不过数十羫。初来时与细切干草，少着糟水拌。经五七日后，渐次加磨破黑豆，稠糟水拌之，每羊少饲，不可多与，与多则不食，可惜草料，又兼不得肥。勿与水，与水则退膘溺多。可一日六七次上草，不可太饱，太饱则有伤；少则不饱，不饱则退膘。栏圈常要洁净。一年之中，勿喂青草，喂之则减膘破腹，不肯食枯草矣。"②

5. 家禽 鸡的圈养技术，在汉代已经出现，东汉《家政法》中记载有养虫喂鸡的方法，明清时期继承了这一古老的饲养方法，明代徐光启的《农政全书》、清代杨屾的《豳风广义》都有这方面的记载。

《农政全书》记载说："设一大园，四围筑垣，中筑垣，分为两所，凡两园墙下，东西南北，各置四大鸡栖，以为休息，每一旬泼粥于园之左地，覆以草，二日尽化为虫，园右亦然。俟左尽，即驱之右，如此代易，则鸡自肥，而生卵不绝。"③

《豳风广义》称圈养为"园放之法"。书中说："园放之法，园阔六七丈或十余丈，上用葛条或苇子作绳，或树皮作绳，在墙上斜绷如网样，以防鸟鸢。将园中间顺界短墙一道，分为两院。先将糜子磨面，或秫面皆可，煮成稀糊，泼于右边园内，以散草覆之，不过三四日，便可生虫，驱雏食之。又如上法，泼于左边，俟右尽而驱左。如此周而复始，不过一两月，便可货卖。夜防猫鼠，须收入密室温暖处。及鸡大时，或用苜蓿煮熟，拌以麦麸，或糜面、秫面皆可，或粟豆，或农忙之月场边扫积五谷草子，皆可饲之。中用长槽盛水，令其便饮。若生卵时，在墙周围离地尺余，凿墙为窠，内铺软草，令生卵其中，日日收取。周围竖架，令栖其上。冬月宜棚下，以避霜雪，若遇大寒，多冻瘦损，不可不知。园内粪宜常扫，壅田极肥，上百合更妙。内有善飞者，剪去六翮。"④

---

① ［清］杨屾：《豳风广义》卷三《养猪有七宜八忌》。书中所说"七宜"，实为六宜，疑原书有误或有遗漏。

② ［明］邝璠：《便民图纂》卷一四《栈羊法》。

③ ［明］徐光启：《农政全书》卷四一《六畜》。

④ ［清］杨屾：《豳风广义》卷三《园放之法》。

上面两条记载，内容大同小异，只是《豳风广义》记载得更具体和细致而已。这种"圈"，实际上已具有鸡舍和运动场的性质；利用腐化生虫，作为鸡的动物饲料，实际上是给鸡增添动物蛋白，方法虽然简单，但是很周到、科学。

明清时期普遍使用的肥育技术是"栈鸡易肥法"和"栈鹅易肥法"。[①] 这是一种多喂精料、限制运动、增加营养、减少消耗的催肥法，但这种方法在元代《居家必用事类全集》中已见记载，明清时期只是普遍采用，内容上并没有什么新的发展和创造。

（二）繁育技术

1. 马 明代，在马的配种季节、配种年龄及判断母马是否受孕等方面，都已积累了相当丰富的经验。据《马书》记载，配种季节，一般都掌握在"每年正月、二月、三月趁时群盖定驹"，夏天则要掌握在"天气晴朗清晨，晚天凉候群盖"。这个时候配种，有利怀孕，提高受胎率。配种年龄为"三岁儿驹（公马）群盖，骒马（母马）不得定驹，即用大儿马群盖"。在检查母马是否已经怀孕方面，已知道用公马试情的办法来判断，"若盖过三五次，却停歇三五日，若果再用儿马群盖，骒马打踢，不受群盖，方是定驹"，即受孕。

2. 家禽 家禽的繁育技术，在明清时期有了比较明显的发展，主要表现为看胎施温技术和嘌蛋技术的创造，以及炕孵、缸孵、桶孵三大人工孵化技术的形成。

（1）看胎施温。这是根据家禽胚胎发育的过程及其所需的条件来提高禽蛋孵化率的一种技术。对于家禽的孵化期，明代以前人们早有观察和认识。但对胚胎发育全过程的观察、了解以致掌握，还未见有记载，到清代，黄百家的《哺记》[②] 对此开始有了记载，方法是"尽垔其室，穴壁一孔，以卵映之"，利用阳光照蛋，以观察胚胎发育的情况。书中还详细地记录了每天胚胎发育的过程，其观察和记录的情况，已与今日用现代科学方法观察到的结论基本一致，这是明清时期家禽繁殖技术方面取得的一个相当重要的成就。书中指出，在胚胎发育的过程中，第六日、第十五日、第二十八日是最关键的时刻，分别称为六日厄、上摊厄、蟠头厄。现将《哺记》所记鸭蛋胚胎发育过程列表 6-12。

---

① ［明］邝璠：《便民图纂》卷一四；［明］徐光启：《农政全书》卷四一《六畜》；［清］张宗法：《三农纪》卷一九；［清］杨屾：《豳风广义》卷三。

② ［清］黄百家：《哺记》，见［清］张潮辑：《昭代丛书·别集》。

表6-12 清代《哺记》所记鸭蛋胚胎发育过程

胎龄（日）	胚胎发育特征
1	止见黄白
2	见一小珠，耀耀其中，甚亮而白
3	珠渐红而稍大
4	色正红如小钱样
5	如大钱而络以血线
6	见血生头，状如蜘蛛。是日或间有坏而退者，是为六日厄
7	生眼一只，黑细如菜子，雄左而雌右
8	（生眼）两只
9	其眼忽悬下荡漾不定
10	（其眼）定
11	（其眼）一边白亮有光，亦左右如前
12	（其眼）两边（白亮有光）
13	生足翼
14	生尾毛
15	色微黑，盖身初生毛而尚不可辨。是日上摊，叠以三层，亦间有坏者，为上摊厄
16	见微毛
17	生翼毛，叠两层
18	（翼毛）一层间半
19	（翼毛）一层。盖至是，毛愈长不可照，而止于转时听声
25	身犹着壳，滴滴然其声实也
26	如击核桃，渐离壳矣
27	索索然不丽（附）于壳矣
28	收黄于腹、孚（浮）头，是时照之，其头昂起，弹指有声，是日有蟠头厄
29～30	破壳齐出

（2）人工孵化。人工孵化技术出现于宋代，到明清时期进一步发展成炕孵、缸孵、桶孵三大孵化法，至此，中国传统的人工孵化技术便完全形成。

炕孵法 明代《物理小识》对炕孵法有如下记载："养湖鸭者，砌土池，置千卵，而以粟火温其外，时至则出。"这段记述缺少操作的技术细节。清代，《豳风广义》对炕孵进行了详细的记载，称炕孵为"火菢法"，并记载了操作的全过程："菢时用密室一间，内分左右盘二大炕，炕上周围泥小墙，里面镶稻草或麦菅编子一匝，炕上铺捣烂软麦菅一层，厚三五寸，将炕用粪煨至温，不可热（热则卵坏矣。

若夏至之时，不用煨炕，只用热温糠暖，亦能自生）。将雌雄配过所生之卵，或鸡蛋，或鸭蛋，须得一千或五六百方可，少则易冷难成。先将稻糠皮或粗谷糠（若鸭蛋，用干牛粪为末，焙温暖菢，更胜于糠，乃物性相宜），锅内烘热（不可大热，只用温热），先铺于右边炕上一层，厚二三寸，次将卵密密排一层，又铺热糠三四寸，又铺卵一层，如此相间，或八千、一万皆可。铺毕，上再用热糠厚盖一层，糠上再厚覆稻草或麦营一层，时常以手探试，不可令内热，亦不可令内寒，常要里面温温有和气方好；或二三日觉上面及中间有凉意，如前法复倒于左边炕上，将上面要倒在下面；二三日之间，如觉又凉，复倒于右边炕上，如此六七遍，是雏成形之时。大约鸡在二十一日，鸭在二十八日，将卵或放罗底上，或放温水内试之，见卵自动摇不定者，是雏将出之时也，分于两炕之上，温养如上法。俟雏有一二出者，将卵用热糠单排温室中（此时室中宜放炭火，令其温暖），不过一半日之间，皆可出矣。"①这种孵化法主要流行于华北地区，它是由土炕发展而来的。

缸孵法 关于缸孵法的记载首见于清代《哺记》。《哺记》是作者黄百家在康熙年间调查哺教坊以后写成的，由于是在调查的基础上写成的，因而记述得十分具体。缸孵法的全过程如下：孵鸭"始必择卵，择其状之圆者、大者，盖牧人贵雌而贱雄，以圆者雌而长者雄也。其灶编藁为之，泥涂其内而置火焉，置缸其上为釜。又编藁为门，以闭火气，惧其过于火也。则釜内藉以糠粃，置筐其中，实以卵，上复编藁以盖之，惧其火候之不匀也。又以一筐，上其下、下其上以易，如是者日五。十五日上摊。摊状如床，设荐席焉，列卵其上，絮以绵，覆以被，日转八次而不用火……廿九、三十日，破壳齐出矣。"② 这种孵化法主要流行于江浙地区。

桶孵法 见于清代《治蝗传习录》的记载。其法如下："用苎线作为网，一网九十个，二网为层（用网好播灵，隔增水分），有日则晒，无日则焙（去其水气，使其温暖，不可太热），致之以楻（高一尺五寸，围九尺），楻下用架（其架方高一尺三寸），架下用火盆煨之炭火（使火气熏其蛋热），楻外围厚家苫（有围则火气不致散漫），楻内底用粗糠，边用薄苫厚甲纸裹之（使其蛋热），一楻可剩九增。二日下一水（十八日不用火气，故下九水），记之以日子（不致混乱），每日早晚转楻播弄，照次序居之。空楻每增以内网换之外，以外网换之内（使其热气淳和），盖之以棉絮（使其蛋热），其炭火仍早晚俟转楻后添炭（但添炭最要看天时和暖，虽身热冷，量雨），至六日一照，去其白蛋（蛋里通明谓之白蛋，无公鸭生所致），留其雄蛋（蛋里点眼红筋谓之雄蛋，有公鸭所生，故能成胎），至十八日再照去其红头（至十八日蛋身自然大热，运动不用火气，蛋里有红者不用），致之以槛，其槛底用

---

① ［清］杨屾：《豳风广义》卷三《火菢法》。
② ［清］黄百家：《哺记》，见［清］张潮辑：《昭代丛书·别集》。

粗糠草苫，边用甲纸，先盖棉絮，厚家苫，后看蛋身和暖、天时冷热，或布或济布，或单纸，或双纸，量用。每日亦播弄四次，清早三餐后（若不时刻留心，太热则郁结，太冷则不生，总要淳和为妙）。至二十六日，其蛋自然成胎有声，二十八日生成出仔。依此法而行，鸭自蕃盛，生生不息。"① 这种孵化法主要流行于闽广地区。

（3）嘌蛋技术。嘌蛋是一种将孵化后期的禽蛋长途运送别处，在抵达目的地时生雏，完成孵化全程的方法。这种方法具有运输量大、体积小、成本低、孵化率不受影响、育雏率高等优点。这一技术首见于清代《五山志林》的记载："火焙鸭……所鬻贩有远近，计其地里而预之，或三四日，或十数日，必俟到其地，乃破壳而出，真神巧也。"② 民国《合浦县志》对此亦有记载："当春季时，业贩鸭者，辄于鸭卵将孵化以前，即藏之筐中，挑往上八团各墟场，既至，则可得鸭雏出售矣。"③这种方法是建立在对家禽胚胎发育的深刻认识基础上的，充分反映了明清时期中国家禽人工孵化技术的进步。

（三）相畜术

相畜术是一种通过对畜禽形、体、神的观察，以鉴别、选择优良畜禽的技术，现在称为家畜外形鉴定学。中国相畜术起始很早，春秋战国时期已产生了相马专家伯乐、九方堙，相牛专家宁戚等。到明清时期，相畜术已积累了非常丰富的经验，特别对牛、猪、家禽的鉴别尤为突出。

1. 相牛 牛的相法，以清代《相牛心镜要览》为代表，它对水牛的鉴定，提出了四宽、五紧、五短的外形要求。四宽为鼻梁、角门、胸膛、后幅要宽；五紧即口、皮、骨骼、腰根、尾巴要紧；五短即嘴角、项颈、身子、脚、尾要短。理想的体型应是："体紧身促，头大腹小，颈长身短，角立眼圆，脊高背低，杂毛不生，四足齐立，骨骼平密，腰根短小，云头（指鬐甲部）丰富，尾秒长大，髀股切齐，脚蹄圆顿，施毛周正。"在肥瘦上，要求"肥要见骨，瘦要见肉"，"肥牛不见骨，性慢无比"，"瘦牛不见肉，就力不足"。④ 除了对总体提出鉴定标准，对于前身、后身、四膊、四脚、蹄爪、皮毛、旋、头、眼、耳、角、寿旋、鼻、嘴、口厴、舌、牙齿、腮、颈、肩、脊背、腰、分水旋、肚、脐、乳、粪门、尾等不同部位，也提出了不同的鉴定标准。这些标准的提出，对选育优良的役用水牛，起了良好的促进作用。

---

① ［清］陈世元：《治蝗传习录》。
② ［清］罗天尺：《五山志林·火焙鸭》。
③ 民国《合浦县志》卷五《实业志·牧业》。
④ ［清］黄繡谷：《相牛心镜要览》。

2. 相猪 清代《三农纪》对猪的相法做了系统的总结，对于猪的良相和劣相进行了鲜明的对比，鉴定的标准如表 6-13 所示。

表 6-13 猪良相、劣相对比

部位	良相	劣相
头部	喙短扁，鼻孔大，耳根急，额平正——易养。	首皱喙长则牙多，不善食，鼻孔小——翻食，耳根软，不肥。
身躯	腰背长，（胸）膛小，四蹄齐，后乳宽——易养。作种者生门向上——易孕。乳头匀者产子匀。	气膛大，食多难饱。
足蹄和尾	尾垂直，四蹄齐——易养。	蹄曲，前后不开，后乳相合——难长。
皮毛	毛稀——易养。黑皮白毛、乌纹入鼻、通黑、通白——可饲。	生柔毛——难长。黑肤白花、黑毛白胸、黑白杂嘴、杂足——勿畜。

资料来源：梁家勉主编《中国农业科学技术史稿》，农业出版社，1989 年，560 页。

3. 相家禽 明清时期对家禽的相法，包括鸡、鸭、鹅、鸽，禽种不同，相法亦异，如表 6-14 所示。

表 6-14 明清时期的家禽相法

禽种	相法	资料来源
鸡	目如鹘，喙若鸽，首小、面正、毛浅、足细者佳。雄宜头昂、冠竖、九钜、翅束、尾长、啼声悠扬者堪作种；雌宜头小眼大，颈细龁长，足矮者为种佳。	［清］张宗法《三农纪》卷一九《畜属·鸡》
鸭	相鸭生卵法：口上龁有小珠满五者生卵多，满三者生卵少，择其多者养之。	［清］杨屾《豳风广义》卷三
鹅	首方、目圆、胸宽、身长、翅束、羽整、喙齐、声远者良。	［清］张宗法《三农纪》卷一九《畜属·鹅》
鸽	鸽之高下在目，目有黑底天青者、黑底插黄者、黄油白气者、焦油者，此四种为上。其睛清而深，有重晕，以日照之，精光四闪，晕边复有血粒，如石榴子，则极聪慧者矣。其头宜小，其尾宜短，翼宜与尾齐。翼与尾齐则飞高，飞高则可免鹰击之患。故鸽之佳者，价之轻重与金等。	［清］屈大均《广东新语》卷二〇

二、兽医技术

在古代，马是主要的交通工具，又是国家的重要武备。因此，马病的防治，一直居于首要的地位。明代万历年间马病防治技术发展到高峰。杨时乔《马书》和喻氏兄弟《元亨疗马集》的问世，便是这个高峰的具体反映。清初，由于清政府镇压汉族的反抗，禁止内地汉人养马，马病学的发展因而受到了严重的影响。但由于发展农耕需要耕牛，以及农区养猪、养禽业的发展，中兽医的治疗对象扩大到牛、猪等家畜和鸡、鸭等家禽方面，《养耕集》《牛医金鉴》《抱犊集》《活兽慈舟》《大武经》《猪经大全》等一批兽医著作的相继问世，具体反映了中兽医技术在明清时期发展的趋势。

明清时期中兽医技术的发展，具体表现在诊断学、症候学和针灸等方面。

（一）诊断学的重大发展——脉色论的形成

中国传统兽医对兽病的诊断主要采用望、闻、问、切四种方法。明代，在此基础上进一步形成了"脉色论"，通过望形、察色，结合辨证论治来诊断兽病。"脉色论"在明代的《马书》《牛书》《元亨疗马集》等兽医著作中，都已有记载，表明"脉色论"到明代已经形成。

脉色诊断包括脉诊和色诊二种。脉诊，采用双凫脉。双凫脉是颈动脉，受检的病马可以安静受检。以前则是诊按病马前肢肘后的带脉，带脉是静脉，无搏动波，而且触按前肢肘后的带脉处时，病马不安静。病马受检部位的改变，保证了脉诊的正确和安全。中兽医理论认为，"脉者，气血也"。双凫脉的大小、有力无力，不仅表示家畜体内气血的荣衰，同时也表示正邪交争的盛衰，以及病性、病情的转化机制，因此根据其脉象可以作为诊断的依据。当时总结出三十六般应病之脉，使兽医的脉诊发展到一个新的水平。

色诊，古称察色或看口色。传统的中兽医认为，口色是气血的外荣，是血气功能的外在表现。口色的变化反映体内气血的盛衰和脏腑的虚实，在兽医诊断中占有重要的地位。脉色论认为口色和五脏相连，即舌色应心、唇色应脾、金关应肝、玉户应肺、排齿应肾、口角应三焦。马的口腔常色应是"鲜明光润如桃色"。如果口腔呈现出青、赤、黄、白、黑色，则分别反映肝经、心经、脾经、肺经、肾经有疾病，反映在口色上就是五种相应的颜色。就马而言，便有 47 种应病口色。又，色须有泽，有泽则细胞黏膜晶莹，失去光泽便是细胞变性坏死。光泽是病情轻重的具体表现，色诊就是以口腔光泽和颜色的变化来诊断家畜脏腑病位深浅和病情轻重的诊断法。

脉色论是从实践中总结出来的经验，它多方面发展了传统的诊断理论，成为中国兽医诊断学的一项宝贵遗产。

（二）症候学的成就——"七十二大症"

"七十二大症"是马病治疗中的各论，因包括 72 种常见的难治病症，故名。"七十二大症"是喻氏兄弟在继承前人经验的基础上发展而成的，它对每一症都指明病因和病机，对其症候群的特点均有详尽的描述，特别是症状相同时，能指出其区别的要点，这是中兽医辨证论治成败的关键。例如马翻胃吐草，这种症状既可见于马的牙齿病、牙痛、生贼牙、换乳齿、咽喉肿痛，也可见于马的骨软病。把这些症状相同而病因、病机不同，采用治法不同才有疗效的经验总结出来，这是七十二大症的重大成就。又如，腰胯痛，按病因和病机有寒伤和闪伤之别，寒伤宜温肾散寒，用茴香散和后温散，外用酒醋灸熨，火针刺；闪伤宜散血去淤，用红花散破血瘀血滞，外用针刺放血去瘀滞。这种类症鉴别的充分发展，使七十二大症有了科学的辨证基础，使它在中兽医治疗学的发展过程中成为空前的杰作。

（三）兽医针灸

明清时期，兽医针灸有明显发展，马体针灸穴位已扩大到 360 个。《元亨疗马集》说："夫兽者，虽由刍水，周身有三斗六升血气，有三百六十骨节，亦有三百六十穴道。凡在医者，必须察其虚实，审其轻重，明其表里，度其浅深。大抵用针之道，虚之则补，实之则泻，寒之则温，热之则凉，风之则散，气之则顺。此谓一定之法，学者诚心鉴之。"[①] 牛体针灸在 17 世纪以前只有《针牛穴法名图》[②]，记有 32 个穴位名，但位置标得并不准确。到 18 世纪，牛体针灸有了明显发展，《养耕集》中列有牛体穴位 78～80 个，并对各穴位置和主治病症均有明确记载。与此同时，还出现了较为先进的火针法，方法是"先备硫黄一两，用桐油点灯一盏，灯盏内多放灯芯，用两枚针轮流在灯火上烧红拿起，往硫黄一插，针必通红，再按定穴位针刺，两针轮流使用。此法用（于）缠颈黄、筲箕黄、鸡心黄、拓腮黄、而水黄，在周围用火针圈之。火针一用，黄可立消，病亦退矣"[③]。此外，当时还把针刺疗法用于治疗鸡鸭鹅瘟病。《三农纪》认为凡鸭"雏发风，头施以磁锋，刺其胫掌，即愈"[④]。《卫济余编》认为，"鸡鹅鸭瘟，左翅上有黑筋一条，针刺去黑血，以油米饲之"，可以治愈。说明针灸技术在明清时期不仅有所发展，而且已应用到禽病的防治中。

---

① ［清］喻本元、喻本亨：《元亨疗马集》卷二《伯乐明堂论》。
② 此书收录在《水黄牛经合并大全》，又名《牛经》《牛经大全》。
③ ［清］佚名：《抱犊集·火针法》。
④ ［清］张宗法：《三农纪》卷八。

第七章　明清时期的农业经营与产品流通

第一节　农副产品商品化的发展

一、商品性农业的发生

从明代正德嘉靖时期开始，商品经济在中国发展起来，一些经济比较发达的地区，如长江三角洲、珠江三角洲的经济作物生产、家庭手工业生产和粮食生产，先后被卷入这个商品经济的潮流中。

中国的传统农业，是以耕织结合、自给自足、家庭生产为特征的，商品经济发展以后，农业生产开始从自力向雇工转变，从谋生向谋利转变，从耕织结合向耕织分离专业化生产转变，一种商业性的农业开始在中国大地上产生。明清时期，虽然就全国来说商业性农业所占的比重还很小，农业还是以自给性的小农经济占主要地位，但它的出现却反映了几千年来自给性的小农业出现了裂痕，一种新的生产方式开始在中国萌芽了。这在中国农业生产发展史上具有重要的意义，也是明清时期农业经营的一大特点。

（一）经济作物的商品化

明清时期，社会经济生活各方面的发展变化，使手工业对原料的需要增加，从而推动了经济作物的种植，而经济作物的收益又往往高于粮食生产，这样又进一步刺激了部分农户扩大经济作物的种植面积，从而加速了经济作物的商品化。

1. 桑　桑叶是养蚕的饲料，以往蚕农种桑都是为了自用。明清时期，由于养蚕业的发展，桑叶需要随之增加，种桑不足的农家往往购买桑叶来养蚕，这样桑叶就逐渐成为农村市场上的一种商品。

这种情况在明代已出现，至明末在杭嘉湖蚕区更进一步发展。桑的贸易中既包括桑秧也包括桑叶。

黄省曾（明嘉靖时人）《蚕经》中已记载有桑秧作为商品出售的情形："有地桑出南浔（今浙江湖州南浔镇），有条桑出于杭（今浙江杭州市）之临平，其鬻之时，以正月之上中旬，其鬻之地，以（杭州）北新关之江将桥。"北新关之江将桥实际上就是进行桑秧买卖的专业集市。到了清代，江南地区桑秧的买卖十分盛行。湖州所需要的桑苗主要来自于杭州等地，"大抵贩自杭州、石门、震泽等处"①。桑苗贸易的进行，促使了农民专门以种植桑苗为业，"育桑秧，一亩可得五千余本，本售三厘，亩可十五六金。乡民多效之，几无虚地，亦本业也"②。

除了桑秧买卖，还有桑叶买卖，而且规模不小。朱国祯（明万历进士）在《涌幢小品》卷二中说："湖之畜蚕者多自栽桑，不则豫租别姓之桑，俗曰秒（杪）叶，……先期约用银四钱，既收而偿者约有五钱，再加杂费五分，……本地叶不足，又贩于桐乡、洞庭（今江苏苏州市旧城区），价随时高下，倏忽悬绝，谚云：'仙人难断叶价'。"桐乡、洞庭的桑叶，是自用有余而售还是专门栽桑出售，记载中没有说明，但桑叶已成为商品，则是毋庸置疑的。

叶市的出现是桑叶成为商品的重要标志。王道隆（明代乌程人）在《菰城文献》中记载："立夏三日，无少长采桑贸叶，名叶市。"③ 所谓"贸叶"，即做桑叶生意。这种叶市，在乌程（今属浙江湖州市）、石门、桐乡、吴县等地在在都有，其中以乌镇、双林、濮院、洞庭山等市镇最为发达。

桑市的贸易到清代更为发达，被作为"射利"发财的一个途径。董蠡舟（清道光监生，乌程人）在《乐府小序》中说："叶莫多于石门、桐乡，其牙侩集于乌镇，买叶者以舟往，谓之开叶船，饶裕者亦稍以射利，谓之作叶，又曰顿（囤）叶。"金友理（清代吴县人）《太湖备考》卷六《特产》载时人诗曰："洞庭山叶满船装，载到湖南（指太湖以南地区）价骤昂"，而且湖南各地的商人也纷纷来到太湖洞庭山一带购买桑叶，"桑出（太湖洞庭）东西两山，东山尤盛，蚕时设市，（太）湖南各乡镇皆来贩鬻"。这是对将桑叶作为商品进行谋利现象的具体描述。

桑叶的商品化，促使种桑从蚕桑业中分离出来，成为一种专业的生产，种桑的目的已经不是为了养蚕，而是为了出售以谋利。顾禄在《颐素堂丛书·买田二十

---

① 同治《湖州府志》卷三〇。
② 乾隆《长兴县志》卷三。
③ 引自乾隆四年《湖州府志》卷五〇。

约》中说，"栽桑十亩，而不育蚕……叶利独厚"。这是直言不讳地讲种桑谋利，而且，这样大面积地种植桑树而不养蚕，可见种桑规模之大。

明清时期，种桑所获的利是很大的。种植桑树来卖桑叶，可以获取利润，明代社会已经对此有所认识，沈练《广蚕桑说》记载："栽桑原以饲蚕，然不饲蚕而栽桑，亦未始非计也。栽桑百株，成阴后可得叶二三十石，以平价计之，每石五六百文，获利亦不薄矣。"明嘉靖时人徐献忠说："蚕桑之利，莫盛于湖，大约良地一亩可得叶八十个（按，每二十斤为一个），计其一岁锄垦壅培之费，大约不过二两，而其利倍之。"[①] 明嘉靖进士茅坤也说： "大约地之所出，每亩上者桑叶二千劻（斤），岁之所入五六金，次者千劻，最下者所入亦不下一二金。"[②] 当时种一亩桑的成本大致为银二两，而产桑的价值是四两，获利达一倍之多。如果和种稻相比，获利就更多。明末清初桐乡人张履祥说："地得叶，盛者一亩可养蚕十数筐，少亦四五筐，最下二三筐。米贱丝贵时，则蚕一筐，即可当一亩之息矣。"[③] 即一亩桑的产值，多的可当十三亩（十数筐权以十三筐计）稻田的产值，最差也可当二至三亩稻田的收益，平均一亩桑田约当七亩半稻田，怪不得张履祥说"多种田不如多治地"[④]了。

由于种桑获利丰厚，促成了只种桑、不养蚕的专业桑农的出现，顾禄所说"栽桑十亩，而不育蚕，……叶利独厚"，反映的就是这种情况。综上所述，随着桑叶的商品化，从蚕桑业中又分化出了桑秧业和种桑业。[⑤]

2. 棉花　棉花于宋元之际传入中原，明代开始推广。由于棉花具有"不蚕而绵，不麻而布，又兼代毡毯之用"[⑥] 的优点，所以推广很快，一举替代丝麻，成为中国主要的衣着原料。

明清时期，由于南方纺织技术的发展，当地所产棉花供不应求，而当时北方的纺织技术远不如南方，这样，北方的棉花开始大量流入南方。明人王象晋在《木棉谱·序》中说："北土广树艺而昧于织，南土精织纴而寡于艺，故棉则方舟而鬻于南，布则方舟而鬻诸北。"除此之外，还有一个价格问题，即北方的棉价低于南方，这也是造成北棉南运的一个重要原因。徐光启在《农政全书》卷三五《木棉》中说到这一情况："今北土之吉贝（棉花）贱而布贵，南方反是，吉贝则泛舟而鬻诸南，布则泛舟而鬻诸北。"

当时北方外运的棉花主要出自河南和山东。从下列材料来看，这种外运已不是

---

① ［明］徐献忠辑：《吴兴掌故集》卷一三《物产·蚕桑》。
② 康熙《乌青文献》卷九《茅坤与甥顾傲韦侍御书》。
③④　［清］张履祥：《补农书》下卷。
⑤ 关于桑叶的商品化，还可参阅本卷第五章第二节《养蚕业的新发展》。
⑥ 《王祯农书》卷一〇。

小农经济中的余缺调剂，而是一种商品性贸易。

万历间，河南"中州沃壤，半植木棉，乃棉花尽归商贩，民间衣服率从贸易"①。南阳李义卿"家有地千亩，多种棉花，收后载往湖、湘间货之"②。棉花，山东"六府皆有，东昌尤多，商人贸于四方，其利甚溥"③。这种棉花收后"尽归商贩"或"载往湖、湘间货之"，而"民间衣服率从贸易"的现象，已不是自给自足性的生产，而是完全依靠市场为生了。特别是李义卿，"家有地千亩，多种棉花"，已属专业性、商品性生产。

到清代，北棉南运的局面依旧。"棉花产自豫省，而商贾贩于江南"④；山东兖州"地多木棉，……转贩四方，其利颇盛"，其中郓城"土宜木棉，商贾转鬻江南"⑤。除河南、山东等植棉大省，东北的奉天（今辽宁省）这时也已种棉，所产棉花也是外销，和其衷《根本四计疏》载："奉天各处，地多宜棉，而布帛之价反倍于内地。推原其故，大抵旗民种棉者虽多，而不知纺织之利。率皆售于商贾，转贩他省。"⑥

明清时期，棉花商品化的发展，带动了棉花种植技术的进步以及棉花产量的提高。"齐鲁人种棉者，既壅田下种，率三尺留一棵。苗长后，笼干粪，视苗之瘠者，辄壅之。亩收二三百斤以为常。余姚海堧之人，种棉极勤，亦二三尺一棵，长枝布叶，棵百余子。收极早，亦亩得二三百斤。其为畦：广丈许，中高旁下。畦间有沟。深广各二三尺。秋叶落积沟中烂坏，冬则就沟中起生泥壅田。岁种蚕豆。至春，翻罨作壅，即地虚，行根极易，又极深，则能久雨，能久旱，能大风。此皆稀种，故能肥；能肥，故多收。"⑦ 与此同时，棉花品种的改善，促进了棉花产量的提高。"江花出楚中，棉不甚重，二十而得五，性强紧；北花出畿辅、山东，柔细中纺织，棉稍轻，二十而得四，或得五；浙花出余姚，中纺织，棉稍重，二十而得七，吴下种大都类是。更有数种稍异者：一曰黄蒂，穰蒂有黄色，如粟米大，棉重；一曰青核，核青色，细于他种，棉重；一曰黑核，核亦细，纯黑色，棉重；一曰宽大衣，核白而穰浮，棉重。此四者皆二十而得九。黄蒂稍强紧，余皆柔细中纺织，堪为种。又一种曰紫花，浮细而核大，棉轻，二十而得四，其布以制衣，颇朴

---

①　[明]钟化民：《钟忠惠公赈豫纪略·救荒图说·劝课纺绩》，见[清]俞森辑：《荒政丛书》卷五。

②　[明]张萱：《西园闻见录》卷一七。

③　万历《山东通志》卷八。

④　[清]尹会一：《敬陈农桑四务疏》，见[清]张鹏飞编：《清经世文编补》卷三六。

⑤　[清]陈梦雷、蒋廷锡等编辑：《古今图书集成·方舆汇编·职方典》卷二三〇《兖州府部·风俗考》。

⑥　[清]和其衷：《根本四计疏》，见[清]张鹏飞编：《清经世文编补》卷三五。

⑦　[明]徐光启：《农政全书》卷三五《木棉》。

雅，市中遂染色以售，不如本色者良，堪为种。"①

棉花产量的提高，使得种棉的收益明显高于种粮，包世臣说种棉之利"较稻田倍徙"②，叶梦珠说"视稻麦为溥"③。良好的经济利益，又进一步刺激了植棉业的发展。在长江下游的松江、太仓、通州一带，"农田种稻者不过十之二三，图利种棉者则有十之七八"④，上海则"邑中种棉，今遍地皆是"⑤；在河北，"冀、赵、真、定诸州属，农之艺棉者十之八九"⑥。尽管这是几个植棉发达地区的情况，其他地区未必尽是如此，但从这些地区所反映出的情况来看，种植棉花应不是完全自用，其中不少是以"图利"为目的而种植商品棉的。

3. 烟草 烟草是明末从吕宋（今菲律宾）传入中国的一种兴奋类作物，传入之初，因其具有"御霜露风雨之寒，辟山蛊鬼邪之气"⑦ 的作用，被人们视作"利九窍"的防疫药。据说明末一次"征滇之役，师旅深入瘴地，无不染病，独一营安然无恙，问其所以，则众皆吸烟，由是遍传"⑧。由于它有明显的防疫作用，因此价格奇贵，传说达到"匹马易烟一斤"⑨ 的地步，有的说"火（烟草）一亩之收，可以敌田（粮食）十亩"⑩。

清代烟价比之明代略有降低，但仍保持在获利高于种粮三倍的价位。彭遵泗在《蜀中烟说》中说，四川植烟"大约终岁获利过稻麦三倍"⑪。张翔凤《种烟行》有"种禾只收利三倍，种烟偏赢十倍租"之语。赵古农《烟经·题词》则诗云："村前几棱膏腴田，往时种稻今种烟，种烟市利可三倍，种稻或负催租钱。"

种烟收益丰厚以及清代吸烟人数的迅猛增加，大大刺激了烟草的种植。清初，福建地区种烟"与农夫争土而分物者已十之五"，到清中期进一步发展到种烟"耗地十之六七"⑫。汀州府原本以种植农作物为主，烟草的引进及推广，改变了当地的种植模式，"山僻村农惟知耕耘稼穑，从无种烟网利之徒。自康熙三十四五年间，漳民流寓于汀州，遂以种烟为业，因其所获之利息，数倍于稼穑，

---

① ［明］徐光启：《农政全书》卷三五《木棉》。
② ［清］包世臣：《安吴四种》卷二六《齐民四术·告族子孟开书》。
③ ［清］叶梦珠：《阅世编》。
④ ［清］高晋：《请海疆禾棉兼种疏》，见［清］张鹏飞编：《清经世文编补》卷三七。
⑤ ［清］褚华：《木棉谱》。
⑥ 乾隆《棉花图》方观承跋。
⑦ ［明］倪朱谟编著：《本草汇言》卷五。
⑧ ［明］张介宾：《景岳全书》卷四八《隰草部》。
⑨ ［清］王逋：《蚓庵琐语·种植》。
⑩ ［清］杨士聪：《玉堂荟记》下。
⑪ 转引自《四川通志》卷七五。
⑫ ［清］郭起元：《论闽省务本节用疏》，见［清］贺长龄、魏源编：《清经世文编》卷三六。

汀民亦皆效尤。迄年以来，八邑之膏腴田土，种烟者十居三四"①。广西种植烟草虽然较晚，但是到了乾隆时期以后迅速发展起来，全祖望《淡巴菰赋·序》中记载，"今新兴之天堂及阳春莳此为利，几敌种稻"②，新会县在道光时期，已经"种烟者十之七八，种稻者十之二三"③。在陕南汉中、城固一带，"沃土腴田，尽植烟苗"④；有的地方"种谷之田，半为种烟之地"⑤；在广西"种烟之家十居其半"⑥；江苏"则是各处膏腴皆种烟叶"⑦。这些记述，虽然有的说得有些夸大，但烟占粮田的矛盾是确实存在的。随着农民商品意识的增强，一些地方"重烟轻粮"的思想有所发展，从而激化了烟粮争地的矛盾，一些粮食并不紧张的地区因而紧张起来，一些原来紧张的地区更加剧了紧张的程度。

4. 茶　茶是中国原产，但在很长的时期中，只是作为农家的副业，在农民的经济中不占主要地位。明清时期，随着商品经济的发展，茶叶在农民经济中所占的比重不断加大，特别是在一些山区，茶已成为当地农民赖以生存的商业性农产品。

浙江　安吉、孝丰，"山乡鲜蚕麦之利，民每藉（茶）为恒产"⑧；於潜县，"乡人大半赖（茶）以资生，民之仰食于茶者十之七"⑨。

安徽　霍山，"近县百里皆种茶，民惟赖茶以生"⑩。

福建　武夷山，"（居民）不下数百家，皆以种茶为业。岁产数十斤，水浮陆转，鬻之四方"⑪。

湖南　攸县，"以茶花为业"⑫；平江县，"近岁红茶盛行，泉流地上。凡山谷间，向种红薯之处，悉以为茶"⑬。

四川　巴陵，"乡人有茶园者，得利颇广"⑭。

从这些资料记载看，茶叶的商品化和桑、棉、烟、蔗等经济作物的商品化程度

① ［清］王简庵：《临汀考言》卷六。
② 道光《肇庆府志》卷三。
③ 道光《新会县志》卷二。
④ ［清］岳震川：《赐葛堂文集》卷四《安康府食货志论三》。
⑤ 乾隆《大庚县志》卷四。
⑥ 《吴英拦舆献策案》，《清代文字狱档》第五辑，转引自许涤新、吴承明主编：《中国资本主义的萌芽》，人民出版社，1985年，211页。
⑦ ［清］包世臣：《安吴四种》卷二六。
⑧ 光绪《杭州府志》卷八一《物产四》。
⑨ 嘉庆《於潜县志》卷九《风俗》。
⑩ 乾隆《六安直隶州志》卷三三《艺文·霍山竹枝词》。
⑪ ［明］徐燉：《茶考》。
⑫ ［清］黄本骥：《湖南方物志》，见［清］王锡祺辑：《小方壶斋舆地丛钞》第六帙。
⑬ ［清］李元度：《天岳山馆文钞》卷二〇。
⑭ 嘉庆《巴陵县志》卷一四《物产》。

似有些不同，后者的商品化很大程度上是由谋利的驱使为主，而茶叶的商品化似还处在出售山区的土产换取货币，以购买生产和生活必需品的阶段，也就是一种以副补农的性质。

在茶叶生产中，除了自种，还有租山种茶、代人采茶的。如清代福建北部一带茶山，"多租予江西人开垦种茶，其价甚廉，其产殖颇肥"①，江西南丰"自耕种外，惟向闽山采茶……为生"②。这种情形和地主出租土地、雇佣工人的性质类似，说不上是资本主义的商品生产。

5. 甘蔗和制糖　甘蔗除少数部分作水果，大部分都是作熬糖的原料，所以在这里将种蔗和制糖合在一起进行介绍。

明清时期，种蔗制糖也是一个获利相当丰厚的行业。据道光《永安县续志》卷九《风俗》载，"种蔗栽烟，利较谷倍"。朱士介《小琉球漫志》说，台湾"糖之息倍于谷"。同治四川《会理州志》卷七说，"垦地焚林，其利十倍，莳烟种蔗，其利百倍"。有人说："蜀糖利市胜闽糖，出峡长年价倍偿。"尽管有些材料（如《会理州志》）说的似乎有点夸大，但总的来看，种蔗制糖获利是相当高的，比种粮食收益要高得多。

种蔗制糖利倍于种稻，因而也极大地刺激了甘蔗的种植，甚至有改稻田为蔗田的。明末清初人屈大均说，广东地区"糖之利甚溥，粤人开糖坊者多以是致富，盖番禺、东莞、增城糖居十之四，阳春糖居十之六，而蔗田几与禾田等矣"③。在闽南地区，由于"稻利薄，蔗利甚厚"，所以"往往有改稻田种蔗者"④。康熙三十年（1691），台湾"旧岁种蔗已三倍于往昔，今岁种蔗十倍于旧年"⑤。据近人估计，到乾隆九年（1744），台湾的蔗田面积为30.1万亩，稻田面积为60.1万亩，"蔗田约达稻田的一半"⑥。广东、福建、台湾、四川成为中国的甘蔗集中产区。明清时期，闽粤等地常需从外省调运粮食以补不足，除了人口增多的原因，经济作物大量占用粮地看来也是原因之一。

除上述各种经济作物，还有麻、果树、花卉、蔬菜等种植业，也不同程度地从事着商业性生产，这里不作胪列。从各种历史资料记载来看，明清时期商品经济的发展已渗入种植业的各个生产部门了。

---

① ［清］陈盛韶：《问俗录》卷一《建阳县》。
② ［清］鲁琪光：《南丰风俗物产志》，见［清］王锡祺辑：《小方壶斋舆地丛钞》第六帙。
③ ［清］屈大均：《广东新语》卷二七《草语·蔗》。
④ ［明］陈懋仁：《泉南杂志》卷上。
⑤ 康熙《重修台湾府志》卷一〇《艺文》。
⑥ 许涤新、吴承明主编：《中国资本主义的萌芽》，人民出版社，1985年，209页。

（二）丝绸、棉布等手工业品的商品化

中国传统农业以耕织结合为其重要特点。在蚕区缫丝织绸，在棉区纺纱织布，是"织"的主要内容。在自然经济条件下，大多是自织自用，多余部分虽然也用于交换，但生产的目的并不是为了市场的需要，市场上的交换只是以有易无，是小农经济间的自我余缺调剂。

在传统农业中，丝绸、棉布只是部分地区和部分农户进行的一种副业生产，不像粮食每家每户都须种植；而纺织品又是生活的必需品，不从事纺织生产的农户，就要从市场中购回纺织品。农户之间纺织品余缺状况的存在、城镇经济的发展、城镇人口的增加以及各地区间生产的差异等，是造成纺织品流通的客观因素。明清时期，国内外需求的增加和流通领域的扩大，进一步促进了纺织品的商品化。

1. 棉布生产的商品化　松江地区的棉布生产在元代已相当有名，明清时期松江仍是全国最主要的棉布产地，棉布运销全国各地。正德《松江府志》卷四《风俗》说，松江"（线）棱、（三梭）布二物衣被天下"，松江府上海县在清代"地产木棉，行于浙西诸郡，纺绩成布，衣被天下……富商巨贾，操重资而来者多或数十万两"。①

明代，山东、河南等地虽然也产棉花，但纺织技术不及松江，松江地区利用自己的技术优势和南北间的棉花差价，从山东、河南购买棉花，而将大量棉布销往北方，从而形成了"吉贝则泛舟而鬻诸南，布则泛舟而鬻诸北"②的局面。

邻近松江的苏州地区，是明清时期又一个重要的棉布产地，所产棉布由各地商人贩至四方。万历《嘉定县志》卷六《田赋考·物产》记载说："商贾贩鬻近自杭、歙、清、济，远至蓟、辽、山、陕，其用至广，而利亦至饶。"常熟所产之布"用之邑者有限，而捆载舟输，行贾于齐鲁之境常十六，彼民之衣缕往往为邑工也"③。

一些不产棉或产棉不多的地区，这时也采用以布易棉的办法来从事家庭纺织生产，借以换取货币，增加收入，从而促进了棉纺织业的发展。例如嘉兴府的平湖县，"比户勤纺织，妇女燃脂夜作，成纱线及布，侵晨入市，易棉花以归，或捻绵线以织绸，积有羡余，挟纩赖此，糊口亦赖此"④。又如湖州府归安县双林镇"不产棉花，俱自东乡买来"，纺成棉纱，"或卖与庄家，或自用织布"。⑤徐文潮曾赋诗描写当时浙江嘉兴新丰镇的棉纺织业，诗曰："野外人家纺织多，声声机杼不停

①　[清]叶梦珠：《阅世编》卷七。
②　[明]徐光启：《农政全书》卷三五《木棉》。
③　嘉靖《常熟县志》卷四《食货志》。
④　雍正《浙江通志》卷九九《风俗上》引天启《平湖县志》。
⑤　同治《双林记增纂》卷九《物产》。

纱，晓来抱布争趋市，禁夜遗碑迹未磨。"① 抱布趋市，正是棉纺织品商品化的生动反映。

清代，棉纺织业在北方也发展起来，尽管北方的商品经济发展不如南方，但这时的棉布也相继投入市场成为商品。

直隶 滦州，"女勤纺织，比屋皆然"，集市上"尤多棉布，然用于居人者十之二三，运于他乡者十之八九"。② 乐亭，"（布）本地所需一二，而运出他乡者八九，以农隙之时，女纺于家，男织于穴，遂为本业"③。南宫，"妇人皆务纺绩，男子无事亦佐之，虽无恒产，而贸布鬻丝，皆足自给"④。

山东 齐东，"自农功而外，只此（纺织）一事，是以远方大贾，往往携重资购布于此，而土民赖以活"⑤。蒲台，"户勤纺织，布有数种，……既以自给，商贩转售，南赴沂水，北往关东，闾阎生计多赖焉"⑥。

河南 孟县，"自陕甘以至边疆一带，远商云集，每日城镇市集，收布特多，车马辐辏，廛市填咽，诸业毕兴"⑦。正阳，"家家设机，男女操作，其业较精。商贾至者每挟数千金，昧爽则市上张灯设烛，骈肩累迹，负载而来，所谓布市也。东达颍亳，西达山陕，衣被颇广焉，居人号曰陡布"⑧。

山西 榆次，"榆人家事纺织，成布至多，以供衣服租税之用。而专其业者，贩之四方，号榆次大布，旁给数郡，自太原而北边诸州府，皆仰市焉，亦货于京师"⑨。

湖北 云梦，"（农民）甫释犁锄，即勤机杼，男妇老少皆然，寒暑不辍，土著贾人无重资，市肆牙行专视远商之售否为盈虚"⑩。

上述资料记载表明，时至清代，北方的棉纺织业有了较明显的发展，棉布通过商人的中介而销往东北、西北、西南各地，成为北方地区外销的重要商品之一。虽然棉纺织业在多数家庭仍然是耕织结合的家庭手工业，但在个别地区（如

---

① ［清］徐文潮：《平林杂咏》，见民国《新丰镇志略初稿》卷六《碑石》。
② 嘉庆《滦州志》卷一。
③ 乾隆《乐亭县志》卷五。
④ 道光《南宫县志》卷六。
⑤ 康熙《齐东县志》卷八。
⑥ 乾隆《曹州府志》卷七。
⑦ 乾隆《孟县志》卷四。
⑧ 嘉庆《正阳县志》卷九。
⑨ 乾隆《榆次县志》卷七。
⑩ 道光《云梦县志》卷一。

山西榆次）已经出现了"专其业者"的专业纺织户——棉纺织业从耕织结合的自然经济中分离出来，成为独立的手工业。这是明清时期小农经济的一个重要的发展变化。

2. 丝绸生产的商品化　丝绸是一种高档的消费品，秦汉以来，一般都以赋税的形式向农民征收，供王室、官吏、大商人等享用，或由封建王朝用来对外贸易。明清时期，由于经济的发展，社会上奢靡之风盛行，一般的市民也穿丝裟绸，"衣丝蹑缟者多，布服菲履者少"[①]，丝绸的需要量大为增加，从而加速了丝绸生产的商品化。

明清时期，全国的蚕丝中心首推浙江湖州府，其次是四川保宁府的阆中县。郭子章在《蚕论》中曾这样写道："东南之机，三吴闽越最夥，取给于湖茧；西北之机，潞最工，取给于阆茧。"[②]

湖州又以菱湖出丝最多，"（隆庆）时，归安菱湖市廛家主四方鬻丝者多廛临溪，四五月间，溪上乡人货丝船排比而泊"[③]。"菱湖在归安县东南，……多出蚕丝，贸易者倍他处。"[④]

邻近湖州的嘉兴石门，也以产丝著名，万历时，石门"地饶桑田，蚕丝成市，四方大贾岁以五月来贸丝，积金如丘山"[⑤]。

湖丝不仅产量多，而且质量好，以"匀、细、光、洁"[⑥]而著称于世，各地丝商争购。江宁"本不产蚕丝，皆买丝于吴越"[⑦]；苏州"丝织原料皆购自湖州"[⑧]；福建"所仰给他省者，独湖丝耳"[⑨]；江西铅山，"其货自四方来者，……浙江之湖丝，绫绸"[⑩]；广州，"粤纱，金陵、苏、杭皆不及，然亦用湖丝"[⑪]；山西潞安，"（潞绸原料）来自他方，远及川、湖之地"[⑫]。正因如此，明清时期湖州一直有"湖丝遍天下"[⑬]、"湖地宜蚕，新丝妙天下"[⑭]的美称。

---

① ［明］顾起元：《客座赘语》卷二《民利》。
② ［明］郭子章：《郭青螺先生遗书》卷二《蚕论》。
③ ［明］董斯张：《吴兴备志》卷三一。
④ ［明］宋雷：《西吴里语》卷四。
⑤ ［明］王穉登：《客越志》。
⑥ 同治《湖州府志》卷三一《蚕桑下》。
⑦ 嘉庆《江宁府志》卷一一《物产》。
⑧ ［明］周之玮：《致富奇书》。
⑨ ［明］王世懋：《闽部疏》。
⑩ 万历《铅书》卷一。
⑪ 乾隆《广州府志》卷四八。
⑫ 顺治《潞安府志》卷一《气候物产》。
⑬ ［明］宋雷：《西吴里语》卷三。
⑭ ［明］朱国祯：《涌幢小品》卷二。

四川保宁所产的丝，质地也不减湖丝。嘉靖《保宁府志》卷七《食货》记载，保宁所产之丝"精细光润，不减湖丝，……吴越人鬻之以作改机绫绢。岁夏，巴（州）、剑（州）、阆（中）、通（江）、南（江）之人，聚之于苍溪，商贾贸之，连舟载之南去，土人以是为生，牙行以此射利"。

所有这些记载，都说明蚕丝已成为市场贸易的重要物资，其商品化程度之高由此可见。

丝织品主要是绫、罗、绸、缎、绢、纱等，这些都是高档的衣料，基本上都是商品性的手工业品，主要产地是沿太湖的杭州、嘉兴、湖州、苏州等府。

明人张瀚说："余总览市利，大都东南之利，莫大于罗、绮、绢、纻，而三吴为最，……而今三吴以机杼致富者尤众。"又说，杭州"桑麻遍野，茧丝绵苎之所出，四方咸取给焉，虽秦、晋、燕、周大贾，不远数千里而求罗绮缯币者，必走浙之东也"。① 清乾隆时人杭世骏也说："吾杭饶蚕绩之利，织纴工巧，转而之燕，之齐，之秦、晋，之楚、蜀、滇、黔、闽、粤，衣被几遍天下，而尤以吴阊为绣市。"②

嘉兴、湖州的丝绸也同样受国内各阶层人士的欢迎。《张东侯郡守屏风记》说："（嘉湖）两郡至蚕桑所成，供三尚衣诸织局，衣被华夷，重洋绝岛，翘首企足，面内而仰章身者，惟嘉湖两郡是赖。"③ 嘉兴府中的濮院，"机杼之利，日生万金，四方商贾负资云集"④；雍正时，这里"一镇之内，坐贾持衡，行商麇至，终岁贸易，不下数十万金"⑤。湖州双林镇出包头绢，"各省直客商云集贩，里人贾鬻他方，四时往来不绝"⑥。

除了杭、嘉、湖三府，苏州也是丝绸的重要产地，丝绸交易十分兴盛。苏州府吴江的盛泽镇，康熙时"绫罗纱绸出盛泽镇，奔走衣被遍天下，富商大贾数千里辇万金而来，摩肩连袂，如一都会"⑦，乾隆时更出现"薄海内外寒暑衣被之所需，与夫冠婚丧祭黻黻文章之所用，悉萃而取给于区区一镇，入市交易，日逾万金，人情趋利如鹜，摩肩侧颈，奔走恐后，一岁中率以为常"⑧。

① ［明］张瀚：《松窗梦语》卷四《商贾记》。

② 乾隆三十七年《吴阊钱江会馆碑记》，见苏州历史博物馆：《明清苏州工商业碑刻集》，江苏人民出版社，1981年，19页。

③ 光绪《嘉兴县志》卷三二《艺文二》。

④ ［清］胡琢：《濮镇纪闻》卷首《总叙》。

⑤ 雍正《浙江通志》卷一〇二。

⑥ 乾隆《湖州府志》卷四一《物产·包头绢》引《双林志》。

⑦ 康熙《吴江县志》卷一七《物产》。

⑧ 乾隆增纂《盛湖志·仲周霈跋》。

山西潞安所出产的丝织品——潞绸亦很有名，除"贡篚互市外，舟车辐辏者转输于省直，流行于外夷，号称利薮"①。

上述记载表明，明清时期的丝绸生产可以说是完全的商品性生产，生产是为了出售，出售是为了牟利。这些记载还说明，浙江杭嘉湖、江苏苏州、山西潞安等地丝绸贸易之所以如此发达，不仅是因为这些地区有大量的丝绸可以外销，更重要的是这些地区所产的丝绸质量优良、受人欢迎，因而长盛不衰。

（三）粮食的商品化

明清时期以前，粮食也有流通，例如年成欠佳，需要购进粮食糊口；有的农户因需急用，也会出售部分口粮，但这都不是商品粮，而是个体农民之间以有余补不足，是自然经济内部的调节。到明清时期，粮食明显商品化了，出现了长距离运输调节，苏南、浙江等地"半仰食于江楚庐安之粟"②；"杭州府地狭人稠，浮食者多仰给于苏松诸府"③；"苏松杭嘉等府，人稠地狭，产米无多，虽丰年亦仰给于湖广、江西及就近邻省"④；江苏嘉定"县不产米，仰食四方"⑤；安徽徽州、池州"大半取于江西湖广之稻以足食"⑥；福建大部分地区粮食不能自给，"如此闽田既去七八，所种粳稻、菽麦亦寥寥耳，由是仰食江、浙、台湾、延、津"⑦；福建的泉州"多仰粟于外，上吴越而下广东"⑧；山西平阳、汾州、蒲州等地，"人稠土狭，本地所出之粟，不足供居民之用，必仰给河南、陕西二省"⑨；北直隶河间府"贩粟者至自卫、辉、磁州并天津沿河一带，……皆辇致之"⑩。

粮食是自给性最强的农产品，明清时期为什么商品化了呢？

（1）大中城市及手工业市镇的兴起，导致非农业人口的增加，需要大批商品粮。

明清时期的大中城市规模都不小，这里商业繁庶、人口众多，需要大批粮食，以下几个城市的有关史料可以说明这一点。

---

① 顺治《潞安府志》卷一《气候物产》。
② ［明］吴应箕：《楼山堂集》卷一〇。
③ 《明英宗实录》卷七六。
④ 《清世宗实录》卷二四，雍正二年九月。
⑤ ［清］顾炎武：《天下郡国利病书》原编第6册《苏松》引《嘉定县志·兵防考》。
⑥ ［明］吴应箕：《楼山堂集》卷一二《江南平议物价》。
⑦ ［清］郭起元：《介石堂集》卷八。
⑧ ［明］何乔远：《闽书》卷三八《风俗志》。
⑨ ［清］孙嘉淦：《孙文定公奏疏》卷三《请开籴楚省疏》。
⑩ 万历《河间府志》卷四《风土志·风俗》。

杭州 嘉靖初年，市井委巷，有草深尺余者，城东西僻有狐兔为群者，今（万历）民居栉比，鸡犬相闻，极为繁庶。① 到清初，"杭民半多商贾"，"若末作之人，负贩之流，百结蓝缕、饔飧不继者，何可胜数"。②

松江 隆（庆）万（历）以来，生齿浩繁，民居稠密。③

南京 街道极宽广，虽九轨可容。近来（万历）生齿渐繁，民居日密。④

苏州 姑苏控三江，跨五湖而通海，阊门内外，居货山积，行人流水，列肆招牌，灿若云锦，语其繁华，都门不逮。⑤

北京 贫民不减百万，九门一闭，则煤米不通，一日无煤米，则烟火即绝。⑥

不但居住在这些大的工商业市镇的大量非农业人口需要商品粮供应，而且这一时期新兴起的大批市镇也都规模不小，并会聚了大量非农业人口，需要商品粮供应，如：

江西浮梁、景德镇 明万历时，"镇上雇工，皆聚四方无籍游徒，每日不下数万人"⑦。

浙江湖州菱湖镇 明"正（德）、嘉（靖）、隆（庆）、万（历）间，第宅连云，阛阓列螺，舟航集鳞，桑麻环野，西湖之上无隙地、无剩水矣，遂为归安（今属浙江湖州市）雄邑"⑧。

广东佛山镇 明景泰时，"南海县佛山堡，东距广城仅五十里，民庐栉比，屋瓦鳞次，几万余家，……工檀炉冶之巧，四远商贩恒辐辏焉"⑨。

江西铅山石塘市 作为明清时代的重要产纸地，这里"地多宜于竹，水极清冽，纸货所出，商贾往来贩卖"，居民以"造纸为业"，⑩ 万历时"纸厂槽户不下三十余槽，各槽帮工不下一二千人"⑪。

---

① 万历《杭州府志》卷一九《风俗》。

② ［清］陈梦雷、蒋廷锡等编辑：《古今图书集成·方舆汇编·职方典》卷九四六《杭州府部·风俗考》。

③ ［明］范濂：《云间据目抄》卷五、卷二。

④ ［明］谢肇淛：《五杂俎》卷三《地部》。

⑤ ［清］孙嘉淦：《南游记》卷一。

⑥ ［明］吕坤：《吕子遗书·去伪斋集》卷一。

⑦ 康熙《西江志》卷一四六《艺文》，萧近高《参内监疏》。

⑧ 光绪《菱湖镇志》卷一《疆域》。

⑨ ［明］陈赟：《祖庙灵应祠碑》，见道光《佛山忠义乡志》卷一二《金石上》。

⑩ 康熙《铅山县志》卷一《地舆志·疆域》。

⑪ 乾隆《上饶县志》卷八《封禁考略附》，万历二十八年二月陈九韶《封禁条议》。

（2）由于经济作物的推广，大量耕地改种经济作物，加剧了粮食的商品化。"杭嘉湖三府属地，地窄人稠，民间多以育蚕为业，田地大半植桑，岁产米谷，除办漕外，即丰收之年尚不敷民食，向藉外江商贩接济。"[①]

嘉定县是苏州府的产棉区，百姓以棉为业，"县不产米，仰食四方"，"夏麦方熟，秋禾既登，商人载米而来者，舳舻相接"。[②]

在广东，"糖之利甚溥，粤人开糖房者，多以致富，盖番禺、东莞、增城糖居十之四，阳春糖居十之六，而蔗田几与禾田等"[③]，因此也需要大批的商品粮。

在福建的产糖区，"甘蔗……居民磨以煮糖，泛海售商，其地为稻利薄、蔗利厚，往往有改稻田种蔗田者，故稻利益泛，皆仰给予浙直小贩"[④]。

福建由于扩大烟草种植，在清初"其与农夫争土而分物者已十之五"，到乾隆时已发展到"耗地十之六七"，因而需要从外地输入粮食，以解食用之需。清代闽县人郭起元说："闽地二千余里，……今则烟草之植，耗地十之七八，……闽田既去七八，所种粳稻、菽麦亦寥寥耳。由是仰食江、浙、台湾、延、津。"[⑤]

陕西韩城农民"多务姜、靛、棉花之利，是以米麦所资，全藉延安、宜川一带贩买"[⑥]。

在江西瑞金，田"连阡累陌，烟占其半"，"二三十年前，下流米无运至上流者，瑞米斗不过四五分，未为空泛。今则下流之米一不至，即皇皇不能终日"。[⑦]

（3）酿造业的发展，需要大量的商品粮。《明英宗实录》卷二五六记载景泰六年（1455）北方造曲酿酒的情况说："今各处所收夏麦及商贾贩糯米、黄米皆为造酒之费，淮、济间岁造曲百十万，临清、通州及都城造酒之家不下千万，一家费米一石，万家费米万石，积而论之，为费实多。"清代，据有人估计，仅河南一省每年造曲酿酒，需用的麦子"奚啻数千万石"[⑧]。清代山东，"酿户大者，池数十，小者三四，池日一酿，酿费粟一石二斗，今十室之聚必有槽房，三家之村亦有酒肆，计人之所食不能居酒酤之半"[⑨]。

在南方，也大量用粮食酿酒。乾隆时，两江"酿酒数千家，获利既重，为业日多，约计岁耗糯米数百万石，踩曲小麦又数百万石，民间将肥田种糯，竟有一县种

① 雍正《朱批谕旨》，雍正十二年程元章奏疏《江南市镇》。
② ［清］顾炎武：《天下郡国利病书》原编第6册《苏松》。
③ ［清］屈大均：《广东新语》卷二七《草语·蔗》。
④ ［明］陈懋仁：《泉南杂志》卷上。
⑤ ［清］郭起元：《闽省务本节用书》，见［清］贺长龄、魏源编：《清经世文编》卷三六。
⑥ ［清］乔光烈：《最乐堂文集》卷二《韩城县平粜仓议》。
⑦ ［清］谢重拔：《禁烟议》，见光绪《瑞金县志》卷一一《艺文》。
⑧ ［清］尹会一：《尹少宰奏议》卷二。
⑨ ［清］孔广珪：《上邑侯吉沙韩书》，见道光《滕县志》卷一二。

糯多于种稻者"①。这种大量种糯的情况，早在明代浙江会稽就已出现。徐文长说："自酿之利一昂，而秫（糯）者几十之四，秔（食用粮）者仅十之六。酿日行而炊日阻。"②

清人包世臣说，苏州地区有粮田 960 万亩，每岁产米 2 200 万～2 300 万石，有人口 400 万～500 万人，大小平均以每人每岁食米 3 石计，"每岁当食米一千四五百万石，加完粮七十万石，每岁仍可余米五六百万石"，"然苏州无论丰歉，江广、安徽之客米来售者，岁不下数百万石"，原因就是"良由槽坊酤于市，士庶酿于家，本地所产，耗于酒者大半故也"。③

由于酿酒需耗用大量的粮食，且南北各地都大量酿酒，人的口粮变成了酿酒的原料，这是造成粮食商品化的又一重要原因。同时，酿酒原料用粮也是以商品形式出现的。

粮食商品化以后，从产粮省输出的粮食数量相当可观。有人估计，明代每年粮食流通总量不超过 1 000 万石，到清代年流通量不低于 4 000 万石，约 57 亿市斤。输出的地点，明代主要有两个，一是赣南，一是安徽江北一带；而到清代，商品粮的供应基地，已扩大到湖广、四川、江西、台湾、广西及东北的奉天地区。④ 而这个数字尚不包括各省省内及区域市场内的流通数字。粮食终于成为国内三大类主要流通商品（其他两类为工业品和经济作物）之一，在鸦片战争前，其在国产商品流通额中约占 39.71％⑤。

（四）农副产品商品化的影响与作用

明清时期，由于农副产品的商品化，同一块土地种植不同的农作物会得到不同的效益，致使经济效益高的经济作物占用大量粮田，造成了与粮食争地、争肥、争劳力的矛盾，影响了部分地区粮食生产的发展，加剧了粮食供应的紧张局面。若单纯从粮食生产的角度来看，农副产品的商品化确实对一部分地区发展粮食生产有负面影响，但这只是问题的一个方面。问题的另一面，也是更重要的一面，就是它对整个社会经济的发展却有着极为深刻的积极的影响——改变了种植业的结构，也使农村和整个社会的经济结构发生了变化。下面仅从农业生产方面来谈它的多方面的积极作用：

---

① 《清高宗实录》卷六九，乾隆三年五月辛巳。
② ［明］徐文长：《青藤书屋文集》卷一八《会稽县志诸论·物产论》。
③ ［清］包世臣：《郡县农政·庚辰杂著二》。
④ 史志宏：《清代前期的小农经济》，中国社会科学出版社，1994 年，216、217 页。
⑤ 吴承明：《中国资本主义与国内市场》，中国社会科学出版社，1985 年，253 页。

（1）改变了以往单一种粮的局面，促进了经济作物集中产区的形成，有利于种植业的分工，发挥地区优势，增加经济效益。农副产品商品化的结果，是在浙江杭嘉湖、四川保宁、广东顺德和南海形成了蚕桑区，在山东、河南、河北、湖南、湖北和江苏的苏松地区形成了棉花产区，在福建、台湾、广东形成了甘蔗集中产区，在福建、陕西汉中、河南等地形成了烟草集中产区，在福建、安徽、浙江、湖南、四川形成了茶叶产区。由于经济作物的收益高于粮食，因而这些地区成为全国经济较富裕之区。

（2）促成耕、织分离，使以丝织、棉织为内容的家庭手工业，从耕织结合的自然经济中分离出来，成为一种独立的手工业。在这些新出现的手工业部门中，还出现了许多工种，例如棉纺织业中出现轧花、纺纱、织布、印染、踹布等工种，丝织业中出现了缫丝、织绸、印染等工种。

其他的手工业也是如此，例如制烟业有风干、拌油、切丝、包装等工种，制茶业有蒸炒、熏香等工种，制糖业有糖师、火工、车工、牛婆、剥蔗、采蔗、看牛等分工。

由于这些手工业部门内部分工较细，操作单纯，技术容易熟练和提高，并且又有简单的协作，比之家庭手工业中由一人包揽各道工序，工效要高得多，而且产品质量也能得到大幅度提高，其经济效益当然也高于家庭手工业。

（3）许多新的生产部门的出现，为农村富余劳动力找到了新的就业门路，一定程度上缓解了农村人口过剩的困境。四川内江，"是蔗为务，平日聚夫力作，家辄数十百人"；江西铅山石塘的纸厂，"有三十余槽，每槽帮工不下一二千人"；秦岭大巴山区，"山内又有纸厂三十八座，（木）耳厂十八处，每厂匠工不下数十人"。①

苏州由于棉纺织业的发展，又分化出一个砑布（踹布）业。浙江总督李卫在雍正七年（1729）奏称："苏州以砑布为业者，皆系外来单身游民，从前数有七八千余，……目前砑匠又增出二千多人。……阊门外一带，地方辽阔，各匠数盈万余。"② 所谓游民，成分基本上以农村富余劳动力为主，他们从农村来到城镇，由于手工业的发展和内部分工的细化，从而找到了就业门路，这对于社会经济的发展、社会的稳定也是有益的。

二、农村市场网络的形成

随着农业生产的发展和农副产品商品化程度的提高，农村市场也开始日益发育起来，出现了有不同服务对象、不同经营内容、不同经营时间的各种市场组织形

---

① ［清］卢坤：《秦疆治略·西乡县》。
② 雍正《朱批谕旨》，雍正七年十二月初二日浙江总督管巡抚事在任守制臣李卫谨奏。

式——集市、庙会、市镇，以适应社会上不同层次的人对商业活动的需要，从而把从穷乡僻壤的山村到交通要津的村镇的商业活动组织了起来，形成了一个初级的农村市场网络（或者是网络的雏形），这是明清时期农村经济的一大发展（表7-1）。

表7-1 明清时期的农村市场

名称	主要服务对象	经营内容	经营时间	场地
集市	个体农民	农副产品贸易	二至五天一次	交通要道，居民集中区，村镇
庙会	妇女	小商品	一年一次或数次	庙宇
市镇	商人、手工业者	工商业贸易	日日开市	镇

严格说来，集市、庙会、市镇等农村市场组织形式，并不是明清时期才出现，但在明清时期以前，这些市场组织形式并不发达，只是到了明清时期才空前兴旺起来，这和明清时期商品经济的发展有着密切关系。

（一）集市

集市是主要的农村市场，主要进行农副产品的贸易，以满足个体农民生活和生产方面的需要。

明清时期农村集市是相当发达的，又以清代更为突出。例如河北，宝坻县（今属天津市）明代有7个集市，康熙年间有11个集市[1]；唐县，康熙年年间有11个集市，光绪年间有28个集市[2]。又如河南商丘，康熙年间有34个集市，光绪年间有54个集市。[3] 据近人统计：清代河北、山东35个州县中，共有集市875个，平均每个州县有25个集市，35个州县共有15 883个村，平均每18个村有一个集市，……35个州县共有1 490 856户、7 938 130人，平均1 704户、9 072人拥有一个集市。[4] 再如，浙江台州府太平县，明嘉靖时有温岭街、泽库街、侍郎街3个集市，到清嘉庆时，又增加了南监街、塘下街、夹屿街、下村街、新河街、箬横街、石头桥街、石粘街、鹜屿街、潘郎桥市、横山头市、神童门、长屿街、淋头市、石刺街、杉屿唐市、横涧桥市、大路街市、萧家桥市、街弄头市20个集市，共23个集市。[5] 可见集市分布的密度是相当高的。

不只在经济发达的东南地区，在经济不发达的边远地区也有集市存在。例如，

---

[1] 乾隆《宝坻县志》卷六。
[2] 光绪《唐县志》卷二。
[3] 康熙《商丘县志》卷一。
[4] 姜守鹏：《明清北方市场研究》，东北师范大学出版社，1996年，115页。
[5] 嘉靖《太平县志》卷二《地舆志下·坊市》；嘉庆《太平县志》卷三《建置志·坊市》。

明弘治时期宁夏地区就有羊肉市、柴市、靴市、鸡鹅市、巾帽市、杂货市、杂粮市、猪羊肉鱼市、米麦市、猪羊市、骡马市等专业市。①

总体而言，明嘉靖到万历年间，全国各地基本上形成了一个初具规模的农村集市网。到了清中期，全国大多数省区已经形成一个具有相当密度的农村集市网，各省区集市密度大体为每 100 平方千米 1～2 个，平均每集交易面积为 60～90 千米^2，其中平原多在 40～60 千米^2，山区多在 100 千米^2 以上；每集交易半径，平原多为 3～5 千米，山区多为 5～7 千米，平均为 4～6 千米。小农赴集贸易一般只需 1～2 小时的路程，步行半日即可往返；山区距离稍远，一日也可从容往返；河网区由于水路交通之便，实际耗时则要少得多。②

为了适应日益发展的农副产品贸易的需要，明清时期集市的集期间隔不断缩短，开市的次数相对不断增加。例如宁波府象山县的南堡市，在明嘉靖时是"逢五有市集"，即农历每月初五、十五、二十五日有市集，是十日一集的集市③；到清雍正时，发展为"五九日有市集"，即农历每月初五、初九、十五、十九、二十五、二十九日有集市，是五日一集的集市④。在同一地区集期也不一样，河北保定府雄县，有的市是十日一集，有的市如涞河市、东赵市、下村市则是五日一集。⑤ 在广东潮州"其墟期则逐日、三日、四日、五日均有之，而大率以逐日、三日为多"⑥。间隔时间的缩短，既增加了开市的次数，同时也反映了集市贸易的发达。

由于集市是主要的农村市场，它主要进行农副产品的贸易，以满足个体农民生活和生产方面的需要。而明清时期农村集市网的形成，奠定了大规模、长距离商品流通的基础，保障了小农经济生产与再生产的正常运转，使地区之间通过商品流通实现经济布局的调整和资源优化的配置。集市也是城、乡市场网络体系中十分关键的一环，促使城、乡市场连接为一个整体。⑦

（二）庙会

庙会，又叫庙市，因贸易活动设在庙宇内或庙宇附近而得名。起初，庙会完全是一种祭祀神灵的宗教活动，据研究，在周代已经出现⑧。庙会发展到具有商品交

---

① 弘治《宁夏新志》卷一《市集》。

② 许檀：《明清时期农村集市的发展》，《中国经济史研究》1997 年 2 期。

③ 嘉靖《宁波府志》卷九《经制志·都鄙》。

④ 雍正《宁波府志》卷八《乡里村志》。

⑤ 嘉靖《雄乘》卷上《疆域》。

⑥ 民国《潮州府志略·疆域·墟市》。

⑦ 许檀：《明清时期城乡市场网络体系的形成及意义》，《中国社会科学》2000 年 3 期。

⑧ 朱小田编著：《吴地庙会》，南京大学出版社，1994 年，2 页。

易的功能，时间较迟，有的说是在宋代①，有的说是在唐代②，有的认为可以上溯到魏晋南北朝时期③。但庙会作为一种市场形式而普遍发展起来，则是在明清时期。

明清时期，庙会相当发达，城乡都有。据统计，河南武安的庙会有 102 处，在城镇者 38 处，在乡村者达 64 处，约占总数的 60％；河北吴桥，17 次庙会中，乡村占 13 次，占总数的 76.48％。④ 据研究，"北方州县每年举办庙会二十八次左右"⑤。

这些庙会都有商业功能，一般招徕商人进行商品贸易，且有一定规模的市场。例如山西太谷，"村民于里庙祀神演剧，四乡商贾以百货至，交易杂遝，终日而罢者，为小会；赁房列肆，裘绮珍玩，经旬匝月而市者，为大会。城乡岁凡五十五"⑥。山西浮山县的东岳庙会、城隍庙会、关帝庙会、张公庙会，"逢会，招集远近商贾，鬻诸般货物，邑人称便焉"⑦。河南汲县，"常年香火会以敬事神，且因以立集场，通商贩"⑧。河北新河县，"各村庙宇多有年会，届期，商贩咸集，游人如织"⑨。山西襄陵，"城关乡镇立香火会，招集商贾，贩鬻货物，人甚便之"⑩。从庙会有商业贸易活动这一点看，它的功能同集市是一样的，所以有人把它视同集市。清代《燕京杂记》载："交易于市者，南方谓之趁墟，北方谓之赶集，又谓之赶会，京师则谓之赶庙。"

但庙会和集市有很大不同，它具有集市无法替代的功能。庙会除进行商品买卖的商业活动，还具有宗教活动和文娱活动的功能。庙会期间，善男信女都要到庙宇烧香拜佛还愿、演戏酬神，同时还有各种民间文艺演出，如高跷、跑旱船、花鼓、杂技等，热闹非凡，使长年封闭、枯燥的农村，顿时活跃，有了生气。庙会，可以说是农村的一个盛大的节日。民国河北《滦县志》记载的当地庙会就是这种情况：

> 古者年丰人乐，礼有报赛，滦俗以每岁举之，谓之庙会，其会各有定期，……至期演杂剧，陈百货，男女杂沓，执香花诣庙求福，烟焰涨天，钟磬不绝。各村又饰儿童为百戏，执戈扬盾，如傩状，导以幡幢，肃以仪仗，钲鼓喧阗，……后拥大纛，尾以金鼓钹饶，擂吹聒耳，挨村迂绕，跳舞讴歌……观者蜂拥蚁簇，妇女登巢车以望，举国若狂。

① 全汉昇：《中国庙市之史的考察》，《食货》1 卷 5 期。
② 谢重光：《唐代的庙市》，《文史知识》1988 年 4 期。
③④ 赵世瑜：《明清时期华北庙会研究》，《历史研究》1992 年 5 期。
⑤ 姜守鹏：《明清北方市场研究》，东北师范大学出版社，1996 年，124 页。
⑥ 光绪《太谷县志》卷三《风俗》。
⑦ 乾隆《浮山县志》卷二七《风俗》。
⑧ 乾隆《汲县志》卷六《风土》。
⑨ 民国《新河县志》卷一八《风土考》。
⑩ 民国《襄陵县志》。

庙会的这些活动，虽然带有宗教迷信色彩，但在很大程度上丰富了农村的文化生活。因此有人说，"庙会者，实农村一大交易场及娱乐场也"①。从这个意义上说，庙会又可以称作一种特殊的集市。

集市一般都设在交通方便的地方，一些穷乡僻壤和偏僻的山区很少有定期的集市，商品贸易只能求助于一年几次的庙会。如山西浮山，"地处僻壤，商贾不通，购置货物甚艰，惟每岁三月二十八日东门外东岳庙会，七月十五日城隍庙逢会，十月初六日南门内外关帝庙、张公庙逢会，招集远近商贾，鬻诸货物，邑人称便焉"②。偏僻乡村之所以欢迎庙会，庙会之所以长期保留在农村，恐怕这也是一个原因。因此，庙会对开发偏僻地区的经济，满足当地人民的物质需要，又有着集市所起不到的作用。

（三）市镇

在农村市场中，市镇对城乡物资的流通起着重要的作用，它是连接乡村和城市经济的纽带，千家万户农民生产的农副产品，就是通过市镇转运到城市和各地去的。

唐宋时期，在县治之下已设有镇。据《元丰九域志》记载，宋代全国有镇1 644个，数字相当可观。③ 但这时的镇是"军事设防之地"，是军事性质的，《新唐书·兵志》云："唐初，兵之戍边者，大曰军，小曰捉守，曰城，曰镇。"到明清时期，由于商品经济的发展，镇才由军事性质转变为工商业性质，成为市场的组成部分，所谓"商贾所集谓之镇"④，"商贾聚集之处，今皆称为市镇"⑤，表明唐宋时期的镇同明清时期的镇，虽然名称相同，但性质是完全不同的。

明清时期的市镇，来历大致有三：一是由军镇演变而来，如海盐的澉浦宋置水军，平湖的乍浦吴越设镇遏使，南宋置水军，由于商业比较繁荣，因而被继续保留下来，成为具有经济意义的市镇；二是由集市发展而来，例如浙江嘉兴的闻川市、濮院（元代为永乐市），湖州的菱湖、双林，在宋元时期都是集市，到明清时期，由于商业兴盛都相继上升为镇；三是由驿站嬗变而来，如浙江嘉善的枫泾、石门、皂林，河南商水县的周家江镇，山东的临清，都因地处交通要冲，水陆交通方便，是商旅必经之地，明清时递升为市镇。可见明清时期市镇的出现，

----

① 民国《新河县志》卷一八《风土考》。
② 乾隆《浮山县志》卷二七《风俗》。
③ 〔日〕梅原郁：《宋代地方小都市的一面：以镇的变迁为中心》，《史林》1958年41卷6号，转引自樊树志：《明清江南市镇探微》，复旦大学出版社，1990年，43页。
④ 正德《姑苏志》卷一八。
⑤ 弘治《湖州府志》卷四。

都直接或间接地与商业的发展有密切的关系。

明清时期市镇的发展是相当快的，明代及清前期全国市镇间距平均为 20 公里，晚清时期约为 15 公里。具体而言，明代及清前期市镇间距为 10～13 公里的地区，为商品经济发达地区，有江浙、安徽、山东、广东等地；间距为 18 公里者，为次发达地区，有湖北、江西、直隶等；间距超过 25 公里者，为落后地区，包括湖南、四川、福建、陕西等。晚清时期，市镇间距为 9～11 公里的地区，属于发达地区，有江浙、湖北、江西、四川、山东、广东等；间距超过 23 公里者，为落后地区，有湖南、福建、陕西等。① 在这些市镇中，尤以经济发达的苏、松、嘉、湖地区为最。樊树志在《明清江南市镇探微》（复旦大学出版社，1990 年）中，详细开列了江南各府的市镇数及其名称，对我们了解江南的市镇经济很有帮助（表 7－2）。

表 7－2　明清时期江南六府的市镇数

单位：个

府名	明代			清代		
	市	镇	合计	市	镇	合计
苏州	50	45	95	56	47	103
松江	20	42	62	26	66	92
常州	49	32	81			
杭州	18	22	40	46	29	75
嘉兴	11	31	42	2	26*	28
湖州	4	18	22	1	21	22

* 光绪《嘉兴府志》卷四《市镇》所载共 29 镇，其中塘汇、沈荡、白沙湾、新带、新仓、青莲寺、青墩、炉头、陈庄 9 镇为《明清江南市镇探微》所无，而该书原列 26 镇中，茶院、半逻、鲍郎、芦沥、钱家带、徐家带，在光绪《嘉兴府志》中都未列为镇。

从表 7－2 可以看出，苏州、松江、常州、杭州、嘉兴、湖州地区市镇经济十分繁荣，其中尤以苏松地区更为发达。

明清时期江南地区的市镇，不仅数量多，而且规模大，市镇中的居民一般在千户以上，大的镇可达万户左右。例如，南浔、盛泽、乌青、王江泾、双青、濮院、唯亭、硖石、法华、新城等镇，人口都在万户左右；万户以下、千户以上的镇有黎

———————————

① 任放：《明清长江中游市镇经济研究》，武汉大学出版社，2003 年，111 页。

里、章练塘、江湾、朱泾、同里、临平、周庄、璜泾、震泽、长安等。

明嘉靖时人茅坤说："至于市镇，如我湖（州）归安之双林、菱湖、琏市，乌程之乌镇、南浔，所环人烟，小者数千家，大者万家，即其所聚，当亦不下中州郡县之饶矣。"①

和市集相比，除了规模大，市镇还具有以下的特点：

第一，市镇是经常营业的市场，集市则是定期贸易的临时市场。

第二，市镇有常住的工商业者，集市则无固定的商人。

第三，除了商业，有的市镇还有手工业生产，例如广东的佛山镇，有铸铁、炒铁、锻铁的制造业，江西的景德镇"民多业瓷"，浙江的濮院、菱湖、南浔、乌青等镇以丝织业闻名遐迩，等等，集市则完全是商业性的交易。

第四，市镇的营业额较大，有的达到"一日贸易数万金"②，有的"终岁贸易不下数十万金"③，而集市则贸易额相对较小。

由此可见，市镇是最发达的农村市场，在农村中处于中心市场的地位。但是明清时期全国市镇发展是不平衡的，南方特别是江南市镇远比北方为多。兹以苏州府为例，清代后期共有 11 个县，156 个镇，平均每县有 14 个镇④；在北方，据对山东章丘、齐东、范县，河北临榆、香河，陕西合阳、邠州七县的统计，共有 58 个镇，平均每县有 8 镇⑤，苏州府各县平均拥有的镇比北方七县高 75%，可见北方的市镇经济发展不如南方。

明清时期农村市场网络的形成，是和这一时期农业、手工业的发展以及农副产品商品化程度的提高分不开的；市场网络，即使是初级的市场网络一旦形成以后，反过来又对农业生产和商品经济的发展起着巨大的促进作用。

明清时期，农村市场网络在促进农村经济、农业生产发展方面发挥了很大作用，主要有以下三种功能：

一是调剂功能。为农民调剂余缺提供了场所，保证了再生产的顺利进行。有了市场，方便了农民调剂余缺，剩余产品可以到市场上出售，缺少的物品可以从市场上购回，满足了农民生活和生产方面的需要，有利于再生产的进行。

二是集散功能。市场网络的形成，特别是市镇的形成，为四乡物资的集散提供了方便。集市和市镇都扎根于农村，同时又处于交通方便的地方，物资集中容易，

---

① ［明］茅坤：《茅鹿先生文集》卷二《与李汲泉中丞议海寇事宜书》。

② 民国《南浔志》卷三一《农桑》。

③ 雍正《浙江通志》卷一○二《物产》。

④ 樊树志：《明清江南市镇探微》附录三《清代后期苏松市镇分布表》，复旦大学出版社，1990年，516～523 页。

⑤ 姜守鹏：《明清北方市场研究》，东北师范大学出版社，1996 年，119 页。

输出也比较方便，这样，就方便了农村中农副产品和手工业品的集中和输出。例如嘉兴濮院镇，每年新丝上市，"乡人抱丝诣行，交错道路，丝行中着人四路招揽，谓之接丝日，至晚始散"①。湖州菱湖镇也是如此，"归安菱湖市廛家主，四方鬻丝者多廛临溪，四五月间，溪上乡人货丝船排比而泊"②。乌青镇则是"各处大郡商客投行收买"③。在盛泽镇，则是"四乡业绸，俱赴庄售卖"④。集市和市镇的存在，方便了农村物品的输出，为城乡物资交流提供了渠道，同时也活跃了农村市场。

三是分解功能。市场的存在，在调剂余缺、发挥集散功能的同时，也促进了商品经济的发展，使自然经济不断向商品经济转向。上文所述农产品商品化程度的提高，是和农村市场的作用分不开的。

第二节　农业经营方式的变化

一、雇佣劳动的广泛采用

明清时期以前，雇佣劳动在中国的农业生产中早已采用，它的最初形态，至少可以追溯到战国时期。《韩非子·外储说左上》中被称为"庸客"的"卖庸而播耕者"，可以说是中国最早见于文献记载的雇佣劳动者。《史记》中记载的"尝与人庸耕"的陈涉，也是一个雇佣劳动者。其后，雇佣劳动在中国历史上累见记载，如汉代的佣作、佣保、庸伍、庸奴、流庸、客庸，唐代的作儿、日用人，宋代的雇人、人力等，但这些都是一种个别的现象，在生产中不占主要的地位，也不起重要的作用。

到明清时期，雇佣劳动在农业生产中十分流行，并成为一种相当重要的经营方式。这是明清时期农业在经营方面的一个重大特点。

明清时期的雇佣劳动，就地域来说，已分布到全国大多数地区。经济最发达的江南，苏松嘉湖地区是中国最早广泛采用雇佣劳动的地区之一，在那里，雇工还有长工、短工、忙工之别，"计岁而受直（值）者曰长工，计时而受直者或（曰）短工，计日而受直者曰忙工"⑤。这种称呼和区分的标准在苏松嘉湖地区基本上是统

---

① ［清］杨荫轩：《濮院琐志》卷六《岁时》。
② ［明］董斯张：《吴兴备志》卷三一。
③ 康熙《乌青文献》卷三《土产》。
④ 乾隆《盛湖志》卷七。
⑤ 嘉靖《吴江县志》卷三。

一的，说明在当地相当流行，普遍采用，已成为一种相当成熟的农业经营方式（表7-3）。而这种经营方式，主要见于明代弘治万历年间（1488—1619）。

表7-3 江南方志中有关明代雇佣劳动的记载

时代	地区	记载的有关内容	文献出处
弘治时期	吴江 （今江苏吴江市）	无产小民投顾（雇）富家力田者谓之长工；先供米谷食用，至力田时撮忙一两月者谓之短工。	弘治《吴江县志》
正德时期	松江 （治所在今上海松江县）	农无田者为人佣耕曰长工，农月暂忙者曰短工。	正德《松江府志》卷四
	华亭 （今上海松江县）	农无田者为人佣耕曰长工，农月暂佣者曰忙工。	正德《华亭县志》
	苏州	若无产者，赴逐顾倩，受值而赋事，抑心殚力，谓之忙工。	正德《姑苏志》卷一三
嘉靖时期	湖州 （今浙江湖州市）	无恒产者雇倩受值，抑心殚力，谓之长工；夏初农忙，短假应事，谓之忙工。	同治《湖州府志》卷二九引［明］王道隆《菰城文献》
	吴江 （今江苏吴江市）	无产者赴逐雇佣，抑心殚力，计岁而受直者曰长工；计时而受直者或（曰）短工，计日而受值者曰忙工。	嘉靖《吴江县志》卷三
	江阴 （今江苏江阴市）	田于人曰佃，受值而赋事曰工。独耕无力，倩人助己而还之，曰伴工。	嘉靖《江阴县志》卷四
万历时期	秀水 （今浙江嘉兴市）	富农倩佣耕，或长工，或短工。	万历《秀水县志》卷一
	嘉善 （今浙江嘉善县）	农无产者受值雇倩，有长工、短工、闲工、忙工之别，计岁受值者曰长工，计时者曰短工，闲时曰闲工，忙时曰忙工。	光绪《嘉善县志》卷五引万历《嘉善县志》

从方志记载来看，苏松嘉湖地区在这段时期已较普遍地采用了雇工生产。当然，这并不是说其他地区没有雇工生产，例如嘉靖《洪雅县志》、万历《滨州志》《宛署杂记》、崇祯《历乘》等文献中亦都有关于雇工生产的记载，说明雇工生产在其他地区也同样存在，只是不如苏松嘉湖地区那样发达和普遍而已。

清前期有关雇工经营的记载更多，除了苏松嘉湖地区，一些内陆和边远地区也出现了雇工经营，雇工经营的地域范围进一步扩大了（表7-4）。

表7-4 清前期有关雇工经营的记载

时代	地区	记载的有关内容	文献出处
顺治时期	蕲水（今湖北浠水县）	最贫者为人佣工，或岁计，或计日而岁值焉。	顺治《蕲水县志》卷一八
康熙时期	海宁	农无田者为佣作。	同治《海宁州志》卷五
	巴陵（今湖南岳阳市）	十分其田，而佣居其五。	《清经世文编》卷二九
	通州	无田之农受田于人，名为佃户，无力受田者名为佣工。	康熙《通州志》卷七
	邳州（今江苏邳州市北邳城）	佃作皆非土著，……驽钝者，佣工以自给。	康熙《邳州志》卷一《风俗》
	应城（今湖北应城市）	有田之家鲜能自耕，或募佣工，或招租佃。	光绪《应城县志》卷一《风俗》
	登州（治今山东蓬莱市）	农无田为人佣作曰长工，农月暂雇者曰忙工，田多人少、倩人助己曰伴工。	《古今图书集成·方舆汇编·职方典》卷二七八《登州府部》
	苏州	吴农治田力穑，夫耕妇馌，犹不暇给，雇倩单丁以襄其事，以岁计曰长工，以月计曰忙工。	《古今图书集成·方舆汇编·职方典》卷六七六《苏州府部》
	松江	农无田者为人雇耕曰长工，月暂雇者曰忙工，田多而人少倩人为助己而还之曰伴工。	《古今图书集成·方舆汇编·职方典》卷六九六《松江府部》
	山东	东省贫民，穷无事事，皆雇于人，代为耕作，名曰雇工子，又曰做活路。	［清］李渔《资治新书二集》卷八
	汉中	十月一日……雇工人皆于是日放还，谚云：十月一，送雇的。	《古今图书集成·方舆汇编·职方典》卷五三一《汉中府部·风俗考》
乾隆时期	平湖（今浙江平湖市）	田多募佣，有长工，短工。	乾隆《平湖县志》
	汲县（今河南汲县）	贫人多佣工食力。	乾隆《汲县志》
	乌程（今浙江吴兴区）	防水旱不时，车戽不暇，必预雇月工，名唤短工或伴工。	光绪《乌程县志》

（续）

时代	地区	记载的有关内容	文献出处
乾隆时期	金山（今上海金山县）	农无田者，为人佣耕，曰长工。农月暂忙者曰忙工。田多人少，倩人助己而还者，曰伴工。	乾隆《金山县志》卷一七
	寿阳（今山西寿阳县）	受雇耕田者谓之长工，计日佣者谓之短工，租田种者谓之庄家，又谓之伴种。	[清] 祁寯藻《马首农言·方言》
嘉庆时期	正阳（今河南正阳县）	若无田者，赴逐雇倩，计岁而受值，曰长工，……有种他人之田，而计亩均分者，曰佃户。	嘉庆《正阳县志》卷六
道光时期	遵义	正月，……雇长年，纤犁驱。	道光《遵义府志》卷一六
	思南（治今贵州思南县）	出力为人代耕，收其雇值，有岁雇，有月雇，历年久者谓之长年。	道光《思南府志》卷二

表7-4仅是摘录了部分记载资料，事实上远不止这些地区有雇工经营。魏金玉在《明清时代农业中等级性雇佣劳动向非等级性雇佣劳动的过渡》一文中说："我们在雍正、乾隆、嘉庆三朝的部分刑事档案中就已经可以看到，中国本部十八省，直隶、河南、陕西、山西、甘肃、山东、浙江、安徽、江西、湖南、湖北、四川、福建、广东、广西、云南、贵州和东北、西北地区，没有一个省区不曾发生过涉及雇工人的人命案件。"[1] 也就是说，没有一个省区不存在雇工经营，由此可见明清时期雇工经营分布之广泛。

明清时期，雇工经营不仅在粮食生产活动中采用，而且在和农业生产有关的其他部门中也采用。

蚕桑业：有专门雇工经营桑地的，如万历时庄元臣《曼衍斋草》中说："凡桑地二十亩，每年雇长工三人，每人银二两二钱。"有雇工养蚕的、缫丝的，黄省曾《蚕经》中说："养（蚕）之人后高善。以筐计，凡二十筐，庸金一两。看缫丝之人，南浔为善，以日计，每日庸金四分，一车也，六分。"《陶朱公致富奇书》卷二也有同样的记载："养蚕人以筐计，凡二十筐，佣金一两；缫丝人以日计，每日佣金四两（按：应为分），或一车六分。"计酬的方法已有计件、计时之分。

植棉业：有雇人棉田锄草的，方观承《棉花图·耘锄》诗："村墟槐柳人排立，

---

① 李文治、魏金玉、经君健：《明清时代的农业资本主义萌芽问题》，中国社会科学出版社，1983年，331页。

佣趁花田第几锄"，描绘的就是华北植棉地区贫苦农民集于地头树下，等待雇主觅雇的情景。有雇儿童采棉的，徐珂《清稗类钞》卷七一对此记载说："姚（余姚）多木棉，棉熟时，主人雇贫家儿收花。"

种茶业：每当采茶的季节，茶场需要大量的人手来采茶，一些贫苦的农民因此常受雇于茶场主，以换取温饱。鲁琪光《南丰风俗物产志》记载说，南丰"邑非沃土，民自耕种外，惟向闽山采茶……为生"。在福建建阳，采春茶时，会有大量民工涌来，形成采摘的民工潮，"春二月突添江右人数十万，通衢市集、饭店、渡口有毂击肩摩之势，而米价亦昂"[1]。

园艺业：有雇人种菜的，道光时人李兆洛《凤台县志·论食货》说："郑念祖，素丰家也，雇一兖州人治圃，……岁终而会之，息数倍。"有雇人为果园治虫的，褚华《水蜜桃谱》记载了上海桃园雇人治虫的情况："梅雨后，枝叶生虫，倩佣捉取，颇辛苦，交小暑乃止。"乾隆时在广东琼山有雇工种槟榔的，在京师有雇工种西瓜和葱的。[2]

养鱼业：有雇人看荡的，《吴越风土录》卷一一记载道："畜鱼以为贩鬻，名池为荡，谓之家荡。……有荡之家募人看守，抽分其利，俗谓分荡。"

垦荒活动：有受于雇主为其开荒的。熊人霖《南荣集》卷一一《防箐议下》讲到的福建长汀、上杭贫民为寮主开山种植，便是属于这一类型的雇佣劳动："汀、上杭之贫民也，每年数百为群，赤手至各邑，依寮主为活，而受其佣值，或春来冬去，或留过冬为长雇者也。"寮主是"汀之久居各邑山中，颇有资本，披寮蓬以待箐民之至，给所执之种，俾为锄植，而征其租者也"。这就是说，寮主是一个拥有资本，租有大量土地的雇工生产的佃富农。寮主和箐民之间，便是雇佣关系。

在清代的档案中，记载了一桩安徽休宁县丁云高等人，租山雇工种植苞芦（玉米）的民事纠纷，据丁云高说："乾隆四十四年上与姐丈胡宗义到休宁，合伙向巴鸿万、巴五德、巴遂租这山场，写立租批，计价五百三十两，议定十五年为满，……这冯建周、郑昆山、储玉章、汪南山、陈文翰、冯朝佐、丁添南、郑添光、钱国丰、钱桂丰、纪秀升、何永盛都是小的雇倩垦种之人"[3]，也是种雇工开荒的性质。乾隆三十七年（1772）陕甘总督文绶在奏折中说，在新疆巴里坤、乌鲁木齐的屯垦中，"富者可以出资雇募工人尽力承垦，即为己业"[4]，说明远在经济比

---

① ［清］陈盛韶：《问俗录》卷一《建阳县》。

② 清刑部档案抄件，转引自许涤新、吴承明主编：《中国资本主义的萌芽》，人民出版社，1985年，244页。

③ 乾隆四十七年九月二十三日萨载题，转引自吴量恺：《清代乾隆时期农业经济关系的演变和发展》，《清史论丛》第1辑，中华书局，1979年。

④ ［清］贺长龄、魏源编：《清经世文编》卷八一《兵政·塞防下》。

较落后的边疆地区，也已在乾隆时期出现了雇佣劳动。

丝织业：丝织业是明清时期大量使用雇工劳动的一个行业。《明神宗实录》卷三六一记载："（吴民）家杼轴而户纂组，机户出工，机工出力，相依为命久矣。""染坊罢而染工散者数千人，机房罢而织工散者又数千人，此皆自食其力之良民也。"动用的雇工，达数千之多。又据《纪录汇编》卷一六七《庚巳编》记载，长洲郑灏"其家有织帛工、挽丝俑各数十人"。明清时期丝织行业雇工规模之大，即此可见一斑。

棉纺织业：光绪《枫泾小志》卷一〇载，康熙初，浙江嘉善县枫泾镇，"里中多布局，局中多雇染匠、砑匠，皆江宁人"。《古今图书集成·方舆汇编·职方典》卷六七六《苏州府部》记载苏州地区纺织雇工情况时说："比闾以纺织为业……工匠各有专能，匠有常主，计日受值，有他故则唤无主之匠代之，曰唤代。"这里，雇主、工匠已经相对固定。

榨油业：康熙《石门县志》卷七记载说："镇油坊可二十家……辄募旁邑民为俑，……二十家合之八百人，一夕作，俑直二铢而赢。"

制糖业：道光《内江县志》卷一记载，四川内江县，"沿江左右，自西徂东，尤以艺蔗为多，平时聚夫力作，家辄数百人，……其雍（佣）资工值，十倍平农"。在台湾的糖坊中，也大量使用雇工，据《台海使槎录》卷三《物产》记载，一个糖坊拥有"糖师二人、火工二人、车工二人、牛婆二人、剥蔗七人、采蔗一人、看牛一人"，总计达 17 人之多。广东阳春，乾隆时亦有人雇工种蔗制糖的事例。[1]

历史资料表明，明清时期雇佣劳动已渗入农业生产及其相关的各个生产部门，有的规模已相当大，达到上百甚至几千人之多，采用雇佣劳动已成为当时发展农业生产的重要手段之一。

明清时期的雇佣劳动，同历史上主人和奴仆的封建主仆关系、地主和佃农的封建剥削关系不一样，它是一种"主者得工，雇者得值"[2]的劳资关系，雇工和雇主之间没有封建依附关系，雇工是有人身自由的自由人。所以，明清时期农业生产中雇佣劳动的广泛使用，反映了封建依附关系的松弛，是一种新的生产关系即资本主义生产关系的萌芽，这是农业生产中的一大进步。

"人市"的出现，是明清时期雇佣劳动广泛使用的又一显著标志。人市，又称工夫市、农市、佣市，是古代对农业劳动力市场的称谓，是商品经济发展、劳动力商品化的产物。

---

① 清刑部档案抄件，转引自许涤新、吴承明主编：《中国资本主义的萌芽》，人民出版社，1985 年，244 页。

② 乾隆《林县志》卷五。

人市至迟在明代末年已经出现，最早大约出现在丝织业中。万历时人蒋以化在《西台漫记》卷四中就记载过丝织业中的人市情况："我吴市民罔籍田业，大户张机为生，小户趁机为活，每晨起，小户百数人嗷嗷相聚玄庙口，听大户呼织，日取分金为饔飧计。大户一日之机不织则束手，小户一日不就人织则腹枵，两者相资为生久矣。"这不只有人力市场，但"人市"一词尚未出现。丝织业中的这种情况到清康熙时更甚。《古今图书集成·方舆汇编·职方典》卷六七六《苏州府部》载："郡城之东皆习机业。织文曰缎，方空曰纱。工匠各有专能，匠有常主，计日受值，有他故，则唤无主之匠代之，曰唤代。无主者黎明立桥以待，缎工立花桥，纱工立广化寺桥，以车纺丝者曰车匠，立濂溪坊。什百为群，延颈而望，如流民相聚，粥后俱各散归，若机坊工作减，此辈衣食无所矣。"从记载中看，这时已有"匠有常主，计日受值，有他故，则唤无主之匠代之"的常年机匠，和"无主者黎明立桥以待"的临时机匠，资本主义生产关系在丝织业中已经萌芽。

清代，农业中的雇佣关系在北方农村发展起来，出现了适应贫苦农民出售劳力的劳动力市场。例如山东，"每当日出，皆荷锄立于集场，有田者见之，即雇觅而去"①。在山东清平，"农忙之际，农村工市所在，多有其人，于每日极早，群集村外道旁，携带应用锄镰以待雇佣，其工资有低昂，由劳资双方于趁市时协商之"②。在山东青州，"照得东省贫民，穷无事事，皆雇于人，名曰雇工子，又曰做活路，每当日出，皆荷锄立于集场，有田者见之，即雇觅而去"③。再如河南林县，"游手持荷农具，晨赴集头，受雇短工，名曰人市。……主者得工，雇者得值，习焉称便，由来已久"。这是乾隆《林县志》卷五所记的情况，从"由来已久"这句话来看，这种人市在林县可能清初就已经存在了。这种劳动力市场，随着时间的推移，也不断有所发展，例如河北昌黎县，在乾隆年间短工市只有大横河镇一处，到光绪时，已发展到安山、燕窝庄、泥井、留守营等多处了④。

这种人市，不仅北方有，而且南方亦有，例如在安徽凤台，"方芸田时，佣者方集，荷锄入市，地多者出钱往僦，计日算工，谓之打短"⑤。

从雇佣劳动使用地区和使用部门的广泛性，从劳动市场的形成等诸多现象中可以看出，明清时期农业中使用雇佣劳动之多，超过历史上任何一个时期，这是明清

---

① ［清］周栎园：《劝施农器牌》，见［清］李渔：《资治新书二集》卷八。
② 《续修清平县志·实业志二·农业》。
③ ［清］李渔：《资治新书二集》卷八。
④ 《昌黎新县志》草稿，转引自魏金玉：《明清时代农业中等级性雇佣劳动向非等级性雇劳动的过渡》，见李文治、魏金玉、经君健：《明清时代的农业资本主义萌芽问题》，中国社会科学出版社，1983年，473页。
⑤ ［清］李兆洛：《养一斋文集》卷二《凤台县志·食货志》。

时期农业中出现的一个新现象。

从封建经济向资本主义经济过渡，必须具备资本和劳动力这两个条件，明清时期大量长工、短工、忙工的出现和使用，以及作为劳动力市场的人市的形成和发展，为一种新的生产方式的萌芽——资本主义萌芽的出现，创造了重要的历史前提。

明清时期雇佣劳动者的大量出现，有着深刻的社会经济原因。首先，人口猛增，造成了人多地少、耕地不足、人浮于地的后果，农村中出现了富余劳动力。其次，明代中叶以后，地主阶级出于贪婪的本性，采用各种手段大肆搜刮财富，兼并土地，致使土地空前集中。第三，商品经济的发展，促使小农经济向两极分化。兼并和分化的结果，是明中期以后出现了大量的破产农民，明末"吴中之民，有田者什一，为人佃作者什九"①，清雍正时"土田尽为富户所收，富者日富，贫者日贫"②。大量被剥夺了土地的农民，有的沦为佃农，有的则沦为完全靠出卖劳动力为生计的雇农，即所谓"无田可耕则力佃人田，无资充佃则力佣自活"③。

除了这些根本的社会经济原因，雇佣劳动者的大量出现还与其身份变化有着重要的关系。上文已经提到，雇佣劳动者早在战国时期已在中国出现，但直到明代以前，这些雇佣劳动者和雇主之间存在着严重的人身依附关系，不仅雇工的人身是不自由的，而且雇工和雇主在法律面前是不平等的，同是犯罪，雇主判得轻，而雇工则要罪加一等、判得重。所以那时的雇工，实际上是雇主的奴仆，是社会上的贱民。

明清时期，这种情况有了改变。明初，雇工被称为雇工人并开始同奴仆区别开来，虽然还保持主仆名分，但这种名分不是终生的，一旦解除雇佣关系，主雇即同凡论，雇工不再属于贱民阶层。

万历十六年（1588），"新题例"又进一步规定：

> 官民之家，凡倩工作之人，立有文券，议有年限者，以雇工人论，止是短雇月日，受值不多者，依凡（人）论。④

这个规定，确定了"止是短雇月日，受值不多者，依凡（人）论"，即将短工从雇工人中排除出来，作为一般平民对待，标志着封建法律对短工自由身份的确认。其次，又规定"立有文券，议有年限"的雇工，以"雇工人论"，而对于未立文券和议有年限的长工的身份，则没有明确，从后来的司法实践来看，这部分雇工"犯事

---

① ［清］顾炎武：《日知录》卷一〇。
② 雍正《大义觉迷录》引曾静语。
③ ［清］刘方蔼：《请修补城垣勿用民力疏》，见［清］琴川居士辑：《皇清名臣奏议》第四五。
④ 《明神宗实录》卷一九四，万历十六年正月庚戌。又参见［明］刘维谦：《明律集解附例》卷二〇《斗殴·奴婢殴家长》附。

到官，仍以未定文契论比平人者"①，也就是不作雇工人论处，也使部分长工获得了人身自由。清乾隆五十一年（1786）对雇工的身份进一步作了规定：

若农民佃户雇倩耕种之人，并店铺小郎之类，平日共坐、共食，彼此平等相称，不为使唤服役，素无主仆名份者，亦无论有无文契、年限，俱依凡人科断。②

这样，受雇于"农民佃户"中的雇工，不论其"有无文契、年限"，只要是"平日共坐、共食，彼此平等相称，不为使唤服役，素无主仆名份"的，都以平民的身份对待，使一批在庶民中佣工的农业长工，获得了人身自由。

当然，明清时期农业中的雇佣劳动者获得人身自由，并不是封建统治者的恩赐，它是社会经济发展和广大农民长期反抗和斗争的结果。但从雇工获得人身自由这一点上说，它确是和以往的封建雇佣关系不同：以往的雇工，既出卖了劳力，同时又出卖了自身；而明清时期，雇工出卖的只是劳力而不是自身。这种自由雇佣劳动的出现，为农业中资本主义萌芽的出现创造了条件，在中国农业发展史上具有重要的意义。

二、佃富农和经营地主的出现

秦汉时期以后，中国农业经营主要有两种形式：一是地主出租土地给佃人耕种，收取地租；二是小土地所有者的自耕自种，自给自足。从明中叶开始，随着商品经济的发展，农业经营形式发生了变化，在以出租土地收取地租为目的的地主经营中，又产生了一种雇工经营以谋取利润的经营形式，这种地主，我们称之为经营地主。小土地所有者在这个时期也加速了分化：一部分有资金、善经营、懂技术的农民，发展为租地雇工生产的佃富农，大量农民则破产失去了土地，成为佃农和以出卖劳力为生的雇农。这种农业经营形式的变化，表明千百年来中国固有的封建地主经营和小农经营的农业，开始出现了裂痕，一种新的农业经营方式——资本主义性质的经营方式，在封建社会中开始萌芽。这是一个具有重要历史意义的变化。

这里所说的佃富农，是指向地主租赁一定数量的土地，并雇佣工人进行生产以谋取利润的农业经营者。它和封建地主不同，封建地主是出租经营，自己不参加生产，而以收取地租为目的；佃富农和经营地主也不相同，经营地主自己有土地，佃富农并不拥有土地，而只有土地的使用权，前者取得的是包括地租和利润在内的全部产品，后者则是交了地租以后的利润；佃富农也不同于个体农民，个体农民生产

---

① ［清］陆燿：《切问斋集》卷一三《条议》。
② 《大清律例》卷二八《刑律·斗殴下·奴婢殴家长》附。

规模较小，生产是自给自足，满足一家一户的需要，佃富农则生产规模较大，生产是满足社会的需要，以求得利润。由此可见，佃富农是一种具有资本主义性质的农业经营。这是明清时期农业经营的特点之一。

佃富农经济在明末已经出现。熊人霖《南荣集》卷一一《防箐议下》所记福建上杭等地的租佃土地、雇工耕种，就具有这种富农经济的特点。

> 山主者，土著有山之人，以其上俾寮主执之，而征其租者也。寮主者，汀之久居各邑山中，颇有资本，披寮蓬以待箐民之至，给所执之种，俾为锄植，而征其租者也。箐民者一曰畲民，汀、上杭之贫民也，每年数百为群，赤手至各邑，依寮主为活，而受其佣值，或春来冬去，或留过冬为长雇者也。

引文中"有山"的山主，是收租的封建地主，"颇有资本"的寮主，是租地雇工经营的佃富农，那些"依寮主为活，而受其佣值"的箐民，则是一批雇工。三种人的身份和三者之间关系，文中说得十分清楚，证明原始的佃富农经济明末已在中国出现。

清代，佃富农经济有所发展。有的学者在对清代刑科题本进行研究时，发现有不少关于佃富农的记载，例如：

> 安徽休宁人丁云高、胡宗义合伙于乾隆四十四年（1779）租佃巴鸿万、巴五德、巴遂山场，租金530两，其中丁云高雇用的长工有12人种植苞谷，工钱每人一年银四两、六两不等。

> 四川邻水县人吴英议，租地种稻谷和甘蔗，并开设米房和糖房，雇工生产。

> 山西太谷县人牛希武，乾隆时租佃北京郊区张姓地主庄田，雇工农业经营，还和人合伙开设永隆号钱铺。

> 江西德化县人雷子志，向当地地主桂继旦租田110石[①]。如一石以15亩计，则110石相当于1 650亩，经营的规模相当大。

> 山东莱州掖县人石从德在乾隆五十一年（1786）租舒勒赫屯正红旗穆克登保佐领下披甲兴德保房二间，地40垧（约600亩），同纪韦国合伙经营，雇用工人生产。[②]

明清时期，种植经济作物获利要大于粮食作物，所以佃富农的经营多有投向种植经济作物的。

---

① 石，是明清时期民间的一种地积单位，但各地一石的面积大小不同，据研究，在浙江金华府属的县份，"大率当二亩半"，江西萍乡一石田当为15亩左右，贵州都匀府每石竟达到25亩（郭松义：《清代的亩制和流行于民间的田土计量法》，载于《平准学刊》第3辑上册，中国商业出版社，1986年）。德化一石面积多少，未详。

② 刘永成：《清代前期农业资本主义萌芽初探》，福建人民出版社，1982年，96～103页。

雍正初，浙江泰顺县蓝明山兄弟二人佃种毛山，雇工经营，做靛发卖，获利甚厚。

乾隆十六年，周添吉向江苏泰州（今泰县）地主程仰山，用56两银子租佃草荡，雇朱云土等7个刀工砍草出售，每人给工钱40文。

乾隆二十三年，湖北桂阳人刘希文租贵州桐梓县地主陈文英大鹿井山，开设笋厂，雇工做笋发卖。

乾隆二十七年，江西人石发仔向福建崇安地主梁生奇"批山采茶"，开设茶厂，雇人帮工，议定自四月起至七月工完，每人各给银4两。

同时，台湾诸罗县（今台湾嘉义市）郑海承佃租地主杨功懋田园，种植甘蔗，兴办糖厂，雇工生产，言明每年纳田租208石，糖租6 941斤。

在同一地区，还有殷庚向地主租地种植花生出售的，数量达到100石之多。

广东合浦县人陈大恒，租地雇人种甘蔗，并开设糖厂，一次售糖就达5万片之多。

河南商城县陈瑞芝、陈文学在当地稻草沟租种山场，"做纸生理"，陈瑞兰从种竹到造纸全靠雇工经营，一次交易就收银175两。[①]

上面所举，仅是一些例子。但从这些实例中可以看到，从明代晚期开始，佃富农经济已星星点点出现在中国的大地上，不论在粮食生产领域中，还是在经济作物生产领域中，不论在商品经济比较发达的东南地区，还是在商品经济并不发达的内陆和边远地区，都同样存在，它的数量虽然不多，但分布的地区很广。据统计，包括广东、福建、浙江、江苏、江西、四川、安徽、河南、直隶、贵州、湖广、陕西、甘肃、云南等省都先后出现过佃富农经济，表明中国的封建经济再也无法遏止新的经济成分的成长了。

明中叶以后，地主经济中又分化出一种新的地主经营，这种地主经营和封建地主不同，其拥有大量土地但不招佃出租，而是雇工经营，所得的产品不是以自己消费为主，而是以出售牟利为目的。这种土地经营的方式具有明显的资本主义萌芽的性质，我们称之为经营地主经济。

这种具有资本主义萌芽性质的地主经营，最初出现于商品经济比较发达的江南地区。明嘉靖时常熟人谭晓所经营的农业，便具有这种特点：

谭晓，邑东里人也，与兄照俱精心计。居乡湖田多洼荒，乡之民皆逃而渔，于是田之弃弗治者以万计。晓与照薄其值，买佣乡民百余人，给之食，凿其洼者为池，余则围以高塍辟而耕，岁入视平壤三倍。[②]

---

① 刘永成：《清代前期农业资本主义萌芽初探》，福建人民出版社，1982年，96～103页。

② 《常昭合志稿》卷四八《秩闻》。又见［明］李诩：《戒庵老人漫笔》卷四《谈参传》。谈参即谭晓，因排行第三，故称。

从记载中可知，谭晓是个拥有"以万计"土地的大地主，并且是位"佣民百余人"的农业经营者。他有心计，善于经营，根据中国传统的"因地制宜"原则，开展多种经营，把各类土地充分利用了起来。所得的产品都上市出售，获利"视平壤三倍"。由此可见，他是一个很典型也很成功的经营地主。

类似这样性质的地主，在浙江湖州亦有。万历时，《曼衍斋草》的作者、湖州庄元臣，就是一个雇工种桑出售的经营地主。他在《治家条约》中说：

> 凡桑地二十亩，每年雇长工三人，每人工银二两二钱，共银六两六
> 钱。每人算饭米二升，每月该饭米一石八斗，逐月支放，不得预支。每季
> 发银二两，以定下用，四季共该发银八两。其叶或梢或卖，俱听本宅发放
> 收银，管庄之人不得私自作主，亦不许庄上私自看蚕。

从这条材料中可以看出，庄元臣雇工经营桑地，且生产的桑叶"不许私自看蚕"，即不准自用，而是"或梢或卖"（在湖州，客户事先向桑园主预订桑叶叫"梢"），可见其桑叶是作商品出售的。表明庄元臣是一个专门经营桑园的地主。

崇祯时湖州涟川的沈氏，也是一个雇工从事多种经营的地主。据《沈氏农书·运田地法》记载，他雇佣长工，而且对一名长工一年的工作量和所付的工钱都有详细的记载：

> 长年每一名，工银五两，吃米五石五斗，平价五两五钱，盘费一两，
> 农具三钱，柴酒一两二钱，通计十三两，计管地四亩，包价值四两，种田
> 八亩，除租额外，上好盈米八石，平价算银八两。

据《沈氏农书·逐月事宜》记载，他经营的项目是很多的：有大田生产，包括种稻，种麦，种油菜，种蚕豆、寒豆（豌豆）和红花草；有桑园生产，包括种桑，种梅豆（早大豆）；有蔬菜生产，种茄，种芋艿，种瓜，种葱，种胡萝卜，种菱，种芥菜、青菜等；有饲养业，养蚕，养鱼，养猪，养家禽；有农副产品加工，做酒，做醋，腌菜，酱瓜，糟鱼，烘青豆，腌菜干，糟蟹，风鱼、火腿等。说明沈氏不是单项经营，而是多种经营，这是经营地主在农业生产上的精明之处。

明中叶以后，由于商品经济的发展，种植经济作物或园艺作物，或养鱼、养猪羊，获利都比种粮食要多，因而不少地主也纷纷转向多种经营，故从事多种经营并不是经营地主所特有的现象。例如明嘉靖进士王世贞的伯母龚孺人家：

> 孺人质明盥栉，坐寝堂，男女大小数千指，……所任使亡弗称材，陆
> 孳畜悖蹄角以百计，水孳鱼鳖以石计，圃人治果蓏芥蔬以顷计，诸水陆之
> 饶，计口程其羡，时赢缩而息之，醯酱盐豉不食者新之，手植之木可梓而
> 漆，寸石屑瓦，必任毋废。以故孺人坐起不离寝，而子母之利归焉。[①]

---

① ［明］王世贞：《弇州山人稿》卷八五《龚孺人小传》。

这是一个槛饲牲畜、水养鱼鳖、圃种瓜果蔬菜、家造酱醋并植林木,进行多种经营的地主。

又如万历时徽州人阮弼,原是商人,后来发了财,成了地主,也是这样经营的。

> 城内外筑百廛以待僦居,治甫田以待岁,凿洿池以待网罟,灌园以待
>
> 瓜蔬,腰腊饔飧,不外索而足,中外佣奴各千指,部署之,悉中刑名。①

这个地主除了治田种粮,也凿池养鱼、灌园种菜,有多种生产内容,还出租房屋。但他生产的产品,一般自己消费,"不外索而足"。

上述例子说明,不论是龚孺人还是阮弼,都进行多种经营,也佣人生产,而且佣人数量很多,龚孺人的佣人是"男女大小数千指(即数百人)",阮弼"佣奴各千指(各百人)",但他们所用的是有人身依附关系的奴仆,而不是雇工。而经营地主家中所用的雇工,则完全是一种金钱的雇佣关系,《沈氏农书》对当时雇主和雇工的关系说得很清楚:

> 当时人习攻苦,戴星出入,俗柔顺而主令尊;今人骄惰成风,非酒食
>
> 不能劝,比百年前,大不同矣。

《沈氏农书》成书于崇祯十三年(1640),百年前的嘉靖年间封建人身依附关系在湖州地区还相当严重,即所谓"俗柔顺而主令尊"。百年以后,情况变了,雇工已"骄惰成风,非酒食不能劝",已不存在"主令尊"的主仆关系,而变成了"非酒食不能劝"的物质关系。因此他提出:

> 供给之法,亦宜优厚,炎天日长,午后必饥,冬月严寒,空腹难早
>
> 出,夏必加下点心,冬必与以早粥;若冬月雨天,罱泥必早与热酒,饱其
>
> 饮食,然后责其工程,彼既无词谢我,我亦有颜诘之。②

这种对待长工态度比较宽松的做法,说明长工已从对雇主的依附关系中解脱出来,成为一个有独立人格的雇佣劳动者,雇主和雇工之间只是一种单纯的金钱雇佣关系,这是经营地主和出租地主之间的本质区别。

清代,雇工经营的经营地主继续存在。以著《补农书》闻名于世的浙江桐乡张履祥,年轻时"幼不习耕,筋骨弗任,雇人代作"③,成人以后,成为既雇佣工人又自己直接参加生产的经营地主。《杨园先生年谱》说:

> 先生岁耕田十余亩,地数亩,种获两时,在馆必躬亲督课,草履、箸
>
> 笠,提筐佐饁。其修桑枝,则老农不逮也,种蔬,莳药,畜鸡、鹅、羊、

---

① [明]汪道昆:《太函集》卷三五《明赐级阮长公传》。
② [清]张履祥辑补,陈恒力校释:《补农书校释》,农业出版社,1983年,69页。
③ 《沈氏农书·张履祥跋》。

豕无不备，先生自奉甚俭，终身布衣、蔬食，非祭祀不割牲，非客至不设
肉，然蔬食为多。惟农工以酒肉饷。虽佳辰令节，未尝觞酒豆以自奉。①

可见张履祥是雇工生产、多种经营的新型地主，他和雇工之间的关系，是金钱关
系、物质关系。张履祥在《补农书》中说：

至于工银、酒食，似乎细故，而人心得失，恒必因之。纹银与九色
银，所差不过一成，等之轻重，所差尤无几。假如与人一两，相去特一钱
与三分、五分耳。而人情之憎与悦远别，岂非因一钱而并失九钱之欢心，
因三分、五分而并失九钱五分、七分之欢心乎？出纳之际，益为紧要。
《论语》以"犹之与人，出纳之吝"为恶政之一。

又说：

人情缓急，朝暮不同，早晏亦异，不可不察也。酒食益甚，丰啬、
多寡，待农之物，所差总亦无多。或缺酒食，不过半盏、一箸，便怏怏
而云短少。鱼、肉亦然。岂特缺少，冷热、迟速，亦所必计。谚曰：
"食在厨头，力在皮里。"又曰："灶边荒了田地。"人多不省，坐蹈斯
弊，可叹也。②

可见张履祥和雇工之间的关系是比较宽松的，在地主之中，他是比较开明的。从另
一面来说，张履祥很懂得用改善物质待遇的办法，来调动雇工的生产积极性，在地
主之中，他又是一个比较有心计、懂得使用怀柔办法来对待雇工的经营者。

一　清代，经营地主经济不仅依然存在，而且有所发展。

这一时期经营地主经营的规模比明代有明显的扩大，出现了经营万亩农田
的大经营地主。例如，康熙年间湖南衡阳的刘重伟，在当地买田经营杉木，至
嘉庆时，刘家已"田至万亩"；雍正时，山东濮州（今山东鄄城县境内）出现
了"有万亩之家"的植棉经营地主；乾隆时，广东完县柯凤翔、柯凤集兄弟二
人，同其妹夫林嵩合伙买山一座，雇工种植槟榔五万株。③但这种大规模的经
营终究为数不多，多数经营地主都是几十亩、百来亩的中小规模经营。例如陕
西三原的杨秀沅就是这样一位中小经营地主，他有土地，懂农业经营，同时雇
有"伙计"和"忙工"进行耕种。④

近年来，有些学者在对清代档案刑科题本进行研究时，发现有不少关于经营地
主的记载，尽管这些记载并不能反映清代经营地主的全貌，但从中也可看出清代经

---

① ［清］张履祥：《杨园先生全集》卷首《年谱》。
② ［清］张履祥：《补农书》下卷《补农书后》。
③ 李文治：《明清时代中国农业资本主义萌芽》，见李文治、魏金玉、经君健：《明清时代
的农业资本主义萌芽问题》，中国社会科学出版社，1983年，166～169页。
④ ［清］杨秀沅：《农言著实》。

营地主发展的一斑及其经营的特点（表7-5）。

表7-5　清代刑科题本中有关经营地主的记载

年代	地区	姓名	经营概况
乾隆时期	四川合江	穆为元	种茶数十万株
	河南光山	熊惟一	有田千余亩，养牛经营
	陕西洛川	丁三元	雇工数人
	山东即墨	李士圮	雇工数人
	山东兰山（今山东临沂市）	伏柱玖	雇工数人
	山东郯县	谢淮	雇工种田养牲口
	湖北钟祥	邓作椿	雇工数人
	江西宁都	李厚三	雇工、放利贷
	江苏长洲（今江苏苏州市）	张宗孟	雇工经营
	四川永川（今重庆永川市）	×××	雇长工6人
	山东寿光	李景华	雇长工3人
	湖南醴陵	刘钦简	雇长工3人
	湖南善化	曾文章	雇长工3人
	河南舞阳	梁良	雇工种桑养蚕
	福建顺昌	卢其礼	买山种竹，设纸厂
	江苏溧水	刘子毅	雇工种粮
	直隶承德	乾毛子	雇工经营
嘉庆时期	山东海丰（今山东无棣县）	张自标	雇工数十人
	甘肃海城	周中和	雇长工5人
	四川邛州（今四川邛崃市）	石会川	雇工多人
	湖北龙阳	杨列三	雇工7人
	江苏丹阳	张鹤寿	雇长工数人、短工多人
	浙江海盐	于一峰	雇工经营，兼出租土地
	甘肃固原（今属宁夏）	×××	雇工5人
	湖北房山	李谷斌	雇长工3人，出租土地
	广东东莞	×××	雇长工11人，短工多人
	盛京岫岩	董瑞	雇长工2人
道光时期	四川内江（今属重庆市）	×××	种蔗兼榨糖，雇工数十百人

资料来源：李文治《明清时代中国农业资本主义萌芽》，见李文治、魏金玉、经君健《明清时代的农业资本主义萌芽问题》，中国社会科学出版社，1983年，166～169页；刘永成《清代前期农业资本主义萌芽初探》，福建人民出版社，1982年，110～117页。

从表7-5中可以看出：首先，经营地主已经从明代的东南沿海地区向中原地区发展，包括直隶、陕西、山东、甘肃、四川、河南、湖南、湖北、江西、江苏、浙江、福建、广东、盛京等地，说明到清代，经营地主的出现已不是某一地区的个别现象，而已具有一定的普遍性。其次，经营地主经营的内容已不是单项的粮食生产，较多的是向获利较多的经济作物方面发展，包括种茶、种竹、种棉、种烟、种槟榔以及种桑养蚕、养牛等。说明经营地主的经营具有十分明显的商品化生产倾向。第三，有些经营地主除了雇工生产，还出租土地或放高利贷，在雇工生产的同时进行封建剥削。说明不少经营地主身上还留着封建剥削的深深的烙印。

尽管不少经营地主同时又是出租地主，留有封建剥削的烙印，但经营地主经济的出现则是明清时期农业经营中的一个重大变化，它和佃富农经济的出现一样，是一种历史的进步。

佃富农和经营地主虽然和出租地主一样，都具有剥削性质，但出租地主是以出租土地为生，不参加生产也不关心生产，过的是一种寄生生活，而且出租的土地是分散经营的，生产效率极低；佃富农和经营地主则不仅关心生产，而且直接参加生产，为了谋取利润，对生产进行投资，并较合理地利用土地从事简单协作劳动，在农业经营上显然比出租地主进步，经济效益也明显高于出租地主的经营。

近代有的学者利用明末《沈氏农书》和清末陶煦《租覈》中的材料对雇工经营和出租经营分别算了一笔细账。据明末《沈氏农书》记载，雇工经营一年的收入为银54.4两，除去各项支出21.6两，净收入为32.8两，而出租经营全年收入为20两，雇工经营收入要比出租经营多12.8两，即高出64%；据清末陶煦《租覈》记载，雇工经营一年的收入为61 000钱，除去各项支出28 600钱，净收入为32 400钱，而出租经营一年收入为18 000钱，雇工经营要比出租经营收入多14 400钱，即高出80%（表7-6）。

表7-6　雇工经营和出租经营收入对比

所据材料	雇工经营			出租经营
	收入	支出	净收入	地租收入
明末《沈氏农书》	桑叶25.2两	工资10两		桑地地租12两
	米麦24.8两	肥料6两		田租8两
	稻草等4.4两	种子2两		
		盘费1两		
		农具修理0.3两		
		折旧费2.3两		
	合计54.4两	合计21.6两	32.8两	合计20两

（续）

所据材料	雇工经营			出租经营
	收入	支出	净收入	地租收入
清末《租覈》	春熟 9 000 钱 秋熟 43 200 钱 稻草等 8 800 钱	工资 15 600 钱 肥料 5 000 钱 种子 4 000 钱 农具修理 800 钱 折旧费 3 300 钱		
	合计 61 000 钱	合计 28 600 钱	32 400 钱	18 000 钱

资料来源：据郑志章《明清江南农业雇工经营的利润问题》一文制表，见洪焕椿、罗仑主编《长江三角洲地区社会经济研究》，南京大学出版社，1989 年。

还有学者对经营地主、伴耕、个体农民的生产效益进行了比较研究，证明经营地主的生产效益也比伴耕、个体农民为高，如表 7-7 所示。

表 7-7　经营地主、伴耕、个体农民的经营效益比较

	经营地主		伴耕	个体农民
	沈氏经营	张氏经营		
一个劳力耕种的面积	12 亩	10 亩	10 亩	10 亩
总产值	60.2 两 *	63.25 两	25.2 两	20 两
亩产值	5 两	6.325 两	2.52 两	2 两
所据文献	《沈氏农书》	［清］张履祥《补农书》卷下	《嘉兴府志》卷三二	［清］钱泳《履园丛话》卷七

*　由于郑志章和吴量恺对《沈氏农书》的产量、产值计算方法不同，因而结论也有差异。

资料来源：吴量恺《清代乾隆时期农业经济关系的演变和发展》，《清史论丛》第 1 辑，中华书局，1979 年，32 页。本表制表时对原表内容略作增减。

表 7-6、表 7-7 说明，在相同的土地条件下，不同的经营所取得的效果是不一样的，经营地主雇工经营要比出租土地经营收入高 64%～80%，经营地主的收入要比伴耕高 1.2～1.5 倍，比个体农民高 1.5～2.16 倍。说明明清时期出现的经营地主经营，是一种进步的、对农业生产发展具有促进作用的经营方式，这是明清时期农业生产有所发展的又一表现。

但是，明清时期佃富农经济和经营地主经济发展是十分滞缓的，其中一个重要的原因，就是封建土地制度的阻碍。

在封建土地制度下，"封建的统治阶级——地主、贵族和皇帝，拥有最大部分的土地，而农民则很少土地，或者完全没有土地"①。地主阶级利用土地向农民收取高额地租，地租额达全部收获量的一半甚至一半以上。高额地租包括了农民的全部剩余劳动，甚至部分的必要劳动，农民只能从事简单再生产，这就使得租佃农民很难朝着佃富农的方向发展；高额的地租又使佃富农经营无利可图，从而严重阻碍了其继续发展，甚至中途夭折破产。封建土地制度对于经营地主的雇工经营也带来严重影响：封建地主土地出租，既可获得高额地租，又不费心费力，即便遇灾荒歉收，也照收地租，收入十分稳定，可谓旱涝保收；而经营地主则要自己承担损失，还要支付雇工工钱，这就往往使经营地主倒退到租佃经营的老路上去。同时，经营地主又可通过买官的道路，使自己获得功名，变成缙绅地主，获得更大的利益，致使在新的生产关系萌芽产生的时候，又不断地被拉回到旧的生产关系轨道上去。明清时期，农业中新的属于资本主义萌芽的生产关系的发展，之所以步履维艰，其症结就在这里。

---

① 毛泽东：《毛泽东选集》第二卷，2版，人民出版社，1991年，618页。

第八章　明清时期中西农业文化交流

明清时期，随着新大陆的开发，西方至远东航路的开辟，西方殖民主义者向东南亚及远东的扩张，以及中国在明嘉靖时期以后海禁的松弛，为东西方的贸易、文化交流打开了方便之门。

中西方的文化交流，远在汉代已经开始，著名的丝绸之路既是商业贸易的通道，也是和平、友好和文化交流的大道。逮及唐宋，中西文化交流出现第二个高潮。这一时期的交流与汉代不同，汉代主要走的是陆路，而唐宋时期主要是海路，因而被人称之为"海上丝绸之路"。明清时期是中西文化交流的第三个高潮，比之汉代和唐宋时期，其交流的规模要大得多，产生的影响要深刻得多，特别是农业文化交流，在东方和西方产生的影响可以说是空前的。

明清时期的中西农业文化交流，既包括农业动植物的交流，又包括农业科技的交流，就其影响来说，前者要比后者深得多、大得多。

第一节　国外农作物的传入

中国古代从国外传入的农作物，据初步统计，至少有 50 种，其中约有 30 种是明清时期从国外引进的，包括粮食作物、油料作物、纤维作物、兴奋作物、果树、蔬菜六大类。[①]

遗憾的是，关于这些农作物的引进时间、地点和过程都缺少详细的文献记载，因此至今我们还弄不清楚它们是怎样传到中国来的，只是凭借零星资料的记载，才

---

① 王思明：《美洲原产作物的引种栽培及其对中国农业生产结构的影响》，《中国农史》2004年2期。

知道它们传入中国的大致时间，有的甚至只能作一些初步的推测。现将一些主要作物的引进情况介绍如下：

一、番薯

目前多数学者认为，番薯是明中后期传入中国的外来作物，因其属性与中国传统薯类相似，所以取薯为名。《辞海》："九州之外，谓之番国。"所以在"薯"字前冠以"番"字，这和汉唐时期从西域传来的物品名前均加上"胡"字是一样的道理。《海外新传七则》明确指出："薯传外番，因名番薯。"① 番薯名字的来历就体现出它是来自国外的，与传统薯类不同。因为番薯味甜，所以又称甘薯，但与中国古籍上出现的"甘薯"不同。番薯在明代传入中国，已经有很多文献资料足资证明。

番薯，学名甘薯（*Ipomoea batatas* Lam.），英文名 sweet potato，牵牛属，旋花科栽培植物，花紫红或白色。根据番薯的植物学特征、近缘植物的分布、细胞遗传学的研究，结合考古学方面的资料，一般认为它原产中南美洲热带地区，如秘鲁、厄瓜多尔、墨西哥一带。哥伦布发现新大陆后，把它带回西班牙，16 世纪上半叶西班牙水手把番薯带到菲律宾的马尼拉和摩鹿加岛（今印度尼西亚马鲁古群岛），再从这些地方传至亚洲各地。在中国，番薯有很多名字，也叫朱薯、红山药、金薯、红薯、白薯、红苕、地瓜、山芋等，因地而异。本属植物约 400 种，分布在热带和温带，在中国分布有 20 多种，是一种比较重要的粮食和经济作物。

番薯，最早见于明代福建巡抚金学曾的《海外新传七则》："薯传外番，因名番薯。"陈伯陶修宣统《东莞县志》引《凤岗陈氏族谱》记载：明万历八年（1580）陈益偕客同往安南，因其"土产薯美甘"，私自窃得种苗归而种之，"念来自酉，因名番薯云"。② 此后，同音字异，或近音字异的情况多见，如番带、番葛、番术、翻薯、方薯、番菠、番茹、番芋、番储等。

番薯的别称，除上面提到的几种最习见者，还有一些明显带有地方特色的称法，如在福建一带，人们为纪念金学曾在推广番薯种植上的功劳，又把番薯称作金薯；山西称作回回山药、回子山药；四川、贵州、云南等西南地区及陕西南部、湖北西部一带俗称红苕；江苏、安徽、江西等一些地方称为山芋或山薯。

番薯传入中国的时间，约在明万历年间，即在 16 世纪末。在此以前，西班牙人已将薯种传至菲律宾、马来群岛一带，番薯便是从那里传入中国的。传入的途径从文献记载来看，大约有四条：

---

① ［明］金学曾：《海外新传七则》，见［清］陈世元：《金薯传习录》，农业出版社，1982 年，36 页。
② 《凤岗陈氏族谱》卷七《家传·素讷公小传》，清同治八年刻本。

1. 从菲律宾传入福建 但传到福建的也不是一条路，而是多人多次引至福建不同地区。

（1）从菲律宾引入福州长乐。清代陈世元《金薯传习录》援引《采录闽侯合志》云："番薯种出海外吕宋，明万历间（时为万历二十一年，即 1593 年），闽人陈振龙（福建长乐人，陈世元之远祖）贸易其地，得藤苗及栽种之法入中国。值闽中旱饥，振龙子经纶白于巡抚金学曾，令试为种，时大有收获，可充谷食之半。自是硗确之地，遍行栽播，迨入国朝（清），其后裔陈世元又种之胶州、开封诸处，传傅寖广，大河以北皆食其利矣。本名朱薯，亦曰地瓜，以得自番国，故曰番薯。"①

（2）从菲律宾引入泉州晋江。苏琰《朱蓣疏》称："万历甲申乙酉（1584—1585 年）间，漳潮之交，有岛曰南澳，温陵（泉州）洋舶逆之，携其种归晋江五都乡曰灵水，种之园斋，苗叶供玩而已。至丁亥、戊子（1587—1588 年），乃稍及旁乡，然亦置之硗确，视为异物，甲午、乙未（1594—1595 年），温陵饥，他谷皆贵，惟蓣独稔，乡民活于蓣者十之七八，由是名曰朱蓣，其皮色紫，故曰朱。"②

（3）从菲律宾引入漳州。周亮工《闽小纪》载："番薯，万历中闽人得之外国，瘠土砂砾之地皆可以种。初种于漳郡，渐及泉州，渐及莆。……盖度闽海而南有吕宋国，……其国有朱薯……彝人虽蔓生不訾省，然惓而不与中国人，中国人截取其蔓咫许，挟小盖中以来，于是入闽十余年矣。"③

由此可见，番薯传入福建至少有三次，影响最大的则是陈振龙引至福州长乐这一次，后来浙江、山东、河南、河北种植番薯，都和这次引种及推广有关。

2. 从越南引入广东 这一路也有几次引种。

（1）陈益从越南引种至东莞。《凤岗陈氏族谱》卷七《家传·素讷公小传》载："万历庚辰（1580 年），客有泛舟之安南者，公（陈益）偕往，比至，酋长延礼宾馆，每宴会，辄飨土产曰薯者，味甘美，公觊其种，贿于酋奴，获之，……未几，伺间遁归。酋以夹物出境，麾兵逐捕，会风急帆扬，追莫及。壬午（1582 年）夏，乃抵家焉。……念来自酋，因名'番薯'云。嗣是种播天南，佐粒食，人无阻饥。"④

（2）林怀兰从越南引种至电白。光绪十四年《电白县志》卷一三载："相传番薯出交趾（今越南），国人严禁以种入中国，违者罪死。吴川人林怀兰善医，薄游交州，医其关将有效，因荐医国王之女，病亦良已。一日，赐食熟番薯，林求食生者，怀半截而出，亟辞归中国"，从此，"种遍于粤"。

---

① ［清］陈世元：《金薯传习录》，农业出版社，1982 年，4 页。

② ［清］龚咏樵：《亦园脞牍》卷六引 ［明］苏琰《朱蓣疏》，转引自章楷：《番薯的引进和传播》，《农史研究》第 2 辑，农业出版社，1982 年。

③ ［清］周亮工：《闽小纪》卷三《番薯》。

④ 《凤岗陈氏族谱》卷七《家传·素讷公小传》，清同治八年刻本。

从记载看，番薯传入广东东莞的时间，要早于福建。

3. 从文莱引入台湾 康熙五十六年《诸罗县志》卷一〇记载："番薯……种自南夷（指南洋），生熟皆可食。……又有文来薯，皮白肉黄而松，云种自文来国（位于加里曼丹北端）。"《赤嵌笔谈》也有这种记载："薯长而色白者是旧种，圆而黄赤者得自文莱国。"①

4. 陆路：嘉靖年间从印度、缅甸通过云南传入 美国人类学家康克林（Harold C. Conklin）收集了大洋洲诸岛和非洲沿海诸部落共500种语言和方言中甘薯的名称，并与多位植物、语言、人类学家讨论。大量的语言资料说明，自15世纪末16世纪初，葡萄牙人已经把甘薯带到非洲沿海诸地，印度西岸的要港果阿，今印度尼西亚的部分岛屿群。

明代滇缅之间存在着一条繁华的物质、文化不断交流的通衢大道，东起昆明，中经大理、下关，西越保山、腾冲抵达缅甸。1509年，果阿已经成为葡萄牙人在东方殖民地的主要根据地，他们引进到果阿的美洲作物在印、缅、滇的传播速度应该不会太慢，所以根据语言学的证据和16世纪印、缅、滇通衢的历史，早在16世纪的最初三四十年间，番薯可能已经从印、缅经陆路传入云南。

李元阳于1563年修撰了嘉靖《大理府志》，其中他列举薯蓣之属5种：山药、山薯、紫蓣、白蓣、红蓣，虽然仅仅列举出紫蓣、白蓣、红蓣，也没有特别注释，但何炳棣查遍全美各主要中文图书馆所藏3 500种以上中国方志之后，发现很多晚明、清代和民国的各省府州县厅志中，红、白、紫、黄蓣（芋）、苕都是指甘薯。直至现在，甘薯最普通的俗称仍是红薯、白薯、山芋。李元阳还编纂了万历二年《云南通志》，其中甘薯被六个府州列为当地物产。这两部书是云南明确记载甘薯的最早著作，而且充分意味着云南从印、缅引进了甘薯。

但由于明清六部《四川总志》的物产部分往往没有涉及粮食作物，侧重于非食物特产，所以虽然甘薯由印、缅进入云南比较早，但在文献上却很难追溯它在中国西南各省早期的传播足迹。

上述材料说明，番薯传入中国，不是一人的功劳，而是经多人、多次引种而完成的，其中特别是闽广的同胞为了发展国家的粮食生产、解决当时的缺粮问题，他们不怕艰难，甚至甘冒生命危险，在把薯种引入国内的过程中做出了杰出贡献。

由于陈振龙引进番薯后得到官方的支持，金学曾还亲自撰文推广。此外，许多知名人士如叶向高、何乔远、谢肇淛、周亮工等为之宣扬；各地关心农事的学者如徐光启、王象晋等也努力传播番薯，并著有相关文章。再加上陈氏家族几代人通过各种官方、半官方和民间的途径不懈传播，陈振龙的引种无疑成为影响最

---

① 乾隆《台湾府志》卷一七引［清］黄叔璥《赤嵌笔谈》。

大的一条渠道。农业考古学家陈文华先生充分肯定了陈振龙一家数代在引种和推广番薯方面的突出贡献。① 相比之下，其他途径引进的番薯就没有获得如此多的关注和支持，有的可能试种失败，没有失败的在小范围内进行，仅靠自然的传播，相关记载也只存在于个别地方志和族谱中，难免影响甚微。但这些渠道之间仅仅是时间早晚、影响大小、海路和陆路的区别。

二、玉米

玉米（*Zea mays* L.）传入中国的时间早于番薯，时间约在明嘉靖间（1522—1566 年）。最初称为玉麦、番麦和御麦②，到明末时才有玉米之称③。各地对玉米的称呼都有不同，有人统计认为名称有 20 余种④，有的认为约有 70 余种⑤，有的认为有"不下近百种"⑥。这些不同的名字，或是据传入的地区，或是据植株果穗的形态，或是据其在粮食中的地位而定，或是因为谐音、异写而造成的。具体的名称，郭松义在《玉米、番薯在中国传播中的一些问题》，咸金山在《从方志记载看玉米在我国的引进和传播》中都有详细的介绍，为避烦琐，此处不再一一引出。

但是，玉米传入中国的过程，却并不像番薯那样清楚，只能根据一些史料，做一些推测。对于玉米传入中国的途径，一些学者经研究⑦，认为大约有三条：

1. 经丝绸之路传入中国西北地区 嘉靖三十九年甘肃《平凉府志》卷四记载："番麦，一曰西天麦，苗叶如葛秫（即高粱）而肥短，末有穗如稻而非实；实如塔，如桐子大，生节间，花垂红绒在塔末，长五六寸。三月种，八月收。"这一记载，将玉米的形态逼真地描绘了出来，并把玉米同很容易与其混淆的高粱区分了开来。具有这种形态的作物，此前的文献中从未有过记载，说明这时玉米已传到了中国的平凉地区。稍后，李时珍在《本草纲目》中说"玉蜀黍种出西土"，指出玉蜀黍（玉米）是西来的，是从中亚传入中国西北地区的。

---

① 陈文华：《从番薯引进中得到的启示》，《光明日报（史学专刊）》，1979 - 02 - 27。

② 〔明〕田艺蘅：《留青日札》卷二六《御麦》。

③ 〔明〕徐光启：《农政全书》卷二一七《树艺·甘薯》。

④ 〔美〕何炳棣：《美洲作物的引进、传播及其对中国粮食生产的影响（二）》，《世界农业》1979 年 5 期。

⑤ 郭松义：《玉米、番薯在中国传播中的一些问题》，《清史论丛》第 7 辑，中华书局，1986 年。

⑥ 咸金山：《从方志记载看玉米在我国的引进和传播》，《古今农业》1988 年 1 期。

⑦ 〔美〕L C Goodrich：《中国几种农作物之来历》，蒋彦士节译，《农报》1937 年 4 卷 12 期；陈树平：《玉米和番薯在中国传播情况研究》，《中国社会科学》1980 年 3 期；咸金山：《从方志记载看玉米在我国的引进和传播》，《古今农业》1988 年 1 期；梁家勉主编：《中国农业科学技术史稿》，农业出版社，1989 年，485 页。

2. 由海路传入中国东南部地区 明万历元年（1573）浙江杭州人田艺蘅《留青日札》记载："御麦出西番，旧名番麦。秆叶类稷，花类稻穗，其苞如拳而长，其须如红绒，其粒如芡实，大而莹白，花开于顶，实结于节，真异谷也。吾乡传得此种，多有种之者。"① 田艺蘅在书中对玉米的描写是用江南的作物——稷、稻、芡实作类比的，说明田艺蘅见过这种作物，不是随便抄书得来的，也不是想象的，故江南地区当时确有玉米是可信的。他说"吾乡传得此种，多有种之者"，绝非虚言。由此可见，江南地区种植玉米也应在明代嘉靖时期。据近人查核，嘉靖三十七年江苏《兴化县志》也有关于玉米的记载②，证明在嘉靖年间江南也有玉米种植，从时间上看，《兴化县志》与《平凉府志》，成书时间只差两年，江南的玉米似乎不可能直接从西北传来，而从海路传入的可能性居多。

3. 从南亚传入中国西南地区 明代中后期，云南不少地区的方志已有关于玉米的记载，据统计至少有五部，即嘉靖四十二年《大理府志》、隆庆六年《云南通志》、万历二年《云南通志》、万历十五年《赵州志》、天启五年《滇志》。各志所记的玉麦，经考证是指玉米。其中隆庆六年《云南通志》中，云南大理、永昌、蒙化、鹤庆、姚安、景东、顺宁诸府及北胜州都记载有玉米，说明玉米种植的地区已经相当广。由于永昌与顺宁二府同缅甸接壤，而且当时滇缅交往密切，所以有的学者认为"玉米最初由缅甸传入是极其可能的"③。

游修龄教授根据云南人兰茂所著《滇南本草》（1476）中"玉麦，味甜，性微温，入阳明胃经，宽肠下气，治妇人乳结红肿，或小儿吹着或睡卧压着乳汁不通"的记载及其他有关材料，论证了玉米传入中国应在1492年哥伦布发现新大陆之前，可能是从西南亚进入中国的。④ 印度学者 Randhawa 在其《印度农业史》第二卷对哥伦布发现新大陆后由葡萄牙引入印度的新作物的详细介绍中，独把玉米排除在外，这也反映了其对原产美洲的玉米何时传入印度持审慎态度，不将其列在1492年之后。⑤

事实上，对玉米传入中国的"哥伦布发现后传入说"的质疑声音并没有终止。早在半个多世纪前，就曾有学者对《滇南本草》的版本做过比勘研究。遗憾的是，这一研究未能引起后来专注农史研究学者的足够重视。⑥

---

① ［明］田艺蘅：《留青日札》卷二六《御麦》。

②③ 咸金山：《从方志记载看玉米在我国的引进与传播》，《古今农业》1988 年 1 期。

④ 游修龄：《玉米传入中国和亚洲的时间、途径及其起源问题》，见游修龄：《农史研究文集》，中国农业出版社，1999 年，99 页。

⑤ Randhawa，M.S. *A History of Agriculture in India*，Vol. 2，New Delhi：*Indian Council of Agricultural Research*，1982，PP. 178 - 179.

⑥ 于乃义、于兰馥：《〈滇南本草〉的考证与初步评价》，《医学史与保健组织》1957 年 1 号，24～31 页。

关于《滇南本草》的版本，《云南丛书》辑成者兼是书解题者赵藩认为《滇南本草》有旧、新两种坊刻版本，并且新本杂糅窜乱、旧本原貌仍存。又据光绪《昆明县志》谓："滇南本草，旧传兰茂作，而序文作崇祯甲戌（1634 年），故非正统年间兰氏之作。"道光《云南通志》亦记有同样的意见。后人亦多因《滇南本草》记有"玉麦"与"野烟"而推定该书应是哥伦布发现美洲以后的著作。以上所列，均为对兰茂《滇南本草》确切年代表示质疑的资料。

清代学者吴其濬对该项疑问有一明确辨证。吴氏《植物名实图考》记有极丰富的云南植物。吴氏为此校对过《滇南本草》的诸多不同版本，因而发现记有"正统元年"识语的版本。吴氏以之与《云南通志稿》所引用的《滇南本草》对照，见文章及内容大不相同，故谓《云南通志稿》所引用者大概是经后人增补，而有"正统元年"识语者则是兰茂的原本。

日本学者千叶德尔也曾对此予以特别关注。他认为吴其濬所云有"正统元年"识语的版本"应当是兰茂的原著"，也就是赵藩解题所说的旧坊刻本，并且正确地指出务本堂本与丛书本有两大明显差异：一是务本堂本卷一上有图，而此版本中所记的植物，几皆不见于丛书本。务本堂本卷一上最后有落花生，据图及记载，很明显地可看出是落花生，故可指出这一部分是落花生进入云南以后所写成。二是务本堂本卷一中对于植物的记载法，与卷二、卷三者不同，其先记载者是各种植物的产状与形态。[①] 比较历代本草学著述的体例范式，我们不难发现：中国本草学著作的传统体例一般都是《本草经》《名医别录》的模式，即逐一列举药品的味、性、药效，丛书本正是保持着这种顺次记载味、性、药效、主治的体例惯制，并不注重植物学描述，编著者重视的是药性功能而非植物学的形态。而务本堂本《滇南本草》则是采用植物学的方式记载，这显然应当是接受欧洲科学影响的结果。

经版本比较和原文辨析，"玉麦须"为兰茂原始记录是有说服力的，即该条目下的味、性、主治症状的基本文字，出自兰氏的见识笔录。在历史大背景下思考大航海给当时中国食物结构的深刻影响问题，同时也存在着一个疑惑：登陆中国的植物数量很多，而且几乎无一例外都对中国社会民生发挥了不可低估的重大影响，玉米只是诸多进入中国品种的一个。为什么李时珍完全忽略了辣椒等其他所有品种而仅仅记录了玉蜀黍呢？不仅李时珍如此，与《本草纲目》约略同时或在其之前的文献也都是同样的特点。合理的解释应当只有一个：其他登陆品种还没有能够引起本草家的注意，还没有达到被认知以致入书的程度，而玉米是此前为人们熟悉了的品种，因而唯独玉米入典，因为它是哥伦布发现新大陆之前被中国人发现的。

因此，玉米何时、通过何种途径传入中国，至今尚是一个未有公论、有待继续

---

① 〔日〕千叶德尔：《明代文献中记载的玉蜀黍》，于景让译，《科学农业》1973 年 21 卷 5、6 期。

研究的问题。①

三、马铃薯

马铃薯（*Solanum tuberosum* L.）原产南美洲，17世纪中叶引进中国。马铃薯又名洋（阳、羊）芋、山芋，北方多叫土豆、山药蛋，闽广一带则称为荷兰薯、爪哇薯。马铃薯通过多渠道、多方面引种到中国，并没有固定的时间和地点，具体时间的先后、具体路线的多寡仍是目前农史学界争论的热点。

1. 明万历年间引入　这一观点首先由翟乾祥先生提出，他依据成书于明万历之际蒋一葵《长安客话》中有关土豆的记载，认为早在明末马铃薯就已经在华北平原有所种植，②"京津一带可能是亚洲最早见到马铃薯的地方之一"。③

《长安客话》记曰："土豆绝似吴中落花生及香芋，亦似芋，而此差松甘"，又列举清前期河北各地方志中有关土豆的记载。翟先生认为此处的土豆即后世的马铃薯，得出上述结论。

实际上，明清时期被称作"土豆"的作物，除了马铃薯，还有土芋（芋的一种）和花生这两种作物。明清文献中有关记载很多：明代李时珍《本草纲目》卷二七："土芋，释名土卵、黄独、土豆。土芋蔓生，叶如豆，是鸟（杜鹃）食后弥吐，人不可食。"明代徐光启《农政全书》中记载："土芋：一名土豆，一名黄独。蔓生叶如豆，根圆如鸡卵，肉白皮黄，可灰汁煮食。又煮芋汁，洗腻衣，洁白如玉。"乾隆《台湾府志》卷一七："土豆，即落花生。……一房三四粒，堪充果品，……北方名长生果。"而《长安客话》中的简单描述及清初河北省各县志均无具体说明"土豆"为何物，当然无法就此肯定是马铃薯。

由于这种异物同名状况的存在，仅凭明万历《长安客话》中有关"土豆"的记载，并不能断定早在16世纪中期就有马铃薯传入中国，且直接进入华北平原。

2. 清早期出现　1650年荷兰人斯特儒斯（Henry Struys）到台湾地区访问，

---

① 据作者所见，明孝宗弘治十八年（1505）由御医刘文泰编纂的药典《本草品汇精要》中在说到薏苡时，插有一幅玉米图，画的是一株玉米植株，顶有雄穗，株干叶间从上到下画有三个果穗，同现在见到的玉米完全一样。估计那时玉米还未取名，因为形态和薏苡相似，故将它收在薏苡图中。如果这种推测不错的话，则玉米在16世纪初已传入中国，要比嘉靖三十九年《平凉府志》的记载早半个世纪，不过此事还得充分论证。

② 翟乾祥：《华北平原引种番薯和马铃薯的历史》，见中国古代农业科技编纂组编：《中国古代农业科技》，农业出版社，1980年，237～248页。

③ 翟乾祥：《马铃薯引种我国年代的初步探索》，《中国农史》2001年2期。

见到那里种有马铃薯。① 当时台湾为荷兰人所占,台湾的马铃薯可能是荷兰人从菲律宾带来的,所以当时马铃薯被人们称为荷兰豆,或荷兰薯②,这个名字后来在广东、福建一带仍被沿用。

大陆引进马铃薯时间要迟于台湾,最早见于康熙四十九年福建《松溪县志》卷六记载:"马铃薯,叶依树生,掘取之,形有大小,略如铃子,色黑而圆,味苦甘。"

有的学者认为,马铃薯在中国的传播,不是从一源向四周传播的,而是多次引种的结果:东北地区的马铃薯是从俄国引进的,山东的马铃薯是由德国人带来的,法国和比利时的传教士将马铃薯携至陕西和甘肃,四川的马铃薯则是由美国、加拿大的传教士带来的。③ 由于马铃薯对土壤和气候的要求条件不高,在一些不宜种植玉米和番薯的高寒山区都能适应,所以很快在中国发展起来,在一些地方还成为当地的主粮。在安徽,"高山冷处咸莳之","全赖洋芋为生"(《定远厅志》)。在贵州,"山地遍种,民赖以济食"(《安顺府志》)。在四川,"山民倚以为粮,十室而九"(《太平县志》)。在鄂西,"郡中最高之山,地气苦寒,居民多种洋芋,各邑年岁,以高山收成定丰歉"(《施南府志》),"居高山者除苞谷外,以洋芋为接济正粮"(《宣恩县志》)。④ 在陕南地区,"高山地气阴寒,麦豆包谷不甚相宜,惟洋芋种少获多,不费耘锄,不烦粪壅,山民赖此以供朝夕,其他燕麦、苦荞,偶一带种,以其收成不大,皆恃以洋芋为主"⑤。

进入19世纪后,方志中对马铃薯的记载逐渐多了起来,并且所记翔实清晰,不再存有歧义。吴其濬《植物名实图考》(1848)卷六《阳芋》记曰:"阳芋,黔、滇有之,绿茎青叶,叶大小、疏密、长圆形状不一。根多白须,下结圆实。压其茎则根实繁如番薯,茎长则柔弱如蔓,盖即黄独也。疗饥救荒,贫民之储。秋时根肥连缀,味似芋而甘,似薯而淡,羹臛煨灼,无不宜之。叶味如豌豆苗,按酒侑食,清滑隽永。开花紫筒五角,间以青纹,中擎红的,绿蕊一缕,亦复楚楚。山西种之田,俗呼山药蛋,尤硕大,花色白。闻终南山氓,种植尤繁,富者岁收数百石云。"文中并绘有阳芋的素描图,这是中国马铃薯史上的第一张形状素描图。按其文字记载,可知19世纪上半叶,云南、贵州、陕西、山西、甘肃一带已有种植;且品种

① 〔美〕何炳棣:《美洲作物的引进、传播及其对中国粮食生产的影响(三)》,《世界农业》1979年6期。
② 乾隆二十五年《台湾府志》。
③ 东平:《马铃薯漫游世界》,《地理知识》1980年7期。
④ 佟屏亚、赵国磐:《马铃薯史略》,中国农业科技出版社,1991年,36～38页。
⑤ 〔清〕童兆蓉:《童温处公遗书》卷三,转引自萧正洪:《清代陕南种植业的盛衰及其原因》,《中国农史》1988年4期。

多样，既有紫花品种，又有白花品种，在叶形上也不相同，并已有压茎栽培和多种食用方法。

与玉米和番薯相比，马铃薯可谓是默默无闻，记载极少，遍检各地方志，有明确记载的不过七八十种，其中还不乏名目混淆之嫌。由于马铃薯只能靠块茎繁殖，这就带来了因病毒感染、积累而使薯种退化的问题，在有高温期的地区，退化严重时仅几代就会全军覆没。因而，马铃薯是不断地在区域间更换种子及不断地同退化作斗争中，主要是在无高温期的冷凉地区发展起来的，这些冷凉地区多是人类开发较晚的地区，因而也就无从有关于马铃薯的系统记载，也就造成了对其引入、传播众说纷纭、莫衷一是的状况。

但可以肯定的是，马铃薯的传入同玉米和番薯一样，通过多途径，分多次从国外引入中国，17世纪中叶传入东南沿海地区的马铃薯可能是直接来自南美洲的安第斯亚种，在亚热带地区，由于薯种退化，仅一两代就全军覆没。但可能辗转进入中国西南、西北山区安家落户，只是由于18世纪各地方志中关于马铃薯的记载很少，无从推断这一过程。进入18世纪后，由西方传教士或商人再次引种入中国，他们带来的是欧洲普通栽培种，并在冷凉地区开始种植，取得了一定效果。20世纪后由各国传入的多为优良品种，进一步推动了马铃薯在中国的种植。

四、烟草

烟草（*Nicotiana tabacum* L.）传入中国之初，名为"淡巴菰"，是根据美洲土语Tabago音译而来的，后来因"干其叶而吸之，有烟，故曰烟"①。关于烟草传入中国的时间，学术界一向都认定为明万历年间。传入线路则基本认定为三条线路，著名史学家吴晗研究认为：第一条线路，也是时间上最早的一条线路，是闽人自菲律宾携归烟种种植，而后传入广东、浙江；第二条路线则是从南洋地区传入广东；第三条路线是由日本经朝鲜半岛而入辽东。②

在中国的历史文献中，烟草较多被提及的是1624年成书的明末名医张介宾的《景岳全书》。该书《本草·隰草部》说："烟草自古未闻，近自我万历时，出于闽广之间，自后吴楚地土皆种植之。"以后的文献也有类似的记载，如姚旅《露书》卷一〇《错篇》说："吕宋国出一草，曰淡巴菰，一名醺，……有人携漳州种之，今反多于吕宋。"厉鹗《樊榭山房集》说："烟草，神农经不载，出于明季，自闽海外之吕宋国移种中土。"方以智《物理小识》卷九说："万历末有携淡巴菰至漳、泉

① ［清］陈琮：《烟草谱》卷一《烟》。

② 吴晗：《灯下集·谈烟草》，生活·读书·新知三联书店，2006年，25～27页。

者，马氏造之，曰'淡肉果'。渐传至九边……"①从上述文献记载中可以看出，中国的烟草是明代万历年间从吕宋（今菲律宾）引进，先种于福建的漳州、泉州等地，然后再推广到吴、楚（长江中下游地区）和九边。

除此之外，还有几条传播路线在史学界也不断地被提出、讨论。第一条路线见于万历时期姚旅的《露书》，是书记为吕宋入福建漳州路线："吕宋国出一草，曰淡巴孤，一名醺，以火烧一头，以一头向口，烟气从管中入喉咙，能令人醉，且可避瘴气。有人携漳州种之，今反多于吕宋，载其国售之。"② 清初学者叶梦珠在其著《阅世编》中记为："烟叶，其初亦出闽中。予幼时闻诸先大父云：福建有烟，吸之可以醉人，名曰'干酒'，然此地绝无也。"③ 叶梦珠系上海人，生于崇祯年间，康熙中叶尚在世。同时的著名学者方以智（1611—1671）在其名著《物理小识》中亦有相类记载："淡巴姑烟草，万历末有携淡巴菰至漳、泉者，马氏造之，曰'淡肉果'。渐传至九边，皆衔长管而火点吞吐之。有醉仆者。崇祯时严禁之，不止。其本似春不老，而叶大于菜。暴干以火酒炒之，曰金丝烟。北人呼为淡把姑，或呼担不归。可以祛湿发散，然久服则肺焦。诸药多不效，其症忽吐黄水而死。"④ 王士祯（1634—1711）《香祖笔记》记为：烟草"……初漳州人自海外携来，莆田亦种之，反多于吕宋"⑤。此系转录《露书》之说。海外学者亦有持此种意见者，如美国学者马士（Morse，Hosea Ballou，1855—1934）的《中华帝国对外关系史》记叙道："西班牙人从西方进入东方，把美洲含有尼古丁的烟草带到菲律宾；他们同中国的贸易是通过厦门和泉州的中国商人进行，这条路线在 1620 年左右把烟草输入福建，再由福建输入台湾，当时中国正从厦门和厦门附近向台湾拓殖。"⑥ 以上是吕宋—福建线路的历史文献记录。但登陆地点则又可细分为漳州、厦门、泉州，然后辗转扩布，渡海入台，陆路入粤、浙等地；而漳州为集中地点。日本学者星川清亲在《栽培植物的起源与传播》中认为："烟草传入东方，首先是由西班牙人于1571 年从古巴经太平洋传入菲律宾。这就是马尼拉烟叶的起源。在与吕宋的贸易往来中，烟草于 1600 年经中国台湾传到福建，逐渐普及到华南、华中各地，后又传到缅甸。1605 年葡萄牙人将烟草从巴西传入印度。1610 年输入泰国。天正十二年（1584）西班牙人将烟叶传入日本。1595 年将烟草种子引入萨摩。"同时又说：

---

① 九边，指明代设在北方的 9 个军事重镇，即辽东、宣府、大同、太原、延绥（一称榆林）、固原、宁夏、甘肃、蓟州。

② ［明］姚旅：《露书》卷一○《错篇下》。

③ ［清］叶梦珠：《阅世编》卷七。

④ ［清］方以智：《物理小识》卷九《草木类·淡巴姑烟草》。

⑤ ［清］王士祯：《香祖笔记》卷三。

⑥ 〔美〕马士：《中华帝国对外关系史》第一卷，上海书店出版社，2000 年，196～197 页。

"但另有一说是天文年间（1532—1555）传到日本的种子岛。"① 就是说，星川清亲认为烟草是经由台湾而进入福建的，其确切年代是 1600 年，即中国明万历二十八年。

第二条线路为南洋地区—广东。据佚书《粤志》载："粤中有'仁草'……其种得之大西洋，一名淡巴菰、相思草。"② 广东《高要县志》记有："烟叶出自交趾，今所在有之。"③《粤志》中的"得之大西洋"，说法颇为虚泛；《高要县志》虽确指交趾，但并未确切言及广东地区是否为其直接登陆地点。因此，这个所谓"第二条线路"事实上并不排除闽—粤途径的存在。

第三条线路为日本—朝鲜半岛—辽东。朝鲜《李朝实录》仁祖大王十六年（明崇祯十一年，1638 年）记其事："我国人潜以南灵草入送沈阳，为清将所觉，大肆诘责。南灵草，日本国所产之草也。其叶大者可七八寸许，细截之而盛之竹筒，或以银、锡作筒，火以吸之，味辛烈，谓之治痰消食，而久服往往伤肝气，令人目翳。此草自丙辰、丁巳年间越海来，人有服之者而不至于盛行。辛酉、壬戌以来，无人不服，对客辄代茶饮，或谓之'烟茶'，或谓之'烟酒'。至种采相交易。久服者知其有害无利，欲罢而终不能焉，世称'妖草'。转入沈阳，沈人亦甚嗜之……"④ 文中所记时间颇值得注意：盖丙辰、丁巳为 1616 年（明万历四十四年）、1617 年（明万历四十五年），辛酉、壬戌为 1621 年（明天启元年）、1622 年（明天启二年），烟草登陆朝鲜半岛仅数年时间就风靡全岛且耽迷热爱至深，并迅即进入中国辽东。其后，清人刘廷玑《在园杂志》中记述："烟草名淡巴菰，见于《分甘余话》，而新城又本之姚旅《露书》。产吕宋。关外人相传本于高丽国……今则遍天下皆有矣。"⑤

据考古报道，1980 年 12 月，广西壮族自治区博物馆文物队在广西合浦福成公社上窑大队上窑村的一座明代窑址内，发现了三件瓷烟斗，同时还发现压槌一件，背后刻有"嘉靖二十八年四月二十四日造"⑥。这一发现说明，烟草至迟在嘉靖二十八年（1549）已经传入中国，比见于文献的最早的时间大约要早半个多世纪。不过当时传入广西合浦的是成品烟还是烟草种子，尚待进一步研究。

明代至清前期烟草在中国获得了快速发展，主要有如下几个原因。

① 〔日〕星川清亲：《栽培植物的起源与传播》，段传德、丁法元译，河南科学技术出版社，1981 年，147 页。
② 转引自赵学敏：《本草纲目拾遗》卷二《火部·烟草火》，中国中医药出版社，1998 年，23 页。
③ 吴晗：《灯下集·谈烟草》，生活·读书·新知三联书店，2006 年，27 页。
④ 朝鲜《李朝仁祖实录》卷三七，戊寅八月朔辛卯。
⑤ ［清］刘廷玑：《在园杂志》卷三《烟草》。
⑥ 郑超雄：《从广西合浦明代窑址内发现瓷烟斗，谈及烟草传入我国的问题》，《农业考古》1986 年 3 期。

1. 烟草快速传播发展的根本动力——暴利 种烟之利，倍于稼穑。明清之际的烟草种植地域非常广，当时人说"今州县无不种"或"种者遍天下"。明末山东济宁人杨士聪在其《玉堂荟记》载："烟草处处有之"，"烟酒（即烟草）古不经见，辽左有事，调用广兵，仍渐有之，自天启年中始也。二十年来，北土亦多种之，一亩之收，可以敌田十亩，乃至无人不用。己卯（1639 年），上传谕禁之，犯者论死"。[①] 杨士聪认为烟草的利润是平常种植物的一倍，这也许是夸大其词，但从时人违禁冒死种植烟草可以看出烟草种植的高额利润，"北土亦多种之"，说明当时烟草无论在南方还是北方都有广泛种植。

乾隆元年（1736），安徽人方苞指出种烟之利"视百蔬则倍之，视五谷则三之"[②]。

乾隆间江西瑞金县"通邑之田，既去其半不树谷，而聚千百锉烟之人"[③]。

广东地区也是"唯知贪财重利，将地土多种龙银、甘蔗、烟草、青靛之属，以至民富而米少"[④]。

从上述史料不难看出，烟草在明清之际确实有大量种植，其原因在于烟草可以带来丰厚的利润，各家记述和各地方志大多认为，种烟的利润是种禾的三倍，之所以出现全国各地区比较一致的利润额，这应当与明清之际整个中国区域贸易流通已经比较发达有着密切联系，发达的贸易流通带来的一个结果就是同物同价在高额利润的驱动下，烟草生产成为商人追逐金钱、发财致富的热门产业，从而得到快速传播，便成为情理中事。

2. 适于烟草生长的良好生态环境 温度对烟草的分布、生长发育及产量、品质的影响特别显著；在降水稀少、地下水源缺乏的地区，烟草很难生长；质地疏松，结构良好，呈微酸性或中性的土壤上能生产优质烟叶。中国大部分地区日照充足，年降水量自 400 毫米到 2 000 毫米以上，自然条件适合烟草种植，所以东起吉林省的延吉，西至新疆维吾尔自治区的伊宁，北自黑龙江省的克山，南迄海南岛，都有烟草生产，只不过因温度不同，南部多种红花烟草，东北、内蒙古、西北只能种耐寒的黄花烟草。

3. 农业生产要素与商品经济的结合 人多地少是中国最基本的国情，中国农业变迁的方向总是使用丰富的资源（劳动力）代替稀缺资源（土地），"精耕细作"——在有限的土地上投入更多的劳力以增加产出。明代是中国资本主义开始萌芽时期，随着农业商品化的发展和人口急剧增长，人口稠密地区已经无法维持传统

---

① ［明］杨士聪：《玉堂荟记》卷下《烟酒》。
② ［清］方苞：《方望溪全集》卷一《请定经制札子》。
③ 乾隆《瑞金县志》卷一。
④ ［清］王先谦：《东华录》，雍正五年二月乙酉。

的以自家消费为主的粮食作物种植形式。它迫使人们不得不放弃田园牧歌式的自给自足的经济形式，代之以种植获利较高的商品性作物，以便在狭小的土地上获得更多的收益。烟草是最典型的劳动力密集型农作物，烟草传入中国并得到较大发展，顺应中国农业变迁的客观需求（劳动力密集、商品化）是其中最重要的原因之一。

4. 中国传统农业提供了可靠的技术保障 烟草的生长发育、产量和品质，与耕作栽培都有着密切关系。明清两代是中国精耕细作优良传统定型时期，轮作复种普遍、间作套种开始推行、土壤耕作技术完善、良种选育和栽培技术提高、积肥和施肥技术提高、农业害虫防治有了新进展。这些都为烟草在中国的引种栽培（即传播）做好了充分的准备。烟草传入中国以后，中国的农学家和其他一些学者利用传统农学思想和农业理论对其进行分析研究，使它通过与其他农作物轮作或复种，很好地融于中国传统农业种植制度之中。清初的《烟谱》和《烟草谱》实际上是传统农业时期有关烟草生产、加工、贸易和消费之集大成者。部分医书以及很多地方志也都介绍了烟草的有关知识。正是由于中国精耕细作优良传统的保障作用，明代烟草生产就已迅速满足了中国国内需求。①

五、花生

花生（*Arachis hypogaea* L.）从原产地——南美洲传播到世界各地是一个复杂的问题。美洲大陆与世界的交往是从1492年哥伦布发现新大陆开始的。所以，原产于美洲大陆的作物向外传播应该是通过哥伦布及其以后的商船。明代，中国与南洋各国的商贸联系很频繁，花生是从南洋传入中国东南沿海的。花生传入中国者有小粒花生和大粒花生两种，传入的时间不同，传入的途径也有多条。

小粒花生是"原产于南美的花生，15世纪传入南沙群岛"②。20世纪两位西方汉学家都根据万历戊申（1608年）浙江台州《仙居县志》而断定落花生传华是在1600年左右。③ 并且有说法"花生是葡萄牙人通过海路传入的"④。中国最早的关于花生的记录是苏州学人黄省曾（1490—1540）所著《种芋法》：

① 蒋慕东、王思明：《烟草在中国的传播及其影响》，《中国农史》2006年2期。

② 万国鼎：《花生史话》，《中国农报》1962年6期。

③ Berthold Laufer. *Notes on the Introduction of the Ground-nut into China. Congress International des Americanistes*，1906，Xve Session. L C Goodrich. *Early Notes of the Peanut in China. Monumenta Serica*，1936—1937，Vol. 2. 转引自〔美〕何炳棣：《美洲作物的引进、传播及其对中国粮食的影响》，《世界农业》1979年4期。

④ 〔美〕拉塞尔·伍德：《五个世纪的交流与变化：葡萄牙人在全球范围内进行的植物传播》，载黄邦和等主编：《通向现代世界的500年》，北京大学出版社，1994年，290页。

又有皮黄肉白，甘美可食，茎叶如扁豆而细，谓之香芋，又有引蔓开花，花落即生，名之曰"落花生"。皆嘉定有之。①

这应该是关于花生的最早记录了，并且是在江南地区。此外，还有一例，在明孝宗弘治十五年《常熟县志》中有："落花生，三月栽，引蔓不甚长，俗云：花落在地，而生之土中，故名。"②

1504年《上海县志》和1506年《姑苏县志》都有关于花生的记录。从这几处较早记载花生的资料来看，江南地区很早就引进了落花生的种，这似乎不符合情理，何炳棣据《明史》卷一六《武宗本纪》认为，"武宗亲讨宁王宸濠，于正德十四年冬十二月丙戌（1520年1月16日）至十五年闰八月丁酉（1520年9月19日）足足八个月都下驻南京。落花生非常可能就是1520年亚三等人带到江南一带的"③。

学术界还有另一种说法，"福建首先引进（福建侨居南洋的很多）"④。福州王世懋的《学圃杂疏》，原序撰于万历丁亥年（1587年），这里也有叙述："香芋、落花生产嘉定。落花生尤甘，皆易生物，可种也。"⑤

另外，有几种清代浙江方志明白地指出，"落花生，……向自闽广来"⑥，并万历《仙居县志》："落花生原处福建，近得其种植之。"葡萄牙人于1522年被驱逐出广州之后，便在漳州、泉州和宁波三港秘密通商，落花生也有可能是在那个时候从漳州、泉州、宁波输入。由此可见，福建是花生最早传入地之一，这与前面的花生传入江浙一带并不冲突。明中后期，中国的航海技术已较发达，明永乐三年至宣德八年（1405—1433）郑和受成祖朱棣之命，率船队七次下西洋，而常熟、嘉定一带地处重要水路要塞——长江入海口，其上游是当时重要城市南京，因此花生被频繁归来的海外商船带到江浙、福建一带是完全有可能的。

由于落花生植物形状特殊，味美而富于营养，很快就引起少数江南士子的注意，常见于他们的著录。清初上海叶梦珠《阅世篇》卷七："万寿果，一名长生果，向出徽州。"⑦ 万寿果、长生果就是落花生。

进入清代，花生在国内有了广泛的传播普及和开发利用。乾隆年间，檀萃曾仕云南，其所著《滇海虞衡志》云：

落花生为南果中第一，以其资于民用者最广。……高、雷、廉、琼多

---

① ［明］黄省曾：《种芋法》。
② 弘治《常熟县志》卷八。
③ 〔美〕何炳棣：《美洲作物的引进、传播及其对中国粮食的影响》，《世界农业》1979年4期。
④ 王宝卿、王思明：《花生的传入、传播及其影响研究》，《中国农史》2005年1期。
⑤ ［明］王世懋：《学圃杂疏·蔬疏》。
⑥ 嘉庆八年《山阴县志》卷八；嘉庆十四年《瑞安县志》卷一。
⑦ ［清］叶梦珠：《阅世篇》卷七。

种之。大牛车运之以上海船，而货于中国。以充苞苴，则纸裹而加红签；以陪燕席，则豆堆而砌白贝。寻常杯杓，必资花生，故自朝市至夜市，烂然星陈。若乃海滨滋生，以榨油为上，故自闽及粤，无不食落花生。油且膏之为灯，供夜作。今已遍于海滨诸省，利至大。性宜沙地，且耐水淹，数日不死。长江、黄河沙地甚多，若遍种之，其生必大旺。……若南北遍种落花生，其利益中原尤厚。故因此志而推言之。

粤海之滨，以种落花生为生涯。彼名地豆，榨油，皆供给于数省。……江西颇种之。……弥勒大种落地松，与蓖麻以榨油，故其民俗渐丰裕，将来广行于全滇，亦大利益也。①

清中叶还有了对花生栽培法的描述，《南越笔记》载："落花生，草本，蔓生。种者以沙压横枝，则蔓上开花。花吐成丝而不能成荚，其荚乃别生根茎间。掘沙取之，壳长寸许，皱纹中有实三四，状蚕豆。味甘以清，微有参气，亦名落花参。凡草木之实皆成于花，此独花自花而荚自荚。花不生荚，荚不蒂花，亦异甚。"②

由上述材料可知，花生的大田种植已相当普及，在农产品中扮演了重要角色，所以士大夫们才对它的生产农艺加以总结，对它的特性予以概括。郝懿行《晒书堂笔录·外集》（《郝氏遗书》本）有如下的叙事："京师人张筵，必旅陈肴核，名品甚繁，而长生果居其一。……余以乾隆丁未（1787 年）始游京师，友朋燕集，杯盘交错，恒擘壳剖肉，炒食殊甘，俗人谓之'落花生'。"③

可见在 18 世纪末，落花生已作为零食在民间广泛被人接受。清嘉庆年进士吴其濬《植物名实图考》则有了花生的枝株蔓叶和荚果的线条图画，其画形象逼真，线条简洁，布局错落有致，堪称佳作，这是中国最早的描绘花生的植物图谱和美术作品。

19 世纪中后期，大花生传入中国。首先引种大花生的是山东省。据原金陵大学农林学院农业实验记录："山东蓬莱县之有大粒种，始于光绪年间，是年大美国圣公会副主席汤卜逊（Archdeacon Thomson）自美国输入十夸脱（quarter）大粒种至沪，分一半于长老会牧师密尔司（Bharle Mill），经其传种于蓬莱，该县至今成为大粒花生之著名产地。邑人思其德，立碑以纪念之，今犹耸立于县府前。"关于大花生最早的记录，见于《平度州乡土志》："同治十二年，州人袁克仁从美教士梅里士乞种数枚，十年始试种，今则连阡陌矣。"因小花生引入早，人们习惯称其为本地花生，称大花生为洋花生。据说袁克仁曾在蓬莱教会学校读过书，于 1870

---

① 〔清〕檀萃：《滇海虞衡志》卷一〇《志果》、卷一一《志草木》。
② 〔清〕李调元：《南越笔记》卷一五《落花生》。
③ 〔美〕何炳棣：《美洲作物的引进、传播及其对中国粮食的影响》，《世界农业》1979 年 4 期。

年带回美国大花生在平度试种传开。[1] 另据《山东文史资料》（第一辑）中《德国人在青岛办教育的片断回忆》一文记载：美国人狄考文（1863 年）来蓬莱办文会馆，曾先后两次传入大花生。第一次送给栗宝德的父亲，因煮而食之没有种植；第二次送给邹立文种植，在山东才开始了大花生的种植。综上所述，大花生可能是在同治末年到光绪初年之间由多人、多路、多次传入山东半岛一带，最早在蓬莱、平度一带试种，光绪年间向山东西部传播开来。[2]

新中国成立以后，考古工作者先后在浙江吴兴钱山漾原始社会遗址和江西修水山背原始社会遗址中发现了已炭化的形似花生种仁的化石。[3] 因此，中国的花生是否为外来的作物，在学术界又引起了不同的看法和争论。如果江西出土的实物是铁证的话，为何在中国 2 000 年的历史纪年以及历代的古农书中没有记载；再者，中国境内至今没有找到花生的野生种群。仅凭浙赣两处有花生种子出土这样的孤证，便认为中国是花生的原产地，难以成立。这是一个尚待继续研究的问题。但即使花生是中国的原产，也并不能排除明清时期中国从海外引种的事实。

另外，有人认为中国古农书对花生早有记载，如汉代《三辅黄图》中记有"千岁子"；西晋稽含《南方草木状》记有"千岁子"；唐代段成式《酉阳杂俎》记有"落花生"；清代陈淏子《花镜》卷五《落花生》说"落花生一名香芋"，另如乾隆《泉州府志》、陈汉章《植物名实图考批校》，亦宗其说。香芋是什么？明代《食物本草》卷七《菜部》云："土芋，蔓生，叶如豆，其根圆如卵，南人名香芋，北人名土豆。"清代《本草纲目拾遗》卷八云："土芋即黄独，俗名香芋，肉白皮黄，形如小芋，一名土卵，与野芋不同。"由此可知，香芋即黄独（*Dioscorea bulbifera* L.），是薯蓣科植物。而今日所说的落花生则为豆科植物。千岁子和香芋都是蔓生植物，其果实与花生相像，古人因知识水平所限，可能混淆之。如果以上所说的就是现在的花生，那么自唐宋时期以来，就成为广泛种植的作物了，但千余年来却无记录。可见唐代以前所讲的落花生可能是另一种植物，而不是我们现在播种的花生。

六、向日葵

向日葵（*Helianthus annuus* L.）原产美国西部，明代传入中国，中国古代亦

---

① 毛兴文：《山东花生栽培历史及大花生传入考》，《农业考古》1990 年 2 期。

② 转引自李文治编：《中国近代农业史资料 第 1 辑 1840—1911》，生活·读书·新知三联书店，1957 年，895 页。

③ 参见《考古学报》1960 年 2 期和《考古》1962 年 7 期。据测定，吴兴钱山漾遗址时代为公元前 4800±100 年，江西山背遗址的时代为公元前 2800±145 年。

称之为西番菊、迎阳花。关于向日葵引种至中国的时间，明万历年间赵崡《植品》卷二中提到："万历年间，西方传教士传入向日葵。"① 赵崡为陕西人，他了解、看到向日葵应该是在华已经传播了若干年之后的事情了。明万历四十七年（1619）姚旅《露书》记曰："万历丙午年（1606年），忽有向日葵自外域传至。其树直耸无枝，一如蜀锦，开花一树一朵，或傍有一两小朵，其大如盘，朝暮向日，结子在花面，一如蜂窝。"② 姚旅为福建莆田人，《露书》记录了大量万历中后期或稍前的资料，多半系姚氏东南西北频繁旅程中的亲身见闻。他们看到、搜集到的向日葵，当是它已传入中国一段时间后。综上所述，向日葵约在明代中期传入中国，万历年间中国部分地区已有种植。

关于向日葵形态的文献记载最早见于明代王象晋《群芳谱》：

> 丈菊一名西番菊，一名迎阳花，茎长丈余，干坚粗如竹，叶类麻，多直生，虽有傍枝只生一花，大如盘盂，单瓣，色黄，心皆作窠如蜂房状，至秋渐紫黑而坚，取其子种之，甚易生花。③

从其对形态的描述来看，这种被称为丈菊的植物，正是今日说的向日葵。

清康熙时，陈淏子在《花镜》中描述得比《群芳谱》更准确：

> 向日葵，一名西番葵，高一二丈，叶大于蜀葵，尖狭多刻缺。六月开花，每干顶上只一花，黄瓣大心，其形如盘，随太阳回转，如日东升则花朝东，日中天则花直朝上，日西沉则花朝西。结子最繁，状如蓖麻子而扁，只堪备员，无大意味，但取其随日之异耳。④

向日葵引入中国的准确路线仍不能确定，但结合前人研究成果及相关史料有以下两种说法。

叶静渊认为，明代中国云南与缅甸之间的通衢大道可能是途径之一。因为清代康熙年间，云南、贵州两省的一些地方志中已著录有向日葵（如康熙十六年贵州《思州府志》等），道光年间，向日葵子在两省已被当作休闲小食品，如同西瓜子和南瓜子一般在市场上销售。⑤

海上丝绸之路是中国古代对外贸易的又一重要通道。由中国沿海港口出发，经南海，至波斯湾，将中国丝绸、陶瓷、香料等物产运往欧洲，而中国也不断有新的农作物引进，其中美洲作物的引进和推广占了很大的比重。北京大学陈炎教授研究认为，1570年西班牙人占领马尼拉后，中国通过马尼拉开辟了一条横渡太平洋通

---

① 王毓瑚：《中国农学书目》，农业出版社，1964年，175页。
② ［明］姚旅：《露书》卷一〇《错篇下》。
③ ［明］王象晋：《群芳谱》卷五一《附录·丈菊》。
④ ［清］陈淏子：《花镜》卷六《花草类考·向日葵》。
⑤ 叶静渊：《"葵"辩——兼及向日葵引种栽培史略》，《中国农史》1999年2期。

往美洲的新航路，使亚、美两大陆开始了联系。西属美洲的各种农作物如玉米、马铃薯、向日葵等就是通过这条"太平洋丝绸之路"从菲律宾运过来的，再由菲律宾传至南洋各地，并进一步传到中国国内。

目前，还不能确定向日葵引入中国的准确时间，但结合前人研究成果及相关史料，向日葵约在明代中后期传入中国。引种至中国的途径可能有多条，分别从陆路和海路传入，上述途径都有可能。

七、辣椒

辣椒（*Capsicum annuum* L.），原产南美洲的秘鲁和中美洲的墨西哥一带。中国的辣椒由海外传入，故最初称之为"番椒"，传入的时间约在 16 世纪后期，最初见于明代高濂《遵生八笺》的记载："番椒，丛生，白花，子俨秃笔头，味辣，色红，甚可观，子种。"[①] 辣椒传入中国之后，发展很快，到清末，已发展成一种"种类有大小之分，迟早之别，至于种名，不能屈指以数"[②] 的新作物。

据有关学者对地方志的梳理，辣椒传入中国的路线大致有三条。一条是从华东沿海传入中国。辣椒传入中国无非两条路径——陆路和海路，从海路上看，浙江辣椒种植比福建、台湾、广东、广西都要早 70 年以上，可以认定浙江是辣椒从海路传入中国的最早落地生根点，这是辣椒传入中国的第一条路径。

由朝鲜传入中国东北可能是辣椒传入中国的另一海路渠道。东北地区的康熙《盖平县志》《辽载前集》《盛京通志》均有关于辣椒的记载；由于没有明中后期辽宁方志，明代该地种植情况不详。辽宁辣椒可能从内地传入，更有可能从一江之隔的著名食辣国度朝鲜传入。据《朝鲜民俗》、《林园十六志》（1614）等书介绍，朝鲜自 17 世纪初开始种植和食用辣椒。韩国国史编纂委员会编辑的《韩国史》中说，辣椒从日本传入朝鲜是在壬辰倭乱（1592—1598 年）期间，此期与高濂《遵生八笺》（1591）记载完全相同，早于《群芳谱》（1621），比辽宁方志记载时间早近 90 年，特别是当时朝鲜是后金的属国，交往很多（而此时后金正与明朝政府交战，两地交通、贸易严重受阻），辣椒从朝鲜传入中国东北地区很容易。同为美洲作物的烟草就是同期从朝鲜传入东北地区的，这可以作为旁证。朝鲜极有可能是辣椒传入中国的另一海路渠道。与内地同称"秦椒""番椒"，可能是清人入关后，方志记载由满文变为汉语所致。

---

① ［明］高濂：《遵生八笺》卷一六《燕闲清赏笺下·四时花纪·番椒》。
② 《种植新书》，撰人及成书年代不详，大约是 19 世纪后期所作，引自［清］杨巩编：《农学合编》。

第三条路线是从荷兰传到中国台湾。辣椒在台湾被称作"番姜",与内地不同,是木本。乾隆七年《台湾府志》:"番姜,木本,种自荷兰,花白瓣绿实尖长,熟时朱红夺目,中有子,辛辣,番人带壳吥之,内地名番椒,……"乾隆《台湾府志》与《凤山县志》记载相同。乾隆年间《本草纲目拾遗》也有同样记载。而康熙《使琉球杂录》《台湾县志》《凤山县志》以及雍正《台海使槎录》均无关于辣椒的记载,辣椒传入台湾的时间在康熙乾隆年间的可能性很大。[1]

八、番茄

番茄(*Lycopersicon esculentum* Mill.),原产南美洲西部高原地带。番茄传入中国的时间当在明万历年间。在此以前,元代《王祯农书》中也著录有"番茄",但这是茄子的一个品种,而不是番茄属的番茄。

明末,王象晋《群芳谱·果谱》(1621)中著录有一种"番柿",他说:"番柿,一名六月柿,茎似蒿,高四五尺,叶似艾,花似榴,一枝结五实或三四实,一树二三十实,缚作架最堪玩,火伞、火珠未足为喻,草本也。来自西番,故名。"从这段文字的描述中可以看出,这种所谓番柿,即我们现在所称的番茄。在《群芳谱》著录"番茄"以前,万历四十一年山西《猗氏县志》也记载过番茄,称为西番柿;赵崡《植品》(1617)说,西番柿是万历间由西方传教士传入的。[2]

关于番茄传入中国的途径,前人研究不多,中国农业科学院蔬菜研究所编《中国蔬菜栽培学》中指出:"大约在十七、十八世纪由西方的传教士、商人或由华侨从东南亚引入我国南方沿海城市,称为番茄,其后由南方传到北方称为西红柿"。[3] 王思明教授在《美洲原产作物的引种栽培及其对中国农业生产结构的影响》一文中指出中国栽培的番茄是在明万历年间从欧洲或东南亚传入的。[4] 王海廷在《中国番茄》一书中也指出番茄传入中国的三个渠道:第一,外国传教士来中国传教,把番茄种子带入中国;第二,外国客商、海员及归国华侨从通商口岸把种子带入境内;第三,俄国修筑中东铁路,作为食品把番茄种子带入中国。[5] 也有学者认为番茄经蒙古传入中国。[6] 此外,园艺类书籍大多记载番茄由西欧的

---

① 蒋慕东、王思明:《辣椒在中国的传播及其影响》,《中国农史》2005年2期。

② 叶静渊:《我国茄果类蔬菜引种栽培史略》,《中国农史》1983年2期。

③ 中国农业科学院蔬菜研究所编:《中国蔬菜栽培学》,农业出版社,1987年。

④ 王思明:《美洲原产作物的引种栽培及其对中国农业生产结构的影响》,《中国农史》2004年2期。

⑤ 王海廷:《中国番茄》,黑龙江科学技术出版社,2001年。

⑥ 解昀廷:《果蔬两栖话番茄》,《农林科学实验》1987年2期。

传教士传入。

结合日本星川清亲《栽培植物的起源与传播》一书中番茄传播的线路图，有学者认为番茄由以下途径传入中国：[①]

1. 番茄最初从海路传入中国南方沿海城市 其途径可能有两条：

一条是从欧洲沿印度洋经马来西亚、爪哇等地传入中国南方沿海城市；另一条是经"太平洋丝绸之路"，从美洲先传到菲律宾，然后进一步传到中国沿海。因为17世纪，番茄已经传到菲律宾，所以极有可能经东南亚传入中国。目前虽然还不能确定番茄传入中国的最早地点，但结合相关的史料可以推断广东应该是最早传入的落地点之一。明天启五年《滇志·永昌府》记有："近年兵备副使潮阳黄公文炳自粤传来，今所在有海石榴……六月柿。"此论据恰好证明云南的番茄应该是从沿海的广东传入。另外，明代史学家郭青螺在《黔草》记有"六月柿"[②]，他在明万历十年（1582）时曾任广东潮州知府。由此可见，贵州的"六月柿"与广东也有很大的联系，可能也是从广东传入的。

2. 从荷兰传到中国台湾也可能是途径之一 1622年荷兰占据台湾后，很可能传入番茄。在荷兰垦殖农业中，曾移植了不少新式蔬果，例如荷兰豆（豌豆）、番姜（辣椒）、番芥蓝、番茄（台南称甘仔蜜）等。康熙乾隆年间的《台湾府志》《台湾县志》《凤山县志》等地方志中有多处关于甘仔蜜的记载："形如柿，细如橘，可和糖煮茶品"；"形如弹子而差大，和糖可充茶品"。由此推知，康熙年间番茄传入台湾的可能性很大。另外，福建的泉州在乾隆二十八年（1763）也出现了"甘子蜜"的记载，"甘子蜜，实如橘，味甘，干者合槟榔食之"。《同安县志》在乾隆三十二年（1767）、嘉庆三年（1798）也有记载。由此可以推断，福建的番茄很可能是由台湾传入的。

3. 20世纪初期，从俄罗斯传入也是一途径 1915年、1930年《呼兰县志》载："洋柿：草本俄种也。实硕大逾于晋产，枚重五六两，生青熟红，味微甜。"此外，1932年《黑龙江志编》也载有"洋柿，俄罗斯种也"。可见，民国初期从俄罗斯引种至黑龙江，属于番茄的再次传入，也是传入途径之一。

番茄于明末传入中国，但引种之初长期作为观赏植物，传播速度很慢，清代末年、民国初期也只是在大城市郊区有零星的栽培，后来进入菜园。直到20世纪30年代，中国东北、华北、华中地区才开始种植，大规模发展则在新中国成立以后。

---

① 刘玉霞、王思明：《番茄在中国的引种推广及其动因分析》，《古今农业》2007年2期。

② 王海廷：《中国番茄》，黑龙江科学技术出版社，2001年。

九、结球甘蓝

结球甘蓝（*Brassica oleracea* var. *capitata* L.），原产欧洲，明代后期引种到中国，史籍中称为莲花菜、俄罗斯菘、老枪（白）菜、外洋白菜、椰珠菜、团菘、包菜、番芥蓝、葵花白菜等。

从史料记载看，结球甘蓝是从不同途径、多次引入中国的。

最早记载结球甘蓝的是明嘉靖四十二年云南《大理府志》，称莲花菜①。这一记载说明，结球甘蓝最早可能是从东南亚传入中国云南的。

另一条路径是由俄国传入黑龙江和新疆。清康熙时《北徼方物考》载："老枪菜，即俄罗斯菘也，抽薹如莴苣，高二尺余，菜出层层，……割球烹之，似安肃冬菘（即大白菜）。"清嘉庆九年《回疆通志》有"莲花白菜，……种出克什米尔，回部移来种之"的记载。②

第三条路径是由海路传入中国东南沿海地区。乾隆十二年《台湾府志》和乾隆二十八年福建《泉州府志》有关于番芥蓝的记载，嘉庆二十四年广东《香山物产略》记有"来自番舶"的椰球菜，宣统三年（1911）广东《南海县志》载有"来自外洋"的椰菜③，表明结球甘蓝曾多次引入中国东南沿海各地。

结球甘蓝传入中国以后，推广速度并不快，直到19世纪上半叶在山西才有一定程度的发展。吴其濬《植物名实图考》记载说："葵花白菜生山西，大叶青蓝如劈蓝，四面披离，中心叶白如黄芽白菜，层层紧抱如覆碗，肥脆可爱，汾、沁之间菜之美者，为菹为羹，无不宜之。"④

十、菜豆

菜豆（*Phaseolus vulgaris* L.）系豆科菜豆属一年生缠绕或直立草本植物，为当今常见的豆荚类蔬菜。菜豆又名四季豆、时季豆、季豆、二季豆、四月豆、月月豆、羊角豆、麂角豆、碧豆、竞豆。历史上菜豆多分布于云南、四川、湖北、河北、贵州、湖南、福建、江西等地，东北也有少量栽培。

古代常将可充蔬菜的一切豆类作物统称为菜豆，从而容易引起名称上的混淆。菜豆不同于扁豆、豇豆，系从国外引入，经驯化至今，在中国的种植历史不长。明代因航海技术领先，海运畅通，同时新大陆被发现，故原产于中南美洲植物区系的

---

① ② ③　转引自叶静渊：《我国结球甘蓝的引种史》，《中国蔬菜》1984年2期。

④　［清］吴其濬：《植物名实图考》卷三《蔬类·葵花白菜》。

一些植物多半经东南亚辗转传入中国，菜豆便是其中之一。①

由于菜豆传入中国的时间很短，所以在古农书中难能见到有关菜豆的记载。清代张宗法《三农纪·蔬属·时季豆》称菜豆为时季豆，并对其形态开始进行了比较详尽的描述："时季豆乃菽属也，叶如绿豆而色淡嫩，可茹食。花白如粉蝶状，结角长二三寸，如蛾眉豆而小，肌肤滑润，自根至梢繁衍生角，其色淡碧，子鲜红色，亦有白者，每角中或三五粒，早于诸豆，可种两季，故名二季豆，又名碧豆，云其色也。有种秋实者，临秋方茂。"菜豆其花似蝶，形状与绿豆最为接近，现代植物分类学家正是将这两种豆子一道列入蝶形花亚科菜豆属植物。19世纪中叶，清代邹汉勋《南高平物产记》提到："菜豆二月种，六月子成，可复种，四时皆有，蔓生长丈余，结荚似扁豆而狭小弯环，可作蔬菜。"《种植新书》提到："菜豆一名四季豆，蔓生，清明前种，立夏后开花，结荚长二三寸，荚肉肥厚，结实最多，且耐久，至七月犹可食。又有一种洋四月豆，海禁开后有人自外洋得种，携归种之，传播甚广，此豆高仅数尺，无蔓。"尽管古代园艺典籍所见关于菜豆的报道罕如凤毛麟角，然而在明清时期方志中，却有关于菜豆的许多记载，这为菜豆引种、传播、利用或栽培的研究，提供了丰富的资料。云南是最早记载有菜豆的地区，明嘉靖四十二年《大理府志》和清康熙五十六年《云南县志》都载有羊角豆。乾隆二十六年《东川府志》载有四季豆。乾隆四十九年《镇雄州志》则载："四季豆，俗名竞豆，红白二种。"光绪二十年《鹤庆府志》提到四季豆与羊角豆的关系："四季豆，一名羊角豆，有红、白、粉、花四种。"可见在1563年以前，云南大理引种的羊角豆即四季豆。1924年《昭通县志稿》提到四季豆"四十日可食，圆长有白花。白四季豆，形圆而长，色白，洋四季豆，子粒稍大，荚属硬壳"。

河北引种四季豆较早，也较普遍。明万历四十八年《香河县志》"谷之类"记载有"江豆、菜豆、扁豆、羊角豆"。天启《永清县志》"谷类"则载有"蔓豆、菜豆、匾豆"。清康熙二十四年《大兴县志》提到豆类有菜豆、扁豆、龙爪豆、刀豆、羊角豆、蚕豆等。乾隆三十年《涿州志》提到豆类蔬菜有豇豆、扁豆、菜豆。光绪十二年《遵化通志》载有："云藊豆，亦菜豆之属，似藊豆而细长，似豇豆而短扁，早者端阳前可食，俗有五月先之名，晚者至秋不绝。嫩时并荚为蔬，脆美，老则豆色紫，可煮食。近又有洋云豆一种，荚色深青而粗圆长厚，子耐老，虽可充菜而味不佳，农家以为异玩，园中多种之者。"由此可见，云藊豆、洋云豆大概是菜豆的不同品种。光绪十四年《丰润县志》提到豆类蔬菜除了豇豆、扁豆，另有羊角豆："羊角豆，蔓生，形如羊角，可供疏。"

---

① 盛诚桂：《中国历代植物引种驯化梗概》，见中国植物学会植物引种驯化协会编辑：《植物引种驯化集刊 第4集》，科学出版社，1985年，85~92页。

　　四川方志提到四季豆者亦有多处。清雍正五年《江油县志》载有四季豆。嘉庆二十一年《华阳县志》云："四季豆，似藕豆微狭，荚毒，子赤白色可作蔬。"湖北引种菜豆可能较早。明正德十二年湖北《德安府志》卷二提到当地物产："有结角如刀者谓之刀豆，角长而曲如蛾眉者谓之蛾眉豆，一蒂数岐下垂者谓之龙爪豆。"清康熙七年《云梦县志》云："藕豆，俗名蛾眉豆。"可见《德安府志》所提三种豆为刀豆、蛾眉豆、龙爪豆，而龙爪豆根据豆荚着生于总状花序上呈"一蒂数岐"貌似"龙爪"之特点，故推测龙爪豆或许就是菜豆。清乾隆五十三年《房县志钞》和同治五年《郧县志》都有关于四季豆的明确记载。

　　此外，据清嘉庆二十三年《正安州志》记载，贵州在 1818 年以前已有四季豆种植。光绪三十一年陕西《绥德州志》提到："菜豆，形如豇豆，荚长盈尺，嫩时炒食最佳。"

　　按照以上史料推断，菜豆由国外引入，当属无疑。其传入路线可能是由西南邻国通过边境进入云南、四川、贵州等地，居民一般称之为四季豆。另一路线是有人从海外将菜豆带入明清京都，在北京周围形成一个栽种中心，然后向周围地区传播，当地居民则称之为菜豆。无论是四季豆，还是菜豆，都是同一种植物。蔓性种即高四季豆，大约在明代传入中国，而矮性种即矮四季豆可能迟至清代方才引种。①

十一、荷兰豆②

　　荷兰豆（*Pisum sativum* L.），是豌豆的别支，原产欧洲。

　　荷兰豆传来中国，最早应该是由荷兰人将其传至台湾地区。天启四年（1624），荷兰侵入中国台湾，引种了很多西欧植物。不过乾隆时期以前，书多不载。蒋毓英《台湾府志》成书于康熙二十三年至二十七年（1684—1688），其卷四《土产》中的《菽之属》《蔬之属》记豆类、蔬菜 43 种，但均无荷兰豆之名，也没有生态近似荷兰豆的豌豆一类的描述。到乾隆十年范咸《台湾府志》始有一记载，其书卷一七《物产一·菽之属》的《附考》云："荷兰豆，如豌豆，然角粒脆嫩，清香可餐（《台湾志略》）。荷兰豆，种出荷兰，可充蔬品熬食，其色新绿，其味香嫩（《台湾采风图》）。"③ 该书引用了《台湾志略》《台湾采风图》，可见在此之前，也就是乾隆初年，荷兰豆已经步入台湾，比广东早 50 年。

---

　　① 舒迎澜：《主要豆荚类蔬菜栽培史》，《古今农业》1994 年 4 期。
　　② 本节主要根据杨宝霖《广东外来蔬菜考略·荷兰豆》改写而成，原文见杨宝霖：《自力斋文史农史论文选集》，广东高等教育出版社，1993 年，313～316 页。
　　③ 乾隆《台湾府志》卷一七《物产一·藏之属·附考》。

随后荷兰豆亦传到福建。光绪《漳州府志》卷三九载："和兰豆，出吧国。祖家和兰，遂因以名之。乾隆初，有自吧国携来者，种之，遂遍四方，其性喜阴而忌阳，霜降后种，冬至生。北风盛，霜雪多，则畅茂，立春后熏风来，则藤枯。味甘入脾，然性寒。"[①] 文中"和兰"就是荷兰，"吧国"即加留吧国，就是今印度尼西亚爪哇岛。据此，知漳州的荷兰豆，从爪哇传入，时间是乾隆初。乾隆《泉州府志》卷一九《物产》载："荷兰豆，似扁豆而小，色绿，甘脆，近始有之，尚少。"[②] 此志为怀荫布主修，成书于乾隆二十八年（1763）。"近始有之，尚少"，当是传入未久，时间比广东早20余年。

荷兰豆传入中国的原委，刘世馨的《粤屑》记录详细，也最早，其书卷一云："荷兰豆，本外洋种，粤中向无有也。乾隆五十年，番船携其豆仁至十三行，分与土人种之，九月重阳前后播种，苗高二三尺许，叶翠、花白，正月时结豆，甘脆异常。初惟西关一老圃能得莳植之法，每年八月秒，以小提篮携豆种上街，人争买之。初出甚贵，今则遍岭海皆有之。余前乞养居家，辟园种半亩以资供养。作诗云：'新种荷兰豆，传来自外洋。莳当重九节，买自十三行。采杂中原菽，燃添外国香。晨葩鲜莫匹，馨膻此初尝。'"[③]

刘世馨，阳春人，嘉庆二十二年（1817）任陆丰儒学训导。[④] 刘世馨为当时人，见闻真切，所言当可靠，据其言，则知荷兰豆是在乾隆五十年（1785）传入广东，由荷兰传入，先带到广州的十三行，初种于广州西关，后由刘世馨传种于阳春。荷兰豆的种植，传播很快，20年左右，已经遍布"岭海"。

道光间，黄芝的《粤小记》卷一也说："荷兰豆，向未有此种，乾隆丁未红毛夷始携其种至粤，艺之。今数十年间，生产既蕃，价亦甚贱，而其味亦不如初种之为美，地气使然也。"[⑤] 红毛夷，是古代中国对荷兰人的称呼，《粤小记》所言大致不差，"乾隆丁未"（1787年）较《粤屑》所记迟两年，传闻有异也不奇怪。

其后各类方志中言及荷兰豆者甚多，如道光间崔弼的《白云越秀二山合志》、道光《南海县志》、同治《海丰县志》、光绪《广州府志》等，叙述之文或详或略，出处有注有不注，均从《粤屑》出。

总体来讲，关于荷兰豆传播路线的记载非常清晰，亦是海路传入，一是荷兰人由欧洲带入台湾，二是贸易船只携种子进入广东，然后传往内地，这两条传播线路毋庸置疑。直到现在，荷兰豆的食用仍然多见于东南沿海和中国南方地区，这是由

---

① 光绪《漳州府志》卷三九《风物》。
② 乾隆《泉州府志》卷一九《物产》。
③ ［清］刘世馨：《粤屑》卷一。
④ 道光《广东通志》卷四九《职官表》四〇。
⑤ ［清］黄芝：《粤小记》卷一。

其生长环境决定的。

十二、杧果

杧果（*Mangifera indica* L.），原产印度、缅甸、马来群岛，明代中后期传入中国，初见于嘉靖十四年（1535）成书的《广东通志稿》卷三一："杧果，种传外国，实大如鹅子（鹅卵）状，生则酸，熟则甜，唯新会、香山有之。"

明末清初，屈大均《广东新语》卷二五《木语·蜜望》对此有详细记述：

> 蜜望（即杧果）树高数丈，花开繁盛，蜜蜂望而喜之，故曰蜜望。花以二月，子熟以五月，色黄，味甜酸，能止船晕，飘洋兼金购之。一名望果，有夭桃者，与相类，树高亦数丈。巨者百围。

说明杧果最早传入中国广东地区，到明末清初，种植已多，人们对其生物学特征，已有不少的认识。

台湾是中国杧果的重要产地，清康熙年间的台湾方志中，多有关于杧果的记载：

> 康熙二十四年《台湾府志》卷四："木羡（即杧果），乃红彝从其国移来之种。"

> 康熙三十四年《台湾府志》卷七："木羡，红毛从日本移来之种。"

> 康熙《诸罗县志》："木羡，种自荷兰。"

"红彝""红毛"乃清代中国人对荷兰人的贬称。可知台湾地区的杧果是由荷兰人传入的，但其传入的年代不详，不过至迟在康熙前期，杧果已传入台湾，后又由台湾传入福建。

> 施鸿保《闽杂记》（1857）："木羡，即番蒜也，出台湾及厦门、金门诸处，相传其种自荷兰。"

> 郭柏苍《闽产录异》（1886）："（木羡）其种去荷兰，后漳州、台湾皆种之。"

> 光绪《漳州府志》卷三九："木羡出台湾，今漳中移植甚众。"

十三、番木瓜

木瓜一为蔷薇科之木瓜，一为番木瓜。蔷薇科之木瓜，原产中国，学名 *Chaenomeles sinensis* Koehne。番木瓜科木瓜（*Carica papaya*），是一种多年生常绿大型草本植物，原产于南美洲的哥斯达黎加，又叫做万寿果。有记载说："西班牙人将番木瓜从美洲经太平洋传到了东方，首先是菲律宾，然后为印度。"① "1513年至 1525 年 Hispaniola 把木瓜种子从巴拿马带到 Darien，后来传到西印度群岛，16 世纪被西班牙人带到马尼拉，经马六甲传到印度。17 世纪传入我国。"② "初传入中国之初，名蓬生果或蓬松果，原产墨西哥湾及西印度群岛，大约在明末清初传入中国。"③

顺治《九江乡志》卷二载有"万寿果"④，但无生态说明。顺治《九江乡志》成书于 1661 年，如果这里的万寿果是番木瓜的话，这应该是关于番木瓜的最早记录了。

康熙二十一年（1682）客游广东的词人吴绮，在他的《岭南风物记》中有云："卍字果出广州，亦名蓬松果，树本高数丈，桃榔……生食香甜可口。"⑤

与此同时，其友人屈大均也咏之以词云："一树蓬松，身如井上两梧桐。雄树生花雌结子，鸳鸯似，不是多情争有此。"⑥

屈大均在所著《广东新语》（1687）中亦为之记载："有番木瓜，产琼州，草本也，而形似木，高丈许，随其节，四季作瓜，一节数瓜。以酱制之，味脆隽。"⑦

在广东，康熙三十四年（1695）游粤的吴震方作《岭南杂记》，其书卷下记木瓜甚详："蓬生果，名乳瓜，土人又名木瓜。树高一二丈，如棕榈，叶如蒲葵。近顶节节生叶，叶间生瓜，大类木瓜而青色，嫩皮微有楞，肉白多脂而无核。掐之乳随指出。酱食甚脆，子如蚕矢。二月下种，一年即高大。数年果少则伐之另种，其树去皮可食，如萝卜，亦可酱食。余于肇庆见之。"⑧

雍正《广东通志》成书于 1731 年，曰："万寿果，树高如桐，实在树间，如柚味香甜。"⑨

从文献资料记载来看，康熙年间，番木瓜已经传入广东，并且引起了当地文人的注意。

与此同时，台湾地区也有种植。康熙《台湾府志》卷四记载："木瓜，俗呼宝果

---

① 〔葡〕José E Mendes Ferrão：《植物的旅程与葡国航海大发现》，张永春、曹晋锋译，纪念葡萄牙发现事业澳门地区委员会澳门基金会，1992 年，52 页。

② 凌兴汉、吴显荣编著：《木瓜蛋白酶与番木瓜栽培》，中国农业出版社，1998 年，1 页。

③ 〔德〕康多尔：《农艺植物考源》中卷第三章，俞德浚等译，商务印书馆，1940 年，153～155 页。

④ 顺治《九江乡志》卷二《生业》。

⑤ ［清］吴绮：《岭南风物记》。

⑥ ［清］屈大均：《骚屑词·南乡子·蓬松果》。

⑦ ［清］屈大均：《广东新语》卷二七《草语·瓜瓠》。

⑧ ［清］吴震方：《岭南杂记》卷下。

⑨ 雍正《广东通志》卷五二《物产志》。

树，与白萆麻相似，叶亦仿佛之，实如柿，肉亦如柿，色黄，味甘而腻，中多细子。"①

《台湾志略》记载得更清楚："番木瓜，直上而无枝，高可一二丈，叶生树梢，结实靠干，坠于叶下。或腌或蜜，皆可食。树本去皮，腌食更佳。"②

乾隆时黄叔璥《台海使槎录》卷三亦记之，台湾出版的《台湾农家要览·园艺作物·木瓜》，谓"清朝末年再由我国大陆引进台湾"③，把木瓜引进台湾的时间推迟了200年。

从记载情况来看，番木瓜的传播应该有两条路线：一是由葡萄牙人传至广东；二是由荷兰人传至台湾。因为在福建等地方志中并不见番木瓜的记载，说明从大陆传至台湾的可能性不会很大。

十四、番荔枝

番荔枝（*Annona squamosa* L.），作为番荔枝属（*Annona* L.）中的不同种的果树，英文的统称是Custard apple。番荔枝属植物发源于中美洲和非洲，主产于热带美洲。15世纪西班牙人入侵南美洲后，大力推广番荔枝种植，其后传至亚、非、澳的热带亚热带地区。"番荔枝应该是经西班牙传入东方，在印度，番荔枝被叫作'马尼拉果'，说明这种果实是从菲律宾传入的。"④ 番荔枝为热带名果，但全世界栽培数量不多。亚洲以印度栽培最早、最多。印度尼西亚、菲律宾、越南、泰国及中国均有栽培。中国以台湾省栽培最早、最多。该果在台湾俗称"释迦果"，它的名称又因果实似佛教创始人释迦牟尼的头像而称"佛头果"，还称"沃头果""番梨"。

番荔枝最早见于中国的史籍是在吴震方《岭南杂记》中，该书记载："番荔枝大如桃，色青，皮似荔枝壳，而非壳也，头上有叶一宗（按：记载有误，和菠萝混），擘开，白穰黑子，味似波罗蜜。康熙三十八年，上幸杭州，总兵蓝理进此果。"⑤ 这里对番荔枝的形状描写非常确切，证明在1695年之前，中国已经有了番荔枝的种植。

印光任、张汝霖《澳门纪略》中记载："又有番荔枝，大如桃，色青，似壳非壳，掌之中有小白瓤，黑子，味如菠萝蜜（康熙三十八年，驾幸杭州，总兵蓝理进

---

① 康熙《台湾府志》卷四《物产·果之属》。

② 乾隆《台湾志略》卷一八《物产》。

③ 台湾农家要览策划委员会编：《台湾农家要览·园艺作物·木瓜》，台湾丰年社，1980年，1734页。

④ 〔葡〕José E Mendes Ferrão：《植物的旅程与葡国航海大发现》，张永春、曹晋锋译，纪念葡萄牙发现事业澳门地区委员会澳门基金会，1992年，23页。

⑤ 〔清〕吴震方：《岭南杂记》卷下。

之）。"① 该书书稿于乾隆十六年（1751）完成，这番荔枝还是作者去杭州时，杭州总兵蓝理进献的稀罕物，这证明两点：澳门还没有大量出现番荔枝；即使在杭州，番荔枝也是非常稀罕的物品。蓝理系福建漳浦人，在康熙年间历任宣化镇总兵、定海镇总兵、天津镇总兵，番荔枝有可能是别人从外国带回进献给他的，这也至少证明番荔枝传入并不普遍。

番荔枝在台湾种植得比较早，《台湾志略》记曰："佛头果，叶类番石榴而长，结实大如拳。熟时自裂，状似蜂房。房房含子，味甘美；子中有核，又名番荔枝。"② 这条史料更为确切地记载了番荔枝的特点，至少证明番荔枝在台湾也是有种植的，并且为人所注意。

十五、菠萝

菠萝（*Ananas comosus* Merr.），属凤梨科，俗称凤梨、黄梨、露兜子、番菠萝蜜、王梨、打锣槌等。广东、广西称菠萝，云南称露兜子、打锣槌。原产于南美洲巴西亚马孙河流域，当地印第安人称为 Nanas，意思是"香"，至今印度尼西亚、马来西亚等国仍沿用之。西班牙和葡萄牙等国的传教士与欧洲殖民者的宣传和引进，使菠萝栽培区域迅速扩大；加上菠萝的芽苗耐贮运，很快地在 100 多年时间里，就传播到热带和亚热带地区。罗佛（Loufer）记载了菠萝传播的时间：1505 年，葡萄牙人由巴西引进圣赫勒那岛；1548 年，生长于马达加斯加，可能为葡萄牙人所引进；1550 年，葡萄牙人将菠萝引进印度南部；1558 年，菠萝自中国引进菲律宾；……1650 年菠萝生长在中国台湾省。③ "16 世纪初，热带各国相继引种，亚洲最早是由葡萄牙人引入印度（1550 年），后又传入菲律宾和印度尼西亚。中国在 17 世纪初（1605 年）由葡萄牙人将菠萝苗带入澳门，后经广东人传入福建和台湾。"④

《中国的使臣——卜弥格》中记述了卜弥格去东非沿岸的经过：当船停泊在赞比西河的出海口后，卜弥格看到了菠萝。卜弥格于 1643 年从葡萄牙里斯本乘船出发，离开欧洲，1647 年抵达海南岛，后到达澳门，1648 年来到中国内地。这份手稿写于 1644 年。从这个材料可以看到，17 世纪中期菠萝在欧洲的种植并不普遍，但是在东非已是非常普遍的了。"十二年后，他才了解到这种水果也生长在东印度

---

① ［清］印光任、张汝霖著，赵春晨校注：《澳门纪略校注》，澳门文化司署，1992 年，159 页。

② 《重修台湾府志》卷一八《物产·草木》。

③ 赵文振、沈雪玉编著：《菠萝栽培》，农业出版社，1987 年，3～4 页。

④ 王思明：《美洲原产作物的引种栽培及其对中国农业生产结构的影响》，《中国农史》2004 年 2 期。

和中国的南方。"① 卜弥格 1646 年左右来到中国内地后，游历了广东、广西与云南等地。由此推算，"十二年后"，也就是 1656 年，菠萝已经生长在中国的南方。

在中国的史籍中，最早记录菠萝的资料是康熙《台湾府志》："凤梨，叶似蒲而阔，两旁有刺，果生于丛心中，皮似菠萝蜜，皮黄，味酸甘，果木有叶一簇，可桩成凤，故名之。"② 除此之外，还有一些文人文集、笔记也记录下了菠萝的足迹。清代张英《文端集》："凤梨珍果出南荒，昔未标名纪职方。班剥锦苞含脆质，缤纷翠羽护清香。提封远在波臣外，修贡遥知驿路长。总是皇仁同绝域，海邦风味入梯航。"③ 此书原序说："康熙甲申年三月望日双溪英自序。"张英，安徽桐城人，字敦复，号乐圃，谥文端。康熙进士，官至文华殿大学士，兼礼部尚书。在康熙甲申年（1704 年），凤梨已经出现在文人的集子中。可证，卜弥格传记中所写的"中国的南方"所言不误。

关于菠萝的记载在台湾文献中十分普遍，康熙朝刊行的方志、风俗史料大都提及了"菠萝""凤梨"。写得较为详细的是台湾首任巡察御史黄叔璥在台两年所著《台海使槎录》：

> 台地夏无他果，惟番檨、蕉子、黄梨视为珍品；春夏有菩提果，一名香果，芳馨极似玫瑰果，当以此为第一。

> 粤西以波罗蜜为天波罗，黄梨为地波罗。《居易录》谓黄梨，曰：黄来八月熟，长可尺许，味尤甘香。其树类蕉，实生节间。按：黄梨，长止五六寸，草生丛生，根下叶似萱，两边如锯齿，顶上叶小攒簇如鸡帚。谓其树类蕉，非也。④

> 大鸟万社，离琅峤地界六七十里，亦鲜人迹。货则鹿脯、鹿筋、鹿皮、麏皮、麂皮、苎藤。果则蕉实、凤梨、蔗檨、柑油……⑤

另，乾隆十六年（1751）傅恒、董诰等人奉敕编撰的官修地理书《皇清职贡图》记曰："台湾……各县社番多有之。嚼米为酒，恒携黄梨以佐食。"⑥ 湖南武陵人朱景英 1772 年 10 月在海防同知任内所撰《海东札记》记曰："凤梨，一名黄梨，亦曰黄来，叶如蒲而短阔，两侧如锯齿，实抱干生，通体鳞皱，叶从顶出，森张若

---

① 〔波〕爱德华·卡伊丹斯基：《中国的使臣——卜弥格》，张振辉译，大象出版社，2001 年，67 页。

② 康熙《台湾府志》卷四《物产·果之属》。

③ 〔清〕张英：《文端集》卷三四《凤梨》。

④ 〔清〕黄叔璥：《台海使槎录》卷三。

⑤ 〔清〕黄叔璥：《台海使槎录》卷七。

⑥ 〔清〕傅恒、董诰等编：《皇清职贡图》卷三《台湾县大杰岭等社熟番、熟番妇》。

凤尾。色淡黄，味甘酸，切之，津沥芳香袭人。"①

以上几条材料可以说明，在台湾，凤梨、黄梨都是菠萝的别称，并且种植和食用都非常普遍。清前期，在台湾，菠萝就已经真正"飞入寻常百姓家"。

16世纪葡萄牙人地理大发现后，将菠萝带到他们所寄居的地方——澳门，然后由澳门传入了广东，这条传播路线毋庸置疑。但是为何菠萝在台湾散播得更快更广呢？如果是从福建传入台湾似乎说不通，因此，更有一种可能就是西班牙人或荷兰人将菠萝的种子带到了台湾，由于台湾气候湿热，适宜菠萝的生长，加上菠萝甜美可口，所以很快被大家所接受，这样才出现了"携黄梨以佐食"的情况。

十六、番石榴

番石榴（*Psidium guajava* L.），又叫鸡矢果、秋果、拔子、番稔、花稔、番桃树、缅桃、胶子果、那拔。原产于热带美洲的秘鲁、墨西哥，在16世纪初期哥伦布发现美洲大陆后经由西班牙传布于世界各地。在亚洲东南部地区，最早传入菲律宾，再传至马来西亚等国以及中国广东等地。"葡国人将番石榴传到了非洲及东方，由于它有极强的适应性，果实味道鲜美，很快就在那里得到了推广。"② 中国番石榴主要分布在广东、广西、福建、海南和台湾等地。

番石榴最早见于中国史籍是在康熙《台湾府志》："番石榴，俗名莉仔茇，郊野遍生，花白颇香，实稍似榴，虽非佳品，台人亦食之，味臭且涩，而社番则皆酷嗜焉。"③ 从上文可以推断，在17世纪末，台湾人食用番石榴就非常普遍了，并且这是他们非常喜欢的食品。

另，《台海使槎录》中记载："土人酷嗜梨仔茇，一名番石榴；肩挑担负，一钱可五六枚，臭味触人，品斯下矣。"④《台海使槎录》成书于1772年，文中"酷嗜"这个词语证明番石榴在台湾的种植已经很普遍了，并且番石榴深得台湾人的喜爱。另外，在台湾大量的文献中都留下了番石榴的踪迹。如《小琉球漫志》卷四《瀛涯渔唱》："梨仔茇，即番石榴也。其气臭甚，不可近。"《海东札记》卷三《记土物》："番石榴，不种自生，味臭而涩。"还有《台阳见闻录》《裨海纪游》《苑里志》等亦有关于番石榴的记载。

在大陆最早记载番石榴的是乾隆《福建通志》："石榴，即梨仔茇。"《福建通

---

① 〔清〕朱景英：《海东札记》卷三《记土物》。
② 〔葡〕Jocé E Mendes Ferrão：《植物的旅程与葡国航海大发现》，张永春、曹晋锋译，纪念葡萄牙发现事业澳门地区委员会澳门基金会，1992年，42页。
③ 康熙《台湾府志》卷七《风土志·土产》。
④ 〔清〕黄叔璥：《台海使槎录》卷三《赤嵌笔谈·物产》。

志》于乾隆二年（1737）纂集成书，可见乾隆二年之前，在中国大陆福建地区就大量出现了番石榴。①

番石榴当年因为"其果实多籽，很像我国原产的石榴，而又来自国外，才称其为番石榴"②。从这几本中国最早记载番石榴的古籍来看，主要是福建、台湾沿海的番石榴种植比较普遍，这也比较符合现在的饮食习惯，由此可以推断，番石榴有可能是从荷兰传入台湾，然后再从台湾传到福建地区的；但是从当时社会背景来看，由葡萄牙人传至菲律宾、马来西亚和中国广东地区，这也是不可忽视的一条传播途径，只是从史料上已经无从考证。

十七、西洋菜

西洋菜（*Nasturtium officinale* R. Br.），又名豆瓣菜、水旱菜、水田芥、凉菜，属于多年生草本植物。关于西洋菜名称的由来，传说是百年前葡萄牙海员患肺病，流落日本，人们以为他已死，后竟生还，乃因多吃了一种蔬菜充饥之故。后居澳门，将此菜移种过来，从此港澳、穗市乡间就有出产。此菜既由葡萄牙人传进中国，于是唤作西洋菜。

西洋菜最早见于中国史料是明代宋诩《竹屿山房杂部》："西洋菜，长叶细蔓，本草曰落葵，又曰蘩露。"③ 书中记载的西洋菜长叶细蔓，而现在所指的西洋菜是圆圆的小叶片，形状完全不相符合。这里可能所指的是另一种植物。"本草曰落葵，又曰蘩露"，事实上有落葵这种植物，并且在中国的种植非常普遍。落葵的祖先生活在热带地区，很久以前即传入中国，"又叫木耳菜、藤菜、承露、无葵、软酱叶、篱笆菜、御菜、紫豆菜、胭脂菜、豆腐菜、染绛子、红果儿、繁露、软姜子等……茎稍肉质，蔓生，光滑……"④

更重要的一点是，弘治十八年（1505）编成的《本草品汇精要》中将落葵也称作"西洋菜"⑤。这样看来，这里的西洋菜是指落葵，而非现在所说的西洋菜无疑了。在尹继善所修的《江南通志》也同样提及了西洋菜："红山药、西洋菜，二者

① 乾隆《福建府志》卷一一《物产》。
② 中国热带作物学会热带园艺专业委员会：《南方优稀果树栽培技术》，中国农业出版社，2000年，264页。
③ ［明］宋诩：《竹屿山房杂部》卷一一《种蔬菜法》。
④ 宋元林、陈莲英、张乃国主编：《特种蔬菜栽培·花卉蔬菜》，科学技术文献出版社，2001年，150～151页。
⑤ ［明］刘文泰：《本草品汇精要》卷四。

皆出于崇明……"①《四库全书》中所收的这本《江南通志》是"雍正七年，署两江总督尹继善等奉诏重修。乃于九年之冬……乃阅五载，至乾隆元年书成"。乃是雍正九年（1731）重修本，成书于乾隆元年（1736）。如果这里说的西洋菜就是现在的西洋菜，那么在1736年中国江南地区已经出现了西洋菜似乎不妥，因为即使现在，江浙地区西洋菜的种植都不是很普遍。据此推断，此西洋菜非彼西洋菜也。

方豪先生在《吴渔山先生〈三余集〉校释》中有诗《西菜》曰："满畦西菜叶翻翻，薹嫩枝多花白繁。摘煮登盘常得食，烂肥即可当蒸豚。"② 这首诗中的西菜从形状来看很有可能就是西洋菜，如果是这样，就推翻了现在学术界所说的西洋菜很晚由英国人传至香港的说法。

子羽所著《香港掌故》中说道："西洋菜并非我国原有，而是来自西方，……如今已成人烟最稠密的市中心旺角，当年曾是遍布西洋菜塘的地区。……所以迄今在旺角地区，依然留下一条已无西洋菜的西洋菜街。"③ 此书系记载香港在20世纪初期的一些被人遗忘的陈年旧事，当年的香港西洋菜街直接说明西洋菜曾经在香港盛行，并且文中提到的材料也与1935年版《广东通志稿》中所载"西洋菜近二三十年始由外洋输入，近极流行于广州市"④ 相互印证，证明了清末西洋菜在中国东南沿海地区的盛行。

第二节　中国农业动植物向西方的传播

明清时期，特别是在第一次鸦片战争之后，西方资本主义国家开始派员从中国大量引进农业动植物资源。其中又以英、法、俄等国为主，他们以各种不同的身份，如传教士、学者、使团随员、医生、军官等，深入到中国内地进行采集，有的为了获得所需的动植物资源，将自己装扮成乞丐，到中国内地去窃取。如1845年法国传教士童文献（P. Perny）在澳门乔装成乞丐，由广西潜入贵州北部，在与四川毗邻的地方多次窃取柞蚕种寄回法国。1843—1861年，福琼（R. Fortune）受英国园艺协会的派遣，四次来华，在华期间他假扮乞丐，潜入闽、浙、皖、苏等省，收集植物资源，先后将许多经济植物种苗和标本寄往英国。⑤ 有的则雇佣他人进行收集，如1844年来华的英国领事官汉斯（H. F. Hance），曾组织人为他收集植物资料，据统计，参加收集的有14人，分别属于英、德、荷、法、俄等国，收集的地区包括东南

① 雍正《江南通志》卷八六《食货志》。
② 方豪：《方豪六十自定稿》下册《吴渔山先生〈三余集〉校释》，台湾学生书局，1969年，1658页。
③ 子羽：《香港掌故》第三集，广东人民出版社，1985，5页。
④ 民国《广东通志稿》卷五《物产》。
⑤ 罗桂环：《近代西方人在华的植物学考察和收集》，《中国科技史料》1994年2期。

沿海各省。① 鸦片战争后西方人到中国对动植物资源的采集，是对中国经济动植物资源的窃取和掠夺，根本不是正当的采集和文化交流。据不完全统计，有清一代，西方人来中国采集动植资源，有文献记载的就有68次，其中法国23次，英国29次，俄国7次，其他国家9次。这些所谓采集，绝大多数都发生在鸦片战争后。中国大量的农业动植物资源，也就是在这个时期流入国外的（表8-1）。

表8-1　清代西方人在中国采集植物的情况

年份	采集人	身份	国别	采集地点	采集情况
1698—1701	肯宁海 J. Cunningham	外科医生	苏格兰	福建厦门、浙江舟山	采集植物标本500多种，其中有茶、山茶花、铁线莲等
1723	巴多明 D. Parennin	传教士	法国		采集的植物中有冬虫夏草和三七
1740	鲍夫若 P. Poivre	传教士	不详	华南	采集植物标本约100号
1740	汤执中 P. D'Incarville	园艺学者	法国	澳门、北京	采集植物标本260多种，其中有苏铁和紫堇属植物
1743	不详	船长	瑞典	海南岛	采集了茶树
1743	洛赖若 T. Loureiro	传教士	葡萄牙	华南	收集了近1 000种植物
1751	奥斯贝克 P. Osbeck	博物学者	瑞典	广东黄浦	采集4个月，得到不少标本，具体情况不详
1766	斯鲍曼 A. Sparrmann	博物学者	不详	广东、澳门	收集了水稻、山茶、橙等20种左右植物
1792	斯当东 G. L. Staunton	外交使团副使	英国	赴北京沿途	收集植物标本400号，其中特别注意收集黄纤维的棉花品种
1801	科尔 W. Kerr	不详	英国	广东	受英国丘园遣派来华收集花卉种苗
1812—1831	雷维斯 J. Reeves	英国园艺协会成员	英国	华南沿海地区	收集了大量珍贵的观赏花木，包括杜鹃、山茶、牡丹、菊花、蔷薇等花卉

① 罗桂环：《近代西方人在华的植物学考察和收集》，《中国科技史料》1994年2期。

年份	采集人	身份	国别	采集地点	采集情况
1812—1831	列文斯东 J. Livingstone	医生	英国		在华收集了菊花、茶花、芍药等诸多园艺植物
1812—1831	鲍兹 J. Potts	不详	英国		在华收集了菊花、茶花、芍药等诸多园艺植物
1812—1831	珀克斯 J. D. Parks	不详	英国		在华收集了菊花、茶花、芍药等诸多园艺植物
1815	斯当东 G. L. Staunton	外交使团成员	英国	赴北京沿途	收集了木香花、马尾松、银杏、桑树、茶树、桐树、山茶花、栎树等标本
1815	阿贝尔 C. Abel	博物学者	英国	赴北京沿途	收集了木香花、马尾松、银杏、桑树、茶树、桐树、山茶花、栎树等标本
1824	瓦逊 J. E. P. Voison	传教士	法国	四川	采得小红萝卜、白菜和葛的种子
1827	李大郭 G. T. Lay	不详	英国	广东、澳门	收集植物标本
1827	维歇尔 G. H. Vachell	不详	英国	广东、澳门	收集植物标本
1827	米勒特 C. Millett	不详	英国	广东、澳门	收集植物标本
1827	梅英 F. J. Meyen	不详	英国	广东、澳门	收集的植物标本中，包括黄纤维棉花的种子
1830	宾奇 Alexander von Bunge	植物学家	俄国	北京长城沿线	采集植物标本 420 种
1830	基里劳夫 P. Y. Kililov	医生	俄国	北京附近	采集植物标本 200 种左右，并得到一枝根、茎、叶和果实俱全的人参标本
1835	维若莱斯 E. J. F. Verrolles	传教士	法国	重庆	向法国报告当地漆树生产情况
1835	伯昌德	传教士	法国	贵州、四川	收集了柞蚕和柞树
1841	亨德斯 R. B. Hinds	不详	英国	香港	采集植物标本 140 种，其中有 21 个新种

（续）

年份	采集人	身份	国别	采集地点	采集情况
1842	容道特 N. Rondot	外交使团成员	法国		采得 2 种绿色染料植物回法国
1842	伊梯尔 J. Itier	外交使团成员	法国		采得苘麻回法国
1842	伊万 M. Yvan	外交使团医生	法国	广东	采得 850 多种植物
1842	加略利 J. Callery	外交使团翻译	法国	澳门、舟山、上海、宁波、厦门	收集到 5 000 号植物标本，代表 2 000 个种，其中有 15 个新种
1843	福琼 R. Fortune	园艺学者	英国	香港、厦门、福州、舟山、宁波、上海、苏州	采集了 450 种植物，其中有 40 个牡丹品种，包括约 12 个新品种
1844—1886	汉斯 H. F. Hance	领事官	英国	本人在广东，另请人在全国各地收集	共收集 22 437 种植物标本，包括当时中国已知的大部分种类
1845—1857	童文献 P. Perny	传教士	法国	贵州	采得植物标本数千号，其中有漆树苗及蜡树苗，还有不少动物标本，包括柞蚕
1847—1850	扎姆朋 J. G. Champion	船长	英国	香港	采集了 500～600 种显花和蕨类植物
1848	福琼 R. Fortune	园艺学者	英国	安徽歙县、婺源（今属江西），浙江严州、余姚、宁波、金塘，再去福建及浙江	采集了茶树的茶苗和种子，最终得到 2 000 株茶和 17 000 棵幼苗，送到东印度公司，同时，还带回去野腊梅、糯米条、牡丹等植物
1853	福琼 R. Fortune	园艺学者	英国	浙江、安徽、台湾、北京	将数万株茶苗和大量其他经济植物种苗、造宣纸原料通脱木送往印度
1853	葛雷 E. Guierry	传教士	法国	宁波	收集到油桐和梧桐等植物种子

（续）

年份	采集人	身份	国别	采集地点	采集情况
1854	雷特 C. Wright	植物学家	英国	香港	采集了 500 种植物标本
1857—1859	威福德 C. Wilford	不详	英国	台湾、内地、东北、朝鲜	采回数百种植物
1860	马克西姆维兹	植物学家	俄国	松花江流域	采得 800 种植物标本，约有 40 个新种
1860	西蒙 G. E. Simon	法国农业部派遣人员	法国		采得植物 281 种，引入红李等园艺植物数十种
1862	谭微道 A. David	传教士	法国	秦岭山区、穆坪、挂墩	采集植物约 3 000 种，其中有北京文冠果、内蒙古黄蔷薇、秦岭刺葡萄、穆坪珙桐
1868	安德逊 J. Anderson	不详	英国	云南	采集 800 种植物标本
1869	布洛克 T. L. Bullock	领事官	英国	海南、广东、湖南、上海、芜湖、汉口、荆襄、北京百花山	在北京百花山采得植物标本 134 种
1870—1871	毛斯 M. Moss	商人	英国	广东、广西	调查经济植物
1870—1885	普热泽瓦尔斯基	军官	俄国	华北、西北	采得植物标本 15 000～16 000 号，含 1 700 种
1871	甘为霖 W. Camphell	传教士	英国	台湾	采集了 600 种植物
1871	罗斯 J. Ross	传教士	英国	辽宁	采集了 600 种植物
1871	福德 C. Ford	植物园总管	英国	香港、广东罗浮山、广西	采集的标本中有 100 多个新种，同时带了 1 700 棵肉桂树苗到香港
1874	苏思诺夫斯基 J. A. Sosnovski	军人	俄国	天山、西北、长江	采得植物标本多种，经鉴定发表的新种有 36 个
1876	彼夫佐夫	军官	俄国	新疆、内蒙古、山西、河北	采得矿石标本 100 多种，植物 180 种

（续）

年份	采集人	身份	国别	采集地点	采集情况
1883—1894	赖神甫 J. M. Delavay	不详	法国	云南、湖北、四川	采标本20 000号，含4 000种，1 500个新种
1884	普塔宁 G. N. Potanin	植物学者	俄国	河北、山西、内蒙古、甘肃、青海、四川、宁夏	采得植物标本12 000号，经鉴定含4 000种
1885—1898	韩尔礼 A. Henry	海关职员	英国	四川、云南、湖北、海南、台湾	采集植物标本5 000种以上
1886	杰马斯 H. E. M. James	英驻外官员	英国	东北	采集不少花卉植物，包括500种显花植物，32种蕨类，10种石松和木贼植物
1886—1896	苏里 J. A. Soulié	传教士	法国	康定、西藏	收集7 000号以上植物标本
1886	鲍恩	传教士	法国	香港	采集450号植物标本
1889	彼夫佐夫	军官	俄国	新疆、青海、西藏	采得植物标本7 000号，代表700种
1889	亨利 Henri d'Orleans	植物采集者	法国	四川的康定、巴唐、理塘	采集不少植物和地质标本，其中植物标本420种
1889	杜克罗斯 F. Ducloux	传教士	法国	云南	收集250种植物
1889—1913	法雷 Urbain Faurie	传教士	法国	南起台湾，北至库叶岛	采集植物标本22 500号，其中部分采自日本
1890—1891	罗图科 H. Leduc	领事	法国	蒙自	采集430种植物标本
1890	包迪尼尔 E. Bodinier	传教士	法国	北京	采集930种植物标本
1890	普洛瓦斯特 A. Provost	传教士	法国	北京、内蒙古	采集245种植物标本
1892	普塔宁 G. N. Potanin	植物学者	俄国	陕西、四川、西藏	采得植物标本10 000号，代表1 000种，还有大量的动物标本、植物种子和药材
1892	法盖斯 P. G. Farges	传教士	法国	四川东北部、太白山区	采集了近4 000种植物

（续）

年份	采集人	身份	国别	采集地点	采集情况
1899—1911	威尔逊 E. H. Wilson	园艺学者、种苗公司雇员	英国	四川、云南、湖北	采集植物标本 65000 号，含数千种，其中约 900 个新种，还有猕猴桃、云杉、杜鹃、报春花、蔷薇等
1905—1918	梅耶 F. N. Meyer	美国农业部遣派人员	美国	东北、华北、陕甘、新疆、两湖、江浙	先后运回数以百箱计的植物种苗，数以千袋计的作物种子，包括粮食、果树、饲料、观赏植物共 2 500 多个，其中包括大豆、水稻、小米、高粱、梨、枣，抗病的栗、柿，苜蓿，抗火疫病的杜梨、黄蔷薇、白皮松、白杨、野生银杏等

资料来源：罗桂环《近代西方人在华的植物学考察和收集》，《中国科技史料》1994 年 2 期。

现将西方人在中国采集的主要动植物介绍如下：

一、大豆

大豆是原产于中国的经济作物。早在秦汉时期，大豆已先后传至中国的近邻朝鲜和日本。在西方，直到 17 世纪末才知道大豆的名字，18 世纪末开始传入欧洲。1739 年，在中国的西方传教士将大豆种子寄往法国巴黎植物园（Jardin des Plantes）种植；1790 年传入英国，种植于英国皇家植物园——邱园（Kew Gardens）。1873 年奥地利维也纳举行万国博览会，中国的大豆在会上展出，被公众认为是优良的经济作物之一，因而著称于世，自此以后被引种到各国。

美国在 18 世纪中期开始引种中国大豆。据报道，1765 年，东印度公司的海员波威（Samuel Bowen）将大豆带到佐治亚州萨凡纳（Savannah）；1770 年，美国驻法大使富兰克林（Benjamin Franklin）又从法国将大豆运到费城。[①] 1878 年，美国农业部有计划地派人到中国调查采集大豆，进行大量引种，并开始选种和育种。1906 年，美国农业部再次派人来华，从中国东北营口寄回去大批优良的大豆品种，其中包括黑豆和既可供食用又可榨油的富油品种。以后美国不断在中国收集大豆品

---

① 中国农学会遗传资源学会编：《中国作物遗传资源》，中国农业出版社，1994 年，324 页。

种资源，目前美国保存的中国大豆遗传资源已达 2 000 份①，1973 年大豆的总产量已达 4 300 万吨，占世界总产量的 74%②。因此，有些美国人说，大豆是中国送给西方最珍贵的礼品之一③。

二、茶

茶树原产中国，种茶、制茶、饮茶的技术都是中国发明的，茶叶和咖啡、可可并称为世界三大饮料。

中国的茶最早输到国外是在唐代，日本是最早引种中国茶的国家。据《茶叶全书·茶之起源》记载："（日本）延历二十四年（805 年，唐德宗贞元二十一年），高僧最澄由中国研究佛教还日，携回若干茶种，种植于（日本）近江（滋贺县）阪本村之国台山麓，现在之池上茶园，相传即为当时大师种茶之旧址。"这是日本引种中国茶之始。

茶叶传至欧洲。随着葡萄牙人在达·伽马（Vasco da Gama，1460—1524）的带领下绕过好望角，开辟了欧洲至印度洋的航线，茶叶也经由新航线传到了欧洲。明万历二十九年（1601），"17 世纪海上马车夫"——荷兰人，第一次将绿茶从澳门运至爪哇的雅加达，后于明万历三十八年转运至欧洲其他国家。④ 至 1637 年，饮茶之风才开始在欧洲大陆扩散开。茶叶传入德国大约是在 1650 年；而输入英国的最早时间没有明确记录，很可能与 17 世纪中叶欧洲大陆其他各国的输入时间差不多。⑤ 相比同时期欧洲的其他国家，茶在英国更受人们的欢迎。至 17 世纪末期，茶叶消费在英国社会与日俱增。18 世纪中叶，饮茶已经成为英国人的习惯⑥，茶叶消费大量增加，仅 1745 年从广州返程的瑞典东印度公司"哥德堡号"商船上装载的货物中就有近 370 吨的茶叶、100 吨瓷器⑦。

茶叶被传播至欧洲之后，欧洲人就陆续尝试引种茶树。瑞典是最早试种茶树成功的国家。著名的瑞典植物学家林奈（Carl von Linne，1707—1778），在 1737 年得到一棵茶树，并定下茶的学名，经过多年努力，在 1763 年种植茶树成功，这是

---

① 中国农学会遗传资源学会编：《中国作物遗传资源》，中国农业出版社，1994 年，324 页。

② 罗桂环：《西方从中国的植物引种及其影响》，《古今农业》1995 年 1 期。

③ Morse W J. *The Versatile Soybean. Economic Bot. L.* 1947，PP. 137 - 147，转引自俞德浚：《中国植物对世界园艺的贡献》，《园艺学报》1962 年 1 卷 2 期。

④ 〔美〕威廉·乌克斯：《茶叶全书》上册，中国茶叶研究社，1949 年，14、54 页。

⑤ 〔美〕威廉·乌克斯：《茶叶全书》，东方出版社，2011 年，29、37 页。

⑥ 杨静萍：《17—18 世纪中国茶在英国》，浙江师范大学硕士学位论文，2006 年，19 页。

⑦ 蔡定益：《哥德堡号与茶——两百六十多年的时空跨越》，《农业考古》2010 年 5 期。

欧洲大陆最早长成的茶树。[1] 同年，英国植物学家也从广东取得若干茶籽，在途中播种发芽，虽然茶苗被移植到了英国，但是这些茶树只能用作观赏，不能饮用。后来，法国、俄国、意大利、保加利亚等国也相继种茶成功。[2] 17 世纪初茶叶开始传往欧洲，不过是贸易的使然，彼时欧洲人对茶叶尚不了解，更谈不上饮茶。但是伴随着茶叶在欧洲大陆的扩散和传播，茶叶消费的数量迅速增加。由于茶叶贸易带来的巨额利润，特别是经由海路的茶叶进口和转销，使得各国之间的贸易竞争也日益剧烈。中国茶叶外销至荷兰、英国等欧洲国家的路线，主要是经中国沿海的闽粤两省为出口地，中途经过马来半岛、印度半岛，沿着非洲东海岸，绕过好望角进入欧洲。[3] 所以，进行茶叶贸易的荷兰东印度公司就设在其所占领的印度尼西亚巴达维亚（今雅加达），而英国东印度公司是设在被其占领的印度。这样，荷属巴达维亚、英属的印度等地就成为中西茶叶贸易的跳板。进入 18 世纪后，英国东印度公司几乎成为华茶在欧洲市场的代理商。至 19 世纪，为了将茶叶贸易的利益扩大，英国人在其殖民地国家寻找合适的种茶地方，将中国的茶籽、茶苗、茶工、种植、制作技术，引入印度、斯里兰卡、肯尼亚等地，并获得成功，从而将与中国的茶叶贸易转向印度、斯里兰卡等地。

茶叶传往非洲。中国与非洲的交流，宋代就已开始。明代郑和下西洋时也曾到达非洲地区，但是直至 19 世纪，欧洲一些国家对非洲进行殖民统治的时期，才将茶树引种至非洲。据《茶叶全书》记载，茶树最初传入纳塔尔是在 1850 年，但是仅种植在德班植物园供试验使用。1877 年，纳塔尔的栽培协会从加尔各答引进数种印度茶种，这是种植茶叶的开始。之后，茶树陆续传播至马拉维、津巴布韦、埃塞俄比亚、乌干达和肯尼亚等地，非洲成为新兴的茶叶产地，茶产业在后来日渐发达，至今，非洲已是世界茶叶的主要产区之一。

茶叶传往美洲各地。茶叶输入美洲各地，是在殖民地时代，伴随着新航路的开辟由荷兰人和英国人所传。远在 1690 年，波士顿就有定点出售中国茶叶的市场，到 18 世纪 60 年代，美国进口的茶叶已经达到 120 万磅。[4] 1773 年，因拒绝上缴"茶税"而引发的"波士顿倾茶事件"成为美国第一次独立战争的导火索。美国独立之后，于 1784 年派遣第一艘"皇后号"的商船，从纽约开航，经大西洋和印度洋到广州，开始了中美贸易。"皇后号"在广州采购的货物中，茶叶是首要的。"皇后号"返回美国后获得巨利，此后，每个贸易季度都有美国商船到广州进行贸易。1787 年，美国人还开辟了从新英格兰到北美西北部的俄勒冈，

① Robert F M. *Western Travelers to China*. Shanghai：Kelly and Walsh，1932.
② 〔美〕威廉·乌克斯：《茶叶全书》，东方出版社，2011 年，212～214 页。
③ 朱平、杨禅容：《鸦片战争前中美茶叶贸易探析》，《农业考古》2006 年 5 期。
④ 汪熙：《中美关系史论丛》，复旦大学出版社，1985 年，101～103 页。

再到广州的新航线；而且改进了快剪船，由此与广州的茶叶贸易逐渐进入飞速发展阶段。① 在与广州的茶叶贸易中，美国超越荷兰、法国、英国等国，后来居上，中美之间的茶叶贸易在鸦片战争之前达到鼎盛。

1844 年，中美签订了《望厦条约》，清政府被迫开通了广州、福州、厦门、宁波、上海作为美国人贸易居住的港口城市。广州出口美国的茶叶贸易虽然仍在发展，但是其贸易量开始被国内其他港口瓜分，尤其是上海港。上海虽然开放较晚，但因其距离福建、浙江、安徽等茶叶产区更近，所以通商之后，其优势即刻显露出来，茶叶出口贸易也就逐渐由广州转移到了上海。② 中国茶叶、生丝等出口贸易的中心由广州转移至上海，上海也因此逐渐发展成为"苏伊士运河以西最堂皇而现代化之商业中心"③。除了上海，在福州所进行的茶叶贸易迅速发展，一举超过广州而名列第二。

虽然这一时期中国仍与英、美等国有大量茶叶贸易额，但是至 19 世纪 80 年代，中国茶叶开始被印度和锡兰茶叶所取代，华茶出口美国的贸易量迅速下降。④ 美国人从茶叶贸易中得到好处之后，便想把中国茶树引进美国，1858 年和 1880 年两次引种，但是均未能取得商业上的成功。⑤

得益于新航路的开辟，在美洲其他地方，如哥伦比亚、墨西哥、巴西、巴拉圭、秘鲁等地均曾有过种茶的计划。据载，葡萄牙人为了发展其殖民地农业，曾于 1810—1812 年从中国引进茶树，并从澳门招来一批华工在里约热内卢近郊，传授种植茶树的技术。⑥ 虽然茶树在这些国家引种成功，但是并未形成相关的产业，未能实现茶叶的商品化。

海路的茶叶输出，使得中外茶叶贸易往来增多，加强了中国和世界其他国家、地区的交流，不管这种交流是主动还是被动的。早期茶叶经东海向外尤其是向亚洲诸国传播时，茶叶更像是一种中华文化的代表，茶叶的传播亦是文化的交流，茶叶贸易偶尔掺杂着朝贡贸易的形态。明代以后，茶叶向欧美等国家和地区的输出，主要是以饮料、商品的形式。由于茶叶生产的商品经济的特点，中国茶叶在世界市场和中外贸易中占有着特殊地位，茶叶贸易开展后，对世界上许多国家和地区的社会经济、政治、军事、文化艺术、社会生活等诸多方面产生了影响。反之，这些地区茶产业的发展，也影响着中国的茶产业。茶是中华民族对世界人民

---

① 张友伦：《美国通史》第 2 卷《美国的独立和初步繁荣 1775—1860》，人民出版社，2002 年，54 页。
② 刘馨秋：《清代粤港澳茶叶出口贸易研究》，南京农业大学博士学位论文，2010 年，84 页。
③ 〔美〕威廉·乌克斯：《茶叶全书》下册，中国茶叶研究社，1949 年，57 页。
④ 〔美〕威廉·乌克斯：《茶叶全书》下册，中国茶叶研究社，1949 年，55 页。
⑤ 〔美〕威廉·乌克斯：《茶叶全书》，东方出版社，2011 年，223 页。
⑥ 陈炎：《海上丝绸之路与中外文化交流》，北京大学出版社，1996 年，216～217 页。

的卓越贡献。①

三、猕猴桃

世界上猕猴桃属植物共有 61 种，中国即有 57 种。② 中国不仅是猕猴桃属植物遗传资源最为丰富的国家，而且是猕猴桃属植物的原产地和起源中心。

猕猴桃传入西方国家是在第一次鸦片战争之后。1843—1845 年，英国皇家园艺学会派福琼（R. Fortune）来华采集植物资源，他在浙江采到猕猴桃植物标本并寄回英国；1874 年由法国植物学家布来穷（J. E. Planchon）定名为 *Actinidia chinensis*，这是中国猕猴桃第一次传到国外，"中华猕猴桃"由此定名。③ 猕猴桃果味鲜美，维生素含量极高，果实为浆果状，近似醋栗，因此，西方将它称为中国醋栗（Chinese Gooseberry），也叫中国鹅莓。

福琼以后，英国的威尔逊（E. H. Wilson）于 1899 年再度到中国西部宜昌等地，采集大量猕猴桃标本，并在第二年将种子引入英国，开始对庭园观赏植物进行栽培。随着英国来华采集植物标本，美国也在 1855 年、1866 年、1874 年和 1907 年，先后从中国引去狗枣猕猴桃、葛枣猕猴桃、软枣猕猴桃和京梨猕猴桃，1900 年在加利福尼亚州奇科植物引种站（Chico Plant Introduction Station）试种，并于 1910 年结果。④

猕猴桃传到新西兰是在 1906 年。是年，新西兰人米格拉郭（James Megragor）到中国旅游，带回猕猴桃种子⑤，进行栽培，1910 年开始结果。再由加斯特（Bruno H. Just）在这批种子的实生苗中选出优良品系，并用嫁接法进行繁殖，1934 年开始商品化。第二次世界大战结束后，国际正常贸易得到恢复，新西兰的猕猴桃鲜果于 1952 年首次出口到英国伦敦，开始进入国际果品市场，并以"基维果"（Kiwi Fruit）作为商品名在市场销售。从此，中华猕猴桃开始受到许多园艺家的关注，被竞相引种，由新西兰选出来的中华猕猴桃从新西兰引种到澳大利亚、美国、丹麦、德国、荷兰、南非、法国、意大利、日本等国家和地区。原产于中国的猕猴桃已成为当今世界的一种新兴栽培果树。

---

① 王建荣、冯卫英：《探索海上丝绸之路与中国茶的传播》，《农业考古》2014 年 2 期。
② 中国农学会遗传资源学会编：《中国作物遗传资源》，中国农业出版社，1994 年，900 页。
③ 陈宾如：《中华猕猴桃源流考》，《中国农史》1984 年 1 期。
④ 中国农学会遗传资源学会编：《中国作物遗传资源》，中国农业出版社，1994 年，900 页。
⑤ 一说是新西兰的爱理逊（Alexander Allison）于 1906 年从访问过中国的友人处得到中华猕猴桃种子。

四、柑橘

据 19 世纪初意大利学者加莱西奥的考证，柑橘中的甜橘类是沿着中亚商路，亦即丝绸之路，经中亚细亚传到波斯湾地区，再被阿拉伯商队带入叙利亚，而后传到意大利和法国的。酸橘类传入欧洲较早，15 世纪中叶在地中海沿岸已广泛种植。15 世纪以前所有欧洲古文献均无记载。据学者斯图特万特《可食植物笔记》一书称，1548 年，一位葡萄牙水手将一株甜橘树栽种在里斯本附近，现在欧洲的甜橘树都是由那里繁衍出来的。

1493 年哥伦布重返新大陆时，把柑橘的种子带到海地岛，这是美洲种植柑橘的开始。巴西在 1600 年左右引入柑橘，墨西哥与中美洲一带则要早得多，引种柑橘是在 16 世纪初。

1565 年，西班牙殖民者在北美东南端的佛罗里达半岛建立了北美的第一块殖民地，柑橘于这一时期传入该地。1577 年柑橘传到南卡罗来纳。1769 年传到北美西海岸加利福尼亚的圣迭戈，目前美国的柑橘生产绝大部分集中在那里。

1805 年，蜜橘从北非摩洛哥的丹吉尔城传入欧洲。1840—1850 年，意大利驻新奥尔良领事又将蜜橘移入美国。[1]

五、珙桐

珙桐，是一种观赏价值很高的树种，被人称作"中国鸽子树"。1862 年，法国传教士谭微道（A. David）来华，采集植物标本达 3 000 种，其中就有在川西穆坪（今四川宝兴县东南）采得的珙桐。1899 年，英国一家植物引种公司派人来华，在鄂西采到了被称为是北温带"最有趣和最漂亮的木本植物"——珙桐，并成功地引入了英国。珙桐如今已在欧美各国普遍栽培，成为著名的观赏树种。

六、榆树

1904 年，美国农业部植物引种处派专人来华引种榆树，1907—1908 年又派人从中国山西五台山、北京丰台、河南开封等地引种榆树，种植在达科他州和得克萨斯州，在当地建造了一条榆树防风林带，从而有效地减少了风蚀，保护了土壤

---

[1] 邹蓝：《柑桔史话》，《世界农业》1981 年 6 期。

资源。①

七、牡丹

牡丹是中国历史名花，唐代已传至日本，相传是由遣唐的弘法大师引入的。17世纪以后，牡丹开始传入西方。1656年首先传入荷兰，1787年引至英国，1833年法国神父提拉伐（O. Delavay）将在云南发现的黄牡丹和紫牡丹引至巴黎博物馆花园种植。1910年中国牡丹首次传入美国，后来美国所培育出的许多褐色、深紫红色的牡丹，都来源于中国紫牡丹的血统。中国牡丹对西方牡丹的育种，做出了重要的贡献。

八、杜鹃花

杜鹃花是世界著名的观赏花卉，全世界有杜鹃花属植物800种，分布在中国的有650种②，因此中国被称为世界杜鹃花的分布中心和发源地。

第一次鸦片战争以后，中国国门洞开，英、法等列强便派人在中国内地掠取大量名贵的植物资源。1843—1861年福琼（R. Fortune）来华收集植物标本，从浙江把云锦杜鹃引入英国，1849年霍克（W. J. Hook）又将喜马拉雅山的多种杜鹃引入英国。19世纪末，法国传教士提拉伐（O. Delavay）又从云南大理、丽江等地采集了露珠杜鹃、腋花杜鹃、马缨杜鹃、喇叭杜鹃等多种，运送到法国和英国。20世纪初，英国的威尔逊（E. H. Wilson）从四川采集了美容杜鹃、圆叶杜鹃回国。中国大量的杜鹃花种质资源，就这样输入了西欧，为西欧杜鹃花的杂交育种，提供了丰富珍贵的种质基因。

九、月季

在西方所引种的中国花卉中，月季可以说是最重要的一种，从18世纪开始，中国的月季等蔷薇属植物，就被大量引到西方。1792年、1793年，英国的斯拉脱（Slater）把月月红、月月粉引入英国。1809年，霍弥（Hume）又把中国彩晕月季引入英国。除此而外，中国蔷薇属植物被引到欧美的还有绿月季（1833年）、硕苞

---

① 罗桂环：《西方从中国的植物引种及其影响》，《古今农业》1995年1期。

② 中国科学院《中国自然地理》编辑委员会：《中国自然地理·植物地理》上册，科学出版社，1985年，56页。

蔷薇（1793年）、玫瑰（1796年）、野蔷薇（1804年）、重瓣白木香（1807年）、重瓣黄木香（1825年）、光叶蔷薇（1888年）等。这些中国的月季等蔷薇属植物的输入，大大丰富了西方蔷薇园的色彩，延长了蔷薇园的花期。①

据美国植物学家里德（H. S. Reed）的研究，当今西方栽培的月季和蔷薇属植物，主要来源于中国的三个种：第一个是月季，它于17世纪被英国东印度公司引至印度，1781年再经印度被引到荷兰，1789年一个英国贵族把月季带回英国栽培，与此同时，又被引到奥地利的维也纳植物园。第二个是多花蔷薇，1793年由英国来华使团的一个随员采得，1804年一个变种被引入英国。第三个是芳香月季，1808年被引入英国。基于这三个种的杂交和定向培育，西方才有了千姿百态的月季和玫瑰。②

十、猪

中国猪具有早熟易肥、繁殖力强、肉质好、抗逆性强等优点。早在2 000年前，罗马帝国就曾引进中国的猪种，用以改良其原有猪种晚熟和肉质差的缺点。明清时期，西方国家再次引进中国猪用以进行猪种改良。

18世纪初，英国从广东引入中国猪种，与其本国猪杂交，以后逐渐育成了约克夏猪和巴克夏猪。约克夏猪在英国曾被称为大中国猪（Big China）。美国学者波兰格斯（H. M. Briggs）说："许多学者认为，巴克夏猪是由老式英国猪和中国猪、暹罗猪杂交而形成的"，而"在改良早期，巴克夏猪中，使用中国猪显然要比暹罗猪多"。③

美国一些近代猪种的育成，也和中国猪种有关。1816年美国华莱士（John Wallace）引进"大中国猪"与当地猪杂交，育成波中猪；1818年又引进华南白色猪（White Chinese Pigs）的血缘，育成了切斯特白猪。

十一、鸡

19世纪以前，西方缺乏个体肥大、肉质鲜美的鸡种。鸦片战争以后，西方列强在中国发现了具有这种特点的鸡种，因而很快就将它们引到了西方，其中以从中

---

① 牡丹、杜鹃花、月季等小节的编写，除另有注明者，主要采用了中国农学会遗传资源学会编《中国作物遗传资源》（中国农业出版社，1994年）中的资料和研究成果，特此说明和致谢。

② H S Reed. *A Short History of the Plant Science*. New York，1942，P123. 转引自罗桂环：《西方从中国的植物引种及其影响》，《古今农业》1995年2期。

③ 转引自张仲葛等：《中国实用养猪学》，河南科学技术出版社，1990年，38页。

国引进的九斤黄鸡和狼山鸡最具代表性。

"九斤黄"以全身羽毛呈黄色，个体重达九市斤而得名，在中国历史上也称为三黄鸡或九斤王。明代《戒庵老人漫笔》记载说："嘉定、南翔、罗店出三黄鸡，嘴、足、皮毛纯全（黄）者佳，重数斤，能治疾。"清代，称为九斤黄。《丰暇笔谈》说："鸡之绝大者名九斤王，亦曰九斤黄。王者雄长之称，黄则色至秋肥而焕彩也。出嘉定、太仓间。"后被引种到浦东，所以又名为浦东鸡。1843 年，九斤黄鸡即被引入英国，贵族们将它作为维多利亚女皇加冕时的献礼。1850 年，在伯明翰博览会上展出，它被比作像鸵鸟那样大、羔羊那样温顺、家猫那样容易饲养，成为当时报界的重要新闻，因而身价百倍，雏鸡售价高达 5 英镑。继英国之后，美国在 1846—1847 年亦从上海引去九斤黄。在美国，九斤黄被誉为"世界肉用鸡之王"。关于西方引进九斤黄，德国人瓦格勒在《中国农书》中曾有一个简要的说明："此项鸡（九斤黄）于十九世纪中叶由英国饲养业者从上海输出，称为上海鸡，在一个很短的时期内，分布及于整个欧洲。"

狼山鸡是一个优良的蛋肉兼用型鸡种，原产于江苏省如东县境内，主要产在岔河、马塘一带，当地称为岔河大鸡或马塘黑鸡，因绝大部分从南通港出口，港口有狼山，故又被称之为狼山鸡。狼山鸡引到西方迟于九斤黄，据考证是由"英国克鲁德少校于 1872 年二月十四日自长江下游北岸引进到英国达林登，而以南通的狼山得名"①。瓦格勒在《中国农书》中亦讲到过西方引入狼山鸡的情形："狼山鸡于一八七二年初次来到英国，复从英国传入美洲和法国，到一八七九年又传入德国。"从此，狼山鸡传遍了欧美。

第三节　中外农业文化交流的影响

一、对中国农业生产和社会生活的影响

海外作物的传入，不仅增加了中国农作物的种类，而且对中国的农业生产和社会生活产生了深远的巨大影响。

（一）扩大了中国植物油生产的原料来源

明代以前，中国生产植物油的原料主要是芝麻、大豆、油菜、亚麻。明清时期，花生和向日葵的传入，为中国的油料生产增添了新的原料来源。目前，中国主

---

① 王东英：《狼山鸡的考据及其性能之初步观察》，《畜牧兽医》1950 年 3 期。

要的油料作物有四种：芝麻、油菜籽、大豆和花生，其中明清时期海外传入的作物——花生占了一个重要席位。而向日葵籽榨油，也日渐呈现兴旺势头，葵花籽油不仅可供食用，而且是工业生产原料。

（二）使中国的衣着原料发生了全新变化

中国原有的衣着原料主要是丝、麻（大麻、苎麻）、葛、毛四种，当时虽然也有布，但不是棉布，而是麻布。汉代，棉花开始传入中国，但主要是在边疆，对中原地区的衣着没有产生什么影响。到宋元时期，棉花开始从边疆分南北二路传入中原，明代丘濬在《大学衍义补》中说："自古中国所以为衣者，丝、麻、葛、褐四者而已。汉唐之世，远夷虽以木绵入贡，中国未有其种，民未以为服，官未以为调。宋元之间，始传其种入中国，关、陕、闽、广首得其利。"由于棉花在生产和加工方面有许多优点，因而中原地区以丝麻为衣的局面开始发生变化并很快被棉所取代。元代《王祯农书》说：种棉和养蚕相比，"无采养之劳，有必收之效"；和种麻相比，"无绩缉之功，得御寒之益"。发展到明代，棉花便成了"遍布于天下，地无南北皆宜之，人无贫富皆赖之"① 的主要衣着原料。清代，引进了陆地棉，这是一种长绒棉，更便于纺织，从而进一步推动了棉纺织业的发展。直到今天，虽然有了化纤原料，但棉花在衣着原料中仍保持着重要的地位。

（三）吸烟渐渐成为中国的一种社会风气

在明代以前，中国的兴奋类作物只有茶一项，明代末年传入了烟草，使中国又多了一种兴奋类作物。烟草传入之初，只是作为"御霜露风雨之寒，辟山蛊鬼邪之气"的药物加以利用的。② 到清初，烟草便渐渐变成了"坐雨闲窗，饭余散步，可以遣寂除烦；挥尘闲吟，篝灯夜读，可以远辟睡魔；醉筵醒客，夜语篷窗，可以佐欢解渴"的兴奋剂和消遣品。③ 吸烟的人渐渐多起来，甚至于"虽三尺童子，莫不食烟"④，在中国的社会生活中形成了一种吸烟的坏风气。开始，烟叶的价格是很贵的，在北方达到"以马一匹，易烟一斤"⑤ 的程度。由于种烟获利多于种粮食，因而促使农民弃粮种烟。清初，福建"农民争土（种烟）而分物者已十之五"⑥，

---

① ［明］丘濬：《大学衍义补》卷二二《治国平天下之要》。
② ［明］倪朱谟编著：《本草汇言》卷五。
③ ［清］陈琮：《烟草谱》卷二。
④ ［清］王逋：《蚓庵琐语》。
⑤ ［清］陈琮《烟草谱》。
⑥ 康熙《龙岩县志》卷二《土产》。

到中期进一步发展到"耗地十之六七"① 种烟，有的地方如陕南更达到了"沃土腴田尽植烟苗"② 的地步。对此，道光时刘彬华曾写过一首诗，诗中感叹道："村前几稜膏腴田，往时种稻今种烟。种烟市利可三倍，种稻或负催租钱。"清代中叶以后，中国人多地少、粮食不足的矛盾已相当严重，烟粮争地，进一步加深了这个矛盾。

（四）对明清时期中国粮食供应紧张状况起了缓解作用

番薯、玉米是两种耐旱、耐瘠又高产的作物，适于比较贫瘠的丘陵山区种植。明清时期正值中国人多地少、耕地不足、粮食缺乏的矛盾日益严重之时，番薯、玉米引入后，在开发丘陵山区、缓解中国粮食不足的矛盾方面，起了重要的作用。例如，同治《建始县志》说："居民倍增，稻谷不给，则于山上种包谷、羊芋或蕨、蒿之类，深林幽谷，开辟无遗。"《植物名实图考》说：玉米"川陕两湖凡山田皆种之，俗呼包谷，山农之粮，视其丰歉"。番薯的情况亦是如此，雍正时闽浙总督高其倬说："福建自来人稠地狭，福、兴、泉、漳四府，本地所出之米，俱不敷民食……再各府乡僻之处，民人多食薯蓣，竟以之充数月之粮。"③《畿辅闻见录》也说："今则浙之宁波、温、台皆是（番薯）。盖人多米贵，此宜于沙地而耐旱，不用浇灌，一亩地可获千斤，食之最厚脾胃。故高山海泊无不种之。闽、浙贫民以此为粮之半。"即此可见番薯、玉米传入后在缓解中国粮食紧张问题上所起的重要作用。

由于玉米、番薯比较耐旱、耐瘠，适于丘陵山地、沙荒地种植，因而引进以后，又促进了丘陵山地和沙荒地的开发利用，对缓解当时耕地不足的矛盾，也起了重要的作用（参见第五章第一节中"玉米、甘薯在全国的推广"）。

（五）对蔬菜夏缺起了缓解作用

在中国的蔬菜品种中，夏季的蔬菜一直不多，所以每值夏季常出现缺菜的现象。中国在同海外交流所引进的作物中，有不少是夏季的主要蔬菜。如番茄、辣椒、甘蓝、菜豆、荷兰豆、花菜等，这样便缓解了中国夏季蔬菜品种单一、供应不足的矛盾，从而奠定了中国夏季蔬菜以瓜、茄、菜、豆为主的格局。

（六）拓展土地利用的时间与空间，有助于提高农业集约经营的水平

因为人口的急剧增长，明清时期中国人多地少的矛盾较以前更为突出。耐瘠耐

---

① ［清］岳震川：《赐葛堂文集》卷四。
② ［清］郭起元：《闽省务本节用书》，见［清］贺长龄、魏源编：《清经世文编》卷三六。
③ 台北故宫博物院：《宫中档雍正朝奏折》第六辑，浙闽总督高其倬《奏报地方情形折》，1978 年，173、174 页。

寒的美洲作物的引种，使以前不能利用的荒山、滩涂得以利用，从而增加了粮食生产的面积和产量。除此之外，美洲作物的传播也使作物多熟种植在原有的基础上进一步发展，使中国农业集约经营的水平不断提高。

1. 提高了土地利用的程度，丰富了中国耕作制度的内容　中国古代提高土地利用率的方式主要有复种制、轮作复种制、间作套种及混作制等几种形式。复种制是指在同一块田地上一年收种两熟，中国自春秋战国时期已经创始；轮作是指有计划地轮换种植不同作物的农作制度，以区别于种植同一作物的连种制，魏晋时期以前中国已较普遍地建立了豆—谷轮作制；间作套种是指在某一作物生长期内，同期间隔播种两种作物或于预留空行内补种作物的栽培方式，中国在汉代已经创始；混作则是指在同一地块上同时播种多种作物的种植制度。中国农民很早就认识到了这些耕作制度有着多方面的优点：可以充分利用光热和水土资源，提高土地的利用率和产出率；一定的组合可增加土壤的肥力，保障农业生产的可持续性；一定的组合有助于消灭杂草、减少病虫害，保障农业的稳产和高产。

新近传入的美洲作物丰富了中国多熟种植和间作套种的内容，例如稻—棉、麦—棉的轮作和麦—棉的套种。如《农政全书》卷三五《蚕桑广类·木棉》说："今人种麦杂棉者多苦迟，亦有一法：预于旧冬耕熟地穴种麦，来春就于麦垄中穴种棉。但能穴种麦，即漫种棉，亦可刈麦。"在华北地区，晚清至民国时期，与棉间作的作物有甘薯、西瓜、甜瓜、向日葵等；在四川，流行油菜与甘薯、玉米与花生、玉米与海椒的间作；在华南地区，盛行棉花与玉米、棉花与甘薯的间作。玉米与冬小麦的套作是中国北方平原灌溉地区的主要种植方式，其次有玉米与春小麦、大麦、豌豆等的套作，稻—薯套种，玉米与大豆间作，玉米与马铃薯、蚕豆、油菜等间作。

总之，美洲作物的传播与发展，丰富了中国作物耕作制度的内容，极大地提高了土地的利用率和产出率，从而为中国农业的增长做出了重要贡献。

2. 增加了有机肥的来源，有利于农业的可持续发展　中国素有积造和施用农家有机肥的优良传统，这也是中国农田虽经数千年耕种仍能地力常新的重要原因。

有机肥主要包括农家肥和绿肥。中国农家肥种类多，资源丰富，如厩肥、堆肥、秸秆、饼肥等。明清时期以来，因为多熟种植的发展，地力消耗增大，积极养地成为保持农业可持续增长的重要措施，因此，肥料的种类和施用量都较以往有显著的增加。民国时期，甚至新中国成立以后，虽然随着农业现代化进程的加快，化肥的施用日渐增加，但农家肥施用总量仍长期保持了增长的态势，20 世纪 80 年代中期农家肥施用量是 1949 年的 2 倍，仍占总施肥量的 50% 左右。除人畜禽粪便，作物根茎也是有机肥的重要来源，如玉米秸秆就被广泛用于还田肥壤。秸秆还田不仅提供了大量肥源，还具有保墒、改土和增产的作用。

绿肥是有机肥的另一重要来源。中国有1 700多年栽培和利用绿肥的历史，绿肥作物多达20余种。虽然有些作物不是专门的绿肥作物，但其根叶具有良好的肥田作用，中国农民总是充分地加以利用。如花生主要用作油料和菜肴干果食用，但花生苗也是优质的绿肥，《三农纪》中就有用其肥田的记录。

总之，玉米、甘薯、花生等美洲作物的传播与发展，丰富了中国有机肥的来源，为增加农业产量、改良土壤、促进农业可持续发展起到了促进作用。①

二、海外移民对东南亚农业的影响

明清以降，中国沿海地区较先进的农业技术和农作物加工技术，随着海外移民传到海外移居地，尤其在东南亚一带最显突出。

（一）生产工具如犁、水车、水磨等南传

菲律宾有着与中国相同的刀耕火种等文化特质，其梯田文化即由中国南方传入。②

16世纪中国移民向菲律宾人民介绍使用中国犁具。③ 一位英国人对菲律宾的评论说：他们用的犁具是中国式的，有一个手柄，设有犁头或犁头后的定形铁（犁刀），犁头的上部是扁平的，在耕地时转向一边而发挥功用。④ 中国移民还把水车、水磨和水牛、黄牛、马、粪肥或其他有机肥料的使用方法带到菲律宾并传给了菲律宾农民。据载，万历二年（1574）菲律宾人开始使用马车作交通工具，"当时菲督派人到中国购买大宗马匹回菲"。⑤ 万历十六年，萨拉扎尔主教也提到："中国人运来很多马匹和水牛。"⑥

历史学家的研究成果指出："可以断定，在西班牙人到来前夕，菲律宾人已经懂得使用以驯服的水牛牵引的犁。当然，这种水牛是由来自中国的船定期运来的，并且很可能训练它们深而整齐地犁地的技术也是由早期华人首先引进到菲律宾的。"⑦

---

① 王思明：《美洲原产作物的引种栽培及其对中国农业生产结构的影响》，《中国农史》2004年2期。

② 李奕志：《新加坡华人私会党今昔》，《东南亚研究》第七卷，1971年，9页。

③ Lee Poh Ping. *Chinese Society in Nineteenth Century Singapore*. Kuala Lumpur, 1978, P48.

④ 周南京主编：《世界华侨华人词典》，北京大学出版社，1997年，703页。

⑤ 梁启超：《新大陆游记》，38页。

⑥ 〔澳〕杨进发：《新金山——澳大利亚华人（1901—1921）》，姚楠、陈立贵译，上海译文出版社，1988年，212页。

⑦ 林远辉、张应龙：《新加坡马来西亚华侨史》，广东高等教育出版社，1991年，249页。

在印度尼西亚爪哇岛的文登地区，当地农民耕田时广泛使用最早由蔡焕玉大力推广的"中国犁"。[①] 蔡焕玉于顺治十二年至康熙三十八年（1655—1699）在巴城任甲必丹[②]，可见迟至 17 世纪中后叶，中国犁耕技术已在印度尼西亚的一些地区得到广泛推广和使用，而且至今仍采用这种犁。《荷印百科全书》说："印度尼西亚农民在旱田和农园中使用一种入土较浅的犁，叫中国犁，显然是模仿中国犁制造的。"[③] 19 世纪初叶，英人斯宾塞·圣约翰爵士在考察加里曼丹犁耕技术后，亦说："我认为这种高级耕作——显然是中国文化的遗迹。"[④] 可见，19 世纪加里曼丹农民所用的犁还是中国传播的犁的式样。

（二）引进胡椒栽培法

16 世纪，在万丹的中国移民即从事胡椒种植，并采用先进的种植方法，使万丹成为胡椒的盛产地。杜尔（P. A. Toer）指出："对于胡椒的生产，由于华侨采取了一套完善的先进种植技艺，极大地提高了产量"，比用旧法种植增产率达 100%。他接着强调："正是因为 16 世纪采取了这种先进、优越的种植技艺，简直是魔术般地使万丹成为世界上最大的胡椒生产地，并且提高了它的国际贸易地位，从而成为世界贸易中心。"[⑤] 17 世纪末和 18 世纪最初 10 年，中国移民把胡椒种植传入加里曼丹时，结合中国园艺管理中的除草、施肥、剪枝、去叶等方法，又改良了南洋地区以往一般的胡椒种植法，以提高胡椒的产量。佛瑞斯特（Thomas Forrest）在其航海游记中对中国移民种植胡椒的方法有一番详细的描述："他们和苏门答腊的习惯不同，不让胡椒蔓茎盘绕在榛栗树上；而是在地上插一根竿子，或是短而坚硬的柱子，俾使蔓茎的滋养不致受到剥夺。……他们把蔓茎上的叶子摘掉；据说他们这样做是为了让胡椒粒子得到更多的阳光。我曾数过每一个根茎上面的胡椒粒，多达 70 到 75 个——比苏门答腊者为多。"[⑥]

利用改良的种植法，既可增加每株胡椒树的产量，又利于合理密植。很显然，中国移民带来的先进的园艺管理方法，与胡椒栽培法的改进和印度尼西亚胡椒产量的提高密切相关。

此外，中国移民还在整个东南亚经营果园，种植蔬菜供出售，他们供应各种新

---

① 〔澳〕杨进发：《新金山——澳大利亚华人（1901—1921）》，姚楠、陈立贵译，上海译文出版社，1988 年，214 页。

② 裴颖：《华侨婚姻家庭形态初探》，《华侨华人历史研究》1994 年 1 期。

③ 陈达：《南洋华侨与闽粤社会》，商务印书馆，1938 年，126 页。

④ 郑振满：《明清福建家族组织与社会变迁》，湖南教育出版社，1992 年，27、37 页。

⑤ 董宝良：《中国教育史纲 近代之部》，人民出版社，1990 年，251 页。

⑥ 朱敬先编著：《华侨教育》，台北中华书局，1972 年，15 页。

鲜的蔬菜，并把大豆、卷心菜、小青豆、芹菜、白菜、韭菜、萝卜、芥菜以及荔枝、龙眼、柑橘、中国柚等蔬菜、水果的新品种及其种植和加工技艺传入东南亚各地。① 总之，中国某些农作物品种以及种植和加工技术的传入，有助于东南亚的土地开发和农业生产。②

三、中国农业动植物对西方农业的贡献

中西农业文化的交流，不仅使中国农业获益，另一方面，大量的中国农业动植物输入西方，使西方农业获得了巨大的好处，促进了西方农业的发展，对西方农业做出了贡献。

（一）使西方农业增加了许多新的物种和品种

油料作物中的大豆，水果中的猕猴桃、柑橘，饮料中的茶，木本油料中的油桐，花卉中的月季、蔷薇、杜鹃、山茶，树木中的珙桐、榆树；家畜中的广东猪，家禽中的九斤黄、狼山鸡，经济昆虫中的樗蚕和白蜡虫，等等，这些动植物被引到西方，极大地丰富了那里的物种。

（二）为西方花园增添了新的花卉品种，延长了花期

18 世纪以前，欧洲的蔷薇品种比中国要简单得多，且只有法国蔷薇、突厥蔷薇、百叶蔷薇等品种，在这些蔷薇中既缺四季开花的品种，又没有开黄花的品种。18 世纪末 19 世纪初，西方人引入中国蔷薇，并用中国蔷薇和欧洲蔷薇进行杂交和反复回交，育成了著名的努瓦赛蒂蔷薇品种群（noisette）、波邦蔷薇品种群（bourbon）、杂种长春月季（hybrid perpetual）、杂种香水月季品种群（hybrid tea）。这些杂交品种群直到今天仍是欧洲庭园中最重要的观赏品种。

杜鹃花是最受西欧人喜爱的花卉之一。而这种花卉就是从中国引入的，其中最有名的西鹃（Rhododendron hybridn Hort），便是由中国原产的映山红与凤凰杜鹃和日本的皋月杜鹃杂交而成的，从而提早了花期，使欧美各国在圣诞节前能看到妩媚艳丽的杜鹃花。英国皇家植物园丘园和爱丁堡植物园中的常绿杜鹃，以花大、色艳、种类繁多著名，这是 19 世纪末 20 世纪初英、法等国从中国西南高山地区引入的。所以，英国著名的植物采集者威尔逊（E. H. Wilson）说："中国是世界园林之

---

① 《槟城新报》，1904 – 07 – 01、1904 – 07 – 04。
② 杨国桢、郑甫弘、孙谦：《明清中国沿海社会与海外移民》，高等教育出版社，1997 年，73、77 页。

母"①；爱丁堡皇家植物园的一位负责人称，中国花卉的引进，给英国园林带来了革命性的变化②。

（三）为西方农业动植物育成新种提供了大量的有用资源

除了上文提到的努瓦赛蒂蔷薇、波邦蔷薇、杂种长春月季、杂交香水月季等品种群，③ 美国也利用了中国黄刺玫的种质资源，育成了开花早、花期长、抗旱耐寒的黄玫瑰，使美国新英格兰在严寒的冬天有花朵和芳香。

柑橘中的温州蜜柑（即唐蜜橘）、华盛顿脐橙，原产地都在中国，后来美国和日本分别用中国的柑橘资源选育成了新的柑橘品种。

家畜、家禽的育种情况更为明显。

18 世纪，英国引入广东猪，与本国猪杂交，育成约克夏猪和巴克夏猪，在美国将广东猪与白菲尔德猪杂交育成波中猪。④

九斤黄鸡引入西方后，各国利用这一鸡种先后育成了芦花、洛岛红、奥品顿、名古屋及三河等名鸡；狼山鸡引入英国后，与当地鸡种杂交育成黑色奥品顿，澳大利亚又从中选出澳洲黑。⑤

（四）为西方的农业经营者带来了巨大的利益

19 世纪猕猴桃引入西方以后，在欧美许多国家栽种，发展成为国际性水果，其中新西兰首得其利，现在年产量已达 2 万吨，占世界猕猴桃产量的 90％以上，从而独占了世界猕猴桃市场。

美国在 19 世纪末从中国引进大豆以后，1973 年总产量已达到 4 300 万吨，占世界总产量的 74％（中国只占 12％），每年为美国带来近 90 亿美元的产值。又如油桐，1905 年美国从中国引种第一批种子进行栽培后，现在已发展到年产 1 000 多万磅，中国历来是美国的桐油输出国，自此以后中国桐油在美国的市场即被排挤。

英国自鸦片战争以后多次从中国引去茶籽、茶苗和茶工，在它的殖民地印度、锡兰（今斯里兰卡）等地建立产茶基地，荷兰也在印度尼西亚大量种茶。经过半个世纪，印度和印度尼西亚的茶叶出口很快超过了中国，挤垮了中国在国际上的茶叶市场，为本国获取了巨大的经济利益，为工商业的发展提供了大量的资金。一位西

---

① E H Wilson. *A Naturalist in Western China*. London，1913.

② I S Cunningham，Frank N Meyer. *Plant Hunter in Asia*. Iowa State University Press，1984.

③ 俞德浚：《中国植物对世界园艺的贡献》，《园艺学报》1962 年 1 卷 2 期。

④ 张仲葛等：《中国实用养猪学》，河南科学技术出版社，1990 年，38 页。

⑤ 闵宗殿：《中国历史名鸡》，载华南农学院农业历史遗产研究室主编：《农史研究》第 7 辑，农业出版社，1988 年，132 页。

方人士说："把中国的茶引到印度后，决定性地改变了世界范围内的工业。"①

　　从上述几方面的情况可以看到，在明清时期中外农业文化的交流中，中国劳动人民用数十个世纪驯化培育出来的动植物资源被大量传到西方，变成了全人类的共同财富。

---

① E Hawks. *Pioneers of Plant Study*. New York，1969.

第九章 明清时期的农业文化

第一节 农　　书

一、农书发展概况

明清时期，随着农业生产的发展，中国的传统农学也迅速地发展起来，具体表现在作为农学载体的农书，其数量和种类迅速增加（表9-1）。

表9-1　明清时期农学著作统计

类型	明代以前	明代	清代	明清合计
综合	28	32	86	118
时令占候	13	14	21	35
农田水利	12	39	224	263
农具	4	4	11	15
土壤耕作	4	1	49	50
大田作物	4	5	75	80
园艺	36	72	130	202
竹木茶	14	42	32	74
植保	1	1	35	36
畜牧兽医	16	14	33	47
蚕桑	4	3	252	255
水产	9	11	13	24

（续）

类型	明代以前	明代	清代	明清合计
加工	31	11	19	30
物产	2	1	34	35
农政农经	0	6	114	120
救荒赈灾	5	21	91	112
其他	24	11	33	44
合计	207	288	1 252	1 540

资料来源：据张芳、王思明主编《中国农业古籍目录》（北京图书馆出版社，2003 年）统计，重复的、不属于古农书的古籍已删除在外。

（一）农书数量的增加

据 1964 年王毓瑚《中国农学书录》（增订本）著录，中国共有农书 541 种，其中明清时期农书 329 种，约为明代以前农书的 7.5 倍。

1995 年《中国农业百科全书·农业历史卷》统计，中国共有古农书 841 种，其中明清时期农书为 618 种，约占全部古农书的 73%，为明代以前农书的 2.8 倍。

2002 年，张芳、王思明的《中国农业古籍目录》著录，存世的古农书为 2 048 种，其中有近人校注、辑释的古农书，有民国时期的农书，有外国人著的农书，有同书异名的，有一书多注的农书，除去这部分古籍，实有古农书 1 747 种，属于明清时期的古农书为 1 540 种，约占总数的 88%，约为明代以前农书的 7.44 倍（表 9-1），可见明清时期农书数量之多。

实际上，这还不是个定数，闵宗殿对部分省市方志中著录的农书做了三个初步的统计，又发现未见上述诸书著录的农书 236 种。[1] 如果将保留在全国方志中的农书做一全面的统计，估计将会发现更多未被著录的明清农书。

明代以前是指战国至元末，为时 1 800 多年，在这 1 800 多年中，中国出现的农书为 207 种，平均约 8.6 年出一种，明清时期为时不足 550 年，在此期间中国出现的农书为 1 540 种，平均 2.8 年出一种，由此可见明清时期农书发展速度之快。这一现象的出现，除了农业生产发展的推动这一根本原因，还同明清时期经世致用思想的影响、印刷术的进步以及明清时期散失的农书少等原因有关。

明清时期传统农学的发展，不仅表现为农书数量的增加，同时也表现为一些新类型农书的出现。

---

[1] 闵宗殿：《明清农书待访录》，《中国科技史料》2003 年 4 期。

（二）新类型农书①

1. 外来作物类农书　包括棉、甘薯、烟草、马铃薯等类。据统计，关于棉花的农书有清代方观承的《棉花图》（1765）、清代褚华的《木棉谱》（约 18 世纪后期）等 11 种；关于甘薯的农书有明代徐光启的《甘薯疏》（1608）、清代陈世元的《金薯传习录》（1750—1768）等 4 种；关于烟草的农书有清代陆燿的《烟谱》（1766—1774）、清代陈琮的《烟草谱》（1815）等 10 种；关于马铃薯的农书有清代杨名飏的《种洋芋法》（约 19 世纪前期）。这类农书在明代以前均不见著录，因此这类农书的出现，为中国作物类农书增添了新内容。

2. 治蝗类农书　这类农书有清代陈芳生《捕蝗考》（约 17 世纪中后期）、清代俞森《捕蝗集要》（1690）、清代陈世元《治蝗传习录》（1775）等 20 种。这类农书的出现，填补了中国虫害防治类农书的空白。

3. 野菜类农书　这类农书有明代朱橚的《救荒本草》（约 1382—1388 年，初刻于 1406 年）、明代王磐的《野菜谱》（1524）等 8 种。明清时期自然灾害频繁，人们在采食野菜度荒的过程中，识别了许多可食的野菜，从而为这类农书的撰写提供了丰富的资料，而救灾度荒的需要也推动了这类农书的编写。这类农书的出现，对于扩大对野生植物的利用，具有重要的意义。

4. 野蚕类农书　这类农书有清代郑珍《樗茧谱》（1830—1835）、清代佚名《放养山蚕法》（19 世纪中期）等 18 种。野蚕，包括樗蚕、柞蚕、橡蚕、柳蚕等多种。饲养野蚕是清代发展起来的一门新兴养蚕业，因此，这 18 种野蚕类农书都撰写于清代。这类农书的出现，在中国古代农学研究利用野蚕方面开辟了新纪元。

5. 海洋鱼类农书　这类农书有明代屠本畯的《闽中海错疏》（1596）、明代杨慎《异鱼图赞》（约 1538—1559）、清代郭柏苍《海错百一录》（1886）等 10 种。这些农书是中国农学研究海洋鱼类的先声，同时也反映出中国农业生产正在向海洋发展。

6. 金鱼类农书　金鱼是中国宋代驯化的一种观赏鱼类，但真正开始撰书研究金鱼，则始于明清时期。这类农书有明代张谦德《硃砂鱼谱》（1596）、明代屠隆《金鱼品》（16 世纪末 17 世纪初）等 4 种。这是中国研究观赏鱼的开端。

除此之外，还出现了中国第一部养斗鸡的专著——清代佚名《鸡谱》（约 17 世纪后期至 18 世纪），第一部养蜂专著——清代郝懿行《蜂衙小说》（约 18 世纪后期至 19 世纪初期），第一部养鸽专著——明代张万钟《鸽经》（17 世纪初期）等。

---

① 下引农书均据中国农业百科全书总编辑委员会农业历史卷编辑委员会、中国农业百科全书编辑部编：《中国农业百科全书·农业历史卷》（中国农业出版社，1995 年），不另注出。

所有这些，都反映了明清时期农学研究范围的扩大。

（三）农学研究特点

和前代相比，发展除上述农书数量和类型增多，明清时期的农学研究发展还具有以下特点：

1. 用阴阳五行传统哲学思想，开展对农学原理的探讨，形成农业哲学的研究 主要代表作有明代马一龙《农说》和清代杨屾《知本提纲·农则》（详见下文）。

2. 重视总结和研究地区性的农业生产经验，用以指导当地的农业生产 例如专论浙江嘉湖地区农业的《沈氏农书》和《补农书》，专论江苏松江农业的《浦泖农咨》，专论河北霸县泽地农业的《泽农要录》，专论陕西三原农业的《农言著实》，专论山西寿阳农业的《马首农言》等。

3. 重视区种法的研究 区种法是见于汉代文献记载的一种高产栽培技术，清代由于人多地少的矛盾日益突出，区种技术又受到了人们的重视，希冀用少种多收的办法来解决人多地少的矛盾。因而，对区种法的试验与研究，便成了清代农学研究中的一个热门课题。这类农书据初步统计约有 20 多种，如帅念祖《区田编》、潘曾沂《潘丰豫庄本书》、冯绣《区田试种实验图说》等。

4. 实用性通书类农书流行 所谓通书，是指既包含农业生产知识，又包含农民生活知识（如当时的封建礼俗、阴阳占卜和禁忌以及医药常识等内容）的图书。这类书既有助于指导生产，又适合日常的生活需要，是一种日用百科性质的农书，明代《陶朱公致富奇书》、邝璠《便民图纂》，清代丁宜曾《农圃便览》等便是这种性质的农书。这类农书的出现，在一定程度上也反映了农业生产知识的普及。

5. 蚕桑类农书大量出现 中国蚕桑业在原始社会中已经出现，历代对植桑养蚕也多加提倡，所以蚕桑类农书在中国也特别多，在现存的 705 种农书中，蚕桑书占了 159 种，即占 22%。而在这 159 种蚕桑书中，有 156 种撰著于明清时期，占全部蚕桑类农书的 98%。大量蚕桑农书的撰著，是明清时期农学发展中的一个重要特点，这是和当时蚕桑业的迅猛发展紧密相关的。

二、主要农书简介

（一）《农政全书》

《农政全书》是一部综合性大型农书，也是中国古代五大农书之一。作者徐光启（1562—1633），字子先，号玄扈，上海人。他是明末爱国政治家，官至内阁大学士（相当于宰相），又是中国古代杰出的科学家。他一生重农，《农政全书》便是他毕生研究农业的结晶。崇祯十二年（1639），由徐光启的门人陈子龙率谢廷祯、张密等人，对原稿进行增删修订，"删者十之三，增者十之二"，并在当年刻印面世。

全书共 60 卷，约 50 余万字，分为农本、田制、农事、水利、农器、树艺、蚕桑、蚕桑广类、种植、牧养、制造、荒政十二大类。其篇幅之大和内容之丰富，都远远超过以往各种农书，书中论述的问题有许多创见。徐光启及其《农政全书》对中国古代农学的发展做出了重要贡献。

第一，扩大了传统农学的研究范围，从对技术措施的研究，扩大到对农业政策的研究。徐光启在书中将屯田、水利、救荒三项作为全书讨论的重点，在全书 60 卷中，这三项就占了 34 卷，超过全书的一半，并把屯田开荒、兴修水利、救荒备荒作为当时发展农业生产、解决农民困顿的办法，将农业政策作为发展农业生产的重要措施和首要问题提出并进行研究，扩大了传统农学的研究范围。

第二，系统总结了南方稻田的旱作技术。主要包括两个方面：一是稻田种麦；二是稻田种油菜。关于这个问题，在《农政全书》以前，历史上也有过零星的记载，但系统总结南方稻田旱作技术的是《农政全书》。书中总结南方稻田旱作技术的基本措施，至今仍是南方稻田种麦、种油菜所必须遵循的基本原则。

第三，全面总结了棉花和番薯的栽培经验。棉花和番薯是两种外来的作物，在明末，棉花已成为中国主要的纤维作物，番薯已成为中国重要的粮食作物。在这两种作物传播的过程中，既积累了成功的经验，也有失败的教训。对此，《农政全书》做了全面的总结。对于棉花，书中指出种棉不熟的原因有四，即"一秕，二密，三瘠，四芜"；要种好棉花，必须掌握"精拣核，早下种，深根短干，稀科肥壅"的原则，这是中国古代对棉花栽培最全面、最系统的总结。对于番薯，书中总结番薯有"十三胜"，即十三大优点，提出了番薯留种越冬的两个方法和在南方防湿、防冻的措施，同时又提出了番薯切块直播育苗繁殖法。这是番薯传入中国以后，对其栽培技术的第一次全面总结。

第四，将数理统计方法引入传统农学的研究。《农政全书》研究蝗灾问题，便应用了这种方法。徐光启在《除蝗疏》中分析了从春秋时期到元代 111 次蝗灾发生的月份，得出了蝗灾发生的时间是"最盛于夏秋之间，与百谷长养成熟之时正相值"的结论；又分析了《元史》所载近 400 次蝗灾发生的地点，结合他自己"耳目所睹记"，得出蝗灾大都发生在"幽涿以南，长淮以北，青兖以西，梁宋以东，都郡之地"，即今长江、淮河以北的河北、山东、河南等省及江苏、安徽北部广大地区，其孳生地是这一地区内旱涝无常的涸泽之地。徐光启对蝗灾孳生、发生的时间和地区的研究，为防治蝗害找到了客观的依据。用数理统计方法研究农业问题，不见于明代以前的农学研究，徐光启为传统农学研究开辟了一条新径。

由于《农政全书》有很高的学术价值，所以历来都受到人们的重视。清代乾隆帝称它是一部"用意勤而于民事切"的农书。近代学者从不同角度对《农政全书》

做了多方面的研究，并给予了很高的评价。

（二）《授时通考》

《授时通考》是清乾隆帝命内廷词臣编纂的一部官修农书，参加编写和校对的人员共 40 人，历时 5 年，于乾隆七年（1742）编成。该书取"敬授人时，农事之本"之意，而名为《授时通考》。

全书共 78 卷，90 余万字，分天时、土宜、谷种、功作、劝课、蓄聚、农余、蚕桑八门。农余门包括大田生产以外的果蔬、经济林木及畜牧等内容；蚕桑门除有关蚕桑生产的内容，还包括棉花、麻、葛、蕉等纤维作物。《授时通考》是中国古代最大的一部综合性农书。

《授时通考》完全摘录前人的文献编辑而成，没有第一手资料，也没有对农业生产提出自己的见解，实际上是一部农业资料的汇编。但由于搜集了大量的历史资料，征引文献达 427 种之多，同时又将这些资料分门别类进行了编排，体例谨严，材料翔实，便于后人查检，从农业文献资料的搜集、整理上看，《授时通考》的贡献是值得肯定的。

（三）《沈氏农书》和《补农书》

《沈氏农书》为明末湖州归安涟川沈氏（佚名）所撰，约成书于明崇祯十三年（1640）以前。《补农书》为明末清初嘉兴桐乡人张履祥"补《沈氏农书》未尽事宜"之作，故称《补农书》，成书约在清顺治十五年（1658）。乾隆时，朱坤刻《杨园全集》时，把《沈氏农书》一并纳入《补农书》中，故后世的《补农书》即包括《沈氏农书》。

《沈氏农书》由逐月事宜、运田地法、蚕务和家常日用四篇组成，其中运田地法的技术内容最丰富。《补农书》由补农书后、总论和附录三部分组成，其中"补农书后"中的 22 条文字内容都是《沈氏农书》未曾涉及的。

《沈氏农书》和《补农书》所记载的都是明末清初浙江嘉湖地区农业生产的情况，由于嘉湖地区在明清时期是中国农业生产最发达的地区，因而这两本书中所记载的内容，可以视为当时中国南方水田地区精耕细作技术最典型的反映。其中最突出的表现是：

强调种田要"粪多力勤"，施肥要重视"垫底"（施基肥），"接力"（施追肥）要"相其时候，察其颜色"，即要看苗施肥。管理上重视烤田，告诫人们"六月不烤田，无米莫怨天"。在肥料积制方面，认为"种田不养猪，秀才不读书"，必无成功，大力提倡养猪养羊积肥，指出这是"作家第一著"。

在稻麦轮作方面，提倡小麦育苗移栽，以解决单季晚稻地区因小麦直播生育期不足的矛盾。小麦移栽技术第一次见于记载。

在桑树管理方面，除重视除蟥虫，还重视汰除瘰桑（萎缩病）病株，以防治萎缩病的传染。

在农业经营方面，重视种粮、种桑和养蚕养鱼、养猪养羊的合理配置与综合经营，这是中国人工生态农业的先声。

从上面的介绍中可以看出，《沈氏农书》和《补农书》是两部反映江南水田农业经营，具有相当学术价值和实用价值的地方性农书。

（四）《农说》和《知本提纲·农则》

《农说》，明代马一龙撰，成书于明嘉靖时期，是一部以论述南方水稻生产为主要内容的农书。《知本提纲·农则》，清代杨屾撰，书中的注释由杨氏弟子郑世铎完成，是一部论述北方旱作农业的农书。虽然两书所论各异，但有一个共同的特点，就是都以传统的阴阳五行学说来探讨农学原理，这也是中国古代农书仅有的两本论述有关农学哲理的农书。

《农说》将农业生产的有关因素，分为阴、阳两种对立而又相互补充、相互控制的因子，加以分析论证，指出："日为阳，雨为阴；和畅为阳，沍结为阴；展伸为阳，敛诎为阴；动为阳，静为阴；浅为阳，深为阴；昼为阳，夜为阴。"阴和阳的关系是"阳主发生，阴主敛息"，故繁殖之道"惟欲阳含土中，运而不息，阴乘其外，谨愗而不出。若阳洩于外而阴实其中，生机转为杀机矣"。马一龙试图用阴阳消长的观点来说明、解释气温、日照、水分、湿度、通气等条件的变化对农作物生长的影响。这种解释虽有局限，但也有合理的成分。

《农说》在天人关系方面，还提出"知时为上，知土次之，知其所宜，用其不可弃。知其所宜，避其不可为，力足以胜天"的观点，主张农业生产要趋利避害，扬长避短，以求达到"人定胜天"。这也是很有哲理的。

《知本提纲·农则》也用阴阳五行来解释农业生产的原理。但书中所说的五行和传统所说的不同，传统的五行是指金、木、水、火、土，《知本提纲·农则》中所说的五行是指天、地、水、火、气。其中天和火为阳，地和水为阴，合称为"四有"或"四精"，气是将阴阳连在一起的"四精之会"。由于这五行的作用"相连一气，和谐流通"，才"著体成形，化生人物"，万物便由此构成，作物生长也因此发生。在具体应用和操作时，杨屾主张"损其有余，益其不足"，以达到"阴阳交济，五行和合"。例如在土壤耕作方面，杨屾说："土啬水寒，犁破秒拨，籍日阳之暄而后变"，这样，"自然转阴为阳而变其本体，物生有资矣"。

这两部书所论述的问题，反映了西方近代农学传入中国以前，中国人民对农学原理的探讨及其所达到的水平。

（五）《元亨疗马集》

《元亨疗马集》是中国古代兽医技术集大成之作。作者是喻氏兄弟，兄喻仁，字本元，别号曲川；弟喻杰，字本亨，别号月川。安徽六安人，是明嘉靖万历年间著名的兽医。

《元亨疗马集》初刻于明万历三十六年（1608）前，后又加入疗牛、疗驼的内容，因而又被称作《元亨疗马牛驼经全集》，或称《元亨疗马牛驼集》《元亨疗马集附牛经驼经》。全书内容分疗马、疗牛、疗驼三部分，而以疗马为主，这是全书的精华。全书记载了马的三十六起卧、七十二大病，牛的五十六病，驼的四十八病。每种病症大都有"论"，说明病因；有"因"，表示症状；有"方"，包括针灸、外治和服药等各种治疗方法。该书对中国兽医学的发展做出了杰出的贡献，具体表现在发展了脉色诊断理论、确立了八证论和发展了兽医针灸学等方面。（参见本卷第六章第二节"兽医技术"）

该书是喻氏兄弟搜集历史上已有的知识，汲取群众经验，加上自己的实践经验，编写而成的。文字质朴，内容实在，有"歌"有"图"，图文并茂，便于记忆，有很强的实用性，是继唐代《司牧安骥集》以后又一部杰出的中兽医学著作，成书以后 300 多年来一直在民间广泛流传，成为民间中兽医的范本。

第二节　耕 织 图[①]

耕织图是一种配有诗文说明的农业生产系列图画，从农耕和蚕织两个方面集中地反映了中国古代农桑并举、男耕女织的农业生产内容。从形式上看颇像今日的连环画，由于它"图绘以尽其状，诗歌以尽其情"[②]，形象、生动地描绘了中国古代农业生产过程和劳动情景，因而它不仅成为中国古代一种特有的劝农方式，起到普及农业生产知识、推广农业技术的作用，而且还是一种描绘农业生产内容，表现、讴歌农业劳动的精美的艺术品。

中国历史上最著名的系列耕织图出现于南宋，是宋高宗绍兴年间（1131—1162）于潜县（今浙江杭州市临安区於潜镇）县令楼璹创制的，全图共 45 幅，其中耕图自浸种至入仓，凡 21 事；织图自浴蚕至剪帛，凡 24 事。每事绘一图，并配有五言诗一首。可惜此图早已佚失，仅诗保留了下来。由于耕织图可以通过形象的

---

① 本节以王潮生主编《中国古代耕织图》（中国农业出版社，1995 年）、王潮生《清代耕织图探考》（《清史研究》1998 年 1 期）为基础编写而成，文成之后又请王潮生审阅、指正，特此说明，并致谢意。

② ［南宋］楼钥：《攻媿集》。

描绘，进行重农、劝农的教育，普及农业生产技术知识，所以明清两代对此都十分重视，根据南宋楼璹的耕织图和诗的内容，又创制了一系列的耕织图。这些耕织图，既有宫廷御制的，也有地方自制的；既有综合描绘耕织的，也有专门宣传蚕桑和植棉的；既有绘画作品，也有木刻、石刻作品。其形式之多样，内容之丰富，都是历史上所少见的，因而我们将它视为明清时期一种特有的农业文化。

据目前所见，明清时期的耕织图，大约有 14 种（表 9 - 2），其中绝大多数是在清代创制的。现将其中主要的几种耕织图介绍如下：

表 9 - 2　明清时期的耕织图

时代	图名	作者	图数	保存情况
明代	《农务女红图》	傅汶光、李桢、李援、曾中、罗锜刻	31	国家图书馆藏
	宋宗鲁《耕织图》	宋宗鲁	不详	日本早稻田大学图书馆藏有江户时代狩野永纳重刻本
	仇英《耕织图》	仇英	12	台北故宫博物院藏
清代	康熙《耕织图》	焦秉贞绘，朱圭、梅裕凤刻	46	故宫博物院、国家图书馆藏
	雍正《耕织图》	不详	46	故宫博物院 1933 年《故宫周刊》
	乾隆《棉织图》	方观承	16	河北省博物馆藏
	乾隆《耕织图》	不详	45	中国历史博物馆藏残缺刻石 23 方
	乾隆袖珍《耕织图》	冷枚	46	台北故宫博物院藏
	陈枚《耕织图》	陈枚	46	台北故宫博物院藏
	嘉庆《棉花图》	董诰	16	国家图书馆藏有嘉庆刻本
	光绪《耕织图》	不详	20	河南省博爱县博物馆藏
	光绪《桑织图》	郝子雅、张集贤	24	中国历史博物馆藏有画册
	光绪《蚕桑图》	吴嘉猷	15	国家图书馆藏《蚕桑图说》
	何太青《耕织图》	何太青	46	光绪二十四年《於潜县志》

一、《农务女红图》

明代弘治邝璠所作。邝璠，"字廷瑞，任丘人，明弘治癸丑（1493 年）进士，吴县知县"①。在知县任内，他据宋代楼璹的耕织图诗，重绘了"农务女红"图，但图有删改，楼图原为 45 幅，邝璠将其改为 31 幅：农务图从浸种至田家乐，凡 15 幅；女红图从下蚕至剪制，凡 16 幅。同时又删去了楼图的原诗，改用了吴歌竹枝词。《便民图纂·题农务女红之图》说："宋楼璹旧制《耕织图》大抵与吴俗少异，其为诗又非愚夫愚妇之所易晓。因更易数事，系以吴歌。其事既易知，其言亦易入，用劝于民，则从厥攸好，容有所感发而兴起焉者。"说明邝璠作《农务女红图》，目的是使事易知、言易入，便于劝农务农。这也是一任地方官的良苦用心。此图后来收入他所编的《便民图纂》一书中。

《农务女红图》和楼图一样，描绘的都是江南以水田生产和蚕桑生产为中心的农村生活。其中"耙田"一项，是邝图中新增加的内容，其竹枝词云："草在田中没要留，稻根须用扬扒搜，扬过两遭耘又到，农夫气力最难偷。"歌词易懂易记，读起来朗朗上口，具有鲜明的吴歌特点，便于在农民中流传。"耙"在元代《王祯农书》中已见记载，时称"耘盪"，但没有操作图，邝图中的"耙田"图则是目前见到的最早的一幅用耙耙进行中耕的图，因而对研究农业史有重要的史料价值。

郑振铎先生说，收在《便民图纂》中的《农务女红图》，"弘治原刊本未见"，另有嘉靖本和万历本，"惟嘉靖本的农务、女红图甚为粗率，有的几乎仅具依稀的人形。万历本的插图，则精致工丽，仪态前方，是这个时代最好的木刻画之一"。②

二、康熙《耕织图》

此图成于清康熙三十五年（1696），是清圣祖爱新觉罗·玄烨命宫廷画师焦秉贞绘制的，由于上有康熙帝亲撰的序文并题诗，故又称之为《御制耕织图》。

康熙帝在耕织图序中说："古人有言，衣帛当思织女之寒，食粟当念农夫之苦。朕惓惓于此，至深且切也。爰绘耕、织图各二十三幅，……自始事迄终事，农人胼手胝足之劳、蚕女茧丝机杼之瘁咸备，极其情状。复命镂板流传，用以示子孙臣庶，俾知粒食维艰，授衣匪易。《书》曰：惟土物爱，厥心臧。庶于斯图有所感发焉。且欲令寰宇之内，皆敦崇本业，勤以谋之，俭以积之，衣食丰饶，以共跻于安和富寿之域，斯则朕嘉惠元元之意也夫！"可见这是清帝康熙重农劝农之作。

焦秉贞，山东济宁人，钦天监五官正，学西洋画法。据说，焦秉贞画的耕织图，"其位置之自近而远，由大及小，不爽毫毛"，"村落风景，田家作苦，曲尽其

---

① ［明］邝璠：《便民图纂·序》，农业出版社，1959 年。

② 郑振铎：《漫步书林·邝璠〈便民图纂〉》。

致，深契圣衷，锡赉甚厚"。① 焦秉贞所绘《耕织图》，也是依据宋代楼璹的耕织图或其摹本，但绘时有所损益，如楼图中耕图原为 21 幅，织图原为 24 幅，而焦图在耕的部分增加了"初秧""祭神"2 幅，在织的部分删去了"下蚕""喂蚕""一眠"3 幅，增添了"染色""成衣"2 幅，成为耕 23 幅、织 23 幅，共 46 幅的耕织图。

　　焦图也以反映江南的农桑生产为内容，但与楼图比较，在画目上有增删，程序上有变动，如"碌碡"一图所画的碎土平田工具碌碡，与历史记载颇有出入，元代《王祯农书·农器图谱》所画的"磟碡"（亦写作"碌碡"），是一件觚棱形的可转动的石（木）滚，而焦图中将它画成了"耙"形，成了一件不是滚动的而是拖动的农具了。② 此外，"灌溉"图中将江南主要的提水工具龙骨车作为陪衬，而突出了北方使用的提水工具——桔槔。这些问题的出现都与焦秉贞不熟悉江南的农业生产情况有关。但焦秉贞所绘的《耕织图》在艺术上却是一部优秀之作，为后世的《耕织图》（如雍正《耕织图》、乾隆时的袖珍《耕织图》等）所参照。该图在故宫博物院及国家图书馆均有珍藏。

表 9-3　宋明清时期三种耕织图画目比较

南宋楼璹《耕织图》	明代邝璠《农务女红图》	清代康熙《耕织图》
耕图二十一	农务图十五	耕图二十三
浸种	浸种	浸种
耕	耕田	耕
耙耨		耙耨
耖	耖田	耖
碌碡		碌碡
布秧	布（播）种	布秧、初秧
淤荫	下壅	淤荫
拔秧		拔秧
插秧	插莳	插秧
一耘	耥田	一耘
二耘	耘田	二耘
三耘		三耘
灌溉	车戽	灌溉

① ［清］张庚：《国朝画征录》。
② 闵宗殿：《康熙〈碌碡图〉考辨》，《古今农业》1993 年 4 期。

南宋楼璹《耕织图》	明代邝璠《农务女红图》	清代康熙《耕织图》
收刈	收割	收刈
登场		登场
持穗	打稻	持穗
簸扬		
砻	牵砻	
舂碓	舂碓	舂碓
筛		筛、簸扬、砻
入仓	上仓	入仓
	田家乐	祭神
织图二十四	**女红图十六**	**织图二十三**
浴蚕		浴蚕
下蚕	下蚕	
喂蚕	喂蚕	
一眠	蚕眠	
二眠		二眠
三眠		三眠
分箔		
采桑	采桑	
大起	大起	大起
捉绩		捉绩、分箔、采桑
上簇	上簇	上簇
炙箔	炙箔	炙箔
下簇		下簇
择茧		择茧
窖茧	窖茧	窖茧
缫丝	缫丝	练丝
蚕蛾	蚕蛾	蚕蛾

（续）

南宋楼璹《耕织图》	明代邝璠《农务女红图》	清代康熙《耕织图》
祀谢	祀谢	祀谢
络丝	络丝	纬、织、络丝
经	经纬	经
纬		
织	织机	
攀花	攀花	染色、攀花
剪帛	剪制	剪帛
		成衣

三、乾隆石刻《棉花图》

此图为清代直隶总督方观承主持绘制，据《清史稿》记载，乾隆三十年（1765）"高宗南巡，观承迎驾，……四月，条举木棉事十六则，绘图以进"。乾隆帝于每幅图上亲题七言诗一首，因而此图又名为《御题棉花图》。《棉花图》全图16幅，包括棉花布种、棉田灌溉、棉田耘锄、摘尖、采棉、晒棉、棉花收贩、轧核、弹花、拘节、纺线、挽经、布浆、上机、织布（附榨油）、练染等内容，详尽地描绘了乾隆时期直隶地区棉花种植和纺织的生产过程。这是中国历史上最早的一组棉花图，它的出现也反映了棉花继蚕丝以后已成为中国重要的衣着原料作物。

《棉花图》和以往的耕织图在表现手法上有所不同，除了附诗，它还对每项生产过程做了简要的文字说明，指出其中的技术要点。例如棉花布种图中说："种选青黑核，冬月收而曝之。清明后，淘取坚实者，沃以沸汤，俟其冷，和以柴灰。种之宜夹沙之土。秋后春中频犁，取细列作沟塍。种欲深，覆土欲实，虚浅则苗出易萎。种在谷雨前者为稙棉，过谷雨为晚棉。"对于棉花选种的要求和方法，播种要求和需注意的问题，都做了清楚的说明。又如摘尖图中说："苗高一二尺，视中茎之翘出者，摘去其尖，又曰打心。俾枝皆旁达，旁枝尺半以上亦去尖，勿令交揉，则花繁而实厚。实多者一本三十许，甚少者十五六。摘时宜晴，忌雨。趋事多在三伏，时则炎风畏景，青裙缟袂，相率作劳，视南中之修桑、摘茗，勤殆过之。如或失时，入秋候晚，虽摘不复生枝矣。"对于打心的方法和时间的掌握说得一清二楚。由此可见，《棉花图》不只是简单直观地描绘棉花生产过程，而是更注重对生产过程中技术要领的介绍，这是《棉花图》一个十分明显的特色。

方观承将原本进贡给乾隆帝以后，又用摹本付刻，刻石现藏河北省博物馆，今天我们所见到的《棉花图》便是石刻本的拓片。嘉庆十三年（1808），嘉庆帝又命大学士董诰据乾隆《御题棉花图》在内廷刻版《棉花图》，题名为《授衣广训》。此图除增加了嘉庆帝的 16 首七言诗，其画目、画面内容与《御题棉花图》基本相同。此图虽然学术价值和艺术价值都不大，但从另一角度看却也反映了清代皇帝对农业生产的重视。

四、乾隆石刻《耕织图》

此图系乾隆三十四年（1769）清高宗命画院据楼璹《耕织图》元代程棨摹本而作的刻石，画目、画面与程棨摹本相同，只是于每幅画的空白处增加了清高宗亲题的五言诗一首。全图有耕图 21 幅、织图 24 幅，共 45 幅。图前有石一方，刻乾隆帝题识。题识称，乾隆年间画家蒋溥呈《耕织图》，此图曾被附会为刘松年的《蚕织图》而编入《石渠宝笈》，实则是楼璹《耕织图》的程棨摹本。其所以重摹刻石，为的是"所以重农桑而示后世"，也是乾隆帝重农思想的产物。

重摹的《耕织图》刻石，原置多稼轩。1860 年，圆明园遭英法侵略军焚掠，部分刻石被毁，幸存部分于民国初年被北洋军阀徐世昌镶嵌在其私家花园（在今北京东四八条），1960 年，为中国历史博物馆收藏，残存的刻石尚有 23 方，其中耕图 12 方、织图 8 方，另 3 方已漫漶难辨。

南宋楼璹《耕织图》已佚，元代程棨摹本国内不存，乾隆《耕织图》刻石虽已残缺不全，但还保留了部分历史原貌，此刻石图完整拓本现存法国。

五、光绪石刻《耕织图》

此图系 1978 年发现于河南省博爱县邬庄一农家门楼墙壁内，刻在 4 块长 200 厘米、宽 30 厘米的青石上，均系减地阴线刻法，全图共 20 幅，其中耕图 10 幅，画的是水稻从种到收的生产过程，包括耕地、运苗、插秧、浇水、收割、运稻、碾打、扬场装袋、运粮归家、庆丰收等内容；织图 10 幅，画的是棉花从播种到加工成布的过程，包括整地、中耕除草、培土、摘棉归家、轧弹棉花、纺纱绕线、络线、经线、梳线、织布与量衣等内容。在耕图"运粮归家"画面中的粮食袋上，分别有"光绪八年""孟秋月置"字样，很可能刻石即成于此时（1882 年）。

光绪博爱石刻《耕织图》，在绘制上已有了明显的变化：一是《耕织图》作为系统描绘农业生产全过程的艺术作品和艺术形式，已从宫廷走向民间，并广为普及，受到百姓的喜爱；二是内容从农桑并举发展到农棉并举，反映了棉花生产已受到人们的普遍重视。

六、光绪木刻《桑织图》

此图创制于光绪十五年（1889），是关于种桑、养蚕、丝织的系列木刻画册。原图共 24 幅，包括种桑、育桑、栽桑、修新桑树、桑树管理、采桑、祀先蚕、谢先蚕、蚕桑器具、下子挂连、浴蚕种（附：称连下蚁）、分蚁（附：头眠）、二眠、大眠、上簇（附：摘茧）、蒸茧（附：晾茧）、缫水丝、缫火丝（附：做绵）、脚踏缫丝车（附：脚踏纺绵车）、解丝、纬丝、经、引丝、织、成衣等内容。此图的作者是郝子雅，文的作者是张集贤。图的跋语中对该图的绘制目的和过程有简要说明："桑蚕为秦中故物，历代皆有，不知何时废弃，竟有西北不宜之说。是未悉豳风为今邠州，岐周为今岐山，皆西北高原地，岂古宜而今不宜邪？历奉上宪兴办，遵信者皆著成效。惟废久失传，多不如法，不成，中止。奉发《蚕桑辑要》《豳风广义》，或以文繁不能猝识，……因取《豳风广义》诸图仿之，无者补之，绘图作画，刻印广布，俾乡民一目了然，以代家喻户晓，庶人皆知。务地利，复其周有，衣食足而礼义生，豳风再见今日，所厚望焉。"可见此图是作者为在陕西关中地区提倡蚕桑生产而作。

据与《豳风广义》核对，《桑织图》中的种桑、育桑、栽桑、修新桑树、桑树管理、采桑 6 幅桑图，蚕图中的蚕桑器具、浴蚕种、二眠、大眠、做绵、脚踏纺绵车、解丝、纬丝、成衣等图属"无者补之"，是新配的，而且所有图的精细程度都远超过《豳风广义》中的插图，因此《桑织图》仍然可以称为是一套新创作的美术作品。

七、光绪《蚕桑图》

此图系光绪十六年（1890）钱塘人（今浙江杭州市）宗承烈据宗景藩所撰《蚕桑说略》，请画家吴嘉猷绘制而成，名曰《蚕桑图说》。全图共 15 幅，其中桑图 5 幅，包括种桑大要、种接本桑并剪桑、种桑秧、接桑、下秧等内容；蚕图 10 幅，包括蚕种、收子、浴蚕、收蚕、饲叶、蚕眠、上山、蚕忌、缫丝、挑茧等内容。每图上方均附有较详细的文字说明。

宗承烈在序言中说，"蚕桑者，衣之源，民之命也"，但"楚地却耕而不桑"，这是因为"未谙其法"的缘故；"唯种植饲缫之法，恐不能家喻户晓，爰检朝议公（指宗景藩）《蚕桑说略》，倩名手分绘图说，付诸石印，分给诸屯读书之士，转相传阅，俾习者了然心目，诚能如法，讲求勤劳树畜，则多一桑即多一桑之利，多一蚕妇即多一养蚕之利，……衣食由此而足也。"可见，绘制《桑蚕图》目的在于宣传种桑养蚕的益处，推广浙江蚕桑生产的经验和技术，以发展蚕桑业。

图中的文字着重介绍了浙人的蚕桑技术要点，如"下秧"图，文中说："桑葚俟其极熟，摘数十颗，置掌中，取草绳一条，浸湿，连葚带绳，握而捋之，葚粘绳，烂如酱，将绳拉直，埋肥土中，不一月，秧出如草，且排列如绳。埋绳百条，桑出逾万。"又如"浴蚕"图，文中说："春间所留蚕种，至腊月八日，其成种用盐卤浸之，今晨浸，明晨取出。泡绿茶极浓，候凉，取子在茶汁中，轻轻漂净卤气，拣净处悬挂，候干，仍置箱篋，俟明春谷雨时收养。其淡种用石灰泡水浸，约一日取起，余与咸种同。二者咸种为佳。楚人不知浴蚕，故其蚕食叶多而作茧薄。"由此可以认为，《蚕桑图》是附有文字说明的蚕桑技术推广图，它比单纯用文字说明更直观、形象，传播效果更好。

耕织图是明清时期风靡一时的有关农桑生产的系列图画，除了上述纸的、绢的、木刻的、石刻的图画，还有将耕织图画于器物上者，现在已发现的有：安徽省歙县乾隆时漆雕耕织图屏风，故宫博物院及中国历史博物馆收藏的绘有耕织图的瓷瓶和瓷碗，安徽胡开文墨庄棉花图墨锭，光绪《於潜县志》中也刻有耕织图，等等。可见，耕织图在社会生活中有着深刻而广泛的影响。

在明清两代近 600 年中，耕织图的流行也是有变化的。在清中叶以前，耕织图主要流行于宫廷或官府，主要供帝王鉴赏，以示重农、劝农之意；清中叶以后，耕织图开始流传民间，主要为在民间推广生产技术。另外，就耕织图的内容来说，清中叶以前，主要是循南宋楼璹《耕织图》原意，以画农、桑为主；清中叶以后，则从农桑发展到画农、棉，或单独画植棉、种桑养蚕，形成了一种技术推广画图，成为宣传农业生产技术的一种新形式和中国画的一个新内容。

第三节　农　　俗

农俗是民俗的一种，它是流行于农村中并直接反映农业生产的民风民俗，为了和其他的民俗区别开来，我们将它专称之为农俗。

明清时期的农俗，名称繁多，据对各地方志的初步统计，全国各地农俗至少在 20 种以上（表 9-4）。这些农俗有全国性的，但多数是区域性的，这是各地生产条件和生产习惯不同的反映。就其内容来说，大致包括祈丰年、迎春耕、禳灾害、敬先农、庆丰收等，大都是农民盼丰收、除灾害心情的反映。这些农俗，只有少数是集体活动，多数都是单家独户进行的。这是农业文化在民俗中的一种反映。

现将明清时期的主要农俗介绍如下。

表9-4　明清时期的主要农俗

名称	异名	内容	流行地区
迎春和打春	鞭春	立春前一天，地方官迎句芒神和土牛于县城东郊，立春日鞭打土牛，以示劝农迎丰年。	北京、天津、上海、辽宁、吉林、黑龙江、内蒙古、河北、山西、陕西、甘肃、宁夏、河南、湖南、湖北、广东、广西、四川、贵州、云南、山东、江苏、浙江、安徽、江西、福建、台湾、海南
填仓	添仓、打囤、安囤、涨囤、五谷仓、围仓囤、打屯子	正月二十五日，在门庭内外的地面上用柴草灰作囤形，中置五谷，上覆砖瓦，祀仓神，求丰年。	北京、天津、河北、山西、内蒙古、辽宁、吉林、黑龙江、陕西、山东、江苏、安徽、河南
照田蚕	点田蚕、烧田蚕、田柴会、赞田蚕、照田财、烧田财、照麻虫、炸蝨虫、烧茅蒲、烧横虫、烧蝗虫、照蛇虫、烧野火、烧发禄、赶毛狗、照土蚕、照地蚕、照田灯	腊月或正月，点烧秸秆，照遍田间以祈年。	上海、山东、江苏、浙江、四川、重庆、湖北、湖南
稼树	挞枣	正月，以斧背敲击果树，以求结果繁多。	河北、陕西、安徽、湖北、河南
采青	偷青	正月十五日夜，于别家菜园中撷菜，以求一年清吉、安康。	广东、海南
开秧门	开秧阡、开秧院、祈秧	芒种，夏至，开始插秧的第一日，祀田祖，荐酒脯，击鼓唱歌，以励插秧。	上海、江苏、浙江、湖南、安徽
青苗会	秧苗会、田祖会、做青苗	芒种、夏至，插秧完毕，农人醵资为会，祀青苗、土地，邻里欢聚饮酒，以庆插秧完工。	浙江、安徽、四川
洗泥	脱秧根、洗犁、买耙齿、洗牛脚会	插秧完毕，田主具酒馔犒劳佣工，亲朋邻里自相醵饮。性质同青苗会。	江苏、江西、云南、湖北

（续）

名称	异名	内容	流行地区
牛王会	牛年、庆牛、牛王诞、牛社、放闲、犒牛会、牛神生日、饷牛王、接牛角、撒放、牛王神、呴牛王、敬牛王、牛生日	农历十月朔日，少数地方在四月、九月、十一月，舂糯米作糍喂牛并粘牛角，牛不穿绳，纵放于野，以示对耕牛的体恤、爱惜。	福建、云南、贵州、河南、广东、广西、海南、四川、湖北
神农帝诞日	五谷生日、五谷王诞辰	农历四月，祭祀神农氏，以示对神农发明农业的崇敬，并祈求丰年。	台湾、山西、湖北
火把节	星回节、滇炬节、叫谷魂、保苗会、洒火把、照穗、照岁	六月二十四、二十五日夜，燃松炬，照田野祈年。以火炬之明暗，占岁之丰歉。	云南
田幡	挂田蔓、挂田幡	七月，于田内庄稼茂盛处挂五色纸幡，以庆秋成。	陕西榆林、延安地区
摸秋	送瓜	八月十五日夜，晴园圃中采瓜，送缺子人家，以求得子和多子。	湖南、湖北
了田	田了、上田、做田了	农家于冬成时酿酒聚会，表示田事已了，以示庆贺。	广东、福建
蚕禁	蚕忙、蚕关门、蚕月、蚕天	三月，养蚕之家闭户，亲邻不走动，官府停诉讼。	浙江杭嘉湖地区
望蚕信		三月，养蚕结束后，养蚕之家亲邻相互探望，馈赠礼品。	浙江杭嘉湖地区

资料来源：主要根据丁世良、赵放主编《中国地方志民俗资料汇编》东北卷（书目文献出版社，1989年）、华北卷（书目文献出版社，1989年）、西北卷（北京图书馆出版社，1989年）、中南卷（书目文献出版社，1990年）、华东卷（书目文献出版社，1990年）、西南卷（北京图书馆出版社，1991年）编制而成。

一、迎春和打春

迎春和打春是一种全国性的农俗，由来已久。明清时期，除了新疆、西藏等边疆少数民族地区，北起黑龙江，南至海南岛，东及台湾，西到甘肃，全国各个农区都有这项农俗活动。

　　迎春和打春都要举行一个仪式，其基本内容是：在"立春"（公历 2 月 4 日或 5 日）前一日，地方官在城东郊设祭坛，祭句芒神和春牛（土牛，泥制）。立春日，文武官员迎句芒神及春牛回县衙，由一人扮演春官，手执牛鞭，边打春牛边祝颂："一打风调雨顺，二打国泰平安，三打五谷丰登。"人们夹道围观，以麻、麦、米、豆抛打春牛。到县衙后，自县官至胥吏，用鞭击打春牛，直至将牛击碎为止，人们纷纷取春牛碎片回家，以为吉利。

　　由上述内容可以看到，这一农俗的组织者和主持者是官府，这是明清时期唯一由官府出面组织的农俗活动。官府每年立春时组织这一活动目的是很明确的，是为了"示劝农之意"①、"示劝耕之义"②，实际上是为准备春耕所做的一次舆论动员。

　　这一活动虽然内容相同，但各地的仪式简繁不一。各地方志对此都有记载，只是详略不同而已，现摘录几例如下：

　　湖北公安县　立春前一日，邑大夫而下俱簪花盛，迎春于东郊，或令诸行户扮古今事，手执春条，谓之迎春。至日，邑大夫率官属祀芒神毕，击土牛碎之，谓之打春。③

　　湖南武冈州　立春先一日，长吏率僚属迎春东郊，各市户装演故事随行，次日交春时，刺史行耕礼，鞭土牛，谓之打春。④

　　广西苍梧　立春前一日，厢民扮戏剧，鼓吹送土牛、迎芒神于东郊，各处来观，谓看春色，多掷菽粟，谓祈丰熟，消病疹。⑤

　　山西黎城　立春前一日迎春，有司具春花，杂采张乐，率农夫执犁具，迎芒神、土牛于东郊，设坛于门外，黎明祭之，官吏各执彩杖环牛击者三，以示劝农之意。⑥

　　京城顺天府　立春前一日，顺天府尹率僚属，朝服迎春于东直门外，隶役舁芒神（即句芒神）土牛，导以鼓乐，至府署前陈于彩棚。立春日，大兴、宛平县令设案于午门外正中，奉恭进皇帝、皇太后、皇后芒神、土牛，配以春山，府县生员舁进，礼部官前导，尚书、侍郎、府尹暨丞后随，由午门中门入，至乾清门、慈宁门恭进。内监各接奏，礼毕皆退，府尹乃出土牛环击，以示劝农之意。⑦

　　① 康熙五十八年山西《汾阳县志》；康熙三十年山西《黎城县志》。

　　② 光绪六年陕西《源县新志》。

　　③ 康熙六年湖北《公安县志》。

　　④ 同治十二年湖南《武冈州志》。

　　⑤ 同治十三年广西《苍梧县志》。

　　⑥ 康熙三十一年山西《黎城县志》。

　　⑦ 《大清会典》，转引自〔清〕于敏中等：《日下旧闻考》卷一四六《风俗》。

在民族杂居的地方，少数民族同胞也参加这一活动。如道光八年《永州府志》记载："立春日，结彩支棚，迎春于东郊……宁远、新田间，则有峒猺①十数辈，击长腰鼓，吹笙呜呜，团圝亦随舞跳。"又如贵州《毕节县志稿》记载："立春前一日，官寮出东郊迎春作土牛、芒神像于官舆前，集苗民鼓吹跳舞，土民拥观。"

从各地的记载可以看出，这种迎春、打春活动，除了"示劝农之意""示劝耕之意"，还表示官员与民同乐，所以在举行迎春、打春仪式时，迎春队仗"历游各街，然后入衙，四民拥观不加鞭逐"②，以至"乡邑男妇，沿街充巷纵观"③，"老稚竟出大街观土牛，肩摩踵接，喧阗之声溢闾里"④。明人谢肇淛曾作诗记载当时迎春活动的盛况："雪消腊尽北风寒，官府迎春簇马鞍，对对梨园扶暖轿，楼头不敢卷帘看。"⑤ 从思想内容来说，迎春和打春是中国古代重农劝民思想的一种体现。

二、填仓

填仓，又名"添仓""种田""涨囤""安囤""五谷仓"等，流行于北京、天津、河北、山西、内蒙古、辽宁、吉林、黑龙江、陕西、山东、河南、江苏、安徽等地，是长江以北旱作地区的一种农俗。

填仓活动的时间是农历正月二十五日，晚于迎春、打春，与迎春、打春活动不同的是，它完全是民间自发的活动，该日，农民于门庭内外用柴草灰围作囤形，中置五谷，上覆砖瓦，以祀仓神。

各地活动的方式略有不同。

河北安肃 腊月用灰敷地，置谷于中，往来布种以为多获，名曰种田。⑥

河北束鹿 正月二十五日，以五谷杂灰画地为廪囤形，曰填仓。⑦

河北固安 正月二十五日，俗以为仓官诞辰，用柴灰摊院落中为囤形，或方或圆，中置爆竹以震之，谓之涨囤，又谓之填仓。⑧

辽宁新民县 二十五日为填仓日，先一日，二十四晨起，用灶内柴灰

---

① 猺：古代封建统治者对西南少数民族的侮辱性称呼。
② 广东《开建县志》。
③ 乾隆三十二年《衡水县志》。
④ 嘉靖《江阴县志》。
⑤ 转引自嘉庆八年《长兴县志》。
⑥ 乾隆四十三年河北《安肃县志》。
⑦ 嘉庆四年河北《束鹿县志》。
⑧ 咸丰九年河北《固安县志》。

撒圈于院内，名曰作囤，盖作粮囤兆丰年也。更捞米饭一盂，用粱秸制成等等农器，散插饭上，送置仓房，名曰填仓，是为填小仓。至二十五日，再续添新饭于盂，名曰填老仓，至二十六日乃撤。①

古代农民用填仓、祭祀仓神这种活动，表达祈求五谷丰登、粮食满仓的愿望。

在古代，胃被称为天仓。《史记·天官书》曰："胃为天仓。"张守节正义说："胃主仓廪，五谷之府也。"所以填仓节在有的地区亦称为天仓节，把祈仓神、求丰收的活动变成了做饼饵、聚餐饱食的习俗。例如山西临汾，"正月二十日，家食煎饼，名曰添仓"②。又如陕西神木，"正月二十五日天仓节，多蒸糕饵食之，谓之填仓"③。再如北京，"（正月）二十五日，人家市牛羊豕肉，恣餐竟日，客至苦留，必尽饱而去，名曰填仓"④。这已是远离祈求丰收的原意了，大概也寓有希望五谷丰稔、永远能得到饱食、永无冻馁之忧的含义。

三、照田蚕

照田蚕是民间在岁末早春的一种除虫害的习俗，又叫烧田蚕、照田财、照麻虫、照地蚕、赶毛狗、照蛇虫、烧蟥虫等，因地而异。这一农俗主要流行于长江以南水田地区，特别是于太湖地区的蚕桑产区。这些地区的方志中对此有不少记载：

江苏吴江　十二月二十五日……村落间缚火炬于长竿之杪，烂然遍野，谓之照田蚕。⑤

江苏苏州　农历十二月二十五日夜，农家爆竹及傩，田间燃高炬，名照田蚕。⑥

浙江嘉兴　正月……五日内，田间束刍于木末，扬以绯帛，夜击金鼓而焚之，侑以祀词，曰烧田蚕，盖祈年也。⑦

江苏黎里　正月十三日，乡人就田中立长竿，用藁筱夹爆竹缚其上，旁设刘猛将军之神，香烛果品杂列照耀，更有赞神曲，且拜且唱，……自黄昏起至夜半或竟夜，乃举火焚之，谓之烧田财，盖即照田蚕之讹也。⑧

① 1926 年辽宁《新民县志》。
② 康熙五十七年山西《临汾县志》。
③ 道光二十一年陕西《神木县志》。
④ ［明］陆启浤：《北京岁华记》，转引自［清］于敏中等：《日下旧闻考》卷一四七《风俗》。
⑤ 弘治《吴江志》。
⑥ 嘉靖《姑苏志》。
⑦ 万历《嘉兴府志》。
⑧ 嘉庆《黎里志》。

除了太湖地区，别的地区亦有，不过不如太湖地区之多之盛。如：

湖南永州 十二月二十三或二十四、二十五日夜，谓之小年夜。……村落燃火炬照田亩，烂然遍野，以祈丝谷，谓之照田蚕。①

山东章丘 十二月，除夕，贴宜春，换桃符，轰爆竹，置草一束于门前爇之，曰照田蚕，亦曰照听。②

湖北江夏 上元夜初更时，各园遍地插烛，鸣爆竹，曰赶毛狗，恐其害菜也。③

四川大宁（今重庆巫溪） 正月十五日点烛插园圃，曰照地蚕。④

上述方志记载说明，照田蚕是在岁尾早春举行的一种除虫、占岁、祈丰年的农俗活动，只是它的形式带上了巫术色彩罢了。

这种习俗早在南宋时期已出现于太湖地区，范成大《照田蚕行》一诗对这一农俗活动的情景及人们的心理活动做了细致的描述：

> 乡村腊月二十五，长竿然炬照南亩，
>
> 近似云开森列星，远如风起飘流萤。
>
> 今春雨雹茧丝少，秋日鸣雷稻堆小，
>
> 侬家今夜火最明，的知新岁田蚕好。
>
> 夜阑风焰西复东，此占最吉余难同。
>
> 不惟桑贱谷芃芃，仍更苎麻无节菜无虫。⑤

可见照田蚕的农俗由来已久，到明清时期更广泛存在于上海、山东、江苏、浙江、四川、重庆、湖北、湖南等地。

四、火把会

火把会是广泛流行于云南地区的一种农俗，又称星回节。康熙三十五年《云南府志》载："六月二十五日为星回节，市民燃松炬于街衢，村落则燃以照田。"

这一农俗的来源，据文献记载有三：

一是燃炬除虫。康熙十二年《阿迷州志》载："二十四日为星回节，燃火炬以驱蝗螟。"康熙四十四年《平彝县志》云："或云即古秉界炎火之意，以焚虫类，理或然也。"民国《宣威县志稿》说："是时稻正吐穗，深虑虫蝗之灾，而民间于穗出

---

① 道光八年湖南《永州府志》。
② 道光十三年山东《章丘县志》。
③ 同治八年湖北《江夏县志》。虽民俗名称不同，但内容与照田蚕完全一致。
④ 光绪十一年四川《大宁县志》。
⑤ ［宋］范成大：《范石湖集》卷三〇《照田蚕行》，中华书局，1962 年，412 页。

之将半也，亦争相告曰，照得动火把矣。"和照田蚕的性质有些相仿。

二是为纪念诸葛亮入滇和少数民族的两位英雄妇女——阿南和慈善。据康熙三十五年《云南府志》记载："相传孔明于是日擒孟获，侵夜入城，父老设燎以迎，后遂相沿成俗。又云：汉时有彝妇阿南，夫为人所杀，誓不从贼，以是日死于火，国人哀之，因为此会。一云：南诏彝有皮罗阁者，欲并五诏①，将诱饮于松明楼，乘其醉而焚杀之。邆睒诏妻慈善，知其谋有不测，劝夫勿赴，睒不从，以铁钏约夫臂。既而果被焚，慈善认钏得夫尸归葬，皮罗阁闻其贤，欲娶之，慈善闭城死节，滇人以是日燃炬吊之。"

三是当地少数民族度岁的习俗。乾隆十七年《陆凉州志》载："星回节……此本夷俗，乃通省沿行，不独于凉也。"民国《禄劝县志》载："星回节，夷人以此为度岁之日，犹汉人之星回于天，而除夕也。会饮至于旬余不息，犹汉人之春宴相集也。"

从火把会的来源看，这一农俗可能来源于少数民族，开始也并不是以除虫为目的。后来这一农俗为汉族所接受，并赋予了除虫的内容，这是一种民族文化的融合。

五、牛王会

牛王会主要流行于四川、云南、贵州、广东、广西等省（自治区），也流行于河南、湖北、福建、海南等省的部分县。在这些地区，牛王会也称牛生日、接牛角、饷牛王、放闲、犒牛会等。

这一农俗是在农历十月初一（朔日）举行，个别地方也有在农历四月举行的。如广东、四川等省，多数在农历十月举办牛王会。

广东曲江 十月朔日……粘大糍于耕牛角上，牛照水见糍影即喜跃，用为西成之犒。谣云："十月朝，放牛满山标。"此日牛不穿绳，谓之放闲。②

四川洪雅 十月朔，作饼饲饭牛，余则挂之角，谓牛是日照水，角无饼饵则悲鸣，佣者是日与之衣以归，遂纵牧于野。③

农历十月，晚稻登场，农事将闲，因此将牛放闲休息以体恤其一年的辛劳。道光二十年《江油县志》对此说得很明白："十月一日为牛王神诞。缘川省与北五省

---

① 按：五诏，一曰浪穹，一曰施浪，一曰邆睒，是为三诏；其西北曰越析诏，石壁上有色斑斓，类花马，又名花马国；一曰蒙嶲诏；五诏皆在蒙舍诏之北，故蒙舍称南诏。

② 康熙二十六年《重修曲江县志》。

③ 嘉靖四十一年四川《洪雅县志》。

异，田多水耕，不用骡马，专用犊，自正月，选属龙日驾牛，从此曳犁濡尾，终岁无时少息，盖六畜之中惟牛为最辛勤，故食其力者酬其德，乡人于此日捣糯米饼虔供奉，酿金演戏三四日不等，无所少吝，所谓'有德于民则祀之'之意。"反映了中国农民对耕牛的重视和爱惜，也映射出中国劳动人民的美德。

六、青苗会

青苗会，在浙江、四川、安徽又叫秧苗会、田祖会、做青苗、青苗社，江苏、江西、湖北、云南称之为洗泥、脱秧根、洗犁、洗牛脚会。

这是农民酿资欢饮的一种活动，是劳动告一段落后彼此犒劳、自我放松的一种形式，一般都以祀先农、田祖的形式出现。聚会的时间，各地不一，有的在插秧后，如：

江西南康 四月插禾毕，邻里欢聚饮酒，谓之脱秧根。及获毕又如之，谓之洗禾镰。①

浙江乌青镇 六月，插青毕，农人赛田畯，名青苗会。②

江苏丹阳 五月，夏至节，农家最重为莳秧也，既莳毕，田主具酒馔饲佣工，或邻朋自相酿饮，谓之洗泥。③

安徽和县 六月，村农祀田神，曰做青苗。④

湖北应城 四月，二麦既登，农夫趁芒种前插秧，迟则恐有虫患，俟插毕，家家脯酒欢饮，名曰洗犁。⑤

湖北长阳 四月，插毕，彼此互要饮食，为洗泥，又曰洗犁，谓来岁方用犁，今后只须去草待收获也。⑥

四川汉州（今广汉） 四月，乡人于栽种毕，农工稍闲，建坛为青苗会，祀青苗土地，击鼓烧钱，异神周巡四隅，间看演剧者。此迎猫祭虎之遗意。⑦

云南丽江 五月芒种，插秧毕，各诣神祠，为洗牛脚会。⑧

---

① 同治十一年江西《南康县志》。
② 1936 年浙江《乌青镇志》。
③ 光绪十一年江苏《丹阳县志》。
④ 光绪二十七年安徽《直隶和州志》。
⑤ 光绪八年湖北《应城县志》。
⑥ 同治五年湖北《长阳县志》。
⑦ 嘉庆二十二年四川《汉州志》。
⑧ 光绪二十一年云南《丽江府志》。

有的在水稻将成熟时，如：

浙江海盐　八月中秋，是日田家祀先农，醵钱为会，曰青苗会。①

浙江桐乡　八月，农家赛神，名青苗会，即报稷遗意。②

浙江的海盐、桐乡都属于嘉兴府，嘉兴是单季晚稻地区，农历八月晚稻已经抽穗，只待成熟收割，农事稍闲，所以这一时期的青苗会是望秋成、祈丰年。

又如上海华亭："八月，二十四日割新稻，谓之开稻门。是月田家祀先农，醵钱为会曰青苗社，亦曰谢天会。"③ 这是在紧张的收割活动即将来临前举行的一种农俗活动，既是祭先农、庆丰收，又有事先犒劳、以迎开镰之意。

七、田了节

田了节是流行于广东地区的一种农俗，是早稻收获后祀田祖、劳农役的一项活动，故谓之田了节，也称"上田"。和江南地区的"青苗会""洗泥"等农俗内容相同，只是举行活动的时间不同，前者在插秧后，后者则是在早稻收获后。屈大均在《广东新语》中记述说："东莞麻涌诸乡，以七月十四日为田了节，儿童争吹芦管以庆，谓之吹田了，以是时早稻始获也。予诗：芦管吹田了，中含祝岁辞，初秋几望日，早稼始收时。"道光六年《电白县志》载："六月新收谷，烹饭以祀先，曰尝新。农毕，用牲祀田祖，曰田了。"对于这一农俗的性质，民国《阳江县志》说得很清楚："七月……中元节前，早稻获毕，农人具汤食荐先，祀田祖，劳农役，谓之上田。《观海集竹枝词》云：祝得中元田了节，一声芦管报丰年。"

八、蚕禁

蚕禁，又叫蚕忙、蚕月、蚕天、蚕关门，是流行于浙江杭嘉湖蚕区的一种农俗，内容是在农历三月养春蚕季节，停止一切迎来送往、走亲串戚等活动，以保证蚕事的顺利进行。

清代学者汪曰桢在《湖蚕述》卷二《蚕禁》中对这一农俗作了记述："蚕时多禁忌，虽比户，不相往来。宋范成大诗云：'采桑时节暂相逢'，盖其风俗由来久矣。官府至为罢征收，禁勾摄，谓之关蚕房门。收蚕之日，即以红纸书'育蚕'二字，或书'蚕月知礼'四字贴于门，猝遇客至，即惧为蚕祟，晚必以酒食禳于蚕房

---

① 天启《海盐图经》，转引自嘉庆六年浙江《嘉兴府志》。

② 嘉庆四年浙江《桐乡县志》。

③ 光绪五年上海《华亭县志》。

之内，谓之掇冷饭，又谓之送客人。虽属附会，然旁人知其忌蚕，必须谨避，庶不至归咎也。"

各地方志亦有类似记载：

浙江钱塘（今杭州） 仲春之月，谓之蚕月，……凡养蚕家揭榜于门，云："蚕月闲人免进"。即居室间亦务洁净，其重如此。①

浙江海宁 四月，是月为蚕月，育蚕之家各闭户，亲邻毋得轻入，官府暂停讼，谓之放蚕忙，浙西皆然。②

浙江桐乡 四月，是月，乡村闭户，官府勾摄、征收及里往闲来、庆吊俱罢，谓之蚕禁。③

养蚕是一项十分紧张的劳动，不论男女此时都不得闲；蚕又比较娇嫩，极易因环境的改变或细菌的感染而得病。因此，养蚕时禁止人客往来，停止一切活动，不论在生产上还是在蚕病预防上都是有道理的。正因如此，直到近代，这一农俗还保留在杭嘉湖蚕区。如：

浙江乌镇 四月，农家闭户饲蚕，杜绝往来，钱粮停征，乡校放假，谓之"蚕关门"。④

浙江杭州 四月为蚕月，养蚕之家各闭户，亲邻毋得轻入，亦不得大声疾呼，乡校放假，谓之放蚕忙。⑤

蚕桑业是杭嘉湖地区重要的农副业生产事项，是农民的重要衣食来源，"蚕禁"农俗体现了上至官府，下到百姓，对蚕桑业的高度重视。

九、望蚕信

望蚕信是流行于杭嘉湖蚕区的又一种农俗，内容为养蚕结束后，亲戚朋友相互探望。汪曰桢在《湖蚕述》中说："缫丝时，戚、党以豚蹄、鱼鳙、果实、饼饵相馈遗，谓之望蚕信。有不至者，以为失礼。盖无特蚕时禁忌，久绝往来，亦以蚕事为生计所关，故重之也。"望蚕信活动既是互相探问茧花生产的丰歉，同时又使蚕禁期间久绝的往来得以恢复，彼此探望，联络感情，增进乡谊。董恂在《南浔蚕桑乐府》中有一首《望蚕信》道出了这种意义："育蚕无奈忙蚕节，亲朋遂使音尘绝；道是蚕家禁忌多，不教来往成疏阔。迩来邻右竞回山，闻得收蚕同

---

① 康熙五十七年浙江《钱塘县志》。
② 康熙十四年浙江《海宁县志》。
③ 嘉庆四年浙江《桐乡县志》。
④ 1936 年浙江《乌青镇志》。
⑤ 1948 年浙江《杭县志稿》。

一日；未识收花得几分，摇船亲自探消息。门外相逢一笑迎，红灯昨夜花曾结。入门无暇道寒暄，致语先教诘得失。欢呼只有稚儿慧，翻道客休问盈歉。试听侬家轧轧声，丝车十部缲还急。"①

十、开秧门

开秧门是流行于上海、江苏、浙江、安徽、湖南等水田地区的一种农俗，又称开秧阡、开秧院、祈秧。各地方志多有记载：

浙江武康　五月，夏至日，祀先农；农夫插秧，谓之开秧阡。②

浙江安吉　五月，芒种，东南乡田皆插秧，谓之开秧阡。③

安徽和县　五月，田家择吉开秧门，唱插秧歌。④

安徽怀宁　四月八日，勤农者栽秧多以是日为始，谚曰：四月八日插秧忙。⑤

湖南澧县　四月，分秧、祀田祖，荐以酒、脯，曰"开秧门"。始插，击鼓唱歌以齐力，或相嘲谑，听趋秧马者为始声。⑥

开始插秧时举行这种活动，一是祀神以求丰收，二是鼓励劳动者奋力插秧。农民们插秧时击鼓唱歌，互相嘲谑，沉浸在这种欢快的气氛中，使人们减轻了疲劳，忘却了烦恼。充分体现了中国劳动人民热爱劳动、热爱生活的优秀品质，充满对美好生活的憧憬。

十一、挂田幡

挂田幡是流行于陕西榆林、延安地区的一种农俗，又称为挂田蔓。

道光二十一年陕西《神木县志》载："七月中元农家赛神，悬挂田幡。"挂田幡是什么内容，又是什么意思呢？民国《米脂县志》说："七月中元节（七月十五日），五更，农户向垄头择禾之长茂处悬黄白纸幡，曰挂田蔓，庆秋成也。"可以看出，挂田幡是庄稼成熟和丰收时的庆祝活动。

---

①　转引自［清］汪曰桢撰，蒋猷龙注释：《湖蚕述注释》，农业出版社，1987年，124页。

②　乾隆十二年浙江《武康县志》。

③　同治十三年浙江《安吉县志》。

④　光绪二十七年安徽《直隶和州志》。

⑤　康熙二十五年安徽《怀宁县志》。

⑥　同治八年湖南《直隶澧州志》。

十二、稼树

稼树，又名挞枣，是流行于河北、陕西、安徽、湖北等地的一种促使果树多结实的农事农俗，实为一种技术措施。早在北魏贾思勰《齐民要术》中已有记载，该书《种枣》篇中说："正月一日日出时，反斧斑驳椎之，名曰'嫁枣'。不椎则花而无实，斫则子萎而落也。"这是一项控制营养分配以提高果树产量和质量的园艺技术。到明清时期，这一技术逐渐演变成一种农俗，而且带有一定的迷信色彩，例如：

> **安徽望江** 正月，儿辈持刀斧向果树逐一砍三下，问以结果多少，旁以小儿代树应以多结之数，亦鞭春之遗意欤。①
>
> **湖北孝感** 正月以刀斧斑驳树身，一人持斧声曰结不结，一人应曰：结。则其年多实。《月令广义》谓之嫁树。②

但是也有不少地区并没有与果树问答内容，而纯粹是一种技术活动。例如：

> **陕西富平** 正月，晦日，各以斧斤斫梨枣，冀其实繁，曰挞枣。③
>
> **河北盐山** 五月，芒种节，刈麦、嫁枣，以围树锯一遭，则多结实，曰嫁树。④

这里需要指出的是，从技术的角度看，一些地方使用砍、锯的方法嫁树是不恰当的，因为这样做，使果树受伤太重，不仅不能增产，很可能还造成减产。

十三、摸秋

摸秋是一种到别人瓜田圃"偷瓜"送无子人家以求得子的活动，时间是在农历八月。由于是在秋季进行，所以称为摸秋；又因为为专送别人，所以又称为送瓜。"不孝有三，无后为大"的思想在中国社会根深蒂固，在自给自足自然经济的农村，男子更显得重要，既要靠他传宗接代，延续香火，又要靠他维持生产，支撑门户。在这样的社会背景下，便产生了"摸秋""送瓜"的习俗，因瓜结的实多，瓜中又多子，"送瓜"就意味着祝人家多子多孙。

乾隆二十八年湖北《武昌县志》记载："八月或结彩瓜上，鼓吹送人家置庄上，曰送瓜，盖取多子之义。是夕，群于瓜圃探之，曰摸秋。"在湖北长阳，还

---

① 乾隆三十三年安徽《望江县志》。
② 光绪八年湖北《孝感县志》。
③ 乾隆四十三年陕西《富平县志》。
④ 同治七年河北《盐山县志》。

特地要摸南瓜以求得男，同治五年湖北《长阳县志》载："男南同音，瓜又多子，谓宜男也。"

摸瓜一般都是摸亲戚熟人家园圃中的瓜，这样可以减少矛盾。例如湖北长阳就是"三五成群偷知好园中瓜果，谓之摸秋"①。有的则是"私取乡园瓜，暗酬以值"②。目的并不是为瓜，而是讨个吉利，得瓜之家的主人要设筵款待，如真的得子，还须再一次宴请以示感谢。

十四、采青

采青是流行于广东、海南等地的农俗，性质有点类似湖南、湖北的摸秋农俗，不同的是，活动时间在正月，且是摘菜而非摸瓜。

道光五年广东《恩平县志》载："正月十五晚，儿女走百病，撷取园中生菜，名曰偷青。"道光十三年广东《廉州府志》载："正月十六夜，妇女走百病，撷园蔬曰采青。"采青的目的是什么呢？有的地区认为"可宜男"③，有的是为了"取一年清吉之兆"④。

十五、神农大帝诞日

神农大帝诞日，亦称"五谷王诞辰"。这一农俗特别流行于台湾，一是表示对神农氏的崇敬，二是祈求丰年。

台湾宜兰　（四月二十五日）神农大帝诞日，炎帝神农播五谷，尝百草，有功于世，亦称五谷大帝，又称药王，最为世人敬仰⑤。

台湾桃园　四月二十六日俗称五谷王诞辰，祀神农民，献演戏剧，祈求丰年。⑥

台湾基隆　四月二十八日为神农大帝诞辰，神农播五谷，尝百草，后世赖其功，农家最为信仰。⑦

此外，云林、诸罗、台南、高雄等县志亦都有类似的记载。

---

① 同治五年湖北《长阳县志》。
② 光绪二十八年湖南《沅陵县志》。
③ 1930年广东《龙山乡志》。
④ 1935年海南《贵县志》。
⑤ 台湾《宜兰县志》，1959—1965年铅印本。
⑥ 台湾《桃园县志》，1962—1969年铅印本。
⑦ 台湾《基隆县志》，1954—1959年铅印本。

十六、冬舂

冬舂是流行于上海、江苏、浙江、安徽、湖北等水田地区的一种农俗，就是在每年农历十二月把米舂好，贮存起来。

上海宝山 十二月，有舂一岁之粮藏之藁囤，经岁不蛀，俗呼为冬舂米。[①]

江苏苏州 入腊，并力舂一岁粮，藏之藁囤，经岁不蛀坏，呼为冬舂米。[②]

浙江湖州 十二月，农家舂一岁之米用藁囤藏之，呼为冬舂米。[③]

安徽和县 冬至后第三戌为腊，米工取腊水舂隔岁粮盛仓谓之冬舂米。[④]

湖北广济（今湖北武穴市） 腊月，舂粮藏囤中，经年不蛀。[⑤]

这种农俗起源很早，在北魏《齐民要术》中已有记载，该书的《水稻第十一》中已有"冬舂"一词；到南宋，这一农俗盛行于苏州地区。范成大在《腊月村田乐府十首并序》中记述这一农俗时说："腊月舂米为一岁计，多聚杵臼，尽腊中毕事，藏之土瓦仓中，经年不坏，谓之冬舂米。"可见冬季舂米贮存的做法很古老，后来一直延续下来，在江南地区成为一种习俗。

除了上述农俗，在东北地区还有祭虫禳灾的"虫王会"、祀山神的"老把头生日"，山西有祀神犒牧的"牛羊节"，山西静宁有祀山川、祀谷的"青苗醮"，上海、江苏有"棉花生日"，浙江有"蚕生日""渔期"，江西有"菜花灯"，福建有"半年节""做冬福"，云南有"麦生日"，台湾有"播种祭""收获祭"等农俗。

明清时期的农俗，既有历史的继承性，又有时代的独创性；既有全国性，又有地区性。这些农俗，除迎春和打春、照田蚕、蚕禁、冬舂等是对历史传统的继承，多数都是在明清时期才见记载，反映出明清时期农俗的发展。从地区上看，明清时期的农俗，除迎春、打春是全国统一的习俗，其余都是地区性的。这是因为不同的地区有不同生产特点和习惯的缘故。

这些农俗，在表面上都带有宗教迷信的色彩，但在科学不昌明的古代社会中，这种现象是很难避免的。因为对于许多自然现象和生产中的问题，当时的人们还无

---

① 光绪八年上海《宝山县志》。
② 嘉靖《姑苏志》。
③ 乾隆十一年浙江《乌程县志》。
④ 光绪二十七年安徽《直隶和州志》。
⑤ 同治十一年湖北《广济县志》。

法做出科学的回答，只能归之于神灵，不要说农俗是如此，其他的礼仪、生活信仰、岁时等方面的习俗也无不是这样。所以，在明清时期出现这种农俗是完全可以理解的，是一种很正常的现象。

但从内容上看，这些农俗却从另一个侧面反映了明清时期广大农民期望丰年的愿望和希冀除虫祛灾的心理，是明清时期农民思想的真实反映。有些习俗还带有娱乐性质，是农民的文化娱乐生活内容之一，许多民间文艺便诞生在这些农俗活动中。

第十章　明清时期的农业水平

第一节　农业生产水平与农民生活水平

一、粮食亩产记录

计算粮食亩产量，前提是必须有大量系统的数字资料。遗憾的是在明清两代，这样的条件在很大程度上并不存在，即使已经掌握的数字，也因各地的亩积或量器、衡器方面的差异而难以做到精确划一。① 出于如此等情况，我们在计算明清时期粮食亩产时，只能根据现有条件，采取宜粗不宜细的原则，进行大体的匡估。

明清两代总共 544 年（1368—1911），其中明代 276 年（1368—1644），清代 268 年（1644—1911）。虽然那时的农业发展速度不像今天有现代化科技作后盾，可以几年、十几年一大变，但是前后 500 多年，毕竟不是个短时间，其中充满着治乱变化以及诸如政府政策的调整、人口的增减、生态环境的改变、工商业的兴衰等因素，都会对农业发展产生直接或间接的影响，反映在粮食亩产上，也会有升有降。

请先看一下有关学者对明清时期粮食亩产所持的看法（表 10 - 1）。

---

① 郭松义：《清代的亩制和流行于民间的田土计量法》，《平准学刊》第 3 辑上册，中国商业出版社，1986 年；郭松义：《清代的量器和量法》，《清史研究通讯》1986 年 1 期；黄冕堂：《清代农田的单位面积产量考辨》，《文史哲》1990 年 3 期。

表 10-1 有关学者对明清两代粮食亩产的推算

	时代	亩产量
〔美〕珀金斯	明前期（1400 年）	139 斤
	清中期（1770 年）	203 斤
	清晚期（1850 年）	243 斤
吴慧	明代	343 市斤
	清前中期	367 市斤
史志宏	明盛世	243 市斤
	清前期	310 市斤

资料来源：〔美〕珀金斯《中国农业的发展（1368—1968 年）》，上海译文出版社，1984 年，17 页；吴慧《中国历代粮食亩产研究（增订再版）》，中国农业出版社，2016 年，177、191 页；史志宏：《清代前期的小农经济》，中国社会科学出版社，1994 年，196、197 页。

上述亩产数字，有的是照着这样的公式计算得出的：

$$\frac{按人计算的粮食产量 \times 人口数}{粮食耕地面积} = 单产量$$

由此得出的单产数字是每一单位耕地面积的单产量，而不是每一单位播种面积的单产量。[①] 也有的是根据当时记录的亩产数字，再参照不同耕地的比例、复种指数等综合统计而成。对于各人的计算方法，我们不想妄评，值得注意的是，三组数字间有很大的差距。当然，根据现有的资料，要得出完全相同的数字是不可能的。但出入那么大，说明学术界对明清两代粮食亩产的看法并不一致。基于以上情况，我们也根据掌握的资料，尝试作一些评估。

先排列明清时期各阶段的亩产数字。首先说明代。明代的亩产记录不多，所以无法按时期细分，不过因自然条件不同，作物种植和产量各有差别，可以分成南方稻作区和北方旱作区两大块。二者的自然分界一般以淮河—秦岭为界，以南为稻作区，以北为旱作区。当然，这并不是说稻作区中没有旱作地，至少在某些丘陵山地和沿海沙地，因无法蓄水而只能种植旱作物；在北方，稻田亦时有所见。

在南方稻作区中，相对来说，记录较多的是长江下游的江浙沿太湖平原区(表 10-2)。

---

① 〔美〕珀金斯：《中国农业的发展（1368—1968 年）》，上海译文出版社，1984 年，12 页。

表 10－2　明代沿太湖平原区粮食稻米亩产举例

时代	地区	亩产米（石）	资料出处
正德时期	上海	1.5～3.0（米）	同治《上海县续志》卷三〇
嘉靖时期	松江	上田 2.5～3.0（米） 下田 1.5（米）	［明］何良俊《四友斋丛说》卷一二
嘉靖时期	常熟	1～2	嘉靖《常熟县志》卷四
天启时期	浙江海盐	上农 2.5	天启《海盐县图经》卷四
崇祯时期	桐乡	大熟米 3.0，春花 1.5，平年 3.0	［清］张履祥《补农书》
明末清初	苏州	1.0～3.0	［清］顾炎武《日知录》卷一〇《苏松二府田赋之重》

太湖平原区自宋代以来已是全国出名的粮食高产区。上述亩出米 3 石，应是全国单产最高产量。又据万历《通州志》言，长江北的通州（今江苏南通市）丰年上田亩出谷 3 石，次田 2 石，下田 1 石，与出米相比，便少了一半。明代中期后，湖广和广东也有与太湖平原区大致相同的粮食亩产（表 10－3）。

表 10－3　明代湖广、广东粮食（稻米）亩产举例

时代	地区	亩产米（石）	资料出处
嘉靖时期	湖广长沙府	上田 2.5 中田 2.0 下田 1.0	嘉靖《长沙府志》卷三
天启时期	长沙	丰年亩 0.7（谷）	［明］李腾芳《李湘洲文集》卷三《增辽饷呈议》
崇祯时期	长沙	乐岁所输，一亩不逾 2.0 石	［明］堵允锡《堵文忠公集》卷二《地方利弊十疏》
崇祯时期	浏阳	种谷不粪亩收谷 1.0 石	［明］冯祖望《八难七苦谈》，嘉庆《浏阳县志》卷三六
崇祯时期	湘乡	亩收无过 3.0 石	同治《湘乡县志》卷二引明知县揭士奇言
正德嘉靖年间	广东南海	上田 10.0 中田 7.0 下田 5.0	［明］霍韬《霍渭厓家训·田圃》
嘉靖时期	钦州	3.0～4.0	嘉靖《钦州志》卷三
万历时期	博罗	1.0～3.0	［明］张萱《西园存稿》卷二六

上述亩产记载中，广东南海县上田 10 石、中田 7 石、下田 5 石，以谷折米便是 5 石、3.5 石和 2.5 石，上田比太湖平原区的一季上田 3 石高 2 石，比太湖平原区上田加春花 1.5 石（共 4.5 石）还要高出 0.5 石。不过据张履祥《补农书》记载，在浙江湖州的下路湖田，也有亩收米 4～5 石的，原因是"田宽土滋也"。看来

水沃地肥，再加上亩积偏大，是造成那里亩产高的重要条件。其实，南直隶苏松地区和浙江嘉湖一带，亩积窄小是众所周知的。顾炎武在谈到"苏松二府田赋之重"时，就对此有过议论。① 今人陈恒力在《补农书研究》中，专门就浙江湖州一带的亩积进行过考订。② 广东南海县亩产量之所以高，一是亩积较太湖平原区大，二是南海县位于珠江三角洲，自然条件好，到明代后期，那里的产量普遍地提高了，南海不过是其中的典型例子。在表10-3中，产量出入较大的湖广长沙府（包括湘乡和浏阳二县，它们均系该府辖县），由谷0.7石至接近3石不等。这里除了土地等级不同，0.7石和1石的说法，很可能是当时官员为了要说服朝廷不要再加征赋课，而有意把产量往低说的。另外，我们还收集到了明代广西南宁和弘治时贵州兴隆卫（今贵州黄平县）的两则粮食亩产记载，前者言，南宁"每一亩得谷二石者为上"③，说的似乎是最高亩产；后者见于周瑛《兴隆卫学丁祭碑记》：有学田7亩，召田力耕，岁获白粲150石零，平均亩出米2石多④。同为2石，一说的是谷，另一说的是米，后者的产量要高于前者很多。

为了进一步弄清南方稻作区的亩产，我们试就祭学田的定额租进行推算（表10-4）。按照一般惯例，额租量约相当于正常年产量的一半，当然也有超过或不足一半的，但多数看来，用地租额的一倍计算正常年产量是说得通的。

表10-4 由租额估测南方稻作区的亩产

时代	地区	土地面积（亩）	租额（石）	每亩租额（石）	约估亩产（石）
洪熙时期	南直吴江、昆山			1	2
崇祯时期	武进县			1	2
崇祯时期	芜湖	24.5	米14.7	0.6	1.2
嘉靖时期	六安州	455	880	1.93	3.86
		150	54	0.36	0.72
嘉靖时期	浙江乌程县	50	米187.494	米1	2
		140.795		1.33	2.66
		圩田40		米1.1	2.2
		圩田110.37		米1.2	2.4
		圩田10		米0.9	1.8

① ［清］顾炎武：《日知录》卷一〇。
② 陈恒力编著：《补农书研究》附录《〈补农书〉所记亩积度量衡与今市制之比较》，中华书局，1958年，292～301页。
③ 嘉庆《广西通志》卷八八引［明］王济《君子堂日询手镜》。
④ 嘉庆《黄平州志》卷一〇。

（续）

时代	地区	土地面积（亩）	租额（石）	每亩租额（石）	约估亩产（石）
隆庆时期	湖州府	45	40	0.89	1.78
		150		0.4	0.8
隆庆时期	江山县	225	谷184	0.82	1.64
万历时期	江西南昌府	115.4	谷324.8	2.8	5.6
		45.34	谷54.5	1.2	2.2
万历时期	上饶县	130.825	217	1.66	3.3
嘉靖时期	湖广醴陵县	115.6	谷107	0.92	1.84
嘉靖时期	耒阳县	30	30	1	2
		30	29	0.97	1.94
隆庆时期	湘潭县	250	200	0.8	1.6
嘉靖时期		88.9	62.2	0.7	1.4
隆庆时期	益阳县	50	米30	0.6	1.2
万历时期	湘乡县	190	114	0.6	1.2
万历时期	攸县	70	谷129.16	1.84	3.68
崇祯时期	宝庆府	240.12	谷343.65	1.43	2.86
崇祯时期	茶陵州	118.32	谷118.32	1	2
万历时期	新宁县	82.52	谷123.6	1.5	3
		82	151.55	1.85	3.7
隆庆时期	新兴县	92	谷125	1.36	2.72
		46.4	谷70	1.50	3.00
万历时期		436	谷580.54	1.33	2.66
嘉靖时期	开建县	11	谷17	1.55	3.1
崇祯时期	曲江县	176.3	谷198	1.12	2.24
崇祯时期	罗定州	86.6	谷173.2	2.00	4.00
崇祯时期	海阳县	23.8	39.16	1.645	3.29
		21	19.5	0.928	1.856
万历时期		100	200	2	4
万历时期	揭阳县	73.5	84	1.14	2.28
		31.8	56.67	1.78	3.56
		12.3	23.75	1.93	3.86
		10	12.5	1.25	2.5
天启时期		16	27.5	1.72	3.44
		23.8	42.3	1.77	3.54
崇祯时期		4	4	2	4

（续）

时代	地区	土地面积（亩）	租额（石）	每亩租额（石）	约估亩产（石）
嘉靖时期	惠来县	81.62 茶田、园田 33 87.3	83.62 20 84	1.02 0.6 0.96	2.04 1.2 1.92
嘉靖时期	澄海县	75.9	72	0.95	1.9
嘉靖时期	普宁县	80	81	1	2
嘉靖时期	遂溪县	8 13.2	谷 8 谷 13.2	1 1	2 2
万历时期	广西容县	10.44 9.3	谷 20 谷 13	1.92 1.40	3.84 2.86
万历时期	富川县	77.1	米 32.9	0.43	0.86
万历时期	岑溪县	700	谷 247.6	0.35	0.7
万历时期	福建海澄县	32	100	3.125	6.25
嘉靖时期	永春县	24.25 园地 10	20 20	0.82 2	1.64 4
隆庆时期	惠安县	40	谷 48	1.2	2.4
万历时期	泉州府	10.4	19.7	1.9	3.8
明后期	四川			上田谷 1～2	2～4
嘉靖时期	忠州	60 25	谷 30 谷 11	0.5 0.44	1 0.88
万历时期	播州宣慰司 （遵义府）	16 13.16	谷 11.2 谷 7.86	0.7 0.6	1.4 1.2
成化时期	云南蒙化府	59.1	谷 46	0.78	1.56

资料来源：《明宣宗实录》卷六；万历《六安州志》卷二；嘉庆《芜湖县志》卷四；同治《南昌府志》卷一六；同治《广信府志》卷四之二；同治《茶陵州志》卷一三；道光《重辑新宁县志》卷一〇；光绪《潮州府志》卷二四；万历《雷州府志》卷一〇；乾隆《海澄县志》卷二；［明］胡世宁《为册定籍以均赋役疏》，载［明］陈子龙等辑《明经世文编》卷一三四；道光《忠州州志》卷六；道光《遵义府志》卷二三；李文治《明清时代封建土地关系的松解》，中国社会科学出版社，1993 年。

　　将表 10-4 和表 10-2、表 10-3 对照起来考察，明代的南方稻作区，单产稻谷一般在 1 石多到 2 石多，也有超过 3 石、4 石的，少数条件好的达到 5～6 石，甚至更多。当然，在山区和海边湖滩沙地，土质差，生产条件恶劣，亩产不高，多的 1 石上下，少的不满 1 石。在明代，南方的一年两熟制农业已相当普遍，少数还有一年三熟的。一般说来，两熟制中的稻麦两熟制以稻作为主，春花产量约为稻作的一半，如我们引《补农书》所言，稻作米 3 石、春花 1.5 石即属此。这样，一般田地可达 2～3 石，稍上者 4～5 石，上上者 5～6 石或 7～8 石。不过这都是指谷或原粮，米或精粮就会递减一半，灾年或大熟年另当别论。

明清时期，常有人这么说，南方生产粮食论石计，北方出产计斗。石和斗是量器中的两个不同等级，通常 10 斗才算 1 石。论石或计斗，说明北方地区限于水土和自然条件，在产量上有很大差异，产量较低，故以年计算。嘉靖、隆庆年间，户部尚书葛守礼言："北方地瘠薄，每亩收入不过数斗。"[1] 又如叶盛提到成化二年（1466），在北直宣府一带种地 40 万亩，待秋收获，得粗细粮 74 000 石，平均亩收不足 2 斗。[2] 还有像北直河间府故城县，"履亩得五六斗、六七斗，即庆有余矣"[3]。不过也不是所有田地都那么低产，山东濮州一带，自黄河南徙，原来沿河床周围地区土地肥美，树艺丰沃，每亩竟可收 7～8 斛。[4] 按照 2 斛为 1 石的度量衡标准，7～8 斛便是 3～4 石；又如河南怀庆府（治所在今河南沁阳市），上田岁收可达 2 石，多的到 3～4 石，下田不满 1 石，乃至 3～4 斗。[5] 怀庆府往北的彰德府（治所在今河南安阳市）临漳县（今河北临漳县），地居漳水卫河之间，土肥水足，沃衍无冈阜，"田收亩皆十斛或八斛"[6]，亩产比怀庆府还高。还有同是宣府，以及宣府西边的大同一带，崇祯时，兵部尚书卢象升为解决那里的军食，曾大兴屯政，据说可亩收 1 锺。[7] 锺也是古代的计量单位，每锺约相当于 3 石。这样的产量，即使在南方也不算是低产了。不过据郭松义考察，上述的亩当指大亩。在明代，北方诸省向有以大亩为计的，如合 2～3 小亩为 1 大亩，甚至有 6～7 小亩为 1 大亩的，[8] 所以 3～4 石也就是 1 石多。亩产 1 石左右，这在明代北方地区也还时有可见。明初陕西新垦地，就有亩产超过 1 石的。西边的岷州卫（今甘肃岷县）有学田 140 亩，均系"负郭沃壤"，雇人耕种，岁可收 150 石，平均亩产 1.07 石，后经兵燹，改为召田完租，定额 39 石，说明已不能维持往昔的产量了。[9] 又据北直隶人梁清标回忆，其家乡老一辈人说：在正定，明嘉靖时垦田 1 亩，收谷 1 石，后来由于生产条件恶化，到万历年间递减到亩收不足 5 斗。[10] 再如天津葛沽、白塘一

① ［明］葛守礼：《葛端肃公集》卷二《宽农民以重根本疏》。
② ［明］叶盛：《水东日记》卷三一《土薄岁入少》。
③ 万历《故城县志》卷一。
④ 万历《东昌府志》卷二。
⑤ ［明］陈子龙等辑：《明经世文编》卷一四四。
⑥ 嘉靖《彰德府志》卷二。
⑦ 《明史》卷二六一《卢象升传》。
⑧ 郭松义：《清代的亩制和流行于民间的田土计量法》，《平准学刊》第 3 辑上册，中国商业出版社，1986 年。
⑨ 康熙《岷州志》卷五。
⑩ ［清］梁清远：《雕丘杂录》卷一五《晏如斋繁史》。

带，东边临海，多系盐碱斥卤之地，间或近河有水滋润，可点种豆类，亩收不过 2 斗，但当改善耕作环境，开渠筑堤，又粪多力勤，每亩竟得薯豆 1～2 石，较前增产 4～5 倍到 7～8 倍。[①] 说明只要土地有肥力，又耕作得法，即使是旱作区，亩产也可论石而计。

为了再对上面的亩产有所验证，也用实物租额换算产量的方法，试作表 10-5。

表 10-5　由租额估测北方旱作区的亩产

时代	地区	土地面积（亩）	租额（石）	每亩租额（石）	约估亩产（石）
嘉靖时期	北直永年县	147	谷 73.5	0.5	1
明前期	山东黄县	588	谷 20	0.034	0.068
万历时期		120	谷 24	0.2	0.4
万历时期	招远县	100	谷 20	0.2	0.4
万历时期	文登县	120	谷 24	0.2	0.4
万历时期		450	谷 45	0.1	0.2
万历时期	蓬莱县	58	谷 5.8	0.1	0.2
万历时期		234	谷 46.8	0.2	0.4
崇祯时期	山西安邑县	203	谷 36.56	0.18	0.36
万历时期	陕西蓝田县	60	谷麦 22.16	0.37	0.74
万历时期	宁夏卫	394	米麦 197	0.5	1

资料来源：光绪《重修广平府志》卷二九；康熙《黄县志》卷二；道光《招远县志》卷三；道光《文登县志》卷一；道光《蓬莱县志》卷二；李文治《明清时代封建土地关系的松解》，中国社会科学出版社，1993 年。

按照表 10-5，再比较前面的说法，明代北方旱作区的粮食亩产上地 1 石左右，其次是 6～7 斗、5～6 斗，再次 3～4 斗，也有 2～3 斗乃至不满 1 斗的。明代北方二年三熟制已有一定的规模，这样上地可超过 1 石，如 1.5～1.4 石，1.3～1.2 石以及 1 石左右，中等田地可达 7～8 斗、5～6 斗，下地 2～3 斗。

由于水稻的产量较麦、黍等旱地作物要高，所以在水源充足、自然条件允许的情况下，北方农民也有种植水稻的，有的还由政府直接试验、倡导。从所记亩产看并不亚于南方，如：

嘉靖间山西沁州开渠引水种稻，亩收 2 锺有奇。[②]

山东青州府"海上斥卤、原隰之地皆宜稻，播种苗出，耘过四五遍，即生而待

---

① ［明］汪应蛟：《抚畿奏疏》卷八《海滨屯田试有成效疏》。

② ［明］崔铣：《沁州水田记》，见 ［明］陈子龙等辑：《明经世文编》卷一五三。

获，但雨旸以时，每亩可收五六石，次四五石"①。

万历间，天津葛沽、白塘滨海区，开渠引水种稻2 000亩，"粪多力勤者，亩收四五石"。②

万历末，徐光启言北直房山、涞水二县，沿琉璃河和拒马河两岸，"可开渠种稻，每人岁可收二三石"。③

不过毕竟因种植零星，有的兴废无常，而且产量也不稳定，所以从总体看，还不能占有一定的位置。

由于以上我们引用的亩产数据基本上都以嘉靖时期后为主，所以也只能代表明后期的产量水平。在明前期，虽然也有与后期相等或有稍高的产量，但总体权衡，可能要稍低于明后期，这从元代或元末的亩产对比中亦可大体做出估测。据有的学者考订，元代北方以种粟为主，照原粮计，低的3～4斗，高的可达1石，更低的还有不到2斗的。南方出稻米：浙西（嘉兴路）上等和较好的田土每亩产米3石或2石，综合平均应在1～2石。做高一点的估计，每亩1.5～2石。浙东地区的粮食产量高的可达米2石，甚至更多一些，低的则仅二三斗。就多数而言，应为1～1.5石。从整个南方农业生产水平说，浙西应是上等，浙东为中，浙东的平均亩产大体代表南方的平均产量。④ 明初的水平，应与元代相差不远或稍有超过，但不如明代后期。

相比起来，清代能够查见的粮食亩产数据较明代要多得多，郭松义在《清前期南方稻作区的粮食生产》⑤ 和《清北方旱作区的粮食生产》⑥ 两篇文章中，以及后来在《清代经济史·粮食生产的发展》中，曾辑录了上千个亩产数据，尽管要用这千把个数据来说明有清200多年的粮食产量仍显得力不从心，但是多一些数据，总比像明代那样数据严重不足要好得多，因为它起码能多一点旁证，把估测弄得更准确些。

从郭松义所辑录的数据来看，直到清代中叶，江浙沿太湖平原区的亩产继续保持着高势头。其中像乾隆浙江《长兴县志》记载的亩产米（疑是"谷"之误）6～7石，顺治康熙时江苏松江府华亭、娄、青浦等县亩出米3～4石⑦，康熙间太仓州

① 万历《青州府志》卷五《物产》。

② ［明］汪应蛟：《抚畿奏疏》卷八《海滨屯田试有成效疏》。

③ ［明］徐光启：《家书墨迹》第七通，转引自梁家勉编著：《徐光启年谱》1613年条，上海古籍出版社，1981年，105页。

④ 陈高华主编：《元代经济史》第四章《农业生产概况》，内部打印稿。

⑤ 郭松义：《清前期南方稻作区的粮食生产》，《中国经济史研究》1994年1期。

⑥ 郭松义：《清北方旱作区的粮食生产》，《中国经济史研究》1995年1期。

⑦ ［清］叶梦珠：《阅世编》卷一。

亩产米 2.4～3.6 石①，以及顺治、康熙之际浙江海宁州合米麦豆，中田产 3 石以上，腴田 4～5 石以上②，说明出米 3～4 石乃至 6～7 石（疑是谷）并不是稀奇的事了。广东珠江三角洲在明代已有高产记录，及清代，东部的潮汕平原及其他沿江地区亦都有亩产谷 3～4 石、5～6 石，甚至 7 石以上的记载，据当时有人估算："粤田上者收十一箩或十箩，次八九箩，下者五六箩。"③ 闽粤一带有以箩为量器的习惯，大致 2 箩为 1 石，这样上田亩收粮谷 5～6 石，次田 4 石左右，下田 2～3 石，大致代表了广东的水平。清代南方稻作区粮食生产发展最显著者当推湘鄂两省，湖南尤为突出。湖北、湖南即明代的湖广省，清初仍是，后一分为二。湖广在明初农业生产位居中中，到明中叶已有"湖广熟，天下足"的谚称了，到了清代，这一谚称更为很多人所乐道，甚至皇帝也不例外。两湖的粮食高产区主要分布在沿长江、洞庭湖以及汉江与湘、资、澧、沅诸水下游平原区，高产记录像湖北江陵县，"附郭膏腴之田，每亩收获不下五六石"④。鄂东黄梅县泉甘土沃，计亩亦"可获五六石不等"⑤。在湖南，高产记录就更多了，那里习惯以下种多寡计算田土面积，大致每斗种田便是 1 亩。湖南早稻"布种一斗，丰年可收毛谷六石，次收四五石不等"⑥。具体到各州县，益阳近"资水之田，亩收谷五石"⑦，宜章"上田一亩，获谷五石"⑧。在辰州有人置义田 255.2 亩，岁可收净谷 985.74 石，平均约估亩产达 3.8 石多。⑨ 再如湘乡朱爵生家有田产一宗，亩产谷 5 石，还说不是高产。⑩ 其他如桂阳、衡阳、宁乡、城步、邵阳、安东等许多州县都有亩产 4 石或超过 4 石的记载，甚至连僻处湘西多山的永绥厅，水田也可亩收谷 4 石。到了清末因改良土壤，亩产增至 6 石。⑪ 当然，两湖地区也有亩产 1～2 石者，但总体产量提高，这是无可否认的。

位于湖北省中南部的江汉平原，在清代已成为重要的粮食生产基地。各地的地方志对清代这一地区的水稻产量多有记载，如清初江夏的 3 顷 90 亩学田租谷 390 石，合亩产 2 石，折合 268 市斤；顺治六年（1649），监利县"水田 40 亩年完租谷 27

① ［清］陆思仪：《思辨录辑要》。
② ［清］陈确：《陈确集》，中华书局，1979 年，366 页。
③ ［清］吴宗汉：《岭南劝耕诗》，见 ［清］阮元辑：《学海堂二集》卷一九。
④ 乾隆《江陵县志》卷二一。
⑤ 光绪《黄梅县志》卷六。
⑥ ［清］郑光祖：《一斑录·杂述二》。
⑦ ［清］胡林翼：《胡文忠公遗集》卷七〇《致汪梅村》。
⑧ 嘉庆《宜章县志》卷七。
⑨ 道光《辰州府义田总记》上卷。
⑩ 黄冕堂：《清史治要》，齐鲁书社，1990 年，86 页。
⑪ 宣统《永绥直隶厅志》卷一五。

石"，合亩产 1.35 石，折合 180.9 市斤；康熙十九年（1680），黄陂"学田 10 亩每年佃民纳租 14 石"，合亩产 2.8 石，折合 375.2 市斤；康熙时期，汉阳"上中田地塘 46.62 亩，共租谷 46.85 石"，合亩产 2 石，折合 268 市斤；乾隆年间，江夏"水田 15 石，额租 162 石"，合亩产 2.42 石，折合 324.12 市斤；同治年间，石首"马林湾水田 25.3 亩旧全课 38 石"，合亩产 3 石，折合 402 市斤；光绪年间，当阳县"海堰总田 16 石……每年验籽课谷 70 石"，合亩产 2.12 石，折合 284.14 市斤。① 由此可见，清代江汉平原水稻亩产以 2～3 石居多。

华北平原以种植粟、麦等旱作粮食作物为主，史料中对粮食产量也多有记载，如据光绪年间《大城县志》记载，河北省大城县的丰年亩产在乾隆四十年（1775）为 1.2 石粮，道光八年（1828）为 8 斗粟，咸丰十年（1860）只收 5 斗麦；河间府"地鲜膏腴，农夫竭终岁之力，但得五六斗、六七斗即庆有年"；遵化县有水田可种稻，亩收 8 斗便算有秋。② 由此看来，华北平原的粟、麦产量明显比其他地区的水稻产量低。

皖南平原在清代以种植水稻为主，粮食亩产有 7 石的记录，但大部分记录为 2～4 石。据乾隆《池州府志》载，顺治初年青阳和东流的马田亩产 4.03～4.13 石；光绪《贵池县志》载，康熙年间贵池册田亩产 7 石；康熙《当涂县志》载，康熙年间当涂马田亩产 2.56～3.94 石；雍正《建平县志》载，雍正年间建平马田亩产 4 石；光绪《宣城县志》载，乾隆年间宣城学田亩产 2.67～3.64 石；嘉庆《宁国府志》载，嘉庆年间宣城学田亩产 3.09～3.41 石；光绪《青阳县志》载，光绪年间青阳马田亩产 4～4.01 石。③

清代粮食生产大发展的还有四川。四川的成都平原号称天府之国，本来就是粮食高产区。明清之际由于连年战乱，四川经济受到很大的破坏，都江堰灌区亦处于严重失修状态。清朝政府为了吸引外来劳动力进川，曾发布各种优待政策，并出现了"湖广填四川"的说法。这些从两湖、闽粤以及其他省份到来的农民，不但是一批劳动生力军，同时也带来了不少好的生产技术和新的农作物品种，及至雍正时，四川已有"产米之乡"的美称④，时人称"各省米谷，惟四川所出最多"⑤。当时成都平原的水稻亩产可达到 4～5 石、6～7 石，就全省水平而言，亦与两湖相差不远。其他像台湾的开发，以及广西成为粮食输出省，等等，都说明清代在粮食生产方面所取得的进展。

---

① 转引自张家炎：《清代江汉平原水稻生产详析》，《中国农史》1991 年 2 期。
② 转引自徐秀丽：《中国近代粮食亩产的估计——以华北平原为例》，《近代史研究》1996 年 1 期。
③ 梁诸英：《清代皖南平原水稻亩产量的提高及原因分析》，《古今农业》2007 年 1 期。
④ 《清世宗实录》卷一二七。
⑤ 台北故宫博物院：《宫中档雍正朝奏折》第六辑，雍正五年十二月初三日浙江总督李卫奏，1978 年，99 页。

其实，清代粮食亩产的提高，更多的应归功于复种指数的增加。当时，在南方稻作区，除少数山区缺少水利条件者，已普遍推行一年两熟制，有的还推行一年三熟制，如种植双季稻或稻麦杂连作。清代北方亩产的提高主要也体现在二年三熟制，它较之明代有更大的发展，比如北直隶："地亩惟有井为园地，园地土性宜种二麦、棉花，以中岁计之，每亩可收麦三斗，收后尚可接种秋禾，棉花每亩可收七八十斤。其余不过种植高粱、黍豆等项，中等每亩不过五六斗，计所获利息，井地与旱地实有三四倍之殊。"[①] 园地因为有井水浇灌，既可两年三熟，又能时时保证旱涝丰收；与无井之田只能一年一作相比较，亩产的悬殊就看出来了。为方便进一步了解，根据有关资料，试对清代实行多熟制土地的亩产进行计算（表10-6）。

表 10-6 清代多熟制土地的亩产量

熟制	地区	时期	产量	一年一熟制产量	比一年一熟制增产(%)
二年三熟制	山东鲁西南	嘉庆时期	5.71～6.76斗	5.09斗（两年产量）	12～32
	直隶无极	乾隆时期	14斗	11斗（两年产量）	27
	河南南阳	清末	12斗	10斗（两年产量）	20
稻麦二熟制	浙江桐乡	清初	3～4石米	2.5～3石米	20～33
	苏湖地区	雍正时期	3石米	2.5石米	25
	江苏苏州	嘉庆时期	2.5～3.85石米	2～3石米	25～28
	陕南	乾隆时期	2.3石	1.2～1.4石	64～91
	陕南	嘉庆道光时期	3.7～4.3石	3石	23～43
双季稻	江西抚郡	清末	5～6石谷	4石谷	25～50
	江苏江宁*	康熙时期	5.5石谷	3.5石谷	57
	江苏苏州**	康熙时期	5.28石谷	3.46石谷	52.6
	广东番禺	清末	5～9石谷	3石谷	66～200
	广东潮汕	清末	4石谷	3石谷	33
	福建闽中	道光时期	10石谷	2.8石谷	257
旱地一年二熟制	陕西汉中盆地		2～2.1石	0.7～0.8石	162～186

* 根据康熙五十五年、五十六年两年数字平均得出，见《康熙朝汉文朱批奏折汇编》，档案出版社，1985年，第7册，338、455、468、1229页。

** 根据康熙五十四年到五十九年的六年数字平均得出，见《康熙朝汉文朱批奏折汇编》，档案出版社，第6册，452页；第7册，245、456、1043、1220页；第8册，327、545、609、718、733页。

据表10-6，在北方实行二年三熟制的土地比一年一熟制，低的可增产12%，

---

① 乾隆《无极县志》卷末。

高的可增产 32％。在南方实行稻麦二熟制，最低增产 20％，最高增产 91％。种植双季稻，最低增产 25％，最高增产 250％。旱地一年二熟制，以陕西汉中盆地为例，可增产 162％～186％。实行多熟制，等于提高了单位土地利用率并增加粮食产量，其意义十分重大。

玉米、番薯等高产作物的推广，对增加亩产量也有一定的影响。前面曾谈到，玉米、番薯都是明中后期由美洲辗转传入中国的，但真正大发展则是在清代。番薯在乾隆时期才由南方推广到北方，玉米的传播与种植虽早于番薯，大概在康熙、雍正之际，内地各省区以及东北盛京都有其踪迹，但人们真正认识它的优势并大规模推广，是在 18 世纪中期到 19 世纪初，也就是乾隆中到嘉庆道光时期，这与大批流民进山垦荒有很大关系，玉米很快成为那里的主要粮食品种。根据不完全统计，此时全国已有 441 个府州县厅明确记载种植玉米，这是查阅近 3 000 种资料得出的，虽然还有遗漏，不过已反映出基本情况。在这些新发展的地区中，进展最大的是四川省，有 68 个州县厅，其次是陕西（40 个），湖南 30 个，江西 26 个，湖北 25 个，其中如陕南、湘西、鄂西和江西的赣南、赣西北、赣东北，都是外地客民进入的丘陵山区。此外，皖南、浙南等山地也发展迅速。

有关推广玉米、番薯对中国粮食生产的作用，有的学者曾进行了如此估算：清代，北方有玉米参加轮作复种的耕地，比不种玉米的耕地可增产 32.75％，南方可增产 28.33％；在同块土地上种植番薯，比不种番薯的，北方可增产 50％，南方可增产 86.73％。[①] 当然，这基本属于理论估算，实际情况可能会有差距，不过有一点应该肯定，即推广种植玉米、番薯对提高农业产量的作用不可低估。

二、各个时期的粮食平均亩产和总产

在介绍了明清两代的粮食生产情况后，接下来便需就平均亩产作大致估测。基于整个数据本来就少且不完整，加上对诸如各种田土等则、比例的差异或同样是旱作或南方稻作制的双季稻，稻麦、稻杂连作，单季稻的高低产量中选择哪个数字比较适中等，都掺杂着不少主观的成分，因此所谓估测，充其量不过是个近似值而已。

先说明代的平均亩产。鉴于我们见到的明代亩产记录绝大多数都是嘉靖时期以后的，也就是明代后期，所以，我们估算的明代亩产亦即明后期的亩产。前面提到，明后期北方的上上田亩产可超过 1 石，上地 1 石左右，中地 0.7～0.8 石、0.6～0.7 石，下地 0.3～0.4 石、0.2～0.3 石。明代北方亦有种植水稻的，但为数

---

① 吴慧：《中国历代粮食亩产研究（增订再版）》，中国农业出版社，2016 年，189～193 页。

很少，可略而不计，绝大部分种植麦、黍、粟、高粱、豆类等旱作。在这些田地中，上上地约占 10%，平均亩产以 1.3 石计，上地占 30%，出粮以 1 石计，中地占 40%，出粮以 0.7 石计，下地占 20%，出粮以 0.3 石计，合各等地田地，平均亩产为 $10\% \times 1.3 + 30\% \times 1 + 40\% \times 0.7 + 20\% \times 0.3 = 0.77$ 石，往高里算（其中包括种稻的因素）也就是 0.8 石。

南方有水田、旱地。水田种稻，分双季稻、稻麦与稻杂（如黍、粟、豆等）两熟制，还有相当数量的单季稻田。种植情况不同，产量也不同。与清代中期相较，明代的双季稻种植比例很小，种植面积约占南方总耕地面积的 3%[①]，平均亩产 5 石；稻麦和稻杂连作占 20%，平均亩产 4 石；单作占 47%，亩产 3 石；另有 30% 的耕地种植旱季作物，不过南方因气候、水文等原因，一般都能一年两收或两年三收，所以产量亦较北方要高，我们确定亩产为 1.2 石。这样南方诸省的平均亩产为 $3\% \times 5 + 20\% \times 4 + 47\% \times 3 + 30\% \times 1.2 = 2.72$ 石。

在估算了明后期的南北亩产后，下一步就是将它们合在一起算出全国的平均亩产。根据万历《明会典》的记载，万历初全国田土数是 70 139.7 万亩。对于这个田土数，目前学术界的看法是：这只是课税民田，没把诸如军屯田土和皇庄、王府庄田包括进去。明万历初军屯田数为 64.424 万亩，加上皇庄、王府庄田和各地学田，共约 8 550 万亩。另，湖广田土 22 162 万亩，占全国总数的 31.59%，数额过大，不足凭信。湖广在清代分为湖北、湖南，康熙二十四年（1685）这两省税田数 681.3 万亩，雍正二年（1724）866.6 万亩。我们参考清代的这两个数字，866.6 万亩数可能偏大，681.3 万亩则稍嫌偏小。两湖的农业大发展是在清代。大概从明后期起，两湖百姓不断围湖造田，及雍正、乾隆之际达到高潮，但在清朝初年，两湖因经历长期战争，特别是康熙十三年到康熙二十年的八年里，清军曾与吴三桂军队在湖南相持近七年，对那里的经济造成严重破坏。所以我们把两个数字作适当平均调整，把明万历年间的湖广田土数定在 750 万亩左右。照此，当时的数额为 70 139.7 万市亩－22 162 万市亩＋750 万市亩＝48 727.7 万市亩。除了隐漏，明清两代的课税民田还有个折亩的问题，这就需要作适当修正。章有义教授曾用 $1.2 \times 1.2 = 1.44$ 系数来校正清代田亩数[②]，明代的情况也差不多，这样 $48\,727.7 \times 1.44 = 70\,167.9$ 万亩，加上 8 550 万市亩的屯田、学田和皇庄、王府庄田数，统共 78 717.9 万亩，按 1 明亩等于今 0.921 6 市亩，折合便是 72 546.4 万市亩。明代田土，北方

[①] 根据地方志记载进行统计，明代种植双季稻的只有广东、云南、福建、江西、浙江 5 省的 15 个县，比起清代有广东、广西、云南、福建、台湾、江西、湖北、湖南、浙江、江苏、安徽、四川 12 省 159 个县，相差很多。见闵宗殿：《从方志记载看我国明清时期水稻的分布》，《古今农业》1999 年 1 期。

[②] 章有义：《近代中国人口和耕地再估计》，《中国经济史研究》1991 年 1 期。

旱作区约占 45.6%，南方稻作区占 54.4%，经济作物种植面积，北方约占 7%，南方约占 8.2%，两者分别是33 081.2万市亩－2 315.7万市亩＝30 765.5万市亩、39 465.2万市亩－3 236.1万市亩＝36 229.1万市亩。1 明石等于 1.025 市石，北方亩产 0.8 石，折成 0.82 市石，旱作产麦、豆、高粱、粟等，麦每市石 145 斤，其余品种每石重量各有高低，为计算方便，每石统以 140 斤为准，0.82 市石即 115 市斤，合计产粮25 227.7万市石、3 538 032.5万市斤。南方亩产 2.72 明石，合 2.788市石，稻谷每市石为 130 斤，另稻麦、稻杂连作、旱地种麦、各种杂粮，笼统合算，以 135 斤为准，2.788 市石即 376 市斤，合计产粮101 006.7万市石、13 622 141.6万市斤。南北总计产粮126 234.4万市石、17 160 174.1万市斤，平均亩产 1.88 市石、256 市斤。

有了明代后期的亩产数，我们就可拿它作为基数，大体匡测一下明前期的亩产。我们的基本看法是，明后期亩产应略高于明前期，理由是后期的农业耕作技术和复种指数都较明初有所发展。试想，要是没有足够的粮食保证，明后期的桑、棉、麻、烟草、甘蔗等经济作物种植也不会获得如此明显的发展。不过明清时期的传统农业毕竟不像今天有现代科技为后盾，所以，即使从明初到明后期，经历的时间有一二百年，用今天的尺度衡量，充其量不过是走了一小步。如果明后期全国的平均亩产是 256 市斤，那么前期也就是 220～240 市斤。

清代的亩产，我们选择乾隆、嘉庆之际为基本时段。此时清朝盛世已走向末端或者说业已终结，但因社会还未遭到足以引起急速逆转的重大政治、军事变故，在经济上，包括农业生产，按照惯性滑动的趋势，仍维持着较高水平。据表 10-6，水稻单季最高出谷 5～6 石，一般 3～4 石，也有的 2 石左右或更少一些，综合平均应在 3 石左右，若种双季稻，高的可达 9 石、10 石，多数 5～6 石，亦有不足 5 石或 4 石左右者，清代的双季稻较之明代得到很大的推广，技术上也有一定进步，平均亩产应高于明代平均数，约 6 石。稻麦二熟，或稻与杂粮二熟，高的 7～8 石、5～6 石，多数4～5石、3～4 石，3 石以下的亦有，平均 4 石。南方旱地以汉中盆地为例，一年一熟是 0.7～0.8 石，一年两熟在 2 石左右。汉中盆地旱作农业的生产条件，在南方各地中属于中等水平，考虑到不少边疆地区还有一年一熟的，我们采用了略高于明代的数字，即平均亩产 1.5 石，这不至于太离谱。

据闵宗殿的研究，明清两代是中国历史上双季稻种植的繁盛时期，清代在明代的基础上，又大大超过明代。大概有90%的双季稻种植地区是在清代发展起来的。又据闵宗殿的统计，在各省种植双季稻的州县中，比例最高的福建，种植量约占整个州县数的 56.6%，其次是广东占 48.9%，江西 41%，台湾 26.6%，再次是广西、安徽、浙江，分别占 15.7%、11.6%和 11.5%。但也有一些省份，特别像湖北、湖南、四川，都是清代的粮食生产大省，也是商品粮的重要产地，可双季稻的种植比例不高，仅占 9.6％、3.9％和 0.6％。另如江苏也只有 2.8％，综合南方 12 省，种植双季稻的州县是 159 个，约占全部 912 个州县数的 17.4％。按照这一统计，再考虑到 159 个州县中，有 68 个县的最早记载在我们断限的嘉庆时期以后，虽然最早记载的年代不等于最早种植的年代，不过也不排斥有一部分是在嘉庆时期后种植的。另外，即使记载有双季稻，也不等于该州县的全部或大部分耕地都在种植双季稻了。以浙江上虞为例，那里早在嘉庆时已明确记载种植双季稻。上虞北靠杭州湾，西边有曹娥江流经入海，东面便是著名的夏盖湖围垦区，南部则系丘陵地。湖区地势低，只种一季稻，海边和曹娥江入海一带属沙地，在晒盐的同时种植旱作，南边丘陵坡地也是如此，真正能种植双季稻的，直到民国时，还不到其中的 2/3。根据以上情况，双季稻的耕地估计只占 15％。另，稻麦、稻杂连作占 30％，单季稻占 28％，旱作地 27％，这都是根据民国时的数据适当匡估出来。据此，清代单季稻和旱作地的比例都较明代减少了，特别是单季稻，减少的比例还相当大，反映了清代农业的进步。按照以上确定的比例，南方各省的平均亩产约计为 $15％×6＋30％×4＋28％×3＋27％×1.5＝3.345$ 石，调整为 3.35 石。

　　清代北方地区农业的进步，更多地表现为二年三熟制，这与平原地区井灌的普遍发展有着重要的关系。在陕西关中平原，甚至出现了两年十三收的间套复种法。此外，像水稻种植地区和面积的扩大也是很惊人的。截至嘉庆年间，北方 8 省区有水稻的州县已达到 330 个，较明代的 128 个增加了 122.67％。诚然，类似关中的两年十三收，或几百个水稻种植点，都不足以改变北方旱作农业的整体格局，但确实反映了在自然条件可能的范围内，人们力图通过精耕细作或改变种植方法，以实现农业产量不断提高所作的可贵尝试。照此看来，清代北方旱作区的粮食生产与南方稻作区一样，应有较大进步。郭松义在《清代北方旱作区的粮食生产》一文中，估算平均亩产约 1.1 石，大体是可以接受的。

　　清代全国的平均亩产，我们也按照明代的方法加以计算。根据嘉庆《清会典》，嘉庆十七年（1812）全国耕地数 79 152.5 万亩，按 1.44 系数校正为 113 979.6 万亩，再以每清亩等于 0.921 6 市亩，折换成 105 043.6 市亩，其中北方占 46.68％，南方占 53.32％。经济作物占地北方占 9％，南方占 11％，两者应为 49 034.4 万市亩－4 413.1 万市亩＝44 621.3 万市亩和 56 009.2 万市亩－6 161.0 万市亩＝49 848.2 万市亩。北方亩产 1.1 石，1 清石等于 1.025 市石，折成 1.13 市石，158 市斤，合计产粮 50 422.1 万石，7 050 165.4 万市斤。南方亩产 3.35 石，折成 3.43 市石，463 市斤，合计产粮 170 979.3 万市石，23 079 716.6 万市斤。南北总计产粮 221 401.4 万市石，30 129 882.0 万市斤。全国平均亩产 2.34 市石，319 市斤。

三、估算农业劳动生产率

农业劳动生产率，是指每个农业劳力平均年产值。从粮食生产的角度来看，亦即每个从事生产的农民所收获的粮食，在除去必要的开销后，还能养活几口人，它是衡量社会生产力发展的重要标志。要计算农业劳动生产率，首先必须弄清楚明清两代农业劳动队伍的大概数量。

在中国一向有"成丁"之说。所谓成丁，就是指虚岁 16 岁以上、60 岁以下的男子。凡符合此年龄段而身体又无伤残、无慢性疾病的，都必须承担政府的劳役差派，或缴纳代役银和丁银。国家招募兵丁，也从这些人中挑选。虽然自明代后期起，因赋税征派形式和内容的变化，把原先"丁"的含义和赋税中"丁"的概念弄得混乱不堪，但成丁意味着由此必须向国家尽子民百姓的义务，这应是确定无疑的。成丁，从社会角度而言，也是一种标志。尽管 16 岁只相当于今天的 15 岁或 14 岁多，可在当时一家一户的小生产条件下，已是一个重要劳动者了。从此他可以结婚，成家立业，并负担起奉老养家的责任。按照有的学者对族谱资料的研究，自 16 世纪到 18 世纪中，年龄在 15 岁以上的人群，平均死亡年龄为 50～53 岁。在平均寿命不高的情况下，15 岁（虚岁 16 岁）便要踏进社会，成为一个完整的劳动者，是不足为奇的。

瑞典人口学家桑德巴根据人口年龄构成与未来人口出生率、自然增长率的关系，将人口构成划分为增加型、稳定型和减少型三种类型，然后计算出每种类型各年龄段的人数比例。明代后期人口的发展趋势属于稳定型，清康熙时期到嘉庆中期人口变化趋势则应归于增加型。稳定型人口的各段人数比例是 0～15 岁占 26.5%，15～49 岁占 50.5%，50 岁以上占 23%；增加型人口的各段人数比例则分别为 40%、50% 和 10%。[1] 桑德巴所称 15～49 岁，约相当于中国传统虚岁 16～50 岁，正好是参加劳动的合适时期，也就是从事农业生产活动的壮劳力。明万历时全国人口，册籍记载为 5 600 余万～6 000 余万人，很多学者认为过于偏低，估计应在 1.2 亿～1.5 亿人，有的甚至估计在 2 亿人左右。我们选择 1.2 亿人这一数字。又，清乾隆中期的人口为 2 亿人左右，乾隆末约有 3 亿人，嘉庆中期 3.5 亿人。这样，15～49 岁的人口数，明万历时为 0.606 亿人，清乾隆中期 1 亿人，乾隆末 1.5 亿人，嘉庆中期 1.75 亿人。关于男女性别比例，有的学者推算清代为（113～119）：100[2]，明代也大体如此。为计算方便，我们取中，以

---

① 刘铮等：《人口统计学》，中国人民大学出版社，1981 年，32 页。
② 姜涛：《中国近代人口史》，浙江人民出版社，1993 年，300 页。

116：100 作为准数，照此，明万历时的男性整劳力人数是3 254.2万人；乾隆中期5 370.0万人；乾隆末8 055.0万人；嘉庆中期9 398.1万人。

以上算的是全社会的劳动力数，明清时期农业是主业，在社会劳动力中，绝大多数从事农业劳动，但仍有约 10%或 10%以上的人从事其他劳动，或不直接参加生产劳动，如官吏、士兵、地主、商人及寄生游食者等。他们在明后期和清乾隆中期约占 10%，乾隆末到嘉庆中期超过 10%。减去这部分人后，明万历时、乾隆中期、乾隆末、嘉庆中期劳动力人数便分别是：2 928.8万人，4 833.0万人，7 088.4万人，8 270.4万人（后两个数是以减去 12%算的）。前面说过，在全国农田中，约有 8%～10%的土地种植经济作物，一般说来，经济作物的劳动力投入量较之种粮食要多得多。我们把约 8%耕地的经济作物劳动力投入量估算为 10%，10%耕地定为 15%，这样真正从事粮食生产的劳动力万历时为2 635.9万人，乾隆中期4 108.1万人，乾隆末6 025.1万人，嘉庆中期7 029.8万人。应该说，上面推算出来的从事粮食生产的劳动力，只能算是综合理论匡估数。首先，我们在计数时以 15岁为准，事实上，在农业生产中，真正称得上是一个成熟完整的劳动力，怎么也得到十八九岁、20 岁才行。再，我们把 50 岁以上的男子完全排除在外了，可实际是 50 岁以上的人，并不截然地退出劳动者的行列，有的甚至还是个好劳力。还有，我们也将妇女排除在外，这在原则上没有错，依照中国的传统旧制，男子在外劳作养活家口，妇女在内主中馈，从事家务活动，不属于社会生产性劳动。在农业生产中，情况也是一样，如说："百亩之家，除老幼妇女外，其力田者不过两三人"[1]；又说："农民八口之家，耕不足二三人"[2]。这里的二三人，就没有计算妇女和老幼。不过，这也只是笼统而言，因为在南北方的不少地方，也有妇女直接下大田耕地者。另外，妇女和老幼还常常作为农业辅助劳动力出现。至于像养蚕、摘棉花、纺纱织布等，因与粮食生产无关，就不计在内了。最后，在计算劳动力时，我们没有把符合年龄却有病残的人员开除掉，合算起来，也是一支不小的队伍。如果将所有因素都匡计在内，姑且算是加减相等，那么上述各时期的劳动力人数，绝大部分应是完整的成年男丁，但也包含了一些合几个半丁乃至某些妇女而成的一个农业劳动力的数的概念。

将每一时期的粮食总量与各时段的劳动力数相除，便可得出每个粮农的粮食平均生产数（表 10－7）。

从表 10－7 可知，每个粮农平均产粮数最高的，也就是年劳动生产率最高的是乾隆中期，约为7 037市斤，然后是明万历时的6 510市斤、乾隆晚期4 749市斤、嘉

---

[1] 《乾隆初西安巡抚崔纪强民凿井史料》，载《历史档案》1996 年 4 期。

[2] 同治《醴陵县志》卷一。

表 10-7 各时期每个粮农的平均产粮数

时代	粮食总产量（万市斤）	粮农人数（万人）	每个粮农平均产粮数（市斤）
明万历年间	17 160 174.1	2 635.9	6 510
清乾隆中期*	28 907 438.0	4 108.1	7 037
乾隆晚期**	28 615 198.5	6 025.1	4 749
嘉庆中期	30 128 460.0	7 029.3	4 286

* 乾隆中期我们以乾隆三十一年（1766）土地数为准，经校正，耕地数为103 610.9万亩，除去10％的经济作物用地，粮田数为93 249.8万市亩，平均亩产数估为310斤（以嘉庆中期平均亩产，考虑玉米、番薯等高产作物推广的程度，斟酌而定），总产粮28 907 438.0万市斤。

** 乾隆晚期我们以乾隆四十九年（1784）土地数为准，经校正，耕地数为100 935.4万市亩，除去10％的经济作物用地，粮田数为90 841.9万市亩，平均亩产数估为315斤（以嘉庆中期平均亩产，考虑玉米、番薯等高产作物推广的程度，斟酌而定），总产粮28 615 198.5万市斤。

庆中期4 286市斤。就平均亩产而言，由明代至清中期虽增长有高有低，但总的趋势是上升的，可是反映在劳动生产率上，却自乾隆中期达到最高点，以后便呈下降趋势。究其原因，主要还是农业技术的发展和耕地增长速度跟不上人口快速增长的要求，造成同量土地上投入过多劳力，使劳动生产率下降。当然，这不单是指粮食生产说的。在小农经济中，一个农户在条件允许的情况下，总要尽可能地把富余出来的劳动力安排到其他方面，以补足生产所得的缺口，如副业活动，或将一部分土地改种经济作物，以求得更好的经济利益。于是，又可能出现劳动力边际产量的递减。因为这些都涉及经济学的理论问题，在此不想作过多讨论。

下面我们要说的是每个粮农所生产的这些粮食，在扣除必要的再生产花费后，剩下的部分还能养活多少人。

农业再生产花费，也就是农业生产的成本，包括种子、新添或修理农具的支出、牲口、肥料，有的还有雇工（包括短期雇工）以及必要的社会储备等费用，估算每亩投入约合米0.3～0.5石，若以每亩产米2石计，则占15％～25％。[1] 北方某些地方，"下种一斗，所收不过三斗"[2]，或"播谷一斗，获仅倍之"[3]，也有按种子数计产量者，"丰年可收七八倍，即荒年亦可二三倍"[4]。仅种子一项，就占了生产成本相当大的部分。若高下权衡，再生产费用约占产量的20％，大体是合适

① 许涤新、吴承明主编：《中国资本主义的萌芽》，人民出版社，1985年，48页。
② ［清］汪景祺：《读书堂西征随笔·榆林兵备》。
③ 光绪《保定府志》卷二六。
④ 《清高宗实录》卷五九三。

的。扣除再生产费用后，余下的部分原则上便是供生产者本人、家庭成员和社会其他成员食用和消费（如做酒、造酱等）的了，不过以上算的都是成品粮，必须加工成精粮才行。将稻谷磨成食米，雍正时河东总督田文镜言："新入仓者每谷一石，得米六斗五升（此米必糙，惟荒年拯济可用之），其次则六斗有零矣（盐煤工匠所食之米，每石辗五斗），若成华所卖之纯粹米，每石碾四斗，多则四斗一二升而已。"[①] 稍晚的民国《鄞县通志》中说，每石稻出米 4.5 斗，估计是成华的纯粹米。按照清代加工条件和多数农民的食米标准（应比城市居民略低一些），1 石稻出米也就是 4.5～5 斗。小麦等旱地作物的出粮情况，据光绪《清会典事例》记载，麦扬晒后碾面，"每小石一石，九十四斤七两有奇"，这里的 1 石是以官方 160 斤为准，出面率相当于 59%，其他像秫、谷、玉米、高粱等，从毛粮加工成精粮，高的可超过 90%，低的也在 60% 多。鉴于清代的粮食作物以稻米所占比例最大，所以在权衡后，把总加工率定在 58%，然后按人均粮 365 斤计（每天 1 市斤），求出每个劳动力可养活的人口数（包括劳动者本人），如表 10-8 所示。

表 10-8　平均每个粮农劳动生产率估测

时代	平均每个劳动力生产的原粮数（市斤）	扣除成本后原粮数（市斤）	余下原粮加工成精粮数（市斤）	可养活人口数（人）
明万历时期	6 510	5 208	3 021	8.3
清乾隆中期	7 037	5 630	3 265	8.9
清乾隆末期	4 749	3 799	2 203	6.0
清嘉庆中期	4 286	3 429	1 989	5.4

据表 10-8，在明清两代，一个粮农可养活人口最多是清乾隆中期，达到 8.9 人；最低是嘉庆中期，5.4 人。若照前面所述八口之家有劳动力 2～3 人、五口之家有劳动力 1～2 人，那么除了养家糊口，余下还可养活的人数如表 10-9 所示。

表 10-9　八口之家和五口之家在保证家庭消费外可养活人口数

时代	八口之家		五口之家	
	有劳动力 2 人，除保证家庭消费，可养活人口数（人）	有劳动力 3 人，除保证家庭消费，可养活人口数（人）	有劳动力 2 人，除保证家庭消费，可养活人口数（人）	有劳动力 3 人，除保证家庭消费，可养活人口数（人）
明万历时期	5.0	11.5	8.0	1.5
清乾隆中期	9.8	18.7	12.8	3.9
清乾隆末期	4.0	10.0	7.0	1.0
清嘉庆中期	2.8	8.2	5.8	0.4

---

① ［清］钟琦：《皇朝琐屑录》卷三三。

以上纯粹是根据总的计算所得出的数字，实际生活不可能如此。比如是否能确保每个劳动力都有足够的耕地，耕地的肥瘠和耕作条件是否完全相同；再有，同是完整的劳动力，他们的技术水平和经营能力也不尽相同，等等。所有种种变数，都会影响劳动生产率的水平，这实际上也是以一家一户为单位的个体小农经济生产和现代化社会大生产的差别之所在。

四、对农户全年收入和农民生活水平的推算

推算农户生产收入和农民生活水平，与前面讨论的农业生产率既有关联，也有一定的区别。所谓关联，是指一个时期农业生产率的高低必然会影响到农户的整体收入；至于区别，前者是就整个社会而言的，而后者则具体到即使在同一时期，不同农户的收入和生活水平也是不一样的。

要推算农户生产收入和农民生活水平，首先必须考虑的是在农民队伍中，由于掌握生产资料程度的不同而存在不同的阶层，如自耕农、佃农，另外还有介乎自耕农和佃农之间的半自耕农以及农业雇工，他们身份不同，收入和生活水平也会有所差异。当然，这不是绝对的，比如在自耕农中，就有少数上等富裕农民和多数中下等自耕农之分；佃农也是一样，尽管他们需要把将近一半或一半以上的收获物（少数也有折成银子的）缴给地主，但有的佃农（比如明代投靠于绅衿势豪之家的佃户）颇有一些原来就是富裕自耕农，乃至中小地主。在南方，由于定额租制的普遍化以及永佃权的流行，独立的佃农经济有了很大的发展，一些具有永佃权的佃农和佃富农，他们的生产生活条件不一定次于自耕农。在八旗旗地庄园和曲阜孔府田庄中，我们还看到这么一种情况：有的人对于八旗庄园主或孔府，身份是佃农，可同时又是拥有百亩乃至几百亩土地的地主和绅宦。其次，各阶层间的人数比例不是一成不变的。李文治教授曾对比明清时期自耕农队伍的消长，说过这样的话："总之，明清时代自耕农的消长趋势是：明代前期，自耕农占有相当大的比重。中叶以后，不少地区地权趋向集中，很多地区地主所有制占据统治地位。清代前期，农民所有制有所发展，所占比重远超过明代，并且有些地区自耕农占据了统治地位。"[①] 随后，因土地兼并加剧，自耕农人数有所下降。自耕农人数的盈缩，又直接影响佃农队伍的规模。另外，从明代到清代，农业雇佣工人的队伍是在持续扩大的，特别到了清乾隆时期以后，由于人口急速增加，越来越多的农民被排挤出土地，其中相当一部分人成为农业雇工。国家政策的变化，像实行"摊丁入亩"的赋税改革，取消人丁编审后，使政府对农民流动的控制大大放松了，许多在本乡本土无法获得生计

---

① 李文治：《明清时代封建土地关系的松解》，中国社会科学出版社，1993 年，81 页。

的贫苦农民，可以通过外出选择更多的谋生机会，求雇的地域大大开阔了；再如在法律地位上，雇工，特别是临时雇工，可与雇主同坐共食，彼此平等相称，同属"凡人"一等，这也有助于农业雇工市场的发展。如果说在明代前期，还很少有农业雇工一说，很多使用的是奴仆、佃仆，那么到了清中后期，雇工在各地已是相当普遍了。

在农业生产条件和耕作水平变化不是很大的情况下，每个农户拥有土地的多少，对于家庭生活的好坏有着十分重要的影响。从社会整体来看，在当时，每个农户大体需要多少土地才能满足基本生活要求，关于这方面，因为清代的资料较多，姑且以清代为例。嘉庆道光时人洪亮吉说过："一人之身，岁得四亩便可以得生计矣。"[1]现在很多人引用这句话来说明清代中期的农业生产水平，这与我们前面计算的数字大体可以呼应起来。不过因为南北耕作水平不一，收益有大有小，所以，即使同是"一人之身"，需要的耕地数和劳力可以达到的耕地数也是不同的。南方素以精耕细作出名，故而，江南太湖平原区和赣南、湘西等丘陵山区，与北方的关中平原或豫、鲁、冀平原区和陕北、晋北等西北广大地区，在耕作、出产和投入劳力等许多方面，也会显出很大的差异来。由此看来，洪亮吉的话充其量不过是就全国大范围而言的十分笼统的说法。

如果从粮食生产的角度来说，平均每户以男女老幼5口为计，太湖平原区亩产米2～3石、3～4石乃至4石以上，每户只需5～6亩、7～8亩便可足食。清末人薛福保在谈到嘉庆道光年间苏南一带农户的生活情况时说："往时，江南无尺寸隙地，民少田，佃十五亩者称上农，家饶裕矣；次仅五六亩，或三四亩，佐以杂作，非凶岁可以无饥。"[2] 这是针对佃农说的。一般自耕农更可宽松一些。当然，农民的生活不只是吃饭问题，还有婚丧嫁娶、生老病死以及政府的赋税杂派（佃农可免缴地丁税）等，另外还有扩大再生产需投入的费用，这就要靠种稻以外的其他收入来解决。江南地区城镇星罗棋布，农民与市场联系密切，商品意识强，农民只要够吃、够缴纳地丁漕粮，就可把余下的耕地用来种植收益更大的桑、棉、菜籽等经济作物，还可挖塘养鱼、种藕、植菱，以及豢养鸡、鸭、兔等。有些地方因为土地不适于种稻，竟把主要力量放在种植棉花等经济作物上，然后又靠外地输入粮食。基于这种情况，有人说，江南佃农"工本大者不能过二十亩，为上户；能十二三亩为中户；但能四五亩者为小户"[3]。这里说的上、中、下户，是就生产能力而言的，户有20亩者就是生活较富裕的上等农户了；其次是十二三亩的中等农户；再下

---

① ［清］洪亮吉：《洪北江诗文集·卷施阁文甲集》卷一。

② ［清］薛福保：《江北本政论》，见［清］盛康辑：《清经世文续编》卷四七。

③ ［清］章潆：《备荒通论上》，见［清］贺长龄、魏源编：《清经世文编》卷三九。

4～5 亩户，不是灾年，也能独自过活。应该说，类似太湖平原区的情况，在广东珠江三角洲地区亦大体存在，因为那里的粮食亩产也很高，普遍种植经济作物，而且市场网络完整。从农民的生活水平进行考察，尽管江南太湖平原区和广东珠江三角洲，都属于人稠地缺的窄乡，但因为自然条件好，再加上各种经济和社会因素，二者成了全国农业生产率最高、农民生活最富裕的地区。然而，人们付出的代价也很大："男子耕于外，妇女蚕织于内，五口之家，人人自食其力，不仰给于一人"①，男女老幼由大田劳作到蚕织，以及从事各种副业活动，几乎没有休闲的时刻。在这里，农业实际上包含着现今所谓农、林、渔、牧等各种经营相结合的大农业概念了。

比太湖平原区和广东珠江三角洲略差一等的是两湖、四川、江西、安徽等省的沿江沿湖平原区，像湖南安福县（今湖南临澧县），地邻洞庭湖区，土地肥沃，"官民买田招佃，斗种岁取百担，贫民五口之家，佃田二石，中熟之年，俯仰足以自给"②。若以斗田为 1 亩，五口之家种 20 亩，人均 4 亩，还租外便可自给。对于自耕农，可能用不了 4 亩。湘东醴陵县，"农夫八口之家，耕不过二三人，田不过十数亩，收不过数十石"，加上缴赋应役，以及戚里间往来庆吊、衣食嫁娶，必须省吃俭用，开支有度，方可"自给"。③ 照此算来，老少相匀，人均耕地不过 2 亩左右，过的是中等或接近下等的生活。不过在顺治康熙时期，因为土广人稀，有足够的土地供认领耕种，只要没有天灾兵祸，国家差赋有度，个人家庭没有突然变故，多数农民的生活是平稳过得去的，少数还可致富成为地主。④ 雍正到乾隆中期，因全国粮价持续上涨，两湖、江西、四川等省作为粮食输出省份，又有不少农民通过卖粮得到好处。像湖南衡阳县，"素称鱼米之乡，连岁又值丰稔之余，家有秋仓，人皆饱安"⑤。农民为了有更多的结余，常"广种杂粮以当再熟"，原因是杂粮可留作自食，而"以谷售人"。⑥ 在湖南，不少农民一岁中需有三月以粗麦、甘薯、南瓜当饭食，"入谷卖钱，不以田为食"，借此收"地利之盛"。⑦ 说明这种积累亦不容易。

在一些山区丘陵地带，农业条件较平原区要差得多，因此，为维持生计，需要

① ［清］薛福保：《江北本政论》，见［清］盛康辑：《清经世文续编》卷四七。
② ［清］王宏瑛：《谕士民四条》，见同治《安福县志》卷三〇。
③ 同治《醴陵县志》卷一。
④ 当时每户农民手头的土地都较富裕，如长沙每户"大率三十亩"（嘉庆《长沙县志》卷一）；浏阳"种田五七十亩，或百亩"（同治《浏阳县志》卷一八）。
⑤ 嘉庆《衡阳县志》卷一一。
⑥ 乾隆《岳州府志》卷一二。
⑦ 同治《桂阳直隶州志》卷二〇。

的耕地数量也比平原区高出不少。嘉庆时，政府在湘西实行屯田，各勇丁每名分田4.5亩。苗疆山田瘠薄，仅种谷稻，收成无多，"单丁尚可敷用，有家口者即难度活"。① 这是说，在那里需人均耕地4亩多，才够维持生活。江西宁都直隶州，也是崇山峻岭之地，计口授田，人不及2亩，只靠单一种植，难以应付粮赋和衣服、饮食、医药、婚嫁丧葬之费，故需倡导"兴农桑之利"以补开销之不足，但比起湘西山区似乎要好得多。乾隆初，贵州总督张广泗主持黔东南军屯事宜，在规定分田标准时，定每军户给上田6亩（亩产谷5石），或中田8亩（亩产4石），或下田10亩（亩产3石），说如是可供"一年五口家"。② 照此看来，上田人均不过1.2亩，中田1.6亩，下田2亩，便可满足吃喝，不过论其生活质量，显然比不上条件较好的平原区，更不用说与太湖平原和珠江三角洲的农民相比了。

北方因农业生产水平总体较南方要低，所以维持基本生活所需的土地量也相对要大得多。乾隆时期，孙嘉淦在谈到直隶一带的生产情况时说："若土肥水浇之田，得三五十亩即可家计饶裕；若系沙碱瘠薄之区，即有三顷五顷，而丰年岁出有限，旱潦即须赔粮。"按照清人习惯所记，常以5口或8口为一户，那么水浇肥田，人均3~4亩或5~6亩，多的到9~10亩，才得家计饶裕。贫瘠土地，则人均60~100亩也只能是丰年保证饮食，灾年便遭饥荒。证之某些府州县志，亦大抵如此。如保定府所属望都县，丰年上地亩收7~8斗，下地2~3斗，"均匀计之，每亩得谷五六斗，须六亩可养一人"。③ 如果照此推算，上地须4亩多，下地须10~15亩。甘肃省岷州"每亩下籽种二斗，遇丰稔之岁，在平地所收尚可盈石，山地仅可得五六斗。合数亩之利，止供一口之需"④。若依望都县的标准，在岷州平地需3~4亩养一人，山地得要6~7亩。河南河内县，有井灌者称水田，无井灌者称旱田，全县水田十之三，旱田十之七，"大率岁二熟"，若"家有百亩，计岁所入，百指之需，足以有余"。若人均有田10亩，便可过上岁足而余的小康生活。不过因为水田少，旱田多，天不作美，特别是旱田，便会有旱涝之忧，小康之家也难免要靠政府救济。⑤ 陕西关中平原土沃水足，开一井灌田4~5亩，"薄收亦可得谷八九石，更若粪多力勤，且可十二三石"。⑥ 约计年亩收谷2~3石，因为产量高，所以像三原县，"中人之家，不能逾十

① ［清］傅鼐：《禀办均田屯守酌议章程三十四条折》，见［清］但湘良：《湖南苗防屯政考》卷六。

② ［清］张广泗：《议复苗疆善后事宜疏》，见乾隆《贵州通志》卷三六。

③ 光绪《望都县乡土图说》。

④ 康熙《岷州志》卷一三。

⑤ 道光《河内县志》卷一二。

⑥ ［清］王心敬：《与张岫庵邑侯书》，见雍正《陕西通志》卷九三。

亩，世世守之，可资俯仰"①。一家五口，人均 2 亩地就可以了。乾隆时，陕西耀州知州侯珏说，该州北境位于深山穷谷中的一批土瘠力薄原马厂地，"垦地一顷，间年歇力，仅种其半，大有之年亩获三斗"，除去牛工、种子及租银，"合五十亩净剩利银 2 两"。租种如此劣等土地，即使人均 10 亩或 10 多亩，生活仍困苦不堪。

由于土地等次和产量的不同，承种者身份不同（佃农或自耕农），以及人们对生活标准看法的不同（是家计饶裕的小康生活，还是勉强维持生计），所以人们在评议需要多少土地才能生活的问题上出现了高低不同的差别。不过从维持生活必需来看，首先必须解决口粮问题，这实际上也有不同的标准。按照清人通常的说法，是日食 1 升，全年 365 天，便是 3.65 石，折米 475 斤，面或杂粮 500 斤左右；前面我们曾笼统以 365 市斤为准。但据 20 世纪 30 年代南京金陵大学师生在江苏省的调查，在农村每人年消耗食米只有 288 市斤。② 又有人在广东调查，"中数每口岁率食谷 400 斤"③，更低于江苏的标准。当然，不管是米 288 斤或谷 400 斤，都是一家男女老少拉平计算的。估计清代不会超过这个水平。把米面和杂粮合在一起作稍宽估算，一年作 350 斤算，再除去占收获物 20％ 的种子、饲料等耗费。这样我们可以算一下明清各个时期的农民平均生活水平，如表 10-10 所示。

表 10-10 明清各时期农民平均生活水平估算

时代	人口数（万人）	粮农并家口数（万人）	耕地数（万市亩）	粮田数（万市亩）	每个粮农及家口平均拥有土地数（亩）	平均亩产（市斤）	每个粮农及家口平均拥有毛粮数(市斤)	扣除成本加工后的人均粮食数(市斤)	除本身口粮外可向社会提供粮食数（市斤）
明万历时期	12 000	9 720	71 551.1	66 075.4	6.8	256	1 741	808	458
清乾隆中期	20 000	17 000	103 610.9	93 249.8	5.5	310	1 705	791	441
清嘉庆中期	35 000	29 750	105 043.6	94 460.5	3.2	319	1 021	474	121

表 10-10 是按全国平均数计算的，在我们所选三个时段中，平均亩产是在提高的，可因粮农及家口的土地拥有量不断降低，及嘉庆中期竟降到万历时的约半数以下，从而造成农民人均粮食产量的减少。如明万历时，平均亩产除供自身食用，还可向社会提供 458 市斤商品粮，而后乾隆中期降至 441 市斤，嘉庆中期已只有 121 市斤了。将这 121 市斤加到五口之家，不过 600 来斤，拿这区区粮食应付全家婚丧嫁娶、生老病死以及其他额外费用，显然是难以为继的，这就需尽量压低口粮

① 乾隆《三原县志》卷八。
② 转引自江西省政府经济委员会编：《江西经济问题·江西农村经济》，台北学生书局，1971 年。
③ 赵天锡：《调查广州府新宁县实业情形报告》，《农学丛书》第 6 集 14 册，转引自陈春声：《市场机制与社会变迁：18 世纪广东米价分析》，中山大学出版社，1992 年，22 页。

标准，还要像前面说的，以副补农，弥补差额。自明至清，中国农村副业被不断地突出强调，而每个农户只要可能，总要使尽力气，采取亦副亦农的做法，其道理就在于此。

到清代后期，尽管农户尽心尽力进行耕作，并采取亦副亦农举措，但受人多地少、粮食价格波动和租税负担等因素的制约，生活日益艰辛。如嘉庆末年，"十年来，岁非太稔，而谷甚贱，银一两得谷二石，居家用费不减于前，以谷易银，仅得往日四分之一。于是，收租之家病。佃家终岁勤劬，竭一人之力，可种谷百石。以半纳租，少亦须十之四。其百石谷之田，饭黄犊，置锄耰，灰草芩，通所费不赀，耕耨收获，均倩人力，势不得不贱售。及春间力作，借银籴谷，借谷种田。谷之息，借二还三。银息不过二分。而谷贵，借银籴谷。谷贱，粜谷以偿银。转移之间，其失自倍。于是，种田之家病。"① 同治后期，南方地区"人不过耕十亩。上腴之地，丰岁亩收麦一石、稻三石，其入四十石耳。八口之家，……余麦四石，稻七石，乘急而卖，幸得中价，麦石值钱一千二百，稻石值钱八百，凡为钱十千四百。纳租税及杂徭费，亩为钱五百，十亩则为钱五千，余钱五千四百耳。而制衣服、买犁锄、岁时祭祀、伏腊报赛、亲戚馈遗、宾客饮食、嫁女娶妇、养生送死之费，皆出其中，而当凡物皆贵之日，其困固宜"。而北方地区"农事疏恶，人可耕数十亩，而所入尤薄，故愈困"②。因此，无论是南方稻作农区的农户，还是北方旱作农区的农户，生活水平更趋下降。

第二节　在对比中看明清时期的农业水平

一、纵向比较：与明代以前和 1840 年以后百年的比较

讨论了明清时期的粮食产量以后，有必要再与以前或以后的情况作某些纵向比较，这对我们全面认识明清时期农业生产在历史上占有什么样的位置无疑是有好处的。

先与明代以前作比较。上文我们曾谈到，就明清两代看，清代比明代有所进步，而明清时期与以前各朝如唐、宋、元等相比，总的也是在进步的。农业的发展前进，一个是外延的条件，如耕地的扩展，地区的延伸；再就是内涵条件变化，如种子的改良、耕作技术和方法的进步。在政府的册籍记载中，耕地的数量有多有

---

① ［清］李象鹍：《平价禁囤议》，见［清］贺长龄、魏源编：《清经世文编》卷四六。
② ［清］强汝询：《求益斋文集》卷四《农家类序》。

少，实际进展并不显著。① 比较起来，因耕作地域延伸所带来的变化，似乎要明显得多。在中唐以前，中国主要农作区在北方黄河流域地区，主要是旱作农业，多一年一季，作物以粟为主，平均亩产不过百斤左右。中唐以后，南方的水田农业得到大力的发展，农业重心由北方向南方转移。南方种稻，稻的产量远比旱作粟麦等作物要高，这对亩产的提高有着重要意义。正如有人所说，"江淮田一善熟，则旁资数道，故天下大计，仰于东南"②。需要说明的是，南方农业地理开发也是在不断延伸的。唐代开发成果最显著的是今江西省一带，"江西七郡，列邑数十，土沃人庶，今之奥区，财赋孔殷，国用所系"③。以后经过五代十国时期，至宋初，"天下无江淮，不能以足食"，江淮已成了"天下根本"之区。④ 其他像福建、四川，发展也很快。秦观说："今天下之田称沃衍者，莫如吴、越、闽、蜀，其一亩所出，视他州辄数倍。"⑤ 至于两湖、两广乃至云贵的开发，更主要是在明代。宋代谚语有"苏湖熟，天下足"⑥，到明中叶，便为"湖广熟，天下足"⑦ 所替代。唐代还是"漳江南去入云烟，望尽黄茅是海边"⑧ 的岭南地区，至明代已是"广南富庶天下闻，四时风气长如春"⑨，完全是另外一种景象了。

有关耕作制度方面的变化，由唐到宋是个重要时期，即由原来较为粗放的作业，向着依靠精耕细作、增加复种指数以提高亩产量的方面发展。在北方，唐初关中地区，"禾下始拟种麦"⑩，说的是粟、麦轮作的事。自唐代起，北方种麦逐渐普及，结合豆类作物的种植，两年三收的轮作制才有可能在北方某些地方推行。在南方，唐代，《蛮书·云南管内物产》记载滇池以西，实行稻麦连作，一年两收。到宋代，特别是南宋时，江淮以南也出现了稻麦两熟。闽广一带还出现了双季稻。

---

① 有的数字过大，与实际情况显然是有出入的。如西汉平帝时耕地为827万顷，依每汉亩等于0.691 6市亩计，约为5亿多市亩。东汉现存5个耕地数字，多者732万顷，少则689万顷，折成市亩为4亿～5亿。汉代（特别是西汉）的耕地主要集中于黄河中下游的狭长地带，据1954年的统计，整个黄河流域耕地面积是6.5亿亩。由此可见，史书所载汉代耕地数应属偏高。又如隋唐两代耕地面积，隋文帝时1 940万顷，炀帝时5 585万顷，按每隋亩等于1.1市亩计，已超过现代中国的耕地数。唐高宗时有耕地1 440万顷，折成市亩为12亿亩（按每唐亩等于0.81市亩计），也都与实际不符。

② 《新唐书》卷一六五《权德舆传》。

③ ［唐］白居易：《白居易集》卷五五《除裴堪江西观察使制》。

④ ［宋］李觏：《直讲李先生文集》卷二八《寄上富枢密书》。

⑤ ［宋］秦观：《淮海集》卷一五《财用》。

⑥ ［宋］叶绍翁：《四朝闻见录》乙集《函韩首》；又［宋］陆游：《渭南文集》卷二〇《常州奔牛闸记》说："苏常熟，天下足"，义亦同。

⑦ ［明］何孟春：《余冬序录》卷五九。

⑧ ［唐］柳宗元：《岭南记行》，见《全唐诗》卷三五二。

⑨ 光绪《广州府志》卷一五《广州歌》。

⑩ 《旧唐书》卷八四《刘仁轨传》。

从亩产记载看，自汉迄唐，主要反映了北方粟麦生产的情况：汉文帝时，晁错说："百亩之收不过百石。"[①] 汉初实行小亩，每亩合 0.288 多市亩，折算每市亩 6.9 市斗，约合 93 市斤多。再，东汉仲长统言："统肥硗之率，计稼穑之入，亩收三斛"[②]，便是近 100 市斤。唐代长安附近，有良好的水利设施，且土地肥沃，"私家收租，有每亩至一石者"，按产量便是 2 石，其他地区有亩产 1 石或不足 1 石的。唐代宗时，有人作综合估算："田以高下肥瘠丰耗为率，一顷出米五十余斛。"[③] 依此说法，平均每市亩产粟不过 50 斤。宋金时期，北方的产量记录留下的不少，高的亩产 2 石或 2 石以上，低的有 0.8 石、0.4 石，多数在 1 石左右。若以 1 石为准，折成市亩、市斤[④]，便是 102 市斤，较之明代的 115 市斤，清代的 158 市斤，都显得要低。

南方的水稻产量，据有的学者对宋代的考察：

两浙：一般亩产米 2～3 石，最高的如明州鄞县七乡湖田曾"每亩收谷六七硕（石）"。

江南：圩田产量可达 5 石或米 1.9 斛。其他如徽州上田产米 2 石，江南东路亩产谷 4 石，总的比两浙稍低。

福建："上田收米三石，次等二石"，平原亩产与两浙相当，山区则不及此数。

四川：汉中地区亩产 2.3～2.9 石；利州路阶、成州营田，有亩产 1.2 石的记录。成都府路平原区，产量与吴、越、闽并称，但不能代表整个四川。

荆湖：南北两路，平均亩产米 1 石，谷 2 石左右，比两浙低了一个等级。[⑤]

由此看来，宋代的南北亩产，高的也有与明清时期相等的，但总体权衡，显然要低于明代，更低于清代。

再与 1840 年以后的百年比较。

关于这个问题，目前学术界存在着不同的看法。美国学者珀金斯在《中国农业的发展（1365—1968 年）》一书中，根据推算得出 1770 年，即乾隆三十五年，平均每市亩产量为 203 斤，到 1850 年（道光三十年）是 243 斤，直到太平天国运动发生前，中国的平均亩产还是在提高的，只是在此之后便下降了，以致延至 1933 年，中国的全国平均亩产（242 斤）还没有达到 1850 年的水平。关于其中的原因，珀金斯认为"部分是由于战争伤亡和饥荒，部分是由于出生率的降低及

---

① 《汉书》卷二四《食货志》。

② 《后汉书》卷九七《仲长统传》。

③ 《新唐书》卷五四《食货志》。

④ 每宋亩等于 0.9 市亩，每宋斗等于 0.66 市斗。

⑤ 田昌五、漆侠主编：《中国封建社会经济史》第 3 卷，齐鲁书社、文津出版社，1996 年，71～75 页。

战争间接造成的高死亡率"，"太平天国的造反既是经济衰落的结果，又是它的原因"。[①] 日本学者尾上悦三根据珀金斯的计算并结合他所掌握的中国东北的材料，对中国 1840—1945 年的粮食产量做出详细的列表。据列表，1840—1850 年的 10 年间，全国平均亩产保持在 217.3 市斤的水平，以后开始下降，1865 年为低谷，仅 201.9 市斤，然后又逐步回升，到 1895 年已有 217.3 市斤。1910 年，即清朝灭亡前夕，达 223.1 市斤，比 1840—1850 年增加了 5.8 市斤。最后，1945 年是 242.7 市斤。[②]

在持平均亩产下降、劳动生产率下降的观点中，赵冈的意见是颇具代表性的。他认为清代的亩产量较明代是增加了，但自乾隆时期以后，各地区便开始以不同的速度下降，而造成这种恶化的因素是多方面的：在政治方面，清中期国力鼎盛的状况已成过去，内部不安定的因素日趋深化，矛盾日趋尖锐，至太平天国则全面爆发。太平天国长达 14 年的内战，波及许多省份，而且都是主要的农产区。战乱对于农业生产的破坏是众所周知的。清中叶以后，中国与列强接触，被迫开放国内市场，进行五口通商，但是这许多变化对中国的农业生产未必有严重的直接破坏，其影响是间接的。比较严重的是内战与外患对于政府财政的影响。清廷几次战败，对外赔款，结果不得不设法增加赋税，农民的负担因此而加重，此项因素，至甲午战后更加恶化，巨额赔款的绝大部分被转嫁到农业生产者身上，他们被迫减少了对农业生产应有的投资。赵冈分析道："总的说来，最基本的真正长期性的因素是农业生产的经济条件之恶化。而这一类经济因素中，最主要的是生态环境之恶化，以致影响到粮食生产及土地质量。此外尚有一些次要的经济因素，诸如品种之退化，租佃制度改变所产生的不利影响，精耕细作过分消耗地力，以及经济作物争良田争肥源等现象。这许许多多因素都集中出现在这一历史阶段中，促使粮食亩产量持续下降。"[③] 赵冈等虽没有对清后期中国平均粮食亩产进行推算，但他对很多地区提出的具体资料以及就亩产下降原因所作的分析，还是全面可信的。

在有关清后期粮食亩产下降的讨论中，还有一种意见也是值得重视的，即吴承明教授所持的看法。他认为 19 世纪后半叶粮食亩产量总体呈下降之势，但亩产量的下降，不等于总产量一定会随之下降，因为这一时期耕地面积仍在增加，且与清前期之开发山区与丘陵地带不同，本时期主要开发东北、西北、西南，这些地区土质不坏，不会降低边际效益。他还说："这期间人口仅增加 4.3%，粮食总产量即使增加，也很有限，而能满足民食，则属无疑。"此外，吴承明还谈

---

① 〔美〕珀金斯：《中国农业的发展（1365—1968 年）》，上海译文出版社，1984 年，33 页。
② 吴慧：《中国历代粮食亩产研究（增订再版）》，中国农业出版社，2016 年，202～203 页。
③ 赵冈等：《清代粮食亩产量研究》，中国农业出版社，1995 年，127～128 页。

了第一次鸦片战争后 100 年中后 50 年的农业生产力的问题，他认为：首先，东北和西部耕地的拓展，通过移民的农产品流通，对东部人口高密度区能产生缓解人口压力的作用，而北方井灌的发展和西南、西北水浇地的略增，又等于改良了土地。华中、华南的水利无甚进展，但复种增加，也等于增加了土地。其次，中国传统农业固然是以人力为主，但并非纯粹劳动密集生产，因为小农经济是精打细算的经济，它不浪费资本，也不会浪费劳动力。农民不会在自己的田场上"三个人的活五个人干"，或去搞什么"人海战术"，以为人口压力会迫使农民将剩余劳动力无限投入土地的想法是不切实际的，尤其是在近代，他们还有到外区域或城市佣工、从事家庭手工业等其他出路。边际产量递减下的生产肯定是有的，其对小农求生存来说总是有效用，否则不会存在。第三，在生产技术方面，近代农业仍然停留在铁犁牛耕的传统农业方式，但也不是没有一点变化。从 20 世纪初开始，已陆续引进农机、机灌和化肥。中国传统农业原有较高的农艺学基础，1898 年以后，各省农事实验场、农艺学校、务农会等兴起，也引进了一些西方农学，并引进甜菜、油桐、洋葱等新品种。在这方面，又以棉花的改良和种植烤烟最有成效。所以吴承明认为："我国近代农业生产力是有一定发展的，能够适应同时期人口增长的需要，为数不大的粮食进口主要是因为口岸人口聚集而内地产粮区运输不便所致。工业化需要农村提供劳动力，这在中国不成问题。农产工业原料的供应也不成问题。"[1]

通过以上分析，我们认为，自乾隆时期以后，即嘉庆、道光之际，以粮食生产为代表，中国的农业生产水平已呈下降趋势，1840 年后时局的变化，特别自 1850 年开始，历时十余年的太平天国起义所出现的战乱局面以及其他诸多的政治、经济原因，导致农业生产进入低谷，以后虽逐渐复苏，但由于整个社会环境没有发生根本变化，加之生态条件恶化等，直到 20 世纪 30 年代，全国粮食平均亩产可能也没达到清中前期极盛时期的水平。但是正如吴承明教授所指出的：粮食亩产的下降并不等于总产的下降，因为耕地仍在增加，农业耕作方法仍有改进，农业技术投入也有所进展。正因如此，中国的粮食生产在明后期养活了 1 亿多人口，至清中期，人口增加到 2 亿人、3 亿人、3 亿多人时，仍能得到维持。及至近代，人口达到 4 亿多人、5 亿多人，就全国而言，也没有因为粮食问题而出现危机。纵观中国历史，农业生产也与社会治乱一样，不是平直延伸的，有曲折，也可能有倒退停滞，但是整体来看，它总是前进的。1840 年后粮食亩产的下降，不过是其中的一个波折。20 世纪 50 年代中国农业的进步以及 80 年代的跃进便是证明。

---

① 吴承明：《中国近代农业生产力的考察》，《中国经济史研究》1989 年 2 期。

二、横向比较：与 16—19 世纪欧洲农业的比较

中世纪的欧洲农业长期落后于中国。有人在总结 12—15 世纪西欧农业发展情况时说：

> 一千年来农业技术因袭旧例；两圃制和三圃制占着优势；地界交错现象；大部分地区采取强制轮种制和敞地制；谷物业占主要地位；畜牧业具有粗放性质；肥料的利用具有局限性和林业的经济效果较小。耕畜不能对农业起什么保证作用。最后，由于缺少人工肥料，由于没有播种三叶草和块茎作物（特别是马铃薯），所以农业的生产能力大为减少。所有这些原因使得作物的收获量非常微少。①

二圃制或三圃制，属于当时欧洲农业中的典型耕作方法，目的是避免消耗地力，每年都辟出一定的土地进行休耕，以恢复土壤的养分——这只有在土旷人稀的情况下才能做到。因它严重浪费土地，其耕作必然是比较粗放、原始的，而且收获量也不会很高。郭文韬曾就西欧中世纪休闲耕作制的土地利用率和中国实行轮作复种制的土地利用率，做过一个对比，现转引其表如下（表 10-11）。

表 10-11 中国古代轮作复种制和西欧中世纪休闲耕作制的土地利用率

农作制类型	基本形式	最高土地利用率（%）	比率（%）
西欧中世纪的休闲耕作制	二田制	50.00	100
	三田制	66.00	
中国古代主谷式的轮作复种制	一年一熟制	100.00	200
	二年三熟制	150.00	300
	一年二熟制	200.00	400
	一年三熟制	300.00	500

资料来源：郭文韬《中国耕作制度史研究》，河海大学出版社，1994 年，330 页。

表 10-11 中的二田制就是二圃制，三田制即三圃制。该表显示出西欧的休闲耕作制与一般不实行休耕的中国，二者对耕地的利用存在多么大的差别。西欧农业休闲耕作制向轮作制的过渡，发生在 16 世纪或再早一些时期，首先由英国开始，然后在德国和法国的一些地区也逐渐得到推行。其内容主要表现为田草轮作，就是把谷物种植和种草结合在一起，使得不管是粮田，还是牧场或闲荒地等，都能得到

---

① 〔苏〕波梁斯基：《外国经济史 封建主义时代》，北京大学经济史经济学说史教研室译，生活·读书·新知三联书店，1958 年，255 页。

较好的利用。田草轮作制的出现和推广，不但提高了土地利用率，而且使牛、羊等牲畜有了足够的饲草，促进了畜牧业的发展。农业和牧业相结合，成了西欧农业的重要特点。有一位法国大臣针对他的国家说过这样一句话："耕地和放牧是法国的两个乳房。"① 实际上这也是针对整个西欧说的。这与中国广大中原地区所走的以粮食生产为主的农业耕作道路是有所不同的。另外，由于西欧田草耕作制中栽培的牧草多系豆科牧草，豆科作物可产生固氮物质维持土壤的氮素平衡，等于增加了土地的肥力。

西欧农业的明显进步，是从 17 世纪开始首先在英国发生的。15 世纪末新航路的开辟和海外贸易活动范围的扩展，使得英国成为国际贸易的主角，资本急速积聚，工业生产进一步扩大。毛织业的兴盛，增加了对羊毛的需求，在农村兴起了一场为促进养羊业而展开的圈地运动，大批农民因失去土地而流入城市，又为城市工业提供了大批劳动力。到了 17 世纪，随着城市和工业人口的增加，对粮食及其他农产品的需求量也在急速增大。在短短的几十年里，小麦的价格竟增加了两倍。一些地主和农业资本家，除继续剥夺农民的土地，还不断侵占农村的公用土地，雇工从事有一定规模的农场和牧场生产。另外，还有相当数量的自耕农参与其间。在 17、18 世纪，以英国为首的西欧农业，在生产方式方面，也走上了与中国以小农经营为主的不同的生产道路。

17、18 世纪英国的农业进步，主要表现在：

（1）田草轮作制的实行。田草轮作制在相当程度上取代了原先的二圃制、三圃制，实行一种叫做四茬轮作或六茬轮作的诺福克制。四茬轮作即谷物、芜菁、大麦和三叶草互为轮作；六茬轮作多种植小麦、大麦（或燕麦）、芜菁、燕麦（或大麦及三叶草）等作物。据说，"到 18 世纪下半叶，这种轮作制进入了它的全盛时期"②。

（2）新作物的推广。在粮食作物中，当推玉米和马铃薯的引种最为重要。另外，像经济作物烟草，蔬果作物番茄、卷心菜、胡萝卜、木薯等也先后由美洲引入西欧。玉米和马铃薯的引入时间虽早，但真正得到重视并广泛种植是 18 世纪，乃至 19 世纪初，这与英国城镇发展对粮食需求的增加有重要关系。玉米和马铃薯都是高产作物，农民们为了把价值较高的小麦供应城市或用于出口赚得好价钱，就把马铃薯和玉米留给自己食用，这与清代农民把米谷作为商品粮卖到市场，而自食甘薯杂粮或瓜菜，是颇相类似的。

（3）改善农业生产条件，提高劳动生产率。这里包括改进农具，如采用马拉轻犁、长柄大镰刀，还发明了脱谷机、畜力条播机，扩大了马匹在耕作上的使用，选

---

① 〔意〕奇波拉主编：《欧洲经济史　第 3 卷　工业革命》，商务印书馆，1989 年，37 页。

② 〔意〕奇波拉主编：《欧洲经济史　第 2 卷　十六和十七世纪》，商务印书馆，1988 年，281 页。

育优质牛、羊品种，注重施肥、改良耕地土壤等。

农业生产条件的改善，最终必然要反映到产量上来。据学者彼得·克里特对1500—1820 年欧洲小麦、黑麦和大麦三种粮食作物的混合平均产出率所做的估算，其中以英国（英格兰）和荷兰（尼德兰）增长最快。它们在 1500—1649 年平均产出率（收获量和播种量之比）尚且徘徊为 6.7～7.4，1650—1699 年增至 9.3，1750—1799 年为 10.1，1800—1820 年更上升到 11.1。[①] 土地产出率尽管在一定程度上反映了生产力的提高，但如果要与同时期的中国粮食生产作对比，还得通过别的途径作适当换算。根据有的学者推算，18 世纪英国小麦的平均单产为 1 英亩598.8 公斤，合中国市制，相当于 1 市亩 98.6 公斤，亦即 197.2 市斤。就平均单产而言，它高于中国的北方旱田，低于南方稻谷田。[②]

从 16 世纪到 18、19 世纪，以英国为代表的西欧农业得到了空前的发展。这与英国的经济发展、特别是工业革命连带对农业的推动是分不开的。与中国相比，就粮食亩产而言，直到 18 世纪，在总体上中国可能还略胜一筹，但由于中国人口基数太大，人口的增加量也远远超过英国，加之英国自工业革命后，工业和城市能不断容纳农村富余人口，而在中国却要困难得多，农业人口一直处于饱和状态；相对说来，中国的耕地因受地域范围的限制，扩展的余地却比英国小得多，体现为人均耕地拥有量急速地减少，这在 18、19 世纪之交的清代尤为明显；中国的传统农业由 14、15 世纪到 17 世纪，由 17 世纪到 18 世纪，中间除了战争等破坏，是逐渐在进步的，产量也有所提高，但这种进步除靠扩大耕地面积、投入劳动力和增加复种指数，缺少像英国那样在生产关系上的巨大变革和生产技术的革命。正是以上原因，使得 17 世纪以后的中国农业，尽管亩产量有所增长，但增长势头已在减弱，及至 18 世纪中后期农业劳动生产率也明显在降低，进入 19 世纪中后叶，平均亩产亦今不如昔了。这与同时期英国农业发展所呈方兴未艾之势，表现出明显的反差。

---

① P Kriedte. Peasants, *Landlords and Merchant Capitalists*，P. 22，转引自徐浩：《18 世纪的中国与世界·农民卷》，辽海出版社，1999 年，73 页。

② 徐浩：《18 世纪的中国与世界·农民卷》，辽海出版社，1999 年，77 页。

结　束　语

　　在写完明清时期农业的发展和状况以前，在结束本卷的编写之前，感到还有一些话要说，也是必须在结束本卷之前把我们的看法说清楚的。

　　例如，明清时期农业究竟取得了哪些成就？说明清时期的农业有成就，而这个时期作为生产力的重要组成部分——农具却并没有发展，衡量农业发展的一个重要标准——农业劳动生产率却并没有提高，这能说明清时期的农业有成就、有发展吗？明清时期封建社会已经腐朽没落，为什么农业生产还能发展？

　　又如，明清时期中国农业在世界农业发展史上，究竟占有一个什么样的地位？中国农业什么时候开始落后于西方农业，造成中国农业落后的原因又是什么？

　　再如，从发展今日的农业生产来看，我们应从明清时期农业中吸取什么教训？

　　如此等等。

　　我们认为，编写明清时期农业史不只是要弄清它的事实真相和发展规律，同时还要以史为鉴，从中找寻出经验教训，为发展今天的农业生产服务。要做到这一点，当然很不容易，但我们愿意朝着这个方向努力。在结束本卷的写作以前，我们要探讨上述这些问题，目的也在于此。下面我们就谈谈对这些问题的看法。

一、明清时期的农业成就

　　所谓成就，指的是超越前代的技术和成绩，包括技术成就和经济成就两个方面。明清两代处于中国封建社会的末期，但在农业上所取得的成就，却十分辉煌，也可以说是达到了中国传统农业的最高水平。

（一）农业技术成就

中国的传统农业，如果从春秋战国时算起，经历了2 600多年的漫长岁月。在这2 600多年中，秦汉时期形成了北方的旱作技术，唐宋时期形成了南方的水田技术，元代完成了传统农具集大成的工作，所有这些技术，基本上走的是利用不同土地、扩大耕地面积，以发展农业生产这一条路子。把发展生产的重点从扩大耕地面积转到集约经营、提高单位面积产量方面来，则是在明清时期。这是明清时期农业技术的一个重大特点。

虽然不少农业技术在以前的历史时期已经创造出来，但是将这些技术全面推广并加以发展和深化，则是在明清时期。

1. 耕作制度大发展，土地利用率空前提高　战国时，文献中已经有"今兹美禾，来兹美麦"①、"一岁而再获之"② 等关于轮作和复种的记载；汉代，出现了间作和套作③；唐宋时期，局部地区出现一年二熟制，但就全国来说主要是一年一熟制，这是因为当时虽然有了多熟种植的技术，但并没有要进行多熟种植的迫切的社会需要。到明清时期，由于人多地少、耕地不足，提高复种指数、进行多熟种植就成为解决当时耕地不足和粮食不足这一严峻社会问题的重要手段，而这一时期作物品种的增加又为多熟种植的茬口搭配创造了条件。在这种历史条件下，多熟种植在全国范围内推广获得了可能，形成了耕作制度的大发展，在黄河中下游发展了二年三熟制及部分一年二熟制，在长江中下游发展了一年二熟制（稻麦二熟制和双季稻），在珠江三角洲发展了一年三熟制，土地利用率相应地提高了50%、100%、200%。这样高的复种指数，这样高的土地利用率，多熟种植在全国范围内如此普遍推广的局面，在明清时期以前的中国历史上从未出现过。

2. 耕作技术进一步精细化　中国的传统农业，一向以精耕细作著称。但早期的精耕细作，只是相对于粗放的夏商农业而言，仅是生产过程中各个技术环节的创立，而各个环节的技术却并不是很细致的。

整地是耕作技术中重要的一环，战国时期已提出要深耕④。但深耕到什么程度、怎样才能实现深耕的问题，当时并没有解决，而且此后在很长时期内没有做出明确回答。直到明清时期才把这个问题具体化了、深化了，提出了"九寸为深，三寸为浅"的耕地标准，并创立了多种套耕的方法，以保证深耕的实现。

---

①　《吕氏春秋·审时》。

②　《荀子·富国》。

③　《氾胜之书》。

④　《国语·齐语》《管子·小匡》《庄子·则阳》。

重视中耕是中国传统农业的重要特点，战国时期就提倡"深耕易耨"①、"耕者且深，耨者熟耘"②，但没有提出具体的技术要求。明清时期，就稻田而论，中耕的方式发展成耘、耔、耥、锄四种，中耕一般要求三四次，高的要求达到三耘三耥③，精细程度大大提高。这是明清时期农业劳动集约化在农业技术上的具体表现。

施肥技术的精细化是明清时期农业劳动集约化在农业技术方面的又一具体表现。战国时期，中国农业已提倡"多粪肥田"④，但在长时期内施肥技术并没有多大发展。到明清时期，施肥中的一些重要技术才相继形成。首先，明确地提出了垫底（基肥）和接力（追肥）的概念，并指出施用基肥的重要性；其次，提出了施肥要贯彻时宜、土宜、物宜三原则，即施肥三宜；第三，在水稻生产中提出了要看苗施肥，可以看作现代农业对稻苗进行营养诊断的萌芽。

在土地利用方面，明清时期创造了一系列的边际土地利用方法。在盐碱土治理方面，创造了深翻压盐、绿肥治碱、种树治碱等技术；在滩涂利用方面，创造了沟洫台田、养鱼洗盐等方法；在干旱地区创造了砂田技术，等等，为扩大耕地面积起了重要作用。

在选种育种方面，明清时期继汉代的"穗选"技术以后，在作物育种上又创造了"粒选""一穗传"的选种育种方法；在养殖业中，将杂交育种进一步在家畜、家禽、家蚕的育种中推广，并育成了许多新的品种。

3. 农学著作大发展 明清时期是中国农学著作的大发展时期，据研究，中国古代农书约有 1 747 种，其中成书于明清时期的古农书为 1 540 种，约占总农书数的 88%，为明代以前农书的 7.43 倍，可见明清时期农书数量之多。详见本卷第九章第一节。

值得注意的是，农学著作的内容也大大拓宽了。明清时期还出现不少新类型的农书，例如虫害防治类农书，据《中国农业百科全书·农业历史卷》收录，共有 21 种，完全产生于清代；野菜类农书有 9 种，也都是明清时期撰著的；再如 159 种蚕桑类农书中有 156 种著作是明清时期完成的，其中 17 种有关野蚕的著作都是清代撰写的；有关水产的农书，共有 23 种，19 种都完成于明清时期，内中有 9 种是关于海洋捕捞的，是中国历史上对海洋捕捞的最早记载。此外，还出现了中国历史上第一部规模最大的农书——《农政全书》，第一部养蜂专著和斗鸡专著，以及三种最早的甘薯专著、五种最早的棉花专著，等等。反映了明清时期中国的传统农

---

① 《孟子·梁惠王上》。
② 《韩非子·外储说左上》。
③ ［清］姜皋：《浦泖农咨》。
④ 《荀子·富国》。

学有了明显的发展，这也是明清时期农业技术有明显发展进步的一个具体表现。

（二）农业经济成就

农业经济成就，是指在一定的人力、物力、技术投入条件下，所获得的良好的经济效果。对这个问题，可以从粮食的亩产量、养活人口能力、新产业部门的建立和生态农业的建立四个方面来加以说明。

1. 粮食亩产量的提高　中国粮食亩产量是经济因素和技术因素综合作用的结果，所以，亩产量的高低，可视为衡量一个历史时期农业生产水平的重要标志。

历代粮食亩产量是很多学者关心的问题，但由于问题复杂，又往往使人望而却步，所以至今尚无一个为大家接受的亩产量数字。

在这个问题上吴慧教授进行过系统的研究，现利用他的研究成果来说明这个问题。中国历代粮食亩产量的变迁如下表所示，表中所列亩产量均经过折算。

历代粮食亩产量变迁表

时期	亩产量（市斤/市亩）	比汉代增减的比例（%）
秦汉时期	264	
唐代	334	+26.6
宋代	309	+17.0
元代	338	+28.0
明代	346	+31.9（31.06）
清代（前期）	374	+39.01（41.6）

注：括弧内为笔者校正的数字。

资料来源：吴慧《中国历代粮食亩产研究（增订再版）》，中国农业出版社，2016 年。

汉唐两代是中国封建社会的盛世，也是中国农业生产十分发达的两个时期。在粮食单位面积产量上，明清两代都超过汉唐，明代比汉代增加了 31.06%，比唐代增加了 8.9%；清代比汉代增加 41.6%，比唐代增加 12%，说明明清时期是历史上粮食单位面积产量最高的时期。

2. 创造了以少量耕地养活大量人口的记录　据史书记载，明代以前，中国的人口都没有超过 6 000 万人，也就是说，明代以前中国农业生产最高只达到维持 6 000 万人生活的水平。近代学者对中国历史人口数量进行研究后，认为宋代人口的最高数量已达到并超过 1 亿人。如以这种算法为准，那么明代以前中国的农业生产充其量只达到养活 1 亿人口的水平。

到明清时期，中国的人口情况大为改观。据研究，明代的人口已达到 1 亿～2 亿人，清代则达到 3 亿～4 亿人。这表明明清时期的农业生产能力，远高于明代以前的各个时期。

若再从全国人均耕地面积来考察，则更能看出明清时期农业生产的发展。据历史记载和近人研究，西汉平帝元始二年（公元 2 年）人均耕地面积为 9.67 亩，唐玄宗开元十四年（726）为 27.03 亩，宋神宗元丰六年（1083）为 16.56 亩，而明代则为6～7亩，清乾隆三十一年（1766）为 3.56 亩，光绪十三年（1887）为 2.41 亩。这一事实反映出，明清时期中国人多地少的矛盾已十分尖锐，同时也说明明清时期养活一口人所需要的耕地远比汉唐时期要少，这就从另一个角度告诉我们，明清时期的农业生产水平有了明显提高。

3. 新产业部门的建立　明代以前，中国的传统农业是耕织结合、自给自足的小农经济，生产内容单一，生产范围狭小。明清时期，由于自然经济逐步解体、商品经济渗入农业生产，出现了一些新的产业部门，据初步统计，约有 12 个之多。这些新的生产部门包括植棉业、棉纺织业、桑秧业、桑叶业、柞蚕业、丝织业、烟草业、蔗糖业、养珠业、养蜂业、鱼苗业、海洋渔业、花卉业等，其中海洋渔业在东南沿海地区占有十分重要的地位。顾炎武在《天下郡国利病书》中说："海民生理半年生计在田，半年生计在海，故稻不收谓之田荒，鱼不收谓之海荒。"这些新的产业部门的建立，大大丰富了农业生产的内容，扩大了农业生产的范围，标志着明清时期农业生产的新发展。

4. 生态农业的创立　生态农业是一种对水、陆资源，动、植物资源综合利用，并使其在生产中相互联结成为一个有机整体的农业，同时也是以少量耕地求得高经济回报的一种农业经营方式，被现代科学肯定为有良好经济效益和生态效益的农业经营模式。这是中国传统农业中的一大创造，也是古代传统农业取得的一个重大成就，这种农业正是在明清时期建立起来的。其主要形式有苏南地区的粮—畜—鱼—果—菜综合经营，浙北地区的粮—畜—鱼—桑—蚕综合经营，以及珠江三角洲的桑鱼、果鱼、蔗鱼等综合经营。

二、对几个问题的看法

1. 怎样看待明清时期农具没有什么发展的问题　明清时期，农具确实没有什么发展；这个时期农业生产中所使用的工具，主要是明代以前创造的传统农具，这是客观的历史事实。通过对元代《王祯农书》、明代《农政全书》、清代《授时通考》中收录的农具和农业设施的粗略统计，可以发现：《王祯农书》收录 235 种，《农政全书》收录 184 种，《授时通考》收录 192 种；除《农政全书》中收录有西洋灌溉农具，《农政全书》和《授时通考》所收录的全是《王祯农书》中的农具和农业设施，没有什么新的创造。清代陈玉璂《农具记》，所收的农具也都是《王祯农书》中的农具。

农具没有发展，能说农业有发展吗？我们认为这是两个问题，尽管二者有联系。推动农业发展的条件是多方面的，除了农具，还有肥料、水利、品种、技术等因素，不能用农具有没有发展，作为衡量农业生产是否发展的唯一条件。

明清时期农具没有发展是有多方面原因的：其一，明代以前创造的传统农具，都是适应个体小农经营的农具，到明清时期，这些农具仍适应个体农民的经济水平，能满足农业生产的需要，没有客观上的需求，因而阻止了人们主观上的创造。其二，明代以前创造的农具，都是以人力、畜力、水力、风力为动力的铁木工具。农具的进一步发展是以蒸汽、电力为动力，以及使用合金钢和许多现代科学技术，这个条件在当时的中国是不存在的。同时，农田的零星分散，农民经济的贫困和缺少科学文化知识等原因，也阻碍着农具的改良。因此，明清时期农具没有发展，是受整个社会的经济、科学技术的发展水平制约的，不只是农业本身的问题。但一如上述，农具的停滞并没有阻碍这一时期农业的发展。

2. 如何看待明清时期的农业劳动生产率问题　明清时期，在中国的农业生产中，土地的生产率是相当高的，正如上文所述，这一时期的亩产量，不论是明代还是清代，都超过历史上的任何时期。但农业劳动生产率却是相当低的，就一个农业劳动力（实际是一个农户）所生产的粮食能养活的人口来说，据记载，战国时期，一个农业劳动力可养活5～9人（下农养5人，上农养9人）[①]；到农业生产最发达的清代，被称为全国农业最发达的太湖地区，其农业劳动生产率仍是如此，并没有什么提高，即一个壮夫可养活5～9人。靳辅在《生财裕饷第一疏》中说：

> 臣访之苏松嘉湖之民，知壮夫一丁，止可种稻田十二三亩，其岁收粒
> 米，肥地不过三十余石，瘠地亦可得二十石，以每人每日食米一升科之，
> 则三十余石者，可食九人，而二十石者，可食五六人。[②]

可见2 000多年来，中国的农业劳动生产率并没有提高，仍维持在大体同一水平上，唯一不同的是一夫可耕的土地面积不同，战国时一人可耕百亩（合69市亩），清代一人可耕12～13亩（市亩）。造成这一现象的原因，一是前者耕作比较粗放，后者比较精耕细作；二是明清时期存在着人多地少的矛盾，人均耕地相应减少。虽然后者的劳动生产率同前者几乎一样，但后者是在耕地减少了82%（即57亩）的条件下取得的，按照清代农民的生产能力，清代的劳动生产率还是可以提高的，但是由于客观条件的限制，束缚了农民的生产能力，影响了劳动生产率的提高。由此可见，影响中国古代农业劳动生产率的，除了个体农民本身的生产能力，

---

① 《礼记·王制》《孟子·万章下》《吕氏春秋·上农》。

② ［清］靳辅：《生财裕饷第一疏》，见［清］陆燿辑：《切问斋文钞》卷一五《财赋一》。

耕地的不足也是其中的一个重要因素。

三、明清时期中国农业在世界农业史上的地位

19 世纪以前，中国的农业科技和农业生产是世界上最先进和发达的，与西方的农业相比，可以说，毫不逊色。

16—17 世纪，西方国家普遍实行二圃制和三圃制。二圃制或叫二区轮作制，一半种植而另一半休闲，每年交换一次，土地利用率实际只达到 50％。三圃制也叫三区轮作制，三分之一的可耕地种植黑麦、小麦和冬大麦，还有三分之一种燕麦、大麦、混播牧草、某些豆类、豌豆以及巢菜，而剩下的那三分之一可耕地则休闲，它比二圃制进步，但土地的利用率也只有 66.6％。

16—17 世纪普遍使用的耕具是由 6～8 头牛来拉的轮犁，播种方式有撒播和穴播两种，但都是手工播种。脱粒用的是连枷。①

而这时中国已推行多熟种植，土地利用率已提高到 150％～300％；农具方面，使用的是一牛牵引的木犁和一牛牵引的耧车，脱粒时用连枷或用一头牲口牵引的滚石，技术上都比西方进步。

在产量方面，据有人估计，西欧各国的总产量约为 560 亿斤，而中国在明万历年间约为 696 亿市斤。美国的单位面积产量约为每英亩 9 蒲式耳，即每市亩 100 市斤②，中国则为 346 市斤，这个统计表明，16 世纪时，中国的农业并不比西方落后，一般来说还要高于西方，在亩产量方面和土地利用率方面，则是明显高于西方。

据英国学者亚·沃尔夫（Abraham Wolf）在科技史名著《十八世纪科学、技术和哲学史》中说，18 世纪时，西欧的耕作制才从二圃制、三圃制发展到诺福克轮作制，即四区轮作制，土地利用率从 50％、66.6％提高到 100％；农具方面，耕作农具从 6～8 头牛拉的轮犁发展到由二匹马拉动的木犁，播种农具从手工播种发展到畜力条播机。③ 18 世纪时，中国正值清代乾隆时期，当时中国已盛行多熟种植，土地利用率达到 150％、200％、300％；农业机械方面，使用一头牛拉的木犁耕地和一头牛牵引的条播机（耧车）播种。说明到 18 世纪时，中国的农业机械一点也没有落后于西方，且耕作制亦远比西欧先进。

---

① 〔英〕亚·沃尔夫：《十六、十七世纪科学、技术和哲学史》，周昌忠等译，商务印书馆，1991 年，522～526 页。

② 郝侠君等：《中西 500 年比较（修订本）》，中国工人出版社，1996 年，7 页。

③ 〔英〕亚·沃尔夫：《十八世纪科学、技术和哲学史》，周昌忠等译，商务印书馆，1991 年，586～592 页。

对于这一点，西方学者都有明确和肯定的回答。法国著名汉学家谢和奈在《中国社会史》中说："中国的农业于18世纪达到其发展的最高水平，由于该国的农业技术，农作物品种的多样化和单位面积的产量，其农业看来是近代农业科学出现以前历史上最科学和最发达者，……与此形成鲜明对照的是，同时代的许多欧洲地区的农业可能显得特别落后。"[①] 美国威斯康星大学经济系教授赵冈先生在《重新评价中国历史上的小农经济》一文中说："与欧洲比较，直到明清为止，中国的农业生产是最先进的，产量遥遥领先欧洲……比起欧洲的庄园制度，效率高出许多。"[②]

农业劳动生产率方面，在英国，一般一个农夫一年可耕120多亩地，年产12 000多斤；在中国，在农业比较发达的太湖地区，17世纪初一般一个农夫可耕12～13亩地，年产20～30石米，折合稻谷为4 500～6 750斤。农业劳动生产率明显不如西方，西方的农业劳动生产率高于中国，是因为农具比中国的先进吗？不是。是农业生产技术比中国的高明吗？不是。是西方的农夫比中国农夫勤劳吗？也不是，在这方面，中国并不比西方落后，至少处在同一水平线上。是什么原因造成西方的农民一人能耕120亩，中国的农民只能耕十二三亩，劳动生产率要低于西方呢？根本的原因是西方人少地多，中国人多地少，中国人均耕地要比西方少得多，由于影响劳动生产率的一个重要条件，即生产规模大小的不同，造成了西方的劳动生产率要高于中国的差异，西方人少地多，可耕地多，即使耕作粗放，广种薄收，其总产量也比人多地少条件下中国的精耕细作收获要多。

18世纪30年代至19世纪，西方发生工业革命，蒸汽机、电机等先后应用于生产，自然科学的发展及工业革命，为农业技术的改革带来了前所未有的契机，在动力、农机、农药、化肥等方面出现了蓬勃发展的趋势；而这时的中国，仍踯躅于手工操作的传统农业技术之中，相形之下，中国的传统农业被西方的近代农业远远抛在后面了。而这时正是1840年第一次鸦片战争以后，中国逐渐沦为半殖民地半封建社会之时。由此可见，明清时期的农业还是世界上最先进的农业，中国农业的落伍是在19世纪40年代以后。

上述事实说明，19世纪中叶中国农业的落后，是由封建统治的压迫、封建土地制度的剥削以及科学技术的落后造成的，即造成农业的落后是由于政治、经济、科学、文化等多方面的原因，而不是农业本身。对于这个问题，赵冈有一段很中肯的分析和评论，他说："中国没有自己发明农业机械、化学肥料、农药、杂交育种等农业科技，罪不在家庭农场（指小农经济，下同）之组织。即令在欧美，这些现代农业科技也都不是农户自己发明的。农业机械是内燃机发明后的产物；农药、化

---

① 〔法〕谢和奈：《中国社会史》，耿升译，江苏人民出版社，1995年，416～417页。
② 赵冈：《重新评价中国历史上的小农经济》，《中国经济史研究》1994年1期。

肥是实验室中产生的；杂交育种是达尔文及孟德尔等人的生物理论所引导出来的。中国传统社会中的学术导向与思维方式，不会发明这些事物的。我们不应归罪于农业生产组织，认为它是农业科学与技术落后停滞的罪魁祸首。"[①] 我们认为这一评价是客观的、公允的。

四、历史的告诫

明清时期近600年的农业生产，取得了辉煌的成就，也给我们留下了许多教训，其中人口问题和生态问题特别引人注目，发人深省，在这方面，历史给了我们难忘的告诫。

（一）人口的增长必须要与生产的增长协调发展，人口发展过快，就容易对生产、社会和环境产生消极的影响

人口，对于社会来说，好似一把双刃剑，一方面它是一种具有难以估量的创造潜能的生产力，人口的适度发展，对于改造自然、发展生产，能发挥巨大的作用；另一方面，它又是一个消费者，如果它发展过快，超过生产发展的速度，则将变成环境和社会的沉重负担，严重影响社会的发展。

明清时期，在清中叶以前，人口的发展大致能和生产发展的速度相一致，因而出现了生产发展、社会稳定、经济繁荣的局面。清中叶以后，人口发展失控，造成了一系列的社会矛盾。

1. 造成人、地比例失调，带来了耕地不足和生活水平下降的严重后果 明清时期，中国传统农业的生产水平，据当时人估计，维持一人的生活，大约需要耕地4亩。[②] 清代中期以前，人均耕地都在这个水准以上，清中期以后人均耕地开始降至这个水准以下，乾隆三十二年（1767）为3.72亩，嘉庆十七年（1812）为2.19亩（演变情况详见本卷第一章第二节），比维持生活所需的耕地数少了1.81亩，即下降了45％。

导致人均耕地减少的根本原因，就是清代中叶以后人口发展的失控。据记载，中国人口突破1亿大关是在乾隆六年（1741），乾隆三十年人口增长到2亿人，乾隆五十五年增长到3亿人，道光十五年（1835）增至4亿人，从乾隆六年到道光十五年，时间不到百年，人口整整增长了3倍。

而在乾隆十八年（1753）时，中国的耕地为70 811万清亩，合65 217万市亩；

---

① 赵冈：《重新评价中国历史上的小农经济》，《中国经济史研究》1994年1期。

② ［清］张履祥：《补农书》；［清］洪亮吉：《洪北江诗文集·卷施阁文甲集》。

道光年间（1821—1850）耕地为74 200万清亩，合68 338万市亩，近百年中，耕地增加了3 127万市亩，即增加不到4.8%。

人口增长的速度远远超过耕地增长的速度，就造成了人、地比例关系的失调和耕地严重不足的局面。

人均耕地减少所带来的一个直接的经济后果，就是人均粮食占有量的减少，生活水平的降低。据统计，乾隆十八年（1753）时，人均粮食占有量为1 152市斤，至道光十三年（1833）时降为532市斤，下降53.8%。

清中叶以后人均粮食占有量

年代	人均耕地面积（市亩）	人均粮食占有量（市斤）	人均粮食占有量比1753年减少的比例（%）
乾隆十八年（1753）	3.14	1 152	—
乾隆三十一年	2.94	1 079	6.3
乾隆四十九年	2.08	763	33.8
嘉庆十七年（1812）	1.71	628	45.5
道光二年（1822）	1.59	584	49.3
道光十三年	1.45	532	53.8

资料来源：吴慧《中国历代粮食亩产研究（增订再版）》，中国农业出版社，2016年，194～195页。

另外，有的学者根据清代不同时期的垦田数、亩产量、粮地比例、人口数等推算了清代小农人均粮食的占有量，也发现有逐年下降的趋势。

清代小农人均粮食占有量的变化

年代	1671年	1724年	1743年	1766年	1788年	1812年	1823年
农民人均占有量（石）	8.0	7.0	6.0	4.8	3.4	3.0	2.5

资料来源：李向军《中国救荒史》，广东人民出版社，1996年，134页。

这些学者由于各人所据的资料和计算的方法不同，因而得出的具体数字也不一样，但有一点是共同的，即清代中叶以后，随着人口数量的不断增加，人均占有的粮食数量是不断下降的。这个结论是相同的。

不要把这些数字仅看成是学者的统计结果。事实上，当时上自皇帝下至百姓，关于人地矛盾已有察觉。康熙末年，康熙帝说："今岁不特田禾大收，即芝麻棉花皆得丰收，如此丰年而米粟尚贵，皆由人多故耳。"[①] 后来，乾隆帝进一步说："朕

---

① 《清圣祖实录》卷二五六，康熙五十二年十月丙子。

恭阅《圣祖仁皇帝实录》，康熙四十九年民数二千三百三十一万二千二余名口。因查上年各省奏报民数，共三万七百四十六万七千二百余名口，较之康熙年间计增十五倍有奇，……以一人耕种而供十数人之食，盖藏已不能如前充裕。且民户既日益繁多，则庐舍所占田土不啻倍蓰，生之者寡，食之者众，于闾阎生计诚有关系。"① 又说："今日户口日繁，而地不加增，穷民资生无策。"② 士大夫对此更是一再惊呼，乾隆时郭起元在《上大中丞周夫子书》中说："今日户口日蕃，而地不加增，民以日贫。"③ 道光咸丰年间，汪士铎说："山顶已殖黍稷，江中已有洲田，川中已辟老林，苗洞已开深菁，犹不足养，天地之力穷矣。"④ 所有这些言论，都反映了人口发展过快所造成的耕地不足、生活水平下降的社会现实。

2. 造成人浮于地、流民增加和社会动荡的后果 流民，实际上就是因缺乏生活资料而离乡背井外出找寻生活出路的流动人口。《明史》说："年饥或避兵他徙者曰流民。"⑤ 清人说："流民者，饥民也"，因"饥馑荐臻，本乡无可觅食，有不得不转徙他方者"。⑥ 都是对流民性质的说明。流民问题并不是明清时期才有的，只是到了明清时期由于土地兼并的加剧、自然灾害的频繁、人口增长的加速，才变得越来越严重，到明代中叶已成为一个严重的社会问题，流民人数达到几十万、几百万之多。

明代流民数量统计

时期	流民数（户）
永乐时期	125 091
宣德时期	76 896
正统时期	458 849
景泰时期	47 508
天顺时期	502 543
成化时期	2 526 955
弘治时期	284 489

注：其中部分资料系人口数，为统一起见，按五口折一户计算。

资料来源：《明实录》。

① 《清高宗实录》卷一四四一，乾隆五十八年十一月戊午。文中，乾隆帝将丁、口对比，是一种粗心的失误。

② 《乾隆朝圣训》卷二〇〇。

③ ［清］郭起元：《介石堂集》卷八《上大中丞周夫子书》。

④ ［清］汪士铎：《乙丙日记》卷三。

⑤ 《明史》卷一七《食货志一》。

⑥ ［清］贺长龄、魏源编：《清经世文编》卷四一。

清代中叶以后流民的情况也是十分严重的，往往都是成千上万的流亡，下表所列只是当时的一些例子，但也可以看出其严重程度。

清中叶后流民示例

年代	逃亡地区	人数	资料出处
乾隆五十五年（1790）	广东沿海岛屿	16 731 户	《大清会典》卷一三四
乾隆五十七年	山东海岛	20 000 口	《大清会典》卷一三四
嘉庆十四年（1809）	台湾	42 890 余丁	《清朝续文献通考》卷三〇
嘉庆十五年	吉林	1 459 户	《清朝续文献通考》卷三〇
	长春	6 953 余户	《清朝续文献通考》卷三〇
道光二年（1822）	浙江宁波台州	2 400 余户	《清道光朝实录》卷四七
道光九年	淮北	1 000 余名	［清］包世臣《安吴四种》卷七

资料来源：郭蕴静《清代经济史简编》，河南人民出版社，1984 年，263 页。

流民的增多，归根到底是由政治、经济矛盾的加剧所酿成的，而人口增长的失控使这一社会问题更为严重。这一庞大的流民群，常常会变成社会的不安定因素。有的学者研究认为，"在中国古代历史上，大规模的农民起义和封建战乱大都发生于人口压力十分严重之时"，并认为人口增长"对于农民起义和许多战乱的爆发，都是有密切关系的"。①

明清时期，人口问题所导致的另一个严重后果，就是诱发了农民战争。明末李自成起义正处于明代人口的高峰（1 亿人），清代的白莲教起义、天理教起义和太平天国革命也都是处于清代人口的高峰（4 亿人）之时，从这些农民起义和农民革命提出的口号来看，也无不与土地有关。明末李自成农民起义提出的口号是"均田免粮"，清嘉庆时白莲教起义提出了"按税授田"的主张，天理教也同样以解决土地问题相号召，太平天国革命更制定了一套完整的《天朝田亩制度》，其核心就是废除封建土地制，重新平均分配土地。这些都和人口增长造成人多地少的社会矛盾有直接或间接的关系。由此可见，人口增长的失控还会带来更严重的后果，造成社会动荡和政治危机。

3. 造成滥围、滥垦和生态破坏的后果　人口骤增，耕地不足，缺地少地的农民不得不寻求荒地开垦，以求生计。在平原地区土地已被开垦殆尽再难插足的情形下，解决土地问题的出路只有两条：一是向边疆地区发展，开垦边疆；一是向山区和湖区发展，开山造地，围湖为田，而这些地区都是"水淹、沙壅、石多、土薄之

---

① 王渊明：《历史视野中的人口与现代化》，浙江人民出版社，1995 年，54 页。

区，虽用人工，难兴地利"①，盲目开垦又导致了水土流失、水旱灾害的加剧，亦即导致了生态的破坏。

（二）对土地的开垦应以不破坏生态为前提，盲目、过度的开垦必然会造成生态的破坏，最终将受到自然的惩罚

明清时期土地的垦殖，其规模是历史上最大的，成绩也是历史上最显著的。但是，由于开垦的盲目性、短视性和掠夺性，其消极的影响也是很大的，突出的表现就是破坏了生态环境，因而不断受到大自然的惩罚，这是明清时期农业对后世的第二个告诫，也是我们应该认真吸取的历史教训。

1. 开山造田造成的危害 明清时期对山区的开垦，虽然开出了不少土地，使不少贫苦农民获得了一个聊以维持生命的生存空间，但也带来了严重的危害。

（1）造成了山区的水土流失。山区开垦以前，有天然的草木等植被生长。草木既能涵养水源，又能覆盖保护土壤不致流失。开垦以后，原有植被消失，土壤裸露又被垦松，必然造成水土流失的后果。梅曾亮在《记棚民事》中深刻地指出了这方面的危害，可谓一针见血，他说：

> 皆言未开之山，土坚石固，草树茂密，腐叶积数年，可二三寸。每天雨，从树至叶，从叶至土石，历石罅滴沥成泉，其下水也缓，又水下而土不随其下。水缓，故低田受之不为灾；而半月不雨，高田犹受其浸溉。今以斤斧童其山，而以锄犁疏其土，一雨未毕，沙石随下，奔流注壑涧中，皆填圩，不可贮水，毕至洼田中乃止；及洼田竭，而山田之水无继者。是为开不毛之土，而病有谷之田；利无税之佣，而瘠有税之户也。②

（2）造成了河湖及下游农田的淤塞。山上冲刷下来的泥沙砾石，沿溪涧而下，直奔河湖和下游农田，致使河湖受堵、农田被淤，为害远远超出山区的水土流失。光绪湖南《攸县志》卷五四载：

> 山既开挖，草根皆为锄松，遇雨浮土入田，田被沙压，……甚且沙泥石块渐冲渐多，涧溪淤塞，水无来源，田多苦旱，……小河既经淤塞，势将沙石冲入大河，节节成滩，处处浅阻，旧有陂塘或被冲坏，沿河田亩，或坍或压。

这说明垦山造田，既为害山区，又为害山下平原。

（3）破坏了山区的生物资源。开山造田，不仅毁坏了山区的植物资源，而且也影响到以山林为依托的禽兽的栖息和生存，许多动植物资源因此而消失，造成了不

---

① ［清］曹一士：《请核实开垦地亩疏》，见［清］贺长龄、魏源编：《清经世文编》卷三四。
② ［清］梅曾亮：《柏枧山房文集》卷一〇《记棚民事》。

可弥补的损失。

乾隆《庆阳府志》载：

> 昔吾乡合抱参天之大木，林麓连亘于五百里之外，虎豹獐鹿之属得以接迹于山薮。虽去旧志才五十余年尔，今椽檩不具，且出薪于六七百里之远，虽狐兔之甚少，徒无所栖矣。

同治《郧阳府志》载：

> 昔年林丛菁密，家畜而外，毛羽之属种类甚繁。今则人逼禽兽，凡锦鸡、白鹇、虎、豹、狐狸、豺、狼皆失所藏。

同治《竹溪县志》卷一五载：

> 在昔荒山丛杂，兽类颇多，今山木伐尽，亦不多见焉。

最典型的例子，就是明清时期虎患的加剧。这是人类开山造田、过度开发山区，破坏了虎的栖息和觅食场所，迫使老虎转向袭击人畜以求生存所造成的，这一点已为学者所明确指出。[①] 据统计，明清时期，仅东南地区所发生的虎患就高达514次，是此前1 000年该地区发生虎患次数的85倍，其中死伤百人以上的虎患有31次，死伤最多时，高达千人以上。[②] 开山造田又形成了人虎之间争取生存空间的殊死斗争，给人类自身带来了严重的祸患，这是人们所始料未及的。这些记载说明，开山造田对生物资源来说无疑是一场浩劫；而生物资源受到的破坏，反过来又危害和影响到人类自身的生存。

上述所说的开山造田的种种危害，不是一时一地，凡有开山造田之处，必有此种危害存在。

在浙江，光绪《乌程县志》卷三五载：

> 种包谷三年，则石骨尽露，山头无复有土矣。山地无土，则不能蓄水，泥随而下，沟渠皆满。水去泥留，港底填高，五月间，梅雨大至，山头则一泻靡遗。卑下之乡，泛滥成灾，为患殊不细。

在陕西，道光陕西《石泉县志》卷一《地理》载：

> 山中开垦既遍，每当夏秋涨发之际，洪涛巨浪，甚于往日。下流壅塞，则上流泛滥，沿江居民沉灶产蛙，亦其常矣。

在湖北，同治《房县志》卷四载：

> 山地之凝结者，以草树蒙密，宿根蟠绕，则土坚石固。比年来开垦过

---

① 刘正刚：《明清东南沿海地区虎患考述》，《中国社会经济史研究》2001年2期。刘正刚：《明清闽粤赣地区虎灾考述》，《清史研究》2001年2期；刘正刚：《明末清初西部虎患考述》，《中国历史地理论丛》2001年4期；闵宗殿：《明清时期东南地区的虎患及其相关问题》，《古今农业》2003年1期。

② 闵宗殿：《明清时期东南地区的虎患及其相关问题》，《古今农业》2003年1期。

多，山渐为童，一经霖雨，浮石冲动，划然下流，沙石交淤，洞溪填溢，水无所归，旁啮平田，土人竭力堤防，工未竣而水又至，熟田半没于河洲，而膏腴之壤竟为石田。

在安徽，嘉庆《宁国府志》载：

> 皖北人寓宁，赁山垦种苞芦（玉米），谓之棚民。其山既垦，不留草木，每值霖雨，蛟龙四发，山土崩溃，沙石随之，河道为之壅塞，坝岸为之倾陷，桥梁为之坠圮，田亩为之淹涨。

在江西，乾隆《武宁县志》卷一〇载：

> 棚民垦山，深者至五六尺，……然大雨时行，溪流堙淤，十余年后，沃土无存，地力亦竭。今太平山、大源洞、果子洞诸处，山形骨立，非数十年休息不能下种。

众多的方志记载，说明明清时期开山造田遍及山区各省，而开山造田所造成的危害也是志不绝书，是十分触目惊心的。

2. 围湖造田造成的危害　江滨湖边常有泥沙淤积，适度开垦这些自然淤积的土地，既有利于扩大耕地面积，发展农业生产，又不会危及江湖蓄洩调节洪水的功能，不失为利国利民之举。从春秋战国时期开始，中国已有利用江湖滩地的记载。然而，到了宋代，中国的土地利用，从开垦江湖自然形成的滩地发展到人工大量围垦江湖，与水争地，从而造成了大量湖泊堙废、水生资源破坏、水旱灾害加剧、农田失收、国家失赋、航运失调、修复湖泊费用增加、社会矛盾增多等一系列严重后果。[①]　这本是后代应认真吸取的沉痛教训。不幸的是，明清时期为了扩大耕地，又不顾江湖运行的客观规律，在两湖地区的江汉—洞庭平原进行掠夺式的大围垦，不仅开垦自然淤积的江湖滩地，而且人为地堵江填湖，出现了"数亩之塘亦培土改田，一湾之涧亦截流种稻"[②] 的局面，重蹈历史的覆辙，再一次受到了大自然的惩罚。

明清时期两湖地区江汉—洞庭平原的围湖造田，是自宋代以来第二次滥围江湖、与水争地，危害很大，教训十分深刻。

（1）江河被围，水面缩小，湖塘被填，蓄泄无着，水系紊乱，生态破坏。明清时期，特别是到了清代，由于对江湖滥围、滥垦的加剧，许多中小湖泊从地面上消失了。例如江陵的东湖、红马、三湖、大军、永丰、台湖、玉藻、打不动，天门的莱子、老鹳、岳港、龙潜、上帐、下帐、陡湖、河湖、双湖、石泉、烂泥、三角、

---

① 闵宗殿：《两宋东南围湖——一个不能忘却的历史教训》，《平准学刊》第 4 辑上册，光明日报出版社，1989 年，121～138 页。

② ［清］杨锡绂：《请严池塘改田之禁疏》，见［清］贺长龄、魏源编：《清经世文编》卷三八《户政·农政》。

龚家，松滋的谢家、杜家、张伯、天鹅，汉川的泽湖、龙东、段庄、汪泗、台湖等湖泊，都因在这个时期被围垦成田而先后消失了。[1] 江汉湖区的水面面积由全盛时期的26 000千米^{2}缩小至清末的1 000千米^2，洞庭湖水面仅 1826—1896 年的 70 年间，就缩小近 600 千米^2。[2] 水面的缩小和湖泊的埋废，其直接后果是江湖蓄泄功能的破坏和灌溉效益的丧失，致使洪无处泄、旱无水灌，加剧了水旱灾害。

（2）洪涝灾害加剧。围湖造田，湖泊埋废，带来的另一个后果是洪涝灾害的加剧。据张国雄统计，清代 268 年中，江汉—洞庭平原共发生水灾 181 次，其中顺治至嘉庆的 177 年中共发生水灾 87 次，每百年 49 次；而道光至宣统的91年中共发生水灾94次，每百年 103 次，比顺治至嘉庆年间的频率提高 1 倍多，反映了清代后期洪涝愈来愈严重的趋势。

清代江汉—洞庭平原的水灾

时期	年数	水灾次数	水灾频率（次/百年）
顺治—雍正时期（1644—1735）	92	46	50
乾隆—嘉庆时期（1736—1820）	85	41	48
道光—宣统时期（1821—1911）	91	94	103
合计	268	181	67.5

资料来源：张国雄《明清时期的两湖移民》，陕西人民教育出版社，1995 年，226 页。

对于灾害的情况，相关文献中也有记载。清代李祖陶在《东南水患论》中说："（长江）数十年以前，水患未剧，近岁则频频告灾，无异于河"，"大江两岸，处处围地为田，与水争地，故致横溃四出而不可止"。[3] 灾害的情况是十分严重的，乾隆八年（1743）江堤溃决，"水势直抵荆州城外，数百里平畴顿成巨浸；五州县田庐半沉锅底，……老弱者淹死波臣，少壮者露栖林木，号泣之声，彻于遐尔，凄惨之状，不忍见闻"[4]。宣统年间，江汉堤荆门沙洋段决溃，十余州县被灾，"所有受灾之区，一片汪洋，数里不见烟火。灾民有生食野兽之肉者，有掘泥果腹致毙者，有掘挖树皮草根以济急者，令人不忍目睹"[5]。生命财产的损失是难以计算的。正如乾隆时人湖北巡抚彭树葵所说："人与水争地为利，以致水与人争地为殃。"[6]

---

① 张国雄：《明清时期的两湖移民》，陕西人民教育出版社，1995 年，218 页。

② 张建民：《明清农业垦殖论略》，《中国农史》1990 年 4 期。

③ ［清］李祖陶：《东南水患论》，见［清］盛康辑：《清经世文续编》卷九六。

④ 乾隆《湖北安襄郧道水利集案》下卷。

⑤ 《国风报》第二年第十二期《中国纪事》，6～7 页，宣统三年五月初一日，转引自李文治：《中国近代农业史料 第 1 辑 1840—1911》，生活·读书·新知三联书店，1957 年，731 页。

⑥ 《清史稿》卷一二九《河渠四》。

当然，江汉—洞庭平原的洪涝灾害，同上游垦山造田而致水土流失、造成江湖淤积有关。但不能否认，滥围滥垦也是造成这一地区洪涝灾害频繁的重要原因。

3. 滥垦草原造成的危害 明清时期滥垦草原造成生态破坏和生产破坏，典型例子是河套鄂尔多斯高原的垦殖。鄂尔多斯高原自古以来是牧区，土壤是疏松的黄土母质，由于处于干旱和半干旱的自然环境下，生态环境十分脆弱。清代中后期，由于对这一地带进行过度开垦，加上耕作粗放，致使一些本不是沙漠的地区出现了以风沙活动为主要特征的、类似沙质荒漠的环境退化。

鄂尔多斯高原的南端即陕北地区（明长城以南地区），在明代中叶并没有土地沙漠化，水草资源还是相当丰富的。据明嘉靖《宁夏新志》记载，明筑边墙"盖不专于扼塞而已。谓虏逐水草以为生者，故凡草茂之地，筑之于内，使虏绝牧；沙碛之地，筑之于外，使虏不庐"，表明其时长城以南地区尚未沙化。

清初，这一地区被定为被禁垦的"黑界地"，生态也无多大变化。康熙三十六年（1697）开始放垦"黑界地"，以后放垦的范围越来越大，进入套区开垦的汉民越来越多，形成对套区的大规模开垦。据清道光《榆林府志》记载，在明长城沿线的榆林、横山、神木、府谷四县，在长城内的村庄有3 300个，长城外的"伙盘"也有1 515个。所谓"伙盘"，是指定例春出冬归，在长城外垦荒种地的汉民所修建的伙聚盘踞地。由此可见当时开垦规模的一斑。

大量的开垦，严重地破坏了当地的生态环境，导致了土地的沙漠化。当时的一些地方志对此有清楚的记载。

《榆林县志·艺文》载有清代刘涛的《题榆林》诗，其中"城悬紫塞云常惨，地拥黄沙草不生"一句，反映了土地沙漠化已扩大到榆林。该县城北面的药王庙因流沙逼迫不得不迁往东山。清人宋谦有诗描绘了当地形成的新月形沙丘链的景观："大漠飙风起，长堤尽拥沙，迥形山有迹，飘逐浪生花。"这是因沙漠化扩大而出现的一种景象。

《靖边县志·艺文》卷四载有一篇县令丁锡奎的奏章，其中说：

> 陕北蒙地，远逊晋边，周围千里，大约明沙、扒拉、碱滩、柳勃居十之七八，有草之地仅十之二三。明沙者，细沙飞流，往往横亘数十里；扒拉者，沙滩陡起，忽高忽低，累万累千，如阜如坑，绝不能垦；碱滩者，低平之地，土粗味苦，非碱即盐，百草不生；柳勃者，似柳条而丛生，细如人指，长仅三五尺，夏发冬枯，蒙人藉以围墙，并作柴烧，但连根盘错，其地也不能垦。

说明靖边县也已沙漠化，垦无可垦，牧也难牧。

《神木乡土志·边外属地疆域》卷一说：

> 疆域虽广，而近边数十里间，半成不毛之地，登高一望，平沙无垠，

惟有河之处，资水灌田，房民尚多。此外间有可耕者，即为沙漠田（边外
有沙漠田者，能生黄蒿，俗名沙蒿。生既密，频年落叶于地，籍以肥田。
如是，或六七年，或七八年，蒿老而地可耕矣。然仅种黍两年，两年后复
令生蒿，互相辗转，至成黄沙而止）。又有名为滩地者，地质潮润，能产
五谷，但周围隆起，无出水之道，猝有淫雨，即一片汪洋矣。

此时神木亦已受到流沙的严重威胁，耕地已经退化。

《清水河厅志·户口》卷三四说，"（当地）所垦熟地，或被风刮，或被水冲"，
沙漠化已扩大到清水河，以致在当地垦田的山西偏关、平鲁农民，因土地无法种
植，"弃地逃回原籍"。

曾国荃在奏疏中讲到清水河北面的托克托城和和林格尔因开垦造成沙化情形时
说："从前，开垦之始，沙性尚肥，民人渐见生聚，迨至耕耨既久，地力渐衰，至
咸丰初年，即有逃亡之户。"①

上面所举虽只是目前所见到的部分材料，但亦可说明，由于大量开垦草原，到
清晚期，土地沙漠化已扩大到明长城南侧沿线了。

河套地区的开垦，并没有出现土地沙化，例如宁夏银川地区的西套，内蒙古临
河、五原的后套，以及内蒙古土默特右旗的东套，都没有因开垦而沙漠化，而沿长
城地区开垦却出现了沙化。究其原因，前者利用黄河水发展了灌溉农业，而后者根
本没有这个条件。由此可见，在自然条件和技术条件都不具备的草原地区，如果只
图眼前利益，或者提倡牧区实现粮食自给，从而大肆开垦，沙漠化就是必然的
结局。

世纪伟人毛泽东说："历史的经验值得注意。"这些用无数生命和生态代价换来
的历史告诫值得我们永远牢记不忘。

---

① ［清］曾国荃：《曾忠襄公奏议》卷一〇《查明和托两厅遗粮无法招佃请予豁免疏》。

参考文献

一、古籍史料（以分类为序）

《明史》   《清朝续文献通考》

《明实录》   《大清会典》

《明会典》   《大清会典事例》

《明会要》   《清经世文编》

《续文献通考》   《清经世文续编》

《明经世文编》   《清经世文编补》

《皇明经济文录》   《大清律例》

《明律集解附例》   《大清律例通考》

《清史稿》   《清朝通志》

《清实录》   雍正朱批谕旨

《东华录》   乾隆朝圣训

《东华续录》   皇朝道咸同光奏议

《清朝文献通考》   皇清名臣奏议

《农政全书》	［明］徐光启	《潞水客谈》	［明］徐贞明
《便民图纂》	［明］邝璠	《国脉民天》	［明］耿荫楼
《救荒本草》	［明］朱橚	《宝坻劝农书》	［明］袁黄
《群芳谱》	［明］王象晋	《农说》	［明］马一龙
《稻品》	［明］黄省曾	《沈氏农书》	［明］沈氏
《蚕经》	［明］黄省曾	《元亨疗马集》	［明］喻本元、喻本亨
《养鱼经》	［明］黄省曾	《闽中海错疏》	［明］屠本畯
《鸽经》	［明］张万钟	《异鱼图赞闰集》	［明］胡世安
《常熟水利全书》	［明］耿橘	《致富奇书》	［明］陶朱公
《浙西水利全书》	［明］姚文灏	《授时通考》	［清］乾隆命内廷词臣编成
《河防一览》	［明］潘季驯	《补农书》	［清］张履祥

《豳风广义》	〔清〕杨屾	《木棉谱》	〔清〕褚华
《浦泖农咨》	〔清〕姜皋	《水蜜桃谱》	〔清〕褚华
《农言著实》	〔清〕杨秀沅	《植物名实图考》	〔清〕吴其濬
《江南催耕课稻编》	〔清〕李彦章	《花镜》	〔清〕陈淏子
《金薯传习录》	〔清〕陈世元	《烟草谱》	〔清〕陈琮
《治蝗传习录》	〔清〕陈世元	《湖蚕述》	〔清〕汪曰桢
《三农纪》	〔清〕张宗法	《蚕桑萃编》	〔清〕卫杰
《马首农言》	〔清〕祁隽藻	《广行山蚕檄》	〔清〕陈宏谋
《沂水桑麻话》	〔清〕吴树声	《樗茧谱》	〔清〕郑子尹
《修齐直指》	〔清〕杨屾著、齐倬注	《柞蚕简法》	〔清〕童祥熊
《区田试种实验图说》	〔清〕冯绣	《捕蝗要诀》	〔清〕钱炘和序刊
《农圃便览》	〔清〕丁宜曾	《捕蝗汇编》	〔清〕陈僅
《农桑经》	〔清〕蒲松龄	《捕蝗全法》	〔清〕顾彦
《抚郡农产考略》	〔清〕何刚德	《海错百一录》	〔清〕郭柏苍
《耕心农话》	〔清〕奚诚	《然犀志》	〔清〕李调元
《救荒简易书》	〔清〕郭云陞	《蜂衙小记》	〔清〕郝懿行
《农学合编》	〔清〕杨巩	《哺记》	〔清〕黄百家
《租覈》	〔清〕陶煦	《鸡谱》	〔清〕佚名
《知本提纲》	〔清〕杨屾	《畿辅河道水利丛书》	〔清〕吴邦庆
《棉花图》	〔清〕方观承	《筑圩图说》	〔清〕孙峻
《甘薯录》	〔清〕陆耀	《畿辅水利议》	〔清〕林则徐
《野菜博录》	〔清〕鲍山		
《广志绎》	〔明〕王士性	《辍耕录》	〔明〕陶宗仪
《天工开物》	〔明〕宋应星	《大学衍义补》	〔明〕丘濬
《七修类稿》	〔明〕郎瑛	《震泽编》	〔明〕王鏊
《客座赘语》	〔明〕顾起元	《涌幢小品》	〔明〕朱国祯
《本草纲目》	〔明〕李时珍	《多能鄙事》	〔明〕刘基
《海槎余录》	〔明〕顾岕	《宋氏养生部》	〔明〕宋诩
《野史》	〔明〕王道隆	《物理小识》	〔明〕方以智
《毛诗草木鸟兽虫鱼疏广要》	〔明〕毛晋	《救荒图说》	〔明〕钟化民
《山堂肆考》	〔明〕彭大翼	《菽园杂记》	〔明〕陆容
《四友斋丛说》	〔明〕何良俊	《戒庵老人漫笔》	〔明〕李诩
《西吴枝乘》	〔明〕谢肇淛	《图书编》	〔明〕章潢
《豫变纪略》	〔明〕郑廉	《南中纪闻》	〔明〕包汝楫
《吴兴掌故集》	〔明〕徐献忠	《留青日札》	〔明〕田艺蘅
《颐素堂丛书》	〔明〕顾禄	《遵生八笺》	〔明〕高濂
《西园闻见录》	〔明〕张萱	《霍渭厓家训》	〔明〕霍韬
《景岳全书》	〔明〕张介宾	《水东日记》	〔明〕叶盛
《曼衍斋草》	〔明〕庄元臣	《五杂俎》	〔明〕谢肇淛
《东城杂志》	〔明〕厉鹗	《松窗梦语》	〔明〕张瀚

《闽书》	［明］何乔远	《心政录》	［清］雅尔图
《云间据目抄》	［明］范濂	《竹如意》	［清］马国翰
《霍文敏公全集》	［明］霍韬	《杨氏全书》	［清］杨名时
《清江贝先生全集》	［明］贝琼	《桑梓述闻》	［清］傅玉书
《杨文弱先生全集》	［明］杨嗣昌	《松郡娄县均役要略》	［清］李复兴
《匏翁家藏集》	［明］吴宽	《宦游纪略》	［清］高廷瑶
《海瑞集》	［明］海瑞	《问俗录》	［清］陈盛韶
《茅鹿先生文集》	［明］茅坤	《临汀考言》	［清］王简庵
《何翰林集》	［明］何良俊	《广东新语》	［清］屈大均
《林次崖文集》	［明］林希元	《秦疆治略》	［清］卢坤
《徐文长文集》	［明］徐文长	《石渠余纪》	［清］王庆云
《弇州山人稿》	［明］王世贞	《灾赈全书》	［清］杨西明
《太函集》	［明］汪道昆	《南荣集》	［清］熊人霖
《升庵外集》	［明］杨慎	《古今图书集成》	［清］陈梦雷、蒋廷锡
《徐光启手迹》	［明］徐光启	《三省边防备览》	［清］严如熤
《明况太守治苏政绩全集》	［明］况钟	《畿辅闻见录》	［清］黄可润
《李湘洲文集》	［明］李腾芳	《黔南识略》	［清］爱必达
《堵文忠公集》	［明］堵允锡	《闽杂记》	［清］施鸿保
《天下郡国利病书》	［清］顾炎武	《岭南杂志》	［清］吴震方
《日知录》	［清］顾炎武	《南丰风俗物产志》	［清］鲁琪光
《蕲黄四十八砦纪事》	［清］王葆心	《日下旧闻考》	［清］于敏中等
《切问斋文钞》	［清］陆耀	《罪惟录》	［清］查继佐
《洪北江诗文集》	［清］洪亮吉	《五山志林》	［清］罗天尺
《燕京岁时记》	［清］富察敦崇	《昭代丛书》	［清］张潮
《南越笔记》	［清］李调元	《潜书》	［清］唐甄
《乙丙日记》	［清］汪士铎	《漫游随笔》	［清］王韬
《安吴四种》	［清］包世臣	《荒书》	［清］费密
《北欧诗抄》	［清］赵翼	《雷塘庵主弟子记》	［清］张鉴
《李煦奏折》	［清］李煦	《一斑录》	［清］郑光祖
《阅世编》	［清］叶梦珠	《食宪鸿秘》	［清］朱彝尊
《履园丛话》	［清］钱泳	《调鼎集》	［清］佚名
《太湖备考》	［清］金友理	《紫桃轩杂缀》	［清］李日华
《清嘉录》	［清］顾禄	《维西见闻录》	［清］余庆远
《粤中见闻》	［清］范端昂	《四川土夷考》	［清］谭希思
《吴趋风土录》	［清］顾禄	《从军杂记》	［清］方观承
《广阳杂记》	［清］刘献廷	《入塞囊中集》	［清］夏之璜
《湖雅》	［清］汪曰桢	《圣武记》	［清］魏源
《湖南方物志》	［清］黄本骥	《蒙古游牧记》	［清］张穆
《东海小志》	［清］李调元	《台湾使槎录》	［清］黄叔璥
《伯利探路记》	［清］曹廷杰	《治河方略》	［清］靳辅
《恒产琐言》	［清］张英	《续行水金鉴》	［清］黎世序等

《东三省政略》	［清］徐世昌
《西域闻见录》	［清］椿园
《闽小记》	［清］周亮工
《闽产录异》	［清］郭柏苍
《国朝画征录》	［清］张庚
《蚓庵琐语》	［清］王逋
《思辨录辑要》	［清］陆思仪
《皇朝琐屑录》	［清］钟琦
《皇朝畜艾文编》	［清］于宝轩
《滇海虞衡志》	［清］檀萃
《玉堂荟记》	［清］杨士聪
《柏枧山房文集》	［清］梅曾亮
《曾忠襄公奏议》	［清］曾国荃
《杨园先生全集》	［清］张履祥
《于清端公政书》	［清］于成龙
《三鱼堂外集》	［清］陆陇其
《养一斋文集》	［清］李兆洛

《四知堂文集》	［清］杨锡绂
《方望溪全集》	［清］方苞
《棣怀堂随笔》	［清］李象鹍
《郑板桥集》	［清］郑燮
《魏叔子文集》	［清］魏禧
《清风堂文集》	［清］曾王孙
《培远堂偶存稿》	［清］陈宏谋
《陶文毅公全集》	［清］陶澍
《赐葛堂文集》	［清］岳震川
《丰川续集》	［清］王心敬
《左宗棠全集》	［清］左宗棠
《魏源集》	［清］魏源
《谭文勤公奏稿》	［清］谭钟麟
《童山文集补遗》	［清］李调元
《斯未信斋文编》	［清］徐宗干
《尹少宰奏议》	［清］尹会一

《大明一统志》	道光《广宁县志》
嘉庆《重修大清一统志》	雍正《井陉县志》
乾隆《乐亭县志》	嘉庆《三台县志》
道光《南宫县志》	康熙《永平府志》
万历《河间府志》	光绪《望都县乡土图说》
乾隆《宝坻县志》	康熙《临汾县志》
嘉靖《雄乘》	民国《太谷县志》
同治《续天津县志》	康熙《阳曲县志》
民国《静海县志》	雍正《永安县志》
光绪《南乐县志》	光绪《应城县志》
万历《沧州志》	乾隆《盛京通志》
光绪《元氏县志》	康熙《盛京通志》
民国《满城县志略》	民国《奉天通志》
乾隆《天津县志》	光绪《吉林通志》
光绪《天津府志》	嘉靖《陕西通志》
光绪《正定县志》	万历《陕西通志》
乾隆《安肃县志》	雍正《陕西通志》
嘉庆《束鹿县志》	民国《陕西通志稿》
乾隆《无极县志》	道光《榆林府志》
光绪《保定府志》	乾隆《周至县志》
乾隆《盐亭县志》	光绪《靖边县志》
康熙《永年县志》	弘治《延安府志》
光绪《续修邢台县志》	乾隆《延长县志》

道光《神木县志》

乾隆《三原县志》

嘉靖《固原州志》

光绪《甘泉县乡土志》

道光《西乡县志》

道光《宁陕厅志》

嘉庆《汉阴厅志》

光绪《定远厅志》

弘治《宁夏新志》

嘉靖《宁夏新志》

宣统《新疆图志》

民国《新疆志略》

光绪《轮台县乡土志》

光绪《沙雅县乡土志》

嘉靖《山东通志》

万历《山东通志》

雍正《山东通志》

宣统《山东通志》

康熙《日照县志》

康熙《日照县续志》

万历《青州府志》

道光《青州府志》

咸丰《青州府志》

隆庆《兖州府志》

乾隆《兖州府志》

道光《胶州府志》

乾隆《曹州府志》

万历《东昌府志》

道光《济南府志》

光绪《肥城县乡土志》

民国《临沂县志》

光绪《菏泽县志》

乾隆《历城县志》

同治《黄县志》

顺治《登州府志》

道光《章丘县志》

道光《胶州府志》

乾隆《泰安县志》

嘉庆《寿光县志》

康熙《齐东县志》

乾隆《平原县志》

康熙《江南通志》

洪武《苏州府志》

康熙《苏州府志》

乾隆《苏州府志》

正德《姑苏志》

嘉靖《姑苏志》

万历《松江府志》

崇祯《松江府志》

康熙《常州府志》

嘉庆《江宁府志》

万历《承天府志》

嘉庆《扬州府志》

乾隆《淮安府志》

崇祯《吴县志》

民国《吴县志》

乾隆《震泽县志》

道光《震泽县志》

弘治《吴江县志》

嘉靖《吴江县志》

康熙《吴江县志》

乾隆《吴江县志》

康熙《上海县志》

乾隆《上海县志》

光绪《上海县志札记》

万历《上元县志》

同治《上江两县志》

民国《兴化县小通志》

光绪《甘泉县乡土志》

嘉庆《宿迁县志》

康熙《泗州县志》

嘉庆《海州直隶州志》

光绪《丹阳县志》

万历《六安州志》

乾隆《六安直隶州志》

道光《徽州府志》

光绪《直隶和州志》

嘉庆《芜湖县志》

天启《凤阳新书》

光绪《霍山县志》

康熙《怀宁县志》

乾隆《望江县志》

正德《江宁县志》

乾隆《江宁县新志》

光绪《金陵物产风土志》

正德《华亭志》

光绪《华亭县志》

康熙《崇明县志》

乾隆《崇明县志》

民国《崇明县志》

隆庆《长州县志》

康熙《长州县志》

乾隆《长州县志》

嘉靖《江阴县志》

道光《江阴县志》

民国《江阴县续志》

雍正《南汇县志》

乾隆《南汇县志》

民国《南汇县续志》

崇祯《太仓州志》

嘉庆《太仓州志》

嘉靖《常熟县志》

崇祯《常熟县志》

万历《常熟私志》

康熙《常熟私志》

光绪《盐城县志》

民国《盐城县志》

道光《浒墅关志》

乾隆《元和县志》

道光《无锡金匮续志》

乾隆《奉贤县志》

康熙《昆山县志》

光绪《常昭合志稿》

嘉庆《宜兴县旧志》

万历《嘉定县志》

乾隆《甫里志》

乾隆《儒林六都志》

嘉靖《江阴县志》

光绪《宝山县志》

光绪《川沙厅志》

万历《通州志》

嘉庆《高邮州志》

雍正《浙江通志》

乾隆《浙江通志》

万历《杭州府志》

乾隆《杭州府志》

光绪《杭州府志》

万历《嘉兴府志》

嘉庆《嘉兴府志》

光绪《嘉兴府志》

弘治《湖州府志》

万历《湖州府志》

乾隆《湖州府志》

同治《湖州府志》

嘉靖《宁波府志》

雍正《宁波府志》

乾隆《温州府志》

天启《海盐县图经》

乾隆《海盐县续图经》

嘉庆《於潜县志》

嘉庆《嘉兴县志》

光绪《嘉兴县志》

万历《归安县志》

康熙《归安县志》

光绪《归安县志》

乾隆《乌程县志》

光绪《乌程县志》

道光《南浔镇志》

咸丰《南浔镇志》

民国《南浔志》

康熙《余杭县新志》

嘉庆《余杭县志》

康熙《长兴县志》

嘉庆《长兴县志》

同治《长兴县志》

光绪《唐栖志》

光绪《平湖县志》

康熙《乌青文献》

民国《乌青镇志》

民国《双林镇志》

光绪《菱湖镇志》

天启《平湖县志》

乾隆《平湖县志》

民国《德清县新志》

光绪《嘉善县志》

康熙《余杭县新志》

同治《安吉县志》

光绪《余姚县志》

嘉靖《临安府志》

嘉庆《西安县志》

嘉庆《桐乡县志》

康熙《钱塘县志》

康熙《海宁县志》

民国《杭县志稿》

乾隆《武康县志》

民国《鄞县通志》

康熙《定海县志》

乾隆《汤溪县志》

嘉靖《太平县志》

万历《铅书》

康熙《铅山县志》

乾隆《赣州志》

同治《赣州府志》

道光《泰和县志》

光绪《泰和县志》

嘉庆《宁国府志》

道光《宁都直隶州志》

光绪《瑞金县志》

康熙《广昌县志》

光绪《雩都县志》

嘉庆《庐江县志》

同治《九江府志》

乾隆《会昌县志》

道光《宜春县志》

光绪《孝感县志》

同治《南昌府志》

乾隆《大庾县志》

乾隆《上饶县志》

乾隆《建昌府志》

同治《上高县志》

康熙《分宜县志》

乾隆《武宁县志》

万历《闽大记》

万历《漳州府志》

康熙《漳州府志》

乾隆《漳州府志》

嘉靖《龙岩县志》

道光《龙岩州志》

万历《泉州府志》

乾隆《泉州府志》

万历《福州府志》

万历《兴化府志》

弘治《重刊兴化府志》

崇祯《汀州府志》

嘉靖《仙游府志》

民国《平潭县志》

乾隆《长乐县志》

康熙《和平县志》

乾隆《长汀县志》

崇祯《福安县志》

光绪《侯官县乡土志》

乾隆《福清县志》

乾隆《连江县志》

道光《罗源县志》

乾隆《莆田县志》

嘉靖《永春县志》

嘉靖《龙溪县志》

万历《龙溪县志》

康熙《漳浦县志》

万历《南靖县志》

康熙《长泰县志》

嘉靖《龙岩县志》

康熙《漳平县志》

康熙《宁化县志》

乾隆《上杭县志》

康熙《武平县志》

乾隆《永定县志》

康熙《安溪县志》

道光《彰化县志》

嘉靖《惠安县志》

民国《霞浦县志》

康熙《平和县志》

康熙《重修台湾府志》

乾隆《重修台湾府志》

康熙《诸罗县志》

咸丰《噶玛兰厅志》

雍正《河南通志》

乾隆《林县志》

民国《密县志》

民国《荥水县志》

乾隆《新安县志》

乾隆《陈州府志》

道光《扶沟县志》

光绪《淅川直隶厅乡土志》

乾隆《偃师县志》

民国《许昌县志》

民国《宜阳县志》

乾隆《汝州续志》

嘉靖《洧川县志》

康熙《单县志》

嘉靖《彰德府志》

乾隆《汲县志》

万历《湖广通志》

康熙《湖广通志》

康熙《武昌府志》

乾隆《武昌府志》

光绪《武昌府志》

康熙《孝感县志》

道光《云梦县志》

道光《蒲圻县志》

同治《江夏县志》

康熙《监利县志》

同治《监利县志》

同治《枝江县志》

嘉庆《荆门直隶州志》

道光《洞庭湖志》

乾隆《江陵县志》

光绪《汉川图记征实》

乾隆《天门县志》

乾隆《汉阳府志》

光绪《华容县志》

天顺《襄阳郡志》

同治《江夏县志》

光绪《黄梅县志》

民国《襄陵县志》

同治《竹溪县志》

同治《石首县志》

康熙《公安县志》

同治《长阳县志》

同治《广济县志》

康熙《麻城县志》

光绪《湖南通志》

乾隆《长沙府志》

嘉庆《长沙府志》

隆庆《岳州府志》

乾隆《岳州府志》

嘉庆《平江府志》

道光《永州府志》

嘉庆《湘潭县志》

光绪《湘潭县志》

嘉庆《衡阳县志》

同治《衡阳县志》

乾隆《郴州总志》

嘉庆《郴州总志》

嘉庆《浏阳县志》

同治《浏阳县志》

嘉庆《善化县志》

光绪《永明县志》

同治《澧州志》

光绪《华容县志》

嘉庆《沅江县志》

光绪《湘阳县图志》

光绪《沅陵县志》

同治《湘乡县志》

宣统《永绥直隶厅志》

嘉庆《宜章县志》

光绪《龙阳县志》

同治《茶陵州志》

同治《醴陵县志》

同治《桂阳直隶州志》

同治《平江县志》

嘉庆《巴陵县志》

同治《安仁县志》

同治《安化县志》

嘉庆《宁乡县志》

嘉靖《广东通志》

道光《广东通志》

万历《雷州府志》

康熙《雷州府志》　　　　　　康熙《阳春县志》
嘉庆《雷州府志》　　　　　　光绪《高州府志》
乾隆《潮州府志》　　　　　　光绪《茂名县志》
光绪《潮州府志》　　　　　　道光《电白县志》
民国《潮州府志略》　　　　　光绪《化州志》
康熙《广州府志》　　　　　　光绪《吴川县志》
乾隆《广州府志》　　　　　　康熙《石城县志》
嘉靖《惠州府志》　　　　　　光绪《石城县志》
乾隆《肇庆府志》　　　　　　光绪《定安县志》
同治《韶州府志》　　　　　　咸丰《文昌县志》
道光《廉州府志》　　　　　　同治《海丰县志》
万历《顺德县志》　　　　　　康熙《乐会县志》
乾隆《顺德县志》　　　　　　乾隆《陵水县志》
咸丰《顺德县志》　　　　　　同治《仁化县志》
民国《顺德县续志》　　　　　乾隆《河源县志》
道光《南海县志》　　　　　　康熙《开建县志》
同治《南海县志》　　　　　　嘉庆《海康县志》
宣统《南海县志》　　　　　　宣统《琼山县志》
乾隆《鹤山县志》　　　　　　道光《佛冈厅志》
道光《鹤山县志》　　　　　　光绪《海阳县志》
道光《新会县志》　　　　　　乾隆《澄海县志》
光绪《新会县乡土志》　　　　雍正《揭阳县志》
乾隆《大埔县志》　　　　　　雍正《永安县志》
嘉庆《大埔县志》　　　　　　乾隆《长宁县志》
康熙《香山县志》　　　　　　嘉庆《潮阳县志》
乾隆《香山县志》　　　　　　乾隆《镇平县志》
道光《香山县志》　　　　　　嘉靖《兴宁县志》
嘉庆《东莞县志》　　　　　　光绪《嘉应州志》
宣统《东莞县志》　　　　　　道光《西宁县志》
同治《番禺县志》　　　　　　康熙《封川县志》
民国《番禺续县志》　　　　　道光《广宁县志》
道光《直隶南雄州志》　　　　乾隆《阳山县志》
康熙《保昌县志》　　　　　　康熙《长乐县志》
光绪《始兴县乡土志》　　　　道光《长乐县志》
光绪宣统间《曲江乡土志》　　乾隆《归善县志》
嘉庆《翁源县志》　　　　　　乾隆《河源县志》
顺治《宁化县志》　　　　　　宣统《新宁乡土地理》
光绪《清远县志》　　　　　　咸丰《龙门县志》
光绪《四会县志》　　　　　　康熙《增城县志》
康熙《新兴县志》　　　　　　道光《佛山忠义乡志》
康熙《阳江县志》　　　　　　民国《佛山忠义乡志》

顺治《九江乡志》

嘉庆《龙山乡志》

民国《龙山乡志》

嘉庆《广西通志》

乾隆《镇安府志》

光绪《贵县志》

光绪《容县志》

乾隆《岑溪县志》

光绪《郁林直隶州志》

乾隆《全州志》

道光《灌阳县志》

嘉庆《平乐府志》

光绪《恭城县志》

乾隆《富川县志》

康熙《荔浦县志》

道光《罗城县志》

道光《宾州志》

乾隆《桂平县资治图志》

嘉庆《武宣县志》

乾隆《梧州府志》

道光《博白县志》

光绪《北流县志》

同治《苍梧县志》

嘉靖《钦州志》

同治《广信府志》

乾隆《兴安府志》

正德《四川志》

嘉庆《四川通志》

嘉庆《温江县志》

同治《郫县志》

道光《中江县新志》

嘉庆《直隶绵州志》

嘉庆《德阳县志》

嘉庆《彭县志》

光绪《彭县志》

道光《忠州州志》

康熙《岷州志》

乾隆《昭化县志》

嘉庆《巴陵县志》

光绪《大宁县志》

嘉靖《贵州通志》

乾隆《贵州通志》

嘉庆《贵州通志》

道光《遵义府志》

嘉庆《黄平州志》

天启《滇志》

正德《云南志》

隆庆《云南通志》

道光《云南通志》

光绪《云南通志稿》

民国《花县志》

二、主要著作和论文

波梁斯基.1985.外国经济史　封建主义时代［M］.北京：生活・读书・新知三联书店.

曹树基.1985.明清时期的流民和赣南山区的开发［J］.中国农史（4）.

陈宾如.1984.中国猕猴桃源流考［J］.中国农史（1）.

陈高庸，等.1986.中国历代天灾人祸表［M］.上海：上海书店.

陈柯云.1989.明清山林苗木经营初探［J］.平准学刊：第4辑上册，北京：光明日报出版社.

陈孔立.1996.台湾历史纲要［M］.北京：九州图书出版社.

陈树平.1980.玉米和番薯在中国传播情况研究［J］.中国社会科学（3）.

陈宗懋.1992.中国茶经［M］.上海：上海文化出版社.

陈祖椝.1981.中国茶叶历史资料选辑［M］.北京：农业出版社.

成崇德.1991.清代前期对蒙古封禁政策与人口、开发及生态环境的关系［J］.清史研究（1）.

从翰香.1981.试论明代植棉和棉纺织业的发展［J］.中国史研究（1）.

戴逸.1999.十八世纪的中国与世界：导言卷［M］.沈阳：辽海出版社.

邓云特.1984.中国救荒史［M］.上海：上海书店.

樊树志.1990.明清江南市镇探微［M］.上海：复旦大学出版社.

方行，等.1999.中国经济通史：清代经济卷［M］.北京：经济日报出版社.

费正清，赖肖尔.1995.中国传统与变革［M］.南京：江苏人民出版社.

高王凌.1995.十八世纪的中国经济发展和政府政策［M］.北京：中国社会科学出版社.

葛剑雄，等.1995.对明代人口总数的新估计［J］.中国史研究（1）.

龚胜生.1996.清代两湖农业地理［M］.武汉：华中师范大学出版社.

顾诚.1984.明前期耕地数新探［J］.中国社会科学（4）.

广东省博物馆.1974.广东省西沙群岛文物调查简报［J］.文物（10）.

郭声波.1993.四川历史农业地理［M］.成都：四川人民出版社.

郭松义.1986.清代的量器和量法［J］.清史研究通讯（1）.

郭松义.1986.清代的亩制和流行于民间的田土计量法［J］.平准学刊：第3辑上册，北京：中国商业出版社.

郭松义.1986.玉米番薯在中国传播中的一些问题［J］.清史论丛：第7辑，北京：中华书局.

郭松义.1994.清代前期稻作区的粮食生产［J］.中国经济史研究（1）.

郭松义.1995.清代北方旱作区的粮食生产［J］.中国经济史研究（1）.

郭文韬.1988.中国农业科技发展史略［M］.北京：中国科学技术出版社.

郭文韬.1994.中国耕作制度史研究［M］.南京：河海大学出版社.

郭蕴静.1984.清代经济史简编［M］.郑州：河南人民出版社.

郝君侠，等.1996.中西500年比较［M］.修订本.北京：中国工人出版社.

何炳棣.1979.美洲作物的引进传播及其对中国粮食生产的影响［J］.世界农业（4/5/6）.

洪焕椿.1989.长江三角洲地区社会经济研究［M］.南京：南京大学出版社.

华立.1995.清代新疆农业开发史［M］.哈尔滨：黑龙江教育出版社.

黄冕堂.1990.清代农田的单位面积产量考辨［J］.文史哲（3）.

黄冕堂.1990.清史治要［M］.济南：齐鲁书社.

黄启臣.1985.明清珠江三角洲的商业与商业资本初探［M］//广东历史学会编.明清广东社会经济形态研究.广州：广东人民出版社：187-236.

冀朝鼎.1981.中国历史上的基本经济区与水利事业的发展［M］.北京：中国社会科学出版社.

江太新.1980.清代前期押租制的发展［J］.历史研究（3）.

江太新.1982.清初垦荒政策及地权分配情况的考察［J］.历史研究（5）.

姜守鹏.1996.明清北方市场研究［M］.长春：东北师范大学出版社.

姜涛.1993.中国近代人口史［M］.杭州：浙江人民出版社.

蒋猷龙.1987.湖蚕述注释［M］.北京：农业出版社.

李立本.1964.顺德蚕丝业的历史概况［J］.广东文史资料：第15辑.

李令福.1999.清代黑龙江流域农耕区的形成与扩展［J］.中国历史地理论丛（3）.

李令福.2000.明清山东农业地理［M］.台湾：五南图书出版公司.

李文治，等.1983.明清时期的农业资本主义萌芽问题［M］.北京：中国社会科学出版社.

李文治.1957.中国近代农业史料　第1辑　1840—1911［M］.北京：生活·读书·新知

三联书店．

李文治．1993．明清时代封建土地关系的松解［M］．北京：中国社会科学出版社．

李向军．1996．中国救荒史［M］．广州：广东人民出版社．

李英．1985．辑里湖丝名驰天下［J］．湖州文史（2）．

李有恒，等．1978．广西桂林甑皮岩遗址动物群［J］．古脊椎动物与古人类，16（4）．

连横．1996．台湾通史［M］．北京：商务印书馆．

梁方仲．1980．中国历代户口、田地、田赋统计［M］．上海：上海人民出版社．

刘大钧．1938．吴兴农村经济［M］．上海：上海文瑞印书馆．

刘永成．1982．清代前期农业资本主义萌芽初探［M］．福州：福建人民出版社．

刘铮，等．1981．人口统计学［M］．北京：中国人民大学出版社．

卢明辉．1994．清代北部边疆民族经济发展史［M］．哈尔滨：黑龙江教育出版社．

吕景琳．1993．明代耕地与人口问题［J］．山东社会科学（5）．

罗桂环，等．1995．中国环境保护史稿［M］．北京：中国环境科学出版社．

罗桂环．1994．近代西方人在华的植物学考察与收集［J］．中国科技史料（5）．

罗桂环．1995．西方从中国的植物引种及其影响［J］．古今农业（1）．

马汝珩，马大正．1990．清代边疆开发研究［M］．北京：中国社会科学出版社．

闵宗殿．1984．康熙和御稻［M］//华南农学院农业历史遗产研究室主编．农史研究：第4
辑．北京：农业出版社：87-90.

闵宗殿．1984．宋明清时期太湖地区水稻亩产量的探讨［J］．中国农史（3）．

闵宗殿．1988．中国历史名鸡［M］//华南农学院农业历史遗产研究室主编．农史研究：第
7辑．北京：农业出版社：130-134.

闵宗殿．1991．海外农作物的传入和对我国农业生产的影响［J］．古今农业（1）．

闵宗殿．1993．康熙《耕织图·碌碡图》考辨［J］．古今农业（4）．

闵宗殿．1994．自然科学发展大事记：农学卷［M］．沈阳：辽宁教育出版社．

闵宗殿．1997．是宋书还是清书：关于《调燮类编》成书年代的讨论［J］．古今农业（3）．

闵宗殿．1999．从方志记载看明清时期我国水稻的分布［J］．古今农业（1）．

闵宗殿．1999．明清时期太湖地区的水稻品种［J］．古今农业（2）．

闵宗殿．2000．明清时期的海洋渔业［J］．古今农业（3）．

钮仲勋，浦汉昕．1984．历史时期承德、围场一带的农业开发与植被变迁［J］．地理研究，
3（1）．

彭雨新．1990．清代土地开垦史［M］．北京：农业出版社．

彭雨新．1993．明清两代田地、人口、赋税的增长趋势［J］．文史知识（7）．

珀金斯．1984．中国农业的发展：1368-1968年［M］．上海：上海译文出版社．

奇波拉．1989．欧洲经济史［M］．北京：商务印书馆．

全汉升．1934．中国庙市之史的考察［J］．食货（2）．

任振球．1986．中国近五千年来气候的异常期及其天文原因［J］．农业考古（1）．

山田真一．1989．世界发明、发现史话［M］．王国文，等，译．武汉：专利文献出版社．

史念海．1996．中国历史地理学区域经济地理的创始［J］．中国历史地理论丛（3）．

史志宏．1994．清代前期的小农经济［M］．北京：中国社会科学出版社．

舒迎澜．1993．古代花卉［M］．北京：农业出版社．

孙世芳.1991. 历史上黄河中下游棉花商品性生产的发展及其影响［J］. 古今农业（1）.

孙毓棠，张寄谦.1979. 清代的垦田与丁口的记录［J］. 清史论丛：第1辑. 北京：中华书局.

佟屏亚.1989. 试论玉米传入我国的途径及其发展［J］. 古今农业（1）.

汪若海.1983. 我国美棉引种史略［J］. 中国农业科学（4）.

王潮生.1995. 中国古代耕织图［M］. 北京：中国农业出版社.

王潮生.1998. 清代耕织图探考［J］. 清史研究（1）.

王达.1982. 双季稻的历史发展［J］. 中国农史（1）.

王达.1984. 我国烟草的引进、传播和发展［M］//华南农学院农业历史遗产研究室主编.
农史研究：第4辑. 北京：农业出版社：40-48.

王芳珍.1985. 清前期江西棚民的入籍及土客籍的融合和矛盾［J］. 江西大学学报（2）.

王铭农，叶黛民.1988. 关于养鸡史中几个问题的探讨［J］. 中国农史（1）.

王其榘.1988. 明初全国人口［J］. 历史研究（1）.

王社教.1999. 苏皖浙赣地区明代农业地理研究［M］. 西安：陕西师范大学出版社.

王守稼，缪振鹏.1982. 明代户口流失原因初探［J］. 首都师范大学学报：社会科学版（2）.

王业键.1998. 十八世纪中国的轮作制度［J］. 台湾《中国史学》第8卷12月.

王育民.1990. 明代户口新探［J］. 历史地理：第9辑. 上海：上海人民出版社.

王毓铨，等.1991. 中国屯垦史［M］. 北京：农业出版社.

王毓铨.2000. 中国经济通史：明代经济卷［M］. 北京：经济日报出版社.

王渊明.1995. 历史视野中的人口与现代化［M］. 杭州：浙江人民出版社.

吴承明.1985. 中国资本主义与国内市场［M］. 北京：中国社会科学出版社.

吴存浩.1996. 中国农业史［M］. 北京：警官教育出版社.

吴凤斌.1985. 宋元以来我国渔民对南沙群岛的开发经营［J］. 中国社会经济史研究（1）.

吴晗.1965. 朱元璋传［M］. 北京：生活・读书・新知三联书店.

吴宏岐.1997. 元代农业地理［M］. 西安：西安地图出版社.

吴慧.2016. 中国历代粮食亩产量［M］. 2版. 北京：中国农业出版社.

吴量恺.1979. 清代乾隆时期农业经济关系的演变和发展［J］. 清史论丛：第1辑. 北京：
中华书局.

咸金山.1988. 从方志记载看玉米在我国的引进与传播［J］. 古今农业（1）.

萧正洪.1988. 清代陕西种植业的盛衰及其原因［J］. 中国农史（4）.

谢成侠.1991. 中国养马史［M］. 修订版. 北京：农业出版社.

谢和奈.1995. 中国社会史［M］. 耿升，译. 南京：江苏人民出版社.

谢志诚.1995. 黄公树：清代地方性生态农业工程［J］. 中国农史（2）.

徐伯夫.1985. 清代前期新疆地区的民屯［J］. 中国史研究（2）.

徐浩.1999. 十八世纪的中国与世界：农民卷［M］. 沈阳：辽海出版社.

徐鹏章.1988. 西汉番茄的发现、培育和初步研究［J］. 农业考古（1）.

许道夫.1983. 中国近代农业生产及贸易统计资料［M］. 上海：上海人民出版社.

许涤新，吴承明.1985. 中国资本主义的萌芽［M］. 北京：人民出版社.

许淑明.1992. 清末吉林省的移民和农业的开发［J］. 中国边疆史研究（4）.

杨宝霖.1993. 自力斋文史、农史论文选集［M］. 广州：广东高等教育出版社.

杨子慧.1996. 中国历代人口统计资料研究［M］. 北京：改革出版社.

叶静渊 . 1983. 我国茄果类蔬菜引种栽培史略 ［J］. 中国农史（2）.

叶静渊 . 1984. 我国结球甘蓝的引种史 ［J］. 中国蔬菜（2）.

衣保中 . 1993. 中国东北农业史 ［M］. 长春：吉林文史出版社 .

游修龄 . 1981. 我国水稻品种资源的历史考证 ［J］. 农业考古（2）.

游修龄 . 1989. 玉米传入中国和亚洲的时间、用途及其起源问题 ［J］. 古今农业（2）.

游修龄 . 1995. 中国稻作史 ［M］. 北京：中国农业出版社 .

游修龄 . 1995. 中国农业百科全书：农业历史卷 ［M］. 北京：中国农业出版社 .

于介 . 1980. 中国经济史考疑二则 ［J］. 重庆师范学院学报（4）.

余也非 . 1981. 明及清前期的私田地租制度 ［J］. 重庆师范学院学报（3）.

俞德浚 . 1962. 中国植物对世界园艺的贡献 ［J］. 园艺学报，1（2）.

张芳 . 1995. 明清时期南方山区的垦殖及其影响 ［J］. 古今农业（4）.

张国维 . 1995. 明清时期的两湖移民 ［M］. 西安：陕西人民教育出版社 .

张浩良 . 1990. 绿色史料札记 ［M］. 昆明：云南大学出版社 .

张建民 . 1990. 明清农业垦殖论略 ［J］. 中国农史（4）.

张健民，宋俭 . 1998. 灾害历史学 ［M］. 长沙：湖南人民出版社 .

张履祥辑补，陈恒力校释 . 1983. 补农书校释 ［M］. 北京：农业出版社 .

张文彦，等 . 1992. 自然科学大事典 ［M］. 北京：科学技术文献出版社 .

张仲葛 . 1990. 中国实用养猪学 ［M］. 郑州：河南科学技术出版社 .

章楷 . 1982. 我国放养柞蚕的起源和传播考略 ［J］. 蚕业科学（2）.

章楷 . 1991. 我国近代柞蚕业发展史探析 ［J］. 蚕业科学（4）.

章有义 . 1991. 近代中国人口和耕地再估计 ［J］. 中国经济史研究（1）.

赵冈，陈钟毅 . 1997. 中国棉纺织史 ［M］. 北京：中国农业出版社 .

赵冈，刘永成，吴慧 . 1995. 清代粮食亩产量研究 ［M］. 北京：中国农业出版社 .

赵冈 . 1994. 重新评价中国历史上的小农经济 ［J］. 中国经济史研究（1）.

赵冈 . 1995. 清代的垦殖政策与棚民活动 ［J］. 中国历史地理论丛（3）.

赵世瑜 . 1992. 明清时期华北庙会研究 ［J］. 历史研究（5）.

赵文林，谢淑君 . 1988. 中国人口史 ［M］. 北京：人民出版社 .

郑昌淦 . 1989. 明清农村商品经济 ［M］. 北京：中国人民大学出版社 .

郑超雄 . 1986. 从广西合浦明代窑址内发现瓷烟斗谈及烟草传入我国的时间问题 ［J］. 农业考古（2）.

郑志章 . 1986. 明清时期江南的地租率和地息率 ［J］. 中国社会经济史研究（3）.

中村孝志 . 1955. 近代台湾史要 ［J］. 赖永祥，译 . 台湾文献，6（2）.

中国农学会遗传资源学会 . 1994. 中国作物遗传资源 ［M］. 北京：中国农业出版社 .

中国农业博物馆 . 1996. 中国近代农业科技史稿 ［M］. 北京：中国农业科技出版社 .

中国农业遗产研究室编辑，王达等编 . 1993. 中国农学遗产选集 甲类 第一种 稻 下编 ［M］. 北京：农业出版社 .

中国渔业史编委会 . 1993. 中国渔业史 ［M］. 北京：中国科学技术出版社 .

中国猪品种志编写组 . 1986. 中国猪品种志 ［M］. 上海：上海科技出版社 .

仲兴麟，等 . 1993. 吐鲁番坎儿井 ［M］. 乌鲁木齐：新疆大学出版社 .

周宏伟 . 1994. 清代两广农业地理 ［M］. 长沙：湖南教育出版社 .

周源和.1982.清代人口研究［J］.中国社会科学（2）.

朱从亮，黄志昌.1988.辑里丝经的起源初考［J］.丝绸史研究，5（1）.

竺可桢.1973.中国近五千年来气候变迁的初步研究［J］.中国科学（3）.

庄维民.1996.近代山东农业技术的改良［J］.古今农业（2）.

邹介正，等.1994.中国古代畜牧兽医史［M］.北京：中国农业科技出版社.

后　记

　　《中国农业通史》是农业部重点科研项目，由中国农业历史学会、中国农业博物馆组织实施，中国农业出版社负责出版。

　　《中国农业通史·明清卷》于2001年由闵宗殿研究员负责组织专家编撰完毕。

　　2013年9月9日，农业部办公厅召开会议，《中国农业通史》后续编撰工作重新启动，考虑到《明清卷》自2001年完成后已过10多年，会议决定，《明清卷》修订和资料补充工作由西北农林科技大学樊志民教授组织专家完成。

　　《明清卷》编撰工作具体分工：

　　全卷内容框架，由闵宗殿研究员负责起草，李伯重教授参加讨论并共同拟定。参加编写的人员有：

　　中国社会科学院经济研究所史志宏研究员——第二章《明代及清前期的农业生产关系与农业政策》；

　　中国农业科学院、南京农业大学中国农业遗产研究室张芳研究员——第三章第一节中的《内地的开垦》和第二节《水资源的开发利用》；

　　江苏省水产局高粱高级工程师——第三章第三节中《捕捞渔业的进一步发展》和第五章第二节中的《水产养殖业出现新局面》；

　　陕西师范大学西北历史环境与经济社会发展研究院王社教研究员——第四章《明清时期农业生产结构的调整》；

　　华南农业大学人文与法学学院倪根金教授——第五章第一节中的《植树、护林的提倡》；

　　南京大学历史学系范金民教授——第五章第二节中的《养蚕业的新发展》、

第三节中的《丝织业的发展》；

中国社会科学院历史研究所郭松义教授——第十章《明清时期的农业水平》；

中国农业博物馆闵宗殿研究员——绪论、第一章、第六章、第七章、第八章、第九章、结束语及其他有关章节。

《明清卷》由闵宗殿研究员负责通稿和文字加工，中国农业博物馆李兆昆副研究员参加了通稿和文字加工，郭松义研究员负责全书主审。

樊志民教授组织西北农林科技大学郭风平、朱宏斌、李荣华、杨乙丹、卫丽、安鲁等研究人员对《明清卷》进行修订。

2015年4月16日，《中国农业通史》编撰办公室召开《明清卷》编审工作座谈会，经闵宗殿研究员提议，确定穆祥桐编审为《明清卷》审稿专家。

由于水平关系，书中存有不足或错误的地方，敬请专家和读者多加指正。

编　者

2015年8月19日